Victor Urbantschitsch

Lehrbuch der Ohrenheilkunde

Zweite Auflage

Victor Urbantschitsch

Lehrbuch der Ohrenheilkunde
Zweite Auflage

ISBN/EAN: 9783744696265

Hergestellt in Europa, USA, Kanada, Australien, Japan

Cover: Foto ©berggeist007 / pixelio.de

Weitere Bücher finden Sie auf **www.hansebooks.com**

LEHRBUCH

DER

OHRENHEILKUNDE

VON

DR. VICTOR URBANTSCHITSCH,
PRIVATDOCENT FÜR OHRENHEILKUNDE AN DER WIENER UNIVERSITÄT

ZWEITE, VOLLSTÄNDIG NEU BEARBEITETE AUFLAGE.

MIT 70 HOLZSCHNITTEN UND 3 TAFELN.

WIEN UND LEIPZIG.
URBAN & SCHWARZENBERG.
1884.

Inhalt.

Einleitung.

I. Die Untersuchung des Gehörorganes.

A) Die Untersuchung des äusseren Ohres und des Trommelfelles . . . S. 1 4
Reflector, Beleuchtungsquelle, Ocularinspection S. 1. — Ohrtrichter, optische Vorrichtungen, Ohrpincette, Untersuchungsvorgang S. 2. — Pneumatischer Ohrtrichter S. 4.

B) Die Untersuchung der Ohrtrompete . . . . S. 4—22
1. Die Ocularinspection S. 5. 2. Die Prüfung der Durchgängigkeit des Tubencanales S. 5—22. *a) Die Permeabilität des Tubencanales:* Das Verfahren von Valsalva S. 5. — Der Katheterismus der Ohrtrompete S. 6, Hindernisse beim Katheterisiren S. 12, üble Zufälle beim Katheterisiren S. 14, Emphysem S. 14. — Das Verfahren von Politzer S. 16, üble Zufälle S. 18, Indicationen für den Katheterismus und für das Politzer'sche Verfahren S. 19. — *b) Prüfung bei Verengerung oder Verschluss des Tubencanales.* Manometrische und tactile Untersuchung S. 20. — Die Soudirung (Bougirung) des Tubencanales S. 21.

C) Die Untersuchung der Paukenhöhle . . . . S. 22—25
a) Die Inspection des Trommelfelles S. 22, manometrische Versuche S. 22, Besichtigung der Paukenhöhle S. 23, tactile Untersuchung S. 23. — *b) Die Auscultation des Ohres* S. 23.

D) Die Untersuchung des Warzenfortsatzes . . . . S. 25
Ocularinspection, Digitaluntersuchung, Auscultation und Percussion S. 25.

E) Die Untersuchung des Hörnerven . . . . S. 25—35
a) Die Reactionsfähigkeit des Acusticus S. 25. Handhabung der galvanischen Batterie S. 25. — *b) Die Prüfung der Localisation einer bestehenden Acusticus-Affection* S. 27. — **Die Hörprüfung** S. 27—35. *a) Hörprüfung vermittelst der Luftleitung* S. 27—33, Uhr S. 28, Sprache S. 30, Stimmgabel S. 31, Klangstäbe S. 32, Hörmesser S. 33 (s. ferner S. 403). — *b) Hörprüfung vermittelst der Schallleitung durch feste Körper* S. 33—35. — Interferenz-Otoskop S. 35.

Das Krankenexamen . . . . S. 35—36

II. Allgemeine Therapie.

A) Allgemeine Therapie bei Erkrankung des äusseren und mittleren Ohres . S. 37 49
Hydriatische Proceduren S. 37. — Die Ausspritzung des Ohres S. 37, Spritze S. 38, Injectionsflüssigkeit S. 38, Druckstärke und deren Gefahren S. 39, Spritzenansätze S. 39, Technik der Ausspritzung S. 40, Tubareinspritzung S. 40, Austrocknung S. 40. Medicamentöse Ohrenbäder S. 41. Gelatinpräparate S. 41. Pulverförmige Mittel S. 41. Kaustische Behandlung S. 42. — Das Myringotom und die Myringotomie S. 43. — Künstliches

Trommelfell S. 44. Das Tympano-Tenotom und die Tenotomie des Tensor tympani S. 45. — Das Synechotom S. 46. — Der Polypenschnürer S. 46. — Instrumentengriff S. 47. — Polypenzange, scharfer Löffel, Paukenröhrchen S. 47. — Injectionsspritze, Salmiakdampf-Apparat S. 48.

B) Allgemeine Therapie bei Erkrankung des Nasen-. bezw. des Nasenrachenraumes . . . . S. 49—53

Entfernung des Secretes S. 49, Eingiessen, Aufschnupfen, Ausspritzung S. 49, Vorsichtsmassregeln dabei S. 49, Nasenspritze S. 50. — Zerstäubungs-Apparat S. 50. — Injection en masse per tubam S. 51. — Injectionsflüssigkeit S. 52. — Rachenbäder S. 52. — Instrumente für den Nasenrachenraum S. 52. — Desinfection der Instrumente S. 53. — Hörmaschinen S. 55.

Eintheilung des Gehörorganes . . . . . S. 56

I. Capitel. **Die Ohrmuschel** . . . . S. 57—70

A) Anatomie und Physiologie: I. Entwicklung. S. 57. — II. Anatomie S. 57, Gefässnerven S. 58. — III. Physiologie S. 58, Ansatzwinkel S. 59, Canterisation S. 59.

B) Pathologie und Therapie: I. Bildungsanomalie. 1. Bildungsmangel, 2. Bildungsexcess S. 59. — II. Anomalie der Grösse und Form S. 59. — III. Anormale Lage S. 59. — IV. Anomalie der Verbindung, Behandlung der Bildungsanomalien S. 60. — V. Trennung des Zusammenhanges S. 60. — VI. Erkrankung der Talgfollikel S. 60. — VII. Hyperämie und Hämorrhagie S. 60, Othämatom S. 61, spontanes Othämatom S. 61, traumatisches Othämatom S. 62. — VIII. Exsudationsprocess S. 63, 1. Herpes S. 63, 2. Eczem S. 63, 3. Congelatio S. 65, 4. Phlegmone S. 65. 5. Brand S. 66. — IX. Neubildung. *A) Organisirte Neubildung:* 1. Bindegewebsneubildung S. 66, 2. Verknöcherung S. 67, 3. Cystenbildung S. 67, 4. Angiom S. 67. 5. Epithelialkrebs S. 68, 6. Lupus: *a)* Lupus vulgaris S. 68. *b)* Lupus erythematodes S. 69. 7. Syphilis S. 69. — *B) Nichtorganisirte Neubildung* S. 69. — X. Nervenkrankheit S. 69, Neuralgie S. 69, Anästhesie S. 69. — XI. Anomalie des Inhaltes S. 70. — XII. Erkrankung der Muskeln, klonischer Krampf, tonischer Krampf S. 70.

II. Capitel. **Der äussere Gehörgang** . . . . S. 70—110

A) Anatomie und Physiologie: I. Entwicklung S. 70. — II. Anatomie S. 71. — III. Physiologie S. 73. Temperatur S. 73.

B) Pathologie und Therapie: I. Bildungsanomalie S. 74, 1. Bildungsmangel S. 74, 2. Bildungsexcess S. 75. Fistula auris congenita S. 75. — II. Anomalie des Verlaufes S. 76. — III. Anomalie der Grösse. 1. Abnorme Weite S. 76, 2. Abnorme Enge S. 76. — IV. Anomalie der Verbindung. 1. Verwachsung S. 77, 2. Abnorme Verbindung mit der Umgebung S. 78. — V. Trennung des Zusammenhanges S. 78. — VI. Erkrankung der Drüsen. 1. Erkrankung der Talgdrüsen S. 79. — 2. Erkrankung der Ceruminaldrüsen: *a)* Verminderte Secretion S. 79, *b)* Vermehrte Secretion, Cerumenpfropf S. 80. — VII. Hämorrhagie S. 83. — VIII. Entzündung. 1. Die umschriebene Entzündung S. 84. — 2. Die diffuse Entzündung S. 91, croupöse und diphtheritische Entzündung S. 92. — 3. Ulceröse Erkrankung: *a)* Hautgeschwür S. 94, *b)* Gangrän S. 95. *c)* Caries und Nekrose S. 95. — IX. Neubildung. 1. Polyp S. 96. 2. Enchondrom S. 96, 3. Knochenneubildung S. 96, 4. Angiom S. 98, 5. Epithelialcarcinom S. 98, 6. Syphilis S. 98. — X. Nervenerkrankung. 1. *Sensibilitätsstörung: a)* Anästhesie S. 99. *b)* Hyperästhesie S. 99. — 2. *Trophoneurose* S. 100. — XI. Anomalie des Inhaltes. 1. Epithelialmassen S. 100, 2. Parasiten: *a)* Pflanzliche Parasiten S. 101, *b)* Thierische Parasiten S. 103. 3. Verschiedene Thiere S. 104. 4. Pflanzliche und mineralische Fremdkörper S. 106, Reflexerscheinungen S. 106.

III. Capitel. **Das Trommelfell** . . . . S. 110—153

A) Anatomie und Physiologie: I. Entwicklungsgeschichte S. 110. II. Anatomie S. 111. Histologie S. 113. — III. Physiologie S. 116.

B) Pathologie und Therapie: I. Bildungsanomalie S. 117. Anomalie der Grösse, Gestalt und Neigung S. 118. — II. Anomalie der Verbindung. 1. Anomalie der Verbindung des Trommelfelles mit der Paukenhöhle S. 118. 2. Anormale Verbindung des Trommelfelles mit dem Hammergriff S. 119. 3. Anormale gegenseitige Verbindung von Trommelfell-Falten S. 120. — III. Wölbungsanomalie. 1. Vermehrte Concavität S. 120. 2. Vermehrte Convexität S. 124. 3. Abflachung S. 126. — IV. Trennung des Zusammenhanges. 1. Nicht penetrirende Continuitätstrennung S. 126. 2. Penetrirende Continuitätstrennung S. 127. *A)* Zerfall des Trommelfellgewebes S. 127. *B)* Traumatische Perforation (Ruptur): *a)* indirecte, *b)* directe Einwirkung S. 127. — Symptome bei Perforation S. 127. — Diagnose: *a)* ohne Inspection des Trommelfelles S. 130, *b)* bei Inspection des Trommelfelles S. 132. — Verlauf und Ausgang S. 133: *a)* Vergrösserung der Perforation S. 133, *b)* stationär bleibende Perforation S. 134. *c)* Verkleinerung und Verschluss S. 134, Trommelfellnarbe S. 135. — Behandlung S. 135: *a)* Erhaltung der Perforation S. 136, *b)* Verschluss der Perforation S. 136, künstliches Trommelfell S. 136, Gehörsverbesserung durch Druck S. 137. — V. Anomalie der Dicke des Trommelfelles S. 137. 1. *Verdickung des Trommelfelles: a)* Verdickung der äusseren Schichte. 1. Verdickung des Epithels S. 138, 2. Verdickung des Bindegewebes S. 139, *b)* Verdickung der Substantia propria S. 139, *c)* Verdickung der inneren Schichte S. 139, 2. *Verdünnung des Trommelfelles* S. 140, Atrophie und Narbe S. 141. — VI. Hyperämie und Hämorrhagie. Hyperämie S. 141, Hämorrhagie S. 142. Wanderung der Auflagerungen am Trommelfelle S. 143. — VII. Entzündung des Trommelfelles S. 144. Acute Entzündung S. 147, chronische Entzündung S. 148. Myringitis villosa S. 148. — VIII. Neubildung. *A) Organisirte Neubildung.* 1. Cornu cutaneum S. 149. 2. Perlförmige Epithelialbildung S. 150. 3. Cholesteatom S. 150. 4. Papillargeschwulst S. 150. 5. Fibröse Neubildung S. 150. 6. Knochenneubildung S. 150. 7. Cyste S. 151. 8. Tuberkel S. 151. *B) Nichtorganisirte Neubildung*, Verkalkung S. 151. — IX. Nervenerkrankung und Ligmente S. 153. — X. Fremdkörper S. 153.

IV. Capitel. **Die Ohrtrompete** . . . . S. 153–172

A) Anatomie und Physiologie: I. Entwicklung S. 153. — II. Anatomie S. 154. 1. Knorpelig-membranöse Tuba S. 155, Knorpel S. 155, Ostium pharyngeum S. 156. Bau des Knorpels S. 157. 2. Knöcherne Tuba S. 158. Bewegungsapparat: 1. M. tensor veli S. 158, 2. M. levator veli S. 159, Fascien S. 159. — III. Physiologie S. 160.

B) Pathologie und Therapie: I. Bildungsmangel S. 162. II. Anomalie des Verlaufes S. 162. — III. Anomalie der Lage S. 162. — IV. Pathologische Stellung S. 162. — V. Anomalie des Lumens. *A)* Verengerung S. 162: *a)* angeborene Verengerung S. 163, *b)* erworbene Verengerung S. 163. *B)* Verschluss S. 164. *C)* Verwachsung S. 164, Symptome bei Verengerung und Verschluss S. 164. *D)* Abnormes Offenstehen S. 166. Respirationsbewegungen des Trommelfelles S. 167. *E)* Erweiterung der Tuba S. 168. — VI. Anomalie der Verbindung. 1. Mangelhafte Verbindung S. 168. 2. Excessive Verbindung S. 168. — VII. Hyperämie und Hämorrhagie S. 168. — VIII. Entzündung. 1. Katarrh S. 169, Injectionen S. 170, Bougirung S. 170. 2. Croup und Diphtheritis S. 171. 3. Ulcera S. 171. — IX. Neubildung. 1. Bindegewebsneubildung S. 171, 2. Verknöcherung S. 171, 3. Verkalkung S. 171. — X. Anomalie des Inhaltes S. 171.

Anhang zum IV. Capitel. **Die Nasen- und Nasenrachenhöhle** S. 172–187

I. Anomalie des Lumens. 1. Verengerung S. 172, *a)* angeborene Verengerung S. 172, *b)* erworbene Verengerung S. 172. 2. Erweiterung S. 173. II. Anomalie der Verbindung S. 174, Verschluss S. 174, Palatum fissum S. 175. III. Entzündung S. 175. *Katarrh: a)* acuter Katarrh S. 175, *b)* chronischer Katarrh S. 176, Lymphbahnen der Nase S. 177, Insufficienz der Tubenmuskeln S. 178. Behandlung: *a)* Entfernung des Secretes S. 178, *b)* Medicamentöse und galvanokaustische Behandlung S. 178, *c)* Kräftigung insufficienter Muskeln S. 180. 2. *Phlegmone* S. 180. IV. Neubildung S. 181. 1. Nasenpolyp S. 181. 2. Adenoide Vegetationen S. 182. V. Neurosen. 1. Hyperästhesie S. 185. 2. Vasomotorische Störung S. 185. Coryza intermittens S. 185. 3. Neurosen der Tubenrachenmuskeln: *a)* Parese und Paralyse S. 186, *b)* Spasmen S. 186, knackendes Ohrengeräusch S. 186.

V. Capitel. **Die Paukenhöhle** .... S. 187—317

A) Anatomie und Physiologie: 1. *a)* Entwicklung der Paukenhöhle S. 187, *b)* Anatomie der Paukenhöhle S. 188, *c)* Entwicklung der Gehörknöchelchen S. 191, *d)* Anatomie der Gehörknöchelchen S. 191, *e)* Muskeln der Paukenhöhle. 1. M. tensor tympani S. 194, 2. M. stapedius S. 195. *f)* Auskleidung der Paukenhöhle S. 195, *g)* Topographisches Verhalten S. 198. — II. **Physiologie.** Function der Gehörknöchelchen S. 199, Function des M. tensor tympani S. 201. Einflussnahme der Tubenmuskeln auf den Tensor tympani S. 202, Function des M. stapedius S. 203.

B) Pathologie und Therapie der Paukenhöhle: I. Bildungsanomalie S. 203. — II. Anomalie der Grösse S. 203. — III. Trennung des Zusammenhanges S. 204. *1. Trauma* S. 204, seröser Ohrenfluss S. 204, *2. Druckatrophie und Ossificationsmangel* S. 206: *a)* Lücken im Tegmen tympani S. 206, *b)* Lücken im Fundus tympani S. 206, Vergrösserung der Fossa jugularis S. 206, *c)* Lücken im Canalis caroticus S. 207. *3. Ulceration* S. 207. — IV. Hyperämie S. 207. — V. Hämorrhagie S. 207: *a)* Bluterguss bei intactem Trommelfelle S. 208, *b)* Bluterguss mit Ruptur des Trommelfelles S. 209, Ursachen einer Ohrblutung S. 209, Behandlung bei Ohrblutung S. 210, Carotis-Unterbindung S. 211. — VI. Entzündung S. 211, Allgemeine Bemerkungen S. 211, Eintheilung der Entzündungen S. 213, verschiedene Eintheilungen der Entzündungen S. 214, Aetiologie S. 215, Erkrankung des Nasenrachenraumes S. 216, Durchgängigkeit des Trommelfelles für Luft S. 217, Innervationsstörungen S. 218, Symptome S. 219, Schwindel und Fieber S. 220. *I. Gruppe: Oberflächliche Entzündung.* 1. **Katarrh.** *A)* Acuter Katarrh S. 221, Trommelfell-Bilder bei Exsudat S. 221, Behandlung S. 225, *B)* Chronischer Katarrh S. 227, Vererbung S. 228, Unsicherheit des Trommelfell-Bildes S. 230, Gehörscurven S. 233, Behandlung S. 236, Luftdouche S. 237, Injection S. 238, 2. **Croup** S. 240. 3. **Desquamative Entzündung** S. 240. *II. Gruppe: Phlegmonöse Entzündung.* 1. **Die einfache phlegmonöse Entzündung** S. 243. 2. **Die eiterige phlegmonöse Entzündung** S. 247, *A)* Acute eiterige Entzündung S. 247, Entzündung Neugeborener S. 247, *B)* Chronische eiterige Entzündung S. 250, Paukenhöhlen-Secret S. 252. Fortschreiten der Entzündung von der Paukenhöhle auf die benachbarten Theile: Dach der Paukenhöhle S. 254: *a)* Meningitis S. 254, *b)* Gehirnabscess S. 256, Boden der Paukenhöhle S. 259. Verbindung der Paukenhöhle mit der Pyramide S. 260, Hintere Paukenwand S. 260, Innere Paukenwand S. 260. *Phlebitis mit Thrombosenbildung* S. 261. Thrombosirung der Vena jugularis interna S. 262, Thrombosirung des Sinus transversus S. 263, Thrombosirung des Sinus longitudinalis superior S. 264, Thrombosirung des Sinus cavernosus S. 264, Symptome bei entzündlicher Thrombose S. 264, Ausgang einer Phlebitis mit Thrombose S. 265, Widerstandsfähigkeit der Sinuswandungen S. 266. Hypertrophie der Paukenwände S. 266. Die eiterige Paukenentzündung als Ursache einer Allgemeinerkrankung S. 266, Prognose S. 266. Behandlung S. 267. 3. **Diphtheritis** S. 274. — **Adhäsionen** in der Paukenhöhle. 1. Pseudomembranen S. 275, 2. Unmittelbare Verbindungen S. 276. — VII. Ulceröse Erkrankung. 1. Gangrän S. 278. 2. Caries und Nekrose S. 278. — VIII. Neubildung. 1. Polyp S. 280. 2. Sarcom S. 291, 3. Osteosarcom S. 291, 4. Knochenneubildung S. 291, 5. Cysten S. 291, 6. Carcinom S. 292, 7. Tuberkel S. 292. — IX. Neurosen S. 292. *I. Gruppe: Primär auftretende Neurosen.* 1. Otalgia tympanica S. 292, 2. Trophoneurose S. 294, Otitis intermittens S. 295, 3. Erkrankung des Facialis S. 296, 4. Erkrankung des Trigeminus S. 296, 5. Sympathicus S. 296. *II. Gruppe: Consecutiv auftretende Neurosen.* **A) Direct ausgelöste Neurosen.** 1. Facialis S. 297, Einfluss des Facialis auf die Hörfunction S. 297, 2. Chorda tympani und Plexus tympanicus S. 301: *a)* Anomalie der Geschmacksempfindung S. 302, *b)* Anomalie der Tastempfindung S. 303, *c)* Anomalie der Speichelsecretion S. 304. **B) Consecutiv entstandene Neurosen.** Intracranielle Erkrankung des Trigeminus S. 304. **C) Reflexvorgänge** S. 305, 1. Sensible Reflexe S. 305, 2. Motorische Reflexe S. 305, Einfluss auf den motorischen Apparat des Auges S. 306. 3. Trophoneurose S. 306. Sympathische Einflüsse S. 306. Psychisch-intellectuelle Reflexerscheinungen S. 307. — X. Anomalie des Inhaltes S. 307. — **Erkrankung der Gehörknöchelchen.** I. Bildungsanomalie. 1. Bildungsmangel S. 307. 2. Bildungsexcess S. 308. — II. Anomalie der Dicke S. 308. — III. Anomalie der Lage S. 308. — IV. Anomalie der Verbindung und Trennung des Zusammenhanges S. 308. 1. Mangelhafte Verbindung S. 309, Fractur des Hammergriffes S. 309, Luxation S. 309. 2. Abnorm straffe Verbindung S. 310. Fixation des Steigbügels S. 310. Schallleitung bei fixirtem Steigbügel S. 311. — V. Caries und Nekrose S. 313. — VI. Neubildung. 1. Exostose S. 314, 2. Enchondrom S. 314. 3. Angiom S. 314. — **Erkrankung der Muskeln der Paukenhöhle.** S. 314. *1.* Erkrankung des Musc. tensor tympani S. 314. Einfluss des Tensor veli auf den Tensor tympani S. 314, klonische Krämpfe des Tensor tympani S. 315. Tenotomie des Tensor tympani S. 315. 2. Erkrankung des Musc. stapedius S. 316. Tenotomie S. 316. Accommodationsstörung S. 317.

VI. Capitel. **Der Warzentheil** . . . . S. 317—334.

A) Anatomie und Physiologie: I. Entwicklung S. 317. — II. Anatomie S. 318. — III. Physiologie S. 321.

B) Pathologie und Therapie: I. Anomalie der Grösse. 1. Abnorme Grösse S. 321. Verengerung S. 321. — II. Anomalie der Verbindung S. 321. — III. Trennung des Zusammenhanges. 1. Trauma S. 322. 2. Ossificationsmangel S. 322. — IV. Anomalie der Dicke. 1. Hypertrophie S. 322. 2. Atrophie S. 322. — V. Hyperämie und Hämorrhagie S. 323. — VI. Entzündung S. 323. 1. Entzündung der äusseren Decke: *a)* Phlegmone S. 323. *b)* Periostitis S. 324. 2. Entzündung der Warzenzellen S. 326. — VII. u. VIII. Caries und Nekrose S. 327. Eröffnung des Warzenfortsatzes S. 310. üble Zufälle bei der Eröffnung S. 332. — IX. Neubildung S. 333. — X. Neurosen. 1. Facial-Paralyse S. 333. 2. Neuralgie S. 334. Reflexerscheinungen S. 334. — XI. Fremdkörper S. 334.

VII. Capitel. **Das innere Ohr** . . . . S. 334—402.

A) Anatomie und Physiologie: I. Entwicklung S. 334. — II. Anatomie S. 335, Cortisches Organ S. 338. Centrale Acustiens-Fasern S. 340. — III. Physiologie S. 342, Otolithen S. 343, Bogengänge S. 343, Durchschneidung des Acusticus und Facialis S. 345, Schnecke S. 345. sensorisches acustisches Centrum S. 346. Wort-, Seelentaubheit S. 347, Psycho-Acustik S. 347, Hyperacusis Willisii S. 348. Reflexerscheinungen S. 349, Sympathie zwischen beiden Gehörorganen S. 351.

B) Pathologie und Therapie des inneren Ohres, des N. acusticus und der acustischen Centren: a) Pathologie und Therapie des Labyrinthes. I. Bildungsanomalie. 1. Bildungsmangel S. 351. 2. Bildungsexcess S. 352. II. Anomalie der Grösse und Dicke S. 352. — III. Anomalie der Verbindung S. 352. Otolithen S. 352. — IV. Anomalie der Consistenz S. 353. — V. Trennung des Zusammenhanges S. 353. 1. Trauma S. 353, 2. Ulceration S. 353. — VI. Anämie, Hyperämie und Hämorrhagie. 1. Anämie S. 353, 2. Hyperämie S. 353, 3. Hämorrhagie S. 354. — VII. Entzündung S. 354. — VIII. Caries und Nekrose S. 356. IX. Neubildung S. 357. — **b) Erkrankung des Nervus acusticus.** *I. Erkrankung der peripheren Acusticuszweige und des Acusticusstammes.* I. Bildungsmangel S. 357. — II. Anomalie der Dicke, Atrophie S. 357. — III. Trennung des Zusammenhanges S. 358. — IV. Entzündung S. 359. — V. Neubildung S. 359. — VI. Texturanomalie S. 359. — *2. Affection der centralen Acusticusfasern, bezw. der acustischen Centren.* Gehirntumoren S. 359. Aneurysma der Art. basilaris S. 360. Apoplexie S. 360, acuter Hydrocephalus S. 361, verschiedene centrale Ursachen S. 361, Sympathicus und Plexus cervicalis S. 361, Chinin und Salicylsäure S. 362, Syphilis S. 362. Sexual-Affectionen S. 362. Speicheldrüsenentzündung S. 363, Transfert S. 364. Erkrankung des vierten Ventrikels S. 364, Erkrankung der Medulla oblongata S. 365, senile Torpidität des Acusticus S. 365. Vermehrung des intraauriculären Druckes S. 365. *3. Erkran-*

kung des acustischen sensorischen Centrums S. 366. — 4 **Traumatische Affection des Acusticus und der acustischen Centren:** *a)* Traumatische Affection des Acusticus S. 366. *b)* Traumatische Affection der acustischen Centren S. 367. — **Subjective Symptome bei Erkrankung des Acusticus, bezw. der acustischen Centren** S. 368. I. Anomalie der Hörfunction. 1. *Anomalie der Intensität* S. 368: *a)* Anaesthesia acustica S. 368, ungleichartige Anästhesie S. 368, partielle Toutaubheit S. 369. Paracusis loci S. 369. *b)* Hyperaesthesia acustica S. 370. Nachempfindung S. 371. 2. *Qualitativ veränderte Gehörsperception* S. 372. Paracusis duplicata S. 372. — II. Subjective Gehörsempfindungen S. 374. Entotische Geräusche S. 374. Gehörshallucinationen S. 381. — III. Störungen des Gleichgewichtes und Erbrechen S. 384. — Gleichzeitiges Auftreten der Symptome von Gehörsanomalien. Gleichgewichtsstörungen und Uebelkeit (Ménière'sche Symptome) S. 385. Meningitis cerebro-spinalis S. 386. — Diagnose einer Affection der peripheren, bezw. centralen Acusticuszweige S. 388. Erkrankung des Cerebellum S. 389. — Prognose S. 390. — Behandlung S. 391. Brenner's acustische Reactionsformel S. 393. Hindernisse bei der Entwicklung der Formel S. 394. Verhalten der subjectiven Gehörsempfindungen S. 395. Behandlung der Hyperästhesie S. 396. Behandlung der Schwerhörigkeit S. 396. Behandlungsresultat S. 397. Inductionsstrom S. 397. — **Die angeborene und die früh erworbene Taubheit. Die Taubstummheit** S. 398.

Hörprüfungs-Apparat (Nachtrag) . . . S. 403

Anhang.

Die Begutachtung des Hörorganes in forensischer Beziehung S. 405—422.
Strafgesetze S. 405. I. **Die Begutachtung traumatischer Affectionen des Hörorganes:** 1. Luftdruckschwankungen S. 405: *a)* Trommelfell. α) Ruptur S. 406. β) Hämorrhagie S 409. *b)* Paukenhöhle. α) Blutorguss in die Paukenhöhle S. 410. β) Consecutive Entzündungen S. 410, Blutstauung bei Compression des Halses S. 410. *c)* Acusticus S. 410. Untersuchungsmethoden zur Erkennung simulirter Taubheit S. 412. *d)* Centralnervensystem S. 415. 2. Stumpfe Gewalt: *a)* Ohrmuschel S. 416. *b)* Schläfenbein. α) Gehörgang. β) Paukenhöhle und Labyrinth S. 416. 3. Stich, Hieb oder Riss: *a)* Ohrmuschel S. 417. *b)* Trommelfell S. 417. *c)* Gehörknöchelchen S. 418. *d)* Cavum tympani und Labyrinth S. 418. *e)* Warzenfortsatz S. 418. 4. Schuss S. 419. 5. Fremdkörper: *a)* Gehörgang S. 419, *b)* Trommelfell S. 419. 6. Chemische und thermische Einwirkung S. 419.

II. **Die Einflussnahme gewisser Ohraffectionen auf ungesetzliche Handlungen** S. 420.

III. **Die forensische Bedeutung des Inhaltes der Paukenhöhle** S. 421.

Die Begutachtung des Hörorganes mit Rücksicht auf das Versicherungswesen. I. Die Lebensversicherung S. 421. — II. Die Invaliditätsversicherung S. 422.

Sachregister . . . . S. 423

Einleitung.

I. Die Untersuchung des Gehörorganes.

A. Die Untersuchung des äusseren Ohres und des Trommelfelles.

Die Besichtigung der Ohrmuschel und des Ohreinganges wird gewöhnlich bei directem, die des Gehörganges und des Trommelfelles fast ausschliesslich bei reflectirtem Lichte vorgenommen. Der hierzu gebräuchliche Reflector (Fig. 1) besteht aus einem in der Mitte durchbohrten oder nicht amalgamirten Concavglase von circa 7 Centimeter Durchmesser und 15 Centimeter Brennweite. Zur Reflexion des directen Sonnenlichtes eignet sich dagegen besser ein Planspiegel.[1]

Fig. 1.

Der erste Ohrreflector wurde von *Hofmann*[2]) angegeben; nach *Swaagman*[3]) bediente sich auch *Broeck* in der Mitte durchbohrter Reflexspiegel. *Warden*[4]) beschrieb die Anwendung einer „prismatischen Lichtrückstrahlung", wobei das Licht durch Totalreflexion in das Ohr geworfen wurde. Diese Untersuchungsmethoden blieben jedoch unbeachtet und erst durch *Tröltsch*[5]) hat die Benützung von Reflectoren die allgemeine Verbreitung gefunden.

Als Beleuchtungsquelle eignet sich das von weissen Wänden oder Wolken reflectirte Sonnenlicht am besten zur Untersuchung. Im Ermanglungsfalle hat man sich der verschiedenen künstlichen Lichtarten zu bedienen.[6])

Eine Ocularinspection des Gehörganges und des Trommelfelles ist ohne instrumentelle Hilfe gewöhnlich nicht möglich, theils wegen der zuweilen stärker ausgesprochenen Krümmungen des Gehörganges oder wegen seines engen Lumens, theils wegen vorgelagerter Haare, Epithelial- und Ceruminalschollen. Die am knorpeligen Gehörgange vorkommenden Krümmungen können durch einen auf die Ohrmuschel nach hinten, oben und aussen einwirkenden Zug zum Theile ausgeglichen werden; mitunter erweist sich jedoch eine andere Zugsrichtung als zweckmässiger.

---

[1]) *Lucae*, Centralbl. f. d. med. Wiss. 1869, Nr. 52. — [2]) *Casper's* Wochenschr. 1841, Nr. 1. — [3]) S. *Schmidt's* Jahrb. 1849, B. 61, S. 360. — [4]) Lond. and Edinb. Journ. 1843, July, s. *Cannstatt*, Jahrb. 1843, B. 2, S. 195. — [5]) Deutsche Klin. 1860, Nr. 12 bis 16. — [6]) Unter diesen ist die *Nitze-Leiter*'sche elektrische Beleuchtungsvorrichtung besonders zu erwähnen (s. *Leiter*, Elektro-endoskop. Instr., Wien, 1880; *Zaufal*, Arch. f. Ohr. XVI, S. 188).

Hierbei kommen ausser den individuellen Verschiedenheiten noch die einzelnen Entwicklungsstadien des Gehörganges in Betracht: so findet bei Kindern innerhalb des ersten Lebensjahres eine Abhebung der Gehörgangswände am zweckmässigsten statt, wenn die Ohrmuschel nach aussen, vorne und unten abgezogen wird[1], wobei die Inspection bei einer nach aufwärts und nicht, wie sonst, nach abwärts geneigten Blickrichtung erfolgt.

Zur Beseitigung der anderen oben angegebenen Hindernisse für die Ocularinspection dienen: der Ohrtrichter, die Pincette, anstatt dieser zuweilen eine Sonde und die Spritze.

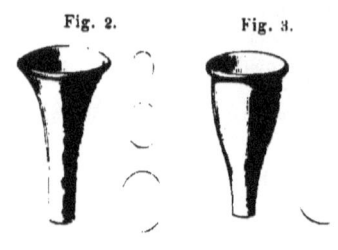

Fig. 2.   Fig. 3.

Die aus Metall oder Hartgummi gefertigten Ohrtrichter (Fig. 2 und 3) sind von einfach konischer[2]) oder cylindrisch konischer[3]) Gestalt und besitzen ein kreisrundes oder ovales[3]) Lumen von verschiedener Weite.

Ursprünglich wurde als Ohrtrichter das von *Hildanus*[4]) angegebene cylinderförmig gespaltene Speculum benützt, welches *Kramer*[5]) trichterförmig umstaltete; gegenwärtig wird nurmehr der allseitig geschlossene Ohrtrichter gebraucht.[6])

Zu diagnostischen und didaktischen Zwecken können bei der Ocularinspection verschiedene optische Vorrichtungen Anwendung finden: Zur Vergrösserung des Trommelfellbildes bediente sich *Deleau*[7]) einer positiven Linse, *Bonnafont* (1834)[8]) eines Systemes von drei Linsen, *Broeck*[9]) einer achromatischen Vergrösserungslinse. *Cleland*[10]) einer Convexlinse mit Handgriff. Convexlinsen, die sich unter Anderem auch für Hypermetropen eignen, können an der Rückseite des Spiegels dessen centraler Oeffnung vorgelagert werden. *Weber-Liel*[11]) empfiehlt ein nach dem Principe des *Mach-Kessel*'schen Mikroskopenspiegels[12]) verfertigtes „Ohrmikroskop". — Apparate für binoculäre Inspection wurden von *Rossi*[13]), *Eysell*[14]) und *Berthold*[15]) angegeben. — Zu Demonstrationszwecken, um gleichzeitig einer zweiten Person das Trommelfell einstellen zu können, versah *Hinton*[16]) das Speculum mit einem Prisma; *Siegle*[17]) bringt an das erweiterte Ende des Ohrtrichters einen kleinen Planspiegel an, der bei einer Winkelstellung von 45° ein deutliches Spiegelbild des Trommelfelles liefert; derselbe Vorschlag wurde von *Grünfeld*[18]) gemacht. Mittelst eines zweiten Planspiegels, z. B. eines Toilettenspiegels, kann ein Beobachter sein eigenes Trommelfell zur Anschauung bringen. — Zur Auftragung von Medicamenten an eine bestimmte Stelle des Gehörganges eignet sich manchmal ein mit einem seitlichen Ausschnitte versehenes Ohrspeculum.[19])

Fig. 4.

Die Ohrpincette besitzt vom Hammergriff winkelig abgebogene Arme, die gerade (Fig. 4) oder gekreuzt verlaufen und einfach abgerundet, gezähnt oder löffelförmig enden.

Die Ohrspritze findet sich weiter unten beschrieben.

Untersuchungs-Vorgang. Behufs Untersuchung des äusseren Ohres und des Trommelfelles lässt man den Kopf des Patienten in der Weise

---

[1]) *Gruber* (Mon. f. Ohr., II, S. 84). — [2]) *Ignaz Gruber*, s. *C. Haas*, Examen aur. aegrot. Viennae 1841 u. *Rau*, Ohrenh., S. 25. — [3]) *Toynbee*, Ohrenh., Uebers. 1863, S. 33. — [4]) Opera omn. 1682, s. *Rau* l. c — [5]) Ohrenheilk. 1836, S. 118. — [6]) *Ign. Gruber* l. c. Nach *Wilde* (Ohrenh., Uebers. 1855, S. 67), empfahl zuerst *Newburg* (1827) als ungespaltenen Ohrtrichter eine dünne, circa 10 Cm. lange Hornröhre. — [7]) S. *Schwartze, Schmidt's* Jahrb. B. 121, S. 345. — [8]) Traité d. malad. de l'or. 1873. p. 14. — [9]) S. Zeitschr. f. d. ges. Med. 1844, B. 26, S. 87. — [10]) D. Klin. 1860, S. 133. — [11]) M. f. Ohr. X, Nr. 10, XI, Nr. 10. — [12]) Arch. f. Ohr. VIII, S. 124. — [13]) M. f. Ohr. III, Sp. 179 u. M. Sp. 78. — [14]) A. f. Ohr. VII, S. 239. — [15]) Berl. klin. Woch. 1875. N. 25. — [16]) Med. Times 1868, Jan., s. A. f. Ohr. IV, S. 301.   [17]) Berl. kl. W. 1874. S. 275. — [18]) M. f. Ohr. XV, S. 65. — [19]) *Pierce*, s. A. f. Ohr. XVI, S. 228.

neigen, dass das zu inspicirende Ohr nach aufwärts zu liegen kommt, indess die Lichtstrahlen, die entweder über den Kopf des zu Untersuchenden oder etwas seitlich davon zum Spiegel gelangen, von diesem in den Gehörgang reflectirt werden. Die Ohrmuschel wird nunmehr nach hinten, aussen und oben gezogen und dadurch der Gehörgang gestreckt, womit zuweilen die, besonders für ein ungeübtes Auge sehr empfehlenswerthe Einstellung des Gehörganges und des Trommelfellbildes ohne Speculum möglich erscheint. Zeigt sich die Einführung eines Speculums in den Ohrcanal nöthig, so schiebt man den, in dem gegebenen Falle möglichst weiten Ohrtrichter, unter leicht drehenden Bewegungen, in den Gehörgang hinein und hält bei dem geringsten Widerstande oder bei eintretenden Schmerzen mit der weiteren Einführung inne. Der Trichter wird hierauf mit dem Daumen und Zeigefinger der bisher an der Ohrmuschel befindlichen Hand festgehalten, indess die andere, nunmehr frei gewordene Hand, welche das Speculum eingeführt hatte, den Reflector ergreift. Ein weiteres Einschieben des Trichters bis an den knöchernen Ohrcanal kann im Erfordernissfall mit der bereits am Trichter befindlichen Hand bei steter Controle des Auges vorsichtig stattfinden.

Bei einiger Uebung gelingt es sehr leicht, mit dem Daumen und Zeigefinger den Trichter nach einwärts zu bewegen, während die Ring- und Mittelfinger derselben Hand gleichzeitig die Ohrmuschel nach hinten, oben und aussen ziehen.

Der Ocularinspection sich etwa entgegenstellende Hindernisse, wie Epithel- und Cerumenpartikelchen, können, wenn sie sich im äusseren Abschnitte des Gehörganges befinden, mit der Pincette vorsichtig entfernt werden; dagegen sind die im inneren Abschnitte des Ohrcanales vorkommenden fremden Massen, wegen der leicht stattfindenden Verletzung des Trommelfelles, wenn möglich nicht mit der Pincette zu extrahiren, sondern durch Ausspritzung herauszubefördern.

Durch Hervorwölbung einzelner Wandungen des Gehörganges, besonders der vorderen Wand, kann eine Besichtigung einzelner Theile des Trommelfelles, am häufigsten des vorderen unteren peripheren Abschnittes, behindert sein. Ein andermal wieder gelingt es nur einen kleinen Theil des Trommelfelles einzustellen und man ist alsdann genöthigt, sich durch Stellungsveränderungen des Ohrtrichters das gesammte Trommelfellbild aus einer Reihe partieller Bilder zusammenzusetzen.

Bei der Untersuchung des äusseren Ohres und des Trommelfelles hat man folgende Punkte zu beachten: Die Umgebung des Ohres, die Ansatzstellen der Ohrmuschel und diese selbst, den Eingang des Ohrcanales, dessen Verlauf, Lumen, die Beschaffenheit der Cutis; ferner an der Membrana tympani deren Lage, Form, Grösse, Dicke, Neigung, Wölbung, Färbung und Lichtreflexe. Bei der Entwicklung des Trommelfellbildes suche man stets nach dem nahe der oberen Peripherie befindlichen kurzen Fortsatz, dem Processus brevis (Fig. 6, *P. br.*) des Hammers, der als gelb-weisslich gefärbtes Knöpfchen in den Gehörgang hineinragt; vom kurzen Fortsatz verläuft der Hammergriff (*M. m.*) normaliter nach hinten und unten; er endet in der unteren Hälfte der Membran einfach abgerundet oder mit einer kleinen Scheibe. Vom unteren Ende des Hammergriffes, dem sogenannten Umbo des Trommelfelles, erstreckt sich der „Lichtkegel" (*R*) gegen die vordere untere Peripherie. In manchen Fällen schimmern durch das Trommelfell einzelne Theile der Paukenhöhle hindurch, wie der verticale Ambossschenkel, die Chorda tympani, die Nische des runden Fensters u. s. w.

Aus praktischen Gründen ist die Eintheilung des Trommelfelles in Segmente und Quadranten üblich. Die Begrenzungslinien, an denen diese Abschnitte zusammentreffen, werden vom Hammergriffe ausgehend gedacht: Stellt man sich den Hammergriff bis zur unteren Peripherie des Trommelfelles verlängert vor, so zerfällt dadurch das ganze Trommelfell in einen vorderen und hinteren Abschnitt; durch eine in die Horizontalebene des Griffendes auf die Verticallinie senkrecht gelegte immaginäre Linie zerfällt ferner das Trommelfell in ein oberes und unteres Segment. Denkt man sich beide Linien durch das Trommelfell gelegt, so kann man dieses aus 4 Feldern zusammengesetzt betrachten, welche Quadranten des Trommelfelles genannt werden; man hat demzufolge von einem vorderen oberen (Fig. 5 und 6 *v o*), vorderen unteren (*v u*), von einem hinteren oberen (*h o*), und hinteren unteren (*h u*) Trommelfell-Quadranten zu sprechen; der Lichtkegel befindet sich beispielsweise im vorderen unteren Quadranten, der verticale Ambossschenkel schimmert durch den hinteren oberen Quadranten durch u. s. w.

Fig. 5. Fig. 6.

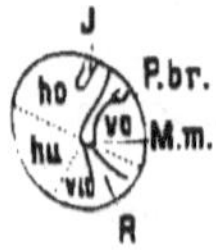

Zur Untersuchung der Beweglichkeit des Trommelfelles dient der **pneumatische Ohrtrichter**.[1] (Fig. 7.)

Der pneumatische Ohrtrichter besteht aus einem Speculum, das an seinem verbreiterten Ende mittelst einer 45° gegen den Horizont geneigten Glasplatte abschliesst. Nahe der Glasplatte führt vom Innenraum des Trichters ein Hohlzapfen nach aussen, über den ein eine Ende eines Gummischlauches hinübergestülpt wird. Der enge, für den Gehörgang bestimmte Theil des Trichters ist abschraubbar und von verschiedener Weite; für gewöhnlich genügen drei Nummern. Im Erfordernissfalle lässt sich der Umfang eines zu dünnen Ansatzstückes durch einen aufgestülpten Gummiring vergrössern. Dieser letztere ist auch sonst zur Erzielung eines luftdichten Verschlusses des Gehörganges sehr passend. Um eine Reinigung beider Glasflächen leicht vornehmen zu können, ist es zweckmässig, das Glas in ein abschraubbares Gehäuse einzusetzen.

v o = vorderer-oberer) Quadrant
v u = vorderer-unterer | des
h o = hinterer-oberer | Trommel-
h u = hinterer-unterer) felles.
P. br. = Processus brevis.
M. m. = Hammergriff.
J = verticaler Ambossschenkel.
R = Lichtkegel.
l = linkes Trommelfell.
r = rechtes Trommelfell.

Fig. 7.

Die Anwendung des *Siegle*'schen Trichters ist folgende: Man führt das Speculum in den Gehörgang ein und trachtet diesen dabei luftdicht abzuschliessen; der Trichter soll bis an den knöchernen Gehörgang vorgeschoben werden, da die nachgiebigen Wandungen des knorpeligen Canales bei der später vorgenommenen Aufsaugung der Luft im Gehörgange in dessen Lumen eintreten und dadurch die Adspection des Trommelfelles erschweren oder ganz unmöglich machen können. Die Aspiration der im Ohrcanale befindlichen Luft erfolgt entweder durch Saugen mit dem Munde an dem vom pneumatischen Trichter abgehenden Schlauch oder durch Aufziehung des Stempels einer Spritze, über deren Ansatz der Schlauch gestülpt ist, oder endlich vermittelst eines Gummiballons, aus dem die Luft vorher ausgedrückt wurde und der nunmehr durch den Schlauch die Luft im Gehörgange aspirirt.

Am einfachsten und dabei gleichzeitig von sehr kräftiger Wirkung ist die **Aufsaugung mit dem Mund**; bei stossweiser Aspiration und Benützung eines nur wenig Luft fassenden pneumatischen Trichters gelingt es häufig, auch bei einem nicht luftdichten Verschlusse, eine Auswärtsbewegung des Trommelfelles zu erzielen. Selbstverständlich eignet sich die Aspiration mit dem Munde nicht für Fälle von Ohreneiterung.

Zum Zwecke einer deutlichen Wahrnehmung der geringsten Bewegungen des Trommelfelles im Momente der Aspiration schaltet *Voltolini*[2] in den pneumatischen Ohrtrichter Linsen ein und erzielt damit eine **pneumatische Ohrloupe**.

---

[1] *Siegle*, D. Klinik, 1864, S. 363. Wie ich bei Durchsicht der Literatur ersehe, hatte bereits *Trampel* (s. Med. chir. Z., Ergänz.-H., 1790—1800, S. 390) den Versuch gemacht, durch Luftverdünnung im äusseren Gehörgange eine Aspiration des Trommelfelles vorzunehmen, und zwar vermittelst eines in den Ohreingang luftdicht eingeführten Korkstopfen, durch den der Stachel einer Spritze hindurchgestochen war, so dass beim Aufziehen des Spritzenstempels die Luft aus dem Gehörgange ausgezogen werden konnte. Ueber eine auf ähnliche Weise vorgenommene Aspiration des Trommelfelles berichtet *Fabrizi* (Ueb. d. a. Ohr. vorh. Oper., übers. v. *Lincke*, 1842, S. 104). — [2] Mon. f. Ohr. VII, Nr. 2.

B. Untersuchung der Ohrtrompete. Bei der Untersuchung der Ohrtrompete kommen die Ocularinspection und die verschiedenen Prüfungsmethoden der Durchgängigkeit des Tubencanales in Betracht.

1. **Die Ocularinspection der Ohrtrompete** ist in der Regel auf deren Rachenmündung beschränkt; nur ausnahmsweise gibt sich bei Perforation des vorderen Trommelfellabschnittes vom äusseren Gehörgange aus ein Theil der Paukenmündung zu erkennen. Vom Ostium pharyngeum tubae ist in dessen Ruhelage, bei imperforirtem Gaumen nur vermittelst der pharyngo-rhinoskopischen Untersuchung (Rhinoscopia posterior) ein deutliches Bild zu gewinnen (s. Fig. 8), wogegen die Bewegungen der Rachenmündung nur durch die Rhinoscopia anterior zu verfolgen sind.

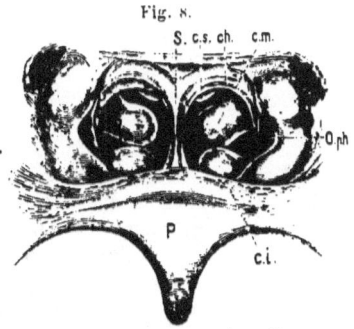

Fig. 8.

ch. = Choane. — c. s. = obere Nasenmuschel. — c. m. = mittlere Muschel. — c. i. = untere Muschel. — O. ph. = Rachenmündung der Ohrtrompete. — P = Gaumen. — S. = Septum narium.

Zur Besichtigung der Rachenmündung von vorne her reichen gewöhnlich die gespaltenen oder ungespaltenen Nasentrichter (Fig. 9) nicht aus, sondern es sind hierzu die lang gestreckten, cylindrisch geformten Nasenspecula Zaufal's[1]) (Fig. 10) zu gebrauchen.

2. **Die Prüfung der Durchgängigkeit des Tubencanales** bezieht sich entweder auf dessen Permeabilität überhaupt oder im gegebenen Falle auf die nähere Bestimmung des Sitzes und der Natur vorhandener Anomalien im Tubenlumen.

Fig. 9.

Fig. 10.

a) Die Permeabilität des Tubencanales wird mit Hilfe verschiedener Methoden der Lufteintreibung in die Ohrtrompete vorgenommen, deren ausführliche Besprechung hier um so nöthiger ist, als dieselben auch therapeutisch von hohem Werthe sind. Es sind diesbezüglich anzuführen: *a)* Das Verfahren von *Valsalva*; *b)* der Katheterismus der Ohrtrompete; *c)* das Verfahren von *Politzer*.

Das Verfahren von Valsalva. Das *Valsalva*'sche Verfahren besteht in einer forcirten Exspirationsbewegung bei verschlossenem Mund- und Naseneingange, wobei die im ganzen Respirationstracte, also auch im Cavum naso-pharyngeale, comprimirte Luft in die Nebenhöhlen und Canäle des Nasenrachenraumes, unter anderen auch in die Ohrtrompete eindringt.

Dieses Verfahren, dessen häufige, gehörverbessernde Wirkung sehr viele an Mittelohrkatarrhen leidende Patienten zufällig (z. B. beim Schneutzen) kennen lernen, ist im Allgemeinen als therapeutisches Mittel nicht zu empfehlen: es bewirkt nämlich Kopfcongestionen, die schon bestehende hyperämische Zustände im Ohre zu steigern vermögen; ferner liegt die Gefahr nahe, dass der Patient bei der leichten Ausübung des *Valsalva*'schen Verfahrens dieses im Uebermass anwendet und dadurch eine Ausdehnung des Trommelfelles herbeiführt; ausserdem nimmt dieses Verfahren

---

[1]) Arch. f. Ohr. IX. S. 133; Aerztl. Corr. Bl. 1875, Nr. 24.

auf gewisse Erkrankungen des Lungengewebes, besonders auf Emphysema pulmonum einen schädlichen Einfluss. Dagegen ist das *Valsalva*'sche Verfahren in einzelnen Fällen zur Beurtheilung der Resistenz des Trommelfelles, nämlich welchen Widerstand die Membran dem von der Rachenhöhle in das Cavum tympani eindringenden Luftstrome darbietet, ferner zur Verhinderung eines allzu raschen Verschlusses künstlicher Perforationen des Trommelfelles, diagnostisch-therapeutisch zu verwerthen.

Der **Katheterismus der Ohrtrompete** besteht in der Einführung eines röhrenförmigen Instrumentes in die Rachenmündung der Ohrtrompete, behufs Einblasung von Luft durch die Röhre in den Tubencanal.

Fig. 11. Fig. 12.

Als **Ohrkatheter** (Fig. 11 und 12) dient eine mehr weniger dünne Hartgummi- oder Metallröhre (3—4 Nr.), welche an dem für die Tuba bestimmten Ende in verschieden starkem Grade gebogen ist, während das vordere Ende für die Aufnahme des Ballonansatzes eine trichterförmige Erweiterung besitzt. An dem trichterförmigen Ende befindet sich eine Marke (Knöpfchen oder Ring), welche die Stellung des in die Nase eingeführten Katheterschnabels anzeigt. Die Länge des Katheters soll 14—16 Cm. betragen (einschliesslich der Krümmung).

Die zuweilen empfohlenen längeren Katheter scheinen mir nicht so handlich wie die möglichst kurzen, da ihr trichterförmiges Ende unnöthig weit vom Naseneingange absteht und eine ungeübtere Hand im Momente der Lufteinblasung leicht stärkere Bewegungen des Katheters erregt.

Bei dem Gebrauche von Metallkathetern wird durch ein Einziehen der scharfen Ränder nach innen oder durch eine schwache Anschwellung des tubaren Endes [1]) die schmerzhafte Reibung des Metallrandes an den Wandungen der Nasenrachenhöhle verhindert. Im Allgemeinen zeigen jedoch Metallkatheter niemals so abgestumpfte Ränder, wie die Hartgummikatheter; diese letzteren bleiben daher stets für den Patienten weniger schmerzhaft, wogegen sie wieder den Nachtheil ihrer schwierigeren gründlichen Reinigung haben. Die den Hartgummikathetern vorgeworfene ausserordentlich leichte Zerbrechlichkeit finde ich bei einiger Achtsamkeit in der Handhabung des Instrumentes nicht bestätigt. Immerhin erscheint es rathsam, jeden Hartgummikatheter vor dem Gebrauche auf seine Gebrechlichkeit zu prüfen. Es wäre ferner noch aufmerksam zu machen, dass die schwächer gehärteten, demnach geschmeidigeren Hartgummikatheter den stärker gehärteten, spröden Kathetern entschieden vorzuziehen sind; die ersteren sind von dunkelbrauner Farbe, die letzteren erscheinen schwärzlich oder selbst tiefschwarz. Ein Vorzug der Hartgummikatheter über die Metallkatheter liegt in dem Umstande, dass sie durch die stärksten Säuren, durch Jodkalium-Lösungen etc. nicht angegriffen werden, ferner noch darin, dass man sie leicht in beliebiger Weise krümmen kann. Man bewegt zu diesem Zwecke den Katheter über der Flamme hin und her und achte nur, dass keine Verbrennung des Gummi erfolge, oder aber der Katheter wird in heisses Wasser gesteckt, bis er vollkommen weich geworden ist: nachdem der weiche Katheter eine passend erscheinende Krümmung erhalten hat, wird er rasch in kaltes Wasser getaucht, damit sich die Krümmung nicht wieder ausgleiche. Für eine im Katheterisiren ungeübtere Hand, ferner für Patienten, die sich einen eigenen Katheter anschaffen, endlich für Injectionen gewisser Mittel, welche das Metall angreifen, ziehe ich das Hartgummi dem Metalle vor, in allen anderen Fällen jedoch wende ich Metallkatheter an, da alle sogenannten Desinfectionsmittel wie Carbolsäure, Salicylsäure, Kali hypermanganicum, absoluter Alkohol etc. viel weniger Sicherheit gegen eine Infection darbieten, als das Auskochen des Instrumentes, was eben nur bei Metallkathetern möglich ist.

Für einzelne Fälle, in denen der Katheterismus durch den Nasengang nicht gelingt, empfehlen *Günther* [2]), *Wolff* [3]), ferner *Pomeroy* [4]) und *Kessel* [5]) eigens gestaltete

---

[1]) *Möller*, Ueber den Katheterismus. Kassel. 1836. S. 62. s. *Rau*, Ohrenh, S. 122. — [2]) *Walther* und *Ammon's* Journ., B. 3, St. 3, S. 438, s. *Cannstatt's* J. 1845, B. 3, S. 203. — [3]) Med. Centr. Zeit. 1850, Nr. 45. — [4]) The Medic. Record 1873, July 8. A. f. Ohr. VIII, S. 287. — [5]) A. f. Ohr. XI, S. 218.

Katheter, die nach dem Vorgange des Versailler Postmeisters *Guyot*[1]) vom Munde aus in die Rachenmündung einzuführen sind.

Es wären an dieser Stelle noch einige Instrumente zu erwähnen, welche zur Fixation des in die Rachenmündung eingeführten Nasentubenkatheters dienen. Derartige Fixationsvorrichtungen erweisen sich meistens als vollständig überflüssig und stehen daher gegenwärtig nur ausnahmsweise in Verwendung. Zum Festhalten des Katheters ohne Compression der Nasenflügel wird eine einfache Reissfeder verwendet, die an ihrem oberen Ende in das Kugelgelenk einer Stirnbinde einpasst; der eingeführte Katheter wird gegen sein trichterförmiges Ende zwischen die beiden Branchen des pincettenförmigen Instrumentes gebracht und durch Aneinanderschrauben derselben eingeklemmt. Viel rascher zu handhaben sind die verschiedenen Nasenklemmen, welche durch Aneinanderpressen der Nasenflügel den in die Nasenhöhle eingeführten Katheter festhalten; eine sehr einfache Klemme rührt von *Bonnafont*[2]) her (Fig. 13), *Rau*[3]) benützte eine Brillenpincette. *Delstanche fils*[4]) verwendet eine Nasenklemme aus Fischbein, welche sich der Arzt selbst bereiten kann; man biegt ein 2 Mm. dickes und 1 Cm. breites Fischbein, nach dessen vorheriger Beölung, über der Flamme in stumpfherzförmiger Form mit von einander abstehenden Endschenkeln um und steckt über die beiden Umbiegungsstellen Gummiröhrchen. Das Instrument und seine Applicationsweise ist in Fig. 14 und 15 dargestellt.

Fig. 13.

Fig. 14.

Fig. 15.

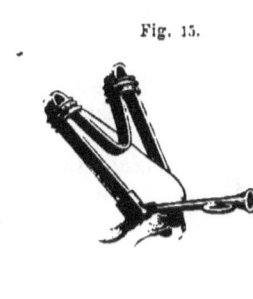

Apparate zu Lufteintreibungen in den Ohrkatheter. Die Lufteintreibungen durch den Ohrkatheter in den Tubencanal werden gegenwärtig fast ausschliesslich mit dem Gummiballon (Hand- oder Trettballon)[5]) vorgenommen und die verschiedenen Compressionspumpen oder eine Einblasung mit dem Munde nur selten benützt.

Der birnförmig gestaltete Handballon (Fig. 16) besitzt an seinem verjüngten Ende einen abschraubbaren Hartgummiansatz, welcher in den Trichter des Katheters luftdicht einpasst.

Fig. 16.

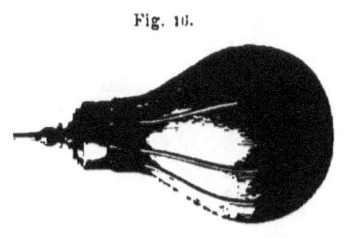

Man hat zu achten, dass die Lumenweite der Ausgangsröhre des Ballons nicht geringer sei, als das Lumen des Katheters an seinem Schnabelende, da sonst eine Abschwächung des in den Tubencanal eingeblasenen Luftstromes erfolgt. Um dies zu vermeiden, wählt man entweder für weitere Katheter einen entsprechend weiteren Ballonausatz oder man benützt überhaupt nur solche Ansätze, deren Lumen dem des dicksten Katheters gleichkommt. *Gruber*[6])

---

[1]) Acad. roy. d. sciences, Paris, 1725. T. 4. — [2]) Malad. de l'oreille, Paris, 1873, p. 41. — [3]) Lehrb. S. 118. — [4]) A. f. Ohr. IX, S. 243. — [5]) *Lucae*, Virch. Arch., B. 27, S. 220; *Hartmann*, A. f. Ohr. XIII, S. 1. Der Trettballon erweist sich wegen der dabei leicht eintretenden Ermüdung des Fusses oft als unpraktisch (s. *Lucae*, A. f. Ohr. XIX, S. 133). — [6]) Lehrb., 1870, S. 194.

empfiehlt das convexe Ende des Ballons mit einer etliche Millimeter grossen Oeffnung zu versehen, um nach der Auspressung der Luft aus dem Ballon dessen Füllung durch diese Lücke zu ermöglichen; der Daumen der die Luftdouche besorgenden Hand hält während der Compression des Ballons die Oeffnung verschlossen und wird hierauf abgehoben. Noch bequemer sind die Ventilballons, deren Ventil sich nach innen öffnet. Ott[1]) empfiehlt einen Ballon mit 2 Ausgangsröhren, von denen die eine zur Verbindung mit dem Katheter bestimmt ist, indess von der anderen Röhre ein Schlauch ausläuft, der zwischen die Zähne gebracht wird, von diesen während der Entleerung des Ballons zusammengepresst und hierauf behufs Wiederanfüllung des Ballons freigelassen wird. Wie *Tröltsch*[2]) hervorhebt, soll der Ballon nie aus vulcanisirtem Gummi bestehen, da sich von diesem stets kleine Stücke ablösen, welche in den Katheter und durch diesen in die Tuba getrieben werden können.

Zur Reinigung der in's Mittelohr eingeblasenen Luft benützen *Tröltsch*[3]) einen Badeschwamm, *Schwartze*[4]) Watte, *Zaufal*[4]) Filterkapseln mit *Bruns*'scher Watte und antiseptischem Mull.

Lucae[5]) verwendet Doppelballons, wie sie bei den Zerstäubungsapparaten im Gebrauche stehen; der zweite als Windkessel dienende Ballon muss durch ein dichtes Seidennetz, nach *Lucae* noch besser durch ein dünnes, mit gewachster Baumwolle umwirktes Kupferdrahtgitter, vor dem Zerplatzen gesichert sein; ein solches Netz erhöht auch die Kraft des Luftstromes. An den Netzballon ist ein Haken befestigt, mittelst dessen der Doppelballon in ein Knopfloch des Rockes eingehängt wird.

Fig. 17.

Ein Hinüberstülpen des vom Netzballon auslaufenden Schlauches über das trichterförmige Katheterende ist nicht so zweckmässig wie ein kleines Zwischenstück (Fig. 17) aus Hartgummi; dasselbe besitzt an dem einen Ende eine rundliche Anschwellung, über welche der vom Ballon ausgehende Schlauch hinübergestülpt wird, indess das andere als Einsatz für den Kathetertrichter bestimmt ist und einen abgestutzten Kegel darstellt. Ein solches mit einem kurzen Schlauch versehenes Zwischenstück passt auch für die Luftdouche mit dem einfachen Ballon; das Instrumentchen ist sehr anzurathen, da die Einschaltung einer beweglichen Röhre zwischen Ballon und Katheter jede stärkere und oft sehr schmerzhafte Bewegung des Katheters im Nasenrachenraum während der Lufteintreibung oder beim Herausziehen des Ballonansatzes aus dem Kathetertrichter verhindert.

Zur Controle, dass bei der Luftdouche die Luft in die Paukenhöhle einströmt, dient das Otoskop[6]) (Fig. 18). Dasselbe besteht aus einem circa 1 Meter langen Schlauche, dessen beiden Enden mit zwei kleinen Oliven versehen werden; die eine Olive hat der Arzt, die andere der Patient in den Gehörgang so einzuführen, dass sie in diesem, ohne weitere Unterstützung, stecken bleiben.

Fig. 18.

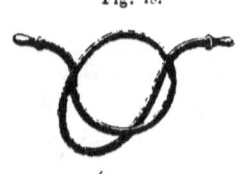

Passt die Olive nicht in den Gehörgang hinein und muss sie deshalb mit der Hand fixirt werden, so achte man, dass der Patient dabei nicht etwa den Schlauch zusammendrücke, wodurch Auscultationsgeräusche in ihrer Fortleitung behindert werden; aus demselben Grunde darf das Otoskop nicht geknickt oder verstopft sein.

Der Katheterismus der Ohrtrompete wird in folgender Weise vorgenommen:

Der Patient, welcher steht oder sitzt, stützt seinen Kopf an eine

---

[1]) A. f. Ohr. XIV, S. 186. — [2]) A. f. Ohr. I, S. 29. — [3]) Lehrb., 6. Aufl., S. 228. — [4]) A. f. Ohr. XVII, S. 1. — [5]) D. Klin. 1866, Nr. 8, s. A. f. Ohr. II, S. 308, XI, S. 33. — [6]) *Toynbee*, Lehrb., Uebers., S. 191.

Wand oder an die Sessellehne; bei trockenen Nasengängen oder stärkerer Secretansammlung in der Nasenhöhle lässt man den Kranken vor dem Katheterisiren schneutzen. Der Arzt steckt den einfachen Ballon unter die Achselhöhle, gewöhnlich der linken Seite, in der Weise, dass der convexe Theil des Ballons nach vorne gekehrt ist; noch vor dem Einführen des Katheters kann das Otoskop angelegt werden. Die rechte Hand fasst den Katheter gleichwie eine Schreibfeder mit dem Daumen, dem Zeige- und Mittelfinger, etwas vor der Marke und schiebt das nach aufwärts gehaltene dagegen mit seiner Krümmung stets nach unten gerichtete Schnabelende vorsichtig über die kielförmige Erhebung des Bodens am Naseneingang in den unteren Nasengang hinein. Zum Zwecke einer leichteren Orientirung stülpt die andere (linke) Hand die Nasenspitze etwas auf, um einen Einblick in den Naseneingang zu ermöglichen. Sobald der Schnabel in den unteren Nasengang eingedrungen ist, wird der Katheter allmälig in die Horizontalstellung, eher noch etwas höher gebracht, wobei jedoch ein weiteres Eindringen des Instrumentes in die Nasenhöhle streng zu vermeiden ist. In der Horizontalstellung angelangt, wird der Katheter langsam und vorsichtig immer über den Nasenboden gleitend nach hinten bewegt, indess sich die andere (linke) Hand etwas nach abwärts begibt, und zwar haben der Daumen und Zeigefinger den Katheter am Naseneingange zwischen sich zu fassen, während die anderen Finger am Nasenrücken und an der Stirne einen Stützpunkt gewinnen, der ein Zittern der Hand und damit irritirende Bewegungen des Katheters hintanhalten soll. Der Daumen und Zeigefinger dürfen während aller noch zu besprechenden Manipulationen mit dem Katheter, bis zu dessen Herausnahme aus der Nasenrachenhöhle, keine weitere Bewegung vornehmen. Die andere Hand schiebt nunmehr den Katheter langsam nach hinten und sucht etwa sich entgegenstellende Hindernisse im Cavum nasale zu umgehen. Je leichter das Instrument gehalten wird, je langsamer man mit demselben vordringt und dabei jedes sich entgegenstellende Hinderniss zu umgehen trachtet, desto schonungsvoller lässt sich der Katheterismus ausführen; mit je mehr Gewalt man dagegen ein Hinderniss zu überwinden sucht, je rascher eine noch ungeübte Hand den Katheter in die Tiefe vorschiebt, desto grössere Schmerzen werden hervorgerufen. Erweist sich ein Katheter als zu dick oder zu stark gekrümmt, so ist er mit einem anderen, passenderen zu vertauschen.

Der Katheterismus durch die Nase wurde zuerst von *Petit*[1]) vorgeschlagen; *Douglas*[2]) zeigte in seinen anatomischen Vorlesungen, dass man auf diese Weise Injectionen in die Tuba vornehmen könne; die ersten praktischen Versuche an Lebenden rühren von *Cleland*[3]) her.

Die Einführung des Katheters durch den unteren Nasengang in die Rachenmündung kann nach verschiedenen Methoden vorgenommen werden:

Boyer[4]) bewegt den nach unten gekrümmten Katheterschnabel über den unteren Choanenrand in den Nasenrachenraum hinein. Ein schwaches Einsinken des Katheters in den weichen Gaumen oder das Gefühl einer weichen Oberfläche, über die das Instrument nunmehr gleitet, sprechen dafür, dass der Katheter den Choanenrand bereits passirt hat. Das Instrument wird nunmehr um 90° gegen das betreffende Ostium pharyngeum tubae

---

[1]) Annot. ad Pallini Anat. chir. T. II. p. 472. s. *Westrumb* in *Rust's* Magaz., 1831, B. 35, S. 400. — [2]) S. *Wathen*, Philos. Trans., 1755, XLIX, Part. I, p. 213, cit. v. *Westrumb* (s. oben). — [3]) Philos. Trans., 1710, XXI, Part. II. — [4]) S. Annal. des Mal. de l'or., 1877, T. III, p. 69—82.

gedreht, so dass die ursprünglich nach unten gerichtete Marke nahezu horizontal, zuweilen etwas über die Horizontale gestellt ist.

Kramer[1]) schiebt den Katheter durch den unteren Nasengang nach hinten, bis der Schnabel an die hintere naso-pharyngeale Wand anstösst. Diese, meist von sehr geringer Empfindlichkeit, gibt sich durch den Widerstand, welchen das weiter nach hinten bewegte Instrument erfährt, sowie durch die Resistenz der Wirbelsäule zu erkennen; bei Schwellungszuständen an der hinteren Wand fühlt die mit dem Katheter tastende Hand nicht den Knochen, sondern ein weiches Polster; ein ähnliches Gefühl zeigt sich übrigens auch dann, wenn der Katheter in eine faltige Erhebung der Schleimhaut oder in polypöses Gewebe geräth.

Sobald der Katheter die hintere Nasenrachenwand berührt hat, wird das nach abwärts gekrümmte Schnabelende entlang der seitlichen Nasenrachenwand, ungefähr $1^1/_2$ Cm. (circa $1/_2'''$) nach vorwärts gezogen, bis das Instrument „über den hinteren rundlichen Wulst der Mündung der *Eustach*'schen Trompete" gleitet und das Gaumensegel berührt, „welches sich hebt und den Katheter, indem man ihm zugleich eine Viertelsdrehung um seine Achse nach aussen und oben gibt, in die Mündung der *Eustach*'schen Ohrtrompete, selbst mit einer gewissen Gewalt, hineinhebt".[1])

Yearseley[2]) dreht das die hintere Nasenrachenwand berührende Schnabelende des Katheters gegen die zu katheterisirende Seite und zieht hierauf das Instrument nach vorne, bis der Katheterschnabel, über den Tubenwulst hinübergleitend, in die Rachenmündung einsinkt.

Bing[3]) schlägt vor, das Katheterende nicht über die hintere Tubenlippe hinüber zu ziehen, sondern diese durch eine schwache Spiraldrehung des Katheters nach unten zu umgehen.

Triquet[4]) wendet den Katheterschnabel bereits innerhalb des Nasenganges nach aussen, so dass der nach hinten geschobene Schnabel, sobald er den lateralen Choanenrand verlassen hat, in das Orificium tubae gelangt.

Ph. H. Wolff[5]) schiebt den Katheter bis zur hinteren Nasenrachenwand, zieht hierauf das Instrument, dessen Krümmung unverändert nach abwärts gerichtet bleibt, wieder nach vorne, bis sich das Schnabelende in den unteren Choanenrand gleichsam einhakt und damit eine Weiterbewegung des Instrumentes verhindert oder wenigstens ein merkliches Hinderniss setzt. Zuweilen ist jedoch dieses Hinderniss sehr unbedeutend, so dass der Katheterschnabel, besonders bei rasch ausgeführten Bewegungen, unvermerkt in den Nasengang zurückgezogen wird. Zur Vermeidung dieses Uebelstandes hebt *Gruber*[6]) das ausserhalb der Nase befindliche Trichterende, um dadurch dem Katheterschnabel im Nasenrachenraume eine günstigere Stellung zum Einhaken in den Choanenrand zu verschaffen.

Vom unteren Choanenrande wird der Katheter einige Millimeter nach hinten bewegt (die Entfernung des Ostium pharyngeum vom Choanenrande ist sehr individuell) und alsdann seitlich gedreht.

Frank[7]) bringt das nach unten gekrümmte Schnabelende an die hintere Nasenrachenwand, dreht hierauf den Katheter um 90^0 gegen die nicht zu katheterisirende Seite, so dass also beispielsweise bei einer Katheterisation der rechten Tuba die Kathetermarke horizontal gegen die linke Seite zu stehen kommt; das Instrument wird nunmehr nach vorne bewegt, bis der Schnabel am Septum narium einen Widerstand findet; man beschreibt

---

[1]) *Kramer*, Ohrenkr., 1836, S. 248. — [2]) D. Taubh., übers. v. *Ulmann*, Weimar 1852, S. 75: dieselbe Methode empfehlen *Ménière*, s. *Forget, Schmidt's* J. 1852, B. 75, S. 345, *Kuh* (s. *Lincke*, Ohrenkr. III, S. 360) und *Politzer*, Lehrb. d. Ohr., S. 135. — [3]) Wien. med. Zeit. 1878, Nr. 7. — [4]) Traité prat. des mal. de l'or. 1857. — [5]) *Lincke's* Handb. d. Ohr. III, S. 358. — [6]) Lehrb. d. Ohr., S. 206. — [7]) Lehrb. d. Ohr., 1845, S. 101.

alsdann mit dem Katheter langsam eine nach unten gerichtete Halbkreisbewegung, bei welcher der Katheterschnabel von seiner ursprünglichen Horizontalstellung zuerst nach unten und weiter seitlich nach aussen gedreht wird und damit auch in die Rachenmündung der betreffenden Tuba gelangt.

Die von *Löwenberg*[1]) neuerdings aufgenommene Methode *Frank's* ist meines Erachtens unter allen Methoden der Katheterisation des Tubencanales, bei ungeübterer Hand, das schonungsvollste Verfahren, da bei diesem nur zwei sehr wenig sensible Punkte des Nasenrachenraumes, nämlich dessen hintere Wand und das hintere Ende der Nasenscheidewand, berührt werden. In manchen Fällen ist auch dieses Verfahren nicht ausführbar, sowie man überhaupt mit keiner der angegebenen Methoden in allen Fällen ausreicht und daher stets auf mehrere Verfahren eingeübt sein soll.

Als mehr oder minder verlässliche **Merkmale der richtigen Lage des Katheterschnabels** in der Tubenmündung dienen: Die bei den Lufteinblasungen durch den Katheter entstehenden Auscultationsgeräusche (s. unten), ferner die Unmöglichkeit, den Katheterschnabel ohne besondere Gewalt über die Horizontale nach aufwärts zu drehen, der Nachweis, dass Schlingbewegungen die Stellung des Katheters nicht beeinflussen, endlich die zuweilen vorkommende Erscheinung, dass der Katheter in der ihm gegebenen Seitenstellung ohne weitere Fixation verharrt.

Betreffs der Horizontalstellung der Kathetermarke wurde bereits hervorgehoben, dass sich der in der Rachenmündung befindliche Katheterschnabel nur etwas über die Horizontale drehen lässt. Ist eine weitere Drehung nach aufwärts möglich, so kann dies als Zeichen einer falschen Lage des Katheterschnabels betrachtet werden, und zwar befindet sich dann dieser gewöhnlich in der geräumigen *Rosenmüller*schen Grube oder das Schnabelende wurde bei forcirter Drehung über das Ostium pharyngeum nach oben bewegt und steht gegen die obere Nasenrachenwand gerichtet. In anderen Fällen dagegen lässt sich der Katheter zuweilen nicht bis in die Horizontale drehen; ein solches Vorkommniss kann auf einer bedeutenden Enge des Ostium pharyngeum beruhen, es tritt jedoch noch häufiger dann ein, wenn das Schnabelende in einer Schleimhautfalte festgehalten wird, oder vielleicht vor der Rachenmündung bereits innerhalb der Nasenhöhle an der unteren Muschel gelegen ist. Das in der Rachenmündung befindliche Ende ist dem Einflusse der Muskelcontractionen nahezu vollständig entzogen, weshalb auch die beim Schlingacte unveränderte beibehaltene Stellung des im Nasenrachenraum befindlichen Katheters einen Schluss auf dessen richtige Einführung ziehen lässt. Ruht dagegen das Schnabelende auf einer vom Muskelspiele in Bewegung versetzten Schleimhautstelle, so geräth der Katheter bei jedem Schlingacte, sowie beim Phoniren in heftige Schwankungen; diese sprechen also stets gegen eine richtige Position des Instrumentes im Ostium pharyngeum.

Betreffs der Handbewegungen bei der Lufteinblasung wäre Folgendes zu bemerken: Der in die Rachenmündung eingeführte Katheter bleibt, wie schon erwähnt, mit der linken Hand am Naseneingange fixirt, während die nunmehr freie rechte Hand den unter der linken Achselhöhle schon vor dem Einführen des Katheters vorbereitet gehaltenen Ballon an dessen convexem Ende ergreift und den Hartgummiansatz, beziehungsweise das mit dem Ballonansatz beweglich verbundene Zwischenstück vorsichtig in den Kathetertrichter hineinsteckt.

Die Fingerstellung bei der nun vorzunehmenden Compression des Ballons ist von nebensächlicher Bedeutung und einfach Sache der Angewöhnung. Ich halte es wenigstens im Allgemeinen für gleichgiltig, ob der Ballon mit der Hand so umfasst wird, dass der Daumen der einen Seite und die übrigen 4 Finger der anderen Seite des Ballons angelegt werden, so dass dieser von oben mit der Hand umgriffen wird, oder ob man den Daumen auf das convexe Ende des Ballons auflegt, den Hals des Ballons nahe dem Hartgummiansatz, zwischen den 4. und 5. Finger einerseits und den 2. und 3. Finger andererseits bringt und hierauf die Compression des Ballons vornimmt. Mir ist diese letzte Fingerstellung bequemer und sie muss auch bei jenem Ballon stattfinden, der eine Oeffnung am convexen Ende besitzt, da der Daumen in diesem letzteren Falle die Dienste eines nach innen sich öffnenden Ventils zu versehen hat.

[1]) A. f. Ohr. II, S. 127.

Bei der **Compression des Ballons** darf der Katheter, zur Vermeidung stärkerer Schmerzen, nicht nach rückwärts gestossen werden; um einer solchen Bewegung zuvorzukommen, muss die linke Hand den **Katheter** etwas **nach vorne** ziehen und jedes Andrücken des Schnabelendes an die hintere Tubenlippe sorgfältigst hintanhalten. Wenn in einem bestimmten Falle, bei sonst richtiger Einführung des Katheters in die Rachenmündung, die Lufteinblasung in den Tubencanal nicht gelingt, genügt nicht selten eine schwache Vorwärtsbewegung des Instrumentes, durch welche eine Lüftung des in einer Schleimhautfalte befindlichen oder an die hintere Tubenlippe gepressten Schnabelendes erzielt wird.

Ballonfüllung. Bedient man sich zur Luftdouche eines Ballons ohne zweite Oeffnung, so darf dieser nach seiner Entleerung nicht von dem mit ihm verbundenen Katheter aus neu gefüllt werden, indem dabei das in den Katheter aspirirte Secret vom Nasenrachenraum die Mündung des Schnabelendes verstopfen kann oder bei der nächstfolgenden Lufteintreibung weiter in den Tubencanal geschleudert wird. Zur Hintanhaltung dieses Uebelstandes ist jede Füllung des Ballons, so lange er sich im Kathetertrichter befindet, sorgfältig zu vermeiden, und erst nach vorsichtiger Entfernung des comprimirten Ballons aus dem Kathetertrichter darf der Fingerdruck aufgehoben werden. Der neu gefüllte Ballon wird hierauf abermals luftdicht in den Katheter eingeführt und entleert. Dieses Verfahren kann zwei-, dreimal und noch öfter wiederholt werden.

Nach beendeter **Luftdouche** kommt der Ballon wieder unter die linke Achselhöhle, das Schnabelende des Katheters wird in die ursprüngliche, nach abwärts gerichtete Stellung gebracht, also die Marke nach unten gedreht und das Instrument in einer nach abwärts gerichteten Kreisbewegung aus der Nasenhöhle herausgezogen.

Die Handhabung des **Doppelballons** wurde bereits S. 8 beschrieben.

Hindernisse beim Katheterisiren. Abgesehen von einer bedeutenden Sensibilität, von Schwellungszuständen, Tumoren der **Nasenhöhle** oder des Nasenrachenraumes können auch mannigfache individuelle Verschiedenheiten in dem Bau der unteren Nasenmuschel und des Septum narium, Vorsprünge des knöchernen Gerüstes, sowie geringe räumliche Verhältnisse, das Einführen des Katheters durch den unteren Nasengang erschweren oder selbst unmöglich machen. Die am Naseneingang vorhandenen Hindernisse lassen sich wegen der Möglichkeit einer directen Ocularinspection meistens leicht umgehen.

Bei einem von mir behandelten Patienten zeigte das Septum nach beiden Seiten einen so bedeutenden Vorsprung, dass selbst der dünnste Katheter in keinem der beiden unteren Nasengänge eingeführt werden konnte.

Eine bedeutende kielförmige Erhebung des Nasenbodens am Eingange der Nasenhöhle erfordert eine beträchtliche Senkung des trichterförmigen **Katheterendes**, der gleich nach der Umgehung des Hindernisses eine Horizontalstellung des Instrumentes nachfolgen muss; widrigenfalls dringt der weiter nach rückwärts bewegte Katheter leicht in den mittleren Nasengang ein.

Der **Katheterismus** durch den mittleren Nasengang scheitert gewöhnlich wegen der Enge und Empfindlichkeit desselben; doch auch dann, wenn der Katheter bis zur hinteren Nasenrachenwand geschoben wird, ist eine freie Bewegung des Instrumentes meistens unmöglich, so dass es z. B. in der Regel nichts gelingt, den Katheter zu drehen, um nach einer der früher besprochenen Methoden das Ostium pharyngeum zu erreichen. Bei geringer Uebung im Katheterisiren geschieht es oft, dass erst die Unmöglichkeit einer Wendung des im Nasenrachenraume befindlichen

Katheters dessen falsche Lage im mittleren Nasengange erkennen lässt. Zuweilen wird die schwerere Beweglichkeit des auf falschem Wege befindlichen Katheters einem Hindernisse im Cavum nasopharyngeale zugeschrieben, wo in der That normale Verhältnisse bestehen. In einzelnen Fällen gleitet der im mittleren Nasengang liegende Katheter unter einem merklichen Ruck über die untere Muschel in den unteren Nasengang und erhält dadurch plötzlich eine freie Beweglichkeit.

Der in den unteren Nasengang richtig eingeführte Katheter begegnet zuweilen einem Hindernisse, das meistens durch eine seitliche Drehung des Instrumentes umgangen werden kann; man hat hierbei den Grundsatz zu befolgen, dem nur lose gehaltenen Katheter immer nachzugeben, wenn er während seiner Durchführung durch den Nasencanal eine an der Stellung der Marke ersichtliche Seitenbewegung macht. Stösst der Katheter an ein stärkeres Hinderniss, so versuche man ihn vorsichtig in seine ursprüngliche Lage zurückzubringen; nicht selten gelingt es dabei, dem Instrumente nach Ueberwindung des Hindernisses anstandslos die zum Katheterismus richtige Stellung zu verschaffen. Ein andermal wieder muss das Hinderniss nach oben umgangen werden, so dass die Concavität des Katheterschnabels und dementsprechend auch die Marke, anstatt nach unten gekehrt, nach aufwärts gerichtet ist. In manchen Fällen ist der Arzt genöthigt, mit dem Instrumente eine vollständige Kreisbewegung um dessen Axe (tour de maître) vorzunehmen, um das Eindringen des Katheters in die Rachenmündung zu ermöglichen.

Vermag man auf keine Weise durch die eine Seite hindurchzugelangen, so bietet die Vornahme der Katheterisation von der anderen Nasenseite ein gutes Ersatzmittel. Dieses zuerst von *Deleau*[1]) beschriebene Verfahren erfordert einen Katheter mit längerem Schnabelende und stärkerer Krümmung. Man schiebt den Katheter bis an die hintere Nasenrachenwand, dreht ihn um 90° gegen das zu behandelnde Ohr, führt den Katheter bis ans Septum narium hervor und macht hierauf bei strenger Beibehaltung der Horizontalstellung der Marke mit dem Trichterende des Katheters eine kleine seitliche Bewegung gegen das andere nicht zu katheterisirende Ohr, um ein stärkeres Einsinken des Schnabelendes in die entgegengesetzte Rachenmündung zu veranlassen; zum Katheterismus des anderen Ohres wird der Katheter einfach um 180° gedreht (s. S. 10).

Bei empfindlichen oder durch unruhiges Katheterisiren irritirten Individuen ruft das im Nasenrachenraume befindliche Instrument nicht selten Würgen, Erbrechen oder heftige Schlingbewegungen hervor, welche letztere den Katheter fixiren und selbst dessen Herausnahme ausserordentlich erschweren. Man halte in einem solchen Falle das Instrument unbeweglich, lasse den Patienten zur Beruhigung der stürmisch stattfindenden Contractionen der Rachenmuskeln kräftig durch die Nase athmen und versuche nun den Katheter in die richtige Lage zu bringen oder herauszuziehen.

Ausser diesen im Cavum naso-pharyngeale gelegenen Hindernissen zur Entfernung des Katheters kann auch ein anomaler Zustand in der Nasenhöhle das Herausziehen des Katheters erschweren; es geschieht dies gewöhnlich in solchen Fällen, in denen auch die Einführung des Instrumentes nur auf Umwegen ermöglicht war. Derartigen Schwierigkeiten begegnet man am besten bei Beobachtung der Regel, dass der Katheter in derselben Weise aus der Nasenhöhle herausgezogen werden soll, in der er durch diese hindurchgeführt wurde. Es gelingt allerdings nicht selten, sogar einen

---

[1]) Revue médicale, 1827.

mittelst tour de maître eingeführten Katheter ohne weitere Wendung auf geradem Wege aus der Nasenhöhle zu entfernen; dabei werden jedoch häufig unnöthige Schmerzen erregt, indess in demselben Falle eine während der Herausnahme des Katheters vorgenommene Axendrehung keine Schmerzen hervorruft.

Ueble Zufälle beim Katheterisiren. Unter den üblen Zufällen, welche auch bei sonst richtiger Lage des Katheters im Nasenrachenraume auftreten können, wären die in Folge des Katheterisirens entstehenden Ohnmachtsanfälle und Emphysembildungen zu erwähnen.

Eine **Ohnmacht** befällt zuweilen Patienten, denen das Einführen des Katheters in die Nasenhöhle nicht die geringsten Schmerzen hervorruft; es handelt sich hierbei wahrscheinlich nur um eine einfache Reflexerscheinung, und es wäre in dieser Beziehung auf die Beobachtung *Kratschmer's*[1] aufmerksam zu machen, dass von der Nasenhöhle reflectorisch eine Sistirung der Respiration im Exspirium, ein Stillstand der Herzbewegung in der Diastole und hierauf eine Reihe verlangsamter Pulsschläge ausgelöst werden können. Häufig erscheinen die Ohnmachtsanwandlungen nur bei der ersten Behandlung und zeigen sich später nicht wieder. Bei einer von mir katheterisirten Patientin trat jedesmal, bei den häufig wiederholten Katheterisationen, eine **Anämie** des Gesichtes ein, welche um so intensiver wurde, je länger der Katheter in der Nase verweilte und von einem zunehmenden ohnmachtsähnlichen Gefühle begleitet erschien. Bei rasch ausgeführtem Katheterismus fanden sich diese Symptome nicht vor.

Ein **Emphysem** entsteht entweder nach einer Verletzung der Schleimhaut durch den Katheter oder bei Ulcerationsvorgängen im Nasenrachenraume. Die durch den Katheter getriebene Luft findet in solchen Fällen Gelegenheit, nach Abhebung der Wundränder, unter die Schleimhaut in das submucöse Bindegewebe zu gelangen und vom Nasenrachenraume nach den verschiedenen Richtungen vorzudringen, so unter die Mucosa buccalis, unter die Schleimhaut des weichen Gaumens, der Uvula, des Cavum pharyngeale bis zum Kehlkopfeingange, in das submucöse Larynxgewebe (?)[2], ferner unter das subcutane Bindegewebe der Wange, der Augenlider, der seitlichen Partien des Halses bis zur 2.—3. Rippe nach abwärts; endlich kann die Luft auch an die Innenwand des Thorax gelangen, zur Abhebung der Pleura und, wie die Versuche *Voltolini's*[3] an Kaninchen ergaben, selbst zu Pneumothorax führen. *Voltolini* beobachtete bei seinen Versuchen an Thieren das Auftreten von Emphysem um die Epiglottis mit Verschluss des Introitus laryngis und Erstickungstod. Es ist wohl möglich, dass auch den durch *Turnbull*[4] mitgetheilten beiden Fällen von einem plötzlich während des Katheterisirens erfolgten kalten Ausgange (bei negativem Sectionsbefunde) ein Glottisemphysem zu Grunde gelegen war.

Ein sehr ausgebreitetes Hautemphysem beobachtete *Schalle*[5]: Dasselbe war hinten vom Musc. cucullaris und der Schulterhöhe, unten von der 3. Rippe, seitlich von dem Sternalrande der anderen (linken) Körperhälfte, dem Musc. st. cl. mast., nach oben von einer halbkreisförmigen über der Ohrmuschel gelegenen Linie begrenzt. Das äussere Ohr selbst war vom Emphysem nicht betroffen, dagegen der rechte Gaumen und die rechte Hälfte der Nasenschleimhaut. Die subjectiven Beschwerden waren fast Null, die Resorption erfolgte binnen 8 Tagen. — Eine Patientin in einem meiner Curse wurde während des Katheterisirens vorübergehend von heftiger Dyspnoe und von Collapserscheinungen befallen. Die Untersuchung ergab ein Emphysem, das sich von den seitlichen Theilen des Gesichtes nach vorne unten bis zur 4. Rippe, nach hinten unten bis zur Mitte der Scapula erstreckte. Der Gaumen und Pharynx zeigten kein Emphysem. — An einem alten Herrn war während des Katheterismus der einen Tuba ein hochgradiges bilaterales Gesichtsemphysem entstanden.

Die **subjectiven Symptome** sind je nach dem Sitze und der Ausbreitung des Emphysems sehr verschieden; die Patienten klagen über ein Gefühl von Spannung an den betreffenden Stellen, zuweilen über stechende **Schmerzen**, welche besonders in den ersten Stunden nach Entstehung des Emphysems sehr heftig sein können; bei einem tiefer nach abwärts gegen den Larynx fortschreitenden Emphysem entstehen Athembeschwerden, welche sich in seltenen Fällen zu **Suffocations-Erscheinungen** steigern. Bei zweien von mir beobachteten Patienten hatte die Emphysembildung zu

---

[1]) Sitzungsber. d. Akad. d. Wiss. Wien. 1870, B. 62, S. 243. — [2]) *Triquet*, Leç. clin. s. l. malad. de l'or. 1863, p. 150. — [3]) Mon. f. Ohr. VII, Nr. 1. — [4]) *Froriep's* Not. 1839, Nr. 223, S. 46; Lond. med. Gaz. 1842, May, p. 258. — [5]) Arch. f. Ohr. XII, S. 84.

einer auch objectiv nachweisbaren bedeutenden Gehörsverbesserung geführt, die mit dem Schwinden des Emphysems allmälig wieder abnahm.

Objectiv treten die Erscheinungen eines Emphysems äusserlich bald deutlich auf, bald wieder sind sie nur mittelst Digitaluntersuchung nachzuweisen, wobei die emphysematösen Partien ein Knistern ergeben. Das Gesicht erscheint an der betreffenden Seite geschwellt, aufgedunsen und contrastirt bedeutend gegen die andere Seite; die Augenlider zeigen sich wie ödematös und verschliessen als mächtige Wülste das Auge; die Inspection der Mund-, sowie der Nasenrachenhöhle weist eine blasig aufgetriebene Schleimhaut des weichen Gaumens und der Uvula auf, welche zuweilen eine beträchtliche Vergrösserung erfährt; ausserdem zeigt sich die hintere Pharynxwand hervorgebaucht; das Ostium pharyngeum kann von der emphysematösen Geschwulst vollständig verdeckt sein.[1])

Zaufal[2]) vermochte in einem Falle vermittelst der Rhinoscopia anterior die Eintrittsstelle der Luft in das submucöse Bindegewebe zu entdecken; die Stelle befand sich am Boden der Rachenmündung, sie war durch eine gelbliche Färbung erkennbar und zeigte bei Druck auf die emphysematös geschwellten Theile ein Auftreten von Luftblasen.

Der Verlauf eines Emphysems ist gewöhnlich ein sehr rascher, da binnen 1—3 Tagen, seltener erst nach einer Woche, die Resorption der Luft beendet ist.

Die Behandlung hat bei geringgradigem Emphysem vollständig exspectativ zu sein; kalte Umschläge und Gargarismen beruhigen die Schmerzen binnen Kurzem, stärkere emphysematöse Hervorwölbungen der Schleimhaut verschwinden nach einer oberflächlichen Incision unter Entweichung einiger Luftblasen; sollten suffocatorische Erscheinungen ein plötzliches Eingreifen erfordern, so muss die Schleimhaut mit dem Fingernagel rasch geritzt werden. Die betreffenden Patienten sind vor Allem sehr zu warnen, sich zu schneutzen, indem bei jeder Luftverdichtung im Nasenrachenraume neue Luftmengen unter die Mucosa gelangen und den Zustand verschlimmern.

Bei einer Patientin, welche während des Katheterisirens plötzlich von Suffocationserscheinungen befallen wurde, ging ich mit dem Zeigefinger rasch durch die Mundhöhle bis an die Epiglottis und führte denselben entlang der polsterförmig hervorgewölbten hinteren Rachenwand einige Male unter starkem Drucke nach aufwärts, worauf sich die Athemnoth verlor. Ein Fall, in welchem eine Laryngotomie ausgeführt worden wäre, findet sich in der Literatur nicht verzeichnet. Bei den jetzt üblichen Lufteinblasungen mit dem Handballon dürften die Emphysembildungen nicht so leicht eine wirklich lebensgefährliche Bedeutung erlangen, als dies bei Anwendung bedeutender Druckkräfte, wie bei Verwendung von Compressionspumpen der Fall sein könnte.

Im Anschlusse an das vom Cavum naso-pharyngeale ausgehende Emphysem mögen hier auch die vom Mittelohre zu Stande kommenden Emphysembildungen Erwähnung finden.

Ein Emphysem kann von irgend einer Stelle im Verlaufe des Tubencanales seinen Ausgang nehmen und von der Tuba auf die schon angeführten Partien übertreten. Es geschieht dies zuweilen nach einer Lufteinblasung in den unmittelbar vorher sondirten Tubencanal.[3]) Aus diesem Grunde darf einer Sondirung des Tubencanales eine Lufteinpressung in das Mittelohr (Luftdouche, *Valsalva*'sches Verfahren, Schneutzen) niemals nachfolgen, wenn sich das aus der Tuba entfernte Bougieende blutig gefärbt zeigt, als ein ziemlich verlässliches Zeichen, dass die Bougirung eine Verletzung der Mucosa herbeigeführt hat.

Von der Paukenhöhle kann ein Emphysem bei Continuitätstrennung der inneren Trommelfell-Lamellen bis unter die Dermoidschichte der Membran vordringen und diese bläschenförmig gegen den äusseren Gehörgang hervorstülpen.[4])

Bei etwa vorhandenen Dehiscenzen der Corticalis des Warzenfortsatzes vermag die Luft von den pneumatischen Mastoidealzellen unter die äussere Decke des Warzenfortsatzes vorzudringen und diese vom Knochen abzuheben; man findet alsdann hinter der Ohrmuschel am Processus mastoideus eine buckelige, geschwulstförmige Hervorwölbung, welche sich durch das knisternde Geräusch bei der Digitaluntersuchung, durch den tympanitischen Percussionsschall und mitunter durch ein amphorisches Auscultationsgeräusch als Luftgeschwulst deutlich zu erkennen gibt. Ein hierher gehöriges sehr prägnantes Beispiel theilt *Wernher*[5]) mit: Bei einem Manne entstand nach Niesen

---

[1]) *Voltolini*, Monatsschrift f. Ohr. VII, Sp. 116. — [2]) A. f. Ohr. XII, S. 251.
— [3]) Nach *Schwartze* (A. f. Ohr. IV, S. 151) vor Allem beim Gebrauche von Fischbeinsonden. — [4]) *Politzer*, Beleuchtungsbilder d. Trommelf. 1865. S. 129. — *Tröltsch*, Lehrb. d. Ohr., 6. Aufl., S. 224. — *Zaufal*, A. f. Ohr. V, S. 35. — [5]) D. Zeitschr. f. Chir., B. III.

eine taubeneigrosse Geschwulst hinter dem Ohre; dieselbe war anfänglich zu reponiren, später nicht mehr; allmälig entwickelte sich ein faustgrosser, höckeriger Tumor, der bis zum Scheitel reichte und beim Exspirium deutlich an-, beim Inspirium abschwoll. Ein auf diese Geschwulst schwach ausgeübter Druck bewirkte Ructus, ein starker Druck Athembeklemmungen. Die Auscultation ergab ein Blasebalggeräusch. Nachdem ein Druckverband ohne Erfolg angelegt worden war, trat nach vier subcutanen Jodinjectionen in Folge der dadurch erregten adhäsiven Entzündung eine vollständige Heilung ein. *Chevance*[1]) erwähnt einen Fall, in welchem nach einem Sturze eine emphysematöse Blase am Occiput auftrat, während der Patient das *Valsalva*'sche Verfahren vornahm. Eine mit dem Mittelohr communicirende faustgrosse Geschwulst oberhalb dem Warzenfortsatze beobachtete *Balassa*.[2]) Nach Eröffnung derselben und angelegtem Compressionsverband trat binnen vier Wochen die Heilung ein.

Das Verfahren von Politzer.[3])

Fig. 19.

Das *Politzer*'sche Verfahren beruht in seinem allgemeinen Principe auf einer Verdichtung der Luft in dem gegen den Naseneingang und die untere Pharynxhöhle verschlossenen Nasenrachenraum. Der Abschluss nach unten wird durch das Anlegen des weichen Gaumens an die hintere Rachenwand während eines Schlingactes, nach vorne durch das Aneinanderpressen beider Nasenflügel hergestellt; die Luftverdichtung erfolgt durch eine Eintreibung der Luft von aussen in das Cavum naso-pharyngeale.

Die zur Ausführung des *Politzer*'schen Verfahrens nöthigen Instrumente bestehen in einem Luftdoucheapparate und einem vermittelst eines beweglichen Zwischenstückes (Gummischlauches) an den Ballon befestigten Nasenansatze. Als ersterer dient beinahe ausschliesslich der Gummiballon; als Nasenansätze stehen zumeist kurze Katheter mit gebogenem Ende (Fig. 19) in Verwendung. Bei Benützung des katheterförmigen Ansatzes wird der Ballon mit der rechten Hand erfasst und das Schnabelende des Katheters mit der nach abwärts gerichteten Krümmung nur so tief in den Naseneingang geführt, dass die Röhre bei luftdicht aneinandergepressten Nasenflügeln jenseits des Verschlusses frei in die Nasenhöhle mündet. Der Verschluss selbst wird vom Daumen und Zeigefinger der linken Hand besorgt. Sehr zweckmässig ist der Vorschlag *Löwenberg's*[4]), über das Schnabelende des Katheters eine schmale Gummiröhre zu schieben, um auf diese Weise eine Art Polsterung des Katheterendes herzustellen.

Anstatt des Katheters kann besonders bei Kindern die Nasenolive (Fig. 20) eine passende Anwendung finden; es sind hierzu mehrere Oliven verschiedener Grössen angezeigt. Da die Olive den einen Naseneingang vollkommen zu verschliessen hat, so ist bei ihrem Gebrauche nur der luftdichte Verschluss des Einganges in die andere Nasenseite erforderlich; bei Einführung der Olive in den linken Naseneingang nehme man dieselbe zwischen Daumen und Zeigefinger, während der Mittelfinger den rechten Nasenflügel fest ans Septum narium anpresst; bei Verschluss des rechten Naseneinganges mit dem Daumen und Mittelfinger der rechten Hand gehalten, indess der Zeigefinger über den Nasenrücken auf den anderen Nasenflügel übergreift und diesen ans Septum drückt; anstatt mit der rechten Hand kann die Olive mit der linken Hand bei der oben angeführten Anordnung der Finger in den Naseneingang eingeführt werden.

Fig. 20.

Für Kinder und empfindliche Individuen im Allgemeinen ziehe ich die Nasenolive dem Katheter vor, da dieser in den Nasengang eingeführt werden muss, indess die Olive nur für den Naseneingang bestimmt ist und auch bei unruhigem Benehmen des Patienten ohne Gefahr einer Verletzung der Mucosa, selbst mit Gewalt, angewendet werden kann.

Die Technik des *Politzer*'schen Verfahrens ist folgende: Nachdem der Patient etwas Wasser in den Mund genommen hat, führt der Arzt den

---

[1]) *Canstatt's* Jahrb. 1852, B. 3, S. 160. — [2]) S. *Schmidt's* J. 1854, B. 81, S. 231. — [3]) Wien. med. Woch. 1863, Nr. 6. — [4]) S. *Cousin*, Bullet. gén. de thér. 1868, 29. Févr.

Katheter oder die Olive in den Naseneingang und verschliesst diesen auf die eben angegebene Weise möglichst luftdicht; auf ein gegebenes Zeichen schlingt der Patient das Wasser, während in demselben Momente die Lufteinblasung in die Nasenrachenhöhle erfolgt.

Löwenberg[1]) empfiehlt den Ballon erst in dem Momente zu comprimiren, als eine aufsteigende Bewegung des Larynx sichtbar ist. Die im Cavum naso-pharyngeale verdichtete Luft, welche weder nach unten, noch nach vorne zu entweichen vermag, dringt in die Nebencanäle und Nebenhöhlen des Cavum nasale und naso-pharyngeale ein, also in den Sinus frontalis, Ductus lacrymalis, in den Sinus maxillaris, ethmoidalis, sphenoidalis und so auch durch den Tubencanal in die Paukenhöhle.

Wie *Schwartze*[2]) aufmerksam macht, gelingt das *Politzer*'sche Verfahren bei Kindern auch ohne Schlingbewegung, theils wegen der engen räumlichen Verhältnisse und der leichteren Eröffnung der Ohrtrompete, theils weil während des Schreiens der weiche Gaumen an die hintere Pharynxwand tritt und somit den Verschluss der Nasenrachenhöhle nach unten herbeiführt.

Anstatt einer Schlingbewegung kann der zum Gelingen des *Politzer*schen Verfahrens bei Erwachsenen nöthige Gaumenverschluss auf eine andere Weise zu Stande gebracht werden: *Lucae*[3]) empfiehlt dazu die Phonation, da bei dieser bekanntlich eine Anlagerung des weichen Gaumens an die hintere Pharynxwand erfolgt. *Gruber*[4]) bedient sich ebenfalls der Phonation zur Herstellung des Gaumenverschlusses, nur lässt dieser Autor zum Unterschiede von *Lucae*, den Patienten anstatt „a", „hck" aussprechen. Bei der Phonation von „hck" legt sich der weiche Gaumen der hinteren Rachenwand an, wobei gleichzeitig auch die nach rückwärts gezogene Zunge zum Verschlusse beiträgt und daher auch in Fällen von ulceröser Destruction des weichen Gaumens oder bei Palatum fissum den Abschluss des Nasenrachenraumes ermöglicht [5]). Auch bei der während eines Inspiriums durch den verengten Mund ausgeführten Lufteinblasung in den Nasenrachenraum ist eine Ventilation des Mittelohres möglich.[6])

Der Ersatz des Schlingens durch die Phonation lässt eine raschere Ausführung der einfachen Luftdouche zu und ist ferner für die Praxis auch deshalb bequemer, da der Arzt sonst für jeden Patienten ein eigenes Glas bereit halten soll. In manchen Fällen erweist sich dagegen der durch die Phonation bewirkte Gaumenverschluss als zu schwach, er wird von dem andringenden Luftstrome durchbrochen, ehe noch die zur Ventilation des Mittelohres nöthige Luftverdichtung im Naseurachenraum zu Stande gekommen ist. Es muss ausserdem noch hervorgehoben werden, dass der Zustand des Tubencanales beim Schlingacte nicht derselbe ist, wie bei der Phonation und demzufolge an demselben Individuum ein gleich starker Luftdruck für das Gelingen des *Politzer*'schen Verfahrens bei Benützung des Schlingens vollständig ausreichen kann, während derselbe Luftdruck bei Vornahme einer Phonation den Tubencanal nicht zu eröffnen vermag. Der Grund hiefür ist ein sehr einfacher; eine jede Contraction der Gaumen-Rachenmuskeln übt einen Einfluss auf den pharyngealen Abschnitt der Ohrtrompete aus, so dass deren Eröffnung entweder leichter stattfindet oder schon allein durch die Anspannung ihres Bewegungsapparates zu Stande kommt; nun ist aber gewöhnlich die Contraction der Gaumen-Rachenmuskeln bei der einfachen Phonation von a, i schwächer als beim Aussprechen der Buchstaben hck und die Wirkung dieser letzteren wieder geringer als die des Schlingactes. Demzufolge dringt die Luft unter gleichen Druckstärken beim Schlingen am leichtesten, schwächer beim Aussprechen

---

[1]) L. Tumeurs adénoïd. du Pharynx-Nasal. Paris, 1879, p. 73. — [2]) *Behrend's* Journ. f. Kinderkr. 1864, S. 52, s. *Cannstatt's* Jahrb. 1864, B. 2, S. 177. — [3]) *Virchow's* Arch. 1875, B. 64, S. 503. — [4]) Wien. med. Zeit. 1875, s. Mon. f. Ohr. IX, Nr. 10. — [5]) *Zaufal* (Arch. f. Ohr. XV, S. 108) beobachtete einen Fall von bohnengrossem Substanzverluste im weichen Gaumen, der beim Schlingen und Phoniren durch die beiden Plicae pal.-phar. vollständig gedeckt wurde, weshalb auch das *Politzer*'sche Verfahren bei diesem Patienten gut gelang. — [6]) *Politzer*, A. f. Ohr. XVI, S. 310.

der Silbe hek, am schwächsten beim einfachen Phoniren von a¹), i, in den Tubencanal ein. Bei einigen von mir vorgenommenen manometrischen Versuchen²) erforderte das Eindringen der Luft in die Paukenhöhle folgenden Atmosphärendruck: Beim Schlingen 0·03—0·12, beim Aussprechen von hek 0·05—0·13, bei der Phonation von Vocalen 0·09—0·17. Abweichungen von dieser Regel finden sich nicht selten vor, ja selbst bei demselben Versuchsindividuum ergeben zwei unmittelbar hinter einander angestellte Versuche häufig sehr differente Resultate.

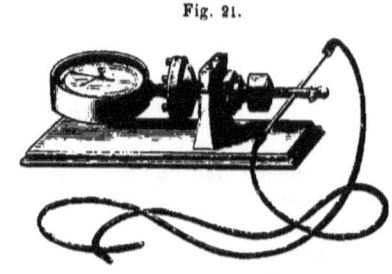

Fig. 21.

Bei einzelnen Individuen ist die Luft während der Phonation leichter in den Tubencanal einzutreiben, als im Momente des Schlingactes; wie *Tröltsch*³) bemerkt, gelangt zuweilen die Luft während eines Ructus mit unangenehmer Stärke in das Mittelohr, wo die forcirten Lufteinblasungen kein Resultat ergeben. Einer an mir angestellten Beobachtung zufolge dringt die Luft beim Valsalva'schen Verfahren, bei dem ebenfalls eine active Abhebung der Tubarwandungen herbeigeführt wird, mitunter schwer oder gar nicht in die Paukenhöhle ein, wogegen im Momente des Gähnens eine einfache Compression der Nasenflügel, also eine unbedeutende Verdichtungswelle, sogar in unangenehmer Stärke ihren Einfluss auf das Mittelohr geltend machen kann. Meinen manometrischen Versuchen entnehme ich, dass die Lufteinblasungen mitunter ein sehr verschiedenes Resultat ergeben, je nachdem dieselben von der rechten oder der linken Nasenseite vorgenommen werden; schon *Hinton*⁴) macht übrigens aufmerksam, dass die Luft in das eine Ohr bei der Luftdouche von der entgegengesetzten Nasenseite aus zuweilen stärker hineingelangt, als bei einer in die entsprechende Nasenseite vorgenommenen Lufteinpressung.

Eine Modification des *Politzer*'schen Verfahrens⁵) besteht darin, dass ein hakenförmig gekrümmter Katheter nicht in die Nasenhöhle, sondern vom Munde aus in den Nasenrachenraum eingeführt wird.

Als üble Zufälle, welche beim Politzer'schen Verfahren entstehen können, wären folgende hervorzuheben:
a) Ein starker Kopfschmerz, der mitunter stundenlang, selbst 24 Stunden hindurch anhält; *b)* Schwindel; *c)* ein continuirliches, bleibendes Ohrensausen, welches in einigen meiner Fälle aufgetreten war; es dürfte auf einer Veränderung des Labyrinthdruckes, eventuell auf einem Reize der sensitiven Nerven des Mittelohres und der dadurch bewirkten reflectorischen Irritation der acustischen Centren (s. unten) beruhen. *d)* Von nebensächlicher Bedeutung ist ein durch das *Politzer*'sche Verfahren erzeugtes Gefühl von Druck, selbst die Empfindung von lebhaften Schmerzen im Magen; die Erscheinung kommt durch Eintreiben von Luft in den Magen zu Stande und weicht nach dem Auftreten von Ructus vollständig. *e)* Ruptur des Trommelfelles als ein Nachtheil des *Politzer*'schen Verfahrens angegeben, kann in der That bei jeglicher Art von Lufteinblasungen in's Ohr auftreten und kommt keineswegs dem *Politzer*'schen Verfahren allein zu; übrigens erweist sich eine Ruptur des Trommelfelles in den meisten Fällen ohne irgend welchen bleibenden Nachtheil.

Roosa und *Ely*⁶) beobachteten in einem Falle tiefe Ohnmacht in Folge der einfachen Luftdouche. Bei einer meiner Patienten trat nach Vornahme des *Politzer*schen Verfahrens eine rasch vorübergehende Parese der oberen und unteren Extremitäten ein; der sonst kräftige Patient gab an, noch durch längere Zeit darnach eine auffällige Schwäche in den Händen und Füssen verspürt zu haben.

Was den Werth des Politzer'schen Verfahrens gegenüber dem Katheterismus anbelangt, so sind beide Verfahren für eine Reihe von Fällen

---

¹) *Hartmann* (A. f. Ohr. XVI, S. 309) bemerkte bei seinen manometrischen Versuchen über die Widerstandsfähigkeit des Gaumenverschlusses, dass bei der Phonation von a nicht immer ein Verschluss eintritt. — ²) Die betreffenden Versuche, s. mein Lehrb. I. Aufl., S. 28. wurden mit einem Metallmanometer (Fig. 21) vorgenommen. — ³) Lehrb. d. Ohr., 6. Aufl., S. 195. — ⁴) S. Arch. f. Ohr. X, S. 209. — ⁵) *Kessel*, A. f. Ohr. XI S. 223. — ⁶) Zeitschr. f. Ohr. IX, S. 338.

als gleichwerthig anzusehen. Für die Behandlung halte ich jedoch im Allgemeinen an dem Grundsatze fest, dass von dem Katheter ein möglichst ausgedehnter Gebrauch gemacht werden soll und die einfache Luftdouche stets nur dann am Platze ist, wenn sich der Katheterismus aus irgend einem Grunde nicht ausführen lässt.

Bei manchem Patienten, bei dem die Lufteinblasung ins Mittelohr vollkommen gut gelingt, gleichgiltig, ob dieselbe durch den Katheter oder mittelst des *Politzer*'schen Verfahrens vorgenommen wird, lässt sich die Beobachtung anstellen, dass der Heileffect beim Katheterismus besser ist, als beim letzteren; wahrscheinlich übt in solchen Fällen der mechanische Reiz des Katheters eine günstig erregende Wirkung aus. Ein andermal dagegen erweist sich das *Politzer*'sche Verfahren als wirksamer.

Dagegen liegen nicht selten bald für das eine, bald für das andere Verfahren besondere Indicationen vor.

Die Lufteinblasung durch den Tubenkatheter erscheint vorzugsweise oder ausschliesslich angezeigt: 1. Bei Injectionen in den Tubencanal, bei dessen Sondirung, Bougirung etc. 2. Bei einseitiger Erkrankung. 3. In Fällen von bedeutender Schwellung des pharyngealen Tubenostiums, in denen das *Politzer*'sche Verfahren nur bei bedeutendem Luftdruck oder gar nicht gelingt. 4. Bei Patienten, die durch die einfache Lufteinblasung üble Zufälle erleiden. 5. Zur Verwerthung der Auscultationsgeräusche, die beim *Politzer*'schen Verfahren noch weniger verlässlich sind, wie bei dem Katheterismus.

Das Politzer'sche Verfahren ist vorzugsweise oder ausschliesslich anzuwenden: 1. Bei Kindern. 2. In Fällen, in denen die Ausführung des Katheterismus unmöglich ist. 3. Bei acuten Schwellungszuständen an den vom Katheter berührten Partien, die keine mechanische Reizung erfahren dürfen. 4. Bei verschiedenen pathologischen Zuständen im Ohre, auf welche nur durch einen plötzlichen und kräftigen Luftstrom eingewirkt werden kann. 5. Zur Selbstbehandlung.

Es sind nunmehr noch jene Fälle in Betracht zu ziehen, in denen die Luft beim Politzer'schen Verfahren nur in das eine Ohr einströmt und den Tubencanal der anderen Seite allzu schwach oder gar nicht eröffnet. Zur Vermeidung dieses Uebelstandes räth *Tröltsch*[1]), den Finger in den Gehörgang des leicht ventilirbaren Ohres luftdicht hineinzupressen, damit ein Entweichen der Luft aus diesem hintangehalten wird und dadurch die ins Mittelohr eindringende Luft einen Widerstand erfährt; im Falle dieser Widerstand dem am anderen Ohre gleichkommt oder ihn gar übertrifft, gelangt die Luft entweder mit gleicher Intensität in beide Paukenhöhlen oder sie übt ihren Einfluss nur auf das von aussen her nicht verstopfte Ohr aus. Genügt die einfache Luftcompression mit dem Finger nicht, so setze man den mit einem Ballon verbundenen pneumatischen Trichter luftdicht in den Gehörgang und lasse den Patienten im Momente des Schlingactes gleichzeitig einen kräftigen Druck auf den Ballon ausüben, oder man benützt den pneumatischen Trichter zur Verdünnung der Luft in dem Gehörgang des zu ventilirenden Ohres.

Einer Beobachtung *Gruber's*[2]) zufolge erleichtert eine seitliche Neigung des Kopfes ein Einströmen der Luft während der Luftdouche in das nach oben gelagerte Ohr; wenn also beispielsweise beim *Politzer*'schen Verfahren ins rechte Mittelohr keine Luft eindringt, so kann eine starke Neigung des Kopfes gegen die linke Schulter den Lufteintritt ermöglichen.

Wie meine diesbezüglichen Versuche[3]) ergaben, beruht diese Erscheinung auf einer durch die Neigung des Kopfes erhöhten Anspannung des tubaren Bewegungsapparates der entgegengesetzten Seite. Die vermehrte Anspannung des Tubenapparates erleichtert nämlich die Eröffnung des Tubencanales, womit für die Ventilation der Paukenhöhle jener Theil der Druckkraft erspart wird, den sonst bei gerader Haltung des Kopfes der auf die Ohrtrompete einwirkende Luftstrom benöthigt, um die an einander gelagerten Wandungen des Tubencanales abzuheben.

[1]) A. f. Ohr. III, S. 240. — [2]) M f. Ohr. IX. Sp 115.   [3]) M f Ohr. 1876. Nr. 6.

Stellt man dieselben Versuche bei den Lufteinblasungen durch den Tubenkatheter an, so lässt sich in den meisten Fällen bei Anspannung des tubaren Bewegungsapparates ein verminderter Widerstand gegen den andrängenden Luftstrom nachweisen. Dieser Umstand kann auch eine therapeutische Verwerthung finden, um die Luft durch den Katheter mit stärkerer Gewalt in die Paukenhöhle einzutreiben. Es muss übrigens hierbei bemerkt werden, dass wir zu demselben Zwecke ein meist weit energischeres Mittel besitzen, nämlich den **Schlingact**; beim Schlingen findet nicht allein eine **Anspannung**, sondern unter normalen Verhältnissen sogar eine Eröffnung des **pharyngealen Tubenabschnittes** statt. Wenn demnach die Luft durch einen in das Ostium eingeführten Katheter nicht ins Mittelohr eingeblasen werden kann, so hat der Patient im Momente der Luftdouche eine Schlingbewegung auszuführen, während welcher aus den oben mitgetheilten Gründen sehr häufig die Ventilation des Mittelohres gelingt. Bei einzelnen Patienten, bei welchen die Luft trotz des Schlingens nicht eingetrieben werden konnte, kam ich zuweilen bei gleichzeitiger Benützung des Schlingactes und der Anspannung der Gaumenrachenmuskeln (die auch willkürlich ohne Neigung des Kopfes ausgeführt werden kann) zum erwünschten Ziele.

b) **Prüfung bei Verengerung oder Verschluss des Tubencanales. Die Gegenwart einer bedeutenderen Anomalie des Tubarlumens ist aus der erschwerten oder aufgehobenen Durchgängigkeit des Tubencanales für den Luftstrom im Allgemeinen leicht zu erkennen.**

Kramer[1]) bemerkt jedoch mit Recht, dass nur eine geringe Weite des Katheterlumens, bei der die Lufteinblasung gelingt, über die Durchgängigkeit des Tubencanales Aufschluss gibt, und zwar dringt unter normalen Verhältnissen selbst bei einem Katheterlumen von $1/4$ Mm. Luft in die Paukenhöhle ein, was bei pathologischen Zuständen nicht der Fall ist.

Die genauere Bestimmung des Sitzes und des Grades der Tubarverengerung erfordert dagegen eine eingehende Untersuchung. Zur Stellung der Diagnose dienen, wenigstens für die Mehrzahl der Fälle, die Ocularinspection, die näheren Vorgänge bei den Lufteintreibungen in den Tubencanal und die tactile Untersuchung.

1. Die **Ocularinspection** ist auf das Ostium pharyngeum beschränkt. Schwellungszustände, narbige Verengerungen, sowie Verwachsung der Rachenmündung lassen sich durch die Rhinoscopia anterior und posterior zuweilen nachweisen.

2. Die zum Gelingen von **Lufteintreibungen** in das Mittelohr nothwendigen Umstände können für die Diagnose des Sitzes eines Ventilationshindernisses im Tubencanale von Bedeutung sein. So lässt sich in einem Falle, in welchem die Luft nur während einer erhöhten Spannung des Tubenapparates, z. B. im Momente eines Schlingactes, durch den Tubencanal in die Paukenhöhle einströmt, mit Sicherheit ein pathologischer Zustand des pharyngealen Theiles der Ohrtrompete annehmen.

Durch manometrische Untersuchungen der bei Ausführung der Luftdouche erforderlichen Druckkraft kann nach dem Vorgange von *Hartmann*[2]) die Stärke des Ventilationshindernisses näher bestimmt werden. Wie die Untersuchungen *Hartmann's* ergeben, bedarf das *Valsalva*'sche Verfahren zu seinem Gelingen unter normalen Verhältnissen durchschnittlich 60 Mm. Hg, das *Politzer*'sche Verfahren unter 20 Mm. Hg (75 Millimeter Quecksilberdruck = $1/10$ Atmosphärendruck). Im Falle einer Schwellung an der Rachenmündung ist dagegen ein entsprechend grösserer Druck erforderlich.

Wenn durch die einfache Luftdouche, z. B. erst bei 150 Mm. Hg (= $2/10$ Atmosphärendruck) Luft in die Paukenhöhle eingeblasen werden kann, indess nach Einführung des Tubenkatheters dazu nur ein Druck von 10 Mm. Hg nöthig erscheint, so spricht dies für eine Schwellung des Pharyngealostiums, welches der Katheterschnabel vollständig passirt hat. Findet sich jedoch auch dann ein Hinderniss vor, wenn der Katheter möglichst tief in die Tuba eingeführt wurde, so besteht der Sitz des Hindernisses weiter nach aufwärts, eventuell in der Paukenhöhle.

3. Zur genaueren Bestimmung einer Anomalie des Tubarlumens im höheren Verlaufe der Ohrtrompete eignet sich die **tactile Untersuchung der Durchgängigkeit des Tubencanales.**

Eine tactile Untersuchung wird eigentlich schon bei der Entleerung des Ballons während der Luftdouche ausgeübt, indem man aus der Stärke des Fingerdruckes,

---

[1]) Ohrenh. 1867, S. 250. — [2]) *Virchow's* Arch., B. 70; A. f. Ohr. XIII, S. 1.

den die Compression des Ballons erfordert, einen Rückschluss auf die Durchgängigkeit des Tubencanales zu stellen vermag.

Einen näheren Aufschluss ergibt die **Sondirung des Tubencanales**, wobei die Stärke der Bougie (von *Charrière* N. $1_2 = 1_6$ Mm. bis N. $4 = 4_3$ Mm. oder N. $5 = 5_3$ Mm.), ferner die Tiefe bis zu der die Bougie in den Tubencanal vorgeschoben werden kann, den Grad und Sitz einer vorhandenen Anomalie des Tubenlumens erkennen lässt.

Wegen der beträchtlichen Schwankungen in der Länge der Ohrtrompete (35—45 Mm. nach *Hyrtl*) vermag die Untersuchung mit der Sonde nicht mit Sicherheit die Stelle der Verengerung zu bestimmen; die Messungen von *Tröltsch*[1]) ergeben durchschnittlich 24 Mm. Länge für die knorpelige, 11 Mm. für die knöcherne Tuba. Der Isthmus tubae besitzt ein Lumen von ungefähr $1^1{}_2$ Mm., zuweilen gegen 2 Mm. Dringt also erst eine Sonde von unter $1^1{}_2 - 1^1{}_4$ Mm. Dicke durch den Tubencanal, so beweist dies eine Verengerung der Ohrtrompete; liegt die Stelle des Hindernisses etwa 16 Mm. vom Ostium pharyngeum entfernt, so muss eine Verengerung im knorpelig-membranösen Canal angenommen werden, bei 22—30 Mm. am Isthmus tubae oder wenigstens in dessen Nähe, bei 30—40 Mm. im knöchernen Theile der Ohrtrompete etc. Es ist betreffs der Sondenuntersuchungen übrigens aufmerksam zu machen, dass zuweilen vorhandene Unregelmässigkeiten im Verlaufe des Tubencanales, besonders Knickungen, zu Trugschlüssen über seine Durchgängigkeit Veranlassung geben können.

Zur Sondirung des Tubencanales, zu der sich, meiner Ansicht nach, die geknöpften, elastischen Gewebsbougies am besten eignen[2]), bestimmt man vorher die Länge des Tubenkatheters und trägt dieselbe an der betreffenden Sonde auf; dies geschieht am einfachsten in der Weise, dass die Bougie durch den Tubenkatheter geschoben wird, bis sie am Schnabelende erscheint. Die Stelle der Bougie, welche des Trichterende des Katheters verlässt, erhält eine Marke, z. B. einen Tintenquerstrich; von dieser Marke trägt man eine kleine Scala auf, also bringt etwa 10 Mm. davon entfernt einen zweiten Strich, wieder 10 Mm. weiter einen dritten Strich etc. an, um dadurch stets genau beurtheilen zu können, wie weit die Sonde aus dem Schnabelende hervorragt, beziehungsweise wie tief sie in den Tubencanal eingedrungen ist. Eine so präparirte Sonde wird in den Tubenkatheter eingeführt, von dessen richtiger Lage sich der Arzt vorher durch die Auscultation überzeugt hat. Von der ersten Marke an ist die Sonde vorsichtig unter rotirender Bewegung in den Tubencanal hineinzuschieben; sobald sich ein Hinderniss bemerkbar macht, das nicht leicht zu überwinden ist, muss die Sonde entfernt und durch eine andere dünnere ersetzt werden. Die Sondenspitze darf nicht über $3^1{}_2$ Ctm. weit in den Tubencanal vorgeschoben werden, da sie sonst auf die Gehörknöchelchen oder auf das Trommelfell stossen kann.

Eine durch den Tubencanal ins Cavum tympani vorgeschobene Sonde gelangt häufig zwischen dem Hammer und Amboss aus Trommelfell[3]) und kann dieses perforiren[4]); ein andermal wieder nimmt die Sonde ihren Weg unterhalb des Trommelfellspanners dem Trommelfell parallel direct nach hinten[5]) oder aber mehr nach innen und unten, wobei sie zuweilen an den Steigbügel oder Ambossschenkel anstösst.[6])

Die objectiven Zeichen einer richtigen Einführung der Bougie in den Tubencanal bestehen 1. in einer **Fixation** des Tubenkatheters, welcher durch die Bougie allein ohne weitere Unterstützung in seiner Position erhalten wird; 2. in der Unmöglichkeit durch Schlingbewegungen die **Stellung der Bougie** wesentlich zu beeinflussen, da die in die Tubenenge eingeführte Bougie dem Einflusse der Tubenrachenmuskeln fast vollständig entzogen ist; 3. in einer dem Verlaufe des Tubencanales entsprechenden schwach S-förmigen **Krümmung**, welche die aus der Ohrtrompete entfernte Bougie aufweist. Dagegen spricht eine scharf nach auf- oder abwärts gerichtete Krümmung der Bougie gegen deren richtige Application.

[1]) Lehrb. d. Ohr., 6. Aufl., S. 181. — [2]) Ueb. d. Bougirung d. Ohrtrompete, Wien. med. Presse 1883, Nr. 1—3. Die Bougies beziehe ich aus Paris durch den Instrumentenmacher Herrn Reiner, Wien, van Swietengasse Nr. 10. — [3]) *Kramer*, Lehrb. d. Ohr. 1836. S. 259. — [4]) *Frank*, s. Canstatt's Jahrb. 1860, B. 3, S. 114; *Voltolini*, M f. Ohr. XI, Sp. 39; *Schwartze*, A. f. Ohr. XVI, S. 75. — [5]) *Tröltsch*, D. Anat. d. Ohr. 1861, S. 84; *Bonnafont*, Traité d. m. de l'or. 1873, p. 27. — [6]) *Voltolini*, D. Zerleg. u. Unters. d. Gehör. etc. 1862, Breslau.

Als **subjective Symptome** sind hervorzuheben: 1. Die Empfindung eines Stechens in der Larynxgegend das sich mit der Vorschiebung der Bougie in den Tubencanal gewöhnlich höher hinauf gegen die Paukenhöhle erstreckt. Beim Durchdringen des Bougieknopfes durch den Isthmus entsteht meistens ein stechender Schmerz in der Paukenhöhle. Dagegen spricht ein während des Vorschiebens der Bougie nach abwärts sich erstreckender Schmerz, sowie eine Schmerzsteigerung während des Schlingactes gegen die richtige Einführung der Bougie in den Tubencanal. 2. Während des Durchdringens der Bougie durch den Isthmus entstehen beinahe constant **knisternde Geräusche**, welche auch objectiv vermittelst des Auscultationsschlauches wahrnehmbar sind. Dieselben dürften durch die Abhebung der Tubenwandungen entstehen.

Die verschiedenen durch das Bougiren hervorgerufenen üblen Symptome, wie Schmerz im Ohr oder an einzelnen Stellen des Trigeminus-Gebietes, gehen gewöhnlich nach Entfernung der Bougie bald zurück. Als seltenere Erscheinungen wurden in einigen von mir beobachteten Fällen eine vermehrte **Speichelabsonderung**, eine stundenlange anhaltende **Schlafsucht** und in einem Falle ein mehrstündiger **Singultus** ausgelöst.

Wie schon S. 14 hervorgehoben wurde, sind nach der Sondirung des Tubencanales Lufteinblasungen in's Mittelohr wegen der Gefahr einer Emphysembildung mit Vorsicht vorzunehmen.

C. Die Untersuchung der Paukenhöhle. Zur Untersuchung der Paukenhöhle dienen die Ocularinspection und die Auscultation.

a) Die **Inspection des Trommelfelles** gibt zuweilen über die Druckverhältnisse im Cavum tympani und zum Theil über den Zustand der Paukenwandungen Aufschluss. Rasche Schwankungen der Luftmengen sind im Falle eines nachgiebigen intacten Trommelfelles an dessen nachweisbaren Veränderungen in der Wölbung und Stellung zu erkennen; hierher gehören die sogenannten Respirationsbewegungen des Trommelfelles, die in Folge von Luftdruckschwankungen im Cavum tympani während der Respiration zu Stande kommen; ferner das Einsinken der Membran beim Schlingacte, endlich deren Hervortreibung durch Lufteinblasungen in die Paukenhöhle.

Die Bewegungen des Trommelfelles, beziehungsweise die Luftdruckveränderungen im Cavum tympani, sind keineswegs immer durch die einfache Ocularinspection des Trommelfelles nachzuweisen, während sie sich mit Hilfe des **Ohrmanometers** häufig deutlich zu erkennen geben, und zwar wird die Manometerflüssigkeit bei einer Bewegung des Trommelfelles nach aussen in Folge einer entsprechenden Auswärtsbewegung der Luft im Ohrcanale nach aussen, umgekehrt wieder bei einem Einsinken des Trommelfelles nach innen verschoben.

Einschlägige manometrische Versuche wurden zuerst von *Fick*[1]) ausgeführt, welcher Autor bei Contraction des Musc. tensor tympani ein Einwärtssinken der Manometerflüssigkeit beobachtete. *Rinne*[2]) bediente sich einer beiderseits offenen Thermometerröhre, welche durch eine luftdicht sich anschmiegende Guttapercharöhre mit dem Gehörgange verbunden ist; in der Röhre befindet sich ein Tropfen gefärbter Flüssigkeit. Das Ohrmanometer *Politzer's*[3]) besteht in einer kleinen U-förmig gebogenen Glasröhre von 2—3 Mm. Weite, deren eines horizontal auslaufende Ende in einen Kautschukpfropf[4]) eingefügt ist; man gibt in das andere schwach trichterförmig auslaufende Ende einen Tropfen gefärbter Flüssigkeit und schliesst mit dem Pfropfe den Eingang des Ohrcanales luftdicht ab.

Lucae[4]) empfiehlt als Manometerflüssigkeit den leicht beweglichen Aether zu wählen; derselbe Autor benützt zu Selbstuntersuchungen ein Manometer, das an einem Stativ befestigt ist und mittelst eines Gummischlauches mit dem im Ohreingange befindlichen Ansatzstück in Verbindung steht. Das zur Untersuchung kommende Indivi-

---

[1]) Arch. f. Phys. 1850, S. 526. — [2]) Prager V., J. Schr. 1855, B. 2, S. 71; s. *Canstatt's* Jahrb. 1855, B. 1, S. 123. — [3]) Sitz. d. Akad. d. Wiss., Wien, 1861, März. — [4]) *Lucae*, A. f. Ohr. I, S. 103.

duum muss jede Bewegung des Kiefers vermeiden, da eine solche zu Lumensveränderungen, also zu einer Bewegung der Luftsäule des äusseren Gehörganges führt und demnach leicht Trugschlüsse betreffs einer Trommelfell-Bewegung veranlassen könnte. Die manometrische Untersuchung des Trommelfelles ist auch zur Bestimmung der Durchgängigkeit des Tubencanales von Werth, nur wäre diesbezüglich hervorzuheben, dass die bei Lufteintreibungen ins Mittelohr eintretende **Auswärtsbewegung der Membran** nur auf die Durchgängigkeit des Tubencanales und der Paukenhöhle überhaupt, aber damit noch keineswegs auf die Lufthältigkeit der genannten Cavitäten schliessen lässt, da die erwähnte Trommelfell-Bewegung auch durch Verschiebung einer im Mittelohr befindlichen Flüssigkeit bewirkt werden kann.[1]

Eine **Besichtigung der Paukenhöhle** lässt sich mittelst der einfachen Ocularinspection nur an solchen Theilen des Cavum tympani anstellen, welche durch eine Trommelfelllücke sichtbar sind, wie die Gegend des Promontoriums, der verticale Ambossschenkel etc.; dieselben Gebilde treten auch bei intactem Trommelfelle hervor, wenn einzelne Abschnitte desselben im **polarisirten Lichte**[2] durchsichtig gemacht werden.

Bei perforirtem Trommelfelle können durch Anwendung kleiner **Metallspiegel** sonst verborgene Stellen der Paukenhöhle eingestellt werden.[3]

Ein perforirtes Trommelfell gestattet auch eine **tactile Untersuchung** der Paukenhöhle mit einer im Erfordernissfalle winkelig gekrümmten Sonde, die in anderen Fällen zur vorsichtigen Prüfung cariös nekrotischer Partien im Cavum tympani, zur Bestimmung der Beweglichkeit der Gehörknöchelchen unter steter Controle des Auges benützt werden kann.

b) Die **Auscultation** des Ohres wird mittelst des Otoskops während der Lufteinblasungen ins Mittelohr vorgenommen. Die Auscultationserscheinungen bieten häufig kein verlässliches Symptom zur Beurtheilung des Zustandes des Mittelohres dar und sind deshalb nur mit grosser Vorsicht zu verwerthen.

Der Uebersicht halber sollen hier die bei der Luftdouche des Ohres überhaupt auftretenden **Auscultationsgeräusche** kurz besprochen werden: Der durch den Katheter in das Mittelohr eingetriebene Luftstrom dringt bei **normalen Verhältnissen** unter einem hauchenden Geräusche in die Paukenhöhle ein; es wurde von *Deleau*[4] mit dem Geräusche verglichen, welches die auf die Blätter eines Baumes anschlagenden Regentropfen verursachen (bruit de pluie).

Bei **Verengerungen im Tubencanal** (so auch bei engem Katheterlumen) erhält das Geräusch einen scharfen, hohen Ton und geht zuweilen in ein Pfeifen über; umgekehrt streicht die Luft **bei abnorm weiter Tuba** mit breitem Strom und unter starkem vollen Geräusch in die Paukenhöhle ein. Einen grossen Einfluss übt das **Trommelfell auf den Charakter des Geräusches** aus; bei **starker Spannung** der Membran erhält das Geräusch einen scharfen, rauhen Ton[5] und kann dann selbst mit einem Perforationsgeräusche verwechselt werden; dagegen erscheint das Geräusch bei **nachgiebigem Trommelfell** bedeutend weicher; dieser von der jedesmaligen Spannung des Trommelfelles abhängige Charakter des Geräusches gibt sich deutlich in den verschiedenen Auscultationserscheinungen zu erkennen, die sich vor und nach einer Tenotomie des Musc. tens. tymp. nachweisen lassen.[6] Eine **Aufblasung des Trommelfelles** kann zu einem knackenden Geräusche Veranlassung geben, wogegen sich wieder in anderen Fällen gar kein Auscultationsphänomen bemerkbar macht.[7] Bei einer kleinen **Perforation der Membrana tympani** dringt die Luft unter einem auch ohne Otoskop vernehmbaren Pfeifen durch die Lücke in den äusseren Gehörgang (Perforationsgeräusch).

Bei **Secretansammlungen im Mittelohr** wirft der eindringende Luftstrom sehr häufig das Secret in Blasen auf und erzeugt **Rasselgeräusche**; unter diesen

---

[1]) *Stuhlmann*, s. *Canstatt's* J. 1849, B. 3, S. 156; *Mach* u. *Kessel*, Akad. d. Wiss., Wien, 1872, s. A. f. Ohr. VIII, S. 121. ²) *Hagen* und *Stimmel*, Berlin. kl. Woch. 1874, Nr. 48. — ³) *Tröltsch*, A. f. Ohr. IV, S. 114; *Eysell*, ibid. VI, S. 53; *Zaufal*, Prag. med. Woch. 1878, Nr. 73. ⁴) Acad. d. sc. 1829, Dec. 7; Mal. de l'or. 1841, T. 1. ⁵) *Toynbee*, Ohrenh. S. 282. ⁶) *Weber-Liel*, D. progress. Schwerh. etc. S. 122. — ⁷) *Toynbee*, Ohrenh. S. 193.

gehören die grossblasigen und dem Ohre entfernt erscheinenden meistens dem pharyngealen Tubenabschnitte an, indess die kleinblasigen, consonirenden gewöhnlich der Paukenhöhle entstammen. Von besonderer Intensität sind die Rasselgeräusche bei Perforation des Trommelfelles. In manchen Fällen zeigen sich **Nachgeräusche**, welche innerhalb der ersten Secunden nach erfolgter Luftdouche auftreten und dem Platzen von aufgewirbelten Secretblasen zukommen. *Gruber*[1]) macht noch auf eine andere Art von Nachgeräuschen, auf „secundäre Auscultationsgeräusche", aufmerksam, welche durch das Zurückweichen von Luftstrome aufgeblasenen Gebilde (Trommelfell, Pseudomembranen) entstehen. Mitunter finden sich nur im Beginn der Luftdouche Rasselgeräusche vor, indess sie bei den späteren Lufteinblasungen nicht weiter hervortreten; dies spricht für eine Secretansammlung, welche durch den Luftstrom weggeblasen wurde; das Secret kann sich dabei noch immer an einer Stelle der Paukenhöhle befinden, welche von dem Luftstrome nicht getroffen wird.

Wie schon *Stuhlmann*[2]) hervorhebt, beweist die Abwesenheit von Rasselgeräuschen nur eine Abwesenheit von Secret in jenen Tubentheilen, bis zu denen der Katheter vorgedrungen ist; der obere Theil nebst dem Cavum tympani kann dagegen voll Secret sein. In einzelnen Fällen wird das sonst ziemlich normale Auscultationsgeräusch durch einen schwachen Knall eingeleitet; dieser entsteht entweder bei einer Abhebung der früher mit einander verklebten Tubenwandungen oder durch Aufblasung der der inneren Paukenwand anliegenden Trommelfelles; nur selten beruht diese Erscheinung auf einer Abreissung von Adhäsionen im Cavum tympani. Einen sehr heftigen Knall verursacht die durch den Luftstrom mitunter herbeigeführte Ruptur des Trommelfelles.

Zuweilen gibt sich selbst bei einer forcirten Lufteinblasung gar kein Auscultationsgeräusch zu erkennen: die richtige Lage des Katheterschnabels und die Durchgängigkeit des Hörschlauches vorausgesetzt, beruht dies entweder auf einer starken Adhärenz der Tubenwandungen, Verwachsungen derselben, Verstopfung des Tubencanales durch Fremdkörper, oder auf einer Anfüllung der Paukenhöhle mit Secretmassen. Eine einfache Anlagerung der Tubenwandungen lässt sich häufig durch eine Anspannung des Bewegungsapparates der Ohrtrompete (s. S. 19) vorübergehend beheben, wogegen obturirende Pfröpfe im Tubencanal oder Adhäsionen, der Luftdouche ein unüberwindliches Hinderniss setzen können. Dasselbe gilt von einer completen Anfüllung der Paukenhöhle mit Secret, weshalb auch Rasselgeräusche im Cavum tympani auf ein lufthältiges Lumen hinweisen.[3]) Zuweilen erscheint das Auscultationsgeräusch plötzlich unterbrochen und tritt dann wieder auf oder bleibt vollständig aus. Diese Erscheinung kann durch Schleimmassen, ventilartige Falten, die den Tubencanal bald verlegen, bald wieder freilassen oder durch adenoide Vegetationen im Cavum nasopharyngeale[4]) hervorgerufen werden. Eventuell vermögen auch vom Gummiballon abgefallene und in den Tubencanal geschleuderte Partikelchen eine Verstopfung des Canales zu veranlassen.

Schliesslich sind noch jene Auscultationsgeräusche in Betracht zu ziehen, welche nicht im Mittelohr entstehen, sondern vom Nasenrachenraum aus fortgeleitet werden. Am häufigsten treten sie als Rasselgeräusche auf, die auch ohne Otoskop vernommen werden: zuweilen entsteht ein hauchendes Geräusch, das sonst auch in ähnlicher Weise, nur gewöhnlich stärker, bei normalem Zustande des Mittelohres gehört wird. Dieses letztere Geräusch kommt meistens dann zu Stande, wenn der Katheter nicht im Ostium pharyngeum, sondern hinter diesem in der *Rosenmüller*'schen Grube liegt, so dass der eingeblasene Luftstrom die hintere, leicht bewegliche Tubenlippe trifft, deren Schwingungen sich wahrscheinlich der Luft im Cavum tympani mittheilen und diese in Vibrationen versetzen; so spricht *Frank*[5]) von flatternden Geräuschen, die auf einer Erzitterung des Ost. pharyngeum beruhen. Ein solches Anblasegeräusch ist durch das Otoskop oft deutlich zu hören und gleicht mitunter so sehr dem normalen Auscultationsgeräusch, dass selbst ein geübteres Ohr dadurch sehr leicht einer Täuschung unterliegt. Erst wenn der Katheter versuchsweise nach vorne bewegt wird und dabei in die Rachenmündung gelangt, ergibt die Lufteinblasung ein Auscultationsgeräusch, das sich schon durch seine Intensität von dem früheren Vibrationsgeräusch auffällig unterscheidet und auch vom Patienten nunmehr deutlich im Ohr empfunden wird.

Die Empfindungen des Patienten sind häufig sehr wenig verlässlich; manche Individuen behaupten, das Einströmen von Luft ins Ohr auffällig gut zu em-

---

[1]) Lehrb. S. 224. — [2]) *Canstatt's* Jahrb. 1849. B. 3. S. 156. — [3]) *Magnus*, A. f. Ohr. VI, S. 260. — [4]) *Wilh. Meyer*, A. f. Ohr. VIII, S. 141. — [5]) *Froriep's* Not. 1849, B. 10, Sp. 25; *Deleau's* „Bruit de pavillon", s. *Rau*, Lehrb. d. Ohr. S. 42.

pfinden, während vielleicht die weitere Untersuchung eine ganz falsche Lage des Katheters nachweist: umgekehrt gibt sich manchmal wieder eine förmliche Anästhesie gegen den ins Cavum tympani zweifellos eindringenden Luftstrom zu erkennen.

D. Die Untersuchung des Warzenfortsatzes.

Der Warzenfortsatz ist einer genaueren Untersuchung nur wenig zugänglich. Als Untersuchungsmittel dienen die Ocularinspection und die tactile Untersuchung, die Auscultation und Percussion.

Die Ocularinspection beschränkt sich gewöhnlich auf die äussere Decke und nur ausnahmsweise ist bei Fistelöffnungen eine Besichtigung eines Theiles des Antrum mastoideum möglich. Bei der Inspection der äusseren Decke sind etwa bestehende hyperämische und Schwellungszustände sehr zu beachten: die letzteren geben sich auch in einer fast rechtwinkeligen Abhebung der Ohrmuschel vom Kopfe zu erkennen.

Die Digitaluntersuchung erstreckt sich auf den Nachweis von Fluctuationserscheinungen am Processus mastoideus, welche übrigens mannigfache Täuschungen veranlassen können: häufig lässt sich trotz später nachgewiesener Eiteransammlung keine Fluctuation auffinden; seltener zeigen sich Fluctuationserscheinungen, ohne dass eine Incision an der entsprechenden Stelle eine Flüssigkeitsansammlung ergibt.

Die Auscultation des Warzenfortsatzes erwähnen zuerst *Laennec* [1]) und *Deleau*.[2]) *Wharton Jones* [3]) auscultirte die Warzenzellen mit einem auf den Warzenfortsatz aufgestellten Stethoskpe und beobachtete damit das Geräusch der in die Warzenzellen eindringenden Luft, eine Art Bronchialathmen, bei starker Respiration und Rasselgeräusche bei Flüssigkeitsansammlungen in den pneumatischen Räumen. Auscultatorische Untersuchungen wurden in jüngster Zeit von *Michael*[4]) wieder aufgenommen. Die betreffenden Versuche lehren, dass die während der Luftdouche des Mittelohres zuweilen deutlich vernehmbaren Geräusche auf pneumatische Räume im Innern des Processus mastoideus schliessen lassen, während der Ausfall von Auscultationsgeräuschen für einen Mangel der Lufträume spricht.

Mittelst der Percussion der hinter der Ohrmuschel befindlichen Theile des Warzenfortsatzes wird dieser auf seine Empfindlichkeit geprüft: bei Entzündungsvorgängen im Innern des Warzenfortsatzes gibt sich manchmal auch ohne gleichzeitig vorhandene Entzündung der äusseren Decke eine bedeutende Schmerzhaftigkeit gegen die Percussion oder gegen jeden stärkeren Druck zu erkennen.

E. Die Untersuchung des Hörnerven

bezieht sich einerseits auf die Prüfung der Reactionsfähigkeit, anderseits auf die Localisation einer vorhandenen Affection des Acusticus.

a) Die Reactionsfähigkeit des Acusticus wird mittelst Schallquellen oder des galvanischen Stromes geprüft. Bei Benützung des letzteren ist die Intensität der Acusticuserregung bei einer bestimmten Anzahl von Elementen in Betracht zu ziehen (normaler Zustand, Hyperästhesie, Anästhesie).

Da die Reactionsformel des Acusticus an anderer Stelle eine eingehende Besprechung findet, möge hier nur hervorgehoben werden, dass der Kathodenschluss ein mächtiges Reizmittel für den Acusticus abgibt, indess die Kathodendauer und Anodenöffnung den Acusticus viel schwächer erregen.

Für die Untersuchung, sowie für die Behandlung des Hörnerven mit dem constanten Strome ist die Art der Handhabung der galvanischen Batterie von

---

[1]) Sur l'auscultation, Bruxelles, 1831, s. *Kau's*, Lehrb. f. Ohr. S. 40 und A. f. Ohr. XI, S. 51.   [2]) Malad. de l'or 1831, T. 1.   [3]) S. Med. Jahrb. 1842, S. 1233.
— [4]) A. f. Ohr. XI, S. 46.

der grössten Wichtigkeit. Zur Galvanisation des Acusticus sind erforderlich: die galvanische Batterie, der Stromwender (Commutator) und ein Rheostat.
Die galvanische Batterie bedarf bei ihrer Verwendung für den Hörnerven in den meisten Fällen keiner bedeutenden Stromesstärke; so sind z. B. 20—25 Elemente von Siemens-Halske nur ausnahmsweise nöthig, in den meisten Fällen müssen schwächere Ströme (6—12 Elemente) gewählt werden. Die Bestimmung, wo sich an der Batterie die Anode (auch positiver, beziehungsweise Kupferpol genannt) und die Kathode (negativer oder Zinkpol) befinden, ist auch ohne weitere Kenntniss über die Zusammensetzung des Apparates eine sehr einfache. Man kann sich hierzu verschiedener Methoden bedienen: Zur Feststellung der Anode empfiehlt Ziemssen[1]) Fliesspapier in eine Stärkemehllösung, der etwas Jodkalium zugesetzt ist, einzutauchen; wenn man die beiden Kupferenden eines im Gange befindlichen Apparates dem so präparirten und vorher befeuchteten Papiere nahe aneinander aufsetzt, so tritt in Folge der Elektrolyse an der Anode eine Zersetzung des Jodkalium ein, wodurch Jod frei wird und mit dem im Fliesspapiere vorhandenen Stärkemehl die bekannte Reactionsfärbung ergibt, nur dass diese am Papiere nicht blau, sondern schwarz-braun erscheint; an Stelle der Kathode bleibt dagegen das Papier vollständig unverändert. — Durch eine andere Methode[2]) lässt sich wieder die Kathode bestimmen: Wenn die beiden Kupferenden der Leitungsschnüre von einer im Gange befindlichen Batterie nahe einander in Wasser getaucht werden, scheidet sich bei der elektrolytischen Zersetzung des Wassers an der Anode der Sauerstoff, an der Kathode der Wasserstoff ab; da der Sauerstoff mit dem Kupfer rasch eine Verbindung eingeht, so erfolgt an der Anode eine Oxydation, an der Kathode sammelt sich dagegen die Wasserstoffbläschen an, von denen ein Theil stets nach aufwärts zur Oberfläche des Wassers steigt. Wählt man anstatt des Kupferdrahtes Platin, so gelingt der Versuch in dieser Weise nicht, da der Sauerstoff mit dem Platin keine Verbindung eingeht und daher an beiden Rheophorenenden Bläschen aufsteigen; eine volumetrische Messung zeigt dagegen allerdings an der Kathode ein doppelt so grosses Volumen der Bläschen als an der Anode. — Zur Bestimmung der Anode und Kathode bediene ich mich in meinen Cursen auch des befeuchteten Reagenspapieres; die Anode färbt das blaue Reagenspapier roth, die Kathode das rothe Reagenspapier blau. Da dieser Versuch auch bei Befeuchtung des Reagenspapieres mit destillirtem Wasser gelingt, so ist wohl anzunehmen, dass das gewöhnlich benützte Reagenspapier Salze enthält, die der Strom elektrolytisch zersetzt, wobei sich an der Anode die Säuren, an der Kathode die Alkalien ansammeln und dadurch die entsprechenden Reactionserscheinungen herbeiführen.

Die Elektroden sollen möglichst grosse Flächen besitzen, und zwar eignen sich hierzu 2 Elektroden, von denen die eine circa 5 Cm. im Quadrat, die andere 5 Cm. Breite und 10 Cm. Länge besitzen. Vor dem Gebrauche werden die Elektroden in warmes Wasser getaucht und hierauf die kleinere am Tragus, die grössere an den Rücken der anderen Hand aufgesetzt; bei der Wahl anderer Applicationsstellen, wie z. B. am Halse, passen dagegen die gewöhnlichen kugeligen Elektroden. Brenner[3]) applicirt die Ohrelektrode in den mit lauem Salzwasser erfüllten Gehörgang[4]) und verwendet dazu einen kleinen Ohrtrichter, der mit einer Platte verschlossen ist, durch welche der Rheophorenstift hindurch in den Ohrcanal gesteckt wird. Die Application der einen Elektrode in den Gehörgang, der anderen an einem beliebigen, vom Ohre etwas entfernteren Punkt (Hals, Handrücken) wird als „innere Anordnung der Elektroden", die Methode, bei der die Ohrelektrode am Tragus angesetzt ist, als „äussere Anordnung der Elektroden" bezeichnet; diese letztere wird gegenwärtig fast ausschliesslich geübt. Jobert de Lamballe[5]) führte zum Zwecke einer galvanischen Behandlung des Acusticus die eine Elektrode in die Tuba, die andere Elektrode, welche aus einer Acupuncturnadel bestand, durch das Trommelfell direct in die Paukenhöhle; Zuff[6]) legte den einen Pol in den Gehörgang, den anderen in die Rachenmündung der Ohrtrompete.

Der Stromwender (Commutator) ist sowohl zur Entwicklung der acustischen Reactionsformel, wie auch zu therapeutischen Zwecken in vielen Fällen unerlässlich. Der Rheostat ermöglicht das Einschleichen in den Strom und das Herausschleichen aus diesem.

Ausser den für die galvanische Behandlung erforderlichen Instrumenten ist noch ein Inductionsapparat nöthig, da sich der Inductionsstrom allein oder in Ab-

---

[1]) D. Elektricität 1866, S. 135. — [2]) Eisenlohr, Physik, 1870, S. 586; Rosenthal, Handb. d. Elektroth. 1873. S. 32. — [3]) Petersb. med. Zeitschr. 1863; Unters. u. Beob. a. d. Gebiete d. Elektroth., Leipzig. 1868/69. — [4]) Peschen, Hannov. Annal. 1845, II. G. ref. in d. Med.-chir. Z. 1846, B. 4, S. 168. — [5]) Cit. v. Gulz, Oest. med. Woch. 1833. s. Med.-chir. Zeit. 1844, B. 1, S. 187, ferner Med. Jahrb. 1843, S. 299. — [6]) S. Canstatt's J. 1847, B. 5, S. 9.

wechslung mit dem constanten Strom in einer Reihe von Affectionen des Gehörorganes nützlich erweist.

b) Die Prüfung der Localisation einer bestehenden Acusticusaffection bezieht sich auf die Untersuchung, ob ein vorhandenes Acusticusleiden peripherer oder centraler Natur sei, also ob es seinen Sitz im Labyrinthe oder im Centralnervensystem habe. Bezüglich einer Labyrintherkrankung ist dessen häufiges consecutives Eintreten nach vorausgegangenen hochgradigen Veränderungen in der Paukenhöhle in Betracht zu ziehen, ferner die auf gewisse Töne oder auf eine Tongruppe beschränkte Taubheit, endlich das Fehlen verschiedener cerebraler Symptome. Betreffs der vielleicht noch häufiger als die peripheren auftretenden centralen Affectionen des Hörnerven sind die Complicationen der acustischen Symptome mit anderen Erscheinungen von Seite des Centralnervensystems, die Beeinflussung des psychischen Zustandes oder gewisser Mittel auf die Hörfähigkeit u. s. w. zu berücksichtigen.

Die Hörprüfung.

Für die Beurtheilung der Function des Gehörorganes ist das Ergebniss der Hörprüfung massgebend und nicht selten lässt sich erst aus den hiebei gewonnenen Resultaten der Sitz eines Ohrleidens erkennen. Es ergibt sich demnach die grosse Bedeutung, welche den Resultaten der Hörprüfungen für die Stellung der Diagnose innewohnt.

Zur Prüfung der Hörfunction dienen zwei von einander streng zu unterscheidende Methoden: bei der einen befindet sich zwischen der Schallquelle und dem Ohre die Luft, so dass erst deren Schwingungen auf das Ohr einwirken; bei der anderen Methode werden die Schallwellen dem Gehörnerven von den Kopfknochen aus auf dem Wege der Knochenleitung durch Verdichtungs- und Verdünnungswellen zugeführt.

a) Gehörsprüfung vermittelst der Luftleitung. Die Gehörsprüfungen vermittelst der Luftleitung werden in der Regel mit der Uhr, der Stimmgabel und Sprache angestellt. Bei Vornahme einer Gehörsprüfung muss das Auge des zu Untersuchenden von der Schallquelle abgewendet, beziehungsweise verdeckt sein und ferner das andere, besser hörende Ohr verstopft werden. Das Abwenden oder Verschliessen der Augen vermeidet einerseits ein falsches Urtheil über die Perception einer dem Ohre sehr genäherten Schallquelle (viele Patienten meinen nämlich, sie müssten eine dem Ohre nahe befindliche Uhr hören), andererseits macht diese Vorsichtsmassregel bei der Sprachprüfung ein etwaiges Ablesen der Worte von den Lippen unmöglich.

Auf diesem letzteren Umstande beruht z. B. die Thatsache, dass Schwerhörige sehr häufig einen bärtigen Mann weniger gut verstehen, als einen bartlosen, und dass ferner das Gehör im Dunkeln, z. B. des Abends, bei manchen Individuen scheinbar auffällig schlecht wird.

In Fällen von einer auf beiden Ohren ungleich entwickelten Schwerhörigkeit, sowie auch bei einseitiger Erkrankung, muss behufs Vermeidung von Trugschlüssen ein sorgfältiger Verschluss des besser hörenden Ohres stattfinden.

Es zeigt sich hierbei, dass man die Schallwellen trotz eines kräftigen Hineinpressens des Zeigefingers in den Gehörgang oder trotz eines luftdicht eingeführten Tampons in den Ohrcanal nicht vollständig abhalten kann und ein gut percipirendes Ohr dabei sogar Flüsterstimmen auf mehrere Schritte Entfernung nicht selten vernimmt. Aus diesem Grunde ist ein von *Dennert* und *Lucae*[1]) angegebener Controlversuch sehr praktisch: Um sich zu versichern, dass die Gehörsperception an dem zur Untersuchung kommenden und nicht etwa am verstopften Ohre stattfindet, lässt man während der Einwirkung der Schallwellen das zu prüfende Ohr

---

[1]) A. f. Ohr. X, S. 235.

rasch verschliessen und wieder öffnen. Ergibt der Verschluss dieses Ohres keinen Unterschied in der Schallempfindung, so beweist dies, dass der Gehörseindruck am anderen, von der Prüfung vermeintlich ausgeschlossenen Ohre erfolgt war; tritt jedoch bei diesem Versuche eine auffällige Verschlimmerung, beziehungsweise Verbesserung der Hörfähigkeit auf, so spricht dies zweifellos dafür, dass in der That jenes Ohr den Schall percipirt, welches der Gehörsprüfung unterzogen ist. — *Knapp*[1]) macht aufmerksam, dass die gleichmässige Perception einer vor dem Ohre hin und her bewegten tönenden Stimmgabel gegen eine Schallempfindung von Seiten des Ohres spricht, bei welchem die Stimmgabel vorbeigeführt wird; bei vorhandener Schallperception wird nämlich der Ton bedeutend stärker vernommen, wenn die Stimmgabel der Längsaxe des Gehörganges sich nähert oder gar diese kreuzt.

Bei den Gehörsprüfungen, welche im Verlaufe einer Behandlung wiederholt angestellt werden, hat man zu beachten, dass die zu verschiedenen Tageszeiten unternommenen Untersuchungen bei sonst gleichbleibendem Zustande der Ohrenerkrankung nicht immer dasselbe Resultat liefern[2]), dass ferner manche Patienten zu gewissen Stunden regelmässig besser oder schlechter hören und besonders häufig zwischen den Morgen- und Abendstunden wesentliche Veränderungen in der Hörfähigkeit bestehen. Es ist ferner hervorzuheben, dass einerseits subjective Schwankungen in der Intensität acustischer Empfindung unaufhörlich stattfinden[3]), andererseits aber durch die Hörprüfung selbst wesentliche Veränderungen in der Hörperception, und zwar anfänglich meistens eine Steigerung dieser, hervorgerufen werden.[4]) Selbstverständlich wirkt auch der jedesmalige psychische und körperliche Zustand des Patienten oft bestimmend auf die Hörfunction ein.

So können beispielsweise wiederholte Hörprüfungen wesentlich verschiedene Resultate ergeben, je nachdem der Patient einmal unmittelbar nach stärkeren Körperbewegungen, z. B. nach dem Steigen einer höheren Treppe, ein andermal erst einige Zeit darnach untersucht wird. Manche Individuen hören nach dem Essen[5]), sowie nach dem Baden vorübergehend auffällig schlecht.

Zuweilen übt die Körperstellung einen bedeutenden Einfluss auf die Hörfunction aus: so berichtet *Abercrombie*[6]) von einem Manne, der nur beim Bücken normal hörte; bei einem meiner Patienten trat für die Uhr eine Gehörsverbesserung um mehrere Centimeter ein, wenn Patient seinen Kopf aus der verticalen Stellung in die Horizontalen brachte.

Bei der Gehörsprüfung ist es ferner nicht gleichgiltig, ob sich die Schallquelle gegenüber einer die Reflexion begünstigenden Wand befindet, welche je nach ihrem Abstande von der Schallquelle entweder eine Verstärkung oder eine Schwächung[7]) des Schalles veranlasst.

Die zur Beurtheilung eines anhaltenden therapeutischen Effectes angestellten Hörprüfungen sollen vor jeder Einzelbehandlung vorgenommen werden, indess eine zweite nach der Sitzung stattfindende Prüfung den unmittelbaren Einfluss des therapeutischen Eingriffes auf die Schallperception erkennen lässt.

Bezüglich der einzelnen Schallquellen wäre Folgendes zu bemerken: Bei der Prüfung mit der Uhr ist vor Allem die Stellung zu berücksichtigen, in welcher sich die Uhr zum Ohreingange befindet.[8]) Es erscheint ferner empfehlenswerth, die Uhr allmälig dem Ohre zu nähern, bis eine Perception erfolgt; das umgekehrte Verfahren, nämlich die Uhr

---

[1]) Arch. f. Aug. u. Ohr. B. 4, Abth. II. S. 318. — [2]) *Renz* und *Wolf*, s. Canstatt's J. 1856, B. 1, S. 127. — [3]) *Pflüger's* Arch., B. 27, S. 436 u. ff. — [4]) *Pflüger's* Arch., B. 30, S. 153; eingehende Untersuchungen wurden darüber von *Eitelberg* (Z. f. Ohr. B. 12) angestellt. — [5]) *Knorr*, *Poggendorf's* Ann. 1861, Nr. 6. — [6]) S. *Beck*, Krankh. d. Geh. 1827, S. 226. — [7]) Wie *Savart* (Acad. de scienc. 17. Dec., s. *Froriep's* Not. 1839, B. 9, S. 99) beobachtete, findet in diesem Falle an gewissen Stellen eine vollständige Auslöschung des Schalles statt. — [8]) So wurde in einem Falle *Kramer's* (Deutsche Klin. 1853, Sp. 387) eine dem Ohreingange gegenüber gestellte Uhr um circa 15 Cm. weniger weit gehört, als wenn sich dieselbe der Grundfläche der Concha gegenüber befand.

langsam vom Ohre zu entfernen, bietet nicht ein vollständig sicheres Resultat, da einerseits der bereits erregte Hörsinn durch einen verhältnissmässig schwachen Reizimpuls in einer weiteren Thätigkeit erhalten wird [1]), andererseits aber zuweilen länger anhaltende Nachempfindungen [2]) auftreten können, welche sehr leicht eine objective Gehörsperception vortäuschen.

Derartige Täuschungen lassen sich bei Benützung von Uhren mit Hemmungsvorrichtungen[3]) eher vermeiden, indem die Patienten den Stillstand des Uhrtickens stets anzugeben haben und demnach die Aussagen leicht zu controliren sind. Beim Uhrwerke *Kau's*[b]) ist auch eine Regulation der Tonstärke ermöglicht.

Befindet sich die Uhr (oder Stimmgabel) **an der Grenze der Hörweite**, so tritt ein auffälliger Wechsel der Hörschärfe auf; man erhält die Empfindung, als ob die Schallquelle dem Ohre langsam genähert und dann wieder bis über die Hörweite hinaus entfernt werde. [4]) Bei herabgesetztem Hörvermögen tritt diese Eigenthümlichkeit der Hörfunction oft auffallend hervor.

Eine genaue Aufnahme der Hörfunction erfordert demnach wiederholte Prüfungen, bei denen erst die übereinstimmenden Angaben ein sicheres Urtheil gestatten.

Die mit der Uhr vorgenommenen Hörprüfungen bieten nur dann einen Massstab für die vorhandene Hörfähigkeit dar, wenn die **normale Hörweite für diese Uhr an einer Reihe Normalhöriger vorher festgestellt** worden ist, wobei wegen der verschiedenen Stärke des Schlagwerkes für jede Uhr eine specielle Prüfung erforderlich ist.

Wie *Tröltsch*[5]) aufmerksam macht, erleidet die Schlagstärke einer Uhr durch das Aufziehen, Einölen der Feder nicht unerhebliche Veränderungen, die bei den Hörprüfungen nicht ausser Acht gelassen werden dürfen; es ist ferner nicht gleichgiltig, welche Seite des Uhrgehäuses dem Ohre zugewendet wird.

Die Hörweite ist in Centimetern anzugeben, und zwar am einfachsten in der Form eines Bruches, bei dem der Zähler die Grenze der Hörweite in den einzelnen Fällen angibt, indess der Nenner die Entfernung bezeichnet, bis auf welche ein normales Ohr die Uhr percipirt. Wenn beispielsweise eine Uhr normaliter 100 Cm. weit, dagegen von einem Patienten nur 50 Cm. weit gehört wird, so ist dies durch den Bruch $\frac{50}{100}$ anzuzeigen.[6]) Damit ist jedoch keineswegs gemeint, dass in dem betreffenden Beispiele $\frac{50}{100} = \frac{1}{2}$ der normalen Hörfähigkeit bedeutet, sondern diese ist thatsächlich $\frac{1}{4}$, da ja die Stärke des Schalles in umgekehrtem Verhältnisse zum Quadrate der Entfernung steht. — Vermag der Patient erst die an die Ohrmuschel angelegte Uhr zu hören, so kann dies als Uhr ad c. (concham), findet überhaupt keine Hörperception des Uhrtickens statt, als: Uhr = 0 ausgedrückt werden.

Aus den Resultaten einer Prüfung des Gehörs mit der Uhr dürfen keine allgemeinen Schlüsse über das Hörvermögen gefolgert werden. Es ist vor Allem hervorzuheben, dass zwischen dem Sprachverständniss und der Gehörsperception für die Uhr nicht selten wesentliche Unterschiede bestehen [7]); so kann einmal die Sprache bedeutend besser vernommen werden als die Uhr, indess ein andermal wieder umgekehrte Verhältnisse obwalten; sogar Gehörsverbesserungen erstrecken sich zuweilen bald mehr auf das Sprachverständniss, bald mehr auf die Perception des Uhrtickens.

So beobachtete *Hinton*[a]) in einem Falle eine Gehörsverbesserung für Sprachlaute, aber nicht für die Uhr. Bei einem von mir[9]) behandelten Patienten wurde die Uhr

---

[1]) *Politzer*, Ohrenh. S. 192. — [2]) *Pflüger's* Arch., B. 24. S. 587 u. B. 25. S. 335.
[3]) *Rau*, Lehrb. 1856. S. 49. *Voltolini*, Wien. med. Zeit. 1870. S. 25. *Bing*, Mitth. d. Wien. med. Doct.-Coll. 1877. Jänner. — [4]) Centralbl. f. d. med. Wiss. 1875. Nr. 37. Wie ich nachträglich ersah, beobachtete bereits *Knorr (Poggendorf's* Ann. 1861. Nr. 6) an der Hörgrenze ein Wogen oder Pulsiren der Hörschärfe, welches eine intermittirende Wahrnehmung des Uhrtickens veranlasst. — [b]) Lehrb. 6. Aufl. S. 247. [a]) *Prout*, Bost. Med. and Surg. Journ. 1872. Febr.; *Knapp*, Arch. f. Aug. u. Ohr., B. 3, Abth. I. S. 186. — [7]) *Wharton Jones*, s. Med. Jahrb. 1842. S. 1231. [8]) *S. Schmidt's* Jahrb. 1861. B. 121 S. 382. [9]) Arch. f. Ohr. XVI. S. 181.

mit dem rechten Ohr 8 Centimeter weit gehört, trotz einer auf diesem Ohre bestehenden vollständigen Sprachtaubheit.

Die Ursache solcher Erscheinungen ist zum grossen Theile wohl darin zu suchen, dass das Uhrticken nur aus zweien und dabei noch unreinen Tönen besteht[1], welche das erkrankte Ohr in dem einen Falle gut, in dem anderen Falle schlecht empfindet. Eine solche, für bestimmte Töne besonders hervortretende Perceptionsanomalie erklärt es, dass manche Patienten stets nur den einen der beiden Schläge einer Taschenuhr vernehmen; ist auch der dem anderen Uhrschlage zukommende Ton aus der Gehörperception ausgefallen, so hört Patient das Uhrticken gar nicht, wogegen er vielleicht andere Töne noch ganz gut vernimmt.

Während der Prüfung mit der Uhr aus den soeben angegebenen Gründen nur ein sehr beschränkter Werth beizumessen ist, muss dagegen die Sprache als ein viel vollkommenerer Hörmesser bezeichnet werden, da sie 8 Octaven umfasst[1], nämlich zwischen dem Subcontra C und dem c^V sich bewegt; der tiefste Ton kommt dem R mit 16, der höchste dem S mit 4032 Schwingungen in der Secunde zu.

Die dem einzelnen Tone zukommende Anzahl der Schwingungen in der Secunde sind folgende[2]:

C^{-2}	16·5	D^{-2}	18·6	E^{-2}	20·6	F^{-2}	22	G^{-2}	24·75	A^{-2}	27·5	H^{-2}	30·9		
C^{-1}	33·0	D^{-1}	37·2	E^{-1}	41·2	F^{-1}	44	G^{-1}	49·50	A^{-1}	55·0	H^{-1}	61·8		
C	66·0	D	74·4	E	82·4	F	88	G	99·0	A	110·0	H	123·6		
c	132·0	d	148·8	e	164·8	f	176	g	198·0	a	220·0	h	247·2		
c^I	261·0	d^I	297·6	e^I	329·6	f^I	352	g^I	396·0	a^I	410·0	h^I	494·4		
c^{II}	523·0	d^{II}	595·2	e^{II}	659·2	f^{II}	704	g^{II}	792·0	a^{II}	880·0	h^{II}	988·8		
c^{III}	1056·0	d^{III}	1190·4	e^{III}	1318·4	f^{III}	1408	g^{III}	1584·0	a^{III}	1760·0	h^{III}	1977·6		
c^{IV}	2112·0	d^{IV}	2380·8	e^{IV}	2636·8	f^{IV}	2816	g^{IV}	3168·0	a^{IV}	3520·0	h^{IV}	3955·2		
c^V	4224·0	d^V	4761·6	e^V	5273·6	f^V	5632	g^V	6336·0	a^V	7040·0	h^V	7910·4		
c^{VI}	8418·0	d^{VI}	9523·2	e^{VI}	10547·2	f^{VI}	11264	g^{VI}	12672·0	a^{VI}	14080·0	h^{VI}	15820·8		

Von grosser Wichtigkeit bei der Sprachprüfung ist die genaue Berücksichtigung der Tonstärke und der Klangfarbe, welche der einzelne Sprachlaut besitzt; die genannten Eigenschaften sind für die Entfernung, bis auf welche ein bestimmter Buchstabe vernommen wird, von entscheidendem Einflusse.

Die Untersuchungen O. *Wolf*'s[1] über die Tonhöhe des Grundtones und über das Tonstärkeverhältniss des einzelnen Sprachlautes ergaben Folgendes:

Sprachlaut	Tonhöhe des Grundtones	Tonstärkeverhältniss: Der Sprachlaut wurde noch unterschieden in einer Entfernung von
A	h^{II}	360 Schritten
O	b^I	350 „
Ei und Ai	—	340 „
E	b^{III}	330 „
I	d^{IV}	300 „
Eu	—	290 „
Au	—	285 „
U	f^0	280 „
Sch	$fis^{IV} + d^{IV} + a^{III}$	200 „
S	$c^{IV} - c^V$	175 „
G moll und Ch weich	d^{IV}	130 „
Ch rauh und R uvulare	—	90 „
F und V	$a^{II} - a^{III}$	67 „
K und hart G	$d^{II} - d^{III}$	63 „
T und D	$fis^{II} - fis^{III}$	63 „
R linguale (ohne Stimmton)	$c^{-3} + c^{-2} + c^{-1} + c^0$	41 „
B und P	e^I	18 „
H (als verstärkter Hauch)	—	12 „

---

[1]) O. *Wolf*, Arch. f. Aug. u. Ohr., B. 3, Abth. II, S. 35. — [2]) S. *Pisko*, Lehrb. d. Phys. S. 234.

Die hier mitgetheilte Tabelle zeigt die **Wichtigkeit einer Hörprüfung auf verschiedene Sprachlaute**, welche sowohl in der Höhe ihres Grundtones als auch in der Tonstärke von einander differiren. Eine derartige Untersuchung lässt etwa bestehende Tonlücken leicht erkennen und macht es ferner erklärlich, warum gewisse Worte von manchen ohrenkranken Individuen bald leicht, bald wieder schwer oder gar nicht vernommen werden; so percipiren Schwerhörige Zahlwörter meist bedeutend besser als andere an Vocalen arme oder die Buchstaben T, D, F, B, H enthaltende Worte. Es genügt daher auch nicht in der Krankengeschichte einfach anzumerken, dass Patient die Sprache auf x Schritte Entfernung gut vernimmt, sondern man hat das betreffende Wort, mit dem die Prüfung angestellt wurde, jedesmal anzugeben.[1]) So kann es z. B. geschehen, dass ein Patient das Wort „zwei" auf 10 Schritte Entfernung deutlich hört, wogegen er das Wort „Hund" bei gleicher Intensität der Stimme nur auf 2 Schritte weit vernimmt.

Man bedient sich zur Prüfung des Sprachverständnisses der **lauten** (l), der **mittellauten** (m) oder der **Flüstersprache** (f) und hat nebst der Gehörsweite die Intensität, mit der die einzelnen Worte gesprochen wurden, anzugeben.

Wie *Wolf*[2]) bemerkt, empfiehlt sich „wegen des erheblich verringerten Tonstärke- oder Wellenbreite-Unterschiedes der einzelnen Sprachlaute" die **Flüsterstimme** vorzugsweise zur Hörprüfung. Ein normales Ohr hört die Flüstersprache nach *Wolf* auf 60 Frankfurter Fuss; beinahe die gleiche Hördistanz von 25—20 Meter fand *Hartmann*.[3])

Zur genauen Bestimmung der Sprachintensität construirte *Lucae*[4]) ein **Maximalphonometer**, welches die Stärke des Exspirationsdruckes und damit der Sprache angibt.

Zur Prüfung des Gehörs auf einen bestimmten Ton eignet sich am besten die **Stimmgabel**. Für eine **vergleichsweise Prüfung beider Ohren** ist es sehr zweckmässig, in jedes Ohr einen Gummischlauch zu stecken, die beiden freien Enden beider Schläuche knapp an einander zu halten und eine schwach tönende Stimmgabel in rascher Aufeinanderfolge von dem einen zum anderen Schlauchende hin- und herzuführen. Auf diese Weise machen sich quantitative und qualitative Hörunterschiede auffällig bemerkbar.

Prüfungen mit verschieden tönenden Stimmgabeln ergeben manchmal die interessante Erscheinung, dass eine **subjective Tondifferenz**, welche selten über ½ Ton beträgt, nur für gewisse Töne oder eine Tonreihe, z. B. nur für hohe Töne, besteht, dagegen bei anderen, z. B. tiefen Tönen, nicht hervortritt, so dass sie, wie ich dies bei einigen Patienten mit chronischem Paukenkatarrhe beobachtet habe, je nach der Höhe des zur Prüfung verwendeten Tones bald beträchtlicher, bald wieder geringer erscheint.

Conta[5]) bedient sich zur Hörprüfung einer Stimmgabel, deren Ton durch einen Hörschlauch dem Ohre zugeführt wird; die **Zeitdauer, durch welche die Stimmgabel vernommen wird**, gibt einen Massstab für die Hörfähigkeit ab. Zum Zwecke einer messbaren Anschlagstärke der Stimmgabel lässt *Magnus*[6]) eine Holzkugel unter einem ablesbaren Winkel auf eine befestigte Stimmgabel fallen. Wegen der unvermeidlichen Unsicherheit der Prüfungsmethode *Conta's* stelle ich die **Gehörsprüfung mit Benützung eines T-Schlauches an**, von dem der eine Schenkel in das Ohr des Patienten, der andere in mein (Normal-)Ohr kommt. Aus der Anzahl von Secunden, um die der Stimmgabelton mit dem „normalen Ohre" länger gehört wird, als mit dem erkrankten Ohre, erhält sich ein verlässlicher Massstab zur relativen Bestimmung der Hörschärfe.

Bei den Untersuchungen der Luftleitung mit der Stimmgabel sind gewisse **Interferenzerscheinungen** der von den Zinken ausgehenden Schallwellen zu berücksichtigen. Wie bereits die Gebrüder *Weber*[7]) beobachteten, erlischt der Ton, wenn sich die eine Kante der Stimmgabel dem Ohreingange gegenüber befindet, so dass demnach bei einer vollständigen Axendrehung derselben der Ton, entsprechend den 4 Kanten der prismatischen Stimmgabel, 4mal verschwindet. Eine gleiche Erscheinung tritt meiner Beobachtung[8]) zufolge stets dann hervor, wenn sich die beim Ohre vorbeigeführte

---

[1]) *Lucae*, Arch. f. Ohr. XII. S. 283. — [2]) Arch. f. Aug. u. Ohr. III, 2. S. 51. —
[3]) Arch. f. Aug. u. Ohr. VI, 2. S. 473. — [4]) Arch. f. Ohr. VI, S. 276; XII, S. 282.
[5]) Arch. f. Ohr. I, S. 107. [6]) Arch. f. Ohr. I, S. 127. [7]) Die Wellenlehre, Leipzig
1825, S. 506. [8]) Centralbl. f. d. med. Wiss. 1872. Nr. 8.

Stimmgabel dem Rande des Ohreinganges gegenüber befindet; demgemäss verschwindet der Ton einer beim Ohre von vorn nach hinten oder von oben nach unten bewegten Stimmgabel an zwei Stellen. Für meine Annahme, dass auch diese Erscheinung auf Interferenz der von den Zinken ausgehenden Schallwellen beruhe, haben *Fleischl*[1]) und *Berthold*[2]) den Nachweis erbracht.

Als Stimmgabel steht die prismatische allgemein in Gebrauch, cylindrische[3]) Stimmgabeln werden selten benützt. Durch verschiebbare Klemmschrauben[4]), welche an der prismatischen Stimmgabel angebracht werden (Fig. 22), lassen sich die Obertöne zum grossen Theil unterdrücken. Bei Verschiebung der Klemmen ändert

Fig. 22.

sich der Ton, und zwar wird er höher, wenn die Klemmen nach abwärts, tiefer, wenn sie nach aufwärts verschoben werden (bei meiner Stimmgabel, welche eine Verschiebung um 12 Cm. zulässt, beträgt der Tonunterschied eine grosse Terz). Einer privaten Mittheilung Herrn Dr. *Kiesselbach's* (1879) zufolge, übt auch die Schwere der Klemmschrauben auf die Grösse des Tonunterschiedes einen bedeutenden Einfluss aus, und zwar ist es der tiefste zu erhaltende Ton, welcher von der Schwere der Klemmen abhängt, während der höchste Ton stets als Eigenton der Stimmgabel erscheint; so ergab eine Verschiebung mässig schwerer Klemmen f, g, a, h; mit Klemmen von doppeltem Gewichte d, e, f, g, a, h. Auch *Koláček*[5]) giebt an, dass der Ton einer Stimmgabel entsprechend dem wachsenden Ballast tiefer werde. Die einzelnen, der jedesmaligen Stellung der Klemmschrauben zukommenden Töne können an betreffender Stelle eingeätzt werden.[6]) *König*[7]) construirte eine Stimmgabel mit veränderlichem Ton; die beiden hohlen Zinken sind am Fusse durch eine Querbohrung untereinander verbunden und von hier aus mit Quecksilber in einem beliebigen Grade zu füllen.

Behufs näherer Hörprüfungen müssen mehrere verschiedene tönende Stimmgabeln verwendet werden.

Zum Anschlagen der Gabel dient ein Percussionshammer. Beim Anschlagen an einen harten Körper treten die Obertöne der Stimmgabel in unangenehmer Stärke hervor, ein Umstand, welcher zur Vermeidung von Trugschlüssen Beachtung erfordert.

Für Untersuchungen, bei denen ein gleichmässig anhaltender Stimmgabelton wünschenswerth ist, eignet sich die elektro-magnetische Stimmgabel[8]): eine befestigte Stimmgabel wird zwischen die Schenkel kleiner Elektromagneten gestellt, durch deren Drahtwindungen intermittirende elektrische Ströme geleitet werden; das bei jedem Stromstoss magnetisch werdende Eisen des Elektromagneten zieht die Zinken der selbst dauernd magnetischen Stimmgabel an. Die Zahl der elektrischen Stromstösse muss im geraden Verhältnisse zur Zahl der Stimmgabelschwingungen stehen. — *Lucae*[9]) benützt eine elektro-magnetische Stimmgabel mit einer Schraubenvorrichtung, durch die beide Elektromagneten den Zinken genähert und wieder entfernt werden können.

Resonatoren. Zur Verstärkung eines bestimmten Stimmgabeltones dienen gläserne oder metallene Hohlkugeln[10]), sowie Röhren mit zwei offenen Enden[10]), von denen das eine scharf abgeschnittene Ränder, das andere eine trichterförmige Gestalt besitzt; dieses letztere wird in den Gehörgang eingesetzt. *Schubring*[11]) benützt als Resonatoren Papprööhren. Da ein jeder solcher Resonator nur für einen gewissen Ton abgestimmt ist, müssen für eine Untersuchung mit verschiedenen Tönen eine Reihe Resonatoren benützt werden. — *Edison*[12]) empfiehlt eine „Resonanz-Stimmgabel", die zwei breite, aus einem dicken Metallcylinder gewonnene Branchen besitzt.

Zur Prüfung der oberen Grenze der Gehörsperception eignen sich die Klangstäbe[13]) (10 Nrn.) von c^5 mit 4096 Schwingungen bis c^8 mit 32768 Schwingungen.

---

[1]) Sitz. d. Ges. d. Aerzte in Wien, 1872, 1. März. — [2]) Mon. f. Ohr. VI, Nr. 5. — [3]) Nach *Politzer* (Wien. med. Woch. 1868 Sp. 679) erregen cylindrische Stimmgabeln weniger Obertöne. — [4]) *Lucae, Magnus, Politzer,* s. *Lucae's* Refer. i. d. Jahresb. v. *Virchow* u. *Hirsch*, pro 1870, B. 2, S. 417. Anstatt der Klemmen empfiehlt *Bing* (s. Wien. med. Woch. 1880, Nr. 11) über jede Zinke einen enganschliessenden Gummistreifen zu ziehen. — [5]) Annal. d. Phys. u. Chem. 1879, Nr. 5. — [6]) *Magnus,* Arch. f. Ohr. II, S. 271. — [7]) *Poggendorf's* Annal. 1876, B. 157, S. 621. — [8]) *Helmholtz,* Die Lehre v. d. Tonempfind. 4. Aufl. S. 196. — [9]) Centralbl. f. d. med. Wiss. 1863, S. 625. — [10]) *Helmholtz,* a. a. O. S. 73. — [11]) *Müller-Pouillet's* Lehrb. d. Phys., bearb. v. *Pfaundler,* 1877, B. 1, Abth. 2, S. 351. — [12]) Amer. Journ. of Otology, 1880, Jan., s. Z. f. Ohr. B. 9, S. 253. — [13]) *König,* s. *Müller-Pouillet's* Lehrb. etc. S. 471.

Zu demselben Zwecke dient *Galton's* Pfeifchen.¹) Die Klangstäbe bestehen aus 20 Mm. dicken Stahlcylindern von verschiedener Länge (s. unten). Die mit einem harten Klöppel angeschlagenen Stäbe werden in der Weise in Transversalschwingungen versetzt, dass sich zwei Schwingungsknoten bilden, welche um ¼ der Stablänge von den beiden Enden des Stahlcylinders abstehen. An diesen durch Markirung kenntlich gemachten Knotenstellen werden die Stäbe entweder frei aufgehängt oder auf Kautschukröhren gelegt.

Gehörsprüfungen können ferner noch mit verschiedenen **Hörmessern** angestellt werden.

*Wolke*²) benützte als Hörmesser einen **Metallhammer**, der unter einem ablesbaren Winkel auf Metall anschlug. *Itard*³) lässt eine **Kugel** an einen frei aufgehängten Metallring anschlagen; die Entfernung der frei hängenden Kugel vom Ringe ist an einer Winkelscheibe abzulesen („Acumeter"). *Kessel*⁴) bedient sich eines **Zungenwerkes**, das sechs Octaven umfasst. Der Hörmesser *Politzer's*⁵) besteht aus einem **Percussionshammer**, der von einer bestimmten Fallhöhe auf einen Stahlcylinder fällt; der Ton soll bei allen Instrumenten gleich sein.

Um den **Prüfungston beliebig abschwächen** zu können, wird nach dem Vorgange *Hartmann's*⁶), das Aufnahmstelephon mit der primären Rolle eines Schlittenapparates, das Empfangstelephon dagegen mit der secundären Rolle verbunden und diese letztere um so weiter aus der Primärrolle herausgeschoben, je schwächer man den auf das Aufnahmstelephon einwirkenden Schall (besonders Stimmgabelton) zu haben wünscht. *Preyer*⁷) bedient sich zu diesem Zwecke eines Rheostaten, durch den ein constanter Strom geleitet ist. Eine genauere Messung der Hörschärfe ermöglicht auch das **Sonometer** (Audiometer) von *Houghes* und von *Boudet* de Paris.⁸)

b) Hörprüfung vermittelst der Schallleitung durch feste Körper. Wenn eine Schallquelle entweder durch einen festen Körper mit den Kopfknochen verbunden oder auf diese direct aufgesetzt ist, gelangt ein Theil der Schallwellen mit Umgehung des Schallleitungs-Apparates direct zum Labyrinthe, während ein anderer Theil, gleichwie bei der Luftleitung, die Luft in der Paukenhöhle in Bewegung versetzt („kranio-tympanale Leitung"). ⁹) Die directe Zuleitung der Schallwellen zum Labyrinthe ermöglicht eine Prüfung der Acusticusreaction auch in solchen Fällen, in denen hochgradige Veränderungen des Mittelohres mit aufgehobener Schwingungsfähigkeit der schallleitenden Theile bestehen. Aus diesem Grunde ist die Kopfknochenleitung zur Stellung der Diagnose auf eine Labyrinthaffection von der grössten Bedeutung. Die Prüfung wird in der Weise vorgenommen, dass man die Schallquelle, am besten die Stimmgabel, mit den verschiedenen Stellen des Kopfes in Berührung bringt. Die Perception des Stimmgabeltones hängt häufig von der Stelle der Application und von der Höhe des Tones ab.¹⁰)

Die erste Andeutung über die diagnostische Wichtigkeit einer Prüfung der Knochenleitung gegenüber der Luftleitung, findet sich bei *Cappivaccius* (1509)¹¹) vor. Eine nähere Berücksichtigung fand dieser Gegenstand zuerst von *Schmalz*.¹²)

Unter normalen Verhältnissen **überwiegt die Luftleitung die Knochenleitung**, so dass ein z. B. von den Zähnen aus nicht mehr wahrnehmbarer Stimmgabelton beim Anhalten der Stimmgabel ans Ohr wieder gehört wird.¹³) Nähere Untersuchungen liegen hierüber von *Hessler*¹⁴) vor.

---

¹) *Burckhardt-Merian*, Naturf.-Vers. z. Cassel, 1878. ²) *Gilbert's* Annal. 1802. B. 9, s. *Kramer*, Ohrenkrankh. 1836. S. 40. ³) Traité des mal. de l'or. 1821. T. 2. p. 46. — ⁴) Arch. f. Ohr. X. S. 273. ⁵) A. f. Ohr. XII, S. 101. ⁶) Verh. d. phys. Ges. z. Berlin, 1878, 11. Jänner, s. A. f. Ohr. XIII, S. 298. — ⁷) Sitz. d. Jena'sch. Ges. f. Med. 1879, 21. Febr. — ⁸) Ausgestellt in der elektr. Ausstellung in Wien, 1883, s. Wien. med. Presse, 1883, Sp. 1389. ⁹) *Hensen, Hermann*, Phys. III. Th. 2, S. 26. — ¹⁰) *Lucae*, A. f. Ohr. V, S. 82; *Tröltsch*, Lehrb. d. Ohr., 6. Aufl. S. 259 und 259; *Urbantschitsch*, A. f. Ohr. XII, S. 207. Bereits *Swan* (Med.-chir. Transact., Vol. IX, p. 422, s. Arch. f. Phys. 1819, B. 5, S. 258) gibt an, dass zuweilen bei vollständig normalem Gehör, der Schall von einigen Stellen der Kopfknochen nicht percipirt wird. — ¹¹) *S. Beck*, Ohrenkr. 1827, S. 77; *Lincke*, Ohrenh. B. 2, S. 31. ¹²) Beiträge, 1846, H. 3, S. 32. — ¹³) *Rinne*, Prager ¹¹, J. Schr. 1855, S. 72; s. ferner *Kramer*, D. Klin. 1855, S. 387. — ¹⁴) A. f. Ohr. XVIII, S. 227.

Wie ich eigenen Untersuchungen entnehme, **ändert sich zuweilen die Schallperception je nach der Applicationsstelle** in der Weise, dass z. B. ein gewisser Stimmgabelton von der Nasenwurzel aus mit dem rechten Ohre, einige Millimeter höher dagegen mit dem linken Ohre gehört wird. Auch die **Höhe des Tones** zeigt sich von grossem Einflusse, so zwar, dass zwei Stimmgabeln, welche nur um einen halben Ton von einander differiren, vollständig verschiedene Untersuchungsresultate ergeben können. Bei normalem Zustande des Ohres hören häufig beide Ohren eine in die Mittellinie des Kopfes aufgesetzte Stimmgabel gleich gut, während ein andermal der Ton nicht in den Ohren, sondern im Kopfe empfunden wird.

Im Falle einer unsicheren Angabe, auf welchem Ohre die Stimmgabel besser gehört werde, lässt man die Enden eines Otoskopes in beide Gehörgänge stecken[1]) oder die Stimmgabel auf den Vereinigungswinkel eines dem Beckenmesser ähnlichen Instrumentes setzen, dessen Enden mit beiden Warzenfortsätzen verbunden sind[2]); häufig wird der Ton einer auf die Schneidezähne aufgesetzten Stimmgabel besonders deutlich empfunden.

Von der einen Kopfhälfte aus vernimmt unter normalen Verhältnissen meistens das Ohr der betreffenden Seite den Stimmgabelton; zuweilen jedoch besteht eine **gekreuzte Perception**, nämlich die auf die seitliche Kopfpartie applicirte Stimmgabel tönt in das der Ansatzstelle entgegengesetzte Ohr. Diese Erscheinung ist meinen Beobachtungen gemäss nicht selten auf einen bestimmten Punkt der Kopfhälfte, z. B. auf das Tuber frontale beschränkt oder gibt sich nur bei einem gewissen Tone zu erkennen.

Eine besondere Erwähnung verdient noch die Thatsache, dass mehrere unmittelbar hinter einander vorgenommene Stimmgabel-Prüfungen, unter sonst gleichen Verhältnissen, nicht immer übereinstimmende Resultate ergeben.

Eine genaue Untersuchung mit der Stimmgabel erfordert demnach 1. die **Benützung mehrerer verschieden abgestimmter Stimmgabeln**, 2. deren **Application an möglichst vielen Punkten des Kopfes**, 3. **wiederholt angestellte Prüfungen zu verschiedenen Zeiten.**

Das Untersuchungsergebniss der Schallperception bietet bei Benützung der Knochenleitung für die Diagnose wichtige Anhaltspunkte dar und lässt meistens deutlich erkennen, ob die verminderte Hörfähigkeit auf einem **Leiden des Schallleitungsapparates** oder aber des Hörnerven beruhe. Im ersteren Falle wird nämlich der **Stimmgabelton auf dem erkrankten oder stärker afficirten Ohre verstärkt gehört**, wogegen er bei einem pathologischen Zustande des Hörnerven **schwach oder gar nicht in die Empfindung tritt**. Wie zuerst *Savart* und *Wallaston*[3]), und ferner *E. H. Weber*[4]) beobachtet haben, wird bei bilateral gleichem Gehör, der Ton einer auf dem Kopf aufgestellten Stimmgabel von jenem Ohr besser vernommen, dessen Gehörgang mit dem Finger verstopft ist; ganz dieselbe Erscheinung zeigt sich bei Cerumenansammlungen, Entzündungen des mittleren Ohres, bei Einwärtsziehung des Trommelfelles u. s. w. Nach *Mach*[5]) handelt es sich hierbei um ein **verhindertes Entweichen der Schallwellen aus dem Ohre**; dieser Anschauung zufolge vermag nämlich bei Erkrankungen des Schallleitungsapparates jener Theil der Schallwellen, welcher sonst aus dem Ohre entweicht, nicht das Ohr zu verlassen und trägt somit zur Erhöhung des Schalleinflusses auf das Labyrinth bei. Dagegen suchen *Rinne*[6]) und *Toynbee*[7]) die Verstärkung des Tones in einer **vermehrten Resonanz der Luft** im äusseren und mittleren Ohre. Nach *Politzer*[8]) ist die erhöhte Schallwirkung sowohl durch einen behinderten Abfluss der Schallwellen als auch durch eine verstärkte Resonanz bedingt. Der Ansicht *Lucae's*[9]) zufolge entsteht die Schallverstärkung durch einen **erhöhten Druck auf das Labyrinth**, durch Resonanzsteigerung, eventuell durch eine Erhöhung des Schallzuflusses zum Labyrinthe von Seiten flüssiger oder fester Körper (Cerumen, Exsudat u. s. w.); dagegen verwirft *Lucae* die Schallausflusstheorie von *Mach* und *Politzer*. Vielleicht ist auch die Behinderung der Schallzuführung mittelst

---

[1]) *Politzer*, Ohrenheilk. B. I. S. 209. — [2]) *Hassenstein*, Berl. klin. Woch. 1871. Nr. 9. — [3]) S. *Froriep's* Notiz. 1827, B. 19, Sp. 81. — [4]) De pulsu, auditu et tactu, Lips. 1834. s. A. f. Ohr. I. S. 303 (*Lucae*). — [5]) Sitz. d. Wien. Akad. d. Wiss. 1864, S. 342. — [6]) Prager V. Jahresschr. 1855, I. S. 113. — [7]) Lehrb., Uebersetz., S. 99 u. 160. — [8]) A. f. Ohr. I, S. 318. — [9]) C. f. d. m. Wiss., 1863, Nr. 42.

Luftleitung für die ungestörte und deshalb bessere Perception der dem Ohre per Knochenleitung zugeführten Schallwellen nicht ohne Bedeutung.

Die Verstärkung des Tones auf dem allein oder stärker erkrankten Ohre ist häufig eine so bedeutende, dass die Stimmgabel mit dem gesunden oder weniger erkrankten Ohre gar nicht vernommen wird. Man hat sich demnach auch wohl zu hüten, aus einer solchen verminderten Perception auf eine Affection des Hörnerven der betreffenden Seite zu schliessen, sondern ist nur dann berechtigt eine Anästhesie des Acusticus anzunehmen, wenn der Ton einer unter den oben erwähnten Cautelen applicirten Stimmgabel auf dem hochgradig schwerhörigen Ohre auffällig schwach oder gar nicht hervortritt.

Die Prüfungen der Schallperception vermittelst einer auf die Kopfknochen aufgesetzten Uhr ergeben keine verlässlichen Resultate und auf keinen Fall ist aus einer mangelnden Perception des Uhrtickens stets auf eine Anaesthesia acustica zu schliessen, da auf demselben Ohre der Stimmgabelton stärker vernommen werden kann, als auf der anderen besser hörenden Seite.

Die zuweilen eintretende Erscheinung, dass unmittelbar nach einer Lufteinblasung in das Mittelohr die früher nicht vorhandene Schallperception per Knochenleitung wieder, meistens nur vorübergehend, zurückkehrt, beruht vielleicht auf einer durch die Luftdouche erregten reflectorischen Reizung der acustischen Centren (s. a. n. O.). *Voltolini*[1]) nimmt für solche Fälle an, dass die ins Mittelohr eingeblasene Luft von dem den Kopfknochen aufgesetzten Schallkörper in stärkere Bewegung versetzt wird und dadurch eine intensivere Schwingung des Schallleitungsapparates veranlasst.

Es wäre schliesslich noch zu erwähnen, dass mit dem zunehmenden Alter die auf den Kopf aufgesetzten Schallquellen schwächer gehört werden, und z. B. für die Uhr nach dem 50. bis 60. Lebensjahre nicht selten jede Perception von den Kopfknochen aus, auch bei solchen Individuen fehlt, welche die auf dem Wege der Luftleitung ihnen zukommenden Schallwellen noch vernehmen.

Zur Bestimmung der Stärke, mit welcher die in das Ohr eingeleiteten Schallwellen reflectirt werden, bedient sich *Lucae*[2]) eines Interferenz-Otoskopes; dieses besteht aus einem gabelig getheilten Hörschlauch, der vor seiner gabeligen Theilung mit einer Schallzufuhrsröhre und einer Schallabflussröhre verbunden ist. Die beiden Enden des Hörschlauches werden luftdicht in die Gehörgänge der Versuchsperson hineingesteckt; das erweiterte Ende des Schallzuflussrohres ist bestimmt, den Stimmgabelton aufzunehmen, während das Abflussrohr in den Gehörgang des Beobachters eingeführt wird; durch abwechselndes Zudrücken eines oder des anderen (circa 30 Cm. langen) gabelig getheilten Otoskopschenkels kann man jedes Ohr auf seine Reflexion einzeln prüfen. Nach *Lucae* besteht bei der Mehrzahl der Erkrankungen des äusseren und mittleren Ohres eine grössere Reflexion auf Seite des schlechteren Ohres.

Das Krankenexamen. Anamnese. Die Anamnese hat nach Aufnahme der Generalien, darunter des Alters und der Beschäftigung des Patienten folgende Punkte zu berücksichtigen: Die Ursache, Dauer der Erkrankung, das Verhalten der einzelnen Symptome des Ohrenleidens und die etwa vorausgegangene Behandlung.

Ursache der Ohrenaffection. Die Angabe des Patienten betreffs der Ursache seines Ohrenleidens ist häufig nicht verlässlich und besonders auf die in Ermanglung eines bekannten ätiologischen Momentes, vom Patienten gewöhnlich supponirte Verkühlung ist kein grosses Gewicht zu legen. Als Ursachen von Ohrenaffectionen wären zu erwähnen: Allgemeinerkrankungen (Exantheme, Typhus, Syphilis u. s. w.), Affectionen des Centralnervensystems, gewisse Medicamente (besonders Chinin und Salicylsaure) und äussere Schädlichkeiten, wie traumatische Einwirkungen (Schlag auf den Kopf, Erschütterungen), ferner starke Schalleinflüsse (bei gewissen Berufszweigen, wie bei Kesselschmieden, Arbeiten mit Maschinenhammer, so auch bei Artilleristen, Mineurs in Bergwerken, beim Scheibenschiessen innerhalb gedeckter Stände). Den äusseren Schädlichkeiten sind die Verkühlung, das Eindringen von kaltem Wasser oder von verschiedenen

---

[1]) Deutsche Klin. 1859. S. 356.   [2]) A. f. Ohr. III. S. 186 u. 299.

fremden Substanzen in das Ohr beizuzählen; auch ungünstige klimatische Verhältnisse, sowie manche Berufszweige kommen hierbei in Betracht. Als die häufigste Ursache von Ohrenkrankheiten ist eine Affection des Nasenrachenraumes zu bezeichnen. Eine wichtige Rolle spielt bei den Erkrankungen des Hörorganes die Vererbung; diese beruht entweder auf Anomalien des nervösen Apparates oder auf kleinen räumlichen Verhältnissen in der Paukenhöhle, sowie auf einer Neigung zu Katarrhen. Die vererbten Ohrenkrankheiten sind entweder angeboren oder sie treten erst nach der Geburt, zuweilen im späteren Lebensalter, hervor; sie erfordern schon aus dem Grunde die Beachtung, da sie im Allgemeinen ungünstig verlaufen oder der Behandlung oft hartnäckig widerstehen.

Der Beginn der Erkrankung lässt sich gewöhnlich nur in solchen Fällen genau feststellen, in denen der Patient eine bestimmte, plötzlich eingetretene Schädlichkeit als Ursache seines Leidens angeben kann; sonst jedoch ist selbst eine annähernde Abschätzung der Dauer häufig nicht möglich, da die Symptome des Ohrenleidens oft erst nach länger bestehender Erkrankung auffälliger hervortreten.

Die Unverlässlichkeit, welche die Patienten in der Beurtheilung der Dauer ihres Leidens zeigen, gibt sich am deutlichsten an solchen Individuen zu erkennen, die wegen einer vermeintlich nur einseitigen Schwerhörigkeit in die Behandlung kommen und bei denen die Untersuchung auch an dem angeblich ganz gesunden Ohre eine bereits chronische Erkrankung mit herabgesetzter Hörfähigkeit nachweist. Es geschieht keineswegs selten, dass ein Patient, welcher bei seiner Aufnahme ein z. B. zweimonatliches Ohrenleiden angibt, auf näheres Befragen zugesteht, dass er seit Jahren nicht mehr „fein höre", d. h. bereits seit Jahren sein normales Gehör eingebüsst habe.

Das Verhalten der einzelnen Symptome, wie der Schwerhörigkeit, subjectiven Gehörsempfindungen, Schwindelerscheinungen, der Schmerzen im Ohre und Kopfe oder eines Ohrenflusses, ist bei der Aufnahme der Krankheitsgeschichte genau zu erforschen; es sind hierbei etwaige Schwankungen der Symptome, deren Verschlimmerungen des Morgens, des Abends oder nach bekannten Veranlassungen, ferner die allmälige Zunahme, beziehungsweise der unveränderte Fortbestand der Erscheinungen wohl zu berücksichtigen.

Status praesens. Die Aufnahme des Status praesens bezieht sich keineswegs nur auf das Verhalten des Gehörorganes allein, sondern auch auf den allgemeinen Körperzustand, auf constitutionelle Erkrankungen, Affectionen des Centralnervensystems, des Herzens und der grossen Gefässe, des Nasenrachenraumes und des übrigen Respirationstractes etc.

Eine genaue Krankengeschichte erfordert die Berücksichtigung folgender Punkte: Krankheitsursache, erbliche Anlage, Dauer, Entwicklung (langsam oder rasch), Stabilität der Symptome, frühere Behandlung, etwaiger Bestand einer Otorrhoe, Dauer derselben, Schmerz. Betreffs der subjectiven Gehörsempfindungen kommen in Betracht: Die Dauer, Intensität, die intermittirenden oder continuirlichen Gehörsempfindungen, deren Qualität (Klingen, Singen, Sieden, Zirpen, Sausen, Brummen, Pulsiren, musikalische Töne, Gehörshallucinationen), ferner das Verhältniss der subjectiven Gehörsempfindung zur Schwerhörigkeit (vorausgehend, gleichzeitig, nachfolgend).

Bei der Aufnahme des Status praesens beachte man die Umgebung, ferner die Ansatzstellen der Ohrmuschel, dann diese selbst, den Ohreingang, den knorpeligen und knöchernen Gehörgang, das Trommelfell, eventuell die von aussen sichtbaren Theile der Paukenhöhle. Weiters gelangen mittelst der Rhinoscopia anterior und posterior die Nasenhöhle, sowie die Nasenrachenhöhle einschliesslich des Ostium pharyngeum tubae zur Untersuchung. Behufs einer Prüfung des Zustandes der Ohrtrompete und der Paukenhöhle sind die Lufteintreibungen in das Mittelohr vorzunehmen, wobei die manometrische Messung der hierzu erforderlichen Druckkraft und die Auscultationserscheinungen volle Berücksichtigung verdienen. Die Reactionsfähigkeit des Acusticus wird in der schon erwähnten Weise auf elektrischem Wege und mit Zuhilfenahme der verschiedenen Schallquellen geprüft. Die Hörprüfung ist mittelst Luftleitung und Kopfknochenleitung vorzunehmen; bei der ersteren werden als Prüfungsquellen die Sprache (Intensität, Entfernung, Prüfungswort), Uhr und Stimmgabel, bei der letzteren beinahe ausschliesslich die Stimmgabel benützt. Alle nach der Lufteintreibung ins Mittelohr auftretenden Veränderungen der Symptome sind genau zu beachten, da ihnen, wie später auseinandergesetzt wird, nicht nur eine diagnostische, sondern auch eine prognostische Bedeutung zukommt.

II. Allgemeine Therapie.
A. Allgemeine Therapie bei Erkrankung des äusseren und mittleren Ohres.

Da die Ohrenkrankheiten häufig entweder Theilerscheinungen eines pathologischen Allgemeinzustandes sind oder durch einzelne Organe mächtig beeinflusst werden, so hat der Arzt dementsprechend in den geeigneten Fällen ausser einer localen auch eine allgemeine Behandlung (gegen Scrophulose, Anämie, Rheumatismen, Neurosen u. s. w.) einzuleiten und für günstige hygienische, womöglich auch für günstige klimatische Verhältnisse Sorge zu tragen. Der Patient ist auf die grosse Bedeutung trockener Wohnungen und einer an Niederschlägen nicht allzureichen Gegend, ferner auf den Vortheil einer stets erneuerten frischen Luft aufmerksam zu machen; zu dem letzteren Zwecke sind fleissige Spaziergänge, eine ausgiebige Ventilation der Wohn-, besonders der Schlafräume, eventuell das Schlafen bei offenem Fenster zu empfehlen. Das Rauchen im Schlafgmach muss aus den erwähnten Gründen strenge untersagt werden. Für verweichlichte Patienten passen eine allmälige Angewöhnung an leichtere Kleidung, ferner kalte Abwaschungen, vor Allem mässig gebrauchte hydropathische Proceduren. Das Nachtwachen übt auf eine Reihe von Ohrenkrankheiten einen schädlichen Einfluss aus, wogegen sich ein zeitliches Schlafengehen und eine frühzeitige Morgenpromenade wohlthätig erweisen.

Im einzelnen Falle sind allzu starke geistige Anstrengung, ein reichlicher Genuss von geistigen Getränken, sowie Rauchen zu verbieten; etwaige Obstructionen müssen energisch bekämpft werden.

Local-hydriatische Proceduren bezwecken einestheils eine Wärmeentziehung von den hyperämischen oder entzündeten Partien, andrentheils sind sie im Stande, durch Anregung der Contraction der blutzuführenden Gefässe, die vermehrte Wärmezufuhr zu den erkrankten Theilen bedeutend herabzusetzen.[1]) Eine gegen die Entzündung des äusseren und mittleren Ohres gerichtete hydriatische Behandlung besteht daher in einer Application von kühlen Umschlägen über die Ohrgegend und von Eisumschlägen in der Gegend der Carotis, also an den seitlichen Partien des Halses. Man taucht zu dem ersteren Zwecke eine mässig feine, mehrblätterige Compresse in Wasser von 8—14°, drückt den Umschlag schwach aus und legt ihn über die seitlichen Partien des Kopfes; der Ohreingang muss vorher zur Vermeidung des zufälligen Eindringens von Wasser tamponirt werden. Sobald sich der Umschlag erwärmt, ist er durch einen neuen zu ersetzen; eine Erneuerung erscheint anfänglich zu 3 und 5 Minuten, später nach immer längeren Zeiträumen nöthig. Der Patient kann schliesslich über die nasse Compresse ein trockenes Tuch erhalten und den Verband stundenlang unberührt lassen (z. B. während des Schlafes). Bei heftiger Entzündung findet der *Leiter*'sche Wärmeregulator[2]), sowie die *Winternitz*'sche Kühlkappe eine passende Anwendung. Zur Anregung einer Contraction der Carotis werden nach *Winternitz*[1]) in Cravatenform zusammengelegte Taschentücher, in Eiswasser getaucht und über die vorderen und seitlichen Halspartien gelegt; sehr bequem ist hierzu eine von *Winternitz* construirte Kautschukcravate für durchfliessendes Wasser. Diesbezügliche Versuche ergaben 5 Minuten nach Beginn der Halsumschläge ein Sinken der Temperatur im äusseren Gehörgange (mittelst eines Gehörgangsthermometers gemessen) um 0·05, nach 15 Minuten um 0·01, nach 25 Minuten um 0·02, nach 30 Minuten um 0·25°. Noch 40 Minuten nach Entfernung der Umschläge war die Temperatur im äusseren Gehörgang um 0·05° niedriger, als vor der Kälteapplication.[1])

Als antiphlogistisches Mittel gegen Ohrenentzündungen wirken, wovon ich mich wiederholt überzeugt habe, auch Chinin[3]) in grösseren Gaben, sowie der Inductionsstrom sehr günstig.

Die Ausspritzung des Ohres.
Die zur Ausspritzung des Ohres nöthigen Instrumente bestehen in einem Spritzapparate, einem Gefässe für das reine

---

[1]) *Winternitz*, Die Hydrotherapie etc. 1877.   [2]) *Leiter*, Ein neuer Wärmeregulator etc., Wien, 1882.   [3]) *Weber-Liel*, D. Klinik 1869, S. 225.

Wasser und einem zweiten zum Auffangen des Spülwassers. Als Spritzapparat steht die Ohrenspritze in allgemeiner Verwendung.

Die Ohrenspritze (Fig. 23) ist gleich den übrigen Spritzen aus Glas mit Hartgummiansätzen, aus Hartgummi oder Metall verfertigt. Ein kleiner Gummischlauch, welcher über das Ende des Ansatzes hinübergeschoben und etwas vorstehen gelassen wird, schützt vor einer zufälligen Verletzung der Gehörgangswände mit dem Spritzenansatze.

Fig. 23.

Anstatt der gewöhnlichen Ohrenspritze kann man eine Heberspritze, die zur Reinigung des Nasenrachenraumes im Gebrauche steht[1] (s. unten) oder verschiedene Pumpvorrichtungen verwenden. *Delstanche*[2]) benützt zur Ausspritzung des Ohres eine Spritzflasche, die mit einem Doppelballon verbunden ist.

Zum Auffangen des Wassers eignet sich am besten eine Spülschale; diese wird bei verticaler Haltung des Kopfes horizontal unterhalb des Ohreinganges so gestellt, dass der Lobulus auriculae in das Gefäss hineinragt; ein sanftes Andrücken der Schale an die seitlichen Partien des Kopfes verhindert das Herabfliessen des Wassers in die Halsgegend. Zum Schutz gegen das zurückprallende Wasser kann an die Spritze eine Scheibe angebracht werden.[3])

Zur Vermeidung einer Benetzung des Patienten mit dem Spülwasser bediente sich *Toynbee*[4]) einer Ohrenrinne, die mittelst einer Sprungfeder unter dem Ohreingang festgehalten wird. Nach *Lucae*[5]) kann die Reinigung des Ohres durch eine Modification der *Prat*'schen[6]) Ohrendouche besorgt werden: das eine Ende des gerade verlaufenden Schenkels einer T-förmigen Röhre wird in den äusseren Gehörgang luftdicht eingeführt; innerhalb dieser befindet sich ein zweites enges Rohr in der Weise, dass eine durch das Rohr eingespritzte Flüssigkeit in den um das Zuleitungsrohr befindlichen weiteren Raum hineingelangen kann und von diesem durch den anderen Schenkel nach aussen abfliesst.

Das zur Ausspritzung benützte Wasser muss stets lauwarm und bei vorhandener Trommelfellücke schwach salzhaltig sein, da ein reines gewöhnliches Wasser auf die Schleimhaut der Paukenhöhle irritirend einwirkt. Es genügt, ungefähr einem Liter Wasser einen gestrichenen Kaffeelöffel voll Kochsalz zuzusetzen.

Anstatt Chlor-Natrium eignet sich auch Glaubersalz in derselben Concentration wie Kochsalz.[7]) Wie nämlich die Untersuchungen von *Miescher* jun.[8]) ergaben, besitzt besonders der frisch gebildete Eiter einen Eiweissstoff, der in reinem Wasser unlöslich ist und den nur die Salze und Alkalien des Serums in Lösung erhalten; bei Verdünnung mit Wasser wird dieser Körper gefällt und bildet einen Kitt zwischen den Zellen, wodurch Lamellen entstehen; bei Benützung einer schwachen Lösung von Natron sulfuric. oder Magnesia sulfuric. erhält man dagegen eine gleichmässige Mischung, in welcher die Eiterkörperchen frei suspendirt sind.

Die Erwärmung der zur Ausspritzung benützten Flüssigkeit ist aus verschiedenen Gründen dringend nothwendig: Kaltes Wasser ist im Stande, Entzündungszustände im Ohre hervorzurufen; ferner treten bei einer Injection mit kalten Flüssigkeiten, besonders bei deren Eindringen in die Paukenhöhle leicht heftige Schwindelerscheinungen, selbst Uebelkeiten und Erbrechen auf, welche Symptome bei demselben Individuum nicht zur Beobachtung kommen, wenn anstatt der kalten, eine warme Flüssigkeit verwendet wird.

---

[1]) *Itard*, Traité d. mal. de l'or. 1821. T. 2. p. 108; *Siegle*, Württemb. Corr.-Bl. 1865. — [2]) S. A. f. Ohr. VI. S. 144. — [3]) *Knapp*, s. A. f. Ohr. XVII. S. 206. — [4]) Lehrb., Uebers. S. 56. — [5]) Berl. kl. Woch. 1870. Nr. 6. — [6]) Bullet. gén. d. Thér. 1868. s. *Canstatt's* J. 1868. B. 1. S. 315. A. f. Ohr. V. S. 311. — [7]) *Burckhardt-Merian*, Corr.-Bl. f. schweiz. Aerzte 1874. S. 566. — [8]) Med.-chem. Unters. a. d. Lab. v. *Hoppe-Seyler*, Tübingen. 1871.

Von Wichtigkeit ist ferner die **Druckstärke**, in der die Ausspritzung erfolgt: Bei entzündetem Trommelfelle kann ein gegen dieses direct gerichteter starker Wasserstrahl einen Durchbruch des wenig resistenten Gewebes veranlassen; eine allzu kräftige Ausspritzung ist ferner im Stande, heftigen Schmerz, Schwindel u. s. w. herbeizuführen. Es wäre sogar möglich, dass eine forcirte Injection für den Patienten gefährlich wird, und zwar in dem Falle, in welchem der Wasserstrahl eine, mit dem ovalen Fenster nur mehr locker verbundene Steigbügelplatte oder die Membrana rotunda im runden Fenster oder endlich cariös nekrotisch erkrankte Partien der einzelnen Wandungen des Cavum tympani trifft und zu einem vollständigen Durchbruch derselben Veranlassung gibt. Im Falle einer bestehenden Lücke der Labyrinthkapsel kann ein Theil der eingespritzten Flüssigkeit direct in das Labyrinth eindringen.

Dass selbst eine einfache Ausspritzung nicht immer als ein vollständig harmloser Eingriff betrachtet werden darf, beweisen folgende Beispiele: Ein Fall *Schwartze's*[1]) mit heftigem Schwindel nach jeder Ausspritzung. Die Section ergab ein offen stehendes ovales Fenster. *Fränkel*[2]), ein Fall von mehrjähriger Otorrhoe, Exacerbation nach der Ausspritzung, Meningitis, Tod am 18. Tage; es fand sich der Stapes ausgefallen und ein Gehirnabscess. *Roosa* und *Ely*[3]) beobachteten tiefe Ohnmacht in Folge von Ausspritzung, Respiration bis sechs Athemzüge in der Minute. *Weber-Liel*[4]) berichtet von einer Parese, ja sogar vorübergehender Paralyse der unteren Extremitäten beim Kaninchen, anlässlich starker Ausspritzungen des Ohres. Bei einer von mir behandelten Patientin traten unmittelbar nach einer schwachen Ausspritzung Ohrensausen, ferner Uebelkeiten und Schwindel auf; Patientin musste mehrere Wochen hindurch das Bett hüten und war selbst nach einigen Monaten von diesen Symptomen nicht vollständig befreit. Bei einem Patienten, der bei der schwächsten Ausspritzung von Schwindel und Uebelkeiten befallen wurde, zeigten sich die genannten Erscheinungen, selbst bei forcirten Ausspritzungen nicht, wenn der Gehörgang durch einen Trichter gegen den Wasserstrahl geschützt war; dieselbe Beobachtung hatte bereits vor mir *Poorten*[5]) angestellt. In einem solchen Falle werden die Symptome von Schwindel und Uebelkeit wohl auf dem Wege des Reflexes vom Gehörgange aus, ausgelöst. In einem Falle *Hessler's*[6]) wurde ein Schwindel durch eine Entzündung des äusseren Gehörganges bewirkt und entstand bei jeder stärkeren Ausspritzung des Ohres, ferner auch beim Katheterisiren; es trat dabei eine Sturzbewegung gegen die betreffende Seite ein.

Zur **Vermeidung einer stärkeren Druckeinwirkung** auf die Paukenhöhle kann der Wasserstrahl nicht direct gegen das Trommelfell und die Paukenhöhle, sondern gegen eine Wand des äusseren Gehörganges gerichtet werden, ferner muss die Stärke des Spritzstrahles von der bei den einzelnen Injectionen bemerkbaren Reaction abhängig gemacht werden und darf überhaupt nicht ein gewisses Mass überschreiten.

In Fällen, in denen die Reinigung des Ohres durch wiederholte Ausspritzungen nicht gelingt, muss man durch vorausgeschickte **Erweichung der im Ohr angesammelten Massen**, durch prolongirte Ohrenbäder die Entfernung des Secretes erleichtern; sollte auch dies nicht genügen, so verwende man Spritzenansätze.

Als **Spritzenansätze** dienen ein dünnes Drainageröhrchen[7]), sowie verschiedene entweder gerade verlaufende, starre oder weiche Röhrchen[8]) oder aber gebogene starre

---

[1]) A. f. Ohr. IV. S. 97; IX. S. 237.   [2]) Z. f. Ohr. VIII. S. 231.   [3]) Z. f. Ohr. IX. S. 336. — [4]) M. f. Ohr. XIV. Nr. 11; vergl. die ähnlichen Erscheinungen bei Vornahme der Luftdouche S. 18.   [5]) Dorp. med. Z. 1873. S. 342. s. *Schmidt's* J. B. 170, S. 102. — [6]) A. f. Ohr. XVII. S. 66.   [7]) *Bonnafont*. Union med. 1867. Nr. 79. s. C. f. d. m. Wiss. 1867. S. 623; *Lucae*. Berl. kl. Woch. 1870. Nr. 6.   [8]) *Itu t*, Traité d. m. de l'or., 1821. T. 2. p. 196; *Kau*. Ohrenh. S. 15 *Politzer*. s. Arch. f. Ohr. VIII. S. 288.

Canülen, die mit dem Spritzenansatz beweglich verbunden sein können.[1]) Bei geübtem Auge und ruhiger sicherer Hand können solche Ansätze auch durch eine kleine Lücke des Trommelfelles bis in die Paukenhöhle vorgeschoben werden; bei entsprechender Krümmung der Canüle ist zuweilen selbst eine directe Auswaschung des Antrum mastoideum[2]) möglich.

Da die Gewalt des Wasserstrahles auf die Wandungen der Paukenhöhle bei Benützung von Ansätzen eine bedeutend stärkere ist, wie bei der gewöhnlichen Methode der Ausspritzung, so erfordert ihre Anwendung eine ausserordentliche Vorsicht.

Besonders zähe oder stark adhärente Massen, die sich auch mit den zuletzt erwähnten Methoden nicht entfernen lassen, müssen mit einer Sonde gelockert und dann ausgespült werden.

Die Ausspritzung ist folgendermassen vorzunehmen: Während der Patient oder der Assistirende die Spülschale in der oben bezeichneten Weise hält, zieht der Arzt mit der linken Hand die Ohrmuschel nach hinten und oben, um dadurch eine Streckung des Ohrcanales herbeizuführen. Die gefüllte Spritze, aus der vorher die etwa eingezogene Luft entfernt worden ist, wird mit der rechten Hand vorsichtig etwas in den Ohreingang hineingeschoben. Der Wasserstrahl darf anfänglich nur eine geringe Intensität besitzen und nur in dem Falle, dass zähere Massen eine energischere Einwirkung erfordern, kann eine kräftigere Ausspritzung stattfinden; es bleibt dabei jedoch immer vorausgesetzt, dass der Patient keine Reaction, wie Schmerz, Schwindel etc. aufweist; sobald Reactionserscheinungen heftiger auftreten, muss die Ausspritzung sistirt und eventuell auf den nächsten Tag verschoben werden.

Von Wichtigkeit ist besonders in hartnäckigen Fällen von Otorrhoe die Reinigung der Paukenhöhle mittelst Tubareinspritzung[3]): Man führt zu diesem Zwecke einen möglichst stark gebogenen Katheter (s. Fig. 11) tief in das Ostium pharyngeum, steckt in den Kathetertrichter den Spritzenansatz luftdicht ein oder verbindet den Katheter durch einen Gummischlauch mit der Spritze und spritzt eine laue Kochsalzlösung durch den Katheter und Tubencanal in die Paukenhöhle. Bei einiger Uebung gelingt es, das Spülwasser durch den Gehörgang nach aussen zu treiben.

Fig. 24.

Nach beendeter Ausspülung wird das Ohr gut ausgetrocknet.

Um den knöchernen Gehörgang, beziehungsweise auch die Paukenhöhle auszutrocknen, muss eine Baumwoll- oder Charpiewicke mittelst einer Pincette in die Tiefe des Ohres vorsichtig eingeführt werden: man fasst die Wicke mit der Pincette nahe dem Ende, das in den Ohrcanal gesteckt wird, und schiebt dieselbe mit der rechten Hand langsam nach innen, während die linke Hand eine Geradstellung des Ohrcanales besorgt. Sobald die Wicke etwa $1/2$ Centimeter tief eingeführt ist, rücken die Pincettenarme bis zum Ohreingange nach aussen und schieben hierauf den noch befindlichen Theil des Tampons wieder etwas in den Ohrcanal hinein, worauf sie abermals nach aussen bewegt werden etc., bis das eine Ende des Tampons das Trommelfell oder bei dessen genügend grosser Perforation die innere Paukenwand erreicht hat. Eine hierauf vorgenommene Neigung des Kopfes gegen die behandelte Seite begünstigt den Abfluss der Flüssigkeit aus den tieferen Theilen des Ohres. Vermag ein Tampon allein die im Ohre vorhandene Feuchtigkeit nicht aufzusaugen, so ist er durch einen anderen zu ersetzen. Zur Selbstbehandlung eignen sich anstatt der Pincetten schraubenzieherartige Instrumente[4]) (Fig. 24) für die Einführung der Wicken. Die Handhabung des Instrumentes ist eine sehr einfache: Die Schraube wird einer kleinen Partie Baumwolle, welche am Zeigefinger ausgebreitet ist, aufgelegt und hierauf von links nach rechts bewegt; die auf diese Weise fest aufgedrehte Baumwolle, welche etwas über das Ende

---

[1]) *Hartmann*, Z. f. Ohr. VIII, S. 28. D. med. Woch. 1879, Nr. 44; *Schalle*, Z. f. Ohr. VIII, S. 130; *Kirchner*, A. f. Ohr. XVIII, S. 159; *Blake*, Amer. Journ. of Otol. II, p. 5. — [2]) *Toynbee* und *Schwartze*, A. f. Ohr. XIV, S. 225. — [3]) *Itard*, T. II, p. 239; *Tröltsch*, s. Schmidt's J. 1864, B. 123, S. 214; *Schwartze*, A. f. Ohr. XIV, S. 224. — [4]) Ein solches Instrument demonstrirte *Burckhardt-Merian* in der Naturforscher-Versammlung 1878.

der Schraubenwindungen hinüberragt, muss mit dem Instrumente behutsam in die Tiefe des Ohres eingeführt werden; der aus dem Ohre wieder entfernte Tampon lässt sich durch Drehung des zwischen den Fingern festgehaltenen Instrumentes von rechts nach links leicht abschrauben. Zur Aufsaugung des Eiters empfiehlt *Schalle*[1]) Piquélitzen (2—4 Mm. stark) von 10 Cm. Länge, deren eines mit dem Fingernagel aufgekrempeltes Ende unter rotirenden Bewegungen in die Tiefe des Ohres eingeführt wird. Der aus dem Ohre entfernte Litzenpinsel wird an dem mit Eiter bedeckten Ende abgeschnitten, wieder eingeführt u. s. w.

Nach vollständiger Austrocknung des Ohres ist der **Ohreingang mit einem mässig grossen Tampon zu verschliessen**, um das Ohr vor Verunreinigung oder einer raschen Abkühlung zu bewahren. Selbst nach Entfernung von einfachen Ceruminalmassen darf diese Vorsichtsmassregel niemals versäumt werden. Bei vorhandener Eiterung in der Paukenhöhle ist der **Tampon** bis an das Trommelfell, beziehungsweise durch die Lücke desselben bis in die Paukenhöhle vorzuschieben, um eine rasche Aufsaugung des Secretes zu ermöglichen. Die Tampons haben in solchen Fällen **auch während der Nacht im Ohre zu bleiben**, wodurch u. A. auch die Bildung von Krusten am Ohreingange hintangehalten wird.

Ein in den Gehörgang tiefer eingeführter Tampon ist zweckmässigerweise mit einem Faden zu versehen.[2]) Anstatt Tampons empfiehlt *Cousins*[3]) Ohrschützer (gegen Luft, Wasser, Lärm) aus hohlem vulcanisirten Gummi.

Medicamentöse Ohrenbäder. Die besonders bei eiteriger Paukenentzündung häufig angewendeten Ohrenbäder erfordern eine vorausgeschickte sorgfältige **Reinigung und Austrocknung** des Ohres, wodurch eine Einwirkung der betreffenden Flüssigkeit auf das Ohr ermöglicht und gleichzeitig eine Verdünnung des Medicamentes mit Exsudat, Spülwasser etc. hintangehalten wird. Bei der Eingiessung der Flüssigkeit ins Ohr ist der **Kopf so zu neigen**, dass die zu behandelnde Seite nach aufwärts gerichtet ist; die vorher, auf einem Kaffeelöffel oder in einem Reagensgläschen über der Flamme oder durch Eintauchen des früher entkorkten Medicamentenfläschchens in heisses Wasser, **erwärmte Flüssigkeit**, hat nach ihrer Einträuflung in den Gehörgang durch ungefähr 10 Minuten darinnen zu verweilen und wird hierauf durch eine seitliche Neigung des Kopfes herausgelassen. Um im gegebenen Falle **beide Ohren gleichzeitig behandeln** zu können, füllt man das eine Ohr mit der medicamentösen Flüssigkeit voll, verschliesst hierauf mit dem Finger den Ohreingang, so dass die Flüssigkeit auch bei einer seitlichen Neigung des Kopfes nicht aus dem Ohre herauszufliessen vermag und verfährt mit dem anderen Ohre in der oben geschilderten Weise. Nach der Entfernung der Flüssigkeit ist das Ohr gut **auszutrocknen** und mit chemisch gereinigter Baumwolle oder Charpie zu **verschliessen**.

Spiritus vini kann man kalt in das Ohr eingiessen.

Gelatinpräparate. Verschiedene Medicamente, wie Zinc. sulf., Plumb. acet., Tannin etc. können als Gelatinpräparate[1]) applicirt werden.

Man schneidet entweder aus einem grösseren Gelatinpräparate kleinere Stücke und führt diese mittelst eines kleinen Baumwollträgers. Charpiepinselchens etc. bis in die Paukenhöhle ein, oder bedient sich eigener, von *Gruber*[4]) angegebener Formen, und zwar der Kugel- (globuli aurium) oder Mandelform (amygdalae aurium) in verschiedenen Grössen (majores, medii, minores) bei einer Dosis von 0·001—0·01.

Pulverförmige Mittel werden am zweckmässigsten mit einem Pulverbläser in das Ohr hineingeblasen. Unter den hierzu verwendbaren

---

[1]) Berl. kl. Woch. 1879, S. 179. [2]) *Tröltsch*. Würz. med. Z. 1861, S. 80.
[3]) Brit. med. Assoc. 1881, s. A. f. Ohr. XVIII. S. 224. [4]) Für die Nase empfohlen von *Catti* (Wien. med. Zeit. 1876, Nr. 26), für das Ohr von *Gruber* (Wien. med. Zeit. 1878, Nr. 1 u. 2).

Instrumenten scheint mir der nachstehend abgebildete Pulverbläser [1]) (Fig. 25) am handlichsten zu sein.

Kaustische Behandlung. Bei Aetzungen einzelner Stellen mit kaustisch wirkenden Mitteln, sei es mit einer concentrirten Lösung von Chromsäure, mit Acid. nitric. fumans, Liq. ferr. sesquichlor. etc. oder mit Aetzmitteln in Substanz, wie Arg. nitric., Kal. caust., muss die zu ätzende Stelle vorher gut gereinigt und abgetrocknet werden, um eine raschere Diffusion oder Schmelzung des Aetzmittels hintanzuhalten. Die betreffende Partie ist hierauf genau einzustellen und bei ihrer tieferen Lage ein Trichter in den Gehörgang zum Schutz der übrigen Theile einzuführen. Nach stattgefundener Aetzung wird das touchirte Gewebe sorgfältig getrocknet; zuweilen erscheint eine Ausspritzung des Ohres angezeigt. Die zu Touchirungen im Ohre benützten Aetzmittelträger müssen entsprechend den geringen räumlichen Verhältnissen sehr dünn sein; so empfiehlt es sich beispielsweise Argentum nitr. (am besten in pulverisirtem Zustande) einer stark erhitzten Sonde anzuschmelzen und mit dieser die Aetzung vorzunehmen. Von der gegen eine eiterige Paukenentzündung angewendeten caustischen Lapisbehandlung wird an betreffender Stelle die Rede sein.

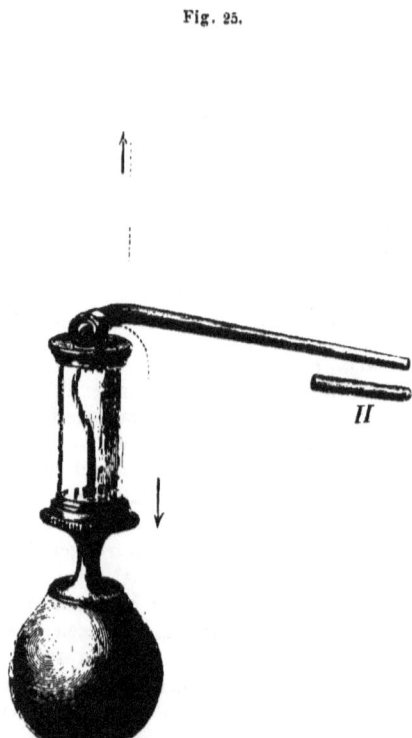

Fig. 25.

Die Galvanokaustik wird im Allgemeinen im Ohre viel seltener benützt, als beispielsweise im Cavum nasale oder Cavum naso-pharyngeale. Selbstverständlich ist bei ihrem Gebrauche das gesunde Gewebe vor einer zufälligen Verbrennung sorgfältigst zu schützen, weshalb auch in diesem Falle von einer ausgedehnteren Anwendung nicht die Rede sein kann. Sehr zierliche und für otiatrische Operationen äusserst verwendbare Kauteren sind die von *Jacoby* construirten haken- und ringförmigen Instrumente [2]) (s. Fig. 26 und 27).

Von den am häufigsten benützten otiatrischen Instrumenten sind noch folgende anzuführen:

---

[1]) Derselbe wurde nach dem von *Mosetig* und *Wölfler* angegebenen Pulverbläser von *Gersuny* modificirt. Zum Zwecke der Ohrenbehandlung liess ich den Pulverbläser so richten, dass dessen Handhabung bei rechtwinkelig vom Pulverraume abstehender Röhre möglich ist (s. Fig. 25). Bei Drehung des Rohres nach abwärts ist der Pulverraum abgesperrt, weshalb auch in diesem Falle ein Verschütten des Pulvers unmöglich ist. Die Hülse *(H)* dient zur Reinhaltung der Rohrmündung. Das Instrument verfertigt Herr Thürriegel in Wien, Schwarzspanierstrasse Nr. 5. — [2]) Vom Instrumentenmacher Herrn Pischel in Breslau verfertigt.

1. Das Myringotom (Fig. 28) ist ein kleines Tenotom-artiges, mit einem winkelig gebogenen Griffe[1]) versehenes Messerchen, welches zu Incisionen in das Trommelfell bestimmt ist. Dasselbe Instrument dient auch zu Einschnitten in die Gehörgangswandungen, in welch' letzterem Falle anstatt des winkeligen Griffes ein gerader Griff gewählt werden kann.

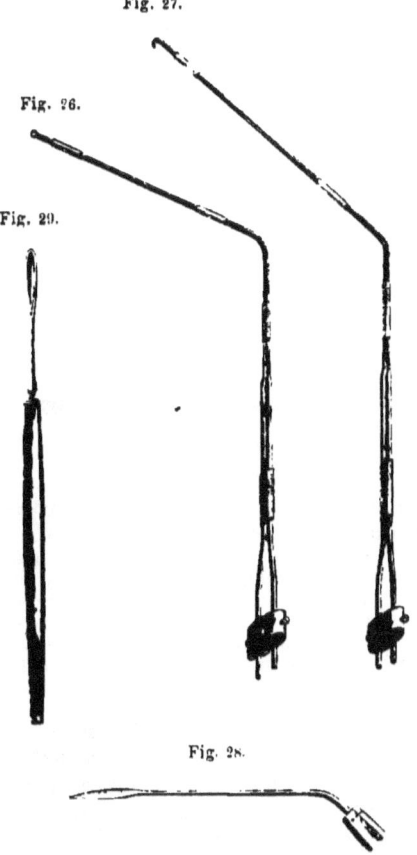

Fig. 27.

Fig. 26.

Fig. 29.

Fig. 28.

Tröltsch[2]) verwendet zur Eröffnung von Gehörgangsabscessen ein Messerchen, dessen Griff in einen Löffel (Fig. 29) ausläuft, welcher zur Entleerung des Abscessinhaltes bestimmt ist; ängstlichen Individuen wird nur das löffelförmige Ende gezeigt und im Erfordernissfalle der Einstich plötzlich ohne Wissen des Patienten gemacht.

Um die Incisionen an den gewünschten Stellen des Trommelfelles vornehmen zu können, dürften einige Vorübungen hierzu nicht überflüssig sein. Der Anfänger kann die richtige Abschätzung der Entfernung des Instrumentes von der Membran, sowie den Einstich an einem früher gewählten Punkte in diese, am einfachsten dadurch erlernen, dass er einen nach oben schräg abgestutzten Ohrtrichter (entsprechend der verschiedenen Länge der Gehörgangswände) mit einer Papierscheibe verschliesst, auf der einzelne Punkte verzeichnet sind. Während das Licht mittelst eines an der Stirnbinde befestigten Reflectors durch den Trichter auf die Scheibe geworfen wird, hat man sich zu bestreben, mit der Spitze des Instrumentes den bestimmten Punkt zu berühren. Die Schrägstellung der Platte lässt ferner deutlich erkennen, dass bei einem Längsschnitte in die Membran die Spitze des von der oberen Peripherie nach abwärts geführten Instrumentes etwas nach innen bewegt werden muss, da bei einer streng verticalen Schnittführung die centraler gelegenen Partien des Trommelfelles, von einem nahe der oberen Peripherie mässig tief eingestochenen Instrumente nur oberflächlich oder selbst gar nicht getroffen werden.

Einen viel leichteren Angriffspunkt, als das einwärts gezogene Trommelfell, bieten hervorgestülpte Partien desselben dar. Die Durchschneidung einer solchen ist jedoch zuweilen wegen ihrer Nachgiebigkeit mit einigen Schwierigkeiten verbunden und gelingt nur, wenn das gut schneidende Instrument rasch durchdringt; selbstverständlich darf bei dieser Bewegung die Spitze des Instrumentes nicht zu tief in die Paukenhöhle gelangen. Eine rundliche Trommelfelllücke lässt sich am besten mittelst eines Galvanokauters herstellen[3]); es ist dabei die später vorgenommene Erglühung des der Membran kalt angelegten Instrumentes, einer raschen Durchstossung des bereits früher erglühten Galvanokauters durch das Trommelfell entschieden vorzu-

---

[1]) *Bonnafont*, Traité d. m. de l'or., 1873. p. 231.   [2]) Lehrb., 6. Aufl., S. 102.
[3]) *Voltolini*, M. f. Ohr. I. Sp. 57; IV. Sp. 110.

ziehen. *Bonnafont*[1]) operirt mit dem Cauterium actuale nach vorausgeschickter Anästhesirung des Trommelfelles.

2. **Künstliches Trommelfell.** Als „künstliches Trommelfell" bediente sich *Autenrieth*[2]) einer dünnen Bleiröhre, über deren Ende eine dünne Fischblase gezogen und hierauf gefirnisst wurde. Das von *Toynbee*[3]) zum Verschlusse persistenter Trommelfelllücken empfohlene künstliche Trommelfell (Fig. 30) besteht aus einer mit einem silbernen Leitungsdrahte versehenen vulcanisirten Kautschuk- oder Guttaperchascheibe. Zur Einführung hält man das künstliche Trommelfell an dem Ringe des Leitungsdrahtes und schiebt es vorsichtig in die Tiefe, bis sich ein schwaches Hinderniss bemerkbar macht. Empfindet der Patient ein unangenehmes Gefühl im Ohre oder tritt ein solches beim Schlingacte hervor, entstehen ferner subjective Gehörsempfindungen, so sind diese Erscheinungen als Zeichen einer unrichtigen Lage des Instrumentes anzusehen und erfordern eine Veränderung der Stellung desselben; zu breite Scheiben sind im einzelnen Falle entsprechend zuzuschneiden.

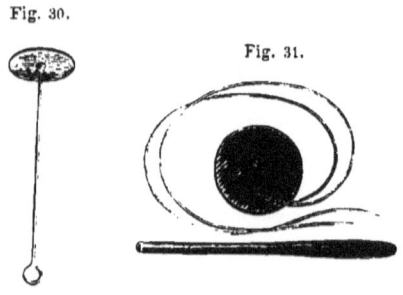

Fig. 30.

Fig. 31.

Das Instrument von *Toynbee* muss Abends entfernt werden, um während des Schlafes jeden zufälligen Druck auf den Leitungsdraht und dadurch das Hineinstossen der Platte gegen die Paukenhöhle zu vermeiden. Der Patient kann sich des Morgens die vorher gut gereinigte und etwas befettete oder mit Vaselin versehene Gummiplatte selbst wieder einführen. Zur Vermeidung von Reizzuständen am Trommelfelle empfiehlt *Toynbee*, das Instrument, im Falle von auftretenden Schmerzen im Ohre zu entfernen und das künstliche Trommelfell überhaupt in der ersten Zeit seiner Anwendung nicht über zwei Stunden des Tages im Ohr zu lassen.

Anstatt des dicken Leitungsdrahtes kann man zweckmässiger einen feinen Silberdraht[4]) oder noch besser einen einfachen **Faden** durch das künstliche Trommelfell durchziehen (Fig. 31).[5]) In diesem letzteren Falle wird das Plättchen am besten mittelst einer bereits von *Toynbee* anfänglich verwendeten Leitungsröhre (Fig. 31) eingeführt; weniger zweckmässig dürften sich hierzu pinceftenförmige Instrumente eignen.

Bei dieser letzteren Modification ist auch der nächtliche Gebrauch des künstlichen Trommelfelles gestattet und dieses kann in einzelnen Fällen selbst mehrere Wochen hindurch getragen werden. Doch ist immer eine zeitweise **Reinigung** der Platte mit Desinfectionsmitteln sehr zu empfehlen, sowie auch eine **Prüfung der Haltbarkeit** des Leitungsfadens an der Gummiplatte niemals unterlassen werden soll, da diese an der Stelle des durchgeführten Fadens leicht durchreisst und am Trommelfelle liegen bleiben kann. Es ist räthlich, den Patienten auf eine solche Eventualität aufmerksam zu machen und ihn zur Vermeidung unnöthiger Beängstigung gleich im Voraus zu verständigen, dass sich die abgelöste Platte gewöhnlich sehr leicht aus dem Ohre entfernen lässt.

Blake[6]) empfiehlt den Gebrauch von **Papierscheiben**, die auch bei frischer Trommelfellperforation zum Zusammenhalten der Wundränder Dienste leisten; auch **Leinwandscheiben** können an Stelle der Gummiplättchen verwendet werden.[7]) Zur Be-

---

[1]) Brit. med. Assoc. 1879, s. A. f. Ohr. XVI. S. 231. — [2]) Tübinger Bl. f. Natur. 1815. s. Med.-chir. Zeit. 1816. B. 1. S. 172. — [3]) Lehrb., Uebers. S. 165. — [4]) *Lochner*, A. f. Ohr. II. S. 147. — [5]) *Hinton*, s. *Weber-Liel*, Deutsche Klinik. 1866. S. 166; *Gruber*, Wien. med. Pr. 1874, Nr. 40. — [6]) Internat. otol. Congr. New-York 1876. s. A. f. Ohr. XII. S. 313. — [7]) *Gruber*, Pest. med.-chir. Pr. 1877.

deckung der Trommelfelllücke hatten bereits *Banzer*[1]) (1640) ein dünnes Häutchen und *Lincke*[1]) ein Goldschlagpapier angegeben.

Anstatt des künstlichen Trommelfelles leistet auch das Anlegen eines mit einem Faden versehenen Wattekügelchens[2]) an die Perforationsränder vorzügliche Dienste und ist besonders in Anbetracht seiner einfacheren Applicationsweise dem künstlichen Trommelfell in vielen Fällen vorzuziehen. *Politzer*[3]) verwendet zu gleichem Zwecke einen mit einem Leitungsdraht versehenen Kautschukstreifen, *Hartmann*[4]) ein mit Baumwolle umwundenes, schlingenförmig umgebogenes Fischbein.

3. Das von *Weber-Liel*[5]) zur Durchschneidung der Sehne des Trommelfellspanners construirte Tympano-Tenotom (Fig. 32) besteht aus einem hakenförmigen Messer, dessen obere Kante zum Einstich durch das Trommelfell geschärft ist; das in die Paukenhöhle eingedrungene Instrument ist nach dem Muster des von *Wreden*[6]) angegebenen Myringotoms mittelst eines Winkelhebels zu drehen.

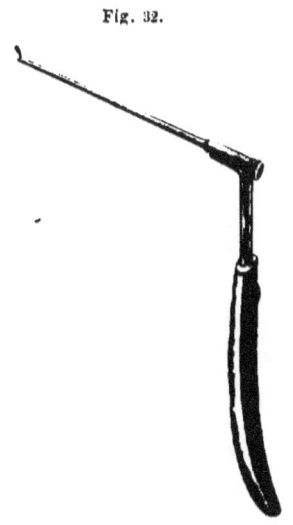

Fig. 32.

Die Tenotomie wird nach *Weber-Liel* (l. c.) in folgender Weise vorgenommen: Nach guter Fixation des Kopfes und Einführung eines kurzen Ohrtrichters, der aus dem Gehörgange nur wenig hervorragt, wird das Instrument bei nahezu wagrechter Haltung des Griffes (Daumen an den Knopf) durch den äusseren Gehörgang bis an das gut beleuchtete Trommelfell vorgeschoben; der Einstich in dieses findet 1—1½ Mm. vor dem Hammergriffe etwas unter dem kurzen Fortsatze statt. Das durch die Lücke hindurchgeführte Tenotom gelangt oberhalb der Sehne des Tensor tympani, mit der auch der Operateur eine genaue Fühlung gewinnen muss; sobald sich der Haken nahe, jedoch nicht knapp am Hammergriffe befindet, drückt der Daumen den Hebelknopf nach unten; die dabei um 45° gedrehte, scharf zugeschliffene Unterkante des Hakenmessers schneidet die Sehne unter einem deutlich hörbaren knackenden Geräusche durch. Der Knopf wird hierauf wieder nach oben gedrückt und das gerade gestellte Tenotom aus dem Ohre entfernt. Für jede Seite ist ein eigenes Tenotom erforderlich.

Frank[7]) benützt zur Tenotomie ein, unter einem Winkel von 60° hakenförmig nach innen laufendes Messerchen, das stumpf endet und dessen Schneide schwach ausgeschweift ist. *Gruber*[8]) empfiehlt eine auf die Fläche gekrümmte Paracentesennadel. Nach *Hartmann*[1]) gelingt die Tenotomie viel häufiger, wenn das *Gruber*'sche Tenotom dahin modificirt wird, dass man dem Instrumente ausser der Flächenkrümmung noch an seiner Spitze eine Krümmung nach der Kante gibt und die Spitze nicht nur nach oben, sondern auch etwas nach vorne auf die Fläche krümmt (Fig. 33). *Schwartze*[10]) verwendet ein, am freien Ende abgerundetes gekrümmtes Tenotom, welches hinter dem Hammergriffe durch eine mit der Paracentesennadel vorher angelegte Lücke so in die Paukenhöhle einzuführen ist, dass die Krümmung des Tenotoms nach oben sieht; man dreht hierauf das Instrument um 90° gegen die Sehne, der es nun aufliegt und schneidet diese mittelst sägeförmiger Züge durch. Das von mir zur Tenotomie des Tensor tympani benützte Instrument[11]) (Fig. 34) ist ein Synechotom (s. unten), das

Fig. 33.

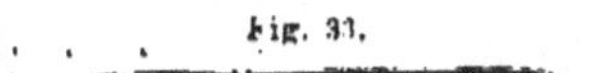

---

[1]) *Lincke*, Ohrenh. B. 2, S. 446. — [2]) *Itard*, *Delau*, *Tod*, s. *Toynbee*, Ohrenh. S. 158; *Yearsley*, Lancet. 1848, s. *Schmidt's* J., B. 62, S. 84. *Hassenstein* bedient sich zur Einführung des Tampons eines Tampontragers (Wien. med. Woch. 1869). — [3]) Wien. med. Halle 1863, Nr. 14.   [4]) A. f. Ohr. XI, S. 167. — [5]) M. f. Ohr. VI, Sp. 7.   [6]) M. f. Ohr. I, S. 23. — [7]) M. f. Ohr. VI, Sp. 75. — [8]) Sitz. d. Ges. d. Aerzte in Wien, 1872, 16. Febr.   [9]) A. f. Ohr. XI, S. 127.   [10]) A. f. Ohr. XI, S. 124.   [11]) Verfertigt vom Instrumentenmacher Herrn Reiner in Wien.

sich von diesem nur durch seine schwach stumpfwinkelige (anstatt rechtwinkeligen) Abbiegung des Messerchens von dem Schafte unterscheidet. Das abgebogene Ende besitzt eine abgerundete Spitze und beiderseits schneidende Kanten. Das Tenotom wird in den Handgriff (s. unten) eingeschraubt, mit dem es einen stumpfen Winkel bildet. Nach früher vorgenommenem Einschnitte in das Trommelfell hinter dem Hammergriffe, in der Höhe des Processus brevis, schiebt man das Tenotom mit dem nach oben gerichteten, abgerundeten Ende in die Paukenhöhle hinein, senkt hierauf den anfänglich horizontal und parallel der Seitenfläche des Kopfes gehaltenen Handgriff nahezu in die Verticale und bewegt ihn gleichzeitig möglichst nach hinten; durch diese Bewegung kommt das winkelig gekrümmte Ende des Tenotoms oberhalb der Sehne des Tensor tympani zu liegen. Nachdem die operirende Hand mit der Sehne nahe dem Hammergriffe Fühlung gewonnen hat, wird die Sehne durch Zug und Druck durchschnitten; der Handgriff ist dabei in der Weise etwas gegen die Horizontale zu heben, dass sich sein oberes Ende der Seitenfläche des Kopfes nähert, indess sich das untere Ende von dieser entfernt.

Fig. 34.

4. Synechotom. Zur Durchschneidung von Pseudomembranen in der Paukenhöhle bedient sich *Wreden*[1]) eines rechtwinkelig abgebogenen Messerchens, des Synechotoms (Fig. 35), das sich besonders zur Abtrennung der dem Trommelfell adhärenten Membranen eignet. Für manche Fälle von Pseudomembranen wende ich anstatt eines rechtwinkelig gekrümmten Synechotoms, geknöpfte oder stumpf auslaufende Instrumente an.

Fig. 35.

5. Polypenschnürer. Die vom äusseren Gehörgange zugänglichen Polypen des Ohres werden nach *Wilde*[2]) mittelst des sogenannten Polypenschnürers entfernt. Das Instrument besteht aus einem dünnen, in der Mitte abgeknickten Stahlschaft, der an seinem freien Ende und an der Biegungsstelle kleine Canäle zur Durchziehung eines Drahtes besitzt. Der Schaft endet mit einem Handgriff, in den der Daumen hineinpasst, während für den Zeige- und Mittelfinger ein vor dem Handgriffende befindlicher verschiebbarer Querriegel angebracht ist. Um die seitlich abstehenden Enden dieses Querriegels wird der durch die oben erwähnten Canäle durchgezogene Draht umwunden, so dass die vom freien Schaftende ausgehende Drahtschlinge durch Verschiebung des Querriegels gegen den Daumen eine entsprechende Verkürzung erleidet.

Bei der Benützung des Polypenschnürers wird die Schlinge um den Polypenkopf gelegt, hierauf bis an die Wurzel geschoben und nunmehr zugezogen. Zur Vermeidung einer stärkeren Zerrung der Basis des Polypen während seiner Durchschneidung, hat die operirende Hand gleichzeitig mit der Zuziehung der Drahtschlinge das Schaftende nach innen zu bewegen.

Zur leichteren Durchtrennung des Polypengewebes eignet sich anstatt des *Wilde*'schen Schaftes eine Metallröhre[3]), in welche der Draht hineingezogen werden kann (Fig. 36a). Diese Metallröhre vermeidet gleichzeitig das seitliche Abstehen des Drahtes vom Polypenschnürer. Als Draht lobt *Moos*[4]) besonders den Lyorer Draht Nr. 12; sonst benützt man gut ausgeglühten feinen Eisendraht oder nach dem Vorschlage von *Hinton*[5]) Seidendarm, welcher dem Patienten meistens viel weniger Schmerz verursacht als ein Metalldraht. *Blake's*[6]) Polypenschnürer besitzt einen Schaft, der in einem winkelig abgebogenen Griff einschraubbar ist.

[1]) M. f. O. I. Sp. 23. — [2]) Lehrb. d. Ohrenh., Uebers. S. 482. — Die Entfernung der Polypen mittelst Drahtschlingen wurde zuerst von *Fabrici* geübt (s. *Fabrici*, Uebers. d. a. Ohr. vork. Oper., übers. v. *Lincke*, 1842. S. 32). — [3]) *Bérard*, Bullet. de l'acad. impér. 1867. p. 1207. s. A. f. Ohr. IV. S. 305; *Blake*. A. f. Aug. u. Ohr. B. 1. Abth. 2. 1870. S. 136; *Hartmann*, D. med. Woch. 1877. Nr. 26. — [4]) *Blake*, A. f. Aug. u. Ohr. I. Abth. 2. S. 137 u. 138. — [5]) The dis. of the ear by *Toynbee*, 1868. s. A. f. Ohr. V. S. 218.

Ein derartiger Griff kann auch für andere Instrumente verwendet werden und ermöglicht eine beliebige Einstellung derselben.[1]) *Burckhardt-Merian*[2]) beschreibt einen blattförmigen Griff ohne Schraube, in dem die einzelnen, nahezu rechtwinkelig eingestellten Instrumente unbeweglich festgehalten werden.

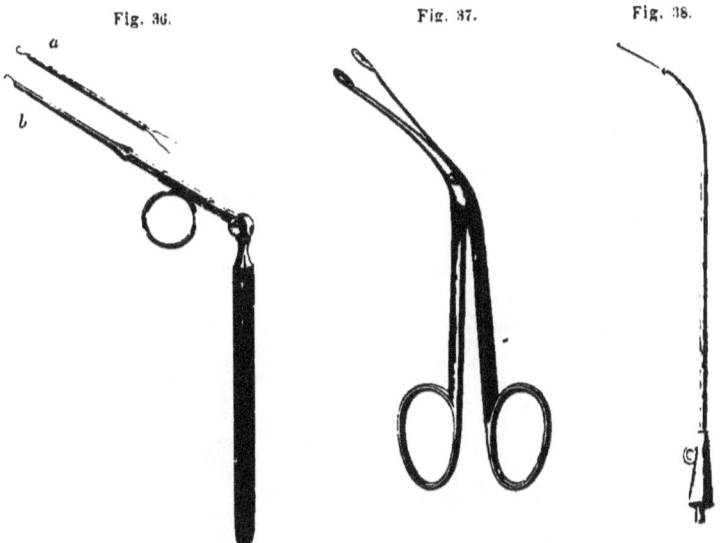

Fig. 36. Fig. 37. Fig. 38.

6. **Polypenzange.** Zur Ausreissung kleinerer, an den Gehörgangswänden sitzenden Polypen oder zur Entfernung von kleinen polypösen Wucherungen, benützte *Toynbee*[3]) eine gestreckte, gefensterte Zange, welche zweckmässiger, winkelig abgebogen ist (Fig. 37).

7. **Scharfer Löffel.** *O. Wolf*[4]) empfiehlt gegen hartnäckige oder schwer zu entfernende Wucherungen im Ohre, dünne, scharfe Löffel; diese müssen biegsam sein, damit die Schärfe des Löffels einer beliebigen Stelle zugewendet werden kann. Die Wurzel der Granulation lässt sich mittelst des scharfen Löffels unter leicht grabenden Bewegungen leicht auskratzen. Dasselbe Instrument dient auch zur Auskratzung kleiner cariöser Stellen oder zur operativen Behandlung von Knochengeschwüren.

8. Das von *Weber-Liel*[5]) angegebene **Paukenhöhlen-Koniantron** („Paukenröhrchen")[6]) besteht aus einem dünnen (1¹/₄ Mm.) flexiblen Katheterchen, welches sich durch den Nasentuben-Katheter (s. Fig. 38) in die Ohrtrompete und durch diese bis in die Paukenhöhle vorschieben lässt; dementsprechend hat die Länge des Koniantron die des Tubenkatheters um beiläufig 1 Cm. zu übertreffen. Das Röhrchen besitzt an dem einen Ende eine trichterförmige Erweiterung, an dem anderen eine centrale oder seitlich angebrachte Mündung. Vor dem Gebrauche erhält das Koniantron eine Markirung (s. S. 21), welche ein Ablesen, wie weit das Instrument in das Mittelohr eingedrungen ist, ersichtlich macht. Die Technik der Einführung ist dieselbe, wie die der Tuben-Bougies (s. oben). Die Verbindung des Trichterendes mit dem Ballon vermittelt nach *Weber-Liel* ein hohles Zwischenstück, dessen einer Schenkel in den Trichter luftdicht einpasst, während über den anderen, winkelig abgebogenen zweiten Schenkel der Schlauch des Luftdouche-Ballons gestülpt wird. Das Koniantron ermöglicht eine Injection in die Paukenhöhle durch die Tuba, bei genauer Dosirung der eingespritzten

---

[1]) *Blake*, l. c.; *Bonnafont*. Traité d. m. de l'or. 1873. p. 231; *Gruber*. Wien. med. Zeit. 1873, Jänner (s. Fig. 36 b).   [2]) Z. f. Ohr. IX. S. 168.   [3]) Ohrenh., Uebers., S. 100.   [4]) A. f. Aug. u. Ohr. IV. 2, S. 331.   [5]) D. Klinik. 1867. Nr. 51; M. f. Ohr. II, Sp. 72.   [6]) *Politzer*. Wien. m. Woch. 1875. Nr. 15 u. 16.

Flüssigkeit, ferner eine theilweise Aspiration des im Cavum tympani befindlichen Secretes; ausserdem lässt sich das Paukenröhrchen zur Einführung einer Paukenhöhlen-Elektrode ins Cavum tympani benützen.

9. Injectionsspritze. Zur Application von Flüssigkeiten ins Mittelohr dient eine *Pravaz*'sche oder eine andere kleine Spritze. Nach richtiger Einstellung des Nasentuben-Katheters (beziehungsweise des Koniantron) wird die bestimmte Anzahl von Tropfen in den horizontal gelagerten Katheter langsam eingespritzt und hierauf die Flüssigkeit mittelst des Ballons in die Tuba getrieben. Zweckmässig erweist sich hierbei ein an den Katheter angebrachtes Zwischenstück mit einem Seitenansatz für die Spritze.[1]

10. Dämpfe. Unter den dampfförmigen Mitteln, welche zu Eintreibungen in die Paukenhöhle empfohlen wurden, stehen gegenwärtig noch am häufigsten die Salmiakdämpfe im Gebrauche. Zur Entwicklung von Salmiakdämpfen in statu nascenti dient ein Apparat[2], welcher aus drei Glasgefässen und einer Reihe Verbindungsröhren besteht, deren Anwendung aus der beigegebenen Abbildung (Fig. 39) ersichtlich ist.

Fig. 39.

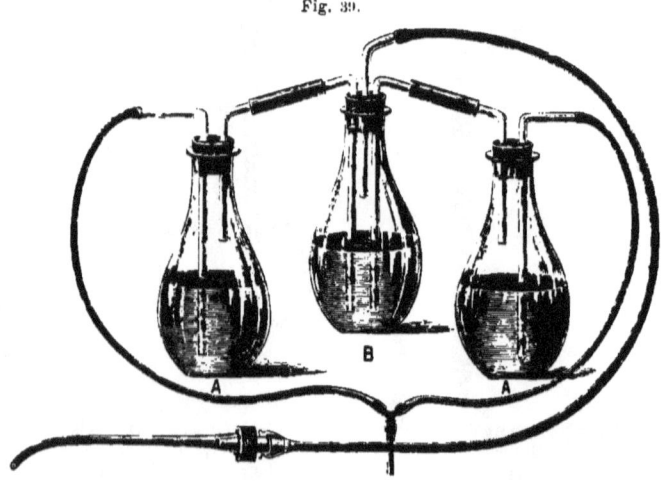

In das eine Gefäss *(A)* kommt Salzsäure, in das zweite *(A)* Liq. ammon. caust. (etwa 1 : 20—30 Wasser) und in das dritte Gefäss *(B)*, in welches die beiden anderen münden, Wasser, dem einige Tropfen Schwefelsäure zugesetzt worden sind. Der mit Benützung eines Zwischenstückes (s. Abbildung) in die beiden ersteren Gefässe gleichzeitig eingeblasene Luftstrom treibt die Ammoniak- und Salzsäuredämpfe in das dritte Gefäss, in dem sie sich unter Wasser zu Salmiak vereinigen. Aus diesem dritten Gefäss geht ein Verbindungsschlauch zum Tubenkatheter, durch den die Salmiakdämpfe in das Mittelohr getrieben werden. Vor der jedesmaligen Einblasung von Salmiakdämpfen sind diese mittelst eines Reagenspapieres auf ihre vollständig neutrale Reaction zu prüfen, da alkalische oder saure Dämpfe irritirend einwirken. Alkalische Dämpfe erfordern einen erneuerten Zusatz einiger Tropfen Schwefelsäure in das dritte Gefäss, saure Dämpfe eine Erneuerung, beziehungsweise Verstärkung des Aetzammoniaks.

Zur Eintreibung warmer Salmiakdämpfe ins Ohr benütze ich einen gewöhnlichen Inhalationsapparat, dessen Dampfkessel mit einem Pfropfe verschlossen ist, durch den 2 Röhren verlaufen. Die eine derselben wird mit dem Ausgangsrohr des Gefässes *B*, die andere Röhre mittelst eines Schlauches mit dem Tubenkatheter verbunden. Die aus dem Gefässe *B* herausgetriebenen Salmiakdämpfe gelangen in den Dampfkessel, der entweder trocken erhitzt ist oder kochendes Wasser enthält; in dieses kann eventuell die Zuleitungsröhre eintauchen, in welchem Falle die Salmiakdämpfe einer erneuerten Auswaschung unterzogen werden. Man erhält demnach, je nach Belieben, trocken erhitzte oder mit heissen Wasserdämpfen mehr minder vermischte Salmiakdämpfe, welche durch die Ausströmungsöffnung des Dampfkessels in den Katheter eingetrieben werden können.

---

[1] *Hinton*, s. *Weber-Liel*, D. Klin. 1866. S. 166. — [2] *Lewin*, Med. Centralz. 1862, S. 318; modificirt von *Pissin*, D. Klinik 1863, S. 67.

Derselbe Inhalationsapparat lässt sich auch zur Eintreibung von Wasser oder Salzwasserdämpfen etc. ins Ohr verwenden, wenn das Zuflussrohr anstatt mit dem Gefässe *B* des Salmiakdampf-Apparates, direct mit dem Doppelballon verbunden ist.

Bei heissen Dampfeintreibungen ist der Metallkatheter mit Heftpflaster oder einem elastischen Katheter zu umgeben.[1])

B. Allgemeine Therapie bei Erkrankung des Nasen-, beziehungsweise des Nasenrachenraumes. Entfernung des Secretes.

Das Secret wird aus dem Nasenrachenraume entweder auf trockenem Wege oder durch Eingiessen und Einspritzen von Flüssigkeiten entfernt. Zu der ersteren Behandlungsmethode gehört die Lufteinblasung in die Nasenhöhle während der Phonation („trockene Nasendouche")[2]), das Wegwischen der Schleimmassen mit einem Pinsel oder Tampon, sowie die Entfernung der Borken mit pincetten- und zangenförmigen Instrumenten.

Zum Eingiessen von Flüssigkeiten in die Nasenhöhle ist der Kopf nach rückwärts zu neigen, worauf die Flüssigkeit mittelst eines Löffels, eines kleinen Trichters oder eines schnabelförmigen Gefässes (am bequemsten eignen sich dazu die als Schiffchen bezeichneten Schnabelgefässe aus Glas oder Porcellan) in die Nase eingegossen wird.

Das Aufschnupfen bringt die Flüssigkeit meistens nur in das vordere Drittel der Nase, besonders wenn dabei der Kopf nach unten gehalten wird; bei einer letzteren Stellung des Kopfes begünstigt auch das Eindringen der Flüssigkeit in die Stirnhöhle und veranlasst dadurch zuweilen intensive Kopfschmerzen. Bei einer Neigung des Kopfes nach rückwärts kann dagegen allerdings die aspirirte Flüssigkeit durch die Nase in den Pharynx gelangen.

Zur Ausspritzung wird entweder der einfache Wasserstrahl, die Brause oder der Spray benützt. Die einfache Ausspritzung kann mittelst einer Spritze oder eines Nasendoucheapparates[3]) vorgenommen werden.

Wie *Roosa*[4]) hervorhebt, besteht bei der Nasendouche die Gefahr, dass Flüssigkeit in das Mittelohr eindringt und eine eitrige Entzündung der Paukenhöhle anfacht. Es erscheint aus diesem Grunde dringend angezeigt, bei den Einspritzungen in die Nase alle Vorsichtsmassregeln, welche das Eindringen der Flüssigkeit in die Paukenhöhle erschweren, sorgfältigst anzuwenden. Dieselben lassen sich kurz in Folgendem zusammenfassen:

1. Das zur Aufnahme der Flüssigkeit bestimmte Gefäss soll sich beiläufig in einer Höhe befinden, welche für die emporgehobene Hand des Patienten noch erreichbar ist. Dadurch wird eine allzu starke Fallkraft des Wassers hintangehalten, die im Stande wäre, eine Contraction der Gaumenrachenmuskeln und somit einen Abschluss der Gaumenklappe herbeizuführen, der den Eintritt der Flüssigkeit in das Mittelohr begünstigt. 2. Aus diesem letzteren Grunde ist es auch rathsam, die einzuspritzende Flüssigkeit nicht kalt[5]) zu nehmen, sondern eine Temperatur von ca. 25° R. zu benützen. 3. Zur Vermeidung von Schlingbewegungen, bei welchen ebenfalls ein Verschluss der Gaumenklappe stattfindet, hat Patient während der Einspritzung die Zunge aus dem Munde herauszuhalten[6]); sobald ein Zurückziehen der Zunge erfolgt, muss die weitere Einspritzung durch Verschluss der Zuleitungsröhre augenblicklich sistirt werden. 4. Bei bilateral gleich gut durchgängigen Nasengängen wird der Strom abwechselnd durch die eine und die andere Seite geleitet, dagegen muss bei Verstopfung der einen Nasenseite oder bei erschwerter Durchgängigkeit dieser die Injection durch die engere Seite vorgenommen werden, da im umgekehrten Falle der durch die leichter durchgängige Nasenseite eingespritzte Strahl an seinem Abflusse gehindert und in die Tuba abgelenkt werden könnte. 5. *Zaufal*[7]) empfiehlt, während der Anwendung der Nasendouche den weichen Gaumen vom Munde aus nach aufwärts zu drücken, wodurch ein Verschluss der Pharynxmündungen beider Tubencanäle zu Stande kommt.

---

[1]) *Gruber*, Oest. Z. f. prakt. Heilk. 1864, Sp. 205. [2]) *Lucae*, Berl. klin. Woch. 1876, Nr. 11. [3]) Wie *Weber* in Halle beobachtete, hebt sich beim Anfüllen der Nase mit Flüssigkeit das Gaumensegel und schliesst den Nasenrachenraum nach unten ab; darauf basirte *Tudichum* einen Hebeapparat für die Nasendouche, s. *Canstatt's* Jahrb. 1865, B. 3, S. 254. — [4]) A. f. Aug. u. Ohr. II. 2, S. 170. [5]) Kaltes Wasser erweist sich auch für das Riechepithel schädlich, welches es zersprengt (*Funke* Lehrb. d. Phys. B. I. S. 632). [6]) *Elsberg*, A. f. Aug. u. Ohr. II, 1, S. 211. [7]) Prag. med. Woch. 1876, Nr. 50.

Trotz aller Vorsichtsmassregeln kann die Flüssigkeit zuweilen dennoch in die Paukenhöhle eindringen und zu bedeutender Reaction Veranlassung geben, wodurch bei manchen Individuen die Nasendouche überhaupt contraindicirt wird. Bei Auftreten von Schmerzen im Ohre gelang es mir wiederholt, durch forcirte Lufteinblasungen in die Nase bei offenem Munde den Schmerz zu beheben, indem dabei wahrscheinlich die aspiratorische Wirkung der Lufteinblasung (s. später) einen Theil der im Mittelohr befindlichen Flüssigkeit zu entfernen im Stande war. Bei manchen Patienten erregt übrigens das nachweisliche Hineingelangen von Wasser in die Paukenhöhle nur die Empfindung von Völle im Ohr. ohne Schmerzen.

6. Der Flüssigkeitsstrahl soll ferner bei vertical gehaltenem Kopfe in einer horizontalen Richtung eingespritzt werden oder im Allgemeinen in einer Ebene, welche man sich vom unteren Ende des Ohrläppchens und vom Naseneingange, ungefähr parallel mit dem Nasenboden nach rückwärts gelegt denkt. Bei einem nach oben gerichteten Strahle kann die Flüssigkeit in die Stirnhöhle[1]) gelangen und dadurch stundenlang anhaltenden Stirnschmerz herbeiführen. 7. Unmittelbar nach der Ausspritzung sind Lufteinblasungen in die Tuba, sowie Schnentzen zu vermeiden, um nicht etwa angesammelte Flüssigkeitsmengen dadurch in die Paukenhöhle zu schleudern. Ebensowenig ist es statthaft, dass sich der Patient gleich nach der Ausspritzung einer kalten Witterung oder einer Zugluft aussetzt, im offenen Wagen fährt etc., indem in diesen Fällen der bestehende Katarrh exacerbiren kann. Am zweckmässigsten eignet sich für die Nasenbäder die Zeit vor dem Schlafengehen, umsomehr, als durch das Reinigungsbad der Nasenhöhle und des Nasenrachenraumes die während des Tages in dieselben hineingelangten, irritirenden Staubtheile herausgeschwemmt werden.

Diese hier angegebenen Vorsichtsmassregeln sind bei den verschiedenen Methoden der Nasendouche in Anwendung zu ziehen und kommen daher auch bei dem Gebrauche der Nasenspritze in Betracht.

Die Nasenspritze wirkt energischer als der Nasendoucheapparat; bei stark adhärenten Borken kann man sich eines spitz auslaufenden Spritzenansatzes bedienen, der direct gegen die mit Borken bedeckte Stelle gerichtet wird. Mit Hilfe eines passend umgebogenen Ansatzes ist die Ausspritzung des Schlundkopfes auch vom Munde aus möglich.[2])

Die Brause besteht in einer an dem einen Ende geschlossenen Röhre, deren Wandungen von feinen Löcken durchbohrt sind.[3]) Bei der Bohrung dieser kleinen Oeffnungen hat man darauf zu achten, dass die Summe der Durchmesser sämmtlicher Löcken nicht die Weite der Leitungsröhre erreicht oder gar übertrifft, da sonst ein Spritzstrahl nicht zu Stande kommen könnte. Mit der Brause ist die Application der Flüssigkeit gleichzeitig auf die verschiedenen Stellen des Nasen- und Nasenrachenraumes ermöglicht.

Zerstäubungsapparat. Sehr zweckmässig und der Brause im Allgemeinen entschieden vorzuziehen ist ein Zerstäubungsapparat[4]) **mit einem 11 Cm. langen, 3 Mm. dicken und kaum 1 Mm. weiten Ausflussrohr**[5]) **(Fig. 40).**

Die von mir benützte Doppelröhre besteht aus einer engen Hartgummi- oder Metallröhre, über welche sich eine versilberte Röhre hinüberschieben lässt. Diese äussere Röhre wird nach dem jedesmaligen Gebrauch in siedendes Wasser gegeben und durch eine andere ersetzt. *Burckhardt*[6]) schaltet zwischen der Flasche und Röhre eine bewegliche Verbindung ein; *Czarda*[7]) construirte eine Röhre zum Drehen, so dass der Spray nach beliebigen Richtungen gerichtet werden kann.

---

[1]) Die Stirnhöhle finde ich zuweilen knöchern obliterirt oder auch an Erwachsenen nur äusserst schwach entwickelt. In solchen anatomischen Verhältnissen dürfte zum Theile der Grund zu suchen sein, warum bei manchen Patienten selbst ein gegen die Stirnhöhle gerichteter Strahl keinen Schmerz veranlasst. Nach *Hilton* (s. *Canstatt's* Jahrb. 1855. B. 1. S. 56) entwickelt sich der Sinus frontalis nicht vor dem 14.—15. Jahr. — [2]) *Störk*, Klin. d. Krankh. d. Kehlk. etc. B. 1. S. 82; auch von *Arneman* (s. Anm. 3) empfohlen. — [3]) *Arneman*, s. Med.-chir. Z. 1792, B. 4, S. 26; *Lincke*, Ohrenh. B. 2, Taf. II; *Weigersheim*, D. Klin. 1872. S. 457; u. A. — [4]) Der erste Nebelzerstäuber wurde von *Sales-Girous* (1858) beschrieben (s. *Fränkel*, in Ziemssen's Handb. S. 79). — [5]) *Tröltsch*, Ohrenh., Aufl. 6. S. 366. — [6]) D. med. Woch. 1878. S. 122. — [7]) Otol. Congr. z. Mailand. 1880.

Wegen der leicht eintretenden **Verstopfung** des dünnen inneren Rohres ist ein zeitweises Ausspritzen desselben mit reinem Wasser und das Durchführen eines feinen Drahtes durch den Canal nothwendig. Die Doppelröhre kann gleich einem Katheter durch den unteren Nasengang nach rückwärts bis in die Nasenrachenhöhle hineingeschoben werden. Wünscht man vorzugsweise die letztere in die Behandlung zu ziehen, so ist es sehr zweckmässig, anstatt der geraden Röhre eine am freien Ende **rechtwinkelig abgebogene** zu benützen, welche vom Munde aus in den oberen Pharynxraum vorgeschoben wird.

Fig. 10.

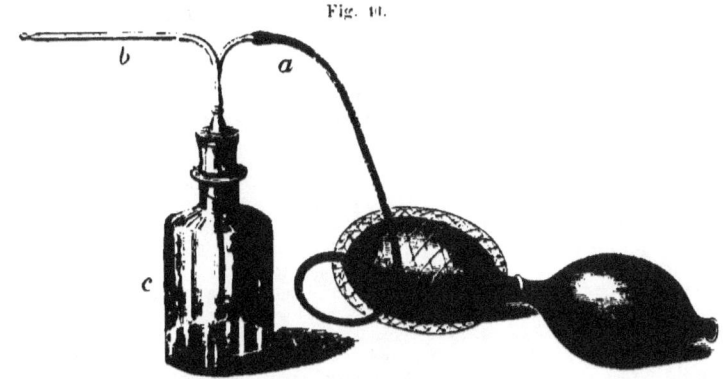

Der Vortheil dieses Instrumentes liegt in der nebelförmigen Vertheilung der Flüssigkeit, womit auch die Gefahr eines Eindringens von Flüssigkeit in die Paukenhöhle sehr verringert ist.

Dass jedoch auch bei der Einspritzung einer nur sehr geringen Flüssigkeitsmenge in die Nasenrachenhöhle ein Theil davon ins **Mittelohr** gelangen kann, erfuhr ich an einem Patienten, welcher sich mittelst des Sprayapparates 10 Tropfen einer $\frac{1}{2}\%$ Lapislösung in die Nasenrachenhöhle eingeblasen und dabei eine Schlingbewegung ausgeführt hatte. Unmittelbar darauf traten heftige Schmerzen in der Tiefe des Ohres auf; die Untersuchung ergab 12 Stunden später ein eiteriges Exsudat in der Paukenhöhle.

Das **Verfahren von** *Gruber*[1]) **und** *Saemann*[2]) bezweckt nicht allein eine Bespülung des Cavum naso-pharyngeale mit der Flüssigkeit, sondern gleichzeitig eine Einspritzung derselben durch die Ohrtrompete in die Paukenhöhle.

Das Verfahren nach *Gruber* besteht darin, dass man mit dem Olivenansatze einer (circa 70 Gramm fassenden) Spritze, die eine Nasenseite verschliesst, indess der Nasenflügel der anderen Seite mit dem Finger an das Septum angedrückt wird, worauf eine Einspritzung in die so beiderseits verschlossene Nase erfolgt. *Saemann* bedient sich zu denselben Zwecken des *Politzer'*schen Verfahrens, wobei anstatt der Luft auch Wasser in dem Luftdoucheballon enthalten ist. Da sich im Momente des Einströmens der Flüssigkeit in den Nasenrachenraum die Gaumenklappe schliesst, findet die eingespritzte Flüssigkeit keinen Ausweg und dringt somit durch die Ohrtrompete bis in die Paukenhöhle ein.

Dieses Verfahren sollte ausschliesslich **nur bei beiderseitig perforirten Trommelfellen** angewendet werden, wogegen es für die Behandlung von Mittelohrerkrankungen bei intactem Trommelfelle als ein geradezu gefährliches und in seinen Folgen unberechenbares Mittel zu bezeichnen ist, welches die bei der Anwendung der einfachen Nasendouche oben angeführten üblen Zufälle, wie furchtbare Schmerzen im Ohre, eiterige Entzündung mit Durchbruch des Trommelfelles etc. in sich birgt. Bei bilateral perforirten Trommelfellen kann dagegen das angegebene Verfahren zur Ausspritzung des Paukensecretes von der Tuba aus seine rationelle Anwendung finden. — Injectionen en masse per tubam in die Paukenhöhle wurden mittelst des Katheters

[1]) Z. f. prakt. Heilk. Wien, 1863. [2]) D. Klin. 1864. Nr. 52; 1865. Nr. 2. 5.

bereits von *Itard*[1]) ausgeführt und berichtet dieser Autor von unangenehmen Nebenwirkungen (Kopfschmerz, Fieber, Ohnmacht); *Fabrizi*[2]) fand in Folge von Injectionen ins Mittelohr Delirien.

Als stets lauwarm anzuwendende Injectionsflüssigkeit eignet sich zu den Nasenbädern entweder ein schwach kochsalzhältiges Wasser (etwa $\frac{1}{2}$ Kaffeelöffel voll auf 1 Liter) oder schwache Lösungen von Borax, Natr. bicarb., Kal. chlor., Acid. carbol. (1—2%) und Kal. hypermanganic.: letztere Mittel besonders bei Ozaena. Sehr empfehlenswerth bei einfachem Katarrhe sind auch die Eingiessungen mit einer Mischung von Milch und Wasser (aa).

Rachenbäder. Zur Entfernung des Secretes aus dem Rachenraume, beziehungsweise auch Nasenrachenraume, sowie zur Kräftigung insufficient gewordener Rachen-Tubenmuskeln dienen die Rachenbäder.[3])

Diese werden in folgender Weise ausgeübt: Patient nimmt die zum Rachenbad bestimmte Flüssigkeit in den Mund, beugt hierauf den Kopf stark nach rückwärts und lässt das Wasser in den unteren Rachenraum hinabsinken. Durch eine kräftige Contraction der Gaumenrachenmuskeln wird nunmehr die Flüssigkeit nach aufwärts geschleudert und dadurch bei etwa ausgelöster Schlingbewegung der Eintritt der Flüssigkeit in die Speiseröhre hintangehalten. Bei einiger Uebung gelingt es ganz gut, dieselbe Portion Wasser mehrere Male hintereinander nach aufwärts zu bewegen, ehe sie, bei nach vorwärts geneigtem Kopfe, aus dem Munde herausgeworfen wird. Im Falle eintretende Brechbewegungen die Ausführung der Rachenbäder vereiteln, lasse man die Bäder zu einer anderen Tageszeit vornehmen; manche Individuen vertragen das Rachenbad am besten bei nüchternem Magen, andere wieder eher nach einer Mahlzeit, manche gar nicht. Einer meiner Patienten erklärte sich z. B. ausser Stande, ein Rachenbad zu nehmen, da ihm die dazu nöthigen Kopfbewegungen stets den heftigsten Schwindel und ein Gefühl von Betäubung hervorrufen. Bei rascher Neigung des Kopfes im Momente der willkürlich erregten Contraction der Rachenmuskeln dringt nicht selten ein Theil der Flüssigkeit in den oberen Nasenrachenraum und fliesst dann aus der Nase ab. Patient hat Früh und nach jeder Mahlzeit ein Rachenbad zu nehmen. Es eignet sich hierzu am besten ein Glas voll frischen Wassers, dem eine geringe Menge spirituöser Flüssigkeit (etwa 1—2 Esslöffel voll Korn- oder Franzbranntwein), eventuell auch etwas Borax, Tannin etc. zugesetzt werden. Dagegen muss vor dem so sehr beliebten Gebrauche des Alaun trotz dessen günstigen Einflusses auf die Schleimhaut sehr gewarnt werden, da der schwefelsäurehältige Alaun die Zersetzung des Zahnbeins in einer, allerdings individuell sehr verschiedenen Weise, veranlasst.

Instrumente für den Nasenrachenraum. Zur operativen Behandlung des Nasenrachenraumes eignen sich eine Reihe Instrumente, welche theils bei hochgradigen Schwellungszuständen der Schleimhaut, theils bei Polypen und adenoiden Vegetationen in Anwendung stehen. In erster Linie sind die Galvanokauteren (s. S. 42) zu erwähnen, darunter die Flach- und Kuppelbrenner, der katheterförmige Galvanokauter *Jacoby's* und die galvanokaustische Schlinge. Die Instrumente, welche entweder von der Nase oder von der Mundrachenhöhle aus in den Nasenrachenraum eingeführt werden, sind der betreffenden Stelle kalt anzulegen und erst dann in's Glühen zu bringen.[4])

Betreffs der Abtragung von Neugebilden wäre zu bemerken, dass ein dünner Draht und die Weissglühhitze eine Blutung begünstigen.

Für Operationen am hinteren Abschnitte der Nasenhöhle oder bei Durchführung eines Instrumentes durch die Nasenhöhle in den Nasenrachenraum sind die *Zaufal*'schen Nasentrichter (s. S. 5) sowohl zur Herstellung eines Operationscanales, als auch zum Schutze des gesunden Gewebes sehr

---

[1]) Traité d. m. de l'or. T. II. p. 238. — [2]) Ueber d. a. Ohr vork. Oper., übers. v. *Lincke*, 1842. S. 113. — [3]) *Tröltsch*, Ohrenh., Aufl. 6. S. 372. — [4]) *Middeldorpf*. D. Galvanokaustik, Breslau, 1854.

zweckmässig. Zur Entfernung kleinerer Nasenpolypen dient ein Polypenschnürer mit langem Schafte.[1]

Zur Behandlung adenoider Vegetationen im Nasenrachenraum, welche sich gegen die Choanen zu befinden, passt ausser den galvanokaustischen Instrumenten die S-förmig gebogene „Choanenzange"[2], für die weiter nach hinten gelegenen Wucherungen eignen sich zangenförmige Instrumente mit beisszangenartigen, scharfen[3] oder olivenförmigen und an der Innenfläche gerippten[4] Enden.

Anstatt der Rippung bediene ich mich auch wohl einer Zange, die mit olivenförmigen, scharfkantigen Enden, ähnlich dem scharfen Löffel, abschliesst (s. Fig. 41); dadurch lassen sich adenoide Vegetationen förmlich abschneiden und müssen nicht zerquetscht und abgerissen werden (was übrigens häufig sehr leicht ausführbar ist). Da die adenoiden Vegetationen bald mehr nach vorne gegen die Choanen, bald weiter nach rückwärts sitzen, erscheinen mehrere Zangen mit verschiedenen Krümmungen nöthig, und zwar mehr spitzwinkelig gebogene für die Choanengegend, rechtwinkelige oder selbst schwach stumpfwinkelige für die mittlere und hintere Partie des Nasenrachendaches. *Delstanche* empfiehlt ein stellbares „Adenotom".[5]

Fig. 41.

Diese soeben besprochenen Zangen werden vom Munde aus bei horizontaler Lage der winkelig abgebogenen Branchen bis hinter den weichen Gaumen gebracht, hierauf gegen das Schädeldach aufgestellt und geöffnet. Die Vornahme der Operation im rhinoscopischen Bilde ist nicht erforderlich, sondern es genügt, den Sitz der Wucherungen vorher mittelst einer pharyngo-rhinoscopischen Untersuchung zu bestimmen und dann das Instrument an die betreffenden Stellen zu dirigiren; nicht selten geben sich die Wucherungen, gegen welche das Instrument anstösst, der tastenden Hand zu erkennen. Zu beachten wäre noch, dass bei unvorsichtiger Handhabung des Instrumentes eine Quetschung des weichen Gaumens zuweilen erfolgen kann.

Meyer[6] benützt zur Entfernung adenoider Vegetationen ein Ringmesser, welches von der Nase aus in das Cavum naso-pharyngeale vorgeschoben wird; anstatt mit dem Ringmesser können die adenoiden Vegetationen auch mittelst eines Polypenschnürers durchgeschnitten werden.

Bezüglich einer Reihe anderer Instrumente, welche zu Operationen in der Nasenhöhle und im Nasenrachenraume in Verwendung stehen[7], muss ich auf die einschlägige Fachliteratur verweisen.

Desinfection der Instrumente.

Wenngleich der antiseptischen Behandlung gegenwärtig allseitig eine hohe Beachtung zu Theil wird, so möchte ich dennoch die Wichtigkeit einer gründlichen Desinfection der Instrumente im Nachfolgenden besonders hervorheben. Unter den vom Ohrenarzte benützten Instrumenten bietet vor Allem ein nicht sorgfältigst gereinigter Katheter die grösste Gefahr einer Infection dar. Das einfache Ausspülen und Abwischen des gebrauchten Katheters muss als vollständig ungenügend verworfen

---

[1] *Zaufal*, Prag. med. Doct.-Coll. 1876, 17. Nov., s. A. f. Ohr. XII, S. 232.
[2] *Störk*, Klinik etc. S. 96. [3] *Löwenberg*, Gaz. d. hôp. 1878, s. A. f. Ohr. XIV, S. 263; Les tum. aden. etc. Paris 1879, p. 67. [4] *Catti*, M. f. Ohr. XIII, Sp. 19. [5] A. f. Ohr. XV, S. 35. [6] A. f. Ohr. VIII, S. 264. — [7] S. u. A. *Zaufal's* Instrum. in der „I", Jahresschr. f. ärztl. Polytechn." v. *Beck*, 1879, S. 43.

werden; selbst die Reinigung des Katheterschnabels mit einer, in diesen eingeführten, abgestutzten Vogel-(Tauben-)Feder, ist für sich allein keineswegs ausreichend. Eine viel grössere Sicherheit bietet das Einlegen des Katheters in absoluten Alkohol, sowie in saturirte antiseptische Lösungen, vor Allem in Carbollösung, und das Durchspritzen dieser Lösungen durch den Katheter, dar.

Antiseptische Mittel vermögen jedoch, wie neuere Untersuchungen ergeben, keineswegs die Bacterienkeime zu zerstören, sondern sie halten mittelbar nur deren Vermehrung hintan, „indem sie ihnen durch chemische Bindung gewisse Nährsubstanzen entziehen".[1]) Es erscheint aus diesem Grunde dringend angezeigt, sich nicht mit den gewöhnlich gebrauchten antiseptischen Mitteln zu begnügen, sondern eine Auskochung der Instrumente vorzunehmen. „Nasse Hitze ist das einzig sichere Desinfectionsmittel".[2]) Selbst ein Auskochen zerstört keineswegs alle Keime, da die niedersten Formen der Organismen und der Keime in den Flüssigkeiten eine grosse Resistenz gegen hohe Hitzegrade aufweisen. So sterben die Bakterien bei kurzer Einwirkung der Siedehitze nicht ab, sondern erleiden nur solche Veränderungen, welche ihre Vermehrung hintanhalten, beziehungsweise auch den ihnen sonst zukommenden ungünstigen Einfluss auf den menschlichen Organismus aufheben. Bei fortgesetzter Einwirkung von 45—50° C., ferner bei Zusatz von Kalilauge tritt nach *Waldstein* und *Bastian* eine Vermehrung der Bakterien wieder auf. Sehr beachtenswerth ist der Umstand, dass die Siedehitze in einer vollkommen neutral reagirenden Flüssigkeit kaum hinreicht, um die Spaltpilze zu zerstören. „Je mehr die Lösung sauer reagirt, um so geringere Wärmegrade genügen."[3]) Demzufolge ist ein längeres ($^1/_4$ bis $^1/_2$ stündiges) Auskochen der Instrumente in einer stärker angesäuerten Flüssigkeit sehr zu empfehlen und diese Methode allen anderen antiseptischen Mitteln entschieden vorzuziehen. In gewissen Fällen bietet auch ein stundenlanges Auskochen der Instrumente keine Sicherheit gegen eine Infection dar: „Die Tödtung der Spaltpilze genügt für eine vollständige Desinfection nur dann, wenn der Zersetzungs- oder Krankheitsstoff ohne ihre Mithilfe nicht krank zu machen vermag, wie das wohl sicher bei den Contagien und Miasmen der Fall ist. Anders verhält es sich bei den septischen Infection. *Panum* hat durch Einspritzung einer faulenden Flüssigkeit, welche während 11 Stunden gekocht und in der die Spaltpilze unzweifelhaft getödtet waren, Vergiftungserscheinungen zu Stande gebracht."[4]) Wie *M. Wolf*[5]) hervorhebt, können putride und septische Flüssigkeiten selbst nach Entfernung der Bakterien noch eine intensiv giftige Wirkung entfalten, also muss ein putrides und septisches Gift oder Ferment auch ausser den Bakterien bestehen. Allerdings sind die Bakterien Giftträger und wegen ihrer Vermehrung gefährliche Fermentträger. Wie bereits *Billroth*[5]) angab, ist die Entstehung der septischen Gifte unabhängig von der Bakterien-Vegetation aber abhängig vom „phlogistischen Zymoid", d. h. von einem nicht organischen Fermente, dass sich durch Zersetzung des Gewebes bei acuten Entzündungen bildet.[5])

Für den praktischen Arzt ergibt sich daraus die wichtige Lehre, Instrumente, die zu Operationsübungen an der Leiche verwendet oder mit denen septikämisch erkrankte Individuen behandelt worden waren, nicht für desinficirt zu halten, auch wenn sich die Instrumente lange Zeit hindurch in kochender, stark saurer Flüssigkeit befunden hatten.

Da ein Auskochen nur bei Metall- und Glasinstrumenten vorgenommen werden kann, so sind diese den Hartgummi-Instrumenten im Allgemeinen entschieden vorzuziehen. Das längere Aussieden eines Katheters lässt die Benützung eines eigenen Instrumentes für jeden Patienten wohl als überflüssig erscheinen. Syphilitische Individuen sollten dagegen stets eigene Instrumente haben. Bei einer antiseptischen Reinigung des Myringotoms treten stärkere Reactionserscheinungen entschieden seltener auf als sonst. Es empfiehlt sich zu diesem Zwecke das Instrument in absoluten Alcohol zu legen, dann mit Wundbaumwolle abzuwischen, hierauf in eine zweipercentige Carbolsolution einzutauchen und ohne es weiter abzutrocknen die Operation auszuführen.

Eine besonders sorgfältige Reinigung erfordern ferner auch jene Instrumente, welche bei einem mit Otorrhoe behafteten Individuum in Verwendung gestanden sind. Die Ohrtrichter, die Oliven des Otoskopes, die Canüle des Pulverisa-

---

[1]) *Waldstein*, *Virch. Arch.*, B. 77, 1879. — [2]) *Nägeli*, Die niederen Pilze. München, 1877, S. 210. — [3]) *Nägeli*, a. a. O., S. 199 u. 200. — Nach den Beobachtungen von *Beneke* tödtet ein Tropfen von essigsaurer Thonerde augenblicklich die Fäulnissorganismen (s. *Burow*, D. Z. f. Chir. 1874, S. 281). — [4]) *Virchow's* Arch. 1880, B. 81, S. 395. — [5]) Unters. üb. d. Veget.-Form v. Coccobakteria septica, S. 200 und *Langenbeck's* Arch. B. 20, S. 404.

teurs etc. sind auszukochen, eventuell auf andere Weise zu desinficiren, wobei sich das Innere der genannten Instrumente am besten mit einem kleinen konischen Borstenwischer (Pfeifenputzer) reinigen lässt.

Schliesslich wäre noch auf eine häufig vorzunehmende Reinigung der Spritze aufmerksam zu machen. Es braucht hier selbstverständlich nicht hervorgehoben zu werden, dass eine unrein gehaltene Spritze einen sehr schädlichen Einfluss auf die ausgespritzte Wunde nehmen kann. Um diesen hintanzuhalten, ist die Spritze wenigstens einmal wöchentlich zu reinigen, der Stempel in Carbollösung einzutauchen, hierauf sorgfältigst abzutrocknen (bei längerer Einwirkung von Carbol wird die Belederung des Stempels hart und brüchig) und mit frischem Oel einzureiben.

Wie *Baber*[1]) angibt, finden sich am Spritzenstempel häufig Pilze vor, welche sehr leicht dem aus dem Ohre ausgespritzten Eiter zugeschrieben werden können.

Hörmaschinen.

Hochgradig schwerhörige Individuen können zuweilen durch Hörmaschinen eine bedeutende Steigerung ihrer Hörfähigkeit für die Sprache oder wenigstens für musikalische Töne erlangen. Mit den hierzu in Verwendung stehenden Instrumenten wird theils eine Verstärkung, theils eine bessere Leitung des Schalles angestrebt. Zu dem letzterem Zwecke bedient man sich der festen Schallleiter, welche den tönenden Körper mit dem Patienten in Verbindung zu setzen haben, und zwar gewöhnlich in der Weise, dass der Schwerhörige den betreffenden Leiter (Holzstab etc.) mit den Zähnen festhalten muss; in derselben Weise wird auch ein von *Jorissen* (1757)[2]) und *Büchner*[2]) (1759) erwähntes Hörrohr von Blech angewendet.

Die erste Erwähnung des Hörrohres soll sich bereits bei *Archigenes*[3]) vorfinden. *Köllner*[4]) beobachtete ein Besserhören beim Aneinanderpressen und Entblössen der Zähne, was nach *Herholdt*[5]) auch bei künstlichen Zähnen stattfindet. *Köllner*[4]) construirte ferner eine Violine mit c—c' Seiten auf Metallsteg; mit dem Instrumente stand ein elastisches Metallstäbchen in Verbindung, welches zwischen die Zähne gesteckt wurde. In neuester Zeit empfahl *Rhodes*[6]) das „Audiphon", eine mittelst Fäden verschieden zu krümmende quadratische Kautschukplatte, deren obere Kante der Vorderfläche der oberen Schneidezähne anzudrücken ist. Der Nutzen dieses, sowie eines anderen ebenfalls in Amerika construirten Hörinstrumentes, des Dentaphon[6]) ist ein sehr geringer. Schon vorher hatte *Paladino*[7]) einen mit einem Halbbogen versehenen Holzstab („Fonifero") angegeben, dessen eines Ende auf die Kopfknochen gesetzt wird, indess der Halbbogen den Kehlkopf des Sprechenden zu umfassen hat. Den festen Schallleitern muss, wie schon *Rau*[2]) angibt, das künstliche Trommelfell beigezählt werden, insoferne es die unterbrochene Schallleitung in der Paukenhöhle wieder herstellt.

Die von *Abraham*[8]) und Anderen empfohlenen kleinen Röhren, welche in den äusseren Gehörgang einzuführen sind, ergeben nur dann eine Gehörsverbesserung, wenn sie ein aufgehobenes Gehörgangslumen (durch Verdickung der Cutis, Schwellung oder Collaps der Wandungen) wieder herstellen und damit den Schallwellen einen Zugang zum Trommelfelle gestatten.

Als Schallfänger standen einstens verschiedene Hörschalen im Gebrauche, welche entweder mit dem Ohrcanale verbunden oder hinter dem Ohre befestigt wurden; zum Auffangen des Schalles dienen ferner Vorrichtungen, welche durch Aufhebung einer dem Kopfe flach anliegenden Ohrmuschel, dieser eine günstigere Stellung gegen die auffallenden Schallwellen geben sollen. *Politzer*[8]) benützt ein kleines jagdhornartiges Instrument, das die von der Concha reflectirten Schallwellen in den Gehörgang überführen soll. Gegenwärtig werden in der Regel nur die sogenannten Hörrohre benützt.

Die Hörrohre besitzen gewöhnlich ein trichterförmiges Ende, den Schallfänger, von welchem eine Zuleitungsröhre ausläuft, die mit einer Olive abschliesst. Die aus Hartgummi, Horn, Metall etc. verfertigten Hörrohre besitzen eine mannigfache Gestalt; so werden trichter-, trompeten-, posthorn-, schneckenförmige und anders gestaltete Instrumente verfertigt. Metallrohre erregen häufig wegen ihrer starken Resonanz eine schmerzhafte Empfindung

---

[1]) Brit. med. Journ. 1879, March 22. s. A. f. Ohr. XV, S. 64.   [2]) S. *Rau*, Ohrenh. S. 325 u. 326. — [3]) Galeni oper. omnia, Vol. XII, s. *Frank's* Ohrenh. S. 188.   [4]) A. f. Phys. 1796, B. 2, S. 22. Die Beobachtung, dass Töne zur Wahrnehmung gelangen, wenn ein leitender Körper mit den Zähnen gefasst wird, stammt bereits aus dem 17. Jahrh., *Camerarius* (1624), *Porta* (1644) etc., s. *Beck*, Ohrenheilk. 1827. S. 77.
[5]) A. f. Phys. 1799, B. 3, S. 172.   [6]) S. Z. f. Ohr. IX, S. 58.   [7]) S. A. f. Ohr. XVII, S. 130. — [8]) W. med. Woch. 1881, Nr. 18.

im Ohre, wogegen Kautschuk den Ton sehr abdämpft. Am besten erweist sich gewöhnlich ein ca. 1 Meter langes Hörrohr aus Eisengarn oder einem mit Draht umsponnenen Leder: das olivenförmige Ende wird in den Ohreingang gesteckt, während der Sprechende das trichterförmige Mundstück nahe den Lippen hält.

Ein Hörrohr mit Mundansatz wurde von *Stracey*[1]), ein biegsames Hörrohr vom Prediger *Duncker*[2]) und von *Pointer*[3]) angegeben. *Gough*[4]) construirte ein Hörrohr mit einer Art Trommelfell an der vorderen Oeffnung; solche Einschaltungen von 1—2 Membranen (z. B. aus Goldschlagpapier) in die verschiedenen Hörrohre empfiehlt auch *Itard*[5]); der letztgenannte Autor benützte Hörrohre, deren Form dem Gehörorgane nachgebildet waren.

Der Nutzen des Hörrohres ist ein sehr verschiedener; während manche Schwerhörige dadurch keine Besserung ihrer Hörfähigkeit erlangen oder wegen der unangenehmen Nebengeräusche auf ein Höhrrohr verzichten müssen, erfreuen sich dagegen andere Patienten damit einer erheblichen Gehörssteigerung. Eine Verbesserung der Hörfunction tritt zuweilen nur bei einem bestimmten Hörrohr auf und gibt sich bei anders geformten oder aus anderem Materiale gearbeiteten Hörrohren nicht zu erkennen.

So erinnere ich mich eines beinahe tauben Patienten, der bei Benützung eines W-artig geformten Metallrohres mässig laut geführte Gespräche auf einige Schritte Entfernung verstand, indess er mit anders gestalteten Hörrohren selbst laut gesprochene Worte nicht vernahm.

Die Wirkung des Hörrohres kann wesentlich gesteigert werden, wenn man jedes Ohr mit einem Hörrohre versieht. *Paul*[6]) construirte ein binaurales Hörrohr.

Eintheilung des Gehörorganes.

Das Gehörorgan wird vom anatomischen Standpunkte aus in ein äusseres, mittleres und inneres Ohr (Auris externa, media et interna) eingetheilt. Zu dem äusseren Ohr gehört die Ohrmuschel und der äussere Gehörgang, zu dem mittleren Ohre die Ohrtrompete, die Paukenhöhle und der Warzentheil. Das Trommelfell, welches das äussere Ohr vom mittleren Ohre trennt, kommt, meiner Ansicht nach, mit Rücksicht auf seine Genese weder dem äusseren, noch dem mittleren Ohr allein, sondern diesen beiden Abschnitten des Gehörorganes gemeinschaftlich zu. Zum inneren Ohre gehören das Labyrinth mit dem Hörnerven; das Labyrinth besteht aus dem Vorhofe, der Schnecke und den Bogengängen.

In functioneller Hinsicht ist das äussere und mittlere Ohr als schallleitender Apparat, das innere Ohr als schallpercipirendes und statisches Organ zu bezeichnen; von dem inneren Ohre dient der nervöse Endapparat der Schnecke und vielleicht auch der des Sacculus hemisphaericus und des Sacculus hemiellipticus für die Schallperception, indess der Vestibularapparat der Bogengänge als Organ des Gleichgewichtes aufzufassen ist. Aus diesem Grunde habe ich auch anstatt der bisher üblichen Bezeichnung „schallpercipirendes" Organ den Ausdruck „schallpercipirendes und statisches" Organ gewählt. Für den Vestibularapparat des Ohrlabyrinthes wurde die Bezeichnung „Organ des statischen Sinnes" und „statischer Sinn" zuerst von *P. Niemeyer* und *Breuer*[7]) vorgeschlagen.

[1]) London. med. Soc. 1829. May 25., s. *Froriep's* Not. 1829. B. 25. Sp. 80. — [2]) Beschreib. u. Anwend. d. Hörmasch. etc. Rathenow 1829. — [3]) s. *Froriep's* Not. 1830. B. 26. Sp. 288. — [4]) The Edinb. med. and surg. Journ. 1808. s. Med.-chir. Zeit. 18. Ergänz.-B. S. 287. — [5]) Traité d. m. de l'or. 1821. T. 2. p. 87, 88. — [6]) Bullet. gén. de Thér. 1874. p. 393. — [7]) Medic. Jahrb. Wien 1875. S. 87.

I. CAPITEL.
Die Ohrmuschel (Auricula).
A) Anatomie und Physiologie.

I. Entwicklung. Die Ohrmuschel tritt ursprünglich als eine kleine wulstförmige Erhabenheit, am hinteren Theile der äusseren Ohröffnung auf.[1]) Die einzelnen Theile der Auricula sollen sich bereits an einem 1 Cm. langen Embryo noch vor der Gliederung des Fusses deutlich erkennen lassen.[2]) Im 5. Fotalmonate erscheinen in dem ursprünglichen Hyalinknorpel die ersten elastischen Fasern.[3])

II. Anatomie. Die Ohrmuschel (s. Fig. 42) besitzt einen Faserknorpel, mit dessen Perichondrium die Cutis an der äusseren Oberfläche innig, an der inneren Fläche dagegen laxer verbunden und daselbst in Falten aufhebbar ist. Das untere Ende der Ohrmuschel wird von einem reichlich mit Fett versehenen Cutisanhange, dem Ohrläppchen (Lobulus auriculae), gebildet.

Fig. 42.

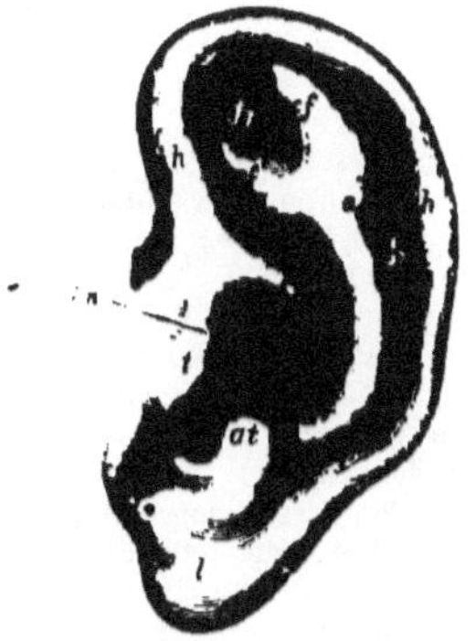

Grösse und Gestalt. Das bedeutende Wachsthum der Ohrmuschel nach der Geburt ergibt einen meist beträchtlichen Grössenunterschied derselben innerhalb der ersten Lebensjahre; in einzelnen Fällen zeigt sich bereits bei Neugeborenen eine auffällig entwickelte Ohrmuschel. Beträchtliche Schwankungen in der Grösse und Gestalt der entwickelten Ohrmuschel sind theils individuell, theils beruhen sie auf Geschlechtsunterschieden oder auf Racenverschiedenheiten; so besitzen z. B. die Buschmänner sehr grosse, die Mongolen abstehende, die Kalmücken nach vorne gebogene Ohren[4]) u. s. w.

ah Antihelix. — *at* Antitragus. — *c* Concha (fossa conchae. — *c'* Crura increata. — *fi* Fossa intercruralis. — *fs* Fossa scaphoidea. — *h* Helix. — *i* Incisura intertragica. — *im* Introitus meat. audit. ext. — *l* Lobulus. — *sh* spina (crista) helicis. — *t* Tragus.

Die Ohrmuschel weist nur vereinzelte Schweissdrüsen auf, wogegen an ihrer vorderen Fläche zahlreiche Talgdrüsen und Haarfollikel in die Cutis eingebettet sind. Am Tragus erlangen die Haare, besonders bei alten Individuen, zuweilen eine bedeutende Länge und Stärke und ragen als Hirci oder Bockshaare bezeichnet, büschelförmig hervor. Die Muskeln der Ohrmuschel sind nur ausnahmsweise im Stande, eine willkürliche Bewegung der Auricula nach vorne oder nach rückwärts auszuführen und können nie das Ohr aufrichten (die einzige Bewegung, die der Gehörsfunction zu Nutzen käme).[5]) Die M. m. levator, attrahens und retrahens wären zu einer Bewegung der Ohrmuschel als Ganze, die M. m. helicis maj. et min., tragicus und antitragicus, welche sich an der Innenseite, sowie die M. m. transversus und obliquus auriculae, die sich an der Aussenseite der Ohrmuschel befinden, zu einer Formveränderung der Auricula bestimmt. Zuweilen findet sich ein M. incisurae maj. auriculae vor. Einzelne Muskeln der Ohrmuschel werden unwillkürlich bewegt; eine solche unwillkürliche Bewegung macht sich beim Lauschen nicht selten deutlich bemerkbar.[6]) Der Einfluss, den eine akustische Erregung auf den Muskelapparat des Hörorganes ausübt, begünstigt eine gesteigerte Thätigkeit des Hörnerven.[7])

Die Gefässe der Ohrmuschel. Die Arterien stammen von der Carotis externa ab, und zwar versorgt die Art. aur. post. die hintere Fläche, die Art. temporal. superfic. die vordere Fläche der Ohrmuschel;

---

[1]) *Schenk*, Embryolog. Wien 1879, S. 138. [2]) *Löwe*, A. f. Ohr. XIII. S. 196; dagegen fand *Hunt* (s. A. f. Ohr. XVII. S. 222) bei 1—2 Cm. langen Embryonen noch keine Details der Ohrmuschel. [3]) *Kabl-Rückhard*, A. f. Phys. 1863. S. 43. — [4]) *Fr. Müller*, Ethnographie, 1873. — [5]) *Darwin*, Abst. d. Mensch. 1874. S. 18. — [6]) *Jung. Burdach*, s. *Henle's* Jahresb. pro 1857. S. 578; *Wolff-Lincke*, Ohrenheilk. B. 3. S. 33. — [7]) *Duday*, Gaz. méd. de Paris 1838. p. 161. s. Z. f. d. ges. Med. B. 9. S. 92; *Strohmeyer* (1839), s. *Lincke*. B. 3. S. 32.

ausserdem treten die Auricularäste dieser beiden Arterien, durch rami perforantes, in gegenseitige Verbindung. Die Venen der Auricula ergiessen sich in die Vena tempor., Vena fac. und Vena jugul. ext.

An den Rändern der Ohrmuschel münden bei Kaninchen, Hunden und Katzen die Arterien unmittelbar in die Venen.[1])

Die Ohrmuschel erhält ihre Nerven vom Trigeminus, Facialis, Vagus. Auricularis magn., Occipital. minor (diese beiden letzteren vom Plex. cervicalis) und vom Sympathicus.

Die Gefässnerven der Ohrmuschel verlaufen beim Kaninchen sowohl im Sympathicus als auch im Nerv. auric. magn., zuweilen nur im letzteren, in welchem Falle die nach der Durchschneidung des Sympathicus oder Exstirpation seines Ganglion cervicale supremum sonst vorübergehend eintretende Gefässerweiterung und Temperatursteigerung (von 5°—9° C.)[2]) ausbleiben.[3]) Nach Callenfels[4]) werden die vasomotorischen Nerven dem rechten Ohre vom N. auric., dem linken vom Sympathicus abgegeben; derselbe Autor beobachtete, wie schon vor ihm Ruyter und Bernard, ein alternirendes Verhalten der Gefässe des rechten und linken Ohres, so zwar, dass bei Erblassung der einen Ohrmuschel, in Folge von Reizung der betreffenden Vasomotoren, die andere Ohrmuschel eine vermehrte Röthe und Temperatursteigerung aufweist.[5]) Remak und Landsberg[6]) fanden, dass Reizung des centralen Theiles vom durchschnittenen N. auricularis motorische Reflexerscheinungen in den Gefässnerven des Ohres durch Vermittlung der Med. spinalis herbeiführt; das pheriphere Ende ist einflusslos. Eine Entzündung der Ohrmuschel durch Säuren ergibt keinen anderen Verlauf als am gesunden Ohre. Nach Durchschneidung des Sympathicus beobachtete dagegen Snellen[7]), dass am operirten Ohre eine künstlich erregte Entzündung rascher zurückgeht, als an der anderen intact gebliebenen Ohrmuschel. Morat und Dastre[8]) sprechen dem Sympathicus ausser den gefässverengernden Zweigen noch gefässerweiternde Fasern zu; die letzteren enden nie in den Gefässen, sondern verlieren sich in den benachbarten Sympathicusganglien. Bisher waren nur die Nerv. vasoconstrictores bekannt, die im oberen Theile der Regio thoracica der Med. spinalis entspringen, zum Bruststrang des Sympathicus ziehen, hierauf durch das Gangl. thorac. und Gangl. cerv. inf. gehen, im ramus cervic. Sympathici verlaufen, an das Gangl. cerv. sup. streifen und sich in der Tunica muscul. der Ohrgefässe verlieren. Während ein Reiz dieser Nerven Gefässcontraction bedingt, erhält dagegen der Sympathicus im Bereiche des Gangl. thor. 1. Nervenzweige, besonders einen sehr dünnen Faden vom letzten Zweig des Plex. cervic., welcher als Nerv. dilatatorius der Ohrgefässe zu bezeichnen ist, da bei Reizung dieses Zweiges Gefässdilatation erfolgt. Die Dilatatoren sind als Hemmungsnerven der Constrictoren zu betrachten.[7]) Die bei Erkrankung des Respirationstractes zuweilen stark vergrösserten Lymphdrüsen können durch Druck auf den Sympathicus, an der Ohrmuschel der betreffenden Seite, eine vorübergehende oder länger anhaltende Hyperämie hervorrufen.[8]) Einige einschlägige Fälle, welche ich im Vereine mit Herrn Fleischmann beobachtete, scheinen mir zu Gunsten dieser Annahme zu sprechen.

Reizung des N. aur. temp. trigemini ruft am Kaninchen zuweilen eine hochgradige Entzündung der Ohrmuschel hervor, welcher einige Tage später eine sympathische Entzündung der anderen Ohrmuschel folgt.[9]) Wie Samuel[10]) angibt, tritt nach Durchschneidung des N. aur. temp. wochenlang anhaltende Anämie ein, gleichwie nach Ausreissung des Facialis am Foram. stylo-mast., wobei auch zum Theil das andere Ohr an der Anämie participirt.

Durchschneidung der einen Hälfte der Med. spinalis an der Austrittsstelle des zweiten Nerven erhöht die Empfindlichkeit der Ohrnerven an der operirten Seite und vermindert sie an der nicht operirten Seite.[11])

III. Function der Ohrmuschel. Der Ohrmuschel des Menschen wird von vielen Autoren jeder nachweisbare Einfluss auf die Gehörsfunction abgesprochen und dieselbe nur als Schutzorgan aufgefasst, während wieder

---

[1]) Hoyer, A. f. mikr. Anat. 1876. S. 603. — [2]) Schiff, s. Canstatt's J. 1854, B. 1, S. 193; Snellen, A. f. holl. Beitr. z. Natur u. Heilk. 1857, B. 1. H. 3. — [3]) Schiff, A. f. phys. Heilk. B. 13. S. 523. — [4]) Z. f. r. Med. N. F. 1855, B. 7, S. 193. — [5], [6]) S. 183. — [7]) Canstatt's J. 1860, B. 1, S. 191. — [8]) M. f. Ohr. XV. Sp. 106. — [9]) Fleischmann, Wien. med. Pr. 1876, Sp. 676. — [10]) Samuel, Troph. Nerv. 1860, S. 65—77. — [11]) S. Canstatt's J. 1865, B. 1, S. 135. — [12]) Brown-Séquard, s. Canstatt's J. 1855, B. 1. S. 144.

andere Beobachter die Ohrmuschel als Schallleiter[1]), Schallcondensator[2]) oder als Resonator für hohe Töne[3]) betrachten. Bei Stellungsveränderung der Auricula zur Schallquelle tritt eine Aenderung der Klangfarbe ein[4]), welche nach *Mach*[5]) einen Einfluss auf die Beurtheilung der Schallrichtung nimmt.

Der Ansatzwinkel der Ohrmuschel und die Tiefe der Concha sind nach *Buchanan*[6]) von acustischer Bedeutung, und zwar verringert sich das Gehör, wenn der normaliter zwischen 25° und 45° schwankende Ansatzwinkel unter 10° beträgt, indess ein ⌳ von 40° das Gehör schärft; die Tiefe der Concha begünstigt die Hörschärfe; je tiefer die Concha ist, desto kleiner braucht der Ansatzwinkel zu sein. Umgekehrt wird bei Ausfüllung der Concha das Gehör herabgesetzt.[7])

Von Interesse erscheint der günstige reflectorische Einfluss, welchen punktförmige, oberflächliche Cauterisationen der Ohrmuschel, besonders der Wurzel des Helix, gegen Ischias ausüben.[8]) Durch Cauterisation des Ohres erzielte *Tinco*[9]) in 48 Fällen von Ischias 30mal eine vollständige, 10mal eine unvollständige, 8mal keine Heilung.

B) Pathologie und Therapie.

I. Bildungsanomalie. Als Bildungsanomalien kommen angeborene mangelhafte und excessive Bildungen an der Ohrmuschel in Betracht. Dieselben sind nur ausnahmsweise auf die Ohrmuschel allein beschränkt, sondern betreffen gewöhnlich auch den äusseren Gehörgang und die Paukenhöhle. Nach *Buhl* und *Hubrich*[10]) ist gleich dem inneren Ohre auch die Auricula bei Hydrocephalus foetalis fast stets unentwickelt. 1. Bildungsmangel. Ein vollständiges Fehlen der ganzen Ohrmuschel findet ausserordentlich selten statt[11]); gewöhnlich ist diese durch einen kleinen Knorpel oder einfachen Hautwulst vertreten; dagegen zeigt sich häufiger ein Mangel einzelner Theile der Auricula, wie des Helix, Antihelix, Lobulus etc. Bilaterale rudimentäre Ohrmuscheln kommen nur vereinzelt zur Beobachtung.[12]) 2. Ein Bildungsexcess äussert sich an der Ohrmuschel in einer Verdopplung derselben, in einer übermässigen Entwicklung einzelner Theile, wie des Ohrläppchens, ferner in dem Auftreten von knorpeligen oder häutigen Wülsten in der Umgebung der Ohrmuschel, vorzugsweise vor dem Tragus (Auricularanhänge).[13])

II. Anomalien der Grösse und Form der Ohrmuschel sind sehr häufig. So findet man die eine oder auch beide Auriculae abnorm gross oder klein, andere wieder nach oben, hinten oder vorne gebogen. Diese letztere Stellung der Ohrmuschel ist auch an menschlichen Embryonen jüngerer Stadien deutlich ausgesprochen.

III. Als angeborene anormale Lage der Auricula ist deren Sitz an der Wange, Schulter, am Halse u. s. w., ferner eine verkehrte Stellung der Ohrmuschel zu erwähnen.[14]) Eine abnorm tief stehende verkümmerte Ohrmuschel bei fehlerhafter Bildung des Unterkiefers beobachteten *Moos* und *Steinbrügge*.[15]) Eine erworbene Anomalie der Lage kann durch Geschwülste herbeigeführt werden, welche die Ohrmuschel von ihrem Standpunkte verdrängen.[16])

IV. Als Anomalie der Verbindung ergeben sich Verwachsung der verschiedenen Theile der Auricula mit ihrer Umgebung. Querspaltung des Lobulus oder der ganzen Concha in zwei Theile.[17]) Diese letztere, von *Lincke*[18]) als Coloboma auris be-

---

[1]) *Kramer*, D. Klinik, 1855, S. 387; *Rinne*, s. Z. f. rat. Med. 1865, B. 24, S. 12. — [2]) *Savart*, Ann. d. chim. et de phys. T. 26, s. *Lincke*, Ohrenh. B. 1, S. 437. — [3]) *Rinne*, s. cit. [1]); *Mach*, A. f. Ohr. IX, S. 75. — [4]) Nach *Wollaston* (Quart. Journ. of Sc. 1827, p. 67, s. Fror., Not. B. 19, Sp. 85), werden bei einer Vorwärtsbewegung der Ohrmuschel die hohen Töne verstärkt. — [5]) A. f. Ohr. IX, S. 75. — [6]) Phil. illustr. of the org. of the ear, London, 1828, s. A. f. Phys. 1828, S. 488. — [7]) Bei *Rinne*, Z. f. r. Med. 1865, B. 24, um 3', bei *Kirchner*, Verh. d. ph. m. Ges. zu Würzburg, N. F., B. 16 um 3—5 Cent. — [8]) *Hippocrates*, *Malgaigne*, s. *Luciana*, Schmidt's J. 1851, B. 67, S. 173. — [9]) S. Schmidt's J. 1863, B. 117, S. 166. — [10]) Z. f. Biologie, 1867, B. 3. — [11]) In einem Fall von *Pluskal* (Oest. med. Woch. 1843, Nr. 18) fehlten die Ohrmuschel und der äussere Gehörgang. [12]) Fall von *Knapp*, Z. f. Ohr. XI, S. 55. [13]) *Virchow*, Virch. Arch. 1864, B. 30, S. 221. — [14]) S. *Lincke*, Ohrenh. B. 2, S. 183 u. folg. — [15]) Z. f. Ohr. X, S. 15. — [16]) Einen derartigen sehr prägnanten Fall beobachtete *Mitchell*, Med. reposit. New-York, 1815, s. Med.-chir. Z., 1816, B. 2, S. 233. [17]) *Löffler*, s. *Lincke's* Samml. H. 1, S. 113. [18]) Ohrenh. B. 2, S. 110.

zeichnete Bildungsanomalie, entspricht der ursprünglichen Entwicklung der embryonalen Ohrmuschel aus zwei, von einander getrennten Bildungsmassen.[1]

Behandlung bei Bildungsanomalien. Bei entstellenden Defecten der Ohrmuschel kann man den gestellten kosmetischen Anforderungen leider nur selten gerecht werden, und man muss sich daher meistens beschränken, die Entstellung durch eine passende Frisur zu verdecken oder künstliche Ohrmuscheln aus Papiermaché, an den Eingang des äusseren Ohres zu befestigen. Abnorm vergrösserte Theile der Ohrmuschel, sowie die Auricularanhänge, können auf operativem Wege entfernt werden. *Martino*[2]) empfiehlt grosse Ohrmuscheln durch Herausschneiden eines dreieckigen Lappens zu verkleinern.

V. Trennung des Zusammenhanges.

Ausser den bei ulcerösen Processen vorkommenden Zerstörungen und der zu Heilzwecken vorgenommenen Durchtrennung einzelner oder sämmtlicher Schichten der Ohrmuschel, sind noch deren zufällige Verletzungen, wie das Abschneiden, Abhauen, Abreissen u. s. w. anzuführen. Zwei von einander vollkommen getrennte Theile der Ohrmuschel können, wie dies eine Reihe von Beobachtungen ergeben, wieder vollständig aneinander heilen, selbst dann, wenn die getrennten Theile erst nach mehreren Stunden vereinigt werden.[3]

Zu den häufigsten Verletzungen gehört die Durchbohrung des Lobulus, eine Operation, welche gewöhnlich nur eine bedeutungslose Hautwunde setzt, in seltenen Fällen von einem in den Lobulus abnorm tief nach abwärts reichenden Fortsatz des Ohrknorpels (Cauda helicis) dagegen, zur Entstehung einer ausgebreiteten Entzündung Veranlassung geben kann.[4]

Schwere Ohrgehänge führen zuweilen zu einer vollständigen Spaltung des Ohrläppchens; die gespaltenen Theile können durch eine Art Hasenscharte-Operation wieder vereinigt werden.[5]

VI. Erkrankung der Talgfollikel.

Von den Erkrankungen der, besonders an der vorderen Fläche der Ohrmuschel zahlreich auftretenden Talgfollikel, sind vor Allem das Milium, der Comedo und die Seborrhoe anzuführen. Bei der Seborrhoe erscheint die Ohrmuschel entweder mit einer schmutzigen Fettschichte bedeckt (S. oleosa)[6]) oder mit Mehl ähnlichen Schüppchen bestreut (S. sicca).[6]) Das Fehlen von Nässen, Jucken und Infiltrationen der Cutis, schützen vor einer Verwechslung mit Eczem.

Die **Behandlung** richtet sich bei Seborrhoe auf eine etwa nöthige Hebung der Kräfte (stärkende Kost, Chinin, Eisen) und ist im Uebrigen auf ölige Einreibungen, Seifenwaschungen mit darauffolgender Einfettung der erkrankten Stellen beschränkt. Gegen hartnäckige Formen von Seborrhoe bei anämischen oder chlorotischen Individuen empfehlen *Wilson* und *Hebra* Arsen mit Eisen.

Man kann sich hierzu folgenden Receptes bedienen: Rp. Tct. ferr. pomat. 50·0. Aq. Menth. pip. 100·0. Solutio arsenic. Fowleri 3·0 S. Durch mehrere Monate täglich 1—1½ Esslöffel voll vor dem Essen zu nehmen.

VII. Hyperämie und Hämorrhagie.

a) Die Hyperämie der Ohrmuschel ist entweder eine active, durch gesteigerte Blutcirculation bedingt,

---

[1]) Betreffs der Anomalien d. Ohrmuschel, s. *Lincke*, Ohrenh. B. 1. S. 611; B. 2. S. 483. — [2]) S. *Schmidt's* J. 1862. B. 116. S. 254. — [3]) *Magnin*, Nouv. journ. de Méd. 1849. s. Med.-chir. Z. Erg.-B. 26. S. 357; *Marini*, Fror. Not. 1835. B. 42. Sp. 112; *John*, Med. Zeitung d. Ver. f. Heilk. in Preussen. 1841. S. 240; nach *Berenger-Feraud*, (Gaz. de hôp. 1870, s. *Schmiat's* J. 1873. B. 159. S. 268) wurden einschlägige Fälle von *Regnault* (1770) und *Laurent* (1820) beobachtet; *Billroth* (A. f. klin. Med. 1869. B. 10. S. 66) führt an, dass eine Heilung zerrissener Ohren selbst beim Anlegen der Naht am 2.—3. Tag erfolgt: *Le Roux* (Journ. de Méd. 1817. T. 39. s. *Horn's* Arch. 1818. B. 1. S. 175) berichtet von einem Braunauer, der dem Verlust seiner Ohrmuschel dadurch ersetzte, dass er einem Luder die eine Ohrmuschel abkaufte und sich diese transplantiren liess. — [4]) *Bobe-Moreau*, Chiron v. *Siebold*, 1812. p. 170. s. *Frank*, Ohrenh. 1845. S. 210; *Gruber*, Ohrenh. 1870. S. 61. — [5]) *Percy*, s. *Horn's* Arch. 1834. S. 473; *Schuh*, Wien. med. Z. 1856. S. 242. — [6]) *Hebra*, *Virchow's*, Spec. Path. u. Th. 1860. B. 3. Ob die sogenannte S. sicca wirklich auf einer Seborrhoe und nicht vielmehr auf einer einfachen Abschuppungs-Anomalie der Oberhaut (Pityriasis) beruhe, dürfte nach neueren Forschungen sehr zweifelhaft sein.

oder eine passive durch Blutstauung bewirkt; auch die verschiedenen Affectionen der Gefässnerven, wie Parese oder Paralyse des Sympathicus (s. oben, oder der Gefässnerven vom Plex. cervic., veranlassen nicht selten eine vermehrte Röthung der Auricula.

Bei einem meiner Patienten entstand durch längere Zeit, regelmässig des Abends, ein mehrstündiger Schmerz an der rechten Nackenhälfte, welcher sich nach vorne oben bis auf die Ohrmuschel erstreckte und von einer intensiven Röthung der ergriffenen Theile begleitet war; in einem anderen Falle traten täglich Nachmittags ein Wärmegefühl und eine intensive Röthe an der einen Ohrmuschel auf, womit sich gleichzeitig auch Ohrensausen und Schwerhörigkeit einstellten.

b) **Hämorrhagie.** Unter den an der Ohrmuschel vorkommenden Hämorrhagien ist vor Allem das „**Othämatom**" [1]) hervorzuheben. Dasselbe besteht in einem parenchymatösen Blutergusse, der gewöhnlich zwischen den Knorpellagen der Ohrmuschel, seltener zwischen Knorpel und Perichondrium auftritt [2]) und von diesen Stellen weiter nach aussen, in das Bindegewebe vorzudringen vermag. Die Geschwulst bildet sich meist sehr rasch und kann innerhalb weniger Stunden oder Tage über wallnussgross werden. Ihr **Sitz** befindet sich gewöhnlich an der vorderen und oberen Partie der Ohrmuschel; nach *Rau* [3]) kann das Othämatom auch an der hinteren Fläche der Ohrmuschel vorkommen. Die **Oberfläche** des Othämatoms ist bei dessen Lage zwischen den einzelnen Knorpellamellen, entsprechend den Unebenheiten des Ohrknorpels, uneben, sonst rundlich. Die **Farbe** der das Othämatom bedeckenden Cutis hängt, abgesehen von etwaigen Entzündungserscheinungen, noch von der Nähe des Blutergusses zur freien Oberfläche ab und kann bei einer tieferen Lage des Othämatoms selbst normal erscheinen.

Der **Inhalt** des Othämatoms besteht in den ersten Tagen aus flüssigem Blute; später schlägt sich der Blutfarbstoff an die Wandungen der Höhle nieder, welche dann von einem röthlichen oder gelblichen Serum erfüllt ist, also einen den apoplektischen Cysten ähnlichen Inhalt aufweist. Bei grösserem Blutaustritte kann es zur Coagulation des Blutes, zur Bildung eines Blutkuchens kommen.

Aetiologie. Das Othämatom wurde fälschlicherweise für eine ausschliesslich nur bei Geisteskranken auftretende Affection gehalten. Man unterscheidet nunmehr das spontane und das traumatische Othämatom. Als wichtigste Entstehungsursache des **spontanen Othämatoms** sind verschiedene **Veränderungen des Ohrknorpels** zu bezeichnen.

Inwieweit **vasomotorische Störungen** eine Othämatombildung begünstigen, ist nicht sichergestellt; immerhin ist in dieser Beziehung auf die Beobachtung *Brown-Séquard's* [4]) hinzuweisen, dass nach Durchschneidung eines Corpus restiforme in der Nähe des Schenkels des Calamus scriptorius, Hämorrhagie unter der Haut der Ohren und später Brand entstehen; die Erscheinungen finden sich am stärksten an der durchschnittenen, schwächer auf der anderen Seite vor.

Bezüglich der **Veränderungen des Ohrknorpels** zeigen die Untersuchungen, dass bei Greisen der Ohrknorpel mehrfach verändert, zerklüftet und von Höhlen, die mit schleimigen Massen erfüllt sind, durchsetzt erscheint; dabei durchziehen grosse

---

[1]) *Weiss*, s. *Hasse* in d. Z. f. rat. Med. 1865, B. 24, S. 82. — [2]) *Bird*, *Graf* u. *Walther's* J. 1833, B. 19, S. 631; *Haupt*, Diss. inaug. Würzburg, 1867, s. A. f. Ohr. IV, S. 143. — [3]) Ohrenh., S. 167. [4]) Bullet. de l'Acad. de Méd. 34, s. *Canstatt's* J. 1869, B. 2, S. 27.

Capillargefässe und gefässreiche Bindegewebszüge die Knorpelsubstanz.[1] Nach *Meyer*[1]) beginnt eine Zerklüftung und Erweichung des Knorpelgewebes, eine Chondromalacie, stets nach dem 50. Lebensjahre und kann auch im früheren Alter besonders bei tuberkulösen und cariösen Individuen auftreten. Wie *Simon*[2]) angibt, wird bei Siechen sehr häufig eine Chondromalacie des Ohrknorpels angetroffen, und zwar bei Männern häufiger als bei Weibern, sehr selten bei Kindern; derselbe Autor[3]) fand beim Sehweiue ausserordentlich häufig Chondromalacie der Ohrmuschel vor, und zwar unter hundert Fällen achtzigmal, in $^1/_2$ der Fälle Cysten, wovon mehrere mit Bluterguss. Es ist selbstverständlich, dass ein derartig verändertes Knorpelgewebe zur Zerreissung der Blutgefässe und somit zur Bildung von Othämatom prädisponirt ist und ferner, dass sich bei der Brüchigkeit des Gewebes das ergossene Blut von seiner ursprünglichen Austrittsstelle rasch einen Weg durch die einzelnen Knorpellamellen zu bahnen vermag. Uebrigens kann ein Othämatom ausnahmsweise auch im frühen Kindesalter entstehen.[4]

Köppe[5]) beobachtete eine dem Othämatom identische Erkrankung des Nasenknorpels bei Geisteskranken im Septum oder an den seitlichen Nasentheilen mit Abhebung des Perichondriums; in mehreren solcher Fälle bestand gleichzeitig auch ein Othämatom.

Traumatisches Othämatom. Bei einem weit vorgeschrittenen pathologischen Zustande des Ohrknorpels dürfte mitunter eine nur unbedeutende äussere Veranlassung im Stande sein, ein Othämatom herbeizuführen; dennoch lehrt die praktische Erfahrung, dass selbst bei älteren Individuen eine auf die Ohrmuschel stärker einwirkende Gewalt nur selten die Bildung eines Othämatoms veranlasst. Auch an Thieren lässt sich ein Othämatoma traumaticum nur durch sehr starke Traumen erzielen und erfolgt manchmal erst einige Tage nach der traumatischen Einwirkung.[6]

Trotz alledem kann die bei Irren häufiger als bei Geistesgesunden auftretende Ohrblutgeschwulst nicht ausschliesslich auf eine, durch die Erkrankung des Nervensystems bedingte, symptomatische Gewebsanomalie bezogen werden, sondern ist zum grossen Theile mit traumatischen Einwirkungen in Verbindung zu bringen. Für diese letztere Annahme spricht auch der Umstand, dass das Othämatom häufiger auf der, den mechanischen Insulten eher zugänglichen, linken Seite auftritt[6]); bemerkenswerth hierbei ist jedoch der Umstand, dass sich nach *Simon*[7]) die rechte Ohrmuschel seltener chondromalatisch zeigt als die linke.

Wie leicht man über die eigentliche Ursache einer Othämatombildung getäuscht werden kann, bewies mir ein Fall, in welchem sich an der äusseren Fläche der Ohrmuschel ein bläulich gefärbtes Othämatom, ohne irgend welche Spur einer traumatischen Einwirkung befand. Die Patientin hatte ausgesagt, dass die haselnussgrosse Geschwulst einige Tage früher spontan aufgetreten war; nachträglich eingezogene Erkundigungen ergaben jedoch, dass das Othämatom in Folge eines Bisses entstanden war und Patien'in bereits einige Monate vorher aus derselben Veranlassung auch an der Ohrmuschel der anderen Seite eine später wieder vollkommen zurückgegangene Geschwulst aufgewiesen hatte.

Die subjectiven Symptome sind gewöhnlich auf Empfindung von Spannung und Hitze beschränkt, seltener finden sich stärkere Schmerzen vor.

Hinsichtlich des Verlaufes zeigt das Othämatom entweder eine vollständige Rückbildung, oder aber es entstehen consecutive Veränderungen des Knorpel- und Cutisgewebes, welche zu sehr entstellenden Difformitäten, zu Verdickungen, Knickungen u. s. w. führen können.

Bird[8]) und *Ferrus*[9]) beobachteten eine spontane Entleerung der Blutgeschwulst. Als ausserordentlich seltener Ausgang eines traumatischen Othämatoms zeigt sich eine Verjauchung, welche sogar letal enden kann.[10]

---

[1]) *L. Meyer*, C. f. d. m. Wiss. 1864. S. 865. *Virch.* Arch. 1865, B. 33, S. 455; *Parreidt*, De Chondromalacia. *Halis*, 1864; *Gudden*, *Virch.* Arch. 1870. B. 51, S. 457. — [2]) Berl. kl. Woch. 1865. S. 47. — [3]) Berl. klin. Woch. 1867, l. — [4]) *Weil*, Fall von einem $^5/_4$jähr. Kinde (M. f. Ohr. XVII, Nr. 3). — [5]) Allg. Z. f. Psych, 1867, H. 4. — [6]) *Hasse*, Z. f. rat. Med. 1865. B. 24. S. 82. — [7]) Berl. kl. Woch. 1865. S. 47. — [8]) *Gräfe* und *Walther's* J. 1833. B. 19. — [9]) Gaz. d. hôp. 1838. p. 565. s. *Rau*, Ohrenh. S. 168. — [10]) *Wallis*, Med. Z. v. Ver. f. Heilk. in Preuss. 1844. S. 147.

Die Behandlung hat in vielen Fällen exspectativ zu bleiben oder beschränkt sich auf einen mässigen Druckverband und auf die Application feuchtkalter Umschläge; grössere Blutmengen können mittelst eines Troisquarts entfernt werden. Eine Durchtrennung der äusseren Decke des Othämatoms ruft zuweilen stärkere und schmerzhafte Entzündungserscheinungen hervor.

W. Meyer[1]) empfiehlt ausser dem Druckverband noch täglich mehrere Male ¼stündige Knetung der Geschwulst vorzunehmen, wodurch ich in einem Falle eine rasche Verkleinerung des Othämatoms erzielte.

VIII. Exsudationsprocesse. Von den Exsudationsprocessen der Haut an der Ohrmuschel kommen vor Allem der Herpes, das Eczem, die Congelatio und die Zellgewebsentzündung in Betracht.

1. Herpes. Während der gewöhnliche Herpes, meist als eine einfache Entzündungsform der Haut aufzufassen ist, gibt sich dagegen der Herpes Zoster auricularis als ein Symptom von Neuritis zu erkennen und hält sich an den Verlauf bestimmter Nervenäste, besonders des N. auricul. magnus vom 3. Cervicalnerven und an den Verlauf des N. auriculo-temporalis Trigemini (v. 3. Ast). Die Efflorescenzen der ersten Art sitzen an der inneren Seite der Ohrmuschel und dem Eingange in den äusseren Gehörgang, jene vom Trigeminus an der äusseren Seite der Ohrmuschel und der vorderen Begrenzung des äusseren Gehörganges.

Symptome. Die Herpesbildung geht sehr häufig mit Neuralgien und bisweilen mit Fieberbewegungen einher; sie erscheint an der Ohrmuschel meist in Form von kleinen Knötchen oder Bläschen, die beim symptomatisch zu Stande gekommenen Herpes regellos an verschiedenen Stellen auftreten.

Der Verlauf ist ein acuter, da sich meistens schon nach einigen Tagen eine Borkenbildung zeigt, nach deren Abfall nur selten flache Narben zurückbleiben.

Die Localbehandlung ist eine exspectative und beschränkt sich nur auf das Einpudern der afficirten Stellen.

2. Eczem. Gleich dem Eczem an anderen Körperstellen tritt das auriculäre Eczem acut oder chronisch auf. Das **acute Eczem** kennzeichnet sich durch eine bedeutende Röthe, Schwellung der Haut und Secretion einer serösen, zuweilen auch blutigen Flüssigkeit, durch welche die Epidermis entweder in Bläschen abgehoben oder bei stürmischerem Ergusse hinweggeschwemmt wird.

In diesem letzteren Falle wird die rothe, epidermislose Cutis nach Gerinnung der ausgeschiedenen Flüssigkeit mit Borken bedeckt, die an der Ohrmuschel, nicht selten als ein noli me tangere betrachtet, eine bedeutende Grösse, wahre Stalaktitenformen erreichen können.

Das **chronische Eczem** weist eine beträchtliche Infiltration der Haut auf, die zuweilen zu einer unförmlichen Missstaltung der Ohrmuschel führt. In anderen Fällen erscheinen als besonders auffällige Symptome eine massenhafte Epidermisabstossung und verschieden tief reichende Spaltung des Cutisgewebes.

Localisation. Das Eczem ist entweder über die ganze Ohrmuschel verbreitet oder nur auf einzelne Stellen derselben beschränkt. Es sind zunächst die Ansatzstellen der Ohrmuschel, an denen sich das Eczem zu localisiren pflegt, und zwar entweder als Intertrigo (rothe, nässende Hautpartien) oder als Rhagaden (Cutisspalten mit einem epi-

---

[1]) A. f. Ohr. XVI. S. 161.

dermislosen, rothen, nässenden Grunde). Ein ziemlich häufiger Sitz des partiellen auriculären Eczems ist ferner die Fossa conchae.

Subjective Symptome. Beim acuten Eczem treten als subjective Symptome: Hitze, Brennen, Jucken und ein Gefühl von Spannung hervor; beim chronischen Eczem zeigen sich dieselben Erscheinungen meistens in geringem Grade.

Aetiologie. Gleich den eczematösen Erkrankungen im Allgemeinen erscheint auch das Eczem an der Ohrmuschel entweder als primäres, als consecutives oder als Theilerscheinung eines allgemeinen Eczems. Der Einfluss des Allgemeinzustandes auf eine Eczembildung ist auch an der Ohrmuschel in vielen Fällen nachweisbar.

Die Diagnose, beziehungsweise eine Unterscheidung des auriculären Eczems von anderen Erkrankungen der Haut ist meistens sehr leicht zu stellen.[1]) Eine Verwechslung der beim acuten Eczem auftretenden Borken und der Schuppenbildungen beim Eczema squamosum mit Seborrhoea auriculae ist leicht zu vermeiden, wenn man die geschmeidige, fettig sich anfühlende Haut bei der Seborrhoe mit dem nässenden, excoriirten und infiltrirten Cutisgewebe bei Eczem vergleicht. Es ist übrigens nicht zu übersehen, dass sich sowohl die Seborrhoe, sowie auch das Eczem gleichzeitig vorfinden können. Von Psoriasis unterscheidet sich das auriculare Eczem dadurch, dass bei der Ersteren die Basis der erkrankten Hautstelle leicht blutet und ferner, dass an dem behaarten Kopfe meist andere, deutlich ausgeprägte, psoriatische Kreise nachweisbar sind. Allerdings kann Psoriasis an der Ohrmuschel auch localisirt auftreten, wobei die Erkrankung gewöhnlich die ganze Auricula ergreift und bis in den äusseren Gehörgang hineinreicht.[2])

Verlauf. Das acute Eczem kann nach wenigen Stunden oder Tagen wieder verschwinden, zeigt jedoch eine grosse Neigung zu Recidiven. Das chronische Eczem erweist sich sehr häufig als ein ausserordentlich hartnäckiges Leiden.

Behandlung. Ausser den, gegen eine etwaige Affection anderer Organe anzuwendenden Mitteln, leistet gegen das Eczem zuweilen Arsen, innerlich genommen (s. S. 60), gute Dienste. In der Regel reicht eine rationelle Localbehandlung vollkommen aus.

Beim acuten Eczem übt die Abhaltung von Luft auf die afficirten Stellen den günstigsten Einfluss aus, und zwar eignen sich hierzu pulverförmige Einstreuungen mit Reismehl etc., indess fette Substanzen nicht immer gut vertragen werden. Bei bedeutender und sehr schmerzhafter Entzündung der Haut können kalte Umschläge verabfolgt werden. Excoriirte Stellen sind mit schwachen adstringirenden Lösungen von Sulf. zinc., Plumb. acet. etc. zu behandeln. Etwa vorhandene Borken müssen nach vorausgegangener längerer Einfettung losgelöst werden. Als Fette passen Ung. diach., Mandelöl, sowie alle nicht ranzigen Oele.

Sehr wichtig ist eine längere Einwirkung der fetten Stoffe auf die afficirten Stellen der Ohrmuschel, die Ausfüllung der Vertiefungen mit Wicken, welche in Fett getaucht sind, sowie die Application solcher Wicken an den eczematös erkrankten Ansatzstellen der Ohrmuschel. Gute Dienste leistet hierbei ein um den Kopf gebundenes Tuch, durch welches die Ohrmuschel an die seitlichen Partien des Kopfes angedrückt wird.

---

[1]) *Auspitz*, A. f. Ohr. I. S. 123. — [2]) *Hebra*, *Virchow's*, Spec. Path. u. Th. 1860, B. 3, S. 278.

Das chronische Eczem erfordert eine lang andauernde Einfettung der erkrankten Stellen in der soeben erörterten Weise. Ausser Unguent. diach. und einer Reihe anderer indifferenter Fette, führt zuweilen eine Zinksalbe (Zinc. sulf. 2·0 bis 5·0 ad Unguent. 30·0) eine Besserung herbei. Eine Reinigung der Ohrmuschel kann vor deren Einfettung täglich einmal mittelst Schmierseife (auf einem Flanelllappen aufgetragen) vorgenommen werden. Gegen das schuppige Eczem leistet eine rothe Präcipitatsalbe (0·1 : 10·0—5·0) gute Dienste.

Bei schmerzhafter Anschwellung der, an chronischem Eczem erkrankten Ohrmuschel, führen Regendouchen, 2—3mal täglich angewandt, eine bedeutende Erleichterung herbei. Bei hartnäckigen Formen von chronischem Eczem können die afficirten Stellen täglich 1—2mal mit Ol. fagi, rusci oder cadinum bepinselt werden. Ist die Anwendung dieser Theerpräparate nicht gestattet, so sind dieselben durch Carbolöl im Verhältnisse von 1 : 20 zu ersetzen.

Gegen Rhagaden, sowie gegen hartnäckige squamöse Eczeme, erweisen sich Aetzungen mit Lapis in Substanz von Vortheil.

Knapp[1]) empfiehlt gegen Eczem Pinselungen mit einer 1—3%igen Lapislösung.

3. **Congelatio.** Als häufigste Art der Erfrörung zeigen sich an der Ohrmuschel eine einfache Hautröthe oder kleine, livide Knötchen, die beim Fingerdrucke erblassen und zeitweise ein heftiges Jucken oder Brennen erregen. Selten erscheinen Pusteln oder Frostgeschwüre, womit oft eine spontane Heilung erfolgt. Bei der schwersten Art von Congelatio kann es zum Abfall der ganzen Ohrmuschel kommen.[2]) Eigenthümlich ist die individuell verschiedene Erkrankungsneigung zur Congelation und deren häufiges Auftreten bei chlorotischen und lymphatischen Individuen.

Die Behandlung beschränkt sich oft auf Reiben der erfrorenen Ohrmuschel behufs Wiederherstellung der Circulation. Die Congelationsknötchen sind mit Einpinselungen von Jodtinctur, vegetabilischen Säuren oder Chlorkalk zu behandeln. Sehr guten Erfolg leisteten mir auch Einpinselungen mit Traumaticinum album (Gutta Percha alb. in Chloroform gelöst). Bei Blasenbildung ist deren Eröffnung mit Aetzung des Grundes angezeigt.

4. **Phlegmonöse Entzündungen** treten an der Ohrmuschel entweder diffus oder circumscript auf. Die diffuse Zellgewebsentzündung charakterisirt sich durch eine bedeutende, das Bindegewebe in allen Hautschichten der Tiefe nach ergreifende, bei Fingerdruck nicht schwindende Röthe, ferner in einer Temperaturserhöhung. Schwellung und Spannung der Cutis. Durch Verstreichen der Furchen und Anschwellung des Bindegewebes auf das 2—3fache seiner normalen Dicke erhält die Ohrmuschel ein unförmliches Aussehen. Bei der circumscripten Entzündung sind die Entzündungserscheinungen nur auf einzelne Stellen der Auricula, wie auf den Tragus, Lobulus etc. beschränkt.

Phlegmonöse Entzündungen der Ohrmuschel, welche auf einer Perichondritis[3]) beruhen, zeigen nach *Knapp*[3]) im Gegensatze zu den einfachen diffusen Enzündungen der Ohrmuschel ein Verschontbleiben

---

[1]) Z. f. Ohr. X, S. 180. — [2]) *Malfatti*, s. *Lincke*, Ohrenh. B. 2, S. 242. [3]) *Chimani* A. f. Ohr. II, S. 169; *Pomeroy*, Amer. otol. Society 1875, s. A. f. Ohr. XI, S. 188; *Knapp*, Z. f. Ohr. X, S. 42.

des Lobulus, da dieser mit Ausnahme der kleinen Cauda keinen Knorpel enthält.

Die subjectiven Symptome treten bei der diffusen Phlegmone vehement auf und bestehen in Schmerz und zuweilen in Fiebererscheinungen. Die circumscripte Zellgewebsentzündung zeigt dagegen gewöhnlich bedeutend mässiger und rascher vorübergehende subjective Symptome.

Verlauf. Der Erkrankungsprocess steigt rasch an und hat in vielen Fällen nach einigen Tagen seine Acme erreicht, worauf eine vollkommene Rückbildung oder an einzelnen Stellen eine Abscedirung erfolgt. Bei ungünstigem Ausgange kommt es zur Gangränescenz der Haut und des Knorpels mit nachfolgendem Zerfalle eines Theiles des Auriculargewebes [1], ja selbst mit totalem Defecte der Ohrmuschel. In anderen Fällen wieder bleiben Verkrüppelungen des Ohrknorpels zurück. Nicht immer zeigt sich die Phlegmone auf die Ohrmuschel beschränkt, sondern sie breitet sich zuweilen auf die Umgebung des Ohres oder auf den äusseren Ohrcanal aus.

In einem meiner Fälle hatte sich die Entzündung von einem phlegmonösen Herde am Tragus entlang der vorderen Wand des äusseren Gehörganges allmälig in die Tiefe desselben begeben und die Cutis durchbrochen, so dass bei einer nur auf den Tragus ausgeübten schwachen Compression Eiter aus dem Gehörcanale hervorquoll.

Die Behandlung besteht im Beginne der phlegmonösen Entzündung, in einer strengen Antiphlogose oder einfachen Application nasskalter Umschläge. Bei Eiterbildung soll die Incision bald vorgenommen werden.

5. Ein Brand der Ohrmuschel findet sich selten vor; er tritt entweder als trockener Brand oder als Gangränescenz auf und befällt bald einen Theil der Ohrmuschel, bald die ganze Ohrmuschel. Ausser dem oben erwähnten Ausgange von Congelatio und phlegmonöser Entzündung in Brand entwickelt sich ein solcher, wie die bisher bekannten Fälle ergeben, auch spontan oder durch Druck, als Decubitus oder endlich bei Masern und Typhus.

Einen Fall von spontanem Brand der Ohrmuschel sah *Nottingham*[2] an einem achtmonatlichen Kinde; *Lindenberg*[3] fand trockenen Brand der Ohrmuschel bei einem Schweine; derselbe begann an der Spitze und erstreckte sich innerhalb sechs Tagen bis 13 Mm. gegen den Grund der Ohrmuschel; die erkrankte Partie fiel ab; sonst bestand keine Erkrankung. — Fälle von Decubitus der Ohrmuschel erwähnen *Boyer*[4], *Riegler*[5] und *Moos*,[6] *Obre*[7] giebt an, dass in Gefolge von Typhus Brand des Ohres entstehen kann. — Gangrän der Ohrmuschel nach Masern beobachteten *Nottingham*[2] und *Bourdillot*[8]; in letzterem Falle bestand gleichzeitig auch allgemeine Paralyse; es fand rasch Heilung statt.

Behandlung. Gangränöse Stellen sind im Falle ihrer Begrenzung mittelst concentrirter Säuren oder mit dem Glüheisen vollständig zu zerstören. Bei einer ausgebreiteten Gangränescenz beschränke man sich auf Umschläge von Carbol- oder Chlorkalkwasser. Innerlich müssen Säuren, Chinin und Wein gereicht werden.

IX. Neubildungen. An der Ohrmuschel kommen organisirte und nicht organisirte Neubildungen vor.

A. Organisirte Neubildungen. 1. **Bindegewebsneubildungen** befallen zumeist den Lobulus und zwar in Folge des Reizzustandes, welchen die durch das Ohrläppchen eingeführten Schmuckgegenstände ausüben. Man findet entweder eine aus Bindegewebe und Spindelzellen bestehende Hyper-

---

[1] *Boyer*, Traité d. mal. chir., T. 6, p. 6, s. *Lincke*, Ohrenh. B. 2. S. 238. —
[2] Diseas. of the ear, London 1857, s. *Schmidt's* J. B. 116, S. 257. — [3] S. *Canstatt's* J. 1847, B. 6, S. 53. — [4] Traité de mal. chir. 1818, T. 6. p. 55, s. *Beck*, Ohrenh. S. 109. — [5] D. Türkei. Wien 1852. — [6] A. f. Aug. u. Ohr. I, 2. S. 66. — [7] S. *Canstatt's* J. 1844. B. 4. S. 247. — [8] Gaz. d. Hôp. 1868. 2. s. *Schmidt's* J. B. 140, S. 67.

trophie von Narbengewebe oder selbst hühnereigrosse Fibrome, die eine eingezogene Oberfläche besitzen.[1]) Dieses letztere Merkmal, ferner die derbe Consistenz und die nur theilweise Verschiebbarkeit der Haut über dem Fibroide, unterscheiden dasselbe von dem oberflächlich glatt aussehenden, teigig weichen Atherom, über dem sich die Haut leicht verschieben lässt.

Vorkommen. Der Einfluss, den die Ohrgehänge auf die Entstehung dieser fibrösen Geschwülste ausüben, erklärt das häufige Vorkommen der fibrösen Geschwülste beim weiblichen Geschlechte und bei verschiedenen Völkerschaften, z. B. den Negern auf den Antillen [2]), in Brasilien u. s. w.

Die **Behandlung** besteht im Entfernen etwa vorhandener Ohrringe und Aetzung bestehender Granulationen. Grössere Tumoren erfordern die Exstirpation.

Nach *Bramley*[3]) kommen in Indien (Calcutta) an der Ohrmuschel besonders a a Lobulus bei Erwachsenen und Kindern häugende Geschwülste endemisch vor; sie erreichen zuweilen eine Pomeranzengrösse und treten häufig multipel zu 6—7 an einer Ohrmuschel auf, welche sie beträchtlich nach abwärts ziehen. Der Inhalt dieser Geschwülste besteht anfänglich aus einer weisslichen, dicken Flüssigkeit, welche später resorbirt und durch eine uniforme, verdickte Bindegewebsmasse ersetzt wird. Derartige Tumoren befallen nur die Ohrmuschel und sind erblich.

2. **Verknöcherungen** der Ohrmuschel scheinen selten vorzukommen; sie erstrecken sich gewöhnlich nur auf kleine Partien[4]), selten über den grössten Theil[5]) der Ohrmuschel. *Kayer*[6]) fand nach Reiz des Ohrknorpels stellenweise Verknöcherung.

3. **Cystenbildung** an der Ohrmuschel erwähnen *Wilde*[7]) und *Böke*.[8]) In dem Falle *Böke's* begann dieselbe am Helix und wuchs durch 5 Monate; die Spaltung der schmerzlosen Geschwulst ergab eine synoviaartige Flüssigkeit und sehnige Cystenwandungen.

4. **Angiom.** Die Gefässneubildungen treten an der Ohrmuschel entweder als kleine, bläulich gefärbte Flecke auf, oder sie bilden, vorzugsweise an der vorderen Fläche der Ohrmuschel, verschieden grosse, bläulich gefärbte Tumoren. Zuweilen zeigt sich an der Ohrmuschel ein **Aneurysma cirsoideum**, mit starker Pulsation der zuführenden Gefässe und beträchtlicher Verdickung der Ohrmuschel.[9]/

In einem Falle fand ich die Ohrmuschel bläulich gefärbt, flach, bedeutend nach hinten verlängert und an ihrer vorderen Fläche stark geschlängelte, deutlich pulsirende Gefässe. *Chalons*[10]) beschreibt einen Fall, in welchem ein am rechten Lobulus befindliches **Aneurysma per anastomosim** aus Erweiterungen der Art. occipit., aur. post., tempor. und der Rami art. cervic. superf. bestand. Im Centrum der Geschwulst befand sich ein haselnussgrosser Sack, in dem ein gänsekielfedergrosser Ast der Art. tempor. frei einmündete. — In einem Falle von *Bozemann*[11]) war ein angeborener **Naevus** an der linken Ohrmuschel allmälig so bedeutend gewachsen, dass die Ohrmuschel die sechsfache Grösse erreichte. Die Art. tempor. erschien von der Dicke eines Zeigefingers, auch die Art. occip. war beträchtlich erweitert.

Aetiologie. Eine Gefässneubildung ist entweder angeboren oder erworben; sie kann gleich ursprünglich auf der Ohrmuschel auftreten, während das Angiom in anderen Fällen von der Umgebung des Ohres ausgeht und die Ohrmuschel erst consecutiv befällt.

Kipp[12]) berichtet von einem Patienten, bei welchem nach Erfrörung des Lobulus ein Angioma cavernosum am Ohrläppchen auftrat; *Hilton*[13]) sah eine erectile Geschwulst nach Ohrenstechen entstehen.

---

[1]) *Knapp*, A. f. Aug. u. Ohr, V. 1, S. 215. — [2]) *Saint Vel*, Gaz. d. Hôp. 1864. Nr. 84, s. A. f. Ohr. II, S. 152. — [3]) S. Med.-chir. Z. 1837, B. 2, S. 91. — [4]) *Gudden*, *Virchow's* Arch. B. 51, S. 457. — [5]) *Bochdalek*, Prag. Vierteljahrsschr. 1866, 1, S. 33; *Gudden*, l. c.; *Voltolini*, M. f. Ohr. II, Sp 1. — [6]) Cit. v. *Bochdalek*. — [7]) Ohrenh., Uebers, S. 200. — [8]) Wien. med. Pr. 1867, S. 286. — [9]) *Tartra* (1810), *Breschet*, *Bjerken* (1824), s. *Lincke*, Ohrenh. II, S. 478. — [10]) D. Klin. 1853, Nr. 15. — [11]) S. *Schmidt's* J. 1869, B. 141, S. 325. — [12]) Amer. otol. Soc. 1875, s. A. f. Ohr. XI, S. 187. — [13]) S. *Schmidt's* J. 1863, B. 118, S. 345.

Die Diagnose der Gefässneubildungen ist meist sehr leicht zu stellen und auch eine Verwechslung der Gefässgeschwulst mit dem Othämatom erscheint kaum möglich, wenn man die rasche Entstehung und die meistens glatte Oberfläche des Othämatoms in Vergleich zieht mit dem langsamen Wachsthum des Angioms und mit dem Vorkommen verschiedener kleiner Geschwülste in der Umgebung eines grösseren Gefässtumors.

Während die Behandlung des Angioms in vielen Fällen nur aus kosmetischen Rücksichten vorgenommen wird, kann doch zuweilen die Gefahr einer spontanen Berstung der Wandungen der Gefässneubildung eine energische Therapie dringend benöthigen. Diese ist je nach der Grösse und dem Sitze des Angioms, einerseits auf die locale Zerstörung oder gänzliche Entfernung der erkrankten Partien, sogar der ganzen Ohrmuschel, andererseits auf eine Verödung der Gefässneubildung durch Hemmung der Blutzufuhr gerichtet. Das einfachste Mittel bietet, bei kleinen Teleangiectasien, deren Vaccination dar, indem die später eintretende Narbenbildung, eine Radicalheilung an der betreffenden, früher teleangiectatischen Stelle erzielt. In ähnlicher Weise wirken Touchirungen mit Lapis, mit rauchender Salpetersäure, die Galvanokaustik, *Pacquelin's* Thermocauter, Injectionen mit einigen Tropfen Ferr. sesquichl. solutum. Es ist bei diesen Mitteln aufmerksam zu machen, dass die Abstossung des so erzielten Schorfes unter einer kolossalen Blutung erfolgen kann. Als günstig wirkend wird auch die Anwendung von Tart. stibiat. 0·5 ad Empl. adhaes. 3·0 empfohlen.

Zur Verödung der Blutgefässe dienen eine lang andauernde Compression der Geschwulst und besonders der zuführenden Gefässe, die Unterbindung der letzteren, ja bei ausgebreitetem Angiom selbst der Carotis. Die zuweilen überraschenden Erfolge einer Behandlung der verschiedenen Tumoren mittelst Elektrolyse treten besonders auffällig beim Angiom hervor. Beim Einstechen der mit dem Zinkpole in Verbindung gesetzten Nadel in die Blutgefässgeschwulst kann binnen wenigen Minuten eine vollständige Coagulation im Innern des Tumors erfolgen.

5. Der Epithelialkrebs kann an der Ohrmuschel primär, in Form von kleinen, glänzenden, derben Knötchen auftreten, die zuweilen viele Jahre unverändert bleiben und bei Abwesenheit von Lymphdrüsenanschwellung und Kachexie den carcinomatösen Charakter der Neubildung nicht vermuthen lassen. Plötzlich beginnt ein ulceröser Zerfall dieser Knötchen, es entsteht ein Geschwür mit allmälig weiter schreitenden, ausgebuchteten, scharf abgesetzten Rändern, die hart infiltrirt und an ihre Basis fest angelöthet erscheinen. Jahre hindurch kann die Tendenz zur einfachen Flächenausbreitung vorwalten, ja sogar eine Vernarbung der centralen Partien eintreten, wobei manchmal bedeutende Difformitäten an der Ohrmuschel entstehen. In anderen Fällen dagegen greift das fortschreitende Carcinom mehr in die Tiefe, unterwühlt die Anheftungsstellen der Ohrmuschel, wodurch diese förmlich abgehoben werden kann und schreitet auf das knöcherne Schädeldach unaufhaltsam fort.

Die Behandlung besteht anfänglich in einer energischen Aetzung des erkrankten Gewebes und später bei ausgebreiteter Erkrankung, so lange das Carcinom auf die Ohrmuschel beschränkt ist, in einer partiellen, respective totalen Abtragung dieser.

6. Der Lupus befällt die Ohrmuschel als Lupus vulgaris oder Lupus erythematodes.

a) Der Lupus vulgaris tritt in Form von Flecken, Knötchen oder diffus auf; im letzteren Falle erleidet die Ohrmuschel eine bedeutende Verdickung. Zuweilen erscheint besonders der Lobulus von Knoten durchsetzt und unförmlich verdickt. In Folge des später eintretenden Zerfalles der Lupusknötchen entstehen Geschwüre mit nachfolgender Vernarbung, wobei nicht selten eine Verwachsung der Ohrmuschel mit den seitlichen Partien des Kopfes stattfindet.

Diagnose. Das Auftreten von Knötchen mit nachträglichem centralen Zerfalle und die an der Peripherie der Geschwürsfläche stets von Neuem erscheinenden Knötchen sind wichtige Anhaltspunkte für die Diagnose des Lupus. Da Lupus kein Jucken hervorruft und gewöhnlich auf ein Ohr beschränkt bleibt, so ist schon aus diesen Gründen eine Verwechslung mit Eczem nicht leicht möglich.

Verlauf. Der Lupus charakterisirt sich durch seinen raschen Zerfall, durch das Auftreten eines Geschwüres an einzelnen erkrankten Stellen und den schliesslichen Ausgang in Vernarbung.

Behandlung. Die von Lupus befallene Haut wird mit Emplastr. merc. bedeckt oder mit Jodglycerin oder Acid. carbol. (3·0) cum Alcoh. (1·0) bepinselt.[1]) In anderen Fällen erweist sich die Zerstörung der Lupusknötchen mit dem Lapisstifte oder Galvanokauter, ferner das Wegkratzen der Knötchen mit dem scharfen Löffel [2]) sehr wirksam. Hebra [3]) empfiehlt gegen Lupus eine Arsenikpaste:

Rp. Arsen. alb. 1·0, Cinnabaris factitiae 3·0. Ung. Rosat. 24·0. S. Messerrückendick auf kleine Leinwandstreifen aufzutragen. Die Salbe wird nach 24 Stunden erneuert und so auch am 3. Tage. Es entsteht eine vermehrte Schuppenbildung und Oedem; die Lupuspartien zeigen eine totale Zerstörung und werden nach 3—5 Tagen eitrig abgestossen, wogegen die gesunden Hautstellen nicht afficirt erscheinen. Die Anwendungsdauer der Arseniksalbe schwankt je nach dem einzelnen Falle zwischen 1—5 Tage; etwa auftretende Symptome einer Arsenintoxication erfordern selbstverständlich die grösste Beachtung.

b) Der Lupus erythematodes befällt nebst der Ohrmuschel auch das Gesicht sowie die Lippen und zeigt an circumscripten, bläulichen Hautstellen eine Schuppenbildung. Seine weiteren Symptome sind: Glätte der Haut, die nach und nach atrophirend einsinkt, der Mangel von Geschwürsbildung und ein häufiger Zusammenhang mit Acne Knoten. Sein Auftreten vor dem 20. Jahre ist selten.

Die **Behandlung** besteht in Waschungen mit Sapo viridis, in der Application einer weissen Präcipitatsalbe (1:6) oder des Emplastrum Hydrargyri; günstig erweisen sich ferner die verschiedenen Aetzmittel.

7. Syphilis der Ohrmuschel tritt in verschiedenen, auch an anderen Stellen des Körpers vorkommenden Formen auf. Von diesen wären die papulösen, sowie die lupös-serpiginösen Syphilisformen und die Gummata besonders zu erwähnen. Die Behandlung muss eine allgemeine und eine locale sein. In ersterer Beziehung sind eine Inunctionscur, innerliche Darreichung von Jodkalium, in letzterer Beziehung die Bedeckung der erkrankten Theile mit Emplastrum cinereum, Einpinselungen mit Jodoform oder Jod anzuführen.

B. Nichtorganisirte Neubildungen. Als anorganische Neubildungen kommen die Verkalkungen und auch *Garrod*[4]) die bei Arthritikern häufig vorhandenen Einlagerungen von harnsauren Salzen an der oberen Hälfte der Ohrmuschel in Betracht. Diese letzteren bilden bis erbsengrosse Herde von weicher oder harter Consistenz. Ich konnte mich übrigens wiederholt überzeugen, dass viele von den in der Ohrmuschel (auch am Lobulus) vorkommenden, hart durchfühlbaren Einlagerungen durch atheromatöse Einlagerungen bedingt sind.

Betreffs der Verkalkungen des Ohrknorpels s. S. 62. Verkalkte Kapseln in der Ohrmuschel des Hundes fand *H. Müller*.[5])

X. Nervenkrankheiten. Eine auf den Lobulus beschränkte Neuralgie beobachtete *Allier*.[6]) — Anästhesie mit Decubitus auriculae erwähnen *Kiegler* und *Moos* (s. S. 66); *Gruber*[7]) fand in einem Falle von Caries des Schläfenbeines Anästhesie des

---

[1]) *Neumann*, M. f. Ohr. III, Nr. 5. — [2]) *Auspitz*. [3]) *Virchow*. Spec. Path. u. Th. 1876, B. 2, Abth. 2, S. 340. — [4]) S. *Virchow's* Arch. 1861, B. 21, S. 121. [5]) S. *Canstatt's* J. 1860, B. 1, S. 10. [6]) S. *Rau*. Ohrenh. S. 276. [7]) Wien. Med. Halle, 1863, S. 80.

äusseren Gehörganges und der hinteren Seite der Ohrmuschel. Bei einer Patientin trat nach einer subcutanen Injection, welche ich an der vorderen Halsgegend in der Höhe des Larynx vorgenommen hatte, unmittelbar nach der Injection eine vollkommene cutane Anästhesie auf, die sich von der Einstichstelle nach aufwärts über den Lobulus bis zur Fossa conchae erstreckte. Die Anästhesie ging nach 6 Wochen allmälig wieder zurück.

XI. Als **Anomalie des Inhaltes** sind die im Lobulus zurückgebliebenen Fragmente eines gebrochenen Ohrgehänges zu erwähnen. So extrahirte ich aus dem Lobulus eines Mannes ein in das Gewebe des Läppchens förmlich eingekapseltes Ringelchen. — *St. Germain*[1]) entfernte aus der Mitte des Lobulus ein kleines Metallplättchen, das einem Ohrringe angeschraubt war.

XII. Erkrankung der Muskeln der Ohrmuschel. In einzelnen Fällen kommen an den Muskeln der Ohrmuschel klonische und tonische Spasmen zur Beobachtung. Einen klonischen Krampf fand *Hoppe*[2]) bei einem Patienten, dessen Ohrmuscheln nach hinten und oben und dessen Kopfhaut nach hinten krampfhafte Zuckungen aufwiesen; die Affection hatte bereits 20 Jahre angehalten und wurde durch geistige Anstrengung stets gesteigert. Nachts hörte der Krampf auf. — Bei einem 26jährigen Manne aus meiner Klientel waren zwei Monate nach einem Anfalle von Convulsionen (nähere Angaben fehlen), ohne weitere bekannte Ursache plötzlich Zuckungen der rechten Ohrmuschel aufgetreten, welche zwei Jahre später, zur Zeit der Vorstellung des Patienten, noch ungeschwächt anhielten. Die Ohrmuschel wurde dabei nach vorne ungefähr 50mal in einer Minute bewegt; auf eine stärkere Zuckung folgten gewöhnlich mehrere schwächere Bewegungen. Der klonische Spasmus betraf auch die Region des Proc. mastoideus und erstreckte sich nach vorne entlang des Unterkiefers bis über die Mitte des Kinns gegen die linke Gesichtshälfte.

Tonischen Krampf der Muskeln der Ohrmuschel beobachtete *Wolff*[3]), einen solchen der Tragusmuskeln mit Verengerung des Ohreinganges *Wilde*.[4]) Wie ich wiederholt fand, können bei Mittelohraffectionen am Ohreingange bei normalem Zustande der Cutis zuweilen selbst auffällige Schwankungen des Lumens auftreten, die wohl auf Veränderungen der Contraction der daselbst befindlichen Muskeln zu beziehen sind.

Behandlung. Ausser einer Allgemein- oder elektrischen Behandlung wäre als letztes Mittel die Durchschneidung der krampfhaft contrahirten Muskeln[5]) vorzunehmen, die *Wolff*[6]) in einem Falle mit Erfolg ausführte.

II. CAPITEL.
Der äussere Gehörgang (Meatus auditorius externus).
A) Anatomie und Physiologie.

I. Entwicklung. Der äussere Gehörgang entwickelt sich, wie neuere Untersuchungen[6]) ergeben, nicht aus der ersten Kiemenspalte, sondern geht, entsprechend der Anschauung *Baer's*[7]) aus jener Bildungsmasse hervor, welche sich um das, im Niveau der übrigen Haut befindliche Trommelfell wallförmig erhebt. In dem so vorgebildeten äusseren Gehörgange tritt nach aussen ein die Ohrmuschel und den knorpeligen Gehörgang bildendes Knorpelgewebe auf, indess der innere membranöse Antheil des Ohrcanales mit einem kleinen, vor Ablauf des dritten Embryonalmonates verknöcherten Ringe[8]), dem Annulus tympanicus, in Verbindung steht, welcher durch die hori-

---

[1]) S. *Schmidt's* J. 1876, B. 170, S. 80. — [2]) S. *Schmidt's* J. 1861, B. 111, S. 175. — [3]) *Lincke*, Ohrenh. B. 3, S. 75. — [4]) Med. Tim. and Gaz. 1852, March, s. *Rau*. Ohrenh. S. 73. — [5]) *Dieffenbach*, D. Durchschneid. d. Sehn. u. Musk. Berlin 1841. — [6]) *Hunt*, Congr. of the internat. otolog. Soc. 1876; *Moldenhauer*, (f. c. f. d. med. Wiss. 1876, Nr. 40; Morphol. Jahrb. III, I, 1877; *Urbantschitsch*, Mitth. a. d. embr. Inst. v. *Schenk*, H. 1, 1877. — [7]) Entwicklungsg. 1837, B. 2, S. 117. — [8]) *Meckel*, A. f. Phys. 1815, B. 1, S. 636; die Verknöcherung des Annulus beginnt am 50.—60. Tage, *Meckel*. A. f. Phys. 1820, B. 6, S. 427.

zontale Schuppe des Schläfenbeines nach oben geschlossen wird¹) und in dem sich das Trommelfell eingefalzt befindet (s. Fig. 43). Erst nach der Geburt entstehen in diesem knöchernen Abschlusse des membranösen Gehörganges **K n o c h e n f o r t s ä t z e**, die gegen den knorpeligen Gehörcanal vorrücken und im Vereine mit dem nach oben gelagerten, horizontalen Schuppentheile allmälig die Stelle der ursprünglich membranösen Wandungen einnehmen. Die Ossification des Gehörganges schreitet jedoch nicht an allen Stellen gleichmässig fort, sondern lässt an der vorderen Wand eine Lücke²) frei, welche noch im 2. und 3. Lebensjahre meistens deutlich vorhanden ist und erst nach dem 5. Lebensjahre seltener angetroffen wird.³)

Fig. 43.

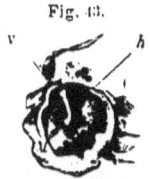

Trommelfell mit dem Paukenringe eines Neugeborenen. — *lt* Annulus tympanicus. — *h* Hinteres Ende des Paukenringes. — *v* Vorderes Ende des Paukenringes.

II. Anatomie. Der Gehörgang besteht aus einem knorpeligen und knöchernen Abschnitte, die durch ein Ringband mit einander beweglich verbunden sind. Der **k n o r p e l i g e Gehörgang**, der an seiner vorderen Wand von 2—3 Spalten (Incisurae Santorinanae) durchsetzt wird, bildet eine nach hinten und oben offene Rinne, deren Ränder durch eine Membran in Verbindung stehen.

Fig. 44.

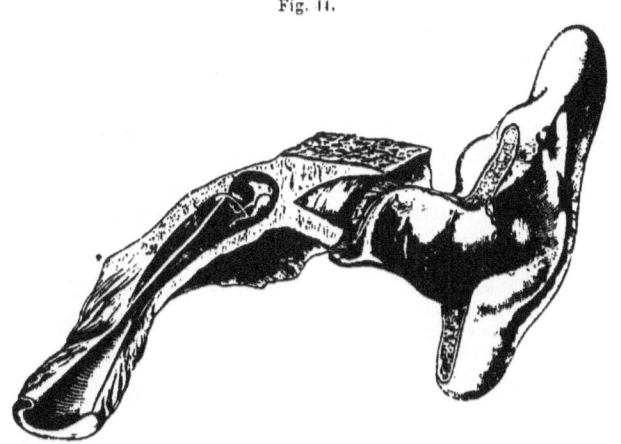

l. Membranöse Verbindung des Ohrknorpels mit dem knöchernen Gehörgange. Die Knochenwandung des letzteren ist an einer Stelle in Form eines Dreieckes weggesägt.

Die Incisuren sind durch eine Membran verschlossen, welche auch Muskelfasern enthält (Musc. Santorini). Die Knorpelspalten erweisen sich beim Neugeborenen als bedeutend grösser wie beim Erwachsenen⁴) und erscheinen überhaupt von sehr variabler Ausdehnung. An einem Präparate fand ich die sonst länglichen Knorpelspalten auf eine kleine runde Knorpellücke reducirt. Erwähnenswerth ist die praktisch wichtige Lage einzelner Parotislappen unmittelbar vor den Knorpelspalten.

Die Länge des knorpeligen Gehörganges beträgt durchschnittlich an der vorderen Wand 9 Mm., an der unteren 10 Mm., an der hinteren und oberen je 7 Mm.⁵)

---

¹) Beim Maulwurf, indischen Schwein, Meerschweinchen, Ameisenbär und Seehund ist der Annulus tympanicus nach oben vollständig geschlossen (*Itard*, Mal. de l'or. 1821, T. I, p. 94), ausnahmsweise auch beim Menschen. — ²) *Riolanus*, Enchirid. anat. 1677, s. *Bürkner* Anm. 3; *Cassebohm*, De aure humana, 1734, p. 28; *Tröltsch*, Anat. d. Ohr. 1861, S. 4. — ³) *Bürkner*, A. f. Ohr. XIII, S. 175. — ⁴) *Itard*, Traité d. mal. de l'or. 1821, T. I, S. 80; *Bürkner*, A. f. Ohr. XIII, S. 192. — ⁵) *Tröltsch*, Anat. d. Ohres 1861, S. 5.

Der knöcherne Gehörgang, dessen topographisches Verhalten in Fig. 45 dargestellt ist, zeigt an seinem inneren Ende eine nach oben unterbrochene Furche, den ursprünglichen Falz des Paukenringes zur Aufnahme des Trommelfelles (s. Fig. 43).

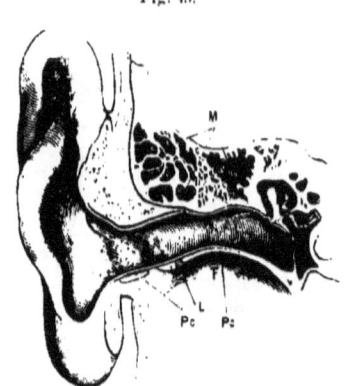

Fig. 45.

Längsdurchschnitt durch den vollkommen entwickelten äusseren Gehörgang. — *F* Fossa articularis (glenoidalis) des Unterkiefergelenkes. — *J* Membranöse Verbindung des knorpeligen mit dem knöchernen Gehörgang. — *M* Cellulae mastoideae. — *Pc* Knorpeliger Gehörgang. — *Po* Knöcherner Gehörgang.

Von den Wandungen des knöchernen Canales misst die vordere Wand 18, die untere 16, die hintere 15 und die obere 14 Mm. (*Tröltsch*, S. 71, Anm. 5).

Der über der oberen Wand des knöchernen Gehörganges befindliche Boden der mittleren Schädelgrube ist dem Gehörgange, je nach der Entwicklung der dazwischen gelagerten zelligen Räume, bald sehr nahe gerückt, bald wieder mehr von diesem entfernt.

Der äussere Gehörgang zeigt bei Embryonen und noch bei Neugeborenen einen bogenförmigen Verlauf, welcher in der Folge nur von der oberen Wand beibehalten wird, indess an der unteren und vorderen Wandung, und zwar an der Verbindungsstelle des knorpeligen mit dem knöchernen Canale allmälig ein nach unten offener Winkel auftritt, der im Kindesalter besonders stark ausgeprägt ist und sich später wieder mehr abrundet. Vom Ohreingange zieht sich der knorpelige Gehörgang nach hinten und oben, indess der knöcherne Canal von aussen, oben und hinten nach innen, unten und vorne verläuft.

Im embryonalen Zustande besitzt der äussere Gehörgang gar kein Lumen, sondern ist, wie ich mich an frühzeitigen embryonalen Stadien überzeugt habe, ursprünglich durch eine Epithelialmasse ersetzt, die von den Wandungen des Ohrcanales deutlich differenzirt erscheint.[1]) Nach und nach hebt sich das Epithel von den Wandungen ab, ohne dass jedoch durch diesen Vorgang eine vollständige Canalbildung eintritt, da nunmehr die Wände in gegenseitige Berührung gelangen.[2] Meinen Beobachtungen zufolge rücken die Gehörgangswände allmälig in der Weise auseinander, dass zuerst am Ohreingange und am Trommelfelle, am spätesten an der Verbindung des knorpeligen mit dem membranösen Gehörgange eine Lumenbildung erfolgt.[1])

Das Lumen des vollständig entwickelten Gehörganges zeigt ein Oval, dessen längerer Durchmesser am Ohreingange nach oben, im weiteren Verlaufe dagegen mehr nach vorne geneigt ist, wodurch der Abguss des Gehörganges eine schraubenartige Drehung bekommt.[3]) Am Ohreingange und vor dem Trommelfell findet eine trichterförmige Erweiterung, an der Verbindungsstelle des knorpeligen mit dem knöchernen Abschnitte eine isthmusartige Verengerung des Ohrcanales statt.

Der Ohreingang misst 5—7 Mm., die weiteste Stelle des knorpeligen Gehörganges 9—11 Mm., die Verbindungsstelle mit dem knöchernen Gehörgang 7—9 Mm., der letztere an den verschiedenen Stellen in seinem Verlaufe gegen das Trommelfell 10—12, dann 5—6, dann 9—11 Mm.[4])

Der knöcherne Ohrcanal erfährt zuweilen von Seite der vorderen Wand durch die Fossa glenoidalis eine bedeutende Einengung, welche eine Besichtigung der

---

[1]) Mitth. a. d. embr. Inst. d. Prof. *Schenk* in Wien, 1877, Bd. 1, S. 25 u. folg. — [2]) *Zaufal*, s. *Langer*, Anatomie, 1. Aufl., S. 738 u. 739. — [3]) *Bezold*, D. Corros. Anat. d. Ohres, München, 1882. — [4]) *Kirchner*, Phys. med. G. zu Würzburg. N. F., B. 16.

vorderen Theile des Trommelfelles unmöglich macht. Unmittelbar vor dem Trommelfelle besteht eine Ausbuchtung der vorderen Gehörgangswand (Sinus meat. aud. ext.)[1])

Auskleidung. Die Cutis der Ohrmuschel setzt sich in den äusseren Gehörgang fort; sie ist am Ohreingange von ziemlicher Mächtigkeit (1·5 Mm.), wird jedoch im weiteren Verlaufe gegen das Trommelfell allmälig dünner (0·1 Mm.) und nur ein schmaler Streifen an der oberen Wand bewahrt bis gegen das Trommelfell eine bedeutendere Dicke. Die Cutis des äusseren Gehörganges ist von zahlreichen Haarfollikeln, Talgdrüsen und Schweissdrüsen [2]), den sogenannten **Ohrenschmalzdrüsen** (Ohrenschweissdrüsen)[3]) durchsetzt. Diese letzteren, in den tieferen Partien der Cutis eingebettet, sind gegen die Mitte des Gehörganges am zahlreichsten und werden in spärlicher Anzahl noch ganz nahe dem Trommelfelle, 1—2 Mm. von diesem entfernt[4]) angetroffen.

Nach *Heynald*[5]) zeigen die Knäueldrüsen im Gehörgange einen vom secernirenden Theil scharf zu sondernden Ausführungsgang ohne Windungen und ein dreischichtiges Epithel. Der Drüsentheil besteht aus einem aufgewickelten, muskulösen Schlauch mit einfachem hohen Cylinderepithel.

Muskeln. Ausser dem oben erwähnten M. incisurae Santor. maj. ist der inconstante M. stylo-auricularis [6]) anzuführen, der vom Unterkieferwinkel zur vorderen und unteren Wand des äusseren Gehörganges verläuft; beim Oeffnen des Mundes trägt er zur Erweiterung des Ohreinganges bei.[6])

Gefässe. Die mächtigste Arterie des äusseren Gehörganges ist die Art. auric. profunda, ein Zweig der Art. max. interna. Die Art. aur. prof. durchbohrt die vordere Gehörgangswand und begibt sich an die obere Wand, von welcher sie aufs Trommelfell übertritt. Kleinere Aeste werden zum äusseren Gehörgange von der Art. aur. post. und der Art. aur. ant. inf. (v. d. Art. temp. superf.) abgegeben. Die Venen des Gehörganges, die mit den Arterien zum grossen Theil einen übereinstimmenden Verlauf zeigen, ergiessen sich durch die V. aur. inf. in die Ven. jug. externa.

Nerven. Der bedeutendste Nerv des äusseren Gehörganges ist der Nerv. auriculo-temporalis trigemini, der mit den Gefässen des äusseren Gehörganges dessen vordere Wand durchsetzt und sich hierauf an der oberen Wand nach innen begibt. Ausser diesem Nerven erhält der Gehörgang noch Zweige vom Nerv. facialis und Nerv. vagus; der Ramus auricularis dieses letzteren Nerven durchbohrt die hintere Gehörgangswand und gibt daselbst mehrere Zweige ab.

In einem Falle fand *Zuckerkandl*[7]) im knorpeligen Gehörgange eine schlingenförmige Anastomose des Nerv. aur. temp. trigemini mit dem Nerv. vagus, aus deren convexer Seite mehrere Aeste bis zur Membrana tympani verliefen.

III. Physiologie.

In physiologischer Beziehung ist der äussere Gehörgang als ein **Schallleitungsrohr** zu bezeichnen, welches die von aussen kommenden Schallwellen dem Trommelfell und den Gehörknöchelchen übermittelt. Ausserdem dient der Ohrcanal noch dazu, die verschiedenen thermischen und mechanischen Schädlichkeiten von der Membrana tympani und dem mittleren Ohre abzuhalten, weshalb er auch als ein **Schutzorgan** für diese Theile in Betracht kommt.

Die Temperatur beträgt nach *L. Meyer*[8]) 0·1°, nach *Mendel*[9]) normaliter

---

[1]) *H. Meyer*, s. *Tröltsch*. Ohrenh. Aufl. 7, S. 28. — [2]) *Kölliker*, A. f. Phys. 1851, Ber. S. 72. — [3]) *Auspitz*, A. f. Ohr. I, S. 129. — [4]) *Buchanan*, Physiol. ill. of the org. of hear. 1828, s. *Lincke*, Ohrenh. I, S. 88. — [5]) *Virchow's* Arch. 1874, B. 61, S. 77. — [6]) *Hyrtl*. Wien. med. J. 1840, B. 21, S. 345. — [7]) *S. Henle's* Jahrb. 1870, S. 128. — [8]) Ann. d. Charité-Kr. 1858, B. 8, S. 174. — [9]) *Virchow's* Arch. 1870, B. 50, S. 12.

um 0·2" weniger als die Achselhöhlen-Temperatur; bei Gehirnerkrankungen kann sie dagegen die letztere um 0·1", nach *Albers*[1]) sogar um mehr als 1" übertreffen; ausserdem erweist sich die Temperatur beider Gehörgänge oft als different.[2]) Den Beobachtungen *Cl. Bernard's*[3]) zufolge bewirkt eine Sympathicus-Verletzung gleichwie an der Ohrmuschel auch im äusseren Gehörgange eine Erhöhung der Temperatur: so tritt auch bei Verletzung des Facialis am betreffenden Ohre eine Temperatursteigerung um 3° cin (33° gegen 30°); eine nachträgliche Trennung des sympathischen Halsstranges erhöhte bei einem Versuche die Temperatur auf 36° (rechts 31·5°). Bei einem anderen Versuche hob sich die Temperatur nach der Durchschneidung des Facialis um 2°; nach sechs Tagen ging der Effect vorüber. Bei Verletzung des Facialis durch Eiustich in die Medulla oblongata sinkt dagegen am betreffenden Ohre die Temperatur um $1-1^1/_2°$. *Cl. Bernard* folgt daraus, dass eine Durchschneidung der sensiblen und motorischen Nerven eine Temperaturverminderung, der sympathischen eine Temperaturerhöhung veranlasst. Wie *Budge*[4]) angibt, wird die Temperatur des Ohres 10—15 Minuten nach Wegnahme der einen Hälfte der Med. spinalis vom letzten Halsnerven bis zum dritten Brustnerven, um 4—5° erhöht (s. ferner S. 58).

B) Pathologie und Therapie.

I. Bildungsanomalie.
Bedeutende Bildungsfehler des äusseren Gehörganges erstrecken sich häufig auf die Paukenhöhle und beinahe immer auf die Ohrmuschel. Das Vorkommen einer normalen Ohrmuschel bei Bildungsmangel des Gehörganges [5]) gehört zu den grössten Seltenheiten.

1. **Bildungsmangel.** Ein Bildungsmangel tritt entweder nur an einzelnen Stellen des Gehörganges auf oder erstreckt sich über den ganzen Ohrcanal. Als eine partielle angeborene Bildungsanomalie ist das Fehlen des knorpeligen Gehörganges oder des Annulus tympanicus aufzuführen. Die nachträglich zu Stande kommenden Entwicklungsstörungen betreffen zumeist den knöchernen Gehörgang, der sich bekanntlich erst nach der Geburt bildet. Es wäre in dieser Beziehung vor Allem der vollständige Mangel einer Ossification, beziehungsweise die Persistenz des Annulus tympanicus und des membranösen Gehörganges zu erwähnen.[6]) Diesem Bildungsmangel kömmt auch vom vergleichend-anatomischen Standpunkte ein Interesse zu; wie nämlich *Joseph*[7]) angibt, bewahren die Affen der neuen Welt, im Gegensatz zu den in der alten Welt vorkommenden Arten, durch ihr ganzes Leben einen membranösen Gehörgang.

Eine partielle, häufig vorkommende mangelhafte Ossification des knöchernen Canales betrifft die Persistenz der, in den ersten Lebensjahren normaliter vorhandenen Ossificationslücke an der vorderen Wand des knöchernen Gehörganges (s. oben). Dieselbe wird bei dem weiblichen Geschlechte häufiger angetroffen als bei dem männlichen und findet sich an den Schädeln von Erwachsenen überhaupt in $19·2°/_0$ vor.[8]) Seltener werden Dehiscenzen gegen die Warzen- und Paukenhöhle angetroffen (s. S. 78).

Bei totalem Bildungsmangel des äusseren Gehörganges wurde wiederholt ein gegen die Paukenhöhle vertiefter, dellenförmiger Knochenverschluss beobachtet.[1]) In dem Falle *Welcker's*[9]) fand sich an Stelle des Porus acusticus externus, nahe dem Foramen stylomastoideum, eine in die Paukenhöhle reichende Fissur vor. Anderen Beobachtungen zufolge kann der äussere Gehörgang durch eine Knochenmasse ersetzt werden. *Flehinger*[10]) beobachtete an einem 16 Tage alten Kinde an Stelle der Ohrmuschel drei von einander getrennte Hautlappen und statt des Gehörganges 5—6 kleine blindsackförmige Canäle mit feinen Mündungen; bei einer zweiten

---

[1]) Z. f. Psych. B. 18, S. 450 ff.; *Eitelberg*, (Z. f. Ohr. 1883. B. 13, S. 31) fand die Temperatur des Gehörganges bald gleich der der Achselhöhle, bald um 0·1—0·3" geringer. — [2]) *Eitelberg*, Z. f. Ohr. B. 13, S. 28 ff. — [3]) S. *Canstatt's* J. 1854, B. 1. S. 184. — [4]) Compt. rend. T. 36, p. 377. — [5]) *Oberteuffer*, s. *Lincke*, Ohrenh. I, S. 622; *Jacobson*, A. f. Ohr. XIX, S. 34. — [6]) Fall von *Bochdalek*, Prag. 1/4 J., 1847, B. 3. S. 22. — [7]) S. M. f. Ohr. XI, Sp. 111. — [8]) *Bürkner*, A. f. Ohr. XIII, S. 179. — [9]) *Jäger*, s. *Lincke*, Ohrenh. I, S. 613; *Toynbee*, Ohrenh. Uebers. S. 17; *Welcker*, A. f. Ohr. I, S. 164; s. *Lincke*, Ohrenh. I, S. 621 u. folg. — [10]) Wien. med. Zeitung 1866, S. 123.

Untersuchung nach 13 Jahren fanden sich zwei der erwähnten Hautlappen vereint und an ihren Rändern kleine kurze Gänge, in denen Cerumen angetroffen wurde.

Behandlung. Bei angeborenem Verschlusse des Gehörganges oder beim Bestande einer Knochenmasse an Stelle des Ohrcanales, ist die Bildung eines solchen auf operativem Wege nur dann zu versuchen, wenn man sich früher einen sicheren Aufschluss verschaffen kann, dass an der betreffenden Seite thatsächlich eine Gehörsfunction besteht, da Anomalien des äusseren Ohres nicht selten mit Missbildungen des mittleren Ohres verbunden sind, welche letztere für sich allein eine Taubheit veranlassen können.

Der Operation stellen sich zuweilen grosse Schwierigkeiten[1]) entgegen, weil bei Missbildungen des äusseren Ohres auch die Lage der mangelhaft entwickelten Ohrmuschel eine pathologische sein kann, so dass ein, von der Ohrmuschel aus, nach innen angelegter Canal, in diesem Falle gar nicht das Trommelfell erreichen würde. Bei einseitiger, auf das äussere Ohr allein beschränkter Bildungsanomalie darf daher nicht die Ohrmuschel als verlässlicher Ausgangspunkt für die Operation gewählt werden, sondern die Angriffsstelle, sowie die bei der Gehörgangsbildung einzuschlagende Richtung muss durch eine Vergleichung mit der anderen normalen Seite vorher bestimmt werden.

2. **Bildungsexcess.** Als Bildungsexcess ist die Verdoppelung des Gehörganges anzuführen; sie beschränkt sich entweder auf den Ohrcanal allein oder kommt in Verbindung mit einer Verdoppelung des ganzen Schläfenbeines vor.

Bernard[2]) beobachtete hinter einem normalen äusseren Gehörgange einen zweiten Canal von gleicher Länge, der in den innersten Abschnitt des Gehörganges einmündete. In der med.-chir. Zeitschr. (1840, B. 3, S. 123) findet sich ein Fall beschrieben, in welchem ein 1½ Mm. breiter, mit Haaren besetzter Canal eine Mündung hinter der Ohrmuschel aufwies und bis zum Trommelfell reichte.

Eine andere Bildungsanomalie, die bisher mit der Entwicklung des äusseren Gehörganges in Zusammenhang gebracht wurde, betrifft einen als **Fistula auris congenita**[3]) bezeichneten Canal. Dieser beginnt meistens 1 Cm. über dem Tragus, 1—2 Mm. vor dem Helix und verläuft von aussen nach innen, in einer mit dem Gehörgange annähernd parallelen Richtung. Bei der allgemein angenommenen Entwicklung des äusseren Gehörganges und des Mittelohres aus der ersten Kiemenspalte wurde diese Fistel, als ein Theil der angegebenen Spalte, für ein mit dem Gehörgang und mit der Paukenhöhle in Beziehung stehender Canal gehalten. Wie ich jedoch nachgewiesen habe, ist ein Zusammenhang der „Fistula auris congenita" mit irgend einem Abschnitte des Ohres entwicklungsgeschichtlich nicht erklärlich, da sich weder das äussere, noch das mittlere Ohr aus der ersten Kiemenspalte entwickelt.[4])

Wie aus Fig. 46 ersichtlich ist, befindet sich die trichterförmige Ohröffnung *(T r)* ausser Zusammenhang mit der vor ihr gelagerten ersten Kiemenspalte *(Ks₁)*. Denkt man sich die erste Kiemenspalte, bis auf eine kleine, am Ohreingange befindliche Partie, verschlossen, so erhält man dadurch eine Vorstellung von der Lage der „Fistula auris congenita" und von deren Verhältnisse zum Ohre. Eine aus der Kiemenfistel nicht selten austretende milchweisse oder eiterähnliche Flüssigkeit kann demzufolge auch nicht aus der Paukenhöhle stammen, sondern wird von den Wandungen des Fistelcanales ausgeschieden, wie dies in gleicher Weise auch bei den anderen Kiemenfisteln am Halse der Fall ist. Durch Verschluss der Fistelöffnung kann das Secret im Innern des Canales stagniren und zur Bildung eines vor dem Helix

---

[1]) Vergl. *Kisselbach*, A. f. Ohr. XIX, S. 127. — [2]) S. *Froriep's* Not. 1825, B. 9, S. 175. — [3]) *Heusinger*, *Virchow's* Arch. 1864, B. 29, S. 358 u. D. Z. f. Thiermedic. etc. B. 2; *Betz*, s. *Schmidt's* J. 1864, B. 121, S. 344. — [4]) M. f. Ohr. 1877, Nr. 7.

befindlichen fluctuirenden Tumors Veranlassung geben, der leicht mit einem gewöhnlichen Abscesse verwechselt wird. In einem von mir beobachteten Falle hatte eine solche Retentionscyste die Grösse einer Nuss erreicht.

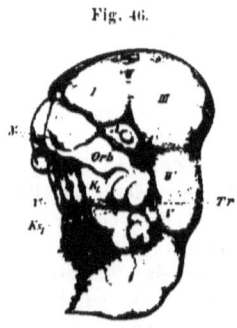

Fig. 46.

Kaninchen - Embryo. — *I, II, III, IV* Gehirnblase. — *A* Auge. — K_1 Kiemenbogen. — Ks_1 Kiemenspalte. — *N* Nase. — *Orb* Orbitalfortsatz. — *Tr* Ohröffnung. — *V* Scheinbare Verwachsungsstelle der beiderseitigen ersten Kiemenbogen.

Als letzte Spuren der ersten Kiemenfistel treten an der früher bezeichneten Stelle vor dem Helix kleine Hautgrübchen oder Pigmentflecke[1]) auf, welche sich, wie ich in mehreren Fällen beobachtet habe, gleich den Kiemenfisteln durch einige Generationen hindurch vererben[2]) können.

II. Als **Anomalie des Verlaufes** zeigte der Gehörgang in einem Falle eine Verlaufsrichtung von vorne oben nach hinten unten[3]), in einem anderen Falle von unten nach oben.[4])

III. **Anomalie der Grösse. 1. Abnorme Weite.** Eine abnorme Weite des Ohrcanales ist gewöhnlich nur auf den knorpeligen Gehörgang beschränkt; sie kommt vorzugsweise bei alten Individuen in Folge von seniler Atrophie vor und tritt nur ausnahmsweise bereits im Kindesalter auf.[5]) Häufiger entsteht eine Erweiterung des knorpeligen oder knöchernen[6]) Gehörganges durch Druckatrophie, bei Neubildungen oder Ansammlung fremder Massen im Ohrcanale.

Cooper John[7]) operirte in einem Falle eine bedeutende Answeitung des Tragus mit Erweiterung des Gehörganges nach unten.

2. Abnorme Enge. Der äussere Ohrcanal kann in seinem ganzen Verlaufe oder nur an einer Stelle eine angeborene oder eine erworbene abnorme Enge besitzen, die gleichmässig oder ungleichmässig, vorübergehend oder bleibend ist.

Bei Taubstummen fand *Nagel*[8]) auffällig häufig eine Enge des äusseren Gehörganges. *Blake*[9]) findet die Angabe *Turner's* bestätigt, dass bei den Ureinwohnern Amerikas häufig eine angeborene sagittale Verengerung des Gehöreinganges bestand. Nach *Tröltsch*[10]) zeigt sich nur an einer Stelle des Gehörganges manchmal eine angeborene ringförmige Verengerung, wie eine ähnliche im mittleren und inneren Drittel des Ohrcanales bei Syphilis nicht selten vorkommt[11]) und die sich zuweilen auch bei Entzündungen des äusseren Ohres zeigt. *Duncan*[12]) gibt an, dass Moure bei Frauen, die das Tuch fest um die Ohren binden, eine spaltförmige Verengerung des Gehörganges beobachtete.

Eine bei alten Individuen nicht selten auftretende **schlitzförmige Verengerung** des knorpeligen Gehörganges beruht auf einer verminderten Expansionskraft der Wandungen[13]), sowie auf einer Erschlaffung jener Fasern, welche den membranösen Theil des knorpeligen Ohrcanales an die Schuppe des Schläfebeines befestigen.[14]) Vorübergehende Verengerungen des Gehörganges durch Erschlaffung der oberen Wand entstehen zuweilen in Folge häufiger Ausspritzungen des Ohres.[15]) Als Ursachen einer Verengerung

---

[1]) Derartige Hautmetamorphosen finden sich an Hausthieren häufiger vor als am Menschen (*Meckel, Geoffroy St. Hilaire*); besonders Pferde besitzen oft Ohrfisteln *Heusinger*, D. Z. f. Thiermed. II, s. C. f. Chir. 1876, 5. Febr.). — [2]) *Paget*, s. Canstatt's J. 1876, B. 2, S. 396. — [3]) *Hesselbach*, Pathol. Präp. Giessen 1824. s. *Lincke*, Ohrenh. I, S. 602. — [4]) *Voltolini*, M. f. Ohr. V, Sp. 57. — [5]) *Morelot*, s. *Itard*, Malad. de l'or. 1821. T. 2, p. 148. — [6]) Ein Fall durch Cerumen. Eigene Beobachtung. — [7]) S. Canstatt's J. 1868, B. 2, S. 304. — [8]) M. f. Ohr. II, Sp. 29. — [9]) Amer. Journ. of Otolog. II. Nr. 2. — [10]) Ohrenh. 1877, S. 129. — [11]) *Stöhr*, A. f. Ohr. V, S. 136. — [12]) A. f. Ohr. XX, S. 74. — [13]) *Lincke*, Ohrenh. II, 456. — [14]) *Tröltsch*, Anat. d. Ohr. S. 6. — [15]) *Tröltsch*, Ohrenh. 1877, S. 493.

erscheinen ferner Narbenbildungen, Hypertrophie der Gehörgangswandungen bei chronischen Entzündungen derselben, ferner Fremdkörper im Gehörgange, sowie Geschwülste, die entweder von der Wand desselben ausgehen oder von aussen kommend[1]), den Gehörgang verengern, ja selbst vollständig abschliessen. Endlich kann der Meatus auditorius externus durch abnorm starke Einbuchtungen seiner Wände verengt werden.

Symptome. Eine einfache Verengerung des äusseren Gehörganges besteht oft ohne auffällige Erscheinungen und selbst die Reduction des Ohrcanales auf eine dünne Spalte kann ohne besondere Schwerhörigkeit bestehen; diese macht sich häufig erst bei vollkommenem Verschlusse des Gehörganges bemerkbar. In Fällen von Eiterungen in den tieferen Theilen des Ohres treten dagegen bei Verengerungen des Gehörganges die bedeutungsvollen Symptome von Retention des Eiters in der Paukenhöhle ein (s. Cap. V).

Behandlung. Bei Verengerungen des äusseren Gehörganges muss im Falle einer Eiterung, durch Einlagen von starren Röhren oder durch Drainirung des Canales das in der Tiefe vorhandene Secret entfernt werden; in dringenden Fällen ist der Gehörgang vorher durch Incisionen zu erweitern. Steht eine Eiterretention nicht zu befürchten, so genügen die Einlagen von Tupelo, Pressschwamm, Laminaria digitata, Darmsaiten oder selbst einfacher Tampons; diese Mittel können auch vor ihrer Application in Lapislösung oder in Jodglycerin getaucht werden. Bei einer bedeutenden Hypertrophie des Cutisgewebes leisten starke Lapistouchirungen gute Dienste. In Fällen von einfachem Collaps der Wandungen des knorpeligen Gehörganges erweisen sich zuweilen kleine, in den Ohrcanal eingeführte Röhren als gehörverbessernd (s. S. 55).

IV. Anomalie der Verbindung. 1. Verwachsung. Eine angeborene [2]) oder erworbene Verbindung der Wände des äusseren Ohrcanales kann entweder eine unmittelbare oder eine mittelbare sein. In erster Beziehung kommen jene Fälle in Betracht, in denen nach vorausgegangenem Verluste der Epidermisschichte die aneinander gelagerten Wandungen des Gehörganges eine gegenseitige Verwachsung eingehen.

Nach innen von der Stelle, an welcher die Verwachsung besteht, erscheint der Gehörgang manchmal von einer Knochenmasse erfüllt, die sich zuweilen vom knöchernen Ohrcanale bis zum Ohreingang erstreckt oder selbst vom knorpeligen Gehörgange[3]) ausgeht.

Eine andere Art der Verbindung wird durch ein fibröses Gewebe vermittelt, das entweder in Form von Membranen oder Strängen in dem Gehörgange ausgespannt ist oder aber einzelne Theile des knorpeligen oder knöchernen [4]) Ohrcanales vollkommen ausfüllt.

Bochdalek [5]) fand den knorpeligen Gehörgang durch eine mit dem Knorpel fest verwachsene Zellgewebsmasse vollständig obliterirt; der knorpelige Gehörgang maass r. 28 Mm., l. 10 Mm. Ueber einen Fall von angeborenem fibrösen Verschlusse des Gehörganges berichtet *Knapp*.[6])

Membranöse Verbindungen der Wände des Ohrcanales können angeboren oder erworben sein. Die angeborene Membranbildung tritt entweder in Form eines häutigen Verschlusses am Ohreingange oder im Verlaufe des Ohrcanales auf. Ihre Abstammung ist von jener Epithelialmasse

---

[1]) *Schreiber* (*Virchow's* Arch. 1872, B. 54, S. 285), Fall von Sarcom des Schädels mit Verschluss des knorpeligen Gehörganges. — [2]) S. *Lincke*, Ohrenh. I, S. 622 u. folg. — [3]) *Gruber*, Ohrenh. S. 387. — [4]) *Schwartze*, A. f. Ohr. IX, 236. — [5]) Prag. Vierteljahresschr. 1847, B. 3, S. 22. — [6]) Z. f. Ohr. XI, S. 251.

herzuleiten, welche die centralen Partien des äusseren Gehörganges ursprünglich einnimmt und die noch während des Intrauterinallebens einer regressiven Metamorphose anheimfällt.[1]

Die den Ohreingang zuweilen abschliessende Membran bietet ein entwicklungsgeschichtliches und vergleichend-anatomisches Interesse dar. Wie *Kunzmann*[2] bemerkt, ist der Ohreingang bei neugeborenen Hunden, Katzen und Mäusen verklebt. Meinen Untersuchungen[1] entnehme ich, dass es sich hierbei thatsächlich nur um eine epitheliale Verklebung und keineswegs um einen wirklichen Cutisverschluss[3] handelt und dass diese Verklebung nicht allein auf den Eingang des Ohrcanales beschränkt bleibt, sondern auch die anfänglich klappenförmig umgeschlagene Ohrmuschel betrifft. Während sich dieser Epithelialverschluss beim Menschen, sowie bei manchen Thieren, noch vor der Geburt regelmässig löst, ist er dagegen bei anderen Thieren noch zur Zeit der Geburt vorhanden und gibt allmälig erst die einzelnen mit einander verbundenen Theile der Ohrmuschel in der Nähe des Ohreinganges und endlich diesen letzteren selbst frei. Ausser am Hunde und an der Katze habe ich diesen Vorgang noch am Kaninchen, Meerschweinchen, am Schweine und an der Maus vorgefunden.

Loudon[4] beobachtete bei einem Kinde mit Verwachsung beider Ohreingänge im dritten Monate ein spontanes Auftreten kleiner Lücken, zuerst rechts, zwei Monate später auch links; die Lücken vergrösserten sich bis zur normalen Weite des Ohreinganges.

Pseudomembranen entwickeln sich nach der Geburt in Folge von Entzündungsvorgängen im äusseren Gehörgange.[5]

Engelmann[6] fand in einem Falle Gelegenheit, die allmälige Bildung einer solchen Membran zu verfolgen, so auch *Bing*.[7]

Betreffs der Diagnose von Pseudomembranen wäre vor deren Verwechslung mit epidermidalen Schollen aufmerksam zu machen, welche mitunter als weissliches Häutchen den Gehörgang abschliessen und dabei eine überraschend starke Resistenz und Elasticität aufweisen können.

Behandlung. Bei Verwachsung der Gehörgangswandungen ist eine Eröffnung des Canales auf operativem Wege vorzunehmen und dessen bedeutende Tendenz zur Wiederverwachsung durch Einlagen von Laminarien, Bleinägel u. s. w. zu verhindern.[8] Eine knöcherne Obliteration des Gehörganges erfordert die Abtragung der Knochenmasse mittelst Meissels.

2. Abnorme Verbindung des Ohrcanales mit seiner Umgebung. Der knöcherne Gehörgang zeigt zuweilen entlang der hinteren Wand eine Spalte, welche bisweilen auf die obere Wand hinüberreicht und einen Theil des Warzenfortsatzes, sowie der Paukenhöhle mit dem Gehörgange verbindet.[9] Diese Spaltbildung entspricht der Stelle, an welcher das von der Schuppe stammende Os epitympanicum mit der Squama ungefähr im zweiten Fötalmonate verschmilzt.[10]

V. Trennung des Zusammenhanges.
Die Gehörgangswände erfahren durch Dehiscenz (s. oben), ferner auf traumatischem oder entzündlichem Wege eine Trennung des Zusammenhanges. Auf traumatischem Wege kann eine Continuitätsstörung entweder durch Fremdkörper im Ohrcanale zu Stande kommen (s. oben) oder die Folge einer von aussen einwirkenden Gewalt sein. In letzterer Beziehung sind die Fracturen der vorderen

---

[1] Mitth. a. d. embr. Inst. Wien 1877, B. 1. — [2] Allg. med.-chir. Zeitung, 1812, s. Med.-chir. Z. 1815, B. 2, S. 408. — [3] *Piédagnel*, Magend. Journ. de Phys. 1823, p. 29, s. *Huschke*, Anat. V, 879; *Rathke*, Entw. d. Wirbelth. 1861, S. 74. — [4] Glasgow Journal, s. *Froriep's* Not. 1829, B. 25, Sp. 48. — [5] *Saunders*, s. *Horn's* Arch. 1817, H. 3, S. 407; *Itard*, Malad. de l'or. 1821, I, p. 326, 332. — [6] A. f. Ohr. VI, 203. — [7] Wien. med. Bl. 1879, Nr. 22 u. 23. — [8] Vergl. den Fall v. *Schwartze*, A. f. Ohr. IX, S. 236. — [9] *J. Gruber*, W. med. Zeitung 1872, S. 4; *Zuckerkandl*, M. f. Ohr. VII, Sp. 34 und XII, Sp. 45; ferner *Bürkner*, A. f. Ohr. XIV. S. 137; *W. Gruber*, *Virch*. Arch. B. 80. Die an der oberen Wand, nahe dem Trommelfell zuweilen dehiscirende Stelle ist bei Neugeborenen an einer Vertiefung der Squama erkennbar (*J. Gruber*, l. c.). — [10] *Rambaud* et *Renault*, Orig. et développem. des os, Paris, 1864. s. *Zuckerkandl*, l. c.

Wand bei Schlag oder Sturz auf das Unterkiefergelenk hervorzuheben.[1])
Auch Fracturen der Schädelbasis können zu einer Fissur des äusseren Gehörganges führen.

Traumen, welche nicht direct auf den äusseren Gehörgang einwirken, wie z. B. ein auf das Schädeldach geführter Schlag, ein Sturz auf den Kopf, sind zuweilen im Stande, umschriebene Stücke der knöchernen Gehörgangswand herauszuschlagen.[2]) In einem Falle von *Roser*[3]) hatte eine Contusion des Schädels zur Fractur der oberen Wand des knöchernen Gehörgangs geführt, durch welche Gehirnmasse in den Ohrcanal austrat.

Fracturen der Gehörgangswände gehen meistens mit einem Blutausfluss aus dem Ohre einher, womit jedoch keineswegs gesagt ist, dass jeder traumatisch erfolgter Bluterguss aus dem Gehörgange auf eine Fractur des Gehörganges schliessen lässt.[4]) Ein für Fractur der Fossa glenoidalis sprechendes Symptom besteht in erschwerten und schmerzhaften Kieferbewegungen.

Eine Trennung des Zusammenhanges kann ferner durch verschiedene entzündliche Vorgänge bewirkt werden, wobei im knorpeligen Canale die Incisurae Santorini die Entstehung einer Communication mit der Umgebung des äusseren Ohres begünstigen. Im knöchernen Gehörgange entsteht auf entzündlichem Wege eine Lückenbildung in der hinteren Wand und dadurch zuweilen eine abnorme Verbindung des Gehörganges mit den Zellen des Warzenfortsatzes.

VI. Erkrankung der Drüsen. 1. Erkrankung der Talgdrüsen.

Die Talgdrüsen weisen eine verminderte oder vermehrte Secretion auf. Eine vermehrte Talgausscheidung tritt besonders häufig an älteren Personen auf; sie bildet vorzugsweise im knorpeligen Gehörgange kleine, fettige Schuppen, deren Unterscheidungsmerkmale von den Eczemschüppchen bereits S. 64 angeführt wurden. Durch Verschluss der Ausführungsgänge kann sich das Secret auch in grösseren Massen ansammeln und Geschwülste veranlassen.

2. Erkrankung der Ceruminaldrüsen.

Die Ohrenschmalzdrüsen zeigen sehr häufig eine abnorm verminderte oder vermehrte Ausscheidung.

a) Eine verminderte Secretion von Cerumen kann entweder ohne nachweisbare Ursache, bei sonst vollkommen normalem Gehörgange bestehen, oder sie tritt im Gefolge von Erkrankungen des äusseren und mittleren Ohres auf. Im äusseren Ohre sind es theils die verschiedenen Entzündungsvorgänge, welche die Cerumen-Ausscheidung hindern, theils wird diese durch einen Schwund der Ohrenschmalzdrüsen (bei seniler Atrophie oder bei Narbenbildungen)[6]) aufgehoben.[7])

Die bei Erkrankungen des Mittelohres mitunter vorkommende anormale Cerumenabsonderung scheint auf einer trophischen Störung der Glandulae ceruminales zu beruhen. *Itard*[8]) beobachtete auch bei Anaestesia acustica eine auffällige Trockenheit der Cutis.

Symptome. Die herabgesetzte oder aufgehobene Secretion der Ohrenschmalzdrüsen erzeugt eine zuweilen lästige Trockenheit im äusseren

---

[1]) *Morvan* (s. *Schmidt's* J. 1857, B. 93) citirt Fälle von *Fössler* (1789) mit bilateralem und von *Lefèvre* (1834) mit unilateralem Bruche der Fossa articularis. Einschlägige Beobachtungen theilen ferner mit: *Sonrier*, s. *Canstatt's* J. 1869, B. 2, S. 431; *Beach*, s. *Schmidt's* J. 1876, B. 172, S. 159; *Jacubasch*, Berl. kl. W. 1878, S. 320. Ein Stoss in die Mitte des Unterkiefers kann eine bilaterale Fractur der Fossa glenoidalis herbeiführen. In drei Fällen *Morvan's* (s. oben) hatte ein Trauma auf das Unterkiefer eine Fractur des Felsenbeines bei intact gebliebener Fossa glenoidalis veranlasst. —
[2]) *Tröltsch*, A. f. Ohr. VI, S. 75. — [3]) A. f. klin. Chir. XX, H. 3. — [4]) S. d. Fall v. *Monteggia* (1814), cit. v. *Morvan*, Ann. 5. — [6]) *Lincke*, Ohrenh. III, S. 95. — [6]) U. A. nach Condylombildung (*Stöhr*, A. f. Ohr. V, S. 134). — [7]) *Buchanan*, s. *Horn's* Arch. 1828, S. 1059. — [8]) Malad. de l'or. 1821, T. II. p. 324.

Gehörgange. Ein Einfluss auf die Gehörsfunction kommt einer verminderten Cerumenausscheidung nicht zu und die Fälle eines Wiederauftretens von Ohrenschmalz, ohne irgend welche Besserung des Gehörs, sind keineswegs selten.

Behandlung. Bei dem Gefühle von Trockenheit kann eine Einfettung, sowie eine Einpinselung des Gehörganges mit Glycerin oder Vaselin vorgenommen werden. Nicht selten erfolgt eine gesteigerte Thätigkeit der Glandulae ceruminales bei einer Besserung des Mittelohrkatarrhes.

Eine Anregung der Cerumensecretion habe ich wiederholt nach der Tenotomie des Musc. tensor tympani[1]), sowie in Folge einer elektrischen Behandlung[2]) beobachtet. Bei localer Anwendung von Chloroform soll ebenfalls eine erhöhte Thätigkeit der Ohrenschmalzdrüsen stattfinden.[3])

b) Vermehrte Secretion. Während sich bei normaler Absonderung der Talgdrüsen und der Glandulae ceruminales das lichtgelbe, halbflüssige Secret in geringer Menge am Eingange des Gehörganges ansammelt, tritt es bei krankhaft gesteigerter Thätigkeit der genannten Drüsen in grösseren Massen auf und bildet anfänglich weiche, später harte und brüchige Pfröpfe, die das Lumen des äusseren Gehörganges mehr weniger ausfüllen. Die Farbe derselben zeigt mannigfache Uebergänge vom Lichtgelb ins Dunkelgelb, Dunkelroth und tiefe Schwarz. Alte Pfröpfe erscheinen als graue, zerklüftete Massen, welche nicht selten, in Folge des Auftretens von Cholestearinkrystallen, eine glänzende, facettirte Oberfläche besitzen.

Ein im äusseren Gehörgange befindlicher „Cerumenpfropf" ist nicht aus dem Ohrenschmalze allein gebildet, sondern besteht aus einem Gemenge von Cerumen, Talg, Epidermisschollen und abgestossenen Haaren. Bei Diabetikern kann das Cerumen Zucker enthalten.[4])

Subjective Symptome. Cerumenpfröpfe können im äusseren Gehörgange lange Zeit hindurch liegen bleiben, ohne die geringsten subjectiven Symptome zu veranlassen, so lange ein lufthältiger Canal zu dem noch frei schwingenden Trommelfelle führt. Es zeigt sich hierbei nicht so sehr die Quantität als die Lage der angesammelten Massen von wesentlichem Einflusse.

Die durch eine Ceruminalanhäufung hervorgerufenen subjectiven Symptome erleiden nicht selten in Folge der auf den Pfropf einwirkenden mechanischen Einflüsse, sowie bei dem wechselnden Wassergehalte, des bedeutend hygroskopischen Cerumens sehr auffällige Veränderungen.

Unter den mechanischen Einwirkungen können verschiedene von aussen in den Ohrcanal eingeführte Körper, wie Ohrlöffel, ferner die durch Sturz, Sprung und auf andere Weise bewirkten Erschütterungen des Kopfes, eine Locomotion des Cerumenpfropfes veranlassen. In gleicher Weise sind die Bewegungen des Unterkiefers im Stande, bald eine Verschlimmerung, bald wieder eine Verbesserung der subjectiven Erscheinungen herbeizuführen, da die wechselnden Stellungen des Gelenkskopfes, Veränderungen des Lumens des äusseren Gehörganges und damit auch der Lage des Pfropfes bedingen.

Ausser den bei Cerumenansammlungen gewöhnlich stärker hervortretenden Symptomen von Schwerhörigkeit und der Empfindung von Völle im Ohre, bestehen nicht selten Ohrengeräusche und Schwindel, welche durch den auf das Trommelfell nach Innen ausgeübten Druck bewirkt werden. Bei gleichzeitig vorhandenen Reizungszuständen der Gehörgangswände ist übrigens auch eine vom Trigeminus ausgelöste Reflexwirkung auf den Acusticus möglich.

---

[1]) *Weber-Liel*, M. f. Ohr. VIII, Nr. 6. — [2]) *Lincke*, Ohrenh. II, S. 555; *Brenner*, Elektroth. 1868 u. 1869, Therapeut. Theil. — [3]) *Tscharner*, s. *Schmidt's* J. 1851, B. 70, S. 293. — [4]) *Teltschee*, s. *Canstatt's* J. 1849, B. 3, S. 169.

In einzelnen Fällen werden ausser den genannten Erscheinungen noch folgende durch einen Cerumenpfropf bedingt: *a)* Ein Schmerz im Ohre, der mitunter sogar intensiv auftritt und sich über den Kopf erstrecken, ja selbst auf entferntere Partien des Körpers überspringen kann [1]). *b)* Motorische Störungen; so ein Fall, von Facialparalyse, die durch Ausspritzung eines Cerumenpfropfes geheilt wurde [2]); Blepherospasmus [3]). *c)* Geistige [4]) und psychische [5]) Störungen.

Ein Lehrer, bei dem ich bilaterale Cerumenpfröpfe vorfand, klagte über Schwerhörigkeit, starken Druck im Ohre und eine, während seiner Vorträge häufig auftretende Gedankenverwirrung, so dass sich Patient wiederholt genöthigt fand, seinen Vortrag abzubrechen. Nach der Ausspritzung der Pfröpfe waren sämmtliche Erscheinungen bleibend zurückgegangen. Es ist in diesem Falle noch besonders hervorzuheben, dass die Cerumen-Ansammlung weder subjective Gehörsempfindungen, noch Schwindelerscheinungen veranlasst hatte, welche für sich allein eine geistige Depression zu bewirken im Stande sind; einen ähnlichen Fall erwähnen auch *Roosa* [6]) und *Eby* [6]).

d) Husten [7]). *e) Rischawy* [8]) beobachtete bei einem 35jährigen Manne Bewusstlosigkeit und zeitweise Krämpfe (Puls 68. Temperatur normal), welche erst am 3. Tage unmittelbar nach Ausspritzung eines Cerumenpfropfes vollständig und bleibend verschwanden. *f)* In einem Falle *Kiesselbach's* [9]) hatte eine Cerumenansammlung zu einer Gehörsverbesserung geführt und also gleichsam als künstliches Trommelfell (s. unten) gedient.

Objective Symptome. Das Cerumen bedeckt bald als eine leimähnliche Masse einzelne Stellen des Gehörganges, bald tritt es in Form von Schuppen, Krusten oder kleinen zusammengeballten Mengen auf, bald erfüllt es als Pfropf den ganzen äusseren Gehörgang vom Trommelfelle bis zum Ohreingange.

Wie dicht ein solcher Pfropf zuweilen dem Trommelfell anliegt, erkennt man nach der Ausspritzung an dessen negativem Abdrucke, in welchem der Hammergriff als längliche Vertiefung und die zu beiden Seiten des Hammergriffes befindlichen Trommelfell-Nischen als kleine Hervorwölbungen erscheinen. In Folge einer massenhaften Abstossung von Epidermis befindet sich der Pfropf zuweilen in einem schmutzigweissen Sack eingehüllt, dessen Wände so derb sein können, dass ein auf diese ausgeübter Zug den Sack sammt seinem Inhalte als Ganzen aus dem Gehörgange heraus zu befördern vermag.

Die nach der Ausspritzung des Cerumenpfropfes ersichtlichen Veränderungen im äusseren Gehörgange und am Trommelfelle bestehen in einer Injection und Trübung dieser Theile, welche Symptome übrigens nicht durch den Pfropf allein bedingt sind, sondern auch auf einem durch die Ausspritzung hervorgerufenen vorübergehenden Reizzustande beruhen.

In einzelnen Fällen kann die Cerumenmasse eine Entzündung im äusseren Ohre erregen, welche in einem Falle eine consecutive Periostitis des Warzenfortsatzes [10]) und in einem anderen Falle sogar eine tödtliche erysipelatöse Erkrankung [11]) veranlasst hatte.

Als weitere Veränderungen ergeben sich in Folge des Druckes von Seite der Cerumenmasse eine bedeutende Einwärtsziehung, Erschlaffung oder Atrophie, zuweilen Lückenbildungen im Trommel-

---

[1]) *Toynbee*, Ohrenh. S. 59; *Köppe*, A. f. Ohr. IX, S. 220. Ein einschlägiger Fall aus *Zaufal's* Klinik wurde durch den galvan. Strom geheilt (*Habermann*, A. f. Ohr. XVIII, S. 74). — [2]) *Czaig*, s. *Canstatt's* J. 1869, B. 2. S. 36. — [3]) *Buzzard*, Petersb. m. Woch. 1879, Nr. 28. — [4]) *Toynbee*, l. c. — [5]) *Köppe*, l. c. — [6]) Z. f. Ohr. IX, S. 339. — [7]) *Bush*, s. *Canstatt's* J. 1870, B. 1. S. 418. — [8]) Ber. d. Wiedener Krankenh. Wien 1880, S. 118. — [9]) Aerztl. Intell. 1880. Nr. 49. — [10]) *Buck*, A. f. Aug. u. Ohr. III, 2. S. 6. [11]) *Tröltsch*, A. f. Ohr. VI, S. 48.

felle[1]). ferner eine Erweiterung des Ohrcanales, Druckatrophie und sogar Usuren der knöchernen Gehörgangswandungen, so dass die Ceruminalansammlung vom Gehörgange einerseits in die Paukenhöhle, andererseits in die Zellen des Warzenfortsatzes eindringen kann.

An einem Präparate, an welchem sich eine harte Ceruminmasse selbst mittelst der Pincette nur schwer entfernen liess, fand ich an der oberen Wand des ampullenförmig erweiterten und sehr verdünnten Gehörganges, unmittelbar oberhalb des Trommelfelles, eine Lücke, durch welche man in den oberen Theil der Paukenhöhle gelangte.

Aetiologie. Ein Cerumenpfropf bildet sich entweder durch eine abnorm gesteigerte Thätigkeit der Glandulae ceruminales, oder er beruht auf einer behinderten Entfernung des abgesonderten Secretes.

Eine erhöhte Ceruminal-Secretion zeigt sich nicht selten bei Individuen, die im Allgemeinen eine vermehrte Schweisssecretion aufweisen. Bei den verschiedenen Ohrenleiden, besonders bei Affectionen des Mittelohres, tritt nicht selten als trophische Erkrankung der Ceruminaldrüsen eine gesteigerte Production von Cerumen auf[2]). Als Hindernisse für die spontane Entfernung des Ohrenschmalzes, sind die Verengerung des äusseren Gehörganges und die Gegenwart fremder Körper anzuführen; in letzterer Beziehung kommen auch die von aussen in den Gehörgang eindringenden Staubtheilchen in Betracht.

Die Diagnose des Cerumenpfropfes ist mittelst der Ocularinspection, bei Berücksichtigung der früher geschilderten objectiven Symptome, meistens sehr leicht zu stellen.

Leider wird eine Untersuchung häufig vernachlässigt und die Diagnose nur von dem Ergebnisse der Ausspritzung abhängig gemacht. Tröltsch[3]) erwähnt eines Patienten, der nach einem Sturze plötzlich von Schwindel und Taubheit befallen und anlässlich dieser, auf eine Gehirnaffection bezogenen Symptome, mit ableitenden Mitteln, darunter mit dem Haarseile behandelt worden war. Die Untersuchung ergab als Ursache der vorhandenen Symptome nur Cerumenpfröpfe.

Die Prognose bezüglich der Gehörsfähigkeit ist bei Anwesenheit des Cerumenpfropfes im äusseren Gehörgange nicht mit Sicherheit zu stellen, da sich Anomalien in der Cerumenabsonderung oft mit anderen Ohrenleiden complicirt vorfinden. Nur in den Fällen, in welchen die vorhandene bedeutende Schwerhörigkeit erst seit Kurzem besteht oder mit einer auffälligen Gehörsverbesserung abwechselt, ist ein nachgewiesener Cerumenpfropf als wahrscheinliche Ursache der Gehörsabnahme zu betrachten. Prognostisch ungünstig erweist sich eine verminderte Schallperception für die auf die Kopfknochen aufgesetzte tönende Stimmgabel, als Symptom einer herabgesetzten Acusticus-Perception.

Meinen[4]) Untersuchungen zufolge ist jedoch das Ergebniss der Stimmgabeluntersuchung nicht immer verlässlich, da hierbei einerseits die Höhe des Stimmgabeltones und andererseits die Applicationsstelle massgebend sein können. So kann von einem bestimmten Punkte des Schädels aus eine hochklingende Stimmgabel mit dem obturirten Ohre, eine tief tönende Stimmgabel dagegen auf der nicht obturirten Seite besser percipirt werden, oder eine und dieselbe Stimmgabel wird beispielsweise vom rechten Stirnbeinhöcker aus mit dem gesunden linken Ohre und vom linken Tuber frontale aus mit dem obturirten rechten Ohre gehört.

Behandlung. Zur Entfernung eines Cerumenpfropfes ist die

---

[1]) Fall von *Ribes* (s. Med.-chir. Zeit. 1815, B. 2. S. 89) mit Zerstörung des Trommelfelles. — [2]) *Buchanan*, Phys. ill. of the org. of hear. 1828, p. 70, 72, s. Med.-chir. Z., Ergänz.-B. 38, S. 398; *Itard*, Mal. d. l'or. 1821, T. 2. p. 134; *Toynbee* (unter 165 Fällen 105mal), Ohrenh., Uebers. S. 52. — [3]) Ohrenh. 1881, S. 95. — [4]) A. f. Ohr. XII, S. 209.

Ausspritzung als ein meist vollkommen ausreichendes und als das schonungsvollste Verfahren zu bezeichnen.

Die Anwendung von Pincetten, Ohrlöffeln u. s. w. ist wegen der dabei leicht stattfindenden Verletzung des Trommelfelles im Allgemeinen dringend zu widerrathen; sogar eine einfache Ausspritzung erfordert gewisse Vorsichtsmassregeln, deren Vernachlässigung zuweilen unangenehme Zufälle veranlasst.

In einem Falle, in welchem ich ein kleines, am Trommelfell sitzendes Cerumenklümpchen ausspritzte, traten plötzlich ein heftiger Knall und starke Schmerzen im Ohre auf. Die Untersuchung ergab an Stelle des entfernten Cerumens eine Trommelfelllücke, welche durch die Losreissung des stark adhärenten Klümpchens zu Stande gekommen war.

Ein der Membrana tympani anliegender Cerumenpfropf kann durch deren plötzliche Auswärtsbewegung, z. B. beim Husten [1]) oder bei Lufteinblasungen ins Mittelohr [2]) nach aussen rücken.

Zur Vermeidung übler Zufälle ist, besonders bei grösseren harten Cerumenpfröpfen, vor Allem deren Erweichung vorzunehmen und erst dann mit der Ausspritzung zu beginnen.

Als bestes Erweichungsmittel für den Cerumenpfropf dienen Eingiessungen von lauem Wasser in den äusseren Gehörgang, welche täglich mehrere Male durch 5—10 Minuten vorzunehmen sind. Ein auf diese Weise erweichter Pfropf quillt auf und vermag in Folge dessen eine Steigerung der Schwerhörigkeit und des Ohrensausens herbeizuführen, worauf der Patient vorher aufmerksam gemacht werden soll.

Sehr harte Pfröpfe können trotz vorausgeschickter Erweichung nicht auf einmal entfernt werden, sondern erfordern wiederholte Ausspritzungen. Treten bei der Ausspritzung stärkere Schmerzen auf, so ist die Entfernung des Cerumens auf den nächsten Tag zu verschieben. Nach gelungener Ausspritzung muss der Gehörgang sorgfältig ausgetrocknet und hierauf verstopft werden, um die schädlichen äusseren Einflüsse von der, durch das Ausspritzen empfindlich gewordenen Cutis abzuhalten.

Ein zu diesem Zwecke eingeführter Pfropf aus Baumwolle oder Charpie kann im geschlossenen Raume wieder herausgegeben werden; bei nasser, kalter oder stürmischer Witterung ist der Tampon vorsichtshalber noch während der nächstfolgenden Tage im Ohre zu tragen. Ein solcher Pfropf dient manchmal gleichzeitig als Schalldämpfer, wenn sich nach der Ausspritzung des Cerumens eine hohe Empfindlichkeit gegen stärkere Schalleinflüsse bemerkbar macht.

Zur Hintanhaltung häufig auftretender bedeutender Cerumenansammlungen kann monatlich eine 1—2malige Ausspritzung des Ohres vorgenommen werden.

VII. Hämorrhagie. Eine Hämorrhagie im äusseren Gehörgange kommt durch verschiedene Entzündungsvorgänge, bei Gefässneubildungen im Ohrcanale, durch traumatische Affectionen der Gehörgangswandungen, ferner durch Luftverdünnung im Gehörgange (bei Aufenthalt in luftverdünnten Räumen oder Aspiration der Luft im Gehörgange) [4]) zu Stande oder aber sie tritt spontan ohne bekannte Ursachen auf. Die in Folge von Traumen entstandene Hämorrhagie erfolgt entweder auf die freie Oberfläche der Wandung oder in die Cutisschichte, zuweilen unmittelbar unter die Epidermisdecke.

---

[1]) *Cooper,* s. *Horn's* Arch, 1828, S. 1056. — [2]) In einem von mir beobachteten Falle wurde ein im knöchernen Gehörgang befindlicher und dem intacten Trommelfelle angelagerter Cerumenpfropf in Folge der Luftdouche bis zum Ohreingange gedrängt. — [3]) Seltener tritt bei lang bestandener Schwerhörigkeit in Folge von Cerumen nach dessen Ausspritzung erst einige Tage später eine Gehörsverbesserung ein oder eine solche besteht nur auf kurze Zeit nach der Ausspritzung und geht wieder rasch zurück (*Itard,* Mal. de l'or. 1821, T. II, p. 135). — [4]) *Habermann,* A. f. Ohr. XVII, S. 30.

So fand *Wendt*[1]) im knöchernen Gehörgange eine durch Quetschung herbeigeführte, glänzende, bläuliche Blutblase. Aehnliche dunkel gefärbte, metallisch glänzende, subepidermidale Blutergüsse treten zuweilen auch bei Mittelohrerkrankungen[2]) oder bei sonst vollkommen normalem Gehörorgane ohne bekannte Veranlassung[3]) auf.

VIII. Entzündung.

Die Entzündungen des äusseren Gehörganges werden in circumscripte und in diffuse unterschieden[4]).

1. Die umschriebene Entzündung des äusseren Gehörganges (Otitis externa circumscripta) tritt in verschiedenen Intensitätsgraden auf. Bei der Entzündung niederen Grades zeigt sich der Gehörgang an einer Stelle geröthet und geschwellt, ohne dass es in der Folge zur Eiterbildung käme, indess die Entzündung höheren Grades zu einer partiellen oder totalen Vereiterung des entzündeten Gewebes führt. Der Eiterherd erweist sich als Abscess oder als Furunkel.

Der Gehörgangsfurunkel besteht aus einem nekrotischen Pfropf, der entweder ein einfaches Bindegewebe oder ausserdem noch eine Drüse oder einen Haarbalg enthält, von welchem letzteren aus die Furunkelbildung mitunter ihren Ausgang nimmt.

Die subjectiven Symptome sind bei einer circumscripten Entzündung des äusseren Gehörganges individuell sehr verschieden. So erregt oft eine unbedeutende Otitis externa vehemente Schmerzen, indess wieder bedeutende Entzündungen beinahe schmerzlos verlaufen. Zuweilen entstehen an einer umschriebenen Stelle des Gehörganges ohne äusserlich sichtbare Veränderungen intensive Schmerzen, worauf erst einige Zeit später daselbst die Erscheinungen einer Entzündung bemerkbar werden.

Eine bereits ausgeprägte Entzündung im Ohrcanale verursacht nicht immer an der erkrankten Stelle den hauptsächlichsten Schmerz, sondern dieser wird manchmal in die Zähne oder an eine andere Stelle des Kopfes iradiirt. In mehreren Fällen einer Otitis externa circumscripta wurde mir als sehr schmerzhaft ein bestimmter Punkt in der Gegend des Tuber parietale der betreffenden Seite bezeichnet. Eine schmerzhafte Stelle befindet sich nicht selten am unteren Ansatze der Ohrmuschel, woselbst bei Entzündungen des Gehörganges geschwellte Lymphdrüsen häufig vorgefunden werden.

Der Schmerz kann durch mehrere Tage hindurch Abends oder Nachts eine heftige Steigerung aufweisen, der des Morgens ein bedeutender Nachlass oder eine vollständige Schmerzlosigkeit folgen.

Von grossem Einflusse auf die Intensität des Schmerzes ist der Sitz der umschriebenen Entzündung. Anlässlich des Verlaufes der grösseren Gefässe und der Nerven entlang der oberen Gehörgangswand treten die Entzündungen und die Schmerzen an dieser mit bedeutenderer Intensität auf, als an einer der anderen Wandungen; ferner sind die Schmerzen gewöhnlich um so stärker, je weiter der Entzündungsherd vom Ohreingange entfernt liegt. Druck und Zug auf den erkrankten äusseren Gehörgang rufen eine bedeutende Steigerung des Schmerzes hervor, welcher Umstand auch bei der Untersuchung Berücksichtigung erheischt.

Die Patienten sind zuweilen nicht im Stande, auf der erkrankten Seite zu liegen und vermeiden jede stärkere Bewegung des Unterkiefers, welche bekanntlich eine Bewegung der vorderen Gehörgangswand veranlasst. Der Schmerz kann dadurch so vehement werden, dass sich die betreffenden Kranken Tage lang von jeder Fleischnahrung enthalten und nur breiige oder flüssige Speisen geniessen.

Ausser den Schmerzen tritt häufig die Schwerhörigkeit auffällig hervor. Diese kommt gewöhnlich durch einen Verschluss des Gehörgangslumen von Seite der geschwellten Partien zu Stande und

---

[1]) A. f. Ohr. III, S. 43. — [2]) *Schwartze* in *Kleb's* Path. Anat. 1878, Lief. 6, S. 32. — [3]) *Bing*, Wien. med. Woch. 1877, Nr. 24. — [4]) *Tröltsch*, Würzb. med. Z. 1861, B. 2, S. 67.

beruht in einzelnen Fällen auf einer Belastung des Trommelfelles durch Eiter oder Epithelschollen, vielleicht auch zum Theil auf einer reflectorischen Wirkung der irritirten Trigeminuszweige auf die acustischen Centren oder auf einer Fortleitung der Hyperämie vom äusseren Gehörgange auf die Paukenhöhle und auf das Labyrinth. Diese zuletzt angeführten Umstände können auch subjective Gehörsempfindungen auslösen.

Bei jugendlichen, sowie bei leicht erregbaren Individuen wird eine Abscessbildung im äusseren Gehörgange öfters von Fiebererscheinungen begleitet.

Jewell[1]) beobachtete einen Fall von Gehörgangsabscess, der nach der Ansicht dieses Autors wahrscheinlich in Folge einer vom Vagus und Glosso-pharyngeus auf den vierten Ventrikel ausgeübten Reflexwirkung, einen Diabetus insipidus veranlasst hatte, welcher mit der Entzündung des Gehörganges entstand und wieder zurückging.

Objective Symptome. Im Beginne einer circumscripten Entzündung des äusseren Gehörganges können sich die Röthe und Schwellung[2]) über eine grössere Strecke der Wandung gleichmässig verbreiten und treten erst später allmälig zurück, um sich auf eine umschriebene Stelle, den zukünftigen Erkrankungsherd, zu localisiren. Wenn dagegen die Entzündung in den tieferen Cutispartien vor sich geht, kann die äussere Decke, selbst bei Eiterbildung, ihr nahezu normales Aussehen durch längere Zeit bewahren. Als Lieblingsstellen der circumscripten Entzündung geben sich die vordere und untere Wand des knorpeligen Gehörganges zu erkennen. Die Geschwulst beengt, je nach der Ausdehnung des Erkrankungsprocesses, das Lumen des äusseren Ohrcanales in verschiedener Weise und führt nicht selten einen vollständigen Verschluss desselben herbei. Es geschieht dies besonders bei einem gleichzeitigen Auftreten mehrerer Entzündungsherde im äusseren Gehörgange. Im Falle einer Entzündung am Ohreingange ragt der Abscess aus dem Ohrcanal hervor.

Die im äusseren Gehörgange vorkommenden Entzündungen können auch auf die Umgebung des Ohres einen Einfluss ausüben. So findet man, ausser einer Lymphdrüsenschwellung unter dem Lobulus oder vor dem Tragus, zuweilen eine ödematöse Schwellung in der Parotisgegend. Besondere Wichtigkeit erlangt die Theilnahme der äusseren Decke des Warzenfortsatzes an einer Entzündung des Gehörganges, welche letztere um so leichter auf das Bindegewebe und Periost des Processus mastoideus übertreten kann, als dieselben zu dem Ohrcanale in inniger Beziehung stehen. Man findet in dem betreffenden Falle die Decke des Warzenfortsatzes in einer verschieden grossen Ausdehnung bedeutend geröthet und geschwellt und in Folge dieser Schwellung die Ohrmuschel mehr weniger stark vom Kopfe abstehend.

In einem von mir beobachteten Falle hatte sich eine Entzündung vom Gehörgange auf die Gegend des Warzenfortsatzes und auf die seitlichen Partien des Kopfes bis zur Wange ausgebreitet und daselbst bedeutende Schwellung und Oedem veranlasst. Bei Druck auf die genannten geschwellten Partien ergoss sich eine eitrige Flüssigkeit massenhaft aus einer Lücke an der hinteren und oberen Gehörgangswand, ungefähr am Uebergang des knorpeligen Gehörganges in dessen knöchernen Theil. Die Erkrankung hatte mit einem Abscess am Ohreingange begonnen und verlief günstig.

[1]) S. *Schmidt's* J. 1877, B. 173, S. 298. — [2]) Eine Temperaturserhöhung findet bei Entzündung des Gehörganges nicht immer statt, kann jedoch im einzelnen Falle vorhanden sein und über $1/2°$ betragen (s. *Eitelberg*, Z. f. Ohr, B. 13, S. 32 ff.).

Aetiologie. Die circumscripte Entzündung des äusseren Gehörganges kommt bei Erwachsenen auffällig häufiger als bei Kindern vor. Sie kann primär auftreten, oder in Folge einer von den benachbarten Partien auf den äusseren Gehörgang übergetretenen Erkrankung, ferner als Theilerscheinung eines allgemeinen Erkrankungsprocesses, oder als eine auf Nerveneinflüsse zu beziehende, trophische Störung.

Eine **idiopathische** circumscripte **Entzündung** des **äusseren Gehörganges** tritt bei einzelnen Individuen zuweilen regelmässig in bestimmten Monaten des Jahres auf. Nicht so selten gibt sich ein massenhaftes, geradezu epidemisches Auftreten von Furunkeln des Gehörganges [1]) zu erkennen.

Als **Reizzustände** im Ohrcanale, welche eine umschriebene Entzündung mit Eiterbildung hervorrufen, sind die verschiedenen mechanischen und chemischen Schädlichkeiten anzuführen; hierher gehören: eine Application scharfer Stoffe in den äusseren Gehörgang, die Einwirkung von Kälte, besonders von kaltem Wasser, das Reiben der Gehörgangswände zur Behebung des durch Pruritus cutaneus erzeugten Juckens im Ohrcanale, ferner eine längere Anwendung von Alaunlösungen [2]), zuweilen auch Touchirung des äusseren Ohres mit Lapis in Solution oder Substanz [3]). Eine **häufige Veranlassung** zu einer Otitis externa circumscripta bietet das am Ohreingange nicht selten vorhandene, mitunter unscheinbare, **kleinschuppige Eczem** dar.

Unter den von der Umgebung des Gehörganges auf diesen **weitergeleiteten Erkrankungen**, welche eine circumscripte Entzündung veranlassen, sind ausser dem Eczem noch die mit Durchbruch des Trommelfelles einhergehenden eiterigen Entzündungen der Paukenhöhle hervorzuheben, bei denen der eitrige Ausfluss eine Reizung der Gehörgangswände herbeiführt.

Als **Theilerscheinung** einer Allgemeinerkrankung kommt unter Anderem die bei scrophulösen, anämischen Individuen, sowie bei Frauen in den klimakterischen Jahren, ferner bei Hämorrhoidalleiden [4]) auftretende Otitis externa circumscripta in Betracht.

Von besonderem Interesse sind die auf eine **trophische Störung** zu beziehenden Entzündungen des äusseren Gehörganges, welche sich in Folge von Mittelohrprocessen [5]) einstellen können.

Einen einschlägigen Fall beobachtete ich [6]) an einer Patientin, bei welcher ein Haferrispenast von dem Munde in den Pharynx und von diesem durch die Ohrtrompete in die Paukenhöhle gelangt war und in der letzteren eine eiterige Entzündung angefacht hatte. Im weiteren Verlaufe der Erkrankung entwickelte sich im äusseren Gehörgange eine circumscripte eiterige Entzündung mit polypösen Wucherungen, die durch keines der angewandten Mittel, selbst nicht durch energische Aetzungen zur Besserung gebracht werden konnten. Nachdem jedoch der Rispenast durch eine später eintretende Lücke des Trommelfelles in den Gehörgang gelangt und von hier aus entfernt worden war, bildete sich die circumscripte Entzündung des Gehörganges binnen zwei Wochen spontan zurück.

Nach einer **Trommelfell-Incision** kann, wovon ich mich wiederholt überzeugt habe, einige Tage später eine Entzündung im äusseren Gehörgange entstehen. Eine derartige Entzündung tritt unter anderen auch in solchen Fällen auf, in welchen keine Spur einer Eiterbildung im Ohre vorhanden ist und demnach auch nicht die Möglichkeit einer, durch dieselbe hervorgerufenen Irritation der Gehörgangswände vor-

---

[1]) Von *Bonnafont* zuerst beobachtet, L'Union, Paris 1863, s. *Canstatt's* J. 1863, B. 3, S. 148, *Schmidt's* J. B. 121, S. 227. — [2]) *Tröltsch*, Ohrenh. 1877, S. 99. — [3]) Eigene Beobachtung. — [4]) *Gruber*, Ohrenh., S. 297. — [5]) *Toynbee*, Ohrenh., Uebers., S. 73. — [6]) Berl. kl. Woch. 1878, Nr. 49.

liegt. Bei einem Patienten entwickelte sich nach jeder (wiederholt vorgenommenen) Incision in das Trommelfell ein Abscess im knorpeligen äusseren Gehörgange.

Endlich sind hier noch die **sympathischen Entzündungen** des äusseren Ohres hervorzuheben, die meinen Beobachtungen zufolge keineswegs selten vorkommen und gewöhnlich 3—5 Tage nach der primären Entzündung auf der einen Seite an einer fast identischen Stelle des anderen Gehörganges auftreten.[1])

Löwenberg[2]) traf in Furunkeln Micrococcen an, die vielleicht in einem Causalnexus zum Entzündungsherde stehen.

Die Diagnose einer circumscripten Entzündung des äusseren Gehörganges ist bei Berücksichtigung der angegebenen Symptome gewöhnlich leicht zu stellen.

Differentialdiagnose. In vereinzelten Fällen kann der im äusseren Gehörgange vorhandene Tumor mittelst der Ocularinspection allein nicht zweifellos als eine einfache circumscripte Entzündung diagnosticirt werden.

Eine Verwechslung von einzelnen in das Lumen des Ohrcanales stärker einspringenden Abschnitten der Gehörgangswände mit einer auf Entzündung beruhenden Hervorbauchung ist wohl bei einer einigermassen genauen Untersuchung leicht zu vermeiden, weshalb auch im Nachfolgenden nur auf jene Geschwülste im Ohrcanale Rücksicht genommen werden soll, welche mehr Aehnlichkeit mit den circumscripten Entzündungen des Gehörganges besitzen.

Die mit einem Entzündungsherde im äusseren Gehörgange möglicherweise zu verwechselnden **Tumoren** nehmen entweder **von den Gehörgangswänden** selbst ihren Ausgang, wie das Atherom und die Exostose oder sie entspringen in der Umgebung des Gehörganges und ragen in den Ohrcanal hinein.

Das **Atherom** unterscheidet sich vor Allem durch sein langsames Wachsthum von dem rasch zunehmenden Entzündungsherde. Bei der **Exostose** ergeben wieder die mit der Sonde nachzuweisende, knochenharte Resistenz, die auch gegen Berührung geringe Schmerzhaftigkeit, der Mangel eines Injectionshofes und das nahezu constant bleibende Aussehen der Exostose deutliche Unterscheidungsmerkmale gegenüber dem weichen, schmerzhaften, in der Umgebung meist gerötheten und sich rasch verändernden Furunkel oder Abscesse.

Von den Geschwülsten, welche entweder vom äusseren Gehörgange ausgehen oder von der Paukenhöhle entspringen und in den äusseren Ohrcanal hineinragen, kann der **Polyp** eine Aehnlichkeit mit einem hochgradigen circumscripten Eiterherde im äusseren Ohre besitzen. Bei beiden Erkrankungsprocessen treten mitunter am Ohreingange oder im Ohrcanale röthlich-gelbe, zuweilen prall gespannte, glatte und dabei fettig glänzende Tumoren auf, die eine Verwechslung des Polypen mit einem Abscesse möglich erscheinen lassen. Von differential-diagnostischer Bedeutung sind dabei die rasche und schmerzhafte Entwicklung der Entzündung gegenüber dem langsamen und schmerzlosen Wachsthume des Polypen, ferner die Möglichkeit, den in der Tiefe des Ohres wurzelnden Polypen am Ohreingange mit der Sonde umkreisen zu können, was beim Entzündungsherde unmöglich ist, endlich das Ergebniss einer Probepunction, welche beim Abscesse den Austritt von Blut und Eiter mit nachfolgendem Collaps der Wände ergibt, während sich beim Polypen gewöhnlich nur Blut ergiesst ohne wesentliche Spannungsveränderung des Tumors.

Nur bei dem selten auftretenden einkämmerigen Cystenpolypen kann, wie

---

[1]) Alternirende Furunkelbildungen in beiden äusseren Gehörgängen erwähnt *Weber-Liel*, D. Klin. 1869, S. 253. — [2]) Otolog. Congr. in Mailand 1880, Z. f. Ohr. X, S. 223.

ich in einem Falle beobachtete, nach dem Austritte einer gallertigen Flüssigkeit ein Collaps des Cystensackes erfolgen.

Viel eher als mit den bisher besprochenen Tumoren können die Abscesse des Gehörganges mit jenen Geschwülsten verwechselt werden, welche von der Umgebung des Ohrcanales gegen das Lumen desselben vordringen und dabei die betreffende Wand nach innen vorwölben. Es sind vor Allem die Parotisabscesse an der vorderen Gehörgangswand zu erwähnen, die durch eine der Incisuren oder an der Verbindungsstelle des knöchernen mit dem knorpeligen Gehörgange leicht bis unter die Cutis des Gehörganges dringen und dann eine circumscripte Entzündung der Wandung vortäuschen. Die bedeutende Schwellung der Gegend vor dem Ohre, die zunehmende Spannung des Tumors im Gehörgange bei Druck auf die Parotis sind hierbei von differential-diagnostischem Werthe. Beim Parotisabscess erscheint ausserdem die Menge des ausfliessenden Eiters im Verhältniss zur Grösse des Tumors im Ohrcanale als zu beträchtlich, ferner findet eine Steigerung des Eiterausflusses bei Druck auf die Parotisgegend statt und endlich kann eine Sonde vom äusseren Gehörgange aus in das Parotisgewebe hineingelangen.

Aehnlich sind die Erscheinungen an der oberen hinteren Wand des knöchernen Gehörganges, wenn eine im Warzenfortsatze gebildete Eitermasse die Knochenwand des Ohrcanales durchbricht und die Cutis in Form eines Sackes oder eines Längswulstes nach einwärts stülpt. Die in der Regel gleichzeitig vorhandene eiterige Entzündung der Paukenhöhle, eine Empfindlichkeit, Röthe und Anschwellung der den Warzenfortsatz bedeckenden Weichtheile, die langsam stattfindende Veränderung an der Geschwulst im Ohrcanale, ferner der nach einer Incision oder nach einem spontanen Durchbruch massenhafte Eiterguss, sowie die nachträglich vorgenommene Sondenuntersuchung, bieten verlässliche Anhaltspunkte für die Unterscheidung eines Mastoidealabscesses von einer circumscripten eiterigen Entzündung des Gehörganges dar.

Verlauf. Die Otitis externa circumscripta verläuft fast immer sehr günstig, da die Erkrankung meistens auf den äusseren Gehörgang beschränkt bleibt. Die Dauer der acuten Entzündung ist äusserst variabel und schwankt zwischen wenigen Tagen und mehreren Wochen: die spontane Eröffnung des gebildeten Eiterherdes nach aussen [1] erfolgt in der Mehrzahl der Fälle am 3. bis 7. Tage. Nicht selten verzögern eintretende Recidive den Ablauf der Erkrankung, wobei gewöhnlich einige Tage nach dem Auftreten des ersten und meistens auch grössten Abscesses, ein zweiter Abscess oder mehrere kleine circumscripte Entzündungsherde, mit Erhöhung der subjectiven Symptome erscheinen. Manchmal tritt innerhalb eines Zeitraumes, der sich auch über mehrere Monate erstrecken kann, eine Entzündung nach der anderen im äusseren Gehörgange auf, ja dieselbe gibt sich bei einzelnen Individuen als eine habituelle Erkrankung zu erkennen. Bei Vernachlässigung eines, die Otitis externa circumscripta veranlassenden Grundübels, wie z. B. des oft unscheinbaren Eczems am Ohreingange, können sehr häufig Recidive stattfinden. Einen grossen Einfluss übt der allgemeine Körperzustand auf

---

[1] *Hribar* (Wien. med. Pr. 1871. Sp. 1162) beobachtete die ausnahmsweise stattfindende Selbstentleerung eines Gehörgangsabscesses durch den Ductus Stenonianus in die Mundhöhle und zwar floss der Eiter in der Gegend des vorletzten Stockzahnes aus dem rechtsseitigen Parotiscanale ab.

die umschriebene Entzündung des Gehörganges aus, und zwar nimmt dieselbe bei lymphatischen und rhachitischen Individuen nicht selten einen chronischen Verlauf an. So tritt bei dyskrasischen Individuen, nach der Entleerung des Eiters, nicht wie gewöhnlich eine rasche Rückbildung der Entzündungserscheinungen ein, sondern die Wundränder zeigen sich schlaff, unterminirt, wobei ein dünnflüssiger, bei polypösen Wucherungen mit Blut untermischter Eiter ausgeschieden wird. Aehnliche Zustände können auch bei sonst gesunden Individuen im Falle unzweckmässiger Behandlung oder mangelhafter Reinigung angetroffen werden. Derartige Geschwüre erweisen sich zuweilen ausserordentlich hartnäckig und lassen oft erst nach einer eingeleiteten Allgemeinbehandlung eine Besserung erkennen.

In Ausnahmsfällen kann eine Gehörgangsentzündung zu einer Erkrankung des darunterliegenden Knochens führen. Es geschieht dies entweder bei der allmäligen Vertiefung eines ursprünglich oberflächlicher gelegenen Entzündungsherdes oder bei dessen Auftreten in den tiefen Cutisschichten am Knochen selbst, womit dem Abscesse der Charakter einer Periostitis zukommt.

Die untersuchende Sonde trifft in solchen Fällen als Basis des eröffneten Eiterherdes ein Knochengewebe an, welches bald glatt, bald wieder auffällig rauh erscheint und dann leicht für nekrotisch gehalten wird. Man muss sich jedoch hüten, aus der rauhen Oberfläche allein die Diagnose auf Nekrose des knöchernen Gehörganges zu stellen, indem dieser von individuell sehr verschieden zahlreichen Lücken durchsetzt wird, welche sich der mit der Sonde bewaffneten untersuchenden Hand als Unebenheiten bemerkbar machen. Man kann hier derselben Täuschung unterliegen wie bei den stark zerklüfteten Nasenmuscheln, die im Falle des Verlustes ihrer Schleimhautbedeckung, beim Hinüberglieten des Katheters über die betreffende Stelle oder bei der Sondenuntersuchung, den Eindruck von nekrotischen Knochenstücken darbieten.

Nach Ablauf der Otitis externa circumscripta, zeigt sich an der früher erkrankten Stelle, zuweilen noch durch längere Zeit, eine vermehrte Epithelialabstossung. Die in der Umgebung des äusseren Ohres vorkommenden Schwellungs- und Entzündungsvorgänge bilden sich mit der Abnahme der Otitis externa meistens spontan zurück.

Behandlung. Bei der gegen eine umschriebene Entzündung des äusseren Gehörganges gerichteten Behandlung müssen ausser der localen Erkrankung auch die ätiologischen Momente, welche die Otitis externa veranlassen, sowie etwaige Dyskrasien berücksichtigt werden.

Im Beginne einer umschriebenen Entzündung lässt sich mitunter ein Weiterschreiten des Processes durch eine Massage verhindern, nämlich durch Streichungen der erkrankten Partien oder Ausübung von Druck vermittelst Tampons[1]), die gleichzeitig mit Ung. cinereum[2]), beziehungsweise Vaselinum hydrargyri imprägnirt sein können, oder gewöhnlicher Drainröhrchen, derer ich mich in den letzten Jahren mit Erfolg bediene.[3])

Bei starken Entzündungserscheinungen erweist sich ein kräftiger Inductionsstrom (der eine Pol an den Tragus, der andere an den Hals, die Dauer der Sitzung 5—10 Minuten) zuweilen als sehr günstig und schmerzlindernd; auch mässig warme Umschläge oder ein andermal wieder nasskalte Compressen, eine Verminderung der

---

[1]) *Gottstein*, Berl. kl. Woch. 1868, Nr. 13.   [2]) *Schalle*, A. f. Ohr. XII, S. 13.
[3]) S. *Eitelberg*, W. med. Pr. 1883, Nr. 26—31; über ähnliche Beobachtungen berichtete schon vorher *Pomeroy* (s. A. f. Ohr. XX, S. 60).

Blutzufuhr[1] (s. S. 37) und Blutentziehungen vor dem Tragus schaffen mitunter eine wesentliche Erleichterung.

Die Blutegel sind unmittelbar vor dem Tragus und in der Höhe desselben anzusetzen. Es ist zweckmässig, die einzelnen Applicationsstellen mit Tintenpunkten zu markiren. Für Erwachsene genügen 1—6, für Kinder 1—3 Blutegel; im Erfordernissfalle kann eine Nachblutung (½—1 Stunde lang) unterhalten werden.

Anstatt der Blutentziehung empfiehlt *Weber-Liel*[2] häufige Eingiessungen von Spiritus vini rectificatissimus vorzunehmen. Der Spiritus wird in den äusseren Gehörgang kalt eingeträufelt und hat darinnen mehrere Minuten zu verweilen. Ich habe in einigen Fällen davon Erfolg gesehen.

Sexton[3] empfiehlt gegen Gehörgangsentzündungen den innerlichen Gebrauch von Calcium sulfuricum.

Gegen die oft bedeutenden Schmerzen leistet ausser den bisher angegebenen Mitteln Morphin[4] gute Dienste.

Ich trage zu diesem Zwecke eine aus einer Mischung von 2—3 Tropfen Glycerin mit Morphium purum oder Morphium muriaticum bereitete Paste der entzündeten Gehörgangswand auf. Morphin kann auch als Solution (Morph. mur. 0·1—2:5·0) in den äusseren Gehörgang lauwarm, ½ Kaffeelöffel voll, eingeträufelt werden, wobei jedoch Sorge zu tragen ist, dass die Flüssigkeit nach 5—10 Minuten wieder aus dem Ohre herausgelassen wird. Zweckmässig ist ferner die Anwendung einer Morphinsalbe (Morph. mur. 0·1—2:5·0) oder von Morphin-Gelatinkügelchen (s. S. 41), die man im Gehörgange zerschmelzen lässt.

Gegen schmerzhafte Ohrenentzündungen ist auch ein Decoct von Capitum papaveris (1:10—6) zu empfehlen; demselben kann noch Morphin zugesetzt werden.

Der Patient wird angewiesen, den äusseren Gehörgang mit der erwärmten Flüssigkeit anzufüllen und diese durch circa 10 Minuten im Ohre zu lassen. Je nach der Intensität des Schmerzes können derartige Bähungen beliebig oft wiederholt werden.

Anstatt dieser Flüssigkeit leistet lauwarmes, reines Wasser gleichfalls gute Dienste. Sehr wohlthätig zeigt sich die Application warmer Cataplasmata oder eines feuchtwarmen Schwammes auf das Ohr, sowie von warmen Einlagen in den äusseren Gehörgang, z. B. von Rosinen oder erweichten Reiskörnern, welche letztere, in feine Leinwand gehüllt, in den äusseren Gehörgang hineingelegt werden.

Heisse Umschläge über das ganze Ohr sollten nach *Tröltsch* nie verabfolgt werden, da bei ihrer längeren Anwendung eine Schmelzung des Trommelfellgewebes stattfinden kann, wie unter gleichen Verhältnissen zuweilen auch die Cornea eine Schmelzung erleidet.[5] Dagegen können die häufig sehr schmerzlindernden, mässig warmen Umschläge, meiner Erfahrung nach, unbeschadet gebraucht werden.

Bei vorhandener Eiterbildung ist eine künstliche Eröffnung des Eiterherdes angezeigt und hierauf die vollständige Entfernung des Eiters, bei Furunkeln des nekrotisirten Pfropfes, mittelst Tampons vorzunehmen.

Von den frühzeitigen Incisionen bei Entzündungen des Gehörganges bin ich gegenwärtig abgekommen, da ich mich überzeugt habe, dass durch den, meistens sehr schmerzhaften Einschnitt in das entzündete Gewebe gewöhnlich weder eine wesentliche Erleichterung noch ein rascher Rückgang der Entzündungserscheinungen erfolgt.

---

[1] *Melhuisk* (s. *Froriep's* Not. 1836. B. 50. Sp. 32) erwähnt einen Fall von bedeutender schmerzhafter Anschwellung des Lobulus und des Gehörganges, welche durch eine 15 Minuten lang anhaltende Compression der Aorta auffällig gebessert wurde. —
[2] M. f. Ohr. III. Sp. 153. — [3] Amer. Journ. of Otol. 1879. Jan. — [4] Morphin setzt nach *Mendel* (*Virch.* Arch. B. 62) die Gehörgangs-Temperatur herab. — [5] *Tröltsch*, Ohrenh. 1881. S. 135.

Gegen chronische Geschwüre sind Bepinselungen der erkrankten Stellen mit Aqua Goulardi, Tinct. Op. croc. oder einer starken Lapislösung angezeigt; etwa vorhandene Granulationen erfordern eine Touchirung mit Lapis in Substanz.

Wie schon früher bemerkt wurde, müssen nebst der Behandlung gegen die Entzündung selbst, auch die, eine Otitis externa circumscripta befördernden Ursachen bekämpft werden. Es ist demgemäss im Erfordernissfalle eine am Ohreingange nicht selten bestehende eczematöse Erkrankung zu beheben. Die in Folge von eiteriger Paukenentzündung durch den ausfliessenden Eiter gereizten und arrodirten Gehörgangswände, besonders die untere Wand, sind durch sorgfältige Reinigung des Ohres zu schützen. Bei profuser Otorrhoe muss ein massenhaft secernirter Eiter, anstatt allzu häufig stattfindender Ausspritzungen durch fleissig gewechselte Tampons aufgesaugt werden. Die excoriirten Stellen sind mit den verschiedenen Deckungsmitteln (Vaselin, Eiweiss, Gummi oder Leimlösung) einzupinseln. Besondere Sorgfalt erheischt die Austrocknung des äusseren Gehörganges und dessen Schutz durch Verstopfung des Ohreinganges mit Baumwolle oder Charpie. Selbstverständlich ist jede Reizung der Gehörgangswände durch scharfe Stoffe. Reiben, Einführen von Ohrlöffeln u. s. w. strenge zu vermeiden. Während des Badens in kaltem Wasser ist die Benützung von beölten oder mit Vaselin imprägnirten Ohrtampons zu empfehlen, welche zur Verhütung von Ohrenentzündungen überhaupt allen Badenden sehr anzurathen sind.

Schmerzen in der Umgebung des Ohres können durch Einreibungen von Morphinsalbe (s. oben), oder Ol. Hyosc. coctum, durch Chloroform etc. gemildert werden. So benütze ich z. B. häufig Ol. Hyosc. coct. 20·0, Tct. Op. simpl., Chlorof. aa 10·0. S. 1 Kaffeelöffel voll durch mehrere Minuten an den schmerzhaften Stellen einzureiben; je nach Bedarf öfter des Tages. In seltereren Fällen erfordern die durch die Otitis externa in der Umgebung des Ohres, besonders am Proc. mastoideus oder in der Parotisgegend hervorgerufenen Entzündungen eine eingehendere Behandlung (s. unten). Bei Parotisabscessen, welche in den Gehörgang durchgebrochen sind, lege man eine äussere Gegenöffnung an, wobei zur Vermeidung des Eiterabflusses durch die Lücke des Gehörganges, an die betreffende Stelle ein Tampon einzuführen ist.

2. Die diffuse Entzündung des äusseren Gehörganges (Otitis externa diffusa) ist über einen grossen Theil des Ohrcanales oder über den ganzen Gehörgang ausgebreitet, wobei gewöhnlich auch das Trommelfell und die Paukenhöhle in den Erkrankungsprocess mit einbezogen sind. Die Otitis externa diffusa besteht entweder in einer oberflächlichen Cutisentzündung, die zu einer massenhaften Desquamation Veranlassung gibt oder sie tritt als phlegmonöse Entzündung mit Röthung, Schwellung und Eitersecretion auf.

Die subjectiven Symptome von Schmerz, Schwerhörigkeit und Ohrengeräuschen erscheinen bei der diffusen Entzündung meistens in viel ausgeprägterem Grade, als bei der circumscripten Entzündung des Gehörganges. Im Beginne des Leidens zeigen sich gewöhnlich Fiebererscheinungen, die zuweilen eine bedeutende Höhe erreichen. Dagegen sind bei der chronischen Form der Otitis externa diffusa die subjectiven Symptome gewöhnlich nur schwach ausgeprägt.

Objective Symptome. Bei der oberflächlichen Entzündung findet man die Wände des Gehörganges und meistens auch das Trommelfell von Desquamationen bedeckt, zum Theil auch das Gehörgangslumen damit erfüllt. Phlegmonöse Entzündungen ergeben eine diffuse Röthung und Schwellung mit Verengerung des Gehörganges, welche eine Untersuchung der tieferen Partien des äusseren Gehörganges, sowie des Trommelfelles oft unmöglich macht. Im Falle noch eine Adspection des Trommelfelles vorgenommen werden kann, zeigt sich dieses geröthet, getrübt, verdickt und in Folge des gleichzeitig geröthetet und geschwellten inneren Abschnittes des Gehörganges, mit undeutlichen Grenzen. Nicht selten gibt sich eine eiterige Entzündung der Membran mit Lückenbildung und eine Betheiligung der Paukenhöhle an dem Entzündungsprocesse zu erkennen. Das bei der Entzündung des Ohrganges gelieferte **Secret** erscheint wässerig oder eiterig und wird zuweilen in bedeutender Menge abgesondert; ein andermal wieder ist der äussere Gehörgang mit Borken bedeckt.

Pouchet fand bei chronischer Gehörgangsentzündung im Secrete massenhaft Bacterien.[1])

In seltenen Fällen tritt die Erkrankung als **croupöse** oder **diphtheritische Entzündung** auf.

Gottstein[2]) beobachtete in einem Falle an der hinteren Wand des knöchernen Ohrcanales die Auflagerung einer gräulich-weissen Pseudomembran, welche mit einer Sonde zwar leicht, aber unter den heftigsten Schmerzen und bei mässiger Blutung entfernt werden konnte; in denselben Falle waren ähnliche Auflagerungen an den Tonsillen vorhanden. Nach den Erfahrungen von *Bezold*[3]) ist die croupöse Entzündung stets auf den knöchernen Gehörgang localisirt. Es erscheinen daselbst unter mässigen subjectiven Symptomen Faserstoffmembranen, welche den knöchernen Gehörgang sowie das Trommelfell bedecken und leicht zu entfernen sind; nach wiederholter Bildung solcher Membranen erfolgt schliesslich die Heilung. In einzelnen Fällen beobachtete ich am Ohreingange, und zwar an dessen unterer Hälfte ein schmutzig-weisses Häutchen, nach dessen meistens sehr schmerzhafter Ablösung sich eine blutig suffundirte Basis zu erkennen gab. Eine croupöse Bedeckung eines am Ohreingange befindlichen Clavus erwähnt *Böke*.[4]) Wie *Gottstein*[5]) bemerkt, kann ein einfaches Epitheliallager eine croupöse Auflagerung vortäuschen.

Die **diphtheritische Entzündung** ruft stürmische fieberhafte Erscheinungen hervor und ist gewöhnlich von enormen Schmerzen begleitet. Die stark entzündeten diphtheritischen Stellen sind mit weissen Massen bedeckt, die sich längere Zeit hindurch nicht entfernen lassen und nach deren erfolgter Abstossung an den Gehörgangswandungen Geschwürsspalten oder vertiefte Geschwürsflächen sichtbar werden. Nebst einem blutig-eiterigen Ausflusse sind hochgradige Schwellungen nicht allein im äusseren Gehörgange, sondern auch in der Umgebung des Ohres vorhanden. Die Diphtheritis des Ohres ist bald auf das äussere und mittlere Ohr ausgebreitet, bald auf den knorpeligen Gehörgang und auf die Ohrmuschel beschränkt[6]); zuweilen besteht gleichzeitig eine diphtheritische Erkrankung des Rachens, der Mundhöhle u. s. w. *Kraussold*[7]) macht aufmerksam, dass Diphtheritis an der unverletzten Cutis nicht vorkommt, daher eine primäre Diphtheritis im Gehörgange zweifelhaft sei; dagegen könne eine solche leicht nach erfolgter Excoriation auftreten.

Aetiologie. Die diffuse Entzündung des äusseren Gehörganges entsteht am häufigsten consecutiv bei bestehender eiteriger Entzündung der Paukenhöhle, ferner in Folge von Eczem, Herpes, Pemphigus, Erysipel, Variola, Morbillen, Scarlatina, Trippersecret[8]), Syphilis, Lupus und durch Parasiten, welche letztere besonders eine Entzündung des knöchernen Gehörganges veranlassen können.[9]) Im Uebrigen kommen

---

[1]) Wien. med. Woch. 1865. S. 161. Es muss jedoch aufmerksam gemacht werden, dass nach *Eberth* (C. f. d. med. Wiss. 1873. S. 112) im Schweisse constant Bacterien angetroffen werden. — [2]) A. f. Ohr. IV. S. 90. — [3]) *Virch.* Arch. B. 70, S. 329. — [4]) Wien. Med. Halle. 1864. S. 379. — [5]) A. f. Ohr XVII. S. 18. — [6]) *Wreden*, M. f. Ohr. II. Sp. 153; *Moos*, A. f. Aug. u. Ohr. I. 2. S. 86. — [7]) Centr. f. Chir. 1877. Nr. 38. — [8]) Fall von *Harvey*, s. *Canst.* J. 1852. B. 3, S. 160. — [9]) *Schwartze*, A. f. Ohr. II. S. 5; *Wreden*, A. f. Ohr. III, S. 1.

bei der Aetiologie der diffusen Entzündung die bei der Otitis externa circumscripta angeführten ätiologischen Momente in Betracht; überdies kann sich die diffuse Entzündung aus einer ursprünglich circumscripten Erkrankung entwickeln und zwar aus einem Herde oder aus mehreren gleichzeitig auftretenden Entzündungsherden, von denen jeder einzelne Entzündungshof mit dem benachbarten zusammenfliesst und dadurch eine diffuse Schwellung der Gehörgangswände veranlasst.

Die Diagnose einer diffusen Entzündung des äusseren Gehörganges ist im Allgemeinen sehr leicht zu stellen, wogegen eine nähere Bestimmung der vorzugsweise erkrankten Theile, sowie des Zustandes der tieferen Abschnitte des Gehörganges und des Trommelfelles, im Falle von bedeutender Schwellung und Schmerzhaftigkeit der Gehörgangswände, durch längere Zeit unmöglich sein kann.

Der Verlauf ist in dem einzelnen Falle oft von dem ätiologischen Momente abhängig. So kann eine durch Fremdkörper hervorgerufene diffuse Entzündung nach der Entfernung desselben binnen wenigen Tagen zurückgehen, indess ein andermal die Heilung erst nach Wochen oder Monaten eintritt. Manchmal bildet sich die Erkrankung nur scheinbar vollständig zurück und zeigt zuweilen erst nach längerer Zeit plötzlich eine neue Exacerbation. Von grossem Einflusse sind constitutionelle Erkrankungen, welche einen chronischen Verlauf der diffusen Ohrenentzündung begünstigen. Man findet bei einer solchen die Schwellung minder ausgeprägt, die Gehörgangswände erschlafft, stellenweise mit polypösen Wucherungen besetzt und mit einem übelriechenden, wässerigen, zuweilen mit Blut vermengten Eiter bedeckt. Erst nach Besserung des Grundübels tritt auch ein Rückschritt des Entzündungsprocesses im äusseren Gehörgange ein.

Als der häufigste Ausgang einer Otitis externa diffusa ist die Restitutio ad integrum zu bezeichnen; zuweilen bleibt noch durch einige Zeit eine verstärkte Epidermisabstossung oder eine gesteigerte Cerumenabsonderung zurück. In chronischen Fällen erfolgt mitunter eine bedeutende Hypertrophie der Cutis oder selbst eine Hyperostose der Knochenwandungen, mit beträchtlicher Verengerung oder sogar gänzlicher Aufhebung des Gehörgangslumen. Syphilitische und diphtheritische Processe können ausgedehntere Zerstörungen der Weichtheile, sowie der knöchernen Gehörgangswände erzeugen und dann sogar lebensgefährlich werden; als Ausgänge von Syphilis und Dyphtheritis entstehen Verwachsungen der Gehörgangswände und Narbenbildungen mit einer Verengerung des Ohrcanales, oder aber es erfolgt eine vollständige Heilung.

Die Prognose der diffusen Entzündung des äusseren Gehörganges ist im Allgemeinen günstig zu stellen, richtet sich aber im einzelnen Falle nach dem Verhalten der knöchernen Gehörgangswände, die zuweilen in den Erkrankungsprocess miteinbezogen werden und erscheint ferner abhängig von dem Zustand des Trommelfelles und der Paukenhöhle. So kommen Fälle vor, in denen die Otitis externa selbst zurückgeht, indess die consecutive Erkrankung des Mittelohres weitere Fortschritte macht und selbst eine lebensgefährliche Bedeutung erlangen kann.

Ernste Complicationen können übrigens auch vom Gehörgange direct ausgehen; in seltenen Fällen kann nämlich die Entzündung von der oberen hinteren Wand des knöchernen Gehörganges auf die Zellen des Warzenfortsatzes übertreten oder sich auf den Sinus transversus erstrecken.

In einem Falle[1]) zeigte die obere Wand des knöchernen Ohrcanales auffällig weite Lücken für den Durchtritt abnorm grosser Blutgefässe, welche mit dem Sinus transversus communicirten. Es hatte sich wahrscheinlich auf diesem Wege, die eiterige Entzündung vom äusseren Gehörgange auf den Sinus transversus begeben.

In anderen Fällen schreitet der Entzündungsprocess nach oben auf die Schädelbasis über und führt eine Erkrankung der Gehirnhäute und des Gehirns herbei.[1]) Die im Kindesalter stärker vorhandenen Gefässe und Bindegewebszüge, welche sich von der hinteren oberen Wand des Gehörganges, durch eine nur dünne Knochenlage zur Schädelbasis begeben, könnten in einzelnen Fällen einen solchen Uebertritt der Entzündung vom Gehörgang auf das Gehirn begünstigen.

Von der vorderen Wand des knöchernen Gehörganges, ist ein Fortschreiten der Entzündung auf das Unterkiefergelenk, besonders in jenen Fällen möglich, in denen die Gehörgangswand eine Ossificationslücke besitzt. Auch vom knorpeligen Theil des Ohrcanales kann sich die Entzündung, durch eine der Santorini'schen Incisuren, auf die Parotis erstrecken; häufiger noch zeigt sich das Parotisgewebe während einer Entzündung des äusseren Gehörganges, sympathisch geschwellt.

Die Behandlung der Otitis externa diffusa unterscheidet sich in vielen Fällen nicht wesentlich von der einer circumscripten Entzündung des Gehörganges (s. S. 89). Etwa vorhandene Complicationen erfordern selbstverständlich weitere Berücksichtigung.

Gegen die Eiterung kommen anfänglich Einblasungen von feingepulverter Borsäure oder Eingiessungen von höchst rectificirtem Weingeiste, später nach Ablauf der starken Schmerzen Adstringentien, z. B. Plumbum aceticum basic. sol., Argent. nitr., Zinc. sulfur., und andere Mittel in Anwendung, welche sich bei Besprechung der Behandlung eiteriger Mittelohrentzündungen ausführlich angegeben finden (s. Cap. V).

Gegen die bei der Gehörgangsentzündung auftretenden heftigen Schmerzen empfehlen *Theobald*[2]) Einträuflungen von Atropinlösung (0·4 : 40·0 ; 8—12 Tropfen), *Bürkner*[3]), Rohrschleifen des *Leiter*'schen Wärmeregulators bei Anwendung von kühlem oder auch lauem Wasser.

Diphtheritische Entzündungen bedürfen energischer Lapistouchirungen; günstige Wirkungen erzielen auch täglich erneuerte Ausfüllungen des Gehörganges mit fein pulverisirter Salicylsäure.

3. Ulceröse Erkrankungen sind auf die Weichtheile des äusseren Gehörganges beschränkt oder treten als Caries der Knochenwandungen auf.

a) Die Hautgeschwüre gehen entweder aus einer Entzündung oder aus Neubildungen hervor. In ersterer Beziehung kommen die bereits angeführten Geschwürsbildungen bei der einfachen Entzündung des äusseren Gehörganges, bei Diphtheritis, Variola etc. in Betracht.

Tröltsch[4]) beschreibt einen Fall, in welchem sich an der hinteren Wand des Gehörganges, nahe dem Trommelfelle, ein Geschwür mit steil aufgeworfenen, weissen Rändern vorfand. Der Grund des Ulcus war von einem weissen glatten Knochen eingenommen.

Zu den durch Neubildungen veranlassten cutanen Geschwüren gehören die aus Carcinom, Lupus, Syphilis u. s. w. hervorgegangenen Ulcera.

---

[1]) *Toynbee*, Ohrenh., S. 77. — [2]) Amer. Journ. of Otol. 1879, Nr. 3. — [3]) A. f. Ohr. XVIII, S. 117. — [4]) A. f. Ohr. IV, S. 131.

b) Eine **Gangrän** des Gehörganges kann sich in seltenen Fällen aus diphtheritischen Geschwüren entwickeln und vom Gehörgange auf die benachbarten Partien übergehen. Die dagegen einzuleitende **Behandlung** besteht in energischen Touchirungen; ausserdem ist ein Verfall der Kräfte durch roborirende Nahrung, durch Wein, Chinin u. s. w. zu bekämpfen.

c) **Caries und Nekrose** des knöchernen Ohrcanales entstehen gewöhnlich nicht primär im Knochen selbst, sondern werden durch Entzündungsvorgänge hervorgerufen, die von innen oder von aussen her auf die Knochenwand einwirken.

So beobachtete *Tröltsch*[1]) bei einem an Typhus verstorbenen Weibe eine Otitis externa mit Loslösung zweier nekrotischer Knochenstücke an der vorderen Wand des äusseren Gehörganges. *Blake*[2]) constatirte in einem Falle, in welchem eine 8wöchentliche Otitis externa bestanden hatte, die Abstossung eines 26 Mm. langen und 13 Mm. breiten Sequesters von der hinteren Wand des Gehörganges.

Von den in der Umgebung des Ohrcanales vorkommenden Entzündungsprocessen sind vor Allem die eiterigen **Erkrankungen der Warzenzellen** hervorzuheben, die eine Destruction an der hinteren und oberen Gehörgangswand veranlassen können. Bei chronischen Eiterungen in der oberen Partie der Paukenhöhle wird zuweilen eine cariös-nekrotische Zerstörung an der oberen Wand unmittelbar über dem Trommelfelle ohne oder mit [3]) gleichzeitiger Destruction des angrenzenden oberen Trommelfellabschnittes angetroffen.

Die **subjectiven Symptome** unterscheiden sich häufig nicht von denen einer einfachen eiterigen Entzündung des äusseren oder mittleren Ohres; nur zuweilen treten heftige Schmerzen ein.

Objective Symptome. Die Ocularinspection ergibt bei Caries und Nekrose der Gehörgangswände zuweilen das Bild einer einfachen Otitis externa; erst bei näherer Prüfung mit der Sonde geben sich vielleicht cariös erweichte oder rauhe nekrotische Knochentheile zu erkennen, oder aber die Sonde dringt an einer Stelle durch die Knochenwand in die Umgebung des Ohrcanales ein. An den erkrankten Knochenpartien schiessen zuweilen leicht blutende Granulationen empor, während sich ein andermal wieder ein Geschwür mit infiltrirten Rändern vorfindet. Durch die bei Caries und Nekrose zu Stande gekommenen Knochenlücken an der oberen Gehörgangswand können Theile der Paukenhöhle, welche normaliter von aussen verdeckt sind, nunmehr sichtbar werden. Vor Allem betrifft dies den Hammerkopf und den Ambosskörper, welche in den diesbezüglichen Fällen, über die obere Peripherie des Trommelfelles emporragen und vom äusseren Gehörgange der näheren Untersuchung zugänglich sind.

Der **Verlauf** einer Caries und Nekrose des knöchernen Gehörganges ist, besonders bei vorhandenen Constitutions-Anomalien, gewöhnlich sehr schleppend. Im Allgemeinen erweist sich der Verlauf einer Knochenerkrankung des Gehörganges, besonders im Kindesalter, häufig als ein günstiger. Darunter gehören auch die keineswegs so seltenen Fälle von Exfoliation grösserer Knochenpartien, wie des oberen Theiles vom Annulus tympanicus[4]) und der hinteren Wand des Gehörganges, mit welcher sich öfters gleichzeitig ein Theil der dem Warzenfortsatze angehörigen Knochenzellen abstösst.

[1]) A. f. Ohr. VI, S.50. — [2]) S. A. f. Ohr. VII, S. 82. [3]) *Politzer*, Ohrenh. S. 485. — [4]) Eine Exfoliation beinahe des ganzen Annulus tymp. beobachtete *Hinton* (s. *Canst.* J. 1867. B. 2, S. 512).

Selbstverständlich schliesst ein solcher Erkrankungsvorgang in erhöhtem Masse alle Gefahren in sich ein, welche der Otitis externa zukommen (s. oben).

Behandlung. Ausser den bei der Otitis externa bereits angegebenen Verhaltungsmassregeln müssen nekrotische Knochenstücke, besonders wenn sie mit ihrer Umgebung nur mehr lose verbunden sind, in toto oder stückweise extrahirt werden. Bei engem Gehörgange, sowie bei bedeutender Schwellung der Weichtheile erfordert die Extraction des Sequesters zuweilen erweiternde Einschnitte. Im Falle einer wulstförmigen Vorstülpung der hinteren und oberen Gehörgangswand ist, zumal bei gleichzeitig vorhandenen Erscheinungen einer Entzündung der Pars mastoidea, eine ausgiebige Incision durch die geschwellten Weichtheile bis auf die knöcherne Gehörgangswand und hierauf die Extraction etwa vorhandener nekrotischer Theile vorzunehmen. Nach Entfernung des Sequesters, sowie nach einer Auslöffelung cariös erkrankter Knochenherde, muss eine Verwachsung der einander gegenüberliegenden Wände des Gehörganges verhütet werden, während auftretende Stenosen eine bereits S. 77 angegebene Behandlung dringend benöthigen.

IX. Neubildung. Von den im äusseren Gehörgange vorkommenden Neubildungen wären das Milium, Atherom, der Polyp, das Papillom, Sarcom, Cylindrom, Enchondrom, Osteom, Angiom, Carcinom, der Lupus und die Syphilis anzuführen.

1. **Der Polyp** gehört zu den im äusseren Gehörgange am häufigst vorkommenden Neubildungen, geht jedoch in den meisten Fällen nicht von den Gehörgangswandungen selbst, sondern vom Mittelohr aus. Betreffs seiner näheren Besprechung s. Cap. V.

2. **Enchondrom.** Einen Fall von Enchondrom, das vom Gehörgange ausging und in die Parotis hineinwucherte, beobachtete *Launay*[1], ein verknöchertes Enchondrom, das ½ Cm. vom Ohreingange entfernt, den Ohrcanal obturirte, *Gruber*.[2]

3. **Knochenneubildungen** treten im äusseren Gehörgange in der Regel an den Knochenwandungen und nur selten an knorpeligen Theile auf; sie finden sich im knöchernen Ohrcanale theils als Verdichtung oder Verdickung (Eburneation und Hyperostose) des normalen Knochengewebes vor, theils erscheinen sie als spitze, zuweilen als kugelige Osteophyten, welche sich durch entzündliche Vorgänge angeregt, gewöhnlich über eine grössere Fläche erstrecken[3]; in anderen keineswegs seltenen Fällen, weist der knöcherne Gehörgang eine circumscripte Neubildung, die sogenannte Exostose auf.[4] Gleich den Exostosenbildungen an den übrigen knöchernen Theilen des Körpers, treten auch im Ohrcanale schwammige oder compacte Knochenmassen, in Form von rundlichen Wülsten oder planconvexen Knoten[5], seltener Knochenblasen[6], auf. Das Vorkommen von Exostosen im äusseren Gehörgange ist besonders an dessen hinterer Wand[7] keineswegs sehr selten[8], ja dieser erscheint im Allgemeinen sogar als ein Lieblingssitz von Exostosenbildungen.

---

[1] Gaz. de hôp. 1861, S. 46, s. *Schmidt's* J. B. 111, S. 78. — [2] Wien. m. Pr. 1881. — [3] Einen Fall von ausgedehnter Verknöcherung des Gehörganges in Folge Entzündung des gewucherten Bindegewebes beschrieb u. A. *Hedinger*, Z. f. Ohr. X, S. 49. — [4] Nach *Rokitansky* (Path. Anat. B. 2. Aufl. 3, S. 99) sollten sämmtliche Knochenneubildungen, die vom Knochen ausgehend, in eine Höhle oder in einen Canal hineinragen, als Enostosen bezeichnet werden. Es wäre dem entsprechend auch für die, vom inneren Abschnitte des Ohrcanales entspringenden Knochengeschwülste nicht der Ausdruck „Exostose", sondern „Enostose" passend. — [5] *Rokitansky*, B. 2. S. 97. — [6] Fall von *Hansen*, Z. f. Ohr. XI. S. 339. — [7] *Delstanche* fils, Contribution à l'étude des tum. oss. au cond. aud. ext. 1879. — [8] *Pierce*, (s. A. f. Ohr. XVI, S. 231), traf unter 300 Fällen 9mal Exostosen an.

Kleine Knochengeschwülste geben zu keinen **subjectiven Symptomen** Veranlassung, selbst grössere rufen nur dann eine Schwerhörigkeit hervor, wenn der ohnedies verengte Gehörgang von Schuppen, Cerumen oder von Wasser verlegt wird. Dagegen führt ein vollständiger knöcherner Verschluss zu einer auffälligen Schwerhörigkeit und kann in Folge des gegenseitigen Druckes der, bis zur Berührung genäherten Wandungen sogar intensive Schmerzen erregen. Gegen Sondendruck erweisen sich Knochengeschwülste bald sehr, bald nur wenig empfindlich.

Objective Symptome. Die **Exostosen** geben sich im knöchernen Gehörgange als kugelige Vorsprünge zu erkennen oder sie füllen als breitaufsitzende Wülste den Ohrcanal vollständig aus und können sich sogar bis zum Ohreingange erstrecken.[1]) Nicht selten beobachtet man nahe dem Trommelfelle gleichzeitig mehrere kugelige Exostosen, die zwischen sich eine verschieden grosse Spalte freilassen, durch welche ein entsprechend grösserer oder kleinerer Abschnitt des Trommelfelles sichtbar ist. Bei mächtigerem Wachsthume berühren sich die einzelnen Exostosen und heben an der betreffenden Stelle das Lumen des Ohrcanales vollkommen auf. Die Exostosen kommen nicht selten in beiden Gehörgängen vor, wobei sie sowohl bezüglich ihres Sitzes, als hinsichtlich ihrer Form, zuweilen eine auffällige Symmetrie aufweisen.

Aetiologie. Knochenneubildungen treten häufig ohne bekannte Veranlassung auf; ein andermal wieder stehen sie mit entzündlichen Vorgängen an den Gehörgangswandungen in deutlichem Zusammenhange [2]), oder entwickeln sich aus vorhandenen Knorpel- oder Bindegewebsneubildungen und führen zu einer theilweisen oder totalen Verknöcherung derselben (z. B. des Enchondroms und der Polypen).

Nach einigen Autoren begünstigt Arthritis und besonders Syphilis, eine Exostosenbildung im äusseren Gehörgange; in den meisten von mir bisher beobachteten Fällen von Exostosen im Gehörgange, fehlte jeder Anhaltspunkt für die Annahme einer derartigen Abstammung. Bei den langgestreckten amerikanischen Schädeln sollen Exostosen im äusseren Gehörgange auffällig häufig vorkommen.[3])

An der oberen Wand des äusseren Gehörganges, unmittelbar am Trommelfelle, werden zuweilen zwei Knochenauftreibungen vorgefunden, von denen die eine nach vorne und oben, die andere nach hinten und oben gelagert ist und die an beiden Ohren symmetrisch vorkommen können. Sie entsprechen den ursprünglichen Verwachsungsstellen des Annulus tympanicus mit dem Schläfenbein und beruhen wahrscheinlich auf einem im frühen Kindesalter daselbst vorhanden gewesenen Irritationszustande.[4])

Nach *Toynbee*[5]) können Exostosen im äusseren Gehörgange, als Theilerscheinung bei Exostosenbildungen an den tieferen Gebilden des Ohres auftreten.

Die **Diagnose** einer Knochenneubildung im Ohrcanale ist, bei Berücksichtigung der besprochenen objectiven Symptome, nicht schwer zu stellen und eine etwaige Verwechslung mit anderen Tumoren bei Sondenuntersuchung leicht zu vermeiden (s. S. 87).

Wie ich aus mehreren Fällen in meinen Cursen ersehen habe, wird ein starker Vorsprung der Knochenwände, besonders der oberen Wand des äusseren Gehör-

---

[1]) *Toynbee*, Ohrenh., S. 110 u. 111. — [2]) Als Beispiele davon s. S. 96, Anm. 1; *Moos* (*Virch.* Arch. B. 73, S. 154) fand einmal eine rasche Hyperostose sämmtlicher Wandungen des knöchernen Gehörganges in Folge einer 14 Wochen anhaltenden Ohreiterung; es kam zu einem 7 Mm. tiefen knöchernen Verschluss, der mit dem Drillbohrer durchbohrt wurde. — [3]) *Seeligmann*, Sitz. d. Akad. d. Wiss. in Wien, 1864, S. 55; *Welcker*, A. f. Ohr. I, S. 171. — [4]) *Moos*, A. f. Aug. u. Ohr. II, 1, S. 115. — [5]) Ohrenh., S. 112 u. 113.

ganges in dessen Lumen, zuweilen für eine Exostosenbildung gehalten; ferner kann bei Nekrose der oberen Gehörgangswand, der bei einwärts geneigtem Hammergriffe durch die Knochenlücke nach aussen stark vorspringende Hammerkopf, eine Exostosenbildung an der oberen Wand des Ohrcanales vortäuschen. Eine genauere Untersuchung, und bezüglich des Hammerkopfes, der deutlich erkennbare Uebergang des Hammergriffes in diese scheinbare Exostose, sowie die meistens deutlich nachweisbare Beweglichkeit des Hammerkopfes, werden wohl für die Richtigstellung der Diagnose genügende Anhaltspunkte darbieten.

Verlauf. Die Knochenneubildungen des äusseren Gehörganges können stationär bleiben oder ein verschieden rasches Wachsthum aufweisen; ausnahmsweise findet eine Spontanheilung statt.[1]

Behandlung. Knochengeschwülste, welche nicht zu einer beträchtlichen Verengerung des Ohrcanales führen, benöthigen keine Behandlung und man begnügt sich gewöhnlich, die zeitweise eintretende Verstopfung durch Cerumen oder Epithel mittelst Ausspritzungen zu beheben. Im Falle einer hochgradigen Verengerung oder eines vollkommenen Verschlusses des Gehörgangslumen, ist eine Verkleinerung oder Entfernung der Knochenmasse angezeigt und besonders im Falle eines behinderten Ausflusses von Eiter aus der Paukenhöhle dringendst nöthig. Als rascheste und sicherste Methode ist die vorsichtige Abmeisselung der Geschwulst (in der Narkose) hervorzuheben.[2] Eine allmälige Verkleinerung des Tumors erzielen mitunter Einlagen[3] in den Ohrcanal, die einen bedeutenden Druck auf die Exostose ausüben und dadurch Druckatrophie oder aber auch Nekrose und Exfoliation der oberflächlichen Knochenpartien veranlassen.

Von den übrigen in der Literatur erwähnten Methoden wären anzuführen: Aetzung des von Periost entblössten Knochens mittelst concentrirter Mineralsäuren[4], die Galvanokaustik[5], die Elektrolyse[1], Durchbohrung der Geschwulst mit Zahnbohrmaschinen[6], oder mit der Feile[7] und nachträglicher Einlage fester Körper[7], das Abbrechen gestielter Exostosen.[8] *Toynbee*[9] empfiehlt den äusserlichen und innerlichen Jodgebrauch.

4. **Angiom** im äusseren Gehörgange erscheint meistens als Fortsetzung eines Angioms der Ohrmuschel, kann jedoch auch auf den Gehörgang beschränkt sein. In einem Falle von *Chimani*[10] erstreckte sich ein Aneurysma cirsoideum, in Form von dunkelrothen Streifen und Punkten, von der Ohrmuschel bis auf die obere Wand des äusseren Gehörganges und entlang dieser bis zum Trommelfelle.

Bei der Behandlung einer Blutgeschwulst des äusseren Gehörganges kommen die beim Angiom der Ohrmuschel bereits angeführten Mittel in Betracht (s. S. 68).

5. **Das Epithelialcarcinom** befällt in der Regel den äusseren Gehörgang nur secundär, und zwar geht es meistens von Aussen auf den Gehörgang über. *Brunner*[11] fand bei einem 56jährigen Weibe an der vorderen Wand des äusseren Gehörganges eine, wahrscheinlich primäre Entwicklung von Epithelialcarcinom.[12] *Bonnafont*[13] sah ein Parotiscarcinom auf den Gehörgang übergreifen.

6. **Syphilis.** Im äusseren Gehörgange treten maculöse und papulöse Syphilide, ferner Condylome und syphilitische ulceröse Processe auf. Die Condylombildung erfolgt meistens im Beginne der Syphilisaffection[14] und

---

[1]) Fall von *Hinton* (s. A. f. Ohr. X. S. 210) im Verlaufe einer eiterigen Paukenhöhlenentzündung. — [2]) *Heineke*, A. f. Ohr. XI. S. 114; *Knorre*, A. f. Ohr. X. S. 110; *Aldinger*, A. f. Ohr. XI. S. 113. — [3]) *Hinton* (s. A. f. Ohr. V. S. 218) empfiehlt hierzu Elfenbeinstäbchen; eine sehr günstige Wirkung erreichte *Hedinger* (Z. f. Ohr. X. S. 50) durch Laminaria. — [4]) s. A. f. Ohr. X. S. 110. — [5]) *Clark*, s. A. f. Ohr. XI. S. 114; *Moos*, Z. f. Ohr. VIII. S. 148. — [6]) *Mathewson*, s. A. f. Ohr. XII. S. 312. — [7]) *Bonnafont*, L'Union méd. 1868, Mai 30., s. A. f. Ohr. IV. S. 306. — [8]) *Syme*, s. *Canst.* J. 1853, B. 3, S. 176; *Wreden*, M. f. Ohr. III. Sp. 141. — [9]) Ohrenh., Uebers. S. 113. — [10]) A. f. Ohr. VIII. S. 62. — [11]) A. f. Ohr. V. S. 28. — [12]) So auch *Delstanche* jun., s. A. f. Ohr. XV. S. 21. — [13]) Mal. de l'or. 1873, p. 215. — [14]) *Stöhr*, A. f. Ohr. V. S. 130; s. ferner *Schwartze*, A. f. Ohr. IV. S. 262; *Ravogli*, Otol. Congr. zu Mailand, 1880.

zeigt sich gewöhnlich in der Tiefe des Gehörganges, seltener am Ohreingange. Aus ursprünglich rothen Flecken entstehen flache Infiltrationen und aus diesen wieder lappen- oder zapfenförmige Condylome; durch deren oberflächlichen Zerfall bilden sich Ulcera mit Involvirung der Condylome und schliesslichem Ausgange in Vernarbung (s. S. 76). Zuweilen zeigt sich nach Wochen oder Monaten eine recidivirende Condylombildung. Gewöhnlich besteht gleichzeitig eine starke Infiltration der Drüsen in der Umgebung des Ohres.

Die Behandlung muss eine allgemeine und eine locale sein. Mitunter bilden sich die Condylome während einer Inunctionscur allmälig zurück. Die Localbehandlung besteht in Abtragung der Geschwülste mit nachfolgender Aetzung der Basis. Günstig erweisen sich auch Sublimatlösungen (1 pro mille) mit welcher der äussere Gehörgang öfter des Tages angefüllt wird (durch 5—10 Minuten), oder täglich gewechselte Einlagen von Ung. cinereum (bezw. Vaselinum hydrargyri), ferner Lapisätzungen der ulcerirten Stellen.

X. Nervenerkrankung. Im äusseren Gehörgange können sensible und trophische Störungen auftreten.

1. Eine Sensibilitätsstörung tritt als Anästhesie, oder als Hyperästhesie des äusseren Gehörganges auf.

a) Die incomplete oder complete **Anästhesie** ist durch eine ursprünglich periphere Erkrankung oder durch eine, gleich anfänglich bestehende, centrale Affection bedingt. Die erstere Ursache ist die häufigere, u. zw. zeigt sich nicht selten nach vorausgegangenen heftigen Schmerzen im äusseren Gehörgange, wie z. B. nach einer Otitis externa, zuweilen durch längere Zeit, eine subnormale Empfindlichkeit an den ergriffenen Stellen. Bei den verschiedenen Affectionen des Mittelohres gibt sich, meiner Erfahrung gemäss, am äusseren Ohre und in dessen Umgebung nicht selten eine herabgesetzte Sensibilität zu erkennen; auch bei Anaesthesia acustica fand *Itard*[1]) wiederholt eine verminderte Empfindlichkeit an den genannten Theilen.

Als Beispiele einer auf einer Erkrankung des Centralnerven-Systems beruhenden Anästhesie, wären folgende zu erwähnen: Taubheit mit herabgesetzter Empfindlichkeit des äusseren Gehörganges in einem Falle von wahrscheinlich erfolgtem Bluterguss in die Med. oblongata[2]); Anästhesie des ganzen Ohrcanales anlässlich eines Hirntumors[3]), ferner eine Anästhesie des Gehörganges und des Trommelfelles in Folge von Meningitis cerebro-spinalis.[4])

b) Eine **Hyperästhesie** des äusseren Gehörganges kann bei Neuralgie des Trigeminus oder anderer sensibler Nerven[5]), ferner bei Cephalalgie und Migräne auftreten; bei Entzündungen des äusseren Ohres erscheint sie meistens bedeutend und gibt sich mitunter als Vorbote derselben zu erkennen. Manche Individuen weisen gegen Temperatureinflüsse eine bedeutende Sensibilität des Gehörganges auf.

Hyperästhetische Stellen kommen, wie ich wiederholt bemerkt habe, nicht selten an der oberen Wand des knorpeligen Gehörganges vor und gehen, mitunter erst nach Wochen, entweder spontan zurück oder sie weichen der eingeleiteten Behandlung. Nervöse Individuen werden zuweilen von heftigen Schmerzen im Gehörgange befallen, wenn sie das Ohr einer kühlen Luft aussetzen. Ich traf wiederholt solche Fälle an, in denen ein kleiner Tampon im Ohreingange einen derartigen Schmerz stets hintanhielt. Bei einem 24jährigen Manne, mit beiderseits vollkommen normalen Gehörorganen, entstand jedesmal ein intensiver Schmerz im Gehörgange und im Kopfe, wenn der Ohreingang

---

[1]) Mal. de l'or. 1821. T. 2. p. 321. [2]) *Moos*, A. f. Aug. u. Ohr. II. 1, S. 116.
[3]) *Weber-Liel*, M. f. Ohr. III, Sp. 97. [4]) *Gottstein*, A. f. Ohr. XVII, S. 177.
[5]) *Lincke*, Ohrenh. III, S. 63, Fall von Neur. cervico-occipital. mit Schmerz a. d. Ohrmuschel u. im Gehörgange.

(auch während des Sommers) frei blieb; dagegen traten solche Erscheinungen niemals auf oder die vorhandenen gingen rasch zurück, wenn der Gehörgang durch einen Baumwollpfropf geschützt wurde.

Behandlung. Gegen eine Hyperästhesie leisten zuweilen Einreibungen mit narkotischen Mitteln, Belladonnasalbe, Einpinselungen mit Tinctura Opii crocata, selbst einfache Glycerin- oder Fett-Einpinselungen, gute Dienste. Sehr wirksam erweist sich häufig die Elektricität, besonders der Inductionsstrom (s. S. 89). Manche Fälle erfordern eine allgemeine Behandlung (Bromnatrium, Chinin, Valeriana etc.).

Als Sensibilitäts Neurose ist ferner der **Pruritus cutaneus des äusseren Gehörganges** anzuführen; das durch die Empfindung von heftigen Jucken veranlasste Kratzen, kann durch Irritation der Haut, zu stärkeren Entzündungen derselben führen.

Von Seite des Ramus auricularis vagi, äussert sich eine erhöhte Irritabilität, in den leicht auslösbaren Reflexerscheinungen von Husten und Erbrechen. Der hierzu nöthige Reiz braucht keineswegs immer intensiv zu sein; bei einem meiner Patienten genügte die Einwirkung der Luft auf den Gehörgang, zur Auslösung von Husten, weshalb der betreffende Kranke das leidende (rechte) Ohr stets verschliessen musste. Ausnahmsweise kann vom Gehörgange aus ein reflectorischer Einfluss auf die Geschmacksempfindung stattfinden. Ein College theilte mir mit, dass er bei Tamponirung des Gehörganges eine auffällige Abnahme seines Geschmackes bemerke, so dass z. B. Fleisch erst dann schmackhaft erscheint, wenn er den Tampon aus seinem linken Ohr entfernt.

2. **Trophoneurose.** Als trophische Störungen sind die bei alten Leuten, ferner bei Erkrankungen des mittleren und inneren Ohres vorkommenden Anomalien in der Ceruminalsecretion anzuführen; ferner kommen die bei der Otitis externa bereits hervorgehobenen sympathischen Entzündungen in Betracht.

XI. Eine Anomalie des Inhaltes im Ohrcanale kann einerseits aus einer Anhäufung von Secretmassen (s. S. 80), ferner von Epithelialschollen und Haaren hervorgehen, andererseits können sich die von der Umgebung des Ohrcanales oder von dem Mittelohre in den Gehörgang eingedrungenen Entzündungsproducte, nekrotische Knochenstücke, ferner Neubildungen, als Anomalien des Inhaltes im Ohrcanale vorfinden. In den äusseren Gehörgang können endlich pflanzliche und thierische Parasiten, ferner verschiedene andere Thiere, besonders Insecten und deren Larven eindringen, oder es werden in demselben die verschiedenartigsten organischen und anorganischen Körper, wie Fruchtkerne, Steine, Perlen u. s. w., eingeführt.

1. **Epithelialmassen** treten im äusseren Gehörgange gewöhnlich als ein Conglomerat wirr durch einander gelagerter Schollen auf, seltener gibt sich eine concentrische Anordnung von Epithelialzellen zu erkennen: in diesem letzteren Falle zeigt der Gehörgang mitunter kolossale Epithelialschollen, die ausserordentlich adhärente weisse Pfröpfe von so bedeutender Grösse bilden, dass durch dieselben eine Erweiterung des Gehörganges und eine Atrophie seiner Wandungen erfolgt. Zuweilen bilden die Epithelschollen dünne und dabei sehr resistente Häutchen im Gehörgange.[1] Als eine eigenthümliche Epithelialanhäufung kommen in selteneren Fällen dunkelgrüne, **theeblattartige Massen** vor.[2]

Ich habe derartige Massen, welche sich bei der mikroskopischen Untersuchung als angehäufte Epithelialzellen zu erkennen gaben, aus beiden Gehörgängen eines an chronischem Paukenkatarrh erkrankten, alten Mannes entfernt.

---

[1] S. S. 81; Rau, Ohrenh., S. 342. — [2] Wreden, A. f. Aug. u. Ohr. III. 2, S. 91.

2. Parasiten.

a) **Pflanzliche Parasiten.** Nachdem durch *Mayer*[1]), *Pacini*[2]) und *Kramer*[3]) das Vorkommen von Parasiten im Gehörgange schon früher constatirt worden war, lenkte *Schwartze*[2]) von Neuem die Aufmerksamkeit auf dieselben durch einen Fall, in welchem die Parasiten Reizungszustände im äusseren Gehörgange veranlasst hatten. Später stellte *Wreden*[4]) eingehendere Beobachtungen über diesen Gegenstand an und erklärte in Uebereinstimmung mit *Schwartze*, dass die Parasiten im Gehörgange und am Trommelfelle einen Irritationszustand herbeizuführen vermögen.

Die im Ohre auftretenden Parasiten gehören gewöhnlich der Gattung Aspergillus an, von der bisher verschiedene Arten vor Allem Asp. nigricans, A. flavescens und A. fumigatus[5]) vorgefunden wurden: in einzelnen Fällen zeigten sich Ascophora elegans, Trichothecium roseum[6]) und Euroticum repens.[7]) Der Lieblingssitz der Parasiten ist das Trommelfell und das innere Drittel des Gehörganges.

Zur genaueren Bestimmung, ob die aus dem Ohre entfernte Masse aus Parasiten besteht, untersuche man das mit 8% Kalilauge behandelte Präparat bei einer 300- bis 400fachen Vergrösserung, welche die Parasiten deutlich hervortreten lässt; die mit Carmin gefärbten Pilze geben ein prachtvolles Bild.[4]) Als Aufbewahrungsmittel dient Glycerin, welches Mittel mir ein bereits mehrjähriges Demonstrationspräparat von Aspergillus nigricans bisher noch unversehrt erhalten hat. Zur Züchtung lasse man die aus dem Gehörgange entfernten Parasiten in einem verschlossenen Glasgefässe durch längere Zeit liegen; bei einigen Glycerinpräparaten, in denen ich absichtlich etliche Luftblasen mit eingeschlossen hatte, trat eine Vermehrung des Aspergillus nigricans unter dem Deckgläschen, bei gleichzeitigem Verschwinden der Luftblasen ein.

Das mikroskopische Bild einer Parasitenmasse zeigt sich, je nach der Art und dem Entwicklungszustande der Parasiten, sehr verschieden, weshalb hier nur eine schematische Schilderung gegeben werden kann. Von dem schmutzig weisslichen Fruchtboden (Mycelium), erheben sich kleine doppeltcontourirte Schläuche, die sogenannten Hyphen, welche je nach der Aspergillus-Art bald eine Quertheilung aufweisen (s. Fig. 47), bald wieder ungetheilt erscheinen. Die Hyphen tragen entweder Terminal-, mitunter auch Seitenäste, oder sie enden einfach mit einer kleinen Anschwellung, dem Kopfe

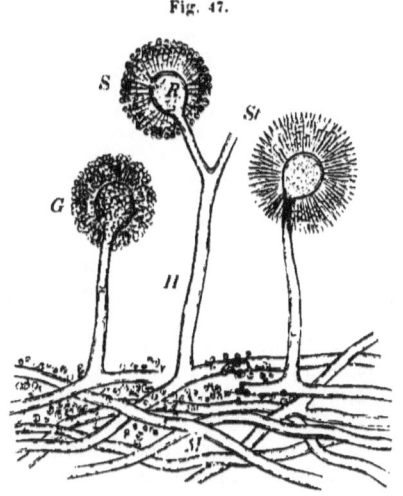

Fig. 47.

Aspergillusbildung im Ohre. — *G* Gonidienkette. — *H* Hyphe. — *M* Mycelium. — *R* Receptaculum. — *S* Sporen. — *St* Sterigmen.

(Receptaculum); anstatt der Anschwellung läuft der Schlauch zuweilen spitz aus. Dem Kopfe sitzen haarförmige Auswüchse (Sterigmen oder Acrosporen) entweder direct auf oder sie sind vermittelst Seitenäste mit dem Receptaculum verbunden (Sterigmen 2. Ordnung). Sie bestehen Anfangs aus pinselförmigen Zellen, welche sich von der Peripherie gegen die Basis hin zu kleinen rundlichen Körpern, den Sporen, abschnüren. Auf diese Weise geht aus der einfachen Zelle allmälig eine sogenannte

---

[1]) *Müller's* Arch. 1844, S. 404. — [2]) *S. Schwartze*, A. f. Ohr. II, S. 5. —
[3]) ¹/₁ Jahrschr. d. naturw. G. zu Zürich 1859 u. 1860. s. A. f. Ohr. IV, S. 307.
[4]) *Wreden*, Petersb. med. Z. B. 13; Myringomykosis aspergillina, Petersburg 1868.
— [5]) *Bezold*, Aerztl. Ver. in München 1880, 7. März; Asp. fumigatus ist kleiner als Asp. nigr. u. flavesc. und wurde von *Bezold* als häufigster Ohrparasit beobachtet.
[6]) *Steudener* und *Bezold*, s. Anm. [5]) · [7]) Von *Siebenmann* (Z. f. Ohr. XII, S. 124) auf Cerumen vorgefunden. Dem angegebenen Aufsatze ist ein genaues Verzeichniss der über die pflanzlichen Ohrparasiten erschienenen Literatur beigefügt.

Conidienkette hervor. Die Farbe der Sporen ist je nach der Art des Aspergillus gelblich oder schwarz und kann ausnahmsweise auch blutroth sein. Bisher liegt nur ein einziger Fall einer blutroth erscheinenden Parasitenmasse im Gehörgange vor, welche von *Wreden*[1]) als die höchste Entwicklungsstufe des Aspergillus, als dessen Schlauchfrucht, bestimmt wurde.

Aspergillus kann im Gehörgange vorhanden sein, ohne die geringsten s u b j e c t i v e n S y m p t o m e zu erregen; häufig jedoch treten Jucken, Schmerz, Ohrensausen und Schwerhörigkeit auf. Der Schmerz ist mitunter ausserordentlich heftig und endet erst mit der Abstossung der Parasitenmasse.

Das Ohrengeräusch, sowie die Schwerhörigkeit beruhen theils auf einem Drucke, welchen die angesammelte Masse auf das Trommelfell ausübt, theils sind sie einer Irritation zuzuschreiben, welche die Parasitenwucherung im Ohre hervorruft.

O b j e c t i v e S y m p t o m e. Die Parasiten zeigen sich meistens am Trommelfelle und am inneren Drittel des Gehörganges, in Form eines gelblich weisslichen Beleges (Mycelium), von dem sich zuweilen die auf den Pilzfäden sitzenden, gefärbten Köpfchen deutlich abheben. Die emporragenden feinen Pilzfäden verleihen der ganzen Masse ein rasenförmiges oder sammtartiges Aussehen. Bei Aspergillus flavescens geben sich die Hyphenköpfe als gelbliche, bei Asp. nigricans als schwarze Pünktchen zu erkennen. In einzelnen Fällen ist die Pilzmasse nicht über das ganze Trommelfell verbreitet, sondern zeigt sich auf eine kleine Stelle der Membran oder des Gehörganges beschränkt.

Bei einer Patientin bemerkte ich am Trommelfelle 5 zerstreut liegende, scharf umschriebene, schmutzig weiss gefärbte Plaques und 2 weitere am knöchernen Gehörgange, nahe dem Trommelfelle. Einzelne dieser Plaques waren von einem schwachen Injectionshofe umgeben. Die mikroskopische Untersuchung ergab Asp. flavescens. — Wiederholt beobachtete ich eine allmälige Ausbreitung der Parasiten, die ursprünglich einer kleinen am Trommelfelle oder im Gehörgange befindlichen Epithelialscholle aufsassen.

A m T r o m m e l f e l l kommen gewöhnlich die am meisten ent w i c k e l t e n F o r m e n der Parasiten vor, während diese weiter nach aussen, immer weniger entwickelt erscheinen. Darin liegt auch der Grund, warum die aus der Pilzmasse hervortretenden gefärbten Köpfe zumeist am Trommelfell besonders deutlich sichtbar sind.

Die P a r a s i t e n haften dem Trommelfelle, sowie den Gehörgangswänden so innig an, dass ihre Ablösung anfänglich nur theilweise gelingt. Als Basis der entfernten Pilzmasse gibt sich häufig eine geröthete und verdickte epidermislose Cutis zu erkennen. Eine b l e i b e n d e R ö t h e spricht für ein neuerdings eintretendes Recidiv, wogegen das Schwinden der Hyperämie die Heilung anzuzeigen pflegt.

A e t i o l o g i e. Ein wichtiges ätiologisches Moment für eine massenhafte Pilzwucherung im Ohre, liegt in einer bereits bestehenden Erkrankung der Cutisschichte, besonders in der Auflockerung der Epidermis nach einer abgelaufenen eiterigen Entzündung, wogegen ein profuser eiteriger Ausfluss für die Entwicklung von Parasiten sehr ungünstig zu sein scheint. An Kindern wurde eine Pilzwucherung im Ohr bisher noch nicht beobachtet; bei Weibern treten die Parasiten unverhältnissmässig seltener auf, als bei Männern.[2]) Oeleinträuflungen in den Gehörgang sollen das Auftreten von Parasitenmassen begünstigen.[3])

Für die Angabe *Lucae's*[4]), dass Aspergillus Arme seltener befällt als wohlhabendere Personen, spricht auch meine Erfahrung.

[1]) A. f. Aug. u. Ohr. III, 2, S. 57. — [2]) *Wreden*, A. f. Aug. u. Ohr. III, 2, S. 88. — [3]) *Bezold*, M. f. Ohr. VII, Nr. 7. — [4]) A. f. Ohr. XIV, S. 126.

Der Verlauf einer parasitären Ohrenerkrankung kann ein acuter oder ein chronischer sein. Gewöhnlich bildet sich die Parasitenmasse innerhalb 5—7 Tagen aus und lässt nach ihrer Abstossung eine grosse Neigung zu Recidiven zurück, wodurch der Verlauf des ganzen Krankheitsprocesses sehr verlängert werden kann.

Die Prognose ist bei Parasitenwucherungen meistens eine ganz günstige. In der Regel bleibt die Affection auf den äusseren Gehörgang und auf das Trommelfell beschränkt.

In einzelnen Fällen können dagegen die Parasiten innerhalb des Trommelfellgewebes gelangen [1]), sowie auch nach Zerstörung der Membran ein Eindringen der Parasiten in die Paukenhöhle und eine Ausfüllung dieser durch die Pilzwucherung möglich ist. [2])

Grohe [3]) und dessen Schüler *Block* [4]) haben durch Injectionen von Penicillium und Euroticum glaucum in die Blutbahn an Kaninchen und Hunden eine „Mycosis generalis acutissima" mit letalem Ende binnen wenigen Tagen erzeugt. *Grawitz* [5]) liess die Pilze vorher an die Temperatur des Versuchsthieres gewöhnen und erzielte damit erfolgreiche Injectionen, und zwar Pilzherde in Niere, Leber, Darm, Lunge und Muskel, wenn die Injection von der Jugularis aus vorgenommen wurde, dagegen bei Einspritzungen in die Carotis, Pilzherde im Gehirn und in der Retina. Bei indirecter Einführung werden die Pilze zum grössten Theile im Gewebe angetroffen und nur eine geringe Menge gelangt in die Blutbahn, weshalb auch die Gefahr einer Weiterverbreitung der Parasiten vom Ohre auf andere Organe sehr gering sein dürfte.

Die gegen die Parasiten gerichtete Behandlung muss einerseits eine rasche Entfernung der Parasitenansammlung anstreben, andererseits ein Recidiv möglichst hintanhalten. Die Ausspritzung der Parasiten ist, wie schon bemerkt, anfänglich oft äusserst schwierig, wogegen die am Ende der ersten Woche spontan eintretende Abstossung der betreffenden Massen deren Entfernung meistens sehr leicht ermöglicht. Als bestes und einfachstes Mittel gegen Parasitenwucherungen erweisen sich Eingiessungen von Spiritus vini rectificatissimus ins Ohr [6]) (2—3mal täglich auf 5—10 Minuten). Ich lasse dieses Mittel auch nach Entfernung der Parasitenmassen aus dem Gehörgange zur Verhütung von Recidiven noch durch 1—2 Wochen gebrauchen.

Anstatt des Spiritus können auch Adstringentien und antiseptische Mittel (s. Behandlung der eiterigen Paukenentzündung) Anwendung finden. Gegen ein Recidiv der Parasiten empfiehlt *Tröltsch* [7]) Eingiessungen von Kali hypermanganicum in starker Lösung, so auch Einblasungen von Alumen und Magnesia usta (aequales partes) auf die von der Parasitenmasse vorher befreiten Theile. *Theobald* [8]) rühmt zu gleichem Zwecke die Borsäure an, welche, wie die Versuche ergaben, den Schimmelwucherungen ungünstig ist. In einem meiner Fälle von Asp. nigricans trat auf die Eingiessung einer 6% Lapislösung ein bedeutender Nachlass der Schmerzen und eine rasche Abstossung der vorher sehr stark adhärirenden Parasitenmasse auf. Uebrigens beobachtete ich bei einem Mädchen, welches wegen einer eiterigen Entzündung der Paukenhöhle mittelst Lapislösung und Plumb. acet. bas solut. behandelt worden war, unmittelbar nach Sistirung der Otorrhoe das Auftreten von Asp. nigricans auf dem mit trockenen Epithelialschollen bedeckten Trommelfelle.

Nach *Ladreit de Lacharrière* [9]) findet sich im Gehörgange zuweilen Pityriasis alba vor, und zwar bilden die Pilzsporen kleine Schüppchen, die einer verdickten und gerötheten Cutis aufsitzen.

b) Thierische Parasiten. Von den thierischen Parasiten ist

---

[1]) *Politzer*, Wien. med. Woch. 1870, Nr. 28. — [2]) *Burnett*, Otol. Congr. New-York 1876, s. A. f. Ohr. XII, S. 311. — [3]) Berl. kl. Woch. 1870, Nr. 1. — [4]) Inaug. Diss. Stettin, 1870. — [5]) *Virch.* Arch. 1880, B. 81, S. 359. — [6]) *Hassenstein*, s. M. f. Ohr. IV, Sp. 87. — [7]) Ohrenh. 1881, S. 132. — [8]) Amer. Journ. of Otol. III, Nr. 2.
[9]) Ann. d. Mal. de l'oreille et du lar. Paris 1875, s. *Politzer*, Ohrenh. S. 660.

bisher im äusseren Gehörgange vom Menschen nur der Acarus folliculorum vorgefunden worden.

Von den an verschiedenen Thieren vorkommenden Milben wären folgende hervorzuheben: Dermanyssus avium, eine an Vögeln häufig anzutreffende Milbe, welche von *Gassner*[1]) im Gehörgange eines Rindes nachgewiesen wurde und die auch an verschiedenen Theilen des menschlichen Körpers vorkömmt. An Kaninchen beobachtete *Delafond*[2]) eine Milbe der Ohrmuschel, durch die ein ansteckender Ausschlag und sogar ein letales Ende erzeugt werden kann. Wie *Zürn*[3]) angibt, finden sich Psorospermien (Gregarinen), besonders an Kaninchen massenhaft vor; sie treten an diesen u. A. auch im Nasenrachenraum, Mittelohr und Gehörgang zahlreich auf. Im Gehörgange, seltener in der Paukenhöhle von Kaninchen werden ferner Dermatophagus und Dermatocoptes angetroffen. *Trautmann*[4]) fand an Kaninchen Dermatodectes im Gehörgange, Trommelfell (mit dessen Destruction), Cavum tympani und sogar im Labyrinthe. An Hunden beobachtete *Hering*[2]) „Sarcoptescynotis", *Huber*[1]) im Gehörgange von Katzen, Symbiotes.

3. Verschiedene Thiere.

Unter den verschiedenen Thieren, welche in den äusseren Gehörgang hineingelangen können, sind vor Allem die Fliegen und die Insekten zu erwähnen.

Von den Fliegen ist es vorzugsweise die Muscida lucilia und sarcophaga, die, besonders bei einem bestehenden eiterigen Ohrenflusse, durch den Geruch des Eiters angelockt, in den Ohrcanal eindringt und diesen zuweilen auch als Brutstätte benützt. Die Muscida lucilia legt Eier, die in 24 Stunden ausgebrütet werden, indess die Muscida sarcophaga in rascher Folge, eine grosse Anzahl von Fliegenlarven gebiert. Anlässlich der langsamen Entwicklung der Muscida lucilia gelangen deren Eier bei einem stärkeren Ohrenflusse leicht mit diesem aus dem Ohrcanale heraus. Die Muscida sarcophaga wird dagegen bereits als Larve geboren, die vermöge ihres Hackenapparates an den Mandibeln, gleich in die Lage versetzt ist, sich in die Gehörgangswandungen fest einzuhacken. Aus diesem Grunde werden im äusseren Gehörgange die Larven der Muscida lucilia verhältnissmässig selten, die der Muscida sarcophaga dagegen häufiger angetroffen.[5]) Die Larven dieser beiden Fliegenarten unterscheiden sich von einander besonders durch ihren Hinterleib, welcher bei Muscida lucilia spitz, bei Muscida sarcophaga dagegen breit endet. Der Kopftheil läuft an Beiden spitz zu. Die aus dem Ohre entfernte Larve lässt man nöthigenfalls einpuppen, um dann die auskriechende Fliege bestimmen zu können.[6])

Die subjectiven Symptome sind sehr verschieden, je nachdem das Thier einen Reiz auf die Gehörgangswand und auf das Trommelfell auszuüben vermag oder nicht. Zuweilen besteht nur die Empfindung eines im Ohre sich bewegenden Körpers. Flöhe können durch Anspringen an das Trommelfell bedeutende Ohrengeräusche veranlassen. Wanzen erregen stärkere Irritationserscheinungen, wenn sie sich an die Wand des Gehörganges oder an das Trommelfell festsaugen. Andere Thiere, welche einen Hackenapparat besitzen, sind im Stande, durch Verletzungen der Weichtheile hochgradige subjective Symptome, vor allem die wüthendsten Schmerzen hervorzurufen.

Es gilt dies weniger von dem als Ohrwurm fälschlich gefürchteten Ohrhöhler (Forficula auricularis), als vielmehr von den Larven der Muscida, welche zuweilen in so grosser Anzahl[7]) vorkommen, dass der Gehörgang mit denselben förmlich besäet erscheint. Sonderbarer Weise erregen Fliegenlarven in selteneren Fällen keine auffälligen Schmerzen. So habe ich unter meinen poliklinischen Patienten zwei Säuglinge beobachtet, welche wegen eines blutigen eiterigen Ausflusses aus dem Ohre zur Behandlung kamen. Als Ursache der Entzündung des äusseren Gehörganges und der Paukenhöhle fanden sich Larven der Muscida sarcophaga im Ohre vor, nach deren Entfernung der blutig-eiterige Ausfluss binnen Kurzem sistirte. In beiden Fällen hatten die Kinder keinen Schmerz geäussert und auch im Schlafe keine Unruhe gezeigt.

---

[1]) *Tröltsch*, A. f. Ohr. IX, S. 194; Ohrenh. 1881, S. 120. — [2]) S. *Canstatt's* J. 1859, B. 4, S. 11. — [3]) D. Z. f. Thiermed. B. 1, s. A. f. Ohr. X, S. 247. — [4]) Berl. kl. Woch. 1877. — [5]) *Blake*, A. f. Aug. u. Ohr. II, 2, S. 136. — [6]) *Farjon*, cit. b. *Itard*, Malad. de l'or. 1821, I, p. 311. — [7]) *Michalsky* (cit. v. *Deleau*, s. *Canstatt's* J. 1843, B. 3, Otolog. Bericht) beobachtete einmal in jedem Ohre gegen 200 Fliegenlarven.

Die im Ohre befindlichen Thiere können zuweilen Cephalalgie, Schwindel, Convulsionen und epileptiforme Anfälle erregen.¹) In einem Falle²) wurden durch Insekten im Gehörgange epileptiforme Krämpfe und eine Hemiplegie mit Erbrechen hervorgerufen; nach Entfernung der Thiere hörte das Erbrechen sofort auf, die früher täglich aufgetretenen Convulsionen wurden seltener und auch die Lähmung schwand nach 6 Wochen.

Die objectiven Symptome sind selbstverständlich sehr verschieden, je nach dem Thiere, welches sich in den Ohrcanal hineinbegeben hat. Flöhe werden zuweilen durch ihr Anspringen an das Trommelfell erkannt. Kleine, unbeweglich sitzende Thiere können möglicherweise ganz übersehen oder für Schüppchen gehalten werden, wie dies z. B. bei kleinen Wanzen leicht geschieht.

Ein Patient, welcher Nachts mit heftigem Sausen und starken Schmerzen im Ohre erwacht war, kam einige Stunden später in meine Beobachtung. Ich fand im äusseren Gehörgange keine Veränderung und nur am Trommelfell eine scheibenförmige bräunliche Auflagerung, welche einer Cerumen- oder Epithelschuppe glich. Bei der näheren Untersuchung bemerkte ich einen, die vermeintliche Schuppe umgebenden Injectionshof, der sonst einer einfachen Auflagerung nicht zukommt. Die Ausspritzung wies in der That die Gegenwart einer Wanze nach, welche sich an das Trommelfell angesaugt und dadurch Reizungserscheinungen hervorgerufen hatte.

In dem Ohrcanale befindliche Fliegenlarven verrathen zuweilen ihre Anwesenheit durch das Herauskriechen einzelner Larven aus dem Gehörgange oder durch die Entfernung eines oder des anderen Thieres während einer vorgenommenen Ausspritzung des Ohres. Die in der Tiefe des Gehörganges oder, was zuweilen geschieht, auch in der Paukenhöhle vorhandenen Larven sind an ihrem schwarz gefärbten Afterende, sowie auch an ihren unsteten und bei einem einwirkenden Reize meistens sehr lebhaften Bewegungen, gewöhnlich leicht zu erkennen.

Die Prognose ist im Falle einer raschen Tödtung des Thieres oder bei dessen Entfernung aus dem äusseren Gehörgange, günstig zu stellen. Bei vorhandener Verletzung des Trommelfelles dagegen, sowie bei Entzündung der Paukenhöhle, hängt die Prognose von dem weiteren Krankheitsverlaufe der eitrigen Entzündung ab.

Die Behandlung besteht in der Tödtung oder Entfernung des im Gehörgange befindlichen Thieres, durch Ausspritzung oder eventuell mittelst Pincette. Die Abtödtung wird einfach durch Eingiessen einer Flüssigkeit in den Gehörgang vorgenommen, wobei diese mehrere Minuten im Ohre zu verweilen hat. In Ermanglung einer Flüssigkeit vertreibe man das Thier aus dem Ohre durch eingeblasenen Tabakrauch.

Flöhe lassen sich auch vermittelst eines bis zum Trommelfelle vorgeschobenen Baumwoll- oder Haarkügelchens³) entfernen. Blutegel werden am besten durch eine eingegossene Salzlösung getödtet. Thiere, welche sich angesaugt oder in die Weichtheile eingehackt haben und deshalb durch das Ausspritzen nicht entfernt werden können, betäube man vorher mit Tabakrauch, Chloroformdämpfe etc. oder tödte das Thier durch Eingiessen von Wasser, Oel u. s. w. Bei den Fliegenlarven führen jedoch selbst diese Mittel nicht immer zum gewünschten Ziele, indem noch das todte Thier in die Weichtheile so fest eingehackt bleibt, dass die Entfernung jeder einzelnen Larve mittelst eines pincettförmigen Instrumentes vorgenommen werden muss.

*Kaatzer*⁴) lockte in einem Falle durch Käse, den er über Nacht in den Ohr-

---

¹) *Hard*, Mal. de l'Or. 1821. T. I. p. 295. — ²) S. *Schmidt's* J. 1863, B. 117, S. 349. — ³) *Rau*, Ohrenh. S. 378. — ⁴) Berl. kl. Woch. 1878, Nr. 52.

eingang steckte, alle Fliegenlarven aus dem Gehörgange heraus; Bérard[1]) bediente sich zu demselben Zwecke mit Erfolg eines Stückes Fleisch.

Eine etwa zurückgebliebene Entzündung des äusseren und mittleren Ohres erfordert die a. a. O. besprochene Behandlung.

4. Pflanzliche und mineralische Fremdkörper.

Viel häufiger als lebende Thiere gelangen in den äusseren Gehörgang verschiedene andere Fremdkörper, wie Perlen, Steine, Fruchtkerne, Nadeln u. s. w.[2])

Die durch Fremdkörper hervorgerufenen Symptome sind einerseits von der Gewalt abhängig, mit welcher die Körper auf die Wandungen einwirken, andererseits erweisen sich die mechanischen und chemischen Eigenschaften der Fremdkörper von grossem Einflusse.

Subjective Symptome. Ein in den Gehörgang eingeführter Fremdkörper erregt zuweilen keine auffälligen Symptome, ja sogar eckige, harte Körper, wie ein Backenzahn, Steinchen u. s. w., wurden wiederholt als zufällige Befunde im Gehörgange vorgefunden. Ein andermal wieder entstehen in Folge eines vollkommenen Verschlusses des Gehörgangslumen eine Schwerhörigkeit und bei Druck auf das Trommelfell gleichzeitig Ohrengeräusche. Bei starker Hineinpressung des Fremdkörpers in den Gehörgang, besonders nach vorausgegangenen fruchtlosen Extractionsversuchen, können, in Folge von Reizung und Verletzung der Weichtheile, die heftigsten Ohrenschmerzen auftreten.

Von grossem Interesse sind die, durch die Fremdkörper im Ohre veranlassten, verschiedenen Reflexerscheinungen.

Man kann dieselben in acute, beziehungsweise intermittirende und in continuirliche unterscheiden.[3]) Zu den Ersteren gehören die vom ramus auricularis vagi ausgelösten Erscheinungen von Hustenreiz, Uebelkeit und Erbrechen, ferner eine von *Israel*[3]) in einem Falle beobachtete vasomotorische Reflexneurose, welche sich ähnlich den Urethralfrösten, in dem Auftreten von Schüttelfrost und einer Temperaturerhöhung bis auf 41° C. kundgab. Die chronischen Reflexerscheinungen können motorische, trophische und psychisch-intellectuelle sein. Als motorische Reflexneurosen finden sich Epilepsie[4]) vor, ferner Contractur oder Paralyse, Fälle von halbseitiger Lähmung[5]), von convulsivischer Hemiplegie[6]) und von spastischer Dysphagie.[7]) Als sensible Reflexerscheinungen zeigen sich Hyperalgesie oder Anästhesie an verschiedenen Stellen des Körpers.[8]) Als trophische Reflexstörung erwähnt *Boyer*[4]) einen Fall von Atrophie des Armes an Seite des erkrankten Ohres. *Power*[9]) berichtet von der Heilung einer 2jährigen Salivation nach Extraction eines Tampons aus dem Gehörgange. Einer meiner Patienten wurde jedesmal von einer sehr lästigen Trockenheit im Pharynx befallen, wenn er sich den Gehörgang tamponirte.

---

[1]) S. *Bonnafont*, Malad. de l'or. 1873, p. 136. — [2]) Wie *Delcau* (s. *Lincke's* Samml. B. 1, S. 149) erwähnt, drang ein haariges Haferkorn in den Gehörgang eines Mannes ein, der an einem Pferde vorüberging, in dem Momente, als dasselbe hustete. — [3]) *Israel*, Berl. kl. Woch. 1876, 10. April. — [4]) *Belbeder* cit. b. *Itard* I, p. 345; *Boyer*, Traité des malad. chir. T. 6, p. 17; *Maclagan*, s. *Wilde*, Ohrenh. Uebers. S. 377. In einem Falle von *Schurig* (s. A. f. Ohr. XIV, S. 148) hatte die Extraction eines im Gehörgange steckenden Steines einen epileptischen Anfall erzeugt; vorher hatte das betreffende Individuum bereits wiederholt derartige Anfälle erlitten. Nach der Extraction trat kein Anfall mehr auf. — [5]) *Fabr. Hildanus*, s. *Beck*, Ohrenh. S. 275; *Jones*, s. *Schmidt's* J. 1864. Nr. 11; *Toynbee*, Ohrenh. S. 44. — [6]) *Hillairet*, Gaz. d. hôp. 1860. Nr. 23. — [7]) *Itard*, Mal. de l'or. 1821, T. 1, p. 345. — [8]) So erwähnt u. A. *Fränzel* (s. *Schmidt's* J. 1836, 1. Suppl.-B., S. 388) einen Fall von jahrelanger Cephalalgie, die nach Entfernung eines Kirschenkernes aus dem Gehörgange schwand. — [9]) S. Anm. 7, p. 344.

Welchen Einfluss die Fremdkörper im Gehörgange auf die geistigen Functionen ausüben können, ging schon aus einem, bei der Besprechung von Cerumenansammlung angeführten Falle hervor (s. S. 81). — *Brown*[1]) fand an einem Knaben nach der Extraction von 28 Steinchen aus dem Gehörgange eine auffällige Steigerung der geistigen Fähigkeiten.

Auch bei den meisten, früher mitgetheilten Fällen von Reflexneurosen waren die Reflexerscheinungen nach der Entfernung der Fremdkörper aus dem Ohre wieder zurückgegangen.

Objective Symptome. Die dem Ohrenarzte gewöhnlich zugeführten Fälle von Fremdkörper im Ohre bieten meistens Symptome dar, die nicht durch den Fremdkörper allein, sondern vor Allem durch die vorausgegangenen fruchtlosen Extractions-Versuche entstanden sind. Durch diese werden so manche im Gehörgange ursprünglich nur lose befindlichen Körper gewaltsam nach einwärts gedrängt, wobei theils durch den Fremdkörper, zum grossen Theile aber durch die verschiedenen als Instrumente benützten Gegenstände, bedeutende Verletzungen und hochgradige Entzündungen der Weichtheile entstehen können. Bei rohen Extractionsversuchen wird selbst das Trommelfell durchstossen, wobei der Fremdkörper in die Paukenhöhle gelangt und eine heftige Paukenentzündung zu erregen vermag. In anderen Fällen geben sich sowohl im äusseren Gehörgange, als auch am Trommelfelle nur solche Veränderungen zu erkennen, welche auf den vom Fremdkörper ausgeübten Druck[2]) zu beziehen sind.

Die **Diagnose** eines Fremdkörpers im Ohrcanale ist zuweilen sehr leicht oder aber anfänglich selbst gar nicht zu stellen. Bei Kindern gibt sich manchmal als Ursache einer heftigen Otitis externa, nachträglich ein Fremdkörper im Ohre zu erkennen, welchen das Kind aus Furcht vor der Strafe verheimlicht hat. Bei kleineren Körpern, welche durch das Trommelfell in die Paukenhöhle eingedrungen sind, kann die Diagnose sehr schwierig oder unmöglich werden.

Sogar die im äusseren Gehörgange befindlichen Fremdkörper bleiben in manchen Fällen dem untersuchenden Auge verborgen. Es betrifft dies besonders die im Sinus meat. aud. ext. (s. S. 73) unmittelbar vor dem Trommelfelle gelagerten Körper, die bei starker Einbuchtung der vorderen Gehörgangswand durch diese verdeckt werden. Bei einem Patienten, der mit Bestimmtheit angab, dass er seit Jahren einen in den Gehörgang eingeführten Glasknopf deutlich spüre, vermochte *Wreden*[3]) trotz der genauesten Ocularuntersuchung den Fremdkörper nicht aufzufinden; erst mittelst der Sonde wurde der Glasknopf an dem Uebergangstheile des knorpeligen in den knöchernen Gehörgang entdeckt. Das Knöpfchen hatte sich tief in die Cutis eingebettet und war daher leicht zu übersehen.

Der **Verlauf** einer durch Fremdkörper gesetzten Erkrankung im Ohre ist einerseits von den vorausgegangenen Extractions-Versuchen, andererseits von der Natur des Körpers abhängig.

Wie schon hervorgehoben wurde, ist ein ungünstiger Verlauf oder sogar der letale Ausgang gewöhnlich nicht dem Fremdkörper, sondern einer irrationellen Behandlung zuzuschreiben. In einem von *Sabatier*[4]) mitgetheilten Falle hatten die rohen Versuche, ein Baumwollkügelchen aus dem Ohre zu entfernen, derartige Verletzungen des Ohres herbeigeführt, dass der Patient am 17. Tage an einem durch die Ohrenentzündung veranlassten Gehirnabscesse zu Grunde ging. *Weinlechner*[5]) beobachtete in zwei Fällen tödtliche Meningitis in Folge eines in die Paukenhöhle hineingestossenen Fremdkörpers (Kaffeebohne und Kieselstein).

Die in den Gehörgang eingedrungenen Fremdkörper fallen nicht

---

[1]) A. f. Aug. u. Ohr. III, 2, S. 154. — [2]) Z. B. *Toynbee's* (Ohrenh. S. 44) Fall von Erweiterung des Gehörganges durch einen Baumwollpfropfen. — [3]) M. f. Ohr. III, Nr. 12. — [4]) Lehrb. f. prakt. Wundärzte, Uebers. 1800, B. 3, S. 108. [5]) Wien. Spit.-Zeit. 1862, S. 21.

selten wieder von selbst aus dem Gehörgange heraus[1]) oder bleiben in diesem Jahrelang unbemerkt liegen. Mechanisch oder chemisch einwirkende Körper, wie spitze, scharfkantige Gegenstände oder ätzende Substanzen sind dagegen allerdings im Stande, hochgradige Verletzungen oder Entzündungen im Ohre herbeizuführen. In Ausnahmsfällen können spitze Körper, welche durch das Trommelfell bis in die Paukenhöhle vorgedrungen sind, das Ohr auf dem Wege der Tuba wieder spontan verlassen.

So finden sich in der Literatur zwei Fälle beschrieben[2]), in welchen eine Nadel vom äusseren Gehörgange durch das Trommelfell in die Paukenhöhle und von dieser aus durch die Ohrtrompete in den Nasenrachenraum gelangt war, worauf sie schliesslich während eines reflectorisch erfolgten Brechactes ausgeworfen wurde.

Behandlung. Bei der Anwesenheit eines Fremdkörpers im Ohre ist allerdings die Entfernung des Körpers anzustreben, wobei jedoch für die Mehrzahl der Fälle vor einer gewaltsamen Extraction dringend gewarnt werden muss.

Kommt ein Patient wegen eines Fremdkörpers im Ohre zur Behandlung, so hat man sich vor Allem zu überzeugen, dass wirklich ein Körper im Gehörgange vorhanden sei. So überflüssig auch diese Bemerkung erscheinen mag, so lehrt doch die Erfahrung, dass Extractionsversuche nicht selten ohne vorausgegangene Untersuchung des Ohres vorgenommen werden, einfach auf die Angabe des Patienten hin, es müsse sich im Ohre ein Fremdkörper vorfinden. Erst, wenn die gewaltsamen Bemühungen, den Körper zu entfernen, nicht zum Ziele geführt haben und deshalb eine ohrenärztliche Hilfe nachträglich aufgesucht wird, ergibt vielleicht die Ocularuntersuchung wohl einen durch die Extractionsversuche sufundirten, blutig gerissenen, entzündeten Gehörgang oder auch ein durchstossenes Trommelfell, wogegen die Anwesenheit eines Fremdkörpers im Ohre mit Bestimmtheit ausgeschlossen werden kann. Dieser war noch vor seiner versuchten Entfernung unbemerkt aus dem Gehörgange herausgefallen.

In Fällen, in denen das Vorhandensein eines Fremdkörpers im Ohre constatirt wird, versuche man vorerst die Ausspritzung und lasse sich selbst bei einer anscheinend günstigen Lage des Körpers nicht verleiten, vor der Spritze ein anderes Instrument zu benützen. Die Gehörgangswände können durch vorausgeschickte Eingiessungen von Oel oder Seifenwasser schlüpfrig gemacht werden. Auf diese Weise ist man nicht selten im Stande, selbst stärker eingekeilte Fremdkörper leicht zu entfernen. Misslingt die Ausspritzung wegen einer etwa bestehenden entzündlichen Schwellung, so ist in erster Linie die Behandlung der Entzündung des Gehörganges vorzunehmen, eventuell der Gehörgang durch Einlagen zu erweitern, da nach erfolgter Abschwellung der Weichtheile der früher eingekeilte Fremdkörper nunmehr so gelockert sein kann, dass er zuweilen von selbst aus dem Ohre herausfällt. Nur bei den Symptomen einer Affection des Gehirns oder der grossen Blutgefässe in der Umgebung des Ohres, beim Auftreten von heftigen Kopfschmerzen, von Erbrechen oder von Schüttelfrösten, ist eine gewaltsame Extraction des Fremdkörpers, zur Behebung einer etwa vorhandenen Retention des Eiters im Mittelohre, sogar dringend angezeigt.

Unter den in das äussere Ohr tiefer eingeführten Fremdkörpern, bieten zuweilen jene grössere Schwierigkeiten ihrer Entfernung dar, die in Folge von Anfquellung nachträglich eine Volumsvergrösserung erfahren, wie z. B. Hülsenfrüchte und Fruchtkerne. Besonders unangenehm werden solche Fälle, in denen die Fremdkörper durch den engeren Verbindungstheil des

---

[1]) *Douglas* (s. *Schmidt's* J. 1841. B. 32. S. 272) berichtet von einer Frau, der während der Wehen eine Glaskugel aus dem Ohre herausgeschleudert wurde, die vor 20 Jahre vorher in den Gehörgang hineingelangt war. — [2]) *Albers*, s. *Lincke's* Sammt. H. 2, S. 182; Med. Times 1859, 17. Dec.

knorpelig-knöchernen Gehörganges bis in das erweiterte innere Ende des Ohrcanales vorgedrungen sind und in Folge ihrer später eingetretenen Aufquellung, von dem Isthmus des Gehörganges an dem Austritte verhindert werden. Gelingt die Ausspritzung solcher Fremdkörper nicht, so kann man eine vorsichtige Extraction mit einer hackenförmigen Pincette, ähnlich der Irispincette oder mit der gelenkigen Ohrpincette[1]) versuchen. Auch löffel- und hebelförmige Instrumente, selbst eine einfache umgebogene Haarnadel, sind im Erfordernissfalle zu benützen.

Brodie[2]) empfiehlt eine schwache Zange, deren Blätter einzeln angelegt werden. *Lecroy d'Etioles*[3]) eine Nadel mit articulirender Spitze; die Nadel wird zwischen die Gehörgangswand und den Fremdkörper nach innen vorgeschoben und hierauf die articulirte Spitze rechtwinkelig gestellt und in dieser Stellung sammt dem Fremdkörper herausgezogen. *Lucae*[4]) führte in einem Falle durch die Oeffnung einer am Trommelfelle befindlichen Perle ein Laminariastäbchen ein und zog nach $1\frac{1}{2}$ Stunde dasselbe mit der anhängenden Perle aus.

In einzelnen Fällen kann zur Extraction auch der Schlingenschnürer[5]) benützt werden. Quergestellte, im Gehörgange sich spiessende Körper sind zu zerschneiden und stückweise zu entfernen. Von verschiedenen Autoren wurde mit Erfolg der Versuch angestellt, eingeklemmte Fremdkörper aus dem Gehörgange mittelst Klebemittel zu entfernen.

Clarke[6]) brachte den Fremdkörper mit Heftpflaster in Berührung, welches hierauf vermittelst eines Brennglases erweicht wurde. Zur Extraction der Fremdkörper eignen sich ferner ein stark klebender Firniss*), eine alkoholische Schellacklösung mit Baumwolle, die durch 24 Stunden im Ohre zu liegen hat[7]) oder aber eine Tischlerleimlösung*), ein in dicke Leimlösung getauchter Pinsel, der dem Fremdkörper durch 1—2 Stunden angelegt wird.

Aehnliche Methoden können auch zur Extraction dünner metallischer Körper angewendet werden, so lässt sich z. B. eine Nadel durch ein auf die Sonde angeschmolzenes Wachskügelchen entfernen. Zu demselben Zwecke dient ein Magnetstab.[9])

Ist ein Körper in die Paukenhöhle eingedrungen und lässt er sich nicht extrahiren, so versuche man, ihn mittelst Injection durch die Tuba in die Paukenhöhle, heraus zu befördern.[10]) Gleich den Tubar-Injectionen sind zuweilen einfache Lufteinblasungen im Stande, den Fremdkörper nach aussen zu drängen[11]); auch durch Verdünnung der Luft[12]) im Gehörgange kann ein in diesem befindlicher Fremdkörper herausbefördert werden.

Im Falle die bisher erwähnten Methoden nicht zum Ziele führen, ist eine Verkleinerung des eingekeilten Fremdkörpers zu versuchen, wonach die einzelnen Fragmente leicht ausgespritzt werden können. Eine Verkleinerung des Fremdkörpers kann eventuell mittelst glühender[13]) Nadeln stattfinden. Manche Körper lassen sich mit löffel- oder hackenförmigen Instrumenten stückweise extrahiren. Dagegen ist vor einer unter starkem Drucke versuchten Anbohrung des Fremdkörpers oder dessen Zersprengung mit meisselförmigen Instrumenten sehr zu warnen, besonders wenn sich der

---

[1]) *Trautmann*, A. f. Ohr. VIII, S. 102. — [2]) *S. Schmidt's* J. 1844, B. 43, S. 221. — [3]) *S. Rau*, Ohrenh. S. 375. — [4]) *Lucae*, Real-Encyclopädie d. ges. Heilk. Wien 1881, B. 5, S. 400. — [5]) *Tröltsch*, Ohrenh. 1877, S. 519. — *) S. A. — [6]) *Mechaniker Blake*, s. *Schmidt's* J. 1, Suppl. B. 1836, S. 387. — *) *Engel*, s. *Schmidt's* J. 1852, B. 73, S. 227; *Löwenberg*, Berl. kl. Woch. 1872, S. 106 u. 116. — [9]) *Rau*, S. 372. — [10]) *Deleau* (Gaz. méd. de Paris 1835, p. 303) entfernte auf diese Weise ein in die Paukenhöhle eingedrungenes Steinchen, *Lucae* (l. c. S. 401) ein Laminariastiftchen. — [11]) *Rau*, Ohrenh. S. 371; s. ferner S. 83. — [12]) *Abul Kasem* (1778), s. *Rau*, S. 375; *Meyer* in Saarlouis, s. *Canstatt's* J. 1841, Otolog. Ber. S. 13. — [13]) *Sassonia* (1604), s. *Lincke*, Ohrenh. II, S. 33; *Voltolini*, M. f. Ohr. III, Sp. 97.

Körper bereits in der Paukenhöhle befindet. Ehe man zu einer solchen geradezu lebensgefährlichen Operation schreitet, lasse man den Fremdkörper lieber ruhig liegen.

Wenn sich ein Fremdkörper in der Tiefe des Ohres festgesetzt hat und in seiner Entfernung eine Indicatio vitalis gelegen ist, so kann es nöthig werden, sich auf operativem Wege einen **künstlichen Zugang** zu dem Fremdkörper zu bahnen. *Paul v. Aegina*[1]) empfiehlt dazu, hinter der Ohrmuschel einen halbmondförmigen Einschnitt zu machen und die hintere Wand des Gehörganges vom Knochen abzulösen. *Tröltsch*[2]) schlägt vor, bei Kindern die obere Gehörgangswand von der Schuppe zu entfernen und hierauf mit einer gekrümmten Aneurysmanadel oder einem Hebel, bis zum Trommelfell vorzudringen, was bei Kindern leicht gelingt; dagegen soll bei Erwachsenen die untere Wand, nach *Bezold*[3]) und *Schwartze*[4]) die untere und hintere Wand des Ohrcanales als Ausgangspunkt der Operation gewählt werden. *Langenbeck*[5]) führte in einem Falle, zur Extraction eines in der Paukenhöhle gelagerten Fremdkörpers, hinter der Ohrmuschel einen halbmondförmigen Schnitt bis zur Knochensubstanz des Warzenfortsatzes, hob das Periost und den knorpeligen Gehörgang ab und nahm hierauf den im Cavum tympani befindlichen Körper heraus.

Nach *Gruber*[6]) könnte man den Versuch machen, den in der Paukenhöhle befindlichen Fremdkörper von einer in dem Warzenfortsatze angelegten Lücke aus zu entfernen.

Diese, sowie überhaupt alle schmerzhaften Extractionsversuche, oder solche bei denen der Patient keine stärkeren Bewegungen mit dem Kopfe vornehmen darf, sind in der Narkose auszuführen.

III. CAPITEL.
Das Trommelfell (Membrana tympani).
A) Anatomie und Physiologie.

I. Entwicklungsgeschichte. Nach der bisher allgemein angenommenen Lehre von *Reichert*, dachte man sich das Trommelfell aus jener Bildungsmasse hervorgegangen, welche durch Hineinwucherung in die erste Kiemenspalte, diese in eine äussere und innere Abtheilung, beziehungsweise in das äussere und mittlere Ohr, scheidet. Wie jedoch schon früher bemerkt wurde (s. S. 70), entstammt das **Trommelfell** in Wirklichkeit der **äusseren Hautdecke**, in deren Niveau es sich ursprünglich befindet. Der dem Trommelfell angehörige Theil des äusseren Keimblattes wird durch eine zum äusseren Gehörgange sich gestaltende Bildungsmasse von dem übrigen Cutisgewebe abgesondert, während durch die Entwicklung der Paukenhöhle, auch nach innen vom Trommelfell ein Hohlraum entsteht. Erst damit erhält die Membrana tympani den Charakter einer Scheidewand, die, wie aus der gegebenen Darstellung hervorgeht, dem Trommelfell ursprünglich nicht zukommt (s. Fig. 48).

Betreffs der Betheiligung der einzelnen embryonalen Schichten an der Bildung des Trommelfellgewebes, haben die bisher vorgenommenen Untersuchungen keine Uebereinstimmung erzielt. Während nach *Moldenhauer* und *Rauber*[7]) die Ohrtrompete und Paukenhöhle einer Einstülpung des Darmrohres entstammen, sprechen meine[8]) Untersuchungen dafür, dass diese beiden Abschnitte des Gehörganges aus einer Seitenbucht

---

[1]) De chirurgia etc. 1533, s. *Lincke*, Ohrenh. II. S. 586. — [2]) Ohrenh. 1877. S. 520. — [3]) A. f. Ohr. XVIII. S. 59. — [4]) A. f. Ohr. XVIII. S. 64. — [5]) S. Berl. kl. Woch. 1876. 10. April. — [6]) Ohrenh. S. 429. — [7]) Morph. Jahrb. 1877. III, 1; A. f. Ohr. XIII. S. 36. — [8]) Mitth. a. d. embryol. Inst. d. Prof. *Schenk* in Wien. H. 1, S. 1.

der Mund-Nasen-Rachenhöhle hervorgehen. Da das Darmrohr dem inneren Keimblatte zukommt, die Mund-Nasen-Rachenhöhle dagegen von einer Einstülpung des äusseren Keimblattes bekleidet ist, so wird das embryonale Trommelfell, nach *Moldenhauer* und

Fig. 48.

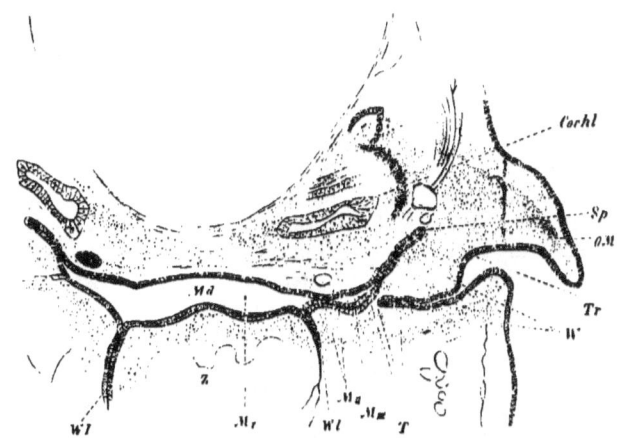

Querdurchschnitt eines Kaninchenembryo von 17 Tagen. — *Md (Mt)* Mundbucht. — *M*$_{tt}$ Verengerte Stelle zwischen Mundbucht und Mittelohr. — *M*$_{ttt}$ Mittelohr. — *OM* Ohrmuschel. — *Sp* Laterale, spitzzulaufende Partie des Mittelohres. — *T* Trommelfell. — *Tr* trichterförmige Einmündung in den äusseren Gehörgang. — *W* Wulstförmiger Vorsprung am Eingang in den äusseren Gehörgang. — *Wl* Wallartige Vertiefungen zu beiden Seiten der Zunge. — *Z* Zunge.

Rauber, von sämmtlichen drei Keimblättern gebildet, während sich nach der Anschauung von *Schenk* und von mir an der Bildung des Trommelfelles nur zwei Keimblätter, und zwar das Ectoderm (a. d. Bildung der äusseren und inneren Trommelfellschichte) und das Mesoderm (a. d. mittleren Schichte) betheiligen.

II. Anatomie. Das bei 0·1 Mm. dicke Trommelfell schliesst den Gehörgang nach innen ab (s. S. 71 u. 72, Fig. 43—45) und reicht in dessen obere Wand mit einem individuell verschieden grossen buckeligen Vorsprung hinein: es besitzt die F o r m einer Birne oder eines schwach ausgeprägten Längsovals von ungefähr 8—10 Mm. Durchmesser. Aus seiner ursprünglichen horizontalen Lage[1]) rückt das Trommelfell nach der Geburt allmälig gegen die Verticalstellung vor, erreicht jedoch diese nicht, sondern verharrt in einem Neigungswinkel von 30—35°[2]) bis 40°[3]) gegen die untere Gehörgangswand, wodurch die obere und hintere Peripherie der Membran, dem Ohreingange um 6—7 Mm. näher liegt als deren vordere und untere Peripherie.

Eine stärkere Horizontalneigung des Trommelfelles lässt dasselbe kleiner (in perspectivischer Verkürzung) erscheinen, als eine mehr vertical gestellte Membran. Diesem Umstande ist bei Abschätzung der Grösse des Trommelfelles[4]) in normalen und pathologischen Fällen Rechnung zu tragen. Auch die R e f l e x i o n d e r S c h a l l w e l l e n nimmt mit der Neigung der Membran zu, demzufolge ein gegen den Horizont geneigteres Trommelfell weniger Schallwellen zum Labyrinthe gelangen lässt, als ein mehr verticales Trommelfell. Dementsprechend sollen musikalisch gebildete Individuen zuweilen ein auffallend senkrecht stehendes Trommelfell haben.[5])

[1]) *Haller*, s. *Lincke*, Ohrenh. I, S. 97. — [2]) *Lincke*, l. c. — [3]) *Tröltsch*, Anat. d. Ohr. 1861, S. 23. — [4]) Die Membrana tympani ist bereits an Neugeborenen in ihrem Wachsthum abgeschlossen. — [5]) *Bonnafont*, *Schwartze*, *Lucae*, s. A. f. Ohr. III, S. 200. Eine besondere Verticalstellung des Trommelfelles bei musikalischen Individuen habe ich bisher nicht bemerkt, dagegen beobachtete ich anderseits auffällige Verticalstellung der Membran an unmusikalischen Personen.

Wölbung. Das Trommelfell wird in seiner vorderen Hälfte durch den kurzen Fortsatz (Processus brevis) und den Griff des Hammers stark nach aussen gewölbt; am unteren Ende der letzteren befindet sich die am meisten nach einwärts gelegene Partie, der Umbo (der Nabel)[1] des Trommelfelles. Die zu beiden Seiten des Hammergriffes liegenden Theile der Membran sind schwach vertieft, während wieder gegen die Peripherie eine, besonders im vorderen Trommelfellsegmente stärker ausgebildete, wellenförmige Erhebung stattfindet, die sich an der Peripherie selbst allmälig abflacht.

Bemerkenswerth ist die Erscheinung, dass die Membran für desto weniger gewölbt gehalten wird, je durchsichtiger sie ist, wogegen bei stärkerer Trübung die trichterförmige Concavität der äusseren Fläche auffälliger hervortritt.[2]

Die **Farbe** des Trommelfelles erscheint bei der Untersuchung am Lebenden als eine Mischfarbe, die theils von der Farbe der Lichtquelle, theils von der Farbe des äusseren Gehörganges und besonders von dem Colorite der verschiedenen Theile der Paukenhöhle, theils von der Eigenfarbe des Trommelfelles abhängt. Am auffälligsten hebt sich die weiss-gelbliche Farbe des kurzen Fortsatzes und des **Hammergriffes** vom Trommelfelle ab. Häufig zeigt das untere Ende des Griffes eine **scheibenförmige Verbreiterung**; diese entsteht entweder durch eine kleine spiralige Drehung des Hammergriffes, wobei anstatt der Kante die vordere Griffläche dem Trommelfelle anzuliegen kommt, oder aber der Hammergriff verläuft bis zu seinem Ende vollkommen gerade und schliesst mit einer kleinen Scheibe ab. Die am Umbo auftretende kreisförmige Trübung kann zum Theile von einem Knorpelgebilde herstammen, welches unter das Griffende hinabragt.

Die betreffenden Knorpelzellen gehören einem Knorpellager an, welches den Processus brevis und den Hammergriff bis über sein freies Ende hinaus bedeckt und mit den Trommelfasern in innige Verbindung tritt.[3] Die Knorpelzellen sind als ein Ueberrest des im embryonalen Zustande vollkommen knorpeligen Hammers zu betrachten.

Die erwähnte Hammergriffscheibe kann in pathologischen Fällen, bei vermehrter Concavität des Trommelfelles, von Seiten der durchschimmernden inneren Wand der Paukenhöhle eine scheinbare Vergrösserung aufweisen (s. unten).

Am freien Ende des Hammergriffes gibt sich ferner ein kleiner **sichelförmiger gelber Fleck**[4] zu erkennen, der von der durchschimmernden Fläche des Hammergriffes herrührt. Den näheren Untersuchungen *Trautmann's*[4] zufolge hebt sich diese Sichel mit ihrem oben abgerundeten Theile vom Hammergriffe ab, während der untere Theil allmälig in das Griffende übergeht. Die convexe Seite der Sichel ist gegen den Hammergriff gekehrt, indess die Concavität, in deren Mitte die Spitze des Lichtkegels liegt, gegen die vordere Peripherie des Trommelfelles gewendet ist.

Die durch verschiedene andere Theile der Paukenhöhle veranlassten Trübungen des Trommelfelles finden sich später angeführt.

Die **Eigenfarbe** des normalen Trommelfelles bietet, je nach dem Alter des Individuums, bedeutende Verschiedenheiten dar, und zwar erscheint die Farbe der Membran beim Kinde, in Folge der Mächtigkeit der epidermoidalen Gebilde schmutzig weiss, beim Erwachsenen dagegen perlgrau,

---

[1] Als Nabel des Trommelfelles wurde früher dem Sinne des Ausdruckes entsprechend, die Erhebung des Trommelfelles durch den Proc. brevis verstanden. — [2] *Politzer*, Ohrenh., S. 112. — [3] *Gruber*, Anat. phys. Stud. üb. d. Trommelf. u. d. Gehörkn., Wien, 1867; Ohrenh., S. 79. — Die Annahme *Gruber's*, dass eine gelenkartige Verbindung zwischen dem Knorpelgebilde und dem Trommelfell bestehe, wurde zuerst von *Prussak* (C. f. d. med. Wiss. 1867, S. 225) widerlegt. — [4] *Schwartze*, s. *Trautmann*, A. f. Ohr. XI, S. 99.

neutralgrau, „dem ein schwacher Ton von Violett und lichtem Braungelb beigemengt ist[1])"; im späteren Alter findet sich wieder ein Stich ins Weissliche vor. Die graue Farbe des Trommelfelles ist nicht an allen Stellen gleich ausgeprägt, sondern erscheint an den vor dem Hammergriffe gelegenen Partien dunkler, wogegen dem hinteren Trommelfellsegmente eine lichtere Färbung zukommt.

An der vorderen Trommelfellhälfte fällt ein hellglänzender dreieckiger Fleck[2]) ins Auge, welcher als **Lichtkegel** des Trommelfelles bezeichnet wird. Dieser geht mit seiner Spitze vom Umbo aus und wendet seine breite Basis der vorderen unteren Peripherie des Trommelfelles zu, ohne diese zu erreichen.

Der Lichtkegel entsteht durch eine verticale Stellung des betreffenden Trommelfellabschnittes, welche eine Reflexion der einfallenden Lichtstrahlen in das Auge des Beobachters veranlasst.[*]) Nach *Trautmann*[4]) erscheint der Lichtkegel am vorderen unteren Quadranten des trichterförmigen Trommelfelles, in Folge der Neigung desselben um 45° gegen die Verticalebene und um 10° gegen die Horizontale.

Am makroskopischen Trommelfellbilde hebt sich der peripher gelagerte Theil, der sogenannte **Annulus cartilagineus** sc. tendinosus („Ringwulst"[5]) vom übrigen Trommelfellgewebe scharf ab.

Der Ringwulst besteht aus einem innig verfilzten, mit Knorpelzellen durchsetzten Bindegewebe, von dem ein Theil der Trommelfellfasern seinen Ursprung nimmt.[6]) Der zarte, faserknorpelige Ring erscheint an Weingeistpräparaten, wie die Gelenksknorpel der Gehörknochen, rothgefärbt.[7])

Der Annulus cartilagineus, welcher gleich dem Annulus tympanicus, in dessen Furche er verläuft, nach oben offen ist, erscheint vom Gehörgange aus gewöhnlich nur **theilweise sichtbar.** Der Grund hiefür liegt einerseits in den verschieden starken Hervorwölbungen der Gehörgangswände, welche einen Theil des Annulus der Besichtigung entziehen, andererseits in der sehr wechselnden Breite des äusseren Falzblattes vom Paukenring, das einen grösseren oder kleineren Abschnitt des Ringwulstes verdeckt; nur nach oben ist dieser als weisser Saum häufig deutlich erkennbar. Bei der Besichtigung eines Trommelfellpräparates von der Paukenhöhle aus, ist dagegen der Annulus cartilagineus in seinem ganzen Verlauf zu überblicken.

Das vom Ringwulste eingesäumte Trommelfell besteht aus einem fibrösen, sehr consistenten Gewebe, der Membrana propria (Lamina propria sc. fibrosa), die nach aussen von der Cutis des äusseren Gehörganges, nach innen von der Schleimhaut der Paukenhöhle bekleidet ist. Es sind demnach am **Trommelfelle drei Schichten**[8]) zu unterscheiden und zwar von aussen nach innen: die Cutisschichte, die **Membrana propria** und die **Mucosa.**

Die **Cutis** des Trommelfelles besteht aus einer oberflächlich gelagerten Epidermisschichte und einem darunter befindlichen Bindegewebslager, in welchem die Gefässe und Nerven des Trommelfelles verlaufen. Ein besonders mächtiges Bindegewebsband begibt sich von der **oberen Wand** des äusseren Gehörganges auf das Trommelfell, in einem mit dem Hammergriffe ungefähr parallelen Verlaufe, bis zum Umbo herab[9]); es wurde früher als Musc. laxator tympani minor oder als Ligamentum mallei externum bezeichnet. Der Cutisschichte des Trommelfelles ermangelt ein wesentliches Attribut des Cutisgewebes, nämlich die Papillen; dagegen soll sich in dem, hinter dem Hammergriffe gelegenen mächtigen Cutisstreife, ein Drüsenlager nachweisen lassen.[10])

Die **mittlere Trommelfellschichte** wird aus einer Reihe von verschieden verlaufenden Faserlamellen zusammengesetzt, von denen die **Radiär-** und die **Circulär-Faserschichte** als die wichtigsten zu bezeichnen sind. Die **Radiär-Faserschichte** besteht aus einem System schief gerichteter und dabei sich wiederholt durchkreuzender

---

[1]) *Politzer*, Beleuchtungsbild. d. Trommelf. 1865, S. 21.   [2]) *Wilde*, Ohrenh., Uebers. S. 250 u. 251. — [3]) *Politzer*, A. f. Ohr. I. S. 155; *Helmholtz*, *Pflüger's* Arch. I.
[4]) A. f. Ohr. VIII, S. 27. -   [5]) *Gerlach*, Mikr. Studien etc., Erlangen, 1858, S. 53 bis 64. — [6]) *Lincke*, Ohrenh. I, S. 94.   [7]) *Huschke*, Anatom. B. 5, S. 824. —   [8]) *Buchanan*, Phys. illustr. of the org. of hear. 1828, s. Med.-chir. Z. 38. Ergänz.-B. S. 387. —
[9]) *Tröltsch*, Z. f. wiss. Zool. 1858, B. 9, S. 92.   [10]) *Kessel*, A. f. Ohr. III, S. 310.

Fasern, deren Resultanten radiär verlaufen[1]), so dass demzufolge nicht jede einzelne Faser eine speichenförmige Anordnung aufweist. Die Radiärfasern entspringen vom Annulus cartilagineus, zum Theile auch vom periostalen Cutislager des knöchernen Gehörganges und inseriren dem Hammergriffe, beziehungsweise dessen Knorpelgebilde. Nach innen von den Radiärfasern liegt die Circulär-Faserschichte, welche aus bogenförmig verlaufenden Fasern besteht, die theils von der Peripherie des Trommelfelles, vom Ringwulste ausgehen[2]), theils im Trommelfellgewebe selbst ihren Ursprung nehmen. Sie enden entweder an der Peripherie des Trommelfelles, oder am Hammergriffe, oder auch im Trommelfellgewebe. Am pheripheren Theile von bedeutender Mächtigkeit (0·026''')[3]), beinahe doppelt so stark wie die Radiär-Faserschichte, wird die Circulärschichte gegen das Centrum des Trommelfelles rasch dünner und erscheint daselbst als eine nahezu homogene Membran. Das Verhältniss des Hammergriffes zu den radiären und circulären Fasern ist ein verschiedenes; während die Radiärfasern mit dem Hammergriffe in Verbindung stehen, zieht von den Circulärfasern nur der obere Theil über den Hammergriff hinweg, indess die unteren Fasern nach innen vom Hammergriffe verlaufen.) Zwischen den Fasern der mittleren Trommelfellschichte finden sich zahlreiche spindel- oder sternförmige, mit Ausläufern versehene, kernhaltige Zellen (Bindegewebskörperchen)[4]) vor. Ausser der Radiär- und Circulärschichte bestehen noch „abwärtssteigende Fasern"[5]) und ein „dendritisches Fasergebilde des Trommelfelles." Die abwärtssteigenden Fasern liegen unmittelbar unter der Cutis und gehen vom oberen Segmente des Ringwulstes convergirend gegen den Hammergriff; sie sind besonders an der hinteren Hälfte des Trommelfelles stark vertreten. Das dendritische Fasergebilde liegt mit seinem peripheren Theil zwischen der Radiär- und Circulär-Faserschichte, mit seiner centralen Partie nach innen von der Circulärschichte, also unmittelbar unterhalb der Mucosa. Es tritt besonders häufig vom hinteren Trommelfellsegmente in Form von bandförmigen Streifen auf, die sich in mehrere Schenkeln theilen und vollkommen unregelmässig verlaufend, bald nur über einen kleinen Theil des Trommelfelles, bald nahezu über die ganze Membran ziehen.) Nach Kessel[6]) ist das dendritische Fasergebilde ein Fasergerüst, das von Lücken durchsetzt erscheint; es entsendet balkenförmige Fortsätze durch das Trommelfell und hilft Hohlräume bilden, in welche Lymphgefässe eintreten.

Nach den Beobachtungen von Home[7]), Leydig[8]) und Prussak[9]) scheinen in der Substantia propria glatte Muskelfasern vorzukommen.

Die innerste Schichte des Trommelfelles wird durch die Mucosa des Cavum tympani gebildet, die aus Pflasterepithel und einem dünnen Bindegewebslager besteht. An dem peripheren Theile der Mucosaschichte wurden von Gerlach[10]) papillen- oder zottenförmige Hervorragungen beobachtet.

Der soeben gegebenen Darstellung gemäss, finden sich am Trommelfell folgende Schichten vor: Epidermis und Bindegewebe als äussere Schichte; abwärts steigende Fasern, Radiärschichte, Circulärschichte und dendritisches Gewebe als mittlere Schichte; ein zartes Bindegewebe mit einem Flimmerepithel als innere Schichte.

Während bisher nur von jenem Abschnitte des Trommelfelles die Rede war, welchen der Annulus cartilagineus einfasst, erübrigt nunmehr die Besprechung eines kleinen, ober dem kurzen Fortsatze gelegenen Theiles des Trommelfelles, der sogenannten Membrana flaccida Shrapnelli. Diese wird vom übrigen Trommelfelle nach unten durch zwei Linien abgegrenzt, die vom kurzen Fortsatze zur vorderen oberen und hinteren oberen Peripherie des Trommelfelles verlaufen und manchmal als weisse Stränge (Grenzstränge)[11]) oberhalb der vorderen und hinteren Falte sichtbar sind. Nach oben ist die Membrana Shrapnelli zwischen den beiden Endpunkten des Ringwulstes ausgespannt und ragt in die obere Gehörgangswand buckelförmig nach aufwärts.

---

[1]) *Tröltsch*, Ohrenh. 1877. S. 48 u. 49. — [2]) *Gruber*, Ohrenh. 85. — [3]) *Gerlach*, s. S. 113. Anm. 5. — [4]) *Tröltsch*, Z. f. wiss. Zool. 1858. B. 9. — [5]) *Gruber*, Ohrenh. S. 86—89. — [6]) *Stricker*, Gewebelehre B. 2. S. 849; A. f. Ohr. VIII. S. 87. — [7]) *Philos. Transact.* 1800 Vol. XC. — [8]) Lehrb. d. Hist. S. 266. — [9]) A. f. Ohr. III. S. 273. — [10]) Mikr. Stud. S. 53—64. — [11]) *Prussak*, A. f. Ohr. III. S. 259.

Vom übrigen Theile des Trommelfelles unterscheidet sich die Membrana flaccida durch den Mangel eines Annulus cartilagineus und besonders durch das Fehlen einer eigentlichen Substantia propria, die nur spärliche Fasern zur Membrana flaccida entsendet. Da die Membrana Shrapnelli demzufolge nur aus zwei Schichten, nämlich aus der Cutis und Mucosa besteht und gerade die mächtigste und resistente Lamina fibrosa nicht besitzt, so erklärt sich auch die geringe Widerstandsfähigkeit, welche ihr im Vergleiche mit dem eigentlichen Trommelfelle zukommt. Nach *Hilde*[1]) ist die M. flaccida beim Menschen rudimentär, dagegen beim Schaf sehr entwickelt. Den Untersuchungen *Coyne's*[2]) zufolge tritt mit dem zunehmenden Alter eine allmälige Verkleinerung der M. Shrapnelli ein.

Das Trommelfell bezieht seine **Gefässe** sowohl vom äusseren Gehörgange, als auch von der Paukenhöhle aus, wobei die Cutisschichte ein bedeutend reichlicheres Gefässnetz aufweist, als die Mucosa. **Arterien.** Das **äussere**, mächtige, arterielle **Gefässnetz** des Trommelfelles wird von der Art. auric. prof. gebildet. Diese sendet von verschiedenen Punkten der Peripherie des Trommelfelles, kleine Aeste nach dem Centrum ab, indess von der oberen Gehörgangswand mehrere starke Gefässzweige gegen den Umbo verlaufen, wobei sie der Peripherie des Trommelfelles kleine Aeste abgeben. In Fällen von natürlicher Injection der Gefässe tritt von der oberen Gehörgangswand, meist hinter dem Hammergriffe, seltener vor demselben, ein ziemlich breites Gefässband auf das Trommelfell über, welches gewöhnlich mit dem Hammergriffe einen nach oben spitzen Winkel bildet. An dem **inneren Gefässnetz** des Trommelfelles betheiligen sich die Arteriae tympanica externa und tymp. interna. Die Art. tymp. ext. ist ein Zweig der Art. aur. prof., welche durch die Fissura Glaseri in die Paukenhöhle gelangt: die Art. tymp. int. entstammt der Art. stylomastoidea und kann zuweilen auch direct aus der Carotis externa oder interna entspringen.[3]) Die **Venen** der Cutisschichte, von denen je zwei eine Arterie zwischen sich fassen, münden in die Vena jug. ext. Das venöse Blut der inneren Schichte ergiesst sich theils in den Venenplexus der Ohrtrompete und des Unterkiefergelenkes, theils in die Ven. durae matris und in den Sinus transversus.

Die Substantia propria ist nach *Kessel* nicht als gefässlose Trommelfellschichte zu betrachten, sondern besitzt ebenfalls Gefässe, welche theils die Substantia propria perforiren, theils in dieser sich ausbreiten.[4]) *Moos*[5]) bestätigt die venösen Rami perforantes, wogegen ein eigentliches Gefässnetz von diesem Autor nicht nachgewiesen werden konnte.

Moos[5]) beschreibt ein **anastomotisches Capillarnetz** im Trommelfelle, durch welches nicht allein an der Peripherie, sondern auch am Hammergriffe, die Gefässe der äusseren Schichte des Trommelfelles mit denen der inneren Schichte in Verbindung treten. Eine besondere Mächtigkeit kommt hierbei einem peripheren Venenkranze zu, mit dem sich die Venen der Cutisschichte und der Mucosa verbinden. Das Blut des Trommelfelles kann, den Befunden von *Moos* zufolge, auf drei Wegen aus der Paukenhöhle zum äusseren Gehörgange gelangen oder umgekehrt, nämlich entlang der ganzen Peripherie des Trommelfelles, entlang dem Hammergriffe und durch die Membrana flaccida, endlich durch die Rami perforantes der Substantia propria.

Die **Lymphgefässe** kommen nach *Kessel*[4]) in sämmtlichen drei Schichten des Trommelfelles vor und münden zum Theile frei an dessen innerer Oberfläche[6]), wodurch sie zur Aufnahme von Flüssigkeit aus der Paukenhöhle befähigt sein sollen.

---

[1]) *Schmidt's* Jahrb. 1845, B. 45, S. 72. — [2]) Gaz. d. sc. méd. d. Bordeaux 1880, Nr. 13. — [3]) *Henle*, Gefässlehre, 1868, S. 243.   [4]) *Stricker's* Gewebel. II, S. 850.
[5]) A. f. Aug. u. Ohr. VI, 2, S. 175.   [6]) *Kessel*, C. f. d. med. Wiss. 1869, Nr. 23, 24, 57.

Nerven. Die **äussere** Schichte des Trommelfelles wird von dem Ramus auriculo-temporalis Trigemini versorgt, dessen Endäste von der oberen Gehörgangswand auf das Trommelfell übertreten und hierauf in kleinere Zweige zerfallen. Die **innere** Seite der Membran erscheint vom Plexus tympanicus, einer Anastomose des Trigeminus mit dem Glossopharyngeus, nur spärlich versorgt.

III. Physiologie.

Das Trommelfell dient einerseits als **Schutzorgan** für die Paukenhöhle, andererseits hat es die durch die Schallwellen erregten Schwingungen auf die übrigen schallleitenden Theile des Gehörorganes zu übertragen. Der bedeutende Einfluss, den die Membrana tympani auf die **Schallleitung** ausübt, ergibt sich schon aus dem Umstande, dass ein Uebergang der Schallwellen von der Luft auf feste Körper sehr schwer direct, dagegen sehr leicht bei Vermittlung einer gespannten Membran stattfindet.[1]) Die Membrana tympani ist zu diesem Zwecke umsomehr geeignet, da sie keine plan ausgespannte, sondern eine gewölbte Oberfläche besitzt. Den gewölbten Membranen kommt eine bedeutende Resonanzverstärkung[2]) zu, gleichgiltig, ob die Membran den auffallenden Schallwellen eine convexe oder concave Oberfläche darbietet.[3])

Die Verbindung des Trommelfelles mit dem Hammergriffe ist gleichfalls von acustischer Bedeutung, da sich schwingende Membranen nur dann, wenn sie mit einem festen Körper in Berührung stehen, in Folge der Uebertragung ihrer Bewegung auf den festen Körper, schnell abdämpfen und daher auch bei rascher Aufeinanderfolge verschiedener Töne in hohem Grade geeignet sind, im Sinne jedes einzelnen Wellensystems zu schwingen.

Für die Schallleitung besitzt ferner das **Trommelfell** noch den Vortheil, dass es **schwach gespannt** ist und demzufolge einerseits leichter bewegt wird[4]), andererseits aber selbstständig nur wenig tönt. Allerdings hat auch das Trommelfell seinen Eigenton, und zwar entspricht ihm den e^{IV} c, weshalb Sch (fis^{IV} + d^{IV} + a^{III}), S (c^{IV}—c^{V}) und G-moll (d^{IV}) besonders stark empfunden werden[5]) (s. S. 30). Acustisch wichtig ist endlich noch die Befähigung der Membrana tympani, Töne von verschiedener Schwingungsdauer **gleichzeitig** durchzulassen.[6])

Ueber den näheren Vorgang bei den Schwingungen des Trommelfelles gibt *Helmholtz*[7]) an, dass der nach aussen bogenförmige Verlauf der Radiär-Faserschichte den auffallenden Schallwellen einen günstigen Angriffspunkt darbietet. Die in Schwingung versetzten Trommelfellfasern übertragen ihre Bewegungen unter sehr verminderter Amplitude, aber sehr vermehrter Kraft auf den Hammergriff, während wieder umgekehrt bereits eine geringe Bewegung des Hammergriffes ziemlich beträchtliche Veränderungen in der Wölbung des Trommelfelles veranlasst. Nach den Beobachtungen von *Mach* und *Kessel*[8]) tritt bei der Verdichtungsphase der Schallwelle, am Trommelfelle eine ringförmige Falte auf, welche von der Peripherie gegen den Umbo fortschreitet, indess sie bei der Verdünnungsphase denselben Weg in umgekehrter Richtung nimmt. Bei der Schwingung des Trommelfelles spannen sich die vordere und besonders die hintere Falte an und ab.[9]) Bei constanter Tonhöhe findet die ausgiebigste Bewegung nicht an der grössten Wölbung, sondern am centralen Theile des Trommelfelles statt. Das untere Stielende des Hammers schwingt dabei von vorne und aussen nach hinten und innen.

---

[1]) *J. Müller*, Handb. d. Phys. 1840, B. 2, S. 420. — [2]) *J. Müller*, l. c. S. 436; *Helmholtz*, *Pflüger's* Arch. f. Phys. I, S. 46. — [3]) *Politzer*, A. f. Ohr. VI, S. 37. — [4]) *Savart*, s. *Syme* in *Froriep's* Not. 1841, B. 19, Sp. 20; nach *Savart* (Journ. d. phys. expérim. 1824, p. 205, s. *Lincke*, Ohrenh. I, S. 455 u. 479), nimmt mit der Stärke der Trommelfellspannung die Intensität der Bewegung ab. — [5]) *Wolf*, A. f. Ang. u. Ohr. III, 2, S. 55. — [6]) *Politzer*, A. f. Ohr. VI, S. 35. — [7]) *Pflüger's* Arch. I. — [8]) Sitz. d. Wien. Ac. d. Wiss. 1874. 23. April; A. f. Ohr. IX, S. 284. — [9]) *Kessel*, A. f. Ohr. VIII, S. 80.

Ueber den **Einfluss** der vermehrten **Anspannung** des Trommelfelles auf die Schallleitung und Schallperception führt *Joh. Müller*[1]) an, dass mit der gesteigerten Trommelfell-Anspannung eine Erhöhung des Grundtones eintritt und dass ferner beim Aufblasen des Trommelfelles eine Dämpfung der stärkeren Geräusche bei der lauten Sprache erfolgt, wogegen die feinen Geräusche bedeutend besser gehört werden.

Wie *Kessel* (l. c.) bemerkt, accommodiren sich nur einzelne Theile des Trommelfelles und nicht die Membrana tympani als Ganze für hohe Töne. Untersuchungen über die Schwingungen des Trommelfelles ergeben, dass bei Einwirkung des Grundtones und der Octave während der Anspannung des Trommelfelles die Octave am hinteren Trommelfell-Segmente rasch abgedämpft wird, bei stärkerer Anspannung auch der Grundton, indess am vorderen Segmente die dem Grundtone und der Octave zukommenden Bewegungen gleichzeitig sistirt erscheinen. Dagegen zeigt die Membrana flaccida bei schwachem Zuge keine verminderte Bewegung, während bei starkem Zuge zuerst die dem Grundtone entsprechenden Schwingungen entfallen, also bei gleichzeitigem Zurückgehen des Grundtones am hinteren Trommelfell-Segmente die Octave vorwiegt.

Nach *Autenrieth* und *Kerner*[2]) bedingt die **Schiefstellung des Trommelfelles** zwei Bewegungen der einfallenden Schallwellen, nämlich eine Transversalschwingung und eine Longitudinalschwingung entlang des Trommelfelles. Je kreisförmiger die Membran ist, desto geeigneter erscheint sie für tiefe Töne. Nach *Cuvier* besitzen Fleischfresser ein mehr **elliptisches** Trommelfell, weshalb Hunde durch hohe Töne besonders stark afficirt werden. Katzen hören tiefe Töne schlecht, schrecken dagegen bei hohen Tönen aus dem Schlafe; der Maulwurf besitzt, behufs leichterer Perception der dumpferen Töne unter der Erde, ein breites Trommelfell; das des Menschen ist mehr **kreisförmig**.

Ein mittelst der Sonde stattfindender mässiger **Druck auf das Trommelfell** erhöht die Perception für die Uhr um mehrere Centimeter und lässt ferner die eigene Sprache verstärkt erscheinen.[3]) Beim **Untertauchen ins Wasser**, wobei Nase und Mund frei blieben, bemerkte *Schmidekam*[3]) eine abgedämpfte Schallperception und die Unfähigkeit, die Richtung der Schallquelle zu bestimmen; bei Ausfüllung beider **Gehörgänge mit Wasser** ging die Beurtheilung der Stärke der eigenen Töne bei lauter Sprache verloren, indess für die Flüstersprache das richtige Mass bestand; ferner trat ein enorm lautes Hören für alle Muskelgeräusche ein, so z. B. selbst bei der Contraction des Musc. orbic. palpebrarum. Dagegen fand sich bei den letzteren Versuche die Angabe von *E. Weber* nicht bestätigt, dass bei einem mit Wasser belasteten Trommelfelle jede Erregung des Gehörnerven auf eine im Innern des Körpers befindliche Schallquelle bezogen wird.

Bezüglich der **Resistenz der Membrana tympani** ergaben die Untersuchungen (an der Leiche)[3]), dass die Widerstandsfähigkeit des Trommelfelles beim Menschen viel bedeutender ist als bei den meisten Thieren: während das menschliche Trommelfell eine Belastung mit einer Quecksilbersäule von 140—160 Cm. Höhe erträgt, erleidet dagegen das Trommelfell des Hundes bei 66 Cm., das des Schafes bei 34 Cm. Quecksilberhöhe eine Ruptur.

Die **Dehnbarkeit** des Trommelfelles ist eine sehr beträchtliche, wie dies unter Anderem aus einer Reihe von später zu besprechenden pathologischen Fällen hervorgeht. Ein methodisch einwirkender Druck auf das Trommelfell ermöglicht eine Vergrösserung der Oberfläche des Trommelfelles um $1/4$, $1/8$.[4])

Hohe Töne rufen eine **Injection der Hammergriffgefässe** hervor. Bei elektrischer Reizung des verlängerten Markes beobachteten *Stricker* und *K.*[5]) am Frosche eine starke Contraction der Trommelfellgefässe.

B) Pathologie und Therapie.

I. Bildungsanomalie.
Die Bildungsanomalien des Trommelfelles stehen mit solchen des äusseren Gehörganges und der Paukenhöhle in Zusammenhang; dahin gehört

---

[1]) Phys. II, S. 438; s. ferner *Wolf*, Sprache u. Ohr. 1871, S. 235.   [2]) A. C. Phys. 1809, B. 10, S. 335 u. folg.   [3]) *Schmidekam* und *Hensen*, Stud. z. Phys. d. Hörorg. 1868.   [4]) *Gruber*. M. f. Ohr. V, Sp. 36.   [5]) *Bonnafont*. Gaz. méd. de Paris 1842, p. 65, s. Z. f. d. ges. Med. B. 20. S. 534.   [6]) Wien. med. Jahrb. 1871, S. 102.

das Fehlen der Membrana tympani bei mangelhaftem äusseren Gehörgange oder Mittelohre und die Substituirung des Trommelfelles durch einen knöchernen Verschluss. Ein verlässlicher Fall von isolirter Missbildung des Trommelfelles findet sich in der Literatur nicht verzeichnet, und auch die bisherige Annahme, dass eine am oberen Trommelfellrande vorkommende Lücke möglicherweise auf einer Bildungshemmung beruhe, ist nach den neueren embryologischen Untersuchungen nicht haltbar (s. S. 110).

Die in der Literatur angeführten Fälle von Duplicität des Trommelfelles sind auf einfache membranöse Neubildungen im Gehörgange zurückzuführen (s. S. 78).

Ueber eine Anomalie der Grösse und Gestalt liegen bisher nur vereinzelte Beobachtungen vor.[1]) Als anomale Neigung wäre die mangelhafte Aufrichtung des Trommelfelles anzuführen.[2])

II. Eine Anomalie der Verbindung des Trommelfelles.

1. Eine Anomalie der Verbindung des Trommelfelles mit der Paukenhöhle zeigt sich entweder als eine mittelbare durch Pseudomembranen, welche das Trommelfell mit den verschiedenen Theilen der Paukenhöhle verbinden oder als eine unmittelbare durch directes Verwachsen der Membrana tympani mit dem Ambosse, der inneren Wand des Cavum tympani u. s. w.

Subjective Symptome. Die bei den erwähnten Adhäsionsprocessen auftretenden Symptome von Schwerhörigkeit und Ohrensausen hängen zum Theile von Schallleitungshindernisse ab, das bei einer pathologischen Verbindung mit dem Trommelfelle in sehr verschiedenem Grade besteht, zum Theile sind sie auf das etwa vorkommende tiefere Einsinken der Steigbügelplatte in den Vorhof zu beziehen.

Objective Symptome. Bei einer Verwachsung des Trommelfelles mit den Gebilden der Paukenhöhle treten in vielen Fällen Trübungen und Einziehungen des Trommelfelles an den Verwachsungsstellen hervor.

Pseudomembranen schimmern je nach der Durchscheinbarkeit des Trommelfelles mehr minder deutlich durch und geben sich als gelbliche oder schmutzigweisse Punkte und Streifen am Trommelfelle zu erkennen. Zuweilen ist jedoch selbst einer durchscheinenden Membrana tympani trotz vorhandener Adhäsionsbänder nicht die geringste Trübung bemerkbar, wie dies an diesbezüglichen Präparaten ersichtlich ist.

Die Einziehung der Membran an der Adhäsionsstelle ist je nach dem Spannungsgrade der Bindegewebsbrücken verschieden und kann bei einem schlaffen Zustande derselben auch vollständig fehlen. Bei Adhäsionen mit dem Ambosse, der inneren Paukenhöhlenwand u. s. w. erscheint das Trommelfell verschieden stark eingezogen und selbst trichterförmig vertieft, wobei eine an der Spitze des Trichters nicht selten vorkommende Trübung die Verwachsungsstelle anzeigt.

Diagnose. Zur Sicherstellung der Differentialdiagnose, ob es sich in einem gegebenen Falle um eine Adhäsion oder um eine einfache Anlagerung der durchschimmernden Theile (des Ambossschenkels, der Chorda tympani etc.) an das Trommelfell handle, ist eine Verdichtung der Luft in der Paukenhöhle oder eine Luftverdünnung im äusseren Gehörgange[3]) vorzunehmen. In Folge der dabei stattfindenden Hervorwölbung des Trommelfelles kommen dessen fixirte Partien in einer auffälligen Vertiefung zu liegen und geben sich somit als Adhäsionsstellen zu erkennen, wogegen bei einem einfach angelagerten Trommelfelle die früher deutlich erkennbaren Gebilde der Paukenhöhle verschwinden.

---

[1]) Köhler's Präparate a. d. Loder'schen Sammlung, s. Lincke, Ohrenh. I. S. 629.
[2]) Manstield, Mon. f. Med. v. Ammon, 1839, Sept. u. Oct., s. Frur, Not. 1840. B. 13, Sp. 11; T. (Anat. d. Ohr. S. 24) fand in einem Falle das Trommelfell um 27° stärker geneigt als gewöhnlich. — [3]) S. S. 4.

je nach dem Grade der Abhebung der Membran, undeutlich erscheinen oder vollständig unsichtbar werden.

Nach *Trautmann*[1]) treten bei Adhäsionsbildungen am Trommelfelle Veränderungen im Lichtreflexe auf, und zwar erscheint bei Verwachsung des unteren Theiles der Membran mit der inneren Wand der Paukenhöhle eine bedeutende periphere Verbreiterung des normalen Lichtkegels, während sich bei Verlöthung des Trommelfelles am hinteren Segmente ein pathologischer Reflex in Form eines Dreieckes zeigt, dessen Spitze am hinteren Ende des Hammergriffes und dessen Basis gegen das Promontorium gelegen ist. Lässt der Lichtkegel bei Untersuchung des Trommelfelles mit einer Loupe während der Auswärtsbewegung der Membran, nicht die geringste Veränderung erkennen, so spricht dies für eine Verwachsung mit der inneren Wand der Paukenhöhle.[2])

Schwieriger gestaltet sich die Diagnose bei schlaffen Adhäsionsmembranen, die dem Trommelfelle noch eine Bewegung an ihrer Insertionsstelle ermöglichen. In diesen Fällen können merkliche Veränderungen des Lichtreflexes durch eine vermehrte Wölbung der Membran hervorgerufen werden, indess andererseits die vorher erwähnten spalt- und trichterförmigen Vertiefungen am Trommelfell vollständig fehlen. Nur bei sehr bedeutender Herausbuchtung der Membran macht sich zuweilen an der Adhäsionsstelle eine kleine Vertiefung bemerkbar.

Es muss jedoch diesbezüglich betont werden, dass auch etwa vorhandene, stärker gespannte Partien des Trommelfelles, die inmitten des übrigen Trommelfellgewebes liegen, in Folge ihrer vermehrten Resistenz, bei eingeleiteter Hervorwölbung der Membran, unter dem Niveau der übrigen Oberfläche erscheinen. Eine falsche Diagnose auf Pseudomembranen kann in solchen Fällen um so leichter gestellt werden, wenn die erhöhte Resistenz an der betreffenden Stelle des Trommelfelles einer Verdichtung des Gewebes zukommt, die entsprechende punkt- oder streifenförmige Trübungen veranlasst. In einem Falle von durchschimmerndem Steigbügelköpfchen, welches im Momente der mit dem pneumatischen Trichter vorgenommenen Aspiration des Trommelfelles verschwand, ergab die nähere Untersuchung, dass es sich dabei nicht um eine Abhebung des Trommelfelles vom Steigbügel gehandelt hatte, sondern um eine Ueberdachung des letzteren von Seite des benachbarten schlaffen Gewebes.

Behandlung. Zuweilen gelingt es, die Adhäsionen am Trommelfell durch eine Lufteinblasung in die Paukenhöhle oder durch eine kräftige Aspiration des Trommelfelles vom Gehörgange aus[3]) zu zerreissen.

Durch Losreissung der Synechie vom Trommelfelle können an demselben Blutextravasate[4]) auftreten; bei allzu starker Auswärtsbewegung des Trommelfelles liegt die Möglichkeit einer Ruptur desselben nahe.

In den übrigen Fällen ist die Durchtrennung der Pseudomembranen mittelst des Synechotoms (s. S. 46) oder eines geknöpften Messerchens, beziehungsweise die Loslösung des Trommelfelles von der Verwachsungsstelle oder die Circumcision des betreffenden Trommelfellstückes, vorzunehmen.

2. **Als anormale Verbindung des Trommelfelles mit dem Hammergriffe** ist die Einfügung des Hammergriffes ins Trommelfellgewebe mit verkehrter Stellung des Griffes (von hinten und oben nach vorne und unten), ferner die Ablösung des Hammergriffes vom Trommelfelle anzuführen. Diese letztere betrifft meistens nur das untere Griffende, seltener

---

[1]) A. f. Ohr. IX, S. 98.   [2]) *Pellizzari*, M. f. Ohr. VII, Sp. 152.   [3]) s. S. 1.
— [4]) *Gruber*, Ber. d. Wien. Allg. Krank. pro 1863; *Schwartze*, A. f. Ohr. II, S. 209; *Wendt*, A. f. Ohr. III, S. 50.

den ganzen Hammergriff: ausnahmsweise kann gerade das Griffende mit dem Trommelfelle verbunden bleiben, während die übrigen Theile von der Membran abgelöst erscheinen. [1]) Der abgelöste Hammergriff ragt entweder frei in die Paukenhöhle hinein oder er steht vermittelst Bindegewebszüge mit dem Trommelfelle in einer theilweisen Verbindung. Bei einer Ablösung des Griffes von der Membran lässt die Besichtigung des Trommelfelles von aussen, den Hammergriff an der abgelösten Stelle wie abgebrochen erscheinen. Das Trommelfell kann dabei nach aussen abgeflacht, concav oder partiell hervorgewölbt sein. [2]) Zuweilen gibt sich eine Lostrennung des Hammergriffes vom Trommelfelle erst nach einer Lufteinblasung in die Paukenhöhle, in dem vorübergehenden Verschwinden des Griffes zu erkennen. [3])

Nicht zu verwechseln mit der Abhebung des Hammergriffes vom Trommelfelle sind solche Fälle, in denen nach vorausgegangener Zerstörung der Membrana tympani und bedeutender Einwärtsziehung des Hammergriffes eine neugebildete Membran an Stelle des verloren gegangenen Trommelfelles tritt, mit welcher der Hammergriff ausser Verbindung steht.

3. Zu den anormalen Verbindungen des Trommelfelles gehört auch eine bei hochgradiger Erschlaffung des Trommelfelles ausnahmsweise vorkommende gegenseitige Verbindung der gefalteten Theile. [4])

III. Wölbungsanomalien.
Eine Anomalie der Wölbung tritt als vermehrte Concavität oder Convexität des Trommelfelles auf.

1. **Vermehrte Concavität.** Eine nach aussen gerichtete erhöhte Concavität des Trommelfelles kann eine particlle oder totale sein: sie erscheint entweder als eine Steigerung der physiologisch vorhandenen Concavität einzelner Trommelfellpartien oder betrifft die normaliter convexen Theile der Membran.

Als Ursachen einer vermehrten Concavität des Trommelfelles kommen pathologische Vorgänge im Cavum tympani, Veränderungen des Trommelfellgewebes oder gesteigerter Druck auf die äussere Oberfläche der Membran in Betracht.

Von den pathologischen Processen in der Paukenhöhle wurden die Adhäsionen des Trommelfelles bereits erörtert. [5]) Es ist hierbei ausserdem noch die Einwärtsziehung des Trommelfelles in Folge von Erkrankungen des Mittelohres (s. unten), sowie bei vermehrter Contraction des Trommelfellspanners, zu erwähnen. Die bei der Todtenstarre stattfindende Verkürzung des Musc. tens. tymp. kann eine stärkere Concavität der Membrana tympani veranlassen. [6]) Unter den Veränderungen des Trommelfellgewebes, die zu einem Einsinken der Membran in die Paukenhöhle führen, ist vor allem der Mangel einer Substantia propria bei Atrophie und Narbenbildungen im Trommelfelle hervorzuheben. Auch übermässige Ausdehnung der Membran in Folge häufig vorgenommener Einpressungen von Luft in die Paukenhöhle, kann ein Einsinken der dadurch erschlafften Partien des Trommelfelles veranlassen. Eine vermehrte Concavität erfolgt endlich noch durch Verdickung der Mucosaschichte des Trommelfelles. [7])

---

[1]) Fälle von *Moos*, *Virch.* Arch. 1861, B. 36. S. 504 und *Politzer*, Ohrenh. S. 509; Fälle von Ablösung des Hammergriffes beobachtete u. A. auch *Wendt*, A. d. Heilk. 1872. B. 13. S. 422. — [2]) *Schwartze*, Path. Anat. v. *Klebs*, 6. Lief., S. 65. — [3]) *Tröltsch*, A. f. Ohr. VI. S. 67. — [4]) *Gruber*, Ohrenh. S. 402. — [5]) S. S. 118. — [6]) *Schwartze* in *Klebs* Path. Anat. 6. Lief., S. 58. Nach *Trautmann* (A. f. Ohr. X. S. 13) lässt die noch 24—48 Stunden nach dem Tode unverändert bleibende Gestalt des Lichtkegels auf mindestens sehr geringe Spannungsveränderungen des Tensor tymp. und Stapedius schliessen. — [7]) *Toynbee*, Ohrenh. Uebers. S. 153.

Die **subjectiven Symptome** von Schwerhörigkeit und Ohrensausen, die bei einer vermehrten Concavität des Trommelfelles vorhanden sein können, beruhen entweder auf einer bestehenden Erkrankung des Mittelohres, oder sie kommen seitens des Trommelfelles dadurch zu Stande, dass die einwärts gesunkene Membran mit acustisch wichtigen Theilen der Paukenhöhle, z. B. mit dem Steigbügel in Berührung gelangt. Veränderungen in der Schallperception können zum Theile auf Alterationen der Trommelfellschwingungen beruhen, welche die Membran bei Spannungsanomalien erleidet.

Objective Symptome. Bei partieller **Vertiefung** des Trommelfelles erscheinen entweder kleine umschriebene Partien desselben eingesunken oder trichterförmig nach innen gezogen, oder aber die vermehrte Concavität erstreckt sich über das hintere, beziehungsweise vordere Trommelfellsegment. Besonders am vorderen Segmente gibt sich nicht selten eine bedeutende nischenförmige Vertiefung zu erkennen, die zuweilen von der vorderen Fläche des Hammergriffes theilweise überdacht wird. Bei ausgebreiteter, hochgradiger Einziehung des Trommelfelles entsteht öfters eine scharfe **Knickung**[1]) in der Membran, die dadurch zu Stande kommt, dass die resistenteren peripheren Partien des Trommelfelles einer Einwärtsbewegung der Membran nur wenig folgen, indess die schlafferen centralen Theile stark nach innen treten und sich dabei von der peripheren Membran winkelig abbiegen. Eine solche Knickung erscheint nicht selten nahe der unteren Peripherie des Trommelfelles[1]) und kann zu einer Reflexlinie Veranlassung geben, die parallel mit der unteren Peripherie bogenförmig verlauft. Durch Stellungsveränderungen des Trommelfelles entsteht ferner eine Verschmälerung und selbst ein vollständiges Verschwinden des normalen Lichtkegels, wogegen sehr häufig an verschiedenen anderen Stellen der Membran, **pathologische Reflexe** erscheinen.

Fig. 49.
Stark eingezogenes Trommelfell — *hF* Hintere Falte. — *K* Knickung des Trommelfelles.

Von besonderem Interesse sind die mannigfachen Veränderungen, welche die **Stellung des Hammergriffes** bei Wölbungs- und Spannungs-Anomalien des Trommelfelles aufweist. Bei Einwärtsbewegung des Trommelfelles können dessen leichter bewegliche Theile zu beiden Seiten des Hammergriffes tiefer nach innen sinken, als der Hammergriff selbst. Es bilden sich, in Folge dessen, seitlich vom Hammergriffe nischenförmige Trommelfellpartien, zwischen denen der Hammergriff abnorm **stark nach aussen** ragt. In anderen Fällen wieder treten nur der kurze Fortsatz und die oberen Theile des Griffes auffällig hervor, während das Griffende bedeutend nach innen gezogen erscheint. Bei starker Einziehung des Trommelfelles, besonders bei abnorm gesteigerter Contraction des Musc. tens. tymp., kann der Hammergriff bis zur **Horizontallage** nach innen bewegt werden und dadurch eine perspectivische Verkürzung (Scorcirung) aufweisen (s. oben). Eine andere pathologische Stellung des Hammergriffes betrifft dessen **Drehung** um die Horizontalaxe, wobei dem Trommelfelle anstatt der äusseren Kante die vordere oder hintere Fläche des Hammergriffes anliegt. Bei Anlagerung der vorderen oder hinteren Fläche des Griffes an die Membrana tympani

---

[1]) *Politzer*, Beleuchtungsbild. d. Trommelf. S. 133.

zeigt sich in Folge des Durchschimmerns einer dieser beiden Flächen, ein bedeutend verbreitertes Hammergriffbild am Trommelfelle. Bei vermehrter Concavität des Trommelfelles entsteht anlässlich einer ungleichen Spannung der verschiedenen Partien der Membran eine seitliche Verschiebung des Hammergriffes, welcher in dem Sinne des stärker gespannten Faserzuges einmal gegen die vordere, ein andermal gegen die hintere Peripherie des Trommelfelles gerichtet ist. Dementsprechend ändert sich auch das Grössenverhältniss in den beiden, durch den Handgriff des Hammers von einander geschiedenen Trommelfellsegmenten, von denen, wie schon erwähnt, das hintere Segment normaler Weise grösser ist als das vordere.

Durch eine Verschiebung des Griffes nach vorne wird das hintere Segment bedeutend verbreitert, während sich das vordere Trommelfellsegment entsprechend verkleinert und bei Anlagerung des Griffes an die vordere obere Peripherie des Trommelfelles fast ganz aufgehoben erscheint. Dagegen erfolgt bei Zug des Hammers nach hinten eine Vergrösserung des vorderen Segmentes auf Kosten der hinter dem Hammergriffe gelegenen Partie der Membran.

Bei einer Einwärtsbewegung des Trommelfelles, besonders bei einer gleichzeitigen Horizontalneigung des Hammergriffes, veranlasst der stark vorspringende kurze Fortsatz die Bildung einer, zuweilen auch zweier Trommelfellfalten, von denen die vordere Falte vom kurzen Fortsatze zur vorderen oberen Peripherie, die hintere Trommelfellfalte zur hinteren Peripherie des Trommelfelles verlauft (s. Fig. 51).

Die hintere Falte zeigt manchmal keine eigentliche Faltenbildung, sondern eine leistenförmige Erhebung der Membran, bei winkeliger Abknickung des oberhalb dieser Erhebung befindlichen Trommelfellgewebes.[1])

Die für die Diagnose einer vermehrten Concavität der Membrana tympani besonders wichtige hintere Falte verläuft bald mehr nach hinten, bald mehr nach unten; in sehr ausgeprägten Fällen umkreist sie den Hammergriff von hinten und endet in der Gegend des Umbo. Zuweilen laufen vom kurzen Fortsatze mehrere Falten nach hinten aus; die Veranlassung hierzu bietet ein tiefer Stand des Hammergriffes, respective des kurzen Fortsatzes am Trommelfelle. Dagegen kann wieder durch eine hohe Lage des Processus brevis nahe der oberen Trommelfellperipherie, die Bildung einer hinteren Falte vollständig verhindert werden.[2])

Eine stark vorspringende Falte verdeckt zuweilen mehr oder minder den nach innen gezogenen Hammergriff und wird dann möglicherweise mit diesem letzteren verwechselt. Bei wellenförmig geformter äusserer Kante des Hammergriffes, die eine entsprechende Erhöhung des Trommelfelles veranlasst, kann eine Falte auftreten, die vom Hammergriff unterhalb des kurzen Fortsatzes gegen die hintere Peripherie der Membran verläuft.[3]) In manchen Fällen traf ich am Trommelfell ausser der hinteren und vorderen Falte noch eine andere faltige Erhebung an, die vom Processus brevis direct nach oben (als obere Falte) zieht.

Eine vermehrte Concavität der Membrana tympani führt schliesslich noch andere Erscheinungen am Trommelfellbilde herbei, welche durch das Durchschimmern der dem Trommelfell bis zur Berührung genäherten Gebilde des Cavum tympani zu Stande kommen (s. Fig. 50, 51 u. 52).

Der verticale Ambossschenkel schimmert durch das Trommelfell als ein gelblich weisser Streifen hindurch, der parallel mit dem Hammergriffe von vorne und oben nach hinten und unten verläuft, jedoch ohne so tief wie dieser nach abwärts zu reichen. Je nach der topographisch sehr verschiedenen Stellung, welche der verticale Ambossschenkel zum Trommelfelle einnimmt, tritt zuweilen nur sein unterstes Ende hervor, und zwar als ein kleiner schmutzig weisser Fleck, welcher an der oberen Peri-

---

[1]) *Tröltsch*, Ohrenh. 1. Aufl., S. 148. — [2]) *Gruber*, M. f. Ohr. IV. Sp. 8. — [3]) *Bing*, Wien. med. Zeit. 1877. Nr. 2.

pherie des Trommelfelles hinter dem Hammergriffe gelegen ist. Zwischen Ambossschenkel und Hammergriff schimmert zuweilen ein feiner, diese beiden Theile verbindender membranöser Streifen durch. Das innere Blatt der hinteren Tasche gibt sich an der hinteren und oberen Peripherie des Trommelfelles als eine schmutzig weisse Trübung zu erkennen, welche von der hinteren und oberen Peripherie mit nach abwärts gekehrter Concavität zum Hammergriffe verläuft und mit diesem unterhalb

Fig. 50.   Fig. 51.   Fig. 52.

 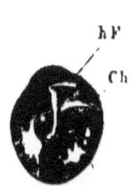 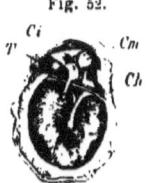

Erschlafftes Trommelfell, das der inneren Paukenwand anliegt und durch welches verschiedene Gebilde der Paukenhöhle durchschimmern. — *hS* Hinterer Schenkel des Steigbügels. — *J* Verticaler Schenkel des Ambosses. — *M* Handgriff des Hammers. — *N* Durchschimmernde Nische des runden Fensters. — *P* Durchschimmerndes Promontorium. — *Pbr* Kurzer Fortsatz des Hammers. — *S* Sehne des Steigbügel-Muskels.

Stark nach innen gezogenes Trommelfell. *Ch* Durchschimmernde Chorda tympani mit dem verticalen Ambossschenkel sich kreuzend. — *hF* Hintere Falte. — *hT* Durchschimmerndes inneres Blatt der hinteren Paukentasche.

Ansicht der Chorda tympani und der hinteren Tasche von der Paukenhöhle aus. — *Ch* Chorda tympani. — *Ci* Amboss · Körper. — *Cm* Hammerkopf. — *T* Inneres Blatt der hinteren Tasche.

des kurzen Fortsatzes in Verbindung tritt. In manchen Fällen schimmert ein Theil des verticalen Ambossschenkels, in Form eines nach abwärts gerichteten zapfenförmigen Fortsatzes, unter dem inneren Taschenblatte hervor. Die Chorda tympani, die eine kleine Strecke entlang, mit dem freien Rand des inneren Taschenblattes verbunden ist, tritt am Trommelfell als eine strangförmige Trübung hervor, welche von der hinteren und oberen Peripherie des Trommelfelles schräg nach vorne und oben zieht und hinter dem Hammergriffe verschwindet. Die Nische des runden Fensters erscheint am hinteren und unteren Trommelfellrande in Form eines dunkelgrauen Halbkreises, dessen Convexität nach vorne und oben gekehrt ist. Der Hammerhals gibt sich oberhalb des kurzen Fortsatzes und nach innen von diesem als ein gelblich weisser Streifen zu erkennen, in welchen die obere Kante des kurzen Fortsatzes übergeht. Vom Steigbügel schimmert das Köpfchen bei Luxation oder Subluxation des Amboss-Steigbügelgelenkes, als punkt- oder scheibenförmige Trübung am hinteren oberen Quadranten des Trommelfelles hindurch; zuweilen erscheint ein Theil des hinteren Steigbügelschenkels, der vom Köpfchen bogenförmig nach hinten und innen verläuft. Viel häufiger als der hintere Schenkel und mit diesem nicht selten verwechselt, tritt die Sehne des Steigbügelmuskels in der Gestalt eines, vom Köpfchen fast horizontal nach hinten ziehenden, weissen Streifens hervor.

Der Einfluss, den das Durchschimmern der Wandungen des Cavum tympani auf die Färbung des Trommelfellbildes nimmt, wurde bereits S. 112 hervorgehoben.

Bei hochgradigem Einsinken des Trommelfelles kann dieses der inneren Wand vollständig anliegen und dadurch Wölbungsanomalien aufweisen, von denen besonders die Hervorbauchung des Promontoriums in Folge bedeutender Hervorbauchung der centralen Partien des Trommelfelles, zuweilen einer Exsudatansammlung in der Paukenhöhle ähnlich erscheint. Einzelne vertiefte Stellen der Paukenhöhle, besonders an der unteren Wand, veranlassen gleich der Nische des runden Fensters, verschiedenförmige Schlagschatten, die am Trommelfelle dunkle Flecken bilden.

Mitunter erscheinen an den erschlafften Partien des Trommelfelles undulirende Bewegungen, die schon durch geringe Luftdruckschwankungen in der Paukenhöhle, zuweilen durch einfache Respirationsbewegungen hervorgerufen werden und die auch bei den betreffenden Patienten zu unangenehmen Empfindungen im Ohre führen können.

Die Diagnose einer vermehrten Concavität des Trommelfelles ist, wie aus den geschilderten objectiven Symptomen hervorgeht, meistens leicht zu stellen. Vermag man in einzelnen Fällen mittelst der einfachen Ocularuntersuchung nicht zu entscheiden, ob es sich um eine hochgradige Einwärtsbewegung des Trommelfelles oder um eine Perforation, Exsudatansammlung etc. handelt, so ist eine Aufblasung der Membran durch Lufteintreibungen ins Cavum tympani oder eine Aspiration des Trommelfelles vorzunehmen, wobei die etwa eintretenden Wölbungsveränderungen an der Trommelfelloberfläche, ferner das Verschwinden der früher deutlich sichtbaren Theile der Paukenhöhle, bei Abhebung der Membran, die richtige Diagnose ermöglichen.

Behandlung. Bei einer vermehrten Concavität des Trommelfelles ist die Behandlung sehr häufig nicht gegen die Wölbungsanomalie selbst, sondern gegen die derselben zu Grunde gelegenen pathologischen Zustände des mittleren oder auch des äusseren Ohres gerichtet. Indem auf die Behandlung dieser hier nicht eingegangen werden kann, kommen nur jene Mittel in Betracht, welche speciell gegen die Spannungsanomalien des Trommelfelles in Anwendung kommen.

Bei starker Anspannung einzelner Trommelfellpartien, besonders bei auffällig vorspringender hinterer Falte, kann deren Durchschneidung[1]) vorgenommen werden. Die dadurch bewirkte Entspannung der Membran vermag nicht nur auf die Schwingungsfähigkeit des Trommelfelles, sondern auch auf eine solche des übrigen schallleitenden Apparates, einen günstigen Einfluss zu nehmen.

Der günstige Effect der Trommelfellincisionen geht nach erfolgter Wiederverwachsung der durchtrennten Partien häufig wieder zurück; er kann aber zuweilen ein bleibender sein, und zwar auch in solchen Fällen, in denen das Trommelfell durch die Operation keine Veränderung seiner Stellung oder Spannung aufweist.

Nach *Gruber*[2]) führt eine multiple Durchschneidung des Trommelfelles an verschiedenen Stellen desselben eine ausgiebige Entspannung der Membran herbei.

Noch weniger zufriedenstellend wie das Ergebniss einer gegen vermehrte Trommelfellspannung gerichteten Behandlung gestalten sich die verschiedenen Versuche, hochgradigen Erschlaffungen des Trommelfelles entgegenzuwirken. Zur Anspannung der erschlafften Theile wurden multiple Incisionen, behufs Anregung einer reactiven Entzündung des Trommelfelles[3]) und ferner wiederholt vorzunehmende Collodiumanstriche[4]) empfohlen. Bei Belastung des Amboss-Steigbügel-Gelenkes seitens des erschlafften hinteren und oberen Trommelfell-Abschnittes kann sich eine operative Entfernung dieser, vorher durch Aufblasen nach aussen getriebenen Partie, und zwar entweder deren Excision oder galvanokaustisches Abbrennen[5]) günstig erweisen.

2. **Vermehrte Convexität des Trommelfelles.** Gleich der vermehrten Concavität des Trommelfelles tritt auch die erhöhte Convexität als particlle oder totale auf. In vielen Fällen geben die oben geschilderten erschlafften Partien des Trommelfelles zu einer vermehrten Convexität dadurch Veranlassung, dass sie bei vorgenommener Aufblasung der Membran vorübergehend stark nach aussen vorspringen. In anderen Fällen entstehen particlle Vorwölbungen durch Ansammlung von Luft unter die Dermoidschichte des Trommelfelles. Blasige Hervor-

---

[1]) *Politzer*, Wien. med. Woch. 1870; *Lucae*, Berl. med. Ges. 1871. *Langenbeck's* Arch. 1872, B. 13. — [2]) Wien. med. Zeit. 1873, Nr. 7 u. folg. — [3]) *Politzer*, Wien. med. Zeit. 1871, Nr. 47. — [4]) *Keeven*, Brit. med. assoc. 1879, July, s. Z. f. Ohr. VIII, S. 359; Dubliner Journ. 1880, June. — [5]) *Gruber*, M. f. Ohr. X. Sp. 172.

stülpungen kommen auch beim Auseinanderweichen der Fasern der Substantia propria, durch herniöse Ausbuchtung der Schleimhautschichte [1]) zu Stande.

Mitunter tritt bei Aufblasung des Trommelfelles die normaliter nur wenig resistente Membrana Shrapnelli, in Form eines kleinen Bläschens, über dem kurzen Fortsatze nach aussen. Grössere beutelförmige Hervorstülpungen, die an den verschiedenen Stellen des Trommelfelles, besonders an dem schlafferen hinteren Segmente erscheinen, können durch resistentere Faserzüge, welche innerhalb einer erschlafften Partie verlaufen, in mehrere kleinere halbkugelige Prominenzen getheilt werden.

Bei Synechien des Trommelfelles zeigt sich das anstossende Gewebe infolge häufig vorgenommener Lufteinpressungen in die Paukenhöhle zuweilen stark hervorgetrieben. Im Falle einer Loslösung des Hammergriffes vom Trommelfelle kann nach der Lufteinblasung, an Stelle des Griffes eine schmale, längliche Hervorwölbung auftreten, oder ein grosser Theil des Trommelfelles erscheint nach aussen stark convex. [2)] Particelle oder totale Hervorwölbungen des Trommelfelles entstehen ferner nicht selten durch Exsudat in der Paukenhöhle, wobei besonders häufig am hinteren Segmente der Membran eine Hervorstülpung auffällig erscheint. Eine vermehrte Convexität des Trommelfelles wird ausserdem durch tympanale Neubildungen (Polyp, Exostose etc.) hervorgerufen oder in einzelnen Fällen durch verschiedenartige Erkrankungen des Trommelfellgewebes selbst veranlasst.

So führen Ansammlungen von seröser Flüssigkeit zwischen den Trommelfellschichten, sowie interlamelläre Trommelfellabscesse, zu buckeligen Hervorragungen der Membran. In geringerem Grade finden Niveau-Erhebungen bei Hypertrophie und bei Verkalkung des Trommelfellgewebes statt. Schliesslich vermögen auch die vom Trommelfelle ausgehenden Neubildungen eine vermehrte Convexität der äusseren Oberfläche zu erzeugen. In einzelnen Fällen kann eine gesteigerte Hervorwölbung des Trommelfelles durch aufgelagerte Borken, Epithelschollen u. s. w. vorgetäuscht werden.

Diagnose. Particelle Hervorwölbungen des Trommelfelles sind meistens leicht zu erkennen: Veränderungen der Beleuchtungsstärke, sowie des Einfallswinkels der Lichtstrahlen, ferner das Niveauverhältniss des Hammergriffes zu dem betreffenden Trommelfellabschnitte erleichtern in zweifelhaften Fällen die richtige Diagnose. Bei Ausbreitung der vermehrten Convexität über ein ganzes Trommelfellsegment erscheint das andere normal gelagerte Segment auffällig vertieft.

Bei einer vermehrten Couvexität der beiden, vor und hinter dem Hammergriffe gelegenen Trommelfellpartien erscheint der Hammergriff in einer rinnenförmigen Vertiefung der Membran gelagert. Eine Hervorwölbung einzelner Theile oder des ganzen Trommelfelles, kann ein polypenähnliches Aussehen annehmen, wenn die hervorgewölbte Membran eine röthliche und glänzende Oberfläche besitzt. Eine vorsichtig angestellte Sondenuntersuchung und ferner der weitere Verlauf werden wichtige differentialdiagnostische Anhaltspunkte darbieten.

Schwieriger gestaltet sich zuweilen die Bestimmung, wodurch die

---

[1]) *Politzer*, Beleucht. d. Trommelf. S. 129. — [2]) Es muss übrigens bemerkt werden, dass ein Verschwinden des Hammergriffes auch durch Bedeckung seitens des angrenzenden Trommelfellgewebes entstehen kann, z. B. wie in einem Falle von *Tröltsch* (Ohrenheilk. 1862, S. 92) durch einen vom hinteren Trommelfellsegmente ausgehenden Luftsack.

Hervorwölbung des Trommelfelles bedingt ist. Am leichtesten geben sich die, nach vorgenommener Aufblasung der Membran, hervorgebauchten erschlafften Trommelfellpartien zu erkennen, die unmittelbar oder bald nach ihrer Hervortreibung wieder in ihre frühere Lage zurücksinken. Exsudatsäcke weisen bei Lufteinblasungen in die Paukenhöhle nicht selten beträchtliche Schwankungen in ihrer Spannung auf; vor etwaigen Verwechslungen des stark vorspringenden Promontoriums mit einer Exsudatansammlung im Cavum tympani, schützen die Aufblasung des Trommelfelles und eine Sondirung.

Die Diagnose der auf Neubildungen, sowie auf Entzündungsvorgängen im Trommelfelle beruhenden Wölbungsanomalien, werden bei Besprechung der betreffenden pathologischen Zustände in Betracht kommen.

Behandlung. Bei vermehrter Convexität des Trommelfelles ist die Behandlung nicht gegen die Wölbungsanomalie des Trommelfelles selbst, sondern gegen die früher angeführten veranlassenden Ursachen gerichtet, weshalb hier auf die diesbezüglichen Capitel verwiesen werden muss.

3. Abflachung des Trommelfelles.
An die bisher besprochenen Wölbungsanomalien der Membrana tympani schliesst sich die Abflachung des Trommelfelles an, welche theils durch Verminderung der normalen Convexität, theils durch Verringerung der Concavität des Trommelfelles zu Stande kommt. Ausser den bei den erwähnten Wölbungsanomalien bereits angeführten Ursachen kann die Abflachung des Trommelfelles noch beim Entfall der Wirkung des Trommelfellspanners auf die Membran eintreten.

IV. Trennung des Zusammenhanges.
Die Continuitätstrennungen am Trommelfelle sind entweder nur auf einzelne Schichten beschränkt oder sie erstrecken sich durch die ganze Membran. Es müssen somit die Continuitätstrennungen in nicht penetrirende und in penetrirende unterschieden werden.

1. Nicht penetrirende Continuitätstrennung.
Eine nicht penetrirende Trennung des Trommelfellgewebes kann jede der drei Trommelfellschichten allein betreffen.

An der äusseren Schichte sind es mechanische Einflüsse, die entweder eine Excoriation oder eine Durchtrennung derselben veranlassen; vor Allem ist das dem Ohreingange zunächst liegende hintere obere Segment, der traumatischen Einwirkung am meisten ausgesetzt. Ferner können noch die verschiedenen Entzündungsprocesse vom äusseren Gehörgange oder von den tieferen Schichten des Trommelfelles aus, eine Trennung der Cutisschichte herbeiführen.

An der mittleren Schichte des Trommelfelles findet eine Lückenbildung entweder in Folge eines mechanischen Insultes von aussen statt, oder sie kommt durch eine entzündliche Destruction des Gewebes zu Stande oder aber es tritt ein langsamer Schwund der Substantia propria ein, wie dies bei einer Atrophie der Membran der Fall ist; auch Narbenbildungen im Trommelfelle charakterisiren sich in einem Substanzverlust der mittleren Schichte.

Die innere Schichte kann gleich der äusseren Decke des Trommelfelles, bei dessen Entzündung entweder gleichzeitig mit der Substantia propria oder allein durchtrennt werden. Ferner entsteht bei Ablösung des Hammergriffes vom Trommelfelle eine Zerreissung der Mucosa, sowie eines Theiles der Substantia propria.

Ausser dieser Continuitätstrennung der einzelnen Schichten ist noch die durch interlamelläre Flüssigkeitsansammlungen oder Blutergüsse zu Stande gekommene Abhebung zweier mit einander normaliter verbundenen Schichten zu erwähnen.

2. Penetrirende Continuitätstrennung. Die Perforationen des Trommelfelles entstehen entweder infolge eines Zerfalles des Trommelfellgewebes oder sie sind traumatischer Natur.

Die Perforation kann angeboren oder erworben sein. Eine angeborene Lücke entstammt wohl immer einer intrauterinen Entzündung des Ohres und lässt sich nicht auf eine Bildungshemmung zurückführen (s. S. 110).

A) Ein Zerfall des Trommelfellgewebes tritt entweder rasch ein, infolge von Entzündung, ferner bei Eingiessung verschiedener ätzender Stoffe in den Ohrcanal oder aber er kommt allmälig zu Stande, wie dies bei Atrophie der Membran der Fall ist.

Die perforative Entzündung schreitet entweder von aussen nach innen, oder in umgekehrter Richtung, von der Paukenhöhle gegen den äusseren Gehörgang, oder endlich nach beiden Seiten gleichzeitig fort. Diese letzteren Fälle betreffen interlamelläre Trommelfell-Entzündungen, bei denen allmälig die äussere und innere Schichte in den Entzündungsprocess mit einbezogen werden, wodurch ein Zerfall des Trommelfellgewebes an den ergriffenen Stellen erfolgt. Ein etwa vorhandenes interlamelläres Exsudat kann dabei durch Druck auf das benachbarte Gewebe eine Lückenbildung im Trommelfelle begünstigen.

Eine Atrophie des Trommelfellgewebes führt für sich allein nur selten zur Lückenbildung[1]); gewöhnlich sind es mechanische Einflüsse, wie die Anlagerung fremder Massen, die zuerst eine regressive Metamorphose des Trommelfellgewebes einleiten und hierauf, bei dessen nun herabgesetzter Widerstandsfähigkeit, eine Lückenbildung in der Membran veranlassen.

B) Traumatische Perforation (Ruptur) des Trommelfelles. Eine auf das Trommelfell einwirkende Schädlichkeit kann entweder mittelbar oder unmittelbar zur Ruptur der Membran führen.

a) Indirecte Einwirkung. Auf indirectem Wege entsteht eine Durchreissung des Trommelfelles durch heftige Erschütterung (des Kopfes oder Körpers) oder durch Luftdruckschwankungen, beziehungsweise durch eine beträchtliche Verdichtung der Luft im Gehörgange. Hierher gehören Schlag auf das Ohr oder auf den Kopf, starke Geräusche, Compression der Luft in der Paukenhöhle u. s. w. (s. gerichtsärztliche Begutachtung der Rupturen des Trommelfelles. Anhang).

b) Directe Einwirkung. Von den Traumen, welche durch directe Berührung mit dem Trommelfelle eine Ruptur der Membran bewirken, sind der Druck fremder Massen auf das Trommelfell, ferner dessen Durchstossung und Durchschneidung zu erwähnen; Fissuren im Schläfenbeine setzen sich zuweilen auf das Trommelfell fort.

Ein auf das Trommelfell ausgeübter Druck führt entweder für sich allein oder bei einer gleichzeitig stattfindenden Alteration des Gewebes eine Durchlöcherung der Membran herbei. Es sind hier vor Allem Exsudatansammlungen in der Paukenhöhle, in seltenen Fällen auch Neubildungen, die durch das Trommelfell gegen den äusseren Gehörgang vordringen, ferner fremde Massen im Ohrcanale, welche am Trommelfelle lasten, als ursächliche Momente einer Continuitätstrennung der Membran hervorzuheben. Bei Auffüllung des äusseren Gehörganges mit Wasser kann der in das Ohr eingeführte Finger die Wassersäule gegen das Trommelfell drücken und dadurch dessen Durchlöcherung bewirken[2]); in gleicher Weise vermag der Druck eines Wasserstrahles auf das Trommelfell, wie das Ausspritzen des Ohres, eine Trommelfelllücke zu erzeugen.

Subjective Symptome bei Perforation des Trommelfelles. Die bei Perforation des Trommelfelles vorhandenen subjectiven Symptome, sind nicht allein von dem Zustande des Trommelfelles, sondern sehr häufig von den Veränderungen in der Paukenhöhle ab-

---

[1]) *Beck*, Ohrenh. S. 187. [2]) *Wilde*, Ohrenh. S. 260.

hängig. Erfolgt eine Lückenbildung bei einem wenig schwingungsfähigen, z. B. verdickten, stark gespannten Trommelfelle, so kann dieselbe sogar eine Verbesserung der vorher herabgesetzten Gehörsfunction ergeben, während in anderen Fällen wieder, besonders bei früher gesundem Gehörorgane verschieden hochgradige Functionsstörungen auftreten, die übrigens keineswegs im Verhältnisse zur Grösse der Trommelfelllücke stehen.

Die **Schwingungsfähigkeit** des Trommelfelles wird im Verhältnisse zur Perforation allerdings herabgesetzt, aber nicht aufgehoben, da selbst kleine Trommelfellreste noch deutlich schwingen.[1])

Blake[2]) wies mittelst der *König*'schen Klangstäbe (s. S. 33) an Fällen von Perforation des Trommelfelles, eine gesteigerte Perception für **hohe Töne** nach, und zwar erhebt sich dabei dieselbe zuweilen um 35000—60000 Schwingungen über die Normalgrenze (bis auf 100000 Schwingungen).[3]) Hohe Töne werden bei Perforation des Trommelfelles zuweilen **schmerzhaft** empfunden.[4]) Nach *Wolf*[5]) vermehrt sich im Verhältniss zu der Grösse des Trommelfelldefectes die Schwierigkeit in der Consonantenauffassung, während die Vocale viel besser verstanden werden. Je höher der Grundton eines Consonanten in der Scala liegt, desto leichter wird derselbe percipirt.

Subjective Gehörsempfindungen fehlen besonders bei einer grossen Perforation des Trommelfelles sehr häufig und beruhen im Falle ihres Vorkommens gewöhnlich auf einer gleichzeitigen Erkrankung anderer Theile des Gehörorgans.

Bei ausgedehntem Substanzverluste der Membran kann vielleicht die consecutiv auftretende Retraction des Musc. tens. tymp. (s. unten) zur Auslösung subjectiver Gehörsempfindungen und zur Schwerhörigkeit beitragen.

In einzelnen Fällen führt eine Perforation zu Schwindel-Erscheinungen, die sich beim Verstopfen des Ohres wieder verlieren. Der Schwindel ist hierbei wohl der Einwirkung eines kälteren Mediums auf die Paukenhöhle zuzuschreiben, wie ja in gleicher Weise auch durch Einspritzungen mit kaltem Wasser ins Ohr Schwindelerscheinungen auftreten.

Im Momente einer plötzlich stattfindenden Ruptur vernimmt Patient zuweilen einen heftigen Knall im Ohre, ausserdem treten häufig sehr heftige, meistens rasch vorübergehende Schmerzen und selbst Ohnmacht ein.

Objective Symptome. Das perforirte Trommelfell erscheint, je nach der der Perforation zu Grunde liegenden Ursache, bald mehr oder weniger geröthet und geschwellt, bald wieder und dies besonders bei rein traumatischen Perforationen, ohne auffällige Reactionserscheinungen, oder nur an den Perforationsrändern injicirt. Die Continuitätstrennungen lassen bezüglich ihres Sitzes, ihrer Zahl, Form und Grösse mannigfache Verschiedenheiten erkennen.

Sitz. Die Mehrzahl der Perforationen befindet sich in einiger Entfernung von der Peripherie des Trommelfelles, da dieses an den peripheren Partien seine bedeutendste Dichte des Gewebes und demnach auch seine stärkste Resistenz besitzt. In vereinzelten Fällen findet eine Continuitätstrennung allerdings nur an der Peripherie statt.

So beobachtete ich an einem Patienten, bei dem in Folge eines Sturzes auf den Kopf eine bedeutende Blutung aus dem Ohre eingetreten war, eine **Abhebung** des **Trommelfelles** an der unteren Peripherie ohne eigentlichen Substanzverlust.

---

[1]) *Wolf*, Sprache u. Ohr. 1871. s. A. f. Ohr. VI, S. 126. — [2]) A. f. Ang. u. Ohr. III, 1. S. 208. — [3]) *Blake*, Amer. Journ. of Otolog. 1879. Vol. I. Nr. 4. — [4]) *Bonnafont*, Mal. de l'or. 1873. p. 275. — [5]) Sprache u. Ohr. 1871.

Nicht so selten, als an der Peripherie, grenzt der Perforationsrand an den Hammergriff, besonders an das Griffende, das zuweilen frei in die Lücke hineinragt. Bei den meisten Perforationen ist dagegen gleich wie an der Trommelfellperipherie, der Perforationsrand auch von dem Hammergriffe durch einen verschieden breiten Saum getrennt. Die Perforationen liegen gewöhnlich in der unteren Hälfte des Trommelfelles, ohne dass jedoch die Perforationen in der oberen Hälfte und selbst über dem kurzen Fortsatze, in der Membrana Shrapnelli [1]), zu den seltenen Befunden zählen würden.

Bei traumatischer Verletzung wird als Spur der ersten Einwirkung des von aussen nach innen gestossenen Körpers nicht selten am hinteren Segment ein excoriirter Streifen vorgefunden, welcher sich entlang dem hinteren Segmente sehr häufig bis an die vordere Trommelfellhälfte erstreckt und daselbst mit einer Perforation abschliesst.[2]) Bei Ruptur in Folge von heftigen Trommelfellschwingungen oder von Luftverdichtung im äusseren Gehörgange, zeigt sich die Perforation nicht selten am hinteren Segmente parallel dem Hammergriffe; sie kann jedoch auch vor demselben oder unterhalb des Hammergriffes auftreten.

Zahl. Am Trommelfelle findet sich in der Regel nur eine Lücke vor, zuweilen sind mehrere Perforationen [3]) nachweisbar, ja die Membran kann in höchst seltenen Fällen siebförmig perforirt [4]) sein.

Bei einem in der Poliklinik behandelten 12jährigen Mädchen waren in Folge einer Ohrfeige gleichzeitig drei Perforationen in der unteren Trommelfellhälfte aufgetreten, von denen je eine kleinere vor und hinter dem Hammergriffe und die grösste unterhalb des Umbo sassen.

Die gewöhnlichste Form einer Trommelfellperforation ist die rundliche, entweder kreisrunde oder ovale Form, die auch aus ursprünglich unregelmässigen Lücken, durch Schmelzung der Ränder, hervorgeht. Bei Angrenzung der Perforationsränder an den Hammergriff wird die Form der Lücke durch diesen beeinflusst: so kann durch Hineinragung des Griffendes in die Perforation eine herz- oder nierenförmige Lücke zu Stande kommen.

Zuweilen erscheint die Lücke in der Form eines Trichters, dessen weites Ende, je nach dem Ausgangspunkte der Perforationsbildung, entweder gegen die Paukenhöhle oder gegen den äusseren Gehörgang gerichtet ist. In seltenen Fällen wird das Trommelfell von einem schief verlaufenden Fistelcanal durchsetzt, oder aber es findet sich eine staffelförmige [5]) Lückenbildung vor, die durch einen ungleich grossen Substanzverlust oder durch eine ungleichmässige Retraction der einzelnen Trommelfellschichten zu Stande kommt. Dreieckige, sowie spaltförmige Perforationen kommen nicht häufig zur Beobachtung, die letzteren zuweilen am Rande eines Kalkfeldes in der Membran. [6]) Zuweilen zeigt sich eine, meistens kleine Lücke an der Spitze eines kegelförmig vorspringenden Trommelfelltheiles [7]); diese, bei eiteriger Entzündung der Paukenhöhle vorkommende Form lässt gewöhnlich auf einen hartnäckigen Verlauf des Erkrankungsprocesses schliessen [7]), kann

---

[1]) Eingehendere Beobachtungen über die Perforationen in der Membrana Shrapnelli wurden von *Burnett* (Amer. journ. of Otolog. III, p. 12) und *Morpurgo* (A. f. Ohr. XIX, S. 261) angestellt; s. ferner *Politzer*, Ohrenh. S. 484; *Hessler*, A. f. Ohr. XX, S. 121. — [2]) *Zaufal*, A. f. Ohr. VIII, S. 37.   [3]) *Hoffmann* (A. f. Ohr. IV, S. 277) beobachtete einen Fall mit fünf Perforationen. — [4]) *Bonnafont*, *Schwartze*, s. *Schwartze* in Kleb. Path. Anat. 6. Lief. 1878, S. 61; A. f. Ohr. VI, S. 296. — [5]) *Schreiber*, Wien. med. Halle, 1864. Nr. 31 u. 33. s. A. f. Ohr. II, S. 78; *Gruber*, Wien. med. Z. 1868, Nr. 15 u. folg. — [6]) *Pagenstecher*, A. f. Ohr. II, S. 14. — [7]) *Politzer*, Ohrenh. S. 448.

jedoch, wie ich mich in zwei Fällen überzeugt habe, auch bei acuten und rasch günstig ablaufenden eiterigen Paukenentzündungen auftreten.

Die Grösse der Perforation schwankt zwischen einer vollkommenen Zerstörung und einer kaum wahrnehmbaren Fissur oder nadelspitzgrossen Lücke. Ein eigentlicher, totaler Verlust des Trommelfelles, bei welchem auch der Annulus cartilagineus fehlt [1], ist ausserordentlich selten; gewöhnlich bleiben selbst bei ausgebreiteter Perforation ein peripherer Rest des Trommelfellgewebes, sowie ein schmaler Saum um den Hammergriff bestehen.

Bei einer grossen Perforation des Trommelfelles tritt häufig in der Stellung des Hammergriffes eine wesentliche Veränderung ein. Da der Trommelfellspanner zu der Membrana tympani in einem antagonistischen Verhältnisse steht, wird bei ausgedehnter Zerstörung der Membran, der Muskel seiner Zugsrichtung entsprechend, den Hammergriff mit dem Reste des Trommelfelles nach einwärts ziehen, wobei derselbe in einzelnen Fällen über die obere Trommelfellperipherie zu liegen kommt und dadurch bei Besichtigung von aussen scheinbar fehlt. Wenn dagegen der Hammergriff in anderen Fällen, trotz einer fast totalen Perforation des Trommelfelles, seine normale Stellung nahezu beibehält, so deutet dies entweder auf einen pathologischen Zustand des Trommelfellspanners hin, oder der normal functionirende Muskel ist nicht im Stande, die sich ihm darbietenden Widerstände zu überwinden; dahin gehören eine Ankylose oder straffe Verbindung des Hammer-Ambossgelenkes, Unbeweglichkeit des Trommelrestes bei dessen Verkalkung oder Hypertrophie, ferner nach *Kessel*[2] eine bedeutende Anspannung des mit dem Musc. tens. tymp. im Antagonismus befindlichen Ligamentum mallei anterius.

Die Diagnose einer Perforation des Trommelfelles lässt sich auf indirectem und directem Wege stellen.

a) Stellung der Diagnose ohne Inspection des Trommelfelles. Von den Symptomen, aus denen auch ohne eine weiter vorgenommene Inspection des Trommelfelles mit grosser Wahrscheinlichkeit auf eine Trommelfelllücke geschlossen werden kann, wären hervorzuheben: Das Perforationsgeräusch, das Auftreten von Luftblasen in der im Ohre befindlichen Flüssigkeit, die Möglichkeit, durch die Ohrtrompete Flüssigkeiten, Rauch etc. in den äusseren Gehörgang zu treiben, das Eindringen von Wasser in den Nasenrachenraum bei der Ausspritzung des Ohres, die Herausbeförderung einer schleimigen Masse aus dem Ohrcanale und die sogenannte Pulsation.

Diese sämmtlichen Symptome sind allerdings nicht als pathognomisch für eine Trommelfellperforation zu betrachten, da sie auch bei intactem Trommelfelle vorhanden sein können, wenn das Mittelohr durch eine Lücke in der oberen oder hinteren Gehörgangswand mit dem Ohrcanale in Verbindung steht. Die praktische Erfahrung lehrt jedoch, dass eine solche Lückenbildung nur ausserordentlich selten besteht und in der grössten Anzahl von Fällen jedes einzelne der obenerwähnten Symptome thatsächlich auf eine Perforation des Trommelfelles schliessen lässt.

Das Perforationsgeräusch tritt als ein Pfeifen oder Zischen im Momente einer Lufteinpressung in das Mittelohr, besonders bei kleinen Trommelfelllücken, stark hervor; dagegen strömt bei einer grossen Perforation, die in die Paukenhöhle eingeblasene Luft, unter einem viel schwächeren Geräusche durch die Perforationsöffnung in den äusseren Gehörgang hinein. Bei einer gleichzeitig vorhandenen Flüssigkeitsansammlung

---

[1] Fall von *Schwartze*, A. f. Ohr. XII, S. 130. — [2] A. f. Ohr. III, S. 313.

im Cavum tympani, die von Seiten des eindringenden Luftstromes in Blasen aufgeworfen wird, entstehen grossblasige Perforationsgeräusche.

Wie ich mich an einem 12jährigen Knaben überzeugte, kann ein Perforationsgeräusch ausnahmsweise beim Schlingen auftreten; an dem betreffenden Patienten war das Geräusch über Zimmerlänge deutlich wahrnehmbar. Ich konnte bei Besichtigung des Trommelfelles deutlich beobachten, dass bei jedem Schlingacte die Perforationsränder nach aussen bewegt wurden.

Nach der Lufteintreibung zeigen sich zuweilen in der Tiefe des Ohrcanales kleine Luftblasen, die entweder stark reflectiren oder als dunkle Kugeln erscheinen und dann eine Perforation vortäuschen können. Im Falle solche Luftblasen erst nach einer Lufteinpressung in die Paukenhöhle oder während des Gähnens[1]) auftreten, sind sie als sichere Zeichen einer Perforation anzusehen. Bei Erfüllung des Gehörganges mit Wasser treten im Momente der Luftverdichtung der Paukenhöhle unter broddelndem Geräusche Luftblasen auf, als Zeichen des Vordringens der Luft aus dem Mittelohr in den äusseren Gehörgang.

Ein weiteres Symptom einer Trommelfellperforation liegt in dem Erscheinen von Secret in der Tiefe des Gehörganges nach einer vorgenommenen Lufteinblasung in die Paukenhöhle, wobei selbstverständlich vorausgesetzt ist, dass vor der Einblasung keine Flüssigkeit im Ohrcanale vorhanden war. Bei Perforation des Trommelfelles wird die in der Paukenhöhle angesammelte Flüssigkeit nicht selten durch eine Luftdouche des Mittelohres, bis zum Ohreingange geschleudert.

Bei Durchgängigkeit des Tubencanales dringt manchmal die ins Cavum tympani eingepresste Flüssigkeit[2]), ferner der Rauch von Tabak etc. durch die Perforationsöffnung nach aussen. Den umgekehrten Weg vermag eine in den äusseren Gehörgang eingespritzte Flüssigkeit zu nehmen, wobei das Wasser in den Pharynx gelangt, oder bei einer Vorwärtsneigung des Kopfes zum Theile aus der Nase herausfliesst.

Schleimige Massen, die sich als Klümpchen oder in Form von Fäden im Spülwasser vorfinden, können nicht aus dem von Cutis bekleideten äusseren Ohre stammen, weshalb ein aus dem Ohrgang ausgespritzter Schleim eine abnorme Verbindung des äusseren Ohres mit dem mittleren Ohre beweist.

Bei vorhandener Trommelfelllücke lässt die im Ohre angesammelte Flüssigkeitsmasse sehr häufig eine pulsirende Bewegung erkennen, die an den meistens vorhandenen, lichtreflectirenden Stellen auffällig erscheint und zumal bei kleinen Perforationen besonders deutlich auftritt. Die Pulsation besteht entweder in einem rhythmischen Heben und Senken dieses Reflexes oder in dessen seitlicher Verschiebung. Zuweilen zeigt sich in der Flüssigkeit oder auch an einer Stelle der Paukenschleimhaut, ein regelmässiges Verschwinden und Wiederauftreten eines glänzenden Punktes.

In einem Falle beobachtete ich an zwei von einander getrennten Reflexstellen Bewegungen in entgegengesetzter Richtung, und zwar fand während des Sinkens des einen Reflexes ein Heben des anderen statt.

Mit der Pulsation ist nicht eine andere, von der Verschiebung der Luftsäule im Cavum tympani herrührende Bewegung der Flüssigkeit zu verwechseln. So fand ich an einem Collegen mit Perforation der centralen Partie des Trommelfelles im Momente der Phonation eine starke Aufwärtsbewegung der im Cavum tympani befindlichen Flüssigkeit; im Momente der Phonation schnellte ein in der Gegend des Griff-

---

[1]) *Politzer*, A. f. Ohr. IV. S. 21.   [2]) *Itard* (Mal. de l'or. 1821, T. I, p. 362) beobachtete an einem Säugling das Austreten von Milch aus dem Ohre während des Saugens.

endes sichtbarer Reflex nach hinten und oben empor und hielt diese Stellung so lange inne, als die Phonation dauerte.

Die von *Wilde* [1]) zuerst beobachtete Erscheinung der **Pulsation** beruht auf pulsatorischen Bewegungen der Arterien des Mittelohres, die ein entsprechendes Heben und Senken der Mucosa, respective auch der auf ihr lastenden Flüssigkeit veranlassen. Da diese Bewegungen in der Regel nur von den Gefässen des Cavum tympani ausgehen und bei einem intacten Trommelfelle in den meisten Fällen nicht beobachtet werden, so kann die Pulsation als ein ziemlich verlässliches Symptom einer Trommelfelllücke betrachtet werden. Allerdings zeigt auch das imperforirte Trommelfell ausnahmsweise Pulsationsbewegungen [2]), doch sind solche Fälle im Allgemeinen als seltene zu bezeichnen, wenngleich sie immerhin den diagnostischen Werth der bei Perforationen so häufig vorkommenden Pulsationen einigermassen schmälern.

Die Gegenwart eines **pulsirenden Lichtreflexes** soll dagegen, nach *Trautmann*[3]), ein sicheres Zeichen von Continuitätstrennung des Trommelfelles sein.

In einem Falle von bedeutendem Exsudationsergusse in die Paukenhöhle, bemerkte ich eine deutliche Pulsation des hervorgewölbten, jedoch **nicht perforirten Trommelfelles**; dieselbe gab sich nach vorgenommener Incision in gleicher Weise an dem, aus der Perforationsöffnung austretenden serös-schleimigen Exsudate zu erkennen. Zuweilen lässt sich auch im Abscesshinhalte eine auffällige **Pulsation** nachweisen.[4]) Demzufolge ist im speciellen Falle auf eine etwa vorhandene circumscripte Entzündung im Gehörgange Rücksicht zu nehmen.

Schliesslich wäre noch zu erwähnen, dass bei Perforation des Trommelfelles, die im **Ohrmanometer** befindliche Flüssigkeitssäule, bei plötzlicher Luftverdichtung in der Paukenhöhle, eine beträchtliche Steigerung erfährt und selbst aus dem Manometer herausgeschleudert werden kann; ferner, dass der aus der Paukenhöhle durch den Ohrcanal eindringende Luftstrom, eine dem Ohreingange genäherte **Flamme** deutlich bewegt.[5])

Bei kleinen oder mittelgrossen Perforationen fiel mir wiederholt ein Niederschlag von Wasserdämpfen an das Glas des pneumatischen Trichters auf, wenn eine Aspiration der Luft aus dem äusseren Gehörgange, beziehungsweise aus der Paukenhöhle, vorgenommen wurde. Diese Erscheinung zeigt sich auch in dem Falle einer Einblasung von frischer Luft in den äusseren Gehörgang unmittelbar vor der Aspiration. Der Beschlag des Glases kann also nur so zu Stande kommen, dass bei der Aspiration die bedeutend wärmere Luft des Cavum tympani an der kälteren Glasplatte Wasserdämpfe niederschlägt. Bei grossen Perforationen bilden der äussere Gehörgang und die Paukenhöhle einen gemeinsamen Luftraum, weshalb auch die in den Ohrcanal eingetriebene kältere Luft gleichzeitig das Cavum tympani abkühlt; daher zeigt sich die erwähnte Erscheinung in diesem Falle gar nicht oder nur äusserst schwach.

b) **Stellung der Diagnose auf Perforation des Trommelfelles bei dessen Inspection.** Eine Perforation des Trommelfelles ist in der Mehrzahl der Fälle deutlich erkennbar. Die Stelle am Trommelfelle, an der eine Lückenbildung eintritt, gibt sich nicht selten als ein kleines Grübchen mit starkem Lichtreflexe zu erkennen, wie ein solches vor Allem im vorderen unteren Trommelfellquadranten häufig bemerkbar ist. Die **Perforationsränder** stehen entweder von der inneren Wand der Paukenhöhle ab, oder das nach innen gesunkene Trommelfell ist der Wand der Paukenhöhle bis zur Berührung genähert. In solchen Fällen ist man häufig erst nach Abhebung des Trommelfelles von der inneren Wand des Cavum tympani in der Lage, die Perforation deutlich zu erkennen.

---

[1]) Med. Times and Gaz. 1852. March; Ohrenh., Uebers. S. 350. — [2]) *Politzer*, Oest. Z. f. prakt. Heilk. 1862. S. 819; *Schwartze*, A. f. Ohr. I. S. 140. — [3]) A. f. Ohr. IX. S. 103. — [4]) *Mo.s,* Klinik. S. 71. — [5]) *Lincke*, Ohrenh. II. S. 443.

Die Abhebung der Membran ist entweder mittelst einer Luftverdichtung in der Paukenhöhle oder einer Luftverdünnung im äusseren Gehörgang vorzunehmen; nur in einzelnen Fällen ist eine vorsichtige Sondenuntersuchung nöthig. Eine Aufblasung des Trommelfelles ist mitunter aus differential-diagnostischen Gründen wichtig, da ein erschlafftes und der inneren Wand der Paukenhöhle anliegendes Trommelfell die Mucosa so deutlich hervortreten lässt, dass man eine totale Perforation anzunehmen geneigt wäre, indess die Membran in Wirklichkeit vollständig intact ist. Umgekehrt kann wieder das Trommelfell nur für erschlafft gehalten werden, indess thatsächlich eine beinahe vollständige Destruction desselben besteht. Für solche zweifelhafte Fälle ist es sehr wichtig, genau zu achten, ob der innere Rand des äusseren Gehörganges, beziehungsweise die Perforationsränder, in unmittelbarer Verbindung mit der Paukenhöhle stehen, oder ob sich zwischen beiden eine Spalte nachweisen lässt. Im ersteren Falle müsste man das Vorhandensein eines Trommelfelles diagnosticiren, wogegen die Spaltbildung für eine Perforation spricht. Allerdings kommen hierbei auch Fälle vor, in denen selbst ein sehr geübtes Auge nicht gleich die bestimmte Diagnose zu stellen vermag.

Wilde[1]) macht auf einen zuweilen deutlich sichtbaren Schatten aufmerksam, welcher von dem Perforationsrande oder vom Hammergriffe auf die innere Wand der Paukenhöhle geworfen wird und der je nach der Richtung, in welche man den Kopf während der Ocularinspection bewegt, sich entsprechend verändert oder ganz verschwindet. Ein solches Schattenbild beweist auch, dass die betreffende Partie des Trommelfelles oder der Hammergriff, der Paukenhöhlenwand nicht anliegt.

Kleine Perforationen bieten der Diagnose gewöhnlich keine Schwierigkeiten dar, nur das ungeübtere Auge könnte eine Auflagerung von kleinen, dunklen Massen, wie Cerumen, Epithel oder Blut am Trommelfell, sowie die dunkeln Atrophien oder Narben der Membran, mit einer Perforation verwechseln. Eine genaue Untersuchung, sowie der Mangel der übrigen Symptome für Perforation, werden die richtige Diagnose ermöglichen.

Sehr kleine, sowie spaltförmige Perforationen werden zuweilen vollständig übersehen, und erst das Auftreten eines der vorher erwähnten Symptome, z. B. des Perforationsgeräusches, macht auf eine Lückenbildung im Trommelfell aufmerksam. Dabei geschieht es manchmal, dass eine bestimmt vorhandene Perforation des Trommelfelles trotz der genauesten Untersuchung nicht aufzufinden ist, wie dies z. B. dann eintritt, wenn die peripher gelagerte, perforirte Stelle durch eine Ausbuchtung der Gehörgangswand verdeckt wird. Spaltförmige Perforationen lassen sich mitunter nur im Momente der Aufblasung des Trommelfelles nachweisen, wobei eine Abhebung der Perforationsränder erfolgt. Aeusserst schwierig ist die Diagnose einer Continuitätstrennung des Trommelfelles, wenn diese in einer Fissur innerhalb des Lichtkegels liegt und nur eine feine Strichelung in diesem veranlasst.[2])

Verlauf und Ausgang. Die Lücke des Trommelfelles weist entweder eine Vergrösserung auf, oder sie bleibt stationär, oder aber sie erfährt eine Verkleinerung, die in einen vollständigen Verschluss übergehen kann. In höchst seltenen Fällen zeigen Perforationen des Trommelfelles eine Wanderung von ihrem ursprünglichen Platze auf die benachbarten Stellen der Membran.[3])

a) Vergrösserung der Perforation. Die Perforation vergrössert sich gewöhnlich von ihren Rändern aus, wobei eine ursprünglich

---

[1]) Ohrenh., S. 354. [2]) *Trautmann*, A. f. Ohr. VII. S. 147. [3]) *Politzer*, Ohrenh. I. S. 244; *Schalle*, A. f. Ohr. XII, S. 10.

kleine Lücke bis zu einer ausgedehnten Zerstörung des Trommelfelles fortschreiten kann. Zuweilen erfolgt die Vergrösserung der Perforation durch Schmelzung von unregelmässigen, zerrissenen Perforationsrändern, welche bei diesem Vorgange eine allmälige Abrundung erfahren.

Nur in seltenen Fällen geht eine Vergrösserung der Lücke aus einer Reihe kleinerer Lücken hervor, deren Zwischenbrücken abschmelzen; so beobachtete *Tröltsch*[1]) eine periphere Zerstörung des Trommelfellgewebes, die durch mehrere successiv auftretende und mit einander confluirende Perforationen zu Stande gekommen war.

Interlamelläre Abscessbildungen im Trommelfelle können gleich den perniciösen Formen von perforativer Paukenentzündung (z. B. bei Scarlatina) im Verlaufe weniger Tage oder Wochen eine ausgedehnte oder selbst totale Perforation veranlassen. Ausnahmsweise wird eine Totalperforation des Trommelfelles gleich ursprünglich durch ein Trauma gesetzt.

So beschreibt *Schalle*[2]) einen Fall, in welchem das ganze Trommelfell durch eine Ohrfeige in die Paukenhöhle hineingeschlagen wurde. *Burnett*[3]) constatirte eine Herausreissung des ganzen Trommelfelles.

Mit einer Vergrösserung der Perforation sind nicht jene in einzelnen Fällen vorkommenden Schwankungen in der Grösse einer Trommelfelllücke zu verwechseln, die einer verschieden starken Anlagerung von Secret an die Perforationsränder zukommen.[4])

b) Stationär bleibende Perforation. Nicht selten bleiben Trommelfelllücken auch nach Ablauf sämmtlicher Entzündungserscheinungen stationär und zeigen keine weitere Tendenz zur Heilung. Man findet dabei die Perforationsränder sehr häufig verdickt, callös und überhäutet. Zuweilen setzen sich die Ränder der Perforation mit den Wandungen der Paukenhöhle, vor allem mit der inneren Wand, in directe Verbindung, indem sie mit denselben verwachsen, oder aber die Verbindung findet indirect vermittelst Pseudomembranen statt.

c) Verkleinerung und Verschluss. Bezüglich der Verkleinerung der Trommelfelllücke ist die bedeutende Regenerationskraft des Trommelfelles hervorzuheben, die selbst eine Neubildung des total zerstörten Trommelfelles ermöglicht.

Kessel[5]) beobachtete zwei Monate nach einer totalen Ausschneidung des Trommelfelles den Wiederersatz desselben durch eine neugebildete Membran. — *Moos*[6]) erwähnt eine Zerstörung der hinteren Trommelfellhälfte, welche binnen zwei Wochen vollkommen vernarbt war; in einem anderen Falle erschien eine Totalperforation innerhalb dreier Wochen vernarbt. — *Calmettes*[7]) constatirte eine Heilung des zerstörten hinteren Trommelfellsegmentes binnen 12 Tagen.

Eine Regeneration des Trommelfellgewebes tritt auch in solchen Fällen ein, in denen die Perforation bereits jahrelang bestand.

Bei Rupturen des Trommelfelles können sich die zuweilen nach innen gekehrten Trommelfelllappen allmälig wieder aufrichten und dadurch einen raschen Verschluss selbst ausgedehnter Perforationen ermöglichen.

Manchmal findet nur ein partieller Ersatz des zerstörten Trommelfellgewebes statt, wobei eine vorhandene grosse Lücke durch neugebildete Bindegewebsbänder in mehrere kleinere Perforationen geschieden werden kann.

Der Verschluss einer Trommelfelllücke erfolgt entweder per primam intentionem oder er wird durch Narbengewebe gebildet. Eine

---

[1]) Ohrenh. 1877, S. 428. — [2]) A. f. Ohr. XII. S. 27. — [3]) Amer. otol. Soc. 1872. s. A. f. Ohr. VII. S. 77. — [4]) *Politzer*, Beleucht. d. Trommelf., S. 71. — [5]) A. f. Ohr. XIII. S. 75. — [6]) Klinik d. Ohrenkr. S. 134 u. 135. — [7]) *Calmettes*, Traité d. Mal. de l'or. par *Urbantschitsch*, 1881. p. 154.

vollkommene Wiederherstellung des normalen Trommelfellgewebes zeigt sich am häufigsten bei spaltförmigen oder wenig klaffenden Lücken, sie kann jedoch auch bei ausgedehnter Zerstörung der Membran erfolgen. Mitunter regenerirt sich ein Theil des Gewebes vollständig, während an anderen Stellen wieder eine Vernarbung zu Stande kommt. Eine grössere Narbe kann durch anscheinend vollständig regenerirte Bindegewebszüge nachträglich in mehrere kleinere Narben zerfallen, wie ein ähnlicher Vorgang bereits oben, bezüglich grösserer Perforationen angeführt wurde.

Man ersieht daraus, dass mehrere von einander isolirte Narben am Trommelfelle, keineswegs mit Sicherheit auf eine ursprünglich vorhandene multiple Perforation des Trommelfelles schliessen lassen.

Die Trommelfellnarbe charakterisirt sich in einem Fehlen der Substantia propria und besteht demnach nur aus dem regenerirten Cutisgewebe und aus der Mucosaschichte.

Ob auch die Trommelfell-Schleimhaut regenerirt wird, ist sehr fraglich; nach *Meckel*[1]) und *Rokitansky*[2]) erfolgt nämlich eine Regeneration der Schleimhaut ausserordentlich selten und selbst bei ausgedehntem Verluste der Schleimhaut kommt der nachträglich wieder vorhandene Mucosaüberzug nicht durch einen Wiederersatz der Schleimhaut an den erkrankten Partien zu Stande, sondern die Mucosa, welche mit dem ihr anliegenden Bindegewebe verwachsen ist, wird bei dessen allmäliger Regeneration über die Wundränder hinübergezogen und auf diese Weise zum Ersatze der verloren gegangenen Schleimhaut verwendet. Es wäre daher sehr leicht möglich, dass auch bei Perforation des Trommelfelles das den Verschluss herbeiführende Cutisgewebe die Mucosa mit sich zieht. Auf jeden Fall bedarf es noch einer näheren Untersuchung, ob das die Perforation verschliessende graue Häutchen, welches sich in einzelnen Fällen am Grunde des Substanzverlustes im Trommelfelle zeigt[3]), in der That auf einer selbstständigen Regeneration der Mucosa beruht.

Die Narbe des Trommelfelles erscheint wegen des Mangels der stärksten Schichte, nämlich der Substantia propria, unter dem Niveau sowohl der äusseren als auch der inneren Trommelfelloberfläche. Da ferner durch das dünnere Gewebe viel mehr Lichtstrahlen durchgelassen werden, als dies bei dem stärker reflectirenden, dickeren Gewebe des normalen Trommelfelles der Fall ist, so zeigt die Narbe bei Besichtigung vom äusseren Gehörgange aus, eine auffällig dunklere Färbung.

Nicht selten findet sich an der Oberfläche der Narbe ein zarter Schimmer vor, der für ein ungeübteres Auge zur Vermeidung einer fälschlich angenommenen Perforation von differential-diagnostischem Werthe sein kann.

Ein weiteres, der Narbe gewöhnlich zukommendes Merkmal, besteht in der scharf abgesetzten Grenze der Narbenränder vom übrigen Trommelfellgewebe.

Ich möchte jedoch auch in dieser Hinsicht bemerken, dass sich bei partiellem Wiederersatze sämmtlicher Trommelfellschichten die Grenzen allmälig verwischen können, wobei die Narbe ihr sonst charakteristisches Gepräge verliert und von einer Atrophie des Trommelfelles nicht zu unterscheiden ist. An einem Falle, den ich durch längere Zeit beobachtete, erschienen die Grenzen einer unterhalb des Umbo gelegenen, grösseren, neugebildeten Narbe allmälig undeutlicher und mehr eingeengt, bis schliesslich keine Spur von der früher vorhandenen Narbe wahrzunehmen war. Derartigen Beobachtungen zufolge sind gleich wie an den übrigen Stellen des Körpers auch am Trommelfelle transitorische und persistente Narben zu unterscheiden.

Die Behandlung ist bei frischen Trommelfellperforationen nicht gegen die Lückenbildung in der Membran, sondern gegen die ursächliche Erkrankung im äusseren und mittleren Ohre zu richten. Bezüglich

---

[1]) Anat. I. 618.   [2]) Path. Anat. 1861, B. I, S. 219, B. 3, S. 203 u. 219.
[3]) *Politzer*, Wien. med. Woch. 1872, Nr. 35 u. 36, s. A. f. Ohr. VI, S. 284.

der Trommelfellperforation selbst muss die Behandlung in den verschiedenen Fällen bald die Erhaltung einer bestehenden Perforation (siehe Cap. V), bald den Verschluss der Trommelfelllücke anstreben.

a) **Eine Erhaltung der Perforation** scheitert gewöhnlich an der überaus mächtigen Regenerationskraft der Membran und keines der vorgeschlagenen Mittel, wie häufig vorgenommene Sondirung, die Einlage fremder Körper in die Perforationsöffnung[1]), die galvanokaustische Ausbrennung eines Stückes aus dem Trommelfelle etc., vermag mit Sicherheit eine bleibende Lückenbildung zu erzielen.

Wreden[2]) empfiehlt die (bisher nur an der Leiche geübte) Ausschneidung des Umbo mit gleichzeitiger Entfernung des Hammergriffendes (Sphyrotomie).

b) **Verschluss der Perforation.** Bei einer stationär gebliebenen Lücke lässt sich nur in vereinzelten Fällen eine Wiederverwachsung der Perforationsränder erzielen. Von den hierzu empfohlenen Mitteln wären hervorzuheben: Die wiederholte Auffrischung der Wundränder mittelst Lapistouchirungen[3]) oder des Cauterium actuale[4]); ferner die Anregung einer reactiven Entzündung des Trommelfelles durch Incisionen der Wundränder, sowie durch Circumcision des ganzen Perforationsrandes.[5])

Bei einem Patienten, dem ein künstliches Trommelfell applicirt wurde, beobachtete ich jedesmal nach dessen mehrstündigem Gebrauche eine schwache Entzündung an den Rändern der Trommelfelllücke, wobei nach und nach eine bedeutende Verkleinerung der früher bereits stationär gewesenen Perforation stattfand.

Berthold[6]) versuchte mit Erfolg die **Myringoplastik**; zur Auffrischung der Perforationsränder wurde ein über diese aufgeklebtes englisches Pflaster nach mehreren Tagen weggerissen und hierauf über die auf diese Weise des Epithels beraubte Wundfläche eine dem Arme entnommene Cutisfalte angedrückt, welche mit den Wundrändern thatsächlich verwuchs.

Wie *Gruber*[7]) angibt, tritt bei mehreren, gleichzeitig vorhandenen Trommelfelllücken, welche nur durch schmale Brücken von einander getrennt sind, die Heilung viel schwerer ein, als bei einer grösseren Perforation, so dass durch Entfernung solcher Zwischenbrücken die Vernarbung bedeutend befördert werden kann.

Künstlicher Verschluss. In Fällen, in denen kein natürlicher Verschluss der Perforationsöffnung hergestellt wird, muss die Paukenhöhle vor den äusseren Schädlichkeiten möglichst bewahrt werden, da sonst der dadurch bewirkte Reiz stete Recidive einer eiterigen Entzündung der Paukenhöhle erregen kann. Es ist demnach dringend angezeigt, den Gehörgang an der betreffenden Seite mit Baumwolle oder Charpie zu verschliessen, um dadurch jede von aussen kommende Schädlichkeit von der Paukenhöhle abzuhalten. Anstatt eines einfachen Tampons kann der Verschluss durch ein den Perforationsrändern angelegtes Wattekügelchen oder künstliches Trommelfell bewerkstelligt werden.[8])

Betreffs der durch das künstliche Trommelfell bewirkten Ge-

---

[1]) Als Einlagen bedienten sich *Itard* (Mal. de l'or. 1821, T. 2, p. 207) elastischer Gummibougies, *Beck* (Ohrenh. 1827, S. 49) Darmsaiten, *Wolff* (*Lincke's* Ohrenh. 1845, B. 3, S. 338) Kautschukröhrchen, *Frank* (Ohrenh. 1845, S. 310) eines Goldröhrchens, *Politzer* (Wien. med. Woch. 1868) einer manschettenförmig construirten Hartkautschuk-Oese; *Voltolini* (M. f. Ohr. VIII, Sp. 12) anfänglich eines hohlen Aluminiumringes und später (M. f. Ohr. XII, Sp. 1) einer einfachen Oese. — [2]) M. f. Ohr. I, Sp. 22. — [3]) *Wilde*, Ohrenh. S. 352. — [4]) *Schwartze*, A. f. Ohr. VI, S. 10. — [5]) *Gruber*, Ohrenh. S. 396. — [6]) Naturf.-Vers. in Cassel, 1878. — [7]) M. f. Ohr. IX, Sp. 144. — [8]) S. Einleitung S. 41.

hörsverbesserung[1]) wurde zuerst von *Erhard*[2]) der Nachweis erbracht, dass dieselbe nicht einer erhöhten Schwingungsfähigkeit des Trommelfelles zukomme, sondern durch den Druck hervorgerufen wird, den die künstliche Trommelfellplatte auf das Trommelfell und auf die Gehörknöchelchen ausübt.

Wie schon früher hervorgehoben wurde, entsteht, besonders bei grossen Perforationen der Membran, eine pathologische Stellung des Hammers, der mit seinem Kopfe der äusseren oberen Wand der Paukenhöhle anliegen kann und dadurch an seiner Schwingungsfähigkeit, gleich den anderen Gehörknöchelchen, eine Einbusse erleidet. Durch einen von aussen stattfindenden Druck ist es zuweilen möglich, eine Isolirung des Hammerkopfes zu bewerkstelligen und dadurch die Schwingungsfähigkeit der Gehörknöchelchen zu erhöhen. *Knapp*[*]) macht aufmerksam, dass bei Druck auf dem Processus brevis eine Auswärtsbewegung der Gehörknöchelchen erfolgt, die eine Gehörsverbesserung veranlassen kann. Nach *Lucae*[3]) erhöht ein unterhalb des kurzen Fortsatzes applicirtes künstliches Trommelfell den intralabyrinthären Druck umsomehr, je tiefer es unter dem Proc. brevis liegt. Für die Annahme, dass die Gehörsverbesserung auf dem ausgeübten Druck beruhe, spricht schon die vor *Toynbee's* Trommelfelle bekannte Thatsache, dass einige das Trommelfell belastende Wassertropfen[4]), sowie ein der Membran angedrücktes Papier- oder Baumwollkügelchen[5]) eine beträchtliche Steigerung der Gehörsperception hervorzurufen vermag. Auch *Toynbee*[5]) erzielte in einem Falle durch die Application einer kleinen, luftgefüllten Kautschukblase einen besseren Erfolg, als mit dem künstlichen Trommelfelle. Der zur Erzeugung einer Gehörsverbesserung nöthige Druck braucht manchmal nur ganz gering zu sein: nach *Erhard*[6]) genügt dazu zuweilen schon eine Einblasung einer geringen Menge von Pulver auf das Trommelfell.

Die in Folge des Druckes eintretende günstige Wirkung kann sich auch in der Wiederherstellung der früher nicht vorhandenen Kopfknochenleitung äussern.[9]) Zuweilen hält die durch das künstliche Trommelfell zu Stande gekommene Gehörsverbesserung nach dessen Entfernung noch einige Zeit hindurch an.[10])

Auch ein auf das unverletzte Trommelfell einwirkender Druck kann vorübergehend eine auffällige Gehörsverbesserung hervorrufen.[11])

Betreffs der Anwendung des künstlichen Trommelfelles oder der angegebenen anderen Mittel, welche eine Trommelfelllücke oder den äusseren Gehörgang verschliessen, wäre noch darauf aufmerksam zu machen, dass ein solcher Verschluss bei stärkeren Eiterungsprocessen im Ohre nicht statthaft ist, weshalb in der Regel erst deren vollkommene Sistirung abgewartet werden muss.

V. Anomalie der Dicke des Trommelfellgewebes.

Eine Verdickung des Trommelfelles kann durch Hypertrophie des Gewebes und durch Einlagerung verschiedenartiger Körper ins Trommelfellgewebe zu Stande kommen. Eine Verdünnung geht aus einem partiellen Schwunde oder einem ungenügenden Ersatze des verloren gegangenen Gewebes hervor. Eine Anomalie der Dicke betrifft gewöhnlich gleichzeitig mehrere oder sämmtliche Schichten des Trommelfelles; sie zeigt sich bald nur an kleinen umschriebenen Stellen, bald wieder ist sie über das ganze Trommelfell ausgebreitet. Anomalien in der Dicke der Membran treten meistens consecutiv bei Erkrankungen des äusseren oder mittleren Ohres auf, wobei ausser den fortgeleiteten Entzündungsprocessen, noch

---

[1]) *Toynbee*, Ohrenh. S. 162. [2]) Deutsche Klin. 1854, S. 581. — [3]) S. *Politzer*, Ohrenh. S. 566. [4]) *Virch.* Arch. B. 29, S. 33. [5]) *Saunders*, s. *Horn's* Arch. 1817, H. 3, S. 422; *Toynbee*, Ohrenh. S. 163. [6]) *Fearsley*, Lancet 1848, July, Aug. — [7]) *Hinton*, *Toynbee's* Diseases of the ear. 1868, s. A. f. Ohr. V. S. 229. — [8]) Ohrenkr. S. 229. — [9]) *Moos*, A. f. Aug. u. Ohr. I, 1, S. 212. — [10]) *Moos*, A. f. Ohr. I, S. 120; *Lucae*, s. Anm. [4]). — [11]) *Kramer*, Mal. de l'or., trad. par *Ménière*. Paris 1848. p. 526; *Pomeroy*, New-York m. J. 1872, p. 634, s. *Tröltsch*, Ohrenh. 6. Aufl. S. 142.

die Spannungsanomalien des Trommelfelles in Betracht zu ziehen sind, insoferne veränderte Spannungsverhältnisse alterirte Ernährungsvorgänge bedingen. Eine Anomalie der Dicke der Membran kann schliesslich aus einer idiopathischen Affection des Trommelfelles hervorgehen, welcher auch, was die Verdickung anbelangt, eine mangelhafte Aufhellung des beim Neugeborenen noch schmutzig-weisslichen Trommelfelles, also ein anormaler Entwicklungsvorgang im Trommelfellgewebe [1]) beizuzählen ist.

Erhebliche Verdickungen des Trommelfelles vermögen die **Schwingungsfähigkeit** der Membran zu beeinträchtigen und damit einen nachtheiligen Einfluss auf das Gehör zu nehmen.

Verlauf bei Bindegewebshypertrophie des Trommelfelles. Verdickungen des Trommelfellgewebes breiten sich häufig allmälig aus, oder sie bleiben stationär; nur ausnahmsweise findet eine spontane Rückbildung statt.

In einem Falle beobachtete ich eine Aufhellung mehrerer durch einige Monate am Trommelfelle befindlicher gelblich-grauer Flecken. Dieselben verloren anfänglich ihre gelbliche Färbung, blieben als gräuliche weisse Plaques einige Monate hindurch unverändert und schwanden hierauf allmälig vollständig. Die äussere Trommelfellschichte war anscheinend an diesem Vorgange nicht betheiligt.

Gegenüber der Seltenheit einer spontanen Rückbildung von Trommelfell-Trübungen, gibt sich eine Aufhellung des Trommelfelles auf dem Wege der **Elektrolyse** (besonders bei Application der Kathode auf das Ohr) [2]) häufiger zu erkennen. In einem Falle erzielte *Brenner* [2]) nach 100maliger Anwendung des galvanischen Stromes die Reduction einer totalen Trommelfelltrübung auf einen kleinen sichelförmigen Fleck, *Hagen* [3]) eine Aufhellung nach 16 Sitzungen.

Wenngleich eine Anomalie der Dicke meistens mehrere Schichten des Trommelfelles gleichzeitig befällt, so tritt doch die Affection häufig an einer oder der anderen, besonders aber an der äusseren Schichte stärker hervor. Da nun eine Erkrankung der verschiedenen Trommelfellschichten von einander sehr abweichende Bilder liefert, müssen die jeder einzelnen Schichte zukommenden charakteristischen Merkmale besprochen werden.

1. Verdickung des Trommelfellgewebes. *a)* An der **äusseren Schichte** des Trommelfelles kann die Epidermisdecke allein oder gleichzeitig mit dem Bindegewebe eine Verdickung erleiden.

1. Bei einer **Verdickung des Epithels** erscheint die äussere Schichte bald gleichmässig verdickt, bald wieder in mosaikartige Felder zerfallen; ein andermal sitzen dem Trommelfelle kleine den Mehlstäubchen ähnliche Epithelschollen auf. In manchen Fällen nehmen die ursprünglich weisslichen Epithelschollen am Trommelfelle allmälig eine dunkle, bräunliche Färbung an.

Als ein seltener Befund ist die Einlagerung von krystallinischem Kalk, und zwar von kleinen Arragonitprismen, in die Epidermis [4]) zu bezeichnen.

Die Verdickung des Epidermislagers beruht nicht immer auf einer Proliferation der Epidermiszellen, sondern entsteht auch in Folge von Imbibition der Zellen mit Flüssigkeit, diese mag von aussen in das Ohr hineingelangen oder als Entzündungsproduct im Ohre ausgeschieden werden.

Diagnose. Ein pathologischer Zustand der Epidermisschichte ist an einem abgeschwächten Glanze oder fehlenden Lichtkegel und ferner an einer schmutzig-weisslichen Verfärbung der Trommelfell-Oberfläche leicht kenntlich.

---

[1]) *Politzer*. Oest. Z. f. pr. Heilk. 1862, S. 779. — [2]) *Brenner*. Elektrother. 1868 69. — [3]) Cit b. *Brenner*; eine einschlägige Beobachtung stellte auch *Hedinger* an (Würt. Corr.-Bl. 1871, S. 25–27). — [4]) *Lucae*. *Virch.* Arch. B. 36, s. A. f. Ohr. III, S. 252.

2. Die **Verdickung des Bindegewebes** erscheint vorzugsweise an dem mächtigen Bindegewebsstreifen ausgesprochen, der sich von der oberen Gehörgangswand entlang dem Hammergriffe nach abwärts begibt. Im Falle einer stärkeren Schwellung entstehen Wölbungsanomalien des Trommelfelles, wobei der Hammergriff undeutlich erscheint oder selbst vollständig verschwinden kann.

Einfache Trübungen des Bindegewebes können zuweilen auf Erweiterungen der Trommelfellgefässe beruhen.[1]

Behandlung bei Verdickung der äusseren Schichte. Zur leichteren Entfernung stark adhärenter Epidermisschollen dienen wiederholte Eingiessungen ins Ohr von lauem Wasser oder einer 2 bis 3%igen Lösung von Natron bicarbonicum. Gegen die Hypertrophie der Cutis, insoferne dieselbe nicht gleichzeitig mit einer ursächlichen Erkrankung des äusseren oder mittleren Ohres zurückgeht, werden Einpinselungen von Jodglycerin, ferner schwache 2-3%ige Lösungen von Argentum nitricum[2] selbst starke Solutionen dieses Mittels (1:6) empfohlen.

Man bepinsle das Trommelfell mit einem dieser Mittel täglich einmal, bis zum Eintritte von Reactionserscheinungen (Röthe, Schwellung, sowie Schmerz) und wiederhole nach Ablauf derselben die Einpinselungen von Neuem. *Moos*[3] verwendet ausser Arg. nitr. noch Einträufelungen von Sublimat. 1:500.

b) Eine **Verdickung der Substantia propria** betrifft gewöhnlich beide Schichten gemeinsam, zuweilen die Radiär- oder Circulär-Faserschichte allein. Die erstere Art zeigt sich als eine partielle Verdickung, besonders häufig am hinteren Segmente und veranlasst oft eine bogenförmige Trübung, die meistens vom kurzen Fortsatze nach hinten und unten verläuft. Aehnlich dem Arcus senilis der Hornhaut besteht ferner eine kreisförmige Verdickung der Substantia propria, zumal bei alten Individuen, an der Peripherie des Trommelfelles.

Der **Arcus senilis** tritt entweder als Verbreiterung des Annulus cartilagineus auf oder er zieht mit demselben parallel und lässt zwischen sich und der Peripherie einen schmalen Saum eines weniger getrübten oder normalen Trommelfellgewebes frei.

Bei den erwähnten Trübungen werden zwischen den einzelnen Trommelfellfasern ein moleculärer Detritus und eine Fetteinlagerung häufig angetroffen.[4]

Circumscripte Verdickungen von vollständig unregelmässiger Gestalt kommen an verschiedenen Stellen des Trommelfelles einzeln oder mehrfach vor. Manche partielle Hypertrophie der Lamina propria ist auf die Radiär- oder Circulär-Faserschichte localisirt und lässt dadurch deren Faserzüge in Form von Radiär- oder Circulärtrübungen makroskopisch hervortreten. Bei der **diffusen Verdickung** erscheint das ganze Trommelfell schmutzig-weiss, zuweilen sehnig glänzend. Dabei können die Contouren des Hammergriffes und auch der Lichtkegel scharf hervortreten als ein Zeichen von dem normalen Verhalten der äusseren Trommelfellschichte.

c) Eine **Verdickung der inneren Trommelfellschichte** tritt meistens als Theilerscheinung einer Verdickung der Mucosa des Cavum tympani auf oder entwickelt sich consecutiv bei Erkrankungen des übrigen Trommelfellgewebes; mitunter erfolgt eine Massenzunahme der Mucosa durch Einlagerung von Kalk.

---

[1] *Politzer*, Beleucht. d. Trommelf. S. 36. [2] *Schwartze*, Pr. Beitr. z. Ohrenh. 1863. - [3] Klinik, S. 92. [4] *Politzer*, Beleucht. d. Trommelf. S. 17 u. 52.

In einem Falle fand *Tröltsch*¹) eine so bedeutende Hypertrophie des submucösen Bindegewebes am Trommelfelle, dass nach innen von der Circulär-Faserschichte ein eigenes Bindegewebslager abpräparirt werden konnte.

Ausgebreitete Verdickungen der inneren Trommelfellschichte können die **Schwingungsfähigkeit der Membran** beeinträchtigen und ein **Einsinken** des Trommelfelles herbeiführen.

Die **Diagnose** einer Verdickung der Mucosa ist sehr häufig unmöglich, da eine vorhandene fleckige Trübung des Trommelfelles sowohl der mittleren, als auch der inneren Schichte zukommen kann. Ausserdem ergeben Auflagerungen auf die freie Oberfläche der Mucosa ähnliche Trübungen, wie dies bei einer Verdickung der Membran der Fall ist. Es wird sich in vielen Fällen eher bestimmen lassen, dass eine Trübung durch eine Auflagerung auf die Mucosa herbeigeführt ist, als dass sie auf Verdickung der inneren Trommelfellschichte beruht.

Als **Auflagerungen auf die innere Trommelfelloberfläche** finden sich zuweilen kleine Schleimmassen vor, die bei normalem oder schwach getrübtem Trommelfelle, als weisse Flecke oder winkelig gekrümmte Linien, besonders an der oberen Peripherie erscheinen.²)

Bei einem an Syphilis erkrankten Individuum, bei welchem sich im Gehörgange und an den Mandeln Pseudomembranen vorfanden, beobachtete *Gottstein*³) an der vorderen Trommelfellperipherie eine 2 Mm. breite, schmutzig-graue Stelle, welche als eine der inneren Trommelfell-Oberfläche aufgelagerte **Pseudomembran** diagnosticirt wurde; in dem betreffenden Falle hatte sich eine perforative eiterige Mittelohrentzündung entwickelt.

Die zuweilen auftretenden **Stellungsveränderungen** solcher Trommelfelltrübungen, sowie ihr Verschwinden oder Auftreten nach Lufteinblasungen ins Mittelohr, sprechen für eine Anlagerung an die Mucosa.

An einem Präparate, an welchem die vordere obere Peripherie des Trommelfelles eine wolkige Trübung aufwies, fand ich als Ursache derselben eine **Knochenplatte**, welche von der vorderen oberen Umrandung des Trommelfelles ausging und dem Trommelfelle innig anliegend, bis zum Hammergriffe reichte.

Betreffs der übrigen Trübungen der Mucosa, welche bei der **Anlagerung** verschiedener Theile der Paukenhöhle, sowie bei der Anheftung von Pseudomembranen an das Trommelfell auftreten s. S. 118 u. 122.

2. **Verdünnung des Trommelfellgewebes.** Eine Verdünnung der mittleren Trommelfellschichte kommt bei Erschlaffungen, ein Schwund derselben bei Atrophie des Trommelfelles vor. Der bei Narben bestehende Mangel der Substantia propria hat S. 135 Erwähnung gefunden.

Lange bestehende Einziehungen des Trommelfelles, sowie ein lang anhaltender Druck, führen zuweilen zu partieller Atrophie der Membran⁴): ferner kann auch eine Entzündung des Trommelfellgewebes den Ausgang in Atrophie nehmen.

Ein Schwund der Substantia propria in Folge chronischer Entzündung der Mucosa wurde von *Schwartze*⁵) angeführt. Nach *Beck*⁶) kann bei Greisen eine Atrophie des Trommelfelles auf einer regressiven Metamorphose der Mucosa beruhen.

Objective Symptome. Eine circumscripte Atrophie im Trommelfelle gibt sich durch eine dunkle Färbung und durch eine Vertiefung der Membran zu erkennen. Bei ausgedehnter Atrophie kann das Trommelfell durchsichtig, glashell erscheinen; die Trichterform des **Lichtkegels** geht verloren und an dessen Stelle treten unregelmässige,

---

¹) Arch. f. Ohr. VI. S. 54. — ²) *Hinton*, A. f. Ohr. V, S. 219. — ³) A. f. Ohr. III, S. 90. — ⁴) *Moos*, A. f. Aug. u. Ohr. I. 2. S. 244; *Schwartze*, A. f. Ohr. I. S. 139. — ⁵) A. f. Ohr. V. S. 262. — ⁶) Ohrenh. 1827. S. 187.

streifen- und punktförmige Lichtreflexe [1]), die dem Trommelfelle das Aussehen eines zerknitterten Seidenpapieres [2]) verleihen.

Bei schwächerer Atrophie bleibt die Trichterform des Lichtkegels erhalten, während der Lichtkegel selbst, je nach der atrophischen Stelle, in seinen einzelnen Theilen mannigfache Veränderungen erleidet. [1])

In einem Falle von langsam zunehmender totaler Atrophie des Trommelfelles, beobachtete *Moos* [2]) ein allmäliges Verschwinden des Hammergriffes in Folge der, mit der Erschlaffung des Trommelfelles stets zunehmenden Retraction des Musc. tens. tymp.

Bei der Stellung der Diagnose auf Atrophie des Trommelfelles muss Rücksicht genommen werden, ob die dunklere und tiefer gelegene Partie der Membran nicht etwa einer Narbenbildung zukommt, die ja gleich der atrophischen Stelle keine Substantia propria besitzt. Von der Trommelfellnarbe unterscheidet sich jedoch die Atrophie meistens durch ihre verschwommenen Grenzen, gegenüber den gewöhnlich scharf abgesetzten Narbenrändern und ferner durch ihr häufig multiples Auftreten, entgegen dem in der Regel solitären Vorkommen der Narbe.

In einzelnen Fällen zeigt jedoch auch die Narbe allseitig oder nur an einer Seite verschwommene Grenzen und möglicherweise können an einem Trommelfelle mehrere Narben vorhanden sein. Andererseits kann auch eine Atrophie solitär vorkommen oder schärfer abgesetzte Grenzen besitzen, wie dies besonders an einer unterhalb der hinteren Falte auftretenden Atrophie nicht selten zu beobachten ist. [4]) Demzufolge lässt sich aus dem Trommelfellbilde allein die Differentialdiagnose zwischen Atrophie und Narbe nicht immer mit Sicherheit stellen. In solchen Fällen bietet zuweilen die Anamnese wichtige Anhaltspunkte dar, und zwar wird man bei der Angabe des Patienten, dass ein Ohrenfluss vorausgegangen sei, die dunkle Stelle des Trommelfelles eher für eine Narbe als für eine Atrophie ansehen; dagegen darf eine etwaige negative Angabe des Patienten nicht als verlässlich gehalten werden, da eine eiterige perforative Paukenentzündung zuweilen ohne Wissen des Patienten besteht, beziehungsweise abgelaufen ist.

Bezüglich der Diagnose auf Atrophie wäre noch zu bemerken, dass normale Trommelfellpartien zuweilen fälschlich als atrophische Stellen diagnosticirt werden; so erscheint das zwischen stark getrübten oder verkalkten Trommelfellpartien gelagerte Gewebe, in Folge einer Contrastwirkung dunkler. In ähnlicher Weise tritt eine dunkle Färbung, ein der Atrophie zukommendes Aussehen an solchen Stellen des Trommelfelles auf, die sich gegenüber von bedeutenderen Vertiefungen in der Paukenhöhle befinden. Ausser der bereits vorher erwähnten Trübung, welche die Nische des runden Fensters an der hinteren und unteren Peripherie des Trommelfelles veranlasst, findet sich zuweilen eine ähnliche dunkle Stelle an dem vorderen Trommelfellsegmente vor; diese letztere entspricht der manchmal beträchtlichen Vertiefung der inneren Paukenwand in der Gegend der Tubenmündung.

Eine Behandlung tritt bei Atrophie des Trommelfelles nur dann ein, wenn die nach innen gesunkene atrophische Stelle acustisch wichtigen Theilen aufliegt und dadurch Gehörsstörungen herbeiführt (s. S. 124).

VI. Hyperämie und Hämorrhagie. *a)* Hyperämie. Eine Hyperämie erscheint sehr häufig consecutiv bei Erkrankungen des Mittelohres und des äusseren Gehörganges oder tritt bei einer idiopathischen Affection des Trommelfelles auf; ausserdem breitet sich eine im Ohrcanale oder in der Paukenhöhle vorhandene Stauungshyperämie sehr leicht auf das Trommelfell aus.

Ein einfacher Tampon im Ohre oder ein im Gehörgange durch längere Zeit verweilender Trichter vermag in Folge von Hemmung des venösen

---

[1]) *Trautmann*, A. f. Ohr. IX. S. 100. — [2]) *Schwartze*, s. *Trautmann*, l. c. — [3]) A. f. Aug. u. Ohr. II, 2, S. 158. [4]) *Gruber*, M. f. Ohr. X, Sp. 170.

Abflusses, eine Hyperämie des Trommelfelles hervorzurufen. In gleicher Weise bewirken kräftige Exspirationsbewegungen, Husten, Schneutzen etc. eine Röthung der Membran; sehr häufig führen Reizungen der Tuba, wie der Katheterismus oder eine Sondirung des Tubencanales, zur Hyperämie des Trommelfelles.

Am häufigsten findet sich eine Trommelfellhyperämie bei recentem Paukenkatarrh vor, und zwar zeigen sich besonders die in der Gegend des Hammergriffes gelagerten Gefässe stark injicirt. Entsprechend den an der Trommelfellperipherie ebenfalls zahlreich vorhandenen Gefässanastomosen (s. S. 115), erscheint das Trommelfell von einem rothen Ringe umgeben, welcher in den äusseren Gehörgang hinüberreicht und dadurch die Grenzen der Membran zuweilen vollständig verwischt.

Ausser dem mächtigeren Gefässbündel hinter dem Hammergriffe verläuft hie und da ein schmäleres Gefässband von der oberen Gehörgangswand über das Trommelfell, vor dem Hammergriffe herab; diese beiden Gefässzüge können durch ein quer über den Hammergriff hinüberziehendes Gefässstämmchen in gegenseitiger Anastomose stehen.[1]

Im Falle einer hochgradigen Hyperämie strahlen radiär verlaufende Gefässe vom Umbo gegen die Peripherie und umgekehrt von dieser gegen den Umbo aus; bei einer noch intensiveren Hyperämie erscheint das ganze Trommelfell scharlachroth.

Der radiäre Verlauf der Trommelfellgefässe kann zuweilen von differentialdiagnostischem Werthe sein, wenn in einem speciellen Falle ein Zweifel obwaltet, ob durch eine Trommelfellperforation die geröthete Schleimhaut der Paukenhöhle sichtbar sei, oder ob die Röthe dem Trommelfelle selbst zukomme. Lässt sich nämlich an einem Gefäss kein radiärer Verlauf nachweisen, sondern begibt sich das Aestchen direct von oben nach unten, so spricht dies für ein Gefäss der inneren Paukenwand, während eine speichenförmige Anordnung der Gefässzüge auf das Trommelfell zu beziehen ist.

Zur Differentialdiagnose, ob eine durch die Membran hindurchschimmernde Röthe der Paukenhöhle oder einer Trommelfell-Hyperämie zukomme, bediene man sich der Aufblasung des Trommelfelles.

b) **Hämorrhagie.** Ein Blutaustritt findet am Trommelfelle entweder auf die freie Oberfläche oder zwischen die einzelnen Lamellen der Membran statt. Als Ursachen eines Blutextravasates kommen Hyperämien [2]), traumatische Einwirkungen, Embolien [3]) und spontane Blutungen in Betracht.

Trautmann[4]) beobachtete eine in Folge von Husten aufgetretene Hämorrhagie in die Cutisschichte, *Bürkner*[5]) eine Ecchymose im Lichtkegel.

Auf traumatischem Wege entstehen Hämorrhagien durch ein plötzliches Abheben oder Losreissen adhärenter Theile des Trommelfelles; zuweilen führen sogar einfache Ausspritzungen des Gehörganges zur Zerreissung von Trommelfellgefässen; verschiedene Fremdkörper sowie instrumentelle Eingriffe sind selbstverständlich im Stande, Trommelfellhämorrhagien zu erzeugen.

Gottstein[6]) beobachtete mehrere Fälle, in denen ein auf die intacte Membran von innen aus vordrängender Polyp, durch Druck auf das Trommelfell, die Bildung eines kleinen hämorrhagischen Fleckes an jener Stelle des Trommelfelles veranlasste, an der später ein Durchbruch der Membran erfolgte.

Das Eindringen von Wasser in die Paukenhöhle während der Nasendouche kann ebenfalls zu Ecchymosen des Trommelfelles führen.[7]) Nach

---

[1]) *Politzer*, Beleucht. d. Trommelf., S. 38. — [2]) Kleine Ecchymosen am hyperämischen Trommelfelle bei Typhuskranken erwähnt *Passavant* (Z. f. rat. Med. 1849, S. 199). Hämatome an der Mucosa fand *Wendt* in Variolafällen (A. d. Heilk. XIII, S. 128). — [3]) *Trautmann*, A. f. Ohr. XIV, S. 73. — [4]) s. Anm. 3, l. c. S. 113. — [5]) A. f. Ohr. XIV, S. 231. — [6]) A. f. Ohr. IV, S. 86. — [7]) *Gruber*, M. f. Ohr. VI, Sp. 90.

starken Erschütterungen des Trommelfelles entstehen nicht selten ausgedehnte Blutextravasate.[1]
In mehreren Fällen beobachtete ich das Auftreten von Blutextravasaten am Trommelfelle, unmittelbar nach der vorgenommenen Luftdouche in die Paukenhöhle; in einem dieser Fälle zeigten sich kleine Hämorrhagien (Vibices) über das ganze Trommelfell zerstreut.

Die objectiven Symptome einer Hämorrhagie sind sehr verschieden, je nachdem der Blutaustritt in das Trommelfellgewebe oder auf dessen freie Oberfläche erfolgt. Zuweilen bildet das in das Trommelfellgewebe ergossene Blut nach aussen vorspringende Blasen.

So werden bei heftigen Mittelohrentzündungen manchmal Blutblasen am Trommelfelle beobachtet[2], die eine so bedeutende Grösse erreichen können, dass eine oder zwei Blasen die ganze Trommelfelloberfläche zu bedecken vermögen[2]; kleinere Blutblasen hängen besonders von der oberen Trommelfellhälfte sackförmig nach abwärts. In einem meiner Fälle entstand nach der Ausspritzung eines dem Trommelfelle nur mässig adhärenten Cerumenpfropfes, eine metallisch glänzende, dunkel bleigraue Blutblase, welche genau auf die vom kurzen Fortsatze vorgestülpte Partie des Trommelfelles beschränkt war.

Ergüsse zwischen die Trommelfellschichten finden sich in Form von Punkten, Streifen oder Flecken vor. Interlamelläre und die an der Mucosa stattfindenden Hämorrhagien, lassen sich häufig nicht von einander unterscheiden. Diese letzteren können nur dann mit Sicherheit als Blutergüsse auf die freie Schleimhautoberfläche diagnosticirt werden, wenn sie durch Eintreibungen von Luft oder Wasser in die Paukenhöhle, eine Stellungsveränderung erleiden oder vollständig verschwinden.

Freie Blutextravasate liegen auf der Mucosa des Trommelfelles, nicht selten dem Hammergriffe, dem Trommelfellrande oder den Ansatzlinien der Falten auf, oder aber sie füllen die Trommelfelltaschen aus und schimmern durch die Membran zuweilen hellroth durch.[3]

Verlauf. Beim Hämatom des Trommelfelles kann sich das flüssige Blut, nach Berstung der meist zarten Umhüllungsmembran, auf die freie Oberfläche ergiessen. Blutextravasate in der Epidermisschichte werden mit dieser abgestossen.[4] Bei anderen Blutergüssen innerhalb des Trommelfellgewebes erfolgt nicht selten eine Resorption, die entweder vollständig ist oder den Ausgang in Pigmentbildung, in Form von isolirten oder angehäuften Punkten, nimmt. Endlich kann ein interlamelläres Blutextravasat vom Trommelfell in den Gehörgang überwandern.

Für diese von *Tröltsch*[4] zuerst beobachtete Wanderung liegt vorläufig noch keine befriedigende Erklärung vor; wahrscheinlich kommt sie durch Verschiebung des Epithels zu Stande (s. unten). Die von *Kessel*[5] aufgestellte Vermuthung, dass es sich hierbei um ein langsames Fortbewegen des in die Lymphgefässe ergossenen Blutes handelt, ist, wie schon *Zaufal*[5] betont, nicht für alle Fälle haltbar, da breite Blutextravasate als Ganze wandern. Nach dem Gesetze der Schwere findet die Wanderung ebenfalls nicht statt, da sich hämorrhagische Flecke zuweilen nach aufwärts fortbewegen. *Zaufal*[6] führt die Wanderung auf Capillarwirkung, *Wendt*[6]) auf Verschiebung des Epithels, *Politzer*[7] auf ein excentrisches Wachsthum des Trommelfelles zurück. Es muss hier erinnert werden, dass auch Perforationen manchmal wandern. *Moos*[8] erwähnt einen Fall, in

---

[1] *Zaufal*, A. f. Ohr. VII, S. 280. — [2] *Bing*, Wien. med. Woch. 1877, Nr. 8. — [3] *Zaufal*, A. f. Ohr. VIII, S. 43. — [4] Ohrenh. 5. Aufl., S. 131. [5] A. f. Ohr. VII, S. 286. — [6] *Schmidt's* J. 1873, B. 160, S. 295. [7] Ohrenh. S. 213. — [8] Z. f. Ohr. VIII, S. 35.

welchem eine Depressionsstelle im Trommelfelle innerhalb sechs Wochen vom vorderen und unteren Quadranten bis zur M. flaccida hinaufrückte. *Blake*[1]) beobachtete die Wanderung verschiedener dem Trommelfell angeklebter Papierscheibchen.

Gewöhnlich zeigt sich die Wanderung als eine e x c e n t r i s c h e , gegen die Trommelfellperipherie hin, ja selbst über diese hinaus bis in den äusseren Gehörgang, zuweilen ist jedoch eine Weiterbewegung des Extravasates in eine andere Richtung, von oben nach abwärts, bemerkbar.

Bei einem meiner Patienten begab sich ein durch die Ablösung des Steigbügelkopfes vom Trommelfelle hervorgerufenes Extravasat von dem hinteren und oberen Trommelfellquadranten nach vorne und unten zum Umbo, kehrte hierauf wieder nach hinten und oben zurück; rückte dabei im Verlaufe mehrerer Wochen langsam an die hintere und obere Peripherie des Trommelfelles und verkleinerte sich daselbst bis zu seinem vollständigen Verschwinden. — *Tröltsch*[2]) beobachtete die Wanderung eines Blutextravasates vom hinteren Trommelfellsegmente auf das vordere Segment.

Schwankungen in der Wölbung und Spannung des Trommelfelles bedingen entsprechende Veränderung in der Lage der betreffenden Trommelfellpartien, wodurch eine W a n d e r u n g der an diesen Theilen des Trommelfelles befindlichen An-, beziehungsweise Einlagerungen v o r g e t ä u s c h t werden kann.

VII. Entzündung des Trommelfelles (Myringitis).[3]

Die Entzündung des Trommelfelles ist als consecutive Erkrankung eine der häufigsten, als primäre dagegen eine seltene Affection des Gehörorganes. Consecutiv tritt die Myringitis bei diffusen, zuweilen bei umschriebenen Entzündungen des äusseren Gehörganges, ferner bei den verschiedenen Erkrankungen des Mittelohres auf. Primär entsteht eine Trommelfellentzündung gewöhnlich nur einseitig, in Folge von mechanischen, chemischen und thermischen Einwirkungen oder auch spontan ohne bekannte Veranlassung. Als mechanische Ursachen einer primären Trommelfellentzündung erscheinen in den meisten Fällen Verletzungen der Membran durch Fremdkörper, sowie Auflagerungen auf das Trommelfell. Zu den chemisch einwirkenden Irritantien gehören verschiedene in den Gehörgang eingeführte scharfe Stoffe, wie Knoblauch, Crotonöl, Chloroform, Bepinselungen der Membran mit Lapis[4]), Jod[4]) etc. Von den thermischen Reizen, die eine Entzündung des Trommelfelles verursachen können, wären das Eindringen von kaltem Wasser oder von kalter Luft in den Gehörgang zu erwähnen.

In einem solchen Falle beobachtete *Hartmann*[5]) am hinteren Trommelfellsegmente eine erbsengrosse, hellgelbe Blase, also eine superficielle Entzündung des Trommelfelles.

Eine Myringitis kann ferner durch Pilzmassen bedingt sein (Myringomycosis[6]), besonders im Falle eines tieferen Eindringens von Pilzen innerhalb des Trommelfellgewebes. Erschütterungen des Trommelfelles, die eine Continuitätstrennung der Membrana tympani nach sich ziehen, sind ebenfalls im Stande, eine Myringitis zu veranlassen.

Die Myringitis kann p a r t i e l l o d e r t o t a l sein; sie erscheint bald auf einzelne Lamellen beschränkt, bald über sämmtliche Trommelfellschichten ausgebreitet; gewöhnlich treten die Entzündungserscheinungen an der äusseren Schichte am stärksten auf.

Die s u b j e c t i v e n S y m p t o m e sind bei der Myringitis sehr ungleich vorhanden; während sich manchmal eine vom äusseren oder mittleren Ohre auf das Trommelfell consecutiv weiterschreitende Ent-

---

[1]) Amer. Journ. of Otolog. IV. — [2]) Ohrenh. 1877. S. 139. — [3]) *Kramer*, Ohrenh. 1836. S. 193. — [4]) *Schwartze*, Prakt. Beitr. zur Ohr. S. 14. — [5]) Ohrenh. 1881. S. 92. — [6]) *Wreden*, St. Petersb. m. Z. B. 13. s. A. f. Ohr. IV, S. 285.

zündung, durch kein besonderes Merkmal charakterisirt, finden sich bei der primären Myringitis Schmerzen, Schwerhörigkeit und subjective Gehörsempfindungen mehr minder ausgeprägt vor. Schmerz tritt gewöhnlich nur mässig und intermittirend, ein andermal wieder äusserst heftig auf und erstreckt sich vom Ohre über die entsprechende Kopfhälfte oder befällt nur eine bestimmte Stelle des Kopfes.

Die Lostrennung einer parasitischen Membran vom Trommelfelle ist häufig von den heftigsten Schmerzen begleitet, die nach Entfernung der Pilzmassen meistens vollständig verschwinden.[1])

Tr ltsch[2]) berichtet von einem Falle, in welchem die Schmerzen während einer Myringitis unter dem plötzlichen Eintritte einer Ohrenblutung aufhörten.

Mitunter besteht bei einer Entzündung des Trommelfelles nur ein Gefühl von Völle und Druck im Ohre. Die Schwerhörigkeit ist bei der einfachen Myringitis selbst bei stärkeren Entzündungserscheinungen gewöhnlich sehr gering. Die subjectiven Gehörsempfindungen erscheinen bald intermittirend, bald continuirlich als unregelmässige oder rhythmische (pulsirende), ohne einen Unterschied von dem, bei Erkrankungen des Mittelohres gewöhnlich vorhandenen Ohrengeräusche aufzuweisen.

Das von *Kramer*[3]) erwähnte flatternde Geräusch bei Myringitis, welches *Lincke*[4]) auf spastische Contractionen des Trommelfellspanners bezogen hat, ist nicht als eine der Myringitis eigenthümliche Gehörsempfindung anzusprechen.

Objective Symptome. Bei Verletzungen des Trommelfelles zeigt sich häufig nur an der verletzten Stelle eine Röthe und Schwellung mit Absonderung einer eiterigen Flüssigkeit. In anderen Fällen breitet sich die Entzündung von der zuerst ergriffenen Stelle über das ganze Trommelfell aus. Bei der diffusen Entzündung treten die, bei Besprechung der Erkrankung der einzelnen Trommelfellschichten schon beschriebenen Bilder von Epithelialtrübung, Röthe, zuweilen Ecchymosirung und Schwellung des Trommelfellgewebes auf: der Hammergriff, zuletzt auch der kurze Fortsatz verschwinden und die Oberfläche der Membran erscheint in Folge aufgelagerter Epithelialschollen, sowie durch eine interlamelläre Transsudation von seröser Flüssigkeit, uneben und höckerig. Zuweilen geben sich zwischen den verdickten Epithelialfeldern rothe Flecke als epidermislose Stellen zu erkennen. Mitunter bilden sich in der oberflächlichen Trommelfellschichte Blasen, die sich manchmal gleichzeitig auf den äusseren Gehörgang hinüber erstrecken.

Derartige Blasen werden bei Ekzem und Pemphygus angetroffen, sie können auch nach Aetzung der Trommelfelloberfläche mit Lapis entstehen, wie ich dies an einem Collegen zu wiederholten Malen beobachtet habe. Kleine Blasen zeigen oft ein perlartiges Aussehen (Myringitis bullosa)[5]).

Ein tieferer interlamellärer Erguss besteht entweder aus einer serösen Flüssigkeit, die allmälig wieder resorbirt wird, oder die ergossene Flüssigkeit ist mehr eiterig und bildet den Inhalt eines Trommelfell-Abscesses. Trommelfell-Abscesse gehen zuweilen aus jenen rothen halbkugeligen Geschwülsten hervor, die besonders häufig am oberen Trommelfell-Segmente angetroffen werden. Die ursprünglich rothe Hervorwölbung nimmt dabei allmälig eine schmutziggelbe Färbung an, womit meistens eine Abnahme der Entzündungserscheinungen an

---

[1]) *Wreden*, l. c. — [2]) Ohrenh. 1877, S. 138. — [3]) Ohrenh. 2. Aufl. S. 103.
[4]) Ohrenh. B. II. S. 264.   [5]) *Politzer*, Ohrenh. S. 249.

den übrigen Trommelfellpartien stattfindet, so dass der vollkommen ausgebildete interlamelläre Abscess[1], aus seiner Umgebung scharf hervortritt. Sein Lieblingssitz ist der hintere obere Quadrant der Membran; bei ausgebreiteter interlamellärer Eiterentwicklung kann ein grosser Theil des Trommelfelles gelblich gefärbt und hervorgewölbt erscheinen. Anstatt eines interlamellären Ergusses tritt ein andermal ein seröses oder serös-eiteriges Secret auch an der freien Oberfläche auf und gibt dann zu einer Otorrhoe Veranlassung. Nach der Entfernung des Eiters zeigt sich das Trommelfell häufig uneben, theilweise mit Epitheliallamellen bedeckt und stark geröthet. Zuweilen finden sich oberflächliche Geschwüre vor, deren Basis je nach dem Ergriffensein der tieferen Schichten, von der Substantia propria oder der Mucosa gebildet wird; nach Zerstörung oder Durchbruch dieser letzteren geht aus dem Ulcus eine Perforation hervor.

Ausser den bei Myringitis am Trommelfell nachweisbaren objectiven Symptomen wäre noch die im Gefolge der Entzündung sich zuweilen bildende, schmerzhafte Anschwellung der unterhalb des Lobulus gelegenen Lymphdrüsen zu erwähnen.

Die Diagnose einer Myringitis überhaupt ist sehr leicht zu stellen, sobald aus der Untersuchung mit Sicherheit hervorgeht, dass die vorliegende geröthete Fläche wirklich dem Trommelfelle und nicht etwa der Schleimhaut der Paukenhöhle angehört. Dagegen kann die Diagnose einer primären Myringitis sehr schwierig, ja sogar unmöglich werden, im Falle die Erkrankung vom Trommelfelle auf das äussere oder mittlere Ohr fortgeschritten ist. Nur bei dem Fehlen jeder Entzündungserscheinung im äusseren Gehörgange, der anfänglich nur in seinem knöchernen Theile eine Hyperämie erkennen lässt, ferner beim Mangel von nachweisbaren Entzündungsvorgängen im Cavum tympani, lässt sich die Diagnose auf primäre Myringitis stellen. Eine traumatische Myringitis gibt sich, zumal in den ersten Tagen nach der stattgefundenen Einwirkung, meistens leicht als solche zu erkennen.

Was die einzelnen Bilder bei der Myringitis anbelangt, so wäre vor einer Verwechslung der früher erwähnten rothen, buckelförmigen Hervorstülpungen der Membran mit Polypenbildungen zu warnen. Die bei diesen Hervorwölbungen nachweisbare, verhältnissmässig rasche Veränderung der Grösse und Färbung, die Sondenuntersuchung, sowie die bei einer vorgenommenen Probe-Incision aus der Schnittöffnung austretende Flüssigkeit, werden differential-diagnostische Merkmale ergeben. Andererseits können die nach aussen vorspringenden Bläschen des Trommelfelles mit Exsudatsäcken des Paukenhöhlensecretes und in gleicher Weise die interlamellären Abscesse mit Hervorbauchungen des Trommelfelles bei eiterigem Exsudate in der Paukenhöhle verwechselt werden. Die in der Cutisschichte auftretenden Blasen charakterisiren sich jedoch häufig durch ihre dünne Umhüllungsmembran, welche den serösen Inhalt des Bläschens gelblich durchschimmern lässt. Die scharf abgegrenzte Peripherie solcher Bläschen, spricht ebenfalls gegen eine Vorstülpung des ganzen Trommelfellgewebes an der betreffenden Stelle. Ferner lassen sich die oberflächlich gelagerten Blasen mit der Sonde eindrücken und bewahren noch einige Zeit nach dem ausgeübten Drucke eine dellenförmige Vertiefung[2], was bei Exsudatsäcken der Paukenhöhle nicht stattfindet.

Der bei Berührung des Abscesses auftretende Schmerz bietet nichts Charak-

---

[1] *Wilde*, Ohrenh., Uebers. S. 264. — [2] *Böck*, A. f. Ohr. II, S. 139 u. 142.

teristisches dar, indem sich sowohl Exsudatsäcke, als auch Abscesse gleich empfindlich gegen Berührung erweisen können.

Zu erwähnen wäre noch das zuweilen multiple Auftreten von Trommelfellabscessen gegenüber dem gewöhnlich solitär vorkommenden Exsudatsacke. Endlich gibt eine vorsichtige Eröffnung des Eitersackes manchmal Aufschluss, ob es sich um einen Abscess oder Exsudatsack handelt; im ersteren Falle treten aus der Incisionslücke nur einige Tropfen einer gelblichen Flüssigkeit hervor, ohne das die nachfolgende Untersuchung eine Trommelfellperforation vorfindet. Nach der Eröffnung eines Exsudatsackes dagegen, fliesst eine viel bedeutendere Flüssigkeitsmenge aus, als die betreffende Ausstülpung des Trommelfelles zu fassen vermöchte; dabei sind auch die Symptome einer penetrirenden Trommelfellücke nachweisbar, da ja der Austritt des Paukenhöhlenexsudates erst nach Durchtrennung sämmtlicher Schichten des Trommelfelles erfolgen konnte.

Der bei Myringitis nicht selten als gelbes Knöpfchen sichtbare kurze Fortsatz, tritt aus dem ihn umgebenden gerötheten und geschwellten Gewebe, gleich einer von einem rothen Hofe begrenzten Eiterpustel [1] hervor, ist jedoch von einer solchen durch seine mit der Sonde zu constatirende Resistenz leicht zu unterscheiden.

Der Verlauf einer Myringitis hängt theils von einer etwa bestehenden constitutionellen Erkrankung ab und zeigt sich beispielsweise bei scrophulösen oder tuberculösen Individuen meistens äusserst schleppend, theils wird der Verlauf von dem Verhalten des Patienten und der Behandlungsweise beeinflusst. Die Trommelfellentzündung zeigt im Allgemeinen entweder einen acuten oder einen chronischen Verlauf.

Acute Myringitis. Die Myringitis weist besonders in jenen Fällen einen raschen Ablauf des Entzündungsprocesses auf, in denen dieser durch einen das Trommelfell von aussen treffenden Reiz zur Entwicklung kam. Die particielle Myringitis bleibt bei günstig verlaufendem Processe bis zum Eintritte der vollkommenen Heilung auf die ursprünglich afficirte Stelle beschränkt, ein andermal dagegen entwickelt sich aus einer partiellen Trommelfellentzündung eine diffuse. Die diffuse Myringitis endet im günstigen Falle mit vollständiger Genesung: Die interlamellär ergossene Flüssigkeit wird resorbirt, mit der abnehmenden Schwellung des Trommelfellgewebes kommen allmälig wieder der kurze Fortsatz und der Hammergriff zum Vorschein, die Hyperämie zieht sich nach und nach auf die Hammergriffgefässe zurück, bis endlich auch diese unsichtbar werden; das Trommelfell erhält gewöhnlich zuerst in der Gegend des Umbo seine graue Farbe, die sich von hier aus langsam über die ganze Membran verbreitet und schliesslich gibt sich wieder der Lichtkegel in seinem normalen Glanze zu erkennen, womit der Process seinen Ausgang in vollständige Genesung genommen hat. In weniger günstigen Fällen kommt es zur Perforation, die entweder in Folge der leichten Zerreissbarkeit des entzündeten Trommelfellgewebes eintritt oder aber durch Schmelzung desselben zu Stande kommt. Eine Durchlöcherung der Membran kann dabei an einer oder gleichzeitig an mehreren Stellen erfolgen. Auch Geschwüre an der Trommelfelloberfläche geben im Falle ihres Fortschreitens in die Tiefe zu Perforationen des Trommelfelles Veranlassung, die bei vorher normaler, also dünner Membran, leichter und rascher

---

[1] *Politzer*, Beleucht. d. Trommelf. S. 37.

eintreten, als bei einem durch vorausgegangene Erkrankungsvorgänge schon vorher verdickten Trommelfelle.

Die bei der Myringitis zuweilen entstehenden, oberflächlich gelagerten Exsudatblasen bersten manchmal schon einige Stunden nach ihrem Erscheinen, oder ihr seröser Inhalt wird rasch resorbirt, worauf ein Collaps der Bläschenwandung erfolgt. Interlamelläre Abscesse durchbrechen häufig ihre Bedeckungsmembran nach aussen und veranlassen dann mitunter ein Trommelfellgeschwür, oder der Durchbruch entsteht nach beiden Seiten, in welchem Falle eine penetrirende Trommelfelllücke auftritt. Bei ausgebreitetem interlamellären Abscesse kann sich eine bedeutende Perforation rasch entwickeln.

Betreffs des weiteren Verlaufes der verschiedenen Trommelfelllücken muss auf deren früher gegebene Besprechung verwiesen werden.

Ein anderer Ausgang beim Abscess besteht in allmäliger Eindickung und theilweiser Resorption des angesammelten Eiters, wobei häufig eine Kalkbildung erfolgt und schliesslich aus dem ursprünglichen Trommelfellabscesse eine Verkalkung resultirt. Sehr häufig bleiben als Residuen einer abgelaufenen Myringitis Atrophie und Hypertrophie des Trommelfelles zurück.

Von grossem Einflusse auf die Entzündung der Membrana tympani erweisen sich gleichzeitige Erkrankungen des äusseren und mittleren Ohres, von denen auch der weitere Verlauf einer Myringitis abhängt. Bezüglich der auf Parasiteneinwucherung beruhenden Trommelfellentzündung sind deren häufige Recidive hervorzuheben.

Chronische Myringitis. Die subjectiven Symptome sind bei dieser gewöhnlich viel schwächer ausgesprochene als bei der acuten Entzündung, wogegen die objectiven Symptome, und zwar die eiterige Secretion, Schwellung und Hypertrophie des Bindegewebes, stärker ausgeprägt erscheinen.

Die Bindegewebsneubildung findet einerseits innerhalb der Trommelfellschichten statt und führt dadurch zu einer beträchtlichen Verdickung und Starrheit der Membran, andererseits treten auch auf die freie Trommelfelloberfläche Bindegewebswucherungen in Form von polypösen Excrescenzen oder Polypenbildungen hervor.

Nasiloff[1]) beschreibt einen Fall von „Myringitis villosa", in welchem das verdickte Trommelfellgewebe von Canälen durchzogen erschien, während sich über die ganze Oberfläche der Membran zottige Gebilde aus Bindegewebe zerstreut vorfanden. Jede einzelne Zotte besass eine eigene Capillarschlinge und war mit Pflasterepithel bedeckt. Die Substantia propria erwies sich von dem neugebildeten Bindegewebe verdrängt. — In einem anderen Falle von Myringitis villosa fand *Kessel*[2]) eine bedeutende Verdickung der Cutis und Substantia propria, eine geringe der Mucosa, ferner die äussere Oberfläche des Trommelfelles mit Zotten bedeckt, die ein Cylinderepithel trugen, deren feine Endfäden in die Zotten eindrangen. Das Trommelfell zeigte ausserdem eine Erweiterung und Neubildung von Gefässen. Wie *Kessel* betont, sind sowohl diese, als auch die von *Nasiloff* beschriebenen Zotten den im äusseren Gehörgange vorkommenden Schleimpolypen ähnlich.

In zwei Fällen beobachtete *Politzer*[3]) am hinteren oberen Trommelfellquadranten eine Granulationsbildung, welche sich auf den äusseren Gehörgang weiter erstreckte. — In einem von mir beobachteten Falle erschienen kleine polypöse Wucherungen am vorderen Trommelfellsegmente, die mit anderen im knöchernen Gehörgange sich entwickelnden Excrescenzen ein Continuum bildeten.

Diese soeben geschilderten pathologischen Zustände des Trommelfelles bilden sich gewöhnlich nur ausserordentlich langsam zurück und gehen nur selten in vollständige Heilung über; meistens erübrigen bald hochgradige Verdickungen und Verkalkungen, bald wieder Atrophien

---

[1]) C. f. d. m. Wiss. 1867. Nr. 11. — [2]) A. f. Ohr. V. S. 250. — [3]) Ohrenh. S. 258.

und Perforationen. Nach Ablauf der stärkeren Entzündungserscheinungen bleiben bei chronischer Myringitis zuweilen lang anhaltende Epithelialabschuppungen („Myringitis sicca" [1]: Myringitis desquamativa) [2] zurück. Die Myringitis erscheint zuweilen an verschiedenen Stellen des Trommelfelles sehr **ungleichmässig** ausgeprägt, so dass selbst hochgradige Entzündungserscheinungen und normal aussehende Partien an demselben Trommelfell vorhanden sein können.

Behandlung der acuten Myringitis. Bei einer mässig entwickelten partiellen oder diffusen Myringitis genügt eine **exspectative** Behandlung; man schütze das Trommelfell durch Verstopfung des äusseren Gehörganges vor äusseren Schädlichkeiten und vermeide strenge jede Erhitzung. Stärkere Entzündungen erheischen eine **antiphlogistische** Behandlung, die Application mässig kalter Umschläge auf die ganze Schläfengegend, bei früher vorgenommener sorgfältiger Verstopfung des Ohreinganges, ferner Blutegel, welche sowohl knapp unterhalb des Warzenfortsatzes, als auch am Tragus angesetzt werden müssen und wenn nöthig purgirende Mittel. Gegen heftige Myringitis empfiehlt *Schwartze* [3] die Myringotomie. Starke Schmerzen erfordern die Seite 89 u. 90 angegebene Behandlung.

Gruber [4] erzielte mit den von *Bonnafont* vorgeschlagenen seichten Einschnitten in die Trommelfellschichte günstige Resultate; den genannten beiden Autoren zufolge sollen auch Quereinschnitte in die gefässtragende Cutisschichte der oberen Gehörgangswand [5] eine Erleichterung schaffen.

Vor der Einträuflung **adstringirender** Mittel hat man sich im Anfange der Myringitis, zumal bei vorhandenen stärkeren Schmerzen, zu hüten; erst in einem späteren Stadium (circa in der zweiten Woche der Erkrankung) können Plumbum aceticum, Zincum sulfuricum, Argentum nitricum etc. (s. Behandlung der Otorrhoe) Anwendung finden. Diese Mittel werden entweder ins Ohr eingeträufelt oder aber, im Falle der Druck der Flüssigkeitssäule Schmerz erregen sollte, dem Trommelfelle sorgfältig aufgetupft, beziehungsweise aufgeblasen.

Gegen die **chronische** Myringitis eignen sich, ausser den bereits erwähnten Mitteln, noch Adstringentien in starken Lösungen oder in Pulverform, ferner Lapistouchirungen und Bepinselungen mit Tct. Op. crocata.

Schwartze [6] wendet gegen hartnäckige Eiterungen bei nicht perforativer chronischer Myringitis, Bepinselungen mit Chromsäure (1 : 2 Aq. dest.) an. Das nach der Bepinselung auftretende Brennen ist meistens ziemlich heftig. Gegen eine etwa zurückbleibende Lockerung des Trommelfellgewebes sind Adstringentien und Lapis in Anwendung zu ziehen.

VIII. Neubildungen. A) Organisirte Neubildungen. 1. Das **Cornu cutaneum** tritt als eine eigenthümliche Form von Epidermiswucherung auf.

In einem von *Buck* [7] beschriebenen Falle nahm ein Cornu cutaneum die oberen Theile des Trommelfelles in Form einer scharf abgesetzten, 1 Linie dicken Platte von gelblicher Farbe ein. — *Politzer* [8] beobachtete bei einer 15jährigen Frau hinter

---

[1] *Rossi*, s. *Politzer*, Ohrenh. S. 255. [2] Einen Fall von hochgradiger Myringitis desquamativa beobachtete *Gottstein* (Otolog. Congr. Mailand, 1880). [3] D. Paracent. d. Trommelf. 1868, S. 29. [4] Ohrenh. S. 374. [5] *Bonnafont*, Traité d. mal. de l'or. 1860, p. 299, s. *Schmidt's* J. B. 117, S. 358; *Gruber*, Wien. m. Zeit. 1869, Nr. 18. Quereinschnitte an der oberen Gehörgangswand wurden bei bedeutender Hyperämie des Trommelfelles von *Weber-Liel* gegen Ohrengeräusche, angeblich mit günstigem Erfolge ausgeführt (D. Klin. 1863, S. 321). [6] A. f. Ohr. VII. S. 12. [7] Amer. otol. Soc. 1872, s. A. f. Ohr. VII, S. 76. [8] Ohrenh. I, S. 241.

dem Umbo eine hornartige Wucherung, welche sich mit der Sonde nicht entfernen liess. — Cornua cutanea habe ich bisher an zwei Patientinnen vorgefunden, von denen die eine an einem chronischen Mittelohrkatarrh litt, indess die andere eine bereits Jahre hindurch persistirende Perforation im hinteren oberen Trommelfellquadranten aufwies. In dem ersten Falle erschienen der Hammergriff und der kleine Fortsatz von einem 3—4 Mm. dicken dunkelbraunen, höckerigen Horngebilde bedeckt, dessen Entfernung mit einer Hackenpincette nur schwer gelang; einige Wochen später fand an denselben Stellen ein allmäliges Recidiv statt. In dem anderen Falle mit Perforation war eine Hornhautwucherung an den Perforationsrändern aufgetreten und bedeckte nach und nach die Perforationsöffnung so fest, dass selbst bei energischem Sondendrucke an dieser Stelle nicht die geringste Nachgiebigkeit constatirt werden konnte. Die Farbe dieses Horngebildes war gleich der früher erwähnten Masse dunkelbraun, die Oberfläche höckerig und die Resistenz eine so bedeutende, dass sogar spitze Instrumente in dasselbe nur schwer eindrangen. Die Entfernung dieser Hornmasse gelang trotz vorausgeschickten Eingiessungen von Flüssigkeiten ins Ohr durch mehrere Wochen nicht, bis endlich mit der Hackenpincette die Abhebung erzielt wurde. Auch bei dieser Patientin trat später ein Recidiv ein, wobei sich jedoch die neugebildete Masse leicht entfernen liess. Vor einer Verwechslung des Cornu cutaneum mit einer Borkenbildung schützt die mikroskopische Untersuchung.

2. **Perlförmige Epithelialbildungen** am Trommelfelle habe ich [1]) in fünf Fällen von chronischem Paukenkatarrh beobachtet. Diese am Trommelfell einzeln oder auch multipel aufgetretenen glänzend weissen Tumoren von Hirsekorn- bis Stecknadelkopfgrösse, besassen eine sehr resistente Umhüllungsmembran, die eine epithelige, breiige Masse einschloss. Diese Letztere zeigte unter dem Mikroskope eine Anhäufung von zertrümmerten Pflasterepithelzellen und von körnigem Detritus; nur in einem Falle fanden sich spärliche Cholestearinkrystalle vor. — In einem von *Politzer* [2]) mitgetheilten Befunde, bestand die Perlbildung zum grossen Theile aus Cholestearinkrystallen.

Eine besondere Bedeutung scheint diesen Perlbildungen nicht zuzukommen, da sich die übrigen Theile des Trommelfelles von denselben nicht beeinflusst erweisen. In einem von mir beobachteten Falle zeigte sich bei einer nachträglich vorgenommenen Untersuchung keine Spur von den früher vorhanden gewesenen sechs Perlen am Trommelfelle; bei einem anderen Patienten konnte ich eine **Wanderung** solcher Perlen gegen die Peripherie des Trommelfelles und einen Uebertritt dieser kleinen Tumoren in den äusseren Gehörgang, verfolgen. Nach vorgenommener Schlitzung der Umhüllungshaut und Entfernung des Inhaltes war in meinen Fällen kein Recidiv bemerkbar.

3. **Primäre Cholesteatombildungen** aus den endothelialen Gebilden jener Scheiden hervorgehend, welche die Balken der Substantia propria umgeben, wurden von *Wendt* [3]) mikroskopisch nachgewiesen. Als Cholesteatom an einem nicht perforirten Trommelfelle erwähnt *Küpper* [4]) einen Fall, in welchem am Umbo ein concentrisch geschichtes, kleines Klümpchen oberflächlich eingelagert erschien.

Unter den Namen **Sebaceous tumour** beschreibt *Hinton* [5]) eine erbsengrosse Geschwulst am Trommelfelle, die von dessen Innenfläche, oberhalb des kurzen Fortsatzes ausging und aus einer Umhüllungsmembran mit zwiebelartig gelagerten Epithelialmassen bestand.

4. Zu den **Papillargeschwülsten** am Trommelfelle gehören ausser den polypösen Wucherungen die Condylombildungen.

5. Ins Trommelfellgewebe ist zuweilen, bei einer Verdrängung der Substantia propria, ein umschriebenes, **fibröses Gebilde** eingelagert, das von den normalen Gewebselementen des Trommelfelles eingekapselt wird und dem daher eine selbstständige Stellung eingeräumt werden kann.[6])

6. In seltenen Fällen findet sich im Trommelfelle eine wahre **Knochenneubildung** vor, die zuerst von *Hyrtl* [7]) an einem Beutelthiere und von

---

[1]) A. f. Ohr. X, S. 7; Mitth. d. Wien. med. Doct.-Coll. 1876. B. 2, Nr. 13. —
[2]) Ohrenh. I. S. 241. — [3]) Naturf.-Vers. 1873. s. A. f. Ohr. VIII, S. 215. — [4]) A. f. Ohr. XI, S. 18. — [5]) Guy's Hosp. reports, 1863. Vol. IX, p. 264. s. A. f. Ohr. II, S. 151. — [6]) Gruber, Ohrenh., S. 401. — [7]) Politzer, Oest. Z. f. pr. Heilk. 1862. Sp. 981; Ohrenh. I. S. 247.

Mücke und *Bochdalek* [1], sowie von *Politzer* (s. S. 150. Anm. 7) und *Wendt* [2]) am menschlichen Trommelfelle constatirt wurde.

Während *Politzer* die innerhalb verkalkter Partien gelagerte verknöcherte Stelle des Trommelfelles einer näheren mikroskopischen Untersuchung unterzog, bezieht sich der Fall von *Mücke* und *Bochdalek* auf den makroskopischen Befund eines fast total verknöcherten Trommelfelles, das aus zwei Knochenplättchen bestand, welche durch den zwischen ihnen gelagerten Hammergriff von einander getrennt wurden. Die von früheren Autoren, wie von *Cassebohm* (1734)[3]), *Lösecke* (1764)[4]), *Everard Home* (1800)[4]) u. A. diagnosticirten Verknöcherungen des Trommelfelles sind bei dem Mangel einer näheren Untersuchung, wohl eher den Verkalkungen beizuzählen.

7. Cysten im Trommelfelle wurden von *Tröltsch*[5]) constatirt. An der Innenfläche des Trommelfelles fand *Politzer*[6]) in einem Falle cystenartige Bildungen. Eine erbsengrosse, bläulich gefärbte Cyste, die vom Processus brevis ausging, beobachtete ich bei einem Patienten mit Totalperforation des Trommelfelles.

8. Nach *Schwartze*[7]) treten bei Kindern mit Miliartuberculose zuweilen auch im Trommelfelle Tuberkeln auf. Sie erscheinen als gelblich-röthliche Flecke von ungefähr Stecknadelkopfgrösse, mit scharf umschriebenen Grenzen. Bei Besichtigung der Innenfläche des Trommelfelles zeigt sich eine Hervorragung der Tuberkelbildungen über das Niveau der Schleimhaut. Auch bei chronischer Lungentuberculose Erwachsener bemerkte *Schwartze*[7]) oft gelbliche, leicht prominente härtliche Stellen im Trommelfelle, an denen eine rasche Ulceration erfolgte.

B) **Nichtorganisirte Neubildungen. Verkalkung des Trommelfelles.** Gewöhnlich bildet sich eine Verkalkung des Trommelfelles in Folge einer Entzündung desselben aus, wobei auch der Inhalt eines bestehenden Abscesses eine theilweise Verkalkung eingehen kann; andererseits tritt eine Ausscheidung von amorphem, seltener von krystallinischem Kalk ins Trommelfellgewebe zuweilen ohne irgend welche vorausgegangene eiterige Entzündung [8]) auf, in seltenen Fällen erfolgt eine Kalkeinlagerung ins Narbengewebe.

Bei einer Patientin bemerkte ich am vorderen unteren Quadranten des sonst ausgebreitet verkalkten Trommelfelles eine Narbe, in der ein kleines Kalkfeld eingesprengt war, die verkalkte Partie zeigte sich allseitig vom Narbengewebe eingeschlossen; auch in einem zweiten Falle fand ich eine theilweise verkalkte Narbe vor.

Sitz. In der Substantia propria lagern sich die Kalkpartikelchen in den röhrenförmigen Umscheidungen der Fibrillen ab [9]), wobei sich die Verkalkung zuweilen auf eine einzelne Schichte der Lamina fibrosa beschränkt und dann als circuläre oder als radiäre Verkalkung [10]) auftritt. Nach den Beobachtungen *Tröltsch's* [11]) wird gewöhnlich die Circulärfaserschichte von dem Verkalkungsprocesse betroffen. Sehr häufig ist an einer bestimmten Stelle des Trommelfelles die ganze Substantia propria in die Verkalkung einbezogen, ja diese kann sich auf sämmtliche Schichten des Trommelfellgewebes ausbreiten und prominirt dann sowohl über die Epidermisschichte, als auch über die Mucosa. [12]) Ausnahmsweise bleibt eine Verkalkung auf die äussere oder innere Schichte des Trommelfelles allein beschränkt. [13])

Gestalt. Die Verkalkung besitzt in der Regel eine rundliche oder bogenförmige Gestalt; zuweilen findet sich eine Trommelfellhälfte, selbst das ganze Trommelfell verkalkt vor. Gegen die Peripherie der Membran, sowie gegen den Hammergriff hin, ist die Verkalkung ge-

---

[1]) *Mücke*, Taubst. Prag. 1836; *Lincke* Ohrenh., I. S. 596.   [2]) A. d. Heilk. 1873. S. 274.   [3]) Tractat. quat. anat. de aur. hum.   [4]) *S. Lincke*, Ohrenh. I. S. 629.   [5]) *Tröltsch*, Virch. Arch. 1859, B. 17, S. 60.   [6]) A. f. Ohr. V, S. 216.   [7]) *Klebs*, Path. Anat., 6. Lief., S. 68.   [8]) *Moos*, Klinik, S. 100.   [9]) *Wendt*, Naturf.-Vers. 1873, s. A. f. Ohr. VIII, S. 215.   [10]) *Toynbee*, Ohrenh., S. 151.   [11]) Anat. d. Ohr. S. 37.   [12]) *Schwartze*, A. f. Ohr. V, S. 261.   [13]) *Lucae*, Virch. Arch. B. 29. S. 33. ferner B. 36. s. A. f. Ohr. III, S. 252.

wöhnlich abgesetzt, wenngleich in einzelnen Fällen der ganze Griff bis zum kurzen Fortsatze von der Verkalkung eingehüllt werden kann.[1]) Bei ausgebreiteten Perforationen erscheint manchmal der Rest des Trommelfelles vollständig verkalkt. Mitunter werden an beiden Trommelfellen symmetrische Verkalkungen angetroffen. Zahl. Die Verkalkung kann an einer Stelle allein oder gleichzeitig an verschiedenen Stellen des Trommelfelles vorkommen. Die Grösse der Verkalkung schwankt zwischen dem solitären Kalkpünktchen und der ausgedehnten Verkalkung des ganzen Trommelfelles. Mitunter lässt sich die Bildung eines grösseren Kalkfeldes aus einer Reihe dicht neben einander abgelagerter Kalkpünktchen verfolgen.

Die Entwicklungsdauer von Verkalkungen des Trommelfelles erstreckt sich gewöhnlich über mehrere Monate; in selteneren Fällen zeigt ein Kalkfeld eine raschere Ausbildung.[2])

Subjective Symptome. Die bei Trommelfellverkalkungen nicht selten vorhandenen subjectiven Symptome von Schwerhörigkeit und Ohrensausen, beruhen meistens auf gleichzeitigen Erkrankungen des übrigen Schallleitungsapparates und sind nur zum geringen Theil auf eine herabgesetzte Schwingungsfähigkeit des Trommelfelles [3]) zu beziehen, da trotz ausgedehnter Verkalkungen des Trommelfelles, ein vollkommen normales Gehör vorhanden sein kann.[4])

Objective Symptome. Die Verkalkung charakterisirt sich meistens als eine hellweisse, mitunter als eine grauliche [5]), oder von kleinen Pigmentpunkten durchsetzte, scharf umschriebene Stelle am Trommelfelle, die scheinbar, zuweilen thatsächlich, über das Niveau des übrigen Trommelfelles hervorragt.

Bleibt die Verkalkung auf die Substantia propria beschränkt und wird sie demzufolge nach aussen von der Cutisschichte bedeckt, so können pathologische Zustände derselben die weisse Kalkfarbe bedeutend beeinflussen, ja das Kalkfeld kann von der geschwellten Cutis vollständig verdeckt werden. Man findet demnach, bei Hyperämien der äusseren Schichte, die verkalkte Stelle nicht selten gelblich oder röthlich gefärbt; zuweilen verlaufen ein oder mehrere Gefässzweigchen über die sonst weisse Kalkplatte.

Aehnliche Bilder treten in Folge von Sondirung der scheinbar frei liegenden Verkalkung auf, wenn die Sonde zu einer Hyperämie der an der Kalkplatte vorher nicht bemerkbaren Cutisgefässe Veranlassung gegeben hat.

Eine durch das geschwellte Cutisgewebe verdeckte Verkalkung taucht bei eintretender Abschwellung der Cutis allmälig wieder auf und könnte dadurch vielleicht als eine in der Bildung begriffene Verkalkung angesehen werden. Das, im Verhältniss zu der Cutisabschwellung, rasche Hervortreten der verkalkten Stelle wird der richtigen Diagnose einen verlässlichen Anhaltspunkt bieten. In einem Falle Zaufal's [6]) zeigte sich am hinteren Trommelfellsegmente eine gelbliche Hervorragung, ähnlich einem interlamellären Trommelfellabscesse, die sich nach Abnahme der Entzündungserscheinungen am dritten Tage der Beobachtung, deutlich als eine Kalkplatte zu erkennen gab.

Die Diagnose einer Verkalkung ist meistens bei der ersten Ocularuntersuchung, oder im Verlaufe einer kurzen Beobachtungszeit.

---

[1]) *Schwartze*, *Klebs*, Path. Anat., 6 Lief., S. 54; ferner ein Fall aus meiner Beobachtung. — [2]) In einem Falle von *Wendt* innerhalb 2—3 Wochen (Naturf.-Vers. 1872, s. A. f. Ohr. VI, S. 298). — [3]) *Kessel* (A. f. Ohr. VIII, S. 235) fand bei einer Verkalkung am vorderen Trommelfellsegmente, unregelmässige Schwingungslinien vor. — [4]) *Politzer*, Bel.-Bild. d. Tr. F., S. 54; *Schwartze*, A. f. Ohr. I, S. 142; *Chimani*, A. f. Ohr. I, S. 171. — [5]) *Tröltsch*, A. f. Ohr. VI, S. 54. — [6]) A. f. Ohr. VII, S. 191.

leicht zu stellen. Von der einfachen Trommelfelltrübung zeichnet sich die Verkalkung durch ihre scharfen Grenzen und das plastische Hervortreten aus ihrer Umgebung, sowie durch eine gewöhnlich auffällig weisse Färbung aus. Ein ungeübteres Auge ist vor einer Verwechslung der weissen Scheibe am Griffende, mit einer Verkalkung (s. S. 112) zu warnen.

Behandlung. Eine Verkalkung des Trommelfelles wird keiner Behandlung unterzogen, nur bei Umwandlung des ganzen Trommelfelles in eine starre Kalkplatte wäre bei nachweisbarer Acusticusreaction der Versuch gerechtfertigt, durch eine partielle oder totale Excision der verkalkten Partien eine verbesserte Schallleitung herbeizuführen.

IX. Die Empfindlichkeit des Trommelfelles gegen Berührung kann abnorm erböht oder vermindert sein. Eine auffällig erböhte Sensibilität zeigt sich zuweilen bei allgemein erböhter Reizbarkeit des betreffenden Individuums, bei Neurosen (Neuralgie, Migräne, Hysterie etc.) und bei Reizzuständen des Trommelfellgewebes, besouders im Anfangsstadium der Myringitis. Eine oft bedeutend herabgesetzte Empfindlichkeit des Trommelfelles gibt sich nicht selten bei hochgradigen Gewebs- und Spannungs-Anomalien desselben zu erkennen; auch eine auf das Trommelfell durch längere Zeit einwirkende, starke Morphinlösung vermag die Membrana tympani mehr oder weniger zu anästhesiren. *Gottstein*[1]) beobachtete eine vollständige Anästhesie des Trommelfelles in einem Falle von Meningitis cerebrospinalis und nach Cephalalgie.

X. Fremdkörper gelangen meistens vom äusseren Gehörgange und nur höchst selten von der Paukenkühle aus ins Trommelfellgewebe, das sie theilweise oder vollständig durchsetzen: so beobachtete *Politzer*[2]) das Eindringen von Aspergillus in die Membrana tympani; *Trautmann*[3]) fand an einem Kaninchen die schwarzen Köpfe von Dermatotectes (Dermatocoptes) Milben, durch die Mucosa des Trommelfelles hindurchschimmern; *Gruber*[4]) beobachtete eine Spelze, die sich in das vordere Trommelfellsegment hineingespiesst hatte. Betreffs der Fremdkörper, welche behufs Erhaltung einer Lücke des Trommelfelles in dieses eingelegt werden, s. S. 136.

IV. CAPITEL.
Die Ohrtrompete (Tuba auris sc. Eustachii).[5])
A) Anatomie und Physiologie.

I. Entwicklung. Während *Baer*[6]) und ursprünglich auch *Rathke*[7]) die Abstammung der Ohrtrompete von der Rachenhöhle annahmen, entwickelt sich der Lehre *Huschke's*[8]) und *Reichert's*[9]) zufolge, das äussere und mittlere Ohr aus der ersten Kiemenspalte; dieser Anschauung *Reichert's* trat später auch *Rathke*[10]) bei. Wie bereits früher (S. 110) erwähnt wurde, sprechen meine Untersuchungen im Wesentlichen für

---

[1]) A. f. Ohr. XVII. S. 177 u. 178.   [2]) S. S. 103.   [3]) Berl. kl. Woch. 1877.
[4]) Wien. med. Pr. 1865. Sp. 329. — [5]) Die als Tuba Eustachii bezeichnete Ohrtrompete wurde nach *Wildberg* (Gehörwerkz. d. Mensch. 1795. S. 69) von *Alcmaeon* entdeckt und von *Eustachius* zuerst ausführlicher beschrieben. Nach der Mittheilung von *Brugsch* (A. f. Ohr. VII. S. 53) findet sich in den, wahrscheinlich über 3000 Jahre alten, altägyptologischen Aufzeichnungen die Angabe vor, dass jedes Ohr zwei Röhren besitze, durch welche die Lebensluft eindringt.   [6]) Entw.-Gesch. 1828. B. 1. S. 77; B. 2 (1837). S. 116. — [7]) Isis. 1828. S. 85; An. phys. Unters. üb. d. Kiemenapp. 1832. S. 119.   [8]) Isis. 1827. B. 20. S. 101; 1828. S. 162; 1831. S. 951; *Meckel's* Arch. 1832. S. 10.   [9]) *Müller's* Arch. 1837. S. 152.   [10]) Entw.-Gesch. 1861. S. 117.

die Anschauung von *Baer*, indess nach *Moldenhauer* und *Rauber* die Ohrtrompete als eine Ausstülpung des Darmrohres zu betrachten wäre. Dagegen äussert sich *Kölliker*[1]) dahin, dass sich ein Antheil der ersten Kiemenspalte an der Entwicklung der Ohrtrompete und der Paukenhöhle betheilige. Der Knorpel der Ohrtrompete tritt, nach *Valentin*[2]) im dritten Monate, nach *Kölliker* im vierten Monate auf.

II. Anatomie. Die Ohrtrompete besteht aus einem knöchernen und einem knorpelig-membranösen Abschnitte. Bei einer L ä n g e der Ohrtrompete von circa 35 Mm. entfallen 11 Mm. auf die knöcherne und 24 Mm. auf die knorpelige Tuba.[3]) Das pharyngeale Ende der Ohrtrompete wird als O s t i u m p h a r y n g e u m t u b a e, das tympanale Ende als O s t i u m t y m p a n i c u m bezeichnet.

Fig. 53.

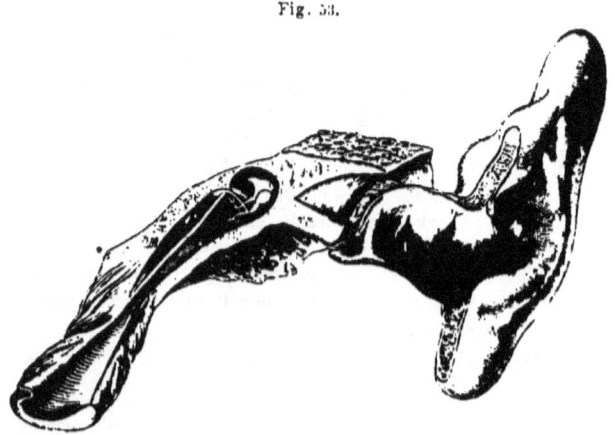

Der Tubencanal durch Abtragung seiner membranösen Wandung und durch Wegsägen der oberen Knochenwand, eröffnet. In der Abbildung sind das untere verdickte Ende des medialen Tubenknorpels und der laterale Knorpelhacken deutlich erkennbar; um den letzteren ist die vom medialen Tubenknorpel abgeschnittene membranöse Tuba nach rückwärts geschlagen. *M* Musculus tensor tympani, in der Gegend des Isthmus tubae entspringend. Linke Seite.

Der V e r l a u f des Tubencanales bildet mit der Nasenscheidewand einen Winkel von 130—140°[4]) und ist von innen und vorne nach aussen und hinten gerichtet, wobei das Ostium pharyngeum um 1·6—1·8 Cm. vor dem Ostium tympanicum und um 2·4—2·6 Cm. tiefer als dieses letztere liegt.[5]) Ausserdem zeigt sich im Verlaufe des Tubencanales eine schraubenförmige D r e h u n g in der Weise, dass die vordere und äussere Fläche der knorpeligen Tuba zur unteren Fläche des knöchernen Abschnittes und die hintere und innere Seite zur oberen Fläche wird.[5]) Nach *Tröltsch*[3]) gibt sich dagegen an der Tuba des Kindes ein mehr horizontaler Verlauf zu erkennen.

Vom Pharynx ausgehend, verläuft die Ohrtrompete entlang dem Flügelfortsatze des Keilbeines zuweilen in einem eigenen Grübchen desselben eingelagert[1]), in die Gegend der *Glaser*'schen Spalte, und geht daselbst in die knöcherne Tuba über, die unter dem Halbcanale des Trommelfellspanners und über dem Canalis caroticus gelagert ist. Dieses topographische Verhältniss ist von praktischer Wichtigkeit, besonders da nach *Friedlowsky*[6]) bei Schwund eines Theiles der Knochenwandungen vom Canalis caroticus, die Carotis mit dem Tubencanal in enge Beziehung tritt und bei verschiedenen vorgenommenen Manipulationen, vom Tubencanal aus verletzt werden könnte.

---

[1]) Entw.-Gesch. II. Aufl. — [2]) Entw.-Gesch. 1835. S. 217. — [3]) *Tröltsch*, Anat. d. Ohr. S. 82. 87. — [4]) *Lincke*, Ohrenh. I. S. 146. — [5]) *Huschke*. Anat. B. 5. S. 833 bis 835. — [6]) M. f. Ohr. II. Sp. 122.

Die Ohrtrompete besitzt die Gestalt eines platten Doppelkegels, dessen Verbreiterung einerseits gegen die Paukenhöhle und andererseits gegen den Pharynx gerichtet ist; beide Kegel stehen mit ihrem verjüngten Theile am sogenannten Isthmus tubae in gegenseitiger Verbindung.

Die vom Ostium pharyngeum gegen den Isthmus tubae stattfindende Verschmälerung des Tubenknorpels ist, wie ich nachgewiesen habe, nicht an allen Stellen eine gleichmässige, sondern der hintere untere Rand des Tubenknorpels verschmälert sich rasch und bildet mit dem übrigen, gegen die knöcherne Tuba verlaufenden Knorpel, ungefähr am Uebergang dessen unteren Drittels in das mittlere Drittel, eine nach hinten und unten gerichtete Concavität oder selbst einen stumpfen Winkel.[1]

Nach *Huschke*[2] beträgt die Höhe des Ostium pharyngeum 3—4''' (9 Mm. nach *Tröltsch*)[3], dessen Breite $1^1/_2$—2''' (5 Mm.); an dem engsten Theile der Ohrtrompete, am Isthmus tubae, erweist sich die Lichtung des Tubencanales $1^1/_2$''' (2 Mm.) hoch und $1/_3$—$1/_4$''' (kaum 1 Mm.) breit; das Ostium tympanicum misst $2^1/_2$''' (5 Mm. Höhe, 3 Mm. Breite). Den Beobachtungen von *Tröltsch*[4] zufolge, besitzt der Isthmus tubae beim Kinde eine Weite von 3 Mm.; er ist also um 1 Mm. weiter als bei dem Erwachsenen.

Es müssen nunmehr die beiden Abschnitte der Ohrtrompete, nämlich die knorpelig-membranöse und die knöcherne Tuba, näher betrachtet werden.

1. Die knorpelig-membranöse Tuba besteht aus einem nach hinten und oben gegen die hintere Pharynxwand und gegen die Schädelbasis gerichteten knorpeligen und einem nach vorne und unten, also der Nasenhöhle zugekehrten membranösen Abschnitt. Der Knorpel erscheint unten am mächtigsten, er verjüngt sich allmälig nach oben und geht schliesslich in einen Knorpel-Hacken (*h.* Fig. 54) über, welcher den Tubencanal nach oben und vorne, gewöhnlich in Gestalt einer Hirtenstabkrümmung, begrenzt. Demzufolge lassen sich am Tubenknorpel zwei Theile unterscheiden: ein nach hinten befindlicher medialer und ein nach oben und vorne gelegener lateraler Tubenknorpel.

Fig. 54.

An einer Reihe von Präparaten, an denen ich vom Ostium pharyngeum bis zum Isthmus tubae Querschnitte[5] anlegte, ergab sich[6], dass die Hackenbildung am Ostium pharyngeum meistens schwach oder gar nicht ausgeprägt erscheint, und dass ferner der Hacken mit dem übrigen Knorpel mehr rechtwinkelig verbunden ist, wogegen in einiger Entfernung vom Ostium, eine deutliche hirtenstabförmige Krümmung angetroffen wird. Bei diesen Querdurchschnitten zeigte sich weiters, dass die bereits von *Haller*[7] angeführte, jedoch erst von *Zuckerkandl*[8] in jüngster Zeit näher beschriebene Zusammensetzung des Tubenknorpels, aus mehreren mit einander durch Bindegewebe verbundenen Stücken, nicht selten besteht, dass jedoch viel häufiger Spaltbildungen im Knorpel vorkommen, in welche tief die äussere Umkleidung des Knorpels tief in die Knorpelsubstanz eindringt. Diese bereits von *Henle*[9] beobachteten Knorpelspalten finden sich so häufig vor, dass ich sie für normale Befunde am Tubenknorpel des Menschen erklären möchte. Der mediale und der laterale Tubenknorpel besitzen sehr häufig knorpelige Fortsätze, die am lateralen Theile nicht selten hahnenkammförmige Auswüchse bilden; sie könnten als Tubarfortsätze bezeichnet werden. Endlich trifft man beinahe an jeder Tuba, entweder in der Umgebung des Knorpels oder in die membranöse Tuba eingelagert, accessorische Knorpel[10], welche in Form von Stäbchen und Inseln, mit der Tuba in Bindegewebsverbindung stehen. In seinem oberen Verlaufe verschmilzt die Kuppel des Tubenknorpels mit der am Schädelgrunde befindlichen Fibrocartilago basilaris.

Von dem freien Ende des lateralen Tubenknorpels begibt sich die

---

[1] A. f. Ohr. X, S. 2.   [2] L. c., S. 835.   [3] L. c., S. 81.   [4] L. c., S. 87.
[5] *Rüdinger*, Aerztl. Intell.-Bl. 1865, Nr. 37.   [6] Wien. med. Jahrb. 1875, S. 39.
[7] Elem. phys. Vol. V. Lib. XV, s. *Linck*, Ohrenh. I. S. 118.   [8] M. f. Ohr. VIII. Nr. 11.   [9] Anat. I. Aufl., B. 2. S. 754.

membranöse Tuba zum Boden des medialen Knorpels und trägt dadurch zur Bildung des Tubencanales bei, dessen hintere und obere, zuweilen auch untere Wand, vom Tubenknorpel, und dessen vordere Wand, von der membranösen Tuba gebildet werden.

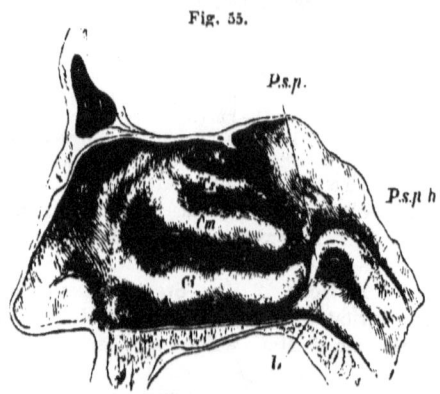

Fig. 55.

Längendurchschnitt durch die Nasenhöhle und den Nasen-Rachenraum; das Ostium pharyngeum tubae hinter der unteren Muschel gelagert. — *Ci* Untere Nasenmuschel. — *Cm* Mittlere Nasenmuschel. — *Cs* Obere Nasenmuschel. — *L* Levatorwulst am Boden der Rachenmündung des Tubencanales. — *P. s. p.* Plica salpingo - palatina. — *P. s. ph.* Plica salpingo-pharyngea.

Ein besonders praktisches Interesse kommt dem Ostium pharyngeum zu. Meinen Messungen [1]) zufolge schwankt die Entfernung seines vorderen oberen Endes von der Spina nasalis anterior bei Erwachsenen zwischen 5·3 und 7·5 Cm.; vom hinteren Ende der unteren Nasenmuschel bis zum Ostium pharyngeum beträgt der Abstand 0·1 bis 1·5 Cm.

Bezüglich der Lage des Ostium pharyngeum gibt *Kunkel* [2]) an, dass die Rachenmündung im fötalen Leben unterhalb des harten Gaumens liege, bei Neugeborenen in der Höhe desselben, bei vierjährigen Kindern 4 Mm., bei Erwachsenen 10 Mm. darüber. Dabei nähert sich die Rachenmündung durch eine Rotation des Oberkiefers nach hinten und unten allmälig der unteren Nasenmuschel. Nach den Untersuchungen von *Zuckerkandl* [3]) hängt diese Lageveränderung der Tuba ausschliesslich vom Wachsthum des infraorbitalen Nasentheiles ab. Mit dem zunehmenden Wachsthum desselben steigen der harte und weiche Gaumen nach und nach herab, wodurch die Rachenmündung höher gelagert erscheint. In den hierbei vorkommenden individuellen Verschiedenheiten liegt auch die Erklärung zu der so bedeutenden Variabilität in der Lage des Ostium pharyngeum. Inwieferne auch innerhalb der embryonalen Entwicklungsperiode individuelle Verschiedenheiten bestehen, ist mir nicht bekannt. Die Messungen an dreien menschlichen Embryonen ergaben mir folgendes Resultat: 1. $3^{1}/_{2}$-monatlicher menschlicher Embryo. Die hintere Insertionsstelle der unteren Nasenmuschel befindet sich an beiden Kopfhälften 3 Mm. vom Ostium pharyngeum tubae entfernt. Beide Rachenmündungen liegen unmittelbar oberhalb der durch den harten Gaumen nach rückwärts gelegten Horizontalebene. 2. $4^{1}/_{2}$-monatlicher Embryo. Das Ost. phar. tubae ist von der unteren Nasenmuschel beiderseits $3^{1}/_{2}$ Mm. entfernt. Die nach hinten gezogene Horizontale geht durch die Rachenmündungen. 3. $5^{1}/_{2}$-monatlicher m. Embryo. Die Entfernung der unteren Concha vom Ost. phar. beläuft sich rechts auf 4 Mm., links auf 5 Mm. Die in der Horizontalebene des harten Gaumens nach hinten gezogene Linie kreuzt rechterseits das Ost. pharyngeum, indess die linksseitige Rachenmündung etwas oberhalb der Horizontale gelagert ist.

Eine solche asymmetrische Lage beider Rachenmündungen bietet nichts Auffälliges dar. Bei einem Vergleiche beider embryonalen Kopfhälften miteinander, ergeben sich zuweilen wesentliche Unterschiede, welche theils auf einer ungleichmässig weit vorgeschrittenen Entwicklung beider Kopfhälften, theils auf deren asymmetrischer Lage beruhen. Betreffs der ungleichmässigen Entwicklung habe ich schon a. a. O.[4]) das verschiedene Verstreichen der ersten Kiemenspalte und den Unterschied im embryonalen Entwicklungsstadium des äusseren Ohres beider Kopfhälften hervorgehoben. So war z. B. an dem in Fig. 16 (S. 76) abgebildeten Embryo an der rechten (in der Abbildung nicht dargestellten) Seite die wallförmige Erhebung des äusseren Ohrcanales noch nicht vollendet, indess sie an der linken Seite bereits zum Abschlusse gekommen

---

[1]) A. f. Ohr. X, S. 6. — [2]) *Hasse*, Anat. Stud. 1869, s. A. f. Ohr. V, S. 301. — [3]) Z. Morph. d. Gesichtsschädels, 1877. — [4]) Mitth. a. d. embr. Inst. in Wien, H. 1, S. 17.

war; ferner findet auch die Lösung des epithelialen Verschlusses der Ohröffnung (s. S. 78) nicht immer an beiden Seiten gleichzeitig statt.[1])

Von der Rachenmündung nach hinten stülpt sich die seitliche Rachenwand buchtförmig nach aussen als *Rosenmüller*'sche Grube, deren vordere Begrenzung von dem medialen Tubenknorpel gebildet wird.

Stellung. Das Ostium pharyngeum ist gewöhnlich schief von vorne oben und aussen nach hinten unten und innen gerichtet und kann ausnahmsweise fast vertical oder beinahe horizontal gestellt sein. Die Gestalt und das Lumen der Pharynxmündung ist sehr mannigfach und an beiden Seiten desselben Individuums oft verschieden; so findet man das Ostium pharyngeum birnförmig, dreieckig, ellipsoidisch, nierenförmig, spaltförmig etc. Die Spaltform tritt nicht selten an Neugeborenen deutlich hervor[2]), doch bemerkte ich auch bei diesen nicht selten ein kreisrundes Ostium.

Die Gestalt und Weite der Rachenmündung kann von der verschiedenen Dicke der Knorpelplatte, von deren Krümmung, ferner von der Mächtigkeit der häutigen Tuba beeinflusst werden. Auch das wechselnde anatomische Verhalten der inneren Lamelle des Processus pterygoideus vom Keilbeine zur membranösen Tuba ist hier in Betracht zu ziehen. Wie ich nämlich beobachtete[3]), endet die innere Lamelle bald unmittelbar am lateralen Knorpel, bald wieder reicht sie entlang der membranösen Tuba, weiter nach hinten und unten. Dementsprechend sinkt die häutige Tuba, besonders wenn sie eine geringe Mächtigkeit besitzt, nach vorne in die Fossa pterygoidea ein, während in anderen Fällen der nach abwärts sich erstreckende Keilbeinfortsatz die membranöse Tuba hervorwölbt.

Das Ostium pharyngeum besitzt zwei in das Cavum naso-pharyngeale vorspringende Wülste, die sogenannten Tubenlippen, von denen die bedeutend mächtigere hintere Tubenlippe vom medialen Knorpel, die andere vom lateralen Knorpel gebildet werden. Bei Kindern sind beide Tubenlippen nur schwach entwickelt. Von den beiden Tubenwülsten gehen Falten aus, und zwar von der vorderen Lippe die kurze, senkrecht abfallende Plica salpingo-palatina (Hackenfalte) [4]); vom unteren Tubenende die zuweilen sehr mächtige Plica salpingo-pharyngea (Wulstfalte) [4]), welche nach hinten und unten zieht (s. Fig. 55).

Ueber den Bau des Tubenknorpels weichen die Angaben der verschiedenen Autoren wesentlich von einander ab, indem die Tuba bald als Faserknorpel, bald als Hyalinknorpel bezeichnet wird. Eigenen Untersuchungen entnehme ich[5]), dass der Tubenknorpel des Menschen sowohl betreffs der Grundsubstanz, als auch in Bezug der Anordnung der Knorpelzellen, einen vom Lebensalter abhängigen, sehr verschiedenen Bau aufweist. Bei Neugeborenen erscheinen die Knorpelzellen enge aneinander gelagert und lassen die hyaline Grundsubstanz nur wenig hervortreten, wogegen im späteren Lebensalter inselförmige Anhäufungen von Knorpelzellen angetroffen werden, zwischen denen eine gestreifte und körnige Grundsubstanz sichtbar ist. Die Knorpelinseln bilden sich regelmässig zuerst in der Mitte des medialen Tubenknorpels und rücken erst nachträglich gegen die Peripherie vor; sie treten zuerst im medialen Knorpel und später auch im Tubarhacken auf. Abgesehen von den am Knorpelgewebe überhaupt vorkommenden Altersveränderungen, lässt sich am Tubenknorpel aus der beschriebenen verschiedenen Anordnung der Knorpelzellen ein Schluss ziehen, ob das betreffende, unter das Mikroskop gelegte Präparat dem Tubenknorpel eines Neugeborenen, eines jüngeren Individuums oder eines Erwachsenen entstammt. Aehnliche Veränderungen, wie am Tubenknorpel, sind an den accessorischen Tubenknorpeln nachweisbar, welche, wie ich mich überzeugt habe, auch in ihrem übrigen Bau mit dem Knorpel der Ohrtrompete übereinstimmen.

Die vom Pharynx in den Tubencanal sich fortsetzende Mucosa zeigt am Ostium pharyngeum und in kurzer Entfernung von diesem mächtige Längsfalten. Diese bilden am Boden der Tuba einen Wulst, welcher die an der Rachenmündung klaffende Ohr-

---

[1]) Bezüglich der Asymmetrie beider Gesichtshälften, s. *För*, Mitth. a. d. embryol. Institute d. H. Prof. *Schenk* in Wien, H. IV, 1880. [2]) *Tröltsch*, Anat. S. 87. — [3]) A. f. Ohr. X, S. 3. [4]) *Zaufal*, A. f. Ohr. IX, S. 135 u. 136. — [5]) Wien. med. Jahrb. 1875, H. 3.

trompete klappenförmig verschliesst.¹) Die Falten nehmen einerseits gegen die knöcherne Tuba, andererseits gegen den lateralen Tubenknorpel allmälig ab; nach *Rüdinger*²) und *L. Mayer*³) fehlen sie unterhalb des Knorpelhackens vollständig, indess nach *Moos*⁴) auch unterhalb des lateralen Knorpels, wenigstens am Ostium pharyngeum schwach ausgesprochene Längsfalten vorkommen. Diese Beobachtung von *Moos* finde ich an meinen Präparaten bestätigt.

Drüsen. Die Mucosa der knorpeligen Ohrtrompete ist am Tubenboden von zahlreichen Schleimdrüsen durchsetzt, am Kinde enthält sie ausserdem noch zahlreiche Balgdrüsen, die besonders im mittleren Theile der knorpeligen Ohrtrompete massenhaft angehäuft sind ("Tubenmandel")⁴). Der Ueberzug der Schleimhaut besteht in einem Cylinderepithel mit Flimmerhaaren, deren Bewegung von der Paukenhöhle gegen den Pharynx gerichtet ist. Nach *F. E. Schultze* und *Moos*⁵) besitzt die normale Tuba stets Becherzellen.

2. Knöcherne Tuba.
Die knorpelig-membranöse Tuba setzt sich am Isthmus tubae direct in den knöchernen Abschnitt der Ohrtrompete fort. wobei nach *Weber-Liel* ⁶) die seitlich beweglichen Theile des Knorpels 2 Mm. über den Isthmus hinüberreichen, demzufolge von einer unnachgiebig vereugten Stelle der Ohrtrompete keine Rede sein kann. Die kurze, knöcherne Tuba endet mit dem trichterförmig erweiterten Ostium tympanicum, im oberen Drittel der Paukenhöhle (s. Fig. 57 T). Die zarte Mucosa der knöchernen Tuba gleicht mehr der Paukenhöhlenschleimhaut; am Ostium tympanicum erscheint sie dick und enthält zuweilen traubenförmige Schleimdrüsen. ⁷)

In functioneller Hinsicht von besonderer Wichtigkeit erscheint der Ansatz einer Reihe von Muskeln, Fascien und Ligamenten an die knorpeligmembranöse Tuba, welche deren Bewegungsapparat bilden. Es kommen hier vor Allem in Betracht: 1. Der Musc. spheno-salpingo staphylinus = tensor veli (Abductor tubae ⁸) Dilator tubae).⁹) Er entspringt von der Lamina interna des Proc. pterygoideus vom Keilbeine und mit einem grossen Theile seiner Fasern auch vom lateralen Tubenknorpel und von der membranösen Tuba. In seinem weiteren Verlaufe nach abwärts verschmilzt ein Theil der allmälig sehnig werdenden äusseren Fläche des Abductor tubae in der Fossa pterygoidea mit der Aponeurose des M. pterygoid int. ¹⁰) Der Abductor schlägt sich hierauf um den Hamulus pterygoideus, jedoch nicht, wie gewöhnlich angegeben wird, mit einer spindelförmigen, sondern meistens mit einer breiten Sehne, die einerseits in die Gaumenaponeurose übergeht, andererseits nach vorne in den hinteren Rand der horizontalen Gaumenplatte tritt. ¹¹) Mit dem Hamulus pterygoideus steht die Sehne des M. tensor veli mittelst Bindegewebe in einer, keineswegs sehr innigen Verbindung.

Eine Insertion von Muskelfasern an den Hamulus¹²) findet nicht immer statt. In manchen Fällen inseriren einzelne Sehnenfasern, ja, wie ich aus einem Präparat ersehe, selbst ein mächtiges Sehnenbündel, dem oberen Rande der Incisura pterygoidea. Diese in der Incis. pt. endenden Fasern des M. abductor entspringen, an den von mir untersuchten Präparaten, vom pharyngealen Ende des lateralen Tubenknorpels.¹³)

Die Function des Abductor tubae besteht in einer Abhebung des Knorpelhackens und der membranösen Tuba, von der medianen Knorpelplatte, demzufolge bei der Contraction dieses Muskels eine Eröffnung, respective Erweiterung des Tubencanales eintritt. Die vom lateralen Knorpel ausgehen-

---

¹) *Moos*, Beitr. z. An. u. Phys. d. Eust. Röhre, 1874. S. 29 u. 31. — ²) Beitr. z. An. u. Hist. d. Tub. Eust. 1865. — ³) Stud. üb. d. An. d. Can. Eust. 1866. — ⁴) *Gerlach*, Erl. phys. med. Soc. 1875, März, s. A. f. Ohr. X. S. 53. — ⁵) S. A. f. Aug. u. Ohr. V, Abth. 2. S. 49. — ⁶) Progr. Schwerh. 1873. S. 52. — ⁷) *Tröltsch*, Anat. S. 88. — ⁸) *Tröltsch*, A. f. Ohr. I, S. 25. — ⁹) *Rüdinger*, Tub. Eust. S. 11. — ¹⁰) *Weber-Liel*, Progr. Schwerh. S. 70. — ¹¹) *Tourtual*, Bau d. menschl. Schlundk. 1846. S. 60. — ¹²) *Weber-Liel*, l. c. S. 63. — ¹³) Wien. med. Jahrb. 1875.

den und in der Incisura pterygoidea sich inserirenden Muskelfasern sind vor Allem im Stande, eine energische Abduction des betreffenden Tubenabschnittes herbeizuführen. In ähnlicher Weise wirken auch jene Muskelbündel des Tensor veli, deren Sehne sich nach der Umschlingung des Hamulus pterygoideus an den hinteren Rand der horizontalen Gaumenplatte ansetzt. Endlich dürfte ein besonderer Einfluss auf die **Abhebung der membranösen von der knorpeligen Tuba** noch jenem fibrösen Gewebe zukommen, das meinen Beobachtungen zufolge (l. c.) von der membranösen Tuba, zuweilen in der Stärke eines Ligamentes, gegen die aponeurotische Ausbreitung der Sehne des Tensor veli zieht und mit dieser in inniger Verbindung steht. Bei Zug dieses Muskels wird dieses fibröse Gewebe angespannt und damit die häutige Tuba vom Tubenknorpel abgehoben. Der M. abductor tubae steht mit dem M. tensor tympani sehr häufig in directem Zusammenhange (s. unten).

2. Der Musc. petro-salpingo-staphylinus (levator veli) entspringt vor dem Canalis caroticus am Schläfenbeine und zuweilen von der anstossenden knorpelig-membranösen Tuba. Der Muskel läuft, durch Bindegewebe an die häutige Tuba angeheftet, nach abwärts gegen den weichen Gaumen und trennt sich hierbei in zwei Theile, von denen der kleinere nach vorne zu den Choanen zieht und zur Spina nasalis posterior sowie dem fibrösen Saume des Palatum durum inserirt, indess die grössere Portion im weichen Gaumen nach abwärts verläuft und den entgegengesetzten Gaumenbogen erreicht[1]), so dass an den Gaumenbögen eine Durchkreuzung beider Levatoren stattfindet. Der Muskelbauch des Levator verursacht am Boden der Rachenmündung der Tuba eine schwache Hervorwölbung und steigt schräge nach abwärts, wobei die Plica salpingopharyngea sehr häufig vom Levator-Wulste durchkreuzt wird.[2])

Bezüglich seiner **Function** ist der M. levator veli vor Allem als ein Heber des weichen Gaumens zu betrachten; ausserdem führt er durch Hebung des Tubenbodens am Ostium pharyngeum, eine Verengerung der Rachenmündung herbei (beim Schlingen, Phoniren, tiefem Inspiriren, beim Saugen u. s. w.). Trotzdem ist der Levator veli beim Schlingen eigentlich nicht als Antagonist des Tensor veli anzusehen, da jener beim ersten Acte des Schlingens, dieser dagegen erst später in Action tritt (s. unten).

3. Der Musc. salpingo-pharyngeus entspringt vom pharyngealen Ende des medialen Tubenknorpels und zieht sich rückwärts zu den Pharynxmuskeln. Dieser Muskel ist meistens schwach entwickelt oder fehlt selbst gänzlich; zuweilen jedoch tritt er, wie ich mich an einigen Präparaten überzeugen konnte, als ein schön entwickelter, flacher Muskel auf, der vom Ostium pharyngeum, entlang des hinteren Randes vom medialen Tubenknorpel bis gegen die knöcherne Tuba hin, entspringt. Bei seiner Contraction zieht er die mediale Platte nach hinten und ist somit ein Retractor tubae.

4. Zwischen den Muskeln Tensor und Levator veli liegt ein von *Tröltsch*[3]) als Fascia salpingo-pharyngea beschriebenes Bindegewebsblatt, das von der Tubenmembran kammartig entspringt und nach aussen und unten verläuft. Die Fascia setzt sich an den Hamulus pterygoideus an und begibt sich ferner nach hinten und unten zur seitlichen Pharynxwand, um mit dem Musc. constrictor phar. sup. in Verbindung zu treten. Von der Fascie entspringen einzelne Fasern des M. tens. veli, die im Vereine mit dem Constr. sup. die membranöse Tuba nach unten und aussen abzuziehen vermögen.

5. Eine andere von *Weber-Liel*[4]) näher beschriebene Fascie, welche mit dem Musc. pterygoid. int. im Zusammenhange steht, bedeckt den lateralen Knorpel und die membranöse Tuba sammt dem M. tensor veli. Bei Contraction des M. pter. int. wird diese Fascie und die mit ihr verbundene knorpelig-membranöse Tuba, sowie der M. tens. veli angespannt, demzufolge der Pterygoideus internus dem Bewegungsapparate der Ohrtrompete angehört. Bei den Vögeln wird die Ohrtrompete durch die Mm. pterygoidei interni geöffnet.[5]) Nach *Zuckerkandl*[6]) dienen die soeben erwähnten beiden Tubenfascien besonders dazu, um den venösen Plexus pterygoideus internus vor einer allzu starken Ausdehnung zu bewahren.

---

[1]) *Luschka*, D. Schlundk. d. Mensch. 1868, S. 47.   [2]) *Luschka*, l. c. S. 31.
[3]) A. f. Ohr. I. S. 19.   [4]) Progr. Schwerh. 1873, S. 64.   [5]) *Toynbee*, Ohrenh. S. 185.
— [6]) *Zuckerkandl*, M. f. Ohr. X. Nr. 4.

6. Das **Ligamentum salpingo-pharyngeum**[1]) entspringt von der hinteren Fläche des medialen Tubenknorpels und begibt sich nach rückwärts zu den Constrictoren des Pharynx. Es ist bei den Contractionen des Constr. phar. sup. et med. ein kräftiger **Retractor** des medialen Tubenknorpels und wäre demnach bezüglich seiner functionellen Bedeutung als Ligamentum retrahens tubae zu bezeichnen. Wie schon *Zuckerkandl* angibt, kommen bisweilen **Knorpelstückchen** in dem Ligamente eingestreut vor. In einem Falle fand ich das Ligament. salp. phar. in eine 17 Mm. breite Knorpelplatte umgewandelt, die 20 Mm. weit nach rückwärts reichte und kurze Faserzüge, als Ueberreste des eigentlichen Lig. salp. phar., zu den Constrictoren abgab.

Arterien. Die Tuba auris wird von der Art. phar. adscendens, einem Zweige der Art. men. med. (von der Art. max. int.) und von kleinen Zweigen der Maxill. int. versorgt; sie erhält ferner schwache Aeste von der Art. meningea media, Art. mening. accessoria und von der Carotis interna (vor deren Eintritte in den Canal. caroticus und innerhalb dieses Canales).

Von den **Venen** kommt dem der medialen Tuba angelagerten Theile des venösen Retromaxillarplexus eine besondere Bedeutung zu. Nach *Zuckerkandl*[1]) zieht der als Plex. pteryg. int. benannte Antheil des Retromaxillargeflechtes entlang dem lateralen Tubenknorpel bis zum Schädelgrunde und anastomosirt daselbst einerseits mit dem Sinus cavernosus *(Theile)*, andererseits mit einer Vene an der oberen Pyramidenfläche *(Nuhn)*. Diese Venen, welche mit dem, um das Kiefergelenk und an der vorderen Gehörgangswand befindlichen Plexus innig verbunden sind, münden in die Vena facial. communis oder in die Vena jugul. int. Wie *Zuckerkandl* hervorhebt, kann bei beträchtlicher Blutfülle dieses venösen Geflechtes der laterale Tubenknorpel gegen die mediale Platte gedrängt werden, wobei eine Verengerung des Tubarlumens stattfindet.

Nach *Rebsamen*[2]) tritt durch die Fissura spheno-petrosa eine sehr gefässreiche **Falte der Dura mater** an die convexe Seite des Knorpelhackens und begleitet diesen bis zur knöchernen Tuba.

Die **Lymphgefässe** der Ohrtrompete sind nicht näher bekannt. Bei Lymphadenomen der Ohrtrompete schwellen auch die Lymphdrüsen des Halses am seitlichen Larynx und an der Bifurcation der Carotis an.

Von den zur Ohrtrompete tretenden **Nerven** versorgt der N. pteryg. int. trigemini den Musc. dilator tubae, während das Ostium pharyngeum Zweige vom N. phar. sup. (v. II. Ramus d. Trigeminus) erhält. Die experimentellen Untersuchungen *Politzer's*[3]) ergaben bei elektrischer Reizung des Trigeminus eine Contraction des M. abductor tubae, wobei eine Erweiterung des Ostium pharyngeum nach vorne stattfand. Der Musc. levat. veli wird vom N. vagus innervirt. Die knöcherne Tuba erhält Zweigchen vom Plexus tympanicus, von denen sich ein stärkerer Ast bis zur knorpeligen Tuba verfolgen lässt. [4])

III. Physiologie. Die wichtigste Function der Tuba besteht in der **Ventilation** der Paukenhöhle; dabei ist jedoch zu bemerken, dass die knorpelig-membranöse Tuba gegen den Isthmus tubae zu im Ruhezustande vollständig **geschlossen ist**[5]), demzufolge auch erst nach Abhebung der aneinander liegenden Tubenwandungen ein Durchtritt von Luft durch den Tubencanal zu Stande kommen kann. Der Verschluss ist jedoch unter normalen Verhältnissen ein so loser[5]), dass schon geringe Luftdruckschwan-

---

[1]) *Zuckerkandl*, M. f. Ohr. X, N. 4. — [2]) M. f. Ohr. II, Sp. 40. — [3]) Würzb. naturw. Z. 1861. — [4]) *Krause*, Z. f. rat. Med. 1866, B. 28, S. 92. — [5]) *Autenrieth* und *Kerner* (A. f. Phys. 1809, X. S. 320) bezeichnen die Eustachische Röhre als leicht zusammengeklebt, als einen leicht zu eröffnenden Weg (S. 321), so dass bei starken Lufterschütterungen die Luft im Cavum tympani per tubam leicht entweichen kann oder beim Gähnen, Niesen etc. Wellen in die Paukenhöhle eindringen.

kungen eine Eröffnung des Tubencanales herbeizuführen vermögen. Dabei entweicht die Luft leichter aus der Paukenhöhle in den Rachen, als umgekehrt vom Rachen aus ein Luftstrom in die Paukenhöhle einzudringen vermag.[1] Nach den manometrischen Untersuchungen von *Hartmann*[2] strömt die Luft bei einer **Druckstärke** von 10—40 Mm. Hg durch die Ohrtrompete in die Paukenhöhle ein und tritt umgekehrt bei einer Druckabnahme von —40 —20 —10, selbst bei —6 Mm. Hg von der Paukenhöhle in den Rachen. Bei der **Phonation**, am wenigsten bei a, dagegen sehr deutlich bei i und u hebt sich das Gaumensegel in den Nasenrachenraum empor[3] und bewirkt eine Verengerung der Tubenmündung. Nach *Voltolini*[4] weist dabei der von der Nasenseite her sichtbare Theil des Ostium pharyngeum, einen vollständigen Verschluss auf; dagegen berichtet *Zaufal*[5] von einer Entfaltung der Rachenmündung während der Phonation. Den Beobachtungen *Zaufal's*[6] zufolge dienen die beiden Wulstfalten (Plicae salpingo-pharyngeae) zum vollständigen Abschluss der Nasenrachenhöhle vom unteren Rachenraume, und zwar rücken diese beim Schlingen, Phoniren, Würgen etc. medianwärts bis zur gegenseitigen Berührung; der gegen die hintere Rachenwand freibleibende rinnenförmige Raum wird durch die kuppelförmige Emporwölbung des weichen Gaumens (mit dem Acygoswulst als höchste Wölbung) ausgefüllt. Dem Acygoswulste begegnet eine leichte Anschwellung der hinteren Pharynxwand im Gebiete des Constrictor superior.[?] Die Arcus palato-pharyngei und die Uvula dienen gleichsam zum Schutze des durch die Wulstfalten, dem Acygoswulste und dem Constrictor superior gebildeten Nasenrachenabschlusses.

Der von mir bereits S. 131 erwähnte Fall, einer durch die Trommelfelllücke deutlich sichtbaren **Aufwärtsbewegung des Paukensecretes** während der Phonation, liesse sich wohl ungezwungen dadurch erklären, dass in Folge einer Verengerung des Ostiums, beziehungsweise des Tubencanales, bei dem betreffenden Patienten, eine Verschiebung des im Mittelohr vorhandenen Secretes, vom Pharynx gegen die Paukenhöhle veranlasst wurde. Da der höhere Stand der Flüssigkeitsmenge so lange anhielt, als die Phonation währte, kann in diesem Falle weiters geschlossen werden, dass es sich hierbei nicht um eine durch die Phonation zu Stande gekommene Stosswelle gegen das Cavum tympani, sondern um eine anhaltende Verengerung des Tubencanales gehandelt haben musste.

Im Beginne des Schlingactes beobachteten *Cleland*[7], *Lucae*[8] und *Michel*[10] einen Verschluss der Rachenmündung durch Hebung des Gaumensegels. Das Velum hebt sich anfänglich und sinkt im Momente des eigentlichen Hinabschlingens.[11] Wie *Voltolini*[12] bemerkt, erfolgt im zweiten Momente des Schlingactes mit dem Abwärtssteigen des Rachensackes, gleichzeitig eine Contraction des Tensor veli und damit eine Eröffnung der Tuba. Auch *Michel*[13] gibt an, dass im Momente der Höhe des Schlingactes eine Eröffnung der Rachenmündung erfolge. *Schurig*[14] erwähnt einen Fall, in dem deutlich nachweisbar war, dass der Levatorwulst das Dach der Rachenmündung nicht erreichte. *Gellé*[15] bemerkte bei seinen graphischen Studien der Trommelfellbewegungen beim Schlingacte, anfänglich eine Einwärtsbewegung, hierauf eine erhebliche Auswärtsbewegung der Membrana tympani.

---

[1] *Funke*, Phys. 1840, B. 2, S. 436; *Politzer*, Sitz. d. Acad. d. Wiss. Wien 1861, S. 434; *Lucae*, A. f. Ohr. III, S. 182. — [2] Exper. St. üb. d. Funct. d. Eust. Röhre, 1879, S. 6. — [3] *Czermak* (Naturf.-Vers. 1857, s. *Schmidt's* J., B. 96) überzeugte sich mittelst einer durch die Nase dem Gaumen aufgelegten Sonde, dass das Velum beim Sprechen der Vocale a, e, o, u, i immer höher steigt. *Hartmann's* (Otol. Congr. zu Mailand, 1880) experimentelle Untersuchungen ergaben bei der Phonation von i, e, o, u einen individuell verschieden starken Gaumenverschluss bis zu 120 Mm. Quecksilbersäule. — [4] D. Rhinosc. u. Phar. 1879, S. 242. — [5] A. f. Ohr. IX, S. 136. [6] A. f. Ohr. XV, S. 102. — [7] *Passavant*, Ueber d. Verschl. d. Schlund. b. Sprech. Frankf. a. M. 1863; *Virch.* Arch. B. 64. — [8] *S. Schmidt's* J. 1869, B. 113, S. 4. — [9] *Virch.* Arch. B. 64, S. 489, B. 71, S. 238; Sitz d. Berl. phys. Ges. 1878, 5. Apr. (Directe Beobacht. mittelst kleiner Reflexspiegel). — [10] Berl. kl. Woch. 1873, S. 400. — [11] *Lucae*, *Virchow's* Arch. B. 74, S. 213. — [12] s. Anm. 4, l. c., S. 255. [13] Berl. klin. Woch. 1875, S. 558. — [14] *Schmidt's* J. 1877, B. 174, S. 206. — [15] De l'oreille, Paris, 1881. p. 121, 122.

Die Ohrtrompete dient ferner als **Abflussröhre** für das in der Paukenhöhle befindliche Secret. Die Entfernung einer tympanalen Flüssigkeit wird durch die gegen den Rachen gerichtete Wimperbewegung der Flimmerzellen an den Tubenwandungen begünstigt, wogegen wieder die hohe Lage des Ostium tympanicum im oberen Drittel der Paukenhöhle, ungünstig erscheint.

Hinsichtlich der Tuba als **Schallleitungsröhre** muss aufmerksam gemacht werden, dass die Wandungen der Ohrtrompete im Ruhezustande, an einer Stelle der knorpeligen Tuba allseitig aneinanderliegen und demnach die Ohrtrompete, als geschlossene Röhre, keine Luftleitung ermöglicht.[1] Bei einer stattfindenden Eröffnung der Tuba während des *Valsalva*'schen Verfahrens, sowie während des Schlingactes, kann allerdings eine solche Zuleitung erfolgen, der jedoch keine besondere Bedeutung zuzuschreiben sein dürfte. Nach *Mach* und *Kessel*[2] ist zu einem möglichst grossen Nutzeffecte der Schallwellen für die Trommelfellschwingung der Verschluss der Ohrtrompete sogar nöthig, da das Trommelfell bei einer gleichzeitigen Einwirkung der Schallwellen von der Ohrtrompete aus, eine in entgegengesetzter Richtung einwirkende Pression erfahren würde und dadurch eine Einbusse seiner Schwingungen erleiden müsste. Nach den experimentellen Versuchen *Lucae's*[3] gelangt ein Theil der durch den äusseren Gehörgang in die Paukenhöhle eingetretenen Schallwellen auf dem Wege der Tuba nach aussen.

B) Pathologie und Therapie.

I. Bildungsmangel. Einen vollständigen Defect der Ohrtrompete beobachtete *Gruber*[4], ein Fehlen der knorpeligen Tuba fanden *Moos* und *Steinbrügge*.[5] Einen Mangel des Ostium tympanicum constatirte *Wreden*[6] an einem Präparate, an dem die Paukenhöhle in Folge einer Bildungsanomalie fehlte; die knöcherne Ohrtrompete erwies sich gegen ihr oberes Ende knöchern verschlossen. Auch das Ostium pharyngeum kann in Folge einer Bildungsanomalie fehlen.[7]

II. Anomalie des Verlaufes. Eine winkelige Knickung der knöchernen Tuba erwähnt *Voltolini*.[8] Nach *Schwartze*[9] kommen winkelige Knickungen im Verlaufe der Tuba nicht selten vor. Derartige Knickungen können bei Sondirungen des Tubencanales eine praktische Bedeutung erlangen.

III. Eine **Anomalie der Lage** einzelner Theile der Ohrtrompete ist angeboren oder erworben. Sie findet sich häufiger am Ostium pharyngeum vor, das zuweilen abnorm nach oben, unten, aussen oder hinten gelagert erscheint. *Voltolini*[10] beobachtete an einem Patienten eine auf Bildungsanomalie beruhende pathologische Lage des Ostium pharyngeum der linken Seite, und zwar zeigte sich dieses mehr nach aussen und tiefer gelegen, als die Rachenmündung der anderen Ohrtrompete. Das Ostium tympanicum kann eine abnorm hohe Lage in der Paukenhöhle aufweisen.[11] Die Paukenmündung der Ohrtrompete entspringt beim Pferde normaliter höher oben als beim Menschen[12], wogegen die Vögel ein vom Boden der Paukenhöhle abgehendes Ostium tympanicum aufweisen.

IV. Eine **pathologische Stellung** des Ostium pharyngeum kommt entweder in Folge von Narbenbildungen im Rachenraume zu Stande, welche auf die Rachenmündung einen Zug ausüben, oder dieselbe wird durch vorhandene Nasenrachentumoren aus ihrer normalen Stellung verschoben.[13]

V. Anomalie des Lumens. *1)* Eine Verengerung des Tubarlumens beruht auf pathologischen Vorgängen in der Entwicklung der Tubenwandungen oder sie ist erworben.

---
[1] *Autenrieth* und *Kerner*, A. f. Phys. 1809. X. S. 319; *Itard*, Malad. de l'or. 1821, I. p. 145. — [2] Sitzg. d. Akad. d. Wiss. Wien. 1872. s. A. f. Ohr. VIII. S. 121. — [3] A. f. Ohr. III. S. 184. Bereits *Köllner* (A. f. Phys. 1796, S. 23) bemerkt, dass die Eustachische Röhre „zur Entfernung überflüssiger Schallwellen" dient. — [4] Wien. med. Wochenbl. 1865. S. 1. — [5] Z. f. Ohr. X. S. 17. — [6] Petersb. med. Z. 1867. XIII. s. M. f. Ohr. II. Sp. 193. — [7] *Lucae*, *Virch.* Arch. B. 29. S. 62. — [8] D. Zerl. u. Unt. d. Gehörorg. a. d. Leiche 1862. S. 12. s. M. f. Ohr. XI. Sp. 39. — [9] Path. Anat., S. 105. — [10] *Virch.* Arch. 1861. B. 21. — [11] *Voltolini*, *Virch.* Arch. B. 18. S. 34. — [12] *Trültsch*, A. f. Ohr. II. S. 221. — [13] S. u. A. *Löwenberg*, A. f. Ohr. II. S. 118.

a) Eine angeborene Verengerung des Tubencanales, mit der grössten Weite von 1 Mm., wurde von *Rosenthal* (1819) mitgetheilt.[1]) Bei einem taubstummen Individuum constatirte *Moos*[2]) eine knöcherne Obliteration der Paukenhöhle mit einer nur nadelspitzgrossen Eingangsöffnung in den Tubencanal, — *Toynbee*[3]) macht auf die bedeutende Verengerung aufmerksam, welche die knöcherne Tuba durch Hervorwölbungen ihrer Knochenwandungen erfährt. In einem Falle fand *Toynbee*[3]) in Folge von Erweiterung des Canalis caroticus, eine so bedeutende Verengerung der knorpeligen Tubarwand, dass eine Borste an der betreffenden Stelle durch den Tubencanal nur schwer hindurchgeführt werden konnte. — *Zuckerkandl*[4]) beobachtete als Ursache von Verengerung der knöchernen Tuba eine abnorme Weite des Canalis muscularis, ferner sehr häufig ein Hineinragen des Os tympani in den Tubencanal, wobei dasselbe entweder zwischen der Schläfenbeinschuppe und die innere Wand des Canales eingezwängt erscheint, oder an seinem vorderen Ende dick, keulenförmig gestaltet ist und mit einer starken Convexität den Tubencanal verengt. Diese convexen Partien fand *Zuckerkandl* zuweilen ausgehöhlt und durch feine Lücken mit der Tuba in Verbindung stehend. Bei starker Auswärtsbiegung des Os tympani kann selbst eine sanduhrförmige Verengerung der knöchernen Tuba zu Stande kommen.

Das Ostium pharyngeum kann eine angeborene hochgradige Stenose aufweisen.[5]) Kleine Pharyngealmündungen mit unentwickelten Tubenlippen wurden wiederholt beobachtet. An einem circa 30jährigen Weibe fand ich bei sonst normalem Zustande der Nasenrachenhöhle ein Verharren des Ostium pharyngeum auf einem kindlichen Entwicklungszustande. Die betreffende Rachenmündung wies unentwickelte Lippen und eine geringe Weite auf, wie sie ungefähr an einem fünfjährigen Kinde zur Beobachtung kommen.

b) Eine erworbene Verengerung des Tubencanales ist entweder durch eine von aussen einwirkende Compression der Tubenwandungen oder durch pathologische Zustände der Auskleidung des Tubencanales bedingt.

Das in der Fibrocartilago basilaris befindliche venöse Geflecht vermag einen Druck auf die mediale Knorpelplatte auszuüben [6]), sowie von der anderen Seite her, der Plexus pterygoideus internus durch Druck auf das vordere Tubenende [7]), eine vorübergehende Verengerung des Tubarlumens herbeizuführen im Stande ist. Die verschiedenen Neubildungen im Nasenrachenraume können durch Druck auf das Ostium pharyngeum eine bedeutende Verengerung, selbst einen vollständigen Verschluss desselben erzielen. *Tröltsch*[8]) fand zuweilen eine Verengerung der Rachenmündung durch das bedeutend geschwollene hintere Ende der unteren Nasenmuschel. Einer Angabe *Lincke's*[9]) zufolge beobachtete *Lusardi* den Verschluss des Ostium pharyngeum durch eine vom Septum narium ausgehende Exostose. Eine Verengerung des Tubencanales bis zur vollständigen Aufhebung des Lumens entsteht zuweilen durch Anhäufung von Secretmassen an den Ostien oder im Verlaufe des Canales, ferner durch Neubildungen, welche, von den Tubarwandungen ausgehend, in den Canal hineinragen und endlich durch Verdickung der Mucosa. An der Rachenmündung der Ohrtrompete kommen bei Stauung der Vena cava superior, Oedem des Tubenwulstes und Verengerung des Ostiums vor. [10]) Eine Verengerung der Rachenmündung findet ferner bei eintretender Narbenbildung im Cavum naso-pharyngeale, nach vorausgegangenen diphtheritischen, syphilitischen, scrophulösen, tuberculösen und variolösen Ulcerationsprocessen statt.

Umschriebene Hypertrophien im Tubencanale, sowie callöse Stricturen in demselben, scheinen sehr selten zu sein. Nach *Lincke*[11]), welcher Autor übrigens von

---

[1]) S. *Lincke*, Ohrenh. I, S. 640.   [2]) A. f. Aug. u. Ohr. II, Abth. I, S. 100. — [3]) Ohrenh., S. 220. — [4]) M. f. Ohr. VIII, Sp. 90. — [5]) *Gruber*, Ohrenh. S. 572. — [6]) *Tröltsch*, A. f. Ohr. IV, S. 140. — [7]) *Zuckerkandl*, M. f. Ohr. X, Sp. 52.   [8]) A. f. Ohr. IV, S. 139. — [9]) Ohrenh. II, S. 170. — [10]) *Schwartze*, Path. An., S. 104. [11]) Ohrenh. II, S. 163.

keinem besonderen Falle berichtet, sind die callösen Stricturen des Tubencanales meistens auf eine kleine Stelle beschränkt und treten nicht ringförmig auf.

Eine **mangelhafte Erweiterung** der Ohrtrompete erfolgt bei herabgesetztem oder aufgehobenem Einflusse der Gaumenrachen-Muskeln auf die Ohrtrompete (s. unten).

B) Ein **Verschluss** der Ohrtrompete kann zum Theile auf verschiedenen pathologischen Zuständen beruhen, die in anderen Fällen eine Verengerung des Tubencanales veranlassen.

Bei einem Patienten mit Senkungsabscess im Gaumen (anlässlich einer eiterigen Mittelohrentzündung) fand *Gruber*[1]) bei Druck auf den Abscess eine deutliche Bewegung der im äusseren Gehörgange befindlichen Eitermasse. Dagegen war es nicht möglich, vom äusseren Gehörgange aus den Eiter in den Schlund zu pressen, also ein Zeichen, dass die Rachenmündung durch den Senkungsabscess verschlossen gewesen sein musste. Einen knöchernen Verschluss der Ohrtrompete vom Cavum tympani bis zur Mitte des Canales beobachtete *Beck*[2]) an einem Taubstummen. *Weyer*[3]) berichtet von einem Falle, in welchem der ganze Tubencanal von einer fibrösen Masse ausgefüllt war.

Nach *Tröltsch*[4]) und *Magnus*[5]) können Schleimhautfalten am Ostium pharyngeum und tympanicum die Function von **Klappen** übernehmen, die an den betreffenden Stellen abwechselnd eine Eröffnung und einen Verschluss herbeiführen. Endlich vermögen verschiedene in den Canal hineingelangte **Fremdkörper** das Lumen desselben vollständig zu obturiren, wie unter Andern *Wolf*[6]) und *Moos*[7]) von Fällen berichten, in denen Projectile, welche in den Tubencanal eingedrungen waren, einen vollständigen Tubenverschluss herbeigeführt hatten.

C) Eine **Verwachsung** der Wandungen des Tubencanales tritt als eine mittelbare oder unmittelbare auf und führt zu einem theilweisen oder vollständigen Abschluss des Lumens.

Als **mittelbare** Verwachsung der Tubenwandungen sind die Pseudomembranen zu erwähnen, die häufiger an den Ostien, als innerhalb des Canales angetroffen werden. Ein membranöser Verschluss am Ostium tympanicum wurde von *Tröltsch*[8]) und *Schwartze*[9]) beschrieben. In dem von *Tröltsch* beobachteten Falle zeigte sich das Ostium tympanicum von einer Membran verschlossen, die von einem kleinen Löchern durchbohrt war. Pseudomembranen innerhalb des Tubencanales wurden von *Toynbee*[10]) vorgefunden. An Querdurchschnitten durch die Tuba bemerkte ich in einzelnen Fällen feine, zwischen den Wandungen ausgespannte Bindegewebsfäden.

Eine **unmittelbare** Verwachsung der Wandungen der Rachenmündung findet sich in der Literatur wiederholt verzeichnet.[11]) In einem Falle von *Gruber*[12]) war die Verwachsung des Ostium pharyngeum auf einen Bildungsmangel zu beziehen, in den übrigen Fällen lagen der Verwachsung constrictive Narben nach Syphilis, Diphtheritis und Scrophulose zu Grunde. Eine Verwachsung des Ostium tympanicum traf *Schwartze*[13]) in einem Falle von Caries an.

Subjective Symptome. Bei Verengerung oder Verschluss des Ohrcanales klagen die Patienten sehr häufig über ein Gefühl von Völle im Ohr, über eine starke Resonanz der eigenen Stimme (Autophonie), welche Empfindung sich zuweilen so bedeutend steigern kann, dass die betreffenden Patienten nur mit leiser Stimme zu sprechen pflegen. *Brunner* hebt jedoch mit Recht hervor, dass eine Verstopfung der Tuba zur Erzeugung von Autophonie nicht genügt.

---

[1]) Oest. Z. f. pr. Heilk. 1863. Sp. 17. — [2]) Krankh. d. Geh. 1827. S. 116. — [3]) S. *Lincke*, I. S. 640. — [4]) A. f. Ohr. IV, S. 136. — [5]) A. f. Ohr. VI, S. 258. — [6]) A. f. Aug. u. Ohr. II, Abth. 2. S. 55. — [7]) Aum. 6, l. c. S. 161. — [8]) A. f. Ohr. IV, S. 111. — [9]) A. f. Ohr. IX, S. 235. — [10]) Ohrenh. S. 189 u. 221. — [11]) Fälle von *Tulpius* u. *Boerhave* (s. *Beck*, Lehrb. 1827. S. 117). von *Otto* (Path. An. 1814. S. 184). *Gruber* (Wien. med. Hall. 1863, S. 280). *Virchow* (*Virchow's* Arch. B. 15. S. 313). *Lindenbaum* (A. f. Ohr. I, S. 295) und *Schwartze* (Path. Anat. S. 106). — [12]) Ohrenh. S. 573. — [13]) A. f. Ohr XI, S. 136.

sondern hierbei noch andere Ursachen einwirken müssen.[1]) Diese verstärkte Perception tritt auch für die Schwingungen einer auf die Kopfknochen aufgesetzten, tönenden Stimmgabel hervor. In Folge von Verengerung oder Verschluss des Tubencanales entstehen ferner, aus später zu erörternden Gründen, die Symptome von Schwerhörigkeit und subjectiven Gehörsempfindungen.

In einem von *Toynbee*[2]) mitgetheilten Falle hatte eine Congestion und Schwellung der Pharynxschleimhaut eine Verstopfung beider Rachenmündungen und dadurch eine binnen wenigen Stunden bis zur completen Taubheit ansteigende Schwerhörigkeit zur Folge.

Bei Obturation des Isthmus tubae mit der Bougie treten, meiner Erfahrung nach, die oben angeführten Symptome in der Regel nicht ein, ja im Gegentheil gibt sich dabei sogar eine Erleichterung der vor der Einführung der Bougie vorhandenen unangenehmen Sensationen zu erkennen. Der Grund hiefür dürfte (bezüglich der Schwerhörigkeit und der Ohrgeräusche) in dem günstigen Einfluss gelegen sein, den der Reiz sensibler Nervenfasern (seitens der Bougie) auf die sensorischen Centren auszuüben vermag (s. Cap. VII).

Objective Symptome. Das Trommelfell zeigt sich bei einem Tubenverschluss häufig nach innen gezogen und bietet die früher geschilderten Bilder der vermehrten Concavität dar.

Nach *Politzer*[3]) erscheint dabei zuweilen die centrale Partie der Membran von den peripheren Theilen scharf nach innen abgebogen und gibt dann zu einer Knickungslinie am Trommelfelle Veranlassung (s. S. 121). Nach *Hinton*[4]) kann dagegen wieder trotz des aufgehobenen Tubarlumens, sogar eine nach aussen gerichtete vermehrte Convexität der Membran vorhanden sein.

Betreffs der Auscultationsgeräusche bei Verengerung des Tubencanales s. S. 23.

Bei Parese des Bewegungsapparates der Tuba besteht ein Missverhältniss zwischen dem Auscultationsgeräusche und der Sondenuntersuchung, indem eine Sonde sehr leicht durch den Tubencanal hindurchgeführt werden kann, während die Luft sehr schwer und mit einem matten Auscultationsgeräusche in die Paukenhöhle einströmt.[5])

Auf manometrischem Wege kann über den Sitz der Tubenverengerung und über den Grad der Functionsstörung zuweilen ein bestimmtes Urtheil gefällt werden (s. S. 20). Die tactile Untersuchung des Tubencanales findet sich S. 20 und 21 besprochen.

In einem Falle constatirte *Kramer*[6]) mittelst einer Sonde die Gegenwart von zwei von einander entfernten, stenosirten Stellen im Tubencanale. Wie *Schwartze*[7]) hervorhebt, ist man bei solchen Sondirungen, im Falle von vorhandenen Knickungen des Tubencanales oder Vorbauchung einzelner Theile der Wandungen, häufigen Täuschungen ausgesetzt, denen zufolge Stenosen, besonders im mittleren Verlaufe des Canales, viel öfter vorausgesetzt werden, als sie den Sectionsbefunden gemäss thatsächlich bestehen.

Behandlung. Bei einer erschwerten oder behinderten Durchgängigkeit des Tubencanales muss die Therapie in erster Linie gegen die etwa noch vorhandenen, veranlassenden Ursachen gerichtet sein, unter denen die verschiedenen Affectionen des Nasenrachenraumes häufig eine specielle Behandlung erfordern. Zuweilen haften dem Ostium

---

[1]) *Brunner* (Z. f. Ohr. XII, S. 268) vermuthet für die bei Tubenverschluss nicht selten auftretende Erscheinung der Autophonie, dass in diesen Fällen die Schallwellen innerhalb des von den Tubenlippen befindlichen unverschlossenen Raumes eindringen und dadurch im Ohre resoniren, auch wenn der Canal im weiteren Verlaufe verschlossen ist. Die Autophonie findet dieser Anschauung gemäss nicht etwa in Folge, sondern trotz des Tubenverschlusses statt. — [2]) Ohrenh. S. 207.   [3]) Bel. d. Trommelf. S. 133.
[4]) S. A. f. Ohr. V, S. 218.   [5]) *Weber-Liel*, Progr. Schwerh. S. 30.   [6]) Ohrenh. 1836, S. 303. — [7]) Path. Anat. S. 105.

pharyngeum Borken oder Schleimmassen an, nach deren Entfernung sich der Tubencanal als vollständig permeabel erweist.

In einem solchen Falle von obturirender Borkenbildung fand *Löwenberg*[1]) an der extrahirten Borke einen deutlichen Abdruck der Rachenmündung. — Bei einer Patientin *Kessel's*[2]) trat nach Injection einer Zinksolution in die Rachenmündung der Ohrtrompete eine Empfindung von Kratzen im Halse auf; es wurde eine Fischbeinschuppen ähnliche, weisse, zerbröckliche Masse expectorirt, worauf sich die früher vorhandenen Symptome von Schwerhörigkeit und vermehrter Resonanz der Stimme plötzlich verloren.

Bei erschwerter Durchgängigkeit des Tubencanales in Folge von Schwellung der Mucosa, zeigt sich die Lufteinblasung in die Ohrtrompete einerseits wegen Entfernung etwa angesammelter Secretmassen, andererseits wegen des Druckes auf die geschwellten Wandungen (Massage-Wirkung) als sehr günstig. Noch wirksamer als der Druck der Luft und von bedeutend rascherem Erfolge erweist sich die Dilatation des Tubencanales vermittelst einfacher Bougies (s. S. 21)[3]) oder aufquellbarer Substanzen, wie Darmseiten und Laminaria. Dieselben sind durch die, gewöhnlich am Isthmus tubae befindliche Verengerung durchzuschieben und haben mehrere Minuten liegen zu bleiben. Eine derart vorgenommene Erweiterung des Tubencanales kann je nach der Stärke der Reaction täglich oder jeden 2., 3. Tag stattfinden.

Bei Verwendung quellbarer Substanzen ist nicht ausser Acht zu lassen, dass der eingelegte Körper jenseits der Tubenenge stark aufquellen kann und sich dann durch die Verengerung äusserst schwer oder nur nach Verletzung der Schleimhaut, vielleicht auch gar nicht zurückziehen lässt, wobei die Gefahr des Abbrechens oder Abreissens der Bougie nahe liegt. Um dieser Eventualität zu entgehen, empfiehlt es sich, die in den Tubencanal eingeschobene Bougie zeitweise hin und her zu bewegen und sie bei einem etwa bemerkbaren stärkeren Widerstand gleich zu entfernen.

Verwachsungen der Tubenwandungen dürfen nur am Ostium pharyngeum operativ behandelt werden.

An den übrigen Partien des Tubencanales eine instrumentale Eröffnung zu versuchen, ist als zu gewagt zu bezeichnen, indem dabei wichtige Theile, vor Allem die Carotis, einer Verletzung ausgesetzt sind. Behufs Herstellung eines freien Luftcanales in die Paukenhöhle wurde zuerst von *Itard*[4]) eine Lücke ins Trommelfell angelegt.

D) Abnormes Offenstehen des Tubencanales. Der Tubencanal kann vorübergehend oder bleibend abnorm offen stehen. Man findet ein pathologisch klaffendes Tubarlumen bei der atrophischen Form des chronischen Nasenrachenkatarrhes, ferner bei tonischen und klonischen Krämpfen der Gaumen-Rachenmuskeln, sowie bei seniler Atrophie.[5])

Subjective Symptome. Der bei abnorm offen stehendem Tubencanale in die Paukenhöhle frei eindringende respiratorische Luftstrom, gibt sich sehr häufig der Empfindung des Patienten deutlich zu erkennen.

Obgleich diese den thatsächlichen Verhältnissen vollkommen entsprechen kann, ist doch dagegen zu bemerken, dass die Empfindung eines Lufteintrittes in die Paukenhöhle während der Respiration zuweilen auch von solchen Individuen angegeben wird, bei denen die Untersuchung ein zweifellos verschlossenes Tubarlumen nachweist.[6])

---

[1]) A. f. Ohr. II. S. 114. — [2]) A. f. Ohr. XIII. S. 72. — [3]) In jüngster Zeit bediene ich mich ausser der Gewebsbougies auch der Celluloid-Bougies, die wegen ihrer bedeutenden Glätte besonders empfehlenswerth erscheinen. — [4]) Malad. de l'or. 1821. II. p. 192. — [5]) *Rüdinger*, M. f. Ohr. II, Sp. 137. — [6]) *Kramer*, Ohrenh. S. 309.

Ein anderes subjectives Symptom von offenstehendem Tubencanale besteht in dem verstärkten Hören der eigenen Stimme (Autophonie). *Poorten*[1]) brachte diese Erscheinung vermittelst Einführung eines Paukenhöhlen-Katheterchens durch den Isthmus tubae bis in die knöcherne Ohrtrompete, also in Folge von Herstellung eines offen stehenden Tubencanales, künstlich zu Stande.

Objective Symptome. Im Falle einer vorhandenen freien Communication der Paukenhöhle mit dem Rachen werden sich unbedeutende Luftdruckschwankungen, wie solche beispielsweise während der Respiration eintreten, vom Pharynx auf das Cavum tympani erstrecken und bei geringer Resistenz des Trommelfelles, bei Narben und Atrophien desselben, nachweisbare Respirationsbewegungen veranlassen.

Respirationsbewegungen des Trommelfelles wurden zuerst von *Toynbee*[2]) erwähnt, und zwar giebt dieser Autor an, dass er während des Exspirirens wiederholt eine Bewegung des Trommelfelles beobachtet habe. Eine eingehendere Würdigung wurde jedoch diesen Trommelfellbewegungen erst durch *Lucae*[3]), *Schwartze*[4]) und *Politzer*[5]) zu Theil.

Wie *Lucae*[6]) hervorhebt, sind die Bewegungen der Membran verschieden, und zwar findet man häufiger beim Inspirium eine Hervorwölbung des Trommelfelles gegen den äusseren Gehörgang, beim Exspirium ein Einsinken der Membran, indess eine Bewegung in umgekehrter Richtung minder häufig erfolgt. Der Grund dieser differirenden Bewegung des Trommelfelles liegt nach *Lucae* in den individuell verschiedenen Bewegungen des weichen Gaumens während der Respiration. Dieser wird nämlich bald beim Inspirium gehoben, beim Exspirium gesenkt, bald wieder weist er umgekehrt beim Exspirium eine Hebung und beim Inspirium eine Senkung auf oder er bleibt ganz ruhig. Da nun die Luft in dem Rachen bei jeder Hebung des weichen Gaumens, zum Theile gegen die Paukenhöhle bewegt wird, erklären sich damit diese verschiedenartigen Respirationsbewegungen der Membran.

Betreffs dieser Bewegungen ist übrigens noch hervorzuheben, dass diese für sich allein nicht als pathognomisches Zeichen eines offen stehenden Tubencanales gelten können, da möglicherweise einfache Schwankungen der in dem Tubencanale befindlichen und vom Pharynx abgeschlossenen Luft[7]) oder auch die Verschiebung einer im Canale vorhandenen Flüssigkeitssäule (s. S. 23) im Stande sind, Bewegungen der in der Paukenhöhle eingeschlossenen Luft und dadurch auch solche eines wenig resistenten Trommelfelles zu veranlassen. Nach *Hartmann*[8]) wären nur jene Respirationsbewegungen des Trommelfelles auf einen directen Luftaustausch zwischen Pharynx und Paukenhöhle zu beziehen, bei denen die Druckschwankungen im Mittelohr und Rachen übereinstimmen. Der Annahme *Hartmann's* zufolge entsprechen die Einziehung des Trommelfelles während des Inspirirens und die Hervorwölbung der Membran während des Exspirirens, einem offen stehenden Tubencanale, während die entgegengesetzte Bewegung nur als der Ausdruck von Luftdruckschwankungen im Mittelohre, aber keineswegs als das Zeichen eines offen stehenden Tubencanales anzusehen wäre.

Eines der verlässlichsten Merkmale von freier Communication des Rachens mit der Paukenhöhle besteht in dem Eindringen von Luft ins Cavum tympani unter einem ausserordentlich geringen Luftdrucke.

Eine Behandlung ist nur auf jene Fälle beschränkt, in denen das Offenstehen des Tubencanales durch ein pathologisches Verhalten der Tubenmuskeln bedingt wird. Wie ich mich überzeugte, erweist sich

---

[1]) M. f. Ohr. VIII, Sp. 27.   [2]) Ohrenh. S. 193.   [3]) A. f. Ohr. I, S. 96.
[4]) A. f. Ohr. I, S. 139.   [5]) Bel. d. Trommelf. S. 138.   [6]) A. f. Ohr. I, S. 101.
[7]) In einem Falle beobachtete *Dennert* (D. Z. f. pr. Med. 1878, Nr. 44) negative Trommelfellschwankungen beim Schlingacte, trotz einer vollständigen Verwachsung der Rachenmündung des Tubencanales. Die Erscheinung war auf eine beim Schlingen stattfindende Erweiterung der Tuba zu beziehen.   [8]) Funct. d. Eust. Röhre 1879, S. 22.

hierbei der Inductionsstrom zuweilen als sehr günstig.[1] Zur Erzielung einer kräftigen Wirkung kömmt die eine Elektrode in die Tuba, die andere an die seitlichen Partien des Halses. Manchmal gelingt es, offenbar auf dem Wege des Reflexes durch Reizung sensibler Nerven den Tubencanal zum Verschluss zu bringen.

In einem meiner Fälle schwanden die vorher starken Respirationsbewegungen des Trommelfelles unmittelbar nach einer Aetzung der Nasen-Rachenschleimhaut mit Lapis; in einem zweiten Falle gelang es mir durch Bepinselung des Trommelfelles mit Collodium ausgiebige Respirationsbewegungen der Membran dauernd zum Stillstand zu bringen.

c) Eine Erweiterung der Tuba kann total oder partiell sein. Eine totale Erweiterung findet sich im Greisenalter und bei sclerosirendem chronischen Mittelohrkatarrh vor. Partiell erweitert zeigt sich die Tuba zuweilen an den Ostien. Das Ostium pharyngeum kann durch Geschwülste eine mechanische Erweiterung erfahren oder weist als Bildungsanomalie eine aussergewöhnliche Weite auf. An einem meiner Präparate erscheint die Rachenmündung der Tuba, bei sonst normalem Verhalten des Pharynx, so beträchtlich erweitert, dass die Spitze des kleinen Fingers bis in die Tiefe des Ostiums leicht eingeführt werden kann. Eine enorm erweiterte Rachenmündung mit einer Länge von 1·6 Cm. und einer Breite von 1·4 Cm. wurde von *Zuckerkandl*[2]) beschrieben; das betreffende Ostium ging nach abwärts in eine Bucht über ("Recessus salpingo-pharyngeus"), welche 2·2 Cm. lang und 1·4 Cm. breit war und bis an die obere Fläche des weichen Gaumens reichte.

Das Ostium tympanicum kann angeboren oder erworben anormal weit sein. In einem Falle von Caries der Paukenhöhle constatirte *Schwartze*[3]) eine bis aufs dreifache erweiterte Paukenmündung der Ohrtrompete. Einer abnormen Erweiterung der knöchernen Tuba liegt manchmal ein anormales Verhalten des Tegmen tympani und Os tympani zu Grunde. Wie *Zuckerkandl*[4]) beobachtete, können das absteigende Stück des Tegmen tympani und das aufsteigende des Os tympani einzeln oder zusammen fehlen oder schwach entwickelt sein. Das vorderste Ende des Os tympani kann eine gegen den Tubencanal gerichtete tiefe Aushöhlung zeigen; ein andermal wieder ist der Tubenboden abnorm vertieft oder aber die Tuba erscheint auf Kosten des Canalis muscularis erweitert.

VI. Anomalie der Verbindung. 1. Eine mangelhafte Verbindung des Tubenknorpels beobachtete *Löwenberg*[5]) an der medialen Knorpelplatte. Diese erschien von einer 1—1¹⁄₂ Cm. breiten, nach hinten klaffenden Spalte durchsetzt, deren Ränder von einer anscheinend normalen Mucosa überkleidet waren. Möglicherweise hatte es sich in diesem Falle um eine mangelhafte bindegewebige Ausfüllung der so häufig vorkommenden Incisuren in dem medialen Tubenknorpel gehandelt.

In der knöchernen Tuba, welche oftmals durch eine nur dünne Knochenplatte von der Carotis getrennt ist, kann in Folge mangelhafter Entwicklung der Knochenwandung des Canalis caroticus[6]) oder durch cariösen Defect der Knochenwandung, eine anormale Verbindung der Ohrtrompete mit der Carotis bestehen.

2. **Excessive Verbindung.** Abgesehen von einer bereits oben besprochenen membranösen Verbindung der gegenseitigen Tubenwandungen, können auch die Ostien der Tuba in einer abnormen Verbindung mit ihrer Umgebung stehen. In einem Falle von *Tröltsch*[7]) war die vordere Wand der knöchernen Tuba mittelst faltiger, dicker, weisslicher Streifen in der Mucosa, mit der vorderen Peripherie des Trommelfelles verbunden. Als wahrscheinlich angeborene Bildung beschreibt *P. Langer*[8]) einen Fall von gegenseitiger Verbindung beider Rachenmündungen durch eine Falte, die mit einer zweiten, quer durch den ganzen Fornix pharyngis verlaufenden Falte in Verbindung stand.

VII. Hyperämie und Hämorrhagie. Eine Hyperämie der Ohrtrompete beruht meistens auf einer vom Pharynx oder dem Cavum tympani fortgeleiteten Hyperämie und ist demzufolge an den beiden Ostien am stärksten ausgeprägt. Eine Hämorrhagie am Ostium pharyngeum wurde von *Wendt*[9]) bei Variola vorgefunden. Nach *Schwartze*[10])

---

[1]) S. auch *Habermann*, A. f. Ohr. XVII. S. 31. — [2]) M. f. Ohr. IX, Nr. 2. — [3]) A. f. Ohr. II. S. 284. — [4]) M. f. Ohr. VIII, Sp. 89. — [5]) A. f. Ohr. II, S. 116. — [6]) *Zaufal*, W. med. Woch. 1866, S. 11 des Sep.-Abdr.; *Friedlowsky*, M. f. Ohr. 1868, II. Sp. 22. — [7]) A. f. Ohr. VI, S. 54. — [8]) M. f. Ohr. XI, Nr. 1. — [9]) A. d. Heilk. XIII. S. 431. — [10]) Path. An. S. 101.

können Blutextravasate das Ostium pharyngeum zapfenförmig verlegen. Eine Hämorrhagie in der knöchernen Tuba, herbeigeführt durch Embolie, in Folge eines Klappenfehlers, beobachtete *Trautmann*.[1]) Als Residuen einer Hämorrhagie trifft man nicht selten Pigmente in der Schleimhaut des Tubencanales an.

VIII. Entzündung der Ohrtrompete (Salpingitis). 1. Katarrh der Ohrtrompete.

Katarrhalische Affectionen der Ohrtrompete erstrecken sich vom Pharynx auf die Rachenmündung oder vom Cavum tympani auf die Paukenmündung der Ohrtrompete. Sie bleiben entweder auf das betreffende Ostium beschränkt oder breiten sich über den ganzen Tubencanal aus. Die subjectiven Symptome eines Tubenkatarrhs entsprechen den bei Verengerung oder Verschluss der Ohrtrompete bereits angegebenen Erscheinungen. In manchen Fällen von acutem Catarrh, häufiger jedoch bei der phlegmonösen Entzündung, klagen die Patienten über einen heftigen Schmerz im Ohre, welcher sich in der Richtung des Tubenverlaufes von der Gegend des Unterkieferwinkels entlang der seitlichen Partien des Halses nach abwärts erstreckt und besonders beim Schlingen in hohem Grade exacerbirt.

Diese Schmerzempfindung wird wahrscheinlicherweise nur vom pharyngealen Abschnitte der Ohrtrompete ausgelöst, wenigstens verlegen die meisten Individuen, bei denen eine Sonde bis zum Isthmus des Tubencanales vorgeschoben wird, die dabei auftretenden Schmerzempfindungen, in das Ohr. *Bürkner*[2]) beobachtete einen Fall, in welchem eine acute Salpingitis hochgradige Erscheinungen von Schwerhörigkeit, Kopfschmerz, Schwindel und accelerirten Herzbewegungen veranlasst hatte. Bei einer heftigeren Entzündung des Ostium pharyngeum tritt zuweilen ein stärkerer Schmerz in der Larynxgegend auf, sowie umgekehrt eine Entzündung der Epiglottis bei Perichondritis laryngea, zuweilen schmerzhafte Empfindungen in der Tubengegend erregt. Es handelt sich hierbei wahrscheinlich um eine vom N. vagus ausgelöste irradiirte Empfindung.

Objective Symptome. Bei einem Katarrh des Ostium pharyngeum findet man dieses in verschieden hohem Grade geschwellt, verdickt und nicht selten mit Secretmassen erfüllt oder von diesen vollständig verdeckt.

Das in der Tuba befindliche und besonders im pharyngealen Theile angesammelte und von den daselbst massenhaft vorkommenden Schleimdrüsen producirte Secret, ist zuweilen äusserst zäh und bietet ein glasiges Aussehen dar, ähnlich den Schleimpfröpfen im Orificium externum uteri.[3]) *Kessel*[4]) entfernte mittelst eines Pinsels, aus dem Ostium pharyngeum eine zähe, glasige Masse von der Länge des ganzen Tubencanales.

Wie *Moos*[5]) angibt, lässt eine rhinoskopisch erkennbare Verkleinerung der Rachenmündung auf $2^{1}/_{2}$ Mm. Grösse (normal c. 5 Mm.) und $1^{1}/_{2}$ Mm. Tiefe (normal $5—6^{1}/_{2}$ Mm.), einen lang bestehenden Tubenkatarrh annehmen. Die von *Moos* vorgenommene nähere Untersuchung ergab in einigen solchen Fällen von Tubenkatarrh: verstrichene Schleimhautfalten mit einer dadurch bewirkten schweren Eröffnung des Tubencanales, ferner unvollständig erhaltenes Epithel, Verlust der Becherzellen, Hyperplasie des submucösen Bindegewebes, Hypertrophie der Drüsen mit stellenweiser Retention des Drüseninhaltes in Folge von Verschluss der Ausführungsgänge, Drüsenneubildungen und andererseits wieder Atrophie der normal vorhandenen Drüsen.

Bezüglich der manometrischen und tactilen Untersuchungsresultate beim Katarrh der Ohrtrompete s. S. 20.

Die beim Katarrh der Ohrtrompete auftretenden pathologischen

---

[1]) A. f. Ohr. XIV, S. 73. — [2]) Berl. kl. Woch. 1879, S. 8. — [3]) *Wendt*, A. f. Ohr. III, S. 18. — [4]) A. f. Ohr. XIII, S. 72. — [5]) A. f. Aug. u. Ohr. V, Abth. 2, S. 417.

Auscultationserscheinungen (s. S. 23 u. 24) sind theils durch die angesammelten Schleimmassen, theils durch die infolge der katarrhalischen Schwellung herbeigeführten Verengerung des Tubarlumens veranlasst.

Behandlung. Bei der besonderen Bedeutung, welche die so häufig vorkommende katarrhalische Erkrankung des Tubencanales auf den Schallleitungsapparat nimmt, erfordert auch deren Behandlung die grösste Beachtung besonders da, wie später noch näher erörtert werden soll, eine ausschliesslich gegen die erkrankte Ohrtrompete gerichtete Therapie für die Hörfunction im Allgemeinen sehr günstig einzuwirken vermag. Abgesehen von den einen Tubenkatarrh veranlassenden Ursachen, vor Allem vom Nasenrachenkatarrh, hat die Behandlung einerseits eine Entfernung der angesammelten Secretmassen anzustreben, bezw. eine Ansammlung von Secret möglichst zu verhüten, andererseits den durch die katarrhalische Schwellung so häufig veranlassten Verengerungen des Tubencanales, besonders am Isthmus tubae, entgegenzuwirken.

Die Entfernung des Tubensecretes wird am einfachsten durch die Luftdouche vorgenommen, wobei das im pharyngealen Tubenabschnitte stärker angesammelte Secret in den Pharynx geschleudert wird; gleichzeitig damit findet in den meisten Fällen eine Eröffnung des gewöhnlich stärker verschlossenen Tubencanales statt. Zähere Secretmassen können durch Injectionen einer 1—3%igen Chlornatrium- oder Natr. bicarb.-Lösung, sowie durch Salmiak-, bezw. auch einfache Wasserdämpfe theilweise verflüssigt werden. Gegen hartnäckige Katarrhe und stärkere Schwellung der Tubarschleimhaut eignen sich lauwarme Injectionen einer schwachen Jod-Kochsalzlösung (ca. 3 Tropfen Tct. jod. auf 1 Esslöffel Kochsalzlösung), ferner von Jodkalium (1—2%), Zinc. sulf. ($\frac{1}{2}$—1%) und Salmiak (1—3%). Die Injectionen werden 3mal wöchentlich vorgenommen. Lapis wird am zweckmässigsten mittelst Tubenbougies applicirt, wobei der in den Tubencanal eingeführte Theil der Bougie vorher $\frac{1}{4}$ Stunde lang in eine concentrirte Lapislösung eingetaucht bleibt und dann einer vollständigen Trocknung ausgesetzt wird.[1]) Eine so präparirte Bougie kann, je nach der Stärke der Reaction, einige Secunden bis 5 Minuten im Tubencanal verweilen. *Politzer*[2]) beobachtete eine rasche Abschwellung der Tubarschleimhaut bei wöchentlich 2—3maligen Eintreibungen von Terpentindämpfen in die Tuba. Man träufelt zu diesem Zwecke einige Tropfen in den Ballon[3]) und treibt die sich entwickelnden Dämpfe durch den Katheter in die Ohrtrompete ein.

Kramer[4]) und *Toynbee*[5]) heben die günstige Wirkung kalter Abreibungen des Körpers, ferner von Gargarismen und Bewegungen in frischer Luft hervor; ausserdem sorge man für ein kühles Schlafgemach und für eine reizlose Diät.

Gegen die katarrhalischen Schwellungen der Tubenwandungen dienen die Luftdouche (s. S. 5) und die oben angeführten Resolventia, ferner als eines der wichtigsten Mittel die methodisch vorgenommene Dilatation der Tubenenge durch Bougies (s. S. 21), wobei die Dauer der Sitzung von der Stärke der Reactionserscheinungen abhängt (durchschnittlich genügen 3—5 Minuten).

---

[1]) *Kramer*, Ohrenh., S. 298; *Rau*, Ohrenh., S. 145. — [2]) Ohrenh., S. 337. — [3]) Terpentin greift das Gummi an. — [4]) Ohrenh. 1836. S. 271. — [5]) Ohrenh., S. 195.

2. Croup und Diphtheritis. Einen Fall von croupöser Entzündung der Tuba erwähnt *Detschy*[1]; *Küpper*[2]) fand bei Rachendiphtheritis eine cröpose Membran, die den Tubencanal röhrenförmig erfüllte und nach deren Wegnahme die Mucosa gelockert und blutreich erschien. Eine membranöse Auflagerung in der Tuba beobachtete *Wendt*[3]) bei Variola. Einen diphtheritischen Beleg, der vom Ostium pharyngeum bis zum Isthmus tubae reichte, constatirte *Wreden*[4]) bei Rachendiphtheritis.

3. Ulcera werden im Tubencanale selten angetroffen. Sie treten bei Variola, Diphtheritis, Typhus, Scrophulose, Syphilis und Tuberculose auf und befallen entweder die membranöse oder die knorpelige, beziehungsweise knöcherne Tuba.

Am Ostium pharyngeum fand *Schwartze*[5]) wiederholt kleine Folliculargeschwüre in Folge von eiterigem Follicularkatarrh des Nasenrachenraumes. Demselben Autor zufolge zeigen sich ferner bei Caries des Schläfenbeines mit jauchiger Eitersecretion, auch Erosionsgeschwüre am Ostium pharyngeum. Tuberculöse Geschwüre am Ostium pharyngeum beschreiben *Bonnet*[6]) und *E. Fränkel*[7]); nach *Schwartze* kann die Tuberculose zur Ulceration mit theilweiser Zerstörung des Tubenwulstes führen. Eine ulceröse Zerstörung des Tubenknorpels führt *Martin*[8]) an, eine wahrscheinlich syphilitische Zerstörung des pharyngealen Endes vom Tubenknorpel, *Kessel*.[9])

IX. Neubildung. **1. Bindegewebsneubildung.** Kleine Granula, ähnlich den bei Pharyngitis granulosa auftretenden Granulationen, wurden zuerst von *Löwenberg*[10]) mittelst der rhinoskopischen Untersuchung am Ostium pharyngeum nachgewiesen. In ausgeprägteren Fällen kann die Rachenmündung von polypösen Wucherungen mehr weniger ausgefüllt sein.

Tröltsch[11]) erwähnt einen Fall, in welchem vom Ostium tympanicum kleine polypöse Wucherungen ausgingen. An einem von *Voltolini*[12]) untersuchten Präparate reichte ein Polyp vom Ostium tympanicum einerseits in den äusseren Gehörgang, andererseits durch den Tubencanal bis zur Rachenmündung.

Eine Condylombildung am Ostium pharyngeum wurde von *Schwartze*[13]) vorgefunden.

2. Verknöcherungen. Hyperostosen und Exostosen sollen sich nach *Gruber*[14]) zuweilen bei Syphilis im knöchernen Tubentheile entwickeln. Verknöcherungen einzelner Stellen des Tubenknorpels kommen besonders im Greisenalter nicht selten zur Beobachtung.[15]) An einem meiner Präparate erscheint der grösste Theil der membranösen Tuba in eine Knochenplatte umgewandelt.

3. Verkalkungen des Knorpels wurden von *H. Meyer*[16]), *Wendt*[16]) und *Weber-Liel*[17]) besonders an alten Individuen angetroffen.

X. Anomalie des Inhaltes. Ausser den in der Tuba angesammelten Secretionsmassen, ferner den Geschwülsten und nekrotischen Knochenfragmenten, können in den Tubencanal verschiedene Körper eingeführt werden oder zufällig hineingelangen. Betreffs der Projectile (s. S. 164). In einigen von *Wendt*[18]) mitgetheilten Fällen brachen eingeführte Laminariabougies im Tubencanale ab. In einem dieser Fälle gelangte die aufgequollene Bougie nach wenigen Minuten, in einem anderen Falle nach einem Tage, unter Würgbewegungen spontan aus dem Canale.

An einer Leiche fand *Fleischmann*[19]) eine Gerstengranne im Tubencanale stecken. *Andry* und *Lewis Reynolds*[20]) erwähnen das Eindringen eines Spulwurms in die Tuba. Bei einer von mir[21]) beobachteten Patientin hatte ein Haferrispenast, in einem von *Albers*[22]) mitgetheilten Falle eine Nähnadel den Tubencanal passirt.

Bei der erwähnten Patientin waren durch den Fremdkörper in der Tuba, bei jeder Kaubewegung so bedeutende Schmerzen aufgetreten, dass die Kranke mehrere Wochen hindurch nur flüssige Nahrung geniessen konnte; ausserdem bestand eine totale

---

[1]) W. med. Woch. 1851, Nr. 24, s. Prag. 1/4 J. 1853. Ref. S. 88, B. 3. — [2]) A. f. Ohr. XI, S. 20. — [3]) A. d. Heilk. 1870, XI, S. 261. — [4]) M. f. Ohr. II, Nr. 8. — [5]) Path. An. S. 103. — [6]) Bullet. de Thér., s. *Froriep's* Not. 1837, B. 4, Sp. 60. — [7]) Z. f. Ohr. X, S. 113. — [8]) Cit. b. *Itard*, Mal. de l'or. 1821, I, p. 211. [9]) A. f. Ohr. XIII, S. 71. — [10]) A. f. Ohr. II, S. 117. — [11]) A. f. Ohr. IV, S. 100. — [12]) *Virch.* Arch. B. 31, S. 220. — [13]) Path. Anat. S. 107. — [14]) Wien. med. Pr. 1870, Nr. 1—6. — [15]) *Schytz*, A. f. Phys. 1814, S. 24 (Bericht); *H. Meyer*, A. f. Phys. 1849, S. 354; *Haller* (cit. v. *Moos*), *Moos*, Eust. Röhre, 1874, S. 49; A. f. Aug. u. Ohr. V, Abth. 2, S. 458; *Zuckerkandl*, M. f. Ohr. IX, Sp. 17. — [16]) A. d. Heilk. XIV, S. 288. — [17]) M. f. Ohr. III, Sp. 48. — [18]) A. f. Ohr. IV, S. 149. — [19]) S. *Lincke's* Samml. II, 2. — [20]) The Lancet, 1880, Oct. 23. — [21]) Berl. kl. Woch. 1878, Nr. 10. — [22]) Z. f. d. ges. Med. 1838, B. 7, S. 521.

Appetitlosigkeit, die vielleicht einer Reizung der Vagusäste der Ohrtrompete zukam. Der 3 Cent. lange Rispenast war mit Hilfe seiner Widerhacken, vom Munde aus in den Nasenrachenraum, von da in die Ohrtrompete und durch den Tubencanal in die Paukenhöhle vorgedrungen. Nach 9 Wochen gelangte der Rispenast durch eine in Folge von Tympanitis purulenta eingetretene Trommelfelllücke, spontan in den äusseren Gehörgang. Denselben Weg hatte in dem Falle *L. Reynolds* (s. oben) der Spulwurm genommen.

Anhang zum IV. Capitel.
Die Nasen- und Nasenrachenhöhle.

Wegen des bedeutenden Einflusses, den die Erkrankungen der Nasen- und Nasenrachenhöhle auf das Mittelohr auszuüben vermögen, sollen im Nachfolgenden die für den Ohrenarzt wichtigsten pathologischen Zustände der genannten Cavitäten einer kurzen Erörterung unterzogen werden.

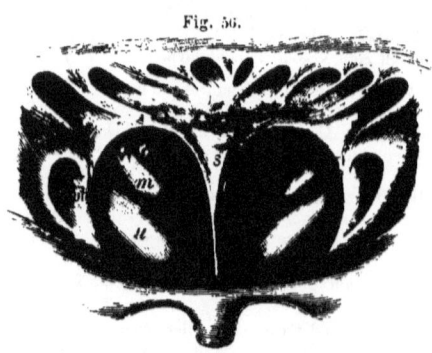

Fig. 56.

s = Septum narium.
o, m, u = obere, mittlere, untere Nasenmuschel.
o, ph = Rachenmündung der Ohrtrompete.

I. Anomalie des Lumens.

1. **Verengerung.** *a)* Eine **angeborene Verengerung** findet sich bei einem geringen Breitendurchmesser oder bei stark entwickelten Nasenmuscheln vor. In den meisten Fällen kommt eine Verkleinerung der einen (gewöhnlich der linken) Nasenseite durch Vergrösserung der anderen Seite zu Stande, indem das Septum narium häufig schief steht oder Krümmungen und Fortsätze aufweist. Diese letzteren berühren zuweilen die ihnen gegenüber gelagerten Muscheln und erscheinen manchmal in grubigen Vertiefungen derselben eingebettet.[1] Ausserdem treten Verengerungen durch übermässige Wölbungen der Nasenmuscheln auf (*Zuckerkandl*).[1]

In einem von *Gairal*[2] beobachteten Falle zeigte sich durch einen vom Vomer ausgegangenen Knochenvorsprung der untere Nasengang vom mittleren getrennt.

b) Eine **erworbene Verengerung** beruht gewöhnlich auf einer Schwellung der Nasenschleimhaut, die vor Allem an der unteren Nasenmuschel nicht selten hochgradig auftritt und besonders häufig im Kindesalter den unteren Nasengang vollständig ausfüllt. Ausserdem kann das Lumen der Nasenhöhle durch Geschwülste beeinträchtigt oder ganz aufgehoben werden. Die Bedeutung einer Verengerung oder eines Verschlusses der Nasenhöhle besteht für das Gehörorgan in einer Aspiration der Luft aus der Paukenhöhle während jeder Schlingbewegung, womit eine vermehrte Anspannung des Trommelfelles nach innen erfolgt.[3]

---

[1] *Michel*, D. Krank. d. Nas. 1876, S. 28; *Zuckerkandl*, Z. Morph. d. Ges. 1877, S. 127. Wie *Zuckerkandl* angibt, ist die Stellung des Septum narium nur bis zum 7. Jahre eine mediane und perpendiculäre und betrifft nur die vorderen $^2/_5$ der Nasenscheidewand (Anat. d. Nase, 1882, S. 45, 55). — [2] *Schmidt's* J. pro 1838. — [3] *Lucae*, A. f. Ohr. IV. S. 188; *Löwenberg* (Tum. aden. 1879, p. 37) gibt an, dass *Maissiat* bereits anno 1838 bei Verschluss der einen Nasenseite und Application eines Manometers in die andere Nasenseite eine Luftverdünnung im Momente des Schlingactes beobachtete. *Wollaston* (Fror. Not. B. 6. S. 159, Nonv. bibl. med. Oct. 1823) constatirte eine Luftverdünnung in der Paukenhöhle während eines bei verschlossenem Munde und verschlossener Nase vorgenommenen Inspiriums.

Willkürlich kann eine derartige Verdünnung der Luft in der Paukenhöhle bei luftdicht aneinander gepressten Nasenflügeln durch jede Schlingbewegung vorgenommen werden (Toynbee's Verfahren).[1]) Auch dem durch den unteren Naseneingang streichenden Inspirationsstrom kommt für die Nebenhöhlen der Nase eine aspiratorische Wirkung zu. *Braun* und *Classen*[2]) lieferten den experimentellen Nachweis, dass bei Eintreibungen von Luft durch die Nase die in den Nebenhöhlen angesammelte Flüssigkeit in die Nase aspirirt wird.

Behandlung. Bei beeinträchtigter Durchgängigkeit der Nasenhöhle in Folge von Katarrh zeigen sich, besonders an Kindern, forcirte Respirationsbewegungen durch die Nase[3]), häufig von günstigem Erfolge. Man lässt den Patienten zu diesem Zwecke abwechselnd den einen und den andern Naseneingang mit dem Finger verschliessen und bei geschlossenem Munde durch die frei gelassene Nasenseite, 5—10 Minuten lang, öfter des Tages kräftig respiriren. Gegen Schwellungen der Mucosa erweisen sich auch mehrstündige Tamponirung der Nasenhöhle, sowie die Galvanokaustik, von gutem Erfolge. Besondere Vergrösserungen des Schwellkörpers an der unteren Nasenmuskel habe ich, nach dem Vorgange von *Hack*[4]), durch Einführung galvanokaustischer Nadeln in das cavernöse Gewebe, gewöhnlich binnen weniger Sitzungen zur Verödung gebracht.

Hoppe[5]) empfiehlt bei vorhandener beträchtlicher Verdickung der Mucosa erweiternde Bougies z. B. hohle Horn- und Holzcylinder; bei einem höheren Grade der Verengerung sollen gewaltsame Ausdehnungen vorgenommen werden, die nach *Hoppe* nur Knickungen und nie vollständige Fracturen des Septums und der Conchae herbeiführen. Nach der Operation wird in die betreffende Nasenseite eine Baumwolleinlage gemacht, die so lange liegen zu bleiben hat, bis deren Lockerung nachweisbar ist. Der Patient muss unmittelbar nach der Operation das Bett hüten und erhält kalte Nasenumschläge. Der gewaltsamen Dilatation folgt meistens eine Eiterung nach. — *Steiner*[6]) theilt einen Fall mit, in welchem an einem 5jährigen Knaben, der nach Variola rechts einen totalen Verschluss, links eine hochgradige Verengerung des Naseneinganges aufwies, eine Behandlung mittelst Laminaria nach fünf Monaten vollständige Heilung erzielte. Sehr interessant ist die bedeutende Contractionsfähigkeit, welche die hochgradig geschwellte Schleimhaut der unteren Nasenmuschel bei einem sie treffenden stärkeren Reiz aufweist. So bewirkt nicht selten die Cauterisation einer stecknadelkopfgrossen Stelle der Mucosa eine so beträchtliche Contraction der Schleimhaut entlang der ganzen unteren Nasenmuschel, dass dadurch der in seinem Lumen etwa vorher aufgehobene untere Nasengang frei wird, wodurch in einzelnen Fällen die Untersuchung der tieferen Theile des Nasenrachenraumes wesentlich erleichtert werden kann. Umgekehrt kann, wie *Hack*[4]) mit Recht bemerkt, ein erschlaffter Schwellkörper an der unteren Muschel durch Soudenberührung zum Turgesciren gebracht werden.

2. Erweiterung. Ein abnorm grosses Cavum nasale kann angeboren oder erworben sein. In letzterer Beziehung ist die mechanische Erweiterung durch die verschiedenen Neubildungen zu erwähnen, ferner der beim chronischen Katarrh eintretende Schwund der Schleimhaut und die Atrophie der Muscheln, endlich die Erweiterung des Cavum durch Ulcerationsprocesse.

Symptome. Bei abnorm weiter Nasenhöhle wird das in der Nase angesammelte Secret mittelst des Respirationsstromes nicht entfernt und kann deshalb durch Stagnation eine Zersetzung erfahren, die zu einem fötiden Geruche aus der Nase Veranlassung gibt.[7]) Bei der Ocular-

---

[1]) Ohrenh. S. 185. — [2]) Z. f. An. u. Entw. 1876, II, S. 1.   [3]) *Tröltsch*, Ohrenh. 5. Aufl., S. 306, vergl. *Fränkel* in *Ziemssen's* Handb. 1879, B. 4, II. 1, S. 124. Nach *Uchtenbrock* (D. Klin. 1869, Nr. 21, 23, 25) bewirkt der Inspirationsstrom ein Erblassen der Nasenschleimhaut, demzufolge aufgehobene Respiration eine Stase. — [4]) Erf. a. d. Geb. d. Nasenkrankh. Wiesbaden 1884. — [5]) *Schmidt's* J. 1850, B. 66, S. 352. [6]) Jahrb. d. Kind. 1861, II.   [7]) *Zaufal*, Prag. med. Doct.-Coll. 1877, 13. März. Eine abnorm weite Nasenhöhle erscheint nicht immer als Ursache von Ozaena, sondern diese kann trotz abnorm weiter Nasenhöhle fehlen oder auch durch andere Umstände veranlasst werden; so beobachtete u. A. *Auer* einen Fall, in welchem nur während der Menstruation durch einige Tage Ozaena bestand (s. *Canst.* J. 1861, B. 1, S. 224).

inspection zeigt sich die Nasenhöhle abnorm erweitert, die einzelnen Theile sind vom Naseneingange aus deutlich sichtbar, und nicht selten tritt auch die hintere Nasenrachenwand, sowie die Seitenwandung mit dem Tubenwulste auffällig hervor.

Die Behandlung beschränkt sich auf täglich vorzunehmende Ausspülungen der Nasenrachenhöhle, behufs Entfernung der angesammelten Secretmassen und auf die von *Gottstein*[1]) empfohlenen Einlagen von 3 bis 5 Cent. langen Wattetampons in die Nasenhöhle zur Vermeidung von Secret-Stagnation.

Die Tampons werden entweder trocken oder in Glycerin, eventuell in Jodglycerin eingetaucht, in die Nasenhöhle eingeführt und bleiben daselbst Stunden lange, besonders aber über die Nacht liegen. In letzterem Falle bediene man sich keilförmig gestalteter Tampons oder versehe den Tampon mit einem Bindfaden, der um das Ohr gebunden oder an eine andere Stelle des Kopfes befestigt wird, um das Hineingleiten des Tampons in die Rachenhöhle (Gefahr der Erstickung) zu verhüten. *Gottstein* lässt den eingeführten Tampon durch 24 Stunden in der Nase liegen.

In einem Falle, in welchem ich ein, die ganze Regio respiratoria einnehmendes Polypengewebe aus der rechten Nasenhöhle galvanokaustisch entfernt hatte, erschien die anfänglich bedeutend weite Nasenhöhle, 6 Monate später, fast von normaler Weite, ohne eine Spur von recidivirender Polypenbildung aufzuweisen.

II. Anomalie der Verbindung. Als anormale Verbindungen sind membranöse Bildungen in der Nasenhöhle anzuführen, die das Septum narium mit einer Muschel verbinden. [2])

An der Leiche eines Weibes im mittleren Lebensalter fand ich bei sonst vollkommen normalem Zustande der Nasenhöhle, in beiden Nasenseiten je ein 10 Mm. breites Band, das ungefähr in der Mitte der Nasenhöhle, vom Septum zur unteren Nasenmuschel verlief. Ob es sich auch in diesem Falle um ein Pseudomembran gehandelt hatte, war an dem Präparate nicht zu entscheiden.

Bindegewebs-Adhäsionen entstehen ferner bei Neubildungen im Nasenrachenraume, in welchem Falle der Tumor, durch zahlreiche membranöse Verbindungen an das Septum und an die laterale Nasenwand befestigt, die betreffende Nasenseite als unbewegliche Masse ausfüllen kann. Auch die dem Septum angelagerten geschwellten Nasenmuscheln können eine Verwachsung mit diesem eingehen.

Verschluss. In seltenen Fällen ist die Nasenhöhle durch eine Membran[3]) oder durch eine Knochenscheidewand[4]), gewöhnlich an der Choane, vollständig verschlossen.

Im Cavum naso-pharyngeale findet zuweilen eine vollständige Auswachsung des Velum an die hintere Pharynxwand[5]) statt mit vollständiger Trennung des oberen Rachenraumes von der unteren Rachenhöhle.

---

[1]) Berl. kl. Woch. 1878. Nr. 37. — [2]) S. *Zuckerkandl*, Anat. d. Nas. 1882. S. 95. — [3]) *Uettenheimer* (A, f. Phys. 1864. S. 262) fand eine membranöse und dahinter eine knöcherne angeborene Atresie einer Choane; *Lindenbaum*, s. *Wendt* und *Wagner* in *Ziemssen's* Path. u. Th. B. 7. S. 286; *Delens*, Ann. d. mal. de l'or. 1877. Sp. 348. — [4]) *Emmert*, Chir. 1853. B. 2; *Luschka*, *Virch*. Arch. B. 18, S. 168; *Michel* in Nancy. (s. *Schmidt's* J. 1873. B. 160. S. 162) beobachtete einen vom Vomer ausgehenden, obturirenden Knochentumor, *Bitot* (s. *Canstatt's* J. 1876. B. 2. S. 129) an einem 7monatlichen Fötus einen durch die Ossa triangularia naso-palatina veranlassten Choanenverschluss; *Voltolini* (Galvanok., S. 260); *Zaufal*, Prag. m. Woch. 1876. Nr. 50; *Fränkel*, *Ziemssen's* Path, u. Th., B. 4. S. 123; einen einseitigen congenitalen Verschluss beschreiben nach *Ziem* (M. f. Ohr. XIII. Sp. 56), *Gosselin*, ferner *Delstanche* und *Stocquart*, M. f. Ohr. XVII, Sp. 76. — [5]) *Czermak*, W. Akad. d. Wiss. 1858. Nr. 8. S. 173; *Jul. Paul*, A. f. kl. Chir. 1866. B. 7, S. 199; *Championnière*, Ann. d. mal. de l'or, 1876, p. 88 (mit Herabsetzung des Gehörs und Rückkehr desselben ad normam, nach gelungener Operation). An einer Patientin mit bilateraler Schwerhörigkeit beobachtete ich eine vollständige Verwachsung des weichen Gaumens an die hintere Rachenwand. Einen Fall von Verwachsung des Velum mit der oberen Pharynxwand vor der *Rosenmüller*'schen Grube erwähnt *Ziem* (M. f. Ohr. XIII. Sp. 59).

Behandlung. Der membranöse Verschluss der Nasenhöhle kann mittelst des Galvanokauters oder durch eine Incision mit nachträglicher Einlagerung eines Fremdkörpers behoben werden; bei einem etwa vorhandenen knöchernen Abschlusse ist eine Lücke in die Knochenwand anzulegen.

Eine pathologische Communication des Nasenrachenraumes mit der Mundhöhle besteht bei Palatum fissum. Bei diesem letzteren kann die Function der Gaumenrachenmuskeln bedeutend beeinträchtigt werden[1]) und damit ein Collaps der Tubenwandungen erfolgen, welcher sich, gleich der dadurch veranlassten Schwerhörigkeit, nach der Operation des gespaltenen Gaumens wieder verliert. [1]) Die bei Palatum fissum vorhandene Schwerhörigkeit ist vielleicht zum Theile auch auf einen Irritationszustand der Nasenrachenhöhle zurückzuführen, welche in Folge des gespaltenen Gaumens, den äusseren Schädlichkeiten mehr ausgesetzt ist.

So gibt schon *Rau*[2]) an, dass in einem Falle von Palatum fissum die vorhandene Schwerhörigkeit nach Beseitigung eines Tubenkatarrhes vollständig zurückging.

III. Entzündung der Nasen- und Nasenrachenhöhle.

1. Katarrh der Nasen- und Nasenrachenhöhle. *a)* Acuter Katarrh. Der acute Katarrh gibt sich in einer Röthe der Mucosa, zuweilen in einer Blutung auf die freie Oberfläche oder in das Gewebe und in einer Schwellung der Schleimhaut zu erkennen; das Secret ist anfänglich schleimig-serös, zuweilen durch einige Zeit rein serös, später schleimig-eiterig. Die katarrhalische Erkrankung kann die Nasen- und Nasenrachenhöhle einzeln oder beide gleichzeitig befallen und in manchen Fällen auf die Seitencanäle und Nebenhöhlen übertreten. Subjective Symptome. Bei intensiveren Schwellungen gibt sich oft ein Gefühl von Völle im Ohre und ferner eine Schwerhörigkeit zu erkennen, welche Symptome auf eine Theilnahme der Rachenmündung der Ohrtrompete, beziehungsweise auch der Paukenhöhle, an dem Erkrankungsprocesse hinweisen. Bei bedeutender Hyperämie und Schwellung im Nasenraume entstehen zuweilen subjective Gehörsempfindungen, die zum Theile auf einer vom Trigeminus ausgelösten Reflexerscheinung beruhen, ferner nicht selten Cephalalgien, Neuralgien im Gebiete des Trigeminus[3]). mitunter Migräne, Asthma und Heufieber.[4])

In zweien meiner Fälle hörten im Momente einer vorgenommenen Aetzung der geschwellten Schleimhaut an der unteren und mittleren Nasenmuschel die früher vorhanden gewesenen subjectiven Gehörsempfindungen vollständig auf.

Objective Symptome. Objectiv weist die Schleimhaut beim acuten Nasenrachenkatarrh häufig eine nur geringe Röthe auf, welche an den beiden Ostien meistens bedeutend abgeschwächt oder selbst abgesetzt erscheint. Die Pharynxtonsille hebt sich von den übrigen Partien auffällig hervor und erscheint vom oberen Choanenrand scharf abgegrenzt. Durch Schwellung des adenoiden Gewebes zeigt sich die *Rosenmüller*'sche Grube abgeflacht, während die Rachenmündung eine spaltförmige Verengerung aufweist oder von Secretmassen eingehüllt ist. Die hintere Wand erscheint geröthet und an einzelnen oder an allen Stellen geschwellt; die Oberfläche des weichen Gaumens ist häufig uneben, selbst höckerig. Von den Nasenmuscheln ragt vor Allem die Mucosa des hinteren Endes der unteren Concha als gallertartiger, graulich aussehender Tumor aus der Choane hervor, der

---

[1]) *Dieffenbach*, Chir. Erfahr. 1831, S. 261. Einen Fall von Verbesserung d. Gehörs nach der Rhinoplastik theilt auch *Zeis* mit (s. *Frank*, Ohrenh., S. 127).
[2]) Ohrenh., S. 224. — [3]) *Duchek*, Spec. Path. und Th. I, 2, S. 411; *Oppenheimer*, Nat. med. Ver. zu Heidelb. VI. S. 198; *Kollet*, W. m. Pr. 1873, Sp. 1145. [4]) *Hack*, Nasenkrankh., 1884.

zuweilen das Ostium pharyngeum erreicht.[1]) Das Septum erscheint nicht selten verdickt und in Berührung mit den Muscheln; in vereinzelten Fällen treten die geschwellten Follikel im Rachenraume auffällig hervor. Zuweilen zeigen sich die Lymphdrüsen an den seitlichen Partien des Halses und am Nacken vergrössert.

Verlauf. Der acute Katarrh bildet sich entweder binnen wenigen Stunden, Tagen oder Wochen vollständig zurück oder er geht in die chronische Form über. Im Falle der eintretenden Besserung wird das seröse Secret allmälig schleimig-serös und schwindet mit Nachlass der oben angegebenen Symptome.

Behandlung. Gewöhnlich geht der acute Katarrh spontan zurück oder erfordert nur eine prophylaktische Behandlung. Zur Entfernung des Secretes eignen sich die S. 49 angeführten Lufteinblasungen durch die Nase.

In mehreren Fällen erzielte ich durch das Anlegen der Pole eines ziemlich kräftigen Inductionsstromes an beide Nasenflügel, binnen wenigen Sitzungen (jede von circa 5 Minuten Dauer) eine bedeutende Besserung des Nasenkatarrhs. Dieselbe Beobachtung stellte *Zaufal* bei Application der Elektroden auf die geschwellte Schleimhaut der Nasenhöhle an (mündliche Mittheilung).

Als Schnupfpulver empfiehlt *Ferrier*[2]) Bismuthum nitr. cryst. 7·5, Gummi arab. 2·0, Morph. hydrochl. 0·03; binnen 24 Stunden aufzuschnupfen. *Brand*[3]) lässt einige Tropfen einer Mischung von Acid. carb. 5·0, Spir. 15·0, Liq. Ammon. caust. 5·0, Aq. dest. 10·0 einathmen. Gegen starkes Kitzelgefühl oder Schmerzen wenden *Delvaux*[4]) und *Fränkel*[5]) Morphin an, und zwar als Pulver pro dosi 0·01 aufzuschnupfen, oder als Lösung 0·05 bis 0·15 ad 50·0, Theelöffel voll öfter des Tages einzugiessen. Auch Einathmungen von Kochsalzdämpfen erweisen sich öfters günstig. Von den innerlichen Mitteln sind vor Allem Tct. Bellad. (zu 8—12 Tropfen pro die) und ferner kleine Gaben von Mercur hervorzuheben. *Prout*[6]) erzielte bei acutem Katarrh von salzsaurer Eisentinctur (20—30 Tropfen, nach 3 Stunden zu wiederholen) guten Erfolg.

b) **Der chronische Nasen- und Nasenrachenkatarrh.**
Der chronische Katarrh tritt in zwei verschiedenen Formen, als **hypertrophischer** und als **atrophischer** Katarrh auf. Bei der ersten Form zeigt sich die Mucosa bedeutend verdickt, infiltrirt, die Pharynxtonsille springt stark hervor, die Follikel sind geschwellt, die Drüsen erweitert, ferner finden sich an verschiedenen Stellen Granula vor, die zu grösseren Plaques zusammentreten können. Beim **atrophischen** Katarrh ist dagegen die Nasenhöhle abnorm weit und zeigt die Erscheinungen, welche schon oben geschildert wurden. Das Secret ist beim chronischen Katarrh bald massenhaft vorhanden, bald wieder bietet die Schleimhaut eine glänzende, trockene Fläche dar (trockener Katarrh). Es erscheint meistens sehr zähe und neigt in Folge seines grossen Eiweissgehaltes zu Bildungen von Borken, die eine bedeutende Grösse erlangen können. Ein länger liegen bleibendes flüssiges Secret veranlasst durch seine Zersetzung einen fötiden Geruch. Zuweilen werden die Mündungen der Nebenräume des Cavum nasale und die Tubenostien durch die Secretmassen verschlossen.

An den Pharynxwandungen wird zuweilen ein rostbraun gefärbtes Secret angetroffen, das einem für Pneumonie pathognomisch angesehenen Sputum gleicht.[7]) In manchen Fällen ist das Secret von grauschwarzen Punkten (Pigment?) durchsetzt.

---

[1]) *Tröltsch*, A. f. Ohr. IV. S. 139. — [2]) The Lancet 1876. Apr., s. Berl. kl. W. 1876. S. 280. — [3]) Berl. klin. Woch., 1872, Nr. 12. — [4]) S. *Schmidt's* J. 1855, B. 85. S. 281. — [5]) *Ziemssen's* Path. u. Th. 1879. IV. 1 S. 117. — [6]) S. *Canstatt's* J. 1874, B. 2, S. 225. — [7]) *Tröltsch*, Ohrenh. 6. Aufl., S. 321.

Subjective Symptome. Bei stärkerer Schwellung der Nasenschleimhaut zeigen sich die bei Besprechung der Verengerung des Cavum nasale angeführten subjectiven Symptome. Zuweilen besteht ein lästiges Gefühl von Trockenheit, während andererseits wieder etwa vorhandene Borken als fremde Körper einen Reiz erregen und Räuspern, selbst Brechbewegungen herbeiführen. Bei Betheiligung der Nebenhöhlen und Canäle finden sich die oben erwähnten Erscheinungen von Kopfschmerz etc. vor.

Ein reichlich secernirtes Secret kann in grösserer Menge in den Magen gelangen und dadurch Verdauungsstörungen veranlassen.

Betreffs der Symptome von Schmerz und psychisch-intellectuellen Störungen wäre hervorzuheben, dass ausser der directen Einwirkung des chronischen Katarrhs auf die Nerven der Nasenhöhle und des Nasenrachenraumes, auch die nahe Beziehung des Liquor cerebrospinalis zum Cavum nasale eine beim chronischen Nasen- und Nasenrachenkatarrh nicht selten vorhandene deprimirte Gemüthsstimmung und geistige Trägheit erklärlich machen.

Die Lymphbahnen der Nase stehen mit dem Subduralraum in Verbindung, wenigstens dringt nach *Schwalbe*[1]) die Injectionsmasse von diesem letzteren aus in die Lymphbahnen der Nase ein. Den Untersuchungen von *Axel Key* und *Retzius*[2]) zufolge communiciren die Lymphbahnen des Nasenrachenraumes mit den von der Dura mater und Arachnoidea gebildeten Scheiden des N. olfactorius. Die Lymphwege erstrecken sich bis an die Oberfläche der Mucosa und zeigen daselbst feine Mündungen, welche das Vordringen der Cerebrospinalflüssigkeit bis auf die freie Oberfläche der Mucosa ermöglichen. Bei Injection von gefärbter Flüssigkeit in den Subdural- und Subarachnoidealraum des Rückenmarks gelangt, wie *Axel Key* und *Retzius* nachwiesen, selbst die unter mässigem Drucke eingespritzte Flüssigkeit bis auf die Oberfläche der Nasenschleimhaut. Ein gleiches Verhalten fanden die beiden Autoren in der Stirnhöhle. *Naunyn* und *Schreiber*[3]) fanden bei Druckvermehrung im Subdural- und Subarachnoidealraum den Abfluss einer anfänglich schleimigen, dann serösen Flüssigkeit durch die Lymphwege der Nasenschleimhaut. In diesen anatomischen Verhältnissen liegt vielleicht die Erklärung zu einem von *Giraud*[4]) in London beobachteten, höchst merkwürdigen Fall, in welchem ein Kind nach dem Auftreten eines profusen serösen Ausflusses aus der Nase, von einem chronischen Hydrocephalus plötzlich geheilt erschien.

Objective Symptome. Beim hypertrophischen Katarrh zeigt sich die Hyperämie in der Regel gering, zuweilen finden sich einzelne varicös erweiterte und geschlängelte Gefässe vor. Die Verdickung der Mucosa erscheint dagegen beträchtlich und führt an einzelnen Stellen bis zur vollständigen Aufhebung des Lumens der Nasenhöhle. Vor Allem erweist sich die untere Muschel enorm vergrössert und dabei entweder gleichmässig geschwellt oder gelappt; ihre beiden Enden ragen manchmal, besonders bei gleichzeitiger Turgescenz des Schwellkörpers, als beutelförmige Anhänge einerseits gegen den Naseneingang, andererseits bis über das Ostium pharyngeum tubae. Das Septum kann bisweilen hahnenkammförmige Auswüchse zeigen und in einzelnen Fällen sogar der ausschliessliche Sitz eines chronischen Katarrhs sein.[5]) Das hypertrophische Gewebe erscheint an den Nasenrachenwandungen bald gleichmässig ausgebreitet, bald wieder mehr circumscript in Form kleiner prominenter Knötchen, die besonders zahlreich an der hinteren Pharynxwand (Pharyngitis granulosa)[6]) auftreten. *Wendt* beobachtete an der hinteren Nasenrachenwand eine villöse Oberfläche in Folge neugebildeter Papillen. Sehr häufig findet man im Cavum naso-

---

[1]) A. f. mikr. An. VI, S. 14. [2]) S. *Canst.* J. pro 1870, B. I, S. 31. [3]) A. f. exp. Path. u. Pharmak. 1881, B. 14, S. 8. [4]) S. *Canst.* J. pro 1841. [5]) *Michel*, Kr. d. Nase, S. 20. [6]) *Chomel*, s. *Canst.* J. 1846, B. 2, S. 248. Ausnahmsweise kann die Pharyngitis granulosa acut auftreten (*Stift*, D. Klin. 1862, S. 363).

pharyngeale einzelne Follikel vergrössert oder vereitert (**folliculärer Katarrh**). An der oberen und seitlichen Wand zeigen sich nicht selten Lücken und Spalten, aus denen bei Druck eine schleimige, colloide Flüssigkeit entleert wird. Die ersteren sind ektatische Schleimdrüsen, die letzteren cystoid erweiterte Balgdrüsen.[1]) Erosionen und kleine Substanzverluste an der Rachenschleimhaut und an der Pharynxtonsille [2]) werden öfters angetroffen.

Verlauf. Der chronische Nasenrachenkatarrh bildet sich entweder zurück oder er geht in die atrophische Form über.

Die beim atrophischen Katarrh vorkommenden Erscheinungen haben bereits oben Berücksichtigung gefunden. Als subjectives Symptom tritt bei Atrophie, vielleicht in Folge von Schwund der Drüsen, eine bedeutende Trockenheit an den Schleimhautflächen auf.

Bedeutung. Der chronische Nasenrachenkatarrh kann durch Schwellung des Ostium pharyngeum, sowie durch dessen Verschluss mit Secretmassen oder durch directe Weiterwanderung des Katarrhes auf das **Mittelohr** die bei Besprechung der Tubenerkrankung erwähnten Symptome von Schwerhörigkeit und subjectiven Gehörsempfindungen erregen. Ausser diesen Ursachen wird das Mittelohr noch indirect durch eine **Insufficienz der Tubenmuskeln** beeinflusst (s. V. Capitel). Bei eintretenden katarrhalischen Veränderungen des submucösen Bindegewebes ist eine Insufficienz der betreffenden Muskelfasern sehr leicht möglich; doch selbst vorausgesetzt, dass der Muskel nur eine geringe Einbusse seiner Contractionsfähigkeit erleidet, hat er bei katarrhalisch geschwelltem Gewebe in jedem Falle eine stärkere Last zu überwinden, als im normalen Zustande. Damit aber ist ein Missverhältniss zwischen Kraft und Last gesetzt, welches unter Anderem eine genügende Eröffnung der Ohrtrompete von Seite der Tubenmuskeln unmöglich macht, also einen pathologischen Zustand für das Mittelohr herbeiführt. Mit einer consecutiv eintretenden Muskelhypertrophie ist allerdings eine Compensation gegeben, jedoch scheint sich in der Regel im Gefolge von chronischem Katarrh häufiger eine Atrophie der Muskeln einzustellen, welche den Collaps der Tubenwandungen noch begünstigt.

Eine Insufficienz der Gaumenmuskeln gibt zu einer verschieden starken Bewegung der beiden Gaumenhälften Veranlassung, so zwar, dass bei einem ungleichmässig ausgebreiteten Katarrh die Gaumenbögen der einen Seite während der Phonation deutlich gehoben werden, indess die andere Seite beinahe in der Ruhelage verharrt. Ein andermal wieder lässt der weiche Gaumen an beiden Seiten eine geringe oder ganz aufgehobene Bewegung erkennen.

Die **Behandlung** beim chronischen Nasenkatarrh betrifft *a)* die Entfernung des Secretes, *b)* die Behandlung der erkrankten Schleimhaut, *c)* die Kräftigung der insufficient gewordenen Rachen-Tubenmuskeln.

a) **Entfernung des Secretes.** Durch eine methodisch vorgenommene Entfernung des Nasensecretes (s. S. 49) können selbst hartnäckige Katarrhe vollständig zum Schwinden gebracht werden.

Ausser den bereits S. 52 angegebenen Injections-Flüssigkeiten ist noch folgende von *Sigmund*[3]) benützte Solution zu erwähnen: Rp. Kal. chlor. 4·0—12·0, Kal. hypermang. 1·0—2·0. Acid. carbol. 1·0—3·0. Aq. dest. 360·0. Täglich zweimalige Ausspritzung der Nase. Bei etwa vorhandenen Schmerzen wird der Flüssigkeit noch Tct. Op. simpl. 8·0—24·0 oder Morph. mur. 0·1—0·3 hinzugesetzt.

b) **Medicamentöse und galvanokaustische Behandlung.** Zur medicamentösen Behandlung der chronisch erkrankten Nasenrachenschleimhaut eignen sich die verschiedenen adstringirenden, resorptionsbefördernden

---

[1]) *Wendt*, *Ziemssen's* P. u. Th., 1878. VII. 1. S. 276. — [2]) *Wendt*, l. c., S. 272.
— [3]) Handb. d. Chir. v. *Billroth* u. *Pitha*, 1870. I. 2.

und ätzenden Mittel, deren Erfolg sich individuell sehr different gestaltet. Mit Vorliebe bediene ich mich einer $1/2 - 1^0/_0$ Lösung von Argent. nitr., wovon 8—12 Tropfen in jede Nasenseite, beziehungsweise durch den unteren Nasengang in die Nasenrachenhöhle, mittelst des Zerstäubungsapparates (s. S. 51) eingespritzt werden (jeden 2.—3. Tag).

In manchen Fällen von chronischen Katarrhen, besonders bei Ozaena, wird Arg. nitr. in noch stärkerer Lösung gut vertragen. Vielleicht hängt die individuell verschieden starke Reaction[1]) zum Theile auch von dem verschieden starken Chlornatriumgehalte des Nasensecretes ab. Während nämlich in manchen Fällen ein Theil der eingespritzten Lapislösung ungetrübt wieder aus der Nase heraustropft, zeigen sich dagegen bei vielen Individuen die einzelnen Tropfen, in Folge von Chlorsilberniederschlägen, weisslich gefärbt.

Michel[2]) nimmt Einblasungen von Arg. nitr. 1 : 10—6 Talcum vor, welche jeden zweiten Tag sowohl vom Munde, als auch von der Nasenhöhle aus, in einer Dosis von 1—2 Theelöffel voll anzuwenden sind.

Sehr empfehlenswerth erweisen sich ferner die von *Catti*[3]) angegebenen Gelatinbougies mit Tannin, Plumb. acet., Cupr. sulf., Zinc. sulf., Jodoform etc. Die betreffende Nasenbougie wird in den Nasengang eingeführt und bleibt, je nach der Stärke der Reaction, 1—5 Minuten, selbst darüber in der Nase liegen, wobei eine allmälige Schmelzung der Gelatinmasse erfolgt.

Eine bereits gebrauchte Bougie kann nach vorangegangener Auswaschung in kaltem Wasser auch ein zweites Mal verwendet werden.

Unter den zu Insufflationen benützten pulverförmigen Mitteln wären hervorzuheben: Tannin 1 : 15 Zucker oder Borsäure; Alum. crud. pur.; Plumb. acet. 1 : 10—5 Sacch. lact.; Jodoform 1 : 1 Magnes. carb.; Acid. salicyl. (bes. gegen diphtheritische Erkrankungen). Bei blennorrhoeischem Nasensecret bedient sich *Störk*[4]) folgender Mischung: Natr. salicyl., Natr. bicarb., Natr. chlorat. aeq. partes. S. 1 Messerspitze voll in circa 30 Gramm Wasser. Gegen starke Schwellungen, besonders scrophulöser Natur, eignen sich auch Einpinselungen mit der *Lugol*'schen Lösung (Jod. pur. 0·1—0·2, Kal. Jod. 0·4—0·8, Aq. dest. 300·0); gute Dienste leisten ferner verdünnte Jodtinctur oder Jodglycerin (Jod. pur. 0·05, Kal. jod. 0·5, Glyc. 50·0—30·0). — Bei trockenem Katarrh empfiehlt *Waldenburg* Borax 1 : 5 Glycerin.

Bei Syphilis benützt *Fränkel*[5]) Sublimat 0·01—0·05 : 100·0 Alkohol oder Glycerin zur Douche und 1·0—2·0 : 100·0 zur Einpinselung; ferner Calomel. 2·5, Hydr. oxyd. rubr. 1·0, Sacch. alb. 15·0, 5—6mal täglich eine Prise voll zu nehmen (*Trousseau*).[6]) Empfehlenswerth ist ferner Jodkalium 4—8·0 ad 360·0 oder Tinct. jodina 4—8·0 ad 360·0, besonders bei gummösen Erweichungen[6]) und Jodoform (s. oben).

---

[1]) Bei einer Patientin entstand jedesmal nach der Einpinselung der Nase mit einer Lapislösung, im Oberkiefer oberhalb der Schneidezähne ein heftiger Schmerz; am nächsten Morgen empfand die Patientin einen höchst widerwärtigen Geschmack im Munde. Die Untersuchung der Mundhöhle liess an den oberen Schneidezähnen einen braunen Beleg erkennen, der sich vom unteren Drittel der vorderen Zahnseite über deren ganze hintere Fläche erstreckte, weiter aufwärts die Gingiva überzog und als brauner Streif bis zur Mitte des harten Gaumens verlief. Dieselben Symptome wurden später durch jede medicamentöse Behandlung der Nase hervorgerufen, wobei Lapis, Alumen, sowie Tannin in Solution oder Substanz die gleiche Wirkung hervorbrachten. Auch die Intensität, mit welcher die anormale Secretion in der Mundhöhle auftrat, erwies sich nicht von dem einzelnen Medicamente, sondern nur von der Concentration desselben abhängig. Merkwürdigerweise zeigten regelmässig nur jene Zähne den Beleg, die nach der Application eines der erwähnten Mittel von dem Gefühle des Druckes befallen wurden.
[2]) Kraukh. d. Nase, S. 21.   [3]) Wien. allg. med. Z. 1876, Nr. 26.   [4]) S. l. c.   Ohrenh. S. 364. — [5]) Ziemssen, 1879. IV. 1, S. 156.   [6]) Sigmund Billroth u. Pitha Chir. 1870. I. 2.

Als rasch wirkendes Mittel bei hochgradigen Schwellungen der Mucosa erweist sich die **Galvanokaustik**, mittelst der selbst die hartnäckigsten Formen von chronischen hypertrophischen Nasenkatarrhen, zuweilen binnen wenigen Sitzungen, wesentlich gebessert oder selbst geheilt werden können. Man setzt zu diesem Zwecke der geschwellten Mucosa einen Flächenbrenner auf und erzielt damit eine breite Verschorfung oder führt einen schmalen Galvanokauter behufs einer linearen Canterisation, entlang der geschwellten Schleimhautpartie. Auf diese Weise können in einigen Sitzungen alle geschwellten Partien gebrannt, eventuell besonders hypertrophische Stellen nach Abstossung des einen Schorfes wiederholt canterisirt werden. *Michel*[1]) entfernt mit Erfolg die an der unteren Muschel, und zwar an deren unterem Ende nicht selten vorhandenen, hochgradig geschwellten Theile, mittelst der galvanokaustischen Schlinge. Zur Zerstörung der tieferen Theile eignen sich nadelförmige Galvanocauteren (s. oben).

Anstatt der Galvanokaustik können circumscripte Schwellungen mit Lapis in Substanz geätzt werden; *Bosworth*[2]) wendet auch das Acid. acet. glaciale an.

Michel[3]) empfiehlt bei Erkrankung der Nebenhöhlen der Nase auch diese in die Behandlung einzubeziehen. Man spritzt zu diesem Zwecke die Flüssigkeit, am Besten Kal. chlor.-Lösung, in eine Nasenseite hinein und verschliesst, ehe noch das Wasser aus der anderen Seite ganz abgeflossen ist, den Naseneingang mit den Fingern, beugt hierauf den Kopf stark nach vorne und hält ihn so einige Minuten hindurch tief nach abwärts geneigt. Bei diesem Verfahren soll die Flüssigkeit Gelegenheit finden, in die Nebenhöhlen, besonders in die Keilbein- und Siebbeinhöhle, einzudringen, wodurch theils eine Ausspülung dieser zu Stande kommt, theils die Einwirkung der verschiedenen Mittel auf die Schleimhaut der Nebenhöhlen ermöglicht wird.

c) **Kräftigung insufficienter Muskeln.** Eine Kräftigung der durch den Rachenkatarrh insufficient gewordenen Gaumenrachenmuskeln kann selbstverständlich durch alle Mittel erfolgen, die eine Besserung der katarrhalischen Schwellung herbeiführen. Von grossem Werthe erweist sich jedoch hierbei noch die Auslösung von energischen Contractionen der afficirten Muskeln. Durch die Zusammenziehung der Muskelbündel wird einerseits auf die zwischen ihnen gelagerten Drüsen ein Druck ausgeübt, welcher die angesammelten Secretmassen herauspresst, andererseits wieder wirken wiederholte Contractionen des einzelnen Muskels auf die Energie desselben günstig ein und erscheinen daher speciell für die Tubenmuskeln, also demzufolge auch für das Mittelohr von grossem Werthe.

Es ist vor Allem das Verdienst von *Tröltsch*, dass der heilgymnastische Einfluss solcher methodisch vorgenommenen Uebungen in der Contraction der Tubenrachenmuskeln nunmehr allgemeiner gewürdigt wird.

Die betreffenden Muskeln können entweder durch **Rachenbäder** s. S. 52) oder auf elektrischem Wege zur Contraction gezwungen werden. Mittelst des **elektrischen Stromes** werden Contractionen der Gaumenrachenmuskeln, bei Application einer Elektrode oder beider Elektroden auf die Pharynxmucosa erregt. Man schiebt die eine Elektrode entweder durch die Nase oder vom Munde aus in den Schlundkopf, während die andere Elektrode ebenfalls in den Rachen eingeführt oder der seitlichen Halspartie aufgesetzt wird. Beabsichtigt man energische Contractionen der Tubenmuskeln vorzunehmen, so ist die eine Elektrode durch den Nasenkatheter in den Tubencanal hineinzuschieben. Zur elektrischen Behandlung der Tubenrachenmuskeln eignet sich sowohl der inducirte, als auch der galvanische Strom, bei welchem letzteren zeitweilige Stromeswendungen zur Auslösung stärkerer Contractionen angezeigt sind.

2. **Phlegmonöse Entzündung.** Von den übrigen Entzündungsprocessen im

---

[1]) L. c. S. 22.   [2]) S. A. f. Ohr. XVII, S. 294. — [3]) L. c. S. 45.

Nasenrachenraume möge nur in Kurzem noch die von Baumgarten[?] zuerst eingehender geschilderte phlegmonöse Pharynxentzündung Erwähnung finden. Dieselbe charakterisirt sich durch eine bedeutende Röthe und Schwellung der Schleimhaut, welche nicht selten haemorrhagische Flecke aufweist. Das Secret ist schleimig-eiterig.

Die subjectiven Symptome sind meistens hochgradige und bestehen in intensiven Schmerzen im Pharynx, die durch Bewegungen des Kopfes und vor Allem durch jede Schlingbewegung vehement gesteigert werden. Sie strahlen vom Pharynx nicht selten ins Ohr aus, ja können sogar in der Tiefe des Ohres vorherrschend auftreten und den Verdacht auf eine entzündliche Erkrankung im Ohre erwecken. Von den anderen Symptomen wären noch ein übler Geruch aus dem Munde, Uebelkeiten und Erbrechen, ferner zuweilen auftretende hochgradige Fiebererscheinungen mit Delirien anzuführen. Die Phlegmone geht entweder in circumscripte Eiterung über oder sie bildet sich öfter binnen wenigen Tagen oder Wochen vollständig zurück; ein anderesmal wieder zeigt sich als der Ausgang einer phlegmonösen Entzündung ein chronischer Katarrh.

Die Behandlung besteht anfänglich in dem Gebrauche von kalten Getränken oder von Eispillen, ferner in kalten Halsumschlägen (s. S. 371), selbst dem Eisbeutel; ausserdem ist bei heftigen Entzündungen die Application von Blutegeln an die seitliche Halsgegend, in der Nähe des Unterkieferwinkels, zu empfehlen. Bei hochgradigen Schwellungszuständen oder Abscessbildungen sind Scarificationen vorzunehmen. Von günstigem Erfolge erweist sich zuweilen die Massage, und zwar Streichungen mit den Fingern, welche von der Gegend des Unterkiefergelenkes entlang den seitlichen Partien des Halses bis zur Clavicula nach abwärts bewegt werden. Bei hoher Empfindlichkeit haben die Finger anfänglich nur leicht über die bezeichneten Stellen zu gleiten; nach einigen Minuten kann ein allmälig zunehmender Druck ausgeübt werden. Zur Vermeidung einer stärkeren Reibung der Haut ist diese vorher zu befetten. Die Dauer der, nach Bedarf öfter des Tages vorzunehmenden Streichungen beträgt 5—10 Minuten.

Auch die Stirnbein-Kiefer-Keilbeinhöhlen und die Siebbeinzellen können phlegmonös entzündet sein[?], wobei sich die betreffenden Höhlen mit Eiter erfüllt zeigen, ferner Plaques von fibrinösem (croupösem) Exsudate mit buckelförmigen Hervorwölbungen der Mucosa auftreten. Der übrige Nasenraum erscheint dabei zuweilen wenig afficirt. Der Ausgang kann ein letaler sein.[?]

IV. Neubildungen. Unter den Neubildungen im Cavum nasale und nasopharyngeale erlangen die Nasenpolypen und die adenoiden Vegetationen eine besondere Bedeutung für das Gehörorgan, da sie theils durch die katarrhalischen Processe, welche sie im Nasenrachenraum unterhalten, theils durch eine directe Verengerung des Ostium pharyngeum tubae, zu verschiedenen pathologischen Zuständen in der Paukenhöhle (s. Capitel V) Veranlassung geben können.

1. **Nasenpolyp.** Die bald breit, bald schmal gestielten [?] Nasenpolypen entstammen gewöhnlich den Siebbeinmuscheln, sowie den Gebilden der mittleren Nasenmuschel [?] und zeigen sich häufig als graulich gefärbte, zuweilen als röthliche Tumoren, welche in verschiedener Zahl und Grösse die Nasenhöhle auf einer oder beiden Seiten mehr weniger ausfüllen. Die Nasenschleimhaut erscheint meistens geschwellt und reichlich secernirend.

Die subjectiven Symptome sind auf den mechanischen Verschluss der Nasenhöhle, sowie auf den Katarrh zu beziehen und haben als solche bereits Erwähnung gefunden. Nicht selten findet sich Asthma[?] vor.

Behufs der Diagnose sind die meistens graue Farbe, die leichte Beweglichkeit des gestielten Tumors und seine gewöhnlich an der mittleren Muschel stattfindende Insertion zu berücksichtigen. Die besonders vom vorderen Ende der unteren Nasenmuschel ausgehenden sackförmigen Schwellungen der Mucosa, beziehungsweise des Schwellkörpers geben sich bei der Sondenuntersuchung leicht zu erkennen. Die meiste Aehnlichkeit mit röthlich gefärbten Polypen bietet die geschwellte mittlere Nasenmuschel dar, bei der zuweilen erst eine eingehendere Sondirung die richtige Diagnose ermöglicht. In ähnlicher Weise zeigt der vom hinteren Ende der unteren Muschel, zuweilen

---

[1] *Virch* spec. Path. u. Th. 1855. VI. 1. S. 7 u. f. *Wendt* u. *Wagner* in *Ziemssen's* Path. u. Th. VII. 1. S. 287. — [2] *Weichselbaum*, s. C. f. d. med. W. 1881. Nr. 25. — [3] *Zuckerkandl*, Anat. d. Nas. 1882. S. 77 u. f. — [4] Zuerst von *Tisk[?]* beobachtet, Galvanok. 1871. S. 210 u. 412 s. ferner *Schnitzler*, W. med. Pr. 1883. *Hack*, Nasenkr. 1884. u. A.

in die Nasenrachenhöhle hineinragende, graulich gefärbte Schwellkörper [1], ein polypenähnliches Aussehen.

Die **Behandlung** besteht in der Abtragung des Polypen und Zerstörung des Polypenbodens. Am zweckmässigsten eignet sich dazu die galvanokaustische Methode, nach *Nélaton* [2]) auch die elektrolytische Behandlung. In Ermanglung eines galvanokaustischen Apparates sind die Polypen anstatt mit zangenförmigen Instrumenten viel schmerzloser mit der kalten Schlinge, wenn nöthig bei Benützung des Speculums, beziehungsweise des *Zaufal*'schen Nasentrichters (s. S. 5) zu entfernen. Nach der Entfernung der Polypen ist der Boden der Geschwulst, wenn möglich, energisch zu kauterisiren. Etwaige kleinere Polypen erfordern eine sorgfältige Beachtung, da eine Vergrösserung derselben, wie schon *Lisfranc* [3]) angibt, nicht selten Recidive der Polypenbildungen veranlasst. Sehr günstig erweist sich ferner eine Nachbehandlung mit resorbirenden Pulvern.

2. Wucherungen der Rachentonsille (adenoide Vegetationen) im Nasenrachenraum. Durch Wucherungen der Pharynxtonsille entwickeln sich am Dache und an den Seitenwänden des Nasenrachenraumes polypöse Bildungen, die nach *W. Meyer* [4]) als adenoide Vegetationen bezeichnet werden.

Als **Rachentonsille** (Tonsilla pharyngis) wird ein Drüsenlager bezeichnet, das sich vom Dache der Nasenrachenhöhle entlang der Seitenwände nach abwärts in die *Rosenmüller*'sche Grube und bis über die Tubenmündung erstreckt [5]); kleinere Antheile dieser Tonsille sind am Dache in die Fibrocartilago basilaris inselartig eingesprengt. Die Drüsen, welche an den bezeichneten Stellen die Schleimhaut ersetzen, sind bald in Bälgen gesondert, bald wieder gehen sie ohne Unterbrechung in einander über und bilden dann ein genetztes Balkenwerk, dessen Maschen von Lymphkörperchen ausgefüllt sind (**adenoides Gewebe**, *His*). Die Tonsylla pharyngea zeigt an ihrer Oberfläche Einsenkungen, welche ihr ein zerklüftetes Aussehen verleihen und die ganze Drüsensubstanz in Kämme oder Leisten getheilt erscheinen lassen. Der Verlauf dieser Leisten ist gewöhnlich ein streng sagittaler. [6]) Die in der Tons. phar. bemerkbaren punktförmigen Grübchen geben sich bei näherer Untersuchung als Ausführungsgänge acinöser Drüsen zu erkennen. [7]) Nach vorne und nach hinten ist die Pharynxtonsille von den angrenzenden Schleimhautflächen deutlich abgesetzt und prominirt etwas über diese. [8])

Auf die an diesen Stellen vorkommenden Neubildungen haben bereits *Türck* [9]), *Semeleder* [1]), *Czermak* [10]), *Voltolini* [11]), *Löwenberg* [12]) u. A. aufmerksam gemacht, eine eingehendere Würdigung wurde jedoch der Hypertrophie der Pharynxtonsille erst durch *W. Meyer* [4]) zu Theil.

Die Wucherung des adenoiden Gewebes erscheint entweder an allen Stellen **gleichmässig** oder aber in Form von **kamm- und zapfenförmigen** Wülsten. So ragt manchmal vom Fornix ein mächtiger Kamm nach abwärts, der gleich einem Septum den Schlundkopf in zwei seitliche Theile scheidet. [4]) Durch bedeutende Wucherung der am Dache befindlichen adenoiden Substanz können die Vegetationen meistens als lappige Geschwülste die oberen Choanenränder verdecken oder bis zu den unteren Rändern her-

---

[1]) Nach *Kohlrausch* (*Joh. Müller's* Arch. 1853, S. 149) besitzt die unt. Nasenmuschel an ihrem freien hinteren Ende ein erectiles Gewebe, das einer bedeutenden Ausdehnung fähig ist; ein ähnliches Gewebe findet sich auch am vorderen Muschelende vor. — [2]) Acad. d. scienc. Paris, 1864. — [3]) S. Med. Jahrb. Wien. 1838, B. 15, S. 162. — [5]) A. f. Ohr. VII. S. 241. — [5]) *Kölliker*, Gewebelehre 1867, §. 141; *Luschka*, Schlundkopf, S. 21 und A. f. mikr. Anat. B. 4. — Nach *Zuckerkandl* (Anat. d. Nasenh. 1882, S. 1) wurde die Pharynxtonsille zuerst von *Schneider* (1655) beschrieben, wie *Löwenberg* angibt (Les tum. aden. Paris, 1879, p. 7) war dieselbe auch *Lacauchie* (Traité d'hydrotomie 1853) bekannt. — [6]) *Wendt*, Ziemssen's. Allg. Path. u. Th. 1878, B. 7, Abth. 1, S. 244. — [7]) *W. Meyer*, A. f. Ohr. VII, S. 251. — [8]) S. *Semeleder*, Rhinosk. 1862, S. 61. — [9]) L. c. S. 46. — [10]) Kehlkopfsp. 1863. — [11]) Wien. allg. m. Z. 1865, Nr. 33, M. f. Ohr. 1871, Nr. 5; Galvanok. 1872, S. 234, 237. — [12]) A. f. Ohr. II. S. 116.

abreichen; andererseits wird die Rachenmündung der Ohrtrompete in die Geschwulstmasse manchmal vollständig eingehüllt. Ein andermal wieder finden sich **kugelige** oder **wulstförmige** Hypertrophien vor, welche das Ostium pharyngeum bedeutend zu verengern im Stande sind. Von der Rachenmündung ziehen manchmal stark ausgeprägte Wülste nach vorne und nach rückwärts, meistens als einfache Schwellung der Plica salpingo-palatina und der Plica salpingo-pharyngea (s. S. 157).

An einem Patienten fand ich bei sonst wenig geschwellter Nasenrachenschleimhaut einen von der linken Seitenwand ausgehenden ungefähr haselnussgrossen, blassröthlich gefärbten Tumor, der sich bei der näheren Untersuchung als eine enorm verdickte, an der Oberfläche stark gelappte Plica salpingo-pharyngea zu erkennen gab.

Die an der seitlichen Rachenwand normal bestehenden Einbuchtungen, vor allem die *Rosenmüller*'sche Grube, können durch das hypertrophische Gewebe vollständig ausgefüllt werden und dadurch eine mehr plane Oberfläche erlangen. Die übrigen Partien des Nasenrachenraumes befinden sich in einem Zustande von hochgradiger Schwellung, von der zuweilen das Velum und die Arcus palato-phar. besonders stark ergriffen erscheinen. Die am Boden des Ostium pharyngeum tubae normaler Weise gelblich gefärbte Schleimhaut zeigt sich bald wenig verändert, bald ist sie von kleinen Gefässen durchzogen oder gleichmässig geröthet. Die Nasenschleimhaut weist einen chronischen Katarrh auf, der öfter zu einer bedeutenden Verdickung des hinteren Endes der unteren Muschel Veranlassung gibt. An der hinteren Rachenwand fand *Meyer*[1]) in $52^0/_0$ eine Pharyngitis granulosa.

Eine nähere Untersuchung der adenoiden Vegetation zeigt deren Oberfläche zerklüftet, von siebförmigen Lücken durchsetzt, welche von den Oeffnungen der Ausführungsgänge der Schleim- und Balgdrüsen herrühren. Der Schleimhautüberzug ist von verschiedener Mächtigkeit und besitzt gewöhnlich ein Flimmerepithel. Der Gefässreichthum der Geschwulst ist meistens sehr bedeutend; das Bindegewebe kann in einzelnen Fällen die Hauptmasse der adenoiden Vegetation ausmachen. Das mikroskopische Bild lässt zierliche Bindegewebsmaschen erkennen, die theils lymphoide Körperchen enthalten, theils von diesen umlagert werden.

Die **Häufigkeit** der adenoiden Vegetationen ist im Kindesalter eine beträchtliche und geht nach dem 20. Jahre rasch zurück. Eine besondere Bedeutung erlangen die Wucherungen für das Gehörorgan; so fand *Meyer* unter 175 Fällen 130mal Gehörsaffectionen, die gewöhnlich bilateral vorhanden waren; in einem Viertheile der Fälle bestand eine eiterige Mittelohrentzündung. Im Allgemeinen constatirte *Meyer* unter den wegen eines Ohrenleidens in Behandlung getretenen Individuen in 74% adenoide Vegetationen. Die **Symptome** bei den aden. Vegetationen kommen theils dem Abschlusse der Nasenhöhle für die Luft zu, theils sind sie dem, bei dieser Erkrankung fast constant bestehenden Nasenrachenkatarrh zuzuschreiben. Die Symptome sind mitunter so charakteristisch, dass man schon beim Anblick des Patienten auf die Vermuthung einer bestehenden adenoiden Vegetation geführt wird: Der Mund des Patienten erscheint offen, das Mienenspiel schlaff, unregelmässig, der Blick trüb, die Nase scharf zusammengekniffen, die Nasenflügel eingefallen; die Stimme zeigt wenig Resonanz, die Laute erklingen dumpf, kurz, die Nasenlaute können nicht ausgesprochen werden („**todte Aussprache**", *Meyer*), die hohe Singstimme leidet (diese kann nach Entfernung der Vegetation eine Steigerung um mehr als einen Ton erfahren); Patient vermag sich nicht zu schneutzen, klagt über das Gefühl eines Fremdkörpers in der Nase und über heftige Kopfschmerzen.

[1]) A. f. Ohr. VIII, S. 121, 241.

Die Versuche von Eingiessungen in die Nase misslingen nicht selten; in 15·6 % der von *Meyer* beobachteten Fälle traten Blutungen aus dem Munde, sowie blutige Sputa auf. Die häufig vorkommenden Gehörsstörungen sind sehr wechselnd und zeigen bereits bei einem geringen Nasenkatarrh eine starke Verschlimmerung.

Ein weiteres bei den adenoiden Vegetationen vorkommende Symptom, das *A. Robert*[1]) an Individuen mit bedeutender Tonsillenhypertrophie vorfand, besteht in einem zu kleinen Zahnbogen des Oberkiefers, wodurch ein Uebereinanderschieben der Zähne entsteht. Nach *Robert* leidet bei verhinderter Inspiration durch die Nase das Gaumengewölbe an Tiefe und Breite. Ausserdem entsteht noch eine seitliche Depression des Thorax.

Bei der Untersuchung findet man die hintere Rachenwand von zähem Schleime bedeckt. Die beim Athmen zwischen der hinteren Pharynxwand und dem Velum normaliter vorhandene Spalte erscheint verengt oder theils durch die Geschwulstmasse, theils durch Schwellung der betreffenden Theile verschlossen, so dass die Respiration durch den Mund nothwendig wird. Das Velum zeigt sich häufig sehr verdickt. Die Geschwulst in der Nasenrachenhöhle ist bei der Spiegel- oder Digitaluntersuchung, seltener bei der einfachen Besichtigung der Nasenrachenhöhle vom Munde aus, erkennbar; in einzelnen Fällen kann, wie bereits *Michel*[2]) angibt, die adenoide Geschwulstmasse von dem Naseneingange aus auch ohne Speculum sichtbar sein. Bei der Auscultation der Paukenhöhle ist, im Momente der vorgenommenen Luftdouche, ein brodelndes Geräusch vernehmbar, das häufige Unterbrechungen erleidet: während der Lufteinblasung in die Nase wird nicht selten der im Cavum nasale angesammelte Schleim nach aussen geschleudert.

Die Behandlung der adenoiden Wucherungen ist nicht allein für den pathologischen Zustand des Nasenrachenraumes, sondern auch für das Gehörorgan von grosser Wichtigkeit, da eine etwa bestehende Erkrankung des Mittelohres manchmal vollständig von den adenoiden Wucherungen abhängt. Es geht dies besonders aus solchen Fällen deutlich hervor, in denen bei einer ausschliesslichen Behandlung der Nasenrachenaffection mit dem Eintritte einer Besserung oder Heilung derselben, gleichzeitig eine wesentliche Verbesserung des vorhandenen Ohrenleidens herbeigeführt wird.

Die Behandlung der adenoiden Vegetationen muss in vielen Fällen eine operative sein. Zuweilen führen, besonders bei mässiger Hypertrophie der Pharynxtonsille, die gegen den vorhandenen Nasenrachenkatarrh angewandten Mittel oder eine Bepinselung der Geschwulst mit Jodtinctur oder Jodglycerin (vom Munde oder von der Nase aus), ferner mit Lapis in Substanz oder mit dem energischer wirkenden Aetzkali (grosse Vorsicht!), eine Besserung herbei. Operativ werden die gelappten Vegetationen am Besten mit der galvanokaustischen Schlinge entfernt oder mit dem Ringmesser[3]) weggeschnitten oder aber mit löffelförmigen Instrumenten[4]), selbst einfach mit dem Fingernagel ausgekratzt. Als ein zur Entfernung gelappter Wucherungen sehr empfehlenswerthes Instrument, dessen Handhabung keine besondere Dexterität erfordert, sind die S. 53 erwähnten zangenförmigen Instrumente zu bezeichnen. Manche Wucherungen bilden sich zuweilen nach deren vorgenommener Zerquetschung mittelst der Zangenblätter zurück.

Eine operative Behandlung der adenoiden Vegetationen veranlasst häufig einen mehrstündigen Kopfschmerz und kann selbst eine eiterige Entzündung der Paukenhöhle[5]) herbeiführen; nur bei den galvanokaustischen Operationen tritt in der Regel eine geringere Reaction ein.

---

[1]) S. *Canst.* J. pro 1843, B. 4, S. 372. — [2]) Krankh. d. Nase, S. 81. — [3]) *Meyer*, A. f. Ohr. VIII, S. 261. — [4]) *Justi*, Wien. med. Woch. 1880, Nr. 30. — [5]) Eine Entzündung der Paukenhöhle kann bei geringfügigen Eingriffen in den Nasenrachenraum u. A. sogar bei Tamponade der Nase (s. *Hartmann*, Z. f. Ohr. X, S. 140) auftreten.

Nachträglich möge hier noch ein Fall von Spontanheilung Erwähnung finden, den ich bei einem 11jährigen Knaben nach einer Scarlatina beobachtete. Die vor der Erkrankung mässig vorhandene Hypertrophie der Pharynxtonsille, sowie der sie begleitende chronische Nasenkatarrh waren, wahrscheinlich in Folge von Verödung der Gefässe (der Knabe war während des Scharlaches sehr anämisch geworden) vollständig zurückgegangen.

V. Neurosen. 1. Hyperästhesie.

Unter den im Nasen-, beziehungsweise Nasenrachenraume auftretenden Neurosen kommt der Schleimhaut-Hyperästhesie ein besonders praktisches Interesse zu, da dieselbe sowohl die rhino-pharyngoskopische Untersuchung, als auch die instrumentelle Behandlung bedeutend erschweren oder ganz verhindern kann. Die Hyperästhesie der Schleimhaut ist bei manchen Individuen so bedeutend, dass selbst einfache Gurgelungen wegen der hierbei auftretenden Würgbewegungen oder wegen Erbrechens und Hustens nicht ausgeführt werden können. Eine stärkere Hyperästhesie der Nasenrachenschleimhaut bietet zuweilen der Einführung des Katheters ein bedeutendes, ja sogar ein unüberwindliches Hinderniss dar.

Ein College wurde bei jedem Versuche einer Einführung des Katheters in den unteren Nasengang von heftigen Würgbewegungen und von der Empfindung einer Compression des Larynx befallen. — Bei einer hysterischen Patientin trat beim Katheterisationsversuch regelmässig eine Sturzbewegung nach rechts und hinten auf. Die Sondenuntersuchung zeigte, dass dieselbe Manegebewegung bei einer Berührung der mittleren Nasenmuschel zu Stande kam.

Behandlung. In vielen Fällen erweisen sich wiederholte Berührungen der hyperästhetischen Stellen und psychische Einflüsse günstig; zuweilen stumpft sich auf Einpinselungen einer Lösung von Bromkalium, nach *Bruns* auf Tanninbestäubung (0·2—0·5 : 30 Aqua) oder nach Bepinselung mit wenig verdünntem Glycerin, die Empfindlichkeit ab.

2. Vasomotorische Störungen.

Bei Neuralgien des Trigeminus entstehen nicht selten die Erscheinungen eines acuten Nasenkatarrhs, der nachweislich mit dem neuralgischen Anfalle im Zusammenhange steht. *Prevost*[1]) gibt an, dass eine Reizung des Ganglion spheno-palatinum an seinem unteren Ende eine reichliche Schleimabsonderung aus der entsprechenden Nasenseite und eine Temperatur-Erhöhung um 2° veranlasst.

Unter mehreren von mir beobachteten einschlägigen Fällen befand sich auch ein Patient (s. Gehörsnerve IX. Tab. VIII), bei dem abwechselnd auf der einen und der anderen Seite eine Neuralgie des zweiten Trigeminusastes eintrat, die von einem heftigen Nasenkatarrh an der afficirten Seite begleitet wurde. In einem Falle von *Althaus*[2]) bestand während einer Trigeminus-Anästhesie ein profuser seröser Ausfluss aus der Nase. Die Heilung erfolgte mittelst des constanten Stromes.

Eine andere Art vasomotorischer Störung tritt, wie ich wiederholt beobachtet habe, als eine in bestimmten Zeitperioden erscheinende Coryza auf, die man dementsprechend als Coryza intermittens bezeichnen könnte.[3]) Bei einer Patientin war durch 5 Jahre regelmässig eine intermittirende Coryza aufgetreten, welche von 11 Uhr Nachts bis gegen 11 Uhr Vormittags dauerte. Der Anfall wurde durch ein heftiges zuweilen gegen 2 Stunden anhaltendes Niesen eingeleitet, worauf ein profuser seröser Ausfluss aus beiden Nasenseiten erfolgte. Die Untersuchung der Nase und des Nasenrachenraumes liess keine Veränderungen an der Mucosa nachweisen. Auf Amylnitrit welches ich der Patientin zu 2 Tropfen (pro dosi et die) inhaliren liess, blieben die Anfälle nach der dritten Inhalation vollständig aus und kehrten erst nach 2 Jahren bedeutend geringer wieder zurück; auch einer einmaligen Inhalation von Amylnitrit sind die Anfälle nicht weiter eingetreten. — Einer 21jährigen Patientin, welche zur Zeit ihrer Menstruation, jeden Monat durch 5—8 Tage, an einem acuten Nasenkatarrh mit profuser Secretion, ferner an Husten, Schwerhörigkeit und subjectiven Gehörsempfindungen litt, liess ich am 1. Tage eines solchen Anfalles Amylnitrit inhaliren, unmittelbar darnach trat eine bedeutende Erleichterung ein; nach einer 2. Inhalation am nächstfolgenden Tage waren sämmtliche angegebene Symptome zurückgetreten und

---

[1]) Arch. de Phys. 1868, s. *Schmidt's* J. B. 140, S. 258, *Henle's* J. pr. 1868, S. 327. — [2]) Brit. med. Journ. 1878. Dec., s. Z. f. Ohr. VIII, S. 180. [3]) *Urbantschitsch* Wien. med. Pr. 1877, Nr. 8—11. Auch das Vorkommen eines intermittirenden Nasenblutens wurde beobachtet (*Haxthausen*, Med. Z. v. Ver. f. Heilk. in Preuss. 1863, S. 164. Die betreffende 27jährige Patientin wurde jeden 2. Tag von einem 4—5stündigem Nasenbluten befallen, hierauf erfolgten Schweiss und Somnolenz; Heilung durch Chinin).

an den übrigen 3 Tagen der Menstruation nicht wieder erschienen. — Bei einer anderen Patientin, die täglich von 11—2 Uhr von heftigem Stirnkopfschmerz und einem zähen gelblichen Ausfluss aus der Nase befallen wurde, schwanden diese Erscheinungen nach einer einmaligen Inhalation von Amylnitrit. Patientin gab ferner an, dass sie seit der Inhalation dieses Mittels nicht mehr an Urticaria leide, die sonst unmittelbar nach Bier- oder Weingenuss seit Jahren regelmässig aufgetreten war.

3. **Neurosen der Tubenrachenmuskeln.** Eine wichtige functionelle Bedeutung für das Gehörorgan kömmt den Neurosen, besonders den Paralysen und Paresen der mit der Ohrtrompete in Verbindung stehenden Gaumenrachenmuskeln zu.

a) Parese und Paralyse. In Folge der ungenügenden oder aufgehobenen Contractionsfähigkeit dieser Muskeln findet, wie dies schon bei Besprechung des Nasenrachenkatarrhes hervorgehoben wurde, die Eröffnung der Tuba mangelhaft oder gar nicht statt, ein Umstand, der auch für die Paukenhöhle (s. unten), beziehungsweise für die Binnenmuskeln des Ohres [1] wichtig ist. Die Ursache einer auf Neurose beruhenden Motilitätsstörung der Tubenmuskeln kann in einer peripheren oder centralen Erkrankung der betreffenden Nerven liegen. Nach *Weber-Liel* [1]) veranlassen am häufigsten Neurosen des Trigeminus, Motilitätsstörungen der Tubenmuskeln und damit eine consecutiv auftretende Erkrankung des Mittelohres. In ähnlicher Weise können auch Neurosen des Facialis, Glossopharyngeus, Vagus, Accessorius Willisii, Sympathicus und des Plexus cervicalis zu Atrophien, zu fettiger Degeneration und bindegewebiger Entartung der Muskeln führen. Motilitätsstörungen der Tubenmuskeln zeigen sich nicht selten bei rheumatischen Affectionen, bei Diphtheritis, Tuberculose, Typhus, Anämie, zuweilen bei progressiver Muskelatrophie und bei allgemeinem Schwächezustande des Körpers; nach *Weber-Liel* wird die Parese manchmal durch eine angeborene geringe Entwicklung der Muskeln begünstigt.

Als Symptome dieser Erkrankungen geben sich, ausser den bei den Mittelohraffectionen später anzuführenden Erscheinungen seitens des Gehörorganes, noch ein ungenügender Gaumenrachenabschluss, sowie eine rasch eintretende Ermüdung im Halse beim Sprechen, beim Singen etc. zu erkennen. Betreffs der objectiven Symptome, welche sich bei den Paresen der Tubenmuskeln vorfinden, muss auf das bereits oben Mitgetheilte verwiesen werden.

Die Behandlung hat sowohl die Hebung des allgemeinen Körperzustandes und der vorhandenen Neurosen als auch die Kräftigung der Tubenmuskeln (s. S. 180) anzustreben.

b) Spasmen. Die Tubenrachenmuskeln können von klonischen und tonischen Krämpfen befallen werden. Der klonische Krampf der Tubenmuskeln, in erster Linie des M. tensor veli, gibt zu einem subjectiv und auch objectiv wahrnehmbaren, knackenden Geräusche Veranlassung, das vom Patienten gewöhnlich ins Ohr verlegt wird.

Dieses Knacken im Ohre wurde von *Joh. Müller* [2]) auf eine Contraction des Trommelfellspanners bezogen, indess schon *Hyrtl* [2]) annahm, dass die Mm. tensor und levator veli dieses Geräusch erzeugen könnten. Die Untersuchungen *Politzer's* [4]) und *Luschka's* [5]) haben es nunmehr ausser Zweifel gesetzt, dass die bei den Contractionen des Abductor tubae zu Stande kommende Abhebung der Tubarwandungen von einander als Ursache des knackenden Geräusches im Ohre betrachtet werden muss. *Boeck* [6]) constatirte an einem Patienten ein Knacken, das isochron den klonischen

---

[1]) *Weber-Liel*, Progr. Schwerh. Berlin, 1876; *Woakes*, Brit. med. assoc., Cork, 1879. s. A. f. Ohr. XVI, S. 221. — [2]) Phys. 1840, B. 2. S. 439. — [3]) Topogr. An. 1857. B. 1, S. 327. — [4]) Wien, Medicinalhalle 1862, S. 169. — [5]) Anat. 1862, S. 212. — [6]) A. f. Ohr. II, S. 202.

Bewegungen des Kehlkopfes und des weichen Gaumens auftrat und durch die Abhebung der vorderen von der hinteren Tubenlippe hervorgerufen wurde. — Knackende Geräusche, welche gleichzeitig mit der Hebung des weichen Gaumens eintraten, wurden wiederholt beobachtet. — In einem entsprechenden Falle vermochte ich bei einer Patientin durch Druck mit dem Finger auf den weichen Gaumen, das bis auf eine Entfernung von circa 50 Cm. deutlich hörbare Knacken auf einige Zeit vollständig zu sistiren. — Bei einem 12jährigen Mädchen aus meiner Clientel war ein klonischer Krampf des Tensor veli in Folge von Schreck aufgetreten; das knackende Geräusch schwand regelmässig während des Schlafes. In dem betreffenden Falle bestand also eine Chorea minor des Tensor veli. Interessanterweise hatte bei dem Mädchen einige Jahre vorher, ebenfalls anlässlich eines Schreckes, allgemeine Chorea minor bestanden.

Knackende Geräusche im Ohre können zuweilen auch willkürlich durch eine Anspannung der Gaumenrachenmuskeln, wie durch Schlingbewegungen, Seitenbewegungen des Kopfes, Gähnen, Kauen, sowie durch willkürliche Contractionen der Tubenmuskeln erzeugt werden.[1]) Bei einem tonischen Krampfe des Musc. tensor veli kann eine Eröffnung des Tubencanales eintreten, welche je nach der Dauer des Krampfes verschieden lange anhält und dabei die charakteristischen Symptome des offenstehenden Tubencanales aufweist (s. S. 167).

Behandlung. Die Spasmen der Tubenmuskeln weichen gewöhnlich einer elektrischen Localbehandlung.

Habermann[2]) berichtet von einem Fall aus *Zaufal's* Klinik, in welchem das Offenstehen des Tubencanales durch Faradisation geheilt wurde. — *Tuczek*[3]) vermochte ein bestehendes, objectiv vernehmbares Ohrengeräusch durch Druck auf die hintere Gehörgangswand vorübergehend zum Stillstand zu bringen. Nach 24stündiger Tamponade des Ohrcanales verschwand das Geräusch dauernd. — Betreffs des Falles der Sistirung von Respirationsbewegungen des Trommelfelles durch Reizung der Membran s. S. 168.

V. CAPITEL.
Die Paukenhöhle (Cavum tympani).
A) Anatomie und Physiologie.

I. a) Entwicklung der Paukenhöhle. Die Paukenhöhle zeigt sich schon in ihrer ersten Anlage als das flaschenförmig erweiterte Ende der Tubarröhre (s. S. 111). Wie die weitere Entwicklung ergibt, kommt diese primitive Paukenhöhle nur dem vorderen Theile des vollkommen ausgebildeten Cavum tympani zu, indess der grössere, nach rückwärts gelegene Abschnitt[4]) wahrscheinlich aus einer auf Resorption beruhenden Höhlenbildung in dem betreffenden Gewebe hervorgeht.[5]) In diesem von einander so abweichenden Entwicklungsvorgange des vorderen und hinteren Abschnittes der Paukenhöhle liegt vielleicht die Erklärung, dass nur im vorderen Theile des Cavum tympani Schleimdrüsen angetroffen werden, indess sich nach den bisherigen Untersuchungen die nach rückwärts gelegenen Partien als drüsenlos erweisen.

Die Paukenhöhle ist ursprünglich von einem embryonalen Bindegewebe[6]) ausgefüllt, welches die in ihr befindlichen Gehörknöchelchen vollständig einhüllt.[7]) Meinen[8])

---

[1]) *Brunner* beobachtete das Auftreten von tiefen flatternden Geräuschen im Ohre während einer Gemüthsaffection und bezieht dieselben auf Muskelcontractionen (Z. f. Ohr. X, S. 175); *Bremer* (M. f. Ohr. 1879, Nr. 10) berichtet von einem Falle, in welchem die Einführung eines Ohrkatheters ein auch sonst willkürlich erregbares Knacken im Ohre hervorrief. — [2]) A. f. Ohr. XVII, S. 32. — [3]) Berl. kl. W. 1881, Nr. 30, s. A. f. Ohr. XVIII, S. 183. — [4]) Der rückwärtige Theil der Paukenhöhle erscheint zuweilen bleibend nur rudimentär entwickelt, *Bechdalek* jun., Oest. Z. f. pr. Heilk. 1866, S. 618. — [5]) *Gruber*, M. f. Ohr. XII, Nr. 5. — [6]) *Tröltsch*, Würzb. Verh. 1859, IX; Anat. d. Ohr. S. 66. — [7]) *Kölliker*, Entw. 1861, S. 322. — [8]) Sitz. d. k. k. Ak. d. Wiss. Wien 1873, B. 67.

Untersuchungen zufolge liegen das Trommelfell und der untere Theil des Hammergriffes dem fötalen Gewebe einfach an und stehen mit diesem in keiner Bindegewebsverbindung. Das embryonale Polster schwindet gewöhnlich bei eintretender Athembewegung, innerhalb der ersten 12—24 Stunden nach der Geburt. Es kann jedoch, wovon ich mich wiederholt überzeugt habe, noch vor jeder Athembewegung vollständig resorbirt werden[1]) und erscheint dann meistens durch eine blutig-seröse Flüssigkeit ersetzt. Bei unvollständig erfolgter Resorption des embryonalen Gewebes bleiben in der Paukenhöhle fadenförmige oder membranöse Verbindungen zurück (s. unten).

b) Anatomie der Paukenhöhle. Die Paukenhöhle besitzt sechs Wandungen, nämlich: eine innere, äussere, obere, untere, vordere und hintere Wand. Die innere Wand (s. Fig. 57) zeigt oben einen Halbcanal, seltener einen Canal (Semicanalis sc. Canalis tensoris tympani), welcher mit einem löffelförmig vorspringenden Fortsatz, der zuweilen in einen kleinen Canal umgewandelt ist, endet.

Der Processus cochlearis liegt entweder einige Millimeter vor dem ovalen Fenster oder vertical über dem vorderen Ende desselben, oder endlich von diesem etwas weiter nach rückwärts.

Fig. 57.

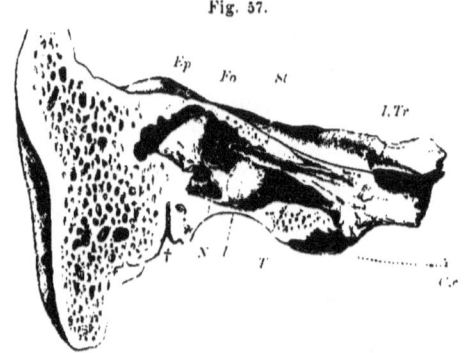

Rechte Seite. — *C.c* Carotischer Canal. — *Ep* Eminentia pyramidalis. — *Fo* Ovales Fenster. — *I.Tr.* Impressio Trigemini. — *N* Nische des runden Fensters. — *P* Promontorium, von einigen Gefäss- und Nervenfurchen durchzogen. — *St* Semicanlis pro musculo tensoris tympani. — *T* Knöcherne Tuba — † Der Canalis facialis (sc. Fallopiae) an seiner Austrittstelle aus dem Schläfenbeine (Foramen stylomastoideum) eröffnet.

Das Foramen vestibulare[2]) sc. ovale verläuft in einer Länge von durchschnittlich 3 Mm. und einer Breite von circa 1·5 Mm., bald mehr horizontal, bald schief von hinten und unten nach vorne und oben.

Das ovale Fenster nimmt den Grund einer Bucht, der sogenannten Pelvis ovalis ein. Deren Ränder fallen am unteren Ende häufig mehr weniger steil zum Foramen ovale ab, indess am oberen Ende des ovalen Fensters ein breiterer Saum besteht; zuweilen geht die Pelvis ovalis nach hinten ohne eigentliche Grenze in eine buchtförmige Vertiefung der hinteren Paukenwand über. Die Pelvis ovalis erweitert sich meistens nach aussen, kann jedoch manchmal selbst eine nach aussen gerichtete Verengerung aufweisen; in diesem letzteren Falle ist der Steigbügel erst nach Abtragung der Buchtränder vollständig zu überblicken. Die obere Wand der Bucht weist einen vorspringenden Längswulst auf, der dem Canalis Fallopiae angehört (Prominentia canalis Fallopiae) und das ovale Fenster zuweilen überdacht.

Der Canalis Fallopiae beginnt an der im Porus acusticus internus nach innen und vorne gelegenen Grube, durchzieht die Pyramide von innen nach aussen und

---

[1]) *Tröltsch.* Ohrenh. 6. Aufl., S. 171; *Zaufal.* Oest. J. f. Kinderh. 1870; *Brunner*, B. z. An. u. Hist. d. mittl. Ohr. Leipzig. 1870. — [2]) *Cuvier*, Vergl. Anat. übers. v. *Fischer*, 1802. B. 2, S. 526.

gelangt dabei an die innere Paukenwand; er biegt hierauf scharf nach hinten um, verläuft über dem Foramen ovale nach rückwärts, beschreibt entlang der hinteren Wand der Paukenhöhle einen Bogen nach abwärts und endet am Foramen stylo-mastoideum (s. Fig. 57 †). Der in der Paukenhöhle und dem Warzentheile gelegene Abschnitt des Fallopischen Canales ist bis zum vierten Fötalmonate ursprünglich ein Halbcanal[1]), der noch beim 6$^{1}/_{2}$monatlichen Fötus über dem Foramen ovale angetroffen wird[2]) und selbst bei reifen Früchten nicht geschlossen erscheint.[2]) Au Neugeborenen finde ich den Canalis Fallopiae regelmässig über dem Foramen ovale in verschiedener Ausdehnung noch offen. Ein ovaler Defect in der Knochenwandung des Canalis Fallopiae oberhalb des Fensters kann bleibend sein.[3]) Ein ähnlicher knöcherner Defect betrifft, wie ich bemerke, nicht selten den Uebergangstheil der ersten in die zweite Verlaufsrichtung des Fallopischen Canales.

Nach hinten und oben vom Foramen ovale tritt der horizontale Bogengang mit stärkerer Wölbung in die Paukenhöhle hinein.

Vom ovalen Fenster nach hinten und unten befindet sich das Foramen cochleare[4]) (sc. Foramen rotundum = triquetrum), welches eine Membran (Membrana rotunda sc. tympani secundaria) verschliesst. Das runde Fenster ist in einer Vertiefung (Nische des runden Fensters) gelegen.

Das runde Fenster besitzt eine mannigfach verschiedene Form, bald erscheint es annähernd kreisrund, bald rundlich oder dreieckig, wobei die Spitze des Dreiecks nach oben gerichtet ist, bald ist es spitzwinkelig, oval, halbbogenförmig gewölbt etc. Die Breite schwankte in 20 von mir untersuchten Fällen zwischen 1·2 und 3·0 Mm., die Höhe zwischen 1·5 und 3·2 Mm.; das obere Ende war von dem vorderen Ende des ovalen Fensters 1·5—4·0 Mm., von dem hinteren Ende desselben 1·5—3·0 Mm. entfernt.

Zwischen dem Foramen ovale und rotundum erscheint an der inneren Paukenwand, durch die in die Paukenhöhle vorspringende erste Schneckenwindung eine starke Hervorwölbung, das Promontorium, das dem Umbo des Trommelfelles bis auf circa 2 Mm. genähert ist.

Ueber das Promontorium ziehen mehrere Furchen, Halbcanäle oder Canäle, die für die Aufnahme einzelner, dem Plexus tympanicus angehöriger Nervenäste bestimmt sind.

Eine besondere Ausbildung des hinteren Abschnittes vom Promontorium führt zu einer theilweisen Ueberdachung des Foramen cochleare, sowie andererseits bei einer Entwicklung des Vorgebirges in seinem vorderen Theile das Schneckenfenster freier und mehr gegen das Trommelfell hin gerichtet erscheint.[5])

Die äussere Wand wird vom Trommelfelle und einem um die Membran verlaufenden Knochensaum von individuell verschiedener Breite gebildet (s. Fig. 52, S. 123). Die obere Wand (Tegmen tympani) besteht aus einer nach innen gelegenen Knochenlamelle, dem Os tympanicum, an das von aussen der horizontale Theil der Schuppe herantritt. Die Verbindungsstelle dieser beiden Knochenlamellen ist als Fissura petrosquamosa im Kindesalter noch deutlich nachweisbar und verstreicht in der Regel erst im weiteren Lebensalter, u. z. von vorne nach hinten.[6])

Das Dach der Paukenhöhle ist sehr oft transparent dünn, in welchem Falle die Paukenhöhle nur durch ein zartes Knochenblättchen von der mittleren Schädelgrube getrennt wird. Zuweilen jedoch erscheint das Tegmen tympani von bedeutender Mächtigkeit und lässt deutlich zwei über einander gelagerte Knochenlamellen erkennen, zwischen denen Knochenräume eingelagert sind.

Die untere Wand besteht aus einem schmalen Blatte der unteren Felsenbeinfläche von individuell sehr verschiedener Gestalt und Mächtigkeit. So kann der Boden der Paukenhöhle mehr plan nach oben concav oder wieder convex sein.

Häufig nimmt die in ihrer Grösse sehr wechselnde Fossa jugularis, welche sich unter dem Boden der Paukenhöhle befindet, einen Einfluss auf die Gestalt des

---

[1]) *Ludw. Joseph*, Z. f. rat. Med. S. 28; *Frolik*, s. A. f. Ohr. XII, S. 168; *Rüdinger*, Beitr. z. An. d. Geh. München 1876, S. 4.   [2]) *Meckel*, A. f. Phys. 1820, B. 6, S. 428.
[3]) *Itard*, Mal. de l'or. 1821, I, p. 71; *Toynbee*, Ohrenh. S. 237.   [4]) *Cuvier*, l. c.
[5]) *Bichat*, s. *Lincke*, Ohrenh. I, S. 238.   [6]) *Wagenhäuser*, A. f. Ohr. XIX, S. 113.

Fundus tympani, und zwar wird dieser bei mächtig entwickelter Fossa jugularis zuweilen beträchtlich nach aufwärts gewölbt. In diesen letzteren Fällen erscheint die Paukenhöhle nur durch eine dünne Knochenlamelle von der Fossa jugularis getrennt; an anderen Präparaten dagegen wird der Boden entweder von einer mächtigen, compacten Knochenplatte gebildet oder aber es zeigen sich, gleichwie beim Tegmen tympani, zwei durch Zellenräume von einander getrennte Knochenlamellen. Dabei erscheint die Kuppel einer mässig entwickelten Fossa jugularis nicht immer am Fundus tympani ausgeprägt, sondern das Dach der Jugulargrube und der Boden des Cavum tympani können ihre convexen Flächen einander zukehren und dadurch an einer Stelle den interlamellären Zellenraum bedeutend verengen oder ganz aufheben; dieser letztere erhält alsdann eine ⋊ förmige Gestalt.

An Irren und Selbstmördern beobachtete *Kusloff*[1]) in Folge starker Entwicklung des Felsenbeines ein sehr kleines Foramen lacerum mit Verengerung der Vena jugularis und ausserordentlich kleinem Bulbus, beziehungsweise kleiner Fossa jugularis.

In vielen Fällen wird der Boden der Paukenhöhle von Knochenspangen durchsetzt, die sich durchkreuzen und verschieden grosse Zellen bilden. Nach *Hyrtl*[2]) besitzen solche zellige Räume bei Wiederkäuern eine besonders mächtige Entwicklung.

Die vordere Wand zeigt nach oben den Canalis musculotubarius, der durch ein Knochenblättchen in eine obere für den Musc. tymp. und in eine untere der Ohrtrompete zukommende Abtheilung geschieden wird. Ein kleiner Theil der vorderen Paukenwand wird durch die hintere Wand des Canalis caroticus gebildet. Die hintere Wand der Paukenhöhle besitzt nach oben eine Oeffnung, den Eingang in die Zellen des Warzenfortsatzes (Aditus ad cellulas mastoideas), der zuweilen, wie schon *Morgagni*[3]) erwähnt, durch eine feine Membran vom Cavum tympani abgeschlossen wird; in der Umgebung des Warzeneinganges besteht mitunter ein zelliger Bau der Knochenwandung. Nach unten und innen befindet sich ein kleiner pyramidenförmiger Fortsatz (Eminentia pyramidalis), der nach vorne und aussen in die Paukenhöhle hineinragt.

Die Eminentia pyramidalis, die an ihrer Spitze eine kleine, zum Austritte der Sehne des Musc. stapedius bestimmte, kreisrunde Oeffnung besitzt, ist individuell sehr verschieden stark ausgeprägt und manchmal kaum angedeutet, wie dies *Hyrtl*[4]) bei gewissen Affenarten als regelmässige Bildung vorgefunden hat. Der Pyramidenfortsatz ist, meinen Beobachtungen zufolge, ein Lieblingssitz von Knochenstacheln, die sowohl nach aussen, als nach innen, zuweilen in Gestalt von flügelförmigen Fortsätzen nach beiden Seiten ausgehen und mit anderen, ihnen entgegenwachsenden Stacheln kleine Knochenbrücken bilden. Von der Eminentia pyramidalis zum runden Fenster ziehende Knochenbrücken beschreibt *Cassebohm*[5]), zum ovalen Fenster *Huschke*[6]), zum Promontorium *Itard*.[7])

Die Eminentia pyramidalis steht mit zwei grubenförmigen Vertiefungen in Verbindung, von denen die eine, nach vorne und innen gelagert, sich manchmal weiter nach rückwärts hinter den Pyramidenfortsatz erstreckt (Sinus tympani), indess sich die andere Grube nach oben und innen befindet und entweder unmittelbar in die Pelvis ovalis übergeht oder von ihr durch eine Knochenlamelle getrennt wird. Von dieser an der Eminentia pyramidalis gelagerten Grube führen zuweilen, wie ich bemerkte, kleine Lücken in die Zellen des Warzenfortsatzes. Bei mächtiger Entwicklung dieser soeben angeführten beiden Grübchen findet sich an der hinteren Paukenwand eine bedeutende, nischenförmige Vertiefung vor, die nach aussen von dem abwärts steigenden Theile des *Falloppi*'schen Canales verdeckt wird.

Grösse. Der Längendurchmesser des Cavum tympani beträgt nach *Tröltsch*[8]) vom Ostium tympanicum bis zu den Zellen des Warzenfortsatzes circa 13 Mm., die grösste Höhe 15 Mm., am Ostium tympanicum 5—8 Mm; die geringste Entfernung des Trommelfelles von der inneren Wand, und zwar vom Promontorium, ergibt 2 Mm.; an der Tubenmündung ist die Paukenhöhle 3—4½ Mm. breit.

---

[1]) Z. f. d. ges. Med. 1844. B. 25. S. 4. — [2]) Unters. üb. d. Gehörorg. 1845. S. 18. — [3]) S. *Itard*, II. p. 219. — [4]) L. c. S. 7. — [5]) Tract. quat. anat. de aur. hum. 1734. p. 40. — [6]) Anat. B. 5. S. 906. — [7]) Mal. de l'or. 1821, I, p. 49. — [8]) Anat. S. 60.

c) **Entwicklung der Gehörknöchelchen.** Nach der ursprünglichen Ansicht von *Rathke*[1]) und *Valentin*[2]) gehen der Hammer und Amboss aus einer kleinen, warzenförmigen Pyramide hervor, die sich nach unten und hinten von jener pyramidenförmigen Wucherung der Labyrinthwand, respective der Hirnschale, befindet, aus welcher sich der Steigbügel entwickelt. Später leitete *Reichert*[3]) die Bildung der Gehörknöchelchen aus dem ersten und zweiten Kiemenbogen ab, welcher Lehre zufolge sich die einzelnen Gehörknöchelchen unabhängig von einander bilden und erst später in gegenseitige Verbindung treten. Nach den neuen Untersuchungen von *Parker*[4]) und *J. Gruber*[5]) entwickelt sich der Steigbügel, der älteren Anschauung entsprechend, aus der Gehörkapsel und differencirt sich erst später von dieser, womit gleichzeitig die Bildung des Foramen ovale gegeben ist. Meinen[6]) Untersuchungen entnehme ich ferner, dass der Hammer und Amboss im Sinne der ursprünglichen Ansicht *Rathke's* und *Valentin's* einer gemeinschaftlichen Bildungsmasse entstammen, die sich erst später in zwei mit einander gelenkig verbundene Theile, nämlich in den Hammer und Amboss, spaltet. Diese Trennung vollzieht sich in einem verhältnissmässig späten Entwicklungsstadium, in welchem die äusseren Contouren des Hammers und Amboses bereits deutlich erkennbar sind (2—3monatlicher menschlicher Fötus). Nachträglichen Mittheilungen *Gruber's*[7]) zufolge soll sich zuerst das Stapes-Ambossgelenk und später erst das Amboss-Hammergelenk bilden.

Die **Verknöcherung** der Gehörknöchelchen beginnt mit dem vierten[8]) Fötalmonate und tritt am Steigbügel zuletzt auf. Die Verknöcherung ist an letzterem zuerst fast vollständig durchgeführt (mit Ausnahme der Fussplatte), indess im Innern des Hammers und Ambosses noch zur Zeit der Geburt Knorpelzellen vorkommen, die nach *Prussak*[9]) zuweilen auch an Erwachsenen vorgefunden werden. Der Hammer besitzt ausserdem an seinem kurzen Fortsatze und Handgriffe ein ziemlich mächtiges Knorpellager (s. S. 112). Bemerkenswerth ist noch der vollständige Abschluss des Wachsthums der Gehörknöchelchen zur Zeit der Geburt.[10])

d) **Anatomie der Gehörknöchelchen.** **Die Paukenhöhle besitzt drei Gehörknöchelchen, den Hammer, Amboss und Steigbügel, von denen der Hammer mit dem Trommelfelle, der Steigbügel mit dem Labyrinthe in Verbindung stehen, indess der Amboss die Verbindung des Hammers mit dem Steigbügel vermittelt.**

Die Gehörknöchelchen sind, wie ich eigenen Untersuchungen an 50 Paukenhöhlen entnehme[10]), von individuell sehr verschiedener Gestalt und Grösse: Der **Hammer** (Malleus), der eine Länge von 7·0—9·2 Mm. aufweist, besitzt ein gegen das Paukendach gerichtetes keulförmiges Ende, den **Kopf** (Caput mallei), der sich nach abwärts zum **Hals** (Collum) verjüngt. Vom Hammerhalse geht der kurze **Fortsatz** (Processus brevis) aus, dessen Grösse zwischen 1·2—2·6 Mm. schwankt. Der Processus brevis ist nach oben gewendet und dabei nach vorne verschieden stark convex; sein mit dem Trommelfelle verbundenes Ende ist entweder spitz, stumpf oder kraterförmig. Vom kurzen Fortsatze nach abwärts erstreckt sich der **Handgriff** (Manubrium) in einer Länge von 4·2—5·6 Mm.; er ist gewöhnlich nach vorne concav, seltener convex; zuweilen biegt das untere Ende scharf nach vorne um. Der Hammergriff besitzt zwei Kanten und zwei Flächen, von denen die äussere Kante in Verbindung mit dem Trommelfelle steht, indess die innere Kante gegen die Labyrinthwand gekehrt ist. Die vordere Fläche sieht gegen die vordere, die hintere Fläche gegen die hintere Paukenwand. Die äussere Kante verlauft entweder vollständig gerade oder wellenförmig. Das untere Ende zeigt sich häufig verbreitert, indem die vordere Fläche eine kleine Spiraldrehung nach aussen eingeht; in anderen Fällen findet keine solche Spiraldrehung statt und das freie Griffende lauft entweder spitz oder mit einer kleinen scheibenförmigen Verbreiterung aus. Das untere Ende des Hammergriffes ist von der unteren Peripherie des Trommelfelles 2·6—4·2 Mm. entfernt. Von der vorderen Fläche des Hammergriffes, nach innen vom Processus brevis, begibt sich der sogenannte **lange Fortsatz** (Processus Folianus) nach vorne; sein vorderes Ende steckt noch bei Neugeborenen in der Fissura Glaseri; bei Erwachsenen ist der Proc. long. gewöhnlich als ein kleiner Knochenfortsatz angedeutet, weist jedoch mitunter eine Länge bis 5·8 Mm.

---

[1]) Kiemenapp. u. Zungenb. 1832. S. 122.   [2]) Entw. 1835. S. 213.   [3]) *Mü. v. Arch.* 1837. S. 179.   [4]) *S. Canst. J.* 1873. B. I. S. 99.   ) M. f. Ohr. 1877. XI. Nr. 12. —   [6]) Mitth. a. d. embr. Inst. Wien 1878. S. 230. -   [7]) M. f. Ohr. XII. Nr. 5. —   [8]) *Meckl*. A. f. Phys. 1820, B. 6. 420.   [9]) A. f. Ohr. III. S. 268.   [10]) A. f. Ohr. XI, S. 1.

auf. Am Kopfe des Hammers befindet sich die Articulationsfläche für den Amboss, die von der hinteren Fläche nach abwärts zu der inneren Fläche des Hammerkopfes verläuft und in diese noch hineinreicht.

Der Amboss (Incus), welcher die Gestalt eines Mahlzahnes besitzt, wird in den Körper, den horizontalen oder kurzen und den verticalen oder langen Schenkel eingetheilt. Der Körper besitzt an seiner vorderen und oberen Fläche zwei beinahe rechtwinkelig aneinander stossende Gelenks-Bächen, die zur Aufnahme des Hammerkopfes bestimmt sind. Nach hinten und unten ist der Körper kreisförmig ausgeschnitten und lauft einerseits nach hinten in den kurzen, andererseits nach unten in den langen Fortsatz über. Der kurze Fortsatz ist mit seinem unteren Rande ziemlich horizontal nach rückwärts gerichtet; indess der obere Rand vom Körper des Ambosses schief nach hinten und unten zieht. Das hintere Ende des kurzen Fortsatzes läuft spitz, stumpf oder mit einer plötzlichen Verdickung aus. An seiner inneren, dem Knochen anliegenden Endfläche findet sich eine Rinne, ein flaches Grübchen oder eine Rauhigkeit vor. Der verticale Schenkel ist selten vollständig vertical, sondern meistens, besonders an seinem unteren Drittel, nach vorne und innen concav; ähnlich dem Hammergriffe findet auch an der vorderen Fläche des langen Schenkels eine schwache Drehung nach aussen statt. Vom verticalen Ambossschenkel geht ein kleiner Knochenfortsatz fast rechtwinkelig nach innen und oben aus. Die Abgangsstelle dieses Fortsatzes liegt gewöhnlich am unteren Ende des Ambossschenkels, zuweilen etwas oberhalb diesem; manchmal liegt der verticale Schenkel in toto nach innen um. Den Stiel dieses Fortsatzes finde ich bald sehr kurz und dünn, bald breiter (0·6 Mm.), mit einer oberen und unteren Fläche, die eine ungleiche Länge besitzen und dadurch dem ihnen aufsitzenden rundlichen Linsenbeine[1]) (Os lenticulare sc. ossiculum Sylvii) eine schiefe Lage verleihen.

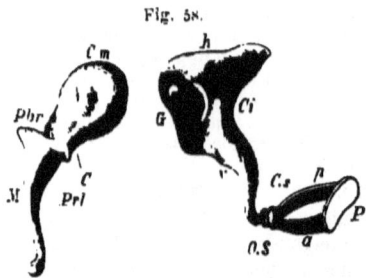

Fig. 58.

Hammer, Amboss in Verbindung mit dem Steigbügel (rechte Seite). — Hammer: C Hals, C. m Kopf, M Handgriff, Phr kurzer Fortsatz, Prl langer Fortsatz (rudimentär). — Amboss: C Körper, G Gelenksfläche für den Hammerkopf, h horizontaler Schenkel, O. S Ossiculum Sylvii (Os lenticulare), v verticaler Schenkel. — Steigbügel: a vorderer Schenkel, C. s Kopf, p hinterer Schenkel, P Platte.

Mit dem Linsenbeine ist der Steigbügel (Stapes) verbunden, dessen pfannenförmig vertiefter Kopf dem Ossiculum Sylvii articulirt. Der Steigbügel ist dem verticalen Ambossschenkel schwach spitzwinkelig gestellt, und zwar ist der Winkel nach oben, aussen und vorne gerichtet. Der Steigbügel besteht aus dem Kopfe (Caput), dem Halse (Collum), ferner zwei Schenkeln, von denen der eine nach vorne (Crus anterius), der andere nach hinten (Crus posterius) gerichtet ist; beide Schenkel inseriren der Steigbügelplatte (Basis stapedis). Der Kopf des Steigbügels ist entweder gerade oder nach vorne, seltener nach hinten geneigt; er kann manchmal ohne Hals dem Vereinigungsbogen beider Schenkel direct aufsitzen; anstatt eines eigentlichen Halses findet sich mitunter eine breitere Knochenlamelle vor. Der Hals ist in Innern hohl oder solid und von individuell verschiedener Länge. Der hintere Schenkel ist in der Regel stärker gekrümmt als der vordere, der selbst vollständig gestreckt verlaufen kann. Die Insertion beider Schenkel an die Stapesplatte befindet sich nahe deren unterem Rande, und zwar häufig in einiger Entfernung von den seitlichen Rändern. In manchen Fällen sind beide Schenkel an ihren oberen Rändern durch eine Crista mit einander verbunden, welche über die äussere Fläche der Steigbügelplatte verlauft und diese in eine kleinere obere und in eine grössere untere Abtheilung scheidet. Nach aussen gegen das Capitulum erfolgt eine bogenförmige Vereinigung beider Schenkel, welche gewöhnlich an der oberen Seite in der Form eines Spitzbogens, an der unteren in der eines Rundbogens erscheint. Zwischen dem Bogen ist nicht selten eine dünne Membran

---

[1]) Das Os lenticulare ist, wie bereits *Blumenbach* (s. *Lincke*, I. S. 127) angibt, kein selbstständiger Knochen; s. auch *Shrapnell*, Lond. med. Gaz. 1833, June, ref. in *Fror.* Not. B. 38, Sp. 17.

gespannt (Membr. obturatoria stapedis), welche die Oeffnung des Steigbügels vollständig verschliesst. Die Platte des Steigbügels ist 2·6—3·5 Mm. lang und 1·2—2·5 Mm. breit. Der untere Rand der Platte ist leicht concav oder beinahe gerade, der obere Rand dagegen stark convex, zumal in der vorderen Hälfte der Platte, gegen deren vorderes Ende der Bogen steil abfällt. Das hintere Plattenende ist gewöhnlich stumpf, das vordere regelmässig spitz. Die Platte ist gegen den Vorhof in der Regel schwach convex, nach aussen gegen die Paukenhöhle napfförmig vertieft und mit eingerollten Rändern versehen.

Verbindung der Gehörknöchelchen. Die Gehörknöchelchen gehen sowohl unter einander, als auch mit den einzelnen Theilen der Paukenhöhle Verbindungen ein. In gegenseitiger Gelenksverbindung stehen der Hammer und Amboss, sowie der Amboss und Steigbügel; die Gelenksflächen derselben haben bereits oben Erwähnung gefunden.

Die Gelenksflächen werden von einem dünnen Lager hyalinen Knorpels überzogen und besitzen ein Kapselband. In die Gelenkshöhle des Hammers und Ambosses begibt sich nach *Pappenheim*[1]) eine Duplicatur einer Falte hinein; nach *Rüdinger*[2]) bildet eine Faserknorpelmasse regelmässig einen Meniscus im Hammer-Ambossgelenke; auch das Amboss-Steigbügelgelenk weist nach *Rüdinger* einen Meniscus auf.

Der Hammer steht, abgesehen von seiner Beziehung zum Trommelfelle, noch mit der äusseren, vorderen und oberen Wand der Paukenhöhle in Verbindung. Vom Kopfe des Hammers zieht eine Reihe fast horizontal verlaufender Fasern als Ligamentum transversum mallei [3], sc. Ligamentum mallei externum zur äusseren Wand, oberhalb des Trommelfelles. Die hintersten Faserzüge dieses Ligamentes werden von *Helmholtz*[4]) als Ligam. mallei posticum bezeichnet; nach vorne verlängert gedacht, treffen sie das Ligamentum mallei anterius und bilden mit diesem das „Axenband des Hammers".[4]) Das Ligamentum mallei anterius entspringt am Hammerhalse und erreicht im Vereine mit dem Processus longus nach vorne die Fissura Glaseri.

Das Lig. mall. ant. ist als ein Residuum jenes Knorpelstreifens anzusehen, welcher unter dem Namen *Meckel*'scher Fortsatz bekannt, ursprünglich den Hammer mit dem Unterkiefer verbindet. Nach *Verga*[5]) gehen aus dem *Meckel*'schen Fortsatze einerseits das Lig. mall. ant., andererseits das Lig. laterale internum des Unterkiefers hervor. Eine Umwandlung des Processus longus in das Ligamentum mall. ant. findet nicht statt; man kann sich davon leicht an Embryonen der letzten Entwicklungsperiode überzeugen, bei denen der Proc. long. und der *Meckel*'sche Fortsatz gleichzeitig angetroffen werden; so besteht auch bei Erwachsenen der zuweilen persistente Proc. longus keineswegs auf Kosten des Ligamentum anterius.

Vom Tegmen tympani zieht eine Membran zum oberen Ende des Hammerkopfes als Lig. mall. superius. Bei der individuell verschiedenen Entfernung des Hammers vom Paukendache ist auch die Länge des Bandes eine sehr wechselnde, ja bei directer Anlagerung des Caput mallei an das Tegmen tympani kann die Membran selbst vollständig fehlen.

Der Körper des Ambosses verbindet sich mit der oberen Wand der Paukenhöhle durch das Lig. incudis superius. Gleich dem Lig. mallei sup. weist auch das Lig. incud. sup. bezüglich seiner Länge und Grösse mannigfache Verschiedenheiten auf. Der horizontale Ambossschenkel ist an die hintere Wand der Paukenhöhle entweder vermittelst straffer Fasern (Lig. incudis posterius) befestigt oder er steht mit dieser in einer gelenksähnlichen Verbindung. In dem letzteren Falle liegt der horizontale Schenkel in einer grubigen Vertiefung der Paukenhöhlenwand.

An der Verbindungsstelle wurde von *Rüdinger* ein hyalines Knorpellager vorgefunden, das sich gegen die Spitze des Schenkels begibt.

---

[1]) Gewebel. d. Geh. 1840, S. 35.   [2]) M. f. Ohr. III. Nr. 4, V, Nr. 10; Beitr. z. Hist. d. Geh. 1870, S. 23; s. auch Körner, M. f. Ohr. XII, Nr. 10. — [3]) Besta jun., Oest. Z. f. pr. Heilk. 1866, Sp. 616.   [4]) Arch. f. Phys. I. S. 21 u. 22. —)[5] A. f. Ohr. IV. S. 230.

Bezüglich der Verbindung des Steigbügels mit dem Foramen ovale muss noch bemerkt werden, dass die verknorpelten Ränder der Platte und des ovalen Fensters[1]) durch ein Ligament miteinander verbunden werden (Ligamentum annulare), das nach den Untersuchungen von *Eysell*[2]) und *Buck*[3]) aus radiär verlaufenden, elastischen Fasern besteht, deren Breite vom hinteren Pol gegen den vorderen Pol allmälig zunimmt. [2])

e) **Die Muskeln der Paukenhöhle.** 1. Der Trommelfellspanner. Musc. tensor tympani, entspringt an der vorderen Mündung des Canalis

Fig. 59.

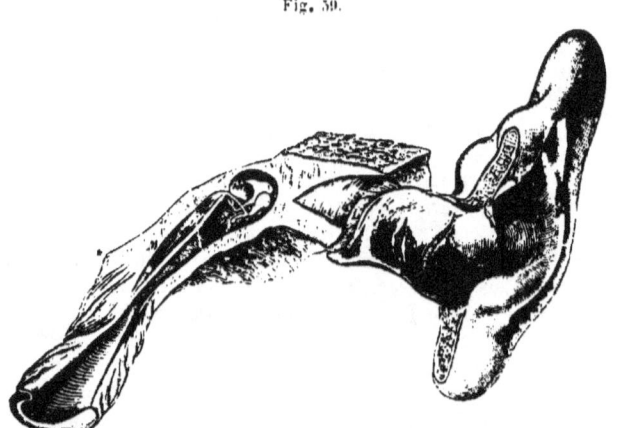

M Musculus tensor tympani, in der Gegend des Isthmus tubae entspringend; die Sehne des Muskels verläuft von dem Processus cochlearis an der inneren Wand der Paukenhöhle, quer durch diese und inserirt der inneren Kante und der vorderen Fläche des Hammergriffes. Linke Seite.

caroticus, am Dache des Tubenknorpels und am angrenzenden Rande des Temporalflügels des Os sphenoidale. Der Muskel steht, wie *Tröltsch*[4]) zuerst angab, in Verbindung mit dem Musc. tensor veli, und zwar geht entweder ein sehniger Zug vom M. tens. tymp. zur mittleren Portion des Tensor veli[5]) oder die Verbindung ist eine musculöse.

In einem von mir[6]) beobachteten Falle ging der ganze M. tens. tymp. in eine spindelförmige Sehne über, welche sich in toto im Zusammenhang mit dem mittleren Muskelbauche des Tens. veli zeigte. An manchen Präparaten konnte ich dagegen weder eine fibröse, noch eine musculöse Verbindung dieser beiden Muskeln auffinden.

Der M. tensor tympani überschreitet in seinem Verlaufe zu dem ihn aufnehmenden Canale (s. Fig. 57, S. 188), ein feines Knochenblättchen, das Septum tubae, das die knöcherne Ohrtrompete von dem Semicau. tens. tymp. trennt und begibt sich, in dem letzteren eingebettet, zum Proc. cochlearis, woselbst ein Theil der Muskelbündel dem Proc. cochl. inserirt[7]),

---

[1]) *Magnus, Virch.* Arch. 1861, B. 20, S. 125; *Eysell*, A. f. Ohr. V, S. 238. — [2]) *Eysell*, l. c. S. 241 u. 242. — [3]) A. f. Aug. u. Ohr. I, 2. S. 132. — [4]) Anat. S. 91. — [5]) *Rüdinger*, Tub. Eust. 1865, S. 10; *L. Mayer*, Can. Eust. 1866, S. 51; *Kebsamen*, M. f. Ohr. II, Sp. 42. — [6]) Med. Jahrb. Wien 1875. — [7]) *Magnus, Virch.* Arch. 1861, B. 20. Nach *Zuckerkandl* (A. f. Ohr. XX. S. 104 u. f.) inserirt die mittlere Muskelportion dem Proc. cochl. Den von letzterem Autor angestellten vergleichend-anatomischen Untersuchungen zufolge entspricht dieses Muskelbündel einem an Thieren vorkommenden Fettgewebe, als dem Reste eines ausser Thätigkeit gesetzten, ursprünglich zum Kieferskelette gehörigen Muskels.

indess der übrige Muskelbauch in eine bald cylindrische, bald breitere Sehne übergeht. Die Sehne biegt am Proc. cochlearis plötzlich gegen den Hammergriff nach aussen um und wird dabei entweder allseitig von Knochenwandungen oder nach aussen von einem fibrösen Gewebe umgeben. Je nach der topographisch wechselnden Lage des Proc. cochlearis zieht die Sehne des Tensor tympani entweder direct von innen nach aussen oder in einer schiefen Richtung zum Hammergriffe. Am Manubrium mallei inserirt die Sehne gewöhnlich in einer Breite von 0·7—1·0 Mm.

Zuweilen begibt sich von der Sehne ein kleines Sehnenbündel nach vorne oben zur vorderen Paukentasche.[1]) Die um die Sehne befindliche Scheide kann mit dem Ligam. anterius oder dem Proc. longus in Verbindung stehen. Bezüglich der Ansatzstelle am Hammergriffe fand ich[2]) bei Vergleichung von 60 Präparaten wesentliche Verschiedenheiten: Die Sehne inserirte in 19 Fällen der vorderen Fläche des Hammergriffes, unmittelbar vor der inneren Kante; in 20 Fällen der nach oben sich verbreiternden inneren Kante[3]) und der vorderen Fläche.[4]) In zwei Fällen begab sich die Sehne zur inneren Kante und zur hinteren Fläche[3]), an anderen zwei Präparaten zur hinteren Fläche allein. In 10 Fällen umgriff die Sehne die innere Kante und inserirte mit einem Theile der Fasern der vorderen Fläche und mit einem anderen Theile der hinteren Fläche des Hammergriffes. Die Insertion der Sehne erfolgt meistens in einer zur Längenaxe des Hammers schiefen Richtung, wobei der untere Theil der Sehne nach hinten, der obere Theil nach vorne zur vorderen Fläche verläuft. In einzelnen Fällen erscheint die Sehne in zwei übereinander gelagerte Bündel gespalten.[5])

2. Der **Steigbügelmuskel** (Musc. stapedius), füllt mit seinem Muskelbauche die Höhle der Eminentia pyramidalis aus.

Der Muskel liegt ursprünglich an der inneren Seite des Nerv. facialis[6]) und rückt erst in seinem späteren Entwicklungsstadium an dessen vordere Seite. Anfänglich in directem Zusammenhange mit dem Facialis, wird der M. stapedius erst später durch eine dünne Knochenscheidewand von dem Nerven getrennt, in der noch beim Erwachsenen längliche Communicationsspalten angetroffen werden.[7]) Mitunter ist dem Muskelbauche ein linsenförmiges Knöchelchen eingelagert.[8])

Fig. 60.

Steigbügel mit dem Steigbügelmuskel; dieser letztere, durch Eröffnung der Eminentia pyramidalis blossgelegt, erscheint dem N. facialis angelagert (Rechte Seite).

An der Spitze der Eminentia pyramidalis vereinigen sich die Muskelbündel zu einer dünnen Sehne, welche durch die Lücke des Pyramidenfortsatzes in die Paukenhöhle eintritt und zum Steigbügel verläuft. Die Insertion der Sehne findet meistens am hinteren Rande der Gelenkspfanne des Steigbügelkopfes statt, nicht selten jedoch 0·5—1·0 Mm. von ihm entfernt am Stapeshalse.

Das von *Rüdinger*[9]) beobachtete Uebertreten einzelner Sehnenfasern des M. stapedius auf den Gelenkskopf des Ossiculum Sylvii findet meinen Untersuchungen zufolge keineswegs regelmässig statt, vor Allem nicht in den Fällen von tiefer Insertion der Sehne am Steigbügelhalse.

f) **Die Auskleidung der Paukenhöhle.** Die Paukenhöhle ist von einer dünnen Schleimhaut bekleidet, die ein flimmerndes [10]) Pflasterepithel trägt.

---

[1]) *Tröltsch*, Anat. S. 16.   [2]) A. f. Ohr. XI. S. 3.   [3]) *Politzer*, A. f. Ohr. IV. S. 21.   [4]) *Gruber*, Stud. üb. d. Trommelf. etc. Wien 1867.   [5]) *Casserius* und *Veslingius*, s. *Cassebohm*, Tract. qu. de aur. hum. 1734. p. 64; *Nuhn*, s. *Canst.* J. 1841. B. I. Otol. Ber. S. 22. — [6]) *Kölliker*, Embr. 2. Aufl. S. — [7]) *L. Joseph* Z. f. rat. Med. B. 28. s. A. f. Ohr. III. S. 318; *Politzer*, A. f. Ohr. IX. S. 158. — [8]) *Magendie* Journ. de phys. expér. 1821, p. 346; *Berthold*, A. f. Phys. 1838, S. 16.   [9]) A. f. Ohr. V. Sp. 115. — [10]) An einem Enthaupteten fanden sich Flimmerbewegungen am Promontorium, Boden und Dach der Paukenhöhle, sowie neben dem Trommelfell vor (Verh. d. med.-phys. Ges. z. Würzb. 1854).

Drüsen wurden von *Tröltsch*[1]) im vorderen Theile der Paukenhöhle, in der Nähe des Ostium tympanicum tubae, vorgefunden (s. S. 187). Ein von der Mucosa trennbares Periost findet sich nicht vor, daher auch der Schleimhaut die Bedeutung eines Periostes zukommt. Das Verhältniss der Mucosa zum Trommelfelle wurde bereits S. 114 erwähnt. Eine vom Hammer nach vorne zur Fissura Glaseri ziehende Schleimhautduplicatur bekleidet die in derselben Richtung verlaufenden Gebilde (Proc. long. mallei, Lig. mall. ant., Art. tymp. inf. und Chorda tymp.). Diese Schleimhautfalte bildet mit dem Trommelfelle einen nach unten offenen Raum, der als „vordere Tasche des Trommelfelles"[2]) bezeichnet wird. Nach rückwärts vom Hammer befindet sich eine Membran, welche von der hinteren und oberen Umrandung des Trommelfelles mit einer nach unten gerichteten Concavität ausgeht und sich nach vorne und unten an den Hammergriff ansetzt. Diese Membran, welche eine Höhe von circa 3—4 Mm. und eine Breite von circa 4 Mm. aufweist [2]), bildet gleich der vorderen Tasche mit dem Trommelfelle einen nach unten offenen Raum, der als „hintere Tasche des Trommelfelles", beziehungsweise der Paukenhöhle bezeichnet wird (s. Fig. 61).

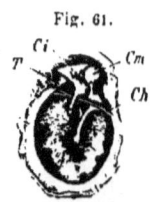

Fig. 61.

Ansicht des inneren Blattes der hinteren Paukentasche. — *Ch* Chorda tympani. — *Ci* Amboss-Körper. — *Cm* Hammerkopf. — *T* Inneres Blatt der hinteren Tasche.

Von früheren Anatomen wurde auch diese Tasche für eine einfache Duplicatur der Schleimhaut angesehen, indess das innere Taschenblatt nach den Untersuchungen von *Tröltsch*[2]) Fasern der Substantia propria des Trommelfelles enthält und deshalb als dessen Nebenblatt angesehen werden kann. Die praktische Wichtigkeit, die dem Durchschimmern dieses Taschenblattes durch das Trommelfell zukömmt, wurde bereits oben bei Besprechung der Trommelfelltrübungen hervorgehoben (s. S. 123). Ausser der vorderen und hinteren Tasche besteht noch eine von *Prussak*[3]) beschriebene „obere Tasche", welche nach aussen von der Membrana Shrapnelli, nach innen vom Hammerhalse gebildet wird, und deren Eingang nach hinten, oberhalb der hinteren Tasche gelegen ist.

Die Gefässe der Paukenhöhle sind sehr zahlreich und stehen mit den benachbarten Gefässbezirken in innigem Zusammenhange. Ausser den schon früher erwähnten Anastomosen, welche die Gefässe der Paukenhöhle mit denen des äusseren Gehörganges eingehen (s. S. 115), finden sich noch solche zwischen den Gehirnhäuten und der unteren Fläche des Tegmen tympani vor; ferner tritt die Paukenhöhle mit dem Labyrinthe in Gefässbeziehungen, und zwar sowohl durch das runde [4]) und ovale [5]) Fenster als auch durch die Knochenwandungen selbst. [6]) Die Gefässe der Paukenhöhle stehen ausserdem mit denen des Warzenfortsatzes und der Rachenschleimhaut (durch die Ohrtrompete) in anastomotischer Verbindung. Endlich vermittelt die Fissura Glaseri die Gefässverbindung des Cavum tympani mit dem Unterkiefergeflechte. Die Arterien der Paukenhöhle entstammen der Carotis externa und interna. Die Carotis externa entsendet vermittelst der Art. phar. ascendens kleine Gefässe zum vorderen Theile des Cavum tympani und

---

[1]) Anat. S. 63. Schlauchförmige Drüsen fand auch *Wendt* (A. d. Heilk. 1870, B. 11. S. 252). — [2]) *Tröltsch*, Z. f. wiss. Zool. 1858, B. 9. S. 95. — [3]) A. f. Ohr. III. S. 265. — [4]) *Cassebohm*, Tract. V. p. 34. fand ein perforirendes Gefäss, *du Verney* (s. *Cassebohm*) zwei Gefässe. — *Triquet* (Arch. gén. 1862, p. 418) sah öfters einen Capillarast von der Art. stylomastoiden durch die Membr. rot. am Rande des Foramen rotundum in die untere Treppe eintreten. — [5]) *Buck*, A. f. Aug. u. Ohr. I, 2, S. 132. — [6]) *Politzer*, A. f. Ohr. XI, S. 237.

zum Trommelfellspanner. Die Art. aur. post., seltener die Art. occipitalis [1]) gibt die Art. stylo-mastoidea ab, welche in ihrem Verlaufe durch den Canalis Fallopiae, die Paukenhöhle und den Steigbügelmuskel mit Aestchen versorgt. Mit der Art. stylo-mastoidea communicirt ein Zweigchen der Art. vidiana und in manchen Fällen auch ein kleiner, von der Art. occip. abgehender Ast; andere Anastomosen der Art. stylo-mastoidea mit der Art. tymp. ant., der Art. stapedia und Art. petr. superf. finden an entsprechender Stelle Erwähnung. Von der Art. max. int. treten mehrere Zweige zur Paukenhöhle; unter diesen befindet sich die Art. tymp. ant., welche durch die Fiss. Glaseri ins Cavum tympani gelangt und schliesslich mit der Art. stylo-mast. anastomosirt.

Ein selten stark entwickelter Ramus der Max. int., die Art. mening. accessoria [2]) zieht als Art. stapedia durch die beiden Schenkel des Steigbügels und anastomosirt mit der Art. st.-m.; zuweilen tritt dieser kleine Ast auch durch das Tegmen tympani mit den Meningen in Verbindung (*Otto*[3]). *Hyrtl*).[2]) Die Anostomose der Art. stapedia mit der Art. st.-m. ist nach *Zuckerkandl*[3]) constant. Manchmal entspringt die Art. stapedia nicht aus der Art. max. int., sondern aus der Carotis interna, vor dem Eintritte derselben in den Canalis caroticus.

Der mächtigste Ast der Art. max. int., die Arteria meningea media versorgt den Musc. tens. tymp., entsendet ferner einen Zweig als Art. petr. superf. zur Art. stylo-mast. und ein anderes Aestchen zum Hiatus canalis Fallopiae. In ihrem späteren Verlaufe schickt die Art. men. med. eine Arterie durch das Tegmen tympani in die Paukenhöhle. Von der Art. tempor. wird die Paukenhöhle mit einem kleinen Zweige versorgt, der durch die Fissura Glaseri verläuft. Die Carotis interna schickt Aeste an die vordere Wand der Paukenhöhle und an das Promontorium. [4])

Die Gefässe der Gehörknöchelchen sind zahlreich. Nach *Kessel*[5]) theilt sich die Hauptarterie des Hammers an der Vorderfläche des Caput mallei in zwei Aeste, von denen der eine in ein Netz für den Hammerkopf zerfällt, während der andere Ast innerhalb des Manubrium nach abwärts zieht. Dieser central verlaufende Ast entsendet zur äusseren Peripherie des Manubrium Seitenzweige, die daselbst mit einem zweiten unter der Submucosa des Manubrium gelegenen Gefässnetz in Verbindung treten. Bei Embryonen, bei denen die centralen Partien der Gehörknöchelchen noch knorpelig sind, findet sich nur ein peripheres Gefässnetz vor. Dieselben Verhältnisse bestehen nach *Kessel* am centralen Gefässnetze des Ambosses. *Eysell*[6]) beobachtete Gefässe, die vom verticalen Ambossschenkel zum Os lenticulare ziehen und daselbst schlingenförmig umbiegen. Nach *Prussak*[7]) gehen die Endarterien der Paukenhöhle fast ohne Anastomosen direct in die Venen über, eine Anordnung, die bei eintretenden Circulationsstörungen dem Zustandekommen eines Collateralkreislaufes ungünstig ist.

Krause[8]) beschreibt als Glandula tympanica einen Ueberrest eines embryonalen arteriellen Gefässnetzes im Canaliculus tympanicus.

Die Venen der Paukenhöhle münden theils in die V. men. med., theils in den venösen Tuben- und Unterkieferplexus. Dieser letztere steht höchst wahrscheinlich durch Venen, welche die Fissura Glaseri passiren, mit der Paukenhöhle in Verbindung. [9]) Kleine Venenäste treten zu dem die Carotis int. umgebenden venösen Geflechte im Canalis caroticus, welches

---

[1]) *Triquet*, Arch. gén. 1862, XIX, p. 418. Die Art. mast. variirt, wie *Triquet* angibt, sehr oft und geht nur ausnahmsweise durch das For. stylo-mast. in die Warzenzellen. Auf Grundlage von Injectionen fand *Triquet*: 1. Die Art. mast. geht durch das For. lacerum in die Schädelhöhle; 2. durch das For. occipitale; 3. am seltensten durch das For. st.-mast. Ein Ast zu den Warzenzellen kommt nicht häufig vor. — [2]) *Hyrtl*, Med. Jahrb. 1836, B. 19, S. 446, 457. — [3]) M. f. Ohr. VII, Sp. 5. — [4]) *Itard*, Mal. de l'or. 1821, I, p. 80; *Huschke*, Anat. V, S. 851; *Langer*, Anat., I. Aufl., S. 735. — [5]) A. f. Ohr. III, S. 308. — [6]) A. f. Ohr. V, S. 243. — [7]) Wien. Ak. d. Wiss. 1868, s. A. f. Ohr. IV, S. 291. — [8]) C. f. d. med. Wiss. 1878, Nr. 11. — [9]) *Zuckerkandl* M. f. Ohr. X, Nr. 4.

als eine Fortsetzung des Sinus cavernosus zu betrachten ist.[1]) Auch eine Verbindung der Venen des Cavum tympani mit dem Sinus petr. sup. ist höchst wahrscheinlich.

Die Gefässe der Gehörknöchelchen, welche deren *Havers*'sche Canäle und Markräume fast vollständig ausfüllen, sind zum grössten Theile venös.[2]) *Rauber*[3]) erwähnt periveasculäre Lymphcanäle der Gehörknöchelchen, welche die Blutgefässe begleiten.

Die Nerven der Paukenhöhle stammen aus dem Trigeminus, Facialis, Glossopharyngeus und Sympathicus. Der Trigeminus entsendet durch den Nerv. pteryg. int. einen Zweig zum Trommelfellspanner; ein zweiter Nervenast wird auch vom Gangl. oticum[4]) an diesen Muskel abgegeben; ausserdem betheiligt sich der Trigeminus an dem Plexus tympanicus (s. unten). Der Nervus facialis, der an seiner Umbiegungsstelle nach hinten (Ganglion geniculi) den Nerv. petr. superf. mj. vom Ganglion spheno-palatinum aufnimmt, sendet dem Plexus tympanicus einen kurzen Ast[5]) zu, den Ramus communicans cum plexo tympanico[6]), welcher sich vom Ganglion geniculi facialis oder in dessen Nähe, vom Facialis abzweigt und nach abwärts zur Paukenhöhle verläuft. In seinem weiteren Verlaufe nach unten versorgt der Facialis den M. stapedius mit einem Aestchen, anastomosirt ferner mit dem das untere Ende des Canalis facialis quer durchsetzenden Nerv. auricul. vagi und gibt meistens vor seinem Austritte aus dem For. stylo-mast., die Chorda tympani ab. Diese zweigt sich vom Nerv. facialis spitzwinkelig ab und tritt durch die hintere Paukenwand ins Cavum tympani ein; sie wendet sich daselbst nach oben an das freie Ende des inneren Blattes der hinteren Paukentasche, begibt sich jedoch noch vor der Insertion dieses Blattes an den Hammergriff, nach aufwärts, verläuft zwischen dem verticalen Ambossschenkel und dem Hammerhalse, diesem letzteren innig adhärent, nach vorne und verlässt die Paukenhöhle durch die Fissura Glaseri, um sich mit dem N. lingualis Trigemini zu vereinigen. Der Nervus glossopharyngeus schickt von seinem Ganglion petrosum einen Ast (N. Jacobsonii sc. tympanicus) durch den Boden der Paukenhöhle zum Promontorium, woselbst er sich mit dem Nervus petrosus superf. min. vom Gangl. oticum (Trigemini) und den Nervi petr. profund. min. vom sympathischen Geflechte der Carotis interna vereinigt und mit diesen Nerven den Plexus tympanicus bildet. Die einzelnen Nervenreiserchen dieses Geflechtes verlaufen bald in vollständigen oder nur theilweise geschlossenen Canälen an der inneren Wand der Paukenhöhle, bald in Halbcanälen oder seichten Furchen.

g) **Topographisches Verhalten der Gebilde des Cavum tympani zum Trommelfelle, bez. zum äusseren Gehörgange.** Die topographischen Verhältnisse der Gehörknöchelchen und der Wände der Paukenhöhle zum Trommelfelle sind individuell sehr verschieden. Der kurze Fortsatz des Hammers steht der oberen Peripherie des Trommelfelles zuweilen ganz nahe, zuweilen ist er wieder tiefer nach abwärts gerückt, in welchem letzteren Falle sein Uebergang in den Hammerhals und ein Theil des Halses sichtbar werden. Der hinter dem Hammer gelegene, verticale Ambossschenkel reicht nicht selten bis gegen die untere Griffhälfte, ja sogar gegen das untere Drittel des Manubrium nach abwärts. In anderen Fällen erscheint jedoch nur das untere Ende des Ambossschenkels an der oberen Trommelfellperipherie als ein kleiner Punkt; endlich kann der Ambossschenkel ganz über der oberen Trommel-

---

[1]) *Rektorzik*, Sitz. d. Wien. Ak. d. Wiss. 1858, B. 33, S. 466. — [2]) M. f. Ohr. III, Nr. 4. — [3]) A. f. Ohr. XV, S. 81. — [4]) *Arnold* (Ueb. d. Ohrknoten. Heidelberg 1828, S. 46) gibt an, dass nur diejenigen Thiere einen Ohrknoten besitzen, welche einen Musc. tens. tympani haben. — [5]) *Lincke*, Ohrenh. I, S. 161. — [6]) *Henle*, Nervenl. 1873, S. 404.

fellperipherie gelagert sein und ist demnach selbst bei Defect der Membran an ihrem hinteren und oberen Quadranten der Ocularinspection entzogen. Die Lage des Ambossschenkels zum Hammergriffe ist ebenfalls keine bestimmte, da er diesem einmal sehr nahe steht, ein andermal, dem Manubrium entfernter, in der Nähe der hinteren Peripherie des Trommelfelles vorgefunden wird. Der Steigbügel ist wegen seiner hohen Lage in der Paukenhöhle vom äusseren Gehörgange aus entweder überhaupt nicht zu sehen oder nur das am tiefsten gelagerte Steigbügelköpfchen, beziehungsweise die Verbindung des verticalen Ambossschenkels mit dem Stapes tritt an der hinteren und oberen Peripherie des Trommelfelles hervor. Dagegen können bei tieferer Lage des Stapes dessen beide Schenkel oder wenigstens dessen hinterer Schenkel deutlich erkennbar sein; in solchen Fällen lässt sich auch die Sehne des M. stapedius zuweilen bis zur Spitze der Eminentia pyramidalis verfolgen; viel häufiger gibt sich nur der vom Steigbügel nach hinten ziehende Sehnenstrang zu erkennen. Die Sehne darf nicht mit dem hinteren Steigbügelschenkel verwechselt werden, der viel seltener sichtbar ist, als die Stapediussehne. Der Schenkel ist von dieser letzteren meistens leicht zu unterscheiden, da er vom Steigbügelkopf nach hinten und innen umbiegt und sich dadurch der Ocularinspection entzieht, indess sich die Sehne in ihrem horizontalen Verlaufe gegen die hintere Wand der Paukenhöhle deutlich verfolgen lässt.

An der inneren Wand der Paukenhöhle kann bei Defect des Trommelfelles das von unten nach aufwärts blickende Auge zuweilen den Proc. cochlearis auffinden. Bezüglich der Nische des ovalen Fensters gelten die beim Steigbügel hervorgehobenen individuellen topographischen Verschiedenheiten. Das Promontorium zeigt sich in der Gegend des freien Hammergriffendes bald mehr nach vorne, bald mehr nach hinten von diesem (s. S. 189) stark nach aussen vorspringend. An der hinteren und unteren Peripherie erscheint nicht selten eine grubenförmige Vertiefung der inneren Wand der Paukenhöhle, die Nische des runden Fensters. Mitunter ist dieselbe weiter nach rückwärts gelagert und dann von aussen nicht sichtbar; in anderen Fällen, u. zw. bei einem verticaler stehenden runden Fenster kann dieses selbst sammt der Membrana rotunda vom äusseren Gehörgange aus überblickt werden, ein Befund, auf den bereits *Kramer*[1]) und *Voltolini*[2]) aufmerksam gemacht haben. Bei Perforation der unteren Trommelfellhälfte sind der Boden der Paukenhöhle und dessen Knochenzellen oft deutlich sichtbar. An der vorderen Wand gibt sich manchmal das Ostium tympanicum tubae theilweise zu erkennen.

II. Physiologie.

Die wichtigste Function der Paukenhöhle besteht in der Uebertragung der vom Trommelfelle abgegebenen oder auf anderen Wegen in die Paukenhöhle gelangten Schallwellen auf das Labyrinth. Die Schallfortpflanzung findet dabei theils durch die Kette der Gehörknöchelchen, theils vermittelst der Luftleitung statt. Bezüglich der Schallleitung durch die Gehörknöchelchen hat zuerst *Politzer*[3]) den experimentellen Nachweis erbracht, dass die Gehörknöchelchen als ganze Massen schwingen und dass bei Uebertragung der Schallwellen vom Hammer auf den Steigbügel eine allmälige Abschwächung derselben eintritt. *Buck*[4]) fand die Bewegungen des Ambosses nur ein halbmal so gross als die des Hammers und die Bewegungen des Steigbügels wieder nur ein halbmal so gross als die des Ambosses, demzufolge also die Intensität der Schallwellen am Steigbügel nur mehr den vierten Theil ihrer ursprünglichen Stärke besitzen. Wie *Politzer*[5]) angibt, schwingen die Gehörknöchelchen bei tiefen Tönen schwächer, als bei hohen, während bei sehr hohen Tönen wieder eine Abnahme in der Intensität der Bewegung bemerkbar ist. Bei der Ueberleitung der Schallwellen vom Trommelfelle auf den Steigbügel tritt eine Condensation der Schallwellen ein, da diese von der grösseren Membrana tympani auf die kleinere Stapesplatte übertragen werden.[6])

Die Bewegungen der Gehörknöchelchen sind nur im Falle von verhältnissmässig

---

[1]) Deutsch. Klin. 1855. — [2]) *Virch.* Arch. B. 18, S. 34. — [3]) Wochenbl. d. Ges. d. Aerzt. Wien 1868, Nr. 8. — [4]) A. f. Aug. u. Ohr. 1, 2, S. 121. — [5]) A. f. Ohr. VI, S. 41. — [6]) *Syme*, Edinb. Journ. 1841, Jan., s. *Frör.* Not. B. 19, Sp. 25.

starken Schwingungen derselben nachzuweisen. Wie *Riemann*[1]) hervorhebt, könnten die Bewegungen des Steigbügels, die bei einem Schall auf 10' Entfernung noch bemerkbar sind, bei 20000' Entfernung nur mehr bei 2000facher Vergrösserung nachgewiesen werden. Bei diesen so minimalen Bewegungen ist ein inniges Anliegen der Gehörknöchelchen an einander unbedingt nothwendig. Nach *Bezold*[2]) belaufen sich die Bewegungen des Steigbügels bei Luftdruckschwankungen auf $1/_{28}$ Mm. (*Helmholtz*[3]) fand $1/_{14}$ Mm.) Das Bewegungsmaximum an der Spitze des Hammergriffes ergibt 0·76 Mm., am unteren Ambossschenkel 0·21 Mm. Durchschneidung der beiden Paukenmuskeln vergrössert die Bewegungen im Labyrinthmanometer. Die Incursion des Schallleitungsapparates beträgt bei geschlossener Paukenhöhle 1·16 Mm., die Excursion 2·48 Mm. Die Incursion der isolirten Steigbügelplatte weist 1·96 Mm. auf, die Excursion 1·85; nach Durchschneidung des Musc. stapedius vergrössert sich die Bewegung fast um die Hälfte.[2])

Wie die Untersuchungen von *Helmholtz*[3]) ergaben, ist der Hammer mit dem Amboss in der Art eines Uhrschlüsselgelenkes verbunden, dessen Sperrzähne eine Abhebung der Gelenksflächen nach der einen Richtung ermöglichen, während bei der Bewegung im entgegengesetzten Sinne die Sperrzähne fest ineinander eingreifen. Demnach ist, wie bereits vorher *Politzer*[4]) bemerkte, dem Hammer eine kleine Abhebung vom Ambosse in der Richtung nach aussen gestattet, indess der nach innen rückende Hammer jede seiner kleinsten Bewegungen dem Ambosse mittheilt.

Die Bewegungen des Hammers erfolgen in der Axe eines Bandes, welches durch die Lig. mall. poster. und anterius gebildet wird („Axenband"). [5]) Nach Durchtrennung des Trommelfellspanners wird das Axenband laxer[5]); Hemmungsfasern für die Bewegungen des Trommelfelles und des Hammers nach aussen, befinden sich im Lig. mall. sup. und in einer Reihe von Fasern, die vom Hammer zur hinteren Tasche ziehen.[5]) Von Seite des verticalen Ambossschenkels wird ein steter Druck auf das Köpfchen des Steigbügels ausgeübt, daher auch nach Durchtrennung des Amboss-Steigbügelgelenkes der Druck nach innen gegen den Vorhof fortbesteht.[6]) Die Steigbügelplatte bewegt sich bei den Schwingungen der Gehörknöchelchen in der Weise, dass ihr oberer Rand tiefer in das Vestibulum eintaucht, als ihr unterer Rand.[6]) Wie *Riemann*[7]) bemerkt, ermöglicht die geringe Breite des Lig. annulare eine ungehemmte Bewegung der Steigbügelplatte, während eine grössere Breite des Ringbandes die Stapesschwingungen compensiren würde. Den Untersuchungen *Weber-Liel's*[8]) zufolge kommen übrigens auch dem Ligam. annulare selbstständige Schwingungen zu; bei sehr leisem Sprechen treten an demselben Lichtexcursionen deutlich auf, ohne dass an der Steigbügelplatte die geringsten Veränderungen nachgewiesen werden können. Ausser den Bewegungen der Gehörknöchelchen finden noch solche der Membr. rotunda statt. Dieselben werden entweder durch die Schwankungen der Steigbügelplatte im ovalen Fenster hervorgerufen, oder sie erfolgen selbstständig auf dem Wege der Luftleitung.[9])

Wie bereits *Yearsley*[10]) angibt, beweist die Hörfunction bei Unbeweglichkeit des Steigbügels, dass die Membrana rotunda Schallwellen leiten kann. Nach *Bezold*[11]) ist die Beweglichkeit der M. rotunda eine sehr grosse, und zwar bei isolirtem Fenster beinahe genau so gross, als bei intactem Schallleitungsapparat, so dass die bei

---

[1]) Z. f. rat. Med. 1867, B. 29, S. 129. — [2]) A. f. Ohr. XVI, S. 22. — [3]) A. f. Phys. I, S. 1, u. ff. — [4]) Wien. med. Woch. 1862, Nr. 13 u. 14. — [5]) *Helmholtz*, A. f. Phys. I, S. 22 u. 23. — [6]) *Mach* und *Kessel*, Akad. d. Wiss. Wien 1874, 23. Apr., s. A. f. Ohr. IX, S. 285. — [7]) Z. f. rat. Med. B. 29. — [8]) M. f. Ohr. X, Sp. 105; Sitz. d. Berl. phys. Ges. 1876, 2. Juni. — [9]) *Weber-Liel*, C. f. d. med. Wiss. 1876, Nr. 2. — [10]) Lancet 1848, Aug., s. *Fror.* Not. 1849, B. 8, Sp. 233. — [11]) A. f. Ohr. XVI, S. 1 u. ff.

Luftdruckveränderungen in der Paukenhöhle auf das Labyrinth übertragenen Schwankungen beinahe ausschliesslich auf Rechnung der M. rotunda-Bewegungen kommen. Die Bewegungen der Steigbügelplatte im ovalen Fenster äussern ihren Einfluss auf die Membrana rotunda in der Weise, dass bei jedem Einsinken der Platte in den Vorhof ein Druck auf die im Labyrinthe befindliche Flüssigkeit ausgeübt wird, welcher sich bis zur M. rotunda fortpflanzt und ein Ausweichen dieser gegen die Paukenhöhle herbeiführt; umgekehrt wieder sinkt die M. rot. jedesmal in den Schneckencanal ein, wenn sich die Steigbügelplatte in einer bestimmten Phase ihrer Schwingung, nach aussen gegen die Paukenhöhle bewegt. Bei Luftverdichtungen in der Paukenhöhle heben sich, wie die Untersuchungen *Bezold's* ergaben, die Bewegungen des Trommelfelles und des Steigbügels beinahe ganz auf, trotz der bedeutend grösseren Oberfläche des ersteren. Dagegen erleidet die Labyrinthflüssigkeit durch die Membrana rotunda einen grösseren Druck.

Function des Musculus tensor tympani. Dem M. tensor tympani kommt, wie schon sein Name bezeichnet, die Eigenschaft eines Spanners des Trommelfelles zu. Wie *Hensen*[1]) annimmt, kann sich der Trommelfellspanner nur durch Zuckungen am Höracte betheiligen; wahrscheinlich zuckt der Muskel nur im Anfange einer jeden Silbe, wie dies aus Thierexperimenten hervorgeht. Nach *Bockendahl*[2]) bedingt dagegen eine anhaltende acustische Einwirkung (Ton oder Geräusch) auch eine entsprechend anhaltende Muskelcontraction. In Uebereinstimmung mit *Hensen* beobachtete *Bockendahl* eine stärkere Contraction des Muskels bei hohen als bei tiefen Tönen.

Bei Zug am M. tens. tymp. geht der Handgriff des Hammers von aussen und vorne nach hinten und innen; der kurze Fortsatz wird nach unten und etwas nach vorne geneigt und nach *Gruber*[3]) zugleich nach hinten rotirt (beim Ansatze der Sehne an die vordere Fläche des Hammergriffes). Diese zuletzt erwähnte Drehung des Hammergriffes wird durch das Ligam. mall. ant. gehemmt[4]) und es wäre demzufolge dieses Band als ein Antagonist des M. tens. tymp. anzufassen.

Bei dem innigen Zusammenhange, der zwischen dem Trommelfelle und Hammergriffe einerseits und den einzelnen Gehörknöchelchen untereinander andererseits besteht, werden bei Contraction des M. tens. tymp. gleichzeitig mit dem Trommelfelle auch die Kette der Gehörknöchelchen nach innen bewegt und demnach die Steigbügelplatte tiefer in das ovale Fenster hineingepresst. Es ergibt sich hieraus, dass bei Contraction des M. tens. tymp. eine vermehrte Anspannung und damit eine verminderte Beweglichkeit des Trommelfelles und der Gehörknöchelchen zu Stande kommt, wodurch das Labyrinthwasser schwächere Impulse erhält. Indem mit einer verminderten Leitungsfähigkeit, eine herabgesetzte Schallintensität gegeben ist, kann der M. tens. tymp. als ein Dämpfer gegen jede stärkere Erschütterung des Labyrinthwassers, also gegen jeden intensiven Schalleinfluss angesehen werden.[5]) Nach *Toynbee* tritt eine solche Abdämpfung unwillkürlich vor jedem vermutheten stärkeren Schalle ein. Von Einfluss auf die Spannung des M. tens. tymp. erweisen sich Contractionen der mit der Tuba in Verbindung stehenden Muskeln, unter denen vor Allem der Zusammenhang des M. tensor veli mit dem M. tens. tymp. hervorzuheben ist. Auf diesem Zusammenhange beruhen nach *Politzer* die während

---

[1]) A. f. An. u. Phys. 1878. Phys. S. 312; *Hermann's* Handb. d. Phys. III. S. 64 u. 65 (*Hensen*). — [2]) A. f. Ohr. XVI. S. 253. — [3]) Stud. üb. d. Trommelf. etc. Wien 1867. — [4]) *Kessel*, A. f. Ohr. III. S. 313. — [5]) *Toynbee*, Ohrenh. 175.

des Gähnens auftretenden Symptome von Schwerhörigkeit und von subjectiven Gehörsempfindungen, welche dadurch eintreten, dass beim Gähnacte eine Contraction des Tensor veli stattfindet, welche eine Mitbewegung des Trommelfellspanners nach sich zieht.[1]) Eine Einflussnahme der Contractionen der Tubenmuskeln auf den Trommelfellspanner tritt, wie ich [2]) nachgewiesen habe, schon bei geringen Anspannungen der Halsmuskel, wie unter Anderem bei einfachen Bewegungen des Kopfes, deutlich hervor und äussert sich theils in qualitativen und quantitativen Veränderungen der Schallperception, theils in dem Erscheinen von subjectiven Gehörsempfindungen.

Bei einer vermehrten Anspannung des M. tens. tymp. wird in den meisten Fällen der Grundton abgedämpft, wobei den Beobachtungen der meisten Autoren[3]) zufolge die Obertöne, nach *Lucae*[4]) dagegen die tiefen Töne deutlich hervortreten. Meine[5]) diesbezüglichen Versuche, bei denen ich das Geräusch eines Inductionsapparates, sowie verschiedene Stimmgabeltöne benützte, lieferten folgendes Resultat: Die meisten Versuchsindividuen gaben an, dass sie bei starker Neigung des Kopfes, sowie bei willkürlicher Contraction der Gaumen-Rachenmuskeln, also im Momente der von mir angenommenen vermehrten Anspannung des Tens. tymp., das hohe Zischen in dem Geräusche des Inductionsapparates sehr geschwächt oder gar nicht percipirten, indess bei Nachlass der Muskelspannung die hohen Töne plötzlich wieder deutlich hervortraten. Ich stellte deshalb genauere Prüfungen mit verschiedenen Stimmgabeln an. Es zeigte sich dabei, dass ein Theil der Versuchsindividuen während der Anspannung der Gaumen-Rachenmuskeln wohl eine Veränderung des Tones bemerkte, aber nicht im Stande war, dieselbe näher zu bestimmen. Ein anderer Theil dagegen beobachtete bei den Versuchen eine deutliche Erhöhung des Tones, Andere wieder constatirten ein Tieferwerden desselben; endlich wurde mir von einigen Versuchsindividuen angegeben, dass der Ton qualitativ unverändert bleibe, dagegen quantitative Verschiedenheiten aufweise, und zwar wurde der Stimmgabelton im Momente der Gaumen-Rachenmuskel-Contraction meistens abgedämpft, seltener verstärkt gehört. Eine vergleichsweise angestellte Prüfung mit dem Geräusche des Inductionsapparates zeigte nun, dass die zischenden, hohen Töne dieses Geräusches im Momente der Anspannung der Gaumen-Rachenmuskeln auch bei solchen Individuen zurücktreten können, bei denen der Stimmgabelton nur eine quantitative Veränderung ergibt, oder bei denen die hohen Stimmgabeltöne selbst deutlicher percipirt werden. Es bot somit das Ergebniss der Prüfung mittelst der Stimmgabel und mittelst des Geräusches des Inductionsapparates einen directen Widerspruch dar. Derselbe dürfte jedoch nur ein scheinbarer sein, indem bei meinem zur Untersuchung gewöhnlich benützten Inductionsapparate die tiefen Töne viel intensiver vertreten sind, als die hohen Töne, auf welche ich nicht selten die Versuchsindividuen besonders aufmerksam machen musste. Es wäre daher wohl möglich, dass bei einer stattfindenden Abschwächung der Schallempfindung, selbst wenn diese mehr die tiefen als die hohen Töne betrifft, dennoch ein Ausfall der hohen Töne erfolgen könnte, indess die tiefen Töne, wenngleich abgeschwächt[6]), doch in Anbetracht

---

[1]) *Politzer*, A. f. Ohr. IV, S. 23. Bereits *E. Nathan* (Z. f. d. ges. Heilk. 1840, B. 13, S. 441) nimmt beim Gähnen eine Contraction des Tensor tympani und des Masseter an und führt auf diese das beim Gähnen entstehende Summen im Ohre zurück. Nach *Luschka* (A. d. phys. Heilk. 1850, S. 83) wird das Mundöffnen beim Lauschen wahrscheinlich durch eine hierbei entstehende Spannung des weichen Gaumens hervorgerufen. Die Contraction lässt sich, der Annahme dieses Autors gemäss, durch Contraction der von den motorischen Trigeminus (III.) Fasern innervirten Muskeln M. mylohioideus und vorderem Biventer Bauch herleiten. — [2]) A. f. Ohr. XIV, S. 1. — [3]) *Politzer*, A. f. Ohr. I, S. 70; *Mach* und *Kessel*, Akad. d. Wiss., Wien, 1872. s. A. f. Ohr. VIII, S. 90; *Schapringer*, Akad. d. Wiss., B. 72; *Blake* und *Shaw*, s. A. f. Aug. u. Ohr. III, S. 202. — [4]) A. f. Ohr. I, S. 316 u. III, S. 202. *Schapringer* (Akad. d. Wiss. B. 72. s. *Canstatt* 1870. B. 1, S. 125) gibt an, dass sich bei Anspannung des M. tens. tymp. der Eigenton des äusseren Gehörganges von 5340 Schwingungen auf 3700 Schwingungen vertieft. — [5]) A. f. Ohr. XIV, S. 1. — [6]) Für eine Abschwächung der tiefen Töne im Geräusche während einer Anspannung der Gaumen-Rachenmuskeln spricht die Beobachtung, dass die durch Verstopfung der Ohren oder durch Entfernung von der Schallquelle, nur mehr schwach hörbaren tiefen Töne im Geräusche eines Inductionsapparates, während einer starken Kopfneigung gänzlich verschwinden.

ihrer ursprünglichen bedeutenden Intensität, noch immer deutlich vernehmbar bleiben. Ich möchte jedoch nochmals hervorheben, dass mehrere Versuchsindividuen, worunter sich auch musikalisch sehr Gebildete befanden, während der Anspannung der Gaumen-Rachenmuskeln nicht nur das Geräusch, sondern auch den einzelnen Stimmgabelton entschieden tiefer percipirten.

Der Tensor tympani kann auch ohne nachweisliche Anspannung der Gaumen-Rachenmuskeln willkürlich contrahirt werden[1], wobei das Trommelfell zuweilen eine deutliche Einwärtsbewegung zeigt. *Wolf*[2] beobachtete, dass ihm ein starker Ton einer Vogelpfeife in unmittelbarer Nähe des Ohres um ungefähr einen halben Ton höher erschien als in der Entfernung, was nach dem genannten Autor einer reflectorisch erfolgten Contraction des Tens. tymp. zuzuschreiben ist.

Die experimentellen Untersuchungen *Burnett's*[3] lehren, dass eine Steigerung des Labyrinthdruckes über eine gewisse Stärke hinaus die physiologische Verrichtung der Gehörknöchelchen und des runden Fensters aufhebt, und zwar erfolgt die Einstellung ihrer Function früher bei hohen als bei tiefen Tönen; überall, wo der intraauriculäre Druck gesteigert wird, fällt ein Vergleich der Schwingungen der Gehörknöchelchen bei hohen und bei niederen Tönen zu Gunsten der Letzteren aus. Bei Druck auf die M. rotunda beobachtete *Lucae*[4] eine Dämpfung des Grundtones.

Function des Musc. stapedius. Der M. stapedius bewegt bei seiner Contraction die Steigbügelplatte in der Weise, dass deren vorderes Ende aus dem For. ovale herausgehoben wird, während das hintere Ende tiefer in das Vestibulum eintaucht. Ein Theil des Lig. annulare dient dabei als Axenband und bleibt ruhig.[5] Bei dieser Stempelbewegung drückt der Stapeskopf den verticalen Ambossschenkel nach aussen, womit consecutiv eine Auswärtsbewegung des Hammers und Trommelfelles erfolgt. Dementsprechend ist der M. staped. als ein **Antagonist des M. tens. tymp.** zu bezeichnen. Nach *Toynbee*[6] muss der M. staped. als ein **Lauschmuskel** des Ohres aufgefasst werden, da er, durch Herausheben der Steigbügelplatte aus dem ovalen Fenster, die Schwingungsfähigkeit derselben erleichtert, also deren Oscillationen bei äusserst geringen Schalleinwirkungen ermöglicht. Bereits *Savart*[7] constatirte eine Erschlaffung des Trommelfelles bei leisen Tönen und dessen Anspannung bei starken Tönen.

Reflexauslösung. Von Seite der sensiblen Nerven des Cavum tympani findet, nach *Benedict*[8], eine Reflexwirkung auf die Circulation des Gehirns und besonders der Medulla oblongata statt.

B) Pathologie und Therapie der Paukenhöhle.

I. Bildungsanomalie.

Die Paukenhöhle kann vollständig fehlen, knöchern obliterirt sein oder eine schlitzförmige Verengerung aufweisen. Als particieller Bildungsmangel findet sich eine mangelhafte Bildung der Eminentia pyramidalis, ferner eine solche der äusseren Knochenwand des Canalis Fallopiae, nicht selten vor. Der Semicanalis tens. tymp. kann vollständig fehlen; Verkleinerung oder ein Mangel der Labyrinthfenster, sowie des Promontorium wurden wiederholt beobachtet.

Eine Verdopplung der Paukenhöhle bei doppelköpfigen Missgeburten wurde zuerst von *Casserbohm*[9] und *Barkow*[10] beschrieben. *Hyrtl*[11] constatirte in einem solchen Falle die Verschmelzung beider Hammergriffe, indess die beiden Ambosse und Steigbügel von einander isolirt erschienen.

II. Anomalie der Grösse.

Ein ausserordentlich tiefes Cavum tympani, bei dem das Trommelfell abnorm weit vom Promontorium gelagert war, beobachtete *Claudius*[12] an Hemicephalen. Als Ursache der Erweiterung der Paukenhöhle ergab sich

---

[1] *Luschka*, A. d. phys. Heilk. 1850, S. 80; *Politzer*, A. f. Ohr. IV, S. 19.
[2] Sprache u. Ohr. 1871, S. 235. — [3] A. f. Aug. u. Ohr. II, 2, S. 61. — [4] A. f. Ohr. III, S. 198. — [5] *Eysell*, A. f. Ohr. V, S. 245. — [6] Ohrenh. S. 175. — [7] Journ. d. phys. 1824, p. 205, s. *Lincke-Wolff*, Ohrenh. III, S. 33. — [8] Nervenpath. u. Th. 1876, 2. Theil, S. 448. — [9] Tract. sext., p. 36. — [10] *Lincke*, Ohrenh., I, S. 609.
[11] Med. Jahrb., Wien, 1856, B. 20, H. 3, S. 410. [12] Z. f. rat. Med. 1864, B. 21.

die Abhebung des Annulus tympanicus von der inneren Paukenwand, in Folge von Anlagerung der Carotis an den Paukenring. Im Verhältniss zu dem Grade der Vertiefung des Cavum tympani erschien das Stapesköpfchen entsprechend stark verlängert, so dass es beinahe die Länge eines Steigbügelschenkels erreichte. Als excessive Bildung der Labyrinthfenster wäre eine von *Hyrtl*¹) vorgefundene bedeutende Vergrösserung des Schneckenfensters anzuführen.

III. Trennung des Zusammenhanges.

Eine Trennung des Zusammenhanges kommt an den Wandungen der Paukenhöhle entweder in Folge von mechanischen Einflüssen oder von entzündlichen Vorgängen zu Stande: in selteneren Fällen sind Defecte der Knochenwände auf Bildungsanomalien zurückzuführen. Die Continuitätstrennungen betreffen bald nur einzelne Schichten, bald wieder erscheinen sie als penetrirende.

1. Traumatische Einflüsse.

Die mechanischen Einwirkungen veranlassen entweder eine plötzliche Trennung des Zusammenhanges oder die letztere erfolgt nur allmälig durch Usur. In ersterer Beziehung ist das Eindringen fremder Körper durch das Trommelfell in die Paukenhöhle zu erwähnen, wobei ausser der Membrana tympani, noch andere Wandungen des Cavum tympani, besonders die Labyrinthwand, Verletzungen erleiden können.

*Schwartze*²) beobachtete in einem Falle nach Durchstossung des Trommelfelles mit einer Stricknadel den Ausfluss von Liquor cerebro-spinalis, als Zeichen einer Verletzung der Labyrinthkapsel oder des Tegmen tympani. *Moos*³) erwähnt einen Fall, in welchem während des Versuches, einen im Cavum tympani vermeintlich liegenden Fremdkörper zu extrahiren, die untere Paukenwand perforirt wurde, worauf eine Blutung aus der V. jugularis erfolgte.

Fissuren und Absprengungen einzelner Theile der Paukenwandungen durch Projectile wurden wiederholt beobachtet. In Folge eines auf den Schädel einwirkenden Traumas können an verschiedenen Stellen der Paukenhöhle Continuitätstrennungen stattfinden. Zuweilen betrifft eine Fissur der Schädelbasis die Felsenbeinpyramide oder das Tegmen tympani und erstreckt sich mitunter von diesem aus, auf das Trommelfell und auf den knöchernen Gehörgang (s. unten).

In einem Falle *Voltolini's*⁴) hatte ein Schlag auf die linke Kopfhälfte eine bilaterale Schädelfissur zur Folge, welche durch die Felsenbeine verlief und auf jeder Seite das Foramen rotundum von der Schnecke trennte.

Objective Symptome bei Fissur. Ein wichtiges Zeichen einer Fissur des Tegmen tympani oder der Labyrinthwand, liegt in dem Erscheinen eines blutig serösen oder rein **serösen Ausflusses** aus dem Ohre, welcher für einen Erguss von Liquor cerebro-spinalis spricht. ⁵) Wie jedoch *Prescott Hewett*⁶) aufmerksam macht, kommt der einem blutigen Ohrenausflusse nachfolgende, seröse Ohrenfluss in vereinzelten Fällen nicht dem Liquor cerebro-spinalis zu. ⁷)

So zeigte sich in einem Falle von Kopfverletzung zuerst ein blutiger, dann durch sechs Tage ein reichlicher seröser Ausfluss aus dem Ohre (von mehreren Unzen⁸) innerhalb einer Stunde). Die Section des am 7. Tage verstorbenen Patienten wies eine eiterige Entzündung der Paukenhöhle bei sonst intactem Schläfenbeine nach.⁶) — In

---

¹) l. c. S. 423—432. — ²) A. f. Ohr. XVII, S. 117. — ³) A. f. Aug. u. Ohr. VII, 2, S. 249. — ⁴) M. f. Ohr. V, Sp. 109. — ⁵) Auch der Austritt von Gehirnmasse in die Paukenhöhle und in den äusseren Gehörgang wurde von *Guillemain*, Paris 1779, *Gislain*, Paris, 1843 und *Bruns* beobachtet, (s. *Bruns*, Chir. B. 1); einschlägige Fälle theilen ferner *Wendt* (s. *Schwartze*, Path. Anat. d. Geh., S. 15) und *Roser* (A. f. klin. Chir. XX, S. 47, 1877), mit. — ⁶) S. *Canstatt's* J. 1858, B. 4, S. 63. — ⁷) Bei Vornahme einer chemischen Untersuchung der ausgeschiedenen Flüssigkeit ist eine Unterscheidung des Liquor cer. sp. von einem serösen Exsudate wohl möglich, da der Liquor cer. sp. eine reducirende Substanz (Zucker?) besitzt und ausserdem nur wenig Albumen enthält. — ⁸) Die Unze = 35 Gramm.

gleicher Weise beobachtete *Marjolin*[1]) ein rhachitisches Kind, dem nach einem Kopfsturze Blut und Serum aus dem Ohre lief; am Wege der Heilung erfolgte der letale Ausgang durch Bronchopneumonie. Die Obduction ergab keine Felsenbein-Fractur. Wie schon aus *Hyrtl's*[2]) Injectionsversuchen hervorgeht, communicirt die Cerebrospinal-Flüssigkeit mit dem Labyrinthe und es wäre demnach wohl möglich, dass bei einem Bruche der inneren Paukenwand gleichzeitig mit der Labyrinthflüssigkeit auch Liquor cerebro-spinalis austritt.

Fälle von serösem Ausflusse aus dem Ohre nach Traumen wurden öfters beobachtet. *Fedi*[3]) erwähnt eines Patienten, bei dem sich in Folge von Trauma ein starker seröser Ohrenfluss eingestellt hatte, und zwar ergossen sich in einer Minute 9·8 Gramm, innerhalb 24 Stunden 981 Gramm. Bei der drei Jahre später vorgenommenen Section fand sich eine lineare Trommelfellnarbe und ferner eine Fractur des Steigbügels vor, durch welche letztere die Paukenhöhle und das Labyrinth mit einander in Communication getreten waren. — *Kiecke*[4]) beobachtete an einem 14 Monate alten Knaben das Auftreten eines acuten Hydrocephalus mit sichtlicher Zunahme des Kopfumfanges, stierem Blicke und Heisshunger. Neun Tage später entstand ein seröser Ausfluss aus dem rechten Ohre bei Steigerung der vorher verminderten Urinese; am 10. und 11. Tage wiederholte sich der Ausfluss, worauf eine Verkleinerung des Kopfes und Wohlbefinden eintraten. Das Gehör erwies sich beiderseits als unverändert gut. — *Hilton*[5]) berichtet von einem Patienten, dem eine dünne Flüssigkeit aus dem Ohre besonders dann reichlich floss, wenn Patient bei geschlossenem Munde und Naseneingange eine tiefe Inspiration vornahm und ihm dabei gleichzeitig die V. jugularis comprimirt wurde. — In einem Falle von *Vieusse*[6]) zeigte sich in Folge von Sturz ein Abfluss von Liq. cer.-sp. nur dann, wenn Patient den Kopf vorne oder gegen das rechte Ohr neigte, dagegen nicht bei horizontaler Lage. — *Körner*[7]) fand an einem Patienten, dem eine Kugel in die Paukenhöhle eingedrungen war, den Ausfluss von seröser Flüssigkeit aus dem Ohre bei starken Mausgebewegungen, jedoch ungetrübtem Bewusstsein.

Die Menge der ergossenen Flüssigkeit ist zuweilen eine sehr bedeutende (s. oben), sie belief sich in einem Falle *Hagen's*[8]) auf circa 13 Gramm, in einem Falle *Toynbee's*[9]) auf mehr als 100 Gramm binnen 24 Stunden; *Chelius*[10]) fand 17—40 Gramm Liquor cerebro-spinalis in einer Stunde ausfliessen. Wie *Brun's*[10]) angibt, wurde die Gesammtmenge der ausgetretenen Flüssigkeit in einzelnen Fällen auf 1000 Gramm und darüber geschätzt. Der Ausfluss dauert gewöhnlich 1—3 Tage reichlich an, nimmt dann ab und hört am 5.—8. Tage ganz auf. Der Weg, den die Flüssigkeit aus dem Ohre einschlägt, führt in der Regel durch eine Lücke des Trommelfelles.

In einem Falle von *Zaufal*[11]) erstreckte sich dagegen eine Fissur vom Tegmen tympani auf den äusseren Gehörgang, ohne Läsion des Trommelfelles, so dass die Flüssigkeit durch die Spalte des Gehörganges in diesen gelangt war.

Der Ausgang ist bei serösem Ohrenflusse selbst bei einer vorhandenen Fissur der Schädelbasis keineswegs immer ein letaler.[12])

Schroter[13]) theilt die Krankengeschichte eines Weibes mit, das eine Fractur der Schädelbasis und des Schädelgewölbes erlitten hatte. Hinter dem rechten Ohre war eine Knochenwand fühlbar; die rechte Gesichtshälfte stand höher als die linke; aus dem rechten Ohre ergoss sich anfangs Blut, später eine blutig-seröse Flüssigkeit. Die Patientin, welche mit dem Leben davon kam, zeigte noch durch einige Wochen einen taumelnden Gang. Das verloren gegangene Gehör kehrte nach zehn Wochen allmälig wieder zurück und Patientin bemerkte nur mehr die subjective Gehörsempfindung eines

---

[1]) Gaz. d. hôp. 1869, Nr. 17, s. Canstatt's J. 1869, B. 2, S. 421. [2]) Zergliederungskunst, S. 474. — [3]) S. Canstatt's J. pr. 1858, B. 4, S. 56. — [4]) S. Schmidt's J. 1835, B. 7, S. 300. — [5]) D. Z. f. pr. Med. 1875, Nr. 45, s. M. f. Ohr. X, Sp. 11. — [6]) Gaz. hebd. 1879, Nr. 19, s. Centr. f. Chir. 1879, Nr. 32. — [7]) A. f. Ohr. XVII, S. 195. — [8]) Prakt. Beitr. z. Ohrenh. 1866. — [9]) Ohrenh., S. 66. — [10]) Bruns Chir., B. 1. — [11]) Wien. med. Woch. 1865, Nr. 64. — [12]) Einschlägige Fälle finden sich bereits oben angeführt; hierher gehören ferner die Beobachtungen von *Birket, H u*' und *Morris* (s. M. f. Ohr. X, Sp. 11).   [13]) S. Schmidt's J. 1859, B. 103, S. 43.

Klingens. — *Daake*[1]) beschreibt einen Fall von Fissur der Schädelbasis mit linksseitiger Taubheit und Facialislähmung. Patient genas, starb jedoch sieben Monate später an Tuberculose. Bei der Section fand sich eine Schädelfissur vor, welche durch die Pars tympanica bis in den äusseren Gehörgang reichte und den Warzen-, sowie Schuppentheil vom Os petrosum trennte. Die Lücke war durch fibröses Gewebe und neugebildete Knochenmasse ausgefüllt. — *Textor* constatirte einen geheilten Bruch der Schädelbasis, welcher durch die Pars squamosa sinistra, den Proc. zygomaticus, die Cavitas glenoidea, den Canal. caroticus, Zapfenfortsatz des Os occiptis, den Can. carot. dext. und durch die Fissura Glaseri bis zum Os parietale dextr. verlief.

2. Druckatrophie und Ossificationsmangel. Eine Reihe anderer Defecte der knöchernen Paukenwandungen beruht auf Druckatrophie, vielleicht zum Theile auch auf mangelhafter Ossificationsbildung. Eine Druckatrophie wird selten durch Neubildungen im Cavum tympani veranlasst, sondern kommt viel häufiger durch Druck der Umgebung der Paukenhöhle auf deren Wandungen zu Stande. Es sind hier vor Allem die Lücken am Tegmen und Fundus tympani, sowie des Canalis caroticus hervorzuheben.

a) Lücken im Tegmen tympani, besonders an dessen dünnster Stelle, oberhalb des Hammer-Ambossgelenkes wurden bereits von *Valsalva*[2]) beobachtet, jedoch erst von *Hyrtl*[3]) als „Dehiscenzen des Tegmen tympani" eingehender beschrieben. Nach den Untersuchungen von *Bürkner*[4]) und von *Flesch*[5]) beruhen diese Dehiscenzen auf dem Druck, den das Gehirn auf seine knöcherne Umgebung ausübt. Wie *Bürkner* nachwies, kommt eine dünne Paukendecke in 81.8 % bei starken Juga cerebralia und Impressiones digitatae vor, mit denen gleichzeitig auch Durchlöcherungen der Orbita häufig angetroffen werden. Die von *Jänicke*[6]) angenommene Möglichkeit, dass die Dehiscenz des Tegmen auch auf Bildungshemmung beruhe, lässt *Flesch* nur für Ausnahmsfälle gelten. Als begünstigendes Moment zu Lückenbildungen im Paukendache ist eine bedeutende Entwicklung der Trommelhöhle mit Verdünnung der Knochenwand zu betrachten.[5])

b) Lücken im Fundus tympani. Der Boden der Paukenhöhle ist nach *Joseph*[7]) bis zum vierten Embryonalmonate membranös und verharrt bei manchen Thieren während ihres ganzen Lebens in diesem Zustande. An den beiden Schläfenbeinen eines im dritten Lebensjahre verstorbenen Kindes fand ich den ganzen Boden der Paukenhöhle durch eine Membran vertreten. Das Knochengewebe zeigt sich an diesen Präparaten so erweicht (rhachitisch), dass sich beispielsweise der Proc. zygomaticus nach verschiedenen Richtungen leicht umbiegen lässt.

Lücken im Fundus kommen, gleich den Dehiscenzen am Tegmen, häufiger in Folge von Usur durch Druckatrophie zu Stande. Als veranlassende Ursache ist hierbei eine bedeutende Entwicklung der Fossa jugularis in Betracht zu ziehen, welche den Fundus tympani in die Paukenhöhle hineinstülpt und dadurch eine Verdünnung mit schliesslicher Durchlöcherung desselben bewirkt.[8]) Wie *Zuckerkandl*[9]) beobachtete, kann eine enorme Vergrösserung der Fossa jugularis nicht allein zu Lücken in den Canalis Fallopiae und in die Zellenwandungen des Warzenfortsatzes führen[10]), sondern sogar einen Defect der ganzen vorderen Wand des absteigenden Canalis Fallopiae, ferner eine Communication der Jugulargrube mit der Schädelhöhle, dem Porus acusticus internus und dem Sulcus petrosus superior, veranlassen.

Als Ursache der, regelmässig nur auf einer Seite bestehenden Erweiterung der Fossa jugularis, bezeichnet *Friedlowsky* eine bedeutendere Mächtigkeit des Sinus transversus der betreffenden Seite. Nach *Zuckerkandl* sind die Excavationen der

---

[1]) *Langenbeck's* Arch. 1865, VI, S. 576. — [2]) De aure hum. 1707, p. 26. Lücken im Tegmen tymp. beobachtete ferner *Toynbee* (Ohrenh., S. 226). — [3]) Akad. d. Wiss. Wien, 1858. B. 30. S. 275. — [4]) A. f. Ohr. XIII, S. 185. — [5]) A. f. Ohr. XIV. S. 15. *Flesch* (A. f. Ohr. XVII, S. 65) macht auf die dünne Knochendecke aufmerksam, die bei der Maceration verloren geht, daher Dehiscenzen des Tegmen tympani zu häufig angenommen werden. — [6]) Dissert., Kiel, 1877. — [7]) Z. f. rat. Med. B. 28, S. 111. s. A. f. Ohr. III. S. 317. — [8]) *Zaufal*, A. f. Ohr. II. S. 50; *Friedlowsky*, M. f. Ohr. II. Sp. 121. — [9]) M. f. Ohr. VIII, Nr. 7. — [10]) *Friedlowsky*, l. c., Sp. 122.

Fossa jugularis von dem Verhalten dieser Grube zum Sinus transversus abhängig: bilden beide einen mehr gestreckten Canal, so wird der Druck des rückstauenden Blutes gegen den Hirnsinus stattfinden, wogegen bei geknicktem Canale die Fossa jugularis dem Drucke ausgesetzt ist und dadurch allmälig erweitert wird. Die rechte Fossa jugularis ist gewöhnlich grösser als die linke[1]), seltener sind beide Fossae gleich gross, nie zeigen sich beide sehr enge, sondern meistens nur die der linken Seite; wie *Rüdinger* beobachtete, mündet der Sinus longitudinalis superior häufiger in den rechten als in den linken Sinus transversus, weshalb auch entsprechend der mächtigeren Blutbahn, die Fossa jugularis dextra weiter erscheint als die F. jug. sinistra.

c) **Lücken im Canalis caroticus.** Die gegen die Paukenhöhle gelegene hintere Wand des Canalis caroticus ist häufig durchscheinend dünn und kann zuweilen mittelst einer oder mehrerer Oeffnungen mit der Paukenhöhle in Verbindung treten. Solche Lücken wurden von *Zaufal*[2]) als Bildungshemmung[3]) erwähnt und auch von *Friedlowsky*[4]), *Zuckerkandl*[5]) u. A. beschrieben. In einem von *Diron*[6]) beobachteten Falle fand sich am Dache des Can. caroticus eine Lücke vor, die durch den Druck eines vom Trigeminus ausgegangenen Tumors veranlasst worden war.

3. Ulcerationsvorgänge als Ursachen von Lückenbildung. Ulcerationsvorgänge im Cavum tympani führen zuweilen zu Lückenbildungen, theils in den membranösen Gebilden (in der M. tympani, M. rotunda oder im Lig. annulare, eventuell auch im Canalis facialis), theils in den verschiedenen Knochenwandungen. Wie sich aus dem oben Mitgetheilten ergibt, lassen sich vorhandene Knochenlücken der Paukenwände nur dann auf einen cariös-nekrotischen Process beziehen, wenn sie nachweislich mit anderen Ulcerationsvorgängen in der Paukenhöhle oder deren Umgebung im Zusammenhange stehen. Es muss aber auch in solchen Fällen die Beschaffenheit des angrenzenden Knochengewebes, ferner bezüglich des Tegmen, die Mächtigkeit der Impressiones digitatae, und betreffs des Fundus tympani, die Grösse der Fossa jugularis, genau berücksichtigt werden. Ein durch Caries und Nekrose zu Stande gekommener ausgedehnter Defect kann, einer Beobachtung *Toynbee's*[7]) zufolge, durch neugebildete Knochenmasse, eine Lückenbildung in der Paukenwand verhindern.

IV. Hyperämie. Bei der innigen Gefässgemeinschaft, die zwischen der Paukenhöhle einerseits und dem äusseren Gehörgange, dem Plexus maxillaris, dem Pharynx, Labyrinthe und den Gehirnhäuten andererseits besteht, setzt sich eine Hyperämie dieser letztgenannten Theile leicht auf die Paukenhöhle fort. Irritationsvorgänge im Cavum tympani, Entzündungen desselben werden selbstverständlich eine mehr minder beträchtliche Hyperämie der Paukenhöhle veranlassen. Eine bedeutende Hyperämie wird häufig in der Paukenhöhle Neugeborener angetroffen. Eine bei Herzfehlern, bei Erkrankungen der Brusthöhle, ferner in Folge von Druck auf die Halsgefässe durch Tumoren zu Stande gekommene Stauungshyperämie erstreckt sich nicht selten auch auf die Paukenhöhle. Wie *Politzer*[8]) angibt, zeigen sich bei einer Hyperämie im Cavum tympani die venösen Gefässe vielfach erweitert, stark gewunden und stellenweise ausgebuchtet.

V. Hämorrhagie. Eine Hämorrhagie in das Parenchym oder auf die freie Oberfläche der Paukenhöhle geht nicht selten aus einer einfachen Hyperämie derselben hervor. In anderen Fällen beruht sie auf embolischen Vorgängen[9]), die im Cavum tympani um so leichter zur Hämorrhagie führen können, als die Endarterien nur wenige oder

---

[1]) *Herzberg*, *Walther* u. *Ammon's* J. IV, B. 3, S. 372, s. *Canst.* J. 1845, S. 1. — *Theile* (s. *Canst.* J. 1855, B. 1, S. 55) fand unter 126 Schädeln die Fossa jugularis dextra 46mal als die grössere, 24mal die linke Fossa, 56mal erschienen beide Gruben gleich gross; *Dwight* (s. *Canst.* J. 1873, B. 1, S. 6) sah unter 159 Schädeln 101mal die rechte, 38mal die linke Jugulargrube grösser, 17mal beide Gruben von gleicher Grösse. In den 142 Fällen von ungleicher Grösse zeigte sich an Seite der grösseren Fossa jugularis, der Proc. condyl. post. 53mal als der grössere, 37mal als der kleinere und 52mal von gleicher Grösse mit dem der anderen Seite. — *Rüdinger*, Beitr. z. Anat. d. Geh. 1876, S. 15. — [2]) Wien. med. Woch. 1866, S. A., S. 11. — [3]) *Cassebohm* fand an einer Missbildung an Stelle des Canalis caroticus einen Sulcus (s. *Lincke*, Ohrenh. 1, S. 607). — [3]) Nach *Meckel* (A. f. Phys. 1820, B. 6, S. 429) entsteht der Can. caroticus im fünften Fötalmonat als Knochenrinne. — [4]) M. f. Ohr. II, Sp. 122. — [5]) M. f. Ohr. VIII, Sp. 88. — [6]) Med.-chir. Transact. Vol. 29, s. *Froriep's* Not. 1847, B. 3, Sp. 23. — [7]) Ohrenh. S. 310. Die Beobachtung betrifft das Tegmen tympani. [8]) A. f. Ohr. VII, S. 13. — [9]) *Wendt*, A. d. Heilk. XIV, S. 293; *Trautmann*, A. f. Ohr. XIV, S. 73.

gar keine Seitenäste abgeben und demzufolge bei ihrer Verstopfung die Bildung eines Collateralkreislaufes behindert ist.

Die am häufigsten bei recenter Endocarditis zu Stande kommenden Embolien der Paukengefässe veranlassen, den Untersuchungen *Trautmann's*[1]) zufolge, zahlreiche punktförmige bis linsengrosse Blutergüsse am Trommelfelle an den Gehörknöchelchen, dem Promontorium und Fundus tympani.

Hämorrhagien in die Paukenhöhle entstehen ferner in Folge von traumatischen Einflüssen, mit oder ohne Verletzung des Knochens, bei Ulcerationsprocessen, beim Niessen[2]), sowie bei heftigeren venösen Stauungen, z. B. bei Strangulation, Erbrechen oder Keuchhusten[3]); ausserdem treten sie häufig bei Caries und Nekrose des Ohres auf. Blutungen ins Cavum tympani werden auch bei Morbus Brightii[4]), bei Angina diphtheritica[5]), in schweren Fällen von Vipernbiss[6]), bei Menstruations-Anomalien[7]) oder zur Zeit der Menses[8]) und endlich bei acuten Entzündungsvorgängen im Mittelohre und Nasenrachenraume beobachtet. Zuweilen erfolgt eine bedeutendere Paukenhöhlen-Blutung ohne nachweisbare Ursache.

In einem Falle *Hedinger's*[9]) trat an einem vollblütigen Manne plötzlich eine heftige Ohrenblutung aus dem Mittelohre („Apoplexie des mittleren Ohres") auf. In einem von *Benedict*[10]) beobachteten Falle fand sich nebst den Symptomen einer Affection der Rautengrube (abnorme und gekreuzte Reflexe) eine Blutung ins Mittelohr vor, die nach *Benedict* auf eine mit der Centralerkrankung im Zusammenhange stehende Affection von vasomotorischen Nerven zu beziehen war.

a) **Bluterguss bei intactem Trommelfelle.** Ein in die Paukenhöhle stattfindender Bluterguss bei intactem Trommelfelle ruft häufig nur die **subjectiven Symptome** von starkem Drucke im Ohre nebst Schwerhörigkeit und Ohrensausen hervor; diese Erscheinungen werden später bei Besprechung der Secretansammlungen im Cavum tympani eingehender erörtert werden. **Objectiv** gibt sich eine Blutansammlung in der Paukenhöhle, bei normal durchscheinendem Trommelfellgewebe, an einer dunkelrothen oder stahlgrauen Färbung leicht zu erkennen. Bei reichlicher Ansammlung von Blut erscheint das Trommelfell besonders am hinteren und oberen Segmente zuweilen beutelförmig in den äusseren Gehörgang vorgestülpt. Bei einem verdickten und getrübten Trommelfelle lässt sich dagegen der hämorrhagische Erguss nicht als solcher erkennen, sondern das Trommelfell bietet in diesen Fällen überhaupt kein charakteristisches Bild dar.

---

[1]) L. c. S. 88. — [2]) *Moos*, A. f. Aug. u. Ohr. I. 2, S. 84. — [3]) Blutungen aus dem Ohre anlässlich von Pertussis erwähnen *Pilcher*, *Wilde*, *Clark* u. A. *Roger* beobachtete an einem mit Otorrhoe behafteten Mädchen während eines Pertussis-Anfalles eine heftige Ohrenblutung, wobei das Blut im Strahl aus dem Ohre spritzte; *Blake* theilt einen ähnlichen Fall (jedoch ohne Otorrhoe) mit; *Gibb* fand unter 2000 Pertussis-Fällen viermal Ohrenblutungen (bei 3 männlichen Individuen und 1 weiblichen Individuum), *Triquet* (Gaz. d. hôp. 1863, p. 9) zweimal (s. *Schmidt's* J. 1863, B. 120, S. 68). — [4]) *Schwartze*, Path. An. d. G. S. 73; *Buck*, s. A. f. Ohr. VII, S. 301. — [5]) *Schwartze*, l. c.; *Moos*, l. c. S. 82; *Trautmann*, A. f. Ohr. XIV, S. 93. — [6]) *Heinzel*, Ges. d. Aerzte in Wien, 1865, 17. Nov. Nebst den Blutungen aus dem Ohre erfolgen solche aus dem Darme, der Lunge und der Conjunctiva. — [7]) S. Bibl. d. prakt. Heilk. 1799, S. 20. — [8]) *Lange* (1782), s. *Schmidt's* J. 1835. B. 7. S. 161; *Malfatti* in Wien, s. Med.-chir. Z. 1802, B. 2, S. 171; *Hensinger*, s. *Schmidt's* J. 1836, B. 9, S. 91; *Jacoby*, A. f. Ohr. V, S. 21; *Benni*, Otolog. Congr. 1880, s. A. f. Ohr. XIV, S. 311. *Baratoux* (Affect. aur. Paris 1880) berichtet von einem Falle, in welchem bei Aetzung, sowie bei operativer Entfernung von Polypen der Paukenhöhle, Genitalblutungen eintraten; während der Menstruation nahm die Eitersecretion zu. — [9]) Würt. ärztl. Ver. B. 38. Nr. 9 u. 10. s. *Canst.* J. 1868, B. 1, S. 515. — [10]) Nervenpath. u. Elektr. 1876, II. Th., S. 447.

Die Prognose bei einem in der Paukenhöhle eingeschlossenen Blutergusse ist im Allgemeinen günstig zu stellen, da das ausgetretene Blut in den meisten Fällen einer Resorption anheimfällt, die binnen wenigen Tagen oder Wochen, zuweilen allerdings erst nach einigen Monaten, vollendet ist.

Die Behandlung hat sich in der Regel auf entsprechende hygienische Massregeln, auf eine etwa nöthige Behandlung einer Nasenrachenerkrankung und auf Lufteinblasungen ins Mittelohr behufs Wegsammachung der Ohrtrompete und Entfernung der angesammelten Blutmenge, zu beschränken. Im Falle eine Entleerung dieser letzteren durch künstliche Lückenbildung ins Trommelfell nöthig erscheinen sollte, wie z. B. bei heftigem Druckschmerze oder starker Spannung des Trommelfelles, so ist durch nachträgliche Einblasung von Borsäure auf das Trommelfell [1]), sowie durch sorgfältigen Verschluss des Ohreinganges, ferner durch strenge Vermeidung jeder Erhitzung des Körpers, eventuell durch Application von kalten Umschlägen auf das Ohr oder selbst von 3—4 Blutegeln unterhalb des Warzenfortsatzes, etwaigen reactiven Entzündungserscheinungen möglichst vorzubeugen.

b) Bluterguss mit Ruptur des Trommelfelles. In einer Reihe anderer Fälle bahnt sich das Blut durch das Trommelfell selbst seinen Weg nach aussen und gibt zu einem blutigen Ohrenflusse Veranlassung, der in vielen Fällen bald in einen eiterigen Ohrenfluss übergeht. Die Ruptur des Trommelfelles ist dabei entweder von heftigen Schmerzen begleitet oder sie erfolgt ohne auffällige Symptome.

Bei einem 15jährigen Patienten, welcher an einem acuten Nasenrachenkatarrh litt, entstand der Durchbruch des Trommelfelles gleich im Beginne der Erkrankung des Ohres, und zwar war der Knabe, der des Abends nicht die geringsten Beschwerden im Ohre empfunden hatte, des Morgens mit einem reichlichen blutigen Ausflusse aus dem Ohre erwacht. Nach den Blutspuren zu urtheilen, musste sich während der Nacht ungefähr ein Kaffeelöffel voll Blut aus dem Ohre entleert haben. Die Blutung hielt ohne irgend welche Schmerzen im Ohre durch mehrere Tage reichlich an; das Blut ergoss sich dabei auch durch die Ohrtrompete in den Pharynx, wodurch blutige Sputa veranlasst wurden.

An diese Fälle anknüpfend möchte ich hier die wichtigsten Ursachen eines blutigen Ohrenausflusses zusammenfassend besprechen, wenngleich dabei auch solche pathologische Vorgänge angeführt werden müssen, welche erst an einer späteren Stelle eine eingehendere Erörterung finden können. Blutungen aus dem Ohre kommen ausser bei der früher angeführten Tympanitis haemorrhagica noch bei Neubildungen im äusseren und mittleren Ohre oder in der Umgebung des Ohres[2]), bei traumatischen Einflüssen und bei Ulcerationsvorgängen zu Stande. Als Hauptquelle der Ohrenblutung sind die polypösen Bildungen im Ohre zu bezeichnen, so zwar, dass bei der Angabe einer zeitweise auftretenden Blutung aus dem Gehörgange oder von Blutspuren bei der Otorrhoe, vor Allem eine genaue Untersuchung auf Polypenbildungen oder Granulationen im äusseren und mittleren Ohre vorgenommen werden muss.

Auf traumatischem Wege entstehen Blutungen entweder durch Fremdkörper oder in Folge eines auf den Kopf einwirkenden Trauma. Instrumentelle Verletzungen des Trommelfelles führen nur selten eine beträchtlichere Ohrenblutung herbei, in der Regel ergiessen sich dabei höchstens einige Tropfen Blutes; ausnahmsweise kann die Blutung sehr bedeutend sein und dabei, wie ich aus einem Falle von Durchtrennung der hinteren Falte an einem nicht hyperämischen Trommelfelle ersah, mitunter erst etliche Stunden nach der Operation als starke Nachblutung eintreten. Die Abtragung von polypösen Wucherungen oder von Polypen führt gewöhnlich zu einer nur unbedeutenden Blutung; in einzelnen Fällen kann sich jedoch dieselbe zu einer

---

[1]) *Löwenberg*, Z. f. Ohr. X, S. 300. — [2]) An einem 18jähr. Manne, der seit seinem 12. Jahre an einer Blutgeschwulst in der rechten Parotis litt, erfolgten, wie *Lisfranc* (s. *Horn's* Arch. 1828, B. 2, S. 831) angibt, zeitweise Blutungen aus dem Ohre. Die Section constatirte eine Verwachsung der Geschwulst mit dem Gehörgange.

profusen gestalten. *Buck*[1]) beobachtete in einem Falle nach der Abtragung eines Polypen sogar eine arterielle Blutung. Die nach einem Schlage, Sturze, Schussverletzung u. s. w. auftretenden Ohrenblutungen sind stets als ein ernstes Symptom aufzufassen, wenngleich sie nicht in dem Sinne der früheren Anschauung als ein geradezu pathognomisches Zeichen einer Schädelfissur betrachtet werden dürfen. Bei einem von mir beobachteten Patienten, bei dem sich nach einem Falle auf den Kopf eine reichliche Ohrenblutung eingestellt hatte, erwies sich als Ursache der Blutung eine Ablösung des Trommelfelles an der unteren Peripherie; binnen wenigen Tagen war eine vollständige Heilung eingetreten. — *Holden*[2]) constatirte in einem Falle von Sturz auf das Hinterhaupt eine venöse Hämorrhagie aus dem Gehörgange. Das Blut floss „wie aus dem Schnabel einer Theekanne" aus. *Holden* vermuthet, dass die Blutung aus dem Sinus transversus erfolgt sei. Die Tamponade wurde mit Erfolg vorgenommen. — Die nach einem Trauma erscheinende Ohrenblutung kann in anderen Fällen durch eine Schädelfissur zu Stande kommen. So fand *Tröltsch*[3]) bei der Section eines Mannes, bei dem nach einem Sturze Blut in mässiger Menge aus dem Ohre ausgetreten war, eine Fissur des Canalis caroticus und des Tegmen tympani mit Aussprengung eines Stückes der Gehörgangswand bei vollständig intactem Trommelfelle. — *Zaufal*[4]) constatirte in einem Falle von Schädelfissur eine starke Blutung aus dem äusseren Gehörgange, welche, wie die Section nachträglich ergab, aus der Art. meningea media herrührte. — Ein Fall *Macleod's*[5]) von Zersplitterung beider Felsenbeine ist durch das Fehlen einer Ohrenblutung erwähnenswerth.

Entzündungen des äusseren und mittleren Ohres führen zuweilen durch Arrosion kleinerer oder grösserer Gefässe bald zu unbedeutenden, bald zu selbst tödtlichen Blutungen. Ein meist nur geringer Blutaustritt aus dem Gehörgange kann bei Entzündungen dieses letzteren, sowie des Trommelfelles vorkommen. Caries und Nekrose des Ohres verursachen häufig schwächere Blutungen; in einzelnen Fällen jedoch bedingen sie durch Destruction der Wandungen der Carotis, Vena jugul., des Sin. transversus, petr. superior oder inferior einen meist tödtlichen Ausgang. Die Fälle von Arrosion der Carotis interna wurden von *Hessler*[6]) ausführlich beschrieben. Die Blutung zeigte sich nur in einem Falle *Hessler's* als gleich tödtlich; gewöhnlich tritt das letale Ende erst nach mehreren Tagen auf (wahrscheinlich durch Vorschieben des Thrombus). Von Interesse ist die Thatsache, dass selbst eine ausgedehnte Zerstörung des Canalis caroticus nicht immer zu einem Durchbruch der Carotiswandungen führt.[7]) *Joly*[8]) fand in der Literatur unter acht Fällen von Arrosion der Carotis sechsmal Lungentuberculose vor. In einem Falle hatte ein Hustenstoss einen Sequester in die Carotis getrieben. — Bei der Section eines Individuums, das einmal eine von selbst sistirte profuse Ohrenblutung überstanden hatte, fand *Zaufal*[9]) Thrombose des Sin. transversus und Zerstörung der V. Santorini mit Obliteration der beiden Endäste. — *Huguier*[10]) beschreibt einen Fall von tödtlicher Blutung aus dem Sin. cavernosus, petros. sup. et inf. und aus der V. jugularis int., *Böke*[11]) einen solchen aus der V. jugularis und einen anderen aus dem Sin. petros. inf.

Behandlung bei Ohrenblutung. Geringere Ohrenblutungen lassen sich in den meisten Fällen mittelst eines in den Gehörgang eingeführten und eventuell bis in die Paukenhöhle vorgeschobenen Tampons rasch zum Stillstande bringen. Im Erfordernissfalle kann der Pfropf

---

[1]) A. f. Aug. u. Ohr. III, 2, S. 182. — [2]) S. *Schmidt's* J. 1872, B. 153, S. 306. — [3]) A. f. Ohr. VI, S. 75. — [4]) A. f. Ohr. VIII, S. 46. — [5]) S. *Canst.* J. 1869, B. 2. S. 275. — [6]) A. f. Ohr. XVIII. S. 1. Die von *Hessler* angeführten 14 Fälle von tödtlicher Blutung, in denen die Section eine Arrosion der Carotis ergeben hatte, beschrieben: I. *Boinet* (Arch. gén. de méd. XIV, 1837), II. *Chassaignac* (Traité de la suppuration, I, p. 529), III. und IV. *Toynbee* (Ohrenh. S. 349 u. *Schmidt's* J. 1863. B. 118. S. 351), V. *Baizeau* (Gaz. d. hôp. 1861, 88), VI. *Choyau* (Bull. de la Soc. anat. 1864, p. 384), VII. *Broca* (Soc. de chir. 1866, 25. April), VIII. *Busch* (Hygiea 1855. B. 14. s. *Schmidt's* J. 1862), IX. *Pitz* (Diss. Berlin 1865, s. A. f. Ohr. IV, S. 53), X. *Grossmann* (Cas. Beitr. z. Ophth. u. Otiatr. Pest 1870, s. *Schmidt's* J. B. 148, S. 250), XI. *Hermann* (Wien. med. Woch. 1867, Nr. 30 u. 32), XII. u. XIII. *Sokolowsky* (s. Centr. f. Chir. 1881, Nr. 4), XIV. *Hessler* (A. f. Ohr. XVIII, S. 15). — [7]) *Kimmel* (Obs. anat.-path. de canal. carot. etc. Leipzig 1805), *Voltolini* (*Virch.* Arch. B. 31, S. 216), *Gruber*, Ohrenh. S. 546. s. *Hessler*, A. f. Ohr. XVIII, S. 33. — [8]) S. *Broca*, *Canst.* J. 1866, B. 2, S. 412. — [9]) Wien. med. Woch. 1868, Nr. 40 u. 41. — [10]) S. *Schmidt's* J. 1852, B. 73, S. 345. — [11]) A. f. Ohr. B. 20, S. 47.

mit hämostatischen Mitteln, z. B. mit Alaunpulver oder Liquor ferri sesquichlorati, imprägnirt werden: zuweilen leisten kalte oder gerade im Gegentheil möglichst warme [1] Einspritzungen in das Ohr gute Dienste. Bei arteriellen Blutungen ist eine Compression, eventuell eine Unterbindung der Art. carotis communis angezeigt.

Bei Blutungen aus der Carotis interna ist, wie die Erfahrung lehrt, auch die Unterbindung der Carotis communis nur ausnahmsweise von anhaltendem Erfolge gekrönt [2], da anlässlich des allmälig zu Stande kommenden Collateralkreislaufes, eine nach der Unterbindung vielleicht vollständig sistirte Blutung, meistens nach wenigen Stunden oder Tagen von Neuem auftritt. In dem von Pi: (s. oben) mitgetheilten Falle hatte Billroth wegen profuser Blutung aus dem Ohre, dem Munde und der Nase, die Unterbindung der betreffenden Carotis communis (dextra) vorgenommen. Die Blutung stand hierauf durch neun Tage still und trat am zehnten Tage abermals so profus auf, dass Billroth sich zur Unterbindung der Carotis communis sinistra entschloss; trotzdem zeigte sich zwei Tage später ein abermaliger Bluterguss, welchem der Patient auch erlag. Die Section wies eine Arrosion der Carotis interna d nach. Unterbindungen der Carotis communis sind nur dann angezeigt, wenn durch deren vollständige Compression ein günstiger Einfluss auf die Blutung bemerkbar ist, indem ja profuse Blutungen mit allerdings venösem Charakter, auch von dem Sinus transversus oder der Vena jugularis stammen können. Syme [3] unterband in einem Falle die Carotis ohne Erfolg, die Section ergab als Quelle der Blutung den Sinus transversus, der an seiner Wandung eine Lücke aufwies, welche mit einer Oeffnung der hinteren Paukenwand communicirte.

VI. Entzündung der Paukenhöhle.

Die pathologisch-anatomischen und speciell experimentellen Erfahrungen in der Ohrenheilkunde sind gegenwärtig noch mangelhaft; vor Allem haben die Entzündungen der Paukenhöhle bisher eine geradezu stiefmütterliche Aufmerksamkeit erfahren und nur Wendt [4] haben wir diesbezüglich einige eingehendere Untersuchungen zu verdanken. Aus diesem Grunde sind uns auch die näheren Entzündungsvorgänge in der Paukenhöhle nur wenig bekannt und wir sind daher oft gezwungen, den klinischen Befund nach unseren allgemeinen pathologischen Kenntnissen zu deuten. Nur zum Zwecke der Klarheit wage ich mich hiermit an eine flüchtige Skizze der Entzündungen der Paukenhöhle heran; hoffentlich wird es unserer Wissenschaft bald gegönnt sein, auch in dieser Beziehung selbstständig vorzugehen und nicht von anderer Seite entlehnen zu müssen, was sie aus sich selbst zu schöpfen fähig wäre.

Die Entzündung tritt an der Auskleidung der Paukenhöhle entweder mehr oberflächlich auf, oder sie erstreckt sich in das tiefer liegende Gewebe. Als die häufigste Form der oberflächlichen Entzündung erscheint der Katarrh. Die katarrhalische Entzündung äussert sich in einer Hyperämie, Anschwellung der Epithelialzellen und vermehrten Secretion. Diese letztere besteht anfänglich in einer Steigerung des normalen Secretes, also in einer **erhöhten Schleimabsonderung**. Bei zunehmender Intensität des Erkrankungsprocesses geht jedoch die Schleimproduction zurück und macht den nunmehr ausgeschiedenen pathologischen Producten Platz. So findet man in einer Reihe von Fällen als ein krankhaftes Product bei katarrhalischen Affectionen die Ausscheidung einer serösen Flüssigkeit. Je heftiger der Katarrh ist, desto mehr tritt das **seröse Exsudat** in den Vordergrund, während die Schleimproduction sich immer mehr und mehr ver-

---

[1] *Burckhardt-Merian*, mündliche Mittheilung (1879). *Wind (Wr. med. Woch.* 1876. S. 24) hatte gegen Uterinalblutungen die Einspritzungen von warmem Wasser mit Erfolg vorgenommen. Diese Erfahrungsthatsache fand ihre nachträgliche Erklärung in der Beobachtung *Gärtner's* (Sitz. d. Ges. d. Aerzte in Wien, 8. Febr. 1884) dass bei sämmtlichen Blutgefässen (des Mesenteriums) unter Einwirkung einer höheren Temperatur regelmässig sehr energische Contractionen eintreten, die zu einzelnen Gefässen zur vollständigen Aufhebung des Lumens führen können. — [2] In dem Falle *Broca's* stand die Blutung nach Unterbindung der Carotis dauernd, die Ligatur loste sich am 20. Tage; Patient starb jedoch einige Tage später an Lungentuberkulose. — [3] *S. Toynbee*, Ohrenh., S. 352. — [4] A. d. Heilk., B. 14 u. 15.

ringert und endlich vollständig schwindet; das pathologische Secret ist an Stelle des physiologischen Secretes getreten. Bei später erfolgender Besserung mengt sich der serösen Flüssigkeit, in allmälig steigender Quantität, Schleim bei, das vorher rein seröse Secret wird serös schleimig, bis es schliesslich wieder zu einem rein schleimigen Secrete umgewandelt ist. Es geben sich demnach mit dem auf- und absteigenden Grade dieser Art von katarrhalischer Entzündung folgende verschiedene Eigenschaften des Secretes zu erkennen: eine vermehrt schleimige, schleimig seröse und rein seröse, ferner eine serösschleimige und endlich wieder rein schleimige Secretion. In anderen Fällen theilt sich das Innere der Epithelialzellen; es tritt als Eiterzelle nach aussen und bildet, im Vereine mit ausgetretenen farblosen Blutkörperchen und dem Serum, den Eiter. Auch dieser kann über die einstige Schleimsecretion die Oberhand gewinnen und führt das schleimige Secret in ein schleimigeiteriges, eiterig-schleimiges und endlich in ein rein eiteriges Secret über. Im Falle der Process abnimmt, verschwinden die weissen Blutkörperchen, die Neigung des Zelleninhaltes zur Theilung verringert sich mehr und mehr, die neugebildeten Epithelialzellen erhalten die Fähigkeit zur Production von Schleim und mischen sich selbst als Schleimkörperchen dem Secrete bei, anfänglich noch zahlreich, später spärlicher, bis sich schliesslich die Schleimsecretion wieder innerhalb physiologischer Grenzen bewegt.

So lange die Erkrankung ihren rein katarrhalischen Charakter bewahrt, erscheinen die äusseren Trommelfellschichten, nämlich die Substantia propria und die äussere Schichte, in den Process nicht einbezogen, ausgenommen eine anfänglich zuweilen nachweisbare Hyperämie und Turgescenz. Das Trommelfell kann allerdings von Seite des Exsudates durch Druck desselben eine Wölbungsanomalie aufweisen; es erleidet jedoch in seinem Gewebe selbst keine Veränderung, sondern bewahrt, wenigstens bei der acuten katarrhalischen Entzündung, seine normale Dicke, und Durchscheinbarkeit. Demzufolge ist auch, besonders bei einem mehr serösen Exsudate, die in der Paukenhöhle befindliche Flüssigkeit durch das Trommelfell oft deutlich zu erkennen.[1]

Die oberflächliche Paukenentzündung gibt sich nicht immer, wenngleich in den meisten Fällen, als ein einfacher Katarrh zu erkennen, sondern tritt auch in anderen Erkrankungsformen auf. So charakterisirt sich manchmal das ausgeschiedene Secret durch seine starke Gerinnungsfähigkeit (in Folge des bedeutenden Eiweissgehaltes) und bildet auf der Oberfläche der Schleimhaut einen membranösen Ueberzug, die sogenannte Croup-Membran. Ein andermal wieder findet an der oberflächlichen Mucosaschichte eine abnorm reichliche Production und Abstossung von Epithelialzellen statt, wobei, wie später näher erörtert werden soll, am Mutterboden selbst eine Umwandlung des Cylinderepithels in Pflasterepithel nachzuweisen ist („desquamative Entzündung").[2]

Während sich die bisher besprochenen Entzündungen der Paukenhöhle in ihrer reinen Form nur auf die oberflächlichen Schichten der Schleimhaut beschränken, steht dagegen bei der sich mehr dem Bilde der phlegmonösen Entzündung nähernden Form der Tympanitis das tiefer gelegene Bindegewebe an dem Erkrankungsprocesse direct betheiligt. Die Symptome von Hyperämie, Turgescenz und Schmerz erscheinen bei der acuten Form

---

[1] Die hier gegebene Beschreibung gilt nur für jene Fälle, in denen der Katarrh in eine vollständige Heilung übergeht. — [2] *Wendt*, A. d. Heilk. B. 14, S. 428.

dieser tiefer greifenden Entzündung meistens viel bedeutender als bei der oberflächlichen Entzündung, und häufig ist auch Fieber vorhanden. Während die Membrana tympani bei der oberflächlichen Entzündung nur ganz vorübergehend eine Hyperämie und schwache Turgescenz aufweist und sich später als transparent und nicht auffällig verändert zu erkennen gibt, ist das **Trommelfell** dagegen bei der tiefer greifenden Entzündung stets **in die Erkrankung miteinbezogen**; es erscheint bleibend geröthet, geschwellt und erleidet je nach dem Grad der Entzündung bald einen Zerfall seines Gewebes, bald wieder bleibt die Continuität der Membran erhalten.

Die tiefer greifende Entzündung tritt nämlich in verschiedenen Intensitätsgraden auf. Wir können hierbei drei Grade unterscheiden: 1. Die tiefer greifende Entzündung **niederen Grades**; sie liefert meistens ein schleimig-eiteriges Secret und führt keine Perforation des in die Entzündung miteinbezogenen Trommelfellgewebes herbei. 2. Die tiefer gehende Entzündung **höheren Grades**; sie geht mit der Production eines vorzugsweise eiterigen Secretes einher und bewirkt in der Regel eine partielle Schmelzung des Trommelfellgewebes, zuweilen auch eine ulceröse Destruction an den anderen Wandungen der Paukenhöhle. 3. Die tiefer greifende Entzündung **höchsten Grades**; sie charakterisirt sich durch die Einlagerung eines Exsudates in die tieferen Gewebsschichten, das rasch zur Nekrose und Ulceration führt.

Die hier geschilderten **verschiedenen Entzündungen** der Paukenhöhle können für sich allein rein vorkommen, sie sind jedoch viel häufiger mit einander vermengt und **gehen ohne bestimmte Grenzen in einander über**. Der schwankende Charakter der Entzündung zeigt sich besonders häufig bei der katarrhalischen Entzündung in auffälliger Weise: Mannigfach wechselnd, ziehen die verschiedenen Bilder der katarrhalischen Entzündung an unserem Auge vorüber; schleimige, schleimig-blutige, schleimig-seröse, eiterige oder wieder rein seröse, rein schleimige Secretmassen treten abwechselnd hervor und wieder zurück, die Entzündung liefert heute mehr schleimiges, morgen mehr seröses Exsudat oder umgekehrt u. s. w. Da nun, wie bereits erwähnt, auch die oberflächliche und die tiefer greifende Entzündung oft in einander übergehen und z. B. ein länger bestehender Katarrh auch consecutive Veränderungen in den tiefer gelegenen Gewebsschichten herbeiführt, so muss eine Unterscheidung der Entzündung in differente Gruppen häufig als eine gekünstelte und vollständig willkürliche bezeichnet werden. Eigentlich heben sich nur die acute und die chronische Entzündung schärfer von einander ab, wobei die letztere entweder den Ausgang einer acuten Entzündung bildet, oder gleich ursprünglich mit dem ihr eigenthümlichen Charakter auftritt.

Wenn ich trotzdem, dem praktischen Bedürfniss Rechnung tragend, im Folgenden eine speciellere Gruppirung der Entzündungen der Paukenhöhle vornehme, so sollen damit Erkrankungsprocesse verstanden sein, die allerdings auch von einander strenger unterschieden werden können, in Wirklichkeit aber häufig mit einander vermischt vorkommen. Ich versuche es also, gleichsam die einzelnen Farben zu sondern, welche in dem von uns betrachteten Gemälde enthalten sind und die uns aus diesem meistens nicht rein, sondern mit einander vielfach vermischt entgegentreten.

Mit Zugrundelegung des soeben Angeführten unterscheide ich **zwei Hauptgruppen** von Entzündungen, nämlich eine oberflächliche und eine tiefer greifende Paukenentzündung. **Die oberflächliche Entzündung** umfasst den einfachen Katarrh, den Croup und die desquamative

Entzündung, **die tiefer greifende Entzündung** wird in die früher bezeichneten drei Intensitätsgrade eingetheilt und für den niederen Grad die Bezeichnung **einfache phlegmonöse Paukenentzündung** gewählt, der höhere Grad wird als **eiterige phlegmonöse Paukenentzündung**, oder als eiterige Paukenentzündung schlechtweg, der höchste Grad als **diphtheritische**[1]) **Paukenentzündung** bezeichnet.

Mit der Entzündung der Paukenhöhle ist häufig eine Entzündung der Ohrtrompete und der zelligen Räume des Warzenfortsatzes verbunden, weshalb auch anstatt des Ausdruckes: Catarrhus cavi tympani (Paukenkatarrh) oder Tympanitis (Paukenentzündung), die Bezeichnung Otitis media (Entzündung des mittleren Ohres) allgemein üblich ist. Wenngleich die für die Entzündung der Paukenhöhle hier aufgestellten Gesichtspunkte auch auf die entzündlichen Affectionen des Mittelohres im Allgemeinen bezogen werden können, so gebe ich dennoch dem Ausdruck Tympanitis der allgemeinen Bezeichnung Otitis media den Vorzug. Es leitet mich dabei vor Allem der Umstand, dass wir nach dem Zustande der Paukenhöhle nicht immer auf das Verhalten der übrigen Abschnitte des Mittelohres einen Rückschluss zu ziehen berechtigt sind; so ist es ja z. B. leicht möglich, dass bei einer tiefergreifenden (phlegmonösen) Entzündung im Cavum tympani, in den zelligen Räumen des Warzenfortsatzes nur eine einfache katarrhalische Erkrankung besteht, oder dass eine profunde Entzündung höheren Grades in der Paukenhöhle von einer solchen niederen Grades in der Ohrtrompete und in den Warzenzellen begleitet ist u. s. w. Es geht aber daraus hervor, dass z. B. eine eiterige Paukenentzündung nicht nothwendigerweise zugleich eine eiterige Mittelohrentzündung sein muss. Aus solchen Beweggründen werde ich mich bei Schilderung der entzündlichen Vorgänge in der Paukenhöhle stets der specielleren Bezeichnung: Catarrhus cavi tympani, Tympanitis etc. bedienen. Selbstverständlich ist damit nicht gemeint, dass die Entzündung nur auf die Paukenhöhle beschränkt bleibt, da ja im Gegentheile eine Mitbetheiligung der übrigen Abschnitte des Mittelohres an einer Paukenentzündung sehr häufig erfolgt.

Die hier beschriebenen Formen der Entzündung treten entweder stürmisch auf, zeigen einen raschen Verlauf und gehen wieder vollständig zurück, oder sie verlassen in irgend einem Stadium diesen ihren charakteristischen Verlauf, um einen mehr weniger chronischen Typus anzunehmen. Ein andermal wieder ist das Bild ein derartiges, dass vom Anfange an (dies ist besonders der Fall bei den consecutiven Formen) der Verlauf mehr schleichend und die Dauer protrahirter ist, wobei sich die Veränderungen gewöhnlich als bleibende erweisen. Aus naheliegenden Gründen habe ich indess die chronische Form stets im Anschlusse an die jedesmal erörterte acute Entzündungsform besprochen, wobei mir allerdings bewusst ist, dass die Abstammung der chronischen von der acuten Entzündung strenge genommen nur für den Katarrh zutrifft, da allerdings jeder chronische Katarrh aus einem acuten hervorgehen muss, wogegen jedoch eine profunde Entzündung gleich von ihrem Beginne an als eine chronische auftreten kann.[2])

Im Nachfolgenden theile ich die von neueren deutschen Autoren aufgestellte Eintheilung der Entzündungen der Paukenhöhle, beziehungsweise des Mittelohres, kurz mit und vergleiche zur Vermeidung von Unklarheiten, die von jedem einzelnen Autor gebrauchten Bezeichnungsweisen mit den in diesem Buche gewählten Benennungen der verschiedenen Entzündungen.

Tröltsch[3]) unterscheidet zwei Hauptgruppen von katarrhalischen Mittelohrerkrankungen, nämlich den einfachen und den eiterigen Ohrenkatarrh, von denen jeder in einen acuten und chronischen Katarrh unterschieden wird. Der acute einfache Ohrenkatarrh von *Tröltsch* entspricht der oben angeführten Tympanitis phlegmonosa simplex; der chronische einfache Ohrenkatarrh umfasst nach *Tröltsch* die Ohrenkatarrhe mit

---

[1]) Hierbei bleiben die bisher noch strittigen Punkte unerörtert, ob sich die sogenannte Diphtheritis der Schleimhäute auf Pilze zurückführen lässt oder nicht. —
[2]) *Stricker*, Allg. u. exp. Path. Wien 1878, S. 406. — [3]) Ohrenh., 1. Aufl., 1862 u. folg. Aufl.

serös-schleimiger Flüssigkeit und die mit Verdickung, Sclerosirung der Mucosa. Ich werde, wie sich aus Obigem ergibt, den chronischen Ohrenkatarrh von *Tröltsch* als Catarrhus cavi tympani (acutus und chronicus) schildern.

Moos[1]) stellt zwei Hauptgruppen von Entzündungen des Cavum tympani auf: den Trommelhöhlenkatarrh und die eiterige Trommelhöhlenentzündung. Der Trommelhöhlenkatarrh von *Moos* umfasst den in diesem Buche geschilderten Catarrhus cavi tympani und die Tympanitis phlegmonosa simplex; die eiterige Trommelhöhlenentzündung von *Moos* entspricht der Tympanitis phlegmonosa purulenta.

Gruber[2]) nimmt drei Formen von Mittelohrentzündungen an, nämlich die Otitis media catarrhalis, purulenta und hypertrophica. Unter der letzteren versteht dieser Autor jene Entzündungsform, die mit Hyperplasie der Weichtheile des Mittelohres einhergeht. Der in diesem Buche angenommenen Eintheilung zufolge, ist die Otitis media hypertrophica nicht als selbstständige Erkrankung aufgefasst, sondern wird als häufig vorkommender Ausgang des chronischen Paukenkatarrhes, sowie der Tympanitis phlegmonosa simplex und purulenta beschrieben.

Zaufal[3]) und Schwartze[4]) unterscheiden je nach der Natur des ausgeschiedenen Secretes einen serösen (Otitis media serosa, *Zaufal*), einen schleimigen (Otitis media catarrhalis) und einen eiterigen Katarrh (Otitis media purulenta). Die Otitis media serosa von *Zaufal* und *Schwartze* entspricht den in diesem Buche beim Catarrhus cavi tympani acutus geschilderten Entzündungen mit serösem Ergusse in die Paukenhöhle; die Otitis media catarrhalis wird als Tympanitis phlegmonosa simplex und die Otitis media purulenta als Tympanitis purulenta bezeichnet.

Politzer[5]) stellt zwei Hauptgruppen auf, von denen die eine als Mittelohrkatarrhe im engeren Sinne bezeichnet wird und sich durch Hyperämie, Schwellung, Absonderung eines serösen und schleimigen Secretes und meistens nur geringe Reactionserscheinungen charakterisirt. Die zweite Gruppe umfasst jene Erkrankungen des Mittelohres, die mit heftigeren Reactionserscheinungen und jähem Ergusse eines eiterigen oder schleimig-eiterigen Exsudates einhergehen. Diese letztere Gruppe zerfällt nach *Politzer* in eine acute Mittelohrentzündung mit kurzer Dauer und ohne Läsion des Trommelfelles und in eine acute perforative sc. suppurative Mittelohrentzündung mit Durchbruch des Trommelfelles und einem acuten oder chronischen Verlaufe. Die Mittelohrkatarrhe *Politzer's* entsprechen dem hier geschilderten Catarrhus cavi tympani; die Mittelohrentzündungen der Tympanitis phlegmonosa simplex und purulenta.

Aetiologie. Die Entzündungen der Paukenhöhle entstehen selten primär, viel häufiger als Theilerscheinung eines Allgemeinleidens, ex contiguo oder consecutiv.

Eine Tympanitis kann sich in Folge plötzlicher Abkühlung des Körpers, bei dem Einflusse von kalter Temperatur auf den Kopf, beziehungsweise auf das Ohr, entwickeln, vielleicht anlässlich eines reflectorischen Einflusses, den eine rasche Abkühlung auf die vasomotorischen Nerven des Mittelohres ausübt.[6]) Ein ähnlicher Erklärungsgrund dürfte auch jenen Fällen zukommen, in denen nach einer traumatischen Einwirkung, wie z. B. nach einer Erschütterung des Kopfes, ohne nachweisbare Verletzung des Ohres, eine Affection der Paukenhöhle entsteht.

Wie *Moos*[7]) hervorhob, treten bei Locomotivführern und Heizern Affectionen der Paukenhöhle relativ häufig auf.

Bei vorhandener Perforation des Trommelfelles können äussere Schädlichkeiten leicht auf die Paukenhöhle einwirken und dadurch Erkrankungen dieser veranlassen. So zeigen sich auch die ins Cavum

---

[1]) Klin. d. Ohr. 1866, S. 160 u. ff.   [2]) Ohrenh. S. 143.   [3]) A. f. Ohr. V. S. 52.   [4]) Path. Anat. d. Geh. 1878, S. 73.   [5]) Ohrenh. 1878, S. 273.
[6]) *Schwartze*, Naturf.-Vers. 1872, s. A. f. Ohr. VI, S. 299.   [7]) Z. f. Ohr. IX, S. 370; s. ferner *Schwabach* (Z. f. Ohr. X, S. 201); *Bärkner* (A. f. Ohr. XVII, S. 8); *Jacoby* (A. f. Ohr. XVII, S. 258), welcher letztere Autor die Ohrenaffectionen beim Eisenbahnpersonal minder häufig antraf, wie *Moos*; *H. linger* (D. med. Woch. 1882, Nr. 5, 1883, Nr. 27) fand beim Maschinenpersonal 48%, beim übrigen Eisenbahnpersonal 95% Schwerhöriger.

tympani hineingelangten Fremdkörper, ferner das Eindringen von Flüssigkeiten in die Paukenhöhle vom äusseren Gehörgange oder von der Ohrtrompete aus, z. B. während der Nasendouche (s. Seite 49), als Ursachen einer Tympanitis.[1])

Als **Theilerscheinung eines Allgemeinleidens** wären die bei den acuten exanthematischen Erkrankungen, wie bei Scarlatina, Variola, Morbillen, ferner die bei Typhus, Tuberculose, Syphilis, Febris recurrens [2]), Morbus Basedowii etc. zu Stande kommenden Affectionen der Paukenhöhle anzuführen.

Am häufigsten entstehen die Paukenhöhlenerkrankungen ex contiguo oder consecutiv bei den idiopathisch oder in Begleitung eines Allgemeinleidens auftretenden **Erkrankungen des Nasenrachenraumes**. Diese Letzteren breiten sich in einem Theile der Fälle durch die Ohrtrompete weiter auf die Paukenhöhle aus und fachen daselbst einen Entzündungsprocess an. Ein andermal wieder beschränkt sich die Erkrankung auf den pharyngealen Abschnitt der Ohrtrompete oder nur auf das Ostium pharyngeum und führt an den betreffenden Stellen zu einer Verengerung oder Aufhebung des Tubencanales. Auch in dem Falle, als sich die Entzündung nicht über den pharyngealen Tubenabschnitt hinüber in die Paukenhöhle erstreckt, vermag dennoch der im Nasenrachenraum localisirt bleibende Erkrankungsprocess auf den Zustand der Paukenhöhle einen mächtigen Einfluss auszuüben. Die Gefässgemeinschaft des Cavum tympani mit dem Cavum naso-pharyngeale, sowie der innige Zusammenhang, der zwischen dem Musc. tensor veli und dem M. tensor tympani besteht, lassen es wohl erklärlich erscheinen, dass die Paukenhöhle an den pathologischen Vorgängen im Nasenrachenraum häufig mitbetheiligt ist. Eine Erkrankung am pharyngealen Tubenabschnitte dürfte aus den soeben angeführten Gründen zu consecutiven Entzündungsvorgängen im Cavum tympani und zu einer vermehrten Contraction des Trommelfellspanners Veranlassung geben, wobei als Ursachen dieser letzteren nicht allein eine vermehrte Anspannung des Tensor veli, sondern auch eine etwa bestehende Hyperämie der den Tensor tympani versorgenden Gefässe, in Betracht zu ziehen wären. Als Folge einer vermehrten Anspannung des Tensor tympani, ergibt sich weiters eine Einwärtsziehung des Trommelfelles und der Gehörknöchelchen, wodurch die Steigbügelplatte tiefer in das ovale Fenster hineingepresst und somit auf die Labyrinthflüssigkeit, beziehungsweise auf die in dieser befindlichen acustischen Endorgane, ein von der Intensität der Einwärtsbewegung abhängiger vermehrter Druck ausgeübt wird.

Nach der gegenwärtig allgemein angenommenen Anschauung sind als die wichtigsten Ursachen der hier besprochenen consecutiven Paukenerkrankungen alle jene pathologischen Vorgänge im Nasenrachenraume, beziehungsweise im pharyngealen Tubenabschnitte zu bezeichnen, welche eine Verengerung oder einen **Verschluss des Tubencanales** herbeiführen. Die diesbezüglich aufgestellten Gesichtspunkte sind beiläufig folgende: Die

---

[1]) *Hartmann* (Z. f. Ohr. X. S. 140) beobachtete die Entstehung einer Mittelohrentzündung in Folge von Tamponade des hinteren Abschnittes der Nasenhöhle. — [2]) *Leuchhan* (Virch. Arch. 1880, B. 82. S. 18) beobachtete unter 180 Febris recurrens-Fällen 15mal eiterige Entzündungen der Paukenhöhle, die ohne vorhandenen Rachenkatarrh, kurz nach überstandenem Anfalle auftraten.

im Mittelohr vorhandene Luft wird bei intactem Trommelfelle nur vom Tubencanale aus erneuert. Im Falle eines Verschlusses dieser Ventilationsröhre kann eine solche Erneuerung der im Mittelohr abgeschlossenen Luft nicht mehr stattfinden, wogegen die Resorption des Sauerstoffes von Seite der Blutgefässe ihren weiteren Fortgang nimmt. Zur Hintanhaltung der sonst nothwendiger Weise eintretenden Luftverdünnung im Mittelohre entstehen eine Bewegung des Trommelfelles nach innen, eine Hyperämie, ferner eine Turgescenz der Weichtheile, zuweilen ein Hydrops ex vacuo oder ein Bluterguss, also Vorgänge, die zur Verkleinerung, beziehungsweise auch Aufhebung der Cavitäten im Mittelohre führen. Derartige Zustände regen nun ihrerseits wieder weitere Veränderungen chronischer Natur an, so dass also ein einfacher Verschluss des Tubencanales die Quelle der ernstesten Affectionen des Schallleitungsapparates abgeben kann.

Man hat bei der hier mitgetheilten Anschauung, meiner Meinung nach, ein wichtiges Moment nicht berücksichtigt, nämlich die zweifellos vorhandene Durchgängigkeit des Trommelfelles für Luft.[1] Das Trommelfell ist als die dünne Membran sicherlich befähigt, einen Luftaustausch zwischen Paukenhöhle und Gehörgang herbeizuführen, und es lässt sich auch demzufolge das Mittelohr, im Falle eines Tubenverschlusses, nicht als ein von der äusseren Luft hermetisch abgeschlossener Raum betrachten. Es bleibt allerdings nicht die Möglichkeit ausgeschlossen, dass eine Erneuerung der Luft im Mittelohre, durch das Trommelfell hindurch, zuweilen nicht so rasch stattfindet, als die Resorption des Sauerstoffes der eingesperrten Luft seitens der Blutgefässe erfolgt und dass demnach trotz des endosmotischen Vorganges eine Verkleinerung des lufthältigen Cavums eintreten könne. Eine derartige geringe Verkleinerung ist sogar als wahrscheinlich anzunehmen, da die von der Paukenhöhle aspirirte Luft, während ihres Durchtrittes durch das Trommelfell einer Reibung ausgesetzt ist, also ein Hinderniss vorfindet, das nur auf Kosten des Luftdruckes im Cavum tympani überwunden werden kann, d. h. bei einem Verschlusse der Ohrtrompete ist der Druck der Luft im Mittelohr = dem Atmosphärendruck — dem Widerstande, welchen das Trommelfell dem endosmotischen Luftstrome entgegensetzt. Es ergibt sich daraus, dass bei undurchgängigem Tubencanale, trotz der Permeabilität des Trommelfelles für die Luft, dennoch eine geringe Verkleinerung des lufthältigen Raumes im Mittelohre, also eine entsprechende Einwärtsbewegung des Trommelfelles erfolgen dürfte und demnach eine Eröffnung des Tubencanales, in einem gewissen Sinne allerdings eine Wiederherstellung der normalen Druckverhältnisse herbeiführt. Sicherlich ist auch eine solche Möglichkeit ins Auge zu fassen und jedenfalls sind diesbezügliche eingehende Beobachtungen und Untersuchungen von Nöthen.

Zu Gunsten der Annahme einer Durchgängigkeit des Trommelfelles für Luft, scheint mir vor Allem die Erfahrungsthatsache zu sprechen, dass in Anbetracht der relativ häufig vorkommenden Fälle von Tubenverschluss, eine vollständige Ausfüllung der Cavitäten des Mittelohres mit Flüssigkeit oder geschwellten Weichtheilen, was eigentlich zu den seltenen Befunden gehört. *Hinton*[2] fand bei Verschluss des Ostium pharyngeum sogar ein nach aussen gewölbtes Trommelfell.

Aus dem soeben Mitgetheilten ergibt sich demnach, dass die, bei

---

[1] Auch *Hensen* sprach sich in seiner, während des Druckes der ersten Auflage dieses Lehrbuches (1880) erschienenen Phys. des Ohres zu Gunsten der Durchgängigkeit des Trommelfelles für Luft aus. *(Hermann's* Handb. d. Phys. 1880. III. 2. S. 53).
— [2] S. A. f. Ohr. V, S. 218.

Aufhebung eines durch kurze Zeit bestandenen Tubenverschlusses, wie z. B. während eines acuten Nasenrachenkatarrhes, so häufig eintretende plötzliche Gehörsverbesserung, welche fast ausschliesslich nur auf eine wiederhergestellte Ventilation der Paukenhöhle bezogen wird, auch in folgendem Sinne gedeutet werden kann: Durch Herstellung eines normal durchgängigen Tubencanales wird das Luftquantum in der Paukenhöhle nur um jenen geringen Theil vermehrt, welcher der Grösse des Widerstandes entspricht, den der endosmotische Luftstrom von Seite des Trommelfelles erfahren hat; die Aufhebung eines tubaren Verschlusses dürfte dagegen einen grossen Einfluss auf den Bewegungsapparat der Ohrtrompete und somit rückwirkend auch auf den Tensor tympani ausüben. Mit der Wiedereröffnung des Tubencanales entfallen ausserdem die durch den Tubarverschluss herbeigeführten und auch experimentell constatirten, alterirten Resonanzerscheinungen im Mittelohre; endlich könnten ein wiederhergestellter, leicht ventilirbarer Tubencanal, sowie ein normal functionirender Bewegungsapparat der Ohrtrompete, für die Circulationsverhältnisse im Cavum tympani von grosser Wichtigkeit sein. Für manche Fälle mag dazu noch der günstige Einfluss in Betracht kommen, den der zur Eröffnung des Tubencanales verwendete Luftstrom auf die Stellung des Schallleitungsapparates in der Paukenhöhle nimmt.

Abgesehen von den verschiedenen Entzündungszuständen des Cavum naso-pharyngeale, bedingt zuweilen eine verminderte oder aufgehobene Contractionsfähigkeit der Tuben-Gaumen-Rachenmuskeln, aus den bereits angegebenen Gründen, eine Affection des Tensor tympani (s. S. 178). Eine consecutive Affection der Paukenhöhle kann ferner noch durch Erkrankung des Centralnervensystems, durch Neuralgien des Trigeminus, Glosso-pharyngeus, Plexus cervicalis etc. hervorgerufen werden[1]) (s. unten).

Weber-Liel[2]) nimmt an, dass Innervationsstörungen der das Mittelohr versorgenden Nerven, besonders Trigeminus-Neurosen, bei der Entstehung einer grösseren Reihe von Mittelohraffectionen einen wesentlichen Factor abgeben. Es kommen hierbei theils Neurosen des Bewegungsapparates des Mittelohres in Betracht, theils trophische Störungen der Mucosa, die durch eine auf reflectorischen Wegen hervorgerufene Irritation der sensitiven Mittelohrnerven bedingt sind. Für derart zu Stande kommende Motilitäts- und Nutritionsstörungen scheinen mir, in der That, viele Fälle zu sprechen.

Von Seite des äusseren Gehörganges können nach Bildung einer Trommelfelllücke oder bei einer etwa schon vorhandenen Perforation der Membrana tympani, Entzündungen ex contiguo auf die Paukenhöhle übertreten.

Acute Paukenentzündungen erscheinen zumeist in Verbindung mit acutem Nasenrachenkatarrh und mit Angina zuweilen förmlich epidemisch, so dass bei diesen Erkrankungen, die im Verhältniss zu ihrem häufigen Vorkommen, doch nur in einer kleineren Anzahl von Fällen die Ursache einer heftigeren acuten Paukenentzündung abgeben, zu gewissen Zeiten plötzlich auffällig viele Entzündungen der Paukenhöhle zur Beobachtung kommen.

Bei Patienten, die leicht zu Erkrankungen der Schleimhäute überhaupt disponirt sind, ferner bei solchen, die bereits an einem chronischen Paukenkatarrh leiden, tritt nicht selten ein acuter oder subacuter Katarrh auf. Feuchtigkeit ist der Entwicklung von Paukenhöhlen-

---

[1]) S. *Lincke-Wolff*, Ohrenh., III, S. 35 u. ff. — [2]) Progress. Schwerh., Berlin, 1873.

erkrankungen günstig. Das linke Ohr pflegt bei Affectionen der Paukenhöhle zuerst zu erkranken.[1])

Subjective Symptome. Unter den durch die verschiedenen Paukenhöhlenerkrankungen hervorgerufenen subjectiven Symptomen treten in der Regel der Schmerz, die subjectiven Gehörsempfindungen und die Schwerhörigkeit besonders hervor. Der Schmerz zeigt sich am häufigsten bei den acuten Paukenentzündungen als ein zuweilen äusserst heftiges Stechen, Reissen oder Bohren im Ohre, welche Empfindungen auch auf die betreffende Kopfhälfte ausstrahlen.

Mitunter erscheint der Schmerz nicht so sehr im Ohre, als an einer anderen Stelle des Kopfes, so z. B. im Hinterhaupte oder in der Schläfengegend. Nicht selten klagen die Patienten über einen, auch gegen Berührung sehr schmerzhaften Punkt am Kopfe, der sich häufig in der Nähe des Tuber parietale befindet. In einzelnen Fällen ist die behaarte Kopfhälfte der erkrankten Seite an allen Stellen gegen die geringste Berührung sehr empfindlich.[2]) Der Einfluss der Ohrenerkrankung auf solche Cephalalgien zeigt sich besonders auffällig in deren Verschwinden anlässlich der Ohrenbehandlung. Wie ich[3]) häufig beobachtete, kann eine Cephalalgie im Momente der Lufteintreibungen ins Mittelohr und besonders bei Bougirung der Ohrtrompete dauernd zurückgehen. Interessanter Weise vermag man bei Behandlung des einen Ohres auch die an der entgegengesetzten Kopfhälfte vorhandenen Schmerzen zu sistiren.[3])

Schlingbewegungen und Schneutzen rufen, besonders bei einer acuten Affection des pharyngealen Tubenabschnittes, eine bedeutende Steigerung der Schmerzen im Ohre hervor. Der Schmerz lässt gewöhnlich abendliche und nächtliche Exacerbationen mit einer am Morgen erfolgenden Remission erkennen; manchmal besteht eine mehrstündige vollständige Intermission. In mehreren Fällen beobachtete ich typisch auftretende Neuralgien im Gebiete des Trigeminus, welche sich in einem nachweislichen Zusammenhange mit der vorhandenen Erkrankung der Paukenhöhle befanden.

Bei dem einfachen Paukenkatarrh empfinden die Patienten gewöhnlich gar keinen Schmerz, sondern nur einen stärkeren Druck oder eine Völle im Ohre, ja selbst diese Empfindungen können fehlen, so dass der Kranke nur durch seine Schwerhörigkeit auf ein bestehendes Leiden im Ohre aufmerksam gemacht wird. Manche Patienten beobachten eine verminderte Empfindlichkeit, ein taubes Gefühl an der erkrankten Kopfseite.

Die subjectiven Gehörsempfindungen (Zischen, Sausen, Läuten, Pulsiren u. s. w.) sind in den einzelnen Fällen sehr verschieden stark ausgeprägt und fehlen mitunter vollständig; sie treten bald als Initialsymptom, bald erst in einem vorgerückteren Stadium der Paukenentzündung auf. Bezüglich der wichtigen Unterscheidung dieser Gehörsempfindungen in intermittirende und continuirliche, sowie betreffs der die subjectiven Gehörsempfindungen veranlassenden Ursachen, muss auf das a. a. O. Mitgetheilte verwiesen werden.[4])

Schwerhörigkeit. Die bei den Paukenaffectionen als eines

---

[1]) *Erhard*, s. *Canst. J.* 1861, B. 1, S. 145; eine übersichtliche Zusammenstellung wurde diesbezüglich von *Bürkner* (A. f. Ohr. XX) vorgenommen. [2]) In einem diesbezüglichen Falle zeigte sich bei der betreffenden Patientin gleichzeitig ein bedeutendes Defluvium capillorum an der afficirten Kopfhälfte. [3]) Ueber d. Boug. d. Ohrtr., Wiener med. Pr. 1883. — [4]) S. Capitel VII.

der constantesten Symptome auftretende Schwerhörigkeit ist theils auf einen vermehrten Labyrinthdruck, theils auf eine verminderte Schwingungsfähigkeit des Trommelfelles und der Gehörknöchelchen, endlich, meinen Untersuchungen zufolge, gleich den subjectiven Gehörsempfindungen, zum Theil auf eine reflectorisch herbeigeführte functionelle Störung der acustischen Centren [1] zu beziehen. Eine herabgesetzte Beweglichkeit des Trommelfelles und der Gehörknöchelchen kann anlässlich deren Einwärtsziehung, ferner deren Belastung mit dem hyperämischen und geschwellten Schleimhautüberzuge, oder in Folge von Rigidität der Gelenksverbindungen, des Ligamentum annulare und der Membrana rotunda, endlich durch Erfüllung der Paukenhöhle mit Exsudat zu Stande kommen. Bei einer heftig auftretenden exsudativen Paukenhöhlenerkrankung entwickelt sich zuweilen binnen wenigen Stunden eine fast complete Taubheit auf dem afficirten Ohre, während bei den, mehr mit Hyperplasie einhergehenden Affectionen, die Schwerhörigkeit im Verlaufe von Monaten und Jahren gewöhnlich nur langsam zunimmt.

Die bei Bewegungen des Kopfes oder aus anderen Ursachen zuweilen eintretende Lageveränderung der Secretmasse gibt manchmal zu auffälligen Verschiedenheiten in der Gehörsperception Veranlassung.

Beim Ansetzen einer tönenden Stimmgabel auf die Kopfknochen findet sich an der erkrankten, beziehungsweise stärker afficirten Seite, eine vermehrte Schallperception vor (s. S. 34) und nur ausnahmsweise ist diese vorübergehend vermindert [2] oder selbst vollständig aufgehoben. [3] Prüfungen mit der Uhr ergeben bei manchen Patienten eine intermittirende Schallperception [4] von den Kopfknochen aus, so dass z. B. die auf den Kopf aufgelegte Uhr am erkrankten Ohre einmal deutlich, ein andermal wieder schwach oder gar nicht gehört wird. Betreffs des Einflusses von Lufteinblasungen ins Mittelohr auf die Schallperception per Knochenleitung s. S. 35.

Autophonie. Während des Sprechens zeigt sich bei vielen Patienten eine vermehrte Resonanz der eigenen Stimme (s. S. 164).

Schwindel. Bei Erkrankungen der Paukenhöhle treten oftmals Schwindelerscheinungen auf, die einerseits einem vermehrten Labyrinthdruck, andererseits einer Fortleitung der Hyperämie der Paukengefässe durch die Fissura petro-squamosa auf die Meningen zukommen können, oder aber zum Theile durch Reflexwirkungen bedingt sind, welche von Seite der sensitiven Nerven auf die Gleichgewichts-Centren ausgeübt werden.

Das Schwindelgefühl ist bei den verschiedenen Ohrenkrankheiten ein so häufig auftretendes Symptom, dass im Allgemeinen alle über Schwindel klagenden Patienten einer Untersuchung ihrer Gehörorgane unterzogen werden sollten.

Fieber. Eine acute Tympanitis kann durch Fieberbewegungen eingeleitet werden, in deren Gefolge besonders bei Kindern, zuweilen Delirien und Erbrechen erscheinen, demzufolge das Krankheitbild leicht auf eine cerebrale Affection bezogen werden könnte. Ein andermal wieder treten Intermittens ähnliche Anfälle auf.

Strauss[5]) und Kien[5]) beobachteten je einen Fall von Polyurie in Folge von Entzündung der Paukenhöhle.

---

[1]) Ueb. d. Einfl. v. Trigeminusreiz. auf d. Sinnesempf., Pflüger's Arch. 1883, B. 30, S. 169 u. ff. — [2]) Frank, Ohrenh., S. 377. — [3]) Politzer, Bel. d. Trommelf. 1865, S. 88; Lucae, A. f. Ohr. II, S. 84; Schwartze, ibid. III, S. 282; Wendt, ibid. III, S. 68; E. Politzer, ibid., VII, S. 48; Bürkner, A. f. Ohr. XIV, S. 112. — [4]) Politzer, A. f. Ohr. I, S. 346; Bürkner, A. f. Ohr. XIV, S. 96. — [5]) S. Schmidt's J. 1876, B. 169, S. 83.

1. Gruppe: Oberflächliche Entzündung der Paukenhöhle. 1. **Der Paukenhöhlenkatarrh (Catarrhus cavi tympani).** Der Paukenkatarrh gibt sich als acuter oder als chronischer Katarrh zu erkennen.

A) Der acute Paukenhöhlenkatarrh (Catarrhus cavi tympani acutus). Bei dem einfachen acuten Katarrh der Paukenhöhle findet eine in ihrer Intensität verschiedene Hyperämie der Schleimhaut des Cavum tympani und die Absonderung einer, anfänglich schleimigen, später schleimig-serösen oder rein serösen, zuweilen einer eiterigen[1]) Flüssigkeit statt. Die Menge des Secretes beträgt bald nur wenige Tropfen, bald wieder ist die Paukenhöhle von der Flüssigkeit zum grossen Theile angefüllt; zuweilen erhält das Secret eine Beimischung von Blut oder das letztere bildet selbst einen wesentlichen Bestandtheil des Exsudates. Auffällige entzündliche Erscheinungen sind beim acuten Katarrh in der Paukenhöhle gewöhnlich gar nicht oder nur anfänglich vorhanden: auch das Trommelfell weist in der Regel nur im Beginne der Erkrankung eine leichte, rasch vorübergehende Röthe und Schwellung auf.

Die Ohrtrompete nimmt in ihrem knöchernen Abschnitte an der Injection der Paukengefässe Theil, während die pharyngeale Tuba häufig ausser der Hyperämie noch eine stärkere Schwellung ihrer Schleimhaut erkennen lässt; in manchen Fällen jedoch bewahrt die Ohrtrompete nahezu ihren normalen Zustand.

Von den **subjectiven Symptomen** tritt zumeist nur die Schwerhörigkeit stärker hervor. Die subjectiven Gehörsempfindungen erscheinen schwach ausgeprägt und geben sich gewöhnlich nur als zeitweise auftretende zu erkennen. Schmerzen fehlen häufig vollständig, wogegen über die Empfindung von Druck und Völle im Ohre öfter geklagt wird.

Objective Symptome. Das Trommelfell bietet beim acuten Paukenkatarrh ausserordentlich verschiedene Bilder dar, die, abgesehen von den Veränderungen, welche der acute Katarrh in der Paukenhöhle hervorruft, noch ausserdem von der Durchscheinbarkeit und Resistenz des Trommelfelles und von etwa vorausgegangenen Erkrankungen der Paukenhöhle abhängig sind. Wenn ein vorher gesundes Ohr von einem acuten Paukenkatarrh befallen wird, so erscheint das Trommelfell anfänglich schwach geröthet, wogegen in Folge der zuweilen hochgradigen Einziehung der Membran, die hyperämische innere Wand der Paukenhöhle, vor Allem das Promontorium, als röthlicher oder rothgelblicher Fleck, durch das Trommelfell auffällig hindurchschimmert. In anderen Fällen ist die Röthe mässig ausgesprochen und das Trommelfell erscheint nur verschieden stark nach innen gezogen; mitunter findet sich an seiner Oberfläche ein **erhöhter Glanz** vor, der den Eindruck macht, als ob die Membran mit Fett bestrichen worden wäre.

Ein in der Paukenhöhle angesammeltes serös-schleimiges **Exsudat** gibt nicht selten zu charakteristischen Erscheinungen am Trommelfellbilde Veranlassung.[2]) Durch Anlagerung der Flüssigkeit

---

[1]) Der Seite 51 erwähnte Fall bot die Erscheinungen eines acuten Paukenkatarrhes mit eiteriger Secretion dar. Das normal durchscheinende und nicht hyperämische Trommelfell zeigte an seinem hinteren oberen Quadranten eine gelbliche Hervorstülpung, aus der nach erfolgter Spaltung des Exsudatsackes eine eiterige Flüssigkeit austrat. Die Erkrankung war am nächsten Tage vollständig zurückgegangen.
[2]) *Politzer.* Wien. med. Woch. 1867, W. med. Presse, 1869, Ohrenh., S. 301.

an das Trommelfell zeigt dieses an der betreffenden Stelle, und zwar häufig an seinem unteren Drittel, eine verminderte Transparenz, eine graue oder grünliche Verfärbung, die nicht selten die Gestalt eines Dreieckes annimmt, wobei sich die Basis des Dreieckes an der unteren Peripherie des Trommelfelles befindet, während die Spitze gegen den Hammergriff gerichtet ist. Die Grenze einer in der Paukenhöhle angesammelten serösen Flüssigkeit tritt am Trommelfelle nicht selten als ein meist doppelt contourirter Streifen (**Exsudatstreifen**) hervor, der das Aussehen eines dem Trommelfelle aufliegenden schwarzen oder weissen Haares darbietet.

Solche **Grenzlinien** kommen je nach dem Orte, an dem sich die Flüssigkeit befindet, an den verschiedenen Stellen des Trommelfelles, zumeist an dessen unterer Hälfte vor. Das im unteren Theile der Paukenhöhle angesammelte Secret weist gewöhnlich eine nach oben concave Grenzlinie auf; bei grösserer Flüssigkeitsmenge, die über das freie Griffende des Hammers hinaufreicht, steigt die Grenzlinie in Folge von Adhäsion an den Hammergriff, an dessen beiden Seiten höher empor, wodurch zwei vom Handgriffe getrennte und mit der Concavität nach aufwärts gerichtete Bogenlinien entstehen. Bei den durch die Bewegungen des Kopfes zuweilen eintretenden Schwankungen einer leicht beweglichen Flüssigkeit in der Paukenhöhle, erfolgt manchmal eine deutlich erkennbare **Verschiebung** der Grenzlinie, welche Lageveränderung je nach der Consistenz des Secretes bald rasch, bald wieder erst nach einer länger eingehaltenen Neigung des Kopfes zu Stande kommt. Durch Adhärenz zäherer Secretmassen an das Trommelfell können die Grenzlinien mit geradem, bogen- oder kreisförmigem Verlaufe, an den oberen Partien des Trommelfelles sichtbar werden, ohne dass in dem der unteren Hälfte des Trommelfelles entsprechenden Theile der Paukenhöhle, eine Flüssigkeitsansammlung stets bemerkbar wäre.

Bei **Lufteinblasungen** in die Paukenhöhle kann die Flüssigkeit in **Blasen** aufgewirbelt werden, von denen die am Trommelfelle befindlichen, zuweilen in grosser Menge als schwarze Kugeln oder als scharf contourirte Kreise sichtbar werden, die nach und nach, bei eintretendem Platzen der Blasen, wieder vergehen. Durch das Aufwirbeln des Secretes verschwindet häufig eine vor der Lufteinblasung deutlich erkennbare Grenzlinie oder erscheint an einem anderen Orte, z. B. höher oben, und tritt nach einiger Zeit in Folge Herabfliessens der Flüssigkeit zu den tieferen Stellen, häufig wieder nahe der unteren Peripherie des Trommelfelles auf. In einzelnen Fällen werden Grenzlinien erst nach der Lufteinblasung sichtbar.

Wenn die Flüssigkeit das ganze Cavum tympani erfüllt und demnach über die obere Peripherie des Trommelfelles hinaufreicht, so weist zuweilen die ganze Membran einen grauen, gelblichen oder grünlichen[1] **Schimmer** auf. Mitunter werden einzelne Theile des Trommelfelles, und zwar am häufigsten der hintere und obere Quadrant, durch das Exsudat stärker in den äusseren Gehörgang vorgedrängt, wodurch sack- oder kugelförmige, meist schwach gelblich gefärbte **Hervorwölbungen** am Trommelfelle entstehen. Dagegen veranlasst eine im Cavum tympani angesammelte Flüssigkeit, bei stark getrübter und resistenter Membrana tympani, kein charakteristisches Trommelfellbild.

---

[1] *Politzer* (W. med. Pr. 1869. Sp. 459) spricht von einem bouteillengrünen Schimmer.

Die beim acuten Katarrh andererseits wieder sehr häufig vorhandene und in ihrer Intensität verschiedene **Einwärtsziehung des Trommelfelles** hängt nicht allein von den, durch den acuten Ohrkatarrh gesetzten Veränderungen im Cavum tympani, sowie von dem Contractionszustande, beziehungsweise der Contractionsfähigkeit des Musc. tens. tympani ab, sondern zum grossen Theile auch von der jedesmaligen Resistenz des Trommelfelles.

Dementsprechend wird eine durch vorausgegangene Erkrankungen der Paukenhöhle abnorm verdickte und resistente Membran nicht jene bedeutende Einwärtsziehung aufweisen, die ein früher normales Trommelfell beim acuten Paukenkatarrh in der Regel zeigt.

Die **Diagnose** des beim acuten Paukenkatarrh in die Paukenhöhle ergossenen Exsudates, ist bei vorhandener Exsudatlinie sehr leicht zu stellen, da eine Verwechslung dieser letzteren mit anderen Veränderungen am Trommelfellbilde meistens leicht zu vermeiden ist.

Die **Unterscheidung eines am Trommelfell thatsächlich liegenden Haares von einer Exsudatlinie**, ist gewöhnlich sehr leicht, da ein Haar meistens in den äusseren Gehörgang hinüberreicht oder über den Hammergriff verläuft und sich dadurch als Auflagerung zu erkennen gibt. Wie ich aus meinen Cursen ersehe, täuschen mitunter lineare Trübungen in der Membrana tympani oder zuweilen auch die Anheftung von Pseudomembranen an das Trommelfell, Exsudatlinien vor. Es empfiehlt sich für solche Fälle, das Trommelfell unmittelbar nach der Lufteinblasung wieder zu besichtigen, wobei die Trübungen, sowie die Adhäsionslinien stärkerer Pseudomembranen unverändert bleiben, während die Exsudatlinien, wie oben angegeben wurde, mannigfache Veränderungen erkennen lassen; auch Aufblasungen des Trommelfelles können aus demselben Grunde differentialdiagnostisch verwerthet werden (betreffs der Pseudomembranen s. S. 125). In zweifelhaft bleibenden Fällen ist eine Besichtigung des Trommelfelles an verschiedenen Tagen angezeigt und dabei auf eine vielleicht eingetretene, also für Exsudat sprechende, veränderte Verlaufsrichtung der linearen Trübung zu achten.

Die von den Patienten hie und da angegebene **Empfindung des Schwankens** einer Flüssigkeit im Ohre bei den Bewegungen des Kopfes ist für sich allein kein pathognomisches Symptom und nur im Vereine mit den anderen Erscheinungen diagnostisch verwerthbar. In gleicher Weise hat auch eine bei den Neigungen des Kopfes zuweilen eintretende oft bedeutende Veränderung der Gehörsperception keineswegs als ein verlässliches Zeichen von Schwankungen der Paukenflüssigkeit zu gelten, sondern beruht mit einzelnen Falle möglicherweise auf einer veränderten Spannung der Tubenmuskeln (s. S. 19). So beobachtete ich an einem Patienten, bei dem während der seitlichen Neigung des Kopfes stets eine deutlich nachweisbare Gehörsverbesserung eintrat, dass diese letztere ausblieb, wenn der ganze Körper in den früheren Neigungswinkel gebracht wurde, wobei der Kopf in der Längenaxe des Körpers verharrte.

Im Falle einer vorhandenen **sackförmigen Hervortreibung** des Trommelfelles muss noch die Möglichkeit ins Auge gefasst werden, dass die halbkugelig vorspringende Partie der Membran nicht mit Flüssigkeit, sondern mit Luft gefüllt ist. Derartige **Luftsäcke** bilden sich an Stellen von erschlafftem Trommelfellgewebe oder nach einem Einrisse in die Schleimhautschichte des Trommelfelles, wodurch die in der Paukenhöhle befindliche Luft bis zu den äusseren Schichten vordringen kann und diese bei vorgenommener Lufteinpressung ins Cavum tympani nach aussen wölbt. Zur Sicherstellung der Differentialdiagnose, ob die vorhandene Hervorwölbung des Trommelfelles mit Flüssigkeit oder Luft gefüllt sei, dienen folgende Anhaltspunkte: Luftsäcke treten am Trommelfelle gewöhnlich erst nach einer Luftverdichtung in der Paukenhöhle auffällig hervor; wenn also z. B. bei der Untersuchung vor der Luftdouche am Trommelfelle keine kugelförmige Hervorstülpung bemerkbar war, dagegen nach der Lufteinpressung ins Mittelohr, besonders am hinteren und oberen Trommelfellquadranten, eine starke Convexität ersichtlich ist, so deutet dies mit grosser Wahrscheinlichkeit auf eine lufthältige Ausbauchung einer erschlafften Partie der Membran hin. Allerdings können solche plötzlich eintretende partielle Hervortreibungen des Trommelfelles, auch ohne vorausgegangene Erschlaffung des betreffenden Gewebes entstehen, nämlich wenn durch die Lufteinpressung ins Cavum tympani, ein Einriss der inneren Trommelfellschichte zu Stande kommt und dadurch entweder die Luft oder ein in der Paukenhöhle befindliches Exsudat bis gegen die Cutisschichte vordringt und diese nach aussen stülpt.[1]

Es können also Fälle von Ausstülpungen des Trommelfelles bestehen, in denen der betreffende Luft- oder Exsudatsack nicht von sämmtlichen, sondern nur von einzelnen Schichten des Trommelfelles gebildet wird.

Für die Diagnose eines Luftsackes und gegen einen tympanalen Exsudatsack spricht ferner der Umstand, dass die hervorgetriebene Partie des Trommelfelles, durch eine Luftverdichtung im äusseren Gehörgange in die Paukenhöhle zurückgedrängt werden kann und dabei nicht selten nunmehr eine nach aussen abnorm concave, also stark nach innen gesunkene Stelle der Membran bildet. Auch die durch längere Zeit fortgesetzte Beobachtung wird einen Unterschied des Exsudatsackes von einer einfachen lufthältigen Hervortreibung des Trommelfelles erkennen lassen, da die letztere je nach der Luftmenge im Cavum tympani zu verschiedenen Zeiten in ihrer Grösse sehr differirt, sich jedoch auch nach Monaten und Jahren noch vorfinden kann, indess der Exsudatsack in der Regel mit dem ablaufenden Entzündungsprocesse rasch verschwindet. Ausstülpungen des Trommelfelles im Vereine mit einer Röthe und Schwellung, sprechen eher für eine durch die Entzündung hervorgerufene Flüssigkeitsansammlung, während der Luftsack häufiger bei einer verdünnten, also abnorm deutlich durchscheinenden Trommelfellpartie zur Beobachtung gelangt.

Politzer[2] macht auf die Möglichkeit einer gleichzeitig vorhandenen Ansammlung von **Exsudat und Luft** in der ausgebuchteten Stelle des Trommelfelles aufmerksam, welche in ihrem unteren exsudathältigen Theil eine gelblich grüne Farbe zeigt, die von dem ober ihr befindlichen Luftraume, durch eine Linie scharf abgesetzt erscheint.

Ein beweisend diagnostisches Zeichen einer serösen oder serösschleimigen Ansammlung im Cavum tympani liegt in deren Entfernung durch das perforirte Trommelfell, oder bei intacter Membran, durch die Aspiration des Secretes vermittelst des Paukenhöhlenkatheters.

In seltenen Fällen kann das Secret, welches während der Luftdouche aus der Nasenöffnung abfliesst (s. unten) bei Vergleichung des Trommelfellbildes vor und nach der Luftdouche, als Paukenhöhlen-Secret diagnosticirbar sein.

Der Verlauf des acuten Paukenkatarrhes ist sehr verschieden: während in manchen Fällen binnen wenigen Tagen oder Wochen eine

---

[1] *Zaufal* A. f. Ohr. V, S. 48. — [2] Ohrenh., S. 281.

Resorption des Exsudates mit vollständiger Heilung erfolgt, findet sich ein andermal wieder ein protrahirter Verlauf oder eine grosse Neigung zu Recidiven vor; der acute Katarrh geht allmälig in den chronischen Paukenkatarrh über. Das ätiologische Moment erweist sich hierbei von grossem Einflusse: so bildet sich ein, durch acute Affectionen hervorgerufener, recenter Paukenkatarrh häufig rasch zurück, indess bei Constitutionsanomalien, sowie bei einer vorhandenen chronischen Nasenrachenaffection, der Verlauf des acuten Katarrhs bei Weitem ungünstiger erscheint.

Die Behandlung hat die etwa vorhandenen pathologischen Zustände der Ohrtrompete, beziehungsweise des Nasenrachenraumes, zu bekämpfen, ferner die Schwingungsfähigkeit des Schallleitungsapparates wieder herzustellen, das Secret aus der Paukenhöhle zu entfernen und Recidive möglichst hintanzuhalten. Es kommen hierbei ausser den, bei Besprechung der Erkrankung der Ohrtrompete und des Nasenrachenraumes bereits angeführten Mitteln, noch die Lufteinblasungen in die Paukenhöhle und die Incision des Trommelfelles in Betracht.

Die Lufteinblasung bezweckt die Eröffnung des Tubencanales und den Abfluss der Paukenhöhlenflüssigkeit durch diesen, eventuell die Vertheilung des Exsudates auf eine grössere Resorptionsfläche, beziehungsweise die Entfernung desselben von acustisch wichtigen Theilen der Paukenhöhle.

Wie *Politzer*[1]) beobachtete, ist durch sein Verfahren die im Cavum tympani angesammelte Flüssigkeit, zuweilen en masse herauszutreiben. Man lässt zu diesem Zwecke den Kopf durch 1—2 Minuten stark nach unten und dabei gegen die nicht erkrankte Seite neigen, um die Ansammlung der in der Paukenhöhle befindlichen Flüssigkeit über dem Ostium tympanicum tubae zu ermöglichen, und nimmt hierauf die Luftdouche vor, welche durch Eröffnung des Tubencanales den Austritt des Secretes aus dem Mittelohre begünstigt. Das Paukensecret kann dabei durch den Nasencanal abfliessen. Dass es sich hierbei wirklich um das Secret der Paukenhöhle und nicht etwa um andere Secretmassen handelt, lehren die nachträglich angestellte Ocularinspection, sowie die bedeutende Besserung der subjectiven Symptome.

Gewöhnlich sind zur vollständigen Entfernung des Secretes wiederholt vorgenommene Lufteinblasungen erforderlich, wobei vielleicht kleine, nicht nachweisbare Mengen, ihren Abfluss durch die Ohrtrompete nehmen, während ein anderer Theil durch Vertheilung des Secretes auf die Wandungen der Paukenhöhle möglicherweise einer rascheren Resorption anheimfällt oder etwa in die Zellen des Warzenfortsatzes geblasen wird. Das unmittelbar nach der Lufteinblasung zuweilen plötzliche Verschwinden sämmtlicher dem acuten Paukenkatarrh zukommender subjectiver Symptome, erweist sich allerdings häufig nur von kurzer Dauer, da ein blos aufgewirbeltes, jedoch aus der Paukenhöhle nicht entferntes, dünnflüssiges Secret sich langsam an seinen früheren Platz herabsenkt und dadurch die früher vorhandenen Symptome wieder zurückruft. Umgekehrt wird man mitunter finden, dass erst einige Stunden nach der Lufteintreibung in den bestehenden katarrhalischen Erscheinungen eine subjectiv und auch objectiv erkennbare Besserung eingetreten ist. Zuweilen erzielt die Lufteinblasung einen bleibenden, höchst bedeutenden Effect. Dieser findet seine Erklärung in der Annahme, dass entweder kleinere zähe Secretmassen

---

[1]) W. med. Woch. 1867, Nr. 16.   *Zaufal*, A. f. Ohr. V, S. 60.

von den Labyrinthfenstern zu acustisch weniger wichtigen Theilen der Paukenhöhle hingeschleudert werden, oder aber, dass durch die Lufteintreibung eine plötzliche Eröffnung des früher verschlossenen Tubencanales erfolgt ist.

Eine plötzlich stattfindende **Abhebung** der mit einander verklebten **Tubenwandungen** ist mitunter von einem Knall im Ohre begleitet. Bei manchen Patienten tritt diese Erscheinung auch spontan ein und gibt sich durch eine vorübergehende, seltener bleibende, auffällige Gehörsverbesserung zu erkennen.

Nach *Kessel*[1]) kann das Paukensecret von den ins Cavum tympani frei mündenden Lymphbahnen aufgenommen und auf diesem Wege aus der Paukenhöhle herausbefördert werden.

Aufsaugung des Secretes. Nach der Methode *Weber-Liel's*[2]) lässt sich das Secret mit dem Paukenröhrchen von der Tuba aus theilweise aufsaugen (s. S. 47). [3]) Stärkere Reizzustände der Tuba dürften als Contraindicationen dieses Verfahrens zu betrachten sein. Die Mittheilungen *Weber-Liel's*[4]) über die günstige Wirkung seiner Methode fand *Poorten*[5]) in einer Reihe von Fällen bestätigt.

Paracentese der Paukenhöhle. Bei bedeutender Secretansammlung im Cavum tympani, bei welcher durch die Lufteinblasung gar keine oder nur eine vorübergehende Besserung erzielt wird, ferner bei heftig hervortretenden subjectiven Symptomen, ist die Eröffnung der Paukenhöhle durch eine Incision des Trommelfelles vorzunehmen.

Nach *Tröltsch*[6]) empfiehlt sich die Incision auch in solchen Fällen, in denen bei negativem Trommelfellbefunde ein constantes Hinderniss für das Eindringen von Luft in die Paukenhöhle besteht, da einem solchen Hindernisse nicht selten eine Exsudatansammlung im Cavum tympani zu Grunde liegt.

Die Incision des Trommelfelles behufs Entfernung des Secretes aus der Paukenhöhle wurde besonders von *Schwartze*[7]) zahlreich ausgeführt und als ein bewährtes Mittel befunden. Immerhin ist die Häufigkeit[8]) einer darauffolgenden entzündlichen Reaction beachtenswerth. Den von mir erhaltenen Resultaten zufolge, übe ich gegenwärtig die Paracentese seltener aus, als vorher.

Als **Incisionsstelle**, welche sich zur leichteren Entfernung des Secretes nahe der unteren Peripherie des Trommelfelles befinden muss, wählt *Schwartze*[9]) gewöhnlich den hinteren unteren Quadranten. Wegen des zuweilen zäheren Exsudates darf der Schnitt nicht zu klein ausfallen, indem sonst das Secret, welches nicht selten zu einem Klumpen geballt erscheint, an seinem Austritte durch die Incisionsöffnung behindert ist. Ein mehr flüssiges Exsudat dringt dagegen allerdings selbst durch eine kleine Lücke leicht nach aussen.

Der Incision des Trommelfelles muss eine **Lufteinblasung**

---

[1]) A. f. Ohr. VI, S. 182. — [2]) C. f. d. med. Wiss. 1869. — [3]) Den Vorschlag, das Paukensekret von der Tuba aus durch Aspiration zu entfernen, stellte *Hubert-Valleroux* (s. *Canst.* J. 1843, B. 3, S. 198) auf. *Robinson*, *Turnbull* und *Flourens* empfehlen zur Aspiration einen luftverdünnten Recipienten, *Bonnafont* eine mit dem Katheter verbundene Saugpumpe (s. Bull. de l'Acad. de méd., Paris, 1842—43, T. VIII, p. 1059). — [4]) A. f. Ohr. V, Sp. 12. — [5]) M. f. Ohr. VI, Sp. 11. — [6]) A. f. Ohr. VI, S. 60. — [7]) A. f. Ohr. II, S. 245, VI, S. 171. — [8]) *Christinnek* (A. f. Ohr. XX, S. 27), constatirte unter den in *Schwartze's* Klinik operirten Fällen in 41·2% entzündliche Reactionserscheinungen. — [9]) A. f. Ohr. III, S. 295.

durch die Tuba in die Paukenhöhle folgen, um das Secret aus dieser durch die Schnittöffnung in den äusseren Gehörgang zu treiben.

Zähe Exsudate oder tiefer als die Incisionsstelle gelagerte Secretmassen, welche trotz der Lufteinblasungen nicht aus der Paukenhöhle getrieben werden können, treten zuweilen beim Liegen auf der operirten Seite während des Schlafes, durch die Incisionsöffnung in den äusseren Gehörgang über. Im Erfordernissfalle kann eine **Ausspülung** zäher Exsudatmassen mittelst lauer Kochsalzlösung von der Tuba aus [1]) vorgenommen werden (s. S. 40).

Auch die **Aspiration der Luft** des äusseren Gehörganges erweist sich zur Entfernung des Secretes von Erfolg. Durch Combination der Luftverdünnung im Gehörgange und der gleichzeitig eingeleiteten Lufteinblasung in die Paukenhöhle durch die Ohrtrompete, wird die Entfernung des Secretes wesentlich befördert.

Die **Incision** des Trommelfelles mit nachfolgender Entfernung des Secretes führt nicht immer nach ihrer ersten Vornahme zur Heilung, sondern erfordert zuweilen eine selbst häufige **Wiederholung**. Der Schnitt heilt gewöhnlich binnen 24 Stunden, mitunter am zweiten bis dritten Tage und bleibt, abgesehen von Fällen mit einer eintretenden reactiven Entzündung, selten längere Zeit hindurch offen. Betreffs der nach der Incision zu beobachtenden **Cautelen** s. S. 54. Die nach der Entfernung des Secretes nothwendige **Nachbehandlung** unterscheidet sich nicht von der sonst üblichen Behandlung des acuten Katarrhes.

Dagegen erscheint die zuerst von *Rau*[2]) und *Hinton*[3]) empfohlene directe **Aufsaugung** des Paukenhöhlen-Secretes vermittelst eigener durch die Trommelfelllücke eingeführter Canülen weniger zweckmässig. *Sexton*[4]) schlägt vor, das Secret aus dem Cavum tympani durch Verdichtung der Luft im Gehörgange zurückzudrängen.

B) Der chronische Paukenkatarrh (Catarrhus auri tympani chronicus). Der chronische Katarrh der Paukenhöhle führt in der Regel zu einer bedeutenden Hypertrophie der Mucosa und nachträglich auch des submucösen Bindegewebes, wobei die Erstere zuweilen ihren Charakter als Schleimhaut verliert und sich in ein mächtiges fibröses Gewebe umwandelt. Eine stärkere Hyperämie und Secretion tritt nur zeitweise vorübergehend auf (subacuter Katarrh), ja im Gegentheil kann bei der **Sclerose** des Paukenhöhlengewebes eine partielle Verödung der Gefässe erfolgen, so dass die normaliter blassrothe Schleimhaut, an der betreffenden Stelle sehnig weiss angetroffen wird. Ein schleimig seröses oder ein seröses Secret findet sich beim chronischen Paukenkatarrh nicht selten vor.

Die **Sehne des Trommelfellspanners** erfährt beim chronischen Katarrh häufig eine bedeutende Verkürzung, wobei ausser der schon oben erwähnten activen Contraction des M. tens. tymp., noch eine secundäre Retraction der Sehne anzunehmen ist [5]), wie eine solche in pathologischen Fällen, an den Sehnen der verschiedenen Gelenke bekanntlich beobachtet wird. Auch auf die nach innen gerückten **Gehörknöchelchen** wird eine solche, lang anhaltende pathologische Lage von ungünstigem Einflusse sein, da dieselben bei ihrer gegenseitigen straffen Verbindung nicht allein eine verminderte Schwingungs-

---

[1]) *Schwartze*, A. f. Ohr. VI. S. 185. — [2]) Ohrenh., S. 15. — [3]) S. A. f. Ohr. V. S. 220. — [4]) S. M. f. Ohr. XI. Sp. 46. — [5]) *Lucae*, Virch. Arch. 1864, B. 29, S. 58; *Politzer*, Bel. d. Trommelf. 1865, S. 131.

fähigkeit erleiden, sondern auch in ihren Gelenksverbindungen selbst starrer werden, wobei noch eine etwa bestehende Hypertrophie der Gelenkshüllen die Beweglichkeit wesentlich zu erschweren vermag. In ähnlicher Weise wirken Hypertrophien der Bänder der Gehörknöchelchen, sowie die Verdickungen und die consecutiv eintretenden Verkürzungen der im Cavum tympani häufig vorkommenden inconstanten Membranen (s. unten) auf die Beweglichkeit der Gehörknöchelchen höchst ungünstig ein. Von grosser Wichtigkeit sind die Anlagerung zäher Secretmassen an das **ovale oder runde Fenster**, ferner Verdickungen sowie Verkalkungen des Ligam. annulare und der Membr. rotunda, wodurch die Schwingungsfähigkeit dieser Theile herabgesetzt, ja sogar vollständig aufgehoben werden kann. Die Schwingungsfähigkeit des **Trommelfelles** erleidet durch dessen Einwärtsbewegung eine Abschwächung, die besonders in jenen Fällen hochgradig werden kann, in denen die Membran theils durch ihren hypertrophischen Mucosaüberzug, theils durch ihre allmälig eintretende Verdickung oder Verkalkung, in eine mehr weniger starre Platte umgewandelt ist.

Die hier geschilderten Veränderungen im Cavum tympani können bald über die ganze Paukenhöhle ziemlich gleichmässig ausgebreitet vorkommen, bald wieder nur als particielle erscheinen und sich im letzteren Falle einmal mehr am Trommelfelle, ein andermal mehr an den Labyrinthfenstern localisiren.

An dem Paukenkatarrh betheiligt sich die Ohrtrompete in sehr verschiedenem Grade; in vielen Fällen ist der pharyngeale Abschnitt und besonders der Isthmus tubae stärker katarrhalisch afficirt, oder aber der Katarrh ist auf die Paukenhöhle allein beschränkt.

Aetiologie. Der chronische Paukenkatarrh wird gleich dem acuten Katarrh durch die S. 215 angegebenen ätiologischen Momente hervorgerufen. Nicht selten trifft man den chronischen Katarrh der Paukenhöhle in gewissen Familien auffällig häufig an, so dass die Annahme einer Vererbung des Katarrhes wohl gerechtfertigt erscheint. Sicherlich spielt bei der Vererbung von Erkrankungen der Paukenhöhle eine vererbte Inclination zu Nasenrachenkatarrhen häufig eine grosse Rolle; anderseits wäre es nach *Tröltsch*[1]) leicht möglich, dass die eintretende Schwerhörigkeit durch eine vererbte geringe Geräumigkeit der Paukenhöhle oder der Nischen der Labyrinthfenster, ferner durch eine Enge der Ohrtrompete, sowie des Schlundkopfes begünstigt wird.

Wendt[2]) hält auch eine grosse Tiefe der Nische des ovalen Fensters für ungünstig, da bei derselben abnorme Verbindungen leichter zu Stande kommen können. *Zaufal*[3]) spricht der Neigung des runden Fensters zum Boden der Paukenhöhle eine Bedeutung zu, da bei einer mehr horizontalen Lage des Foramen rotundum eine Einwirkung auf dieses von Seite der geschwellten Mucosa etc. leichter stattfinden kann als bei verticaler gestelltem Fenster. Nach *Wreden*[4]) wäre bei den Kindern ohrenkranker Eltern eine Prädisposition zu einem Ohrenleiden vorhanden, die möglicherweise selbst zu einer fötalen Mittelohrentzündung Veranlassung giebt. In einem von *Voltolini*[5]) berichteten Falle war eine progressive Schwerhörigkeit von den Eltern auf die (5) Töchter, jedoch nicht auf die (4) Söhne übergegangen. *Weber-Liel*[6]) macht auf eine vererbliche geringe Entwicklung der Musculatur der linken Körperhälfte aufmerksam, womit nach diesem Autor auch die Möglichkeit einer bedeutenden Schwäche des M. tens. veli der linken Seite gegeben ist.

---

[1]) Ohrenh. 5. Aufl., S. 260. — [2]) Naturf.-Vers. 1872, s. A. f. Ohr. VI, S. 298. — [3]) A. f. Ohr. II, S. 178. — [4]) M. f. Ohr. IV, Sp. 24. — [5]) M. f. Ohr. VII, Sp. 141. — [6]) Progr. Schwerh. S. 140.

Nach *Triquet*[1]) soll die erbliche Anlage des Paukenkatarrhs 1 : 4, nach *Moos*[2]) sogar über 1 : 3 betragen.

Von den **subjectiven Symptomen** wären vor Allem die Schwerhörigkeit und die subjectiven Gehörsempfindungen hervorzuheben. Beide dieser Symptome können in bedeutender Intensität gleichzeitig bestehen oder aber es treten in dem einzelnen Falle bald mehr die Schwerhörigkeit, bald wieder mehr die Ohrengeräusche in den Vordergrund. Die **subjectiven Gehörsempfindungen** gehen beim chronischen Paukenkatarrh der Schwerhörigkeit entweder selbst Jahre lang voraus, oder erscheinen gleichzeitig mit dieser oder endlich sie folgen ihr nach. In seltenen Fällen treten sie überhaupt nicht auf; ein andermal wieder bestehen sie nur durch kurze Zeit im Beginne der Erkrankung und verschwinden dann bleibend. Von äusserst verschiedener Qualität und Quantität, werden sie von den Patienten anfänglich meistens nur als intermittirende beobachtet; später halten die freien Intervalle allmälig kürzer an und erscheinen seltener, bis endlich das intermittirende Geräusch in eine continuirliche subjective Gehörsempfindung übergeht; seltener entsteht diese letztere gleich ursprünglich als solche.

Continuirliche Ohrengeräusche werden zuweilen fälschlich für intermittirende gehalten, und zwar in den Fällen, in denen sich die bestehenden Ohrengeräusche durch den Tageslärm übertönt, erst in der Stille der Nacht bemerkbar machen. Dass es sich jedoch hierbei um eigentliche continuirliche subjective Gehörsempfindungen handelt, beweisen die Versuche mit der Tamponade des Gehörganges, sowie die Abhaltung des Tageslärmes, wobei die Ohrengeräusche nunmehr auch während des Tages in die Wahrnehmung treten.

Die subjectiven Gehörsempfindungen können eine derartige **Intensität** besitzen, dass sie den Patienten psychisch alteriren, zu geistiger Arbeit unfähig machen, seinen Schlaf stören und somit einen höchst qualvollen Zustand veranlassen.

Die **Schwerhörigkeit** macht sich in Folge der langsam zunehmenden Veränderungen in der Paukenhöhle gewöhnlich nur allmälig bemerkbar und wird bei einseitiger Erkrankung, also bei normal functionirendem Ohre der anderen Seite, von den Patienten oft nicht beachtet.

Bei geringer Aufmerksamkeit oder bei geringen Anforderungen, die von einzelnen Individuen an das Gehör gestellt werden, kann sich sogar eine hochgradige **einseitige Schwerhörigkeit** vollständig **unbemerkt** entwickeln. So gibt es Beispiele, in welchen erst bei einer zufällig eingetretenen Verstopfung des Gehörganges der gesunden Seite oder beim Liegen auf dem betreffenden Ohre, die hochgradige Schwerhörigkeit des anderen Ohres entdeckt wird. Selbst Personen, bei denen man eine grössere Achtsamkeit auf ihre Sinnesorgane erwarten sollte, können ohne ihr Wissen an einem bereits bedeutend entwickelten Katarrh leiden, oder im Falle ihnen eine einseitige Gehörsschwäche wirklich auffällt, beziehen sie dieselbe oft eher auf eine ungleichmässige Entwicklung der Sinnesfunction oder im speciellen Falle auf das vorgeschrittene Alter, als dass sie einfacher ein thatsächlich bestehendes Ohrenleiden annehmen würden.

Die auf einer Erkrankung des Cavum tympani, und zwar in erster Linie auf einem chronischen Katarrh, beruhende Schwerhörigkeit ist so häufig, dass, wie *Tröltsch*[3]) mit vollem Rechte bemerkt, in dem Alter von 20—50 Jahren, unter drei Menschen gewiss Einer, wenigstens auf einem Ohre, ein geschwächtes Gehörsvermögen aufweist.

Von den übrigen subjectiven Symptomen wäre noch der **Schwindel** (s. S. 220) zu erwähnen, der sich bald rasch vorübergehend zeigt, bald

---

[1]) Gaz. d. hôp. 1864. Nr. 137.   [2]) Klin. d. Ohr. S. 171.   [3]) Ohrenh., 5. Aufl., S. 6.

wieder Stunden, ja sogar Tage lang anhalten kann und die Patienten am Gehen und Stehen hindert.

Derartige, manchmal von Erbrechen begleitete Anfälle, die häufig mit vermehrtem Ohrensausen und gesteigerter Schwerhörigkeit einhergehen, beruhen manchmal auf einer Affection des Acusticus, welche bei den Erkrankungen des Cavum tympani consecutiv zu Stande kommen kann.

Andere Symptome, die besonders bei geistig viel beschäftigten Individuen nicht selten stark hervortreten, bestehen in einer Eingenommenheit des Kopfes, Unfähigkeit zu angestrengterem Denken und in Gedächtnissschwäche.[1]

Die häufige Klage der an chronischem Paukenkatarrh leidenden Patienten, dass sie sich in grösserer Gesellschaft, vor Allem beim gleichzeitigen Sprechen mehrerer Personen verwirrt fühlen und einem Gespräche nicht weiter zu folgen vermögen, beruht in der Regel nicht auf einer psychischen Alteration, sondern auf der geschwächten Hörfunction.

Objective Symptome. Das Trommelfell bietet beim chronischen Katarrh der Paukenhöhle die Bilder der Trübung und Einziehung dar.[2] Je nach der Localisation des Krankheitsprocesses wird die Trübung in verschiedenen Fällen ungleich stark entwickelt sein und so kann es geschehen, dass die Membran, selbst bei einem vorgeschrittenen chronischen Paukenkatarrh, keine auffällige Abweichung von ihrem normalen Zustande erkennen lässt. Häufiger findet dagegen eine Verdickung und weissliche Verfärbung des Trommelfelles statt, welche letztere der Membran zuweilen das Aussehen eines Milchglases verleiht. Ausser der bindegewebigen Verdickung treten noch Verkalkungen oder wieder Atrophien, sowie Verdünnungen des Gewebes in Folge der sich ausbildenden Erschlaffung, am Trommelfelle auf. Nicht selten werden ein hypertrophischer und atrophischer Zustand an demselben Trommelfelle nebeneinander vorgefunden. Der Grad der Einziehung des Trommelfelles und Hammergriffes hängt gleichfalls nicht allein von der Intensität der katarrhalischen Affection allein ab, sondern zum grossen Theile auch von der Beweglichkeit des Trommelfelles und Hammers und von der Contractionsfähigkeit des Musc. tens. tymp.

Man wird daher bei einem stark getrübten und eingezogenen Trommelfelle allerdings auf einen bedeutenderen pathologischen Vorgang in der Paukenhöhle schliessen können, wogegen eine nahezu normal aussehende Membran noch nicht für einen leichteren Grad der Paukenerkrankung spricht. Eine beträchtliche Resistenz des Trommelfelles, Ankylose des Hammer-Ambossgelenkes, ferner straff angespannte Bänder des Hammers, besonders ein straffes Lig. mallei anterius, sowie fettige oder bindegewebige Entartung des Trommelfellspanners, wirken bestimmend auf den Grad der Einwärtsziehung der Membrana tympani ein.

Es ergibt sich daraus der wichtige Umstand, dass aus dem Befunde des Trommelfellbildes allein niemals ein sicherer Rückschluss auf die Erkrankungsvorgänge im Cavum tympani gezogen werden kann, und dass an den acustisch wichtigsten Theilen der Paukenhöhle, nämlich an den beiden Labyrinthfenstern, sowie an den Gehörknöchelchen, zuweilen hochgradige Veränderungen bestehen, während das Trommelfellbild möglicherweise vollkommen normal erscheint.

Man hat sich demnach auch wohl zu hüten, aus der Vergleichung beider Trommel-

---

[1] *Itard.* Traité d. mal. de l'or. 1821. T. II. p. 52. — [2] S. S. 121 u. S. 138.

felle mit einander, den Grad der Gehörsstörung bestimmen zu wollen, da im gegebenen Falle vielleicht eben auf der Seite des stärker alterirten Trommelfellbildes eine geringere Schwerhörigkeit besteht, als auf dem anderen Ohre mit normal aussehender Membran. Wie wenig massgebend der Trommelfellbefund für die Beurtheilung der vorhandenen Schwerhörigkeit ist, lehrt am deutlichsten die praktische Erfahrung, dass bedeutende Verkalkungen, Narben im Trommelfelle, sowie ein horizontal gestellter Hammer, bei fast normalem Gehör für die Sprache vorkommen können.[1]

So lange nur die Schwingungsfähigkeit der Steigbügelplatte im ovalen Fenster und der Membrana rotunda erhalten bleibt, kann die Gehörsperception trotz etwa bestehender, hochgradiger Veränderungen am übrigen schallleitenden Apparate, eine relativ auffällig gute sein.

So berichtet *Schwartze*[2]) von einem Falle, in welchem eine Perforation des Trommelfelles und eine vollständige Luxation des Amboss-Steigbügelgelenkes bestand (der Steigbügel erschien isolirt) und wobei mittellaut gesprochene Zahlen 16′ weit, die Uhr 1′′ weit percipirt wurden. In einem anderen Falle von bilateral isolirt stehendem Steigbügel ergab die von *Weber-Liel*[3]) angestellte Untersuchung eine Gehörsperception für die Flüstersprache.

Da demnach aus der Ocularinspection allein kein Schluss auf die Gehörsfunction, vor Allem auf das Sprachverständniss, gestattet ist, können erst aus dem Resultate der Gehörsprüfung die acustisch wichtigen Veränderungen im Gehörorgan beurtheilt werden.

Es wird also beispielsweise ein Fall mit fast normalem Trommelfelle bei bedeutender Schwerhörigkeit gewiss als ein ernsterer zu betrachten sein, als ein anderer Fall mit hochgradig pathologischem Trommelfelle bei sonst gutem Gehör.

Die beim chronischen Paukenkatarrh auftretenden Auscultations-Erscheinungen sind bald auf Veränderungen des Lumens der Ohrtrompete (s. S. 231), bald wieder auf pathologische Zustände in der Paukenhöhle zu beziehen. Bei Secretansammlungen im Cavum tympani treten nicht selten feinblasige, consonirende Rasselgeräusche auf, die dem auscultirenden Ohre sehr nahe erscheinen. Häufig fehlen Rasselgeräusche gänzlich und es gibt sich im Gegentheil ein auffällig rauhes und lautes Geräusch zu erkennen, das einerseits auf ein stark gespanntes Trommelfell, andererseits auf ein abnorm klaffendes Tubarlumen bezogen werden kann.

Der Verlauf des chronischen Katarrhs hängt von Constitutionsanomalien, von etwa bestehenden pathologischen Zuständen des Nasenrachenraumes, ferner von klimatischen und hygienischen Verhältnissen ab und erweist sich dementsprechend ausserordentlich variabel. Dazu kommen überdies noch die bedeutenden individuellen Verschiedenheiten, denen zufolge bei derselben veranlassenden Ursache, in dem Verlaufe der Erkrankung des einen Ohres von dem des anderen, oft wesentliche Differenzen bestehen. Die Hörfunction ist, wie schon angegeben wurde, von der Localisation der katarrhalischen Erkrankung abhängig. Die Verschlimmerung des Gehörs nimmt bei einem sich selbst überlassen bleibenden chronischen Paukenkatarrh meistens allmälig, mitunter jedoch rapid zu; in anderen Fällen wieder bleibt die Schwerhörigkeit vorübergehend oder anhaltend stationär. Der Ausgang in complete Taubheit ist seltener.

Bei Stellung der Prognose hat man vor Allem den Grad der bestehenden Schwerhörigkeit und subjectiven Gehörsempfindungen, sowie die Dauer derselben zu berücksichtigen. So wird ein hochgradig erschwertes Sprachverständniss, besonders bei lang bestehendem Ohren-

---

[1]) *Schwartze*, A. f. Ohr. I, S. 142; *Chimani*, ibid. II, S. 171.   [2]) A. f. Ohr. II, S. 241. — [3]) *Virch.* Arch. B. 62, S. 215.

leiden, im Allgemeinen wenig Hoffnung auf einen günstigen therapeutischen Effect erregen. Eine besonders trübe Prognose ist jenen Patienten zu stellen, bei denen eine verminderte Schallperception von den Kopfknochen aus besteht, welches Symptom sehr häufig einem secundären Acusticusleiden zukommt, das meistens keiner Rückbildung fähig ist.

Nach den Untersuchungen *Lucae's* ergeben Fälle mit **Verlust der hohen Töne** durchschnittlich eine ungünstige Prognose, wegen gleichzeitig vorhandener Acusticus-Affection.[1])

Continuirliche subjective Gehörsempfindungen zeigen sich ebenfalls als prognostisch ungünstig, sie gehen in diesen Fällen meistens aus intermittirenden Ohrengeräuschen hervor und lassen im Vereine mit einer hochgradigen Schwerhörigkeit, auf einen bedeutenden pathologischen Zustand der schallpercipirenden Organe schliessen. Sehr ungünstig gestaltet sich weiters die Prognose bei nachweisbarem **vererbten Ohrenleiden**, ferner bei Patienten, welche sich den für das Ohr schädlichen äusseren Einflüssen nicht zu entziehen vermögen.

Ausnahmsweise kann eine erblich belastete Ohrenaffection spontan einen günstigeren Verlauf nehmen. Eine Dame, in deren Familie Schwerhörigkeit sehr verbreitet ist, theilte mir mit, dass sie seit Kindheit an heftigen continuirlichen subjectiven Gehörsempfindungen und an einer hochgradigen, von ohrenärztlicher Seite prognostisch sehr ungünstig aufgefassten Schwerhörigkeit gelitten hatte. Nach erfolgter Verheiratung trat im Verlaufe der bisher verflossenen 13 Jahre, ohne Behandlung, eine allmälige Gehörsbesserung ein und besonders nach jeder Geburt zeigte sich eine auffällige und bleibende Zunahme des Gehörs, mit gleichzeitiger Abnahme der subjectiven Gehörsempfindungen, die gegenwärtig vollständig geschwunden erscheinen. Ein zweites Mitglied derselben Familie, welches im Jahre 1848 taub war, soll im Verlaufe von 35 Jahren spontan eine auffällige Gehörsverbesserung erfahren haben. An den übrigen schwerhörigen Familienmitgliedern ist, trotz vorgenommener Ohrenbehandlung, eine stete Zunahme der Schwerhörigkeit bemerkbar. Etwaige bemerkenswerthe Erkrankungen der Nasenrachenhöhle wurden in der erwähnten Familie nicht beobachtet.

Günstiger sind in der Regel jene Fälle zu betrachten, bei denen noch starke **Schwankungen** in den subjectiven Symptomen auftreten, also einen noch veränderungsfähigen Zustand im Cavum tympani annehmen lassen.

Aus diesem Grunde kommt auch dem **Einflusse einer Lufteintreibung** in die Paukenhöhle auf die Schwerhörigkeit und auf die Ohrengeräusche eine wichtige prognostische Bedeutung zu, wobei selbstverständlich auch der grössere oder geringere Effect der ersten Lufteinblasungen in Betracht zu ziehen ist.

Wenn die Lufteintreibungen in die Paukenhöhle nicht die geringste Besserung der Symptome aufweisen, so trübt dies aus den schon angegebenen Gründen die Prognose; trotzdem kann auch in diesen Fällen durch eine länger fortgesetzte Behandlung noch immer ein selbst überraschendes Heilresultat erzielt werden. Es empfiehlt sich jedoch sehr, ja es ist sogar die Verpflichtung des Arztes, solchen Patienten die Unsicherheit der Prognose darzulegen und die Behandlung nur als einen therapeutischen Versuch zu bezeichnen. Ein bestimmter Zeitpunkt lässt sich dafür nicht feststellen, da eine Besserung manchmal nach 2—3wöchentlicher Behandlung, zuweilen erst nach 4—6 Wochen oder noch darüber und leider öfters überhaupt gar nicht eintritt. Dass eine Ausdauer mitunter auch bei hochgradigen consecutiven Veränderungen im Cavum tympani, vom Erfolge gekrönt sein kann, lehrt besonders die Erfahrung in der Armenpraxis, in welcher aus leicht begreiflichen Gründen, ein therapeutischer Versuch häufiger durch längere Zeit angestellt wird.

Von grosser Wichtigkeit für die Prognose wäre in Fällen von hochgradiger Schwerhörigkeit die Prüfung der **Beweglichkeit des Steig-**

---

[1]) S. *Jacobson*, A. f. Ohr. XIX, S. 51.

bügels, da bei dessen constatirter Fixation im ovalen Fenster die bisher üblichen Behandlungsmethoden keine Besserung herbeizuführen im Stande sind.

Ich werde auf diesen Punkt noch weiter unten zu sprechen kommen und will hier nur hervorheben, dass *Schwartze*[1]) eine Eröffnung der Paukenhöhle am hinteren oberen Quadranten des Trommelfelles vorschlägt, um in geeigneten Fällen durch die geschaffene Lücke, die Steigbügelplatte auf ihre Beweglichkeit untersuchen zu können.

Gehörscurven. Ich führe nunmehr im Nachfolgenden einige Gehörscurven an, die nicht etwa als Schemata zu betrachten sind, sondern die ich einer Reihe von Tabellen entnehme, welche sich auf verschiedene, von mir beobachtete Fälle von chronischen Paukenkatarrhen beziehen. Die Betrachtung solcher Gehörscurven lässt die Unsicherheit der Prognose bei chronischen Paukenkatarrhen auffällig hervortreten und mahnt selbst bei anscheinend günstigeren Fällen zu grosser Vorsicht.

Die Curven (s. Tab. I—VIII am Schlusse des Buches) beziehen sich auf Patienten, die, mit einem chronischen Katarrh behaftet, methodische Lufteinblasungen in die Paukenhöhle vermittelst des Katheters erhielten; die Gehörsprüfungen wurden vor der jedesmaligen Katheterisation vorgenommen. Die seitlich von der einzelnen Curve stehenden Zahlen bedeuten die Entfernung (in Centimetern), bis auf welche die als Schallquelle benützte Uhr noch deutlich percipirt werden konnte; die unterhalb jeder Curve befindlichen Zahlen zeigen die Behandlungstage an. Die stärker ausgeführte Curvenlinie bezieht sich auf das linke Ohr, die schwächere Linie auf das rechte Ohr. In den hier angeführten Beispielen fand, in Uebereinstimmung mit der Steigerung, beziehungsweise Herabsetzung der Gehörsperception für die Uhr, auch ein entsprechend erhöhtes, beziehungsweise herabgesetztes Sprachverständniss statt. Die Behandlung wurde in mehreren hier mitgetheilten Fällen nur zum Zwecke einer längeren Beobachtung ungewöhnlich lang fortgesetzt.

Eine Durchsicht dieser Tabellen lässt die erheblichen **Schwankungen**, welche die Gehörscurven gewöhnlich aufweisen, in auffälliger Weise erkennen. Man kann demnach aus einer selbst bedeutenden Erhebung der Curve, obgleich diese im Allgemeinen als ein günstiges Zeichen aufzufassen sein wird, dennoch nicht mit Sicherheit einen bleibend günstigen therapeutischen Erfolg prognosticiren.

Aus den Curven III und VII geht dies deutlich hervor: Bei Curve VII war das Gehör am linken Ohre nach der Lufteinblasung um Vieles gestiegen (von 37 auf 73 Cent.) und hatte nach der zweiten Einblasung noch eine weitere, allerdings unbedeutende Steigerung (auf 75 Cent.) erfahren; plötzlich jedoch fiel die Curve, ohne nachweisbaren Grund wieder auf den früheren Standpunkt zurück (37 Cent.) und war am 22. Behandlungstag noch weiter, von 37 auf 27 Cent., gesunken; nochmals erhob sich die Curve am 43. Behandlungstag von 38 auf 81 Cent., um gleich darauf wieder auf 38 Cent. zurückzukehren. Das Endresultat ergab am 107. Behandlungstage, nach 28 Lufteinblasungen in die Paukenhöhle, eine um 5 Cent. geringere Gehörsperception (32 C.), als am Beginne der Behandlung. Dagegen hatte das rechte Ohr, dessen Gehörscurve eine ähnliche Schwankung wie die des linken Ohres aufwies, schliesslich eine Steigerung von 32 auf 53 Cent. erfahren.

Bedeutende Erhebungen mit nachfolgendem jähen Sturze der Curve kommen oft zur Beobachtung.

So liefert auch Curve III hierfür ein Beispiel: Der betreffende Patient, der mit einer Gehörsperception von rechts ad concham und links 7½ Cent. in die Behandlung kam und wegen seiner hochgradig auftretenden Symptome von Sausen, Eingenommenheit des Kopfes und Schwerhörigkeit stets wieder im Ambulatorium erschien, zeigte nach 19maligem Katheterismus am 48. Behandlungstage ein Ansteigen der Curve von 7½ auf 23 Cent.; nach einem bedeutenden Sinken derselben bis auf 2 Cent. am 67. Tage (16. Katheterismus) fand am 87. Tage (30. Katheterisation) eine abermalige Erhebung auf etwas über 25 Cent. statt. Das rechte Ohr, dessen Gehörsperception in den ersten Behandlungstagen am 14. Tag (4. Katheterisation), von Uhr ad concham bis auf 7 Cent.

---

[1]) A. f. Ohr. V, S. 271.

gestiegen war, erschien am 17. Behandlungstage (5. Katheterisation) wieder ad concham gesunken, erhob sich bis am 53. Tage (21. Katheterisation) allmälig auf 11 Cent., kehrte am 63. Tage (24. Katheterisation) abermals ad concham zurück und stieg am 87. Tage (30. Katheterisation) schliesslich auf 11 Cent. Patient hörte von da an gleichmässig gut und erschien nur zeitweise behufs Controle seines Ohrenzustandes im Ambulatorium.

Die Gehörscurve II ist in anderer Beziehung von Interesse, da sie nachweist, dass die anfangs an beiden Ohren sehr verschiedene Gehörsweite von links 10 Cent. und rechts 26 Cent., schliesslich beinahe ganz übereinstimmte, nämlich links von 10 auf 22 Cent. gestiegen, dagegen rechts von 26 auf 23 Cent. heruntergegangen war.

In der Curve I erhob sich die Gehörsperception der ursprünglich schlechteren Seite rechts sehr rasch und bewegte sich von da an meistens über der Curve des anfänglich besseren Ohres. So finden wir auch bei Curve IV, am Schlusse der Behandlung (73. Tag. 29. Katheterisation), die Gehörsweite des einstens besseren Ohres von 12 auf 4 Cent. abgefallen, während linkerseits eine allerdings unbedeutende Steigerung von 10 auf 12 Cent. eingetreten war.

Als Beispiel einer ziemlich regelmässig erfolgten Gehörssteigerung dient Curve V; das Gehör war nach 9maliger Katheterisation am 20. Behandlungstage, rechts von 25 auf 71 Cent., links von 35 auf 78 Cent. gestiegen und erhielt sich auch späterhin auf dieser Höhe.

Gehörscurve VI zeigt nur am rechten Ohre eine Erhebung von 18 auf 30 Cent., während zu gleicher Zeit, am 44. Behandlungstage und 14maligem Katheterismus, links nur eine Steigerung von ad concham bis auf 2 Cent. erzielt worden war, ein Effect, der bereits nach 2maliger Katheterisation constatirt werden konnte.

Curve IV liefert den wichtigen Nachweis einer durch die Lufteinblasung erfolgten Gehörsverschlimmerung.

Diese trat gleich im Beginne der Behandlung an beiden Ohren ein, und zwar war das Gehör nach viermaligem Katheterisiren am 18. Behandlungstage rechts von 12 auf 2 Cm., links von 10 auf 2 Cm. gefallen. Die Gehörsweite schwankte von da an rechts zwischen 1 und 6 Cm., um endlich auf 4 Cm. stehen zu bleiben (93. Tag. 29. Katheterisation); links wurde nach einer vorübergehenden Steigerung auf 20 Cm. schliesslich beinahe der ehemalige Standpunkt mit 12 Cm. (früher 10 Cm.) wieder eingenommen.

Curve VIII zeigt nach dreimaligem Katheterisiren am 18. Behandlungstage rechts ein Sinken der Gehörsweite von 25 auf 3 Cm., links dagegen eine gleichzeitig stattfindende Steigerung von 8 auf 20 Cm.; schliesslich war am 56. Tage (15. Katheterisation) das Gehör rechts von 25 auf 59 Cm., links von 9 auf 29 Cm. gestiegen.

Durchkreuzungen der Curve, das heisst, das abwechselnde Erheben der Gehörsweite des einen Ohres über das andere, kommen häufig vor, ja, bei einem geringen Gehörsunterschiede beider Ohren sind solche Curven-Durchkreuzungen sogar als ziemlich regelmässige Erscheinungen zu bezeichnen (s. Gehörscurven I, II, III, VII, VIII, IX und X). Von besonderem Interesse ist bei derartigen Durchkreuzungen, die allerdings nicht häufig, jedoch auch keineswegs so selten vorkommende Alternation der Gehörsweite, nämlich ein Steigen der Gehörsperception an dem einen Ohre, im Verhältnisse zum Fallen derselben am anderen Ohre. Ein in seiner Art allerdings bisher noch einzig dastehendes Beispiel einer periodisch stattfindenden Alternation des Gehörs bietet Curve IX dar.

Curve IX bezieht sich auf einen Patienten, der im Jahre 1875 durch längere Zeit in meiner Beobachtung stand und der folgende Erscheinung darbot: Regelmässig binnen 7 Tagen fand bei dem Patienten eine Gehörsalternation in der Weise statt, dass jedesmal am Tage des höchsten Curvenstandes z. B. am rechten Ohre, die Gehörsweite linkerseits auf 0 herabgesunken erschien. Von diesem Momente an hob sich allmälig das Gehör des linken Ohres, während die rechte Seite eine Verminderung des Gehörs erkennen liess, bis endlich nach abermals 7 Tagen nunmehr das rechte Ohr die Uhr nur ad concham oder gar nicht vernahm, indess das linke Ohr am Maximum seiner Gehörsweite angelangt war. Das Gehör am anderen Ohre konnte dabei so beträchtlich sinken, dass sogar die auf den Kopf aufgestellte tönende Stimmgabel von jenem Ohre, das sich eben in dem Zustande der grössten Schwerhörigkeit befand, nicht immer vernommen wurde. Nach weiteren Mittheilungen des Patienten hielt derselbe Zustand noch anno 1882 fast unverändert an. Von Zeit zu Zeit traten Störungen in der oben mitgetheilten Gehörsalternation ein, es konnten nämlich beide Curven vorübergehend gleichzeitig fallen oder steigen, doch nach kurzer Zeit gab sich wieder die geschilderte regelmässige Schwankung zu erkennen.

Wenngleich dieser soeben erwähnte Fall als eine Ausnahme zu betrachten ist, geht doch aus der Beobachtung einer Reihe von Curven hervor, dass vorübergehende Alternationen der Gehörsperception beider Ohren sich nicht so selten nachweisen lassen. Curve III zeigt z. B. vom 19. bis 28. Beobachtungstag eine deutliche Gehörsalternation, und zwar erfolgte vom 19. auf den 20. Tag rechterseits eine Verminderung des Gehörs von 5 auf 3 Cm., während linkerseits gleichzeitig eine Steigerung von 2 auf 5 Cm. ersichtlich war; am nächsten Tag stieg das Gehör rechts von 3 auf 5 Cm. und ging links von 5 auf 2 herab; ähnliche Alternationen traten noch an den folgenden Tagen ein, worauf beide Gehörscurven wieder weiter auseinandergingen. Auch bei Durchsicht der Curven I, II, VII und VIII wird man ähnlichen Verhältnissen begegnen.

Die Beobachtungen an Gehörscurven ergeben demnach folgendes Resultat: 1. Die bei bilateralem Paukenkatarrh auf beiden Ohren bestehende Schwerhörigkeit kann durch die Behandlung eine gleichmässige Besserung erfahren, so zwar, dass sich die Gehörsperception der ursprünglich minder erkrankten Seite auch nach beendeter Behandlung als besser erweist, als auf dem anderen gleich anfänglich stärker afficirten Ohre. 2. Es kann jedoch bei ursprünglich sehr verschiedener Gehörsweite beider Ohren, das Gehör der ehemals stärker erkrankten Seite eine unverhältnissmässig erheblichere Steigerung aufweisen, als das andere Ohr, so dass die Gehörsperception an beiden Ohren schliesslich keinen oder nur einen sehr geringen Unterschied ergibt. 3. Das einstens schwächer percipirende Ohr kann durch die Behandlung eine Gehörssteigerung erfahren, welche die Gehörsweite der anderen früher besseren Seite übertrifft, trotzdem die Behandlung beider Ohren in vollständig gleicher Weise vorgenommen wurde. 4. Das rasche Aufsteigen der Gehörscurve im Beginne oder im Verlaufe der Behandlung, ist allerdings im Allgemeinen günstig aufzufassen und erweist sich auch öfter als ein bleibender therapeutischer Effect; dennoch gestattet diese Erscheinung nicht, mit Sicherheit auf eine günstige Wendung des Ohrenleidens zu schliessen, da in manchen Fällen der Curvenerhebung ein jäher Absturz folgen kann, worauf sich die Curve vielleicht nicht wieder auf die einstens erreichte Höhe erhebt. 5. In umgekehrtem Falle lässt sich, besonders am Beginne der Behandlung, aus einer rasch zunehmenden Schwerhörigkeit noch kein absolut ungünstiger Schluss ziehen, denn dem Sinken der Gehörsperception folgt zuweilen eine erkleckliche und anhaltende Besserung nach; auch die während der Behandlung häufig vorkommenden Verschlimmerungen gehen oft rasch vorüber und sind dann nur als Schwankungen der Gehörsperception aufzufassen. Dagegen ist einem durch längere Zeit stetig zunehmenden Sinken der Gehörscurve stets eine grosse Aufmerksamkeit zu schenken, da besonders eine allzulange fortgesetzte Behandlung eine Verschlimmerung in dem bestehenden Ohrenleiden herbeizuführen vermag. Mitunter erweist sich die Behandlung mittelst der Lufteintreibungen durch die Ohrtrompete in die Paukenhöhle gleich anfänglich als schädlich (s. Curve IV). Dabei verträgt, wie der Fall IV lehrt, zuweilen nur das eine Ohr nicht die Lufteinblasungen, während das andere Ohr durch dieselbe Behandlung eine Besserung erfährt. 6. Schwankungen der Gehörscurven beider Ohren, in einem einander entgegengesetzten Sinne, kommen als vorübergehende Erscheinungen häufig vor.

Schliesslich muss noch hervorgehoben werden, dass Fälle, in denen das Gehör trotz der durchgeführten Behandlung nur eine geringe oder keine Besserung erfahren hat (s. Curve I, rechtes Ohr von 15 auf 18 Cent. nach 29 Katheterisationen; Curve IV links von 10 auf 12 Cent. nach 29 Katheterisationen), oder selbst Fälle, in denen eine geringe Gehörsabnahme bemerkbar ist, noch keineswegs als sichere Beweise der Resultatlosigkeit der eingeschlagenen Behandlung angesehen werden dürfen; ja sie sind möglicherweise sogar als Beispiele eines therapeutischen Erfolges anzuführen. Aus den hier beigegebenen Gehörscurven lässt sich allerdings kein diesbezüglicher Schluss ziehen, da in denselben nur der jedesmalige Zustand der Gehörsperception während der Behandlung verzeichnet ist. Um sich hierüber ein Urtheil bilden zu können, müsste dem therapeutischen Eingriffe eine längere Beobachtung über das Verhalten des Gehörs, bei dem sich selbst überlassen bleibenden Paukenkatarrh vorausgehen. Da derartige Untersuchungen aus praktischen Gründen nur selten möglich sind, so ist der Arzt genöthigt, bei der Beurtheilung des jedesmaligen Heilresultates, die anamnestischen Angaben des Patienten genau zu berücksichtigen. Demzufolge werden wir z. B. schon berechtigt sein, von einem Erfolge der eingeschlagenen Therapie zu sprechen, wenn ein Patient früher eine rapide Abnahme seines Gehörs beobachtet hat, wogegen vom Momente der Behandlung an, eine solche Abnahme nur mehr äusserst langsam erfolgt oder ein vollständiger **Stillstand in der progressiven Schwerhörigkeit** bemerkbar wird. Ein selbstständiges Urtheil hierin ist dem Arzte bei jenen Patienten ermöglicht, welche einige Monate nach ausgesetzter Behandlung wieder zur Beobachtung kommen und nunmehr eine nachweisbare Gehörsverschlimmerung erkennen lassen, die mittelst wiederholter Lufteinblasungen etc. allmälig auf den bereits vor Monaten eingenommenen Standpunkt zurückgeführt werden kann. Wie schon *Tröltsch*[1]) hervorhebt, ist ein solcher therapeutischer Effect nicht gering anzuschlagen, und wenn auch die Prognose dabei bezüglich eines wiederzuerlangenden besseren Gehöres nicht günstig ausfällt, so bietet sich in solchen Fällen für den Patienten doch die Aussicht dar, dass eine zeitweise wiederholte Ohrenbehandlung wenigstens eine weitere Verschlimmerung oder gar vollständige Sprachtaubheit hintanhält. So wenig ich einerseits einer Ueberschätzung der gegen den chronischen Ohrenkatarrh bisher üblichen Behandlungsmethoden das Wort reden möchte, da sich dieselben, ähnlich den Behandlungen bei chronischen Erkrankungen anderer Organe, leider in vielen Fällen als vollständig machtlos erweisen, so sehr muss doch andererseits vor einer Unterschätzung des therapeutischen Effectes gewarnt werden und in dem einzelnen Falle ist einem, an progressiver Schwerhörigkeit leidenden Patienten, die Bedeutung des möglicherweise erzielbaren Stillstandes seines Ohrenleidens klar darzulegen.

Die **Behandlung** des chronischen Paukenkatarrhes ist einerseits gegen dessen Grundursache, andererseits gegen die pathologischen Zustände in der Paukenhöhle gerichtet. In ersterer Beziehung sind die hygienischen und klimatischen Verhältnisse, die Allgemeinerkrankungen, sowie die Affectionen des Nasenrachenraumes und der Ohrtrompete wohl zu berücksichtigen.

Es kommen nicht selten Patienten zur Beobachtung, bei denen die sorgfältigst durchgeführte Localbehandlung absolut keine Gehörsbesserung zu erzielen im Stande ist, während eine gegen den vorhandenen **Nasenrachenkatarrh** gleichzeitig eingeleitete Therapie ein auffälliges Heilresultat ergibt.

---

[1]) Ohrenh., 1877. S. 344.

Wie verderblich schädliche hygienische Verhältnisse dem Ohre werden können, war bereits älteren Autoren bekannt; so gibt *Arnaud*[1]) an, dass in den übervölkerten Städten Chinas in dem 40. bis 50. Lebensjahre sehr häufig Taubheit eintritt. — Ein interessantes Beispiel betreffs der Wichtigkeit des klimatischen Einflusses auf das Ohr lieferte ein Patient von *Deleau*[1]), welcher in den nasskalten Ostpyrenäen fast taub wurde, dagegen in den trockenen Sevennen den Conversationston verstand und beim Herabsteigen in die Ebene wieder sein Gehör verlor.

Der Aufenthalt in einer dünnen Luft, also in einer hochgelegenen Gegend, Gebirgsluft, sowie ein Klimawechsel, zeigen sich bei vielen Patienten als sehr günstig.

Als wichtigstes Mittel zur Localbehandlung des Paukenkatarrhes ist ausser einer häufig nothwendigen Bougirung des Tubencanales (s. S. 166), noch die Luftdouche des Mittelohres zu bezeichnen. Dieselbe vermag etwa vorhandene Secretansammlungen aus dem Cavum tympani fortzuschaffen, bei nicht allzuweit vorgeschrittenen Veränderungen in der Paukenhöhle, eine Verbesserung in der Stellung des Trommelfelles und der Gehörknöchelchen, resp. eine Auswärtsbewegung derselben zu veranlassen, ferner eine leichtere Beweglichkeit der mit einander starrer verbundenen Gehörknöchelchen herbeizuführen und endlich auch der vermehrten Anspannung des M. tens. tymp. entgegenzuwirken.

Nach den Untersuchungen von *Politzer*[2]) und *Bezold*[3]) bewirkt eine Luftverdichtung in der Paukenhöhle eine Steigerung des Labyrinthdruckes, wobei sich die einander entgegengesetzten Bewegungen des Trommelfelles und der Steigbügelplatte vollständig aufheben.[3]) Luftverdünnung im Cavum tympani veranlasst eine kurzdauernde Herabsetzung des Labyrinthdruckes.[3])

Einer Luftverdichtung in der Paukenhöhle kommt, im Falle nicht bereits vollständig starr gewordene Veränderungen im Cavum tympani eingetreten sind, ein heilgymnastischer Einfluss zu. Allerdings erweist sich bei etwa bedeutenderen pathologischen Zuständen in der Paukenhöhle, die einfache Luftverdichtung im Cavum tympani[4]) als ein viel zu schwaches Mittel, um das Ohrenleiden zu beheben oder auch nur dem fortschreitenden Uebel Einhalt zu thun. Ein ankylosirtes Gelenk der Gehörknöchelchen, ein bereits secundär veränderter Musc. tens. tymp. oder M. stapedius oder ein rigides, starres Labyrinthfenster etc. können durch Einblasungen ins Ohr nicht beeinflusst werden und in solchen leider öfters vorkommenden Fällen zeigt sich die geschilderte Behandlungsmethode als vollständig nutzlos. Da sich die soeben angeführten Zustände in der Paukenhöhle häufig nicht sicher erkennen lassen, muss der therapeutische Versuch Aufschluss geben, ob die Lufteinblasungen ins Mittelohr überhaupt den pathologischen Zustand zu bessern im Stande sind oder nicht.

Wie schon früher betont wurde, kann selbst eine anfänglich erfolgreiche Behandlung mittelst der Luftdouche schädlich wirken

---

[1]) S. Med. Jahrb., Wien. 1838, B. 15, S. 162. — [2]) W. med. Wochenbl. 1862; Ohrenh., S. 79. - [3]) A. f. Ohr. XVI, S. 46. — [4]) *Bing* (Wien. med. Bl. 1880, Nr. 15 u. 16), empfiehlt mittelst des mit dem Tubenkatheter verbundenen Ballons, abwechselnd eine Verdünnung und Verdichtung der Luft im Mittelohr vorzunehmen, um auf diese Weise auf den Schallleitungsapparat kräftiger einzuwirken. Bei der gewöhnlichen Einstellung des Katheters in die Rachenmündung der Ohrtrompete ist, meiner Ansicht nach, eine Aspiration der Luft aus der Paukenhöhle kaum ausführbar, da, selbst den luftdichten Abschluss des Tubencanales durch den Katheter vorausgesetzt, die nachgiebigen Tubenwandungen während der Aspiration in innige Berührung treten müssen. Erst bei Durchführung eines Katheters durch den Isthmus tubae, wäre die beabsichtigte Luftverdünnung in der Paukenhöhle möglich.

und bei einer derart eintretenden Gehörsverschlimmerung muss die bisher eingeschlagene Behandlung sofort ausgesetzt, beziehungsweise auf einige Zeit unterbrochen werden. Die praktische Erfahrung lehrt, dass es im Allgemeinen nicht angezeigt ist, den Katheterismus lange Zeit hindurch täglich vorzunehmen, weshalb auch häufig nach 4 bis 6wöchentlicher Behandlung eine Pause von einem oder mehreren Monaten eintreten muss, innerhalb welcher Zeit der Patient das *Politzer*'sche Verfahren in Anwendung zu ziehen, eventuell auch einen vorhandenen Nasenrachenkatarrh zu behandeln hat. Uebrigens lassen sich diesbezüglich absolut keine allgemein giltigen Regeln feststellen und der für den Arzt wichtigste Grundsatz, nie zu generalisiren, sondern stets zu individualisiren, sowie die jedesmalige Wirkung der eingeleiteten Behandlung einer genauen Controle zu unterziehen, darf auch bei Anwendung der Luftdouche niemals vernachlässigt werden. Mitunter erweist sich die **verschiedene Stärke der Lufteinblasungen** von Einfluss auf den Erfolg der Behandlung; so finden sich Fälle vor, in denen eine schwache Lufteinblasung günstig, eine starke dagegen schädlich ist; indess ein andermal nur eine starke Einblasung eine Besserung herbeiführt.

Bezüglich der so wichtigen **Selbstbehandlung der Patienten** mittelst des *Politzer*'schen Verfahrens wäre aufmerksam zu machen, dass in einzelnen Fällen auch dieses Verfahren eine Steigerung der subjectiven Gehörsempfindungen und der Schwerhörigkeit erzeugt, also dessen Anwendung in diesem Falle sich verbietet und, dass ferner während der Vornahme der Lufteinblasungen eine zeitweise Untersuchung des Trommelfelles nöthig ist, um bei einer etwa merklichen Hervorwölbung des hinteren und oberen Trommelfell-Quadranten, durch Aussetzen der Lufteinblasungen einer bleibenden Erschlaffung des Trommelfelles vorzubeugen. Es muss übrigens bemerkt werden, dass die beiden erwähnten Eventualitäten nur in vereinzelten Fällen eintreten.

Injection. Zur Unterstützungscur der Lufteinblasungen in die Paukenhöhle wurden besonders in früheren Zeiten häufig Einspritzungen verschiedener adstringirender und resolvirender Flüssigkeiten in den Tubenkanal (s. S. 170) empfohlen, in der Absicht, auch auf die Schleimhaut der Paukenhöhle medicamentös einzuwirken. Als Hauptgegner dieser Methode bestritt *Kramer*[1]) überhaupt die Möglichkeit, dass bei imperforirtem Trommelfelle eine in den normalen Tubencanal eingespritzte Flüssigkeit bis in die Paukenhöhle eindringt. Auf Grundlage von experimentellen Untersuchungen gelangten jedoch *Stuhlmann*[2]), *Heidenreich*[3]), ferner *Schwartze* und *Th. Weber*[4]), *Gruber*[5]), *Weber-Liel*[6]) und *Burger*[7]) zu einem der Annahme *Kramer's* entgegengesetzten Resultate. Zwischen den beiderseitigen Anschauungen halten die von *Wreden*[8]) aufgestellten Sätze die Mitte. *Wreden* schliesst nämlich aus seinen Untersuchungsergebnissen, dass einzelne durch den Katheter in die Ohrtrompete hineingetriebene Tropfen nur bis in die knöcherne Tuba gelangen, dagegen in die Paukenhöhle nur durch den Paukenkatheter ein-

---

[1]) D. Klin. 1863, S. 258. — [2]) Canst. Jahresb. 1849, B. 3, S. 156. — [3]) *Heidenreich* beobachtete, dass bei luftdicht geschlossener Flasche Kohlenstaub hineingetrieben werden könne; dasselbe Resultat ergaben die Versuche an Gehörspräparaten (s. *Canst.* J. 1849, B. 3, S. 158). — [4]) D. Klin. 1863, S. 367. — [5]) Oest. Z. f. pr. Heilk. 1864, Sp. 53. — [6]) D. Klin. 1866, S. 24. — [7]) A. f. Ohr. V, S. 272. — [8]) Petersb. m. Z., N. F., 1871, 1, S. 501.

geblasen werden können, während bei Injectionen en masse, das Eindringen von Flüssigkeit ins Cavum tympani häufig stattfindet. Um dem Vorwurfe *Kramer's*[1]) zu begegnen, dass eine an Leichen vorgenommene Trennung des Kopfes vom Rumpfe eine Spannungsveränderung der Tubenwandungen herbeigeführt habe und nur dadurch eine Injection per tubam in die Paukenhöhle möglich gewesen sei, habe ich einschlägige Versuche an vollständig intact gebliebenen Leichen u. zw. in sitzender Stellung und aufrecht gehaltenem Kopfe derselben angestellt. Das Ergebniss sprach jedoch auch in diesem Falle gegen die Anschauung *Kramer's*, indem die eingespritzte gefärbte Flüssigkeit bis in die Warzenzellen gelangt war (bei intactem Trommelfelle). Bei diesen an mehreren L e i c h e n angestellten Versuchen ist mir jedoch während der Vornahme der Luftdouche auch ein auffällig starkes, breites Auscultationsgeräusch, sowie eine abnorme Leichtigkeit in der Luftauspressung des Ballons aufgefallen, welche Erscheinungen wohl nur auf den **Entfall der vitalen Spannungsverhältnisse** an den Tubenwandungen zu beziehen sein dürften. Daraus würde sich aber auch die Unverlässlichkeit ergeben, aus den Resultaten von Leichenexperimenten auf das Verhalten des Tubencanales am Lebenden Schlüsse zu ziehen.

Aus einzelnen Beobachtungen am L e b e n d e n geht die Möglichkeit eines Eindringens von F l ü s s i g k e i t durch den Tubenkatheter i n d i e P a u k e n h ö h l e wohl zweifellos hervor; hierher gehört das Durchschimmern der ins Cavum tympani per tubam eingespritzten Flüssigkeit, durch ein verdünntes Trommelfell[2]), sowie ein Fall von blutiger Tinction der Membran in Folge eines vom Ostium pharyngeum bis in die Paukenhöhle durch den Katheter fortgeschleuderten Blutes[3]); auch *Wendt*[4]) sah eine eingespritzte Flüssigkeit durch das Trommelfell hindurchschimmern. Wenngleich derartige Beobachtungen mit voller Entschiedenheit zu Gunsten der Annahme sprechen, dass bei intactem Trommelfelle, Flüssigkeiten durch den in der Ohrtrompete befindlichen Tubenkatheter, in das Cavum tympani eindringen können, so bleibt es doch sehr fraglich, ob auch einzelne in den Katheter eingespritzte und durch die Luftdouche in die Ohrtrompete geschleuderte Flüssigkeitstropfen, immer oder wenigstens häufig die Paukenhöhle erreichen.

Wreden[5]) fand, dass bei einer Verengerung des Tubarlumens auf 0·5—0·8 Mm. die Flüssigkeit per Katheter nie ins Cavum tympani gelangt und bei 0·8—1·0 Mm. nur die Injection en masse gelingt.

Man achte nur auf die bei einer solchen Injection auftretenden Erscheinungen: Gewöhnlich gibt die durch den Luftstrom aus dem Katheter in die Tuba eingetriebene Flüssigkeit zu grossblasigen Rasselgeräuschen Veranlassung; der Patient verspürt im Innern des Ohres gar nichts, wogegen sich die Flüssigkeit nicht selten im Rachen bemerkbar macht; bei Anwendung eines starken Luftstromes und bei tiefer Einführung eines stark gekrümmten Katheters in die Rachenmündung, werden die Rasselgeräusche intensiver und kleinblasiger, wobei der Kranke eine Sensation in den tieferen Theilen des Ohres angibt. Eines Tages bemerkt der auscultirende Arzt, der in gewohnter Weise die Injection vornimmt, während der Lufteinblasung anstatt des früher wiederholt gehörten Rasselgeräusches ein plötzliches stark consonirendes Zischen, scheinbar ganz nahe seinem Ohre; in demselben Momente gibt der Patient einen zuweilen heftigen Schmerz in der Gegend der Paukenhöhle an oder fühlt einen starken Druck im Ohre; die Ocular-

---

[1]) Ohrenh. 1867, S. 15. — [2]) *Lucae*, A. f. Ohr. 1864, I, S. 99. — [3]) *Gottstein*, A. f. Ohr. IV, S. 84. [4]) A. f. Ohr. III, S. 51. — [5]) Pet. med. Z., N. F., I, S. 503.

inspection lässt eine bedeutende Röthe des Trommelfelles erkennen: Ein Theil der Injectionsflüssigkeit war diesmal in das Cavum tympani hineingelangt, während an allen früheren Behandlungstagen wahrscheinlich kein Tropfen durch die knorpelig-membranöse Tuba hindurch in die Paukenhöhle eingedrungen war. Gewiss wird bei geübterer Hand, bei tiefem Einsinken des Katheters in das Ostium pharyngeum die Flüssigkeit eher und häufiger die Paukenhöhle erreichen, als sonst; **nicht selten dürfte jedoch die vermeintliche Einspritzung in die Paukenhöhle in Wirklichkeit nur eine Tubar-Einspritzung sein.**

Wenn die bisher geschilderten Behandlungsmethoden keine Resultate ergeben, steht der Arzt nunmehr vor der Alternative, entweder den betreffenden Kranken als unheilbar, oder richtiger gesagt, als mit den bisher angewandten Mitteln nicht heilbar zu bezeichnen oder aber durch einen o p e r a t i v e n E i n g r i f f in die Paukenhöhle einen weiteren therapeutischen Versuch zu wagen. Ich berühre hiermit einen Behandlungsvorgang, der hoffentlich zu einem mächtigen Aufschwung der Ohrenheilkunde führen wird, aber gegenwärtig noch kein sicheres Urtheil ermöglicht. Abgesehen von der bereits früher erwähnten einfachen Incision und multiplen Durchschneidung des Trommelfelles behufs Entspannung der Membran, sowie der Durchtrennung etwa vorhandener Adhäsionen (s. unten) in der Paukenhöhle, wären hier noch die Durchschneidungen des M. tens. tymp. und M. staped., die Extraction der einzelnen Gehörknöchelchen und die Mobilisirung des Steigbügels hervorzuheben; bei Besprechung der Erkrankung dieser Theile werden die genannten Operationen eingehender erörtert werden.

2. Croupöse Entzündung der Paukenhöhle (Tympanitis crouposa). Croupöse Membranen auf der Paukenschleimhaut wurden von *Wendt*[1]) vorgefunden, *Küpper*[2]) beobachtete in einem Falle von Rachendyphtheritis, croupöse Membranen in der Ohrtrompete und der Paukenhöhle, welche letztere von dem geronnenen Exsudate vollständig ausgefüllt erschien.[3]) Nähere Kenntnisse über das Vorkommen von croupöser Entzündung der Paukenhöhle besitzen wir derzeit noch nicht; so bleibt es noch weiteren Untersuchungen vorbehalten, zu entscheiden, ob die bei der eiterigen Paukenentzündung zuweilen von aussen (durch das perforirte Trommelfell) sichtbaren graulich-weisslichen Plaques auf der Mucosa der Paukenhöhle als Croupmembranen aufzufassen sind oder nicht.

3. Die desquamative Entzündung der Paukenhöhle (Tympanitis desquamativa). Die von mir zu den superficiellen Entzündungen der Paukenhöhle einbezogene Tympanitis desquamativa, wird keineswegs von allen Autoren als solche aufgefasst und es bestehen hierin sogar scharfe Gegensätze. *Tröltsch*[4]) und *Wendt*[5]) erkennen die bei der desquamativen Entzündung auftretenden Epithelialmassen als ein Entzündungsproduct an, während vor Allen *Lucae*[6]) die concentrisch geschichteten Epithelialgebilde für eine Perlgeschwulst (*Virchow*[7]). „Cholesteatom". *Joh. Müller*) ausspricht. Wie sich schon aus der hier vorgenommenen Einbeziehung der desquamativen Entzündung unter die superficiellen Entzündungen ergibt, schliesse ich mich im Allgemeinen der Anschauung von *Tröltsch* und *Wendt* an. Es muss ferner noch hervorgehoben werden, dass sich die nachfolgende Schilderung der desquamativen Entzündung, zum Zwecke einer übersichtlichen Darstellung, nicht auf die Paukenhöhle allein beschränkt, sondern die Betheiligung des Gehörorganes überhaupt an dieser Erkrankung, also die O t i t i s d e s q u a m a t i v a, in Betracht zieht.

Als desquamative Entzündung des Ohres (*Wendt*) beschreibe ich im Nachfolgenden jenen Erkrankungsvorgang, bei welchem die an

---

[1]) Arch. d. Heilk. XI (s. A. f. Ohr. VI. S. 166), XIII. S. 157. — [2]) A. f. Ohr. XI. S. 20. — [3]) S. ferner den Fall von *Gottstein*, S. 92 u. A. f. Ohr. XVII, S. 20. — [4]) A. f. Ohr. IV, S. 103; Ohrenh. 1862, S. 53. — [5]) A. d. Heilk. XIV, S. 428. — [6]) A. f. Ohr. VII. S. 255. — [7]) *Virch.* Arch. 1855, B. 8, S. 371.

der Ohrenentzündung zunächst betheiligte, oberflächliche Epithelialschichte eine reichliche Proliferation und Abstossung von Epithelialzellen aufweist.

Es ist damit keineswegs gemeint, dass die desquamative Entzündung in der Paukenhöhle, beziehungsweise im äusseren und mittleren Ohre, stets als superficielle Entzündung allein auftrete, ja im Gegentheil findet sich diese nicht selten in Vereine mit tiefergehenden Entzündungsvorgängen vor, und es kann unter Anderem die phlegmonöse Entzündung eine Otitis desquamativa erregen und umgekehrt. Wie sich dies auch in dem einzelnen Falle verhalten mag, so ist doch die desquamative Entzündung als solche stets auf eine eigenthümliche Form von superficiellen Erkrankungsvorgängen zu beziehen und der, eine oberflächliche Entzündung herbeiführende, pathologische Zustand der tieferen Gewebsschichten, kommt allerdings als ätiologisches Moment in Betracht, entkleidet jedoch die desquamative Entzündung keineswegs ihres Charakters eines oberflächlichen Erkrankungsprocesses.

Die **Epithelialgebilde bestehen aus grossen polyedrischen Zellen mit Kernen, welche den Epidermiszellen ähnlich erscheinen und zwischen ihren einzelnen Schichten oder Zellen oft Cholestearinkrystalle enthalten.** *Lucae*[1]) **fand ausserdem noch Riesenzellen mit vielen und grossen Kernen. Die aus den erwähnten Zellen zusammengesetzten Lamellen zeigen entweder einen concentrischen Bau, oder sie treten als unregelmässig gelagerte Massen nicht selten in grosser Menge auf. In diesem letzteren Falle geben sie sich entweder als glänzende, weisse Lamellen zu erkennen oder aber sie bilden dunkelbraun gefärbte, dem Cerumen ähnliche Ansammlungen, die sich von dem wirklichen Cerumen durch ihren geringen Gehalt an Fett und Cholestearin**[2]), **sowie durch den mikroskopischen Nachweis von Epithelzellen unterscheiden.**

Bei einer meiner Patientinnen, die eine das Lumen des Gehörganges an Weite übertreffende Fistel des Warzenfortsatzes besitzt und bei der die Paukenhöhle und die Warzenhöhle zu einem gemeinschaftlichen Cavum vereinigt sind, tritt von Zeit zu Zeit, in der bezeichneten Cavität eine äusserst zähe, dunkelbraungefärbte Masse auf, welche sich nur mit Zuhilfenahme der Sonde oder eines löffelförmigen Instrumentes entfernen lässt. Diese, einem polypösen Gewebe aufliegende Masse, besteht vorzugsweise aus Epithelialzellen.

Die oben geschilderten Epithelialgebilde kommen entweder an beschränkten Partien der verschiedenen Stellen des Gehörorganes vor oder zeigen sich über das ganze äussere und mittlere Ohr ausgebreitet; am seltensten werden sie im Labyrinthe angetroffen[3]), wogegen als ihr Lieblingssitz die Warzenhöhle erscheint.

Toynbee[4]) beschreibt als molluscous und sebaceous tumours, Geschwülste im äusseren Gehörgange, die zum Theile wohl den hier besprochenen Gebilden beizuzählen sind. *Virchow*[5]) erwähnt eine Ausfüllung des Gehörganges mit epidermidalen, weisslichen Massen. *Wendt*[6]) schildert ein „endotheliales Cholesteatom" in der Substantia propria des Trommelfelles, mit concentrischer Umscheidung der Lamina propria. *Küpper*[7]) berichtet von einem Falle mit einer graulichen Prominenz am Umbo des Trommelfelles, die aus geschichtetem Plattenepithel mit eingelagerten Cholestearinkrystallen bestand. Einen Fall von completer Ausfüllung der Paukenhöhle mit cholesteatomähnlichen Massen führt *Rokitansky*[8]) an. *Moos*[9]), *Lucae*[10]) und *Buhl*[11]) fanden das ganze Mittelohr und den äusseren Gehörgang mit solchen Epithelzellen ausgefüllt. *Tröltsch*[12]) bemerkte in einem Falle auf der unteren (Pauken-)Fläche des Tegmen tympani, cholesteatomatöse Lamellen. *Fischer*[13]) erwähnt ein kirschenkerngrosses Cholesteatom in der Paukenhöhle etc.

---

[1]) A. f. Ohr. VII, S. 256. — [2]) *Wendt*, A. d. Heilk. XIV, S. 436. [3]) *Pappenheim*, Z. f. rat. Med. 1844, S. 335. [4]) Ohrenh., S. 119. [5]) *Virch.* Arch. B. 8, S. 371. — [6]) Naturf.-Vers. 1873, s. A. f. Ohr. VIII, S. 245. [7]) A. f. Ohr. XI, S. 19. [8]) Path. Anat. 1855, B. 1, S. 221. [9]) A. f. Aug. u. Ohr. III, 1, S. 99. [10]) S. A. f. Ohr. II, S. 306, VII, S. 260. [11]) Bayer, ärztl. Intell. 1869, Nr. 33. [12]) A. f. Ohr. IV, S. 99. [13]) Ann. d. Charité, 1865, B. 13, s. A. f. Ohr. II, S. 232.

Abstammung. Die perlgeschwulstartigen Massen oder die ihnen histologisch gleichkommenden, angesammelten Epithelialzellen sind für die meisten Fälle einfach als abgestossene Zellen, als ein Product der Wandungen der verschiedenen Theile des Gehörorganes zu betrachten, und nur ausnahmsweise dürfte es sich um jene selbstständige Neubildung handeln, die auch an anderen Stellen des Körpers, als Cholesteatom (Perlgeschwulst) auftritt.

Die Ansichten der verschiedenen Autoren weichen in dieser Beziehung vielfach von einander ab: Die der desquamativen Ohrenentzündung zukommenden Epithelialzellen sind den Untersuchungen *Wendt's* [1]) zufolge einer Entzündung der das Ohr bekleidenden Weichtheile zuzuschreiben, wobei, wie ein Fall *Wendt's* lehrt, die Mucosa des Mittelohres ihr Cylinderepithel verliert und sich in ein Rete Malpighii umwandeln kann, damit also den Charakter einer Epidermis annimmt („desquamative Entzündung"). *Lucae* [2]) sieht die epithelialen, concentrisch geschichteten Massen als eine Geschwulst sui generis an, da sie dieser Autor als eine primäre Bildung in der Paukenhöhle bei nicht perforirtem Trommelfelle vorgefunden hat. Auch *Buhl* (l. c.) räumt diesen Epithelialgebilden eine selbstständige Stellung ein. *Gruber* [3]) hält sie für eine eigenthümliche Neubildung, die sich von einer ulcerösen Mucosa aus entwickelt.

In vielen Fällen von perlgeschwulstartigen Epithelmassen im Ohre findet sich eine eiterige Entzündung vor, oder diese ist der Bildung von solchen Epithelialzellen vorausgegangen. In einem von *Bezold* [4]) mitgetheilten Falle traten erst 16 Jahre nach einer Otitis media purulenta die charakteristischen weissen Epitheliallamellen im Ohre auf. *Bezold* betrachtet daher diese Epithelialbildungen als eine durch die vorausgegangene Entzündung allerdings erregte, jedoch dann selbstständig fortbestehende Erkrankung. Polypen, sowie Granulationsgewebe geben sehr häufig den Mutterboden für die hier besprochenen Epithelansammlungen ab: die Epitheliallamellen liegen dabei entweder dem polypösen Gewebe auf oder sie kommen auch innerhalb diesem zu Stande.[5]) Wie *Tröltsch* hervorhebt, zeigt sich im Centrum von solchen perlgeschwulstartigen Bildungen meistens ein verdickter Eiter, welcher für die von *Tröltsch* [6]) zuerst aufgestellte Annahme spricht, dass derartige Epithelschollen einer oberflächlichen desquamativen Entzündung zukommen.

Subjective Symptome. Die bei der desquamativen Entzündung auftretenden subjectiven Symptome sind in den einzelnen Fällen theils auf die oft heftige **Irritation** zu beziehen, welche die Wandungen von Seite der Epitheliallamellen erleiden, theils auf eine **Retention** des, hinter der angehäuften Epithelialmasse gelagerten Eiters zurückzuführen. Bei der, auf das Gehirn oder die grossen Blutgefässe fortschreitenden Erkrankung finden sich die bei der eiterigen Paukenentzündung zu besprechenden Symptome vor. Kleinere, zuweilen auch grössere Ansammlungen können vollständig unbemerkt bleiben.

Objectiv geben sich die perlgeschwulstartigen Epithelialmassen durch ihre glänzend weisse Farbe meistens deutlich zu erkennen, wobei noch die ausserordentlich schwere Entfernung der Epithelialschollen von ihrer Basis, als charakteristisch zu bezeichnen ist. Es findet allerdings auch eine spontane Ausstossung einzelner Schollen statt, welche selbst durch die Ohrtrompete erfolgen kann [7]), doch der grösste Theil der Epithelialmassen zeichnet sich durch eine hochgradige **Adhärenz** aus. Bei den mit einer dunkelbraunen Farbe einhergehenden Epitheliallamellen wird deren Unterschied von Cerumen durch die mikroskopische Untersuchung festzustellen sein. In einzelnen Fällen findet man die von den Epithelialmassen mechanisch **erweiterten Hohlräume** hochgradig verdünnt, selbst durchbrochen.

---

[1]) A. d. Heilk. XIV. S. 430. — [2]) A. f. Ohr. VII. S. 276. — [3]) Ohrenh., S. 507. — [4]) A. f. Ohr. XIII. S. 30 u. ff. — [5]) *Schwartze*, Naturf.-Vers. 1872. s. A. f. Ohr. VI. S. 294. — [6]) A. f. Ohr. IV. S. 103. — [7]) *Wendt*. A. d. Heilk. XIV. S. 430.

In einem von *Gruber*[1]) beobachteten Falle waren durch eine solche Ansammlung die aufgetriebenen Knochenwandungen des Warzenfortsatzes so verdünnt, dass bei der Digitaluntersuchung des Processus mastoideus die Erscheinungen einer Fluctuation hervortraten.

Die Bedeutung der besprochenen desquamativen Entzündungsproducte ist eine sehr grosse, da bei dieser Erkrankung nicht selten eine Tendenz zum Weiterschreiten der Affection auf die dem Mittelohre benachbarten Theile besteht. Die Grösse der Epithelialanhäufung ist dabei keineswegs massgebend, und, wie *Bezold*[2]) hervorhebt, zeigt sich manchmal bei grossen Ansammlungen im Ohre keine Usur der Wandungen, während bereits eine kleine Masse[3]) zur Usur und Phlebitis etc. führen kann.

Beispiele eines Durchbruches der verschiedenen Knochenwandungen, sowie eines durch die perlgeschwulstartige Epithelialansammlung herbeigeführten letalen Ausganges, wurden bereits von *Toynbee*[4]) mitgetheilt. Als pathologische Veränderungen in Folge von desquamativen Entzündungsproducten im Ohre, wären noch folgende Beobachtungen zu erwähnen: *Gruber*[5]), eine Usur beinahe der ganzen Pyramide und des Warzenfortsatzes, mit Durchbruch der Masseu durch das Tegmen tympani und Eröffnung des Sinus transversus. — *Voltolini*[6]), zwei Lücken im Tegmen tympani. — *Moos*[7]), eine vollständige Ausfüllung des ganzen äusseren und mittleren Ohres mit enormer Druckatrophie der Knochenwandungen und einem Gehirnabscesse. — *Bezold*[8]). Durchbruch der Epithelialmassen von der Pars mastoidea in den äusseren Gehörgang, so dass die Pars mastoidea gegen den letzteren offen lag und von aussen überblickt werden konnte. — In zweien meiner Fälle hatte eine desquamative Entzündung des Warzenfortsatzes zu einer ausgedehnten Zerstörung der hinteren Gehörgangswand geführt.

Die Behandlung besteht in der Entfernung der Epithelialmassen durch Ausspritzung, wobei oft eine vorausgeschickte Erweichung des Epithels nothwendig wird; die betreffenden Lamellen müssen oft mittelst Sonden, Löffeln etc. gelockert werden.

Wendt[9]) benöthigte in einigen seiner Fälle 3—4 Monate zu einer vollständig durchgeführten Entfernung der Epithelialschollen. Bei constatirter Anwesenheit von desquamativen Entzündungsproducten im Warzenfortsatze ist im Falle der Unmöglichkeit der Entfernung, nach *Lucae*[10]), die Eröffnung der Warzenhöhle angezeigt.

Erkrankungen der einzelnen Theile des Gehörorganes erfordern die, bei den einschlägigen Capiteln dieses Buches, angeführte Behandlung.

II. Gruppe. Tiefer greifende (phlegmonöse) Entzündung der Paukenhöhle. 1. Die einfache phlegmonöse Paukenentzündung (Tympanitis phlegmonosa simplex). Die einfache phlegmonöse Paukenentzündung charakterisirt sich durch eine bedeutende Hyperämie, Schwellung der Mucosa, sowie des submucösen Bindegewebes bei gleichzeitigem Ergusse eines schleimigen oder schleimig-eiterigen Exsudates, ferner durch eine stärkere Betheiligung des Trommelfellgewebes an dem Entzündungsprocesse, sowie durch gewöhnlich heftiger auftretende subjective Symptome. In einzelnen Fällen kommt es zu einem spontanen Durchbruch des Trommelfelles und dem Austritte eines Theiles des Paukensecretes in den äusseren Gehörgang. Die Erkrankung bleibt entweder auf die Paukenhöhle beschränkt oder sie breitet sich über das ganze Mittelohr aus. Kinder werden von der einfachen phlegmonösen Entzündung häufiger ergriffen, wie Erwachsene; die Erkrankung ist sehr oft nur einseitig.

---

[1]) W. Wochenbl. 1865, Nr. 1. — [2]) A. f. Ohr. XIII, S. 11.   [3]) Fall von *Tröltsch* (A. f. Ohr. IV, S. 105).   [4]) Ohrenh. Uebers., S. 120.   [5]) L. c.   [6]) M. f. Ohr. III, Sp. 5.   [7]) A. f. Aug. und Ohr. III, 1, S. 99. — [8]) A. f. Ohr. XIII, S. 35. — [9]) A. d. Heilk. XIV, S. 129. — [10]) A. f. Ohr. VII, S. 279.

Aetiologie. Die Tympanitis phlegmonosa simplex entsteht entweder ursprünglich als solche, durch locale oder allgemeine Erkrankungen veranlasst, oder sie entwickelt sich aus einem einfachen Paukenkatarrh, oder endlich sie geht aus einer eiterigen Tympanitis hervor. Gleich dem acuten Katarrh kommt auch die Tympanitis phlegmonosa zuweilen förmlich epidemisch vor.

Von den **subjectiven Symptomen** zeigt sich der Schmerz häufig sehr heftig und tritt bald continuirlich, bald intermittirend auf. Schwerhörigkeit und subjective Gehörsempfindungen erfahren in der Regel, besonders erstere, eine rasche Steigerung binnen weniger Stunden. In anderen Fällen wieder erscheinen diese Symptome nur mässig ausgeprägt, zuweilen findet sich nur die Schwerhörigkeit stärker vor. Fiebererscheinungen sind im Beginne der Erkrankung nicht selten vorhanden; bei Kindern erreichen sie zuweilen sogar einen hohen Grad und werden von Erbrechen und Kopfschmerz begleitet, wodurch das Krankheitsbild vorübergehend einem meningealen oder cerebralen Leiden ähnlich erscheint.

In Folge der mit einer profunden Paukenentzündung häufig verbundenen Entzündung des Pharynx und des pharyngealen Tubenabschnittes, treten bei dieser Erkrankung an den bezeichneten Theilen gewöhnlich Schmerzen auf, welche sich von den seitlichen Partien des Halses bis gegen die Tiefe des Ohres erstrecken und besonders bei jeder stärkeren Contraction der Gaumen-Rachenmuskeln, so z. B. bei jedem Schlingacte, bedeutend exacerbiren.

Objective Symptome. Das Trommelfell zeigt im Beginne der Erkrankung eine verschieden starke Hyperämie, die sich zuweilen auf den knöchernen Gehörgang erstreckt und dadurch die Grenzen des Trommelfelles und des Gehörganges verwischt. Später verschwindet die Röthe, das Trommelfell wird trübe und wölbt sich allmälig nach aussen, wobei es an einer Stelle, vor Allem am hinteren und oberen Segmente, sackförmig in den äusseren Gehörgang vorgewölbt ist. Ein andermal wieder treten derartige Ausstülpungen der Membran zu beiden Seiten des Hammergriffes auf, welcher dann tiefer gelagert erscheint, oder aber die ganze Membran zeigt sich in toto gegen den äusseren Gehörgang halbkugelförmig vorgebauchet. An einem solchen abnorm gewölbten Trommelfelle, geben sich nicht selten radiär verlaufende Gefässreiserchen zu erkennen, die bei weisslich gefärbter Membran besonders deutlich hervortreten. In anderen Fällen wird an einzelnen Partien oder über das ganze Trommelfell eine gleichmässige dunkle Röthe angetroffen. Mitunter erscheint das Trommelfellgewebe in eine besonders starke Entzündung miteinbezogen, in welchem Falle sich die Bilder der phlegmonösen Paukenentzündung mit denen der Myringitis[1] vermischen. Bei einem stürmischen Exsudationsergusse ins Cavum tympani, und vorzugsweise bei einem gleichzeitig eingetretenen entzündlichen Zustande des Trommelfelles, kann dessen Perforation erfolgen, wobei im äusseren Gehörgange entweder ein flüssiges oder ein eingetrocknetes Secret vorgefunden wird, welches letztere nicht selten als braune Kruste, das Trommelfell und die Wände des Gehörganges bedeckt. Manchmal sind es auch Epithelialschollen, welche von dem entzündeten Trommelfell reichlich abgestossen werden und der Membran stellenweise oder vollständig als braune, zuweilen höckerige Masse, auflagern.

---

[1] S. S. 144.

Die **Diagnose** einer einfachen phlegmonösen Paukenentzündung ist aus den angeführten Symptomen meistens leicht zu stellen, wenn nicht das Trommelfell durch vorausgegangene pathologische Zustände Veränderungen erlitten hat, welche die der Paukenentzündung sonst zukommenden Bilder wesentlich beeinflussen.

In manchen Fällen wird es schwer, eine einfache **Myringitis von einer Tympanitis phlegmonosa simplex** zu unterscheiden. Was die Unterscheidung einer bei Myringitis auftretenden interlamellären Flüssigkeitsansammlung von einem tympanalen Exsudatsacke betrifft, bietet der letztere, wie bereits bei Besprechung der Myringitis angeführt wurde (s. S. 146), zum Unterschiede von einer interlamellären Ansammlung, folgende Merkmale dar: Der tympanale Exsudatsack besitzt keine scharfen Grenzen, ist schlaff, von gelblich-grauer oder grünlicher Farbe, erleidet durch Druckschwankungen im Mittelohr oder äusseren Gehörgange eine Volumenveränderung, zeigt sich gegen Sondirung elastisch, ohne darnach eine Dellenbildung aufzuweisen und kann nur nach Durchtrennung sämmtlicher Trommelfellschichten eröffnet werden, worauf bei vorgenommener Luftdouche das im Cavum tympani angesammelte Secret, mit einem Perforationsgeräusche in den äusseren Gehörgang eintritt. Die dabei ergossene Flüssigkeitsmenge übertrifft den Fassungsraum des Exsudatsackes und gibt sich auch aus diesem Grunde als eine tympanale zu erkennen. Schliesslich wäre noch zu erinnern, dass die Gehörsverschlimmerung bei einem exsudativen Processe in der Paukenhöhle gewöhnlich bedeutend grösser ist, als bei der einfachen Myringitis.

Eine Verwechslung einer durch Flüssigkeitsansammlung hervorgebrachten, partiellen oder totalen vermehrten Convexität der äusseren Trommelfell-Oberfläche, mit einer dieser aufgelagerten, meistens bräunlich gefärbten Epithelialmasse oder einem ausgetretenen und später vertrockneten Secrete, ist bei genauer Untersuchung, eventuell bei Sondirung, leicht zu vermeiden.

Verlauf. Die Tympanitis phlegmonosa simplex kann acut oder chronisch verlaufen. Der Verlauf der **acuten Entzündung** ist, besonders bei rasch eingeleiteter Behandlung, gewöhnlich ein sehr günstiger. Das in der Paukenhöhle angesammelte Exsudat nimmt allmälig ab und dementsprechend geht auch die Wölbung des Trommelfelles zurück; die früher vorhandene Hyperämie weicht, der Hammergriff taucht aus dem abschwellenden Gewebe hervor und die Membran erhält wieder ihr normales Aussehen. Damit findet gleichzeitig eine Abnahme und ein vollständiges Schwinden der subjectiven Symptome statt.

Bei früher bestandenem Verschlusse des Tubencanales kann bei dessen eintretender Durchgängigkeit plötzlich eine günstige Wendung des Krankheitsprocesses mit dem Ausgange in Heilung erfolgen.

Nicht selten lässt die Paukenentzündung eine Neigung zu Recidiven zurück, welche letztere zu bleibenden Veränderungen in der Paukenhöhle, zu chronischen Entzündungsvorgängen führen. In anderen Fällen geht die acute Tympanitis phlegmonosa simplex unmittelbar in die **chronische Paukenentzündung** über, wobei das tiefer gelegene Gewebe total oder partiell bedeutend verdickt erscheint, zuweilen in dem Grade, dass das Lumen der Paukenhöhle von demselben theilweise oder vollständig erfüllt ist; ein andermal wieder entstehen durch partielle Wucherungen papilläre Excrescenzen.

Die im Cavum tympani auftretenden Wucherungen begünstigen das Zustandekommen von Adhäsionen und Pseudomembranen, welche die

Schwingungsfähigkeit des schallleitenden Apparates in hohem Grade zu beeinflussen vermögen.

Das Secret der Paukenhöhle bildet nicht selten eine dicke Masse, welche sich in Folge ihrer ausserordentlichen Klebrigkeit und Zähigkeit, zuweilen selbst an der Leiche nur schwer aus der frei gelegten Paukenhöhle entfernen lässt und z. B. mit einer Pincette nur theilweise weggezupft werden kann. Das Trommelfell sinkt bei der chronischen Paukenentzündung meistens stärker nach innen und bietet die Bilder der Verdickung und Einwärtsziehung dar, welche uns auch beim einfachen chronischen Paukenkatarrh entgegentreten. Mit diesen Vorgängen vermehren sich die Schwerhörigkeit und die subjectiven Gehörsempfindungen, welche Symptome, je nach dem Grade und der Localisation des Entzündungsprocesses an acustisch wichtigen oder minder wichtigen Partien der Paukenhöhle, eine verschiedene Intensität erreichen.

Die Behandlung der acuten Entzündung hat eine Mässigung der vorhandenen Entzündungserscheinungen und die Entfernung des in der Paukenhöhle angesammelten Exsudates anzustreben. Da die Eröffnung des verschlossenen Tubencanales zuweilen eine bedeutende Erleichterung verschafft, so erscheint eine Lufteintreibung in das Mittelohr angezeigt, die im Falle eines entzündlichen Zustandes im Nasenrachenraume, vor Allem mittelst des *Politzer*'schen Verfahrens vorzunehmen ist.

Die Lufteintreibungen erfordern jedoch gerade in diesen Fällen eine besondere Vorsicht, da durch die Luftdouche zuweilen eine Exacerbation der vorhandenen Schmerzen stattfindet, weshalb auch von einigen Ohrenärzten in dem ersten Stadium einer heftig auftretenden Paukenentzündung jede Lufteinpressung in die Ohrtrompete vermieden wird. Bei anderen Individuen bringen dagegen Lufteinblasungen ins Mittelohr, eine entschiedene Besserung hervor, aus welchem Grunde eine probeweise eingeleitete, sehr vorsichtige Luftdouche stets versucht werden kann.

In Ermanglung einer directen Behandlung der Paukenhöhle mittelst der Luftdouche oder aber nebst dieser, sind bei hochgradigen Entzündungs-Erscheinungen, vor Allem bei starkem Schmerze, Blutegel entweder knapp unter dem Warzenfortsatze oder ausserdem auch vor dem Tragus (s. S. 90) anzusetzen. Gegen die Schmerzen können ferner noch die S. 89 angeführten Mittel angewendet werden, ferner der innerliche Gebrauch von Tct. Belladonnae, von welchem Mittel ich wiederholt eine günstige Wirkung beobachtet habe.[1] Sehr günstig wirken zuweilen hydropathische Umschläge (s. S. 37), sowie auch die elektrische Behandlung[2] manchmal eine entschieden günstige Wirkung entfaltet, von der ich mich wiederholt überzeugt habe. Auch die Anwendung der Massage erweist sich zuweilen als sehr günstig.

Gerst[3]) empfiehlt gegen acute Entzündungen des Mittelohres Streichungen der seitlichen Partien des Halses.

Im Falle einer starken Hervorwölbung des Trommelfelles und bei

---

[1] *Theobald* (Amer. otol. Jouru. 1879, Nr. 3) rühmt die Einträuflung einer 1°/₀ Atropinlösung gegen Schmerzen bei entzündlichen Affectionen des Mittelohres an. —
[2] *Benedict*, Nervenpath. u. Elektr. 1876, II. S. 456; *Katyschew* (Petersb. med. Woch. 1880, Nr. 5) beobachtete während der Anwendung des faradischen Stromes ein Erblassen des Trommelfelles und der Paukenschleimhaut mit Abnahme des Ohrenschmerzes. —
[3] S. *Schmidt's* J. 1879, B. 184, S. 73.

vehementen Schmerzen im Ohre ist eine rasche Entfernung des Exsudates durch eine Paracentese der Paukenhöhle mit nachfolgender Ausblasung, beziehungsweise Ausspritzung des Exsudates (s. S. 227) angezeigt.

Curtis[1]) und *Itard*[1]) empfehlen Brechmittel, von denen auch *Schwartze*[1]) und *Tröltsch*[2]) in einzelnen Fällen einen günstigen Erfolg beobachtet haben.

Der bei der Paukenentzündung häufig vorhandene Nasenrachenkatarrh erheischt eine energische Behandlung.

Bei der chronischen Entzündung sind die bereits beim chronischen einfachen Paukenkatarrh angeführten Mittel in Anwendung zu ziehen, etwa nachweisbare, straff gespannte Pseudomembranen müssen operativ entfernt werden (s. unten).

2. Die eiterige phlegmonöse Paukenentzündung (Tympanitis phlegmonosa purulenta). Die eiterige Paukenentzündung[3]) bietet die Erscheinungen von hochgradiger Hyperämie und Schwellung des oberflächlich, sowie des tiefer gelegenen Gewebes dar; sie geht mit einer vorzugsweise eiterigen Secretion einher und führt fast constant zur Perforation des Trommelfelles, mitunter auch zur ulcerösen Destruction an den anderen Wandungen des Cavum tympani. In ihrem weiteren Verlaufe lässt die Tympanitis purulenta entweder eine verschieden mächtige Verdickung oder eine Verdünnung des tympanalen Bindegewebes erkennen (s. unten). Die eiterige Paukenentzündung tritt acut oder chronisch auf.

A) Die acute eiterige Paukenentzündung (Tympanitis purulenta acuta). Die acute eiterige Paukenentzündung entsteht aus den S. 215 u. S. 244 bereits angeführten Ursachen; sie complicirt sich ferner zuweilen mit der chronischen eiterigen Paukenhöhlenentzündung und gibt sich in diesem Falle als eine Exacerbation derselben zu erkennen. Durch traumatische Verletzung des Trommelfelles und der Paukenhöhle, wie durch eindringende Fremdkörper, ätzende Stoffe, durch die Einspritzung von medicamentösen Flüssigkeiten oder Wasser per tubam in die Paukenhöhle, kann eine acute eiterige Paukenentzündung entstehen.[4]) Consecutiv entwickelt sich eine Tympanitis purulenta acuta bei Entzündungsprocessen des äusseren Gehörganges und des Trommelfelles, wenn nach erfolgter Perforation des letzteren der Eiter in die Paukenhöhle dringt und daselbst eine Entzündung anfacht.

Nach *Knapp*[5]) kommt die acute eiterige Entzündung der Paukenhöhle in cc. 60°/₀ der behandelten Ohrenkranken vor; sie zeigt sich im Winter häufiger als im Sommer.

Sehr häufig wird bei der Section von Neugeborenen Eiter in der Paukenhöhle angetroffen. Die Ursache für diese auffällige Erscheinung dürfte in einer gestörten Rückbildung der tympanalen, fötalen Sulze[6]), in dem Eindringen von Fruchtwasser in die Paukenhöhle bei vorzeitiger Athembewegung des Fötus[7]), vielleicht auch in dem Eindringen von Mageninhalt während des, bei Neugeborenen so häufig erfolgenden Brechactes und in einer gewissen Inclination des kindlichen Organismus zu Eiterungsprocessen überhaupt[6]) zu suchen sein. Dazu kommt noch der Umstand, dass die

---

[1]) S. A. f. Ohr. IX, S. 149.   [2]) Ohrenh. 1877, S. 278. — [3]) Der Kürze des Ausdruckes wegen gebrauche ich anstatt der Benennung: Tympanitis phlegmonosa purulenta (eiterige phlegmonöse Paukenentzündung) die Bezeichnung: Tympanitis purulenta (eiterige Paukenentzündung). - [4]) *Roosa*, s. S. 49; *Bonnafont*, Traité des mal. de l'or. 1873, p. 165. — [5]) Z. f. Ohr. VIII, S. 36.   [6]) *Tröltsch*, Ohrenh. 1877, S. 414 u. 415. — [7]) *Wendt*, A. d. Heilk. XIV, S. 121.

Paukenhöhle von Neugeborenen bedeutend blutreicher ist als die von Erwachsenen.

Die subjectiven Symptome der Tympanitis purulenta entsprechen im Allgemeinen den bei der Tympanitis phlegmonosa simplex auftretenden Erscheinungen, sie sind jedoch in der Regel, besonders was den Schmerz und die Fiebererscheinungen anbelangt, um vieles vehementer als bei der letztgenannten Erkrankung. Nur im Falle einer bereits bestehenden Perforation des Trommelfelles, können der Schmerz und die subjectiven Gehörsempfindungen selbst vollständig fehlen.

Objective Symptome. Das Trommelfell zeigt sich am Beginne der acuten eiterigen Paukenentzündung glanzlos, trübe, später particll oder in toto geröthet und nach aussen gewölbt; manchmal schimmert der Eiter durch das Trommelfell gelblich durch, wenn nicht eine bald eintretende Entzündung der Membran selbst, oder etwa vorausgegangene Trübungen, jede Transparenz des Trommelfelles verhindern. Die Hyperämie erstreckt sich vom Trommelfell auf den knöchernen Gehörgang; nicht selten erscheint auch die äussere Bedeckung des Warzenfortsatzes roth, geschwellt und gegen Druck empfindlich. In einem etwas weiter vorgeschrittenen Stadium der Entzündung, gibt sich in der Regel eine Perforation des Trommelfelles mit dem Austritte von Eiter in den äusseren Gehörgang zu erkennen.

Nur bei bedeutender Resistenz des Trommelfelles bleibt dieses intact. Eine solche Resistenz wird entweder nach vorausgegangenen pathologischen Zuständen, wie bei Verdickung, besonders bei Verkalkung der Membran vorgefunden oder sie besteht normaler Weise im ersten Kindesalter, in welchem mit den übrigen Epithelialgebilden auch die Epithelialschichten des Trommelfelles, eine besondere Mächtigkeit besitzen.

Das häufige Vorkommen von nicht perforativen eiterigen Paukenentzündungen Neugeborener wurde durch die Sectionsbefunde von *Tröltsch*[1]) nachgewiesen, welcher Autor unter 49 kindlichen Felsenbeinen, von 25 Individuen, nur bei 18 Präparaten (9 Neugeborener), ein normales Gehörorgan antraf, während er unter den übrigen 20 Präparaten (15 Kindern), 26mal eine eiterige Mittelohrentzündung, 1mal eine schleimig-eiterige und 2mal eine rein schleimige Entzündung constatirte.[2]) *Schwartze*[3]) fand in je 5 Leichen von Neugeborenen durchschnittlich 2mal eine Eiteransammlung in der Paukenhöhle, *Wreden*[4]) 36 Fälle unter 80 Gehörorganen. *Kutscharianz*[5]) gibt an, dass er unter 300 Kindesleichen 150mal eine gelblich-grüne Eiteransammlung im Cavum tympani beobachtet habe. — Auch bei meinen Untersuchungen der Paukenhöhlen an Neugeborenen habe ich eiterige Entzündungen des Cavum tympani häufig vorgefunden. Allerdings betrafen die Fälle meistens schlecht entwickelte, theils an Lungenaffectionen, theils an Darmkatarrhen verstorbene Kinder.

Diagnose. Im Beginne der acuten eiterigen Paukenentzündung ist eine Unterscheidung dieser von der einfachen phlegmonösen Entzündung häufig nicht möglich und nur die heftigen subjectiven Symptome und Entzündungserscheinungen, sowie das allerdings nur selten stattfindende gelbliche Durchschimmern des Eiters durch die Membran, sprechen mehr für eine eiterige als für eine einfache Tympanitis phlegmonosa.

Bezüglich eines am Trommelfell hervortretenden gelblichen Fleckes oder einer Hervorwölbung muss vor einer Verwechslung des vermeintlichen Eiters mit der durchschimmernden inneren Wand der Paukenhöhle gewarnt werden.

---

[1]) Würzb. Verh. B. 9; Anat. d. Ohr. S. 63. — [2]) Von den früheren Autoren erwähnen nur *du Verney* (Tract. d. org. audit. 1684, s. *Schwartze*, A. f. Ohr. I, S. 204) und *Köppen* (Dissert., Marburg 1857, s. *Tröltsch*, Ohrenh. 1877, S. 409) das Vorkommen von Eiter in den Paukenhöhlen von Kindern. — [3]) L. c. — [4]) M. f. Ohr. II, Sp. 100. — [5]) A. f. Ohr. X, S. 123.

Nach erfolgter Perforation des Trommelfelles ist die Diagnose aus der Beschaffenheit des ausfliessenden Secretes leicht zu stellen; bei nicht perforirter Membran wird die sichere Diagnose oft erst durch eine künstliche Lückenbildung in das Trommelfell ermöglicht. Bei Kindern rufen eine auffällige Unruhe, Schmerzesäusserungen bei gewissen Lagen oder starken Bewegungen des Kopfes, beim Schlingen oder Saugen, sowie die Symptome einer Affection des Centralnervensystems, den Verdacht auf eine acute Tympanitis hervor.

Die erwähnten Erscheinungen erfordern dringend eine Untersuchung des Ohres, eventuell das probeweise auszuführende *Politzer*'sche Verfahren, das im Falle eines günstigen Einflusses auf die geschilderten Symptome, die Vermuthung, dass es sich in dem betreffenden Falle um eine acute Tympanitis handle, für berechtigt erscheinen lässt.

Die von *Streckeisen*[1]) und von *Tröltsch*[2]) zuerst betonte Möglichkeit, dass die von den Kinderärzten als Gehirnpneumonie bezeichnete Complication von Pneumonie mit meningitischen Symptomen als eine Complication der Lungenentzündung mit einer eiterigen Affection der Paukenhöhle zu betrachten sei, wurde später durch *Steiner*[3]) bestätigt. Wie mir übrigens Prof. *Widerhofer* mittheilte, beruhen die bei Pneumonie zuweilen vorkommenden cerebralen Symptome keineswegs immer auf einer Ohrenentzündung.

In dem Verlaufe der acuten eiterigen Entzündung treten grosse Verschiedenheiten hervor. Zuweilen ist derselbe ein sehr rascher und günstiger, indem nach Entleerung des Eiters binnen wenigen Wochen eine vollkommene Heilung erfolgt. Das Secret entleert sich gewöhnlich durch die Lücke des Trommelfelles, wohl nur sehr selten durch die Ohrtrompete. In einzelnen Fällen kann die eiterige Paukenentzündung aus später erörterten Gründen selbst letal enden.

In einem von mir beobachteten Falle war der letale Ausgang am dritten Tage nach Beginn der Erkrankungssymptome eingetreten. Der betreffende äusserst kräftige 73jährige Mann wurde während eines Spazierganges an einem stürmischen Wintertage von Schmerzen im linken Ohre befallen, welche während der darauffolgenden Nacht bedeutend exacerbirten und mit dem Eintreten eines profusen blutig-eiterigen Ausflusses gemildert erschienen. 36 Stunden später erfolgte Erbrechen, hierauf Bewusstlosigkeit, sowie Parese der rechten Extremitäten (in welchem Zustand der Patient in meine Beobachtung gelangte) und 56 Stunden nach Beginn der Erkrankung das letale Ende. Der Verstorbene hatte vor seiner letzten Erkrankung niemals weder an einer Ohrenaffection gelitten, noch irgend welche Erscheinungen einer Cerebralerkrankung aufgewiesen. — Einen Fall von acuter eiteriger Paukenentzündung mit rasch eingetretenem letalen Ende erwähnt *Viricel*.[4])

Nicht selten geht die Tympanitis pur. ac. in die chronische Form über.

Die Behandlung der acuten eiterigen Paukenentzündung erfordert vor Allem die schleunige Entfernung des Eiters aus der Paukenhöhle, welche bei einer bereits bestehenden Perforation des Trommelfelles, eine einfache Lufteinblasung ins Mittelohr, sowie Ausspritzung des Ohres benöthigt, dagegen bei imperforirtem Trommelfelle die Paracentese der Paukenhöhle dringend angezeigt erscheinen lässt.

Diese letztere Operation ist zuweilen sogar als eine Indicatio vitalis zu betrachten, da sie eine Weiterverbreitung des Eiters auf die Nachbarschaft der Paukenhöhle verhindert und demnach selbst lebensrettend wirken kann.

Politzer[5]) empfiehlt gegen heftige Schmerzen Injectionen von warmem Wasser per tubam. Im Uebrigen sind die bereits bei Besprechung der Tympanitis phlegmonosa simplex angeführten Mittel

---

[1]) Ber. üb. d. Kindersp. in Basel, S. 11. [2]) *Tröltsch*, Ohrenh. 1867, S. 301.
[3]) Jahrb. f. Kinderh. 1869, II, S. 1. — [4]) Dict. d. sc. méd. T. 38, p. 115, s. *Rust's* Magazin, 1831, B. 35, S. 520. [5]) Ohrenh. S. 161.

anzuwenden. Besonders zu betonen wäre noch die Wichtigkeit eines ruhigen Verhaltens des Patienten; bei stärkeren Entzündungserscheinungen hat der Kranke das Bett zu hüten.[1]) Der eiterige Ohrenfluss erfordert häufig nur eine sorgfältige Reinigung des Ohres und muss übrigens nach den bei der chronischen eiterigen Paukenentzündung zu befolgenden Grundsätzen behandelt werden.

B) Die chronische eiterige Paukenentzündung (Tympanitis purulenta chronica). Die chronische eiterige Paukenentzündung gibt entweder zu einer Schwellung und Verdickung oder aber zu einer Verdünnung der Mucosa und des submucösen Bindegewebes Veranlassung. Die Verdickung entsteht durch eine seröse Infiltration, sowie in Folge einer Anschwellung und reichlichen Entwicklung von Bindegewebsfasern entweder innerhalb des Gewebes oder auf die freie Oberfläche der Mucosa. Im ersteren Falle kommt es zu einer mehr diffusen Gewebs-Hypertrophie, im letzteren Falle werden circumscripte Bindegewebsbildungen, papilläre Excrescenzen oder kleine Knötchen (Tympanitis granulosa) angetroffen. Die mit Verdünnung des Gewebes einhergehende eiterige Entzündung der Paukenhöhle ist als ein höherer Grad der Tympanitis purulenta zu betrachten, wie die zur Hypertrophie führende Form der Paukenentzündung; bei jener erfolgt nämlich nicht nur keine Massenzunahme des Gewebes, sondern ein Theil des normaler Weise vorhandenen Gewebes schwindet und erhält keinen weiteren Ersatz, indem auch die neu entstehenden stürmisch sich bildenden Zellen nicht Gelegenheit zur Organisation finden, sondern rasch abgestossen und dem Eiter beigemischt werden. Auf diese Weise erklärt es sich auch, warum man bei der Untersuchung der Paukenhöhle, vom äusseren Gehörgange aus, durch die Trommelfellücke hindurch, an der inneren Paukenwand einmal ein mächtiges Bindegewebspolster bemerkt, ein andermal wieder durch die dünne Gewebsschichte den Knochen deutlich durchschimmern findet.

Das, in Folge einer vorausgegangenen acuten eiterigen Entzündung nur mit seltenen Ausnahmen bereits perforirte Trommelfell kann bei der chronischen Tympanitis purulenta, noch eine weitere Schmelzung seines Gewebes erfahren oder aber die bestehende Trommelfellücke erleidet keine Vergrösserung. Entsprechend den übrigen Gewebsschichten zeigt sich auch die Membrana tympani dabei in manchen Fällen verdickt, in anderen wieder verdünnt. Die destructive Natur der Tympanitis purulenta chronica tritt bald stärker hervor und äussert sich dann an den verschiedenen Wandungen der Paukenhöhle, bald wieder bleibt sie auf das Trommelfell beschränkt, oder endlich sie kann ganz fehlen und an Stelle eines eiterigen Zerfalles gibt sich sogar im Gegentheil eine Verdickung des Gewebes zu erkennen. Die durch eine eiterige chronische Paukenentzündung im Cavum tympani gesetzten Veränderungen sind an den einzelnen Stellen äusserst ungleich. So kann das Trommelfell auch bei Erwachsenen ausnahmsweise imperforirt bleiben, darunter selbst im Falle von Caries[2]) oder wenn die Tympanitis purulenta chronica zum letalen Ausgange führt.[3])

Auffällig oft besteht eine Integrität des Trommelfelles, bei der eiterigen

---

[1]) *Knapp*, Z. f. Ohr. VIII, S. 53. — [2]) *L. Mayer*, A. f. Ohr. I, S. 226, berichtet über einen einschlägigen Fall. — [3]) *Wolf*, Med. Centr.-Zeit. 1857. Nr. 35; ferner nach *Tröltsch* (Anat. d. Ohr. S. 70): *Maisonneuve*, Gaz. d. hôp. 1851, Nr. 92; *Maillot*, ibid. 1852, Nr. 40; *Toynbee*, Catalogue Nr. 799, 800, 824, 829, 840. — *Schwartze*, A. f. Ohr. IV, S. 239.

Paukenentzündung Neugeborener: so fand *Wreden*[1]) unter 36 Fällen von „Otitis media neonatorum" nur einmal eine Perforation des Trommelfelles.

Die Ausbreitung des eiterigen Processes in der Paukenhöhle kann eine verschiedene sein und bleibt zuweilen nur auf einzelne Abschnitte derselben beschränkt, wie z. B. auf den oberen Raum des Cavum tympani, wobei der Durchbruch des Trommelfelles dessen oberste Partie, die Membrana Shrapnelli betrifft.

Diese letztere **partielle Paukenentzündung** weist nicht selten eine besondere Hartnäckigkeit auf, ohne dass dabei die unteren Theile des Trommelfelles von der Entzündung ergriffen sind; wegen des Abschlusses des oberen tympanalen Raumes vom unteren Raume fehlt ein Perforationsgeräusch gewöhnlich vollständig.[2])

Aetiologie. Die Tympanitis purulenta chronica geht meistens aus der acuten eiterigen Paukenentzündung hervor. Die letztere kann sich in Folge von ungenügender Reinigung des Ohres, sowie unzweckmässiger Behandlung, bei fortwirkenden localen Reizen, bestehenden Allgemeinerkrankungen oder Constitutionsanomalien, zu einer chronischen Entzündung gestalten.

Von den **subjectiven Symptomen** tritt gewöhnlich nur die **Schwerhörigkeit** stärker hervor; subjective Gehörsempfindungen fehlen häufig vollständig oder sind sehr gering.

In einzelnen Fällen steigern sich die Schwerhörigkeit und die anderen subjectiven Symptome während des Versiegens der eiterigen Secretion und treten mit dem neuerdings erscheinenden eiterigen Ausfluss wieder mehr zurück.

Schmerzen finden sich in vielen Fällen nicht vor, können jedoch zuweilen sehr heftig auftreten; sie sind auf das Ohr beschränkt oder erscheinen an verschiedenen Stellen des Kopfes, besonders im Gebiete des Trigeminus. Störungen der **Geschmacksempfindungen** sind, meinen Untersuchungen zufolge, bei der Mehrzahl der Patienten nachzuweisen (s. unten). Einzelne Individuen klagen bei einem im Allgemeinen nicht häufig vorkommenden **Abflusse des Eiters durch die Ohrtrompete** in den Pharynx[3]), über einen widerwärtigen Geruch und Geschmack und leiden mitunter an Uebelkeiten, Erbrechen und schlechter Verdauung.[4])

In einem einschlägigen von *Marchal*[5]) mitgetheilten Falle war ausserdem noch ein hartnäckiger Husten vorhanden. *Mohler*[6]) erwähnt einen Fall von Nieskrampf, der mit dem eiterigen Ohrenfluss auftrat und gleichzeitig mit diesem wieder verschwand.

Bezüglich des Einflusses der eiterigen Paukenentzündung auf das **psychische und intellectuelle Verhalten des Patienten**, muss auf das a. a. O. Angeführte verwiesen werden.

Objective Symptome. Bei der Untersuchung findet man den äusseren Gehörgang gewöhnlich mit eingedicktem oder flüssigem Eiter erfüllt und die Wandungen des Ohrcanales zuweilen in verschiedenem Grade geschwellt, entzündet und hypertrophisch. Bei geringer Eiterung wird das Secret nur in der Tiefe des Gehörganges, am Trommelfelle oder eventuell in der Paukenhöhle angetroffen. Das Trommelfell

---

[1]) M. f. Ohr. II, Sp. 117.   [2]) *Politzer*, Ohrenh. S. 484 u. f.; *Morpurgo*, A. f. Ohr. XIX, S. 264 u. f. (Angabe der Literatur).   [3]) *Itard*, Traité etc. I, p. 173, 189, 270; *Lallemand*, s. *Fror.* Not. 1823, B. 5, Sp. 268; *Kau*, Ohrenh. S. 248.   [4]) *Bonnafont*, Traité etc. p. 177. —   [5]) L'Un. méd. 1868, Nr. 16, s. A. f. Ohr. IV, S. 304.
[6]) *Virch.* Arch. B. 14, s. *Canst.* J. 1860, B. 3, S. 114.

zeigt sich häufig geröthet, geschwellt, mitunter stellenweise verkalkt und in der Regel durchlöchert, wobei die Lücke von einer kleinen Spalte bis zur totalen Zerstörung der Membran variirt.

Die Paukenhöhle, soweit sie durch die Perforationsöffnung deutlich sichtbar ist, zeigt die bereits oben geschilderten Veränderungen.

Das S e c r e t, das bei der chronischen eiterigen Paukenentzündung ausgeschieden wird, weist grosse quantitative und qualitative Verschiedenheiten auf. Was die Q u a n t i t ä t anbelangt, können binnen 24 Stunden bald nur einige Tropfen einer dicken, eiterig-schleimigen Masse abgesondert werden, wobei das Secret manchmal im Gehörgange eintrocknet und eine Ceruminal-Absonderung vortäuschen kann; bald wieder findet eine profuse Secretion einer mehr wässerig-eiterigen Flüssigkeit zuweilen in solcher Menge statt, dass der Eiter durch längere Zeit fortwährend aus dem Ohre abtropft. In einem Falle Itard's[1]) flossen während 10 Tage stündlich 18—20 grosse Tropfen aus dem Ohre; in einer Woche betrug die Secretion bei 200 Gramm. — Katz[2]) beobachtete einen Fall, in welchem die Otorrhoe bei D r u c k a u f d i e V e n a j u g u l a r i s reichlicher wurde; wahrscheinlich bestand eine Lücke im Fundus tympani.

Die Q u a l i t ä t des Secretes ist ebenfalls eine ausserordentlich wechselnde; so wird eine serös-eiterige, schleimig-eiterige, mit Blut vermischte Flüssigkeit entleert oder es zeigt sich in manchen Fällen vorzugsweise nur Schleim, also die Tympanitis purulenta nimmt oft nur vorübergehend den Charakter einer Tympanitis phlegmonosa simplex an.

Bei der mikroskopischen Untersuchung findet sich zuweilen eine beträchtliche Anzahl von F l i m m e r z e l l e n im Eiter vor.[3]) Bekanntlich werden auch in anderen katarrhalischen Secreten cilienhaltige Zellen angetroffen, welche für eine Abstammung der Eiterkörperchen von den Epithelien sprechen.

Die C o n s i s t e n z des Secretes wechselt zwischen der einer Gelatinoder Leimmasse und einer dünnen, serösen Flüssigkeit. Eingetrocknete Massen bilden mitunter harte Krusten, die auf die Gehörgangswände irritirend einwirken können. Die F a r b e des Secretes hängt zum Theile von seinem Gehalte an Eiter, Schleim, Serum und Blut ab und erscheint daher bald rein gelb, bald grünlichgelb, weisslich, röthlich oder braun; zuweilen zeigt sich das Secret schwärzlich, wobei der äussere Gehörgang, das Trommelfell und die Paukenhöhle mit einer schmierigen, russigen Substanz bedeckt sind, die in einem von mir untersuchten Falle nur aus Trümmern von Epithelschollen und Eiterzellen bestand: die Vermuthung, dass die schwarze Färbung durch Aspergillus nigricans hervorgerufen sei, fand sich in diesem Falle nicht bestätigt.

Von Interesse ist das Vorkommen von b l a u e m Eiter, der gleichwie an anderen Wunden, auch im Ohre auftreten kann.

Eine Reihe von Fällen mit „b l a u e r O t o r r h o e" wurden von *Zaufal*[4]) näher beobachtet und beschrieben. *Zaufal* weist auf die Angabe *Lücke's*[5]) hin, dass bei dem blau gefärbten Eiter nur das Serum und nie das Eiweiss blau gefärbt erscheint. Die Färbung entsteht durch Vibrionen, die einen blauen Farbstoff „Pyocyanin" enthalten, der aus Chloroform in blauen oder grünen Prismen auskrystallisirbar ist. Die Vibrionen benöthigen zu ihrer Entwicklung der Körpertemperatur und des Eiweisses; eine profuse Otorrhoe ist ihnen, gleichwie den Aspergillus-Pilzen, ungünstig, indess ein dünner Eiter für sie einen guten Fruchtboden abgibt. In den von *Zaufal* angeführten Fällen von blauer Otorrhoe gehörte die betreffenden Bacterien, nach *Steiner*, der Species B a c t e r i o t e r m o an. Die frische Uebertragung des blauen Eiters gelingt häufig ganz gut. In einem von mir beobachteten Falle hatte sich ein College durch einen an ge-

---

[1]) Traité etc. I. p. 276. — [2]) Berl. klin. Woch. 1879. S. 227. — [3]) *Schwartze*. A. f. Ohr. I. S. 202. — [4]) A. f. Ohr. VI. S. 206. — [5]) A. f. klin. Chir. 1862, III, S. 135.

wöhnlicher Otorrhoe leidenden Patienten inficirt und zeigte am dritten Tage eine intensive blaue Otorrhoe, die übrigens rasch und günstig verlief, wie überhaupt der blaue Eiter keinen ungünstigen Einfluss auf die Wunden aufweist.

In einzelnen Fällen zeigt das ausgeschiedene Paukensecret eine ölige Beschaffenheit, so dass die aus dem Ohre entfernten Tampons den Anschein haben, als ob sie in Oel eingetaucht worden wären. Ich habe eine derartige Secretion auch in einem Falle beobachtet, in dem ich eine Perforation des Trommelfelles anlegte und wobei das durch den vorher vollkommen gereinigten Gehörgang (in welchem überdies kein Oel eingegossen worden war) ausfliessende Secret den Eindruck einer öligen Substanz machte.

Von den anderen Eigenschaften des Ohrensecretes wäre ein zuweilen bemerkbarer Geruch desselben zu erwähnen, der in manchen Fällen als fad, wenig intensiv erscheint, ein andermal wieder als ein penetranter, einem faulenden Käse ähnlicher Fötor auftritt, der die Umgebung des Patienten förmlich verpestet und das Ohrenleiden schon aus diesem Grunde allein zu einem höchst qualvollen gestaltet. Mitunter besitzt der eiterige Ohrenfluss eine ätzende Wirkung und führt zu Erosionen, circumscripten oder diffusen Entzündungen, zu oberflächlichen oder selbst tiefergehenden Geschwüren, besonders an der unteren Wand des äusseren Gehörganges. *Löwenberg*[1]) constatirte das massenhafte Vorkommen von Micrococcen bei Otorrhoe. — Bei chronischer Entzündung des äusseren Gehörganges hatte vorher *Pouchet*[2]) Bacterien angetroffen. Das Vorkommen von Tuberkel-Bacillen im eiterigen Ohrensecrete beobachtete zuerst *Eschle*.[3])

Die Diagnose einer chronischen eiterigen Paukenentzündung ist bei Berücksichtigung der Dauer des Ausflusses, ferner bei dem Umstande, dass die gewöhnlich vorhandene Trommelfelllücke eine directe Besichtigung einzelner Theile der Paukenhöhle ermöglicht, meistens leicht zu stellen.

Nur in den seltenen Fällen, in denen das Trommelfell trotz einer chronischen eiterigen Paukenentzündung intact bleibt, kann die Diagnose bedeutend erschwert werden, ja selbst unmöglich mit Sicherheit zu stellen sein. In diesem Falle werden sich zuweilen erst nach stattgefundener Perforation der Membrana tympani, eventuell bei der Section, solche Veränderungen im Cavum tympani zu erkennen geben, die auf einen chronischen eiterigen Process schliessen lassen.

Der Verlauf der chronischen eiterigen Paukenentzündung weist grosse Verschiedenheiten auf. In sehr günstigen Fällen nimmt die Secretion allmälig ab, das Secret wird dicker, die Schwellung der Paukenschleimhaut geht zurück, die Lücke des Trommelfelles verkleinert und schliesst sich endlich, mit oder ohne Zurücklassung einer Narbe, womit der normale Zustand der Gehörsfunction wieder eintreten kann. Zuweilen findet eine Exacerbation der eiterigen Entzündung statt, welche die Erscheinungen der acuten eiterigen Paukenentzündung darbietet.

Im Beginne einer solchen gibt sich häufig eine Verminderung oder plötzliche Sistirung der vorher vielleicht profusen Otorrhoe zu erkennen. Aelteren Anschauungen gemäss wurde in dieser Beziehung die Ursache mit der Wirkung verwechselt und das Versiegen der Secretion als Ursache der acut auftretenden Entzündungserscheinungen betrachtet.

Ein andermal wieder ist der Verlauf der eiterigen Paukenentzündung wegen der fortschreitenden ulcerösen Destruction des

---

[1]) Otol. Congr. Mailand 1880; Z. f. Ohr. X. S. 223 u. 292. [2]) S. Wien. med. Woch. 1865, S. 161. [3]) D. med. Woch. 1883, 25. Juli; s. ferner *Vottolini*, Mon. f. Ohr. 1884, Jänner; *Kessalsky*, Sitz. d. Ges. d. Aerzte in Wien, 29. Febr. 1884.

Trommelfelles, ein ungünstiger. In schwereren Formen des Leidens kann die Membran fast total zerstört werden, die Gehörknöchelchen erscheinen aus ihren Verbindungen gelöst und exfoliirt, und zwar am häufigsten der Amboss, seltener der Hammer, am seltensten der Steigbügel. Trotz einer solchen Ausstossung der Gehörknöchelchen, besonders wenn sich dieselbe auf den Hammer und Amboss beschränkt, ist noch immer nach dem Ablaufe der Entzündungserscheinungen ein verhältnissmässig günstiger Ausgang möglich. Bei intacter oder wenigstens nicht wesentlich beeinträchtigter Schwingungsfähigkeit der Labyrinthfenster, kann auch eine persistente Lücke, sogar ein ausgedehnter Defect des Trommelfelles, mit einem überraschend guten Gehör einhergehen. Es muss jedoch auch für solche Fälle bemerkt werden, dass eine persistente Perforation des Trommelfelles sehr häufig Recidive einer eiterigen Paukenentzündung bedingt und daher stets nur eine zweifelhafte Prognose zulässt. In der Mehrzahl der Fälle bestehen in der Paukenhöhle, besonders an den Labyrinthfenstern bleibende Veränderungen, die zu einer mehr minder hochgradigen Schwerhörigkeit Veranlassung geben.

In selteneren Fällen treten partielle Verkalkungen der Mucosa ein, die bald einzelne, bald wieder sämmtliche Schichten der Schleimhaut betreffen. Sie erscheinen als prominente, weissgefärbte Stellen, über welche zuweilen feine Gefässe verlaufen, also ein Zeichen, dass die gefässtragende Bindegewebsschichte in die Verkalkung nicht mit einbezogen wurde.[1]

Ausnahmsweise veranlasst die chronische eiterige Paukenentzündung Senkungsabscesse, u. zw. wurden solche am Gaumen[2], im retropharyngealen Gewebe[3] und in der unteren Halsregion (mit Zerstörung der V. jugul. int.[4]) beobachtet.

Einen höchst ungünstigen, zumeist letal endenden Verlauf pflegen jene Fälle zu nehmen, in denen sich die eiterige Paukenentzündung auf die Meningen, auf das Gehirn und die der Paukenhöhle benachbarten grossen Blutgefässe erstreckt. Der Entzündungsprocess befällt hierbei entweder zuerst die Knochenwandungen und dann erst die denselben anliegenden Theile, oder aber der Knochen selbst bleibt intact, während sich die Entzündung auf dem Wege der Bindegewebszüge oder Gefässe durch die Knochendecke, von deren inneren zur äusseren Oberfläche fortpflanzt. Mit Ausnahme des Trommelfelles steht jede Wand der Paukenhöhle in unmittelbarer Nähe von lebenswichtigen Organen:

Das Dach der Paukenhöhle, welches gleichzeitig einen Theil des Bodens der mittleren Schädelgrube bildet, ermöglicht eine directe Fortpflanzung der eiterigen Entzündung von der Paukenhöhle zu den Meningen und dem Gehirne, wobei der Eiterungsprocess seinen Weg in die Schädelhöhle bald entlang der die Fiss. petro-squamosa durchsetzenden Gefässe nimmt, bald wieder bei bestehender Dehiscenz oder in Folge von cariös-nekrotischen Lücken im Paukendache, unmittelbar auf die Dura mater einwirkt.

a) Betheiligung der Meningen an einer eiterigen Paukenentzündung. Eine vom Cavum tympani zu den Gehirnhäuten

---

[1] *Schwartze*, Path. Anat. S. 79. — [2] *Gruber* (Oest. Z. f. pr. Heilk. 1863, Nr. 1—6): das Ostium pharyngeum tubae erschien durch den Abscess verschlossen; bei Druck auf den Gaumen quoll der Eiter aus dem Ohre. — [3] *Calmettes* in der Uebers. meines Lehrbuches, p. 365. — [4] *Schwartze*, A. f. Ohr. XVI. S. 267.

vordringende eiterige Entzündung veranlasst keineswegs immer eine Betheiligung der harten Hirnhaut an dem Entzündungsvorgang und es muss in dieser Beziehung sogar die bedeutende Widerstandsfähigkeit der Dura mater besonders betont werden. Ein andermal wieder erscheinen nur die von der eiterigen Entzündung zunächst betroffenen Partien der harten Hirnhaut verändert, verdickt, dem Knochen stark adhärent oder missfärbig erweicht, ohne dass die Entzündung eine weitere Ausbreitung erkennen lässt. Endlich aber können die Meningen ulcerirt, mitunter siebförmig perforirt werden, worauf sich die Eiterung entweder entlang der Pia mater bis zur Medulla oblongata oder nach vorausgegangener Adhärenz der Meningen, zum Gehirne, u. zw. besonders zum hinteren Grosshirnlappen und vorderen Theile des Cerebellums erstrecken kann.[1])

Fig. 62.

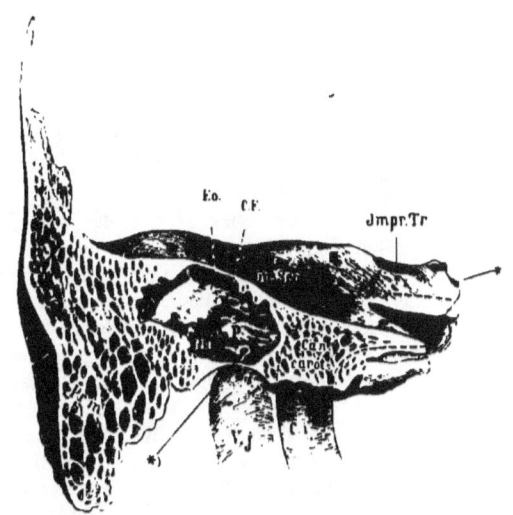

an. carot. Canalis caroticus. — *C. i.* Carotis interna. — *C. F.* Bezeichnung der Stelle an der inneren Paukenwand, an welcher der Canalis Fallopiae seinen Verlauf oberhalb des Foramen ovale *(F. o)* nach rückwärts nimmt. — *F. o* Foramen ovale. — *Impr. Tr* Impressio Trigemini. — *m. Sch* mittlere Schädelgrube. — *N. r.* Nische des foramen rotundum. — *P* Promontorium. — *Pr. m* Processus mastoideus. — *V. j* Vena jugularis mit dem Bulbus Venae jugularis *(B. V. j).* — *) Mündungen der pneumatischen Zellen der Pyramide einerseits in die Paukenhöhle, andererseits in die Schädelhöhle an der Pyramidenspitze; durch die Zellenräume ist eine Borste hindurchgeführt.

In einem von *Wendt*[2]) mitgetheilten Falle hatte eine Tympanitis purulenta eine hochgradige Meningitis an der Gehirnconvexität zur Folge, wogegen sich die Basalmeningen nur hyperämisch und dem Knochen stark adhärent erwiesen. — *Lucae*[3]) beobachtete eine eiterige Paukenentzündung mit consecutiver Eiterung des Labyrinthes und Fortschreiten des Eiters vom letzteren auf die Gehirnconvexität. — In einem von mir beobachteten Falle von chronischer eiteriger Entzündung der Paukenhöhle war die Entzündung einerseits durch das Tegmen tympani auf die Basalmeningen, andererseits durch das Labyrinth und den Porus acusticus internus auf die Oberfläche des Cerebellums übergetreten.

[1]) *Lebert, Virch. Arch.* 1856. B. 10.   [2]) A. d. Heilk. XI. s. A. f. Ohr. VI. S. 168. — [3]) S. Const. J. 1878. B. 2. S. 186.

Die hauptsächlichsten, aber keineswegs constanten und in ihrer Intensität ausserordentlich schwankenden **Symptome einer ausgebreiteten Meningitis** bestehen bekanntlich in Fieber, heftigem Kopfschmerze, Nackensteifigkeit, Erbrechen, eingezogenem Abdomen, Obstruction, Retardation des Pulses, Spasmus, sowie Paralysis des Nerv. facialis, Lähmungserscheinungen, erhöhtem Glanze des Auges, träg reagirender oder vollständig starr bleibender Pupille, Diplopie und einem comatösen Zustande. Den Beobachtungen *Bergmann's* zufolge ist die Convexitätsmeningitis durch den Eintritt von Hemiparese und Hemiplegie ausgezeichnet, indess die Basalmeningitis ohne Lähmungserscheinungen verlauft.[1]) Bemerkenswerth ist ein im Verlaufe von Meningitis, und zwar auch in letal endenden Fällen, zuweilen eintretender bedeutender Nachlass der genannten Symptome, der leicht trügerische Hoffnungen eines günstigen Ausganges erweckt.

b) **Gehirnabscess.** Bezüglich der Gehirnabscesse ergeben die Untersuchungen *Lebert's*[2]), dass eine eiterige Erkrankung, besonders Caries des Schläfenbeines, eine häufige Ursache von Gehirnabscessen abgibt, und zwar ist ungefähr der vierte Theil der von *Lebert* gesammelten 80 Fälle darauf zu beziehen.

Unter diesen befanden sich 53 Männer, 24 Weiber und 3 Kinder. In [1], der Fälle trat der Gehirnabscess vor der Pubertät, in den übrigen Fällen meistens zwischen dem 16. und 30. Jahre auf. *Schott*[3]) betont die Häufigkeit des Vorkommens von Gehirnabscessen beim männlichen Geschlechte (31mal unter 40 Fällen). Die rechte Seite wird öfters befallen als die linke Gehirnhälfte.

Der Abscess entwickelt sich entweder an der dem Tegmen tympani unmittelbar aufgelagerten Gehirnpartie oder an einer davon entfernteren Stelle im mittleren Theile des Grosshirns, nicht selten im Cerebellum oder, wie in zwei Fällen *Lebert's*, allein im Corpus striatum. In einem von *Gull*[4]) mitgetheilten Falle hatte sich die Entzündung von der Paukenhöhle aus nach allen soeben angegebenen Richtungen zugleich erstreckt. Häufig kommen nicht nur ein, sondern **mehrere Gehirnabscesse** nebeneinander vor; so fand *Lebert* unter 80 Fällen 22mal multiple Eiterherde im Gehirn. *Härlin*[5]) constatirte in einem Falle von Caries ossis temporis einen Abscess im Cerebrum und einen zweiten im Cerebellum. Ein Gehirnabscess kann sich ferner auf der dem erkrankten Ohre **entgegengesetzten Seite** entwickeln.[6]) Solche, dem eiterig afficirten Ohre **entfernter gelegene Gehirnabscesse**, sind von dem Schläfenbein nicht selten durch eine anscheinend gesunde Hirnmasse getrennt[7]), in welchen Fällen die Entzündung vom Schläfenbein aus entlang den Bindegewebszügen und Gefässen in die tieferen Theile vorgedrungen war, ohne oberflächlicher gelagerten Gehirnpartien in die Entzündung miteinbezogen zu haben. Es ist auf diesen Umstand wohl zu achten und demnach ein in den centraleren Theilen des Gehirns gelegener Abscess, bei einer bestehenden eiterigen Ohrenerkrankung, keineswegs als ein zweifellos idiopathischer, sondern sogar mit grosser Wahrscheinlichkeit als ein consecutiv entstandener Gehirnabscess zu deuten. Für diese letztere Annahme kann auch durch eine eingehendere Untersuchung nicht selten der directe Nachweis einer Fortwanderung des Eiters von aussen nach innen, geliefert werden.

---

[1]) S. *Albert*, Chirurgie, I, S. 124. Urban & Schwarzenberg, Wien 1877. — [2]) *Virch.* Arch. 1856, B. 10, S. 78, 352, 426. — [3]) Würzb. med. Z. 1861, B. 2, S. 467. — [4]) S. *Schmidt's* J. 1858, B. 100, S. 294. — [5]) *Schott*, l. c. S. 475. — [6]) *Abercrombie*, s. Lincke, Ohrenh. II, S. 301; *Tröltsch*, A. f. Ohr. IV, S. 105; *Magnus*, Naturf.-Vers. 1872, s. A. f. Ohr. VI, S. 293. — [7]) *Gull*, l. c. S. 300.

Einsteanger[1]) nimmt an, dass die durch eine Felsenbeinerkrankung bedingten und vom Erkrankungsherde durch eine gesunde Gehirnmasse getrennten Gehirnabscesse dadurch entstehen, dass infectionstragende Mikroorganismen vom Sitze des Eiters aus in die Circulation gerathen oder sich längs des die Gefässe begleitenden Bindegewebes fortpflanzen. — *Bride* und *Bruce*[2]) fanden in einem Falle von eiteriger Mittelohrentzündung bei der mikroskopischen Untersuchung das Felsenbein von Bacterien durchsetzt, sowohl in der Umgebung der Gefässe, als auch in den diploëtischen Räumen; die Bacterien waren auch durch die Facialscheide gelangt. Das Labyrinth erschien desorganisirt, bei intacter Labyrinthwand, was nach *Bride* nur auf dem Wege der Gefässscheiden erfolgen sein konnte. Im Cerebellum wurde von *Bruce* ein mit Bacterien und Micrococcen erfüllter Abscess[3]) vorgefunden.

In selteneren Fällen steht ein central gelagerter Gehirnabscess durch einen Fistelgang mit dem Ohre in offener Verbindung.[4])
Einschlägige Beispiele aus der Literatur werden von *Lebert* (l. c.) angeführt: *Stoll* fand in einem Falle einen Kleinhirnabscess, der mit dem cariösen Felsenbeine offen verbunden war; *Brodie* berichtet von einem in der linken Grosshirnsphäre eingebalgten Abscess von 8 Cm. Umfang, der mit seiner unteren Partie an das Felsenbein reichte und durch einen Fistelgang der Dura mater mit dem cariösen Felsenbein und dem äusseren Gehörgange communicirte.

O. Brien[5]) erwähnt eines Gehirnabscesses in der Gegend des linken Felsenbeines, bei kolossaler Zerstörung desselben, wobei der Gehirnabscess mit einem anderen, unter den Schläfenmuskeln befindlichen Abscesse verbunden war. In solchen Fällen wird bei der Ausspritzung des Ohres die eingespritzte Flüssigkeit bis in die Höhle des Gehirnabscesses vordringen können.

So fand *Schwartze*[6]) an einem seiner Patienten einen Kleinhirnabscess, bei dem die Möglichkeit dessen Irrigation von aussen durch die bestehende Perforation des Warzenfortsatzes vorlag. *Kruckenberg*[7]) beobachtete eine Communication des Antrum mastoideum mit einem Kleinhirnabscess.

Nach *Itard*[8]) wäre ein Durchbruch des Gehirnabscesses in die Paukenhöhle und durch das Trommelfell, also ein cerebraler Ohrenfluss möglich. Eine auf diese Weise entstandene Otorrhoea cerebralis findet auch bei *Rokitansky*[9]) Erwähnung. In einem von *Berndgen*[10]) angeführten Falle war in Folge eines Kleinhirnabscesses, eine acute Paukenentzündung eingetreten, so dass bei dem betreffenden Patienten der Gehirnabscess als Ursache der (auf einer Trophoneurose beruhenden) Ohrenentzündung angesehen werden musste. *Odenius*[11]) berichtet von einem Falle, in welchem nach Sturz auf das Occiput ein Abscess im rechten Lobulus cerebelli auftrat und erst consecutiv eine Caries des Felsenbeines sich entwickelte. Das Labyrinth ergab eine unbedeutende Entzündung. Derartige Fälle sind wohl als Ausnahme zu betrachten, denn, wie nach *Lebert* bereits *Morgagni* richtig beurtheilte, gibt gewöhnlich eine Mittelohrentzündung die veranlassende Ursache zu dem vorhandenen Gehirnabscesse ab. Allerdings muss dabei nicht immer die Paukenhöhle in den Entzündungsprocess mit einbezogen sein.

So berichtet *Pomeroy*[12]) von einem Falle, in welchem der Eiter von einem Abscesse des Warzenfortsatzes einerseits bis in die Gehirnventrikel vordrang, während andererseits die Oberfläche des vorderen Grosshirnlappens bis zur Medulla oblongata von dem Eiter bespült wurde. Der betreffende Patient hatte bis zu seinem

---

[1]) Bresl. ärztl. Z. 1879, Nr. 9. — [2]) Journ. of Anat. and Phys. XIV, s. M. f. Ohr. XIV, Nr. 6, B. — [3]) Bacillen wurden auch von *Moos* (Otol. Congr. Mailand 1880) in einem Cerebellar-Abscess nachgewiesen. — [4]) *Schott* (l. c., S. 160) fand unter 40 Fällen nur 2mal eine Communication des Gehirnabscesses mit der Aussenseite, trotzdem in 13 Fällen (unter 40) Caries os. petr. bestanden hatte. [5]) S. *Lebert*, l. c. —) A. f. Ohr. XIII, S. 105. — [7]) S. *Lincke*, Ohrenh. II, S. 303. — [8]) Traité etc. I, p. 213. — [9]) Path. Anat. 1856, B. 2, S. 460. — [10]) M. f. Ohr. XI, Nr. 3. — [11]) S. *Canst.* J. 1867, B. 1, S. 222. — [12]) S. A. f. Ohr. XII, S. 313.

Tode ein gutes Gehör besessen, wie auch der Sectionsbefund in der That ein vollständig normales Cavum tympani und Labyrinth nachwies.

Schliesslich wäre noch zu bemerken, dass Gehirnabscesse und eiterige Entzündungen der Paukenhöhle auch **unabhängig** von einander vorkommen können.[1])

Die **subjectiven Symptome**, welche beim Gehirnabscesse zuweilen durch eine äussere Veranlassung, wie nach einem Schlag auf den Kopf, nach heftigen Bewegungen, Erkältung, nach irritirenden oder deprimirenden Einwirkungen auftreten[2]), sind in ihrer Intensität ausserordentlich verschieden, ja die Gehirnabscesse können sogar vollständig latent verlaufen.[3]) Wie aus den oben citirten Abhandlungen von *Schott* und *Lebert* hervorgeht, dauern die acuten Erscheinungen meistens nur 2—4 Wochen. Die Patienten klagen über intensive, gegen Druck sich steigernde Kopfschmerzen, zeigen einen unsicheren Gang, zuweilen starke Fieberbewegungen, Schüttelfröste und Delirien. Bei Erkrankung des Cerebellums findet sich oft ein Schmerz vor, der vom Kopfe bis in den Nacken reicht. Die Pupillen sind bei Gehirnabscessen zuweilen enge: bei entzündlichen Affectionen entsteht sehr rasch Lichtscheu. Nicht selten bietet die Affection das Bild von Typhus dar, mit welcher Erkrankung auch Gehirnabscesse leicht verwechselt werden können; manchmal erfolgen apoplectiforme Anfälle; Störungen der Intelligenz fehlen häufig vollständig oder sind nur sehr gering: dagegen geben sich Störungen des Empfindungsvermögens in den meisten Fällen zu erkennen. Convulsionen treten nicht selten auf; Lähmungen erscheinen häufig und sehr wechselnd; bei Gesichtslähmungen wird meistens die dem erkrankten Ohre entsprechende Seite von der Paralyse befallen. Die Gehörsfunction kann durch einen Gehirnabscess, je nachdem der Abscessherd zu dem Acusticus in Beziehung steht oder nicht, bald alterirt werden, bald wieder vollständig unbeeinflusst bleiben.

Bei einem unter den Erscheinungen von Cephalalgie erkrankten Patienten *Herpin's*[4]) war eine seit Kindheit vorhandene bedeutende Schwerhörigkeit merkwürdigerweise einer auffälligen **Gehörsverbesserung** gewichen, die sich zwei Tage vor dem Tode des Patienten gezeigt und bis zum Beginne des comatösen Zustandes angehalten hatte. Die Section ergab linkerseits einen Abscess des Kleinhirns.

Wie schon oben bemerkt wurde, können beim Gehirnabscesse alle Symptome fehlen, mitunter treten erst einige Tage vor dem letalen Ende Reiz- oder Depressionserscheinungen des Gehirns auf; ein andermal wieder erfolgen erst nach dem Durchbruche eines bis dahin symptomlos bestandenen Abscesses in die Gehirnventrikel, die für eine cerebrale Affection sprechenden, gewöhnlich rasch zum letalen Ausgange führenden Erscheinungen. Beachtenswerth ist das Vorkommen von Neuritis optica bei Hirnerkrankungen.[5])

Nach *Wreden*[6]) lassen sich beim cerebralen Complicationsfieber der eiterigen Ohrenaffectionen drei **thermometrisch differenzirbare Formen** unterscheiden: Die **Initialperiode** oder das **pyrogenetische Stadium**; es erweist sich sehr kurz und zeigt gleich am ersten Fiebertage ein rasches Ansteigen der Temperatur auf 39—40°; Schüttelfröste treten dabei nur selten auf. Bei der einfachen Gehirnentzündung oder der diffusen Meningitis erhebt sich dagegen das Fieber gewöhnlich erst am zweiten bis dritten Abend auf 40" und ist von heftigen Schüttelfrösten begleitet. Die **Periode der vollständigen Ausbildung** kommt bei dem im Gefolge einer eiterigen Ohren-

---

[1]) Einen einschlägigen Fall beobachtete *Michael* (Z. f. Ohr. VIII, S. 303). —
[2]) *Toynbee*, Ohrenh. Uebers., S. 260. — [3]) Unter 40 Fällen *Schott's* bestand 28mal anfänglich ein latenter Verlauf (Würzb. med. Z. 1861. B. 2. S. 474). — [4]) Bull. de la Soc. anat. de Paris, 1875. s. A. f. Ohr. X. S. 254. — [5]) *Kipp*. Z. f. Ohr. VIII, S. 275. —
[6]) A. f. Aug. u. Ohr. IV. 2. S. 311.

entzündung sich entwickelnden Gehirnabscesse bereits am Abend des ersten Tages und zeigt in den nächsten vier Tagen ein geringes Schwanken der Temperatur, die sich sowohl des Morgens, wie des Abends auf 39—40° erhält, während bei Pyämie das Fieber meistens erst gegen das Ende der ersten oder im Beginne der zweiten Woche den höchsten Grad erreicht und starke Schwankungen von 1—3° erleidet. Mit dem fünften Tage folgt die Periode des Schwankens und ein Herabgehen der Morgentemperatur, wobei sich die Temperatur in weiteren 7 Tagen gewöhnlich zwischen 38—38·5° bewegt. Gleichzeitig nehmen auch die subjectiven Symptome ab, vermindern sich noch weiter im Stadium decrementi, in welchem das Fieber langsam sinkt und gehen endlich mit dem Eintritte der normalen Temperatur gänzlich zurück. Damit kann die vollständige, Wochen bis Monate dauernde Latenz, ja wohl auch die Heilung des Gehirnabscesses erfolgen.

Länger bestandene **Gehirnabscesse** werden von den sie umgebenden Gehirnpartien durch eine dicke, gefässreiche, pyogene, also selbst Eiter secernirende Membran allmälig abgekapselt, und zwar ist dieser Vorgang, nach *Lebert*, frühestens mit dem 18. Tage [1]), gewöhnlich zwischen dem 30. und 60. Tage vollendet. *Gull* [2]), *Schott* [3]) und *R. Meyer* [4]) nehmen als den Termin, in welchem der Balgabscess meistens seine vollständige Ausbildung erlangt hat, das Ende der siebenten Woche an. Die Abscesskapsel kann durch später eintretende Erweichung oder durch einen gegen die Seite des geringsten Widerstandes stattfindenden Druck, entweder in die Hirnhöhlen (bei meistens rasch eintretendem letalen Ausgange) oder in das Mittelohr, seltener in die Nasenhöhle [5]) durchbrechen. In der Hälfte der Fälle von *Schott* und *Lebert* trat der letale Ausgang bis zum Ende des ersten Monates ein, in dem weiteren Drittheile am Ende des zweiten, in den übrigen Fällen zwischen dem dritten und achten Monate.

Betreffs der Stellung der Diagnose auf Gehirnabscess wäre noch auf die Möglichkeit einer Complication der eiterigen Mittelohrentzündung mit einem Tumor cerebri hinzuweisen. *Fischer* [6]) berichtet von einem Patienten aus der Klinik *Traube's*, bei dem im Verlaufe einer eiterigen Mittelohrentzündung Kopfschmerz, Schwindel und Sopor eingetreten waren, wobei jede Motilitäts-, Sensibilitäts- und Sinnesstörung fehlte. Bei der Section fand sich in der Grosshirnhemisphäre anstatt des vermutheten Abscesses ein Tumor cerebri vor.

Nach *Gull* [2]) erscheint die Cephalalgie beim Gehirnabscesse gleichmässiger und allgemeiner, sie tritt plötzlich auf und schreitet acut fort, dagegen erweist sich der Paroxysmus bei Gehirntumoren beschränkter und der Schmerz folgt mehr dem Nervenverlaufe. Beim Gehirnabscess ist der Patient somnolent, deprimirt, bei Gehirntumoren hingegen zeitweise vollständig wohl.

Boden der Paukenhöhle. Vom Boden der Paukenhöhle, als der Decke der Fossa jugularis, kann sich die eiterige Entzündung auf den sogenannten Bulbus venae jugularis [7]) (s. Fig. 62 B. V. j.) und von da weiter nach unten auf die abwärts steigende Vena jugularis (V. j.) fortsetzen, wobei etwa vorhandene Dehiscenzen der Fossa, in welcher sich der Bulbus befindet, diesen Vorgang begünstigen. Durch Einbeziehung der Jugularvene in den Entzündungsprocess ist eine Arrosion der Venenwandungen mit darauf folgender tödtlicher Blutung und eine eiterige Entzündung des Venenrohres mit Thrombosenbildung möglich.

Vordere Wand der Paukenhöhle. An der vorderen Paukenwand ist die Nachbarschaft der Carotis interna (Fig. 62 C. i.) von grosser Wichtigkeit, da zuweilen bei Dehiscenz oder Defect eines Theiles der

---

[1]) Ausnahmsweise kann die Cystenbildung noch früher erfolgen; so beobachteten *Lallemand* (s. *Fror. Not.* 1823, B. 5, S. 265) eine vollständig gebildete Abscesskapsel am 13. Tage der Erkrankung, *Moos* (Z. f. Ohr. VIII. S. 234) am 17. Tage. [2]) S. *Schmidt's* J. 1858, B. 100, S. 295. [3]) L. C. [4]) Z. f. Path. d. Hirnabsc., Zürich 1867 — [5]) *Rokitansky*, Path. Anat., B. 2, S. 460. [6]) Charité-Ann. 1863, s. A. f. Ohr. I, S. 357. – [7]) S. den Fall von *Helst* (*Fror. Not.* B. 11, S. 138).

Wandung des carotischen Canales, eine Einbeziehung dieser Arterie in den Entzündungsprocess leicht stattfindet; da ferner die Carotis int. der Paukenhöhle kleine Aeste abgibt, so wird sich auch auf diesem Wege, bei sonst intactem Canale, die Erkrankung vom Cavum tympani auf die Carotis erstrecken und zu Verdickungen ihrer Wände, zu Thrombosenbildung oder ulceröser Destruction, mit meistens tödtlicher Blutung führen können.

Gruber[1]) fand bei Tympanitis purulenta die Adventitia der Carotis nicht selten gelockert, eiterig infiltrirt und zwischen ihr und der Wand des Canalis caroticus reichlich eiteriges Exsudat angesammelt.

Ich möchte bei Besprechung der Bedeutung der vorderen Paukenwand im Falle einer eiterigen Entzündung der Paukenhöhle, noch auf eine Communication des Cavum tympani mit der Spitze der Felsenbeinpyramide, beziehungsweise mit der Schädelhöhle, aufmerksam machen, die sich an einigen meiner Präparate deutlich vorfand. In der Nähe des Ostium tympanicum tubae, zuweilen in dessen oberer Hälfte oder etwas weiter nach rückwärts an der inneren Paukenwand (s. Fig. 62), befindet sich manchmal eine kleine Knochenlücke, die an einem von mir untersuchten Präparate sogar einen Durchmesser von 2·5 Mm. aufwies; durch diese Oeffnung gelangt man in die um das Cavum tympani und Labyrinth befindlichen pneumatischen Räume, welche sich nach vorne bis zur Spitze der Pyramide erstrecken (s. Capitel VI). In den erwähnten Fällen konnte eine in die Knochenlücke eingeführte Borste bis zur Pyramidenspitze vorgeschoben werden und schimmerte durch die papierdünne Knochenwandung derselben deutlich durch. An einzelnen Präparaten bemerkte ich in dieser dünnen Knochendecke, an der Spitze der Pyramide kleine Lücken, durch welche die pneumatischen Räume der Pyramide mit der Schädelhöhle in Verbindung standen. Demzufolge gelangte auch in diesen Fällen eine in die erwähnte Lücke des Cavum tympani eingespritzte Flüssigkeit bis in die Schädelböhle und es wäre daher leicht denkbar, dass auch der im Cavum tympani angesammelte Eiter in einem entsprechenden Falle denselben Weg einschlagen könnte.

Hintere Paukenwand. Der Eingang in die Zellen des Warzenfortsatzes an der hinteren Paukenwand ermöglicht ein Weiterschreiten der Entzündung vom Cavum tympani auf das Antrum mastoideum und von diesem weiter auf den Sinus transversus, dessen zuweilen vorkommende directe Verbindung mit der Schleimhaut der Cellulae mastoideae, später noch eine nähere Besprechung finden wird. Gleich der Vena jugularis int. kann auch der Sinus transversus eine Entzündung seiner Wandung mit Thrombosenbildung erleiden. Ausserdem kann die eiterige Entzündung von den Zellen des Warzenfortsatzes durch den Canalis petroso-mastoideus (s. Capitel VI) in die Schädelhöhle vordringen.

Eine Fortpflanzung des Eiters zur Dura mater kann ferner durch kleine Knochencanäle erfolgen, die vom Mittelohr zur mittleren Schädelgrube verlaufen und deren Mündungen hinter dem oberen Halbzirkelgange sichtbar sind.[2])

Von der hinteren Paukenwand bietet sich dem im Cavum tympani befindlichen Eiter noch ein anderer Weg zur hinteren Schädelgrube dar, und zwar durch die Eminentia pyramidalis in den Canalis Fallopiae und diesem entlang zum Porus acusticus internus.[3])

Innere Paukenwand. Von der inneren Paukenwand findet der Eiter theils nach Durchlöcherung oder vollständigen Zerstörung der Membrana

---

[1]) *Ohrenh.* S. 498. — [2]) *Moos*, Klin. d. Ohr. S. 251; *Hartmann*, Z. f. Ohr. VIII, S. 26. — [3]) *Hoffmann*, A. f. Ohr. IV, S. 282.

rotunda¹) (in Fig. 62 ist nur die Nische des runden Fensters [N. r] sichtbar), theils nach einer Lückenbildung im Ligam. annulare, sowie nach Ausstossung eines Stückes oder der ganzen Stapesplatte aus dem Foramen ovale, theils endlich nach Eröffnung des horizontalen Bogenganges, seinen Weg in das Labyrinth, von dem er, dem Verlaufe der Nerven und der Gefässe folgend, weiter bis zum Porus acusticus internus oder auch vom Aquaeductus vestibuli und Aq. cochleae aus, zur Schädelhöhle gelangen kann. Der Eiter findet von der inneren Wand der Paukenhöhle aus noch entlang dem oberen Verlaufe des Canalis Fallopiae Gelegenheit, den Porus acusticus internus zu erreichen. Die Entzündung kann bei einer vorhandenen Lücke desselben entweder direct auf diesen übertreten oder gelangt zu ihm vermittelst einzelner kleiner Gefässäste, die von der Art. stylo-mastoidea zu der Paukenhöhle abgesandt werden.

Phlebitis mit Thrombosenbildung. Im Obigen wurde wiederholt der Betheiligung der Vena jugularis und des Sinus transversus an einer eiterigen Paukenentzündung gedacht. In gleicher Weise kann auch der, an der oberen Kante der Pyramide verlaufende Sinus petrosus superior in den Erkrankungsprocess mit einbezogen werden. Die eiterige Entzündung der grossen venösen Gefässe führt entweder zu einer ulcerösen Destruction ihrer Wandungen mit nachfolgender profuser, jedoch nicht immer tödtlicher Blutung, oder sie gibt zu Thrombosenbildung in den genannten venösen Gefässen, sowie in den übrigen Gehirnsinusen Veranlassung. Da die hierbei auftretenden Symptome zuweilen eine bestimmte Diagnose zulassen, so erfordern sie in Anbetracht ihrer grossen Bedeutung, welche einer Phlebitis mit Thrombosenbildung zukommt, sowie bei dem Umstande, dass sie durch die eiterige Ohrentzündung direct hervorgerufen werden können, an dieser Stelle eine eingehendere Erörterung.

Die Häufigkeit einer Entstehung von entzündlicher Thrombosirung der Vena jugularis und der Gehirnsinuse bei eiteriger Paukenentzündung beziffert *Wreden*²) auffällig hoch, nämlich mit 14°/₀ (fünfmal unter 36 eiterigen Ohrenentzündungen). *Duché*³) constatirte unter 32 Fällen von Thrombosenbildungen 20mal eine Otitis als Ursache derselben.

Symptome der Phlebitis mit Thrombosenbildung. Die Phlebitis mit Thrombosenbildung äussert sich häufig in typhoidem Fieber, sowie in Schüttelfrösten, die auch intermittirend erscheinen und Pausen von relativem Wohlbefinden aufweisen. Bei der entzündlichen Sinuserkrankung zeigen sich nach *Lebert* Cephalalgien, die durch Druck oft gesteigert werden, ferner Gliederschmerzen des Morgens, sowie stille Delirien, geistige Schwäche, anfangs bedeutende Unruhe, zumeist Hyperästhesie und nach Tagen oder Wochen Hirndepression. Das Bewusstsein bleibt lange intact, Lähmungen entstehen oft an der entgegengesetzten Seite und erscheinen oscillirend.

Von 17 Fällen beziehen sich 14 auf Männer, 2 auf Weiber und 1 Fall auf ein Kind. Das Alter von 15—30 Jahren zeigt sich zu entzündlichen Sinuserkrankungen besonders prädisponirt. Die Blutleiter der harten Hirnhaut thrombosiren nach *L.* ⁴) bei Knaben häufiger als bei Mädchen.

Es sollen nunmehr die Thrombosenbildungen in der V. jugul., dem Sin. transv., longitud. sup. und cavernosus einzeln besprochen und die dabei auftretenden Symptome kurz geschildert werden. Unter diesen haben die bei entzündlichen Thrombosenbildungen häufig sich einstellenden Schüttelfröste bereits früher Erwähnung gefunden.

---

¹) Einen hierher gehörigen Fall erwähnt *Itard* (Traité etc. I. p. 256).   ²) M. f. Ohr. II, Sp. 132. — ³) Z. f. rat. Med. 1859, B. 7, S. 161.   ⁴) *Virch.* Arch. 1856, B. 9, S. 381.

Bei der entzündlichen **Thrombosirung der V. jug. int.** bildet sich an den seitlichen Partien des Halses, von der Gegend des Unterkiefergelenkes nach abwärts, entlang dem inneren Rande des Musc. sterno-cleido-mastoideus, eine gegen Druck ausserordentlich empfindliche Geschwulst ohne auffällige Röthe der Cutisdecke (Phlegmasia alba dolens). Die Venennetze treten am Halse und an den Wangen stark hervor und vor Allem erscheint die V. jug. ext., die nunmehr bestimmt ist, einen Theil des Blutes aus dem Gebiete der V. jug. int. der V. cava superior zuzuführen, bedeutend erweitert, dabei meistens deutlich undulirend. Dagegen kann die V. jug. int. unterhalb des Thrombus vollständig leer sein, während sie wieder in anderen Fällen, auf welche *Schwartze*[1]) aufmerksam macht, ein Volumen besitzt, welches das der anderen, nicht thrombosirten V. jug. int. sogar übertrifft. Durch Herstellung eines mächtigen Collateralkreislaufes zwischen den beiden V. jug. int. lenkt der Blutstrom allmälig auf die andere Seite um, weshalb sich auch die anfänglich mächtige V. jug. ext. langsam wieder entleert; zum Theil wird sie übrigens durch die sich immer auffälliger entwickelnde Schwellung der seitlichen Halspartien verdeckt.

So lange die Thrombosenbildung auf die V. jug. int. beschränkt bleibt, finden die Venae faciales durch die Collateraläste einen genügenden Abfluss und bieten daher gewöhnlich keine auffälligen Erscheinungen dar. Dagegen wird bei dem Weiterschreiten der Thrombosenbildungen auf die Gesichtsvenen, der venöse Abfluss aus deren Gebiete verhindert, wodurch sich, wie *Wreden*[2]) beobachtete, eine dem Erysipel gleichende Schwellung an den Wangen und den Augenlidern bildet; dabei kann die oberflächliche Epidermisschichte in mächtigen Blasen abgehoben werden, wie dies bei der früher als Erysipelas bullosum bezeichneten Form des Erysipels stattfindet. Von der Vena facialis gelangt die Thrombosenbildung zuweilen auf dem Wege eines, von *Sesemann*[3]) nachgewiesenen Seitenastes der Facialvene in die Orbita und von da weiter in den Sinus cavernosus.

Der in der Fossa jugularis befindliche Thrombus ist im Stande, durch **Druck auf die NN.** glosso-pharyngeus, vagus, accessorius Willisii und hypoglossus, die durch das Foramen jugulare austreten und in der oberen Abtheilung der Fossa jug. verlaufen (s. Fig. 63, 8), Reizungs- oder Lähmungserscheinungen im Gebiete der benannten Nerven hervorzurufen. Die am häufigsten vorkommende Irritation des Accessorius äussert sich in tonischen oder klonischen Krämpfen des M. sterno-cleido-mast. oder M. cuccularis, also in einer Neigung des Kopfes nach vorne unten oder nach hinten unten.

In einem von *Beck*[4]) beobachteten und letal ausgegangenen Falle hatte sich nach achttägiger Tympanitis purulenta eine Thrombosirung des Sin. transv. und der V. jug. int. mit Lähmungen des Vagus (Stimmlosigkeit, Unvermögen zu Schlingen, Husten, Lähmung des Larynx und Unbeweglichkeit des Thorax), des Glosso-phar., Accessorius und Hypoglossus zu erkennen gegeben.

Bezüglich des mittelst der Digitaluntersuchung zu führenden Nachweises der Gegenwart eines obturirenden **Thrombus** als eines harten Stranges im Verlaufe der V. jug. int. wäre vor einer etwaigen **Verwechslung** eines straff gespannten Bündels des M. sterno-cleido-mast. mit einem Thrombus zu warnen. Der **Thrombus** der V. jug. int. kann sich nach den Beobachtungen von *Killiet* und *Barthez*[5]), sowie von *Dusch*[6]) nach abwärts bis zur Cava superior erstrecken.

---

[1]) Journ. f. Kinderkr. 1859, S. 331. — [2]) Pet. med. Zeit. 1869, B. 17, S. 118; A. f. Aug. u. Ohr. III. 2. S. 107. — [3]) A. f. An. u. Phys. 1869, S. 154. — [4]) D. Klin. 1863, S. 470. — [5]) S. Lebert, Virch. Arch. 1856, S. 381. — [6]) Z. f. rat. Med. VII, S. 161.

Bei einer Thrombosirung des Sinus transversus (Fig. 63 Str.) entsteht manchmal die von *Griesinger*[1]) hervorgehobene Schwellung, eine Phlegmasia alba dolens, welche vom Proc. mastoideus bis zum For. occipit. magnum reicht. Dieselbe findet ihre Erklärung in der Behinderung

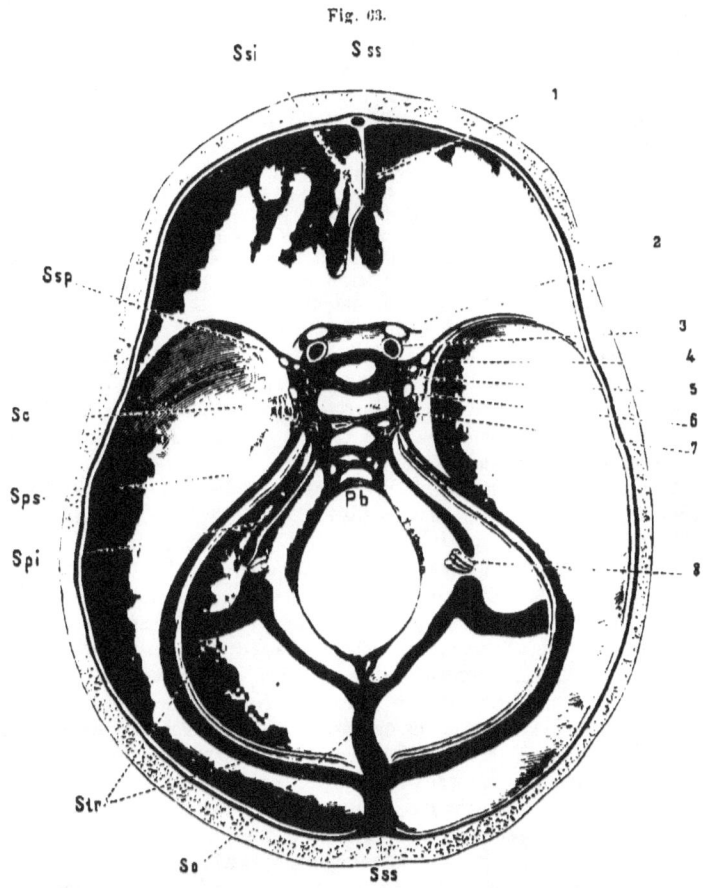

Fig. 63.

1 Horizontalschnitt der Falx cerebri. — 2 N. opticus. — 3 Stamm der Art. carotis interna. — 4 Ast des N. trigeminus. — 5 Nerv. abducens. — 6 Nerv. oculomotorius. — 7 Dorsum sellae. — 8 NN. glossopharyngeus, vagus, accessorius Willisii, aus dem For. jug. austretend. — *Pb* Plexus basilaris. — *Sc* Sinus cavernosus. — *So* Sinus occipitalis. — *Spi* Sin. petros. inferior. — *Sps* Sin. petr. sup. — *Ssi* Sin. sagitt. inf. — *Ssp* Sin. spheno-parietalis — *Sss* Sin. sagitt. sup. — *Str* Sinus transversus. (Nach Henle.)

des Abflusses des venösen Blutes durch die zum Sin. transv. führenden Emissaria Santorini. *Moos*[2]) constatirte in einem Falle von Phlebitis mit Thrombosirung des Sin. transversus ein Oedem in der Schläfengegend. Vom Sinus transversus kann die Thrombosenbildung einerseits nach vorne auf

[1]) A. d. Heilk. 1862. III. S. 447.   [2]) A. f. Aug. u. Ohr. VII, 2. S. 225; Z. f. Ohr. XI, S. 242.

den Sin. petr. sup. bis zum Sin. cavernosus fortschreiten, andererseits nach oben auf den Sin. longit. sup. übergehen, welcher letztere häufig eine Fortsetzung des Sin. transv. dext. bildet (s. S. 207).

Die Symptome einer Thrombosirung des Sinus longitudinalis (sagittalis) superior (s. Fig. 63, S s s) bestehen in epileptiformen Anfällen (Bewusstlosigkeit mit Convulsionen)[1]) und bei Kindern in Nasenblutungen[2]), ferner in einem starken Hervortreten der von der Stirnfontanelle zu den beiden Schläfen und der Ohrmuschel ziehenden Venen.[3]) Die epileptiformen Anfälle werden auf Apoplexien in die Rindensubstanz bezogen, welche durch den verhinderten Abfluss des venösen Blutes von der Gehirnconvexität zu Stande kommen.

Die Epistaxis findet ihre Erklärung in dem Umstande, dass ein Theil des venösen Blutes der Nasenhöhle bei Verschluss des Sin. longitudinalis superior an seinem Abflusse in den bezeichneten Sinus verhindert wird, also eine Stauung erleidet, welche zu Hämorrhagien in der Nasenhöhle führt. Nach *Henle* entleert sich jedoch nur beim Kinde constant ein Theil des venösen Blutes der Nase in den Sin. long. sup., indess bei Erwachsenen in dieser Beziehung individuell verschiedene Verhältnisse bestehen.

Eine Thrombosirung des um den Türkensattel gelagerten Sin. cavernosus (s. Fig. 63 S c) kann, wie bereits bemerkt wurde, durch einen Thrombus in der V. jug. int., beziehungsweise in der V. facialis, ferner durch einen vom Sin. petr. sup. (Fig. 63 Sps) auf den Sin. cavern. fortschreitenden Pfropf, endlich durch Entzündung und Thrombosirung der im Canalis caroticus befindlichen und die Carotis interna umgebenden Venenräume (s. S. 197) zu Stande kommen.

Die bei einer entzündlichen Thrombosirung des Sin. cavern. hervortretenden Symptome, welche von *Corazza, Heubner, Huguenin, Genowille*[4]) etc. und ferner von *Wreden*[1]) näher beschrieben wurden, bestehen in Folgendem: Anlässlich eines behinderten Abflusses des venösen Blutes aus der Orbita in den Sin. cavernosus, bildet sich ein retrobulbäres Oedem, das einen Exophthalmus veranlasst[5]) und ferner durch eine mechanische Stauung der Retinalgefässe, am betreffenden Auge eine vorübergehende Erblindung herbeiführt. Ausserdem treten zuweilen in der äusseren Umgebung des Auges, an den Lidern, an der Stirn und Nase, Schwellungen auf. Bei Druck des Thrombus auf den an der äusseren Wand des Sin. cavern. verlaufenden N. abducens (s. Fig. 63, 5) und N. oculomotorius (6), entstehen Lähmungen dieser Nerven, welche sich in einer Ablenkung des Auges nach innen (Paralyse des vom Abducens innervirten M. rectus ext.) und in einer Ptosis des oberen Augenlides (infolge einer Lähmung des Nervus oculomotorius) äussern. Bei einer gleichzeitigen Einwirkung auf den an der unteren und äusseren Wand des Sin. cavern. verlaufenden I. Ast des N. trigeminus (Fig. 63, 3), geben sich in dem Gebiete desselben Neurosen, und zwar Neuralgien in der Supraorbitalgegend, Thränenträufeln (Reizung des N. lacrymalis) und ferner Lichtscheu (reflectorische Reizung) zu erkennen.

Das Verhalten der Symptome bei entzündlicher Throm-

---

[1]) *Wreden*, A. f. Aug. u. Ohr. III. 2, S. 109 u. f. — [2]) *Dusch*, s. *Nothnagel*, *Ziemssen's* Path. u. Th. B. XI. 1. H. 1878, S. 210. — [3]) *Gerhardt, Nothnagel*, s. *Nothnagel*, l. c. — [4]) S. *Nothnagel*, l. c., S. 211. — [5]) *Wiethe* (Wien. med. Bl. 1883, Nr. 51 u. 52) beobachtete in einem Falle Thrombose des Sinus cavernosus, Exophthalmus an beiden Augen, welche Doppelseitigkeit, wie *Wiethe* angibt, von Berlin (Graefe-Saemisch, Augenheilkunde, B. 11). sogar als characteristisch für die Thrombose des Sin. cavern. bezeichnet wird, indess das einseitige Auftreten der oben erwähnten orbitalen Symptome, sowohl bei genuiner Orbitalphlegmone, wie auch bei verschiedenen Cerebralerkrankungen vorkommen kann.

bosenbildung in den venösen Gefässen. Die oben geschilderten Erscheinungen von Thrombosirung der verschiedenen venösen Gefässe finden sich keineswegs bei jeder Thrombusbildung vor und, gleichwie bei dem Hirnabscesse, kann auch die entzündliche Thrombosirung zuweilen nur einzelne Symptome aufweisen, die für sich allein keine sichere Diagnose ermöglichen. Andererseits tritt wieder eine oder die andere sonst der Thrombose zukommende Erscheinung während des Lebens auffällig hervor, ohne dass die Section den Nachweis einer Thrombusbildung erbringen würde. Es ist also nur bei gleichzeitigem Auftreten mehrerer Symptome, welche sich bei Thrombosirung der oben genannten venösen Gefässe gewöhnlich zu erkennen geben, die Diagnose auf Thrombose der V. jugularis, beziehungsweise des einen oder des anderen Gehirnsinuses, mit hoher Wahrscheinlichkeit zu stellen. In anderen Fällen treten durch eiterigen Zerfall des Thrombus Metastasen in den verschiedenen Organen, wie in der Lunge, Niere, Leber, Milz, in den Gelenken, ferner subcutane Eiterherde auf; dementsprechend geben sich die Erscheinungen von Hämoptoe und Lungenentzündung, von Hämaturie, Nierenschmerzen, schmerzhafter Anschwellung der Leber, Milz etc. zu erkennen, wobei die Entwicklung dieser consecutiven Affectionen gewöhnlich von heftigen Schüttelfrösten begleitet wird. Nach *Dusch*[1]) bestehen in mehr als der Hälfte sämmtlicher Fälle Metastasen in der Lunge, Pleura, dem Pericardium u. s. w.

Der Ausgang einer Phlebitis mit Thrombose ist zumeist letal und erfolgt bald rasch binnen wenigen Tagen, zuweilen erst nach einigen Wochen. In den von *Lebert* angeführten 15 Fällen trat das letale Ende viermal zwischen dem 9. und 15. Tage ein, fünfmal zwischen dem 21. und 28. Tage, dreimal zwischen dem 28. und 35. Tage, je ein Fall ging am 37., 42. und 60. Tage tödtlich aus. Eine ausnahmsweise eintretende Heilung beobachtete *Schüller*[2]) an einem Patienten, der mit Typhuserscheinungen erkrankt war und Anschwellungen des Knies, später des Ellbogens, der Schulter sowie der Hand, und ferner einen Wadenabscess (pyämische Metastasen) aufgewiesen hatte. *Tröltsch*[3]) citirt einen von *Prescott Hewet* mitgetheilten Fall, in welchem Schüttelfröste, sowie ein typhoides Fieber bestanden und später Abscesse im Sterno-Claviculargelenke und im Hüftgelenke, ferner Entzündungen des Kniegelenkes und eine Pneumonie hinzugetreten waren, mit dem schliesslichen Ausgang in Genesung. Einschlägige Beobachtungen wurden auch von *Griesinger*[4]) und *Heidenreich*[5]) angestellt. In einem sehr interessanten, von *Wreden*[6]) auf das Genaueste analysirten Falle, zeigten sich bei einem Patienten, in rascher Hintereinanderfolge die Symptome von Thrombosirungen des Sinus transversus dexter, der Vena jugularis interna dextra, des Sinus longitudinalis superior, des Sinus transversus sinister, der V. jug. int. sin. und des Sinus cavernosus dexter, mit Genesung in der dritten Woche. Ein von mir behandelter, an einer chronischen eiterigen Paukenentzündung erkrankter Patient, wurde durch mehrere Tage von abendlich auftretenden Schüttelfrösten und einem intensiven Kopfschmerze auf der afficirten (rechten) Seite befallen. Einige Tage später fand ich an der seitlichen Halspartie eine gegen Berührung schmerzhafte Schwellung. Der Patient hielt den Kopf constant nach unten und vorne geneigt; entsprechend dem Verlaufe der V. jug. int. machte sich ein deutlich fühlbarer Strang bemerkbar, der nach abwärts bis zur Mitte des Halses verfolgt werden konnte. Patient, welcher der Spitalsbehandlung überwiesen wurde, zeigte einige Tage später die Symptome einer Pneumonie (metastatische Erkrankung?), die zuerst auf der einen, dann auf der anderen Seite eingetreten war. Der Kranke genas jedoch und erschien einige Monate später wieder in meinem Ambulatorium. Die früher vorhanden gewesenen Erscheinungen, welche die Wahrscheinlichkeitsdiagnose einer Entzündung der V. jug. int. mit Thrombosirung stellen liessen, waren vollständig zurückgegangen; der Patient, dessen eiterige Paukenentzündung fortbestand, fühlte sich im Uebrigen ganz wohl.

[1]) S. *Griesinger*, A. d. Heilk. III, S. 147.   [2]) Z. f. rat. Med. B. 7.
[3]) Ohrenh. 1877, S. 177.   [4]) A. d. Heilk. 1862, S. 110.   [5]) Dissert. Jena, 1867.
S. 12. s. *Tröltsch*, l. c.   [6]) A. f. Aug. u. Ohr. III, 2, S. 97.

Widerstandsfähigkeit der Sinuswandungen. Während bisher von der Betheiligung der grossen venösen Gefässe an dem Entzündungsprocesse die Rede war, ist andererseits die grosse Widerstandsfähigkeit hervorzuheben, welche die von der Dura mater gebildeten Sinuswände aufweisen.

So erwähnt *Politzer*[1]) einen Fall, in dem sich bei der Section ein grosser Theil der knöchernen Wand des Sin. transv. citerig zerstört vorfand, ohne dass der Sin. transv. selbst einen pathologischen Zustand erkennen liess. — *Bezold*[2]) fand einen Sequester in der Fossa sigmoidea ohne Betheiligung des in ihr eingebetteten Sinus transversus; in einem anderen Falle zeigte die Fossa sigmoidea an einer Stelle eine Knochennarbe, die mit dem Antrum mastoideum communicirte; die innere Sinuswand erwies sich vollständig intact. *Gruber*[3]) beobachtete die Exfoliation beinahe der ganzen Pars petrosa, einschliesslich der Fossa sigmoidea ohne Erscheinung einer Sinus transversus-Erkrankung. — *Keller*[4]) beschreibt einen Sequester, an dem ein 1 Ctm. langer Antheil des Sulcus sigmoideus erkennbar war.

Hypertrophie der Paukenwände. Einen weiteren Schutz gegen die Ausdehnung der eiterigen Entzündung auf die der Paukenhöhle benachbarten Theile, liegt häufig in der bedeutenden Verdickung der Weichtheile des Cavum tympani, sowie in der Sclerosirung dessen Knochenwandungen, wodurch von der Natur gleichsam ein schützender Damm gebildet wird, der durch Abkapselung des Krankheitsherdes eine strengere Localisirung desselben ermöglicht.

Die citerige Paukenentzündung als Ursache einer Allgemeinerkrankung. Während bisher die directe Einwirkung der Tympanitis purulenta auf die Paukenwandungen und die denselben benachbarten Theile erörtert wurde, muss noch der wichtige Einfluss hervorgehoben werden, den die eiterige Ohrenentzündung auf den allgemeinen Körperzustand auszuüben vermag. Wie die Beobachtungen *Buhl's*[5]) ergeben, begünstigen die Knochenwandungen die Resorption des in einer Knochenhöhle angesammelten Eiters, wodurch das Auftreten von Miliartuberculose begünstigt wird. Nun besteht aber der grösste Theil der Höhlen des Ohres aus Knochenwandungen, demzufolge auch einer eiterigen Entzündung der Paukenhöhle die Bedeutung eines Knochenabscesses zugesprochen werden muss. Von diesem Gesichtspunkte aus erklärt sich auch die Annahme, dass eine eiterige Paukenentzündung einer Lungen- oder allgemeinen Tuberculose Vorschub leistet, worauf bereits *Tröltsch*[6]) aufmerksam gemacht hat. Wenngleich eine Phthise häufig nicht eintritt, vielleicht aber noch häufiger auf die vorhandene eiterige Ohrenerkrankung nicht bezogen wird, so treten doch andererseits im Gefolge von chronischer Ohreneiterung nicht selten Abmagerung, Schwäche und ein Siechthum des Patienten ein, welche Zustände möglicherweise durch die Resorption des im Mittelohre befindlichen Eiters hervorgerufen werden. Damit findet auch die praktische Erfahrung ihre Erklärung, dass Individuen mit chronischer Otorrhoe in der Regel kein hohes Alter erreichen.

Die für die **Prognose der chronischen eiterigen Paukenentzündung** wichtigen Anhaltspunkte ergeben sich aus der bisherigen Besprechung dieses Ohrenleidens. Es möge hier nur nochmals betont werden, dass man bei Stellung der Prognose nicht allein auf die Ge-

---

[1]) A. f. Ohr. VII, S. 294. — [2]) A. f. Ohr. XIII, S. 63. — [3]) M. f. Ohr XIII, Nr. 10. — [4]) Berl. kl. Woch. 1880. Nr. 44. — [5]) Z. f. rat. Med. 1856; W. med. Woch. 1859, S. 195. — [6]) Virch. Arch. 1859, B. 17.

hörsfunction, sondern vor Allem auf die lebenswichtige Bedeutung der Tympanitis pur. genau Rücksicht nehmen muss.

Der bekannte Ausspruch *Wilde's*[1]: „So lange ein Ohrenfluss vorhanden ist, können wir niemals sagen, wie, wann oder wo er endigen mag, noch wohin er führen kann", verdient sicherlich die genaueste Würdigung.

Von den einzelnen durch die Tympanitis purulenta in der Paukenhöhle gesetzten pathologischen Zuständen, wurde die ungünstige Bedeutung einer persistenten Trommelfelllücke wegen der grossen Neigung zu Recidiven bereits wiederholt erwähnt. Besonders trübe gestaltet sich die Prognose in jenen Fällen, in denen mit der eiterigen Paukenentzündung gleichzeitig Constitutions-Anomalien, besonders Lungentuberculose bestehen. Diese können nämlich auf den Verlauf der Ohrenerkrankung bestimmend einwirken, während wieder andererseits die Tympanitis purulenta einen schlimmen Einfluss auf den allgemeinen Körperzustand auszuüben vermag. Eine auf Caries und Nekrose beruhende, sowie eine mit Polypenbildung einhergehende Tympanitis purulenta gestaltet die Prognose ungünstiger als in nicht complicirten Fällen. Zuweilen geben sich jedoch auch anscheinend günstigere Fälle von chronisch eiteriger Paukenentzündung als unheilbar zu erkennen und weisen nur eine vorübergehende Besserung auf. Je länger ein eiteriger Ausfluss anhält, desto geringer wird die Aussicht auf Genesung, obwohl bei rationellem Verhalten auch eine langjährig bestehende Otorrhoe zur Heilung gebracht werden kann. Als ein prognostisch günstiges Zeichen ist die allmälige Verminderung und dickere Consistenz des früher profusen und wässerigen Secretes anzusehen.

Betreffs der Hartnäckigkeit der im oberen Abschnitte der Paukenhöhle vorkommenden eiterigen Entzündung s. S. 251.

Bei der Behandlung der chronischen eiterigen Paukenentzündung muss vor Allem die sorgfältige Entfernung des angesammelten Eiters mittelst Ausspritzung vom äusseren Gehörgange und von der Tuba aus (s. S. 40), ferner durch Lufteintreibungen ins Mittelohr, in einzelnen Fällen durch Aspiration des Secretes (s. S. 226) und schliesslich durch trockene Reinigung des Ohres[2], vorgenommen werden.

Bei den in der Rückenlage des Patienten vorgenommenen Ohrenbädern kann in die Zellen des Warzenfortsatzes Wasser eindringen[3] und eine Erweichung der daselbst befindlichen Eitercoagula veranlassen. In Folge des Aufquellens dieser Massen tritt besonders bei Individuen, welche das Ohr mangelhaft oder gar nicht zu reinigen pflegen, zuweilen ein intensiver Ohrenschmerz auf, der meistens nach der Ausstossung von zusammengeballten oft sehr übelriechenden käsigen Massen schwindet.[4] Selbstverständlich ist die Entfernung des im Antrum mastoideum angesammelten Eiters stets dringend angezeigt.

Eine Behinderung des Ausflusses, die zu der gefährlichen Retention des Eiters in der Paukenhöhle führen könnte, ist durch eine etwaige nöthige Herstellung des Gehörgangslumens, durch Drainirung etc. oder im Erfordernissfalle durch einen Trommelfellschnitt, zu beheben. Diese letztere Operation muss entweder an der noch imperforirten

---
[1] Ohrenh., Uebers., S. 468. — [2] Ausser der S. 41 angeführten Tamponade des Gehörganges wäre noch die trockene Behandlung des Ohres mittelst Tampons, mit Ausschluss von Ausspritzung und Application von Medicamenten anzuführen (*Yearsley*, Lancet, 1855, Mai; *Becker*, M. f. Ohr. XIII, Nr. 5; *Spencer*, Amer. Journ. of Otol. II, p. 184). — [3] *Gruber*, Oest. Z. f. pr. Heilk. 1864, Sp. 5; *Tröltsch*, Ohrenh., 6. Aufl., S. 481. [4] *Tröltsch*, l. c.

Membran, behufs Entleerung des eiterigen Exsudates aus der Paukenhöhle, oder an einem bereits perforirten Trommelfelle dann vorgenommen werden, wenn sich die bestehende Lücke für den Durchtritt zäherer, coagulirter Massen als zu klein erweist oder an einer ungünstigen Stelle liegt. Im ersteren Falle genügt es die vorhandene Trommelfellöffnung einfach zu erweitern, während im letzteren Falle, also z. B. bei einer im oberen Theile der Membran befindlichen Perforation, die Anlegung einer zweiten Lücke am unteren Segmente zuweilen erforderlich ist, um dem am Boden der Paukenhöhle angesammelten Eiter die Möglichkeit seines Austrittes in den Gehörgang zu verschaffen.

Von diesen letzteren Fällen erfordern nur solche keine Gegenöffnung, bei denen der in den höheren Partien der Paukenhöhle befindliche Eiter durch eine vollständige Verwachsung des unteren Trommelfellsegmentes mit der inneren Paukenwand, verhindert ist, sich am Fundus tympani anzusammeln.

Zur Bekämpfung der Eiterung dienen eine Reihe von Mitteln, welche ätzend, antiseptisch, adstringirend oder resolvirend einwirken.

Itard[1]) und *Prat*[2]) empfehlen gegen chronische Otorrhoe anstatt der medicamentösen Behandlung prolongirte lauwarme Injectionen durch 10—15 Minuten.

Unter den gegen Otorrhoe benützten Medicamenten sind vor Allem Argentum nitricum, Borsäure und Alkohol hervorzuheben.

Argentum nitricum[3]) findet als Lösung zu 1 : 15 — 1 : 10, unter strenger Befolgung nachstehender Cautelen Anwendung:

Vor der Einträuflung der Lapislösung in die Paukenhöhle muss diese letztere vollständig gereinigt und sorgfältig ausgetrocknet werden; es ist ferner eine gefüllte Spritze vorzubereiten, um bei einer durch die Lapislösung etwa hervorgerufenen stärkeren Reaction, eine rasche Ausspritzung der eingegossenen Flüssigkeit zu ermöglichen. Das zur Ausspritzung verwendete Wasser soll nur sehr schwach kochsalzhältig sein, da bei einer grossen Menge von Chlornatrium ein reichlicher Niederschlag von Chlorsilber gebildet wird, der seinerseits irritirend auf die Schleimhaut einwirken kann. Die Eingiessung der Lapissolution, welche nach *Schwartze* stets nur erwärmt zur Anwendung kommen soll, ist bei horizontal geneigtem Kopfe vorzunehmen, um einen Abfluss der Lösung durch die Ohrtrompete in die Rachenhöhle zu verhindern. Sehr häufig wird jedoch die geschwellte Schleimhaut der Tubenwandungen einen vollständigen Abschluss des Canales der Ohrtrompete bewirken und demzufolge auch die, bei nach vorne geneigtem Kopfe, auf dem Ostium tympanicum tubae gelagerte Flüssigkeit nicht im Stande sein durch den Tubencanal abzufliessen. In einzelnen Fällen dringt allerdings die Flüssigkeit durch die offen stehende oder leicht zu eröffnende Ohrtrompete in den Pharynx, was sich häufig schon bei der Ausspritzung des Ohres, aus dem Eindringen des Spülwassers in die Rachenhöhle zu erkennen gibt. In einem solchen Falle wird auch die Lapissolution, besonders bei einem nach vorne geneigten Kopfe, ihren Weg durch den Tuben-

---

[1]) Traité etc. 1821. T. 2. p. 109. — [2]) Gaz. d. Hôp. 1869. s. M. f. Ohr. III. Sp. 91. — [3]) *Curtis*, s. *Horn's* Arch. 1820. B. 3. S. 10; *Schwartze* (A. f. Ohr. IV. S. 233. XI. S. 121) gebührt das Verdienst, dass die kaustische Lapisbehandlung nunmehr gegen Otorrhoe vielseitige Anwendung findet.

canal in den Pharynx finden und daselbst, je nach der Stärke der Lösung mehr oder minder heftige Reactionserscheinungen veranlassen.

In einem von *Schwartze*[1]) beobachteten Falle drang sogar die Lapissolution durch den einen Tubencanal in die Rachenmündung der anderen Ohrtrompete ein und rief am anderen Ohre eine acute Mittelohrentzündung hervor.

Andererseits wieder kann bei einer stärkeren Neigung des Kopfes nach rückwärts ein Theil der, das Cavum tympani ausfüllenden Lapislösung in die Warzenhöhle gelangen, wie ich dies aus einigen Fällen meiner Beobachtung ersehe, in denen nach der Lapiseinträuflung heftige Entzündungserscheinungen des Processus mastoideus aufgetreten waren. Es ist daher räthlich, den Kopf etwas nach vorne und unten neigen zu lassen und ich ziehe sogar eine stärkere Neigung des Kopfes nach vorne und unten in allen jenen Fällen vor, in denen sich die Ohrtrompete gegen eine in die Paukenhöhle eingespritzte Flüssigkeit als undurchgängig erweist. Im Falle einer vorhandenen Permeabilität des Tubencanales würde es überhaupt rathsam sein, nur wenige Tropfen einer Lapislösung in die Paukenhöhle einzugiessen oder einen mit der Solution imprägnirten Tampon durch einige Minuten im Cavum tympani liegen zu lassen. Sobald die in das Ohr eingeträufelte Lapislösung eine stärkere Empfindung von Brennen hervorruft, ist die Ausspritzung vorzunehmen. Im Falle der Schmerz unmittelbar nach der Eingiessung heftig auftritt, hat die Ausspritzung augenblicklich stattzufinden, weshalb auch, besonders bei der ersten Application der Lapislösung, die gefüllte Spritze bereit gehalten sein muss. Die Ausspritzung bewirkt meistens einen gänzlichen Nachlass der Schmerzen; sollten diese, trotz vorgenommener Neutralisation der Lapislösung, noch fortdauern, so genügt in der Regel zur Beseitigung des Schmerzes die Eingiessung einer circa $3^0/_0$ Jodkaliumlösung ins Ohr. Dieselbe Lösung kann auch zur Hintanhaltung etwaiger Lapisflecke jenen Stellen des Ohreinganges und der Ohrmuschel aufgepinselt werden, welche mit der Lapislösung in zufällige Berührung gekommen sind. Gewöhnlich äussern die Patienten keine besondere Schmerzempfindung, in welchem Falle die Lösung durch ungefähr drei Minuten im Ohre verbleibt und hierauf ausgespritzt wird. Eine Entfernung der Flüssigkeit mittelst eingeführter Tampons ist entschieden zu widerrathen, da bei den zelligen Räumen der Paukenhöhle gewöhnlich ein Theil der Lapissolution in den vertieften Stellen liegen bleibt und zu heftigen Reactionserscheinungen Veranlassung geben kann. Nach der Ausspritzung ist eine sorgfältige Austrocknung des Ohres vorzunehmen und der Ohreingang mit Baumwolle zu verschliessen.

Indicationen. Die Lapissolution ist vor Allem bei stärkerer Schwellung der Schleimhaut sowie bei eiterig-schleimiger Secretion, besonders bei blennorrhoischem Secrete, am Platze und kann selbst bei einer acuten Tympanitis purulenta oder im Falle einer Exacerbation der chronischen Entzündung eine vorsichtige Anwendung finden.

So beobachtete auch *Rossi*[2]) von der caustischen Behandlung in recenten Fällen günstige Resultate.

Auf den Gebrauch von Lapissolution vermindern sich manchmal etwa vorhandene Ohrenschmerzen, diese Erscheinung ist vielleicht in dem Sinne zu deuten, dass die bedeutend geschwellte Mucosa, welche auf die Nerven der Paukenhöhle einen stärkeren Druck ausübt, in Folge der Lapiseinwirkung abschwillt und dadurch auch für die Nerven eine Entlastung eintritt. Vielleicht liesse sich die genannte Erscheinung auch dahin deuten, dass die durch den einen Reiz hervorgerufene Sensibilitäts-

---

[1]) A. f. Ohr. IV, S. 233. — [2]) S. A. f. Ohr. XI, S. 90.

steigerung durch den neu hinzutretenden Reiz eine Art Reflexhemmung erfahrt, wie ich dies bei den Reizuntersuchungen an anderen Körperstellen beobachtet habe.[1])
Der Zeitpunkt, in dem eine wiederholte Application der Lapissolution angezeigt erscheint, richtet sich nach der Abstossung des gesetzten, weissen Lapisschorfes, die bei rascher Abhebung der oberflächlichen Schichte der Mucosa, bald einige Stunden nach der Behandlung beendet ist, zuweilen erst nach ein bis zwei Tagen erfolgt, worauf an Stelle des weisslich gefärbten Schorfes, nunmehr die rothe Mucosa der Paukenhöhle wieder hervortritt. Dementsprechend ist die caustische Behandlung in einem Falle an demselben Tage wiederholt vorzunehmen, ein andermal wieder, und zwar in der Mehrzahl der Fälle, täglich einmal oder jeden zweiten Tag in Anwendung zu ziehen. Die Lapisbehandlung vermag nicht selten bereits lang bestehende Eiterungen förmlich zu coupiren.

Lucae[2]) empfiehlt auch **Cuprum sulfuricum**, als Krystall, mit welchem die stark geschwellte Paukenschleimhaut wöchentlich 2—3mal zu touchiren ist.

Antiseptische Behandlung. Unter den gegen Otorrhoe gegenwärtig benützten antiseptischen Mitteln nimmt die von *Bezold*[3]) in die Ohrenpraxis zuerst eingeführte Borsäure die erste Stelle ein. Die Borsäure wird in fein gepulvertem Zustande der erkrankten Paukenhöhlenschleimhaut, nach vorausgegangener Reinigung und Austrocknung derselben, aufgeblasen. Bei einigermassen stärkerer Secretion ist die Paukenhöhle nebst einem Theile des Ohrcanales mit dem Pulver täglich 1—2mal, im Erfordernissfalle noch öfter, auszufüllen. Die Borsäure besitzt den grossen Vorzug vor vielen anderen Arzneimitteln, dass sie **keinen Reizzustand** im Ohre hervorruft und deshalb bei acuten, sowie bei chronischen Affectionen gleich gut vertragen wird, ferner, dass sie **leicht löslich** ist und daher keine obturirenden Concrementbildungen im Gehörgange zeigt, wie dies bei so vielen anderen pulverförmigen Mitteln der Fall ist. Aus diesem Grunde können von der Borsäure grössere Mengen eingeblasen werden, sowie auch eine Selbstbehandlung des Patienten damit gestattet erscheint.

Bei **abnehmender Secretion** hat eine entsprechende Abnahme der Häufigkeit und Quantität der Pulvereinblasungen, sowohl bei der Borsäure, als bei etwa benützter anderer pulverförmiger Substanzen stattzufinden. Sobald das in die Paukenhöhle eingeblasene Pulver trocken bleibt, ein Zeichen von versiegter Secretion, darf keine weitere Ausspritzung des Ohres vorgenommen werden, da eine solche erfahrungsgemäss die Secretion neu anregen kann. Man lässt in diesem Falle das Pulver im Ohre liegen und wartet dessen spontane Ausstossung ab, die zuweilen erst nach Wochen erfolgt.

In einem Falle fand ich die eingeblasene Pulvermenge (Jodoform) noch nach $\frac{1}{2}$ Jahre im Gehörgange vor.

Im Anschlusse an die Besprechung der Borsäure mögen hier die übrigen gegen Otorrhoe dienenden **antiseptischen Mittel** Erwähnung finden, deren Anwendung seit der Einführung der Borsäurebehandlung allerdings bedeutend abgenommen hat, die aber theils für sich allein, theils in Verbindung mit der Borsäure von ausgezeichneter

---

[1]) *Pflüger's* Arch., B. 30, S. 306: Ueber d. Bougirung d. Ohrtrompete, Wien. med. Presse 1883. — [2]) Berl. kl. Woch. 1870, Nr. 6. — [3]) A. f. Ohr. XV, S. 1.

Wirkung sein können. Hierher gehören, ausser einer 1—2$^0/_0$ Carbollösung und einer schwachen Kal. hypermanganic.-Lösung, welche zur Ausspritzung des Ohres verwendet werden, die fein gepulverte Salicylsäure, ferner Jodoform [1]) (allein oder in Mischung mit anderen Pulvern, wie Borsäure, Magnesia etc.), welches letztere Mittel jedoch nur in vereinzelten Fällen besonders günstig wirkt, und Resorcin. [2])

Ogston[3]) empfiehlt eine Mischung von 4$^0/_0$ Borax- und 5$^0/_0$ Salicyllösung, *Hagen*[4]) eine 1$^0/_0$ Carbollösung mit Glycerin, *Paulsen*[5]) eine 10$^0/_0$ Carbollösung (Acid. carbol. 1 : 10 Ol. oliv.), in welche ein Tampon eingetaucht wird, den man nach 24 Stunden aus dem Ohre entfernt und durch einen neuen ersetzt. — *Neumann*[6]) verwendet Kohlenpulver gegen Otorrhoe. — *Wagenhäuser*[7]) und *Bürkner*[8]) loben die günstige Wirkung von Sublimatinjectionen (0·1 : 0·5 pro mille) in den Gehörgang und per tubam, gegen Mittelohreiterung und zur Beseitigung des üblen Geruches. (Nach *Koch* werden die Bacillen in einer Sublimatlösung von 1 : 20000 in ihrer Weiterentwicklung behindert.)

Spiritus vini rectificatissimus [9]) ist bezüglich seiner Wirksamkeit bei acuter und chronischer eiteriger Entzündung der Paukenhöhle der caustischen Lapis- und der Borsäurebehandlung anzureihen. Gleich dem Lapis eignet sich der Spiritus vorzugsweise bei geschwellter Paukenschleimhaut, die bei einer Einwirkung des Spiritus durch circa 5 Minuten (2—3mal täglich) in Folge der Wasserentziehung eine beträchtliche Abschwellung erfahren kann. Bei geringer Sensibilität bediene ich mich auch des absoluten Alkohols. Der Spiritus ist zur Selbstbehandlung in hohem Grade geeignet und weist besonders bei längerem Gebrauch zuweilen ausserordentlich günstige Erfolge auf.

Bei hoher Sensibilität des Ohres wird ein starker Spiritus nicht vertragen; merkwürdigerweise kann dies auch zuweilen nur vorübergehend bei Patienten auftreten, die an die Alkoholbehandlung bereits durch längere Zeit gewöhnt sind.

Löwenberg[10]) verwendet Borsäure in übersättigter Alkohollösung zur Eingiessung ins Ohr. Ich lasse in vielen Fällen der Alkoholbehandlung eine Einblasung mit Borsäure folgen.

Adstringentien. Von den adstringirenden Mitteln wäre im Allgemeinen zu bemerken, dass ihre Anwendung im Falle vorhandener starker Schmerzen, ferner bei einer Exacerbation der chronischen eiterigen Entzündung nicht statthaft ist, da bekanntlich alle Adstringentien gleichzeitig irritirend einwirken und dadurch die Entzündung gleichwie den Schmerz, bedeutend zu steigern vermögen. Aus diesem Grunde muss, wie bei der Tympanitis purul. acuta, auch bei der chronischen Entzündung der Ablauf der stürmischen Erscheinungen abgewartet werden und erst dann, also ungefähr nach einer Woche,

---

[1]) *Rankin* u. *Mathewson*, s. *Schmidt's* J. 1877, B. 174, S. 299; *Cassels*, s. *Schmidt's* J. 1879, B. 183, S. 238; *Czarda*, W. med. Pr. 1880, Nr. 5.   [2]) *Rossi*, Z. f. Ohr. X, S. 235. — [3]) Congr. Brux. 1875, s. A. f. Ohr. X, S. 298.   [4]) Pr. Beitr. zur Ohrenh. 1868. — [5]) M. f. Ohr. X, Sp. 23.   [6]) S. *Cant*. J. 1849, B. 3, S. 163.   [7]) Nat.-Vers. 1883, s. Z. f. Ohr., B. 13, S. 69. — [8]) Berl. klin. Woch. 1884, Nr. 1. [9]) *Löwenberg*, El Pabellon medico, Madrid, 1870, s. *Politzer*, Ohrenh., S. 541; *Weber-Liel*, Berl. kl. Woch. 1871, Nr. 2.   [10]) Z. f. Ohr. X, S. 307.

ist wieder ein vorsichtiger Gebrauch von schwach adstringirenden Lösungen erlaubt. In einzelnen Fällen besteht gegen ein bestimmtes Adstringens eine Idiosynkrasie, deren Nichtbeachtung eine Verschlimmerung des Erkrankungsprocesses bedingen kann.

Als eines der wirksamsten adstringirenden Mittel ist der gepulverte Alaun anzuführen, dessen Gebrauch gegen Otorrhoe gegenwärtig durch die Borsäure mit Recht eingeschränkt ist, der aber immerhin entweder mit Borsäure vermischt[1]) oder für sich allein angewendet, zuweilen auch in solchen Fällen eine Besserung, beziehungsweise Heilung der eiterigen Ohrenentzündung herbeizuführen vermag, in denen eine erfolglose Behandlung mit reiner Borsäure, Lapis oder Spiritus vorausging.

Betreffs des Alauns wäre zu bemerken, dass er sich gleich den anderen pulverförmigen Mitteln mit Ausnahme der Borsäure **nicht zur Selbstbehandlung** des Patienten eignet, da er besonders in grösseren Quantitäten eingeblasen, den Gehörgang als harte Masse vollständig zu verstopfen im Stande ist und bei fortdauernder Eiterung in der Tiefe des Ohres eine, selbst gefährliche Retention des Eiters im Mittelohre veranlassen kann. Alaun übt ferner nicht selten einen stärkeren Reiz auf die Cutis des Gehörganges aus[2]) und erregt mitunter schmerzhafte **Entzündungen**, weshalb auch das den Gehörgangswänden angeblasene Alaunpulver von diesen wieder sorgfältig weggewischt werden muss. Es wäre ausserdem zu erwähnen, dass Alaun im Gegentheile von der Borsäure, die sich wegen ihrer leichten Löslichkeit nicht selten auch bei kleinen Perforationen des Trommelfelles, gegen eiterige Entzündungen der Paukenhöhle erfolgreich erweist, nur bei grösseren Perforationen Verwendung finden sollte, nämlich nur in Fällen, in denen eine **directe Application** des Pulvers auf die Mucosa der Paukenhöhle möglich ist.

Ausser Alaun wird auch **Argilla acetica**[3]) gegen Otorrhoe in einzelnen Fällen angewendet.

Von den adstringirenden Lösungen, die je nach Bedarf 1—3mal täglich, eventuell jeden 2. Tag, in Anwendung kommen, ist vor Allem **Blei** hervorzuheben, und zwar besonders Pl. acet. basic. sol., entweder mit Wasser verdünnt (etwa 1—3 Tropfen auf $\frac{1}{2}$ Kaffeelöffel lauen Wassers) oder wie ich es zu thun pflege, unverdünnt zu 5—10 Tropfen ins Ohr einzugiessen. Es ist eines der mildesten Adstringentien und daher nach vorausgegangenen Schmerzen oder stärkeren Entzündungserscheinungen, zu einer probeweisen Anwendung geeignet, um sich zu überzeugen, ob adstringirende Mittel bereits vertragen werden.

Wie ich mich in vielen Fällen überzeugt habe, wird das unverdünnte basisch essigsaure Blei von der Paukenhöhlen-Schleimhaut gut vertragen. Bleimittel färben die Theile weisslich oder dunkelgrau und erschweren daher die Beurtheilung des jedesmaligen Zustandes der Paukenhöhle und des Trommelfelles. Der auf Bleieingiessung zuweilen eintretende schwärzlich gefärbte Ohrenfluss rührt von Schwefelblei her und spricht für eine Zersetzung des im Ohre secernirten Eiters, wobei u. A. Schwefelwasserstoff gebildet wird. Das schwärzlich gefärbte Secret spricht daher für eine ungünstigere Beschaffenheit des Secretes.

Ein gegen Otorrhoe früher vielfach benütztes Mittel ist Zinc.

---

[1]) *Löwenberg*, Z. f. Ohr. X, S. 308. — [2]) *Löwenberg* (Z. f. Ohr. X, S. 308) macht auf die häufige Verunreinigung des Alauns aufmerksam, wodurch derselbe in erhöhtem Masse irritirend wirkt. — [3]) *Burow* (D. Klin. 1857, Nr. 17) hebt den Nutzen der essigsauren Thonerde gegen Knochenerkrankung, Fötor und putride Ulceration hervor.

sulf. 0·05—0·3 : 30·0 Aq. dest. In gleich starker Gabe werden Tannin und Cuprum sulfuricum angewendet.

Cuprum sulf. färbt alle Theile intensiv blau, *Lucae*[1]) empfiehlt dieses Mittel in der Stärke von 0·12 : 30·0 Aq. dest. zu zweimal täglich vorzunehmenden prolongirten (halbstündigen) Ohrenbädern. *Bonnafont*[2]) wendet Sulf. alum. 2—6 : 100 Theile Aq. dest. an.

Bei scrophulösen Individuen finden Jodmittel eine passende Anwendung.

Rp. Jod. pur. 0·05, Kal. jod. 0·5, Glyc. pur. 30·0. S. Früh und Abends 10 Tropfen in das Ohr lauwarm einzugiessen und eventuell auch darinnen zu lassen; dieselbe Lösung kann auch auf Baumwolle geträufelt und in die Paukenhöhle eingeführt werden. *Ladreit de Lacharrière*[3]) benützt zu Einspritzungen in das Ohr: Tct. jod. 30·0, Kal. jod. 5·0, Aq. dest. 1000·0.

Auch Calomel wird zu pulverförmigen Einblasungen ins Ohr empfohlen.

Die oben erwähnten Mittel, wie Zinc. sulf., Plumb. acet., Tannin, Cupr. sulf. etc. können anstatt in flüssiger Form auch als Gelatinpräparate (s. S. 41) applicirt werden. Meiner Ansicht nach, passen diese vorzugsweise für jene Fälle von Tympanitis purulenta, in denen eine grössere Lücke des Trommelfelles das Einschieben des Präparates bis in die Paukenhöhle ermöglicht, ferner nur bei geringer Otorrhoe, da sie bei profuser Secretion, in Folge ihrer dickeren Consistenz, den Ausfluss des Eiters zu behindern im Stande sind und daher zweckmässiger durch dünnflüssige Mittel oder andere Behandlungsmethoden ersetzt werden.

Versuche, die ich mit Mercurial-Gelatine angestellt habe, ergaben mir in einigen der Behandlung hartnäckig widerstehenden Fällen von Otorrhoe günstige Resultate. Ich benütze zu diesem Zwecke dünne Mercurial-Tabletten[4]), die in beliebig breite Streifen geschnitten und u. A. auch durch kleinere Trommelfelllücken in die Paukenhöhle eingeschoben werden können. Ich möchte bei dieser Gelegenheit auf die zuweilen günstige Wirkung der Mercurialpräparate im Allgemeinen bei eiterigen Ohrenentzündungen aufmerksam machen.

Galvanische Behandlung. *Béard*[5]) empfiehlt gegen die eiterige Tympanitis die galvanische Behandlung; der negative (Zinkpol) wird an das Ohr, der positive (Kupferpol) an den Nacken angesetzt.

Hauttransplantationen auf die erkrankte Mucosa der Paukenhöhle nahm *Ely*[6]) mit Erfolg vor.

Allgemeine Verhaltungsmassregeln bei der medicamentösen Behandlung. Die bisher angegebenen verschiedenen Medicamente dürfen nicht lange Zeit hindurch ununterbrochen in Anwendung kommen, da sie sonst ihre günstige Wirkung verlieren, ja sogar schädlich einwirken können. Man benützt bei hartnäckiger chronischer Otorrhoe ein bestimmtes Mittel in der Regel nur durch 5—6 Wochen und lässt dann eine Pause von mehreren Tagen eintreten, innerhalb derer nur auf eine sorgfältige Reinigung des Ohres gesehen werden muss. Bei Jahre lang bestehender Otorrhoe ist man oft genöthigt ein Mittel mit dem andern abzuwechseln oder wieder zu einem stärkeren Concentrationsgrade überzugehen. Mitunter erweist sich

---

[1]) Berl. kl. Woch. 1870. Nr. 6.   [2]) Bull. de l'ac. de méd. 1867, T. 32, p. 607, s. A. f. Ohr. IV, S. 306.   [3]) Ann. des mal. de l'or. 1876, p. 178.   [4]) Dieselben beziehe ich aus der Apotheke von Haubner in Wien, I., Am Hof.   [5]) Cit. in *Roosa's* Ohrenh., s. A. f. Ohr. IX, S. 115.   [6]) Z. f. Ohr. X, S. 146.

eine Combination verschiedener Mittel von Vortheil: dies gilt besonders von der combinirten Anwendung des Arg. nitricum mit Borsäure oder Alumen pulv., welche letztere Mittel unmittelbar nach Vornahme der caustischen Behandlung in das vorher gut ausgetrocknete Ohr eingeblasen werden.

Die bei sistirtem Ohrenflusse in der Tiefe des Ohres nicht selten vorkommenden Krusten von vertrocknetem Exsudate, welche sich dem Patienten oft in einer sehr unangenehmen Weise fühlbar machen, sind mit Vorsicht zu entfernen.

Als Unterstützungscur können Einreibungen am Warzenfortsatze mit Ung. cinereum oder Jodsalben (1 : 12—10—8), sowie Einpinselungen mit Jodtinctur, Jodgalläpfeltinctur oder Jodoformcollodium, vorgenommen werden.

Selbstverständlich ist den häufig vorhandenen Nasenrachen-Affectionen, ferner dem allgemeinen Körperzustande stets Rechnung zu tragen; ungünstige hygienische Verhältnisse sind möglichst zu verbessern u. s. w.

Allgemeine Behandlung. Hie und da zeigt sich jede gegen eine chron. Otorrhoe eingeleitete Localbehandlung als fruchtlos, wogegen ein passender klimatischer Aufenthaltsort, bei Anämischen Eisen, bei Scrophulösen warme Jodbäder und Salzwässer, eine ausgezeichnete Wirkung entfalten. Auch indifferente Thermen erweisen sich zuweilen als sehr günstig.[1])

Eine etwa auftretende Exacerbation der eiterigen Paukenentzündung ist mit den bereits bei der acuten Tympanitis purulenta angeführten Massregeln zu bekämpfen und, wie schon erwähnt, die Benützung von adstringirenden Mitteln strenge zu vermeiden.

In Fällen, in denen jede der bisher erwähnten therapeutischen Massregeln fruchtlos erscheint und ferner ein fötider Geruch auf das Vorhandensein eines von der Behandlung nicht betroffenen Eiterherdes hinweist, wäre die Eröffnung des Antrum mastoideum (s. Cap. VI) zu erwägen, besonders wenn bei der wiederholt vorgenommenen einfachen Ocularinspection oder dabei gleichzeitig ausgeübten Aspiration des Mittelohrsecretes (mit dem pneumatischen Trichter) ein Hervortreten von Eiter aus dem hinteren und oberen Theile der Paukenhöhle nachgewiesen werden kann und eine mittelst gekrümmter Injectionsröhrchen versuchte Ausspülung der Warzenhöhle ohne Erfolg bleibt.[2])

Die bei der Tympanitis purulenta mitunter auftretende Periostitis des Processus mastoideus findet an betreffender Stelle ihre Besprechung (s. Cap. VI).

3. Die diphtheritische Paukenentzündung (Tympanitis diphtheritica). Die Paukenhöhle sowie die Tuba und das Antrum mastoideum werden gleichwie bei den croupösen, so auch bei den diphtheritischen Rachenentzündungen häufig nur von einer einfachen, nicht diphtheritischen Entzündung befallen.

Wendt[3]) constatirte bei Rachendiphtheritis gewöhnlich eine Hyperämie oder Hämorrhagie im Mittelohr, mit Ausnahme eines einzigen Falles, in welchem sich in beiden Paukenhöhlen, an den Gehörknöchelchen und in den Zellen des Warzenfortsatzes, diphtheritische Membranen vorfanden.

An Lebenden wurde Diphtheritis des Mittelohres zuerst von *Wreden*[4])

---

[1]) *Burkhardt-Merian*, *Politzer*, s. *Politzer*, Ohrenh., S. 559. — [2]) S. den einschlägigen Fall *Schwartze*'s, A. f. Ohr. XVIII. S. 167. — [3]) A. d. Heilk., B. 11. — [4]) M. f. Ohr. II, Nr. 10.

zweimal an Säuglingen und ferner im Gefolge von Scarlatina 18mal an Kindern von 4—15 Jahren beobachtet. *Burckhardt-Merian*[1]) bezieht die bei Scarlatina auftretenden hochgradigen Destructionsvorgänge in der Paukenhöhle auf eine diphtheritische Erkrankung.[2])

Ich gebe im Nachfolgenden einen kurzen Auszug der Mittheilungen *Wreden's* (l. c.) über die „Otitis media diphtheritica".

Symptome. Die diphtheritische Paukenentzündung tritt gewöhnlich beiderseitig, selten einseitig auf und war bei allen den von *Wreden* behandelten 18 Kindern consecutiv in Folge einer Nasenrachendiphtheritis entstanden. Die Schwerhörigkeit zeigt sich dabei sehr bedeutend, wogegen Schmerz und Ohrensausen seltener (nur dreimal) angegeben werden. Das Sensorium ist häufig getrübt, die Temperatur mässig (38·2—39·2°, nur einmal 40°). Facialparalysen entstehen häufig (zwölfmal, darunter eine bilaterale Facialparalyse). Das Trommelfell weist eine ausgebreitete Zerstörung auf; das Gewölbe der Paukenhöhle ist mit diphtheritischem Exsudate durchsetzt, das bis in den äusseren Gehörgang hinüberreichen kann (3 Fälle). Die Secretion erscheint im Beginne der Erkrankung serös-eiterig und sehr gering. Nach *Burckhardt-Merian* (l. c.) fehlen beinahe niemals Schwellungen der Glandulae auricul., submaxill. und cervicales.

Der Verlauf der Erkrankung ist gewöhnlich folgender: die Bildung des diphtheritischen Exsudates findet innerhalb 1—2 Wochen statt, die Abstossung der diphtheritischen Membran geht nach 3 bis 6 Tagen vor sich, worauf eine profuse Eiterung eintritt; als Basis der nunmehr leicht wegspülbaren Membranen gibt sich eine Geschwürsfläche zu erkennen. Die Suppuration hält 3—6 Wochen an, so dass demnach die Dauer der ganzen Affection auf 4—8 Wochen zu veranschlagen ist.

Der Ausgang war nur bei den zwei Säuglingen letal, daher die Prognose im Allgemeinen günstig zu stellen sein wird.

Als Behandlung empfiehlt *Wreden* im Beginne der Erkrankung 4—8 Blutegel hinter das Ohr, ferner häufige Ohren- und Nasenrachen-Ausspritzungen mit Tannin ($1/4—1°/0$ Lösung). Die Nasenrachenhöhle kann auch mit einer saturirten Tanninlösung bepinselt werden (wegen Bildung von Gallussäure ist die Lösung jedesmal frisch zu bereiten). Anstatt des Tannins wäre auch Kal. chlor. zu verwenden.

Gottstein[3]) warnt vor dem Gebrauche der Nasendouche, weil dadurch eine Gefahr von Weiterverbreitung der Diphtheritis vom Rachen auf das Mittelohr gegeben sei; Aetzmittel weisen nach der Ansicht des genannten Autors keinen Erfolg auf, weshalb nur eine Desinfection, sowie eine Lösung der Membranen mit Aqua calcis vorgenommen werden sollen.

Die Tympanitis diphtheritica geht oft in eine phlegmonöse Paukenentzündung niederen Grades über, in welchem Falle die bereits S. 268 angegebene Behandlung einzuschlagen ist.

Adhäsionen in der Paukenhöhle. 1. Pseudomembranen. Bei Besprechung der verschiedenen Entzündungen der Paukenhöhle und deren Ausgänge, wurde wiederholt des Vorkommens von Adhäsionen in der Paukenhöhle gedacht. Eine nähere Untersuchung hierüber lehrt, dass besonders fadenförmige und membranöse Verbindungen im Cavum tympani oft bestehen und es hat bereits *Toynbee* [1] auf diese Thatsache hingewiesen. Die Pseudomembranen sind zwischen den verschiedenen Wandungen des Cavum tympani, dem Trommelfelle und den in der Paukenhöhle befindlichen Gebilden ausgespannt.

Von diesen Adhäsionsbändern ist jedoch nur der kleinere Theil als gleich ursprünglich pathologisch aufzufassen, indess wohl der weitaus grössere Theil, die **Ueberreste jenes embryonalen Bindegewebes** bildet, welches die fötale Paukenhöhle vollständig erfüllt. Bereits *Hinton* [2]) und *Politzer* [3]) haben die Möglichkeit einer Abstammung so mancher im Cavum tympani befindlichen Pseudomembran aus der fötalen Sulze betont. Untersuchungen, welche ich [4]) an Embryonen, Neugeborenen und Individuen der späteren Lebensjahre vorgenommen habe, liessen für eine Reihe von solchen, beinahe in jeder Paukenhöhle anzutreffenden fadenförmigen und membranösen Verbindungen den Nachweis führen, dass dieselben thatsächlich aus dem embryonale Gewebe abstammen; ich konnte deutlich verfolgen, wie aus den dickeren embryonalen Bindegewebsverbindungen allmälig dünne Membranen und durch deren partiellen Zerfall, feine Fäden hervorgehen. Da nun die fötale Sulze, soweit ich dies aus meinen Präparaten ersehe, dem Trommelfelle und der unteren Hälfte des Hammergriffes nur anliegt und sich von diesen Gebilden leicht abheben lässt, dagegen mit allen anderen Theilen der Paukenhöhle in inniger Verbindung steht, so ergibt sich daraus auch die Deutung für die in der vollständig entwickelten Paukenhöhle vorfindlichen Fäden und Membranen. Wir werden demnach von diesen nur solche als zweifellos pathologische betrachten können, welche die untere Hälfte des Hammergriffes, sowie irgend eine Stelle des Trommelfelles mit anderen Theilen der Paukenhöhle verbinden; alle anderen Membranen, sie mögen zwischen der oberen Griffhälfte, den übrigen Gehörknöchelchen und den Wänden der Paukenhöhle ausgespannt sein, können bei vollkommen normalem Zustande der Paukenhöhle, als Ueberreste des einstigen embryonalen Bindegewebes bestehen.

Selbstverständlich schliesst dies nicht aus, dass zuweilen auch an den angeführten Stellen später gebildete Pseudomembranen vorkommen, oder dass die ausserordentlich zarten Fäden und Membranen, in Folge eines hypertrophischen Vorganges im Cavum tympani, eine bedeutende Verdickung erleiden und den Charakter derber Pseudomembranen annehmen.

Die eigentlichen **Pseudomembranen entstehen** entweder durch eine Vereinigung zweier sich begegnender Bindegewebswucherungen oder durch eine Adhäsion zweier aneinander gelagerter Schleimhautpartien, die sich später wieder von einander abheben und deren ehemalige Verbindungsstelle zu einem Bande ausgezogen wird. Auf diese Weise können z. B. von den Rändern einer Trommelfell-Perforation, verschieden breite Brücken zu den benachbarten Paukenwänden ziehen. Es wäre endlich noch möglich, dass in Folge eines embryonalen Entzündungsprocesses das fötale Bindegewebspolster der Paukenhöhle mit dem ihm anliegenden Trommelfelle verwächst und auch bei einem später eintretenden partiellen Schwund des Gewebes, durch breite Bänder oder dünne Fäden, mit den einzelnen Theilen der Paukenhöhle in Verbindung bleibt.

2. **Unmittelbare Verbindungen.** Von den Adhäsionen,

---

[1]) Ohrenh., S. 273. — [2]) *Guy's* Hosp. reports. 1869, Vol. IX. p. 264, s. A. f. Ohr. H. S. 151. — [3]) Bel. d. Trommelf., S. 109. — [4]) Sitzb. d. Akad. d. Wiss., 1873, B. 67.

die nicht durch eine Membran hergestellt sind, sondern unmittelbar bestehen, ist eine Verwachsung des Perforationsrandes oder des intacten Trommelfelles mit dem Ambossschenkel, dem Steigbügel oder der Labyrinthwand, besonders hervorzuheben. Ein andermal wieder zeigt sich das untere Ende des Hammergriffes mit der Labyrinthwand verbunden.

Durch derartige Verwachsungen, sowie durch Pseudomembranen, wird das Cavum tympani zuweilen in **mehrere Abtheilungen** gesondert, wobei jede Communication zwischen den einzelnen Loculis aufgehoben sein kann, ein Zustand, der bei Secretansammlungen in der Paukenhöhle eine besondere Bedeutung erlangt.

In einem von *Tröltsch*[1]) beobachteten Falle war durch Verwachsung des Trommelfelles mit der inneren Paukenwand, die Verbindung mit der Tuba abgeschlossen und auch die Zellen des Warzenfortsatzes gegen die Paukenhöhle abgesperrt. — *Schwartze*[2]) erwähnt einen Fall, in welchem die vordere und untere Hälfte des Trommelfelles mit der Tuba und dem äusseren Gehörgange, die hintere und obere Trommelfellhälfte nur mit dem Proc. mast. communicirten. — *Gruber*[3]) fand in einer Paukenhöhle mehrere Locula, die aus einer Verwachsung der Perforationsränder des Trommelfelles mit der inneren Wand hervorgegangen waren und wobei die vordere Abtheilung mit der Tuba, die hintere mit den Zellen des Warzenfortsatzes in Verbindung stand und beide in den äusseren Gehörgang mündeten. — An einem meiner Präparate finden sich in der Paukenhöhle zwei aus dünnem Bindegewebe gebildete, allseitig geschlossene Trichter vor, von denen der kleinere der inneren Trommelfell-Oberfläche inserirt, während der grössere Trichter von der inneren Paukenwand ausgeht. Beide Trichter stossen mit ihren engen Theilen ungefähr in der Mitte des Querdurchmessers der Paukenhöhle zusammen und bilden dadurch eine Sanduhrform.

Die Bedeutung der Adhäsionen in der Paukenhöhle für die Gehörsfunction hängt von der Verbindung der Adhäsionen mit acustisch wichtigen oder nicht wichtigen Theilen, ferner von ihrem Spannungsgrade und ihrer Dicke ab. Die leicht beweglichen dünnen Membranen und Fäden, die sich als Ueberreste des embryonalen Bindegewebes häufig vorfinden, werden wohl keine Störung in der Schwingungsfähigkeit des schallleitenden Apparates veranlassen, wogegen bei strafferen Verbindungen die Bewegungen des Trommelfelles und der Gehörknöchelchen selbst in hohem Grade gehemmt werden können. So sind auch Verwachsungen des hinteren und oberen Trommelfell-Quadranten mit dem Amboss-Steigbügelgelenke nicht selten im Stande, durch Belastung des Gelenkes Schwerhörigkeit und Ohrensausen hervorzurufen.

Diagnose. Der Nachweis zarter Pseudomembranen und Fäden ist am Lebenden, selbst bei Adhäsionen an das Trommelfell, keineswegs immer zu führen. Zuweilen treten die Adhäsionsstellen von aussen nur als schwache, leicht zu übersehende Trübungen am Trommelfelle hervor, während sie ein andermal wieder deutlich sichtbare, schmutzig-gelbe oder weisse Flecke, beziehungsweise Streifen bilden.

Bei stärkerer Retraction mächtiger Bänder am Trommelfelle, geben sich die bereits früher geschilderten Bilder von vermehrter Concavität der Membrana tympani zu erkennen. Betreffs der differential-diagnostischen Merkmale zwischen einer Verwachsung des Trommelfelles mit dem Ambosse, Steigbügel oder der inneren Paukenwand s. S. 124.

Verlauf. Die Pseudomembranen können in ihrem weiteren Verlaufe entweder eine regressive Metamorphose eingehen und einer Atrophie anheimfallen oder sie erlangen umgekehrt eine beträchtliche Dickenzunahme, womit nicht selten die Tendenz zu einer Retraction

---

[1]) *Virch. Arch.* 1861, B. 21.   [2]) A. f. Ohr. II, S. 280.   [3]) Ohrenh. S., 559.

gegeben ist, welche die acustischen Störungen erheblich zu steigern vermag. *Wendt* [1]) traf an den Pseudomembranen nicht selten verkalkte und selbst verknöcherte Partien an.

Die Behandlung richtet sich nur gegen jene anormale Verbindungen besonders des Trommelfelles, die voraussichtlich eine acustische Störung veranlassen. Zarte Fäden können bei einer einfachen Lufteinblasung ins Mittelohr zerreissen. Starke Adhäsionen müssen auf operativem Wege gelöst werden, wozu man sich entweder eines Synechotoms (s. S. 46) oder winkelig abgebogener, sowie geknöpfter Instrumente bedient, oder aber man führt durch die betreffende Stelle des Trommelfelles einen Kreuzschnitt. Im Erfordernissfalle kann die galvanocaustische Zerstörung der betreffenden Adhäsionsstelle vorgenommen werden. Bei Vornahme der Incision sind die dem Trommelfell etwa noch anhaftenden Membranen nachträglich zu durchschneiden, oder man kann den Versuch anstellen, ob die nach der Incision zuweilen eintretende entzündliche Schwellung, an den operirten Theilen eine solche Lockerung des betreffenden Gewebes herbeiführt, dass nunmehr eine starke Aufblasung des Trommelfelles die vollständige Zerreissung der Adhäsionsbänder ermöglicht. Der Durchtrennung der Pseudomembranen muss durch mehrere Wochen eine Aufblasung des Trommelfelles nachfolgen, die eine Wiederverwachsung der getrennten Partien zu verhindern hat. Bei directer Anlöthung des Trommelfelles an den Amboss, den Steigbügel oder an die innere Wand, ist eine Circumcision der betreffenden Trommelfellpartien angezeigt, auf welche Operation zuweilen die Schwingungsfähigkeit der Gehörknöchelchen verbessert wird und damit eine beträchtliche Gehörssteigerung und Abschwächung der früher vorhandenen Ohrengeräusche erfolgen kann.

VII. Ulceröse Erkrankungen. 1. Eine Gangrän des Ohres entwickelt sich, nach *Wreden* [2]) bei schwächlichen, besonders bei hereditär syphilitischen Kindern. Sie geht gewöhnlich aus einer eiterigen oder diphtherischen Entzündung hervor und erscheint nur selten primär. Die Temperatur ist bei Gangrän niedrig, dabei besteht eine locale Anämie, weshalb die Application von Blutegeln den übrigens stets letal endenden Erkrankungsprocess, nur beschleunigen würde. Bei einem acht Monate alten Mädchen fand *Wreden* das ganze gangränöse Schläfenbein herausgefallen; das Kind lebte darnach noch durch zehn Stunden.

2. Caries und Nekrose der Paukenhöhle treten meistens consecutiv in Folge von eiteriger Entzündung der den Knochen bedeckenden Weichtheile, zuweilen auch primär ohne vorausgegangene eiterige Erkrankung und Ulceration der Schleimhaut auf. Die Caries nimmt in der Regel im frühesten Kindesalter ihren Anfang.

In einem von *Morrison* [3]) beobachteten Falle, in welchem Salpetersäure ins Ohr eingegossen war, ergab die sechs Wochen später angestellte Autopsie ein total cariöses Felsenbein.

Die Knochenerkrankung befällt entweder kleine circumscripte Stellen der Paukenwandungen und der Gehörknöchelchen, oder sie breitet sich weiter aus und führt zu einer Zerstörung, beziehungsweise Ausstossung derselben. Eine partielle Exfoliation des Annulus tympanicus mit einem Theile des äusseren Gehörganges oder des Warzenfortsatzes, kommt bei Kindern nicht so selten zur Beobachtung.

In einem von *Wendt* [4]) beschriebenen Sectionsfalle fiel das ganze Tegmen tympani nach Entfernung der Weichtheile heraus. — *Michael* [5]) berichtet von einem Falle,

[1]) A. d. Heilk., B. 14. — [2]) M. f. Ohr. 11, Nr. 11. — [3]) Med.-chir. Z. 1837, B. 4. S. 73. — [4]) A. f. Ohr. III, S. 170. — [5]) Z. f. Ohr. VIII, S. 300.

in welchem der grösste Theil des ovalen Fensters nebst dem angrenzenden Theile des horizontalen Facialcanales exfoliirt wurden. Die Exfoliation eines bogenförmig ausgeschnittenen Knochenstückes wahrscheinlich dem ovalen Fenster angehörig, erwähnt *Petit*.[1]) *Schütz*[1]) beobachtete die Exfoliation des Schuppen- und Warzentheiles mit dem äusseren Gehörgange sammt dem Trommelfellfalz.

Das **Trommelfell** ist bei Caries und Nekrose der Paukenhöhle in der Regel perforirt, kann jedoch auch intact bleiben. So fanden u. A. *Trusen*[2]) Caries der Paukenhöhle mit Abscess am Warzenfortsatze, *Wreden*[3]) beide Labyrinthfenster, sowie das Hammer-Ambossgelenk, *Schwartze*[4]) den Amboss zerstört, ohne dass die Membrana tympani dabei eine Lückenbildung aufgewiesen hätte. *Farwick*[5]) obducirte einen an Caries des Schläfenbeines mit consecutiv aufgetretenem Gehirnabscesse verstorbenen Patienten, bei dem erst nach dem Erscheinen der Gehirnsymptome eine Perforation des Trommelfelles erfolgt war. S. ferner S. 250.

Die **Diagnose** einer bestehenden Knochenerkrankung der Paukenhöhle ist nur bei dem Nachweis von Knochensand im Eiter und im Falle von Exfoliation sequestrirter Partien oder bei dem mit der Sonde zu führenden Nachweis von rauhen oder erweichten Knochenpartien, möglich. Die Sondirung erfordert dabei die grösste Behutsamkeit und darf nur an den Stellen vorgenommen werden, die eine gleichzeitige Ocularinspection zulassen.

Die chemische Untersuchung des Eiters lässt sich, wie *Tröltsch*[6]) aufmerksam macht, für die Diagnose auf Caries insoferne verwerthen, als ein reicher Kalkgehalt, dem Knochenbestandtheile führenden Eiter, eigenthümlich ist. Nach *Itard*[7]) spricht eine Broncefärbung der zur Untersuchung verwendeten Silberinstrumente für Caries.

Den Verdacht auf Caries und Nekrose der Paukenhöhle erwecken: ein übler Geruch des dünnflüssigen, blutig gefärbten Secretes, bei gleichzeitiger Erosion der vom Eiter bespülten Gehörgangswände[7]), ohne Nachweis von Granulationen im Ohre, ferner heftige lancinirende Schmerzen in der Tiefe des Gehörorganes, welche sich über die betreffende Kopfhälfte erstrecken, endlich hartnäckige Recidive von Granulationsgeweben, sowie Senkungsabscesse, die bald nach aussen am Halse, bald nach innen im Rachen auftreten.

Nach *Gruber*[8]) sollen Abscessbildungen in der Umgebung des Ohres, während einer Otitis media purulenta, als ziemlich verlässliche Zeichen von Caries zu betrachten sein.

Der **Verlauf** einer cariös-nekrotischen Erkrankung der Paukenhöhle ist aus den, bei Besprechung der Tymp. pur. bereits angeführten Gründen, mitunter ein sehr ungünstiger. Zuweilen geben sich durch längere Zeit keine beunruhigenden Symptome zu erkennen, bis plötzlich die Erscheinungen einer Gehirn- und Meningeal-Erkrankung, eine Phlebitis mit Thrombosenbildung oder tödtliche Blutungen (s. S. 210) erfolgen. In anderen und glücklicherweise keineswegs seltenen Fällen, treten, selbst bei viele Jahre lang bestehender Erkrankung, keine gefährlichen Erscheinungen auf und die seit Kindheit an Caries und Nekrose der Paukenhöhle leidenden Patienten können vielleicht in einem hohen Lebensalter einer anderen Erkrankung erliegen.

Die **Prognose** wird bei Caries und Nekrose der Paukenhöhle aus den soeben angegebenen Gründen stets sehr reservirt zu stellen sein, da, abgesehen von einer Affection der dem Cavum tympani benachbarten Partien, auch allgemeine Erkrankungen eintreten können.

---

[1]) S. *Lincke*, Ohrenh. II, S. 289.   [2]) S. *Schmidt's* J. 1839, B. 21, S. 187.
[3]) M. f. Ohr. II, Sp. 119.   [4]) A. f. Ohr. IV, S. 248. — [5]) A. f. Ohr. VI, S. 116. —
[6]) Ohrenh. 1877, S. 471.   [7]) Traité etc., T. I, p. 269. — [8]) Wien. Medic. Halle 1863; Oest. Z. f. pr. Heilk. 1863, s. A. f. Ohr. II, S. 68. 71.

welche bei diesem Leiden, wie *Tröltsch*[1]) hervorhebt, umsomehr zu befürchten sind, als nach den Untersuchungen von *Menzel* und *Billroth*[2]) bei 78% der an Caries Verstorbenen, chronische Erkrankungen innerer Organe nachweisbar waren. Trotzdem lehrt die Erfahrung, dass sich die Prognose im Allgemeinen nicht sehr ungünstig verhält und dass auch bei cariöser Erkrankung, ein überraschendes Heilresultat möglich ist.

Bezold[3]) erwähnt einen Fall, in welchem nach Exfoliation eines Sequesters, welcher der vorderen Gehörgangswand entstammte und an dem der Sulcus pro membrana tympani sichtbar war, fünf Wochen später wieder das Trommelfell nachgewiesen werden konnte und Flüsterstimme 12' weit percipirt wurde.

Die Behandlung muss bei Caries und Nekrose nicht allein eine locale, und zwar vor Allem eine streng antiseptische sein (s. S. 271). sondern sie hat gleichzeitig auch für den Allgemeinzustand des Patienten Sorge zu tragen. In letzterer Beziehung sind ein Aufenthalt in trockener, reiner Luft, ein günstiges Klima, ferner bei tuberculösen, scrophulösen und syphilitischen Individuen eine entsprechende Allgemeinbehandlung wichtig.

Kleinere cariöse Stellen können nach dem Vorgange von *O. Wolf*[4]) mit dem scharfen Löffel eventuell in der Narkose ausgekratzt werden. Etwa sichtbare und bereits leicht bewegliche Sequester sind zu entfernen, wobei behufs ihrer Extraction eine Zerkleinerung derselben, eventuell Erweiterung der fistulösen Gänge, nöthig werden kann. *Rau*[5]) hebt die günstige Wirkung von Cupr. sulf. 0·2—0·3—1·0 ad 30·0 Aq. hervor; die Flüssigkeit ist zweimal täglich anzuwenden. *Lucae*[6]) bedient sich derselben Lösung zu prolongirten (halbstündigen) Ohrenbädern. *Volkmann*[7]) empfiehlt gegen Caries eine allgemeine Behandlung mit Jod; gegen chronische Fälle, Jod und Kochsalzthermen, ferner zur localen Injection, Acid. hydrochlor. gutt. duas ad 30·0 Aq., allmälig steigend.[8])

Gegen Schmerzen hilft manchmal die Anwendung des Ferr. candens am Warzenfortsatze, an dem mehrere punktförmige Schorfe zu setzen sind.[9]) Bezüglich einer Behandlung der bei Caries des Cavum tympani nicht selten auftretenden Entzündungen des Proc. mast. s. Cap. VI.

VIII. Neubildungen. 1. Polyp. Unter den Neubildungen der Paukenhöhle erfordern vor Allem die Polypen und die polypösen Wucherungen (das Granulationsgewebe) eine eingehendere Besprechung, da ihnen als einer häufig auftretenden Erkrankung des Ohres eine besondere praktische Bedeutung zukommt. Ich werde mich im Nachfolgenden nicht auf die Schilderung der Polypen der Paukenhöhle beschränken, sondern die Polypenbildungen und die polypösen Wucherungen des äusseren und des mittleren Ohres, im Zusammenhange besprechen.

Eintheilung. Die Ohrpolypen, unter denen man gestielte, gutartige Geschwülste der Bindesubstanz versteht, werden nach *Steudener*[10]) in Schleimpolypen, Fibrome und Myxome, nach *Moos* und *Steinbrügge*[11]) dagegen in Granulationsgeschwülste (Rundzellenpolypen), Angiofibrome, Fibrome und Myxome unterschieden.

a) Der Schleimpolyp (Granulationsgeschwulst, Rundzellenpolyp) findet sich am häufigsten vor. Er zeigt unregelmässig verlaufende Bindegewebsfasern, denen rundliche Zellen eingelagert sind, ferner zahlreiche Gefässe, zuweilen Cysten und drüsenartige Bildungen.

---

[1]) L. c., S. 446. — [2]) A. f. klin. Chir. XII. — [3]) M. f. Ohr. IV, Sp. 55. — [4]) A. f. Aug. u. Ohr. IV, 2, S. 330; VI, 1, S. 207 — [5]) Ohrenh., S. 262. — [6]) Berl. kl. Woch. 1870. Nr. 6. s. A. f. Ohr. V, S. 311. — [7]) *Billroth* u. *Pitha*, Chir. II, 2, S. 323. — [8]) *Chassaignac* s. *Volkmann*, l. c. — [9]) S. *Gruber*, Ohrenh., S. 552. — [10]) A. f. Ohr. IV, S. 199. — [11]) Z. f. Ohr. XII, S. 42.

Mikroskopischer Befund. Den Untersuchungen *Kessel's*[1]) zufolge sind die Polypen jüngeren Stadiums häufig glatt, ödematös, von vielen Kernen durchsetzt und zuweilen mit gezackten Zellen (Exsudatzellen) versehen; in einem späteren Stadium treten Epithelialzapfen ins Corium hinein, die nachträglich zerfallen; dabei hebt sich auch die äussere Zellschichte ab und die tiefere wird zu Cylinderepithel, wogegen sich die Spindelzellen zu Bindegewebe umgestalten. An mehreren von mir näher untersuchten Polypen fand ich, dass sich die durch den Zerfall der Epithelialzapfen entstehenden Buchten der Polypenoberfläche in ähnlicher Weise bilden können, wie ich dies bezüglich der Entstehung des Gehörgangslumen antraf. Die zahlreichen, aus grossen Epithelialplatten zusammengesetzten Kolben, welche sich von der Oberfläche des Polypen in die Tiefe des Gewebes einsenken und nicht selten Seitenkolben abgeben, erhalten ein Lumen, das in mehreren von mir untersuchten Fällen, nicht durch einen Zerfall der centralen, sondern der peripheren Zellen des Kolbens, allmälig gebildet wurde; nur die an das Bindegewebe anstossenden Zellen blieben bestehen und wandelten sich in Cylinderepithel um. Durch diesen Vorgang war in dem einstigen soliden Epithelialzapfen ein wandständiger freier Raum entstanden, während das Centrum noch einen Epithelialstock aufwies, von dem feine Fäden zu den gegenüberliegenden Wandungen verliefen und sich zwischen deren Cylinderzellen einsenkten. Auch diese Verbindung ging schliesslich verloren, so dass nunmehr dem Austritte dieser centralen Epithelialmasse, also der Bildung eines vollständig freien Hohlraumes kein Hinderniss in den Weg stand. Dieselben Veränderungen konnte ich an den Seitenbuchten verfolgen. *Steinbrügge*[2]) beobachtete die Abtrennung einzelner Polypenantheile durch Berührung zweier einander entgegenwachsender Epithelialeinsenkungen.

Drüsenartige Bildungen entstehen entweder durch Einsenkungen von Epithelialzapfen mit centralem Zerfalle, seltener mit später auftretenden Seitenbuchten (s. oben), oder es findet eine Hyperplasie der im Ohre normaliter vorkommenden Drüsen statt. So fanden *Verneuil*[3]) und *Wendt*[4]) wiederholt Schweissdrüsen in Ohrpolypen; *Lucae*[5]) beschreibt einen Fall von kleinen Paukenpolypen, wobei jedes Polypchen in seinem Centrum eine Schleimdrüse enthielt. Die Schleimpolypen weisen, wie *Meissner*[6]) zuerst constatirte, nicht selten cystenartige Räume auf, die von einem Cylinderepithele bekleidet sind.

Während *Meissner* annimmt, dass die Cysten, im Sinne *Rokitansky's*, aus den im Polypengewebe befindlichen Kernen hervorgehen, also selbstständige Gebilde seien, hält *Billroth*[7]) wegen des Mangels an nachweisbaren Entwicklungsstadien eines Ueberganges der Kerne in Cysten, eine solche Abstammung für zweifelhaft. *Steudener*[8]) fasst die Cysten der Ohrpolypen als Retentionscysten auf, die entweder aus Drüsen hervorgehen, oder durch die Verwachsung zweier Papillen zu Stande kommen, wie dies *Rindfleisch*[9]) bei Uteruspolypen und *Wedel*[10]) beim Trachom beobachtet haben. — *Moos* und *Steinbrügge*[11]) beschreiben als Angiofibroma haemocysticum einen Polypen des Gehörganges, dessen untere Hälfte aus einer Cyste bestand, die wahrscheinlich aus vielen kleinen Blutgefässen durch Atrophie deren Wandungen hervorgegangen war.

In seltenen Fällen kann das Innere eines Polypen aus einem einzigen Cystenraume bestehen[12]), der bei seiner Eröffnung eine schleimige Flüssigkeit ergiesst.

Lincke[13]) erwähnt eine collabirte Blase im Ohr, die vielleicht einen entleerten Cystensack vorstellte. Möglicherweise betraf der Fall *Lincke's* eine wirkliche Cystenbildung. Ich habe eine solche an zwei Fällen, im äusseren Gehörgange beobachtet: Bei einer 30jährigen Patientin mit Totalperforation des Trommelfelles und Granulationsgewebe am Promontorium, entstand an der hinteren Gehörgangswand, nahe der Trommelfell-Peripherie, eine rothe Hervorwölbung, welche, ohne die geringsten subjectiven Symptome zu erregen, binnen sechs Tagen zu einer mächtigen Geschwulst her-

---

[1]) A. f. Ohr. IV, S. 172. — [2]) Z. f. Ohr. VIII, S. 120; XII, S. 15. — [3]) S. *Schmidt's* J. 1865, B. 127, S. 193. — [4]) A. f. Ohr. III, S. 141, 143, 145, 147, 155, 157, 159, 165. — [5]) *Virch.* Arch. B. 29, S. 39. — [6]) Z. f. rat. Med. 1853, S. 349. — [7]) Ueb. d. Bau d. Schleimpol. 1855. — [8]) A. f. Ohr. IV, S. 206. — [9]) Path. Hist. I. Aufl., S. 62. — [10]) Atl. d. path. Hist. d. Aug. 1861, Adnexa ocul. I, Fig. 7. — [11]) Z. f. Ohr. XII, S. 8. — [12]) *Meissner*, l. c. Aehnliche Angaben wurden bereits vorher von *Beck* (Kr. d. Gehörorg. 1827), *Rauch* (s. *Lincke's* Samml. B. I, S. 132) und *Pappenheim* (Gewebel. d. Gehör. 1840, S. 115) gemacht. — [13]) Ohrenh. II, S. 515.

anwuchs und den äusseren Gehörgang in seinem inneren Drittel fast vollständig einnahm. Die Geschwulst zeigte sich intensiv roth, glatt, fluctuirend und gegen Berührung schmerzlos. Nach Spaltung des Sackes entleerte sich eine blutig-seröse Flüssigkeit; einige Tage später erschien die Cyste wieder prall gespannt, liess sich jedoch mittelst einer Sonde an der früheren Incisionsstelle leicht eröffnen. Nach zweimaliger Aetzung der inneren Cystenwandungen war die Geschwulst binnen zehn Tagen vollständig und bleibend zurückgegangen. — Der zweite Fall betraf einen an Caries des Schläfenbeines erkrankten, 10jährigen Knaben, bei dem sich an der vorderen Wand des äusseren Gehörganges, nahe dem perforirten Trommelfell eine, den Gehörgang fast verschliessende, breitaufsitzende Geschwulst mit den oben angeführten Eigenschaften befand. Die Cystenwand liess sich mit einer Knopfsonde leicht eröffnen und ging ebenfalls nach einigen Lapistouchirungen zurück.

Gefässe. Der Gefässreichthum ist verschieden, nicht selten sehr bedeutend. *Billroth, Kessel* und *Steudener* beobachteten Capillarschlingen, die an der Oberfläche des Polypen umbiegen, zuweilen aber auch eine Strecke weit unter der Oberfläche verlaufen.[1]) Gleich den neugebildeten Capillargefässen anderer Geschwülste, besitzen auch die der Ohrpolypen eine bedeutende Weite und dabei eine geringe Mächtigkeit der Wandungen, weshalb sich auch deren leichte Zerreissbarkeit erklärt, die bei einer unbedeutenden Hyperämie, bei schwacher Berührung, selbst bei einem auf sie einwirkenden Luftstrom zu einer Blutung Veranlassung gibt. *Steudener* fand die grössten Gefässe im Stiel des Polypen; sie geben an die Peripherie zahlreiche Aeste ab. Die Gefässe sind in manchen Polypen so massenhaft vertreten, dass das mikroskopische Bild eines Polypendurchschnittes in solchen Fällen einer Gefässgeschwulst zugeschrieben werden könnte. Das von *Moos* und *Steinbrügge* bezeichnete Angiofibrom geht, nach den genannten Autoren, aus dem Rundzellenpolyp hervor, durch Wandverdickung der Blutgefässe und Wucherung des Endothels sowie des Bindegewebes.

b) Die fibrösen Polypen, die gewöhnlich aus dem Perioste abstammen, weisen ein derbes Bindegewebe[2]) mit wenigen Gefässen auf, sie sind deshalb sehr resistent und blass; ein papillärer Bau wird an ihrer Oberfläche nie beobachtet.

Nach *Moos* und *Steinbrügge* findet beim Fibrom eine Entwicklung der Geschwulst nicht aus den Blutgefässen statt, wie beim Angiofibrom, sondern aus den von den Blutgefässen ausgewanderten Bildungszellen.

c) Die Myxome bestehen aus gallertigem Bindegewebe, nach *Steudener* vielleicht aus dem embryonalen Gewebe der Paukenhöhle.

In einem Schleimpolypen fand *Steudener* eine scharf abgesetzte Partie von sternförmigen Spindelzellen, also ein in den Schleimpolypen eingesprengtes Myxom.

Der Stiel der Ohrpolypen ist von verschiedener Breite und Länge und kann selbst fehlen, wie dies bei condylomartigen Polypen, einem von gemeinschaftlicher Basis entspringenden Conglomerate von Läppchen, der Fall ist.[3])

Der Stiel wird aus Bindegewebe gebildet, dessen Fasern oft wellig verlaufen und das zuweilen von cystenartigen Hohlräumen durchsetzt wird.[4]) Das im Polypen vorkommende areoläre Bindegewebe weist gegen die Basis des Polypen grössere Areolen auf.[5]) Im Polypenstiel werden zuweilen Nervenfasern angetroffen[4]), indess der Polypenkopf regelmässig nervenlos bleibt.

Der Stiel ist entweder einfach oder verästigt. Dem einfachen Stiele sitzt ein Polypenkopf, eventuell eine Cyste auf, in deren Lumen der Stiel frei einmünden kann.[4]) Der verästigte Stiel trägt an jedem seiner Endzweige

---

[1]) *Kessel*, A. f. Ohr. IV. S. 176. — [2]) Je älter der Polyp ist, desto straffer erscheint das Bindegewebe (*Trautmann*, A. f. Ohr. XVII. S. 172). - [3]) *Steudener*, A. f. Ohr. IV. S. 204. — [4]) *Meissner*, Z. f. rat. Med. 1853, S. 349. — [5]) *Wedel*, Grundz. d. path. Hist. 1854, S. 167.

einen Polypenkopf. Mitunter ist der Stiel mit kleineren Granulationen oder mit einer grossen Anzahl von Bläschen besetzt. In einzelnen Fällen entspringt ein Polyp mit **mehreren Wurzeln**.

Diese entsprechen möglicherweise ursprünglich solitär aufgetretenen Polypen, deren Köpfe eine gegenseitige Verwachsung eingegangen sind. Es wäre übrigens auch denkbar, dass ein mächtiger Polyp oder eine polypös degenerirte Schleimhaut, einen partiellen Zerfall erleidet, so dass die Hauptmasse der übrigen polypösen Geschwulst nunmehr durch kleinere, stielförmige Partien, mit der Basis in Verbindung steht. Endlich könnte der Polyp mit den verschiedenen Theilen der Paukenhöhle, denen er anliegt, verwachsen und diese Verwachsungsstellen werden vielleicht später stielförmig ausgezogen.

Sitz. Der Stiel der Polypen sitzt entweder mehr oberflächlich im Cutisgewebe, beziehungsweise in der Schleimhaut, oder die Wurzel dringt tiefer bis zum Knochen vor und kann nach *Meissner* von diesem selbst ausgehen.

Pomeroy[1]) fand als Basis eines vom äusseren Gehörgange entspringenden Polypen, eine Knorpelsubstanz und ein hyperplastisches Knochengewebe.

Jede Stelle des äusseren und mittleren Ohres kann den Ausgangspunkt der Polypenwurzel abgeben, am häufigsten aber entspringt diese von der Paukenhöhle.[2]) Bezüglich des Ursprunges der Polypen am **Trommelfelle** erwähnte zuerst *Toynbee*[3]) einen Fall, in welchem Polypen von der inneren Oberfläche des Trommelfelles ausgingen. *Tröltsch* fand Polypen an der äusseren[4]) und inneren Fläche[5]) des Trommelfelles; sie sitzen diesem zuweilen wie Pilze auf. Der Lieblingssitz der Polypen am Trommelfell ist dessen hinterer und oberer Quadrant. Das Auftreten von polypösen Wucherungen an Perforationsrändern wurde von *Schwartze*[6]) nach einer Incision in die Membrana tympani wiederholt beobachtet, sowie ja überhaupt Perforationsränder einen häufigen Sitz der Trommelfellpolypen abgeben. *Tröltsch*[7]) und *Schwartze*[8]) constatirten polypös entartete Trommelfelle, nämlich Polypen mit Fasern der Substantia propria.

Voltolini[9]) beschreibt eine Polypenbildung, die vom Ostium tympanicum tubae ausging und einerseits bis zum Eingang des äusseren Gehörganges, andererseits durch die ganze Ohrtrompete bis zur Rachenmündung reichte und im Falle einer rhinoskopischen Untersuchung am Lebenden selbst eine falsche Diagnose eines Rachenpolypen ermöglicht hätte.

Vom **Warzenfortsatze**, der zuweilen bald grössere, bald sehr kleine Polypen[10]) enthält, können die Polypen nach vorausgegangener Usur der oberen und hinteren knöchernen Gehörgangswand, in den äusseren Ohrcanal vordringen.

Die **Oberfläche** ist bei den fibrösen Polypen meistens mehr glatt, doch häufig etwas gewellt, bei den Schleimpolypen tiefer gefurcht und stark gelappt. Bei grossen Schleimpolypen, welche von Seiten der Wandungen der Paukenhöhle oder des Gehörganges einen stärkeren Druck erleiden, entwickelt sich in Folge der Aneinanderpressung der einzelnen Läppchen und Furchen, eine glatte Oberfläche, indess die Schleimpolypen sonst ein himbeerartiges Aussehen besitzen. Die **Epitheldecke** zeigt gegen die Wurzel häufig Cylinder- oder Flimmerepithel[11]), gegen den Polypenkopf dagegen ein Pflasterepithel und kann aus mehreren Schichten gebildet sein; manchmal

---

[1]) S. A. f. Ohr. X, S. 74. — [2]) Nach *Triquet* (Traité pr. des mal. de l'or. 1857) unter 10 Fällen 9mal, s. auch *Tröltsch*, Ohrenh. 1. Aufl., S. 301. — [3]) Ohrenh. Uebers., S. 84.   [4]) A. f. Ohr. IV, S. 99.   ) A. f. Ohr. IV, S. 110.   [6]) A. f. Ohr. VI, S. 188,   [7]) Virch. Arch. 1859, B. 17, S. 11; A. f. Ohr. IV, S. 100. [8]) A. f. Ohr. V, S. 291.   [9]) Virch Arch. 1861, B. 31, S. 199. -   [10]) *Eysell*, A. f. Ohr. VII, S. 211; *Trautmann*. A. f. Ohr. XVII, S. 167.   [11]) Auch die vom äusseren Gehörgang entspringenden Polypen können Flimmerepithel tragen, wie dies bereits *Baum* (s. Med.-chir. Z. 1847, B. I, S. 222) mit Recht bemerkt.

weist der ganze Polyp, von seiner Wurzel bis zum Kopf, nur Cylinder- oder nur Pflasterepithel auf.

Moos und *Steinbrügge*[1] fanden unter 100 Ohrpolypen 68mal eine Malpighi'sche Schichte mit Hornschichte vor, 18mal ein Cylinderepithel, 3mal Cylinder- und Flimmerepithel, 11mal abwechselnde Epithelarten.

Die **Grösse** der polypösen Bildungen im Ohre ist sehr verschieden und schwankt zwischen makroskopisch kaum bemerkbaren Polypen bis zu solchen, welche die ganze Paukenhöhle sammt dem äusseren Gehörgang ausfüllen und aus dem letzteren noch hervorragen.

Sehr kleine, dünn gestielte, kaum bemerkbare polypöse Bildungen fand *Tröltsch*[2]) in einigen Fällen von eiteriger Paukenentzündung. Die mikroskopische Untersuchung liess eine vascularisirte Hülle und einen zelligen, kernreichen Inhalt erkennen. Aehnliche kleine, stecknadelkopfgrosse Kugeln beobachtete *Wendt*[3]) an der inneren Oberfläche der Membrana tympani, ferner *Eysell*[4]) im Warzenfortsatze. *Wendt* konnte bei jeder einzelnen dieser kleinen Geschwülste eine Capillarschlinge nachweisen.

Eine häufige **Ursache** von Polypenbildungen und polypösen Wucherungen gibt die chronische eiterige Ohrenentzündung ab, welche mit Hypertrophie des Bindegewebes einhergeht oder durch Reizung von Seiten des secernirten Eiters, zu polypösen Wucherungen, selbst zu Polypen Veranlassung gibt. Dass diese auch allein auf einem durch den Eiter ausgeübten Reizzustande des Gewebes beruhen können, lehrt die Beobachtung ihrer Rückbildung bei einfacher Reinigung des Ohres.[5]) **Constitutionsanomalien**, besonders Scrophulose, begünstigen die Polypenbildungen in hohem Grade und zumal ein, nach Abtragung der Polypen immer wiederkehrendes Recidiv, berechtigt eine Constitutionsanomalie anzunehmen. Polypen und polypöse Wucherungen werden ferner häufig durch **cariös-nekrotische** Krankheitsprocesse bedingt, wobei nach Ablauf der Erkrankung und Ausstossung der nekrotischen Partien, eine spontane Rückwirkung des Granulationsgewebes zu erfolgen pflegt.

Wie *Bezold*[6]) aufmerksam macht, kommt diesem Granulationsgewebe für die Ausstossung des Sequesters insoferne eine Bedeutung zu, als es nach Ausfüllung der Paukenhöhle oder des Gehörganges etc. einen Druck von den Wandungen dieser Cavitäten erleidet und weiters selbst auf den Sequester drückt, wodurch dessen Ausstossung befördert wird. Die vor dem nekrotischen Knochen nach aussen gelagerten Granulationen, welche dieser Einwirkung einen Widerstand setzen, sind zu entfernen.

Toynbee[7]) führt als Ursache von Polypen und polypösen Wucherungen im äusseren Gehörgange, auch **Erkrankungen des Mittelohres** an (s. S. 86). Polypen können auch ohne bekannte Ursachen und ohne vorausgegangene Eiterungen im Ohre entstehen.

Ein sechsjähriger Knabe, dem ich einen Cerumenpfropf aus dem Ohre ausgespritzt hatte und der nach der Entfernung des Cerumens weder im Gehörgange, noch am Trommelfelle einen pathologischen Zustand aufwies, zeigte 14 Tage später nahe dem Trommelfelle einen Polypen, der von der oberen Gehörgangswand ausging und die Hälfte des Lumens vom Gehörcanale einnahm.

Wendt[8]) erkennt der Schleimhaut der Paukenhöhle eine grosse Neigung für hyperplastische Vorgänge zu und beschreibt eine „polypöse Hypertrophie" der Schleimhaut des Mittelohres", die manchmal als veranlassende Ursache zu Polypen anzusehen ist.

Nach *Itard*[9]) kann der Ohrpolyp **angeboren** vorkommen, wie ich dies ebenfalls in einem Falle beobachtet habe.

---

[1]) Z. f. Ohr. XII. S. 45. — [2]) Virch. Arch. B. 17. S. 54. — [3]) A. d. Heilk. 1873. B. 14. S. 262. — [4]) l. c. — [5]) Tröltsch. Ohrenh., 6. Aufl., S. 504. — [6]) A. f. Ohr. XIII. S. 66. — [7]) Ohrenh. Uebers., S. 84. — [8]) A. d. Heilk. XIV. — [9]) Traité etc. T. I. p. 335.

Das betreffende Mädchen, dem ich einen angeborenen Polypen aus der Paukenhöhle entfernt hatte, wies bei einer fünf Jahre später vorgenommenen Untersuchung ein vollständig normales Gehörorgan auf.

Bezüglich des Auftretens von Polypen wäre noch zu erwähnen, dass deren Vorkommen bei Männern häufiger beobachtet wird, wie bei Frauen, vielleicht aus dem Grunde, weil sich die letzteren den äusseren Schädlichkeiten minder oft auszusetzen haben.

Subjective Symptome. Kleinere Polypenbildungen im Ohre weisen in der Regel dieselben Symptome auf, wie die eiterige Paukenentzündung. Grössere Polypen dagegen können durch Hemmung des Eiterausflusses aus der Paukenhöhle vermehrte Schwerhörigkeit und gesteigerte subjective Gehörsempfindungen, Schwindel, Kopfschmerzen, die Symptome von Hirndruck etc. veranlassen.

Hillairet[1]) beobachtete bei einem mit Ohrenpolypen behafteten Patienten Reflexerscheinungen von Seite des Kleinhirns und der Pedunculi (Kopfschmerz, Anfälle von hochgradigem Schwindel, Erectionen und Abnahme des Gedächtnisses). Die Symptome gingen nach der Exstirpation des Polypen wieder zurück. — *Schwartze*[2]) berichtet von einem Falle, in dem halbseitige Parese mit Ptosis und Anästhesie der gleichen Kopfhälfte bestand, welche Erscheinungen nach Entfernung eines Ohrpolypen vollständig schwanden. — *Moos* und *Steinbrügge*[3]) fanden epileptiforme Anfälle durch Ohrpolypen hervorgerufen.

Objective Symptome. Im Anschlusse an die bereits früher gegebene Beschreibung des Polypen wäre noch zu erwähnen, dass die Ocularinspection bei Ohrpolypen in den meisten Fällen eine Perforation des Trommelfelles ergibt[4]): ein intactes Trommelfell findet sich noch am häufigsten bei Polypen des äusseren Ohres vor, wogegen grössere Polypen der Paukenhöhle nur mit sehr seltenen Ausnahmen, bei imperforirtem Trommelfelle bestehen.[5])

Bedeutung. Den Polypen und polypösen Wucherungen des Ohres kommt eine praktische Bedeutung zu, da sie die Eiterung stetig unterhalten und im einzelnen Falle eine Retention des Eiters im Mittelohre herbeizuführen vermögen.

So beschreibt *Moos*[6]) einen Sectionsfall, in dem ein von der oberen Peripherie des zerstörten Trommelfelles ausgegangener Polyp die Lücke des Trommelfelles vollständig verschlossen und wahrscheinlich in Folge der dadurch eingetretenen Retention des Eiters im Cavum tympani eine letal endende Entzündung des Sinus transversus und der V. jugul. int. veranlasst hatte.

Die epidermoidalen Zellen eines in der Paukenhöhle befindlichen Polypen können zur Bildung einer cholesteatomatösen Masse Veranlassung geben (s. S. 241).

Die Diagnose bezüglich des Vorhandenseins eines Ohrpolypen überhaupt ist meistens sehr leicht. Die Angabe des Patienten von häufig stattfindenden Ohrenblutungen erregt stets den Verdacht auf Polypen oder polypöse Wucherungen.

Von Wichtigkeit ist die Bestimmung des Sitzes, nämlich ob der als Polyp erkannte Tumor nahe dem Trommelfelle oder von diesem selbst entspringt, oder aber ob es sich in dem gegebenen Falle um ein polypös degenerirtes Trommelfell handelt. Eine etwa nachweisbare, grössere Empfindlichkeit der fraglichen Geschwulst bei der Sondirung spricht gegen einen Polypen, dessen nervenloses Gewebe unempfindlich erscheint. Bei der Sondirung des polypös degenerirten

---

[1]) Gaz. d. Hôp. 1862, Nr. 7. — [2]) A. f. Ohr. I. S. 147.   [3]) Z. f. Ohr. XII. S. 41. — [4]) Unter 100 von *Moos* und *Steinbrügge* (l. c.) beobachteten Fällen in mehr als 80%. — [5]) Fall von *Gottstein*, A. f. Ohr. IV. S. 85. — [6]) A. f. Aug. u. Ohr. VII. 2. S. 217.

Trommelfelles gibt sich ferner nicht selten eine bedeutend resistente Stelle innerhalb der Geschwulstmasse, nämlich der Hammergriff, zu erkennen, während die Sonde beim Polypen, insoferne dieser keine Verkalkung oder Verknöcherung eingegangen ist (s. unten), überall auf weiche Massen stösst.

Vor einer Verwechslung des Polypen mit einer gerötheten und gewulsteten Schleimhaut der Paukenhöhle, besonders des Promontoriums, schützt die Sondenuntersuchung. Als differential-diagnostische Merkmale zwischen einem einfachen Polypen und einer carcinomatösen Geschwulst, hebt *Toynbee*[1]) hervor, dass das Carcinom eine geschwürige, der Polyp dagegen mit seltenen Ausnahmen eine glatte Oberfläche darbiete und dass ferner im Falle eines Carcinoms die Umgebung des Ohres hochgradig geschwollen sei (nicht immer), während deren Schwellung bei Polypenbildung höchstens als zufällige Complication bestehe; zuweilen werden das Auftreten von Carcinom in der Ohrengegend oder an anderen Stellen, sowie das unaufhaltsame rasche Wachsthum der Geschwulst, hochgradige Lymphdrüsenanschwellungen, ferner eine etwa bestehende Cachexie des Patienten oder ein eintretender rascher Verfall, den Verdacht auf Carcinom erregen. — Betreffs einer Differentialdiagnose zwischen Polyp und Abscess des äusseren Gehörganges s. S. 87. Eine Verwechslung des Polypen mit einer Gehörgangscyste oder mit einer Balggeschwulst ist bei näherer Untersuchung leicht zu vermeiden.

In einem Falle von *Green*[2]) täuschte ein coagulirtes Fibrin einen Paukenhöhlen-Polypen vor. — *Politzer*[3]) entfernte einen scheinbaren Ohrpolypen, der sich als ein Theil eines cavernösen Angioms zu erkennen gab. Das wahrscheinlich vom Sin. transversus ausgegangene Angiom hatte die untere Fläche des Schläfen- und Occipitallappens, das Cerebellum und die Medulla oblongata eingedrückt und im Vordringen in den Porus acusticus int., den Acusticus und Facialis atrophirt. Das Felsenbein zeigte sich von cavernösen Räumen durchsetzt.

Die Diagnose eines Ohrpolypen oder von polypösen Wucherungen kann am Lebenden zuweilen unmöglich zu stellen sein, entweder weil sich die Neubildung an einer dem Auge unzugänglichen Stelle des Mittelohres befindet oder in den seltenen Fällen, in denen ein imperforirtes Trommelfell den bestehenden Paukenpolypen verdeckt.

In zweien von *Gottstein*[4]) beobachteten Fällen kam der allmälig wachsende Polyp mit dem Trommelfell in Berührung und veranlasste an der Berührungsstelle eine Ecchymose; an dieser Stelle erfolgte später eine Hervorwölbung und endlich ein Durchbruch des Trommelfelles, durch dessen Lücke der Polyp in den äusseren Gehörgang weiter wuchs. Derartige Polypen können leicht fälschlich dem Trommelfelle zugesprochen werden und geben sich, wenn vorher keine eingehende Sondenuntersuchung vorgenommen wurde, erst nach der Abtragung des hervorragenden Stückes als Paukenpolypen zu erkennen.

Der durch eine Perforation durchtretende Polyp erfährt von den Perforationsrändern eine Einschnürung und erhält dadurch zuweilen eine Sanduhrform. Es ist daher aus der Breite des durch die Lücke sich durchzwängenden Polypen nicht auf dessen Grösse im Cavum tympani ein Schluss zu ziehen und es kann leicht vorkommen, dass die, eine kleine Trommelfelllücke passirende Geschwulst, im Cavum tympani einen Umfang besitzt, welcher die Spaltung eines grösseren Abschnittes der Membrana tympani, behufs der Entfernung des Polypen aus der Paukenhöhle, benöthigt. Ein ähnlicher Irrthum kann bei jenen Polypen unterlaufen, welche von den

---

[1]) Ohrenh. Uebers. S. 396. — [2]) S. A. f. Ohr. Uebers., XV, S. 46. — [3]) Ohrenh. S. 828. — [4]) A. f. Ohr. IV, S. 86.

Warzenzellen in den Gehörgang gelangen[1]) und als Polypen des äusseren Ohres angesehen werden: auch hier wird die Sondirung leicht den Nachweis liefern, dass die scheinbare Wurzel dieser Polypen durch die Knochenwandungen des Ohrcanales bis in die Zellen des Warzenfortsatzes hineinreicht. Bei der Diagnose eines in der Paukenhöhle befindlichen Polypen hat man sich schliesslich auch die Möglichkeit vor Augen zu halten, dass die Geschwulst ausserhalb der Paukenhöhle ihren Ursprung nimmt: so kann zufolge einer Beobachtung von *Jones*[2]) und von *Vidal*[3]) der Fungus der harten Hirnhaut bisweilen in die Paukenhöhle und von dieser aus weiter in den Gehörgang vordringen.

Verlauf und Ausgang. Die Ohrpolypen entwickeln sich entweder langsam und bleiben, nachdem sie eine gewisse Grösse erreicht haben, stationär oder sie wachsen sehr rasch und füllen binnen kurzer Zeit die Paukenhöhle und selbst den äusseren Gehörgang vollständig aus.

Tröltsch[4]) beobachtete in einem Falle einen Polypen der Paukenhöhle, der binnen sechs Wochen bis zum Ohreingange vorgedrungen war; ähnliche Beispiele finden sich nicht sehr selten vor.

Mitunter wird das Wachsthum des Polypen durch vorausgegangene Operationen, Abtragung des Polypenkopfes ohne entsprechende Nachbehandlung etc. auffällig beschleunigt, so dass ein vielleicht bereits stationär gewordener Polyp nunmehr eine rasche Vergrösserung erfährt. In manchen Fällen findet eine spontane Ausstossung des Ohrpolypen[5]) statt. Diese erfolgt besonders bei grossen Polypen mit langem und dünnem Stiele[6]), da dieser von Seite des relativ mächtigen Polypenkörpers eine Zerrung erleidet und dabei nicht selten zerreisst; eine fettige Degeneration des Polypenstieles begünstigt gleichfalls die spontane Ausstossung.[7]) In selteneren Fällen führt eine acute eiterige Entzündung zur Ausstossung des Polypen.[8]) Häufiger reisst der Stiel in Folge einer kleinen auf ihn einwirkenden Gewalt, wie beispielsweise bei der Ausspritzung des Ohres. Ausnahmsweise erfolgt eine ulceröse Destruction[8]) oder eine Verschrumpfung[9]) des Polypen.

Bei einem meiner Patienten kam ein hartnäckig recidivirender Polyp der inneren Paukenwand in Folge einer heftigen Angina, die eine bedeutende Anämie des Patienten hervorgerufen hatte, spontan zur Heilung; diese war höchst wahrscheinlich durch die, anlässlich der Anämie eingetretene Verödung der Gefässe eingeleitet worden; ich konnte die allmälige Schrumpfung des Polypengewebes deutlich verfolgen.

In seltenen Fällen tritt eine Verkalkung[10]) oder Verknöcherung[11]) eines Theiles des Polypengewebes ein; auch cholesteatomatöse Einlagerungen[12]) wurden beobachtet.

Bei nachweisbarem Knochengewebe im Ohrpolypen hat man zu achten, ob dasselbe nicht etwa den Gehörknöchelchen, vor Allem dem Hammer angehört, welcher sich mitunter innerhalb des Polypengewebes befindet. *Bezold*[13]) beschreibt einen Gehörgangspolypen, der in seinem Innern

---

[1]) *Tröltsch*, A. f. Ohr. IV, S. 104; *Trautmann*, A. f. Ohr. XVII, S. 167. — [2]) S. *Wilde*, Ohrenh., Uebers. S. 433. — [3]) Traité de path. ext. 1861, T. II, p. 693, s. *Bonnafont*, Traité des mal. de l'or. 1873, p. 215. — [4]) Ohrenh., 6. Aufl., S. 507. — [5]) Aehnliche Beobachtungen liegen auch bezüglich der Nasenpolypen vor (s. *Schuh*, Med. Jahrb. Wien 1840, B. 21, S. 564). — [6]) *Meissner*, l. c. — [7]) *Moos* und *Steinbrügge*, Z. f. Ohr. XII, S. 25. — [8]) *Rau*, *Moos*, s. *Moos*, Klinik, S. 291. Eine centrale Geschwulstnekrose führen *Moos* und *Steinbrügge* an (Z. f. Ohr. XII, S. 18). — [9]) *Kramer*, s. *Moos*, l. c. — [10]) *Klotz*, s. *Hagen's* Beitr. 1868, H. IV, S. 19. — [11]) *Gerdy*, s. *Schmidt's* J. 1834, S. 137; *Moos* und *Steinbrügge*, l. c. S. 6, 18, 25. — [12]) *Toynbee*, Ohrenh. S. 99; *Pappenheim*, Gewebel. S. 115; *Moos* und *Steinbrügge*, l. c. S. 46. — [13]) A. f. Ohr. XIII, S. 61.

eine Knochensubstanz aufwies, die nicht aus normalem Knochengewebe bestand, also auch nicht einem der Gehörknöchelchen angehören konnte. Das Knochengewebe erschien von Hohlräumen, welche von dem Drüsengewebe des Polypen ausgefüllt waren, durchzogen.

Die Behandlung der Polypen und polypösen Wucherungen hat die Beseitigung der Ursachen zu Polypenbildungen, die Entfernung der Polypen selbst und die Zerstörung der Polypenwurzel oder des vorhandenen Granulationsgewebes anzustreben. In ersterer Beziehung muss eine etwa nöthige Allgemeinbehandlung (bei Scrophulose mit Jodeisen, Leberthran, Steinsalzbädern, Jodbädern u. s. w.) eingeleitet werden; bestehende Sequester sind zu entfernen, adenoide Vegetationen oder ein chronischer Nasenrachenkatarrh entsprechend zu behandeln und das Ohr sorgfältigst zu reinigen. Die auf Trophoneurose beruhenden polypösen Wucherungen im äusseren Gehörgange erfordern eventuell die Behandlung einer Erkrankung des Cavum tympani. Endlich ist ein zweckmässiges hygienisches und diätetisches Verhalten stets dringend nöthig.

Die gegen die Polypen gerichtete Localbehandlung kann eine operative oder eine medicamentöse sein. Die operative Behandlung besteht in einem Ausreissen, Abbinden, Abdrehen, Excidiren, Auslöffeln, Entfernen mit der Schlinge und galvanocaustischem Abbrennen des Polypen. Das Ausreissen ist nur bei kleineren Polypen des äusseren Gehörganges gestattet und kann mit einer kleinen Polypenzange (s. S. 47) ausgeführt werden; dagegen ist die Auszupfung der am Trommelfelle oder in der Paukenhöhle befindlichen Polypen, als selbst gefährlich, ganz zu verwerfen. Wegen der auf die Polypenbasis ausgeübten stärkeren Zerrung ist auch das Abdrehen des Polypen zu widerrathen. Die Abbindung ist wohl nur selten nöthig und wird auf einfachere Weise durch die Schlinge ersetzt; nur bei ungemein resistenten Polypen kann man ausnahmsweise zur Abbindung derselben schreiten. Einen schnelleren Erfolg bietet die Excision mancher Polypen mit Scheere und Messer oder auch dem Ringmesser dar. Die Auslöfflung des Polypen[1] wird entweder mit einem scharfen Löffel oder mit einem flachen, eiförmig gestielten, Casserol-ähnlichen Staarmesser[2] vorgenommen.

Die mit dem Schlingenschnürer (s. S. 47) ausgeführte Abschnürung ist den bisher aufgezählten Methoden in der Regel entschieden vorzuziehen und findet auch die allgemeinste Verwendung. Man hat dabei nur sorgfältigst darauf zu achten, dass die allmälig zugezogene Schlinge den Polypen einfach durchschneidet und nicht einen stärkeren Zug auf seine Basis ausübt (s. S. 46); diese Vorsicht ist besonders im Falle einer Insertion der Polypenwurzel in der Nähe des Foramen ovale am Platz, wobei die Gefahr einer Extraction des Steigbügels nahe liegt. Bei cariös nekrotischer und mit dem Polypengewebe innig verbundener Knochenbasis kann ein, während der Polypenextraction nur schwach ausgeübter Zug, zur Verletzung, beziehungsweise Eröffnung der betreffenden Paukenwand führen. In Anbetracht der so lebenswichtigen Organe in der Umgebung des Ohres, sind die Folgen eines derartigen operativen Eingriffes unberechenbar und können selbst den letalen Ausgang herbeiführen.

[1] *Itard*, Traité etc. I, p. 336. — [2] *Abel*. A. f. Ohr. XII, S. 110.

Behandlung der Polypen.

Böke[1]) entfernte bei einem Patienten die innerhalb eines scheinbar einfachen polypösen Gewebes befindliche Schnecke (auch einmal von *Toynbee*[2]) beobachtet); Patient starb in Folge der Operation.

Eine weitere Vorsicht erheischt die Abtragung jener Polypen, welche in der Nähe des Trommelfelles inseriren und die entweder von diesem selbst ausgehen oder den Hammergriff umwachsen, oder aber vielleicht einem degenerirten Trommelfellgewebe zukommen. In diesen letzteren Fällen ist eine Abschnürung des polypösen Gewebes nicht statthaft, welche auch bei der Anwesenheit eines mit seiner Umgebung innig verbundenen Hammers oder bei der noch bestehenden Insertion der Sehne des M. tens. tymp. an den Hammer, meistens nicht gelingt. Ergibt sich bei Anziehung der Schlinge ein **beträchtlicher Widerstand**, oder treten auffällig starke Schmerzen auf, so stehe man vorläufig von der Operation ab und durchschneide den mit seinem Schlingenende ins Gewebe bereits tiefer eingedrungenen Draht an den beiden Seiten des Instrumentes, worauf dieses leicht entfernt werden kann, während die zurückbleibende Drahtschlinge entweder nachträglich von den Polypen gelöst wird oder eventuell liegen gelassen werden kann. Im Falle man bei einem grösseren, mit dem Hammergriffe verbundenen Polypen zur Schlinge greift, begnüge man sich mit der Abtragung kleinerer Stücke; nur im Falle als die **Exstirpation des Hammergriffes** nicht zu umgehen ist, entferne man den Polyp sammt dem Hammer.[3])

Von rascher und energischer Wirkung ist die **galvanokaustische** Behandlung der Polypen und polypösen Wucherungen.[4]) Man kann sich hierzu der galvanokaustischen Schlinge oder eines kleinen Flach-, Ring- oder Spitzbrenners bedienen (s. S. 43). Die galvanokaustische Methode ist besonders bei sehr resistenten Polypen, welche der Drahtschlinge einen zu grossen Widerstand darbieten, ferner zur Verhütung stärkerer Blutungen bei hochgradig anämischen Individuen von grossem Werthe.

Galvanokaustische Operationen erfordern stets grosse **Vorsicht**, um ein Verbrennen gesunder Partien, z. B. der Wandungen des Gehörganges und besonders der Paukenhöhle zu vermeiden.

Schwartze[5]) berichtet von einem Falle, in welchem eine Verbrennung der Gehörgangswand das Auftreten von Gesichtserysipel, sowie eine durch Narbenbildung herbeigeführte hochgradige Verengerung des Gehörganges zur Folge hatte, - - *Jacoby*[6]) beobachtete nach einer galvanokaustischen Zerstörung eines nahe dem Trommelfelle befindlichen Polypen eine Periostitis, die einen zwei Wochen lang anhaltenden, bedeutenden Schmerz hervorrief.

Nach der Abtragung des Polypenkopfes ist eine vollständige Zerstörung der Polypenbasis dringend nöthig, da sonst gewöhnlich ein baldiges Recidiv erfolgt. Nur ausnahmsweise geht die Wurzel nach Entfernung des Polypenkopfes atrophisch zu Grunde. Zur **Zerstörung der Polypen-, beziehungsweise Granulationsbasis**, eignen sich ausser der Galvanokaustik noch Spiritus vini rectificatiss., verschiedene Aetzstoffe, sowie adstringirende und resolvirende Mittel.

---

[1]) Naturf.-Vers. 1872, s. A. f. Ohr. VI, S. 287. [2]) A. f. Ohr. I, S. 115 u. 116. - [3]) S. die Fälle von *Moos*, Z. f. Ohr. VIII, S. 217. [4]) *Voltolini*, D. Anw. d. Galv., Wien 1867; *Jacoby*, A. f. Ohr. V, S. 1, VI, S. 235; *Schwartze*, A. f. Ohr. IV, S. 8. Bereits *Keith*, s. *Schmidt's* J. 1863, B. 117, S. 336, empfahl das galvanokaustische Brennen der Polypenwurzel. — [5]) A. f. Ohr. IV, S. 11. — [6]) A. f. Ohr. V, S. 21.

Spir. vin. rect.[1], der bei länger fortgesetzter Anwendung (s. S. 271) sogar grössere Polypen zur Schrumpfung zu bringen vermag, ist wegen der Möglichkeit einer Selbstbehandlung, eventuell einer Nachbehandlung nach vorausgeschickter Polypenentfernung, als ein nicht selten vorzüglich wirkendes Mittel zu bezeichnen. Unter den Aetzmitteln stehen vor Allem Argentum nitricum und Acidum chromicum im häufigen Gebrauch. Argentum nitricum wird zu Touchirungen in Substanz angewendet. Die Touchirung bleibt meistens schmerzlos und nur selten entstehen länger anhaltende intensive Schmerzen; nach Abstossung des Schorfes ist meistens eine wiederholte Aetzung nöthig.

Bei einem 12jährigen Knaben traten nach der Aetzung einer kleinen Granulation am Promontorium heftige Ohrenschmerzen, später intensive Kopfschmerzen, ferner Uebelkeiten, Erbrechen, ein soporöser Zustand und Fieber mit einer Temperatur von 40° C. auf. Der Anfall ging nach 12 Stunden zurück. Besonders erwähnenswerth erscheint mir in diesem Falle noch der Umstand, dass ich in früheren Sitzungen wiederholt Lapistouchirungen der kleinen Granulationen am Promontorium vorgenommen hatte, ohne dass darnach die geringste Reaction aufgetreten ware. Auch die Intensität der zuletzt vorgenommenen, blos oberflächlichen Touchirungen war genau dieselbe, wie bei den vorausgegangenen Aetzungen.

Von intensiverer Wirkung als Arg. nitr. ist die Chromsäure, welche in möglichst concentrirter Auflösung, dem vor der Touchirung sorgfältigst abgetrockneten polypösen oder Granulations-Gewebe, vorsichtig aufgetupft wird (etwa zweimal wöchentlich). Chromsäure kann eventuell auch gegen grössere Polypen mit Erfolg in Anwendung gezogen werden. Man achte strenge darauf, dass bei der Aetzung nur das polypöse Gewebe mit Chromsäure in Berührung kommt; bei tiefer gelegenen Partien dürfen daher die Touchirungen nur durch den Trichter stattfinden. Nach der Aetzung wird das Ohr gut ausgetrocknet oder ausgespritzt. Ich verwende zu Aetzungen gegenwärtig fast ausschliesslich die Chromsäure, welche bei Beachtung der angegebenen Vorsichtsmassregeln gewöhnlich nicht den geringsten Schmerz hervorruft.

Von den übrigen Behandlungsmethoden wären noch zu erwähnen: Einblasungen von Alaunpulver, Betupfungen mit Ferr. sesq. sol., Creosot, Tct. Op. croc., Chloressigsäure und Acid. nitr. fumans.

Clarke[2]) wandte mit Erfolg Einspritzungen von 2—3 Tropfen Liq. ferr. sesq. solut. ins Polypengewebe an. Ich habe mich dieser Injectionen in einer Reihe von Fällen mit entschiedenem Erfolge bedient, erzeugte jedoch bei einem Patienten, dem ich nur einen Tropfen dieser Lösung in das Gewebe eines hartnäckig recidivirenden Paukenhöhlen-Polypen eingespritzt hatte, eine so heftige Reaction von Tage lang anhaltenden, rasenden Kopfschmerzen, Schwindelerscheinungen und Erbrechen, dass ich mich seitdem zu keiner weiteren Einspritzung mehr entschliessen konnte.

Ladreit de Lacharrière[3]) empfiehlt Touchirung der Polypenwurzel mit dünnen Stiften aus Mehl, Zinkchlorür und Morphin. *Lucae*[4]) bedient sich gegen polypöse Wucherungen einer zweimal wöchentlichen Touchirung mit Cupr. sulf. cryst., sowie auch einer Mischung von Herba Sabinae mit Alaun.[5]) Bei scrophulösen Individuen leisten mitunter Jodglycerin-Ein-

---

[1]) Spiritus-Eingiessungen gegen Ohrpolypen wurden bereits von älteren Ohrenärzten (s. *Beck*, Ohrenh. 1827. S. 195; A. f. Ohr. XVII. S. 235) angeführt; eine allgemeine Anwendung verschafften diesem Mittel jedoch erst die Versuche von *Löwenberg* (Z. f. Ohr. X. S. 307) und *Politzer* (Wien. med. Woch. 1880. Nr. 31). — [2]) Obs. on the Nat. and Treatm. of Pol. of the ear, Boston 1867, s. A. f. Ohr. IV, S. 231. — [3]) Ann. des mal. de l'or. T. II, p. 206. — [4]) Berl. kl. Woch. 1870. Nr. 6. — [5]) A. f. Ohr. XIX, S. 54.

träuflungen (s. S. 273 ins Ohr gegen stets recidivirende kleinere Polypen, gute Dienste.

Im Anschlusse an die medicamentöse Behandlung wäre noch die von Toynbee[1]) angewandte Compression der Polypen, oder der polypösen Wucherungen zu erwähnen, wobei der Druck mittelst eines in das Ohr eingeführten Tampons ausgeübt werden kann. Man schiebt den einfachen oder mit Alaunpulver, Jodglycerin etc. imprägnirten Tampon, bei Polypenbildungen mit ausgebreiteter Zerstörung des Trommelfelles, bis in die Paukenhöhle hinein, presst den Pfropf langsam aber energisch gegen das polypöse Gewebe und lässt ihn stundenlang, selbst bis zum nächsten Tage, liegen.

Bei einer Patientin war ich auf diese Weise im Stande, einen stets recidivirenden Polypen der inneren Paukenwand in kurzer Zeit zur vollständigen Atrophie zu bringen und eine bleibende Heilung zu erzielen.

2. Sarcom. Ein Fall von Sarcom wurde von *Robertson*[2]) angeführt.

3. Osteosarcom. *Wilde*[3]) erwähnt einen Fall, in welchem ein Osteosarcom von der Umgebung des Ohres auf die Paukenhöhle übergriff. *Böke*[4]) beschreibt eine bösartige Neubildung der Paukenhöhle, welche sich bei der mikroskopischen Untersuchung als ein Osteosarcom nachweisen liess.

4. Knochenneubildungen treten in der Paukenhöhle als osteophytähnliche Bildungen, als flache Auflagerungen, oder als prominente kugelige Geschwülste auf. Die an der inneren und hinteren Wand der Paukenhöhle häufig vorkommenden stachelförmigen und plattenförmigen Knochenfortsätze (s. S. 190) beruhen jedoch, meinen[5]) Untersuchungen zufolge, keineswegs immer auf einem Irritationsvorgange, sondern sind als **normale Bildungen** zu betrachten, welche auch bei der vollständig gesunden Paukenhöhle Neugeborener vorgefunden werden.

Unter den Knochenneubildungen kommt einer Hyperostose der Umgebung beider **Labyrinthfenster** eine bedeutende Wichtigkeit zu, da mit einem knöchernen Verschlusse des einen oder des anderen Fensters, sowie mit der eintretenden Unbeweglichkeit des Steigbügels eine hochgradige Schwerhörigkeit eintritt.

Betreffs des **runden Fensters** wäre zu bemerken, dass dessen individuell sehr verschiedener Neigungswinkel zum Boden der Paukenhöhle einen mächtigen Einfluss ausübt, da ein knöcherner Verschluss des runden Fensters bei einem spitzeren Neigungswinkel eher erfolgt, als bei einem mehr vertical gestellten Foramen rotundum.[6]) *Weber-Liel*[7]) beobachtete eine knöchern obliterirte Nische des runden Fensters, nach deren Wegnahme eine normale Membrana rotunda sichtbar war.

Mit einer Knochenneubildung im Cavum tympani dürfen nicht jene Fälle verwechselt werden, in denen der Boden der Paukenhöhle, bezw. die **Fossa jugularis**, so stark nach aufwärts ragt, dass dadurch die Nische bedeutend verengert wird.

Odenius[8]) theilt einen Fall von kolossaler Hervorwölbung der Fossa jugul. mit, wodurch der grösste Theil der Fenestra cochleae und des Promontoriums verdeckt wurde.

Gleich der Membrana tympani können auch das **Ringband**, sowie die **M. rotunda**, eine Verknöcherung eingehen.[9])

5. Cysten. Eine kleine Blutcyste, welche sich an der Stelle des Trommelfelles befand, beobachtete *Magnus*.[10]) S. ferner S. 151.

---

[1]) The dis. of the ear, 1868, s. A. f. Ohr, V. S. 218. — [2]) Amer. Otol. soc. 1870. s. *Schwartze*, A. f. Ohr. IX, S. 217. — [3]) Ohrenh. Uebers., S. 244. — [4]) Wien. Med. Halle, 1863. Nr. 45 u. 46. —) A. f. Ohr. VIII, S. 53. — [6]) *Zaufal*, A. f. Ohr. II, S. 179. — [7]) M. f. Ohr. X. Sp. 76 — *) S. *Canst.* J. 1865, B. 1, S. 222. — *) *Valsalv.* (s. *Itard*, T. 1, p. 385) beobachtete eine Verknöcherung (Verkalkung?) beider Labyrinthfenster, eine solche des ovalen Fensters *Morgagni* und *Lsecke*, des runden Fensters *Cotunni* und *Ribes* (s. *Beck*, Ohrenh. S. 116), ferner *Treltsch* A. f. Ohr. VI S. 73. [10]) A. f. Ohr. II, S. 42.

6. Carcinom. *Toynbee*[1]) betrachtet die Schleimhaut der Paukenhöhle als den gewöhnlichsten Ausgangspunkt des primären Ohrenkrebses, welcher in drei von diesem Autor beobachteten Fällen, im 3., 18. und 35. Jahre auftrat. Die Krebswucherung schreitet gewöhnlich vom Ohre rasch auf die Schädelhöhle fort. In den meisten anderen Fällen greift das Carcinom von der Umgebung des Ohres auf dieses selbst über.

Gruber[2]) erwähnt einen Fall, in welchem ein vom Proc. mastoideus ausgehendes Epithelialcarcinom allmälig das äussere und mittlere Ohr ergriffen hatte. — *Schwartze*[3]) beobachtete ein primäres Epithelialcarcinom des Schläfenbeines, das von der Paukenhöhlen-Schleimhaut ausgegangen war. — *Brunner*[4]) theilt einen Fall von Epithelialkrebs mit, in welchem das Leiden lange intact blieb und zur Zeit, als die Neubildung bereits Ulcerationen veranlasst hatte, noch ein gutes Allgemeinbefinden bestand. Das einem Polypen gleichende Carcinom wurde erst durch die von *Billroth* vorgenommene mikroskopische Untersuchung als Epithelialcarcinom erkannt. Die Dauer des Leidens vom Beginne der ersten beachtenswerthen Erscheinungen bis zum letalen Ende der Patientin betrug nicht ganz ein Jahr. — Fälle von primärem Epithelialcarcinom des Cavum tympani wurden von *Lucae*[5]) und *E. Fränkel*[6]) beobachtet, ferner von *Delstanche*[7]) und *Kipp*.[8]) *Dalby*[9]) beschreibt einen Fall von Ruptur des Trommelfelles bei einer 32jährigen Frau, es entstand eiterige Entzündung der Paukenhöhle, Polyp, 4 Monate später Schwellung des Proc. mast. und Ulceration. Die Untersuchung ergab Carcinom des Mittelohres.

Eine Reihe anderer, in der Literatur verzeichneter Fälle von malignen Neubildungen führt *Schwartze*[10]) an, und zwar ein Carcinom des linken Felsenbeines[11]), einen malignen Tumor[12]), ferner *Cruveilhier's*[13]) „tumeurs fibreuses du rocher", die nach *Rokitansky*[14]) als Carcinome zu betrachten sind. *Hartmann*[15]) beschreibt ein von der Paukenhöhle eines 3½jährigen Kindes ausgegangenes Rundzellensarcom, *Knapp*[16]) ein Chondroadenom im Cavum tympani bei unverletztem Trommelfelle; gleichzeitig bestand auch ein Chondroadenom in der Parotis.

7. Tuberkelbildung im Mittelohr, die nach *Schütz*[17]) beim Schweine häufig vorkommt, konnte bisher am Menschen nicht nachgewiesen werden. An tuberculösen Kindern beobachtete *Schwartze*[18]) wiederholt kleine grauliche Knötchen in der entzündeten Mucosa der inneren Paukenwand, welche dieser Autor als Tuberkelbildungen deutete.

IX. Neurosen. Den bisher geschilderten Erkrankungen des Cavum tympani sind verschiedene nervöse Affectionen anzureihen, die ich in zwei von einander getrennten Gruppen besprechen werde. Die eine Gruppe bezieht sich auf primär auftretende Neurosen, die eventuell zu verschiedenen Affectionen der Paukenhöhle führen können, indess die andere Gruppe jene Nervenerkrankungen umfasst, bei denen ein bereits bestehender pathologischer Zustand des Cavum tympani, Neurosen veranlasst.

I. Gruppe. Primär auftretende Neurosen. Zu der ersten der beiden erwähnten Gruppen gehören die Otalgie, die Trophoneurosen der Paukenhöhle und gewisse Affectionen des N. Facialis, Trigeminus und Sympathicus.

1. **Otalgia tympanica.** Als Otalgia tymp. im engeren Sinne bezeichnet man das Auftreten von Schmerzen im Cavum tympani, denen kein nachweisbar entzündlicher Zustand des Gehörorganes zu Grunde

---

[1]) Ohrenh. S. 392. — [2]) Ohrenh. S. 597. — [3]) A. f. Ohr. IX, S. 208. — [4]) A. f. Ohr. V, S. 28. — [5]) A. f. Ohr. XIV, S. 127. — [6]) Z. f. Ohr. VIII, S. 241. — [7]) A. f. Ohr. XV, S. 21. — [8]) Z. f. Ohr. XI, S. 7. — [9]) Med.-chir. Trans. Vol. 62. s. J. f. An. u. Phys. 1879, II, 2, S. 390. — [10]) Path. Anat. S. 20. — [11]) *Gerhardt*, Jenaer Z. I, 4. — [12]) *Billroth* (A. f. kl. Chir. X, S. 67); *Travers* (s. Fror. Not. B. 25, S. 352); *Wishart* (Edinb. med. and surg. Journ., 18. S. 393). — [13]) Anat. path. II, 26. Livradson. — [14]) Path. Anat. 3. Aufl., S. 403. — [15]) Z. f. Ohr. VIII, S. 213. — [16]) Z. f. Ohr. IX, S. 17. — [17]) Virch. Arch. B. 66, S. 93. — [18]) Path. Anat. S. 99.

liegt und die demnach einem rein nervösen Leiden zukommen. Da die Paukenhöhle vom Trigeminus und Glossopharyngeus sensible Aeste erhält, erklärt es sich auch, dass eine Affection der beiden Nerven, dieselbe mag durch eine directe Erkrankung bedingt sein, oder auf einer Reflexwirkung beruhen, die veranlassende Ursache einer Otalgie abgeben kann. Gleich den anderen Neuralgien tritt auch die Otalgie periodisch, intermittirend oder continuirlich auf. Eine der häufigsten Ursachen der Otalgie ist eine durch Zahncaries hervorgerufene Irritation des dritten Astes vom Trigeminus, wobei übrigens in manchen Fällen im Zahne selbst keine Schmerzempfindung besteht, dagegen in der Tiefe des Ohres heftige Schmerzen hervortreten.

Wie ich wiederholt bemerkt habe, findet bei Caries dentis zuweilen eine Irradiation des Schmerzes auf das Ohr und auf die Schulter statt, von welcher sich der Schmerz weiter bis zu den Fingern der erkrankten Seite erstrecken kann. Aus *Wedel's* „Pathologie der Zähne" ersehe ich, dass schon *Salter* bei Caries dentis eine häufige Betheiligung des Cervical- und Brachial-Plexus an einer bestehenden Trigeminus-Affection beobachtet hat.

Thomas Bell[1]) berichtet von einem Falle, in welchem ein einjähriger Paroxysmus von Schmerz im Ohre, im Hals, in der Schulter und im Arme durch eine Bruchfläche des zweiten unteren Mahlzahnes, der zwei Jahre früher bei einem Extractionsversuche abgebrochen war, herbeigeführt wurde; nach der Entfernung der Wurzel erfolgte die Heilung. — Bei einer Patientin, die wegen eines seit zwei Monaten regelmässig von 7 Uhr Abends bis 7 Uhr Morgens auftretenden heftigen Ohrenschmerzes in meine Behandlung gekommen war, hatte sich die Otalgie nach der Extraction eines cariösen Zahnes im Unterkiefer vollständig verloren. — Auch *Schwartze*[2]) theilt einen gleichen Fall mit, in welchem eine typische Otalgie (v. 8 Uhr Abends bis Morgens) nach der Extraction des cariösen letzten unteren Backenzahnes zur Heilung gebracht wurde.

Man ist andererseits im Stande, umgekehrt, von der Paukenhöhle aus, eine Empfindung in einem oder dem anderen Zahne hervorzurufen; auch gewisse Töne vermögen eine Empfindung in den Zähnen zu erregen.[3])

Selbstverständlich ist bei vorhandener Caries dentis nicht jede Otalgie von dieser abhängig. So erwähnt *Ravogli*[4]) einen Fall, in welchem eine heftige Otalgia tympanica bestand, welche durch die Extraction eines hohlen Zahnes, sowie durch Chinin unbeeinflusst blieb, dagegen durch die Myringotomie[5]), ohne Entleerung eines etwa angesammelten Exsudates, dauernd behoben wurde.

Von den verschiedenen anderen Ursachen, welche zu Otalgie führen können, mögen nachfolgende Beobachtungen Erwähnung finden:

Toynbee[6]) behandelte ein anämisches Mädchen, das nach einer starken Ermüdung durch sechs Monate an einer bedeutenden Otalgie litt. — Otalgien mit Erkrankungen der Sexualorgane werden nicht selten beobachtet; ein einschlägiger Fall wurde von *Pagenstecher*[7]) näher beschrieben. — *Weber-Liel*[8]) gibt an, dass bei einfachen Brachial- und Cervical-Neuralgien, zuweilen Schmerz im Ohre und Ohrentönen bestehen, welche Erscheinungen auch durch Druck auf die seitlichen Halspartien am hinteren Rande des M. sterno-cleido mastoideus (N. auricul. magn.) hervorgerufen werden können. — Eine an linksseitigem chronischen Paukenkatarrh von mir behandelte Patientin wurde fast täglich von heftigen Schmerzen in beiden Ohren (also auch an der nicht katarrhalisch afficirten Seite) befallen. Die Schmerzen strahlten von der Tiefe des Ohres allmälig über den ganzen Kopf aus und konnten so heftig werden, dass die Kranke zuweilen gezwungen war, das Bett zu hüten. Die Anfälle

---

[1]) S. *Wedel's* Path. d. Zähne, Leipzig 1870.   [2]) A. f. Ohr. I. S. 224.
[3]) *Vautier*, Gaz. d. hôp. 1860.   [4]) Archivio di Med. Chir. VI, s. A. f. Ohr. XI, S. 267.
— [5]) Selbst ein leichtes Anstossen des Trommelfelles kann, wie schon *Türk* beobachtete, eine Otalgie beheben, so auch das Katheterisiren der Ohrtrompete (*Desterne*, s. Schmidt J. 1871, B. 149, S. 349). — [6]) Ohrenh. S. 380. — [7]) D. Klin. 1863, Nr. 11—13.
[8]) M. f. Ohr. VIII, Sp. 91.

gingen regelmässig zurück, wenn Patientin, die ca. 20 Meilen von Wien entfernt wohnte, einen zeitweisen Aufenthalt in Wien nahm. — *Gerhardt*[1]) macht auf eine in Folge von ulceröser Erkrankung der Epiglottis fast constant eintretende Otalgie aufmerksam, welche vom Vagus reflectorisch ausgelöst wird; umgekehrt vermögen Mittelohr-Affectionen, besonders Erkrankungen des pharyngealen Tubenabschnittes, Schmerz in der Larynxgegend zu erregen. — *Nottingham*[2]) beobachtete eine Otalgie, die stets von einer Neuralgie der Fusssohle der entsprechenden rechten Seite begleitet war. **Intensive acustische Reize vermögen mitunter eine anhaltende Otalgie hervorzurufen.**

Bei einer von mir behandelten Patientin war durch ein Clavierspielen in einem stark resonirenden Raume eine 1½ Jahre anhaltende bilaterale Otalgie entstanden, die durch jeden stärkeren Schalleinfluss bedeutend exacerbirte und erst der elektrischen Behandlung wich. — Umgekehrt kann, wie ein Fall *Kramer's*[3]) lehrt, durch einen intensiven Schalleinfluss eine selbst heftige Otalgie verschwinden.

Die Behandlung ist in erster Linie auf die Entfernung der muthmasslichen Veranlassungsursache einer Otalgie gerichtet und besteht also in den einzelnen Fällen in einer Extractio dentis, Darreichung von Chinin, Eisen, Jod oder Arsen. *Gruber*[4]) empfiehlt Jodkalium, welches Mittel ich sowohl gegen rein nervöse, sowie auch gegen die bei Entzündungen auftretenden Schmerzen mit Erfolg anwende (1 : 30 Aq. d., dreimal täglich 1 Esslöffel voll einzunehmen).

In einem Falle gelang es mir damit, einen mehrmonatlichen ausserordentlich heftigen Ohrenschmerz, der stets Nachts auftrat, binnen zwei Tagen zur vollständigen und bleibenden Heilung zu bringen.

Itard[5]) rühmt die Wirkung von Flanellreibung des behaarten Kopfes und Bedeckung desselben mit Taffet, *Dzondi*[6]) eine heisse Strahldouche auf den Warzenfortsatz, eventuell das Glüheisen, *Deleau* jun.[7]) ein warmes Klima, *Weber-Liel*[8]) erzielte mit Oleum Terebinthinae guten Erfolg.

Dieses letztgenannte Mittel zu zwei bis drei Kapseln pro dosi (mit 15—20 Tropfen pro Capsula) oder zu ½—1 Kaffeelöffel voll verabfolgt, kann, wovon ich mich in einigen Fällen überzeugt habe, allerdings eine selbst heftige Otalgie coupiren, wirkt jedoch häufig irritirend auf den Magen ein.

Als ein in vielen Fällen hilfreiches Mittel gegen Otalgie erweist sich die Belladonna (als Salbe zu 1 : 10, innerlich als Tinctur 8 bis 12 Tropfen pro die). *Theobald*[9]) sah von einer 1% Atropinlösung (zu 5 Tropfen einigemale des Tages) günstige Wirkung. In einzelnen Fällen beobachtete ich auf Anwendung des Inductionsstromes, sowie des constanten Stromes einen raschen Rückgang der Otalgie. Gegen intermittirende Otalgien fand ich ausser Chinin noch Inhalationen von Amylnitrit (auch ausserhalb des Anfalles zu verabfolgen) von Nutzen.

2. Trophoneurose. Wie bereits S. 257 erwähnt wurde, können durch Erkrankungen des Centralnervensystems Trophoneurosen der Paukenhöhle erregt werden. *Claude-Bernard* bestimmte die den Acusticus und Facialis mit einander verbindende Portio intermedia Wrisbergii als vasomotorisch. Beide Nerven, der Acusticus, wie Facialis, führen vasomotorische Nerven zur Peripherie, weshalb auch die bei centraler Erkrankung dieser Nerven, bei Neoplasmen etc. hervortretenden Entzün-

---

[1]) *Virch.* Arch. B. 27, S. 5. — [2]) Dis. of the ear, London 1857, s. *Schmidt's* J. B. 116, S. 258. — [3]) *Gräfe* und *Walther's* Journ. 1829, B. 13, S. 617. — [4]) M. f. Ohr. III. Sp. 123. Bereits *Oppolzer* wandte gegen Ohrenschmerzen Jodkalium an. — [5]) T. I. 1821, p. 290. — [6]) Aesculap. H. 1, S. 87, s. *Beck*, Ohrenh. S. 220. — [7]) S. Med. Jahrb. 1838. B. 15, S. 162. — [8]) M. f. Ohr. V, Nr. 3. — [9]) Amer. Journ. of Otol. I, p. 201, s. Centr. f. d. med. Wiss. 1879, S. 879.

dungserscheinungen des Gehörorganes oder Blutungen in die Paukenhöhle, auf eine vasomotorische Störung zu beziehen sind. [1])

Ein von mir an der Poliklinik behandelter Knabe, der einen Schlag auf das Ohr erhalten hatte, verspürte am nächsten Tage mässige Schmerzen, ein Klopfen im Ohre und zeigte eine auffällige Schwerhörigkeit. Die Untersuchung ergab das Bild einer acuten phlegmonösen Entzündung der Paukenhöhle. Da in diesem Falle nebst den anderen subjectiven Erscheinungen auch das Ohrengeräusch erst am nächsten Tage nach dem erlittenen Trauma aufgetreten war, konnten diese Symptome nur auf consecutiven Veränderungen im Cavum tympani beruhen und waren möglicherweise durch eine tropho-neurotische Paukenentzündung hervorgerufen. Die eingeleitete elektrische Behandlung (Inductionsstrom) erzielte unmittelbar nach ihrer ersten Anwendung eine bedeutende Abschwächung des Ohrengeräusches und eine merkliche Abblassung des vorher stark hyperämischen Trommelfelles. Bei der zweiten Vorstellung des Patienten zwei Tage später, erschien das Trommelfell vollständig blass und abgeflacht; die subjectiven Erscheinungen waren zurückgegangen.[2]) — *Bacchi*[3]) berichtet von einem Falle, in welchem eine Otitis purulenta regelmässig hervorgerufen wurde, sobald eine Application eines reizenden Mittels an die Planta pedis oder an eine bestimmte Stelle zwischen Tibia und Fibula, zwei Querfinger oberhalb des Sprunggelenkes stattfand.

Eine sehr interessante Form von Trophoneurose bietet die keineswegs sehr seltene Otitis intermittens[4]) dar. Die Otitis intermittens tritt, gleich dem Wechselfieber, zuweilen auch mit den gewöhnlichen Erscheinungen eines solchen (Schüttelfrost, Fieber, Anschwellung der Leber, Milz etc.) in typischen Anfällen auf und äussert sich in Schwerhörigkeit, Ohrensausen, Schwindel, Otalgie und Exsudation; manchmal entsteht eine selbst profuse Otorrhoe, welche mit den anderen soeben angeführten Symptomen wieder zurückgeht.

Die während einer Otitis intermittens von *Weber-Liel*[5]) gemessene Temperatur des Gehörganges ergab 38—39° bei einer Achseltemperatur von 37°. Bei zweien, von mir beobachteten Patienten traten Anfälle von Schwerhörigkeit, Ohrensausen und Otorrhoe täglich von 8 Uhr Früh bis Mittags mit nachträglicher Remission der angegebenen Symptome auf. Von diesen beiden Patienten war der eine (circa 20 Jahre alt) 3 Jahre vorher an Seite des erkrankten Ohres (rechts) von einer intermittirenden Supraorbital-Neuralgie befallen gewesen, die täglich von 8 Uhr Morgens bis 3 Uhr Nachmittags angehalten hatte und trotz Chinin nicht gebessert wurde. Die Affection ging nach 1½ Jahren spontan zurück, worauf 1 Jahr später die angeführte typische, profuse Otorrhoe mit den anderen Symptomen erschien. Der Patient, ein sonst kräftiges Individuum, fühlte im Uebrigen nicht die geringsten Beschwerden. — Bei einer Patientin entstanden anlässlich einer Verletzung des knorpeligen Gehörganges mit einer Stricknadel Anfälle von serös-blutigem Ausflusse, Ohrensausen, Schwerhörigkeit und Schmerzen im Ohre. Die Intervalle zwischen den einzelnen Anfällen dauerten regelmässig 24 Stunden, der Anfall selbst bei 12 Stunden.

Zur Behandlung eignen sich Chinin und wenn nöthig auch Eisen, eventuell die Elektricität. Einen raschen Erfolg erzielte ich bei mehreren Patienten mit Inhalationen von Amylnitrit, welches Mittel zuweilen selbst eine länger bestehende Tympanitis intermittens binnen wenigen Tagen zur Heilung führen kann.

So war in dem zuletzt angeführten Falle, die durch zwei Monate bestandene Otitis intermittens nach einer dreimaligen Einathmung von Amylnitrit zurückgegangen.

---

[1]) *Benedict*, Nervenpath. u. Th. 1876, 2. Th., S. 147. — [2]) Das Auftreten von Entzündung der Paukenhöhle nach vorausgegangenem Trauma (ohne Ruptur des Trommelfelles) erwähnt bereits *Itard*, Traité etc. T. II, 1821, p. 286. [3]) Bull. delle scienze med. 1855, s. Med.-chir. Z. 1855, S. 617. [4]) Der erste Fall von Otorrhoe intermittens wurde von *Sicherer* in Heilbronn beschrieben; die Heilung erfolgte mittelst Chinin (s. *Schmidt's* J. 1841, B. 32, S. 325). In neuerer Zeit hat zuerst *Weber-Liel* (M. f. Ohr. VI, Nr. 11) auf die Otitis intermittens aufmerksam gemacht. — Eine periodisch wiederkehrende Taubheit bei intermittirenden Fiebern, eine „Febris larvata", erwähnt *Wolff* Handb. d. Ohrenheilkunde von *Luncke*, 1845, B. 3, S. 38. [5]) M. f. Ohr. XII, Sp. 60.

Patientin, welche angewiesen wurde, im Falle eines Recidives sich wieder einzustellen, ist bisher nicht im Ambulatorium erschienen.

3. **Erkrankung des Facialis.** Bei Paralysen des N. facialis in Folge von peripheren oder centralen Erkrankungen dieses Nerven entstehen durch Lähmungen des Musc. stapedius verschiedene Störungen der Hörfunction, die später eingehender besprochen werden.

4. **Erkrankungen des Trigeminus** können für die Paukenhöhle von grosser Bedeutung sein, da einerseits der M. tens. tymp. vom Trigeminus einen Zweig erhält, andererseits durch pathologische Zustände dieses Nerven Entzündungen der Paukenhöhle erregt werden können.

Weber-Liel[1]) macht auf Fälle aufmerksam, in denen eine Migräne zu Schwerhörigkeit und Ohrensausen führt, welche Symptome zu den Migränanfällen in einem ersichtlichen Abhängigkeits-Verhältnisse stehen. Dass diese Symptome auf einem pathologischen Zustande des M. tens. tymp. beruhen können, beweist deren Zurückgehen nach der Tenotomie des M. tens. tymp., ohne dass ein erneuerter Migränanfall nach dieser Operation einen weiteren Einfluss auf das Ohrenleiden zu nehmen vermöchte.

Durch einen starken Schalleinfluss kann ein Reflexspasmus des vom Trigeminus versorgten M. tens. tymp. erfolgen[2]); darauf beruhen wohl auch zum Theile die Symptome eines Druckgefühles im Ohre, sowie von Schwerhörigkeit und Ohrensausen, die sich nicht selten erst nach längerer Zeit allmälig wieder verlieren.

Wie oben erwähnt wurde, können pathologische Zustände des Trigeminus entzündliche Vorgänge an der Schleimhaut der Paukenhöhle erregen. Den Versuchen *Gellé's*[3]) zufolge tritt nach Durchschneidung der Medulla oblongata an Hunden und an Kaninchen eine deutliche Vascularisirung der Paukenmucosa an der operirten Seite ein; auch *Berthold*[4]) fand, dass Läsionen des Trigeminus sowohl an seinem Stamme, als auch an seinen Wurzeln Entzündungserscheinungen im Mittelohre hervorrufen, *Hagen's*[5]) Versuche in dieser Beziehung negativ ausfielen. *Baratoux*[6]) beobachtete in Uebereinstimmung mit *Gellé* und *Berthold* entzündliche Affectionen des Mittelohres infolge von Durchschneidung des Trigeminus; bei Durchschneidung der Med. obl. traten auch am äusseren gleichwie am inneren Ohre Ecchymosen und Entzündung auf. *Kirchner*[7]) konnte durch elektrische Reizung des durchschnittenen N. mandibularis (Rami inframax. trigemini) eine erhöhte Injection der Paukenhöhlengefässe mit vermehrter Schleimsecretion erzeugen; im Gegensatze zu dieser Angabe erklärt *Berthold*[8]) auf Grundlage von Thierexperimenten, dass eine Reizung der peripheren Trigeminuszweige niemals Entzündungserscheinungen in der Paukenhöhle bedingt.

Burnett[9]) berichtet von einem Falle, in welchem eine Perforation am hinteren und unteren Trommelfell-Quadranten mit granulirenden Perforationsrändern erst nach Extraction der beiden ersten cariösen Mahlzähne der Heilung zugeführt wurde.

5. **Sympathicus.** Nach *Prussak*[10]) bewirkt eine Reizung des Sympathicus zuerst eine Erweiterung, hierauf eine Verengerung der Paukengefässe; *Berthold*[11]) fand diese Beobachtung bestätigt und gibt in Uebereinstimmung mit *Prussak* an, dass wider Erwarten, nach Durchschneidung des Sympathicus, die Schleimhaut des Mittelohres blass bleibt, ja selbst

---

[1]) Progr. Schwerh. 1873, S. 2; M. f. Ohr. VII. Sp. 139. — [2]) *Brunner*, M. f. Ohr. VII. Sp. 45. — [3]) Gaz. méd. de Paris, 1878, Nr. 1. De l'oreille, Paris 1881. p. 106. — [4]) Z. f. Ohr. X, S. 184. — [5]) A. f. exp. Path. XI, S. 39. — [6]) Path. des aff. de l'oreille. Paris 1881. — [7]) Ueb. d. Einw. d. N. trig. auf d. Gehörorg., Würzb. Festschr. 1882. — [8]) Z. f. Ohr. XII, S. 172. — [9]) Amer. Journ. of. Otol. II. — [10]) Ak. d. Wiss. Leipzig 1868, B. 20. S. 201. — [11]) Z. f. Ohr. X. S. 195.

nach Ausreissung des Gangl. cervicale supremum konnte *Berthold*[1]) keine Veränderung der Paukenhöhlengefässe bemerken, entgegen der Behauptung von *Baratoux*[2]), welcher Autor über entzündliche Erscheinung in der Bulla ossea nach Durchschneidung des Sympathicus, berichtet hatte.

II. Gruppe. Consecutiv auftretende Neurosen. Es erübrigt nunmehr die bei weitem grössere Gruppe von Neurosen in Betracht zu ziehen, bei der die Affection des Cavum tympani als Ursache der consecutiv auftretenden Neurosen anzusprechen ist. Die Erkrankung betrifft hierbei entweder die in der Paukenhöhle selbst befindlichen Nerven oder aber die Neurose kommt auf dem Wege des Reflexes zu Stande.

A) Direct ausgelöste Neurosen. Von den Nerven der Paukenhöhle, die durch einen entzündlichen Vorgang des Cavum tympani afficirt werden, sind der Nerv. facialis, die Chorda tympani, sowie die tympanalen Aeste des Trigeminus, Glossopharyngeus und Sympathicus in Betracht zu ziehen.

1. Facialis. Bei geschlossenem Canalis facialis wird eine bedeutende Hyperämie im Cavum tympani, in Folge einer auf anastomotischem Wege erfolgenden Volumszunahme der Art. stylo-mastoidea, bei Dehiscenz im Facialcanale[3]) werden Exsudate, sowie Schwellung der Mucosa in der Paukenhöhle im Stande sein, durch Druck auf den Nerv. facialis, Paresen, selbst Paralysen dieses Nerven herbeizuführen.

Nach *Wilde*[4]) ist eine leichte Parese bei der eiterigen Otitis media sehr häufig. In einem Falle von Facialparalyse fand *Voltolini*[5]) bei der Section eine bedeutende Hyperämie des Nerv. facialis, besonders des Ganglion geniculi. Eine ähnliche Beobachtung wurde auch von *Schwartze*[6]) angestellt. — *Triquet*[7]) berichtet von einem Sectionsfalle, in welchem eine Hyperostose der Wandungen des Canalis Fallopiae eine Abplattung des Nerven und dadurch während des Lebens die Erscheinungen von Facialparalyse herbeigeführt hatte. — *Deleau*[8]) konnte in einem Falle durch Touchirung der Chorda tympani eine Faciallähmung willkürlich hervorrufen.

In anderen Fällen vermögen cariös-nekrotische Erkrankungen der Paukenhöhle und des Warzenfortsatzes eine Eröffnung des fallopischen Canales und damit eine eiterige Zerstörung des Facialis zu veranlassen.

Andererseits weist der Nerv. facialis eine bedeutende **Widerstandsfähigkeit** auf, und selbst eine Fortleitung der Entzündung von der Paukenhöhle entlang dem Facialis bis zum Gehirne, ist nicht nothwendigerweise mit einer Functionsstörung dieses Nerven verbunden.[9])

Fälle von cariöser Zerstörung des Canalis Fallopiae mit vollständiger Freilegung des Nerven, ohne Facialparalyse, beschreiben *Voltolini*[10]), *Gruber*[11]) und *Hessler*.[12])

Einfluss der Facialislähmung auf die Gehörsfunction. Der Einfluss einer Facialislähmung auf die Gehörsfunction kann sich in einer Schwerhörigkeit[13]) oder im Gegentheil in einer erhöhten Empfindlichkeit des Ohres gegen stärkere Schalleinflüsse[14]) zuweilen nur gegen gewisse Töne[15]) äussern; in einzelnen Fällen gibt die Facialis-

---

[1]) Z. f. Ohr. XII, S. 177. — [2]) Path. d. aff. de l'or, Paris 1881. — [3]) S. S. 189. — [4]) Ohrenh. S. 402. — [5]) Virch. Arch. 1860, B. 18, S. 31. — [6]) A. f. Ohr. I, S. 204. — [7]) Gaz. des hôp. 1864, Nr. 108, s. A. f. Ohr. II, S. 162. — [8]) Bull. de l'Acad. 1858, p. 193, s. *Schmidt's* J., B. 116, S. 313. — [9]) Fall von *C. E. Hoffmann*, A. f. Ohr. IV, S. 282. — [10]) Virch. Arch. B. 18, S. 45 u. B. 31, S. 219. — [11]) Ohrenh. S. 540. — [12]) A. f. Ohr. XVIII, S. 26. — [13]) *Judicux*, Gaz. d. hôp. 1843, Juli, s. *Canst.* J. 1843, B. 2, S. 108 (in dem Falle bestand ausserdem noch Anosmie, die mit der Facialparalyse schwand); *Brenner* und *Hagen* (s. M. f. Ohr. III, Sp. 15); *Kessel*, A. f. Ohr. XI, S. 206 (nach Ausreissen des Facialis, an Kaninchen). [14]) *Roux* (1820), *Landouzy* (1850), s. *Canst.* J. 1850, B. 3, S. 88; *Deleau* (1837), s. *Canst.* 1851, B. 3, S. 84. — [15]) In einem Falle von *Moos* (Z. f. Ohr. VIII, S. 224) gegen tiefe Töne.

lähmung vorübergehend zu subjectiven Gehörsempfindungen [1]) Veranlassung.

Die durch Paralysis facialis hervorgerufene **Schwerhörigkeit** und das Ohrensausen ist möglicherweise infolge von Lähmung des vom Facialis innervirten Steigbügelmuskels hervorgerufen, und zwar durch die antagonistische Wirkung des Tensor tympani, welcher die Steigbügelplatte tiefer in den Vorhof hineinzudrücken vermag.

Betreffs der Deutung des entgegengesetzten Symptomes, nämlich der bei Facialparalyse nicht selten vorhandenen **Hyperacusis**, sind die Meinungen sehr getheilt. Die Ansicht, dass eine erhöhte Empfindlichkeit des Gehörs durch ein Schlottern des Steigbügels im ovalen Fenster oder durch die vermehrte Contraction des Musc. tens. tymp. und demzufolge durch eine gesteigerte Spannung des Trommelfelles und einen erhöhten Labyrinthdruck veranlasst werde, halte ich nicht für wahrscheinlich. Was die erstere Anschauung betrifft, schliesst schon allein die antagonistische Wirkung des Musc. tens. tymp. jedes Schlottern des Steigbügels aus, indem ja dieser dabei eher seine normale Beweglichkeit einbüsst; andererseits bemerken wir bei den verschiedenen Erkrankungen der Paukenhöhle, welche mit einer vermehrten Anspannung des Musc. tens. tymp. einhergehen, die Hyperacusis keineswegs als das charakteristische Symptom einer stärkeren Retraction des Trommelfelles und der Gehörknöchelchen. Meiner Ansicht nach ist die dabei auftretende Hyperacusis überhaupt nicht auf eine Lähmung, sondern viel eher auf eine **gesteigerte Thätigkeit des Musc. stapedius** zu beziehen und wäre vielleicht dahin zu deuten, dass bei bestehender peripherer Facialislähmung, die vereinzelten nicht paralysirten Facialisäste, durch jeden den Facialis betreffenden Innervationsversuch, in eine abnorm erhöhte Thätigkeit versetzt werden (s. unten). Es wäre daher sehr wohl möglich, dass der Steigbügelmuskel, welcher beim Höracte in Function tritt, infolge eines vermehrten Reizimpulses auf den Nerv. stapedius (Facialis), zu einer erhöhteren Contraction angeregt wird, als unter normalen Verhältnissen. Dementsprechend müsste dann die Steigbügelplatte stärker aus dem ovalen Fenster herausgehoben und dadurch zu intensiveren Schwingungen befähigt werden. Da nun ein leicht beweglicher Steigbügel ausgiebigere Oscillationen der Labyrinthflüssigkeit, also eine bedeutendere Erregung des peripheren Endapparates des Nerv. cochlearis, herbeizuführen vermag, wie ein schwer schwingbarer Stapes, so liesse sich die Hyperacusis viel ungezwungener als der Ausdruck einer erhöhten Function des Steigbügelmuskels auffassen. Ich betrachte als weitere Stütze für diese Annahme noch den Umstand, dass sich die Hyperacusis, wie ich wiederholt beobachtet habe, auch bei den rein peripheren, bei den rheumatischen Gesichtslähmungen [2]) bemerkbar machen kann, bei denen kein Grund vorliegt, auf eine Paralyse des Facialisstammes im Canalis Fallopiae, bis über die Abgangsstelle des N. stapedius hinaus, zu schliessen. Zu Gunsten meiner Anschauung möchte ich ausserdem noch die Thatsache deuten, dass die Hyperacusis zuweilen auch in solchen Fällen besteht, in denen man im Stande ist, vom peripheren Facialisgebiete **subjective Gehörsempfindungen auszulösen.** Bei peripherer Facialislähmung tritt nämlich während der Reizung einzelner vom Facialis versorgter Muskeln, zuweilen

---

[1]) Bereits *Tapson* hatte diese Erscheinung beobachtet (Lond. med. Gaz. 1843, Jan. s. *Canst.* 1843. B. 2. S. 108). — [2]) *Lucae*, A. f. Ohr. II. S. 307.

ein brummender Ton im betreffenden Ohre hervor[1]), den *Hitzig* auf eine Mitbewegung des Musc. staped. zurückführt.

In einem von *Bernhardt*[2]) mitgetheilten Falle von einseitiger peripherer Facialisparalyse zeigte sich dieselbe Erscheinung, bei jedem Versuche zu pfeifen. — Ich selbst habe Gelegenheit gehabt, eine Patientin zu beobachten, die von einer rheumatischen Facialparalyse befallen war, welche allmalig in eine Parese überging. Bei der geringsten Bewegung des Mundwinkels trat in dem erkrankten Ohre ein heftiges Sausen auf, welches mit der zunehmenden Besserung in einem entsprechend geringeren Grade ausgelöst werden konnte. *Bernhardt* vermuthet für solche Fälle, dass der auf den Facialis ausgelöste Willensimpuls den nicht gelähmten Musc. staped. kräftiger zu erregen[3]) vermag, als dies unter normalen Verhältnissen geschieht. Dazu wäre jedoch zu bemerken, dass eine stärkere Heraushebung der Stapesplatte aus dem ovalen Fenster wohl keine subjectiven Gehörsempfindungen veranlassen dürfte, wogegen diese allerdings durch vorübergehende klonische Contractionen, also durch Schwankungen der Steigbügelplatte im ovalen Fenster, ausgelöst werden könnten.

Objective Symptome. Ausser den bekannten Symptomen von Facialisparalyse am Gesichte (offen stehende Augenlider, Verzerrung des Mundes gegen die gesunde Seite, Glättung der Falten, aufgehobenes Mienenspiel, Unmöglichkeit den Mund zum Pfeifen zuzuspitzen etc.) wird noch der Bewegung des Gaumensegels insofern eine Bedeutung beigelegt, als dessen Betheiligung an den übrigen Lähmungserscheinungen als Zeichen einer, auch das Genu facialis miteinbeziehenden Lähmung gilt. Es lenken nämlich vom Facialisknie die für den weichen Gaumen bestimmten Aeste in die Bahn des Trigeminus ein und verlaufen vom Gangl. spheno-palatinum aus, zum Velum. Die Erscheinungen am weichen Gaumen und vor Allem an der Uvula sind jedoch, vielleicht anlässlich eines variablen Verlaufes der betreffenden Muskeln, keineswegs constant und ausserdem findet sich auch ohne Facialparalyse zuweilen eine schiefgestellte Uvula vor. *Ziemssen*[4]) fand in einem Falle von centraler Facialparalyse die Uvula nicht gegen die gesunde, sondern gegen die gelähmte Seite abgelenkt; nach Ablauf der Paralyse stellte sich die Uvula wieder gerade. *Romberg*[5]) hält diese Form für die gewöhnliche, wogegen *Ziemssen* mit *Hasse* die Ablenkung nach der gesunden Seite für eine regelmässige Erscheinung betrachten. *Todd*[6]) beobachtete wiederholt an Leichen Affectionen des Facialis oberhalb des Gangl. geniculi, ohne dass in den betreffenden Fällen während des Lebens ein Symptom von Gaumenparese nachweisbar gewesen wäre.[7])

Mit einer auf Facialisparese beruhenden verminderten Functionsfähigkeit der Gaumenrachenmuskeln darf nicht eine, bei intacter Facialisinnervation vorkommende herabgesetzte Bewegung der betreffenden Muskeln, im Falle von Nasenrachenkatarrh, verwechselt werden (s. S. 178).

Von Wichtigkeit für die Diagnose und Beurtheilung einer Facialparalyse ist die elektrische Untersuchung: sie ergibt am gelähmten Nerven selbst, eine verminderte Erregbarkeit für galvanische und faradische Reizungen. In den vom Facialis innervirten Muskeln zeigt sich am Beginne der Lähmung eine Abnahme der faradischen und galvanischen Reaction; vom Ende der zweiten Woche an wird die faradische Erregbarkeit abgeschwächt, indess die galvanische Erregbarkeit steigt („Entartungs-Reaction"[8]): *Erb*[9]) beobachtete dabei eine Steigerung für die mechanische

---

[1]) *Hitzig*, Berl. kl. Woch. 1869, Nr. 2. — Auch bei nicht gelähmtem Facialis kann bei Contraction der Gesichtsmuskeln eine subjective Gehörsempfindung auftreten (s. Subj. Gehörsempfindungen, Cap. VII). — [2]) Berl. kl. Woch. 1879, S. 221. [3]) Wie bereits *Lucae* (Berl. klin. Woch. 1871, Nr. 11) beobachtete, lässt sich bei einer Innervation der mimischen Gesichtsmuskeln, besonders des Musc. orbicul. palpebr., das Einstrahlen des Impulses in den Nerv. stapedius nachweisen. Töne über 10,000 Schwingungen kommen dabei verstärkt zur Perception. [4]) *Virch.* Arch. 1858, B. 13, S. 210. — [5]) Nervenkr. 1857, B. 1, S. 778—783. [6]) Clinic. lect. 1856, p. 67. — [7]) S. auch *Moos* und *Steinbrügge*, Z. f. Ohr. X, S. 97. [8]) *Erb*, *Volkmann's* Samml. Nr. 16. [9]) Heidelb. Jahrb. 1867; s. auch *Hitzig*, *Virch.* Arch. B. 44.

Erregbarkeit. Reagirt der Muskel nur mehr allein auf den galvanischen Strom, so lässt dies eine schwere Affection des Nerven annehmen und spricht zum mindesten für eine lange Behandlungsdauer: bei eintretender Besserung mindert sich die abnorme galvanische Erregbarkeit, während sich die faradische allmälig wieder hebt. Als charakteristisch für eine Compression des Gesichtsnerven im Canalis Fallopiae, betrachtet *M. Rosenthal*[1]) eine starke Beeinträchtigung oder einen vollständigen Verlust der neuro- und myoelektrischen Reizung, wobei jedoch im Bereiche einzelner Zweige, selbst nach Jahren, noch eine bessere Erregbarkeit erhalten bleibt. Ausser dieser zerstreuten, ungleichartigen Reaction fand *Rosenthal* in solchen Fällen häufige Muskelkrämpfe an der gelähmten Seite. Während die Diagnose, dass eine Facialis-Affection überhaupt vorliegt, gewöhnlich leicht zu stellen ist, kann dagegen die Beurtheilung, ob es sich in dem gegebenen Falle von Paukenentzündung einfach um einen auf den Facialis stattfindenden D r u c k oder aber um eine partielle oder totale Z e r s t ö r u n g der Facialisfasern handle, ziemlich schwierig werden. Wie sich aus dem früher Angeführten ergibt, ist die Annahme, dass jede mit einem eiterigen Ohrenflusse einhergehende Facialparalyse auf eine cariöse Erkrankung des Gehörorganes bezogen werden müsse, schon allein wegen des Vorkommens von Debiscenzen im Fallopi'schen Canale keineswegs gerechtfertigt. Was die Unterscheidung einer Paralysis sc. Paresis facialis, infolge eines Druckes auf den Nerven, von einer Zerstörung des N. facialis anbelangt, ist in dieser Beziehung hervorzuheben, dass sich bei Druckeinwirkungen häufig eine allmälig zunehmende Facialislähmung, ferner Schwankungen in deren Intensität und eine mit der abnehmenden Ohrenentzündung zurückgehende Paralyse oder Parese bemerkbar machen, indess die Zerstörung des Nerven plötzlich erfolgen kann, also die Lähmung z. B. über Nacht zu einer completen wird und im weiteren Verlaufe, selbst nach vollständig zurückgebildeter Paukenentzündung, unverändert fortbesteht. Besonders dieses letzte Symptom einer Monate, Jahre lang anhaltenden Paralyse des Facialis, die in Folge einer eiterigen Entzündung des Cavum tympani oder Proc. mastoideus eingetreten war, lässt die Diagnose auf Destruction des Nerven mit Sicherheit stellen. Betreffs der Beurtheilung, an welcher Stelle im Verlaufe des Facialis durch den Canalis Fallopiae, eine Einwirkung auf den Nerven stattgefunden hat, lässt eine durch die Paralysis facialis bedingte Schwerhörigkeit auf eine Lähmung des N. stapedius, also auf eine oberhalb desselben eingetretene Störung, schliessen. Lähmungen des weichen Gaumens sprechen für einen oberhalb des Ganglion geniculi befindlichen Sitz der Erkrankung. Dagegen halte ich die Hyperacusis, aus den früher erörterten Gründen, für das Zeichen einer Nichteinbeziehung des N. stapedius in die Lähmung.

Wie bereits früher bemerkt wurde, lässt sich aus einer geradestehenden Uvula kein Schluss auf eine unterhalb des Facialisknies gelegene Ausgangsstelle einer Paralyse ziehen. Es muss ausserdem noch erinnert werden, dass bei centralen Erkrankungen des Facialis partielle Lähmungen bestehen können.

Die B e h a n d l u n g einer Facialislähmung kann häufig eine rein causale sein. Bei Paresen infolge von bedeutender Hyperämie des Mittelohres zeigen zuweilen Blutentziehungen unterhalb des Proc. mastoideus, infolge von Entlastung der Art. stylo-mastoidea, einen günstigen Einfluss. Bei Druckerscheinungen von Seite eines in der Paukenhöhle angesammelten Exsudates wird durch dessen Entfernung eine normale Function des Facialis wieder ermöglicht

---

[1]) Wien. med. Pr. 1868. Nr. 15 u. f.

werden. Dagegen ist in manchen Fällen eine rasch eingeleitete elektrische Behandlung erforderlich.

Lucae[1]) heilte in einem Falle eine Facialparalyse durch Auslöffelung des cariösnekrotisch erkrankten Warzenfortsatzes.

2. Chorda tympani und Plexus tympanicus. Die vom N. facialis abgehende Chorda tympani besteht aus Trigeminusfasern, welche vom Ganglion sphenopalatinum, durch den N. petr. superf. major zum Ganglion geniculi facialis treten und den N. facialis als Chorda tympani wieder verlassen. Ausserdem finden sich in der Paukenhöhle noch andere Fasern des Trigeminus vor, welche mit dem Glosso-pharyngeus und Sympathicus, den Plexus tympanicus bilden. An dem Paukengeflechte betheiligt sich nach *Henle*, noch ein kleiner Ast des Facialis, der als Ramus communicans c. plexu tympanico, bereits früher Erwähnung gefunden hat.

Fig. 64.

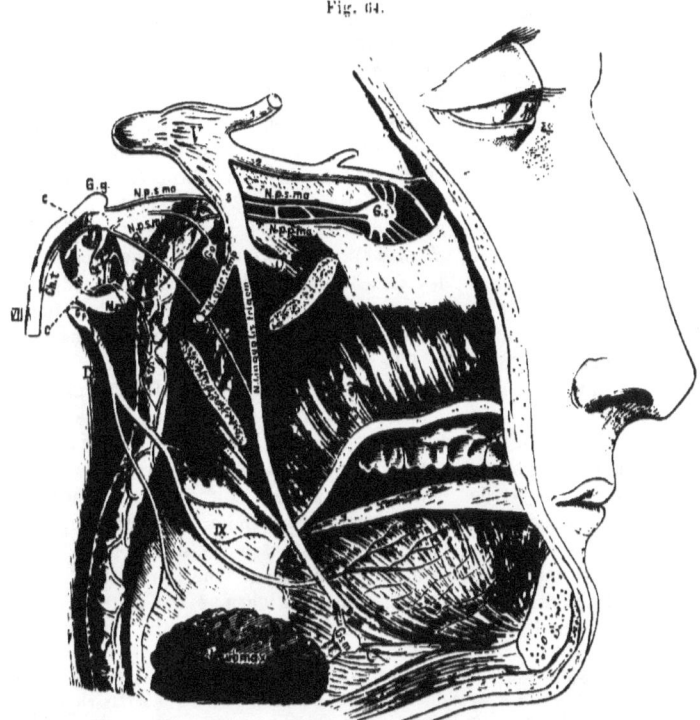

Schematische Darstellung der Chorda tympani und des Plexus tympanicus. *V* Nerv. trigeminus mit seinen 3 Aesten (1, 2, 3). — *VII* N. facialis. — *IX* N. glossopharyngeus. — *c* Ramus facialis communicans cum plexu tympanico. — *Ch.t.* Chorda tympani. — *G. g.* Ganglion geniculi facialis. — *G. o* Ganglion oticum. *G. p* Gangl. petrosum glossopharyngei. — *G. s* Gangl. spheno-palatinum. — *G. sm* Gangl. submaxillare. — *Gl. submax* Glandula submaxillaris. — *N. aur. temp.* Nerv. auriculo-temporalis Trigemini. — *N. p. s. ma* Nerv. petrosus superficialis major, *N. p. p. ma* N. petr. profundus major, — *N. p. s. mi* N. petr. superfic. minor. — *N. p. p. mi* Nervi petrosi profundi minores Sympathici. — *S* Carotisches Geflecht des Sympathicus. — *t* Nerv. tympanicus sc. Jacobsonii (Glossopharyngei).

Schiff[2]) fand, dass der N. lingualis Geschmacksfasern führt, die nicht in der Chorda, sondern zwischen dem II. und III. Ramus Trigemini und dem Gangl. oticum in individuell verschiedener Anzahl verlaufen.

Da die Bahnen des Trigeminus und Glosso-pharyngeus Geschmacksund tactile Fasern enthalten, so erklärt es sich auch, dass pathologische

---

[1]) A. f. Ohr. XIV. S. 129.   [2]) *Molleschott's* Unters. B. 10. S. 406.

Vorgänge in der Paukenhöhle Geschmacks- und Tastempfindungs-Neurosen bedingen können, die sowohl im Gebiete des Trigeminus (Zunge von ihrer Wurzel bis zur Spitze) als auch des Glosso-pharyngeus (hinteres Drittel der Zunge, weicher Gaumen und hintere Rachenwand), auftreten.

a) **Anomalie der Geschmacksempfindung.** *Bellingeri*[1]) schrieb zuerst der Chorda tympani einen Geschmackseinfluss zu. *Bonnafont*[2]) gibt an, dass bei Aetzungen im Ohre zuweilen ein Kitzel an der Zunge entsteht. *Wilde*[3]) fand, dass eine Berührung der blossliegenden Chorda tympani, eine Empfindung am Zungenrande hervorrufen kann. In einem Falle *Toynbee's*[4]) bestand nach einer Zerreissung des Trommelfelles durch vier Tage eine Kälteempfindung an der Zunge. Einschlägige Beobachtungen wurden ferner von *Tröltsch*[5]) und *Moos*[6]) angeführt. Bei Ausspritzungen des Ohres geben manche Patienten Geschmacksempfindungen und einen Kitzel an der Zunge an; eine von mir behandelte Patientin verspürte bei jeder Ausspritzung der Paukenhöhle, einen intensiven Schmerz an der Zungenspitze. *Moos*[6]) constatirte beim Gebrauche des künstlichen Trommelfelles Geschmacks- und Tastempfindungen an den vorderen zwei Dritteln der entsprechenden Zungenhälfte. *Claude-Bernard*[7]) bemerkte nach Durchschneidung der Chorda tympani eine Geschmacksverlangsamung, *Biffini*[5]) und *Morganti*[5]), *Schiff*[6]), *Inzani*[9]) und *Lussana*[9]) eine Herabsetzung oder einen totalen Verlust des Geschmacks. *August Carl*[10]) führte die während einer eiterigen Paukenentzündung angestellte Selbstbeobachtung von Geschmacksanästhesie an den vorderen zwei Dritteln der betreffenden Zungenhälfte auf eine Affection des **Plexus tympanicus** zurück. Während man früher die Geschmacksherabsetzung infolge von Entzündungen der Paukenhöhle als relativ selten annahm, ersah ich[11]) aus eingehenderen Untersuchungen, die ich an 50 Individuen angestellt habe, dass **Geschmacksanomalien infolge von eiterigen Paukenentzündungen, sehr häufig** angetroffen werden und sich keineswegs auf das Gebiet der Chorda tympani, beziehungsweise des N. lingualis Trigemini, beschränken, sondern auch in dem des Glossopharyngeus nachgewiesen werden können. In einzelnen Fällen vermochte ich durch Einblasungen von irritirenden Pulvern auf die innere Paukenwand, Geschmackssensationen an der hinteren Pharynxwand, ein andermal wieder an den vorderen zwei Dritteln der Zunge, auszulösen.

In einem Falle von eiteriger perforativer Paukenentzündung mit Polypenbildungen, den mir Prof. *Politzer* freundlichst zur Geschmacksprüfung überlassen hatte, empfand die betreffende Patientin bei Sondirung einer bestimmten Stelle, nahe der hinteren oberen Peripherie des zerstörten Trommelfelles (Chorda tympani), ein ausgesprochenes Brennen und einen intensiven saueren Geschmack an der Zungenspitze, welche sich dagegen bei Prüfungen mit den verschiedenen Geschmacksarten, darunter auch mit concentrirter Weinsteinsäure als vollständig agustiv zu erkennen gab[12]); als ich bei derselben Patientin die innere Paukenwand mit der Sonde berührte, trat an

---

[1]) De nerv. faciei. Turin, 1818, s. *Lussana*, Arch. de Phys., 1869, T. II. — [2]) S. *Schmidt's* J. 1852, B. 70, S. 225. — [3]) Urs. u. Beh. d. Ohrenfl., Uebers. S. 39. s. A. f. Ohr. V, S. 235. — [4]) Ohrenh. Uebers., S. 180. — [5]) Ohrenh. 5. Aufl., S. 527. — [6]) C. f. d. med. Wiss. 1867, Nr. 46; A. f. Aug. u. Ohr. I, S. 207; Klin. d. Ohr. 1866, S. 197. — [7]) Ann. med. phys. 1843, s. *Stich*, Charité Ann. 1857, H. 1, S. 50. — [8]) S. *Schiff*, Leç. sur la Phys. de la Digestion, Berlin 1868. — [9]) Ann. univ. 181, p. 282; Gaz. méd. 1864, p. 403; s. *Meissner's* J. 1864, S. 552. — [10]) A. f. Ohr. IX, S. 152. — [11]) Beob. üb. Anom. d. Geschmackes, der Tastempf. u. d. Speichelsecretion etc., Enke, 1876. — [12]) Ueber einen ähnlichen von mir genauer beobachteten Fall, s. A. f. Ohr. XIX, S. 135.

der hinteren Pharynxwand die Empfindung von Kratzen auf; es war demnach in diesem Falle möglich, von der Chorda tympani aus auf das Gebiet des Trigeminus und vom Plexus tympanicus aus auf den Glossopharyngeus einzuwirken.

Die an den oben erwähnten 50 Individuen angestellten Geschmacksprüfungen, ergaben in Kurzem folgende Resultate: Die Störung in der Geschmacksempfindung äussert sich meistens in einer Herabsetzung oder einem vollständigen Verluste des Geschmacks, an der dem erkrankten Ohre entsprechenden Zungenhälfte, beziehungsweise dem weichen Gaumen der hinteren Pharynxwand, bei Kindern zuweilen auch der Wangenschleimhaut. Die Geschmacksherabsetzung tritt bald als einfach verminderte Geschmacksperception auf, bald wieder erscheint sie als kurz anhaltender oder vollständig fehlender Nachgeschmack, bald äussert sie sich in einem verzögerten Eintritt der Geschmacksempfindung. In manchen Fällen erweist sich das Geschmacksvermögen als ein verschiedenes, je nachdem salzige, saure, süsse oder bittere Substanzen zur Prüfung verwendet werden, so dass von derselben Stelle aus eine bestimmte Geschmacksart deutlich, eine andere dagegen gar nicht percipirt werden kann. Ein vollständiges Ausfallen einer gewissen Geschmacksart von allen geschmackpercipirenden Stellen, also eine der Farbenblindheit für Roth, Grün etc. ähnliche Erscheinung, konnte ich an keinem dieser Fälle constatiren.

Dagegen beobachtete ich einmal an einer Patientin, der ich während einer Tenotomie des Tensor tympani die Chorda tympani durchschnitten hatte, anfänglich einen totalen Geschmacksverlust an den vorderen zwei Dritteln der betreffenden Zungenseite; nach 6 Wochen trat zuerst die Empfindung des Sauren hervor. Diese Beobachtung stimmt mit den Erfahrungen *M. Rosenthal's*[1]) überein, welcher Autor bei rückgängiger Geschmacksanästhesie an Hysterischen, stets die saure Geschmacksempfindung zuerst nachweisen konnte. — *Brunner*[2]) fand in einem Falle von Durchtrennung der Chorda tympani eine Geschmacksverlangsamung im vorderen Drittel der Zunge; allmälig kehrte der Geschmack für Salz zurück, indess Zucker und Chinin nicht percipirt wurden (Sauer wird nicht erwähnt). Die Geschmacksempfindung trat zuerst an den hinteren Partien der Zunge auf und verbreitete sich allmälig nach vorne.

Das Verbreitungsgebiet einer Geschmacksanomalie erstreckt sich entweder über alle geschmacksempfindenden Stellen der erkrankten Seite oder nur über einen Theil derselben. Manchmal tritt die Geschmacksanomalie ausschliesslich im Gebiete des Trigeminus oder wieder in dem des Glossopharyngeus auf. Die Anomalien der Geschmacksempfindungen gehen entweder mit der Entzündung der Paukenhöhle vollständig zurück oder sie bleiben selbst nach eingetretener Heilung derselben bestehen. In vereinzelten Fällen ist bei einer Reizung der Chorda tympani noch die Empfindung einer bestimmten Geschmacksart auszulösen, indess die Untersuchung mit dieser Geschmacksart selbst keine Perception zu erregen vermag. Endlich ist noch die zuweilen intermittirend auftretende subjective Geschmacksempfindung bei Chordareizung hervorzuheben.[3])

b) **Anomalie der Tastempfindung.** Nebst den Geschmacksanomalien gibt sich bei der eiterigen Paukenentzündung auch eine veränderte Tastempfindung an der Zunge zu erkennen, während sich wieder in anderen Fällen, selbst bei einem totalen Geschmacksverluste, eine intacte Tastempfindung vorfindet. Aus diesem Grunde erweisen sich die Störungen der Geschmacks- und Tastempfindungen von einander vollständig unabhängig und ihr gleichzeitiges Vorkommen spricht nur dafür, dass ausser den Geschmacksfasern noch Tastnerven vom Erkrankungsprocesse ergriffen sind.

---

[1]) Wien. med. Pr. 1879, Nr. 18—25, 2. Beob. — [2]) Z. f. Ohr. IX. S. 156. — Fälle von partieller Geschmacksanaesthesie beobachtete ferner *Müller*, A. f. Psych., B. 5.
[3]) A. f. Ohr. XIX, S. 135.

Die bei Chorda-Reizung hervortretenden tactilen Empfindungen an der entsprechenden Zungenhälfte sind gewöhnlich am vorderen Zungenviertel am deutlichsten ausgeprägt, können jedoch, wie ich mich wiederholt überzeugt habe, auch an einzelnen, nahe dem hinteren Zungendrittel gelegenen Stellen vorkommen.

Als Ursache einer Anomalie des Geschmacks- und Tastsinnes kommen in Betracht: Druck auf die Chorda tympani und auf den Plexus tympanicus (N. Jacobsonii und N. petr. superf. min.), ferner eine Irritation oder Zerstörung dieser Nervenzweige.

Wie mir[1]) neuere Untersuchungen ergaben, vermag eine Reizung sensibler Trigeminusäste (in Folge von Lufteinblasungen ins Ohr, Anblasen verschiedener Theile des Gesichtes u. s. w.), durch Erregung der Geschmackscentren, eine bestehende Geschmacksempfindung zu steigern oder vorher nicht wahrnehmbare Geschmacksempfindungen plötzlich über die Bewusstseinsschwelle zu heben. Die Möglichkeit einer reflectorischen Beeinflussung der Geschmackscentren vom Trigeminus aus, darf wohl bei den Untersuchungen über die geschmackspercipirenden Nerven (sei es durch physiologische Experimente oder in pathologischen Fällen) nicht ausser Acht gelassen werden.

c) **Anomalie der Speichelsecretion.** Von der Paukenhöhle aus lässt sich zuweilen ein Einfluss auf die Speichelsecretion nehmen. So vermochte ich[2]) an mehreren Patienten durch Einblasungen von Alumen etc. in die Paukenhöhle, sowie durch Berührung der inneren Paukenwand mit der Sonde, eine Salivation zu erregen, desgleichen *Vulpian*[3]) durch Faradisation der Paukenhöhle (an Hunden).

Den Untersuchungen *Rahn's*[4]) zufolge stammen die Speicheldrüsennerven, welche in den Bahnen des Facialis und Trigeminus verlaufen, zum grossen Theile vom Facialis ab, und zwar erhalten speciell die Glandula submaxillaris und Gl. sublingualis, die Secretionsfasern auf dem Wege der Chorda tympani, dagegen die Parotis durch den N. petr. superf. min., welcher die betreffenden Facialisfäden durch den Ramus facialis communicans cum plexu tympanico zugesandt bekommt. Nach den experimentellen Untersuchungen von *Claude Bernard*[5]), *Eckhard*[4]), *Schlüter*[6]) und *Heidenhain*[7]), stehen die Fasern der Chorda tympani, der Secretion der Glandula submaxillaris und sublingualis vor. *Eckhard* und *Grützner*[8]) constatirten noch eine Erregung der Speichelsecretion von der Medulla oblongata aus, wobei die Secretion nach Durchschneidung der Chorda tympani auffällig geringer erschien und nach weiter vorgenommener Durchtrennung der zur Unterkieferdrüse tretenden Sympathicusäste, von der Med. oblongata aus überhaupt nicht mehr erregt werden konnte. Als hauptsächlichster Secretionsnerv ist der Facialis anzusehen, nach dessen Durchschneidung, gleichwie nach einer solchen der Chorda tympani, keine reflectorische Speichelsecretion auslösbar ist *(Eckhard)*. Nach *Claude Bernard*[9]) gelangen die Parotisfasern des Facialis, vom Ganglion geniculi zum N. petr. superf. min., von da zum Ganglion oticum und auf dem Wege der Rami communicantes zum N. auriculo-temporalis Trigemini und zur Parotis. — *Stannius*[1]) vermochte vom Glossopharyngeus aus die Speichelsecretion reflectorisch zu erregen. Es liegt demnach die Möglichkeit vor, von der inneren Paukenwand aus, in Folge von Reizung der verschiedenen Nervenäste des Plexus tympanicus, sowohl auf die Glandula submaxillaris, als auch auf die Parotis einzuwirken, und zwar vom N. petr. superf. min. auf die Parotis, von den Nn. petr. profundi minores (Sympathici) auf die Glandula submaxillaris und vom N. tympanicus (Glossopharyngei) gleichzeitig auf die Glandula submaxillaris und auf die Parotis.

B) **Consecutiv entstandene Neurosen. Intracranielle Erkrankung des Trigeminus.** Entzündungen, die sich von der Paukenhöhle bis zur Spitze der Pyramide erstrecken[10]), können zu einer Affection des Trigeminus in der Schädelhöhle führen, dessen Ganglion Gasseri in

---

[1]) *Pflüger's* Arch., 1883. B. 30. S. 172. — [2]) Beob. üb. Anom. etc., Enke, 1876. — [3]) Gaz. méd. de Paris, 1879. Nr. 35. — [4]) Z. f. rat. Med. 1851. S. 285; *Eckhard*, Exper. Phys. d. Nervens. 1867, S. 188. — [5]) Gaz. méd. 1857. Nr. 29 u. 44. s. *Meissner's* J. 1857, S. 381; Gaz. méd. 1860. Nr. 13. s. *Meissner's* J. 1860. S. 416. — [6]) De gland. salival., Breslau, 1865, s. *Meissner's* J. 1865. S. 371. — [7]) Stud. a. d. phys. Inst., Breslau, 1868, s. *Meissner's* J. 1868. S. 328. — [8]) S. *Brücke's* Phys. 1876. S. 91. — [9]) S. *Eckhard*, Beitr. z. An. u. Phys. III. S. 48, s. *Meissner's* J. 1862. S. 418. — [10]) S. S. 260.

einer grubenförmigen Vertiefung der inneren Pyramidenfläche, nahe der Pyramidenspitze, in der sogenannten Impressio Trigemini (s. Fig. 62, S. 255. Impr. Tr.). gelagert ist.

Giberto Scotti[1]) berichtet von einem Falle, in welchem nach einem Sturze ein Sequester aus dem Meatus auditorius externus abging. Der betreffende Patient war auf der afficirten Seite von einer zeitweise heftig auftretenden Cephalalgie ergriffen. Später entwickelte sich ein Abscess des Warzenfortsatzes, durch dessen Lücke die Schnecke sammt dem Porus acusticus internus exfoliirt wurde. Es folgten darauf Conjunctivitis sinistra, Pannus, Verwachsung des unteren Lides mit dem Bulbus, Mangel an Lichtempfindung und Schrumpfung der Cornea, ferner eine totale Empfindungslosigkeit der linken Gesichtshälfte, Ausfall der Zähne links und Geschmacklosigkeit der linken Zungenhälfte. In diesem Falle hatte die nekrotische Erkrankung der Pyramide offenbar anfangs eine Irritation, später eine Zerstörung des Gangl. Gasseri herbeigeführt. — *Tröltsch*[2]) hebt hervor, dass starke Gesichtsschmerzen bei Otorrhoe durch tiefere Ernährungsstörungen an der Spitze des Felsenbeines, also durch eine Affection des Ganglion Gasseri bedingt sein können. — *Schwartze*[3]) berichtet von einem Falle, in welchem eine eiterige Entzündung des Labyrinthes auf die Meningen übergetreten war. In der Umgebung des Ganglion Gasseri dextrum fand sich zwischen Felsenbein und Dura mater eine puriforme Flüssigkeit. Der Patient hatte über Schmerzen im Ohre und an der betreffenden Kopfhälfte geklagt.

C) Reflexvorgänge. Die von der Paukenhöhle ausgelösten Reflexe können sensitive, motorische, trophische, sympathische und psychisch-intellectuelle sein.

Das Nervensystem kann von den verschiedensten Punkten des Körpers aus beeinflusst werden, wie dies der in *Koeppe's* Aufsatz über Reflexpsychosen[4]) citirte Anspruch *Hitzig's*[5]) in sehr bezeichnender Weise ausdrückt: „Alle irgend erheblichen Verletzungen des Nervensystemes, mögen dieselben im centralen Theile ihren Sitz haben oder mögen sie irgend eine Partie der peripheren Verästelungen betreffen, können das ganze System in Mitleidenschaft ziehen. Das Nervensystem ist ebensowohl ein auf die regelrechte Function seiner Theile angewiesenes Ganzes als der übrige Apparat des thierischen Körpers."

1. Sensible Reflexe treten vorzugsweise im Gebiete des Trigeminus auf.[6])

Moss[7]) erwähnt einen Fall, in welchem während der Extraction eines Polypen ein stechender Schmerz im Auge nebst Thränen desselben eintraten. — Wie *W.-fer.*[8]) angibt, erfolgt ein von den sensitiven Aesten des Trigeminus ausgelöstes Thränen nicht nur auf dem Wege des N. lacrymalis, sondern auch nach dessen Durchschneidung durch den Drüsenast des N. subcutaneus; wird auch dieser durchschnitten, so entfällt jede weitere reflectorische Auslösung, als ein Zeichen, dass der N. infratrochlearis keinen Drüsenast abgibt.

Auch Spannungsanomalien im Schallleitungsapparate, event. Druckveränderungen der Labyrinthflüssigkeit veranlassen zuweilen sensible Reflexvorgänge im Gebiete des Trigeminus.

Bei einer Patientin mit Sclerose der Paukenhöhlen-Schleimhaut und Retraction des Musc. stapedius schwand unmittelbar nach Durchschneidung der Stapedius-Sehne eine beinahe einjährige Hyperästhesie der betreffenden Kopfhälfte (Patientin war z. B. seit vielen Monaten ausser Stande, sich zu kämmen). — Bei einer anderen, an chronischem Mittelohrkatarrh leidenden Patientin ging nach der Tenotomie des Tens. tymp. dextri eine seit Monaten bestandene bilaterale Supraorbital-Neuralgie zurück. — In zweien meiner Fälle verlor sich nach der Tenotomie des M. stapedius ein in Folge von Fixirung der Augen, wie z. B. durch Lesen, Nähen etc. sonst regelmässig aufgetretener heftiger Kopfschmerz, so dass die betreffenden Patienten ihre Augen ohne irgend welche Beschwerden stundenlang anzustrengen vermochten.

2. Motorische Reflexe geben sich in Lähmungs- oder Krampferscheinungen[9]) zu erkennen.

Epileptiforme Anfälle, die nach Heilung einer vorhandenen eiterigen Ohren-

---

[1]) S. *Schmidt's* J. 1859. B. 102. S. 54. — [2]) A. f. Ohr. IV. S. 126. — [3]) A. f. Ohr. XIII. S. 110. — [4]) A. f. Ohr. IX. S. 220. — [5]) Gehirn. S. 187. — [6]) S. S. 293. — [7]) Klin. d. Ohr. S. 301. [8]) *Heno* J. 1871. S. 245. [9]) S. S. 285.

entzündung schwanden, beobachteten *Schwartze*[1]), *Koeppe*[1]) und *Moos*[2]) — In einem Falle von *Moos*[3]) gab sich als Zeichen eines bald erfolgenden epileptischen Anfalles der Eintritt einer hochgradigen Schwerhörigkeit zu erkennen. — *Jackson*[4]) spricht von einem häufigen Erscheinen epileptiformer Spasmen bei Otorrhoe und vermuthet als Ursache ihrer Entstehung Veränderungen der Arteria fossae Sylvii. — *Schurig*[5]) erwähnt einen Fall von epileptiformen Anfällen bei recidivirender eiteriger Paukenentzündung und von Zuckungen der rechten Gesichtshälfte und Erbrechen während der Durchschneidung des Trommelfelles und der Eiterentleerung. — *Flaiz*[6]) fand in einem Falle von Otorrhoe Zuckungen des Armes und der Schulter, welche Erscheinungen nach Trepanation des Proc. mastoideus schwanden. — In einem von mir beobachteten Falle war durch Retention des Eiters in der Paukenhöhle eine heftige Cortical-Epilepsie entstanden, die unmittelbar nach Perforation des Trommelfelles aufhörte. In einem zweiten Falle wurden sehr bedeutende, mit Bewusstlosigkeit einhergehende, intermittirende Convulsionsanfälle durch eine einmalige Lufteinblasung in das Mittelohr dauernd beseitigt.

Von der Paukenhöhle aus kann auch ein Einfluss auf den motorischen Apparat des Auges genommen werden.

So beobachtete *Deleau*[7]) in einem Falle von eiteriger Entzündung des mittleren Ohres mit Polypenbildung ein convulsivisches Zucken des Auges, das sich nach Heilung des Ohrenleidens verlor. — Bei einer Patientin von *Desterne*[8]) die in Folge von Erysipel durch 1½ Jahre an Hemicranie und Zuckungen des rechten Augenlides gelitten hatte, erfolgte nach einer einmaligen Lufteinblasung in die Paukenhöhle eine Heilung. — *Schwabach*[9]) bemerkte an einem Patienten bei Druck auf die eiterig entzündeten Wände der Paukenhöhle einen Nystagmus gegen die erkrankte linke Seite. *Pflüger*[10]) nach Entfernung eines Ohrenpolypen bilateral oscillatorische Augenbewegungen. *Bürkner*[11]) bei Einführung des Trichters in den äusseren Gehörgang, sowie bei Ausspritzung des Ohres ebenfalls Nystagmus. An einem von mir beobachteten Mädchen war durch Eindringen eines Insectes ins Ohr eine eiterige Ohrenentzündung aufgetreten, während derer ein beiderseitiger, ausserordentlich starker Nystagmus (in einer horizontalen Richtung) entstand, der auch nach Ablauf der Ohrenentzündung, 10 Jahre später, unverändert anhielt. — Ein anderer Fall betrifft einen 6jährigen Knaben, der in seinem 4. Jahre während einer Paukenhöhlenentzündung eine Ablenkung des entsprechenden Auges nach innen erhielt. In seinem 6. Jahre traten regelmässig Abends heftige Ohrenschmerzen mit auffälliger Steigerung des Schielens auf. Des Morgens zeigte sich wieder der Strabismus vermindert. — Einwirkungen auf die Pupille, und zwar Verengerung derselben in Folge von eiteriger Entzündung der Paukenhöhle, fand *Moos*[12]), eine Erweiterung *Schwartze*[12]) — Bei einer von mir behandelten Patientin war während der Extraction eines Paukenpolypen eine Ablenkung des Auges nach aussen eingetreten; der Strabismus hatte auch einige Monate später in gleicher Weise fortbestanden. — Das Auftreten von Parese des M. trochlearis sin. in Gefolge einer eiterigen Entzündung der Paukenhöhle traf *Moos*[14]) an. — Einen Fall, in welchem vom Bewegungsapparate des Bulbus aus ein Einfluss auf die Gehörfunction genommen wurde, erwähnt *Stevens*[15]), und zwar beobachtete dieser Autor ein Schwinden der früher vorhandenen subjectiven Gehörsempfindungen nach Tenotomie des Musc. rectus int.

3. Als trophische Reflexneurose wäre ein Fall *Brunner's*[16]) anzuführen, in welchem sich während einer eiterigen Paukenentzündung ein starker Zungenbeleg entwickelt hatte, der nach Ablauf der Entzündung wieder schwand. — Bei einer von mir an Tympanitis purulenta behandelten Patientin war durch mehrere Wochen an der Zungenhälfte der erkrankten Seite ein in der Mittellinie der Zunge scharf abgesetzer weisslich-gelblicher Beleg bemerkbar.

Weber-Liel[17]) beobachtete nach Tenotomie des M. tens. tymp. die Wiederkehr der früher sistirt gewesenen Cerumenabsonderung.

4. **Gleich den sympathischen Einflüssen, welche die Ent-**

---

[1]) A. f. Ohr. V. S. 282. — [2]) Klin. S. 239 u. 240. — [3]) A. f. Aug. u. Ohr. IV, 2, S. 328. — [4]) Brit. med. J. 1869, p. 591, s. A. f. Ohr. V, S. 307. — [5]) S. A. f. Ohr. XIV, S. 149. — [6]) A. f. Ohr. II, S. 228. — [7]) S. *Schmidt's* Jahrb. 1840. 2. Suppl.-Bd., S. 209. — [8]) Union méd. 1851. Nr. 43—46, s. Med.-chir. Z. 1851, S. 489. — [9]) Deutsche Zeitschr. f. prakt. Heilk. 1878. Nr. 1. — [10]) Deutsche Zeitschr. f. prakt. Heilk. 1878, Nr. 35. — [11]) Arch. f. Ohrenheilkunde, XVII. S. 185. — [12]) Arch. f. Ohrenheilk. II. S. 200. — [13]) *Schwartze*, Arch. f. Ohrenheilk. XVI, S. 263. — [14]) Z. f. Ohr. XII. S. 107. — [15]) London, Intern. med. Congr. 1881. — [16]) A. f. Ohr. V, S. 34. — [17]) M. f. Ohr. VIII, Nr. 6.

zündung des einen Gehörganges auf den der anderen Seite auszuüben im Stande ist (s. S. 87), tritt zuweilen auch zwischen beiden Paukenhöhlen eine auffällige Sympathie hervor.

Bereits *Kramer*[1]) spricht von einem Uebertritte des Entzündungsprocesses von dem einen Ohr auf das andere „ohne alle besondere Veranlassung, nur nach dem Gesetze der Sympathie zwischen beiden Ohren." *Berthold*[2]) fand nach Trigeminus-Verletzung der einen Seite auch am anderen Ohre das Auftreten von Entzündungserscheinungen.

5. **Psychisch-intellectuelle Reflexerscheinungen.** Der Einfluss, den eiterige Entzündungen der Paukenhöhle, sowie ein vermehrter Labyrinthdruck in psychischer und geistiger Beziehung zu nehmen vermögen, wurde von *Tröltsch*[3]) wiederholt hervorgehoben, welcher Autor auf die bei den erwähnten Ohrenaffectionen zuweilen auffällig erscheinende Gemüthsverstimmung, Aenderung des Charakters, geistige Trägheit und Vergesslichkeit aufmerksam machte. Es zeigt sich, dass derartige Symptome an Ohrenkranken keineswegs selten hervortreten. Die von einer Ohrenerkrankung ausgehenden Reflexpsychosen wurden von *Koeppe*[4]) näher beobachtet und beschrieben. Nach *Koeppe* kommt unter allen Nerven dem Trigeminus in erster Linie eine besondere Bedeutung für die Erregung einer Reflexpsychose zu.

Williams[5]) beobachtete eine Geistesstörung bei einem an eiteriger Mittelohrentzündung erkrankten Individuum; es entwickelte sich am Warzenfortsatze ein Abscess, mit dessen Heilung die Geistesstörung vollständig schwand.

X. Anomalie des Inhaltes. Die von aussen in die Paukenhöhle eindringenden Fremdkörper gelangen entweder vom äusseren Gehörgange (s. S. 100) oder vom Tubencanale aus oder durch eine der Paukenwandungen ins Cavum tympani.

In einem Falle, in welchem ein Kieselstein in die Paukenhöhle eingedrungen war, fand *Ménière*[6]) ein vollständig zugeheiltes Trommelfell. — *Ch. Burnett*[7]) constatirte das Vorkommen von Aspergillus in der Paukenhöhle.

Bei Brechbewegungen können Speisetheile, Wasser, Galle oder Blut durch den Tubencanal in die Paukenhöhle gelangen, sowie auch während der Nasendouche oder durch den Tubenkatheter, die eingespritzte Flüssigkeit ins Cavum tympani eingepresst werden kann. *Schalle*[8]) theilt einen Fall mit, in welchem während einer Ausspritzung der Nase ein heftiger Schmerz im Ohre auftrat und nach vorgenommener Incision der Membrana tympani ein kleiner Drehspahn der Hartgummispritze aus der Paukenhöhle herausbefördert wurde. — Hierher gehört auch die S. 172 angeführte Beobachtung. — Betreffs des Eindringens von Flüssigkeiten in die Paukenhöhle bei Neugeborenen, sowie beim Untertauchen des Kopfes, s. Anhang am Schlusse des Buches.

Erkrankung der Gehörknöchelchen.

I. Bildungsanomalie.[9]) 1. Bildungsmangel. Von den Gehörknöchelchen können eines oder alle drei fehlen; manchmal werden die drei Ossicula durch eine Art Columella der Vögel oder Amphibien ersetzt.[10]) An den einzelnen Gehörknöchelchen fehlen zuweilen bestimmte Theile; am häufigsten weist der Steigbügel Bildungsanomalien auf. Einen vollständigen Defect des Steigbügels fand *Zuckerkandl*[11]); einen Mangel beider Schenkel, die nur durch kleine Buckeln angedeutet waren, beobachtete *Hyrtl*.[12]) — Das Fehlen eines Schenkels, sowie eine ungleiche Länge beider Schenkel werden von *Comparetti*[13]) u. A. angeführt. — In einem Falle waren beide Schenkel durch einen aus

---

[1]) Ohrenhk. 1836, S. 115; s. auch *Lincke's* Ohrenh. I, S. 565; *Wharton Jones*. cit. in *Frank's* Ohrenh. 1845, S. 132; *Yearsley*, D. Taubh., übers. v. *Ullmann*, 1852, S. 52. — [2]) Z. f. Ohr. X, S. 191. — [3]) Ohrenh., 6. Aufl., S. 337. — [4]) A. f. Ohr. IX, S. 221. — [5]) S. *Canst.* J. 1876, B. 2, S. 474. — [6]) *Gilette*, s. *Canst.* J. 1874, B. 2, S. 627. — [7]) A. f. Ohr. XV, S. 53. — [8]) Berl. kl. Woch. 1877, Nr. 31. — [9]) S. *Lincke* Ohrenh. B. I, S. 635. — [10]) *Hyrtl*, Med. Jahrb. 1836, B. 11, S. 421; *Thomson*, Edinb. Journ. 1847, s. *Toynbee*, Ohrenh. S. 16. — [11]) M. f. Ohr. XII, Nr. 7. — [12]) Med. Jahrb. 1836, B. 20, S. 440, s. *Lincke*, I, S. 586. — [13]) Observ. anat. Patavia. 1791. p. 21. s. *Lincke*, I, S. 636.

der Mitte der Stapesplatte sich erhebenden Knochenstachel vertreten.[1] — Der Amboss zeigt zuweilen schwach entwickelte Fortsätze.[2] — Der Hammer besitzt in seltenen Fällen keinen Handgriff[3] oder dieser ist kurz und dick.[2]

2. **Bildungsexcess**. Ueberzählige Gehörknöchelchen fand *Rose*.[3] — Einen Fall von einem langen cylindrischen Zwischenknochen zwischen Hammer und Amboss beobachtete *Otto*[4], eine Vergrösserung der Gehörknöchelchen bis auf das Doppelte ihres Normalvolumens *Cotugno*.[5] — Auch einzelne Theile der Gehörknöchelchen zeigen sich excessiv gebildet, so der Steigbügel an einem oder an seinen beiden Schenkeln, an seinem Kopfe, Halse (s. S. 204), oder an der Platte; in den Intercruralraum des Stapes ragen manchmal Knochenfortsätze hinein, ja die Membr. obturatoria kann in ihrer ganzen Ausdehnung durch ein Knochenplättchen ersetzt sein.[6] — Der Ambosskörper kann bedeutend vergrössert erscheinen; sein horizontaler Schenkel übertrifft zuweilen den verticalen an Länge.[7] An zweien meiner Präparate (rechte und linke Seite) zeigt sich der Amboss, besonders dessen verticaler Schenkel, colossal vergrössert. — Am Hammer finden sich als excessive Bildungen ein verdickter Kopf, verdickte und sehr verlängerte Fortsätze vor. S. ferner S. 203.

II. Eine Anomalie der Dicke zeigt sich in Folge von Hyperostose der Gehörknöchelchen.[8] Hyperostosen des Steigbügels wurden von *Toynbee*[9] nicht selten vorgefunden.

III. Anomalie der Lage. Eine **angeborene** anormale Lage der Gehörknöchelchen tritt sehr häufig gleichzeitig mit deren Bildungsanomalien auf. In dem oben erwähnten Falle fand ich den verticalen Ambossschenkel abnorm nach hinten verlaufend und mit der hinteren Paukenwand knöchern verschmolzen; der Steigbügel erschien mehr vertical gestellt, und zwar war dessen Köpfchen nach aufwärts gerichtet und die Platte gegen den Boden der Paukenhöhle geneigt. *Wilde*[10] bemerkte in zwei Fällen an Taubstummen einen abnorm verlaufenden Hammergriff und zwar war dieser von oben und hinten nach unten und vorne (anstatt von oben und vorne nach unten und hinten) gerichtet. Dieselbe Stellung beobachtete ich in mehreren Fällen an beiden Trommelfellen, die keine besonderen Veränderungen erkennen liessen. Meiner Ansicht nach, war in diesen Fällen die verkehrte Stellung des Hammergriffes als angeboren aufzufassen.

Eine **erworbene** anormale Lage findet sich bei Spannungsanomalien des Trommelfelles, bei ausgedehnter Perforation desselben, vermehrter Contraction des Trommelfellspanners und bei Adhäsionen in der Paukenhöhle vor. Bei Ankylose des Hammer-Ambossgelenkes wird zuweilen eine pathologische Stellung des Hammergriffes zum verticalen Ambossschenkel beobachtet, welche in diesem Falle nicht zu einander parallel verlaufen, sondern einen nach unten gerichteten spitzen Winkel bilden. Mitunter werden die einzelnen Gehörknöchelchen von einander vollständig getrennt vorgefunden.

So erwähnt *Toynbee*[11] einen Fall, in welchem der Hammer und Amboss in die Warzenzellen gefallen waren; ein anormal erwies sich der Amboss im Introitus ad proc. mast. häutig befestigt. *Gruber*[12] fand an einem Präparate mit intactem Trommelfelle, den Amboss in den Zellen des Warzenfortsatzes liegend und dessen Wandungen adhärent.

IV. Anomalie der Verbindung einschliesslich der Trennung des Zusammenhanges. Eine Verbindungsanomalie kann an den Gehörknöchelchen als mangelhafte oder als excessive Verbindung bestehen, speciell an den Gelenken findet sich eine abnorm schlaffe und abnorm straffe Verbindung vor.

---

[1] *Hyrtl*, Med. J., B. 11, S. 421. — [2] *Wallmann*, Virch. Arch. B. 11, S. 506. — [3] *Jaeger*, *Ammon's* Z. B. 5, H. 1; *Rose*, s. A. f. Ohr. III, S. 252. — [4] Path. An. 1830. B. 1, S. 174, s. *Schwartze*, Path. An., S. 72. — [5] De aquaed., 1774, p. 132, s. *Lincke*, I, S. 637; s. auch *Moos*, A. f. Aug. u. Ohr. II, 1. S. 109. — [6] *Cassebohm*, Tract. V, p. 43; *Vieussens*, Rev. méd. 1823, l. c. — [7] *Hyrtl*, s. *Lincke*, 1, S. 588. — *Welcker*, A. f. Ohr. I. S. 165. — [8] *Beck*, Memorab. 1863, Mai; s. A. f. Ohr. IV. S. 260. — [9] Ohrenh., S. 277. — [10] Ohrenh., S. 258. — [11] Ohrenh., S. 228. — [12] Ohrenh., S. 494.

1. Eine mangelhafte Verbindung tritt als lose oder vollständig fehlende Verbindung der Gehörknöchelchen untereinander oder des einzelnen Gehörknöchelchens mit seiner Umgebung auf; seltener erscheinen die einzelnen Bestandtheile eines Gehörknöchelchens von einander getrennt.

Eine Trennung des Zusammenhanges wird gewöhnlich am Hammer, seltener am Amboss und Steigbügel angetroffen; meistens liegt derselben eine traumatische Ursache zu Grunde, zuweilen kommt sie durch entzündliche Vorgänge zu Stande oder sie beruht auf einer Entwicklungshemmung.

Eine durch Trauma hervorgerufene Fractur des Hammergriffes beobachteten *Ménière*[1]), *Weir*[2]), *Tröltsch*[3]), *Sajon*[3]), *Turnbull*[4]), ferner *Fränkel*[5]) und *Politzer*.[6])
In den beiden letzteren Fällen erfolgte die Fractur während der Extractionsversuche (in dem von *Fränkel* beschriebenen Falle war auch der Steigbügel aus dem ovalen Fenster herausgerissen worden), in den übrigen Fällen durch das Eindringen fremder Körper von aussen, nur im Falle von *Weir* durch Sturz. *Hyrtl*[7]) constatirte an einem Prairiehunde eine geheilte Hammerfractur.

Angeborene Anomalien betreffen in der Regel den Steigbügel; so wurde ein Abstehen der beiden Schenkel von einander oder eines Schenkels von der Stapesplatte wiederholt vorgefunden.

Eine Luxation der einzelnen Gelenke der Gehörknöchelchen erfolgt entweder durch entzündliche Affectionen in der Paukenhöhle oder sie kommt auf mechanischem Wege zu Stande. Zu dem letzteren gehören die verschiedenen traumatischen Einwirkungen, ferner die durch Zug und Druck veranlasste allmälige Trennung der gegenseitigen Gelenksverbindungen. Die Luxation kann eine complete oder incomplete, eine sogenannte Subluxation sein, die vor Allem am Amboss-Steigbügelgelenke öfter auftritt.

In solchen Fällen kann das Stapesköpfchen durch das Trommelfell deutlich sichtbar sein, ohne dass eine vollständige Trennung des Stapes vom Ambosse besteht, da diese noch vermittelst der ausgedehnten, erschlafften Gelenkskapsel in Verbindung stehen können.[8]) Wie *Gruber*[9]) aufmerksam macht, wird der Ambossschenkel bei einer durch Druck des Trommelfelles auf das Amboss-Steigbügelgelenk zuweilen hervorgerufenen Subluxation oder Luxation gewöhnlich nach aufwärts und innen verschoben, so dass dabei das Capitulum stapedis weiter nach aussen zu liegen kommt, als das untere Ende des verticalen Ambossschenkels.

Weber-Liel[10]) berichtet von einem Falle, in welchem eine bestehende Subluxation des Amboss-Steigbügelgelenkes durch Verdichtung der Luft im äusseren Gehörgange verschwand, wogegen der Amboss bei Verdünnung der Luft vom Steigbügel nach hinten abgehoben wurde und dabei das Kapselband anspannte. — *Moos*[11]) beobachtete eine durch Sturz auf den Kopf erfolgte Dislocation des Ambosses bei unverletztem Trommelfelle.

In Ausnahmsfällen wird der Steigbügel nach Zerstörung des Ringbandes exfoliirt[12]).

In einem von *Tröltsch*[13]) beobachteten Falle zeigte sich die Steigbügelplatte nur mehr durch ihren Schleimhautüberzug im ovalen Fenster zurückgehalten und fiel nach

---

[1]) Gaz. méd. de Paris, 1856, Nr. 50.   [2]) *Tröltsch*, Ohrenh., 6. Aufl., S. 149. Im Falle von *Weir* war nach vier Monaten noch keine Vereinigung der fracturirten Theile erfolgt. — [3]) Journ. f. Au. u. Phys. 1879, II. 2. S. 484.   [4]) S. Z. f. Ohr. IX, S. 173. — [5]) Z. f. Ohr. VIII, S. 241. — [6]) Ohrenh., S. 753. — [7]) Wien. med. Woch. 1862, Nr. 11. — [8]) *Schwartze*, Path. An., S. 80.   [9]) M. f. Ohr. V, Sp. 47.   [10]) M. f. Ohr. X, Sp. 76. — [11]) Z. f. Aug. u. Ohr. VII, 2, S. 212.   [12]) Eine Ausstossung sämmtlicher drei Gehörknöchelchen erwähnt bereits *Petit*, Traité d. mal. chir., Paris 1774, T. I. p. 147, s. *Lincke*, II, S. 276.   [13]) A. f. Ohr. IV, S. 100.

Entfernung der Mucosa aus dem Foramen ovale heraus. Den bisher erwähnten Verbindungsanomalien ist noch die S. 119 angeführte **Loslösung des Hammergriffes vom Trommelfelle** anzureihen.

2. Eine **abnorm straffe Verbindung** der Gelenke gibt sich bei Verdickung der Mucosa, bei sclerotischen und adhäsiven Processen in der Paukenhöhle, sowie bei bedeutender Retraction der Binnenmuskeln des Ohres zu erkennen. Durch Verkalkung und Verknöcherung des Gelenksüberzuges [1], ferner durch Verwachsung, sowie durch eine partielle oder totale knöcherne Verbindung der gegenseitigen Gelenksflächen, kann eine vollständige Ankylose zwischen den einzelnen Gehörknöchelchen eintreten. Betreffs des Hammerkopfes und Ambosskörpers wäre deren knöcherne Verbindung mit dem Tegmen tympani hervorzuheben.[2] Der hintere Steigbügelschenkel wurde wiederholt in knöcherner Verwachsung mit seiner Umgebung angetroffen.

Den **knöchernen Vereinigungen** der gegenseitigen Gelenksflächen entsprechen manchmal bestimmte Entwicklungsstadien der Gelenksbildung, und es lässt sich aus denselben möglicherweise bestimmen, in welcher Entwicklungsperiode die Bildungsanomalie entstanden ist. So wäre beispielsweise eine bleibende Verschmelzung des centralen Theiles vom Hammer-Ambossgelenke, auf eine in den zweiten bis dritten Fötalmonat fallende Bildungsanomalie zu beziehen (s. S. 191).

Fixation der Steigbügelplatte im Foramen ovale. Besonders häufig gelangt eine wesentlich verminderte oder aufgehobene Beweglichkeit der Stapesplatte im Foramen ovale zur Beobachtung.

Toynbee[3] constatirte unter 1149 Sectionsfällen 204mal eine Unbeweglichkeit des Steigbügels und auch *Kessel*[4] kam bei seiner auf circa 1000 Fälle ausgedehnten Untersuchung zu einem ähnlichen Percentsatze.

Die Ursachen einer Fixation der Steigbügelplatte sind nach *Toynbee*[3] folgende: Starrheit des Kapselbandes, Ausdehnung des peripheren Theiles der Steigbügelplatte, wobei sich diese bis zur Anlagerung an das ovale Fenster vergrössern kann, Hypertrophie der ganzen Basis, knöcherne Verwachsung der Umgebung des Foramen ovale mit der Platte und Verknöcherung des Ligamentum annulare. Eine Synostose des Steigbügels kann für sich allein vorkommen; *Moos*[5] vermuthet für manche solcher Fälle eine circumscripte Periostitis.

Cotunnius[6] berichtet von einem Falle, in welchem ein von dem vorderen Rande des ovalen Fensters ausgehendes Knochenplättchen, den Stapes an seiner Bewegung gegen das Vestibulum verhinderte. — Eine Verschmelzung der Stapesplatte mit einem vom inneren Rande des ovalen Fensters ausgehenden Knochenwulste von 1 Mm. Breite, sah *Politzer*[7] Verschmelzungen des Steigbügels mit der hyperostotischen Umgebung des Foramen ovale wurden wiederholt vorgefunden. — *Wendt*[8] bemerkte in einem Falle einen kolbigen Knorpelfortsatz, der sich von der Peripherie des ovalen Fensters ins Ringband hinein erstreckte. — *Zuckerkandl*[9] constatirte in einem Falle von Missbildung des Ohres eine knöcherne Verschmelzung der Steigbügelplatte mit dem ovalen Fenster (Bildungshemmung).

Die bei Einwärtsdrängung der Steigbügelplatte in das Foramen ovale, so z. B. bei Retraction des Musc. tens. tymp., auftretende Spannungsanomalie des Ringbandes, gibt möglicherweise zu Circulationsstörungen und damit zu pathologischen Zuständen im Ligamentum annulare Veranlassung.[10]

Eine **Fixation des Stapes im Foramen ovale**, welche häufig bilateral vorkommt, **entwickelt sich meistens langsam, nur ausnahmsweise rasch**.

---
[1] *Wendt*, A. d. Heilk., XIV, S. 282; *Politzer*, Ohrenh., S. 380. — [2] *Huschke*, Anat. B. 5, S. 908; *Toynbee*, Ohrenh., S. 228; *Zaufal*, A. f. Ohr. II, S. 175; *Eysell*, A. f. Ohr. VII, S. 208; *Lucae*, Berl. kl. Woch. 1872, S. 40. — [3] Ohrenh., S. 276. — [4] A. f. Ohr. XI, S. 215. — [5] A. f. Ohr. II, S. 196. — [6] *Magnus*, Virch. Arch. B. 20, S. 79. — [7] Wien. med. Z. 1862, Nr. 24 u. 27. — [8] A. d. Heilk., B. 14, S. 286. — [9] M. f. Ohr. XII, Nr. 7. — [10] *Weber-Liel*, M. f. Ohr. VI, Nr. 1.

Eine heftige Verkühlung, sowie starke Schalleinflüsse, werden von *Toynbee*[1]) und *Moos*[2]) als zuweilen vorkommende Ursachen einer rasch zunehmenden Gehörsverschlimmerung bezeichnet bei dem nachträglichen Sectionsbefunde einer Unbeweglichkeit des Stapes.

Subjective Symptome bei abnorm straffer Verbindung. Bei verminderter oder aufgehobener Beweglichkeit der Gehörknöchelchen findet sich eine mehr oder minder bedeutende Schwerhörigkeit vor.

Die Erscheinungen gleichen den bei Besprechung der Entzündung des Cavum tympani bereits erwähnten Symptomen. Hierher gehören auch eine rasche Ermüdung der Hörorgane und ein herabgesetztes Accommodationsvermögen.

Nach *Gruber*[3]) sollen die Patienten im Falle einer gehemmten Schwingungsfähigkeit der Gehörknöchelchen, beim Gebrauche des Hörrohres ein schlechteres Sprachverständniss aufweisen, als ohne Hörrohr. *Bing*[4]) nimmt an, dass bei der entotischen Benützung des Hörrohres, d. h. beim Sprechen durch den in den Tubencanal eingeführten Katheter, ein Urtheil möglich sei, ob die verminderte Schwingungsfähigkeit nur den Hammer und Amboss und nicht auch den Steigbügel betreffe. Nach der Anschauung *Bing's* wäre es nämlich möglich, dass der Steigbügel auf dem Wege der Ohrtrompete die Schallwellen direct zugeführt erhält und dadurch eine selbstständige Bewegung des Stapes eintreten kann. *Kessel*[5]) wies jedoch nach, dass ein entotisches Hören auch bei ankylosirtem Steigbügel erfolgt.

Selbst eine vollständige Unbeweglichkeit des Steigbügels ruft keineswegs immer eine complete Taubheit hervor, sondern bedingt manchmal nur eine hochgradige Schwerhörigkeit.[6])

So erwähnt auch *Voltolini*[7]) einen Fall von Stapes-Synostose, in welchem laut gesprochene Worte noch percipirt wurden. *Burckhardt-Merian*[8]) beobachtete sogar einen Fall von Unbeweglichkeit der Steigbügelplatte und bedeutender Verdickung der Membrana rotunda ohne auffällige Schwerhörigkeit.

Derartige Fälle lassen sich dahin deuten, dass eine Uebertragung der Schallwellen von den Knochenwandungen des Labyrinthes auf die Endäste des N. cochlearis erfolgt; nach *Voltolini*[7]) ist eine Schallleitung zum Labyrinthe durch die Membrana rotunda anzunehmen. Ein Ausweichen der Labyrinthflüssigkeit könnte hierbei, wie auch *Weber Liel*[9]) bemerkt, auf dem Wege des Aquaeductus cochlearis und Aq. vestibularis erfolgen. Der Anschauung *Lucae's* gemäss, wird der Gehörnerv durch Verdichtungs- und Verdünnungswellen in der Labyrinthflüssigkeit erregt, weshalb auch, wie ein Fall *Lucae's*[10]) erkennen lässt, trotz eines vollständig starren Verschlusses beider Labyrinthfenster, noch eine Schallperception, wenngleich kein Sprachverständniss, möglich ist. Der betreffende Patient hatte von den Kopfknochen aus die Glockentöne percipirt. Nach *Kramer*[11]) vermag sogar ein Verschluss beider Fenster nebst einem Abfluss der Labyrinthflüssigkeit keine absolute Taubheit zu erzeugen.

Claudius[12]) hebt hervor, dass eine Zuleitung der Schallwellen von verschiedenen Stellen der Kopfknochen auf das Labyrinthgehäuse eine Durchkreuzung der Wellen in der Labyrinthflüssigkeit herbeiführe und deshalb ein gesondertes Hören verschiedener Töne unmöglich machen müsse, wogegen Geräusche zur Perception gelangen können. Es würde sich damit die Beobachtung erklären, dass Patienten mit starren Labyrinthfenstern die Sprache zuweilen als Geräusch vernehmen.

Die Diagnose einer Ankylose der Gelenke der Gehörknöchelchen, oder der Synostose der Steigbügelverbindung im ovalen Fenster ist am

---

[1]) Ohrenh., S. 362.   [2]) A. f. Aug. u. Ohr. II, 1, S. 129. —   [3]) Ohrenh., S. 569. — [4]) M. f. Ohr. X, Nr. 8—10. — [5]) A. f. Ohr. XII, S. 173. — [6]) *Pappenheim*, *Toynbee*, s. *Toynbee*. Ohrenh., S. 292; Lond. med. Gaz. 1849, Febr. — [7]) M. f. Ohr. X, Nr. 11. — [8]) Z. f. Ohr. XI, S. 226. — [9]) M. f. Ohr. X, Sp. 74. [10]) Virch. Arch., B. 29, S. 33.   [11]) D. Klin. 1855, S. 390.   [12]) S. M. f. Ohr. II, Sp. 111.

Lebenden nur in dem Falle möglich, als man mit der Sonde eine Unbeweglichkeit der Gehörknöchelchen nachzuweisen vermag.

Lucae[1]) empfiehlt zu Stapes-Sondirungen einen rinnenförmig eingefeilten Sondenknopf, um ein Abgleiten der Sonde zu verhüten.

Selbstverständlich ist eine Sondirung nur bei einer gleichzeitig stattfindenden Ocularinspection vorzunehmen. Doch auch in diesem Falle darf man, anlässlich der geringen Beweglichkeit, welche den Gehörknöchelchen, besonders dem Steigbügel[2]), überhaupt zukommt, nicht auf deutliche objective Erscheinungen einer verminderten oder aufgehobenen Bewegungsfähigkeit der Gehörknöchelchen rechnen, sondern ist betreffs des Steigbügels häufig auf die nachstehend angeführten subjectiven Symptome während der Sondenuntersuchung angewiesen.

Bezüglich des Steigbügels gibt *Schwartze*[3]) an, dass sich aus einer Schmerzhaftigkeit gegen Berührung und aus den dabei auftretenden stärkeren subjectiven Gehörsempfindungen auf eine vorhandene Beweglichkeit des Stapes schliessen lässt, indess die Sondenberührung bei starrem Steigbügel weder einen stärkeren Schmerz noch besonders intensive Gehörsempfindungen erregt. Dasselbe gilt von der Erscheinung des Schwindels.[4])

Nach *Kessel*[5]) sind trotz einer bestehenden Steigbügel-Synostose, noch ausgiebige Schwingungen des Trommelfelles, sowie des Hammers und Ambosses möglich.

Behandlung. Je nach den der Fixation der Gehörknöchelchen zu Grunde liegenden Ursachen, ist auch die diesbezügliche Behandlung eine verschiedene und bald auf die Beseitigung des etwa bestehenden Paukenkatarrhs, bald gegen vorhandene Adhäsionen oder gegen eine hochgradige Retraction der Paukenmuskeln gerichtet. Im Erfordernissfalle kann der Versuch unternommen werden, durch Extraction des Hammers und Ambosses, oder einfacher des Ambosses allein, eine unbehinderte Schwingungsfähigkeit des Steigbügels zu ermöglichen.

Der Entfernung des Hammers muss stets eine Durchtrennung der Sehne des M. tens. tymp. vorausgehen und wenn möglich, ist auch früher noch eine Ablösung der Chorda tympani vorzunehmen. Der Hammer wird entweder mit einer kleinen Kornzange[6]) oder einfach mit dem Polypenschnürer[7]) gefasst und extrahirt, wozu mitunter eine ziemlich beträchtliche Gewalt erforderlich ist.

Zur Lösung einer Synostose der Steigbügelplatte mit dem ovalen Fenster wurde von *Kessel*[8]) eine Circumcision des Stapes am Lebenden vorgenommen und dieser Autor berichtet von einigen günstigen Fällen einer Mobilisirung des Steigbügels. Wie die Versuche an der Leiche ergeben, bieten sich einer Lösung der Stapesplatte aus ihrer starren Verbindung mit dem ovalen Fenster grosse Schwierigkeiten dar, indem beim einfachen Extractionsversuche eher die Schenkel abbrechen, als dass die Platte bewegt werden könnte. Es erübrigt daher nur die erwähnte Circumcision der Stapesbasis, eine Operation, welche am Lebenden im Falle einer consecutiven Eiterung und der dadurch gegebenen Möglichkeit eines Uebertrittes der eiterigen Entzündung auf das Labyrinth, als ein bedenklicher Eingriff zu betrachten ist. Es muss hierbei allerdings bemerkt werden, dass in den Fällen *Kessel's* keine heftigeren Reactionserscheinungen aufgetreten waren. — Aus den anatomischen Untersuchungen *Steinbrügge's*[9]) geht hervor, dass bei operativen Eingriffen im Bereiche des ovalen Fensters dessen oberer und besonders hinterer Rand, wegen der Nähe der Macula des Utriculus ver-

---

[1]) *Canst.* J. 1870. B. 1. S. 424. — [2]) Die Stapesbewegungen betragen nach *Helmholtz* 1/14 Mm., nach *Bezold* nur 1/25 Mm. (A. f. Ohr. XVI. S. 5 u. 37). — [3]) A. f. Ohr. V. S. 271. — [4]) *Bonnafont*, Traité etc., p. 504: *Weber-Liel*, M. f. Ohr. XIV, Nr. 1. — [5]) Naturf.-Vers. 1873, s. A. f. Ohr. VIII, S. 234. — [6]) *Schwartze*, A. f. Ohr. VIII, S. 230. — [7]) *Kessel*, Med. Ges. zu Graz, 1879, 27. Oct. — [8]) A. f. Ohr. XI. S. 212. XIII, S. 85. — [9]) Z. f. Ohr. X. S. 261.

mieden werden müssen, wogegen am unteren Rande nur ein mit Perilymphe erfüllter Raum besteht, so dass daselbst eine Punction des Lig. annulare am sichersten vorgenommen werden könnte.

Im Falle der **Steigbügel** nur schwer beweglich, jedoch nicht vollständig fixirt ist, kann vermittelst einer das Capitulum stapedis nach auf- und nach abwärts drückenden Sonde, die Herstellung einer **grösseren Beweglichkeit**, selbstverständlich nur unter Anwendung der grössten Vorsicht, versucht werden.

In einigen Fällen erzielte ich damit eine ziemliche Gehörsverbesserung. — *Michel*[1]) führte bei einem Patienten eine Sonde durch die künstlich angelegte Lücke des Trommelfelles in die Paukenhöhle bis zum Steigbügel und übte auf diesen einen Druck aus, worauf unmittelbar darnach eine bedeutende Gehörsverbesserung erfolgte.

V. Caries und Nekrose treten an den Gehörknöchelchen meistens consecutiv bei eiterigen Entzündungen des Cavum tympani auf, können jedoch ausnahmsweise auch primär [2]) vorkommen.

Die Entzündung des Knochengewebes kann durch Betheiligung des in die Gehörknöchelchen eindringenden periostalen Fortsatzes an einer Entzündung der Paukenmucosa begünstigt werden. [3])

In Folge des cariös-nekrotischen Processes gehen entweder einzelne Theile der Gehörknöchelchen, wie die Fortsätze des Hammers und Ambosses, zuweilen auch die Schenkel des Steigbügels zu Grunde, oder aber die Gehörknöchelchen werden als Ganze zerstört.

Wolf[4]) constatirte unter 266 Fällen von scarlatinöser Tympanitis purulenta 18mal eine Exfoliation von Gehörknöchelchen.

Bei ulceröser Destruction des Trommelfelles tritt zuweilen eine Nekrose des von der Membran zum grossen Theile ernährten **Hammergriffes** auf, während dieser andererseits sogar bei Vereiterung des Hammerkopfes, vom Trommelfelle allein ernährt und erhalten werden kann. Der **Amboss** fällt gleich dem Hammer sehr häufig einer Caries und Nekrose anheim.

Toynbee[5]) fand an einem Präparate die innere Fläche des Ambosskörpers und des langen Fortsatzes von vielen Oeffnungen durchsetzt, wie wurmstichig. — *Schwartze*[6]) beobachtete eine cariöse Anätzung des Ambosskörpers bei vollständig erhalten gebliebenen Fortsätzen. — Cariöse Lücken im Ambosse beschreibt bereits *Cassebohm*.[7])

Der **Steigbügel** wird am seltensten von Caries und Nekrose befallen und dann noch der Kopf, sowie die Schenkeln häufiger, als die Platte.

Eine nekrotische Ausstossung der Steigbügelplatte wurde von *Bock* (1 Fall)[8]) und von *Schwartze* (2 Fälle)[8]) beobachtet.

In einzelnen Fällen bleibt das **Trommelfell** trotz einer cariösen Zerstörung der Gehörknöchelchen **imperforirt**; so fand *Schwartze*[8]) eine Zerstörung des Ambosses, ja einmal sogar eine Ablösung des cariös erkrankten Hammers vom Trommelfelle, ohne Perforation.

Die **Diagnose** auf Caries und Nekrose kann nur bei directer Besichtigung, zuweilen erst bei Sondirung der Gehörknöchelchen, gestellt werden. Manchmal ist die Diagnose selbst an exfoliirten Gehörknöchelchen erst bei einer Lupenuntersuchung möglich, die an einem scheinbar normalen Knochengewebe osteoporotische Stellen nachweist. [9] Hartnäckige polypöse Wucherungen an den Gehörknöchelchen, wie

---

[1]) Z. f. d. med. Wiss. 1876, Nr. 42. — [2]) *Tröltsch*, A. f. Ohr. VI, S. 55; *Schwartze*, A. f. Ohr. II, S. 280, VIII, S. 226; *Wendt*, s. A. f. Ohr. VIII, S. 230; *Wolf*, Z. f. Ohr. X, S. 243. — [3]) *Moos*, A. f. Ohr. XII, S. 236. [4]) Z. f. Ohr. X, S. 239. — [5]) Ohrenh., S. 301. — [6]) Path. Anat., S. 88. — [7]) De aure hum., p. 62. — [8]) A. f. Ohr. VIII, S. 228. — [9]) *Schwartze*, Naturf.-Vers. 1873, s. A. f. Ohr. VIII, S. 226.

solche besonders am Hammergriffe nicht selten angetroffen werden, rufen den Verdacht auf eine bestehende cariös-nekrotische Erkrankung wach. Manchmal macht eine schwarze Färbung der cariös-nekrotischen Theile der Gehörknöchelchen auf das bestehende Knochenleiden aufmerksam. Ein vom Amboss luxirtes, schwarz gefärbtes Capitulum stapedis, tritt in solchen Fällen, wie *Schwartze* (l. c.) bemerkt, mitunter deutlich aus der gelblichen Eitermasse als schwärzlicher Punkt hervor.

Die Behandlung erfolgt zum grossen Theil mit den gegen Otorrhoe benützten Mitteln: eine ausgedehntere cariös-nekrotische Erkrankung des Hammers oder Ambosses kann dessen Extraction erfordern.

VI. Neubildungen. 1. Exostose. Von den übrigen, die Gehörknöchelchen befallenden Erkrankungen wären vor Allem die Exostosen anzuführen, die vorzugsweise am Ambosse, und zwar an dessen innerer Fläche[1]) auftreten. *Toynbee*[2]) fand kleine Knochenauswüchse am Hammerkopfe. Exostosen am Hammergriffe erwähnen *Toynbee*[3]) und *Schwartze*.[4]) *Eysell*[5]) beschreibt einen Fall, in welchem dem langen Ambossschenkel drei spitze Osteophyten aufsassen.

2. Enchondrom. Wie *Schwartze*[6]) angibt, scheinen sich bei stark contrahirtem Trommelfelle am prominenten Proc. brevis mallei häufig Enchondrome zu bilden.

3. Angiom. Als selbstständige Neubildung der Gehörknöchelchen beobachtete *Buck*[7]) ein cavernöses Angiom, das dem Manubrium mit einem dünnen Stiele aufsass.

Consecutiv werden die Gehörknöchelchen von den verschiedenen in der Paukenhöhle auftretenden Neubildungen befallen.

Erkrankung der Muskeln der Paukenhöhle.

Die Paukenmuskeln können infolge einer Bildungsanomalie fehlen, an einer Erkrankung der Paukenhöhle theilnehmen, sowie durch eine Affection der Tubenmuskeln oder durch eine solche der sie innervirenden Nerven, nämlich des Trigeminus und Facialis, in einen pathologischen Zustand versetzt werden. Dieser äussert sich seltener in einer Hypertrophie, häufiger in einer Atrophie, fettigen oder bindegewebigen Entartung des M. tens. tymp. und M. stapedius.

Nach *Schwartze*[8]) finden sich beim Stauungskatarrh innerhalb der Muskeln Blutextravasate, auch Hämatome an der Sehne des Tensor tympani, vor. Eine eiterige Zerstörung wird zuweilen bei der Tympanitis purulenta, an der Sehne des Tens. tymp. oder des Stapedius angetroffen.

1. **Erkrankung des Musc. tensor tympani.** Die beim chronischen Paukenkatarrh sich bildende secundäre Retraction der Sehne des Musc. tens. tymp. wurde bereits S. 227 erwähnt; Verkürzungen der Sehne können ausserdem noch durch Adhäsionsvorgänge in der Paukenhöhle zu Stande kommen.

Der Einfluss des Tensor veli auf den Tensor tympani findet in den bereits besprochenen anatomischen Verhältnissen dieser beiden Muskeln zu einander, seine Erklärung. Nach *Weber-Liel*[9]) ist ein grosser Theil der mit Schwerhörigkeit und Ohrensausen einhergehenden Erkrankungen des Mittelohres, auf einen pathologischen Zustand der Tubenmuskeln, auf deren Verfettung, Parese etc. zu beziehen, indem dadurch eine consecutive Affection des M. tens. tymp., wie Verfettung oder bindegewebige Entartung dieses Muskels herbeigeführt wird.

In der Synergie dieser beiden Muskeln, des Tensor veli und Tensor tympani,

---

[1]) *Tröltsch.* A. f. Ohr. VI. S. 55. — [2]) Ohrenh. Uebers.. S. 284. — [3]) L. c. S. 228. — [4]) Path. Anat. S. 92. — [5]) A. f. Ohr. VII. S. 208. — [6]) L. c. S. 93. — [7]) A. f. Aug. u. Ohr. II. 1, S. 182. — [8]) L. c. S. 93. — [9]) Progr. Schwerh., Berlin 1873.

liegt andererseits nach *Moos*[1]) die Erklärung, dass selbst in einem Falle, in welchem der Tensor tympani zeitlebens für das Hören nicht functionirt hat, doch ein mikroskopisch normales Verhalten seiner Muskelfasern bestehen kann. — Der Einfluss des M. tens. veli und M. pteryg. int. auf den Tensor tympani tritt unter Anderem beim Essen, Gähnen, sowie bei einer seitlichen Verschiebung des Unterkiefers hervor, da diese Bewegungen einen bereits stärker contrahirten M. tens. tymp. noch weiter anzuspannen vermögen und dadurch vermehrte Ohrengeräusche, Schwerhörigkeit und Schwindel bedingen können.

Bereits *Fick*[2]) beobachtete bei starken Contractionen der Kaumuskeln einen singenden Ton im Ohre, den dieser Autor auf eine Mitbewegung des Tensor tympani bezog. — In einem von *Moos*[3]) mitgetheilten Falle fand bei jeder Kaubewegung eine Einziehung des linken Trommelfelles statt. Mitbewegungen des M. tens. tymp. bei Contractionen des Tens. veli (s. S. 202) beobachteten *Schwartze*[4]), *H. Burnett*[5]) u. A.

Klonische Krämpfe des Tens. tymp. mit[6]) oder ohne[7]) sichtbare Mitbewegung des Tensor veli wurden wiederholt vorgefunden.

Leudet[7]) erwähnt einen Fall von Trigeminus-Neuralgie mit rhythmischem Krampfe des Tensor tympani. — *Wolf*) beobachtete drei Fälle von unwillkürlicher Contraction des Tens. tymp. mit Einziehung des Trommelfelles und einem selbst Monate lang anhaltenden, continuirlichen, knackenden Geräusche im Ohre. — In dem Falle von *Blau*[7]) bestanden dagegen, trotz der ersichtlichen ruckweise stattfindenden Einwärtsziehung des Trommelfelles, keine subjectiven Gehörsempfindungen.

Behandlung. Eine andauernde Verkürzung der Sehne des M. tens. tymp., welche durch die beim chronischen Paukenkatarrh besprochenen Behandlungsmethoden nicht verbessert werden kann, erfordert schliesslich die Vornahme der Tenotomie des Tensor tympani[8]) (s. S. 45), um die von der Retraction dieses Muskels abhängige pathologische Stellung des Schallleitungsapparates zu beheben. Die Tenotomie vermag vor Allem auf die Symptome von Schwindel und subjectiven Gehörsempfindungen einen günstigen Einfluss zu nehmen, im Allgemeinen weniger wirksam erweist sich die Operation betreffs der Besserung der Schwerhörigkeit.[9])

Nach *Bezold*[10]) wird durch die Tenotomie des Tens. tym. die Auswärtsbewegung des Schallleitungsapparates, nicht aber dessen Incursion vergrössert.

Wie ich aus einer Reihe von Fällen der verflossenen 5 Jahre ersehe, kann die Tenotomie des Tensor tympani eine bleibende Besserung der oben angeführten Symptome von Schwindel, subjectiven Gehörsempfindungen, zuweilen auch der Schwerhörigkeit herbeiführen; in anderen Fällen zeigt sich dagegen der Effect als ein nur vorübergehender, so dass im Verlaufe von mehreren Wochen oder Monaten, trotz regelmässig geübter Lufteinblasung in die Paukenhöhle (behufs Verhinderung einer Wiederverwachsung der durchschnittenen Sehnenstücke), allmälig der frühere Zustand, wie vor der Operation eintritt. Immerhin dürfte die Tenotomie des Tensor tympani bei den Erscheinungen von hochgradiger Retraction des Hammergriffes (s. S. 121) angezeigt sein, besonders wenn sich die durch längere Zeit hindurch angewendeten Lufteintreibungen ins Mittelohr, eventuell die Tubarbougirungen erfolglos erweisen.

Bei Vornahme der Tenotomie in der Chloroformnarkose beobachtete ich zu wiederholten Malen, dass die Patienten nach dem Erwachen aus der Narkose auffällig

---

[1]) A. f. Aug. u. Ohr. III. 1. S. 95 (Beobachtung an einem 64jähr. Taubstummen). — [2]) Canst. J. 1851. B. 1. S. 162. — [3]) A. f. Aug. u. Ohr. II. 1. S. 131. — [4]) A. f. Ohr. II. S. 4. — [5]) Philadelph. med. Times. 1875. s. A. f. Ohr. X. S. 220. — [6]) Bonnafont, Traité etc. 1873. p. 270. — [7]) Leudet, Gaz. méd. de Paris, 1869. Nr. 32, 35; Wolf, A. f. Aug. u. Ohr. II. 2. S. 63; Blau A. f. Ohr. II. S. 261. [8]) Zuerst von Weber-Liel am Lebenden ausgeführt (A. f. Ohr. II. Sp. 52); Hart hatte die Operation in seiner Topograph. Anat. (1847, B. 1. S. 277) in Vorschlag gebracht.
[9]) Vergl. Weber-Liel, M. f. Ohr. XII. Sp. 93. — [10]) A. f. Ohr. XVI. S. 24.

gut hörten. Eine vor der Operation hochgradig schwerhörig gewesene Patientin, die nur laut ins Ohr gesprochene Worte verstanden hatte, war eine Stunde nach der Tenotomie im Stande, dem Gespräche ihrer Begleiterin auf der Gasse mit Leichtigkeit zu folgen. Am nächsten oder zuweilen erst am zweiten und dritten Tage, und zwar auch im Falle einer noch bestehenden Perforation des Trommelfelles und der nachweislich vollständigen Durchtrennung der Sehne des Tens. tymp., kann die Gehörsverbesserung wieder zurückgehen, wie dies auch bei der erwähnten Patientin der Fall war. Wahrscheinlich handelt es sich hierbei um eine durch das Chloroform herbeigeführte **Hyperaesthesia acustica**.

Als **objectives Zeichen** einer gelungenen vollständigen **Durchschneidung der Sehne des Trommelfellspanners**, wäre der Mangel eines Widerstandes bei der Sondirung mit einer rechtwinkelig gekrümmten und parallel dem Hammergriff in der Paukenhöhle bis nach aufwärts geführten Sonde, hervorzuheben, ferner die leichte Beweglichkeit des Trommelfelles bei Luftdruckschwankungen im Ohre. Als ein vollständig verlässliches Zeichen einer gelungenen Operation glaube ich den, nach der Operation nicht mehr nachweisbaren Einfluss des M. tens. veli auf den Tens. tymp., nämlich den Ausfall einer früher bestandenen Veränderung der Gehörsperception im Momente einer Anspannung der Tubenrachenmuskeln (s. S. 202), ansprechen zu können.

Politzer[1]) gibt an, dass die Durchschneidung des Lig. mallei anter. (s. S. 201) knapp vor dem Proc. brevis, eine Auswärtsstellung des Hammergriffes bewirkt und diese Operation demnach bei vermehrter Retraction des Hammergriffes ihre Indication finden kann.

2. **Erkrankung des M. stapedius.** Gleich dem M. tens. tymp., kann auch der M. stapedius eine Reihe von Veränderungen, wie Verfettung oder bindegewebige Entartung eingehen und durch Retraction seiner Sehne theils die Bewegungsfähigkeit des Steigbügels herabsetzen, theils eine abnorme Lage der Stapesplatte im ovalen Fenster veranlassen.

Es wäre meiner Ansicht nach möglich, dass ein vom M. stapedius auf den Steigbügel ausgeübter **starker Zug** in der Weise auf die Stapes-Bewegungen einwirkt, dass der Steigbügel keineswegs aus dem Foramen ovale herausgehoben, sondern nur noch tiefer in den Vorhof hineingepresst wird. Ein solcher Vorgang könnte in solchen Fällen stattfinden, in denen ein unbeweglicher Amboss-schenkel dem vom Steigbügel auf ihn einwirkenden Druck nach aussen nicht nachgibt. Während der M. stapedius bei seiner Contraction normaliter den vorderen Theil der Stapesplatte aus dem ovalen Fenster heraus-, den hinteren Abschnitt der Platte in das Vestibulum hineindrängt, wird dagegen bei starrem Amboss-schenkel eine Auswärtsbewegung der Platte nicht möglich sein, sondern der Steigbügel wird am Amboss-schenkel sein Hypomochlion finden, das eine weitere Einwärtspressung der Platte ins Vestibulum herbeiführt. Dass ähnliche Verhältnisse obwalten können, lehrte mich ein Fall, in welchem ich nach der Durchschneidung der Sehne des M. stapedius eine Aufhebung der früher bestandenen, starken subjectiven Gehörsempfindungen erzielt habe, die also nur auf eine Verminderung der vor der Operation stärker vorhanden gewesenen pathologischen Stellung im Schallleitungsapparate zurückgeführt werden kann.

Bei nachweislich starker Retraction der Sehne des M. stapedius empfiehlt *Kessel*[2]) deren **Durchschneidung**, welche Operation bei günstigen topographischen Verhältnissen, bei denen die Insertionsstelle der Sehne an den Stapes im Gesichtsfelde liegt, leicht ausgeführt werden kann.

Die Tenotomie des M. stapedius wurde zuerst von *Kessel*[3]) mit günstigem Erfolge vorgenommen und später von mir[4]) an zwei Fällen mit ebenfalls gutem Resultate ausgeführt. In meinen beiden Fällen waren die continuirlichen subjectiven Gehörsempfindungen nach der Operation bleibend zurückgegangen. Die Gehörsverbesserung war eine beträchtliche und bei der einen Patientin von Uhr 0 ad concham auf 40 Cent.

---

[1]) Ohrenh. S. 438. — [2]) A. f. Ohr. XI. S. 199. — [3]) Wien. Med. Pr. 1877. Nr. 18—21.

gestiegen; in ähnlicher Weise hatte das Sprachverständniss eine Verbesserung, von lauten Worten bei drei Schritte Entfernung bis auf scharfe Flüstersprache bei vier Schritte Abstand vom Ohre, erfahren. Im zweiten Falle war ebenfalls eine erhebliche Besserung erfolgt, die sich auch am anderen, nicht operirten Ohre geltend machte. Interessanter Weise waren in beiden Fällen die früher bei jedem Versuche zu lesen, schreiben, nähen etc. aufgetretenen heftigen Kopfschmerzen, nach der Operation nicht weiter erschienen und ferner die bei der Patientin seit circa einem Jahre vorhanden gewesenen Schmerzen und eine enorme cutane Hyperästhesie der betreffenden Schädelhälfte geschwunden. In einem anderen Falle hatte die Tenotomie des M. staped. keine Wirkung ergeben.

Bei vorhandener Beweglichkeit des übrigen Leitungsapparates muss der Tenotomia stapedia die Durchschneidung der Sehne des Tens. tymp. vorausgeschickt werden, da sonst dieser letztere Muskel seinen, durch den M. stapedius normaler Weise geschwächten Einfluss auf die Einwärtsdrängung der Steigbügelplatte in den Vorhof frei entfalten könnte.

Nach *Bezold*[1]) steigert die Durchschneidung der Sehne des M. stapedius die Incursion.

In Anbetracht der gegenwärtig noch meistens unverlässlichen Indicationen zu der Tenotomie des M. stapedius und der geringen Erfahrungen, die über die genannte Operation vorliegen, muss dieselbe vorläufig als ein **ganz unsicherer therapeutischer Versuch** bezeichnet werden und der Operateur hat in dem einzelnen Falle auch die Möglichkeit eines ungünstigen Einflusses der genannten Operation zu erwägen.

3. **Accommodationsstörung.** *Lucae*[2]) fand bei Schwerhörigen bald eine abnorme **Tiefhörigkeit**, bald eine anormale **Hochhörigkeit**, d. h. eine abnorm starke Gehörserregung einmal durch tiefe, ein andermal durch hohe Töne. Die Tiefhörigkeit soll nach *Lucae* durch Zug des Trommelfelles nach aussen (Luftverdichtung in der Paukenhöhle, beziehungsweise Luftverdünnung im äusseren Gehörgang), die Hochhörigkeit durch Einwärtsdrängung der Membrana tympani (mittelst Luftverdichtung im äusseren Gehörgange) einer Besserung zugeführt werden können. Bleibende Erfolge habe ich damit bisher nicht erzielt.

VI. CAPITEL.
Der Warzentheil (Pars mastoidea).
A) Anatomie und Physiologie.

I. Entwicklung. Der Warzenfortsatz bildet sich nach *Cuvier*[3]), *Ocken*[3]) und *Hallmann*[4]) gesondert. *Hallmann* fand den Proc. mastoideus im 4. Embryonalmonate als ein Knöpfchen am Bogen des hinteren halbzirkelförmigen Canales, welches von diesem leicht wegzukratzen sein soll. *Weber*[5]) sieht dagegen den Warzenfortsatz für einen Bestandtheil des Bogengänge selbst an, welcher im 4. und 5. Monate in Form zweier kleiner Schüppchen den Bogengang schliessen hilft. Der Knochenkern des Proc. mastoideus tritt im 4. Monate gleichzeitig mit dem des horizontalen Bogenganges auf; dagegen kommt dem Warzenfortsatze nach *Meckel*[6]) und *Ludwig Joseph*[7]) kein besonderer Knochenkern zu. Den Untersuchungen *Trolik's*[8]) und *Kiesselbach's*[9]) zufolge entsteht die Pars mastoidea aus einem hinteren und einem vorderen Knochenpunkte. Wie schon *Meckel*[6]) bemerkt, findet die allerdings sehr selten bleibende Trennung des Zitzentheiles vom übrigen Schläfenbein[10]) in der selbstständigen Entwicklung des Zitzentheiles ihre Erklärung. *Meckel* traf eine solche Trennung unter 250 Schädeln einmal; auch *Kiesselbach*[9]) beschrieb einen einschlägigen Fall. Unvollkommene

---

[1]) A. f. Ohr. XVI. S. 27. — [2]) Berl. kl. Woch. 1874. Nr. 16.   [3]) *S. Bischoff* in *Sömmering's* Anat. 1842. B. 7. S. 399. — [4]) Vergl. Ost. d. Schläfenb. 1837.
[5]) A. f. Phys. 1820. B. 6. S. 429. — [6]) Z. f. rat. Med. 1866, B. 28. S. 101.
[7]) Niederl. A. f. Zool. 1873, I. H. 3. — [8]) A. f. Ohr. XV. S. 258.   [9]) *Meckel's* Arch. 1815, B. 1. S. 636. — [10]) Fall von *Kelch*, Beitr. z. path. Anat. 1813, cit. v. *Meckel*.

Nähte werden besonders am Zitzentheile öfter vorgefunden (s. unten). Nach den von *Schwartze* und *Eysell*[1]) angestellten Messungen besitzt der Proc. mastoideus im 5. Embryonalmonate eine Länge von 4 Mm., eine Höhe von 3 Mm., eine Tiefe von 2 Mm., im 8. Monate 8, 7 und 5 Mm. Die zelligen Räume des Warzenfortsatzes sind zur Zeit der Geburt auf ein, in der Höhe des Hammer-Amboss-Gelenkes, einige Millimeter hinter diesem, gelegenes Antrum (Antrum mastoideum sc. Valsalvae, Sinuositas mastoidea, *Casseboltm*) beschränkt, das sich theils in die Schuppe, theils in den noch sehr unentwickelten Proc. mastoideus hineinbuchtet. Die Warzenhöhle ist im 1. Lebensjahre prismatisch, später eiförmig.

Das Antrum ist von einer Fortsetzung der Paukenhöhlenschleimhaut bekleidet und anfänglich noch blind abgeschlossen. Nach *Hyrtl's*[2]) Untersuchungen an Corrosionspräparaten gelangt die in das Antrum Valsalvae eingespritzte Flüssigkeit nicht in die spärlich vorhandenen Warzenzellen hinein. Diese sich später entwickelnden Cellulae mastoideae enthalten entweder einen vom Antrum Valsalvae sich fortsetzenden Schleimhautüberzug und stehen mit dem Antrum in directer Communication oder aber eine solche Vereinigung findet nicht statt, sondern der ursprüngliche Mucosa-Ueberzug des Antrum bildet am Eingange in die Warzenzellen einen bleibenden häutigen Verschluss, wie ihn zuerst *Huschke*[3]) und *Zoja*[4]) beschrieben haben. Einen solchen Abschluss des Antrum mastoideum gegen die Paukenhöhle fand ich ebenfalls in mehreren Fällen. *Hyrtl*[2]) hebt hervor, dass die Cell. mastoideae trotz dieses Verschlusses pneumatisch bleiben können, da sie noch andere Zugänge vom Cavum tympani aus besitzen; sollten auch letztere nicht vorhanden sein, so gestattet, meiner Ansicht nach, das dünne Abschlusshäutchen der Luft jedenfalls den Durchtritt.

Die Entwicklung des Proc. mast. schreitet erst nach der Geburt rasch fort und erweist sich dabei als individuell ausserordentlich verschieden, so zwar, dass die beiden Warzenfortsätze, selbst bei demselben Individuum, an Gestalt und Grösse häufig nicht übereinstimmen.[5])

Nach den Untersuchungen *Kiesselbach's*[6]) entwickelt sich der Proc. mastoideus zunächst nach aussen und hinten und erst später auch nach unten; dabei wächst der mastoideale Schuppentheil nach hinten und unten fort und bildet einen beträchtlichen Theil der äusseren Deckplatte des Antr. mastoideum.

Hartmann[7]) beobachtete eine Abnahme der Dicke der das Antrum mastoideum von der hinteren Schädelgrube trennenden Knochenwand (von 4 Mm. bei Neugeborenen, auf 1—2 Mm.), ein Zeichen, dass sich die Höhle zum Theile durch Resorption der Wandung von der Innenfläche aus vergrössert.

Die Entfernung des Warzenfortsatzes vom Foramen stylo-mastoideum betrug an den Präparaten *Kiesselbach's*:[8]) bis zum vierten Monate post partum rechts 4·6, links 4·5; bis zum Ende des zweiten Jahres 7·4 (rechts) und 7·3 (links); im dritten Jahre 8·1 (rechts) und 8·3 (links); im vierten Jahre 9·3 (rechts) und 9·5 (links); im fünften Jahre 9·4 (rechts) und 9·8 (links); im sechsten Jahre 11·0 (rechts) und 10·6 (links); im siebenten Jahre 10·6 (rechts) und 10·9 (links); im 8.—10. Jahre 11·8 (rechts) und 11·5 (links); im 11.—15. Jahre 13·5 und 13·9; im 16.—19. Jahre 17·5 (rechts) und 15·8 (links). Die Grösse des Warzenfortsatzes ist übrigens auch bei den verschiedenen Racen eine sehr ungleiche; so besitzen nach *Welcker*[9]) die Neger einen kleinen, die Mongolen einen grossen Warzenfortsatz. Dagegen dürfte die Stärke der am Warzenfortsatze inserirenden Muskeln kaum den ihnen zugedachten Einfluss auf die Grösse des Proc. mast. nehmen.

II. Anatomie. Die Pars mastoidea besitzt eine äussere verschieden stark convexe und eine innere concave Fläche. Nach hinten ist sie mit dem Occiput, nach oben mit dem Seitenwandbein, mittelst Nähte verbunden: nach vorne grenzt sie an die Schuppe und den Felsentheil, zwischen denen

---

[1]) A. f. Ohr. VII, S. 165. — [2]) Corrosions Anat. 1873, S. 49 u. f. — [3]) *Sömmering's* Anat. B. 5, S. 832. — [4]) Ann. univ. 1864, B. 188, S. 241, s. *Schmidt's* J. B. 125. S. 33. — [5]) Nach *Zoja* (l. c.) ist meistens der rechte Proc. mast. der längere, der linke der breitere. — [6]) A. f. Ohr. XV, S. 259—263. — [7]) A. f. Aug. u. Ohr. VIII, 1, S. 485; A. f. Chir. B. 21. — [8]) S. A. f. Ohr. VII, S. 163.

sich anfänglich ebenfalls Nähte, nämlich die **Sutura mastoideo-squamosa**[1] und die **S. petroso- (tympanico-) mastoidea** befinden, an deren Stelle später eine partielle oder totale Knochenverschmelzung eintritt. Der Warzentheil geht nach unten in den sogenannten Warzenfortsatz über, dessen freies Ende eine Rinne (**Incis. mastoidea**) besitzt.

In dieser Incisur befindet sich die Ansatzstelle des M. digastricus, während sich weiter unten an der Spitze des Proc. mast. der M. sterno-cleido-mastoideus inserirt; an dem die Incisur nach innen begrenzenden Kamm verläuft die Art. occipitalis in einem Sulcus eingebettet. Am oberen oder hinteren Rande der Pars mastoidea werden mehrere Canäle, zuweilen nur einer, angetroffen; manchmal wird die Sutura mast. occipitalis von einem Canale durchzogen. Durch diese **Foramina mastoidea** stehen die äusseren Gefässe mit der Dura mater, sowie die äusseren Schädelvenen mit dem Sin. transversus in anastomotischer Verbindung. In einzelnen Fällen findet sich überhaupt kein For. mast. vor[2], während es ein andermal wieder eine bedeutende Weite besitzt und für das For. jugulare vicariirt.[3]

Die innere Oberfläche der Pars mastoidea enthält die **Fossa sigmoidea** (Sulcus sinus transversi), die mit einer nach vorne und oben gerichteten Convexität nach rückwärts in den Sulcus transversus (occipitalis), nach vorne in die Fossa jugularis übergeht. Der Sulcus transversus kann fehlen oder nur schwach angedeutet sein, wobei sich das venöse Blut in den bedeutend erweiterten Canalis mastoideus ergiesst[4] und zum grossen Theile in das Gebiet der V. jugul. ext. gelangt, was einem im fötalen Zustande vorkommenden Verhältnisse entspricht.

In die Fossa sigmoidea mündet der an der oberen Kante der Pyramide verlaufende Sulcus petros. sup., welcher den Sin. p. s. enthält.

Begrenzung. Von der Paukenhöhle führt der in der Höhe des Hammer-Ambossgelenkes befindliche Aditus ad proc. mastoideum ins Cavum mast. Die äussere und die obere Wand der Paukenhöhle erstrecken sich bis in die Warzenhöhle und begrenzen diese nach aussen und oben. Die vordere Wand des Antrum mastoideum ist zugleich die hintere Wand des Cavum tympani und des knöchernen Gehörcanales; innen und unten führen der Canal. semicircularis horizont. und der Can. Fallopiae eine Verengerung des Aditus herbei.

Warzenzellen. Der Proc. mastoideus enthält horizontal liegende Zellen, die sich hinter dem Hammer-Ambossgelenke ausbreiten, und ferner verticale Zellen, welche sich nach abwärts in die Warzenhöhle erstrecken.

Ein Zusammenhang der Warzenzellen mit den zelligen Räumen des Felsenbeines wurde von *Zoja*[5] und *Engel*[6] beobachtet. *Hyrtl*[7] vermochte an Corrosionspräparaten den Zusammenhang der Warzenzellen mit der Diploe der Pyramidenspitze nachzuweisen; nach *Hyrtl* bilden die Zitzenzellen mit den im Felsenbein vorkommenden Zellen ein gemeinsames pneumatisches System, in welches das knöcherne Labyrinth eingesetzt ist. Nach *Hallmann*[8] erstrecken sich die Cell. mastoideae bei Manis bis in die Schuppe, bei Brodypus in den Jochfortsatz, bei Elephas ins Occiput, bei Myrmecophaga jub. in den Proc. pterygoideus.

Die Längenaxe der Warzenzellen entspricht der Richtung des Canal. musc.-tubarius; in einem Falle fand sie *Bezold*[9] beiderseits dem äusseren Gehörgange parallel. *Schwartze* und *Eysell*[10] theilen die Cellulae mastoideae in zwei Gruppen ein, von denen

---

[1] *Gruber*, Wien. med. Woch., 1867. — [2] *Lincke*, Ohrenh. I. S. 52; *Schwartze*, A. f. Ohr. I. S. 258; *Orne Green* (Am. Journ. of Otol. III, Nr. 2.) fand unter 32 Fällen 5mal kein For. mast. vor. — [3] *Kustoff* (Z. f. d. ges. Med. 1844. B. 25. S. 5) beobachtete an Selbstmördern und Irren an Seite der sehr verengten Ven. jugul. sehr weite und mehrere Emissaria Santorini; *Zaufal*, Wien. med. Woch. 1868, Nr. 40 u. 41.
[4] *Henle*, Anat. B. I. S. 136; *Bezold*, M. f. Ohr. VIII, Sp. 6; *Zuckerkandl*, M. f. Ohr. VII, Sp. 105. — [5] L. c. [6] Prag. ¹, Jahresschr. 1863, S. 28. [7] *Corros.*, S. 49. — [8] Vergl. Ost. d. Schläfenb. 1837. S. 12. [9] M. f. Ohr. VII. Sp. 135. — [10] A. f. Ohr. VII. S. 167 u. f.

die erstere dem Schuppenbeine, die letztere der Pyramide angehört; dieselben werden
durch eine Knochenlamelle in grössere, nach hinten gelagerte Pyramidenzellen
und in kleinere, nach vorne befindliche Squamazellen geschieden; die Knochenlamelle entspricht der aussen sichtbaren Trennung des Warzentheiles durch die Fissura
mastoidea und petroso-squamosa. Denselben Beobachtern zufolge sind die Axen der
Warzenzellen zu der Warzenhöhle radienartig angeordnet und enthalten gegen die

Fig. 65.   Fig. 66.

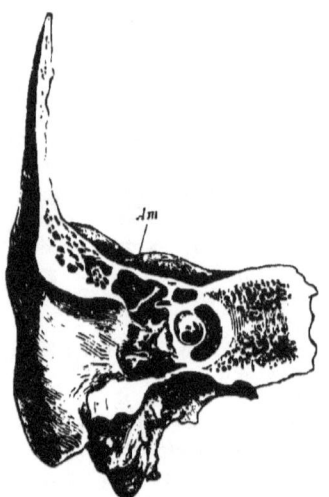
Ansicht der hinteren Wand der
Paukenhöhle mit dem Eingange in
das Antrum mastoideum. — *Am*
Aditus ad antrum mastoideum.

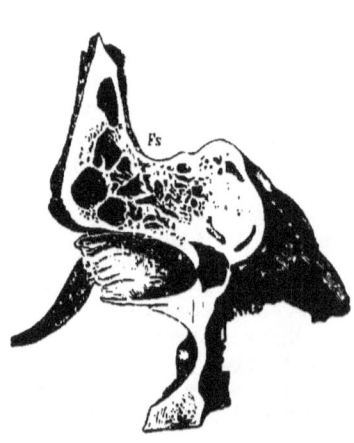
Längendurchschnitt durch den Proc.
mastoideus und durch den knöchernen
äusseren Gehörgang. — *Fs* Fossa
sigmoidea.

Peripherie immer grössere Zellen[1]), deren Grösse daher auch mit der Längenaxe
zunimmt.

Je nach der Grösse der Zellen gestaltet sich die Dicke der
äusseren Knochenwand verschieden. Sie erscheint bald mehrere
Millimeter dick (7—11 Mm.)[2]), bald wieder papierdünn, dem Fingerdrucke
nachgebend[3]); im Allgemeinen ist der obere Theil der äusseren Lamelle
dicker als der untere, nur an der Spitze selbst findet sich wieder eine
etwas dickere Lamelle vor.[4]) Die Spitze des Warzenfortsatzes
enthält nicht selten eine diploëtische Substanz, welche von den eigentlichen Cellulae mastoidae vollständig getrennt ist.[5]) *Zoja*[2]) beobachtete im
Inneren des Warzenfortsatzes unter 68 Fällen 12mal bilateral, 9mal uni-
lateral ein diploëtisches Gewebe, gleich der Diploë der anderen Schädel-
knochen. *Zuckerkandl*[6]) unterscheidet ebenfalls pneumatische und
diploëtische Warzenzellen, und zwar fand der genannte Autor in
einer Reihe von Fällen den ganzen Proc. mastoideus im Innern pneumatisch
(36·8%), ein andermal beinahe nur diploëtisch (20%), endlich zum Theil

---

[1]) *Lincke*, Ohrenh. I, S. 154. — [2]) *Zoja*, s. *Schmidt's* J., B. 125, S. 33. —
[3]) *Cruveilhier*, s. A. f. Ohr. VII, S. 172; *Wildermuth*, Z. f. An. u. Ent. B. 2. —
[4]) *Schwartze* u. *Eysell*, l. c. — [5]) M. f. Ohr. XIII, Nr. 4.

pneumatisch, zum Theil diploëtisch ($42 \cdot 8^0{}_0$). Die apneumatischen Räume sind mit einer Flüssigkeit [1]) oder, nach *Zuckerkandl*, mit Fettgewebe erfüllt. Von dem Innern des Warzenfortsatzes führt ein gefässhältiger Canal (Canalis petroso-mastoideus)[2]) unter den Boden des Semican. sup. zur Fossa subarcuata [3]) in die Schädelhöhle. Arterielle Gefässe erhält die Warzenhöhle durch die von der Art. mening. med. abgehenden Rami perforantes und vermittelst kleinerer Zweige der den Can. Fallopiae durchziehenden Art. stylo-mastoidea. An der äusseren Oberfläche des Proc. mast. verlaufen die Art. et Ven. aur. post., gleich dem N. aur. magnus, dicht hinter der Ohrmuschel nach aufwärts. Die Zellen des Warzenfortsatzes beziehen ihre Nerven von der Paukenhöhle; als Passanten wären der N. facialis, die Chorda tympani und ein Ast des N. vagus anzuführen.

III. Physiologie.
Der den pneumatischen Warzenzellen zugeschriebene Einfluss auf die Resonanzverhältnisse des Mittelohres*) wird von *Hyrtl*[5]) bestritten. Wie *Rinne*[6]) annimmt, haben die Warzenzellen excessive Luftdruckschwankungen in der Paukenhöhle zu verhüten. Nach *Mach* und *Kessel*[7]) darf das Cavum tympani nicht unter ein gewisses Mass sinken, wenn Druckvariationen von einer bestimmten Grösse, Trommelfellschwingungen von ebenfalls bestimmter Grösse hervorbringen sollen. Bei geringer Tiefe der Paukenhöhle würden schon durch kleine Trommelfell-Excursionen bedeutende Expansivkräfte der eingeschlossenen Luft geweckt, die einer weiteren Vergrösserung der Schwingungen entgegenwirken. Demzufolge sei besonders für tiefe Töne ein gewisser Rauminhalt und eine bestimmte Tiefe des Cavum erforderlich, weshalb auch aus diesem Grunde den Cell. mast. eine acustische Bedeutung zugesprochen werden müsse. Durch die pneumatischen Warzenzellen soll ferner, wie schon *Rinne* annimmt, die im Mittelohre befindliche Luft Gelegenheit haben, sich über einen grösseren Raum auszubreiten, weshalb auch die Cell. mast. als ein Schutzorgan der Paukenhöhle zur Hintanhaltung einer allzu starken intratympanalen Drucksteigerung anzusehen wären. Dagegen können die Zellen, wie *Schwartze* und *Eysell* hervorheben, das Trommelfell gegen starke äussere Schalleinflüsse nicht schützen, da dasselbe in diesen letzteren Fällen nach innen gedrängt wird. Die relative Häufigkeit des Vorkommens von reichlichem diploëtischem Gewebe, mit beträchtlicher Reducirung des eigentlichen pneumatischen Raumes, bei sonst normalem Verhalten des Gehörorganes, spricht wohl gegen eine besondere physiologische, beziehungsweise acustische Bedeutung der pneumatischen Warzenzellen.

B) Pathologie und Therapie.

I. Anomalie der Grösse.
1. Abnorme Grösse. Betreffs der Grösse der Warzenzellen wurde schon oben auf deren bedeutende Verschiedenheit hingewiesen. In Folge eines Schwundes der die einzelnen Zellen trennenden Septa kann das Innere des Proc. mast. schliesslich in eine einzige grosse Höhle umgewandelt werden. Ein abgeschlossener oder mit den höher gelegenen Zellen nur durch eine kleine Lücke verbundener Hohlraum nimmt nicht selten die Spitze des Proc. mast. ein.

2. Verengerung. Eine Verengerung der zelligen Räume wird durch Verdickungen der Mucosa oder durch Hyperostose eingeleitet und kann bis zur Aufhebung des Zellenlumens fortschreiten. Mit einer Verengerung der lufthältigen Zellen des Warzenfortsatzes ist nicht das Ueberwiegen der diploëtischen Substanz über die pneumatischen Räume zu verwechseln (s. oben).

II. Als Anomalie der Verbindung
ist eine abnorme Communication der Warzenzellen mit den dem Schläfenbeine benachbarten Knochen anzuführen (s. S. 78). Eine solche Verbindung findet, wie *Hyrtl**) angibt, am Menschen bei frühzeitiger Ver-

---
[1]) *Zoja*, l. c.; *Itard* (Traité etc. 1821, T. I, p. 101) gibt an, dass die Warzenzellen beim Schweine mit einer „substance cellulose serrée" angefüllt sind.
[2]) *Vottolini*, Virch Arch. 1864, B. 31, S. 199.) Ueber die Fossa subarcuata wurden von *Wagenhäuser* nähere Untersuchungen vorgenommen. (A. f. Ohr. XIX, S. 95).
) S. *Lincke*, Ohrenh. 1837, B. I. S. 503.) Topogr. Ant. 1857. B. I, S. 224.
) Prag. ¼ Jahresschr. 1855, B. I, S. 118.) Akad. d. Wiss. Wien, 1872, s. A. f. Ohr. VIII. S. 117.) Wien. med. Woch. 1860.

wachsung des Occiput mit dem Warzentheile, zwischen diesem und dem Proc. jugularis statt und reicht zuweilen bis in das Hinterhaupt hinein. Unter 600 Schädeln bemerkte *Hyrtl* dreimal an der unteren Fläche der Pars condyloidea occipitalis, in der Mitte zwischen dem Proc. mast. und der Pars condyloidea. eine haselnussgrosse, gefächerte Auftreibung „Proc. pneumaticus", von dem 1—2 Oeffnungen in die Cell. mast. führten. Betreffs eines Falles von anormaler Verbindung des Antrum mastoideum mit dem äusseren Gehörgange s. S. 206.

III. Trennung des Zusammenhanges. 1. Eine traumatische Continuitätstrennung kann durch operative Eingriffe, durch eine auf die Pars mastoidea von aussen einwirkende Schädlichkeit und ferner durch Entzündungsvorgänge zu Stande kommen.

2. Dehiscenz in Folge von Ossificationsmangel und von Atrophie. Zu den Trennungen des Zusammenhanges, die auf einer mangelhaften Ossification und auf Atrophie des mastoidealen Knochengewebes beruhen, gehören die zuerst von *Hyrtl*[1]) hervorgehobenen **Dehiscenzen des Warzenfortsatzes**. Dieser kann an seiner oberen Wand gegen die Schädelhöhle oder in den Sulc. transversus, sowie in den Sulc. petr. sup. hinter seiner Kreuzung mit der Eminentia arcuata, dehisciren. Siebförmige Dehiscenzen in den Sulcus transv. wurden wiederholt vorgefunden. Am seltensten dehiscirt der Proc. mastoideus nach aussen und in diesem Falle gewöhnlich in die Incisura mastoidea, an der inneren Wand der äusseren Lippe.

Eine Dehiscenz sowohl auswärts als einwärts vom Musc. digastricus beobachtete *Retzius*[2]). eine solche nach aussen *Bürkner*,[3]) *Schwartze*[4]) erwähnt angeborene Ossificationslücken von bedeutender Grösse in der Corticalis. *Kiesselbach*[5]) fand die meisten Lücken in der Lamina externa des hinteren Schuppentheiles, welche die äussere Wand des Antrum mastoideum bildet. Eine stark erweiterte Fossa jugularis kann in eine abnorme Communication mit den Cell. mast. treten.[6]) Dehiscenzen in den äusseren Gehörgang beobachtete *Zuckerkandl*.[7])

Eine andere Art von Lückenbildung am Warzenfortsatze besteht in einer Erweiterung der normaliter vorkommenden Spalten an der äusseren Oberfläche oder in einem mangelhaften Verstreichen der **Fissura mastoideosquamosa** während des Kindesalters. Ein theilweises oder vollständiges Offenstehen der Fissura mastoideo-squamosa fand *Kirchner*[8]) in $5^0{}_{0}$, *Kiesselbach*[9]) in $3 \cdot 4{}_{0}$.

Zuckerkandl[10]) vermochte an einigen Präparaten die in eine solche Spalte eingeführte Sonde bis in das Innere des Proc. mast. hineinzuschieben. In der Regel jedoch gelingt es, selbst bei Lücken mit breitem Eingange, nur selten, eine Borste in das Antrum mastoideum einzuführen.[9])

Continuitätstrennungen der Corticalis des Proc. mastoideus begünstigen das Zustandekommen von emphysematischen Geschwülsten am Warzenfortsatze.[11])

IV. Anomalie der Dicke. 1. Eine Hypertrophie einzelner Theile oder des ganzen mastoidealen Knochengewebes kommt als Folge von chronischen Entzündungsvorgängen, sowie als senile Veränderung des Knochen nicht selten zur Beobachtung; mitunter findet eine vollständige Eburneation statt, wobei der Warzenfortsatz in eine solide Knochenmasse umgewandelt erscheint. Die Eburneation befällt meistens den verticalen und nur selten den horizontal gelagerten Theil der Cellulae mastoideae.

2. Atrophie. Ausser der Atrophie einzelner Zellenscheidewände, ist noch ein Schwund der Diploë hervorzuheben, welcher zu stellenweis oft zahlreichen Verdünnungen des Sulcus sigmoideus führt.[12]) Auch die zuweilen bemerkbare bulböse Erweiterung des Sinus transversus, welche an der zumeist gebogenen Stelle der Fossa sigmoidea liegt, wird von *Zuckerkandl* auf eine vorausgegangene Atrophie der Mastoidealwand bezogen.

---

[1]) Wien. Akad. d. Wiss. B. 30. s. *Henle's* Jahresb. 1858. S. 117. — [2]) S. *Schmidt's* J. 1859, B. 104. S. 153. — [3]) A. f. Ohr. XIII. S. 189. — [4]) Path. Anat., S. 109. — [5]) A. f. Ohr. XV. S. 245. — [6]) *Friedlowsky*, M. f. Ohr. II, Sp. 122. — [7]) M. f. Ohr. VIII. Nr. 7. — [8]) A. f. Ohr. XIV. S. 198. — [9]) A. f. Ohr. XV, S. 245. — [10]) L. c. — [11]) S. S. 15. — [12]) *Zuckerkandl*, M. f. Ohr. VII. Sp. 106.

V. Hyperämie und Hämorrhagie.

Eine Hyperämie breitet sich gewöhnlich von der Paukenhöhle auf den Proc. mast. aus. Eine Hämorrhagie kommt ausser bei den Trennungen des Zusammenhanges, nach *Schwartze*[1]), besonders häufig bei Typhus vor.

VI. Entzündung.

Eine Entzündung des Warzentheiles entsteht nur ausnahmsweise idiopathisch; gewöhnlich ist sie von der Paukenhöhle oder vom äusseren Gehörgange auf die Pars. mast. fortgeleitet; sie befällt die äusseren Weichtheile, die Zellen und die Corticalis einzeln oder gemeinschaftlich.

1. Entzündung der äusseren Decke. *a)* Phlegmonöse Entzündung. Eine idiopathische und zuweilen bilateral auftretende phlegmonöse Entzündung am Warzenfortsatze kann bei sonst normalen Verhältnissen des Mittelohres vorkommen.[2]) Mitunter entwickeln sich subcutane Abscesse am Warzenfortsatze, in Folge von äusseren Schädlichkeiten[3]) oder von Periostitis.[4])

Die Abhängigkeit einer Entzündung der äusseren Decke des Proc. mast. von der Menstruation wurde in einem Falle von *Jacoby*[5]) constatirt.

Symptome. Die subjectiven Symptome einer Phlegmone am Proc. mast. bestehen in heftigen, oft iradiirten Schmerzen, ferner nicht selten in Fiebererscheinungen. Objectiv geben sich eine bedeutende Röthe, Schwellung, endlich Abscedirung an den, die nicht behaarten Theile des Warzenfortsatzes einnehmenden Hautpartien zu erkennen. Die eiterige Entzündung neigt dabei zu Senkungsabscessen, zu fistulösen Gängen und durchbohrt ein andermal die äussere Decke oder besonders häufig die hintere und obere Gehörgangswand.

Gervais[6]) beobachtete Fälle von Strabismus int. und Pupillenverengerung in Folge von Abscess an der Warzendecke; nach Eröffnung desselben gingen die erwähnten Symptome zurück. — Einen eigenthümlichen Fall von Entzündung des tiefer gelegenen Bindegewebes, ohne Erscheinungen einer phlegmonösen Entzündung, beobachtete ich an einem 9jährigen Knaben in poliklinischem Ambulatorium. Bei dem Kinde war ohne nachweisbare Ursache eine bedeutende Schwellung der äusseren Decke des Warzenfortsatzes, ohne Röthe und Schmerz eingetreten; die hintere Gehörgangswand ragte in das Lumen des Canales wulstförmig hinein. Ueber Nacht war ein spontaner Durchbruch der Geschwulst in den Gehörgang mit einem profusen, rein serösen Ausflusse aus dem Ohre erfolgt. Die Geschwulst erschien am nächsten Tage verschwunden; das Trommelfell erwies sich intact und auch im äusseren Gehörgange war die Durchbruchstelle nicht mehr sichtbar. — In einem anderen Falle dagegen, in welchem ein ausgedehnter Entzündungsherd bestand, der von der Gegend des Proc. mastoideus bis zum Proc. zygomaticus reichte, zeigte sich die Durchbruchstelle in den äusseren Gehörgang am Uebergang des knorpeligen Gehörganges in dessen knöchernen Theil.[7])

Die Behandlung besteht anfänglich in einer Application von Kälte (Leiter'scher Apparat, s. S. 37), Jodanstrichen, bei zunehmender Entzündung in localer Blutentziehung und warmen Umschlägen; günstig wirkt eine energische Incision der Weichtheile bis auf das Periost, selbst in Fällen, in denen noch keine Eiteransammlung besteht. Eine bereits vorhandene Eiterung mit spontanem Durchbruche des Eiters nach aussen erfordert die übliche Wundbehandlung.

Die Incision in die äussere Decke des Warzenfortsatzes ist selten

---

[1]) Path. Anat., S. 110. [2]) *Voltolini*, M. f. Ohr. IX, Sp. 139. [3]) V. A. nach *Bortten* (s. A. f. Ohr. XVI, S. 207) durch die Oestrus-Larve, die an der Warzendecke eine flache, wenig empfindliche Geschwulst mit centralem Schorfe erzeugt. — [4]) *Buck*. A. f. Aug. u. Ohr. III, 2, S. 1. — [5]) A. f. Ohr. V, S. 156. [6]) Inaug. Diss., Paris, 1879, s. Z. f. Ohr. VIII, S. 346. — [7]) Einen diesem ähnlichen Fall beschreibt *S. Burnett*, Z. f. Ohr. X, S. 369.

von einer stärkeren Blutung begleitet und selbst bei Verletzung der, gewöhnlich dicht an der hinteren Ansatzstelle der Ohrmuschel verlaufenden Art. aur. post., genügt zuweilen die einfache Compression, z. B. ein Druckverband, zur Blutstillung. Die Durchschneidung der Arterie wird am ehesten vermieden, wenn der Einschnitt ungefähr 7 Mm. hinter dem Ansatze der Ohrmuschel, dieser parallel, stattfindet. Bei geringer Schwellung der Weichtheile gibt sich mitunter der Verlauf der Arterie durch deren Pulsation zu erkennen. Ausnahmsweise führt eine Verletzung der Art. aur. post. zu einer Aneurysma-Bildung.[1]

b) Periostitis. Eine Periostitis des Proc. mast. kommt entweder durch eine von aussen eindringende Schädlichkeit oder durch eine von den Cell. mast. auf die Aussenfläche des Warzenfortsatzes hinübertretende Entzündung, und nur sehr selten idiopathisch[2] zu Stande. In ersterer Beziehung kann eine Periostitis durch verschiedene, den Proc. mast. treffende Traumen direct entstehen, oder sie bildet sich consecutiv aus, wobei vor Allem der Fortleitung einer cutan-periostalen Entzündung des Gehörganges auf den Warzenfortsatz gedacht werden muss. Eine solche kann sich um so leichter auf den Proc. mast. ausdehnen, als dessen Periost in unmittelbarem Zusammenhange mit dem periostalen Lager des Ohrcanales steht. Von den Cell. mast. aus kann eine Entzündung, entlang den Bindegewebszügen und den Vasa perforantia, auf das Periost nach aussen fortgeleitet werden, wobei das dazwischenliegende Knochengewebe zuweilen vollständig intact bleibt. Ein andermal wieder schreitet die Entzündung von den Cell. mast. auf die Corticalis und von dieser auf das Periost fort.

Im Falle die Corticalis des Warzenfortsatzes von Lücken oder Spalten durchsetzt wird (s. oben), kann sich die Entzündung leicht von den Warzenzellen aus auf die äussere Oberfläche des Proc. mastoideus fortsetzen. Eine besondere praktische Wichtigkeit kommt in dieser Beziehung der im Kindesalter normaliter vorhandenen, zuweilen jedoch persistent bleibenden Fissura mastoideo-squamosa zu.[3]

Die **subjectiven Symptome** bestehen mit seltenen Ausnahmen (s. unten) in heftigen Schmerzen, häufig auch in Fiebererscheinungen. In einem von *Toynbee*[4] citirten Falle hatte eine Entzündung des Proc. mast. eine Febris intermittens tertiana veranlasst. — Ein von *Orne Green*[5] behandelter Patient mit Pauken- und Warzenhöhlen-Entzündung wurde täglich von Schüttelfrösten befallen, welche nach dem vorgenommenen Einschnitt in die äussere Decke des Proc. mastoid. aufhörten; sie erschienen später abermals und gingen nach Dilatation der Wunde wieder zurück.

Objectiv zeigt sich im Beginne der Erkrankung eine Röthe und stets zunehmende Schwellung der Weichtheile. Die letztere bedingt eine pathologische Stellung der Ohrmuschel, und zwar steht diese von der Seitenfläche des Kopfes mehr weniger rechtwinkelig ab. Eine schon vorhandene Eiteransammlung gibt sich häufig nur durch eine teigige Beschaffenheit der Weichtheile zu erkennen, ohne dass in Folge der

---

[1] *Buck*, Amer. otol. soc., Boston, 1873, s. A. f. Ohr. VIII, S. 295; *Kipp*, ibid. S. 296. — [2] Einen hierher gehörigen Fall beschrieb *Jacoby*, A. f. Ohr. XV, S. 286; *Kirchner* (A. f. Ohr. XIV, S. 193) beobachtete einen Fall, in welchem 3mal zur Menstruationszeit eine Abscessbildung am Warzenfortsatze erfolgte. — [3] *Gruber*, Wien. med. Woch. 1867, S. 851; *Bezold*, A. f. Ohr. XIII, S. 50; *Kirchner*, A. f. Ohr. XIV, S. 190. — [4] Ohrenh., S. 337. — [5] Med. and surg. Journ., Boston, 1874, Jan., s. A. f. Ohr. IX. S. 125.

bedeutenden Resistenz des Gewebes immer eine Fluctuation nachgewiesen werden könnte.

Die unter dem Perioste angesammelte Eitermasse grenzt sich gegen die Suturen des Warzenfortsatzes nicht selten scharf ab, da an diesen Stellen einer weiteren Abhebung des Periostes gewöhnlich beträchtliche Hindernisse entgegenstehen.

In einem von mir beobachteten Falle von eiteriger Entzündung der Paukenhöhle und der Warzenzellen entwickelte sich am Proc. mastoideus binnen 8 Tagen ein etwas über haselnussgrosser, scharf umschriebener, deutlich fluctuirender Tumor, ohne weitere Entzündungserscheinungen seitens der die Geschwulst bedeckenden Weichtheile. Der betreffende Knabe äusserte dabei nicht die geringsten Schmerzen, selbst nicht bei einem auf die Geschwulst ausgeübten starken Druck. Nach Eröffnung derselben floss eine reichliche Menge übelriechenden Eiters aus, an der Basis des Abscesses fand sich ein vom Perioste entblösster Knochen vor. Die Periostitis hatte also in diesem Falle weder subjective Symptome, noch eine Röthe oder Schwellung der Cutis bedingt.

In manchen Fällen wird der des Periostes entblösste Knochen in den Erkrankungsprocess mit einbezogen und demnach die Periostitis die Ursache einer Ostitis abgeben. Nach aussen schreitet die Eiterung meistens nur langsam fort, weshalb auch ein spontaner Durchbruch gewöhnlich sehr spät erfolgt; ein solcher findet zuweilen in den äusseren Gehörgang statt (s. oben).

Die nach aussen sich erstreckende Entzündung ruft zuweilen eine Irritation des. dem Proc. mast. inserirenden Musc. st. cl. mast. hervor, welche sich in einem Caput obstipum äussert; ein solches kann übrigens auch auf dem Wege des Reflexes zu Stande kommen.[1])

Die Diagnose einer Periostitis ist bei Berücksichtigung der geschilderten objectiven Erscheinungen meistens leicht zu stellen; von diagnostischer Wichtigkeit ist die, nach einer Incision der Weichtheile bis auf den Knochen, vorgenommene Sondenuntersuchung, welche den Entzündungsherd in dem einen Falle nach aussen von dem Perioste nachweist, ein andermal wieder eine subperiostale Erkrankung, mit Abhebung des Periostes vom Knochen, ergibt.

Zur Vermeidung einer fälschlich gestellten Diagnose auf Periostitis ist auch auf die kleinen Lymphdrüsen am Proc. mast. Rücksicht zu nehmen, die durch bedeutende Anschwellung und Schmerzhaftigkeit eine Erkrankung der äusseren Decke einschliesslich des Periostes vortäuschen können,[2]) *Christinneck*[3]) beobachtete an einem 5jährigen Knaben am Proc. mast. eine deutlich fluctuirende Geschwulst, die sich als Fibrosarcom erwies.

Häufig recidivirende Abscesse und periostale Entzündungen lassen nach *Schwartze*[4]) mit Sicherheit auf eine Erkrankung der Corticalis des Proc. mastoideus schliessen.

Die Behandlung erfordert im Beginne der Erkrankung täglich wiederholt vorzunehmende Bepinselungen mit Jodoformcollodium oder Jodtinctur[5]), ferner Kälteapplication (Eisbeutel[6]), *Leiter*'scher Wärmeregulator[7]), eventuell fleissig gewechselte kalte Umschläge). Sollte kein rascher Nachlass der Erscheinungen bemerkbar sein, so ist ein energischer, ausgiebiger Einschnitt bis auf den Knochen vorzunehmen.[8]) Nach der Incision hat man sich über das Verhalten des Knochens

---

[1]) *Schwartze*. A. f. Ohr. XII, S. 121.   [2]) *Wilde*, Med. Times, March-July, 1851. s. *Schmidt's* J. B. 73, S. 224; *Buck*, A. f. Aug. u. Ohr. III, 2. S. 7.   [3]) A. f. Ohr. XVIII, S. 292. — [4]) A. f. Ohr. XIII, S. 247.   [5]) Den Untersuchungen *Schede's* zufolge (Berl. klin. Woch. 1872, S. 193) erzeugen Einpinselungen von Jodtinctur einen raschen Austritt von weissen Blutkörperchen; dasselbe beobachtete *Volkmann* am Menschen. — [6]) *Schwartze*, A. f. Ohr. XIV, S. 205,   [7]) *Politzer*, Nachschr. zu *Leiter's* Monogr. 1881; *Bürkner*, A. f. Ohr. XVIII, S. 115. XIX, S. 80.   [8]) *Saunders*, The anat. of the hum. ear, 1817, s. *Horn's* Arch. 1818, B. 3, S. 229; *Wilde*, Ohrenh., Uebers, S. 278. Nach letzterem Autor wird diese Incision „*Wilde*'scher Schnitt" benannt.

Aufschluss zu verschaffen und etwa nachweisbare Knochenerkrankungen in der unten näher besprochenen Weise zu bekämpfen. Die durch eine Entzündung des äusseren Gehörganges hervorgerufenen periostalen Erscheinungen am Proc. mast. gehen nach Eröffnung des Eiterherdes im äusseren Gehörgange oder nach einem Einschnitt in dessen stark geschwellte und geröthete Wandung, häufig spontan zurück.

In einem von *Buck*[1]) berichteten Falle hatte sich eine Periostitis des Proc. mast., nach Entfernung einer harten Cerumenmasse im Gehörgange, vollständig verloren.

2. Entzündung der Cellulae mastoideae.

Die Zellen des Warzenfortsatzes werden nur ausnahmsweise von einer **primären**, meistens von einer consecutiven Entzündung befallen.

Einen Fall von primärer Entzündung erwähnt *Toynbee*.[2]) — *Zaufal*[3]) beobachtete eine isolirte eiterige Entzündung in den Warzenzellen, ohne Caries und ohne Betheiligung der Paukenhöhle an dem Erkrankungsprocesse, mit einem durch Sinusphlebitis erfolgten letalen Ausgange.

Consecutiv tritt eine katarrhalische Entzündung in den Cell. mast. mitunter bei Entzündung des äusseren Gehörganges, häufiger bei Erkrankungen der Paukenhöhle auf, deren Mucosa bekanntlich ein Continuum mit der Schleimhaut des Cavum mast. bildet. Ausserdem kann das in der Paukenhöhle befindliche Secret, durch die früher besprochenen, zahlreichen zelligen Verbindungen des Cav. tymp. mit der Warzenhöhle, in diese hineingelangen, wobei die Rückenlage den Eintritt der flüssigen Massen in die Cell. mast. begünstigt. Das in die verticalen Warzenzellen eingedrungene Secret erfährt in Folge der, zu seiner Herausbeförderung sehr ungünstigen topographischen Verhältnisse, leicht eine Zersetzung und vermag dadurch eine weitere Entzündung innerhalb des Warzenfortsatzes anzufachen. Die Entzündung der Cell. mast. ist, gleich den Erkrankungen der Paukenhöhle, bald eine oberflächliche, bald eine tiefer greifende, welche letztere auf das Knochengewebe selbst übergehen kann.

Bei einfach katarrhalischer Entzündung vermögen eine Schwellung der Mucosa oder eine Erfüllung der zelligen Räume mit Exsudat, einen Theil der **pneumatischen Räume** vollständig abzusperren und ausser Ventilation zu setzen. In einem solchen Falle tritt an Stelle der allmälig resorbirten Luft eine blutig-seröse Flüssigkeit, zum Theile wird auch die eintretende Schwellung der Weichtheile zur Ausfüllung der Zellenräume verwendet.

Durch entzündliche Vorgänge können die im Innern des Proc. mast. bestehenden pneumatischen Zellenräume bedeutend reducirt werden, ja es kann selbst der ganze **Proc. mast. vollständig apneumatisch** werden. Auf eine möglicherweise stattfindende Verwechslung eines diploëtischen Zellengewebes mit krankhaft veränderten Zellen wäre in dieser Beziehung besonders aufmerksam zu machen.

Wendt[4]) beobachtete in Fällen von Variola Croup im Proc. mast.

Die subjectiven **Symptome** treten häufig nur unbestimmt auf und werden bei gleichzeitiger Entzündung des Cav. tymp., von den durch dieselbe veranlassten Erscheinungen, nicht selten vollständig verdeckt. Zuweilen äussern die betreffenden Patienten ein Gefühl von Völle, von dumpfen oder selbst heftigen Schmerzen in der Warzengegend. Der Proc. mast. kann dabei gegen Druck und besonders gegen die Percussion, sehr empfindlich erscheinen. Die auf die Warzenzellen beschränkte Entzündung kann übrigens auch symptomlos verlaufen.

---

[1]) *Buck.* l. c. S. 6. — [2]) Med.-chir. Transact. 1851, Vol. 34, s. *Schmidt's* J. B. 74, S. 238. — [3]) S. *Schwartze's* Path. Anat., S. 110. — [4]) Arch. d. Heilk. 1872, B. 13, S. 426.

sowie andererseits sogar hochgradige Schmerzen im Proc. mastoideus ohne nachweisbare Veränderungen desselben vorkommen können.[1])

Mittelst der von *Laennec*[2]) nur flüchtig angedeuteten und von *Michael*[3]) in einer Reihe von Fällen näher beobachteten Auscultations-Erscheinungen am Warzenfortsatze, mit Hilfe eines auf den Proc. mast. aufgesetzten Stethoskopes lassen sich im Momente der Lufteintreibungen in das Mittelohr zuweilen Rasselgeräusche nachweisen oder es gibt sich eine verminderte, selbst aufgehobene Durchgängigkeit der Warzenzellen für den Luftstrom zu erkennen. Demzufolge kann in dem einzelnen Falle nach dem Ergebnisse der Auscultation möglicherweise ein Schluss auf Secretansammlungen in den pneumatischen Warzenzellen, sowie auf deren Durchgängigkeit gezogen werden. Im Allgemeinen sind jedoch die Ergebnisse der Auscultation gleich denen der Percussion wegen der so verschiedenen anatomischen Verhältnisse der Cell. mast. nicht verlässlich.

Im Falle einer Ausbreitung der Entzündung von den Warzenzellen auf die äussere Oberfläche geben sich die bereits früher angeführten objectiven Symptome zu erkennen.

Bezold[4]) macht auf den Durchbruch der pneumatischen Zellen nach der inneren Fläche des Warzenfortsatzes aufmerksam, wobei sich die Schwellung in die Umgebung des Proc. mast., in die Fossa retromaxillaris und entlang der grossen Gefässe des Halses nach abwärts erstreckt.

Behandlung. Die Entzündung der Warzenzellen wird häufig gleichzeitig durch die Behandlung des der Affection des Proc. mast. zu Grunde liegenden Erkrankungsprocesses der Paukenhöhle bekämpft und bildet sich mit diesem sicherlich oft so unbemerkt zurück, wie sie aufgetreten war. Bei einer am Lebenden constatirten Eiteransammlung im Antrum mastoideum, wurde zuerst von *Toynbee*[5]) die Benützung gekrümmter Ansatzröhren[6]), behufs Irrigation der Warzenhöhle von der Paukenhöhle aus, empfohlen. Versuchsweise wäre auch die Aspiration des Secretes durch Luftverdünnung im Gehörgange[7]) anzuwenden. Im Erfordernissfalle muss zur Entfernung der im Antrum mastoideum befindlichen Eitermasse eine künstliche Lücke in den Warzenfortsatz angelegt werden (s. unten).

Diese Operation ist nach *Lucae*[8]) auch bei constatirter Anwesenheit von cholesteatomatösen Massen in der Warzenhöhle angezeigt.

VIII. Caries und Nekrose. Der Warzenfortsatz wird am häufigsten von allen Theilen des Gehörorganes von Caries und Nekrose befallen. Die cariös-nekrotische Erkrankung tritt am Warzentheile nur selten primär auf[9]), sondern erscheint gewöhnlich als ein von den benachbarten Partien auf die Pars mastoidea fortgeleiteter Process. Das kindliche Alter zeigt sich zu Caries und Nekrose des Warzenfortsatzes besonders prädisponirt. Caries und Nekrose kommen am Proc. mast. oft gemeinsam vor, und zwar werden die zelligen Räume eher von Caries, die compacten Knochenpartien häufiger von Nekrose befallen. Dagegen ist, wie auch die von *Bezold*[10]) aus der Literatur zusammengestellten Fälle ergeben, eine reine Nekrose am Warzenfortsatze im Allgemeinen selten, speciell bei Kindern viel häufiger als bei Erwachsenen.

Die Ursache der Häufigkeit einer cariös-nekrotischen Affection des Proc. mast.

---

[1]) *Hartmann*, Z. f. Ohr. VIII, S. 20 (Sectionsfall). — [2]) Sur l'auscultat. médic. 1834, p. 57. — [3]) A. f. Ohr. XI, S. 46. — [4]) Deutsch. med. Woch. 1881, Nr. 28. — [5]) S. *Schwartze*, A. f. Ohr. XIV, S. 225. — [6]) Sehr zweckmässig construirt sind die von *Hartmann* empfohlenen Röhrchen (Z. f. Ohr. VIII, S. 28). — [7]) *Barr*, Brit. med. assoc. 1881, s. A. f. Ohr. XVIII, S. 223. — [8]) A. f. Ohr. VII, S. 279. — [9]) Einen diesbezüglichen Fall beschrieb *Schwartze*, A. f. Ohr. XI, S. 156. — [10]) A. f. Ohr. XIII, S. 43.

dürfte wohl zum Theile in dem Umstande liegen, dass der in den Cell. mast. befindliche Eiter, wie schon erwähnt, sehr leicht eine Retention erleidet, wodurch eine consecutive Erkrankung des Knochengewebes erfolgen kann.

Der cariös-nekrotische Process bleibt entweder auf das Innere des Warzenfortsatzes beschränkt und ist dann von der Corticalis eingekapselt, oder aber diese wird in die Erkrankung mit einbezogen, worauf sich allmälig eine Entzündung der äusseren Hüllen oder fistulöse Gänge bilden. Bei Kindern tritt dagegen eine cariös-nekrotische Affection meistens an der äusseren Fläche des Warzentheiles zuerst auf.[1]

Nach den Erfahrungen von *Schwartze*[2]) kommt eine flächenartige superficielle Caries des Warzenfortsatzes bei nicht dyscrasischer Form der Periostitis niemals vor, dagegen wohl bei scrophulöser Periostitis. Bei der nicht dyscrasischen Form bilden sich nur kloakenförmige Fisteln, die in weite nach innen gelegene Eiterherde führen.

Betreffs der subjectiven Symptome. s. S. 326. Mitunter fehlen selbst bei bedeutender Sequesterbildung im Proc. mastoideus alle subjectiven Symptome.[3]

Objective Symptome. Bei einer centralen cariös-nekrotischen Erkrankung des Proc. mast. kann dessen äussere Decke ihr normales Aussehen beibehalten, oder sie weist nur vorübergehende periostale Reiz- und Entzündungserscheinungen auf. In anderen Fällen ergibt die nach Spaltung der Weichtheile vorgenommene Digital- oder Sondenuntersuchung eine erweichte eventuell rauhe Corticalis oder fistulöse Gänge in derselben. Cariös-nekrotische Stellen geben häufig zu einem Granulationsgewebe Veranlassung, das meistens erst nach der Exfoliation des Sequesters, beziehungsweise nach der erfolgten Resorption von kleineren nekrotischen Knochenstücken, wieder zurückgeht.

Ein derartiges Granulationsgewebe kann auch unter der oberflächlichen Hautdecke einen fluctuirenden Tumor bilden, der als Abscess imponirt[4]); s. ferner S. 325.

Bei cariös-nekrotischer Erkrankung des Warzenfortsatzes zeigt zuweilen die hintere und obere Gehörgangswand eine bedeutende Hervorwölbung (s. S. 88); in manchen Fällen durchbricht der vordringende Eiter die Wandung und ergiesst sich nach aussen, worauf an der Perforationsstelle manchmal ein hartnäckig recidivirendes Granulationsgewebe aufschiesst.

Das Trommelfell erscheint bei Caries und Nekrose des Warzenfortsatzes, wegen der meistens gleichzeitig bestehenden eiterigen Paukenentzündung, in der Regel perforirt, bleibt jedoch ausnahmsweise auch intact.[5]

Toynbee[6]) macht aufmerksam, dass Entzündungsprocesse im Warzenfortsatze zu einer sympathischen eiterigen Absonderung der Gehörgangswandungen Veranlassung geben können; auch *Schwartze*[5]) hat einen diesbezüglichen Fall beobachtet.

Der Verlauf einer cariös-nekrotischen Erkrankung des Proc. mast. gestaltet sich sehr verschieden. Von einem centralen Erkrankungsherde aus geht die Affection häufig nach aussen und bedingt dann die erwähnten Entzündungserscheinungen, Fistelgänge und Abscesse.

Wiederholte Abscessbildungen am Warzenfortsatze lassen nach *Schwartze*[7]) mit ziemlicher Sicherheit eine Fistelöffnung in der

---

[1]) *Gruber*, Ohrenh. S. 541. — [2]) A. f. Ohr. XVII, S. 104. — [3]) *Moos*, A. f. Aug. u. Ohr. III, 1. S. 91; *Politzer*, Ohrenh. S. 631; einen einschlägigen Fall habe auch ich beobachtet. — [4]) Fall von *Schwartze*, A. f. Ohr. XII, S. 124. — [5]) *Toynbee*, Ohrenh. S. 339; *Pagenstecher*, A. f. kl. Chir. 1863, B. 4. S. 523, s. A. f. Ohr. I, S. 360: *Schwartze*, A. f. Ohr. I, S. 200; *Wreden*, M. f. Ohr. II. Sp. 132; *Buszard*, s. Canst. J. 1871, B. 2. S. 496. — [6]) Ohrenh. S. 325, 328. — [7]) A. f. Ohr. XIII, S. 247.

Corticalis annehmen, wogegen bei centraler Caries mit sclerosirter Corticalis der **Senkungsabscess** gewöhnlich um den Warzenfortsatz, aber fast nie auf diesem vorkommt.

Bei einem meiner Patienten entstand während einer eiterigen Paukenentzündung bei vollständig unempfindlichem und äusserlich nicht verändertem Warzenfortsatze in der Occipitalgegend eine fluctuirende Geschwulst, die sich allmälig unter den fürchterlichsten Schmerzen bis in den Nacken nach abwärts erstreckte. Bei Druck auf die Geschwulst konnte deren Zusammenhang mit der Paukenhöhle deutlich nachgewiesen werden, und zwar ergoss sich dabei stets eine beträchtliche Menge eines übelriechenden Eiters aus der Perforationsöffnung des Trommelfelles nach aussen. Die Entleerung des massenhaft angesammelten Eiters hatte binnen weniger Wochen eine vollständige Sistirung der Otorrhoe und einige Monate später eine complete Heilung des Eiterprocesses bei bleibender totaler Taubheit des erkrankten Ohres zur Folge. *Schwartze*[1]) erwähnt einen bis zur Pleuralfascie reichenden Senkungsabscess, *Calmettes*[2]) einen pharyngealen Senkungsabscess.

In anderen Fällen schreitet die Entzündung nach innen fort und führt zu **Phlebitis** des Sin. transv. oder Sin. petr. sup., zur Eröffnung des Canalis Fallopiae und des horizontalen Bogenganges oder zur Entzündung der Gehirnhäute und des Gehirnes.

Wie *Toynbee*[3]) angibt, tritt bei Kindern, bei denen nur die oberen Cell. mast. ergriffen werden, leicht eine Affection des Grosshirns, im späteren Alter dagegen eher eine Erkrankung des Kleinhirns auf. *Voltolini*[4]) fand in einem Präparate einen Durchbruch in den Sin. transv. und einen anderen in die Schädelhöhle.

Zuweilen werden kleinere oder grössere Theile des erkrankten Knochengewebes exfoliirt, ja sogar der ganze Warzentheil kann zur **Exfoliation** kommen.[5])

Behandlung. Bei Caries und Nekrose können die oberflächlich erkrankten Stellen am Warzenfortsatze und im Falle einer vorhandenen Fistelöffnung auch die centralen Partien, mit dem scharfen Löffel ausgekratzt werden.[6]) Bei Caries necrotica oder reiner Nekrosis ist die allmälige Abgrenzung und Abstossung des erkrankten Knochens von dem gesunden Gewebe abzuwarten und nur bei Erscheinungen von Gehirnreizung müsste in der unten geschilderten Weise operativ vorgegangen werden. Soweit ich den von mir beobachteten Fällen von cariös-nekrotischer Erkrankung des Proc. mast. im **Kindesalter** entnehme, weist die **exspectative Behandlung** und die einfach antiseptische Wundbehandlung bei diesen Affectionen günstige Resultate auf: bei Einführung von Drainageröhrchen[7]) durch den Fistelcanal in die Warzenhöhle und wenn nöthig bei gleichzeitiger Drainirung des äusseren Gehörganges, findet der Eiter einen genügenden Abfluss nach aussen, während eine Reinigung des Ohres, durch Injectionen mit desinficirenden Flüssigkeiten, vorzunehmen ist.

Bei zweien von mir auf diese Weise behandelten Kindern von drei und sechs Jahren, welche an einer über ein Jahr dauernden eiterigen Mittelohrentzündung mit Fistelbildungen im Proc. mast. gelitten hatten, war schliesslich fast der ganze Zitzenfortsatz in toto exfoliirt worden, worauf eine vollständige Heilung der eiterigen Entzündung erfolgte.

Im Falle ein central gelagerter **Sequester** wegen seiner Grösse nicht ausgestossen werden kann, ist seine **Verkleinerung**

---

[1]) A. f. Ohr. VII, S. 176. [2]) S. S. 254. [3]) Ohrenh. S. 301. [4]) M. f. Ohr. III, Sp. 6. — [5]) Fall von *Gruber*, M. f. Ohr. XIII, Nr. 10. [6]) *Schede*, Habilit., Halle 1872, s. A. f. Ohr. VI, S. 287. [7]) Zur Vermeidung eines Herausreissens der Drainageröhre seitens der Kinder empfiehlt es sich, durch das aus dem Fistelcanale herausschende Röhrchen eine Sicherheitsnadel quer durchzustechen und diese mittelst Heftpflaster an die Haut anzudrücken. Auf solche Weise kann das nach aussen frei mündende Röhrchen Wochen lang ruhig liegen bleiben.

oder aber eine Vergrösserung eines etwa bestehenden Fistelcanales vorzunehmen.

Das bei cariös-nekrotischer Erkrankung auftretende Granulationsgewebe schwindet nach erfolgter Ausstossung des Sequesters von selbst; seine vorzeitige Entfernung ruft zuweilen eine sehr heftige Reaction hervor.[1])

Nach *Zaufal*[2]) treten bei Entzündungen des Warzenfortsatzes Entzündungserscheinungen an der Retina (auch an der entgegengesetzten Seite) auf, die bei Eröffnung des Warzenfortsatzes, beziehungsweise bei Rückgang der Entzündung desselben wieder schwinden.

Eröffnung des Warzenfortsatzes. Im Falle die bisher geschilderten Behandlungsmethoden nicht zum Ziele führen, oder wenn anlässlich des Auftretens ernsterer Symptome, den im Antrum mastoideum angesammelten Eitermassen, ein rascher Ausweg geschaffen werden muss, ist die Eröffnung des Warzenfortsatzes vorzunehmen.

Diese zuerst von *Petit* (1750) eingeführte Operation, welche später ohne bestimmte Indicationen zahlreich geübt wurde, kam durch eine unglücklich ausgegangene Operation, welcher *Berger* zum Opfer fiel (1791)·), in Verruf und wurde erst von *Tröltsch* und *Follin* (1859) neuerdings wieder aufgenommen.[4])

Eine Eröffnung des Antrum mast. ist bei hochgradigen consecutiven Entzündungserscheinungen an der Aussenfläche des Proc. mast. dann angezeigt, wenn die einfache Incision, sowie die anderen oben angeführten Mittel, kein Resultat erzielt haben. Im Falle von bereits bestehenden Erscheinungen einer Irritation des Gehirns oder von Gehirndruck, muss die Eröffnung rasch vorgenommen werden, eventuell ist ein vorhandener, jedoch zu enger Fistelcanal, entsprechend zu erweitern. Wiederholt auftretende, wenngleich nach erfolgter Incision stets rasch rückgängige Entzündungen der äusseren Bedeckung des Warzenfortsatzes oder der hinteren und oberen Gehörgangswand, lassen die Eröffnung des Proc. mast. als angezeigt erscheinen, weil diese häufig recidivirenden Entzündungen auf eine bestehende eiterige Affection des Antrum mast. hindeuten.[5]) Diese Operation ist auch bei äusserlich nicht sichtbaren Veränderungen der Aussenfläche des Proc. mastoideus angezeigt, wenn eine Eiterretention im Mittelohre mit den Symptomen von Fieber, Schmerz und Fötor besteht.

Die Anlegung eines künstlichen Fistelcanales in den Warzenfortsatz erfordert wegen der Nähe der **Fossa sigmoidea** (s. Fig. 66, S. 320), bez. des Sin. transversus und des **Bodens der hinteren Schädelgrube**, eine besondere Vorsicht, wie dies auch aus den eingehenden Untersuchungen von *Schwartze* und *Eysell*[6]), *Bezold*[7]), *Buck*[8]) und *Hartmann*[9]) hervorgeht.

Nach *Bezold* befindet sich die Stelle, an welcher die Fossa sigmoidea am weitesten nach aussen (bis auf 7·0 Mm.) tritt, 15·6 Mm. (als äusserste Grenzen 2 und 17 Mm.) hinter der Spina supra meatum[10]), und zwar links durchschnittlich um 1 Mm.

---

[1]) *Schwartze*, Naturf.-Vers. 1872, s. A. f. Ohr. VI, S. 204. — [2]) Prag. med. Woch. 1881, Nr. 45. — [3]) S. Med. Jahrb. 1847. B. 4, S. 266. — [4]) Betreffs der einschlägigen Literatur s. *Schwartze* und *Eysell*, A. f. Ohr. VII, S. 157. — [5]) *Schwartze*, A. f. Ohr. XIV, S. 205—210. — [6]) A. f. Ohr. VII, S. 163 u. f. — [7]) M. f. Ohr. VII, Nr. 11, VIII, Nr. 12. — [8]) A. f. Aug. u. Ohr. III, 2, S. 1. — [9]) Berl. kl. Woch. 1876, Nr. 33. — [10]) Die Spina supra meatum (*Henle*, Knochenl. 1855, S. 136; *Bezold*, M. f. Ohr. VII, Sp. 134) ist ein über dem Eingange des knöchernen Gehörganges gelegener, stachelförmiger Fortsatz, der zuweilen auch fehlt oder durch ein Grübchen („Fossa auditoria", *Toynbee*, Med.-chir. Transact. 1851, Vol. 34, s. *Schmidt's* J. B. 74, S. 237) vertreten ist (*Zuckerkandl*, M. f. Ohr. VII, Sp. 108). *Kiesselbach* (A. f. Ohr. XV, S. 249) fand die Spina unter 174 kindlichen Schädeln in 82·2⁰/₀ beiderseits, in 5·8⁰/₀ nur einseitig, in 12⁰/₀ gar nicht vorhanden; unter 100 Erwachsenen in 87⁰/₀ beiderseits, in 9⁰/₀ auf einer Seite und in 4⁰/₀ fehlend.

weiter nach hinten als rechts. Die hintere Ansatzlinie der Auricula liegt der tiefsten Stelle der Fossa sigmoidea ungefähr gegenüber.

Als sicherste Operationsstelle, bei der man am wenigsten einer Verletzung des Sinus transversus ausgesetzt ist, bestimmen sowohl *Bezold* als, unabhängig von diesem Autor, auch *Buck*, jene Stelle des Proc. mast., die ½ Centimeter unter der Linea temporalis (der durch die Haut durchfühlbaren Knochenleiste, welche eine Fortsetzung der oberen Kante des Jochfortsatzes bildet) und etwas über ½ Centimeter nach rückwärts von der hinteren Gehörgangswand, ungefähr in der Höhe der oberen Wand (eher etwas darüber) gelegen ist. Das in die Tiefe eindringende Instrument soll nach *Bezold*, gegen innen, vorne und etwas nach oben gerichtet sein.

Hartmann fand die Basis der mittleren Schädelgrube unter 100 Präparaten, 2—10 Mm. von der oberen Gehörgangswand entfernt, weshalb dieser Autor vor einer Anlegung des Fistelcanales über der oberen Gehörgangswand warnt. Der Sin. transversus erschien der hinteren Gehörgangswand 41mal auf 10 Mm. und noch darunter genähert. Aus diesem Grunde empfiehlt *Hartmann* das Operationsfeld vor die Insertion der Auricula zu verlegen, d. h. der Hautschnitt fällt in die Anheftungslinie der Ohrmuschel, worauf diese etwas nach vorne abgelöst wird. Das zur Eröffnung des Antrum verwendete Instrument soll 8 Mm. hinter der Spina supr. meat. und in deren Höhe eingeführt werden, ungefähr 7 Mm. unterhalb der Linea temporalis.

Schwartze[1], welcher Autor über die Eröffnung des Warzenfortsatzes am Lebenden, gegenwärtig unter allen Fachcollegen die grösste praktische Erfahrung besitzt, schlägt folgenden Operationsmodus vor: Nach vorausgeschicktem Rasiren und nach Desinficiren des Operationsfeldes, wird der Hautschnitt 1 Ctm. hinter der Ohrmuschel, dieser parallel, vorgenommen; seine Länge beträgt, je nach dem etwa vorhandenen Oedem der Hautdecke, 2·5—5·0 Ctm. Die Wahl der Schnittstelle weiter nach vorne, kann bei der weiteren Operation sehr unangenehm werden. „Die Eingangsöffnung in den Knochen muss da gewählt werden, wo uns die Natur bei Spontanheilungen den Weg vorzeichnet. Dies ist in der Höhe des Gehörganges, etwas hinter der Insertion der Ohrmuschel."[2] Im Falle der Warzenfortsatz bereits eine cariöse Lücke besitzt, ist der Fistelcanal von dieser aus anzulegen. Nach der etwa nöthigen Blutstillung, durch Unterbindung der spritzenden Gefässe oder nach deren Compression, wird das Periost mit Hilfe eines Raspatoriums bis auf 1½ Ctm. zurückgeschoben. Das unter der Linea temporalis angesetzte Instrument wird circa 45° gegen den Horizont geneigt und nach innen, unten und vorne in die Tiefe bewegt. Ein zu weit nach hinten ziehender Canal würde leicht auf den Sin. transv. stossen. Der Fistelcanal darf nicht über 2 Ctm. in der angegebenen Richtung nach innen gelegt werden, da sonst eine Verletzung des Canalis facialis und des horizontalen Bogenganges möglich wäre.

Die Eröffnung der Warzenhöhle vom Gehörgange aus, hält *Schwartze* nicht für allgemein empfehlenswerth, da die Durchspülung des Antrum in diesem Falle schwieriger ist und bei Bohrlöchern, durch rasche Granulationsbildungen, eine Verkleinerung und selbst ein Verschluss der Lücke oft einzutreten pflegt; sogar bei bereits vorhandenen Mastoideal-

[1] A. f. Ohr. B. VII XIX.   [2] A. f. Ohr. XIV, S. 215.

Fisteln in den Gehörgang hält dieser Autor [1]) die Eröffnung des Warzenfortsatzes für angezeigt. Dagegen hat *Schwartze* bei anatomisch ungünstigen Verhältnissen (starker Krümmung der Foss. sigm., abnorm tiefem Stande der mittleren Schädelgrube) die successive Abmeisslung der hinteren Gehörgangswand bis zur Eröffnung des Antrum [2]) mit Erfolg vorgenommen.

Als Instrument genügt bei vorhandener Erweichung des Knochens, ein einfaches Knorpelmesser, das in diesem Falle durch die häufig sehr verdünnte Corticalis, leicht in das Antrum eindringt. Für die übrigen Fälle empfiehlt sich der Hohlmeissel, der von den verschiedenen Bohrinstrumenten den Vortheil darbietet, dass das Operationsfeld immer frei vor den Augen liegt und daher eine Verletzung wichtiger Theile vermieden werden kann; ausserdem wird beim Hohlmeissel eine bei Bohrinstrumenten leicht eintretende Verstopfung der Wandungen des Canales mit Knochenspänen hintangehalten.

Als unangenehme Zufälle bei der Eröffnung des Warzenfortsatzes kommen in Betracht: Sclerose des Warzenfortsatzes oder eine bedeutende Mächtigkeit der diploëtischen Substanz, so dass der, bis auf 2 Ctm. weit nach innen reichende Fistelcanal noch nicht das Antrum erreicht hat. In diesem Falle ist von einer weiteren Operation abzustehen, da bei einem tieferen Vordringen des Instrumentes, die Gefahr einer Eröffnung des Can. Fallopiae und des Can. semic. horiz. gegeben ist; in einem einschlägigen Falle fand auch thatsächlich ein letaler Ausgang statt.

Bei einem Patienten hatte die Verletzung der Dura mater eine tödtlich endende Meningitis veranlasst. Dagegen kann die einfache Blosslegung der Dura mater ohne Folgen bleiben, wie dies auch eine Beobachtung *Schwartze's*[3]) lehrt.

Bei der Eröffnung des Antr. mast. kann weiters eine Verletzung des Sinus transv. stattfinden.

In einem Falle von *Schwartze*[4]) gab diese zu einer abundanten Blutung Veranlassung, ging jedoch im Uebrigen ohne weitere Folgen günstig aus. Bei einem anderen Patienten kam es zu einer profusen Blutung, ohne nachweisbare Verletzung des Sin. transv. und auch ohne nachträglich auftretende üble Erscheinungen, desgleichen in einem Falle von *Guye*.[5]) *Knapp*[6]) meisselte in einem Falle von imperforirtem Trommelfelle den eiterig entzündeten Warzenfortsatz auf, wobei der Sinus transv. verletzt wurde. Es erfolgte Heilung.

Nach Eröffnung des Proc. mast. muss eine Irrigation mit lauwarmem Salzwasser (1%) stattfinden; etwa kranke Stellen sind auszulöffeln.

Die in die Fistelöffnung eingespritzte Flüssigkeit findet in den ersten Tagen nicht immer einen freien Abfluss durch die Ohrtrompete, weshalb auch, zur Verminderung unangenehmer Stauungserscheinungen im Mittelohre, die Einspritzung nur unter einem schwachen Drucke vorgenommen werden soll. Bei Vernachlässigung dieser Vorsorge können Kopfschmerzen, Ohrensausen, Ohnmacht, selbst eine lebensgefährliche Reaction auftreten. Mitunter dringt die in den Fistelcanal eingespritzte Flüssigkeit, erst am 2., 3. bis 7. Tag durch den Tubencanal in den Pharynx.

Schwartze[7]) erwähnt einen Fall, in welchem sich die Warzenhöhle bis zum 20. Tage nach der Operation undurchgängig erwies.

---

[1]) A. f. Ohr. XVII, S. 107. — [2]) *Weber-Liel*, D. Klin. 1874, S. 38; *C. Wolff*, Berl. kl. Woch. 1877, S. 205. — [3]) A. f. Ohr. X, S. 200. — [4]) Naturf.-Vers. 1872, s. A. f. Ohr. VI, S. 292. — [5]) Brit. med. Assoc. 1881, s. A. f. Ohr. XVIII, S. 223. — [6]) Z. f. Ohr. XI, S. 221. — [7]) A. f. Ohr. X, S. 34.

Nach der Operation hat der Patient das Bett durch eine Woche zu hüten.

Es ist diese Vorsicht unter Anderem auch wegen der Möglichkeit einer stärkeren Nachblutung im Verlaufe der ersten Woche nach der Operation[1]) am Platze.

Nach gelungener Eröffnung des Warzenfortsatzes ist durch Wochen, selbst Monate hindurch eine antiseptische Wundbehandlung und eine Reinigung der Warzenhöhle mittelst Injectionen vorzunehmen. Eine Verengerung des Fistelcanales durch Granulationsgewebe, wird durch Einlegung eines Bleinagels in die Fistel hintangehalten.

Der Bleinagel besitzt einen rechtwinkelig gebogenen, breit geschlagenen Handgriff, mit einem, zur Durchziehung eines Bändchens versehenen Schlitze. Der Nagel darf erst nach dem Ablaufe sämmtlicher Entzündungserscheinungen entfernt werden.

Nach *Schwartze*[2]) tritt die Heilung bei veraltetem Leiden durchschnittlich binnen 9—10 Monaten, in recenten Fällen innerhalb 6—7 Monaten ein. Als Grenzen erschienen in 100 Fällen ein Monat einerseits und zwei Jahre andererseits.

Erfolg. Die Eröffnung des Warzenfortsatzes ist in dazu geeigneten Fällen als eine lebensrettende Operation zu betrachten: die schwersten Formen von Caries der Pars mastoidea, sogar der Pars petrosa können durch sie geheilt werden; körperlich und geistig sieche Individuen erholen sich darnach, selbst eine Ausheilung einer bestehenden (consecutiven) Lungenaffection kann durch die Eröffnung des Proc. mast. ermöglicht werden.[2]) Von Interesse ist die Beobachtung, dass auch in solchen Fällen, in denen die Operation keine Entleerung von Eiter aus der Warzenhöhle erzielt, ja die Eröffnung des Antr. mast. überhaupt nicht gelingt, dennoch ein entschieden günstiger Einfluss hervortreten kann.

Bei einem von *Schwartze* und *Koeppe*[3]) operirten Epileptiker zeigten sich die epileptischen Anfälle unmittelbar nach einer trockenen Anbohrung des Warzenfortsatzes abgeschwächt (Reflexepilepsie).

Bei den von *Schwartze*[2]) Operirten traten in 74⁰/₀ Heilung, in 6⁰/₀ keine Besserung, in 20⁰/₀ ein letaler Ausgang ein, der jedoch in keinem Falle mit Bestimmtheit als directe Folge der Operation zu betrachten war.

IX. Neubildungen. 1. Polyp. S. 280.

2. Osteom. Knochenneubildungen treten gewöhnlich diffus auf und geben zu Hypertrophie, Eburneation des Knochengewebes Veranlassung. Eine eiterige Entzündung der Warzenzellen kann zur Bildung eines feinen Knochenrasens führen, der den Zellenwandungen schimmelartig aufsitzt.[4]) Eine Exostose von Muscatnussgrösse beobachtete *Vandervoort*[5]); die Geschwulst, welche vom Proc. mast. ausging, erschien glatt, schmerzlos und wuchs anfänglich langsam, später gar nicht.

3. Von den übrigen am Warzenfortsatze vorkommenden Neubildungen ist das Rundzellensarcom[6]), Carcinom[7]) und Gumma[8]) anzuführen.

X. Neurosen. 1. Facial-Paralyse.

Der N. facialis kann an einer Stelle seines Verlaufes durch den Warzenfortsatz, entweder von Seite des erkrankten Knochengewebes einen Druck erfahren oder selbst in einen

---

[1]) Fall von *Schwartze* (A. f. Ohr. XI, S. 156) am 5. Tage. [2]) A. f. Ohr. XIV, S. 202; XIX, S. 241. — [3]) A. f. Ohr. V, S. 282. — [4]) *Zuckerkandl*, M. f. Ohr. XIV, Nr. 3. — [5]) *S. Buck*, A. f. Aug. u. Ohr. III, 2, S. 11. — [6]) *Christinnek*, A. f. Ohr. XVIII, S. 292, XX, S. 34. [7]) *Wilde*, Ohrenh. S. 213 u. 118; *Rundt*, Ann. d. mal. de l'oreille etc. 1875, p. 227, s. A. f. Ohr. XI, S. 178. [8]) *Pilla*, Wien. med. Zeit. 1881, Nr. 20.

Entzündungsprocess mit einbezogen werden und dadurch eine Parese oder Paralyse erleiden; in der Regel betheiligen sich daran auch die Chordafasern
2. **Neuralgie.** Eine hochgradige Druckempfindlichkeit am Warzenfortsatze ohne nachweisbare Entzündungserscheinungen an der äusseren Decke des Proc. mastoideus beobachtete *Weber-Liel*[1]) in einem Falle von Fissur der Pyramide, wobei die Section anscheinend vollständig normale Verhältnisse des Warzenfortsatzes ergeben hatte. — An einem von mir behandelten Patienten, welcher während einer ausserordentlich starken Kälte im Freien gearbeitet hatte, waren rechterseits heftige Schmerzen in der Gegend des Warzenfortsatzes und an der Ohrmuschel ohne sichtbare Veränderungen an den bezeichneten Stellen aufgetreten. Die Schmerzen wurden durch Druck bedeutend vermehrt, so dass Patient z. B. stets aufwachte, wenn er sich im Schlafe auf die afficirte Seite legte. Nach einer einmaligen Anwendung des Inductionsstromes hatten sich die bereits durch Wochen vorhanden gewesenen Schmerzen verloren. Patient war seitdem nicht mehr im Ambulatorium erschienen.

3. **Reflexerscheinungen.** Betreffs der durch Druck auf den Warzenfortsatz nicht selten zu beeinflussenden subjectiven Gehörsempfindungen siehe folgendes Capitel. Die durch Entzündung des Warzenfortsatzes zu Stande kommende Reflexepilepsie, sowie die auf reflectorischem Wege erfolgenden revulsivischen Wirkungen der trockenen Eröffnung des Proc. mast. finden sich oben erwähnt.

XI. Fremdkörper. Ausser den im Antrum mastoideum befindlichen verdickten Eitermassen, nekrotischen Knochenpartien, in die Warzenhöhle hineingefallenen Gehörknöchelchen oder von aussen eingedrungenen Projectilen [2]) etc. können noch ausnahmsweise vom äusseren Gehörgange aus Fremdkörper durch die Paukenhöhle bis in die Warzenzellen gelangen. *Weinlechner*[3]) fand einen auf diese Weise in das Antrum mast. eingeführten Stein in den Warzenzellen so fest eingeklemmt, dass dessen Extraction selbst am Präparate nur schwer gelang.

VII. CAPITEL.
Das innere Ohr (Labyrinth und Nerv. acusticus).
A) Anatomie und Physiologie.

I. Entwicklung. Der N. acusticus entstammt als solide Masse dem Hinterhirn, während das Labyrinth in seiner primitiven Anlage aus einer bläschenförmigen Einstülpung des Ectoderms hervorgeht. Das Labyrinthbläschen schnürt sich später ab und bleibt (zum Unterschiede von der primitiven Augenblase) hohl. Das mittlere Keimblatt (Mesoderm) liefert die häutigen und die ursprünglich knorpeligen, später (während der 10.—12. Woche) [4]) knöchernen äusseren Hüllen des Labyrinthes. Mit der Abschnürung des Labyrinthbläschens erhält dieses eine birnförmige Gestalt und scheidet sich in einen unteren rundlichen (Vestibulum) und einen oberen zapfenförmigen Abschnitt (Recessus labyrinthi), welcher letzterer sich zum Aquaeductus vestibuli umwandelt. Später entstehen durch Ausstülpungen der Wandungen die Bogengänge und der Schneckencanal (Ductus cochlearis, Canalis cochleae), dessen Verbindung mit der Höhle des Vestibulum durch einen, auch am Erwachsenen nachweisbaren Canal, den Canalis reuniens hergestellt wird. Im Vestibulum sind zwei von einander getrennte Räume zu unterscheiden, nämlich der nach hinten gelegene Utriculus, in den sich die Bogengänge öffnen und das nach vorne befindliche runde Säckchen (Sacculus rotundus), das mit dem Canalis cochleae durch den bereits erwähnten Canalis reuniens verbunden ist. Utriculus und Sacculus sind durch das gabelförmig getheilte Ende des Ductus cochlearis mit einander in Verbindung. [5]) Durch einen Resorptionsvorgang in dem, die primäre Labyrinthhöhle un-

---

[1]) M. f. Ohr. III, Sp. 111. — [2]) Auffälligerweise veranlassen Schussverletzungen des Warzenfortsatzes fast constant eine Taubheit. *Moos*, A. f. Aug. u. Ohr. 1871. II. 1. S. 128; diesbezügliche Beobachtungen hatte auch *Demme*, s. *Schmidt's* J. 1862, B. 113. S. 133. angestellt. — [3]) Spitalsz., Beil. z. Wien. med. Woch. 1862. S. 254. — [4]) *Meckel*, A. f. Phys. 1820. B. 6. S. 428. — [5]) *Böttcher*, Med. Centralbl. 1868. Nr. 20.

gebenden Bindegewebe bilden sich die Hohlräume des später knöchernen Labyrinthes, nämlich die knöchernen Bogengänge, ferner der Hohlraum im knöchernen Vorhof und die beiden Treppen in der Schnecke. Die Schnecke besitzt in der achten Woche bereits eine ganze Windung und circa in der elften Woche ihre sämmtlichen $2^1/_2$ Windungen. Im Schneckencanale sind beim Menschen im vierten Monate die Zähne deutlich sichtbar. Wie zuerst *Kölliker* nachwies, entstehen die um die Nervenendigungen in der Schnecke gelegenen Theile aus dem verdickten Epithel der tympanalen Wand des Schneckencanales, darunter auch die *Corti*'schen Fasern, welche beim Menschen im fünften Embryonalmonate aus verlängerten Epithelzellen hervorgehen. Die Verknöcherung des knorpeligen Labyrinthes tritt nach *Tröltsch* an folgenden Punkten auf: 1. Auf der ersten Windung der Schnecke und in der Gegend des Promontorium; 2. in der Brücke zwischen dem Meat. auditor. internus und dem Hiatus canal. Fallopiae; 3. in der Gegend des gemeinschaftlichen Schenkels der beiden verticalen Bogengänge; 4. auf der Cochlea.

II. Anatomie. Das Labyrinth besteht aus dem Vorhofe, den Bogengängen, der Schnecke und den diese Gebilde versorgenden Weichtheilen. Man unterscheidet das knöcherne und das membranöse Labyrinth; zwischen beiden befindet sich eine Flüssigkeit, die Perilymphe, und im Innern des membranösen Theiles ebenfalls ein Labyrinthwasser, die Endolymphe. Aller Wahrscheinlichkeit nach entstammt die **Labyrinthflüssigkeit** dem Liquor cerebro-spinalis, wie dies betreffs der Perilymphe zuerst von *Hyrtl*[1]) vermuthet wurde (s. unten).

Der **Vorhof** (Vestibulum) besteht aus einer unregelmässigen ovalen Höhle, in deren vorderer, schmälerer Abtheilung der Zugang zum Schneckencanale gelegen ist, während aus dem hinteren, breiteren Abschnitte, fünf Oeffnungen zu den Bogengängen führen. Die äussere Wand bildet gleichzeitig einen Theil der inneren Paukenwand und ist von dem Foramen ovale durchbrochen. An der inneren Wand des Vorhofes, beziehungsweise dem Grunde des Porus acusticus internus, steigt eine Leiste, **Crista vestibuli**, empor, deren freies, dem Foram. ovale gegenüberstehendes Ende, als **Pyramis vestibuli** bezeichnet wird; nach unten verliert sich die Crista in zwei divergirende Schenkel. Durch die Crista vest. werden zwei Grübchen im Vorhofe von einander geschieden, und zwar der nach vorne und unten befindliche kleinere **Recessus hemisphaericus** von dem nach hinten und oben gelagerten, grösseren **Rec. hemiellipticus**; ausserdem fassen noch die beiden Schenkeln der Crista den **Rec. cochleae**[2]) als drittes Grübchen ein. Vom hinteren Abschnitte des Vorhofes zieht sich ein Canal, der **Aquaeductus vestibuli**, nach oben und hinten, durchsetzt die Knochenkapsel und mündet hinter dem Por. acust. int. an der hinteren Fläche des Felsenbeines, in einen von der Dura mater ausgekleideten Canal.[3]) Im Vestibulum befinden sich ausserdem mehrere Gruppen feiner Oeffnungen, die sogenannten **Maculae**, welche für den Durchtritt des N. acusticus bestimmt sind; man unterscheidet vier Maculae, nämlich die Macula cribrosa superior, am oberen Ende der Crista, die M. cribrosa media im Recessus hemisphaericus, ferner eine kleinere Macula cribrosa inferior im Recessus hemiellipticus und die Mac. cribrosa quarta[4]) im Rec. cochleae. Der häutige **Vorhof** entspricht in seiner Configuration der Knochenkapsel; er wird durch die Crista in zwei Säckchen getheilt, von denen das vordere, **Sacculus hemisphaericus**, das hintere, Sacculus hemiellipticus (Utriculus) genannt werden. Zwischen dem knöchernen

---

[1]) Zergliederk. 1860, S. 474. — [2]) *Reichert*, Akad. d. Wiss. Berlin 1864. —
[3]) *Cotunnius*, De aquaed. etc. Viennae 1774; *Böttcher*, *Reichert* u. *Du Bois'* Arch. 1869, S. 375; *Zuckerkandl*, M. f. Ohr. X, Nr. 6; *Weber-Liel*. M. f. Ohr. X, Sp. 74.
[4]) *Reichert*, Akad. d. Wiss. Berlin 1864 (Beitr. z. fein. An. d. Gehörschn.).

und membranösen Vorhofe besteht nur ein schmaler mit Perilymphe erfüllter Zwischenraum. Beide Säckchen werden durch den gabelförmig gespaltenen membranösen Aquaeductus vestibuli (s. oben) in gegenseitige Verbindung gesetzt.[1])

An den als Maculae angeführten Eintrittsstellen des N. acusticus sind rundliche, zum Theile krystallinische Concremente aus kohlensaurem Kalk[3]), die Otolithen (Otoconien)[2]) befestigt, die sich makroskopisch durch ihre kreideweisse Färbung zu erkennen geben. Sie werden von Haaren getragen, die durch eine zarte Haut mit der Hörsackwand verbunden sind.[4]) Zuweilen befinden sich die Otolithen frei in der Endolymphe.

Wie zuerst *Farre*[5]) beobachtete, benützen die Krebse Sandkörner als Hilfsotolithen. Nach *Hensen*[4]) werfen die Thiere bei der Häutung den an der Basis der inneren Antenne gelagerten Ohrsack sammt den Otolithen ab und nehmen Sandkörner auf; bei Thieren mit geschlossenem Ohrsacke findet eine Neubildung von Otolithen statt.

Mit dem hinteren Abschnitte des Vorhofes stehen drei halbkreisförmig

Fig. 67.

Labyrinth (Vorhof, Schnecke und Bogengänge) des linken Gehörorganes. — *f* frontaler Bogengang (Langer) sc. oberer oder vorderer verticaler Bogengang. — *h* horizontaler sc. äusserer Bogengang. — *s* sagittaler Bogengang (Langer) sc. unterer oder hinterer verticaler Bogengang.

Fig. 68.

Labyrinth der rechten Seite. *f* frontaler. — *h* horizontaler, — *s* sagittaler Bogengang.

gestaltete Gänge, die **Bogengänge** oder Canales semicirculares, in Verbindung, von denen der eine horizontal, die beiden anderen vertical verlaufen; alle drei Canäle sind zu einander rechtwinkelig gestellt. Der **horizontale** oder der äussere Bogengang erstreckt sich nach aussen und wölbt die innere Wand des Cav. tympano-mastoideum hervor (s. S. 189). Von den beiden verticalen Bogengängen liegt der eine höher und schneidet mit seiner Krümmungsebene die Pyramide quer durch (Canal. semicirc. sup. sc. anterior, **frontaler Bogengang**)[6]); indess der andere verticale Canal weiter nach innen, in der Längenaxe der Pyramide verläuft (Can. semic. inf. sc. posterior, **sagittaler Bogengang**.)[6]) Jeder Bogengang besitzt im Vorhofe ein weiteres Ende, die sogenannte **Ampulle**, und eine engere Mündung, welche letztere dem Lumen des einzelnen Bogenganges in seinem Verlaufe ungefähr entspricht. Der horizontale Bogengang besitzt

---

[1]) *Böttcher*, l. c. — [2]) Die Otolithen der Krebse bestimmte *Himly* als Fluorcalcium (s. *Hensen*, Z. f. wiss. Zool. 1863, B. 13, S. 336). — [3]) *Breschet*, Ann. d. sc. nat. T. 29, p. 180. *Breschet* unterscheidet zwei Formen von Otolithen, nämlich ein weisses feines Kalkpulver (Otolithen) und solide Körper (Otoconien), s. *Schmidt's* J. 1837. B. 16, S. 373. — *Gerlach* (s. *Canst.* J. 1849, B. 1, S. 59) gibt an, dass die Otolithen bei Behandlung mit Salzsäure zuweilen einen flockigen Rückstand aufweisen, der auf organische Substanz schliessen lässt. — [4]) *Hensen*, Z. f. wiss. Zool. B. 13. — [5]) Philos. Transact. 1843, s. *Hensen*, l. c. — [6]) *Langer*, Anat., 1. Aufl., S. 721.

seine eigene Ampulle und Endmündung; die beiden verticalen Bogengänge weisen allerdings von einander getrennte Ampullen, dagegen eine gemeinschaftliche Endmündung auf, da ihre abwärtssteigenden Bögen mit einander verschmelzen. Die Ampullen des frontalen und des horizontalen Bogenganges befinden sich an der äusseren Wand des Vorhofes, wobei die ampullare Oeffnung des horizontalen Ganges unter der des frontalen Canales liegt; die Ampulle des sagittalen Ganges befindet sich am Boden des Vestibulum; die engen Mündungen liegen an der inneren Vorhofswand, und zwar die gemeinschaftliche Oeffnung der beiden verticalen Bogengänge über der Oeffnung des horizontalen Canales. Innerhalb der knöchernen Gänge liegen die membranösen Canäle den knöchernen Canälen excentrisch [1]) an und lassen an der inneren Seite des knöchernen Gehäuses, einen mit Perilymphe erfüllten Raum frei, der von den, zwischen den knöchernen und membranösen Bogengängen ausgespannten Bindegewebszügen durchsetzt wird. Die Anlagerungsstelle der membranösen Gänge an die knöchernen Gänge charakterisirt sich nach *Rüdinger* [1]) durch den Mangel der, an der Innenfläche der membranösen Gänge vorkommenden, zottigen, warzenähnlichen Gebilde. Gleich der Macula acustica im Vorhofe, zeigen auch die membranösen Bogengänge an ihren Ampullen, eigenthümlich geformte terminale Acusticusfelder, die Cristae acusticae, die in der Gestalt eines halbmondförmigen, weissgelblich gefärbten Wulstes, den concaven Seiten der membranösen Ampullen aufsitzen. Die Ampullen besitzen ferner steife, elastische Haare, „die Hörhaare", welche in das Innere des Ampullenraumes, über die Oberfläche des Epithels hineinragen.

Die Schnecke (Cochlea) besteht aus einer Röhre, die $2^1/_2$mal aufgerollt ist und eine konische Gestalt aufweist. In den centralen Partien verschmelzen die Schneckenwindungen unter einander und bilden dadurch den Modiolus (die Spindel) der Schnecke. Der Modiolus ist mit zahlreichen Oeffnungen zum Durchtritte der Gefässe und Nerven versehen; ausserdem befinden sich in der Längenaxe der Spindel zwei Canäle, nämlich ein centraler (Canalis centralis modioli) und ein peripherer (Can. spiralis mod.). Der Spiralcanal zerfällt wieder in zwei Abtheilungen, von denen die untere eine bandartig zusammenhängende Ganglienmasse, die obere eine Vene enthält. An der Innenwand des Modiolus springt eine Leiste, die Lamina spiralis ossea, hervor, die ebenfalls einen spiralen Verlauf aufweist; ihr gegenüber geht eine zweite kleine Lam. spir. oss. (accessoria) ab. Die beiden Laminae osseae bilden an der unteren Schneckenwindung mit dem Modiolus einen rechten, weiter aufwärts einen allmählig spitzer werdenden Winkel, so zwar, dass die Lam. ossene in der letzten halben Schneckenwindung mit der Spindel beinahe parallel verlaufen. Beide Lam. spir. oss. sind durch eine Membran, die Lam. spir. membranacea, mit einander verbunden, wodurch das Innere der Schneckenröhre in zwei mit einander parallel verlaufende Canäle zerfällt. Der obere dieser Canäle hängt mit dem Vestibulum zusammen und führt den Namen Scala vestibuli, der untere endet an der Membrana rotunda des Cavum tympani und heisst Scala tympani. Die beiden Treppen communiciren miteinander durch das Helicotrema Brescheti, eine kleine Lücke unterhalb der Kuppel der Schnecke.

Die Weite der beiden Schneckentreppen ist eine verschiedene, u. zw. herrscht

---

[1]) *Rüdinger*, Bayer. ärztl. Intell. 1866, Nr. 25.

an der unteren Schneckenwindung die Weite der Scala tympani, an der oberen Windung die der Scala vestibuli vor.

Ausser diesen beiden Treppengängen besteht im Schneckenraume noch ein dritter Gang, der **Ductus cochlearis**[1]), welcher sich im Bereiche der Scala vestibuli befindet. Von der Lamina spiralis verläuft nämlich schräge durch die Scala vestibuli, eine feine elastische und wahrscheinlich durch die Endolymphe in Spannung erhaltene[2]) Membran, die **Membrana**

Fig. 69.

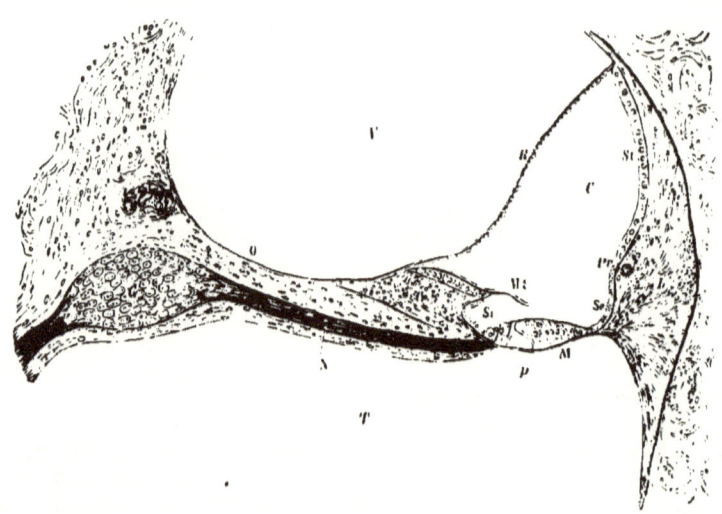

Querdurchschnitt einer Schneckenwindung vom Meerschweinchen (nach *Toldt*). — *C* Ductus cochlearis. — *Cr* Crista vestibuli. — *G* Ganglion spirale. — *L* Ligamentum spirale. — *M* Membrana basilaris mit dem aufsitzenden Corti'schen Organ. — *Mt* Membrana tectoria. — *O* Lamina spiralis ossea. — *P* Pfeiler des Corti'schen Organes. — *Pr* Prominentia spiralis mit dem Vas prominens. — *R* Membrana :Reissneri. — *Se* Sulcus spiralis externus. — *Si* Sulcus spiralis internus. — *St* Stria vascularis. — *T* Scala tympani. — *V* Scala vestibuli.

Reissneri, die sich an der äusseren Schneckenwand inserirt und dadurch einen Hohlraum (den Ductus cochleae) abschliesst, welcher von der Scala vestibuli allseitig getrennt ist. Der Ductus cochlearis ist nach oben von der *Reissner*'schen Membran, nach unten von der Lam. spiralis und nach aussen von der äusseren Schneckenwand begrenzt. Nach unten durch den Canal. reuniens mit dem Sacc. hemisphaericus verbunden (s. oben), durchläuft der Ductus cochlearis sämmtliche Windungen der Schnecke und endet blind unterhalb der Kuppel der Schnecke, an welcher er das Helicotrema frei lässt. Der Ductus cochlearis ist mit der Endolymphe erfüllt, während die beiden Schneckentreppen Perilymphe enthalten. Von der Schnecke führt ein kleiner Canal an die untere Fläche des Felsenbeines, der **Aquaeductus cochleae**; er verläuft von der Scala tympani, und zwar oberhalb deren Crista semilunaris, zur Schädelhöhle und mündet in den subarachnoidealen Raum, von dem er mit dem Liquor cerebro-spinalis versorgt wird.[3])

---

[1]) *Reissner*, Müll. Arch. 1854, S. 420. — [2]) *Hensen*, Z. f. wiss. Zool. B. 13; *Steinbrügge*, Z. f. Ohr. XII. S. 237. — [3]) *Weber-Liel*, M. f. Ohr. III. Nr. 8, XIII. Nr. 3.

Der Aquaed. cochleae geht vom perilymphatischen Raum des Labyrinthes aus. Wie *Schwalbe*[1]) fand, gelangt die in den Subduralraum eingespritzte Flüssigkeit durch die Lamina cribrosa in das Cavum perilymphaticum, besonders in die Scala tympani, sowie in das knöcherne Vestibulum: nach *Key* und *Retzius*[2]) findet dies auch bei Einspritzung der Flüssigkeit in den Subarachnoidealraum statt. *Hasse*[1]) ist der Ansicht, dass die Lymphe sowohl per Aquaed. cochleae, als auch vom Subarachnoidealraume aus in der Duralscheide der Nerven zum perilymphatischen Raume gelangen könne, der Hauptweg jedoch im Aquaed. cochl. gelegen sei. Die **Perilymphe des Ohres** steht durch das perilymphäre Lymphsystem mit dem peripheren Lymphsystem in Verbindung (welches auch den Liquor cerebrospinalis des Cavum subarachnoideale aufnimmt), ferner zum geringen Theile durch den Porus acust. int. mit dem Subduralraum. Die endolymphatische Bahn ist dagegen ganz unbekannt, da der endolympathische Gang, der Aquaed. vestibuli unter der Dura mater sackförmig blind endet und andererseits in den allseitig geschlossenen Sacculus endolymphaticus übergeht. Der Liquor endolymph. fliesst wahrscheinlich durch die Arachnoidealscheide des Acusticus und der Gefässe in den Subarachnoidealraum ab und erneuert sich vielleicht per diffusionem durch den Ductus endolymphaticus, besonders durch dessen Sacculus aus den epi- oder endoduralen serösen Bahnen.[3])

Fig. 70.

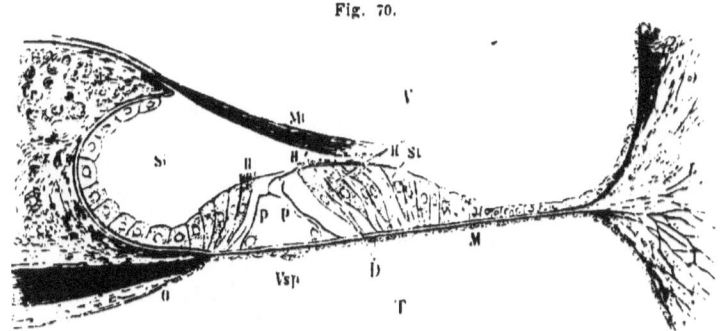

Querdurchschnitt einer Schneckenwindung (nach *Toldt*). — *Cr* Crista spiralis. — *D* Deiter'sche Zellen. — *H* Innere Haarzellen. — *H'* Aeussere Haarzellen. *L* Ligamentum spirale. — *M* Membrana basilaris. — *Mt* Membrana tectoria. *N* Bündel des Nerv. cochlearis. — *O* Labium tympanicum der Lamina spiralis ossea. — *P* Innere Pfeiler. — *P'* Aeussere Pfeiler. — *Si* Sulcus spiralis internus. *St* Hensen'sche Stützzellen[4]). — *T* Scala tympani. — *V* Scala vestibuli. — *Vsp* Vas spirale.

Der **Ductus cochlearis** enthält die Endapparate des N. cochlearis; der freie Rand der Lamina spiralis ossea ist gefurcht (Sulcus spiralis), und zwar endet er mit zwei Lippen (Labium vestibulare und Lab. tympanicum), von denen die obere (Lab. vest.) stark gezackt ist. Die Zacken entsprechen eigenthümlichen, umgekehrt kegelförmig gelagerten Gebilden, den Gehörzähnen.[5]) Das Labium tympanale besteht aus zwei Platten, zwischen denen die Fasern des N. cochleae verlaufen; diese durchbohren die Lamina, welche dadurch, von oben betrachtet, ein perforirtes Aussehen erhält und als Zonula perforata bezeichnet wird. In dem Ductus cochlearis liegen zwei miteinander parallel laufende Membranen, von denen die untere eine Fortsetzung der Lam. tympanica bildet und **Membrana basilaris** heisst, während die obere eine Fortsetzung der Vorhofslippe darstellt und als *Corti*'sche

---

[1]) C. f. d. med. Wiss. 1869, Nr. 30; s. *Hasse*, A. f. Ohr. XVII, S. 188 u. f.
[2]) Stud. in d. Anat. d. Nervens., 1873. — *Quincke* (*Reichert's* u. *Du Bois* Arch. 1872) spritzte Hunden Zinnoberemulsion in den Subarachnoidealraum und bemerkte dabei zuweilen ein Vordringen der Flüssigkeit in die Scala tympani. [3]) *Hasse*, l. c.
[4]) Z. f. w. Zool. B. 13, S. 498. — [5]) *Huschke*, *Müller's* Arch. 1835, S. 335.

Membran bezeichnet wird. *Henle*[1]) theilt die Membrana basilaris in eine äussere und innere Zone ein, von denen die letztere die von *Corti*[2]) entdeckten Gebilde enthält, welche den Namen des *Corti'schen Organes* tragen.

Die beigegebene Abbildung zeigt als einen wesentlichen Bestandtheil des *Corti*'schen Organes die *Corti*'schen Bögen (Pfeiler), welche aus den nach innen befindlichen Stegen (P) und den nach aussen stehenden Saiten (P' zusammengesetzt werden; die letzteren sind zahlreicher als die ersteren, und zwar kommen nach *Claudius*[3]) ungefähr drei Saiten auf zwei Stege. Nach innen von den Stegen befinden sich die inneren, nach aussen von den Saiten, die äusseren *Corti*'schen Zellen, auch Haarzellen II, II' genannt. Zwischen den äusseren Haarzellen sind die *Deiters*'schen Zellen (D'[4]) eingebettet. Von den oberen Enden der Haar- und der *Deiters*'schen Zellen begeben sich die *Claudius*'schen Zellen nach aussen; die einander zugekehrten Enden der *Corti*'schen Bögen enthalten die inneren und äusseren Bodenzellen. Die Membrana basilaris zeigt unter dem Mikroskope eine deutliche Querstreifung. Nach oben von den der Grundmembran aufsitzenden Gebilden befindet sich, als Decke derselben, die *Corti*'sche Membran.

Gefässe. Das Labyrinth erhält sein **arterielles Blut** theils durch die Art. auditiva interna, einen Ast der Art. basilaris, theils durch die Vasa communicantia aus der Paukenhöhle (s. S. 196). Die Art. auditiva interna begibt sich mit dem Nervus acusticus in den Porus acusticus internus und spaltet sich am Grunde desselben in die Art. vestibularis und cochlearis; die erstere versorgt den Vorhof und die Bogengänge, die letztere bildet in der Cochlea zahlreiche Anastomosen; der wichtigste Ast verläuft im Canal. centralis cochleae. Das **venöse Blut** des Labyrinthes wird durch die Vv. cochleae und vestibuli der V. auditiva interna zugeführt und gelangt von dieser aus in den Sin. petrosus superior.

Nach *Weber-Liel*[5]) enthält der Aquaeductus cochleae keineswegs, wie allgemein angenommen wurde, ein Venenzweigchen, sondern von dem Bulbus der V. jugularis interna oder vom Sinus petrosus inferior, verläuft eine kleine Vene zum Aquaed. cochleae und tritt im vordersten Theil desselben in eine Knochenöffnung ein, begibt sich hierauf durch ein eigenes Canälchen, circa 1 Mm. vom Aq. cochleae entfernt, zur Scala tympani und mündet dicht an der Oeffnung der Schneckenleitung in die Paukentreppe.

Die **Lymphbahnen** des Labyrinthes sind derzeit noch unbekannt.

Nerv. Das Labyrinth wird vom Acusticus innervirt. Der Ursprung dieses Nerven, sowie seine Beziehungen zu den verschiedenen Regionen des Centralnervensystems sind gegenwärtig noch zum grossen Theile unerforscht. Wie aus dem beigegebenen, von *Huguenin* entworfenen Schema[6]) (Fig. 71) hervorgeht, tritt der Acusticusstrang an der untersten Grenze des Pons in die Medulla oblongata und theilt sich hier: *a)* in Fasern zu den Striae acusticae (3), welche um das Corpus restiforme (4) herum, quer durch den Boden des vierten Ventrikels zur Medianlinie laufen und verschwinden; zuweilen begeben sie sich schon am Rande der Rautengrube in die Tiefe. Die hier besprochenen Fasern entstammen nach *Meynert*[7]) vermittelst querer durch die Tiefe streichender Fibrae arcuatae dem entgegengesetzten Kleinhirnstiele. *b)* Vom Hauptstamm des Hörnerven zweigt sich

---

[1]) Anat. II, S. 793. — [2]) Z. f. wiss. Zool. III, S. 109. — [3]) Z. f. w. Z. B. 7. S. 154. — [4]) Unters. üb. d. Lam. spir. m., Bonn 1860; *Virch.* Arch. B. 19, S. 445: *Müller's* Arch. 1862, S. 262 u. 405. — [5]) M. f. Ohr. XIII, Nr. 3. -- [6]) Das Schema ist einer im Arch. f. Aug. u. Ohr. (II., 1. 1871, S. 89) erschienenen Abhandlung *Brunner's* entnommen. — [7]) *Stricker's*, Gewebel. B. 2, 1871.

ein anderes Faserbündel ab und gelangt zum Kerne des Acusticus 2). Der Acusticus zerfällt weiter in Fasern: c) zum Querschnitte des Funiculus cuneatus und gracilis (5. sensorisch); d) zum Querschnitte des Corp. restiforme (4. motorisch) und e) zum accessorischen Acusticuskerne von *Stilling* („vorderer Acusticuskern", ein kleines Ganglion neben dem Corp. restif. im Kleinhirn). Als Acusticuskerne, welche die in der Medulla oblongata bisher festgestellten centralen Endpunkte des N. acusticus bilden, werden drei verschiedene Zellenmassen bezeichnet: 1. Die am meisten nach aussen gelegene Zellenanhäufung, welche sich theilweise an das Corpus restif. anlehnt; sie liegt nach aussen von dem in die Medulla oblongata eintretenden Acusticus und wird vorderer Acusticuskern genannt. In dem oberen Theil des Kernes kann man die Portio intermedia Wrisbergii verfolgen, die öfters mit dem Acusticus vereinigt ist. 2. Der „innere Acusticuskern", welcher sich in der Rautengrube befindet. 3. Der „äussere Acusticuskern", welcher nach aussen von dem inneren Kern und mit diesem wahrscheinlich verbunden, in der inneren Abtheilung des Kleinhirnstieles (Funic. cuneatus u. gracilis) liegt.

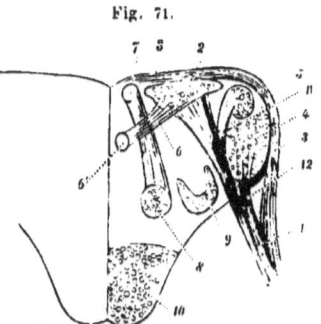

Fig. 71.

Schema vom Eintritt des Acusticus in die Medulla oblongata. — *1* Nerv. acusticus. — *2* Acusticuskern. — *3* Striae acusticae. — *4* Corpus restiforme. — *5* Funiculus cuneatus et gracilis. — *6* Eintritt des Acusticusstranges in den Kern des Acusticus. *6'* Durchschnitt des Acusticusstranges. — *7* Facialisdurchschnitt. — *8* Kern des Facialis. — *9* Sensorischer Theil des Lemniscus. — *10* Pyramide. — *11* Fasern des Acusticus zum Funiculus cuneatus et gracilis (zum Cerebellum). — *12* Fasern des Acusticus zum Corpus restiforme (zum Cerebellum).

Ausser dem obigen Schema der Vertheilung des Acusticus in der Medulla oblongata möge hier, zur besseren Orientirung, noch ein zweites, ebenfalls von *Huguenin*[1]) entworfenes Schema angeführt werden (s. Fig. 72).

Eine aufsteigende Acusticuswurzel innerhalb des Funiculus cuneatus beschreibt *Roller*.[2]) Dem genannten Autor zufolge kommt ferner in den grossen Acusticusherd, durch den Pons, eine „Radix descendens" acustica. Da auch bestimmte Fasern aus dem Cerebellum in den grossen Acusticusherd gelangen, so ist dies ein Centralherd für die von verschiedenen Richtungen einstrahlenden Faserzüge des Acusticus. Ein Theil der Radix descendens geht unmittelbar in die ausstrahlenden Fasern über. Von hoher Bedeutung ist, nach *Roller*, die Thatsache, dass spinale Wurzeln der cerebralen Sinnesnerven (Trigeminus, Acusticus, Glosso-pharyngeus, Opticus) existiren.

In seinem Verlaufe zum Labyrinthe begibt sich der Stamm des Acusticus, in Verbindung mit dem Facialis und der zwischen beiden gelagerten Portio Wrisbergii, zum Grunde des Por. acust. int. und theilt sich daselbst in den N. vestibuli und N. cochleae.

Flourens[3]) gibt an, dass der N. acusticus zwei bis ins Gehirn von einander getrennte Fasergruppen besitzt, die eine für das Hören, die andere für die Bogengänge. Nach *Horbaczewski*[4]) ist der N. vestibularis beim Schafe, vom Ursprunge an, ein vom N. cochlearis getrenntes Nervenbündel. Die Stärke des N. vest. wächst mit der Grösse des Thieres bedeutend rascher als die des N. cochleae.

Der N. vestibuli schwillt nach seinem Abgange von dem Stamme des Acusticus etwas an und bildet die Intumescentia ganglioformis Scarpae.

---

[1]) Krankh. d. Nerv. 1873, 1, S. 179.   [2]) A. f. mikr. Anat. 1880, B. 18, S. 103.
[3]) Rech. expér. etc. p. 483-501, s. *Schmidt's* J. 2. Suppl.-B. 1842, S. 103.
[4]) Sitz. d. Wien. Akad. d. Wiss. B. 71.

Der Nerv theilt sich hierauf in drei Zweige, von denen der eine als Ram. nervi vestibularis superior, durch die Macula cribrosa sup. am Grunde des Por. acusticus internus, zum elliptischen Säckchen sowie zu den Ampullen des oberen verticalen und des horizontalen Bogenganges tritt; die terminalen Nervenzweige stehen in Beziehung zu dem eigenthümlichen Epithel der benannten Gebilde. Der Ramus medius gelangt durch die Macula cribrosa media zum runden Säckchen, der Ramus inferior, durch ein eigenes Knochencanälchen, zu der Ampulle des unteren verticalen Bogenganges. Der N. cochleae tritt durch die innere Abtheilung des Porus acusticus internus in die Schneckenbasis ein und entsendet ausserdem noch einen Zweig

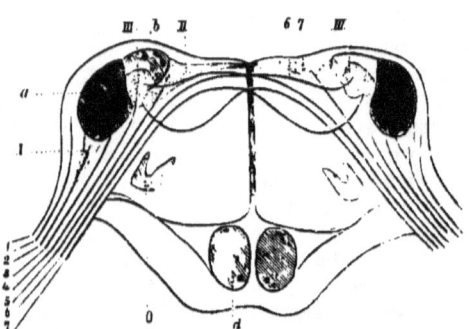

Fig. 72.

Schema der Vertheilung des Acusticus in der Medulla oblongata. — *I* Vorderer. *II* innerer, *III* äusserer Kern des Acusticus. — *a* Corpus restiforme. — *b* Innere Abtheilung des Pedunculus Cerebelli (funiculus cuneatus und gracilis). — *d* Pedunculus Cerebri. — *I'* Aufsteigende Wurzel des Trigeminus. — *1* Aeussere oder obere Wurzel des Acusticus. — *2* Wurzel aus dem vorderen Kern, Nerv. intermedius Wrisbergii. — *3* Wurzel aus dem Corpus restiforme. — *4* Wurzel aus dem äusseren Kern. — *5* Wurzel aus dem inneren Kern. — *6* und *7* Die gekreuzten Meynert'schen Acusticuswurzeln aus dem entgegengesetzten äusseren Kern.

für das runde Säckchen N. saccularis minor'. Der Hauptfaserzug des N. cochleae verläuft durch die Spindel der Schnecke zu deren Spitze. Vom Modiolus strahlen die Fasern des N. cochlearis fächerförmig aus und treten in der Lamina spiralis ossea zu einem Geflechte zusammen, in welchem Ganglienzellen enthalten sind Zona ganglionaris. Das Geflecht befindet sich in der unteren Abtheilung des Canal. spir. modioli s. oben. Von der Zona ganglionaris verlassen die Nervenfasern die Lamina ossea und dringen durch die Zona perforata in die Scala media ein, um in dem *Corti*'schen Organe zu endigen s. Fig. 69 u. 70).

III. Physiologie. Die functionelle Bedeutung des Vestibulum ist derzeit noch fraglich. Die von *Helmholtz* aufgestellte Vermuthung, dass die Erregung der Vorhofsnerven der Empfindung von Geräuschen vorstehe, während die Schnecke als Perceptionsorgan für die rhythmischen Schallwellen anzusehen sei, wurde in neuester Zeit von *Helmholtz*[1] selbst wieder fallen gelassen. S. *Exner*[2]) wies nämlich darauf hin, dass wir auch bei Geräuschen eine Tonhöhe unterscheiden, demzufolge auch die Geräusche von demjenigen Theile des Gehörapparates percipirt werden müssen, welcher der Unterscheidung der Tonhöhe vorsteht.

[1]) Lehre v. d. Tonempf. 4. Aufl. S. 249. — [2]) Arch. f. Phys. 1876. B. 13, S. 228.

Die Otolithen, durch die Schwankungen der Labyrinthflüssigkeit einmal in Bewegung versetzt, schwingen gegenüber der Flüssigkeit als trägere Massen langsamer aus, wie die Labyrinthlymphe und veranlassen dadurch einen längere Zeit anhaltenden mechanischen Reiz auf die im membranösen Labyrinthe befindlichen Nervenendigungen.

Wie zuerst die Versuche von *Flourens*[1]) ergaben, sind die Bogengänge als Organe des Gleichgewichtes zu betrachten. Eine Durchschneidung des membranösen horizontalen Bogenganges bewirkt eine rasche Bewegung des Kopfes von einer Seite zur anderen, in einer horizontalen Richtung, mit gleichzeitigen Oscillationen der Augen; dabei trachtet das Thier (als Versuchsthiere wurden gewöhnlich Tauben gewählt), sich um seine verticale Axe zu drehen. Eine Durchschneidung des unteren verticalen (sagittalen) Bogenganges erregt eine Bewegung des Kopfes nach vorne und hinten und Purzelbewegungen nach hinten. Eine Verletzung des oberen verticalen (frontalen) Bogenganges veranlasst Bewegungen des Kopfes nach vorne und hinten und Purzelbewegungen nach vorne. Bei Durchschneidungen verschiedener Bogengänge treten combinirte Bewegungsstörungen auf.

Flourens gibt bereits an, dass bei Verletzung einzelner Theile des Centralnervensystems gewisse Gleichgewichtsstörungen auftreten, welche den durch Operation der Bogengänge hervorgerufenen Bewegungsstörungen entsprechen, so erzeugt eine Verletzung des Pons eine horizontale Bewegung, des Crus cerebri ad corp. quadr., Sturz nach vorne, des Corp. restiforme, Sturzbewegung nach hinten. Als übereinstimmende Erscheinungen bei Verletzung eines bestimmten Bogenganges, sowie bei Zerstörung gewisser Theile des Kleinhirnes sind ferner anzuführen: Verletzung der Kleinhirnseitenlappen oder des horizontalen Bogeng, des hinteren Theiles des Kleinhirnlappens oder des unteren verticalen Bogeng., endlich des vorderen Theiles des Oberwurmes oder des vorderen verticalen Bogeng.[2])

Aus den Versuchen *Breuer's*[3]) ergibt sich, dass bei einer leichten Berührung der vorher frei gelegten membranösen Bogengänge, an der Taube eine plötzliche Bewegung des Kopfes gegen die Ampulle des betreffenden Bogenganges erfolgt. Wie die Beobachtungen von *Flourens*[1], *Goltz*[4]) u. A. lehrten, gestattet eine einseitige Durchschneidung der membranösen Bogengänge eine allmälige Wiederkehr der normalen Bewegungen, während bei bilateraler Verletzung keine vollständige Erholung eintritt.

Die Anschauung, dass Gehörseindrücke diese Erscheinungen herbeiführen, ist hinfällig und schon *Flourens* gibt an, dass die Gehörfunction bei den operirten Thieren nicht verloren geht[5]), während bei Zerstörung der Schnecke der Gehörsinn vernichtet wird, ohne dass sich dabei Gleichgewichtsstörungen bemerkbar machen würden. Dagegen vermögen allerdings Schallempfindungen einen Einfluss auf das Körpergleichgewicht zu nehmen und Schwindel zu erregen, welche Erscheinungen bei manchen Individuen nur bei bestimmten Schalleindrücken auftreten.[6]) Nach *Bechterew*[7]) erfolgt hierbei eine reflectorische Bewegung des Körpers in einer der Lage der Schallquelle entgegengesetzten Richtung. Ausnahmsweise kann, wie ich in einem Falle fand, diese

---

[1]) Compt. rend. 1828; Recherch. expér. etc. 1842. p. 483—501.   [2]) S. *Ferrier*, Functionen des Gehirns, Uebers, v. *Obersteiner*, S. 126. Der N. acusticus steht vermittelst des Corpus striatum in Verbindung mit dem Kleinhirn, das als das Centralorgan für die Gleichgewichtserhaltung anzusehen ist (vergl. *Meynert* in *Stricker's* Gewebel. B. 2. 1871). — [3]) Medic. Jahrb., Wien, 1874 u. 1875. — [4]) A. f. Phys. 1870, B. 3. S. 172.   [5]) Dafür spricht auch ein von *Mai* (s. A. f. Ohr. XI, S. 88) beobachteter Fall, in welchem sich bei einem während des Lebens gut hörenden Individuum anstatt der Bogengänge nur vier kurze Stümpfe vorfanden; ähnliche Beobachtungen stellten *Gruber* (Wien. med. Halle, 1863) und *Gaye* (Naturf.-Vers. 1873, s. A. f. Ohr. VIII. S. 225) an. — [6]) *Tumarkin*, s. Cent. f. J., 1880, B. 3, S. 28; *B. Mayer*, Arch. f. Phys. B. 30, S. 343 u. 344.   [7]) A. f. Phys. 1870, S. 173.

Reflexbewegung eine gleichseitige sein; die betreffende Patientin wurde nämlich bei dem Lärm eines an ihr rasch vorüberfahrenden Wagens stets von einer intensiven Sturzneigung gegen die Schallquelle befallen. In derartigen Fällen dürfte, nach *Bechterew*, eine Erregung des Kleinhirnes vermittelst der Bogengänge durch die Schallempfindungen ausgelöst werden.

Die, ausser *Flourens* und *Goltz*, vorzugsweise von *Mach* [1]), *Breuer* [2]), *Brown* [3]) und *Cyon* [4]) angenommene Function der Bogengänge zur Erhaltung des Gleichgewichtes (statischer Sinn, *Breuer*; Organ des Raumsinnes, *Cyon*) hat man sich ungefähr folgendermassen vorzustellen: Die eigenthümlichen Eindrücke, welche in den Bogengängen ausgelöst werden, entstehen durch Druckschwankungen der Endolymphe; diese ist bei ruhiger Haltung des Kopfes in Ruhe, wogegen der Druck bei Kopfbewegungen in der jedesmaligen tiefstgelagerten Ampulle am stärksten ist. Dementsprechend wird bei seitlicher Kopfneigung die grösste Druckschwankung in dem horizontalen Bogengange stattfinden, wobei die Flüssigkeit aus der Ampulle jener Seite ausströmt, gegen welche die Kopfbewegung erfolgt; dagegen wird gleichzeitig die Ampulle der anderen Seite durch das stärkere Einströmen der Endolymphe unter einen vermehrten Druck versetzt. Eine solche Druckschwankung ermöglicht es, dass wir uns ein Urtheil über die Stellung des Kopfes bilden. Da nun drei zu einander senkrecht stehende Bogengänge vorhanden sind, lässt sich daraus jede beliebige Stellung des Kopfes ermitteln.

Böttcher [5]) und *Baginsky* [6]) fassen die bei Verletzung der Bogengänge auftretenden Störungen des Gleichgewichtes als Folgezustände einer dabei stattfindenden Verletzung des Centralnervensystems auf. Dagegen habe ich mich bei den oben erwähnten Versuchen von *Breuer* selbst überzeugt, dass die Gleichgewichtsstörungen nicht während der Eröffnung der knöchernen Bogengänge, sondern im Momente der Berührung der membranösen Bogengänge auftreten. *Moos* [7]) nimmt an, dass bei Verletzung der Bogengänge eine Reflexerregung des Cerebellum stattfindet.

Nach *Spamer* [8]) ergibt eine Eröffnung der knöchernen Bogengänge vorübergehende Bewegungsstörungen, ferner eine Verletzung der Blutleiter, ähnliche Pendelbewegungen wie eine Eröffnung der membranösen Bogengänge. Die von *Stefani* und *Weiss* [9]) einige Wochen nach der Bogengang-Operation vorgefundene Veränderung der *Purkinje*'schen Zellen des Kleinhirns, konnte *Spamer* nicht bestätigen.

Bei erhaltenen Hemisphären erregt jede Störung in der ampullaren Empfindung, ausser der Coordinationsstörung, noch das subjective Gefühl von Schwindel. *Czermak* [10]) erzeugte bei seinen Versuchen von Durchschneidung der Bogengänge, als eine weitere Erscheinung, Erbrechen.

Bei Thieren mit zerstörter Grosshirnhemisphäre erfolgen die Coordinationsstörungen nicht spontan, sondern werden nur durch äussere Reize veranlasst, was für einen theilweisen reflectorischen Ursprung der erwähnten Erscheinung spricht. [11])

Cyon [12]) fand an Kaninchen, dass eine Durchschneidung der Bogengänge Bewegungen der Bulbi veranlasst, die keineswegs compensatorischer Natur sind. Eine Verletzung des horizontalen Bogenganges bewirkt eine Rotation des Auges derselben Seite; eine Durchschneidung des hinteren verticalen Bogenganges dirigirt den Bulbus nach vorne und oben, eine solche des vorderen verticalen Bogenganges nach hinten und oben. Die Erregung eines Canales erzeugt bilaterale Bewegungen im entgegengesetzten Sinne. Anfangs sind die Bewegungen tetanisch, gehen aber bald in Oscillationen über, die nach Durchschneidung des Acusticus der anderen Seite ver-

---

[1]) Akad. d. Wiss., Wien, 1873. Nov. — [2]) Med. Jahrb., Wien, 1874 u. 1875. — [3]) Journ. of Anat. and Phys. 1874. May. — [4]) Compt. rend. 1876 u. 1877; Recherch. sur l. fonct. d. can. semi-circ., Thèse, Paris, 1878. — [5]) A. f. Ohr. IX. S. 1. — [6]) Akad. d. Wiss, Berlin, 1881. — [7]) Mening. cer. sp. epid., 1881. — [8]) A. f. Phys. B. 21. S. 479. — [9]) Acad. med.-chir. di Ferrara, 1877. Nov. — [10]) Jena'sche Z. 1866. III. — [11]) *Löwenberg*, A. f. Aug. u. Ohr. III. 1; *Cyon*, l. c. *Bechterew*, A. f. Phys. B. 30. S. 323 u. f. — [12]) l. c., s. *Const. J.* 1876. B. 1. S. 230.

schwinden. Erregung eines Acusticus bewirkt eine gewaltsame Rotation beider Bulbi. Durchschneidung eine heftige Verstellung des Auges derselben Seite. Auch bei Reizung sowie bei Durchschneidung des **Acusticus**[1]**, ferner des Facialis, geben sich Gleichgewichtsstörungen zu erkennen.**

Brown-Séquard[1]) beobachtete (am Frosche, Kaninchen und Meerschweinchen) beim Anstechen des Acusticus oder bei dessen Durchschneidung eine immer enger werdende Kreisbewegung; eine Durchschneidung des Facialis knapp am For. st. mast. erregt ebenfalls eine Kreisbewegung, jedoch in entgegengesetzter Richtung, wobei umgekehrt, wie nach der Acusticus-Durchschneidung die Kreisbewegung allmälig weiter wird; 30 Minuten nach der Operation vermag das Thier wieder gerade zu gehen. Nach Ausreissung des Facialis entstehen Drehbewegungen in entgegengesetzter Richtung (Folge einer gleichzeitigen Affection der Med. oblongata). — *Cyon*[2]) fand bei einseitiger Durchschneidung des Acusticus Rollbewegungen um die Längsachse in der Richtung nach der verletzten Seite. Unregelmässige, vorübergehende Bewegungsstörungen werden durch eine Zerquetschung beider Acustici hervorgerufen. — *Bechterew*[3]) constatirte nach Durchschneidung des Acusticus eine Rollung des Körpers nach der verletzten Seite hin, wobei gleichzeitig beide Augen abgelenkt werden, und zwar das Auge der operirten Seite nach unten und aussen, der anderen Seite nach oben und innen; ausserdem besteht bilateral Nystagmus. Beiderseitige Durchschneidung bewirkt fast immer nicht mehr rückgängige allgemeine Störungen des Gleichgewichtes. Nach Abtragung der Oberfläche der Lobi frontales und parietales gehen die vorhandenen Rollbewegungen und die Ablenkung der Augen zurück und treten nur bei äusseren Reizen vorübergehend auf.

Mit den halbzirkelförmigen Canälen tragen gleichzeitig noch andere Organe, wie die centrale graue Substanz des 3. Ventrikels und die Olivenkörper des verlängerten Markes die Function des Körpergleichgewichtes.[3])

Bechterew[4]) nimmt an, „dass beide Hälften des centralen Höhlengraues, sowie auch die Oliven und Bogengänge im normalen Zustande des Thieres als Quelle beständiger Erregungen dienen, die reflectorisch durch das Kleinhirn den zweiten, die Muskel führenden motorischen Bahnen sich übermitteln. Deshalb bildet der bei Läsion eines Abschnittes des centralen Höhlengraues sich einstellende Bewegungseffect gleichzeitig das Resultat des Functionsausfalles des verletzten Abschnittes, wie auch der weiter fortdauernden, ohne Gegengewicht gebliebenen normalen Erregung der unversehrten Abschnitte desselben; andererseits müssen wir bei Reizung eines Abschnittes der in Rede stehenden Region durch den elektrischen Strom eine stärkere Erregung des gereizten Abschnittes zulassen, welche über die von den anderen Gegenden der centralen Substanz ausgehenden normalen Erregung das Uebergewicht erlangt."

Die Schnecke ist als das periphere Organ für die Gehörsempfindungen zu betrachten, welche durch eine Erregung der Endäste des N. cochlearis eingeleitet werden. Der Erregungsimpuls erfolgt vermittelst der Labyrinthflüssigkeit, theils durch Luftschwingungen, theils durch Verdichtungs- und Verdünnungswellen („Luftleitung", Kopfknochenleitung).[5])

Bei der Luftleitung ist nach *Helmholtz*[6]) die mechanische Aufgabe des Trommelhöhlen-Apparates, die in den schallleitenden Theilen vor sich gehende Bewegung von grosser Amplitude und geringer Kraft, in solche von geringer Amplitude und dabei grösserer Kraft umzuwandeln. Bei jeder nach innen gegen den Vorhof gerichteten Bewegung des Steigbügels findet ein Ausweichen der Labyrinthflüssigkeit statt, und zwar wird nach *Helmholtz* wahrscheinlich die membranöse Scheidewand der Schnecke gegen die Paukentreppe gedrückt. Die in der Scala tympani vorhandene Flüssigkeit drängt wieder ihrerseits die Membrana rotunda gegen die Paukenhöhle oder entweicht vielleicht zum Theile durch den Aquaeductus cochleae. Aus diesen Verhältnissen ergibt es sich, dass die Membr. rotunda bei jeder Einwärtsbewegung des Steigbügels gegen den Vorhof, aus dem runden Fenster in die

---

[1]) *Brown-Séquard*, Gaz. méd. 1849. s. *Frey*, Not B. 11. Sp. 258; s. *Canstatt's* J. 1853, B. 1. S. 220; Course of lectures etc. Philadelphia 1860; *Goltz*. A. f. Phys. 1870. S. 173. Eine Durchschneidung des Acusticus ist nach *Brown Séquard* schmerzhaft. — [2]) l. c. [3]) Arch. f. Phys. B. 30 u. 31. [4]) l. c., B. 31. S. 511. [5]) S. S. 27. — [6]) Lehre d. Tonempf. 1877. S. 218 u. f.

Paukenhöhle herausgedrängt wird, wogegen sie bei jeder Bewegung des Stapes nach aussen in die Scala tympani einsinkt. Je nach dem Wellensystem, welches auf den Schallleitungsapparat einwirkt, ist auch die Schnelligkeit, mit der die Labyrinthflüssigkeit hin- und herbewegt wird, eine wechselnde, steigt mit der Höhe und fällt mit der zunehmenden Tiefe des Tones. — Nach *Bezold*[1]) vergrössert eine Durchschneidung der beiden Paukenmuskeln, ferner auch eine Durchtrennung des Hammer-Ambossgelenkes die Bewegung des Labyrinthwassers.

Nach der Hypothese von Helmholtz ist die quergestreifte Membrana basilaris als ein System nebeneinander liegender Saiten anzusehen, welche je nach ihrer Länge und Spannung bei bestimmten Tönen in Schwingungen gerathen[2]) und die sie innervirenden Aeste des N. cochlearis in Erregung versetzen.[3]) Den Untersuchungen *Hensen's*[3]) und *Hasse's*[4]) zufolge, beruht die Abstimmung der einzelnen Theile der Membr. basilaris für gewisse Töne, wahrscheinlich auf der verschiedenen Breite der Membran; diese ist nämlich an ihrem Anfange (Vestibulartheil) am schmälsten und wird gegen die Kuppel der Schnecke immer breiter; demzufolge hätten die unteren Partien der M. basilaris die Perception der hohen, die oberen Theile die der tieferen Töne zu vermitteln.

Baginsky[5]) gibt an, dass er an Hunden durch Zerstörung der oberen Theile der Schnecke eine Taubheit für tiefe Töne, durch eine solche der unteren Schneckenwindung eine Taubheit für hohe Töne herbeigeführt habe.

Durch einen bestimmten Ton wird eine bestimmte Anzahl von Fasern in Mitschwingung gerathen, ohne dass jedoch die benachbarten Fasern vollständig in Ruhe bleiben würden; daraus erklärt sich auch nach *Helmholtz* der Umstand, dass bei continuirlich ansteigender Höhe der äusseren Töne auch unsere Empfindung continuirlich steigt und nicht stufenweise springt, wie dies bei einer stets nur isolirten Mitschwingung je eines bestimmten Theiles der Membr. basilaris der Fall sein müsste. Es wäre ausserdem noch zu bemerken, dass ein Ton in der Regel eine Reihe Obertöne enthält und daher gleichzeitig verschiedene diesen Tönen zukommende Fasergruppen der M. basilaris erregt. „Der Accord wird in seine einzelnen Klänge, der Klang in seine einzelnen harmonischen Obertöne zerlegt."[6]) Jeder Klang erregt also in unserem Ohre pendelartige Schwingungen, welche dem Grundton und den Obertönen zukommen und die ein nicht musikalisches Ohr stets nur als Eins auffasst.

Sensorisches acustisches Centrum. Bereits *Flourens*[7]) gab an, dass der Gehörsinn durch Abtragung der Hirnlappen, bei intactem Ohre, verloren gehen kann und dass demnach der Verlust des Sinnesorganes, durch das der Ton aufgenommen und weitergeleitet wird, ganz verschieden ist von dem Verluste der „Vernehmung", durch den der Ton eigentlich empfunden wird. Wie zuerst *Wernicke*[8]) aus dem Sectionsbefunde klinischer Fälle erschlossen und *Ferrier*[9]) experimentell nachgewiesen hat, befindet sich an der oberen Schläfenwindung das acustische sensorische Centrum.[10])

Die Rinde des Schläfenlappens, dem nach *Meynert* eine sensorische Function zukommt, rechnet *Betz* zu den sensorischen Rindengebieten.[11])

---

[1]) A. f. Ohr. XVI, S. 38. — [2]) *Cuvier* (Vergl. Anat., übers. v. *Fischer*, 1802, B. 2, S. 187) erwähnt die Anschauung, dass von der Lam. spir. ossea bestimmte Knochenfibern durch bestimmte Töne erschüttert werden; so meint auch *Breschet* (s. *Schmidt's* J. 1837, B. 16, S. 374), dass verschiedene Töne auf verschiedene Theile des Labyrinths wirken. — *Autenrieth* (A. f. Phys. IX.—XI. B., s. Med.-chir. Z. 1813, B. 1, S. 18) betrachtete das Trommelfell als ein System von Saiten, die für verschiedene Töne abgestimmt sind. — [3]) Die Hypothese von *Helmholtz* erfuhr eine Stütze durch die Beobachtung *Hensen's* (Z. f. wiss. Zool. 1863, B. 13, S. 398), dass bei Krebsen die Hörhaare für gewisse Töne abgestimmt sind, da sich bei bestimmten Tönen nur bestimmte Haare bewegen. — [4]) De cochlea avium, Kiel 1866. — [5]) Akad. d. Wiss. Berlin 1883, B. 28, S. 685. — [6]) *Helmholtz*, l. c., S. 243. — [7]) S. *Fror.* Not. 1826, B. 13, S. 14. — [8]) Ueb. d. aphas. Symptomencomplex, Breslau 1874. — [9]) D. Funct. d. Geh., Uebers., S. 187. [10]) Die Literatur über diesen Gegenstand ist in *Kahler's* und *Pick's* „Beiträge zur pathologischen Anatomie des Centralnervensystems" (Separat-Abdruck aus der Prager Vierteljahrsschrift, B. 141 u. 142, Leipzig 1879) zusammengestellt; s. ferner *Ferrier* l. c. — [11]) S. *Betz*, C. f. d. med. Wiss. 1874, Nr. 37 u. 38.

Wernicke hält die erste Schläfenwindung für das Centrum der Klangbilder, für den Sitz des acustischen Erinnerungsbildes, deren Läsion eine „sensorische Aphasie", eine von *Kussmaul*[1] als „Worttaubheit" bezeichnete schwere Sprachstörung zur Folge hat. Reizung der oberen Schläfenwindung am Affen ergaben nach *Ferrier* rasche Retraction, Aufstellung der entgegengesetzten Ohrmuschel, weites Oeffnen der Augen, Pupillendilatation, sowie eine Wendung des Kopfes und der Augen gegen die andere Seite. Dieselben Resultate erhielt *Ferrier* an Katzen, Hunden, Kaninchen und am Schakal. Die Vernichtung des Gehörsinnes erfolgt stets auf dem der operirten Seite entgegengesetzten Ohre.[2] Auch die von *Munk*[3] vorgenommenen Versuche an Hunden ergaben eine volle „Seelentaubheit", wenn der Schläfenlappen nahe seiner unteren Fläche exstirpirt wurde. *Munk* zeigte ferner an Hunden, denen er das Ohr zerstört hatte, dass der als sensorisches Centrum nachgewiesene Schläfenlappen abnorm schwach, dagegen der Hinterhauptslappen abnorm stark entwickelt war. Von Interesse ist ferner die Beobachtung *Munk's*, dass an einem Hunde, dem beide Schläfenlappen exstirpirt worden waren, binnen einigen Monate eine allmälige Rückbildung der Seelentaubheit erfolgte; derartige Fälle sprechen nach *Munk* für eine ausgedehntere Hörsphäre. Bei ausgedehnterer Zerstörung erfolgt dagegen eine bleibende Taubheit, später, ungefähr 14 Tage nach bilateraler Operation, eine **Taubstummheit**. Wenn man bei unilateraler Hirnoperation die Schnecke derselben Seite zerstört, so wird der Hund complet taub, was auf eine **Kreuzung der Hörnervenfaser im Gehirne** schliessen lässt. Eine **partielle Abtragung, und zwar nur der hinteren Partie der Hörsphäre nahe dem Cerebellum, erzeugt einen Ausfall der tiefen Töne**, indess die **Exstirpation des vorderen Theiles der Hörsphäre nahe der Fossa Sylvii einen Perceptionsverlust der hohen Töne** nach sich zieht.[4]

Die Restitution einer anfänglich vorhandenen Worttaubheit ist auch aus klinischen Fällen erwiesen.

Im Widerspruche mit dem oben Angeführten steht die Beobachtung *Christiani*[5]) an Kaninchen, die nach Entfernung beider Grosshirnhemisphären eine merkliche Erhöhung für sensible Reize, u. A. des Acusticus antwiesen, so z. B. aus dem Schlafe in Folge von Geräusch aufschreckten.

Im Nachfolgenden finden sich noch einige **psycho-acustische Erscheinungen** kurz angeführt[6]): Die Einwirkung eines bestimmten Tones auf das Ohr ruft eine Verminderung der Perceptionsfähigkeit für diesen Ton hervor, welche Ermüdung nach Aussetzen der Tonzuleitung rasch vorübergeht. Die Ermüdung erstreckt sich dabei nicht auch auf andere Töne. Ein beiden Ohren mittelst eines T-Schlauches zugeführter Ton wird häufig anscheinend nicht in den Ohren sondern im Kopfe percipirt (**subjectives Hörfeld**), wobei gewöhnlich jedem Ton ein bestimmtes Hörfeld zukommt, in der Weise, dass der höchste Prüfungston in der Stirngegend, der tiefste im Hinterhaupte empfunden wird, indess die dazwischen liegenden

---

[1]) Stör. d. Sprache, Leipzig 1877. [2]) Eine Bestätigung hierfür bringen *Lu ini* und *Tamburini* (C. f. d. med. Wiss. 1879, Nr. 38), [3]) D. med. Woch. 1877, Nr. 153 u. Berl. klin. Woch. 1877. [4]) *Munk*, Akad. d. Wiss. Berlin 1881, Mai; 1883, Juli.
[5]) Akad. d. Wiss. Berlin 1881, Febr., s. M. f. Ohr. XV, Sp. 171. [6]) Bezüglich ausführlicherer Mittheilungen über diesen Gegenstand und Angabe der betreffenden Literatur s. meine Abhandlungen in *Pflüger's* Arch., B. 24: Ueber die Ermüdung des Ohres, Ueber das subjective Hörfeld, Ueber die positiven acustischen Nachbilder, B. 25: Ueber das An- und Abklingen acustischer Empfindungen, B. 27 Ueber subj. Schwankungen der Intensität acustischer Empfindungen, B. 31: Ueber die Wechselwirkungen der innerhalb eines Sinnesgebietes gesetzten Erregungen.

Töne, strenge der chromatischen Tonskala entsprechend, hintereinander gereihte Hörfelder besitzen. Bei bilateraler gleich intensiver Perception des betreffenden Prüfungstones oder Geräusches, erscheint die Lage des subjectiven Hörfeldes in der Mitte des Kopfes, bei ungleicher Empfindungsstärke dagegen dem besser percipirenden Ohre näher gerückt. Bei einer im Allgemeinen gleichen Perceptionsfähigkeit beider Ohren finden Schwankungen des subjectiven Hörfeldes aus der Mitte des Kopfes, bald gegen das eine, bald gegen das andere Ohr statt. Der Grund hierfür liegt in den beständig vor sich gehenden **subjectiven acustischen Schwankungen**, die betreffs der einzelnen Töne oder Tongruppen anscheinend vollständig regellos erfolgen. Bei binotischer Zuleitung eines Tones tritt häufig ein Ueberwandern des subjectiven Hörfeldes von einem Ohre in das andere ein; dabei kann im Momente der Ueberwanderung eines bestimmten Tones von rechts nach links für einen anderen Ton eine Perceptionsschwankung im entgegengesetzten Sinne nachweisbar sein. Mitunter taucht ein bestimmter Ton auf längere Zeit unter die Empfindungsschwelle hinab. Derartige subjective Schwankungen finden sich auch an den übrigen Sinnesempfindungen vor. — Ein dem Ohre zugeführter schwacher Schallreiz wird von diesem erst nach einer gewissen Zeit in seiner vollen Intensität vernommen, und zwar findet dieses **Anklingen** um so langsamer statt, je schwächer die Schalleinwirkung ist (schwache objective Schalleinwirkung, verminderte Perceptionsfähigkeit). Auch das **Abklingen** einer Tonempfindung erfolgt innerhalb einer messbaren Zeit um so rascher, je höher der Prüfungston ist. Mit Hilfe des subjectiven Hörfeldes lässt sich auch ein An- und Abklingen solcher acustischer Empfindungen nachweisen, die zu gering sind, um wahrgenommen zu werden, jedoch bereits intensiv genug, um auf eine vorhandene Gehörswahrnehmung einen Einfluss auszuüben (**unbewusste acustische Empfindungen**). Vergleichsweise monotische und binotische Prüfungen ergeben, dass sehr schwache Hörimpulse, die keines der beiden Ohren für sich allein zu hören vermag, binotisch wahrgenommen werden, und dass überhaupt ein bestimmter Schallreiz **binotisch stärker percipirt** wird als monotisch, da beim Hören mit einem Ohre die Erregung von Gehörsempfindungen nur von der Schallquelle allein ausgeht, beim binotischen Hören dagegen zu jedem Ohre nebst diesem von aussen kommenden Hörimpuls noch ein central erregter subjectiver Reiz hinzutritt, den die in Erregung versetzten acustischen Centren der einen Seite auf die acustischen Centren der anderen Seite nehmen. Damit erklärt sich auch die Erscheinung, dass die Perceptionsfähigkeit des einen Ohres durch Schallzuleitung zum anderen Ohre oft auffällig erhöht wird. Ein anderer qualitativer Unterschied beim monotischen gegenüber dem binotischen Hören besteht darin, dass bei letzterem eine **subjective Vertiefung des Prüfungstones** (ungefähr um $1/_8$ Ton) eintritt. — Durch jeden acustischen Reiz wird die Perceptionsfähigkeit des Gehörorganes gesteigert und das Ohr dadurch in Stande gesetzt, Schalleinwirkungen wahrzunehmen, die für sich allein nicht zur Wahrnehmung gelangen. Die Gehörssteigerung ist nur eine vorübergehende, indem nach Entfall der diese Erregung veranlassenden Ursache, die Gehörsintensität mehr oder minder rasch auf die gewöhnliche Schwelle herabsinkt. In diesem Sinne ist auch die sogenannte **Hyperacusis Willisii**[1] zu deuten, nämlich die bisher an Schwerhörigen beobachtete

---

[1] *Willis* (De anima brutor. 1676. s. *Rust's* Mag. B. 35. S. 504) erwähnt eine Frau, die nur beim Trommeln hörte.

Eigenthümlichkeit, dass irgend ein acustischer Reiz, der sonst nur schwach oder gar nicht zur Wahrnehmung gelangt, bei gleichzeitiger Einwirkung einer, je nach dem Grade der Schwerhörigkeit verschieden starken Schallquelle, eine mitunter sehr bedeutende Gehörserregung auslöst. Wie meine einschlägigen Versuche lehrten, lassen sich ganz dieselben Erscheinungen auch an Normalhörigen nachweisen, weshalb ich auch die Hyperacusis Willisii als ein **physiologisches Symptom**[1]) deute. Bei Schwerhörigen, bei denen bisher die Hyperacusis Willisii beobachtet wurde, liegt das pathologische Moment nicht in der Hyperacusis selbst, sondern in dem Umstande, dass entsprechend der vorhandenen Schwerhörigkeit, abnorm starke Schalleinwirkungen nöthig sind, um die Hyperacusis zu erregen.

Eine **Hyperacusis** lässt sich selbstverständlich nur unter gewissen Bedingungen nachweisen und ist beispielsweise nicht erkennbar, wenn die Schallquelle, welche die Gehörsempfindungen steigert, eine solche Intensität besitzt, dass dabei eine relativ schwache Schalleinwirkung, die als Massstab für die Hyperacusis dient, nicht zur Wahrnehmung gelangt. Es erscheint daher leicht begreiflich, dass in den verschiedenen Fällen zum Nachweis einer Hyperacusis sehr differente Schallreize nöthig sind, und also ein Geräusch, welches für ein schwerhöriges Ohr zur auffälligen Erhöhung der Gehörswahrnehmung einer bestimmten Schallquelle eben genügt, für ein anderes besser hörendes Ohr bereits viel zu intensiv ist, um eine Steigerung des acustischen Eindruckes für die betreffende Schallquelle erkennen zu lassen, ja im Gegentheil diesen sogar vollständig zu unterdrücken vermag. So lässt sich auch wohl die Erfahrungsthatsache erklären, warum ein Schwerhöriger inmitten eines für ein normales Ohr sehr starken Geräusches, ein auffällig erhöhtes Sprachverständniss aufweisen kann, indess der Normalhörige dabei bedeutend schlechter unterscheidet. Für eine solche Auffassung spricht auch die Beobachtung, dass ein normales Ohr, das durch ein Geräusch eine Beeinträchtigung seiner Hörfähigkeit für schwächere Schalleinwirkungen erleidet, durch dasselbe Geräusch eine Hörbesserung erfährt, wenn man z. B. durch Tamponirung des Ohres den allzustarken Gehörseindruck abdämpft.

Im Sinne der optischen positiven Nachbilder finden sich auch **acustische positive Nachbilder** vor, welche von den acustischen Erinnerungsbildern strenge zu unterscheiden sind. Die positiven Nachbilder treten in verschiedener Weise auf, und zwar schliesst sich die acustische Nachempfindung entweder unmittelbar dem vorausgegangenen objectiven Tone an (**primäre acustische Nachempfindung**), oder sie erscheint erst einige Zeit später (**secundäre acustische Nachempfindung**).

Reflexerscheinungen. Betreffs des Acusticus, bezw. der acustischen Centren, sind einerseits Reflexerscheinungen (im weiteren Sinne des Wortes) anzuführen, die als Reflexerregung des Hörsinnes auftreten, andererseits solche, welche infolge einer Erregung des Hörsinnes zu Stande kommen.

Eine reflectorische Erregung des Hörsinnes erfolgt von den verschiedenen sensitiven Nerven, besonders aber vom **Trigeminus** aus.

Eine Verminderung der subjectiven Gehörsempfindungen beobachteten *Türk*[2]) bei Ausübung eines Druckes auf die Stirne, den harten Gaumen und auf die Zunge, *Wilde*[3]) bei Reibung der Tragusgegend, *Weil*[4]) beim Anblasen des äusseren Ohres. In zweien von mir behandelten Fällen wurden die vorhandenen subjectiven Gehörsempfindungen durch Aetzung der geschwellten Schleimhaut an der unteren und mittleren Nasenmuschel vollständig und dauernd zum Stillstand gebracht,[5]) Eine durch Irritation der sensiblen Trigeminusäste hervorgerufene Erregung von subjectiven Gehörsempfindungen fanden u. A.: *Valleix*[6]) während eines Anfalles von Trigeminus-

---

[1]) In diesem Sinne sprach sich auch *Lövenberg* (Otol. Congr., Mailand, 1880) aus. — [2]) Oest. Wochenschr., 1843. Nr. 44. s. *Canst.* J. 1843. B. 3 S. 192. — [3]) Med. Times and Gaz. 1852. s. *Schmidt's* J. B. 76 S. 83. — [4]) Mon. f. Ohrenh. XI, XII. Sp. 68. — [5]) S. mein Lehrb. d. Ohrenheilk. 1880. S. 254. — [6]) S. *Schmidt's* J. 1855. Bd. 85, S. 177.

Neuralgie. *Politzer*[1]) bei Entzündung des äusseren Gehörganges, *Schwartze*[2]) bei Dentalgie. *Henle*[3]) beobachtete an sich beim Reiben der Wange ein Rauschen im Ohr. In einem Falle von *Zaufal*[4]) trat beim Streichen der Tragusgegend regelmässig die subjective Empfindung des Tones c''' auf. *Benedikt*[5]) betrachtet die durch galvanische Reizung ausgelösten subjectiven Gehörsempfindung..u als eine vom Trigeminus erregte Reflexerscheinung. — Als Beispiele einer Beeinflussung der Hörfunction vom Trigeminus aus, wären folgende anzuführen: *Notta*[6]) theilte einen Fall mit, in welchem während einer Trigeminus-Neuralgie Schwerhörigkeit bestand; *Lucae*[7]) beobachtete einen Fall von Schwerhörigkeit nach Dentalgie. *Vantill*[8]) eine Trigeminus-Neuralgie mit Taubheit, die durch eine Extraction des oberen letzten Mahlzahnes geheilt wurde. *Hesse*[9]) mehrere Fälle, in denen die Extraction des unteren letzten Mahlzahnes eine bestehende Trigeminus-Neuralgie behob. Umgekehrt kann eine Extractio dentis Taubheit veranlassen.[10]) — Eine von mir behandelte luetische Patientin, die an Schwerhörigkeit und subjectiven Gehörsempfindungen litt, wurde zeitweise von heftiger Neuralgie des dritten Trigeminusastes befallen; in der Acme des Anfalles trat regelmässig eine bedeutende Besserung der Schwerhörigkeit und der Gehörsempfindungen auf, die bei Nachlass der Schmerzen wieder schwand. Bei einer anderen Patientin waren die jeder Behandlung unzugänglichen subjectiven Gehörsempfindungen in Folge eines mit heftigen Schmerzen aufgetretenen Zoster im Verlaufe des N. supraorbitalis bedeutend und dauernd zurückgegangen. — Allerdings sind bei einer Trigeminus-Neuralgie die Symptome von Ohrensausen und Schwerhörigkeit nicht immer centralen Ursprunges, sondern beruhen u. A. möglicherweise auch auf einer reflectorischen Contraction des Tensor tympani; wenigstens beobachtete *Weber-Liel*[11]), dass die während eines Migräneanfalles sonst regelmässig aufgetretenen Symptome von Schwerhörigkeit und subjectiven Gehörsempfindungen nach einer Durchschneidung der Sehne des Trommelfellspanners vollständig ausbleiben können.

Meinen Beobachtungen zufolge üben Bougirung der Ohrtrompete[12]), sowie Reizungen der Conjunctival-Schleimhaut, wie besonders Touchirung derselben eine, mitunter sehr bedeutende Reflexeinwirkung auf den Hörsinn aus, sowohl betreffs der Hörschärfe als auch der subjectiven Gehörsempfindungen. Eine Erregung der letzteren durch ein acutes Glaucom beobachtete auch *Wolf*.[13])

Von den ausserhalb des Trigeminus-Gebietes ausgelösten acustischen Reflexerscheinungen sind nur wenige Fälle bekannt. *Bacchi*[14]) beobachtete einen Mann, der bei Berührung einer Stelle der Planta pedis, sowie einer zweiten Stelle zwischen Tibia und Fibula, zwei Querfinger oberhalb des Sprunggelenkes (N. ischiadicus) Ohrensausen bekam, bei Application scharfer Stoffe auf die benannten Stellen entstand ausser dem Ohrensausen noch regelmässig ein eiteriger Ohrenfluss. Ein Einfluss einer raschen Abkühlung der Füsse auf das Ohrensausen gibt sich nicht selten zu erkennen. *Weber-Liel*[15]) hebt ferner den Einfluss einer Neurose des Plexus cervicalis auf das Ohrensausen hervor.

Eine Erregung des Hörsinnes kann andererseits wieder verschiedene Reflexerscheinungen hervorrufen, unter denen die Einwirkungen auf die Bewegungssphäre, auf das Gefässsystem und eine Auslösung von Farbenempfindungen besonders hervorzuheben sind.

Der aus den Kernen austretende Acusticus steht mit dem Reflexcentrum der Medulla oblongata in Verbindung, woraus sich das Zusammenfahren bei Geräuschen, das unwillkürliche Wenden des Kopfes nach der Schallquelle, sowie die damit gleichzeitig erfolgende Bewegung des Muskelapparates erklären.[16]) Bekannt ist ferner der bedeutende Einfluss des Hörsinnes auf den Bewegungstrieb. Betreffs der Erregung von Schwindel s. S. 345.

Bezüglich der Reflexeinwirkung auf das Gefässsystem haben *Conty* und *Charpentier*[17]) beobachtet, dass gleich der Sinnesreizung im Allgemeinen, auch eine Erregung des

---

[1]) Wien. med. Wochenschr. 1865. — [2]) Berl. klin. Wochenschr. 1866, Nr. 12 u. 13. — [3]) S. *Joh. Müller*, Handb. d. Physiol. 1840, Bd. 2. S. 482. — [4]) Wien. med. Wochenschr. 1872, Nr. 21. — [5]) Wien. Wochenbl. 1863. Nr. 23. — [6]) Arch. gén. 1854. s. *Schmidt's* J. B. 85, S. 173. — [7]) Arch. f. Ohrenh. B. 3, S. 227. — [8]) S. *Wedel*, Pathol. d. Zähne. 1870. — [9]) Bl. d. prakt. Heilk. 1815, B. 34. S. 325. — [10]) *Humm*, D.[?], J. f. Zahnh. 1874. S. 154. — [11]) Ueber d. progress. Schwerhörigk., 1873, p. 2. — [12]) Arch. f. Phys. B. 30, S. 170. — [13]) A. f. Aug. u. Ohr. IV, 1. S. 150. — [14]) Bullet. delle science med. 1855, s. Med.-chir. Z. 1855. S. 647. — [15]) Progr. Schwerh. 1873. M. f. Ohr. VIII, Sp. 91. — [16]) *Benedict*. Nervenkr. u. Elektr. 1876. S. 449 u. 450. — [17]) Arch. d. Phys. 1877, Vol. 4, p. 525. s. *Schmidt's* J. B. 177, S. 128.

Gehörs insbesonders, den Herzrhythmus bald verlangsamt, bald beschleunigt und den Blutdruck erhöht oder erniedrigt. Wie *Dogiel*[1]) beobachtete, beschleunigt Musik gewöhnlich den Herzschlag, wobei die Wirkung durch Strychnin noch erhöht wird, während Curare eine Schwächung ergibt. *Dogiel* nimmt an, dass ein solcher Einfluss des Hörsinnes, durch Vermittlung der aus der Medulla oblongata stammenden Herznerven zu Stande kommt.

Associationserscheinungen zwischen Klang und Farbenempfindung wurden zuerst von *Nussbaum*[2]) beschrieben. Ausführlichere Beobachtungen über solche „Schallphotismen[3])" wurden von *Bleuler* und *Lehmann*[3]) angestellt.

Betreffs der Einwirkung von Gehörsempfindungen auf sensible Trigeminusfasern s. S. 293.

Ausser den hier besprochenen acustischen Reflexerscheinungen ist noch der Einfluss in Betracht zu ziehen, der von dem Gehörorgane der einen Seite auf das der anderen Seite genommen werden kann. So führt eine Erregung des Hörsinnes der einen Seite, wie dies bei den anderen Sinnesempfindungen der Fall ist, eine Veränderung, gewöhnlich eine Steigerung der entsprechenden Sinnesempfindung an der anderen Seite herbei.[4]) In gleicher Weise üben periphere sensitive Reize, besonders eine Irritation sensibler Trigeminuszweige einen Einfluss nicht nur auf die acustischen Centren der entsprechenden Seite, sondern auch auf die der anderen Seite aus[5]), eine Erscheinung, die meiner Beobachtung[5]) gemäss bei allen sensorischen Centren auftritt. Hierher ist auch die sogenannte sympathische Beeinflussung des einen Ohres auf das andere Ohr[6]) zu beziehen, die sich sowohl bezüglich der Hörfunction als auch der subjectiven Gehörsempfindungen sehr häufig zu erkennen gibt.

Eine solche Rückwirkung von dem einen Ohre auf den Hörsinn am anderen Ohre äussert sich einerseits in einer meistens günstigen Beeinflussung der Behandlung des einen Ohres auf das andere Ohr, ferner in einer Herabsetzung der Hörfunction der einen Seite bei Erkrankungsvorgängen am anderen Ohre und in einer allmälig zunehmenden Besserung derselben, bei Rückgang der pathologischen Zustände am ursprünglich erkrankten Ohre.

B) Pathologie und Therapie des inneren Ohres, des Nerv. acusticus und der acustischen Centren.

a) Pathologie und Therapie des Labyrinthes.

I. Bildungsanomalie.[7]) 1. **Bildungsmangel.** Einen vollständigen Defect des Labyrinthes und des N. acusticus beobachtete *Michel*[8]), einen Bildungsmangel des Labyrinthes *Moutain*[9]) und *Schwartze*,[10]) *Moos*[11]) fand in einem Falle den ganzen Binnenraum des Labyrinthes verkleinert. Wie *Hyrtl*[12]) constatirte, kann der Aquaed. vestibuli fehlen,[13]) *Hyrtl*[14]) traf an einem Präparate anstatt der Bogen-

---

[1]) A. f. An. u. Phys. 1880.   [2]) Mitth. d. ärztl. Ver. in Wien, 1873, Nr. 5. — [3]) Zwangsmässige Lichtempfind. durch Schall etc., Leipzig, 1881. Solche Lichtempfindungen erfolgen auch durch Geschmacks- und Geruchswahrnehmungen. — [4]) *Urbantschitsch*, A. f. Phys. B. 30, S. 152 u. 153. Nähere Beobachtungen hierüber stellte bezüglich des Hörsinnes *Eitelberg* (Z. f. Ohr. XII, S. 258) an. — [5]) Ueb. d. Einfl. v. Trigem.-Reiz. auf d. Sinnesempfindungen etc. A. f. Phys. B. 30. [6]) *Wharton Jones*, cit. in *Frank's* Ohrenh., 1845, S. 133; *Kramer*, Ohrenh., 1836, S. 145; *Weber-Liel*, M. f. Ohr. 1874, Nr. 6; *Urbantschitsch*, M. f. Ohr. 1877, Nr. 8, Arch. f. Phys. B. 30, S. 171, Wien. med. Presse, 1883, Nr. 1 u. f.; *Eitelberg*, Z. f. Ohr. XII, S. 162. Der letztere Autor beobachtete unter 28 Fällen von verschiedenartigen Erkrankung des Schallleitungsapparates 20mal eine sympathische Beeinflussung des anderen Ohres. — [7]) S. *Lincke*, Ohrenh. I, S. 611 u. f.   [8]) Gaz. méd. de Strassb. 1862, Nr. 4, s. A. f. Ohr. I, S. 353. — [9]) S. *Saissy*, Essai sur les mal. de l'or. int. 1827, p. 211.   [10]) Path. Anat. S. 118. — [11]) A. f. Aug. u. Ohr. III, 1, S. 92. — [12]) Med. Jahrb. 1836, B. 20, S. 121. — [13]) Nach *Itard* (Traité etc. T. I, p. 60) scheint der Aquaed. vest. im Alter zuweilen zu obliteriren. — [14]) l. c., S. 423, s. *Lincke*, I, S. 591.

gänge nur kleine Ausbuchtungen des Vestibulums für die einzelnen Bogengänge an; ein Defect der Bogengänge wurde wiederholt beobachtet.[1]) *Toynbee*[2]) beschreibt Präparate mit fehlenden oder blind endenden, ferner mit mangelnden membranösen Canälen, bei erhaltenen knöchernen Bogengängen. *Claudius*[3]) gibt an, dass er bei Hemicephalen stets confluirende Bogengänge und unvollständige Schneckenwindungen vorfand. *Buhl* und *Hubrich*[4]) bemerken, dass mangelhafte Bogengänge stets nur in Verbindung mit einer mangelhaften Schnecke vorkommen, während eine normal gebildete Schnecke wiederholt neben normalen Bogengängen angetroffen wurde. Diese Autoren theilen mehrere Fälle von Bildungsmangel der Schnecke mit, und zwar von Schnecken mit schwacher Krümmung und unvollständig entwickelten Windungen.[5]) Ein Verharren der Schnecke auf ihrem primären Entwicklungsstadium als Blase beobachteten *Hyrtl*[6]), ferner *Voltolini*[7]) (an einem Hemicephalen), einen doppelseitigen Mangel des ganzen Labyrinthes *Moos* und *Steinbrügge*.[8])

2. Bildungsexcess. *Hyrtl*[6]) berichtet von einem Falle mit Verdopplung des Aquaeduct. vest. *Gerlach*[9]) beobachtete zwei Ampullen am horizontalen Bogengang. *Buhl* und *Hubrich*[4]) fanden anstatt 2½ drei Schneckenwindungen.

II. Anomalie der Grösse und Dicke. *Hyrtl*[6]) beschreibt einen Fall mit colossaler Erweiterung des Aquaed. vestibuli, der eine den Bogengängen entsprechende Mündung aufwies; ähnliche Mittheilungen liegen von *Dalrymple*[10]) und *Mundini*[11]) vor. *Dalrymple* fand ausserdem eine bedeutende Erweiterung des Aquaed. cochleae mit blindem Ende gegen die Scala tympani. Eine Verengerung der Bogengänge bemerkten *Bochdalek*[12]) und *Hyrtl*[6]), eine Stenosirung derselben an einer Stelle *Toynbee*[13]), ferner eine Erfüllung des Lumens der Gänge mit Knochenmasse *Ilg.*[14]) *Politzer*[15]) führt einen Fall von Verknöcherung des Schnecken-Raumes an.

Eine Verengerung des Porus acust. int. in Folge von Schädelhyperostose erwähnt *Flesch*.[16])

III. Anomalie der Verbindung. Die Labyrinthfenster oder eines derselben können fehlen.[17]) In einem von *Hyrtl*[6]) berichteten Falle mündete das Foram. rotundum in den Vorhof anstatt in die Schnecke; so auch in einem Falle von *Dardel*.[18]) Die pathologische Einmündung der Scala tympani in den Vorhof erwähnen *Mansfeld*[19]) und *Dardel*.[20]) *Voltolini*[21]) beobachtete einen Verschluss des Ductus cochlearis durch eine in der Mitte perforirte Membran. *Moos*[22]) constatirte eine knöcherne Verengerung zwischen Vestibulum und Cochlea. Der membranöse Bogengang kann dem knöchernen ausnahmsweise concentrisch[23]) eingelagert sein (anstatt der excentrischen Anlagerung).

Otolithen. Die Otolithen können verringert und nur vereinzelt angetroffen werden[24]); in anderen, häufigeren Fällen wieder erscheinen sie massenhaft vertreten und füllen das häutige Labyrinth zuweilen fast vollständig aus; manchmal treten sie nur in den Bogengängen zahlreich auf.[25]) *Voltolini*[26]) fand bei einem an Caries erkrankt gewesenen Individuum das Vestibulum mit einer weisslichen, aus verdicktem Bindegewebe, Blutgefässen und zahlreichen Otolithen bestehenden Masse erfüllt. Nach *Moos*[25]) beruht eine Vermehrung von Otolithen bei vorhandener Caries möglicherweise auf Kalkmetastasen. *Weber-Liel*[27]) beobachtete an einem phthisischen Individuum, das während des Lebens nicht schwerhörig gewesen war, einen ausserordentlich grossen Otolithen.

---

[1]) *Cock*, Med.-chir. Transact. Vol. 19, p. 156, s. *Schmidt's* J. 1837. B. 17, S. 108; *Bochdalek*, s. *Lincke*, B. 1. S. 644; *Mürer*, s. *Fror.* Not. 1825. B. 12. S. 208; *Schwartze*, Path. Anat. S. 118. — [2]) Ohrenh. S. 410 u. 411. — [3]) Z. f. rat. Med. 1864. B. 21. — [4]) Z. f. Biolog. 1867, S. 241. — [5]) *Mundini* (*Horn's* Arch. 1819, H. 1, S. 16) fand eine Schnecke mit nur 1½ Windungen. — [6]) Med. Jahrb. 1836, B. 20. — [7]) M. f. Ohr. IV, Sp. 111. — [8]) Z. f. Ohr. XI, S. 281. — [9]) S. A. f. Ohr. XVII, S. 213. — [10]) S. Med.-chir. Z. 1836, B. 1, S. 177. — [11]) S. *Lincke*, I, S. 587. — [12]) S. *Lincke*, I, S. 596. — [13]) Ohrenh. S. 408. — [14]) S. *Lincke*, I, S. 644. — [15]) A. f. Ohr. XVI, S. 303. — [16]) A. f. Ohr. XVIII, S. 66. — [17]) *Cock*, l. c.; *Hyrtl*, l. c. — [18]) Schweiz. Z. f. Heilk. 1864, B. 3, s. A. f. Ohr. II, S. 310. — [19]) *Ammon's* Journ. 1839, s. *Froriep's* Not. B. 13. Sp. 11. — [20]) S. Wien. med. Z. Liter.-Bl. 1865, S. 37. — [21]) *Virch.* Arch. 1864, B. 31, S. 199. — [22]) A. f. Aug. u. Ohr. III, 1, S. 92. — [23]) *Bride*, Journ. of Anat. and Phys. Vol. XIV, s. Z. f. Ohr. IX, S. 233. — [24]) *Voltolini*, *Virch.* Arch. 1861, B. 22, S. 110. — [25]) *Pappenheim*, Z. f. rat. Med. 1844, S. 335; *Lucae*, *Virch.* Arch. B. 29, S. 33; *Moos*, A. f. Aug. u. Ohr. III, 1, S. 87. — [26]) *Virch.* Arch. B. 18, S. 34. — [27]) M. f. Ohr. III, Sp. 143.

IV. Anomalie der Consistenz.
Wie *Krombholz*[1]) in einem Falle bemerkte, kann die knöcherne Labyrinthkapsel durch eine bedeutende Knochenarmuth eine verminderte Resistenz erleiden; umgekehrt erfährt das knöcherne Labyrinth durch Eburneation eine anormal grosse Resistenz, wie dies *Bochdalek*[1]) an den Bogengängen antraf.

V. Trennung des Zusammenhanges.
Eine Trennung des Zusammenhanges entsteht auf traumatischem Wege und durch Ulcerationsvorgänge.

1. Eine **traumatische Verletzung** des Labyrinthes kommt entweder durch eine direct einwirkende Schädlichkeit oder indirect durch eine starke Erschütterung des Labyrinthes zu Stande. Als direct einwirkende Schädlichkeit wären eine durch das Labyrinth gehende Fissur der Pyramide, ferner in seltenen Fällen das Eindringen fremder Körper (Projectile, Instrumente etc.) von aussen her anzuführen. Auf indirectem Wege können starke Erschütterungen des Labyrinthes infolge von Sturz, Schlag etc. Continuitätstrennungen im knöchernen oder membranösen Labyrinthe herbeiführen.

2. **Ulcerationsvorgänge.** Eine Trennung des Zusammenhanges durch ulceröse Vorgänge tritt an der Labyrinthkapsel, am häufigsten an den Labyrinthfenstern, sowie am verticalen oder horizontalen Bogengange[2]) auf. Ausser den cariös-nekrotischen Erkrankungen des knöchernen Labyrinthes vermögen eiterige Processe in der Umgebung des Labyrinthes entlang den Bindegewebszügen, Gefässen und Nerven eine ulceröse Zerstörung der Weichtheile im Labyrinthe zu veranlassen; eine eiterige Paukenentzündung kann eine Eröffnung der Labyrinthfenster herbeiführen.

Ein plötzlicher Durchbruch eines Labyrinthfensters äussert sich nach *Böters*[3]) in heftigem Schwindel. Uebelkeiten und Erbrechen; diese Symptome können auch im Falle einer abnormen Communication der Paukenhöhle mit dem Labyrinthe bei einer Ausspritzung des Ohres auftreten, wenn das Spülwasser in das Labyrinth eindringt.[4]) Nach *Baginsky*[5]) erzeugt ein Durchspritzen der M. rotunda am Kaninchen Schwindel und Nystagmus.

Während sich eine cariös-nekrotische Erkrankung häufiger von der Paukenhöhle auf die Labyrinthwand, sowie auf den horizontalen Bogengang[6]) erstreckt, kommt eine Durchlöcherung der knöchernen Labyrinthwand vom Vestibulum aus nur sehr selten vor.

Einen solchen Fall theilt *Burckhardt-Merian*[7]) mit; derselbe betraf ein Sarcom der Dura mater, welches in das Vestibulum vorgedrungen war und von diesem weiter die innere Paukenwand durchlöchert hatte; an den Perforationsstellen befanden sich polypöse Excrescenzen, die in das Cavum tympani hineinragten.

VI. Anämie, Hyperämie und Hämorrhagie.
1. Eine **Anämie** des Labyrinthes wird bei Verengerung oder Verschluss der Art. audit. int. oder der Art. basilaris entstehen. In einem Falle von plötzlich aufgetretener Schwerhörigkeit fand *Friedreich*[8]) in der Art. basilaris einen Embolus.

2. Eine **Hyperämie** des Labyrinthes kann partiell oder total sein; sie kommt aus allgemeinen oder localen Ursachen zu Stande. Von den allgemeinen Erkrankungen sind Typhus und Scarlatina hervorzuheben.

Passavant[9]) fand in einem Falle von Typhus eine Hyperämie der unteren Schneckenwindung. — *Schwartze*[10]) beobachtete bei dieser Erkrankung wiederholt eine starke, ausgebreitete Hyperämie im Labyrinthe; wie dieser letztgenannte Autor angibt, machte bereits *Marcus* (1813) auf ähnliche Befunde bei Typhus aufmerksam.

---

[1]) S. *Lincke*, Ohrenh. I, S. 646.   [2]) Der verticale obere Bogengang zeigt, wie *Zuckerkandl* (M. f. Ohr. VII, Sp. 34) und *Flesch* (A. f. Ohr. XIV, S. 20) angeben und wie auch ich an einem einschlägigen Präparate ersehe, bei sonst vollständig normalem Zustande des Schläfenbeines mitunter eine Dehiscenz in die Schädelhöhle. — [3]) Dissert., Halle 1875, s. A. f. Ohr. X, S. 256.   [4]) S. S. 39.   [5]) Berl. Akad. d. Wiss. 1881, Jänner. — [6]) *Toynbee*, Ohrenh. S. 382. — [7]) A. f. Ohr. XIV, S. 11. — [8]) S. *Schwartze*, Path. Anat. S. 119. — [9]) S. *Schmidt's* J. 1850, B. 65, S. 313.   [10]) A. f. Ohr. I, S. 206.

Als weitere Ursachen von Hyperämie des inneren Ohres wären Circulationsstörungen bei Herz- und Lungenkrankheiten, ferner eine Behinderung des venösen Abflusses vom Kopfe infolge von Geschwülsten am Halse (Struma etc.), Strangulation u. s. w. zu erwähnen. Bei Verschluss jener venösen Gefässe, die für den Abfluss eines Theiles des venösen Labyrinthblutes bestimmt sind, wie bei Thrombosirung des Sin. petr. superior oder inferior, der V. jug. interna etc. muss ebenfalls eine Stauungshyperämie im Labyrinthe erfolgen. Eine Blutüberfüllung im Labyrinthe entsteht ferner nach *Woackes*[1]) bei mangelhafter Innervation der Gangl. cervic. inf. Sympathici, von dem aus die Art. vertebralis versorgt wird. *Schwartze*[2]) erwähnt ferner eine Hyperämie des Labyrinthes als Folge von vasomotorischen Innervationsstörungen bei Hysterischen. Dieser Autor bemerkt dagegen, dass die von *Hinton* als häufig angegebene consecutive Hyperämie des Labyrinthes bei Entzündungen des Mittelohres, nach seinen anatomischen Befunden, selbst bei der hochgradigsten acuten Tympanitis nur ausnahmsweise anzutreffen ist.

3. Eine Hämorrhagie des Labyrinthes kann in Folge von traumatischen Verletzungen bei einer Trennung des Zusammenhanges, ferner bei allen jenen Vorgängen zu Stande kommen, die in anderen Fällen zu einer einfachen Hyperämie Veranlassung geben. Vorausgegangene pathologische Zustände der Gefässwandungen werden das Zustandekommen eines hämorrhagischen Ergusses in das Labyrinth sehr begünstigen.

Betreffs des Trauma wäre zu bemerken, dass zuweilen eine anscheinend unbedeutende Schädlichkeit Symptome hervorrufen kann, die auf einen stattgefundenen hämorrhagischen Erguss in das Labyrinth, eventuell in die acustischen Centren, schliessen lassen; so entstand bei einem meiner Patienten unmittelbar nach dem Niesen auf dem einen Ohre eine totale Taubheit.

Wie *Moos*[3]) angibt, hat *Toynbee* einen angeborenen Bluterguss in das Labyrinth beobachtet; *Toynbee*[4]) fand Fälle von Gicht, Typhus, Scharlach, Masern und Mumps, welche eine Hämorrhagie in das innere Ohr herbeigeführt hatten. Kleine Ecchymosen beobachteten *Passavant*[5]) und *Politzer*[6]) im Vestibulum bei Typhusleichen, *Lucae*[7]) in den Bogengängen bei eiteriger Labyrinth-Entzündung, *Heller*[8]) in den Bogengängen und der Schnecke bei Meningitis cerebro-spinalis. Blutungen ins Labyrinth bei hämorrhagischer Pacchymeningitis fand *Moos*[9]) — *Labord* und *Duval*[10]) bemerkten nach Einstich einer bestimmten Stelle der Med. oblongata einen Bluterguss in die Cochlea.

Als Residuen vorausgegangener Hämorrhagien werden im Labyrinthe nicht selten bei sonst normalem Verhalten des Gehörorganes Pigment-Ansammlungen vorgefunden. *Tröltsch*[11]) berichtet von einem Falle, in welchem sich in der Schnecke ein Pigmentklumpen vorfand; eine ähnliche Mittheilung liegt von *Voltolini*[12]) vor.

Symptome. Ein hämorrhagischer Erguss in das Labyrinth kann von Seiten der Bogengänge Störungen des Gleichgewichtes und Erbrechen, von Seiten der Schnecke Gehörsanomalien veranlassen (s. unten, *Ménière*'scher Symptomencomplex).

VII. Entzündung des Labyrinthes. Die Entzündung des Labyrinthes ist bisher nur in wenigen Fällen näher untersucht worden, sie

---

[1]) Brit. med. Journ. 1878, March. s. Z. f. Ohr. VIII. S. 83. — [2]) Path. Anat. S. 119 u. 120. — [3]) Klin. d. Ohr. S. 311. — [4]) Ohrenh. S. 366 u. f. — [5]) S. *Schmidt's* J. 1850, B. 65, S. 313. — [6]) Wien. med. Woch. 1865, "Ueber subj. Geh." — [7]) A. f. Ohr. V, S. 189. — [8]) D. Arch. f. klin. Med. 1867, B. 3, S. 482. — [9]) Z. f. Ohr. IX, S. 97. X. S. 102. — [10]) S. *Baratoux*, Pathog. d. aff. de l'or. Paris 1881. — [11]) *Virch.* Arch. 1859, B. 17, S. 1. — [12]) *Virch.* Arch. B. 22. S. 110, B. 31, S. 199.

tritt acut oder chronisch auf. Die acute Entzündung zeigt verschiedene Intensitätsgrade und führt bald zur Exsudation einer serös-hämorrhagischen Flüssigkeit, bald wieder gibt sie sich als eiterige Entzündung zu erkennen; die acute Entzündung kann primär oder consecutiv sein. Zuweilen findet sich eine heftige Paukenentzündung, besonders Caries und Nekrose, als Ursache einer consecutiven Entzündung des inneren Ohres vor.

In Fällen von eiteriger Paukenentzündung kann der Eiter nach vorausgegangener Lückenbildung in die knöcherne Labyrinthkapsel oder in eines der beiden Labyrinthfenster seinen Weg zum inneren Ohre finden. In einem solchen Falle von Eiter in der Cochlea fand *Lucae*[1]) die *Corti*'sche Membran verdickt, die *Corti*'schen Fasern und die Zähne erhalten; der betreffende Patient hatte noch die auf die Kopfknochen angelegte Uhr percipirt.

Eine consecutive Labyrinthentzündung kann ferner aus einer Fissur der knöchernen Labyrinthkapsel hervorgehen, wobei die Entzündung bis zur Schädelhöhle vorzudringen vermag.

In zwei letal geendeten Fällen von *Politzer*[2]) und *Voltolini*[3]) traten nach einem Sturz auf den Kopf, Bewusstlosigkeit, Erbrechen, Schwindel, Ohrensausen und Taubheit auf. Die Section ergab ein eiterig-hämorrhagisches Exsudat im Labyrinthe und eine consecutive, eiterige Basilarmeningitis.

Eine **Ausbreitung** der Labyrinthentzündung auf die Schädelhöhle findet keineswegs immer statt, sondern der Eiter kann sich im Labyrinthe eindicken, ja selbst durch eine Membran im inneren Gehörgange gegen die Schädelhöhle abgrenzen.[4])

Von der Schädelhöhle aus schreitet eine Entzündung nur ausnahmsweise auf das Labyrinth über.

Heller[5]) und *Lucae*[6]) fanden bei Meningitis cerebro-spinalis Eiter im Labyrinthe, der nach *Heller* entlang dem Acusticusstamme in das Labyrinth gelangt sein dürfte.

Lucae[7]) schliesst aus einem Sectionsfall, dass die Entzündung durch die Gefässe der Fossa subarcuata von der Dura mater auf die Markräume um das Labyrinth, und auf dieses selbst übergehen kann.

Eine consecutive Entzündung des inneren Ohres kann endlich auch durch vasomotorische Störungen infolge von Erkrankungen des Centralnervensystems zu Stande kommen.

Die chronische Entzündung des inneren Ohres ist aus einer Reihe von Veränderungen, besonders des membranösen Labyrinthes, nachzuweisen.

So beobachtete *Voltolini*[8]) an einem Taubstummen ein verdicktes, häutiges Labyrinth, *Moos*[9]) eine Verdickung der Lamina spir. membr., ferner körnigen Detritus, Zellinfiltration und vermehrte Vascularisation des membranösen Labyrinthes, *Schwartze*[10]) einen aus jungem Bindegewebe bestehenden röthlich-graulichen Gewebsklumpen im Vorhofe, *Weber-Liel*[11]) bedeutend verdickte, klaffende membranöse Bogengänge. In einem Falle traf *Moos*[9]) in dem membranösen Vorhof und den häutigen Bogengängen verkalkte Partien an. *Politzer*[12]) fand eine vollständig knöcherne Obliteration der Schnecke an einem 13jähr. Individuum, dass in seinem 3. Lebensjahre nach Otorrhoe taub geworden war und einen taumelnden Gang aufgewiesen hatte. — *Moos* und *Steinbrügge*[13]) wiesen in dem Labyrinthe eines 12jähr.,

---

[1]) A. f. Ohr. II, S. 82. — [2]) A. f. Ohr. II, S. 88. — [3]) M. f. Ohr. III, Sp. 169. — [4]) Fall von *Wendt*, s. *Schwartze*. Path. Anat., S. 122.   [5]) A. f. klin. Med. 1867, III, S. 482. — [6]) A. f. Ohr. V, S. 188. — [7]) *Virch.* Arch., B. 88, — [8]) *Virch.* Arch., B. 22, S. 110. — [9]) A. f. Aug. u. Ohr. III, I, S. 95.   [10]) A. f. Ohr. IV, S. 245. — [11]) M. f. Ohr. III, Sp. 143.   [12]) Otol. Congr., Mailand. 1880. — [13]) Z. f. Ohr. XII, S. 96.

seit dem 4. Jahre taub gewesenen Mädchens, eine Entzündung des ganzen Labyrinthes mit totalem Mangel der Nerven in der ersten Schneckenwindung und eine theilweise Knochenneubildung und Bindegewebswucherung nach. Welche Bedeutung den im häutigen Labyrinthe zuweilen massenhaft vorkommenden Corpora amylacea und den Otolithen zuzusprechen ist, bleibt fraglich. Corpora amylacea traf *Lucae*[1]) in den Bogengängen an. *Voltolini*[2]) beobachtete in einem Falle auf der Lamina spiralis drei concentrische Kugeln, die bei Zusatz von Jod und Schwefelsäure keine Reaction ergaben.

VIII. Caries und Nekrose.

Caries des Labyrinthes tritt in Gemeinschaft mit einer cariösen Erkrankung der benachbarten Theile des inneren Ohres auf.

Ein Fall von selbstständiger Caries des Labyrinthes scheint bisher nicht beobachtet worden zu sein; die zuweilen vorgefundenen Lücken in den knöchernen Bogengängen sind bei dem Mangel von Entzündungserscheinungen eher als Dehiscenzen aufzufassen und wenigstens nicht zweifellos als cariöse Lücken zu deuten.

Die Nekrose kommt im Gegensatz von Caries des Labyrinthes nicht selten selbstständig vor. Als Ursache von Nekrose des inneren Ohres zeigt sich häufig eine eiterige Paukenentzündung, die sich infolge der Communication des Cavum tympani und mastoideum mit den um die Labyrinthkapsel befindlichen pneumatischen Zellenräumen (s. S. 319) leicht auf diese erstrecken kann. Die Nekrose befällt das Labyrinth entweder als Ganzes oder nur einzelne Theile desselben. Nicht selten bleibt die Nekrose auf die Schnecke beschränkt, wie ja auch deren Exfoliation wiederholt constatirt worden ist (s. unten); dagegen scheint eine Exfoliation der Bogengänge allein äusserst selten zu sein.

Trotz der Nähe der Schädelbasis schreitet eine nekrotische Erkrankung vom Labyrinthe keineswegs immer auf die Schädelhöhle weiter, weshalb auch das Leben des Individuums häufig erhalten bleibt.

Der Sequester gelangt vom inneren Ohre durch die Labyrinthwand in die Paukenhöhle und von hier aus entweder in den äusseren Gehörgang oder in die Warzenhöhle.

Niemetschke[3]) in Prag beobachtete einen Fall von Ausstossung des nekrotischen Labyrinthes durch die Nase.

Wegen der innigen Beziehungen des N. facialis zum Labyrinthe erscheint dieser Nerv in den Entzündungsprocess mit einbezogen, oder er ist bei der Exfoliation der Cochlea einem mechanischen Insulte ausgesetzt.[4]) Aus diesem Grunde wird es auch erklärlich, dass eine Exfoliation der Schnecke regelmässig mit einer Parese oder Paralyse des Facialis verbunden ist; diese können bald nur vorübergehend durch Druck auf den Facialis hervorgerufen werden, bald geben sie sich als bleibend zu erkennen und kommen dann einer partiellen oder totalen Destruction des Nerv. facialis zu. Von den übrigen Symptomen wäre das auf einer Zerstörung der membranösen Schnecke beruhende Symptom von Schwerhörigkeit und ferner eine auf Erkrankung der häutigen Bogengänge zu beziehende Störung des Gleichgewichtes hervorzuheben.

In einem Falle von nekrotischer Ausstossung der Schnecke fand *Schwartze*[5]), dass eine dem Scheitel aufgesetzte Stimmgabel anscheinend am tauben Ohre besser percipirt wurde, als am anderen Ohre.

---

[1]) *Virch.* Arch. B. 29, S. 33. — [2]) *Virch.* Arch. B. 18, S. 34, B. 22. — [3]) S. *Schwartze*, Path. Anat., S. 124. — [4]) In einem Falle fand *Schwartze* (A. f. Ohr. XVII. S. 115) eine Facialparese in Folge von Druck eines in einer Demarcationsspalte vorhandenen Granulationsgewebes. — [5]) S. *Christinnek*, A. f. Ohr. XVIII, S. 294.

In der Leiche gibt sich die beginnende Labyrinthnekrose durch eine auffällige Weisse des nekrotisch erkrankten und von seiner Umgebung durch eine Demarcationslinie abgegrenzten Knochengewebes zu erkennen.
Von den verschiedenen in der Literatur verzeichneten Fällen von Nekrose des Labyrinthes wären noch folgende hervorzuheben: Linnecar[1]) erwähnt eine Exfoliation der ganzen Pyramide an einem 2½ jährigen Mädchen; das Kind blieb am Leben. Shaw[2]) fand einen grossen Theil des Felsenbeines nekrotisch, der Sequester enthielt den Meat. audit. int. und das Labyrinth; die vorhandene Facialparese ging nicht mehr zurück (in einem von Crampton[3]) angeführten Fall von totaler Labyrinth-Nekrose erschien dagegen die ebenfalls aufgetretene Faciallähmung nur als vorübergehend). — Agnew[4]) beobachtete eine Sequestrirung des ganzen Labyrinthes. — Voltolini[5]) berichtet von einer Ausstossung des Labyrinthes mit dem Gehörgange bei einem 7jährigen Kinde; dieses blieb am Leben. — Diesen Fällen ist auch die bereits früher erwähnte Beobachtung Scotti's[6]) beizuzählen. — Pomeroy[7]) berichtet von einer Ausstossung beinahe des ganzen Felsenbeines, Gottstein[8]) von einer Exfoliation eines Sequesters, der die Pars mastoidea, den Paukentheil mit der knöchernen Tuba, ein Stück Squama und das Gehäuse der Schnecke mit den Bogengängen enthielt. — Dennert[9]) erwähnt eine Ausstossung des Vorhofes, der Schnecke und eines Theiles der Bogengänge; das Individuum blieb am Leben. — Eine Exfoliation des Vestibulum und der Cochlea, ein andermal des Vestibulum und der Bogengänge führt Toynbee[10]), eine Ausstossung der Schnecke mit einem Theile der Bogengänge Spencer[11]) an. — Tröltsch[12]) traf an einer Leiche die Cochlea mit einem der Bogengänge nekrotisch und bereits von dem übrigen Knochengewebe abgekapselt. — Ausstossung der Schnecke allein beobachteten Hinton[13]), Toynbee[13]), Purreidt[14]), Boeck[14]), Cassels[14]), Gruber[15]) u. A. — In einem Falle von Ménière[16]) wurde die nekrotische Cochlea ausgespritzt. — Toynbee und Böke fanden innerhalb eines extrahirten Polypen die Schnecke eingebettet s. S. 289. — Moos[17]) beobachtete die Ausstossung eines knöchernen Bogenganges; derselben waren ein 8tägiger Schwindel und Erbrechen vorausgegangen.

IX. Neubildungen. Das Labyrinth wird, soweit unsere Kenntnisse reichen, von Neubildungen nur selten primär, gewöhnlich consecutiv befallen. Eine Bindegewebsneubildung im Vorhofe fand Schwartze, im Porus acustic. int. Lévêque-Lasource.[18]) Voltolini[19]) beobachtete an der Schneckenkuppel einen fibromusculären Tumor. Osteophyten und Exostosen im Vorhofe fanden Moos[20]) und Burckhardt-Merian[21]), in der Scala cochleae, Hinton[22]), s. ferner S. 352. Cholesteatom kann nach Böttcher[23]) vom Epithel des Aquaeduct. vestibuli seinen Ausgang nehmen. Carcinom in den beiden Schneckentreppen sah Politzer[24]) als Theilerscheinung eines ausgebreiteten Epithelialcarcinoms, welches auch eine krebsige Infiltration des Nerv. acusticus herbeigeführt hatte. Tuberculose des inneren Ohres beobachtete Schütz[25]) am Schweine. Als Fremdkörper im Labyrinthe traf Trautmann[26]) Dermatotectes-Milben an.

b) Erkrankung des Nervus acusticus.

1. Erkrankung der peripheren Acusticuszweige und des Acusticusstammes.

I. Bildungsmangel. Der Acusticus kann vollständig fehlen (s. S. 351); Valsalva[27]) und Hyrtl[28]) beobachteten einen Mangel der Nn. vestibularis und cochlearis.

II. Anomalie der Dicke. Atrophie. Bochdalek[29]) fand in einem Falle, dass der rechte Hörnerv im Por. acust. int. fast den dritten Theil seiner Fasern an den Facialis abgab.

---

[1]) S. Tnd. Fror. Not. 1833, B. 36, Sp. 158. — [2]) Transact. of the path. Soc. of London, Vol. 7, s. A. f. Ohr. I, S. 113. — [3]) S. Wilde, Ohrenh., S. 432. — [4]) Bullet. de Thérap., T. 67. — [5]) M. f. Ohr. IV, Sp. 84. — [6]) S. S. 305. — [7]) S. Schmidt's J. 1873, B. 160, S. 295. — [8]) A. f. Ohr. XVI, S. 51. — [9]) A. f. Ohr. XIII, S. 21. - [10]) A. f. Ohr. I, S. 112, 116. — [11]) S. A. f. Ohr. XI, S. 74. — [12]) Virch. Arch. 1859, B. 17, S. 1. — [13]) S. A. f. Ohr. I, S. 115, 116. — [14]) S. Schwartze, A. f. Ohr. IX, S. 238. — [15]) Wien. med. Z. 1864, Nr. 41. — [16]) Gaz. méd. 1857, Nr. 50. - [17]) Z. f. Ohr. XI, S. 235. — [18]) S. Lincke, B. I, S. 651. — [19]) Virch. Arch. B. 22, S. 110. — [20]) A. f. Aug. u. Ohr. II, 1, S. 101. — [21]) A. f. Ohr. XIII, S. 15. — [22]) S. Schmidt's J. 1876, B. 170, S. 93. — [23]) A. f. An. u. Phys. 1869, H. 3. — [24]) Ohrenh., S. 825. — [25]) Virch. Arch. B. 66, S. 93. — [26]) Berl. klin. Woch., 1877. — [27]) S. Lincke, I, S. 650. — [28]) Wien. med. Jahrb. 1836, B. 20. — [29]) S. Lincke, I, S. 597.

Eine **Atrophie** des Acusticus entsteht entweder infolge eines auf dem Nerven lastenden Druckes, oder durch Verödung der ihn versorgenden Arterien. Der Hörnerv wird endlich auch bei einer Erkrankung seiner centralen Ursprungsstellen, sowie bei einem pathologischen Zustande seines peripheren Endorganes, des Labyrinthes, atrophisch.

Einen Fall von **Druckatrophie** in Folge eines Sarcoms, das von der Pons ausging und in den Por. acust. int. hineingewuchert war, beobachtete *Böttcher*.[1]) Die von *Böttcher* angestellte Untersuchung des Schneckencanales ergab einen vollständigen Mangel von Nervenfasern; die Stege und Saiten waren vorzüglich erhalten, so auch die nach aussen gelegenen Zellen, die Membr. basilaris und M. reticularis; dagegen erschienen die äusseren und inneren Hörzellen atrophisch. — *Moos*[2]) führt ein Präparat *Politzer's* an, in welchem ein Carcinom der Sella turcica eine Erweiterung des inneren Gehörganges um das Doppelte und eine Atrophie des Acusticus bewirkt hatte; der betreffende Patient war taub gewesen. — *Schwartze*[3]) fand an einem zweijährigen Kinde den Facialis und Acusticus durch einen taubeneigrossen Tuberkelknoten der Dura mater comprimirt. — Einen Fall von Compressionslähmung des Facialis und Anästhesie des Acusticus durch ein Psammom der Dura mater beschreibt *Virchow*.[4]) — An einem von mir beobachteten, hochgradig schwerhörigen Patienten, welcher an heftiger Neuralgie des Trigeminus gelitten hatte, fand sich bei der Section eine, von der Scheide des Trigeminus, an der Impressio Trigemini der Pyramidenspitze, ausgehende Bindegewebsneubildung vor, welche den Stamm des Acusticus im Meat. audit. int. platt gedrückt hatte. Einen vom Ganglion Gasseri ausgehenden Tumor, der einen Fortsatz in das innere Ohr sandte, beobachtete *Diron*[5]) an einem am betreffenden Ohr taub gewesenen Individuum. — Einen Fall von Nervenatrophie in der ersten Schneckenwindung beschreiben *Moos* und *Steinbrügge*.[6])

Schwartze[7]) erwähnt, dass Blutextravasate innerhalb des Por. ac. int., ferner Periostitis desselben, zu einer Druckatrophie des Hörnerven Veranlassung geben können.

Eine Atrophie des Acusticus in Folge von **Verschluss der Arterien** des Hörnerven und Labyrinthes bei Aneurysma der Art. basilaris führen *Gull*[8]), *Ogle*[9]) und *Griesinger*[?]) an.

Von den **Erkrankungen des Centralnervensystems**, welche möglicherweise eine Atrophie des N. acusticus bedingen, sind vor Allem die Erkrankungen der Medulla oblongata und des Kleinhirnes hervorzuheben (s. unten). Eine Atrophia acustica bei hämorrhagischer Pacchymeningitis beschreibt *Moos*.[9])

Nach *Erb*[10]) kann eine Atrophie des Acusticus durch Tabes dorsualis entstehen.

Eine Atrophie des Hörnerven an **Taubstummen**[11]) wurde wiederholt, jedoch keineswegs constant beobachtet.

H. Meyer[12]) fand an einem taubstumm gewesenen Individuum einen vollständig normalen Acusticus, dagegen ein verdicktes Ependym im vierten Ventrikel. *Politzer*[13]) ebenfalls einen normalen N. cochlearis und vestibularis, trotz Ausfüllung des Labyrinthes mit Knochenmasse, dagegen wies dieser Autor[14]) an einem neunjährigen Knaben der im vierten Lebensjahre taub geworden war, eine Atrophie des im *Rosenthal*'schen Canale (Can. spiralis cochleae) befindlichen mächtigen Ganglienlagers nach. *Schwartze*[15]) constatirte in einem Falle von bilateraler Synostose der Stapesplatte im Foramen ovale nur eine unilaterale Acusticus-Degeneration und schliesst hieraus, dass es sich dabei um eine vom Gehirne descendirende Entzündung oder fettige Entartung der Acusticusfasern, durch Erkrankung der centralen Acusticuspartien, gehandelt habe.

III. Trennung des Zusammenhanges.

Der N. acusticus kann eine Trennung des Zusammenhanges entweder plötzlich erleiden, wie bei Traumen, oder eine solche

---

[1]) A. f. Aug. u. Ohr. B. 2. Abth. 2. — [2]) Klinik, S. 317. — [3]) A. f. Ohr. V. S. 296. — [4]) S. *Schwartze*, Path. An., S. 130. — [5]) Med.-chir. Transact. 1846, Vol. 29. s. Fror. Not. 1847, B. 3, Sp. 23. — [6]) Z. f. Ohr. X, S. 1. — [7]) Path. Anat., S. 128; daselbst finden sich einschlägige Fälle von *Soemmering*, *Toynbee*, *Zeissl* und *Hinton* citirt. — [8]) S. *Tröltsch*, Ohrenh., 6. Aufl. S. 536. — [9]) Z. f. Ohr. IX, S. 97. — [10]) *Ziemssen's* Handb. d. Krankh. d. Rückenm., S. 142, s. dagegen *Lucae*, A. f. Ohr. II, S. 305. — [11]) S. *Itard*, Traité, 1821, T. 1, p. 392. — [12]) *Virch.* Arch. B. 14, S. 551. — [13]) Otol. Congr., Mailand. 1880. — [14]) Ohrenh., S. 822. — [15]) A. f. Ohr. II, S. 289.

erfolgt allmälig durch Entzündungsvorgänge und Neubildungen. *Brückner*[1]) fand in einem Falle von Tumor in der Schädelhöhle den Stamm des Acusticus durch Zerrung abgerissen; *Voltolini*[2]) theilt einen Sectionsbefund mit, demzufolge ein in den Meat. audit. int. eingedrungenes Sarcom den Acusticus-Stamm vollständig unterbrochen hatte; trotzdem waren noch jenseits des Sarcoms doppelcontourirte Nervenfasern nachweisbar. — In einem Falle *Bürkner's*[3]) hatte ein vom 4. Ventrikel in den inneren Gehörgang eingedrungenes Gehirnsarcom den N. acusticus vollständig ersetzt.

IV. Entzündung.
Der N. acusticus erscheint bei seiner Entzündung geröthet, zuweilen von Blutextravasaten durchsetzt, geschwellt, eiterig, erweicht und später degenerirt. Die Entzündung ist entweder eine vom Labyrinthe ausgehende Neuritis ascendens, oder der Nerv wird von einer in der Schädelhöhle auftretenden Entzündung mitergriffen. In letzterer Beziehung müssen vor Allem die einfache Meningitis, sowie die Meningitis cerebro-spinalis hervorgehoben werden, die eine Neuritis acustica bewirken können oder den Hörnerven durch das gebildete Exsudat comprimiren.[4])

In zwei Sectionsbefunden von *Heller*[5]) erschien der N. acusticus auffällig stärker von Eiterzellen durchsetzt, als der N. facialis.

V. Neubildung.[6])
Sandifort[7]) bemerkte an der Abgangsstelle des Acusticus von der Med. oblongata einen kleinen, harten, knorpeligen Körper. — *Förster*[8]) beobachtete ein Sarcom des linken Acusticus, das in den Meat. aud. int. hineinreichte; ein Sarcom am Acusticus im inneren Gehörgange erwähnt *Stevens*[9]), ein Rundzellensarcom *Bride*[10]); weitere Fälle von Sarcom führen *Voltolini*[11]) und *Moos*[7]) an. In dem Falle von *Moos* bildete der Acusticus den Stiel des Sarcoms; es erschienen die Lamina spiralis membr. nur zur Hälfte erhalten, ihre feinen Gebilde fettig degenerirt, die Zähne normal, die Membrana basilaris ohne Querstreifung (vergl. den oben angeführten Fall von *Böttcher*). Rundzellen in der Zona ganglionaris wies *Politzer*[12]) nach.

Kalkconcremente können dem Acusticus auflagern oder zwischen den Acusticus-Fasern eingebettet sein. *Moos*[13]) fand phosphorsauren Kalk im Stamme des Hörnerven, *Böttcher*[14]) kohlensauren Kalk im Neurilem und Perioste des Meat. audit. int.

VI. Texturanomalie.
Eine Fettmetamorphose des Acusticus ist oben bereits angeführt worden. Corpora amylacea[15]) kommen bei Atrophie des Acusticus oder auch bei sonst vollständig intactem Hörnerven vor. — Pigment-Einlagerungen im Acusticus-Stamme vermögen bei ihrem massenhaften Auftreten die Nervenfasern auseinander zu drängen.[16])

2. *Affection der centralen Acusticus-Fasern, bezw. der acustischen Centren.* Eine Reihe pathologischer Zustände des Centralnervensystems kann auf den Acusticus, bezw. auf die acustischen Centren, einen ungünstigen Einfluss nehmen.

Von den intracraniellen Geschwülsten, welche auf den gesammten Acusticus-Stamm schädlich einwirken können, war bereits oben die Rede.

Die in den verschiedenen Gehirnpartien befindlichen Gehirntumoren bedingen nach *Calmeil*[17]) in $1/9$ aller Fälle von Hirntumoren Gehörsstörungen. *Lebert*[18]) fand unter 45 Fällen von Gehirntumoren 11mal Gehörsstörungen, *Ladame*[19]) unter 77 Fällen von Tumoren des

---

[1]) Berl. kl. Woch. 1867, Nr. 29. — [2]) Virch. Arch. B. 22, S. 110. — [3]) A. f. Ohr. XIX, S. 252. — [4]) Schwartze, A. f. Ohr. II, S. 213. -- [5]) A. f. klin. Med. 1867, B. 5. — [6]) Nach *Virchow* (D. kr. Geschwülste, 1867) wird der Acusticus unter allen Gehirnnerven am häufigsten von Neubildungen befallen. — [7]) S. *Moos*, A. f. Aug. u. Ohr. IV, 1, S. 179. — [8]) Würzb. med. Z. 1862, S. 199. — [9]) Z. f. Ohr. VIII, S. 290. — [10]) Journ. of Anat. and Phys. T. 14, s. *Z. f. Ohr.* B. 9, S. 233. — [11]) Virch. Arch. B. 18, S. 34; B. 22, S. 125. — [12]) Otol. Congr. 1880, s. A. f. Ohr. XVI, S. 303. — [13]) A. f. Aug. u. Ohr. III, 1, S. 93. — [14]) Virch. Arch. B. 12, S. 104. — [15]) Meissner, Z. f. rat. Med. 1853, B. 3, S. 363; *Förster*, s. *Schwartze*, Path. Anat. S. 129; *Politzer*, A. f. Ohr. XVI, S. 303. — [16]) Fall von *Moos*, A. f. Aug. u. Ohr. II, 1, S. 122. — [17]) Dict. de méd. T. XI. — [18]) Virch. Arch. B. 3. — [19]) Sympt. u. Diagn. d. Geh.-Geschw. Würzburg 1865.

Kleinhirns 7mal. unter 27 Tumoren des mittleren Lappens 3mal: unter 27 Tumoren des vorderen, 14 des hinteren Lappens und 4 der Rautengrube wurde kein einziger Fall von Gehörsanomalie angetroffen.

Petrina[1]) beschreibt einen Fall von Neurom des Trigeminus sin. mit Erweichung und Impression des Cerebellum links, Impression des linken Crus cerebelli ad pontem und des Pons. Die Symptome bestanden in Schwindel, Gang nach rechts, in Schwerhörigkeit und Facialparalyse.

Im Falle von Hörstörungen ist stets zu achten, ob es sich in der That um eine zweifellos centrale acustische Affection handelt, oder nicht etwa Veränderungen im schallleitenden Theile des Gehörorganes vorhanden sind; so hebt *Schwartze*[2]) hervor, dass er neben Hirntumoren und oftmals neben Hirnatrophie eine Ankylose des Steigbügels vorgefunden habe.

Betreffs des combinirten Vorkommens von Seh- und Hörstörungen s. *Moos*.[3])

Gehörsstörungen treten ferner bei Aneurysma der Art. basilaris auf[4]), und zwar so häufig, dass, nach *Lebert*, Taubheit in Verbindung mit Schlingbeschwerden (Glossopharyngeus) und den Symptomen der Vaguslähmung (Athemnoth, seufzender Athem, anfangs langsamer, dann accelerirter Puls), wichtige Anhaltspunkte für die Diagnose auf Aneurysma der Art. bas. bilden; nach *Griesinger* zeigen sich dabei ferner noch Störungen der Articulation und der Urinese, Schwäche aller Extremitäten oder Paraplegie (ein Hauptsymptom für centrale Brückenaffection), oder ungleiche Hemiplegie und Klopfen im Occiput. Nicht vorhanden oder nur spontan vorkommend sind epileptiforme Spasmen, Störungen der Intelligenz und des Bewusstseins. Als Zeichen eines Verschlusses der Art. basil. erweist sich das Auftreten von allgemeinen Krämpfen bei Compression beider Carotiden.

Varrentrapp[5]) erwähnt einen Fall, in welchem bei einer 51jährigen Frau plötzlich Bewusstlosigkeit, Occipitalschmerz, bilaterales Sausen, Schwerhörigkeit, Schwäche und Zittern der Extremitäten und nach 13 Tagen Exitus letalis auftraten. Die Section ergab ein geborstenes Aneurysma der Art. bas. mit Druck auf den Pons von Seiten des Blutes.

Infolge von Apoplexie finden sich Hörstörungen am häufigsten bei halbseitiger Apoplexie in die Brücke vor[6]), wie ja auch unter den Hirngeschwülsten die des Pons am ehesten Gehörsanomalien veranlassen; dagegen ist nach *Moos* die Taubheit als Residuum einer abgelaufenen Apoplexie nicht häufig und auch dann gewöhnlich nicht vollständig.

Nach *Duval*[7]) steht die vordere Acusticuswurzel mit den motorischen Ganglienzellen und den Fasern der Crus. cerebelli ad pontem im Zusammenhang, welche für die Ampulle bestimmt sind; die hintere Wurzel gehört nur der Schnecke an. Aus diesem Grunde verursacht ein apoplectisches Extravasat an der hinteren Partie der *Keil*'schen Corona radiata einseitige Taubheit ohne Gleichgewichtsstörung.

Ein von *Vetter*[8]) beschriebener Fall bietet insoferne ein besonderes Interesse dar, als in diesem durch einen apoplectischen Insult am vorderen Theil des Linsenkernes und am hinteren Theile der inneren Kapsel der linken Seite eine Taubheit

---

[1]) Prag. 1/4 Jahr., s. *Schmidt's* J. 1878, B. 179, S. 23. — [2]) Path. Anat. S. 132. — [3]) A. f. Aug. u. Ohr. B. 7, Abth. 1, S. 518. — [4]) *Lebert*, Berl. kl. Woch. 1860; *Griesinger*, A. d. Heilk. 1862. Die vom letzteren Autor aus der Literatur angeführten einschlägigen Beobachtungen sind folgende: *Gull* (*Guy's* Report. 1859, III, 5, p. 296), Fall von rechtsseitiger Taubheit; *Hodgson* (Kr. d. Art. u. Ven. 1817, Uebers. S. 116). Ohrenklingen; *Brinton* (cit. b. *Gull*, p. 284) Verlust des Gehörs und der Sprache. — [5]) A. d. Heilk. 1865, S. 85. — [6]) *Moos*, Klin. S. 327. Nach *Itard* (Traité etc. 1821, T. II, p. 52) zeigt sich in Folge von Apoplexie unter allen Sinnesempfindungen das Gehör am häufigsten geschwächt. — [7]) S. *Gellé* (Gaz. méd. 1880, Nr. 21). — [8]) Deutsch. Arch. B. 32, S. 469.

rechterseits, also eine gekrenzte Taubheit[1]), aufgetreten war; betreffs von Tumoren des Kleinhirns liegen ähnliche Beobachtungen von *Schwartze* und *Politzer*[2]) vor. Wie ich aus zweien von mir beobachteten und zur Section gekommenen Fällen ersehe, können beim acuten Hydrocephalus anfallsweise auf kurze Zeit bald Taubheit, bald Erblindung bei sonst intactem Bewusstsein (z. B. während der richtigen Beantwortung gestellter Fragen) eintreten. Der Stamm des Acusticus erschien in beiden Fällen nicht verändert. Die vorübergehende (öfter des Tages aufgetretene) Taubheit war vielleicht gleich der transitorischen Erblindung durch ein rasch vorübergehendes Oedem in den Hör- und Sehcentren entstanden. Gehörsstörungen werden ferner durch pathologische Vorgänge im Centralnervensystem hervorgerufen, ohne dass die nähere Untersuchung desselben eine Veränderung der Acusticus-Fasern oder der acustischen Centren erkennen lässt, wie dies u. A. nicht selten auch an Taubstummen, mitunter bei Typhus und Scarlatina vorkömmt.

Bei Diabetes entstehen in seltenen Fällen Gehörsanomalien.[3]) In einem von mir[4]) beobachteten Falle war nach einer heftigen Blutung aus der Nase bilateral eine complete Acusticus-Anästhesie eingetreten. Taubheit nach Epilepsie erwähnt *Dennert*.[ ] Bei einem Epileptiker war nach einem epileptischen Anfalle eine complete Acusticus-Anästhesie entstanden, die zwei Jahre später nach einem der wiederholt auftretenden Anfälle wieder rasch schwand. Weitere epileptische Anfälle nahmen auf das Gehör keinen Einfluss.[5]) Verlust des Gehörs und der Sprache nach einem Tobsuchtsanfalle beobachtete *Derblich*[7]) bei einem 20jährigen Manne; nach acht Tagen erfolgte rechts Sausen und hierauf Wiederherstellung des Gehörs, so auch linkerseits ebenfalls nach vorausgegangenem Ohrensausen. Taubheit nach Intermittens führt *Itard*[8]) an. Anaesthesia acustica in Folge von Morbus Brightii erwähnen *Dieulafoy*[9]) und *Pissot*.[10]) Motionstaubheit (Taubheit durch Schreck) fanden *Schmalz*[11]), *Ziemssen*[12]) (Heilung nach 22 Wochen; es bestand gleichzeitig Facialparalyse) und *Dalby*.[13]) In einem diesbezüglichen, von mir untersuchten Falle waren plötzlich linksseitig hochgradige Schwerhörigkeit, Ohrensausen, Herabsetzung des Geruchs, Geschmacks und der Tastempfindungen als bleibende Symptome, ferner vorübergehend Skotome und Sehschwäche erfolgt. Amylnitrit-Inhalationen riefen auf der rechten Gesichtsseite eine lebhafte Röthe hervor, indess die linke Seite nur schwach geröthet erschien; vielleicht war auch die Sinnesstörung in diesem Falle durch einen Gefässkrampf in dem Gebiete der betreffenden Sinnescentren bedingt. Auf vasomotorische Störungen, und zwar speciell auf einen Gefässkrampf im Gebiete der acustischen Centren dürften die, bei Migräne bekanntlich häufig vorkommenden Hörstörungen (Hyperaesthesis oder Anaesthesia acustica) zu beziehen sein. *Türck*[14]) beobachtete Fälle von Hemianästhesie (u. zw. oberflächliche Hautanästhesie bei Hyperästhesie der tiefer gelegenen Partien), welche anfallsweise auftrat und dabei gleichzeitig mit einer Anästhesie der verschiedenen Sinnesnerven einherging.

Zuweilen treten gleichzeitig mit vasomotorischen Störungen besonders im Gebiete des Sympathicus (zuweilen auch des Plex. cervicalis) Gehörsanomalien auf.

Bei einem Patienten beobachtete ich ein um 4 Uhr Nachmittags auftretendes starkes Pulsiren der Carotis, eine bedeutende Röthe der seitlichen Halspartien und der Ohrmuschel, womit gleichzeitig Ohrensausen und Schwerhörigkeit erfolgten. (*Ch. Burnett*[15])

[1]) S. *Munk*, S. 347. — [2]) S. *Politzer*, Ohrenh. S. 858 u. 859. — [3]) *Griesinger*, A. f. phys. Heilk. 1859 (die Schwerhörigkeit trat in drei Fällen lange nach der Sehstörung auf); *Jordaõ* und *Kütz*, s. *Schmidt's* J. B. 166, S. 291. — [4]) A. f. Ohr. XVI, S. 185. — [5]) A. f. Ohr. XIV, S. 134. — [6]) Die weiteren Nachrichten über den von mir im Stadium der Acusticus-Anästhesie untersuchten Patienten verdanke ich dem Herrn Collegen Dr. *F. Klein* in Wien. — [7]) Wien. med. Woch. 1876, Nr. 47 u. 48. — [8]) Traité etc. T. II, p. 318. — [9]) France méd. 1877. — [10]) Diss. inaug. Paris 1878. *Pissot* fand unter 37 Fällen 18mal verschiedenartige Hörstörungen. Da Morb. Brightii auch Veränderungen im Mittelohr herbeizuführen vermag (s. S. 208), ist bei Stellung der Diagnose auf eine solche wohl zu achten. — [11]) Beitr. z. Geh. u. Sprach-Heilk. 1846, H. 1, S. 42. — [12]) *Virch.* Arch. 1858, B. 13, S. 376. — [13]) S. *Canst.* J. 1876, B. 2, S. 474. — [14]) Zeitschr. d. Aerzte in Wien. 1850, B. 6, S. 543. — [15]) A. f. Aug. u. Ohr. IV, 2, S. 321.

beschreibt drei Fälle von Ohrensausen und Schwerhörigkeit mit bedeutender Röthe der das Ohr umgebenden Hautpartien. Taubheit anlässlich einer heftigen Verkühlung fand *Schneider*[1]) an einem 15jährigen Knaben, der eine Durchnässung seines erhitzten Körpers erfahren hatte; es erfolgten Schmerz im Nacken, Taubstummheit, Besinnungslosigkeit; nach vier Tagen kamen das Gehör und die Sprache wieder zurück; auf eine erneuerte Verkühlung hin stellte sich von den früheren Symptomen nur die Taubheit ein und verlor sich später während einer elektrischen Behandlung und einer Application von Vesicantien. *Dunn*[2]) berichtet von einem 19jährigen Mädchen, das nach einem Sturz ins Wasser Verlust aller Sinne und der Sprache erlitt. Die Genesung erfolgte nach einem Jahre; als erste Sinnesperception tauchte die für die Farben wieder auf. — Ein Beispiel von Taubheit und Ohrengeräuschen, die nach einem Fussbade plötzlich eingetreten waren, theilt *Wendt*[3]) mit. Taubheit, durch Rheumatismus bedingt, führt *Moos*[4]) an. Gehörstörungen nach Anämie wurden wiederholt beobachtet. Bei Anämie treten, wahrscheinlich durch Anämie des Centralnervensystems, Hörstörungen nicht selten auf. Gehörstörungen nach Sonnenstich wurden wiederholt beobachtet.

Gewisse Mittel, wie Tabak, Blei, Chloroform, besonders aber Salicylsäure und Chinin bewirken zuweilen erhebliche Hörstörungen, die bei Chinin, und wie ich in einem Falle fand, auch bei Salicylsäure in einzelnen Fällen als bleibend sich erweisen. In mehreren Fällen fand ich bei Salicylsäure die Hörstörungen von cerebralen Reizerscheinungen begleitet.

Taubheit in Folge von Blei-Intoxication fand *Triquet*[5]), Gehörs- und Gesichtshallucinationen, *Popp*[6]); bleibende Schwerhörigkeit nach dem Gebrauch von Oleum Chenopodii erwähnt *North*[7]), nach Chloroform-Narkose, *Moos*[8]) und *Hachley*.[9]) Bezüglich der durch Chloroform erregten Hyperaesthesia acustica s. S. 315. Ueber den Einfluss von Chinin und Salicylsäure auf das Hörorgan wurden von *Kirchner*[10]), *Weber-Liel*[11]), *Guder*[11]) und *Sachs*[11]) Untersuchungen angestellt. *Kirchner* fand an Thieren nach Chinin den Gehörgang hyperämisch, nach dem Paukenhöhle nach Chinin und Salicylsäure bald blass, bald ecchymosirt, im Labyrinth Extravasate. Katzen zeigten nach achttägigem Salicylgebrauch eine Hyperaesthesia acustica. Die andern vorher genannten Autoren constatirten in Folge von Chinin einen Abfall der Temperatur im Gehörgang. Auftreten von subjectiven Gehörsempfindungen und erst nach 2—3 Stunden eine Gehörsabnahme, die in die Zeit des tiefsten Temperaturstandes fiel.

Acquirirte, sowie vererbte [12]) Syphilis kann bedeutende Gehörsanomalien bedingen, die zuweilen auf eine geringfügige, äussere Veranlassung erscheinen.

Von wesentlichem Einflusse können die verschiedenen Affectionen der Sexualsphäre auf Gehörsanomalien sein und zwar wirken sexuelle Erregungen sowie Uterinalleiden, besonders Hysterie, oft höchst ungünstig auf subjective Gehörsempfindungen und auf die Hörschärfe ein. Eine nach jedem Puerperium sich verschlimmernde Hörfunction [13]), findet sich nicht selten vor; ausnahmsweise kann nach dem Puerperium eine auffällige und anhaltende Besserung des Gehörs eintreten, wie ich dies in einem Falle beobachtet habe.

Morland[14]) und *Schmalz*[15]) fanden Fälle, in denen während der Schwangerschaft eine auffällige Gehörsbesserung bestand, die nach erfolgter Geburt wieder zurückging. *Behrend*[16]) führt an, dass bei Masturbation unter den Sinnesempfindungen zuerst das Gehör eine Veränderung erfährt, und zwar tritt diese bald als Anästhesie, bald als Hyperästhesie auf. — *Scanzoni*[17]) beobachtete beim Ansetzen von Blutegeln an die Vaginal-

---

[1]) S. Schmidt's J. 1838, S. 141. — [2]) *Lancet*. 1845. Nov., s. *Fror. Not.* B. 37, Sp. 283. — [3]) A. f. Ohr. III, S. 172. — [4]) A. f. Aug. u. Ohr. I, 2, S. 64. — [5]) Traité etc., 1857. — [6]) Bayer. ärztl. Intell. 1874, S. 357. — [7]) Amer. J. of Otol.. T. II, p. 197. — [8]) Klin., S. 321. — [9]) Z. f. Ohr. XI, S. 3. — [10]) Berl. klin. Woch. 1881. Nr. 49, M. f. Ohr. XVII, Nr. 5. — [11]) M. f. Ohr. XVI, Nr. 1. — [12]) *Hinton*, Suppl. to *Toynbee's* Textbook, p. 461, s. *Schwabach*, D. med. Woch. 1883, Nr. 38; *Knapp*, Z. f. Ohr. IX, S. 349. — Ueber das combinirte Vorkommen von Keratitis und acustischen Störungen, s. *Hinton*, l. c. und *Schwabach*, l. c. — [13]) Vergl. *Lincke*, Ohrenh., B. 1. S. 574. — [14]) S. A, f. Ohr. V, S. 313. — [15]) Geh. u. Sprach-Heilk., 1846, H. 1. S. 53. — [16]) Journ. f. Kinderkr. 1860, B. 27, S. 321. — [17]) Würzb. med. Z., 1860, B. 1.

portion wiederholt eine allgemeine Gefässaufregung und vorübergehende Taubheit. — *Baratoux*[1]) bespricht eine Reihe von Fällen, in denen ein Zusammenhang zwischen Menstruation und Ohraffection, sowie ein nachweislicher Einfluss von Uterus-Erkrankungen auf das Ohr bestand. — Bezüglich eines von mir beobachteten Falles von Schwerhörigkeit und subj. Gehörsempfindungen während der Menstruation s. S. 185. *Weber-Liel*[2]) hebt hervor, dass bei uterinen Affectionen, die einen Einfluss auf die Hörfunction nehmen, während des Durchleitens eines galvanischen Stromes durch den Körper, wobei die eine Elektrode an eine schmerzhafte Stelle in der Höhe des untersten Brustwirbels oder des obersten Lendenwirbel aufgesetzt wird, ein bedeutender Nachlass der Ohrgeräusche, des Schwindels und Druckgefühles in den Ohren und eine Zunahme der Hörfähigkeit eintritt. Der Effect soll besonders in der ersten Sitzung ein auffälliger sein.

Ob die bei Mumps[3]) in einzelnen Fällen eintretende und gewöhnlich anhaltende Anaesthesia acustica auf reflectorischem Wege, durch Reiz der innerhalb des entzündeten Parotisgewebes befindlichen sensitiven Trigeminusäste zu Stande kommt, ähnlich der Reflexamaurose nach Verletzung sensibler Trigeminusfasern , oder ob hierbei andere Einflüsse bestehen , ist nicht bekannt. An einem von mir resultatlos behandelten 10jähr. Mädchen erfolgte während einer Entzündung der Submaxillardrüse an der betreffenden rechten Seite binnen wenigen Tagen eine totale Acusticusanästhesie (Reflextaubheit?); ein 2. einschlägiger Fall betrifft einen 16jähr. Knaben, der ohne nachweisbare Veranlassung, am linken Ohre plötzlich von einer bedeutenden Schwerhörigkeit befallen wurde, worauf sich 24 Stunden später ein heftiges, anfänglich zeitweise auftretendes, später continuirliches Ohrensausen einstellte; 48 Stunden nach dem Eintritte der Schwerhörigkeit entstanden im linken Ohre intensive Schmerzen, die sich auf die Gegend der Gland. submaxillaris erstreckten, woselbst auch eine mässige Entzündung der betreffenden Drüse constatirt wurde. Die Entzündung ging rasch zurück, indess die Schwerhörigkeit und continuirlichen Ohrengeräusche anhielten; ausserdem machte sich am 6. Tage der Erkrankung eine auffällig herabgesetzte Sensibilität bemerkbar, die an der Ohrmuschel am stärksten ausgesprochen war, nach unten etwas unterhalb des Lobulus und nach vorne bis gegen die Mitte der Wange reichte. Die Untersuchung des linken Ohres ergab eine complete Anaesthesia acustica. Der Fall kam erst in jüngster Zeit in meine Beobachtung, weshalb ich über den Verlauf und über das Ergebniss der eingeschlagenen Behandlung mittelst Elektricität und Massage derzeit nichts berichten kann.

In dem von *Moos* (l. c.) aufgeführten Falle von *Lemoine* und *Launois* waren die Erscheinungen von Ohrensausen und Taubheit, im Vereine mit heftiger Cephalalgie, vier Tage vor der Parotisanschwellung aufgetreten, weshalb in diesem Falle die Ohrenerkrankung als die Localaffection des als Allgemeinerkrankung aufgefassten Mumps gedeutet wurde, wie sich in ähnlicher Weise bei Mumps zuweilen Affectionen der Prostata, der Hoden, Mamma, Ovarien, Niere, ferner Amblyopie vorfinden. Die soeben erwähnte Acusticus-Affection bei Mumps ist nicht mit anderen Fällen zu verwechseln, in denen sich die Entzündung von der Parotis durch die Fissura Glaseri in die Paukenhöhle fortsetzt und in Folge dessen Schwerhörigkeit veranlasst. Wie nämlich *Gruber*[4]) hervorhebt, führt bei offen bleibender

---

[1]) Des affect. auric., Paris, 1880. — [2]) M. f. Ohr. XVII. Nr. 9. — [3]) Taubheit in Folge von Mumps beobachteten: *Toynbee*, Ohrenh., Uebers., S. 369; *Brunner*, Z. f. Ohr. XI, S. 229; *Buck*, Amer. Journ. of Otol. B. 3, s. A. f. Ohr. XVIII, S. 200; *Burnett*, Am. Journ. of Otol., B. 3; *Calmettes*, *Moure*, Rev. mens. d. Laryng. d'Otol., etc. 1882, p. 301; *Moos*, Z. f. Ohr. XI, S. 51, XII, S. 112, Berl. kl. Woch. 1884 Nr. 3; *Knapp*, Z. f. Ohr. XII, S. 121; *Seitz*, Schweiz. Corresp. Bl. 1882, Nr. 19; *Bürkner*, Berl. klin. Woch. 1883, Nr. 13; *Seligsohn*, ibid., Nr. 18 u. 19; ferner von *Moos* (l. c.), auch *Lemoine et Launois*, Rev. d. méd., T. 3, 1883, Sept. und *Haslou*, Phil. Med. News. 1883, 24 March. — [4]) *Gruber*, Wien. med. Zeit. 1884. Nr. 1—6.

Glaser'schen Spalte, deren oberer und lateraler Abschnitt zu der Grube hinter dem aufsteigenden Aste des Oberkiefers, indess der untere Theil die Communication nach jenen Stellen vermittelt, die tiefer gegen den Pharynx liegen. In dieser Gegend führt die Spalte direct zum Can. musc. tubarius. Auf diesen Wegen können sich bei eiteriger Paukenentzündung consecutive Entzündung der Parotisgegend und Senkungsabscesse in den oberen Rachenraum entwickeln, sowie umgekehrt bei Parotitis eine Mitbetheiligung der Paukenhöhle, ohne Affection des äusseren Gehörganges möglich ist. Am Kinde wird ein solches Fortschreiten der Entzündung um so leichter stattfinden können, da der Annulus tympanicus mit der Pyramide noch nicht knöchern verbunden ist und die Glaser'sche Spalte demzufolge noch stärker klafft.

Transfert.[1]) Bei einseitig bestehenden Anästhesien, Lähmungen, Contracturen etc. gelingt es zuweilen vorübergehend durch Einwirkung gewisser Reize (Anlegen von Magneten, verschiedenen Metallen etc.), ein Hinüberwandern der Krankheitssymptome von der einen auf die andere Körperseite zu erzielen, so dass beispielsweise ein auf der rechten Seite an Anaesthesia acustica und optica erkrankter Patient nach Anlegen des Magnetes auf kurze Zeit rechterseits hört und sieht, dagegen nunmehr links taub und blind ist.

Wie ich[2] aus einem von mir beobachteten Falle ersehe, kann die Erscheinung des Transfert auf eine einmalige Reizwirkung hin in allmälig abgeschwächtem Grade, ein zweites und drittes Mal in kurzen Zeitintervallen hintereinander auftreten.

Bei der betreffenden hysterischen Patientin[3]) bestand linkerseits eine totale Anästhesie sämmtlicher Sinnesorgane, wogegen auf der rechten Seite eine Hyperästhesie des Hör- und Gesichtssinnes vorhanden war. Nach Anlegen eines kleinen Magneten, der circa 1—2 Mm. vom linken Warzenfortsatze entfernt gehalten wurde, trat nach ungefähr 6 Minuten die Erscheinung des Transfert ein, und zwar ging bei der Patientin die Anästhesie von der linken auf die rechte, die Hyperästhesie von der rechten auf die linke Seite über, also Patientin sah und hörte nunmehr linkerseits, während sie rechterseits blind und taub geworden war. Die Erscheinung ging nach 6—10 Minuten wieder zurück und wiederholte sich, wie ich dies beinahe an allen Versuchstagen constatiren konnte, ohne weiter stattfindenden Reizimpuls noch ein zweites und drittes Mal. Gleich dem Magnete konnte auch Amylnitrit, ferner ein psychisches Reizmoment (einmal der Anblick eines Todtenkopfes) den Transfert hervorrufen. Bei der Section der anno 1883 an Tuberculose verstorbenen Patientin konnte am Centralnervensystem nichts Pathologisches nachgewiesen werden. — *Habermann*[4]) berichtet von einem 15jährigen Knaben, der taub und blind wurde und bei dem durch Auflegung von Goldstücken Heilung eintrat. Es zeigte sich hierbei, dass mit der Besserung des Gehörs auf der einen Seite, wo die Goldstücke aufgelegt wurden, eine Gehörsabnahme am anderen Ohre erfolgte. — *Walton*[5]) beobachtete beim Transfert mit der Abnahme des Gehörs eine solche der Sensibilität der tieferen Theile des Ohres.

Erkrankungen des vierten Ventrikels führen mitunter, jedoch keineswegs immer, eine Affection des Acusticus herbei.

Ladame[6]) traf in vier Fällen von Tumoren der Rautengrube keinmal eine Hörstörung an. — *Wolf*[7]) beobachtete einen Fall von Tumor der Tonsilla cerebelli bei einem 46jährigen Mann, der während seiner letzten drei Lebensjahre Anfälle von Schwindel, Uebelkeiten, Ohrensausen und Schwerhörigkeit zeigte. Links trat Taubheit zuerst für einzelne Tonreihen, dann allgemeine tonale Taubheit ein. Die Section wies an der rechten Seite der Tonsilla cerebelli und den Hirnschenkeln einen grossen Tumor nach, der den Ursprung des Acusticus im vierten Ventrikel comprimirte.

Auch das Fehlen der Striae acusticae im vierten Ventrikel zeigt sich ohne besondere Bedeutung für die Hörfunction.[8])

---

[1]) Der Transfert wurde von *Gellé* (De l'otolog. Paris 1881, p. 226) entdeckt, u. zw. zuerst an den Gehörsempfindungen constatirt. — [2]) A. f. Ohr. XVI, S. 171. — [3]) Die Patientin wurde mir vom Herrn Prof. *M. Rosenthal* freundlichst zugewiesen. — [4]) Prag. med. Woch. 1880, Nr. 22. — [5]) Phys. Ges. Berlin 1883, Nr. 8, s. Z. f. Ohr. B. 13, S. 88. — [6]) Gehirngeschw. 1865. — [7]) Naturf.-Vers. 1879. s. A. f. Ohr. XVI. S. 157. — [8]) *Joh. Müller*, Phys. 1844, B. 1, S. 722.

Wie aus dem Seite 340 geschilderten Verlaufe der das Corpus restiforme (Fig. 71) umkreisenden Acusticusfasern hervorgeht, begeben sich diese zuweilen schon am Rande der Rautengrube in die Tiefe und bilden in diesem Falle keine Striae acusticae.

Erkrankungen der Medulla oblongata vermögen bei Einbeziehung der dem verlängerten Marke entstammenden Acusticuswurzel Schwerhörigkeit und subjective Gehörsempfindungen zu veranlassen.

Nach *Pierret*[1]) kann die Tabes mit Acusticus-Affectionen, gleichwie mit Amaurose beginnen. — Einen Fall von Schwerhörigkeit, in welchem die Section eine graue Degeneration der Med. oblongata ergab, theilt *Lucae*[2]) mit. — Bei einem an Paralysis ascendens erkrankten 64jährigen Mann aus meiner Clientel zeigte sich anfallsweise bei intact bleibendem Bewusstsein rasch vorübergehende Parese der unteren Extremitäten, Formication im rechten Arme, Aphasie mit Schwerhörigkeit und selbst nach zurückgegangenem Anfalle noch ein stundenlang anhaltendes starkes Ohrensausen.

Wie *Moos*[3]) hervorhebt, vermag eine Erkrankung der Medulla oblongata eine gleichzeitig auftretende **Affection des Acusticus und Trigeminus** zu veranlassen.

Senile Torpidität des Acusticus. Den Affectionen des Acusticus ist noch die senile Torpidität des Hörnerven beizuzählen, die sich unter Anderem in einer Abnahme der Perception für die den Kopfknochen aufgesetzten Schallquellen zeigt.

So wird nach dem 50.—60. Lebensjahre das Ticken der Taschenuhr nicht selten schwach oder gar nicht percipirt. Ob es sich hierbei auch um eine durch senile Vorgänge im Knochengewebe bedingte Veränderung in der Schallleitung handelt, muss dahingestellt bleiben.[4]) Nach *Knapp*[5]) ergibt ein Vergleich von jungen und alten Individuen bezüglich der Hörschärfe einen bedeutenderen Unterschied als betreffs der Sehschärfe.

Im Anschlusse an die bisher besprochenen pathologischen Zustände des Acusticus ist noch die allmälig zunehmende **Torpidität des Hörnerven** im Verlauf einer Erkrankung des Mittelohres anzuführen, welche sich in einer abnehmenden Perception für die dem Ohre auch auf dem Wege der Knochen zugeleiteten Schalleinflüsse zu erkennen gibt, ferner in einer mit der progressiven Schwerhörigkeit zuweilen auffälligen Abnahme der subjectiven Gehörsempfindungen. Es ist nicht sichergestellt, ob die Torpidität des Acusticus durch eine mangelhafte acustische Erregung hervorgerufen wird, oder nach der gegenwärtig verbreiteten Anschauung, als Folge einer anhaltenden intraauriculären Drucksteigerung zu betrachten ist, welche letztere durch die Einwärtsbewegung der Steigbügelplatte in den Vorhof, bei Retraction des Musc. tensor tympani zu Stande kommt. Eine derart stattfindende **Vermehrung des intraauriculären Druckes** ist bisher nicht erwiesen[6]) und sogar sehr fraglich, da die Labyrinthkapsel keineswegs allseitig geschlossen ist und vor Allem die beiden Aquäducte ein Ausweichen der Labyrinthflüssigkeit ermöglichen, wie dies schon *Haller*[7]), *Meckel*[7]) u. A.[8]) angenommen haben.

Nach *Weber-Liel*[9]) ist der Widerstand, der dem Eindringen des Labyrinthwassers in die Aquäducte gesetzt wird, ein sehr beträchtlicher, so dass es fraglich erscheinen müsse, ob bei den verhältnissmässig geringen Druckverhältnissen im Labyrinthe eine Ableitung der Flüssigkeit in die Aquäducte erfolge. Zuweilen jedoch findet dieser Abfluss, wie *Bezold*[10]) angibt, leicht statt.

---

[1]) Rev. mensuelle. 1877, Nr. 2. s. C. f. d. med. Wiss. 1877, Nr. 512. — [2]) S. A. f. Ohr. II, S. 305. [3]) *Virch. Arch.* 1876, B. 68, S. 433. — [4]) *Mojon*, Acad. de Méd. 1835. Marx, s. *Schmidt's* J. 1835, B. 6, S. 246. — [5]) A. f. Aug. u. Ohr. III, 1. S. 188. — [6]) S. *Hensen* in *Hermann's* Phys. B. 3, Th. 2, S. 124. — [7]) S. *Lincke*, Ohrenh. I, S. 508. — [8]) *Autenrieth* u. *Kerner*, A. f. Phys. 1809, B. 10, S. 358; *Dalrymple*. Med.-chir. Z. 1836, B. 1, S. 177; *Syme*, Edinb. J. 1811, Jan., s. *Fror*. Not. B. 19, Sp. 26. [9]) M. f. Ohr. 1876. Sp. 74. — [10]) A. f. Ohr. XVI, S. 12.

3. Erkrankung des acustischen sensorischen Centrums. Pathologische Vorgänge in der ersten Schläfenwindung (s. S. 346) bedingen eine, zuweilen nur vorübergehende Worttaubheit.[1]

Nach *Kahler* und *Pick*[1] beruht diese Erscheinung möglicherweise auf vorübergehenden collateralen Kreislaufstörungen bei Embolie eines Astes der Art. fossae Sylvii (die häufigste Ursache aphasischer Erscheinungen), welche das Klanggebiet ausser Function setzen, oder der Schläfenlappen erleidet eine geringe transitorische Läsion, oder endlich für den Ausfall der Function der einen Seite tritt der Schläfenlappen der anderen Seite vicariirend ein. Für diese letzte Auffassung spricht ein von *Luys*[2] beobachteter Fall von Hypertrophie der anderen Seite bei Hemiplegie.

Aus dem soeben Mitgetheilten erklären sich auch die wiederholt beobachteten Fälle von Affectionen der Schläfenlappen ohne Hörstörung, da eben die Worttaubheit vielleicht anfänglich bestanden hatte, später aber wieder zurückgegangen war.

In dieser Beziehung ist ein Fall *Arende's*[2] sehr interessant. Ein Mann gibt am dritten Tage nach einem stattgefundenen Trauma die Antworten nur durch Liderbewegungen; am folgenden Tage hörte er wohl, versteht aber die Worte nicht (z. B. zeigt die Zunge, wenn man sich von seinem Zustand erkundigt); drei Tage später kann er antworten „trotz einer hochgradigen Taubheit". Die am 12. Tage stattfindende Section wies bilateral eine totale Zerstörung der vorderen Abschnitte beider Frontalund Schläfenlappen nach. — So constatirte auch *Pórier*[2] nach einem Sturz die Restitution eines auf einige Tage gestörten Gehörverständnisses: bei der Section (am 11. Tage) fanden sich zwei Erweichungsherde im mittleren und hinteren Abschnitte der zweiten linken Schläfenwindung. — *Wernicke* und *Friedländer*[3] berichten von einem 13jährigen Mann, der an epileptiformen Anfällen, an Cephalalgie, Uebelkeiten und Schwerhörigkeit gelitten hatte und bei dem die Section eine gummöse Erkrankung beider Schläfenlappen ergab. Die auch von *Lucae* vorgenommene Untersuchung wies keine Affection des Nerv. acusticus nach.

Die bisher constatirten Fälle von Worttaubheit betrafen fast stets eine Affection des linken Schläfenlappens[2] (mit dem wir vorzugsweise thätig sind)[4], wogegen eine Affection des rechten Schläfenlappens ohne Worttaubheit einhergehen kann.[5]

Es wäre schliesslich noch ein Fall *Finkelnburg's*[2] von Worttaubheit ohne Läsion des Schläfenlappens anzuführen, in welchem eine Erweichung des Markgewebes vom Linsenkern bis in die Insel mit Zerstörung der Vormauer und theilweiser Erweichung der zweiten und dritten Frontalwindung vorgefunden wurde. Die innige Beziehung, in der die Vormauer zum Schläfenlappen steht[6], lässt auch für diesen Fall die Möglichkeit einer Affection des Schläfenlappens offen.

4. Traumatische Affection des Acusticus und der acustischen Centren. a) Traumatische Affection des Acusticus. Der Hörnerv kann durch Erschütterung eine Alteration erleiden, welche sich in einer herabgesetzten Gehörsperception und in subjectiven Gehörsempfindungen äussert. Die Einwirkung auf den Hörnerven erfolgt hierbei entweder durch eine starke Erschütterung des Kopfes, durch heftige Luftdruck-Schwankungen bei Luftverdichtung im Schallleitungs-Apparate (s. S. 18) und durch starke Schalleinflüsse. Ausnahmsweise kann die traumatische Ursache direct den Nerv. acusticus treffen (Projectil etc.).

---

[1] *Wernicke*, Ueb. d. aphas. Sympt. 1874; *Gogol, Broadbent, Kussmaul, Kahler* und *Pick* (s. bez. d. Literatur, *Kahler* u. *Pick*, Prag. V. Jahrschr. B. 141 u. 142). —
[2] *S. Kahler* u. *Pick*, l. c. — [3] Fortschr. d. Med. 1883. Nr. 6, s. A. f. Ohr. XX, S. 149. — [4] *Broca, Hughlings Jackson, Ferrier,* s. *Kahler* u. *Pick*. — [5] Zwei Fälle von *Charcot*, s. *Kahler* u. *Pick*. — [6] *Meynert, Stricker's* Gewebel. 1871. B. 2, S. 710.

In manchem dieser Fälle bleibt es zweifelhaft, ob die einwirkende
Schädlichkeit zu einem Blutergusse in das Labyrinth Veranlassung gegeben
hat, oder ob die heftige Irritation der peripheren Acusticuszweige
allein als Ursache der Gehörsanomalien anzusehen ist. Dahin gehören die
durch Husten, Niesen, Schlag auf den Kopf, sowie die nach einer Compression
der Luft im äusseren und mittleren Ohre erscheinenden Anomalien
der Hörfunction. Die angegebenen Erscheinungen sind dagegen eher auf
eine einfache Erschütterung der peripheren Acusticuszweige zu beziehen,
wenn sie sich nach einer heftigen Schalleinwirkung geltend machen, wie
z. B. bei Kesselschmieden und Schlossern.[1])

Manchmal bleibt es auch in diesen letzteren Fällen noch unentschieden, ob nicht
durch eine reflectorische Reizung ein spastischer Zustand des Musc. tens. tymp.
hervorgerufen wurde, der zum Theile die etwa bestehende Schwerhörigkeit und die
Ohrengeräusche veranlasst hat (s. S. 296).

Artilleristen, sowie Scheibenschützen leiden sehr häufig an einem
singenden Geräusche im Ohre, und zwar wie *Toynbee*[2]) mit Recht bemerkt,
im linken Ohre, das der Explosionswirkung mehr ausgesetzt ist als
die rechte Seite. Bei günstigen Resonanzverhältnissen, wie beim Schiessen
in gedeckten Räumen, gibt sich ein solcher Einfluss auf das Ohr besonders
deutlich zu erkennen. Gleich starke Schallquellen üben auf den Acusticus
eine sehr verschiedene Wirkung aus, je nachdem der plötzlich stattfindende
Schalleinfluss das Ohr unerwartet trifft oder nicht. Abgesehen von dem
psychischen Momente, das hierbei zu berücksichtigen ist, wird ein auf die
Schalleinwirkung vorbereitetes Ohr aus dem Grunde weniger afficirt, als
ein davon überraschtes Ohr, weil das erstere durch eine vorher eingeleitete,
unwillkürliche Contraction des Trommelfellspanners eine verminderte Beweglichkeit
im schallleitenden Apparate hervorruft, also eine allzu heftige Bewegung
des Labyrinthwassers, beziehungsweise eine allzu starke Erregung
des Hörnerven, abdämpft.

b) **Traumatische Affection der acustischen Centren.**
Ein auf das Schädeldach einwirkendes Trauma, sowie einfache Erschütterungen
des Kopfes führen zuweilen Hämorrhagien an der Schädelbasis,
Medulla oblongata, Gehirnconvexität etc. herbei und geben zu
consecutiven Veränderungen im Gehirne und in der Medulla oblongata
Veranlassung. Im Falle die traumatische Affection die acustischen
Centren betrifft, können sich dementsprechend unmittelbar nach der
erfolgten Einwirkung, oder bei secundär entstehenden Veränderungen
einige Zeit später, acustische Störungen bemerkbar machen, wobei
sich das Gehörorgan selbst möglicherweise vollständig intact erweist.

Fano[3]) fand experimentell, dass Hirnerschütterung eine Blutung an der Schädelbasis
bewirken kann; bei leichteren Erschütterungen fanden *Sanson*, *Chassaignac* und
Fano zerstreute kleine Blutextravasate in der Hirnsubstanz. Zuweilen besteht kein
Blutguss, sondern es treten consecutiv Erweichungsherde im Centralnervensystem auf.[4])
Eingehendere Untersuchungen über Hirnerschütterung wurden von *Duret*[5]) vorgenommen.
Den hier erwähnten traumatischen Affectionen der Hörcentren glaube ich einen
Fall aus meiner Beobachtung beizählen zu können, in welchem nach einem leichten

---
[1]) *Politzer*, Ohrenh. S. 221. Einige einschlägige Fälle wurden von *Gottstein* und
Kayser näher untersucht, s. Bresl. ärztl. Z. 1881. Nr. 18. — [2]) Ohrenh. S. 359. —
[3]) S. *Canst.* J. 1853. B. 3. S. 125. — [4]) Wie *Willigk* (Prag. , J. 1875. B. 4. S. 119
angibt, können nach Hirnerschütterung Nutritionsstörungen in den Gefässwänden
entstehen mit Erweichungsherden im Centralnervensystem; so fanden sich Fälle von
Erweichung des Pons bis ins Marklager des Cerebellums und Erweichung der Medulla
oblongata vor. — [5]) Études expérimentales et cliniques sur les traumatismes cérébraux.
Paris 1878.

Schlage auf die rechte Stirnhälfte vorübergehend Störungen des Gleichgewichtes, ohne irgend welche Erscheinungen von Seite der Gehörorgane und eine Woche später, über Nacht, eine bleibende bilaterale complete Taubheit eingetreten waren.

Subjective Symptome bei Erkrankung des Nerv. acusticus, beziehungsweise der acustischen Centren.

Die bei Erkrankungen des Labyrinthes und des Hörnerven, beziehungsweise der acustischen Centren auftretenden subjectiven Symptome bestehen in Anomalien hinsichtlich der Hörfunction, in subjectiven Gehörsempfindungen, Erscheinungen von Störungen des Gleichgewichtes und in zuweilen auftretenden Uebelkeiten oder Erbrechen. Von diesen soeben angeführten Symptomen können alle gemeinschaftlich oder nur einzelne vorkommen.

I Anomalie der Hörfunction. Eine Anomalie der Hörfunction kann angeboren (s. unten) oder erworben sein. Sie gibt sich entweder als partielle oder als totale zu erkennen und zeigt sich ferner in einer Aenderung der Intensität oder der Qualität der Schallwahrnehmung. Bezüglich ihres Auftretens wäre endlich noch eine zeitweis erscheinende [1]) oder in ihrer Intensität schwankende und eine stetig anhaltende Anomalie der Hörfunction zu unterscheiden.

1. Eine **Anomalie in der Intensität** des Hörvermögens äussert sich in einer verminderten oder vermehrten Gehörsfähigkeit.

a) **Anaesthesia acustica.** Bei einer verminderten Hörfähigkeit (Anaesthesia acustica) findet eine Herabsetzung (Anaesthesia acustica incompleta) oder ein vollständiger Mangel (Anaesthesia acustica completa) der Hörfunction statt. Die verminderte Hörfähigkeit besteht sowohl für die Luftleitung als auch für die Perception einer auf die Kopfknochen aufgesetzten Schallquelle, z. B. einer tönenden Stimmgabel. Die Anaesthesia acustica zeigt sich zuweilen nur für gewisse Schallempfindungen, wie z. B. nur für Geräusche oder für bestimmte Töne; nicht selten percipiren schwerhörige Individuen musikalische Töne viel besser als die Sprache und Geräusche. Ein andermal wieder werden Geräusche ziemlich gut wahrgenommen, wogegen für die Sprache eine hochgradige Schwerhörigkeit besteht, oder umgekehrt.

Earle[2]) kannte eine Familie, in der sämmtliche männliche Individuen keinen musikalischen Ton unterscheiden konnten. — Bei einem von mir beobachteten Knaben war in Folge einer Mittelohrentzündung das vorher sehr gute musikalische Gehör verloren gegangen, auch zur Zeit des später wieder auftretenden feinen Gehörs für die Sprache; im Verlaufe von einem Jahre kehrte das frühere musikalische Gehör vollständig zurück.[3]) — *Hinton*[4]) erwähnt einen Fall von Besserung einer Schwerhörigkeit für Sprachlaute, aber nicht für die Uhr. Bei einem meiner Patienten trat die Besserung im entgegengesetzten Sinne, nur für die Uhr (rechts von 8 auf 20 C.; links von 0 auf 6 C.) auf, indess für die Sprache vollständige Taubheit bestand.[5]) — Ein Patient, der wegen einer eiterigen, polypösen Paukenentzündung in meiner Behandlung stand, vermochte das intensive Geräusch eines Inductionsapparates nicht zu hören, indess er halblaut gesprochene Worte auf eine Entfernung von vier Schritten vollkommen gut vernahm. Die vorhandene Erkrankung des Cavum tympani bot für diese Symptome wohl nicht den genügenden Erklärungsgrund dar, sondern diese waren auf eine Anomalie in dem schallpercipirenden Organe zu beziehen.

Möglicherweise besitzen die **verschiedenen Wurzeln des Acusticus eine verschieden functionelle Bedeutung.** Es wäre daher, wie schon *Benedict*[6]) annimmt, erklärlich, warum das Gehör bei

---
[1]) Einen Fall von intermittirender Taubheit führt *Perez* an (s. *Schmidt's* J. 1861, B. 109, S. 395). — [2]) S. *Schmidt's* J. 1863. B. 120, S. 246. — [3]) Betreffs des ungünstigen Einflusses einer Mittelohrkatarrhes auf das musikalische Gehör, s. *Nasse*, A. d. phys. Heilk. 1847, S. 447. — [4]) Med. Times and Gaz. 1864, s. *Schmidt's* J. 1864. B. 121, S. 382. — [5]) A. f. Ohr. XVI. S. 181. — [6]) Nervenkr. u. Elektr. 1876, B. 2, S. 449 u. 450.

gewissen pathologischen Zuständen für unarticulirte Laute intact bleibt, dagegen für rhythmische mangelhaft ist oder umgekehrt; es wäre ferner denkbar, dass die Combination der articulirten Laute mit bestimmten Vorstellungen fehlt und erst allmälig erworben werden muss.

Mit einer wirklich stattfindenden Perception für Geräusche darf nicht das bei complet tauben Individuen nicht selten gesteigerte Gefühlsvermögen verwechselt werden, demzufolge stärkere Luftschwingungen allerdings gefühlt werden, aber nicht in die Gehörswahrnehmung gelangen.

Manche hochgradig schwerhörige Individuen hören merkwürdigerweise auffällig besser, wenn der Schall von einer bestimmten Richtung kömmt; so erwähnen *Pietro de Castro* [1] und *Panarolus* [2]) Fälle, in denen nur dann eine Gehörsperception erfolgte, wenn die Worte gegen den Rücken der Ohrenkranken gerichtet wurden.

Partielle Tontaubheit. Eines der interessantesten Gehörsphänomene ist der Ausfall einzelner Töne oder einer ganzen Scala von Tönen aus der Perception, sowie die Einschränkung der Hörgrenze (Gehörsbreite). [2])

In einem von *Magnus*[3]) eingehend untersuchten Falle wurden die Basstöne gut gehört, wogegen von f' bis h' eine Tonlücke bestand; innerhalb der zweimal gestrichenen Octave erschienen drei Töne ausgefallen, dann folgten eine Reihe gut percipirter Töne, indess wieder die höchsten Töne nicht zur Perception gelangten.

Das Vorkommen von partieller Tontaubheit war schon den älteren Autoren bekannt. *Rosenthal*[4]) spricht von einer Hörempfindung, die nur auf gewisse Töne beschränkt ist; einen Fall von einer auf circa 4 Octaven sich erstreckenden Tontaubheit führt *Wollaston*[5]) an; dieser Autor erwähnt auch die nicht selten vorhandene Taubheit für hohe Töne, wie Grillenzirpen und bemerkt dabei, dass die Perceptionsgrenze eine sehr scharfe sei. Mitunter erhält sich das Gehör nur für einen einzelnen Ton von bestimmter Klangfarbe. [6]) Einen Perceptionsmangel für hohe, ein andermal für tiefe Töne fand *Helmholtz*.[7]) *Moos*[8]) traf in einem Falle eine vollständige Taubheit für tiefe Töne an, *Schwartze*[9]) eine solche für hohe Töne nach einem Schusse, *Brunner*[10]) nach einem Stockschlag auf die Ohrgegend. Die erstere Art der Tonlücke wird als Basstaubheit bezeichnet, während für die letztgenannte Art der Ausdruck Discanttaubheit gebraucht werden könnte. *Knapp*[11]) erwähnt eine Reihe von Fällen, in denen eine Taubheit für eine Gruppe von Tönen bestand.

Bei alten Leuten findet häufig ein Ausfall der Perception für die hohen Töne statt; dasselbe beobachtete *Bonnafont*[12]) bei nervöser Schwerhörigkeit, so auch *Moos*[13]) und *Lucae*[14]) bei Labyrintherkrankungen.

Die Ursachen einer partiellen Tontaubheit, bezw. partiellen subjectiven Tonabschwächung, können theils im Labyrinthe, theils in den acustischen Centren liegen, also entweder peripherer oder centraler Natur sein. Betreffs des Labyrinthes wird die oben erwähnte Hypothese, dass die einzelnen Theile der Membrana basilaris für je

---

[1]) S. *Lincke*, Ohrenh. B. I, S. 537. [2]) *Knapp*, A. f. Aug. u. Ohr. 1871, II, 1, S. 201. — [3]) A. f. Ohr. II, S. 268. - [4]) *Horn's* Arch. 1859, H. 1, S. 8. — [5]) Phil. Transact. 1820, p. 306, s. A. f. Phys. 1823, B. 8, S. 413 und *Schmidt's* J., B. 120, S. 246. — [6]) Fall von *Stahl* (s. *Beck*, Ohrenh. S. 238), in welchem nur der Ton einer Schalmey gehört wurde, ferner ein Fall von *Rosenthal* (l. c.), wo nur die Perception für einen Kuhhornton bestand. [7]) 1861, s. *Moos* Klin. S. 36. [8]) *Virch.* Arch. 1864, B. 31, S. 125. [9]) A. f. Ohr. I, S. 136. [10]) Z. f. Ohr. X, S. 174. [11]) l. c., S. 290. [12]) Compt. rend. 1845, Mai, s. *Lincke*, III, S. 111. [13]) A. f. Aug. u. Ohr. IV, 1, S. 165. — [14]) A. f. Ohr. XV, S. 273.

einen Ton abgestimmt seien, zur Deutung vieler Fälle von particller Tontaubheit verwerthet; andererseits haben aber eine Reihe von Thierexperimenten und von pathologischen Fällen die Möglichkeit einer central bedingten particllen Tontaubheit erwiesen und an Lebenden dürfte wohl die Bestimmung, ob es sich in dem gegebenen Falle um eine Acusticus-Erkrankung an der Peripherie, am Stamm des Acusticus oder in den acustischen Centren handle, in vielen Fällen unmöglich sein. Es ist ausserdem noch zu bemerken, dass, soweit ich aus Versuchen über Schallleitung ersehen habe, ein bestimmtes **Schallleitungshinderniss** nicht für alle Töne gleichwerthig ist, so zwar, dass dabei einzelne Töne eine besondere Schwächung erleiden, indess andere in der Tonscala höher und tiefer gelegene Töne eine bedeutend geringere Abdämpfung erfahren, ja diese Erscheinung kann sich zuweilen nur auf einen einzigen Ton beschränken. Es ist ausserdem eine allgemein bekannte Thatsache, dass verschiedene Anomalien im Schallleitungsapparate die Schallleitung für hohe und tiefe Töne in sehr ungleicher Weise beeinflussen. Demzufolge ist nicht jede Tonlücke als Tontaubheit anzusprechen, sondern der Tonausfall kann rein physikalischer Natur sein.

Ausser den früher erwähnten Fällen ist noch eine Beobachtung von *Moos* und *Steinbrügge*[1]) anzuführen, welche Forscher in einem Falle von Taubheit für hohe Töne ein Carcinom der rechten vorderen Centralwindung und Atrophie der Nervenfasern in der ersten Schneckenwindung vorfanden.

Im Anschlusse an die bisher besprochenen Gehörsanomalien wäre noch die Paracusis loci anzuführen, nämlich das bei einseitiger oder beiderseitig ungleich stark entwickelter Schwerhörigkeit sich einstellende Unvermögen die Schallrichtung zu bestimmen. Die Paracusis ist an und für sich keine Gehörsanomalie, sondern eine Urtheilstäuschung. Wie bereits die Versuche *Venturi's*[2]) ergaben, sind beide Ohren zur Beurtheilung des Schallortes nöthig, indem die Ungleichheit beider Empfindungen die Schallrichtung anzeigt[3]); beide Berichte ergeben eine einzige mittlere Richtung als Diagonale. Bei ungleich starker Gehörsperception wird demzufolge die Schallleitung, im Verhältniss zur Differenz der Hörfähigkeit beider Ohren, gegen das besser percipirende Ohr verlegt, bis endlich bei einseitiger Taubheit der Schall von der Richtung des anderen noch hörenden Obres zu kommen scheint.

b) **Hyperaesthesia acustica.** Eine Hyperaesthesia acustica gibt sich in einer unangenehmen, selbst schmerzhaften Schallempfindung zu erkennen, die gewöhnlich bei bestimmten Tönen oder Geräuschen stark hervortritt; nur ausnahmsweise findet sich ein auffällig erhöhtes Sprachverständniss oder eine gesteigerte Perception für Geräusche vor.

Das Auftreten von Oxyecoia (Hyperaesthesia acustica) als Vorbote von Schwerhörigkeit, beziehungsweise Taubheit, erwähnen *Itard*[4]), *Schmalz*[5]) und *Knapp* (nach einem Sonnenstich).[6]) *Deleau*[7]) fand an einem, durch neun Jahre an Otorrhoe leidenden Individuum eine nach vorausgegangenen heftigen Schmerzen plötzlich eingetretene Hyperaesthesia acustica; einige Tage zeigten sich cerebrale Symptome, die wieder zurückgingen. Eine Hyperaesthesia acustica im Beginne von Meningitis cerebro-spinalis constatirte *Broussais*.[8]) *Heidenreich*[9]) beobachtete in einem Falle von Schrotschuss-

---

[1]) Z. f. Ohr. X, S. 1. — [2]) A. f. Phys. 1802. B. 5, S. 383. *Venturi's* Versuchsergebnisse wurden in allen Punkten von *Politzer* bestätigt, s. A. f. Ohr. 1876. B. 11, S. 231. — [3]) Man hört mit einem Ohre nur in einer Richtung (*Purkyně*, Prag. 1/4 J. 1860. B. 3, Ref. S. 91). — [4]) Traité etc. 1821. T. 2, p. 9. — [5]) Med.-chir. Z. 1846. B. 1, S. 280. — [6]) A. f. Aug. u. Ohr. II, 1, S. 314. — [7]) *S. Schmidt's* J. 1840, 2. Suppl.-B., S. 209. — [8]) S. Canst. J. 1844. B. 4, S. 178. — [9]) S. Canst. J. 1846, B. 2. Otolog. Ber.

Verletzung der rechten Schläfengegend (die Sonde drang 3½‚'' tief in das Gehirn ein), durch 5—6 Tage eine auffällige Empfindlichkeit gegen Geräusche. Nach *Sander*[1]) sind Schlaflosigkeit, Reizbarkeit und Empfindlichkeit gegen Sinneseindrücke, besonders des Gehörs, Vorläufer der paralytischen Geistesstörung. In einem mir bekannten Falle war nach einer Apoplexia cerebralis eine auffällige Besserung der früher bedeutenden Schwerhörigkeit eingetreten, die sich auch in der Folge nach Rückgang der Lähmungserscheinungen als bleibend erwies. *Moos*[2]) erwähnt einen Fall von schwerer, intracranieller Erkrankung mit centraler Affection des Acusticus, der eine hochgradige Hyperaesthesia acustica vorausging, so dass die betreffende Patientin leise gesprochene Worte durch ein Stockwerk hindurch hörte. — Mir ist ein sehr erregbarer Mann bekannt, der im Beginne einer fieberhaften Erkrankung, sowie bei einer stärkeren Gemüthsaufregung die im oberen Stockwerke geführten Gespräche deutlich vernimmt. Ich möchte ferner an die zuweilen auftretende Gehörssteigerung nach dem Erwachen aus der Chloroform-Narkose erinnern (s. S. 315). Bei einer von mir gegenwärtig behandelten, psychisch belasteten Patientin tritt beinahe constant jeden dritten Tag des Morgens ein heftiges bilaterales Ohrenjücken mit Eingenommenheit des Kopfes und damit auch eine auffällige Besserung der vorhandenen Schwerhörigkeit auf. Die Erscheinungen halten bis Abends an. Diese intermittirende Hyperästhesie dauert nunmehr bereits elf Monate. *Schmalz*[3]) kannte einen Gesangslehrer, der durch 10 Jahre nach anstrengendem Lectioniren jedesmal am rechten Ohre eine Hyperästhesie zuerst für unbestimmte, dann für bestimmte, besonders aber für falsche Töne bekam. Die Uhr wurde 5 Ellen, anstatt 1 Elle weit gehört. In einem anderen Falle[4]) war das Gehör nach Typhus über das Normale gestiegen.

Nach *Köppe*[5]) soll eine gesteigerte Empfindlichkeit des Hörnerven in gewissen Phasen des Schlafes bestehen.[6]) Eine Hyperästhesie kann ferner durch Ueberanstrengung, Schlaflosigkeit etc. entstehen, bezw. bedeutend gesteigert werden, so auch zuweilen durch Migräne und Hysterie. Erkrankungen des Gehörorganes, z. B. Hyperämie desselben, können eine Hyperaesthesia acustica verursachen, die sich unter Anderem im Beginne von Affectionen der Paukenhöhle häufig zu erkennen gibt. — Eine Ueberempfindlichkeit des Hörnerven gibt sich ferner nach plötzlicher Entfernung eines früher durch längere Zeit vorhanden gewesenen Schallhindernisses zu erkennen; so zeigt sich auch nach Ausspritzung eines Cerumenpfropfes zuweilen eine, selbst tagelang anhaltende, schmerzhafte Empfindung gegen stärkere Schalleinwirkungen. Eine Hyperaesthesia acustica gegen stärkere Schalleinflüsse geht zuweilen mit hochgradiger Schwerhörigkeit (ja nach *Politzer*[7]) selbst mit sonst totaler Taubheit) einher, wodurch der Gebrauch eines Hörrohres ganz unmöglich gemacht werden kann.

Eine eigenthümliche Art von Hyperaesthesia acustica besteht in einer länger anhaltenden Nachempfindung einer Schalleinwirkung. Dieselbe tritt zuweilen als ein Nachtönen auf und kann selbst stundenlang andauern.

So vernahm eine Patientin, die wegen eines chronischen Paukenkatarrhes in meiner Behandlung stand, eine am Clavier gespielte Melodie durch mehrere Stunden. Nicht selten wird das Ticken der Uhr durch mehrere Secunden nachempfunden; einer meiner Patienten gab sogar eine Nachempfindung von mehreren Minuten Dauer an.

Sehr merkwürdig erscheint jene Art von Hyperaesthesia acustica, bei welcher entweder ein erregter Ton oder ein Wort, zuweilen das letzte Wort eines ausgesprochenen Satzes[8]), zweimal in rascher Hintereinanderfolge gehört wird.

---

[1]) Berl. klin. Woch. 1876, S. 289.   [2]) A. f. Aug. u. Ohr. I. 2. S. 64. —
[3]) L. c. S. 291. — [4]) L. c. S. 293. — [5]) Z. f. Psych. 1867, B. 24, s. A. f. Ohr. B. 3, S. 334.
— [6]) *Diday* (Gaz. méd. de Paris 1838, p. 161, s. Z. f. d. ges. Med. B. 9, S. 95) äussert sich, dass das Gehör am spätesten einschlafe und am ersten aufwache.   [7]) Ohrenh. S. 229. — [8]) Fall von *Buchanan*, Phys. illustr. of the org. of the ear, 1828, s. Med.-chir. Z. 38. Erg.-H., S. 391.

Betreffs der auf Hyperaesthesia acustica beruhenden **Hyperacusis Willisiana** s. S. 348.

Nicht zu verwechseln mit der bisher besprochenen Art von Hyperaesthesia acustica ist die von *Brenner*[1]) so benannte **leichte galvanische Erregbarkeit** des Hörnerven. Diese entsteht nach *Brenner* dadurch, dass der Acusticus infolge eines bestehenden Schallleitungshindernisses eine abnorm geringe Erregung erfährt und aus diesem Grunde, ähnlich wie der Opticus im Dunkeln, in einen Zustand des „Reizhungers" gesetzt wird, der sich in einer abnorm starken Reaction gegen den elektrischen Strom äussert.

Die auf einer abnorm gesteigerten Erregbarkeit des Hörnerven beruhende Hyperaesthesia acustica hat nichts mit jenen Fällen gemein, in denen durch anormale Spannungsverhältnisse im Schallleitungsapparate gewisse Töne dem Labyrinthe mit vermehrter Intensität zugeleitet werden; so ist auch die bei abnormer Function des Steigbügelmuskels zuweilen auftretende Hyperacusis nicht auf eine gesteigerte Irritabilität des Hörnerven zu beziehen, sondern sie kommt durch eine abnorm starke objective Erregung der peripheren Acusticuszweige zu Stande (s. S. 298).

2. **Qualitativ veränderte Gehörsperception.** Eine qualitativ veränderte Gehörsperception kann als eine Art Verstimmung des schallpercipirenden Organes, als „**Paracusis**" (Falschhören) auftreten, bei der die Schallperception an dem afficirten Ohre nicht im Einklange mit dem objectiv erzeugten Tone steht. Bei einseitiger oder bilateral ungleichmässiger Affection kann die Paracusis zu der subjectiven Empfindung eines **Doppeltones** führen, d. h. während das gute Ohr den objectiven Ton richtig hört, vernimmt dagegen das kranke Ohr einen von diesem verschiedenen Ton (Paracusis duplicata).[2]) Der Pseudoton kann um einige Schwebungen oder sogar um mehrere Töne höher oder tiefer liegen als der wirkliche Ton.

Die auf diese Weise entstehenden Dissonanzerscheinungen waren bereits den älteren Autoren[3]) bekannt. *Home* erwähnt eines Musikers, der nach einer Verkühlung an dem einen Ohr **l'**, **Ton zu tief** percipirte und den Eindruck bekam, als ob zwei Töne rasch aufeinander folgen würden. In dem Falle von *Gumpert* soll die Tondifferenz zwischen der **Terz und der Octave** (!) geschwankt haben. — *Wittich*[4]) theilt eine Selbstbeobachtung von Dissonanzerscheinung mit: Nach einer eiterigen Paukenentzündung percipirte sein krankes Ohr den Stimmgabelton um einen **halben Ton höher** (bei Luft- und Knochenleitung) als das gesunde Ohr; von zwei auf das Schädeldach aufgesetzten Stimmgabeln, die in ihrer Stimmung um einen halben Ton auseinander lagen, hörte *Wittich* nur einen Ton, wenn die höher klingende Stimmgabel vor das gesunde, die tiefer tönende vor das kranke Ohr gehalten wurde. — Ein Patient von *Moos*[5]) vernahm nach einer Chloroform-Einathmung bei allen Tönen von a' angefangen, gleichzeitig die nächst höhere Terz; einen ähnlichen Fall führt *Gruber*[6]) an. — Bei einem Patienten von *Knapp*[7]) wurden nach einer Nasendouche die Stimmgabeltöne am kranken Ohre um **zwei Töne tiefer** percipirt, als an der gesunden Seite; dieselbe Erscheinung bestand auch bei den mittleren und höheren Claviertönen; die Dissonanz verminderte sich später bis auf ein halbes Tonintervall. — Merkwürdig ist eine von *Swan Burnett*[8]) mitgetheilte Beobachtung: Ein Musiker hörte das contre a am rechten Ohre als h, also um **einen Ton höher**; je weiter sich die anderen, zur Prüfung verwendeten Töne von contre a nach aufwärts entfernten, desto geringer wurde die Tondifferenz, bis sie endlich bei der fünften Octave verschwand; wie eine weitere Untersuchung mit verschiedenen Instrumenten erkennen liess, zeigte sich die Differenz desto geringer, je reichlicher die Obertöne vertreten waren; so wurden bei der an Obertönen reichen Violine gar keine Paracusis angetroffen. Derselbe Patient hatte zehn

---

[1]) Elektrother. 1868 u. 1869. — [2]) Von *Knapp* (A. f. Aug. u. Ohr. B. 1, Abth. 2, S. 96) als Diplacusis binauricularis bezeichnet. — [3]) *Home* (Med.-chir. Z. 1803, B. 4, S. 342), *Sauvages, Itard, Gumpert* (s. *Bressler*, Kr. d. Seh- u. Hörorg. 1840, S. 375). — [4]) Königsb. med. Jahrb. 1861, B. 3, S. 40. — [5]) Klin. S. 320. — [6]) Ohrenh. S. 626. — [7]) L. c., S. 93. — [8]) A. f. Aug. u. Ohr. B. 6, Abth. 1, S. 238.

Jahre vorher ebenfalls an dem rechten Ohr eine Paracusis bemerkt, wobei der Pseudoton nicht wie bei der oben erwähnten Affection höher, sondern um $^3/_8 - ^1/_2$ Tonintervall zu tief wahrgenommen wurde. Die Paracusis war dem Patienten trotz seines musikalischen Gehörs früher nicht aufgefallen, sondern wurde von ihm nur zufällig entdeckt.

Einen Erklärungsversuch der Paracusis duplicata geben *Wittich* und *Knapp* mit Zugrundelegung der Hypothese von *Helmholtz*, betreffs der Abstimmung der Membrana basilaris für jeden einzelnen Ton. Es ist demzufolge anzunehmen, dass ein bestimmter Ton bei normalen Verhältnissen auf beiden Seiten die miteinander correspondirenden Querfasern der Membrana basilaris in Schwingungen versetzt, welche zusammen die Empfindung des betreffenden Tones auslösen. Wenn dagegen, wie *Knapp* bemerkt, die Membrana basilaris der einen Seite straffer angespannt wird, dann muss diese eine höhere Stimmung erlangen, so dass z. B. eine Saite, bezw. eine Reihe von Querfasern der Grundmembran, die früher 300 Schwingungen in der Secunde ausführte, nunmehr innerhalb derselben Zeit 350mal schwingt.

„Lassen wir 300 Schwingungen in der Secunde dem Tone *c*, 350 dem Tone *e* entsprechen. Wenn nun der letztere Ton auf irgend einem musikalischen Instrumente angeschlagen wird, so wird derselbe alle auf 350 Schwingungen per Secunde abgestimmten Saiten in Mitschwingung versetzen." „Im gesunden Ohre wird diese Saite die dem Tone *e* entsprechende *Corti'*sche Faser (beziehungsweise Faserreihe der Grundmembran) sein, aber in dem kranken Ohre werden 350 Schwingungen in der Secunde jetzt ausgeführt von einer Faser, welche früher nur 300 Schwingungen per Secunde machte, und welche natürlich noch mit derjenigen acustischen Nervenfaser in Verbindung steht, welche früher (im gesunden Zustande des Ohres) den Eindruck von 300 Schwingungen per Secunde, d. h. die Empfindung des Tones *c* zum Gehirn leitete" (beziehungsweise im Gehirn vermittelte). „Deshalb wird dieses Ohr die Vorstellung des tieferen Tones *c*, dagegen das gesunde zur selben Zeit die des Tones *e* vermitteln." [1])

Der entgegengesetzte Zustand muss für jene Fälle angenommen werden, in denen der Pseudoton höher erscheint.

Wenn beispielsweise das gesunde Ohr den Ton *c* (mit 300 Schwingungen) und das kranke den Ton *d* (mit 325 Schwingungen) vernimmt, so müssen die im gesunden Zustande auf 325 Schwingungen abgestimmten Fasern der Membrana basilaris um so viel erschlafft sein, dass sie nunmehr 300 Schwingungen in der Secunde ausführen. Ein objectiver Ton von 300 Schwingungen wird an beiden Ohren diejenige Partie der Grundmembran in Mitschwingung versetzen, welche auf 300 Schwingungen per Secunde abgestimmt ist; während also das gesunde Ohr den richtigen Ton *c* vernimmt, wird im kranken Ohre diejenige Nervenfaser erregt, welche in allen Fällen die Empfindung des Tones *d* auslöst.[1])

Was den speciellen Fall von *Swan Burnett* betrifft, in welchem sich mit der Zunahme der Obertöne die Tondifferenz verringerte, spricht dieser nach *Burnett* dafür, dass am kranken Ohre eine Reihe von Obertönen der Perception im gesunden Ohre entsprachen; diese Obertöne verstärkten die Empfindung des normalen Tones und waren daher im Stande, den falschen Ton mehr weniger zu unterdrücken, wie ja auch eine ähnliche Erscheinung an den beim Strabismus auftretenden Doppelbildern entsteht.

Von der Paracusis, als einer Verstimmung des schallpercipirenden Organes, sind jene Veränderungen im schallleitenden Apparate strenge zu trennen, welche die Schallleitung eines bestimmten Tones oder gewisser Töne begünstigen und diese dadurch stärker hervortreten lassen. Es ist ferner die Eigenthümlichkeit unseres Hörorganes zu beachten, dass demselben ein bestimmter Ton um so tiefer erscheint, je stärker er ist und um so höher, je schwächer er klingt.[2]) Dass es sich in diesen Fällen nicht um eine eigentliche Affection des Labyrinthes oder des Gehörnerven selbst handelt, ergibt eine vergleichsweise vorgenommene Unter-

---

[1]) *Knapp*, l. c. S. 97. — [2]) Vergl. S. 348: *Mach*, s. *Const*. J. 1865. B. 1, S. 157.

suchung mit der Luft- und der Knochenleitung; viele Individuen, denen eine abwechselnd vor das eine und das andere Ohr gehaltene Stimmgabel dem erkrankten Ohre auffällig höher, bezw. tiefer tönend erscheint, wie dem gesunden Ohre, bemerken bei der Application derselben Stimmgabel auf die Kopfknochen keine Tondifferenz. Da nun der Acusticus auf dem letzteren Wege die Schallwellen zum Theile direct zugeleitet erhält, lässt auch das erwähnte Ergebniss der vergleichsweise angestellten Untersuchung den Schluss zu, dass die veränderte Perception auf Seite des erkrankten Ohres nur auf einer Anomalie in dem Schallleitungsapparate, bezw. auf einer schwächeren Tonperception beruhen könne.

Als ein hierher gehöriges Beispiel wäre ein von *Wolf*[1]) beobachteter Fall anzuführen, in welchem das linke Ohr, nach einem Schusse, den Stimmgabelton per Luftleitung um eine Quinte zu hoch percipirte, indess von den Kopfknochen aus keine Tondifferenz bestand. *Wolf* nahm für diesen Fall mit Recht eine Veränderung im schallleitenden und nicht im schallpercipirenden Theile des Hörorganes an.

Eingehendere Untersuchungen lassen diese zuletzt besprochene Gehörsanomalie als keineswegs selten erscheinen.

2. Subjective Gehörsempfindungen. Als subjective Gehörsempfindungen werden jene Gehörsempfindungen bezeichnet, denen keine objective Schallquelle zu Grunde liegt.

Es sind demzufolge jene Gehörsempfindungen, welche durch einen im Gehörorgane oder in den benachbarten Partien desselben zu Stande kommenden Schall hervorgerufen werden, nicht als subjective Gehörsempfindungen zu bezeichnen, sondern führen richtiger den Namen der entotischen Geräusche. Ich werde im Nachfolgenden diese letzteren aus differential-diagnostischen Gründen vor den subjectiven Gehörsempfindungen besprechen.

Die entotischen Geräusche können vom äusseren oder mittleren Ohre aus oder von den Gefässen in der Paukenhöhle und deren Nachbarschaft erregt werden. Hierher gehören die Geräusche, welche verschiedene in das Ohr eindringende **fremde Körper** verursachen. **Abhebung der beiden Tubenlippen** beim Schlingacte, bei clonischen Contractionen der Tubenmuskeln, besonders des M. tensor veli, ferner **Lufteintreibungen** ins Mittelohr führen ebenfalls entotische Geräusche herbei (s. S. 23).

Die entotischen Gehörssensationen beruhen sehr häufig auf Gefässgeräuschen: Nach *Hippokrates*[2]) entsteht das Ohrengeräusch durch **Selbstauscultation** der im Kopfe vibrirenden **Gefässe**; *Leidenfrost*[3]) bezieht das Ohrensausen auf Circulationsanomalien in den kleinen zum Ohre gehenden Arterien. *Bondet*[4]) betont die Möglichkeit einer Fortleitung des **Nonnengeräusches** in der Ven. jug. int. bis auf den obersten Abschnitt der genannten Vene in der Fossa jugularis; derartig hervorgerufene Geräusche werden durch Compression der V. jug. in der Höhe des Zungenbeines plötzlich sistirt.

Moos[5]) hebt die Möglichkeit hervor, dass eine enorm erweiterte **Fossa jugularis** Blutgeräusche in dem Jugularrohre auslösen könne; die Mündung des Sinus transversus in den Bulbus jugularis ist nämlich sehr enge, weshalb bei einer bestimmten Stromesgeschwindigkeit ein Blasebalggeräusch hervorgerufen werden kann; da diese sehr wechselnd ist, so werden sich aus diesem Grunde auch Verschiedenheiten in der Intensität der Geräusche ergeben.

---

[1]) A. f. Aug. u. Ohr. B. 2, Abth. 2, S. 54. — [2]) De morbo, II. Absch. IV, s. Schmidt's J. 1869, B. 144, S. 105. — [3]) Med. pr. Bibl. 1790, B. 2, S. 266, s. Med.-chir. Z. 1790, B. 3, S. 186. — [4]) Journ. de la phys. V, p. 36, s. Henle's J. 1862, S. 520. — [5]) A. f. Aug. u. Ohr. B. 4, Abth. 1, S. 174.

Rayer[1]) vermochte ein auch objectiv hörbares Ohrengeräusch durch die Compression des Ramus mastoideus der Art. auricul. post. zu sistiren. *Hyrtl*[2]) beobachtete Fälle von abnorm weiter Art. stapedia, die wohl im Stande wäre, hörbare Pulsationsgeräusche zu veranlassen.

Nach *Kessel*[3]) könnte eine starke Hyperämie der Hammergefässe Vibrationen des Hammers bewirken; dieselben müssten bei Druck des Oberkiefers an den Unterkiefer in Folge einer dadurch bewirkten Compression der in der Fissura Glaseri befindlichen Art. tympanica verschwinden.

Chimani heilte ein continuirliches Ohrensausen durch die Operation eines auf den äusseren Gehörgang übergreifenden Aneurysma cirsoideum (s. S. 98). *Reyburn*[4]) erwähnt ein starkes „Trommeln" im Ohre nach Unterbindung eines Aneurysma cirsoideum der Art. occipitalis. Ohrengeräusche kommen zuweilen bei Herzfehlern, bei Erkrankungen der Gefässwandungen, bei Hyperämie vor. Starke Gefässgeräusche veranlassen bekanntlich ein zuweilen auch objectiv wahrnehmbares Pulsationsgeräusch.[5]) In einem Falle *Wagenhäuser's*[6]) trat ein zeitweise verschwindendes objectiv hörbares Ohrgeräusch durch Husten oder Katheterismus wieder deutlich auf. Bei einer an *Basedow*'scher Erkrankung leidenden Patientin hörte ich die Pulsationen in auffälliger Stärke. *Tröltsch*[7]) hebt hervor, dass Verengerungen im Canalis caroticus leicht im Stande sein könnten, Gefässgeräusche hervorzurufen. Wie ich mich an einigen Präparaten überzeugt habe, findet zuweilen an einer Stelle des Canalis caroticus eine beträchtliche Einengung statt. Es wäre endlich noch auf die Möglichkeit hinzuweisen, dass durch alterirte Spannungsverhältnisse im Schallleitungsapparate sonst nicht wahrnehmbare Gefässgeräusche gehört werden.

Aetiologie der subjectiven Gehörsempfindungen. Subjective Gehörsempfindungen sind entweder durch einen pathologischen Vorgang im Schallleitungs-Apparate bedingt oder sie entstehen infolge einer Affection des Acusticus selbst.

Nathan[8]) hält die subjectiven Gehörsempfindungen als Zeichen der subjectiven Thätigkeit des Ohres und nimmt an, dass im Ohre ein continuirliches subjectives Tönen besteht, das bei erhöhter Activität des Ohres, bei vermehrter Contraction des Masseter, Orbicular, palpebr., beim Ballen der Faust, ferner beim Husten, Niesen und Gähnen eine Vermehrung erfährt.

Betreffs der pathologischen Zustände im Schallleitungsapparate sind alle jene Veränderungen des äusseren und mittleren Ohres in Betracht zu ziehen, die zu einer Einwärtsbewegung der Steigbügelplatte in den Vorhof Veranlassung geben; dahin gehören unter Anderen: Druck auf das Trommelfell und auf die Kette der Gehörknöchelchen vom äusseren Gehörgange aus, ferner eine vermehrte Einwärtsbewegung des Trommelfelles bei Verdünnung der Luft im Mittelohre und gesteigerter Anspannung des Musc. tens. tymp., welcher letztere auch auf reflectorischem Wege (bei Myringitis[9]), bei starken Schalleinflüssen)[10]) erregt werden kann. Als Ursachen einer abnormen Einwärtsstellung der Stapesplatte, bez. der Membr. rotunda, wären noch Adhäsionen in der Paukenhöhle, Anlagerung von Exsudat an

---

[1]) Mém. de la Soc. de Biol. 1851, p. 160. s. *Schmidt's* J. B. 117, S. 333.
[2]) Wien. med. Jahrb. 1836, B. 19, S. 446.   [3]) A. f. Ohr. III, S. 308. — [4]) Z. f. Ohr. IX, S. 176. — [5]) Bereits *Mercurialis, Plater* und *Duverney* erwähnen die objectiv hörbaren Gefässgeräusche (s. *Itard*, 1821, T. II, p. 19).   [6]) A. f. Ohr. XIX, S. 62.
[7]) Ohrenh. 6. Aufl., S. 561. — [8]) Z. f. d. ges. Med. 1840, B. 13, S. 439.   [9]) *Lincke* Ohrenh. B. 2, S. 264. — [10]) *Joh. Müller*, Phys. 1840, B. 2, S. 438.

die Labyrinthfenster, und eine bedeutende Retraction der Sehne des M. stapedius (s. S. 316) anzuführen.

Es ist bezüglich der Paukenhöhlenerkrankungen im Allgemeinen zu bemerken, dass die subjectiven Gehörsempfindungen in der Regel bei vorhandener Perforation des Trommelfelles minder häufig und weniger stark erregt werden, wie bei den ohne Perforation der Membran einhergehenden Erkrankungen.

Die peripheren Acusticusfasern werden ferner durch verschiedene andere pathologische Vorgänge in der Schnecke, sowie infolge von heftigen Geräuschen zu subjectiven Gehörsempfindungen veranlasst. Als Ursachen einer directen Einwirkung auf den Acusticusstamm, sowie auf die acustischen Centren sind anzuführen: Anämie und Hyperämie, Druck von Tumoren, Entzündungsvorgänge in der Schädelhöhle, galvanische Reizung des Acusticus u. s. w.

Bei manchen Individuen entstehen Ohrgeräusche nur **bei bestimmten Körperlagen**, so z. B. beim Liegen, zuweilen nur beim Liegen an einer bestimmten Seite. Diese Erscheinung dürfte auf Circulationsveränderungen zurückzuführen sein.[1]

Eine Patientin gab mir an, dass ihr sehr starkes Ohrensausen bei Abwärtsneigung des Kopfes sofort aufhört.

Reflectorisch können die subjectiven Gehörsempfindungen von den verschiedenen Stellen des Körpers aus, besonders aber durch die sensitiven Aeste des Trigeminus, ausgelöst werden (s. S. 349).

Romberg[2]) beobachtete einen Fall von klonischem Spasmus der Ohrmuskeln, in welchem während des Anfalles ein starkes Ohrenklingen auftrat. — *Berger*[3]) erwähnt eines Patienten mit cerebraler Hemiplegie, der bei jedem Versuch, den Arm zu erheben, einen deutlichen Ton im linken Ohre hörte. Einen Fall von Blepherospasmus, der durch ein Rauschen im Ohr eingeleitet und von diesem begleitet wurde, führt *Gottstein*[3]) an. Bei einer von mir behandelten Patientin, die nach einer Paracentese am rechten Ohre von Störungen des Gleichgewichtes befallen worden war, sprang das continuirliche heftige Ohrengeräusch von der rechten Seite auf die bisher verschont gebliebene linke Seite über, blieb hierauf durch eine Stunde im linken Ohre und kehrte plötzlich wieder nach rechts zurück (Transfert).

Während die subjectiven Gehörsempfindungen gegenwärtig noch allgemein als der Ausdruck eines acustischen Reizzustandes, einer abnormen acustischen Erregung aufgefasst werden, glaube ich auf Grundlage einiger Beobachtungen annehmen zu können, dass dies nicht für alle Fälle zutrifft, sondern die subjectiven Gehörsempfindungen im Gegentheil auch auf einer herabgesetzten Hörfunction beruhen und mit deren Abnahme eine Steigerung erfahren können. Andererseits lässt sich häufig nachweisen, dass vorhandene Ohrgeräusche durch Steigerung des Hörsinnes vorübergehend zum Schwinden gebracht werden, wie auch durch Reizung der sensiblen Trigeminusäste, durch angestrengtes Hören und durch Schallzuleitung zu dem afficirten Ohre.[4]) Auch die ununterbrochene Fortdauer so vieler subjectiver Gehörsempfindungen durch Jahre und Jahrzehnte hindurch, ohne eintretende Reizerschöpfung, ist der Annahme eines acustischen Reizzustandes nicht günstig. Es soll damit keineswegs gemeint sein, dass subjective Gehörsempfindungen überhaupt nicht aus einer Irritation des Acusticus hervorgehen, sondern nur, dass noch andere Momente zur Entstehung derselben beitragen können.

---

[1] *Schmalz*, Med.-chir. Z. 1846, B. 4, S. 293. — [2] S. *Lincke-Wolff*, Ohrenh. III, S. 75. — [3] S. *Gottstein*, A. f. Ohr. XVI, S. 62 u. 63. — [4] S. *Pflüger's* Arch. B. 31, S. 292.

Valentin[1]) gibt an, dass ein bei ihm in Folge von Nachtwachen aufgetretenes Ohrensausen jedesmal zurückging, wenn er darauf achtete. — Ein College theilte mir mit, dass er seine subjectiven Gehörsempfindungen, wenn sie belästigend werden, stets auf längere Zeit beruhigen kann, wenn er das Ticken einer Taschenuhr durch einige Secunden auf das Ohr einwirken lässt.

In einer durch äussere Schalleinwirkung herbeigeführten Verminderung der Ohrgeräusche dürfte auch die Erklärung zu der Angabe *Itard's*[2]) gelegen sein, dass hochgradige **subjective Gehörsempfindungen durch äussere Schalleinflüsse** (Prasseln des Feuers, Wasserrauschen, Maschinenlärm etc.) mitunter auffällig **beruhigt** werden. Es gilt dies jedoch keineswegs für alle Fälle, da bekanntermassen durch stärkere Schalleinwirkungen eine Verstärkung der Ohrgeräusche erfolgt. Allerdings kommt auch eine solche Verstärkung möglicherweise einer Ermattung des acustischen Organes zu, die der vorausgegangenen acustischen Erregung nachfolgt. Man ist wenigstens in solchen Fällen nicht selten im Stande, durch einen erneuerten Hörreiz die subjectiven Gehörsempfindungen vorübergehend zu mindern. Ein andermal dagegen vermag ein kurz einwirkender acustischer Reiz eine andauernde subjective Gehörsempfindung auszulösen. *Czerny*[3]) vermochte seine **subjective Gehörsempfindung beim Anschlagen der entsprechenden objectiven Töne zu steigern.** Ein Patient klagte mir, dass er durch einen bestimmten tiefen Ton, der sich beim Heulen des Windes im Kamin, ferner beim Rollen des Wagens zeigte, stets ein, diesem Ton zukommendes tiefes Brummen in seinem rechten Ohre tagelang höre. — *Moos*[4]) berichtet von einem Patienten, der an einem mit dem Tageslärm zunehmenden Ohrengeräusch litt.

Intermittirende und continuirliche subjective Gehörsempfindungen. Die subjectiven Gehörsempfindungen erscheinen entweder nur zeitweise oder sie halten ununterbrochen an; man unterscheidet demnach intermittirende und continuirliche Ohrengeräusche. Die **intermittirenden** subjectiven Gehörsempfindungen weisen entweder einen vollständig unregelmässigen Typus auf oder sie stellen sich nur zu bestimmten Zeiten ein, wie zuweilen bei der Otitis intermittens (s. S. 295).

Hauff) erwähnt einen Fall, in welchem ein Ohrensausen jeden Abend von 7—10 Uhr beobachtet wurde. S. ferner S. 185. Ein von mir behandelter Patient wurde jede Nacht um 2 Uhr von einem heftigen Ohrengeräusche befallen, das durch einige Stunden anhielt und hierauf vollständig verschwand; ähnliche Beobachtungen zeigen sich keineswegs sehr selten.

Mit diesen rein intermittirenden subjectiven Gehörsempfindungen sind nicht jene Gehörssensationen zu verwechseln, welche je nach der Intensität der katarrhalischen Paukenerkrankung bald zu-, bald abnehmen und häufig, besonders des Morgens, auffällig hervortreten.

Die **continuirlichen** subjectiven Gehörsempfindungen gehen entweder aus den intermittirenden hervor oder sie entstehen plötzlich unvermittelt.

Bei einer allmäligen Entwicklung der continuirlichen Gehörsempfindungen **aus den intermittirenden** zeigen die letzteren eine immer zunehmende Dauer des einzelnen Anfalles und ferner immer kürzer werdende Intervalle zwischen zwei Anfällen, bis sich endlich in den Ohrgeräuschen keine Ruhepausen, sondern nur mehr Intensitäts-Schwankungen bemerkbar machen. Coutinuirliche subjective Gehörsempfindungen werden nicht selten **fälsch-**

---

[1]) De funct. nerv. cer. p. 115, s. *Steifensand* in *Fror*. Not. 1840, B. 14, S. 263.
[2]) Traité etc. T. 2, p. 26. — [3]) *Virch*. Arch. 1867, B. 10, S. 299. — [4]) A. f. Aug. u. Ohr. B. 2. Abth. 2, S. 110. — [5]) *S. Schmidt's* J. 1835, B. 5, S. 285.

licher Weise für intermittirende gehalten. Es geschieht dies in solchen Fällen, in denen die Ohrengeräusche durch objective Schalleinflüsse, wie durch den Tageslärm, übertönt werden und dann erst bei Verstummung derselben, also z. B. während der Nacht, zur Empfindung gelangen. Um sich Gewissheit zu verschaffen, ob bestehende subjective Gehörsempfindungen intermittirende oder continuirliche seien, muss das Ohr der Einwirkung der äusseren Schalleinflüsse entzogen werden, was am einfachsten durch Verschluss des äusseren Gehörganges erreicht wird. Betreffs dieser letzteren Methode ist jedoch aufmerksam zu machen, dass eine starke Einpressung des Fingers in den Gehörgang zu Täuschungen Veranlassung geben kann, indem dabei theils die Pulsationsgeräusche der Fingerarterien, theils die Reibungen des Fingers an den Gehörgangswänden, theils die Vermehrung des intraauriculären Druckes (anlässlich einer Luftverdichtung im Gehörgange), Ohrengeräusche zu erregen vermögen.

Ich möchte an dieser Stelle auch eine von *Politzer*[1]) angestellte Beobachtung besprechen. *Politzer* fand nämlich, dass bei einseitiger Schwerhörigkeit durch Verstopfung des gesunden Ohres auf der anderen, nicht obturirten Seite ein Ohrengeräusch hervortrete. Meiner Ansicht nach dürfte, wenigstens in einem Theile solcher Fälle, die Verstopfung des gesunden Ohres nicht thatsächlich zu subjectiven Gehörsempfindungen im erkrankten Ohre Veranlassung geben, sondern bereits früher vorhandene Geräusche einfach nur auffällig zur Wahrnehmung gelangen lassen. Da das gut hörende Ohr verstopft wird und dem anderen erkrankten Ohre ohnedies eine geschwächte Gehörsperception zukommt, so befindet sich ein solcher Patient gleichsam in einem stillen Raume; er nimmt nunmehr die subjectiven Gehörsempfindungen des erkrankten Ohres wahr, welche sonst durch die auf das gesunde Ohr einwirkenden äusseren Schalleinflüsse übertönt wurden.

Die subjectiven Gehörsempfindungen zeigen bezüglich ihrer Qualität, Stärke und Localisation wesentliche Verschiedenheiten.

Qualität der subjectiven Gehörsempfindungen. Die Art der subjectiven Gehörsempfindungen wird von den Patienten in mannigfacher Weise geschildert: die subjectiven Gehörsempfindungen erscheinen bald als Singen, Pfeifen, Klingen, als ein bestimmter Ton, der häufiger hoch, seltener sehr tief erklingt, bald als Sieden, Zirpen, Sausen, Brummen, Pulsiren etc. Zuweilen treten mehrere, drei, vier und noch mehr Geräuscharten in einem Ohre gleichzeitig auf.

Die Qualität des subjectiven Geräusches berechtigt zu keinem Schlusse über deren Auslösung von den peripheren oder centralen Acusticuspartien aus. Wie ich mich überzeugt habe, erscheinen die subjectiven Gehörsempfindungen gewöhnlich als um so tiefer tönend und nähern sich um so mehr einem diffusen Geräusche, je schwächer sie sind, andererseits aber erlangen sie eine um so bedeutendere Höhe und einen um so ausgesprocheneren musikalischen Charakter, je mehr ihre Intensität zunimmt.[2]) Die Tonveränderung verhält sich also bei ihnen umgekehrt wie bei objectiven Schalleinwirkungen (s. S. 373). Diese Eigenthümlichkeit in dem qualitativen Verhalten der subjectiven Gehörsempfindungen lässt sich am deutlichsten bei einer Erregung des Hörsinnes (s. oben) verfolgen; bei einer solchen treten nämlich zuerst die tiefen Töne aus dem

---

[1]) Ohrenh. S. 226. — [2]) Auch objective Töne werden bei einer schwachen Einwirkung zuweilen nur als Geräusch und nicht als Töne empfunden, wie dies an Schwerhörigen beobachtet werden kann. Die subjective Nachempfindung eines objectiven Tones kann ebenfalls anfänglich als diffuses tiefes Geräusch auftreten, dessen Toncharakter rasch höher wird und dabei stets deutlicher musikalisch erscheint, bis sich endlich die dem vorangegangenen objectiven Tone vollständig entsprechende subjective Gehörsempfindung zu erkennen gibt.

subjectiven Geräusche zurück, wodurch eine subjective Tonerhöhung vorgetäuscht wird, bei stärkerer acustischer Erregung tritt, bei zunehmender Abschwächung der Geräusche, eine dementsprechende Vertiefung der subjectiven Tonempfindung ein. Ein dem entgegengesetztes Verhalten habe ich nur ausnahmsweise angetroffen.

Bei der S. 364 erwähnten Patientin mit Transfert gab sich der Eintritt des Hörsinnes stets mit einem tiefen Brummen („noch tiefer als das Brummen einer Hummel") zu erkennen. In diesem Falle war die subjective Gehörsempfindung zweifellos auf eine Erregung der acustischen Centren zu beziehen.

Eine besondere Bedeutung kommt den als Menschenstimmen auftretenden subjectiven Gehörsempfindungen zu, die sich häufig als Symptome einer Geisteserkrankung, als Gehörshallucinationen zu erkennen geben; diesen sind mitunter auch das subjective Hören zusammenhängender Melodien beizuzählen.[1]

Die Stärke der subjectiven Gehörsempfindungen schwankt zwischen einer kaum bemerkbaren und wieder einer so furchtbar intensiven subjectiven Gehörssensation, dass die Patienten zu geistiger Arbeit unfähig sind, an Schlaflosigkeit, Melancholie leiden und selbst zum Selbstmorde schreiten; gibt es doch Geräusche, welche den stärksten Tageslärm, das mächtige Gebrause eines Wasserfalles, ein lärmendes Orchesterspiel etc. übertönen!

In Ausnahmsfällen schildern die Patienten die subjectiven Gehörsempfindungen als angenehm.[2] — Eine meiner Patientinnen lauschte, wie sie mir berichtete, stets mit Vergnügen auf die „schönen Melodien", die sie in ihrem Ohre vernahm, eine andere Patientin ergötzte sich an ihrem subjectiven „herrlichen Glockenspiele".

Sehr häufig findet ein bedeutendes Schwanken in der Intensität der Geräusche statt, das theils von ungleich heftigen katarrhalischen Zuständen des Gehörorganes, theils von veränderlichen centralen Ursachen abhängt. So zeigen die auf einem Katarrh der Paukenhöhle beruhenden Gehörsempfindungen bei feuchtem Wetter, bei Nasenrachenkatarrhen, oder zu gewissen Tageszeiten, besonders oft des Morgens, eine beträchtliche Verschlimmerung. Zu erwähnen wäre ferner die Erscheinung, dass die Ohrengeräusche bei nachweislich gleichen pathologischen Zuständen des Cavum tympani ausserordentlich individuelle Verschiedenheiten aufweisen, dass sie weiters trotz einer fortbestehenden pathologischen Stellung des Schallleitungs-Apparates allmälig abgeschwächt erscheinen und selbst vollständig zurücktreten können.

Localisation. Die subjectiven Gehörsempfindungen werden bald nach aussen, bald in den Kopf verlegt.

Da der physiologisch erregte Acusticus gewohnt ist, die ausgelöste Empfindung nach aussen zu verlegen, so dürfte auch bei einer pathologisch stattfindenden Erregung des Nerven die subjective Gehörsempfindung anfänglich auf eine objective, ausserhalb des Körpers vorhandene Schallquelle bezogen werden; durch die spätere Erfahrung, durch wiederholte Täuschungen, vielleicht durch einen Zufall belehrt, werden die Patienten auf die eigentliche Ursache dieser Gehörsempfindungen, nämlich auf deren Entstehung in ihrem Körper aufmerksam und empfinden von da an die Ohrengeräusche im Ohre selbst oder im Kopfe. Diese bekannte Erfahrung fand ich an mir selbst bestätigt; während mehrerer Sommernächte war mir ein intensives Grillenzirpen aufgefallen, das ich auch thatsächlich für ein entsprechendes objectives Geräusch hielt, bis ich durch einen Zufall die betreffende Gehörsempfindung als eine subjective erkannte; von diesem Momente an hatte ich auch das Grillenzirpen nicht nach aussen verlegt, sondern in meinem Ohre gehört. In anderen Fällen wird jedoch das Ohrengeräusch nach aussen verlegt, auch wenn den Patienten dessen subjective Natur genau bekannt ist.

[1] *Brunner*, Z. f. Ohr. VIII, S. 203. — [2] *Tröltsch*, Ohrenh. 6. Aufl., S. 553.

Betreffs der näheren Localisation der subjectiven Gehörsempfindungen im Kopfe und deren grösseren oder geringeren **Ausbreitung** geben sich mannigfache Verschiedenheiten zu erkennen, die theils rein subjectiver Natur sind, theils von der Intensität der subjectiven Gehörsempfindungen, theils endlich von der Betheiligung nur eines Ohres oder beider Ohren abhängig erscheinen. Soweit ich diesbezüglichen Untersuchungen entnehme, stammen die diffusen, schwachen subjectiven Gehörsempfindungen anscheinend aus dem Innern des Ohres, indess die intensiveren, mehr musikalischen subjectiven Gehörsempfindungen mehr in die äusseren Theile des Ohres verlegt werden: bei ab- und zunehmender Intensität der Ohrgeräusche macht sich eine derartige Ortsveränderung nach einwärts und dann wieder nach auswärts auffällig bemerkbar. Je stärker das Geräusch auftritt, über eine desto grössere Stelle des Kopfes pflegt es sich auszudehnen; bei bilateralen subjectiven Gehörsempfindungen entsteht häufig ein im Kopfe gelegenes **subjectives Hörfeld**, das bei ungleicher Intensität der subjectiven Gehörsempfindungen an beiden Ohren, dem stärker afficirten Ohre näher liegt, sonst dagegen in der Mitte des Kopfes, bald mehr nach vorne, bald mehr nach hinten bemerkt wird.[1]

Bedeutung. Den subjectiven Gehörsempfindungen kommt eine grosse praktische Bedeutung zu: abgesehen von ihrem wichtigen Einfluss auf den geistigen und psychischen Zustand des Patienten, gestatten sie einen Schluss auf eine bestehende Erkrankung des Gehörorganes zu ziehen. Es zeigt sich nämlich, dass andauernde subjective Gehörsempfindungen gewöhnlich von einer bald früher, bald später erkennbaren Schwerhörigkeit begleitet werden.

Das **Verhältniss der subjectiven Gehörsempfindungen zur Schwerhörigkeit** ist ein sehr verschiedenes. Beide können gleichzeitig auftreten oder das eine Symptom geht dem anderen, manchmal selbst Jahre lang voraus. Es ist ferner auch die Intensität, mit welcher sich beide Symptome bemerkbar machen, eine sehr ungleiche; so kann ein heftiges Ohrengeräusch mit einer geringen Schwerhörigkeit, manchmal wieder ein kaum merkliches subjectives Geräusch mit einer hochgradigen Schwerhörigkeit gepaart sein. Wie bereits früher erwähnt wurde, findet sich zuweilen eine totale Taubheit vor, ohne dass jemals eine Spur von subjectiven Gehörsempfindungen vorhanden gewesen wäre, oder diese sind ein andermal erst mit der eingetretenen completen Taubheit verstummt. Diese letztere Erscheinung deutet auf eine eingetretene vollständige Anästhesie des Acusticus hin.

Bei der oben besprochenen Patientin mit Transfert schwanden vor dem Eintritte der Anaesthesia acustica an der rechten Seite die sonst heftigen subjectiven Geräusche (Brummen) vollständig. — Eine andere, ebenfalls hysterische Frau wurde bei jedem Versuche, zu lesen oder zu schreiben, von intensiven Occipitalschmerzen ergriffen, die sich allmälig über den ganzen Kopf erstreckten. Die Patientin, die rechterseits an heftigen continuirlichen subjectiven Gehörsempfindungen litt, bemerkte während des neuralgischen Anfalles stets eine hochgradig zunehmende Schwerhörigkeit bei gleichzeitig abnehmenden Ohrengeräuschen. In der Acme des Anfalles war die Kranke rechts taub, ohne Spur von den sonst so quälenden subjectiven Gehörsempfindungen. Es hatte eine complete Anaesthesia acustica stattgefunden.

Zeigt sich in einem solchen Falle eine **Besserung**, vermindert sich z. B. durch den therapeutischen Eingriff die in Folge eines chronischen Paukenkatarrhes vorhandene, hochgradig patbologische Stellung des Schall-

---

[1] S. S. 347. A. f. Phys. B. 31. S. 298.

leitungsapparates, so tritt zuweilen das abgeklungene **Ohrengeräusch** wieder hervor und macht sich dann dem noch immer schwerhörigen Patienten als ein gerade nicht angenehmes Symptom der erfolgten Besserung bemerkbar; erst bei weiter fortschreitender Besserung gibt sich eine zunehmende Gehörsperception zu erkennen.

Verhalten mehrerer gleichzeitig vorhandener Ohrengeräusche. In jenen Fällen, in denen gleichzeitig mehrere Ohrengeräusche gehört werden, tritt oft bald das eine, bald das andere Geräusch mehr in den Vordergrund, oder eine zunehmende Verschlimmerung macht sich vorzugsweise für eine bestimmte Art von Gehörsempfindungen geltend.

Die Unterscheidung, ob die Ohrengeräusche als entotische oder als wirkliche subjective Gehörsempfindungen aufzufassen seien, ist in einzelnen Fällen direct nachweisbar.

Wie früher bereits erwähnt wurde, geben sich die Abhebung der Tubenwandungen von einander, die Rassel- und Gefässgeräusche in der Paukenhöhle auch objectiv zu erkennen. Pulsirende Gefässgeräusche sind zuweilen von pulsirenden Bewegungen der Lichtreflexe am hyperämischen unverletzten Trommelfelle begleitet.[1]) Die bei Compression der V. jugul., der Carotis oder anderer, kleinerer Arterien (s. oben) verstummenden Ohrengeräusche lassen auf eine entotische Schallquelle schliessen. Es ist jedoch dabei zu bemerken, dass besonders bei einer länger anhaltenden Compression Veränderungen in der Blutcirculation eintreten, welche auch auf etwa central erregte Acusticus-Fasern einen bestimmenden Einfluss nehmen können. Wir werden daher nur jene Gehörsempfindungen mit grosser Wahrscheinlichkeit auf Gefässgeräusche beziehen können, die unmittelbar und nicht erst einige Zeit nach einer vorgenommenen Compression des Gefässrohres aufhören.

Bestimmung der Erregungsursache. Die auf einer Paukenerkrankung beruhenden subjectiven Gehörsempfindungen weisen gewöhnlich selbst beträchtliche Schwankungen in ihrer Intensität auf und lassen deutlich ihre Abhängigkeit von dem jedesmaligen Zustande der Paukenhöhle erkennen. Die durch Fremdkörper im Ohre hervorgerufenen Gehörsempfindungen verschwinden gewöhnlich unmittelbar nach der Entfernung des Fremdkörpers; zuweilen jedoch verlieren sie sich erst nach einiger Zeit, als ein Zeichen, dass im Ohre bereits consecutive Veränderungen zu Stande gekommen sind, die nach Wegfall des ätiologischen Momentes eine allmälige Rückbildung eingehen. Plötzlich erscheinende, heftige subjective Gehörsempfindungen sind gewöhnlich auf eine Schneckenerkrankung oder auf eine centrale Affection zu beziehen; sie können jedoch auch bei rasch eintretenden Anomalien im Schallleitungsapparate, z. B. bei einem Exsudationserguss in die Paukenhöhle entstehen. Subjective Gehörsempfindungen, die von psychischen Zuständen, von den verschiedenen nervösen Erkrankungen abhängen, geben sich als eine centrale Acusticus-Affection zu erkennen.

Unter diesen erregen, wie schon erwähnt, die subjectiven Gehörsempfindungen von **Menschenstimmen** den Verdacht auf eine **Geistesstörung**; hie und da geben auch geistig gesunde Menschen an, Stimmen, einzelne Worte oder Sätze zu hören, sie halten sich fälschlicher Weise für angesprochen etc. Es ist sehr fraglich, ob diesen Fällen eine Sinnes- oder eine Urtheilstäuschung zu Grunde liegt; man trifft wenigstens diese Erscheinung auch bei solchen Patienten an, die an einer Schwerhörigkeit ohne subjective Gehörsempfindungen leiden und irgend ein objectives Geräusch

---

[1]) *Politzer*, Ueb. subj. Geh., Wien. med. Woch. 1865.

für ausgesprochene Worte u. s. w. halten. Dagegen besteht bei Patienten, welche stets Schimpfreden hören, wie dies besonders bei einer Art von Verfolgungswahn stattfindet, ferner in jenen Fällen, in denen fälschlicherweise immer ein bestimmtes Wort oder ein gewisser Satz vernommen wird, zweifellos eine Geisteskrankheit und die betreffenden subjectiven Gehörsempfindungen kommen den Gehörshallucinationen zu. Dieselben können mit thatsächlich bestehenden pathologischen Zuständen im Schallleitungsapparate complicirt sein und durch diese erhöht werden. So behandelte ich ein Dienstmädchen, welches mir angab, dass es jeden seiner Gedanken stets deutlich ausgesprochen höre und dadurch in grosse Aufregung gerathe; nach Ausspritzung eines vorhandenen Cerumenpfropfes hatten sich die Gehörshallucinationen bedeutend gemässigt; ich fand weiter keine Gelegenheit den Verlauf dieses Falles zu verfolgen. Derartige Beobachtungen [1]) lassen es wünschenswerth erscheinen, den Einfluss der Erkrankungen des Gehörorganes auf die Gehörshallucinationen an Irren näher zu studiren. *L. Meyer*[1]) entfernte einem Melancholiker einen Cerumenpfropf aus dem Gehörgange, worauf sich bei diesem die subjective Empfindung eines Kindergeschreies rasch verlor und Patient in kurzer Zeit vollkommen genas.

Jolly[2]) erwähnt Fälle, in denen der galvanische Strom Worte und Sätze auslöste; bereits *Köppe* hat aufmerksam gemacht, dass durch die einfache Einführung eines Ohrtrichters Hallucinationen entstehen können. Bleivergiftung kann ebenfalls Gehörshallucinationen auslösen. [3]) *Brunner*[4]) beobachtete einen Fall von Apoplexie mit totaler bilateraler Taubheit und Hören von Melodien. In seltenen Fällen erscheinen Gehörshallucinationen als Coma bei Epilepsie. [5]) *Leidesdorf*[6]) kannte eine taube Dame, die, wenn sie hörte, mit Recht die Diagnose auf Gehörshallucinationen stellte. Derartige Fälle zeigen deutlich, dass die hallucinirten Sinneswahrnehmungen auch bei Mangel des betreffenden Sinnes möglich sind, da die Hallucinationen nur auf corticalen Reizungen beruhen. [6])

Die Prognose der subjectiven Gehörsempfindungen hängt von dem sie veranlassenden Momente ab und richtet sich demzufolge nach dem jedesmaligen Zustande des Gehörorganes und des Centralnervensystemes. Die continuirlichen subjectiven Gehörsempfindungen sind im Allgemeinen prognostisch ungünstiger als die intermittirenden; bei Paukenerkrankungen lassen die aus den intermittirenden Geräuschen hervorgegangenen continuirlichen subjectiven Ohrengeräusche auf weiter vorgeschrittene Veränderungen im Gehörorgane schliessen. Je heftiger die subjectiven Gehörsempfindungen sind und je länger sie bereits angehalten haben, desto ungünstiger gestaltet sich die Prognose. Ausnahmsfälle kommen übrigens auch in dieser Beziehung vor.

Die Behandlung der subjectiven Gehörsempfindungen muss gegen die ihnen zu Grunde liegende Ursache gerichtet sein. Es

---

[1]) *L. Meyer*, s. *Tröltsch*, Ohrenh. 6. Aufl., S. 566; *Köppe*, Z. f. Psych. 1867. B. 24; *Schwartze*, Berl. klin. Woch. 1866, Nr. 12 u. 13. — [2]) Verh. d. phys.-med. Ges. in Würzburg 1873, 1. März. — [3]) *Bottentuit*, L'Union, 1873, Nr. 151; 1 Fall a. d. Kathar.-Sp. in Stuttgart (Württ. Corr.-Bl. 1873, Nr. 38), s. *Schmidt's* J. B. 162, S. 13; *Bopp*, Bayer. ärztl. Int.-Bl. 1874, S. 357. — [4]) Z. f. Ohr. VIII, S. 205. — [5]) *J. Weiss*, Compend. d. Psych. Wien 1881, S. 153. — [6]) *Weiss*, l. c., S. 12.

sind also hierbei die Erkrankungen der einzelnen Abschnitte des Gehörorganes, des Nasenrachenraumes (s. die betreffenden Capitel), des Centralnervensystems, ferner der Allgemeinzustand des Patienten, Constitutionsanomalien etc. zu berücksichtigen. Die Bougirung des Tubencanales kann auf subjective Gehörsempfindungen nicht selten sehr günstig einwirken. Die speciell gegen die subjectiven Gehörsempfindungen empfohlenen verschiedenen Mittel ergeben häufig nur einen Einzelerfolg oder sie wirken nur vorübergehend günstig ein.

Dahin gehören: Einpinselung des trockenen Gehörganges mit Glycerin, mit Fett, Einführung von Ol. Hyosc., Chlorof., Tinct. Op. simpl. (aeq. partes) auf Baumwolle in den Gehörgang (Vorsicht vor Berührung mit dem Trommelfelle!); Einblasungen von Chloroform- oder Aetherdämpfen, von einer Morphinlösung (0·2 auf 5·0 Aq. Laurocerasi); ferner Einreibungen der Ohrgegend mit den früher angegebenen narkotischen und ätherischen Mitteln; subcutane Injectionen von Morphin oder Strychn. nitr., letzteres Mittel 1, 2—3 Milligramm pro dosi, dreimal wöchentlich; Blutentziehungen am Proc. mastoideus (bei vorhandener Hyperämie); Verdünnung der Luft im äusseren Gehörgange[1]), starkes Anblasen des Ohreinganges[2]), Druck auf den Warzenfortsatz[2]), sanftes Reiben des Trommelfelles[3]), der wiederholte Gebrauch des *Heurteloup*'schen Blutegels[4]); endlich der innere Gebrauch von Arnica (0·2—0·5) mit Valeriana und Chinin[5]) oder Arnicatinctur (5 bis 15 Tropfen dreimal täglich)[6]), von Atropin[7]) (1—3 Milligramm pro die) oder Tinct. Fowleri[8]) (2—5—10 Tropfen pro die). *Hinton* empfiehlt Ammonium hydrochloratum 1·5 pro dosi, dreimal täglich, *Woakes* gegen pulsirende Geräusche[9]), die Bromwasserstoffsäure. Amylnitrit[10]) ist meistens nur von vorübergehendem Nutzen.

Günstige Erfolge gegen subjective Gehörsempfindungen treten zuweilen durch eine elektrische Behandlung (s. unten)[11]), ferner bei der Anwendung von Bromkalium[12]) oder Bromnatrium und beim Gebrauche von Chinin[13]) ein.

Bromkalium, sowie das dem Magen zuträglichere Bromnatrium erweist sich gewöhnlich erst von 3 Gramm pro die an als wirksam; im Erfordernissfalle steige man rasch auf 5—8 Gramm, zuweilen darüber und lasse das Mittel durch mehrere Wochen nehmen. Brom ist keineswegs ein verlässliches Mittel, aber es hat mir besonders in den rein nervösen Formen von subjectiven Gehörsempfindungen und ferner gegen verschiedene Fälle von Schwerhörigkeit, die auf eine centrale Affection zu beziehen waren, wiederholt gute Dienste geleistet.

Bei nervösen Individuen erzielte ich manchmal durch eine 1 bis 2wöchentliche Verabfolgung von Tct. Aconiti (8—12 Tropfen pro die) günstige Wirkung. Aconitin wurde zu 0·01—0·03, 2mal pro die bereits von *Blanchet*[14]) empfohlen.

[1]) *Tröltsch*, Ohrenh. 6. Aufl., S. 565. — [2]) *Türk*, Spinalirrit. — [3]) *Wilde*, Med. Times and Gaz. 1852, s. *Schmidt's* J. B. 76, S. 83. — [4]) Fall von *Lucae*, A. f. Ohr. V. S. 116. — [5]) *Curtis*, Lancet 1841, Sept., s. *Fror.* Not. B. 20, Sp. 208. — [6]) *Wilde*, Ohrenh. S. 108. — [7]) *Kramer*, Ohrenh. 1867, S. 286. — [8]) *Voltolini*, M. f. Ohr. III, Sp. 32. — [9]) S. Z. f. Ohr. X, S. 280. Günstig hierüber äussert sich *Hemming* (s. Canst. J. 1876, B. 2. S. 473); *Turnbull* (s. *Schmidt's* J. 1879, B. 183, S. 16) lobt die tägliche Dosis von 30 Tropfen (in 3 Portionen). — [10]) *Michael*, A. f. Aug. u. Ohr. B. 5, Abth. 2, S. 127; *Weber-Liel*, M. f. Ohr. XI, Sp. 39; *Burnett*, New-York. med. Record 1877, Aug., s. M. f. Ohr. XI, Sp. 165. In einem Falle von subj. Geh. in Folge von Chinin erzielte ich durch Amylnitrit einen günstigen und dauernden Erfolg. — [11]) Mitunter erweist sich eine galvanische Behandlung auch gegen Gehörshallucinationen günstig, wie ein Fall von *Fischer*, (A. f. Psych. B. 9, H. 1) lehrt. [12]) *Sandahl*, s. *Schmidt's* J. 1868, B. 140, S. 23. — [13]) *Charcot*, Gaz. d. hôp. 1875, 4. Dec. [14]) S. *Canst.* J. 1856, B. 3, S. 120; die gute Wirkung bestätigt *Frank* (ibid.).

3. Störungen des Gleichgewichtes und Erbrechen. Die Symptome von Störungen des Gleichgewichtes, Uebelkeiten und Erbrechen, die bei primären oder consecutiven Affectionen des Labyrinthes, sowie bei Erkrankungen des Centralnervensystems sehr häufig auftreten, werden sowohl von den Bogengängen, als auch vom Kleinhirn ausgelöst (s. S. 345), oder sie entstehen auf reflectorischem Wege durch eine Reizung der sensitiven Aeste im äusseren und mittleren Ohre, ferner auch in Folge acustischer Erregungen.[1])

Die Störungen des Gleichgewichtes treten **häufig plötzlich und in so heftigem Grade auf, dass die betreffenden Patienten, wie vom Schlage getroffen, zu Boden stürzen oder sich nur mit Hilfe einer Unterstützung aufrecht erhalten können.**

Ein an chronischem Paukenkatarrh leidender Patient theilte mir mit, dass er in den ersten Jahren seiner Erkrankung von so heftigen, plötzlich eingetretenen und dann durch längere Zeit hindurch anhaltenden Schwankungen seines Körpers befallen wurde, dass die ihn stützende Person oft in Gefahr gerieth, mit zu Boden gerissen zu werden.

Die Gleichgewichtsstörungen gehen meistens rasch vorüber, können aber selbst tagelang bestehen. Manche Patienten weisen durch längere Zeit einen unsicheren Gang auf. Kinder stürzen auffällig häufig zu Boden u. s. w. Mitunter gibt sich eine Art von Manegebewegung zu erkennen, indem die Störungen des Gleichgewichtes nach einer bestimmten Richtung hin stattfinden.

In einem Falle von polypösen Wucherungen in der Gegend des Foramen ovale der rechten Seite entstand jedesmal eine Art Sturzbewegung nach links und unten, also gegen die gesunde Seite hin, wenn ich das Granulationsgewebe nur schwach mit einer Sonde berührte. Patientin empfand dabei keinen Schmerz, sondern nur eine kurz andauernde Eingenommenheit des Kopfes. — Eine an chronischem Katarrh beider Paukenhöhlen erkrankte Patientin, wurde jedesmal im Momente einer Lufteintreibung (durch den Katheter) in das linke Mittelohr von einer rasch vorübergehenden Parese beider unteren Extremitäten und von einer Art Sturzbewegung nach hinten und links (gegen die behandelte Seite) befallen. — In einer Reihe von Guye[2]) beobachteter Fälle zeigte sich eine Gleichgewichtsstörung stets gegen die erkrankte Seite hin. — Einen Fall von Schwindel, bezw. Sturzbewegung gegen das ausgespritzte, sowie katheterisirte Ohr erwähnt Hessler.[3]) — Lucae[4]) constatirte bei Druckerhöhung in der Paukenhöhle vom äusseren Gehörgange aus einen optischen Schwindel, eine Scheinbewegung gegen die nicht gereizte Seite, mit Verdunklung des Gesichtsfeldes. Der Athem erschien tief und frequent. — Eine Patientin, die beim Ausspritzen der Paukenhöhle gewöhnlich von Schwindel gegen die andere Seite hin befallen wurde, gab mir eines Tages an, dass der Schwindel anfänglich, wie sonst, gegen die gesunde Seite erfolgte, jedoch plötzlich mit einer in entgegengesetzter Richtung gekehrten Schwindelbewegung endete.

Die **Schwindelanfälle** erfolgen täglich, zuweilen öfter des Tages, ein andermal wieder in Intervallen von Tagen, Wochen oder Monaten; in einzelnen Fällen besteht ein intermittensartiger Typus. Nicht selten verlieren sich früher selbst heftige Gleichgewichtsstörungen, mit der zunehmenden Schwerhörigkeit oder der eingetretenen Taubheit, vollständig.

Wie bereits oben hervorgehoben wurde, ist selbst eine **Ausstossung der Bogengänge nicht nothwendiger Weise von Störungen des Gleichgewichtes begleitet.**

Dies spricht keineswegs gegen die Annahme, dass die Bogengänge Organe des

---

[1]) *Lincke*, Ohrenh. I, S. 568; *Schmidekam*, Exper. Stud. etc. Kiel. 1868, S. 9; *Roosa* u. *Ely*, Z. f. Ohr. IX. S. 338. — [2]) Int. med. Congr. 1879, s. Z. f. Ohr. IX, S. 26. — [3]) A. f. Ohr. XVII, S. 66. — [4]) A. f. Ohr. XVII, S. 237.

Gleichgewichtes seien, sondern stimmt mit der vielseitig angestellten Erfahrungsthatsache überein, dass ein Organ den langsam einwirkenden Schädlichkeiten bis zu einer gewissen Grenze Widerstand zu leisten vermag, und dass eventuell die Function des einen Organes durch eine vicariirende Thätigkeit des entsprechenden Organes der anderen Seite (beziehungsweise von anderen Theilen desselben Organes, wie beim Gehirn) übernommen werden kann. Von diesem Gesichtspunkte aus wäre es auch erklärbar, dass sogar ein bilateraler Bildungsmangel der Bogengänge nicht unbedingt mit einer Störung des Gleichgewichtes verbunden sein muss.

Gleichzeitiges Auftreten der Symptome von Gehörsanomalien, Gleichgewichtsstörungen und Uebelkeit.

Die bisher besprochenen Symptome zeigen sich bei Labyrinthaffectionen seltener vereinzelt, häufiger sind mehrere mit einander verbunden; zuweilen stellt sich bald das eine, bald das andere Symptom in den Vordergrund. Das plötzliche, gleichzeitige Auftreten von Schwerhörigkeit oder Taubheit, im Vereine mit Ohrgeräuschen, Störungen des Gleichgewichtes, Uebelkeiten und Erbrechen, kann als ein apoplectiformer Anfall erscheinen und wurde auch früher ausschliesslich einer Erkrankung des Gehirnes oder seiner Hüllen zugeschrieben und nicht auf eine möglicherweise vorhandene Affection des Labyrinthes, resp. des Acusticus bezogen. Der Zusammenhang dieser Symptomengruppe mit einem pathologischen Zustande des Acusticus wurde zuerst von *Ménière*[1]) hervorgehoben und man legt deshalb dem Complexe der genannten Erscheinungen auch wohl den Namen der *Ménière*'schen Symptome[2]) bei. Das von *Ménière* geschilderte Krankheitsbild ist nachstehendes: Ohne bekannte Ursachen erfolgt plötzlich ein heftiger Schwindelanfall mit Erbrechen, Ohrensausen und Schwerhörigkeit oder Taubheit; zuweilen stürzt der Patient wie vom Schlage gerührt zu Boden, ohne jedoch das Bewusstsein zu verlieren. Die Erscheinungen schwinden manchmal binnen wenigen Minuten, während sie ein andermal wieder selbst tagelang anhalten. Nach einem solchen Anfalle besteht noch durch einige Zeit eine auffällige Störung des Gleichgewichtes, die sich jedoch allmälig wieder zurückbildet; dagegen erweist sich die Abnahme des Gehöres auf einer oder auf beiden Seiten als eine bleibende. Solche Anfälle wiederholen sich nach verschieden langen Pausen und führen die Schwerhörigkeit nicht selten in eine Taubheit über. Mit dem Eintritte dieser letzteren erfolgt kein weiterer Anfall mehr und die Taubheit bleibt als einziges Symptom zurück. Zuweilen bilden sich sämmtliche Erscheinungen wieder zurück.

Wie schon *Ménière* beobachtete, geht dem jedesmaligen Anfalle mitunter ein Ohrensausen voraus, und auch *Charcot*[3]) berichtet von einer pfeifenden Gehörssensation als einer Art von Aura der nachfolgenden *Ménière*'schen Symptome. Umgekehrt kann, wie ich aus einigen Fällen ersehe, das Aufhören sonst vorhandener continuirlicher, subjectiver Gehörsempfindungen, als sicherer Vorbote des kommenden Anfalles erscheinen. *Moos*[4]) fand in einigen Fällen während des Anfalles Erscheinungen am Auge (Pupillenerweiterung, Hemiopie, Mouches volantes).

Die unter den Erscheinungen der *Ménière*'schen Symptome eintretende Taubheit gibt sich mitunter nicht als eine totale, sondern nur

---

[1]) Gaz. méd. de Paris, 1861. — [2]) *Knapp* (A. f. Aug. u. Ohr. II, 1, S. 271) bezeichnet sie als apoplectiforme Taubheit, *Gottstein* (Z. f. Ohr. IX, S. 37, A. f. Ohr. XVII, S. 174) als neuropathische Form der Men. Sympt., im Falle eine Acusticus-Affection vorliegt. — [3]) Gaz. d. Höp. 1875, N. 95, 98. [4]) A. f. Aug. u. Ohr. B. 7, Abth. I, S. 521.

als eine partielle für bestimmte Töne oder eine ganze Tonscala zu erkennen, wie dies aus einer Reihe von Beobachtungen *Knapp's* [1]) hervorgeht.

Die *Ménière'*schen Symptome treten in einzelnen Fällen intermittensartig nach bestimmten Intervallen auf.

Als einschlägige Beobachtungen mögen hier folgende Beispiele angeführt werden: Eine von mir behandelte Patientin wurde jeden Morgen von Uebelkeiten, Ohrensausen, Schwerhörigkeit und von so heftigen Schwankungen des Körpers befallen, dass die Kranke bis zum Ende des Anfalles, um 11 Uhr Vormittags, in einer liegenden Stellung verharren musste. — Ein 12jähriger Knabe litt seit zwei Jahren an heftigen Anfällen von Erbrechen, Ohrensausen, Schwerhörigkeit und Störung des Gleichgewichtes. Die Symptome erschienen regelmässig jeden zweiten Tag um 9 Uhr Morgens und gingen erst nach 12 bis 18 Stunden wieder zurück; ausserhalb des Anfalles fühlte sich der Knabe vollständig wohl, wogegen er im Anfalle selbst das Bett nicht verlassen konnte. Ueberraschender Weise blieben die erwähnten Symptome nach der ersten Application des *Politzer'*schen Verfahrens durch 6 Tage aus, traten noch einmal anstatt des Morgens an einem Abend auf und zeigten sich innerhalb der nächsten Wochen nicht wieder. Patient hat sich seitdem nicht mehr vorgestellt. — Ein anderer von mir beobachteter Fall betraf eine an Syphilis erkrankte Patientin mit bilateral vollkommen normalem äusseren und mittleren Ohre. Die betreffende Kranke wurde täglich $1/_{2}4$ Uhr Nachmittags von heftigen Ohrengeräuschen, von Schwerhörigkeit und Schwindel ergriffen; der Anfall währte bis gegen 7—8 Uhr Abends und ging hierauf vollständig zurück.

Ursachen der *Ménière'*schen Symptome. Die *Ménière'*sche Symptomengruppe ist stets als Zeichen einer Affection des Acusticus, bezw. der acustischen Centren anzusehen, diese mag primär oder secundär entstanden sein. Die praktische Erfahrung lehrt, dass die benannten Symptome in der Mehrzahl der Fälle auf einer bereits bestehenden Erkrankung des äusseren und mittleren Ohres beruhen.

Wie *Politzer* [2]) aufmerksam macht, beweist auch das plötzliche Auftreten der *Ménière'*schen Symptome bei vorher gesunden Gehörorganen keineswegs immer eine primäre Acusticusaffection, sondern kann durch einen rasch erfolgten, reichlichen Exsudationserguss in die Paukenhöhle zu Stande gekommen sein. Dasselbe zeigt sich mitunter bei rasch eintretendem Tubenverschluss. [3])

Eine Reihe von Beispielen spricht für eine partielle Erkrankung einzelner Acusticuszweige oder einzelner Theile der acustischen Centren, wogegen in anderen Fällen der Eintritt des gesammten Symptomencomplexes auf eine ausgebreitete Acusticus-Affection schliessen lässt.

Politzer [4]) und *Voltolini* [5]) beobachteten nach einem Trauma das Auftreten des *Ménière'*schen Symptomen-Complexes. Die Section ergab eine Fissur der Pyramide, sowie eine eiterige Entzündung des Labyrinthes und der Meningen.

Nach *Woakes* [6]) könnten die *Ménière'*schen Symptome auch durch eine Affection des Gangl. cervicale inferius Sympathici bedingt sein; dieses Ganglion nimmt nämlich einerseits einen Einfluss auf die Arteria vertebralis, somit auch auf die Labyrinthgefässe, während es sich andererseits mit den Vagusästen verbindet; bei einer Erschlaffung des Gangl. cerv. inf. würden daher vom Labyrinthe, beziehungsweise Acusticus, Schwerhörigkeit, Ohrensausen und Schwindel, vom Vagus dagegen Uebelkeiten und Erbrechen ausgelöst. Wie *Woakes* annimmt, erfolgt eine Erschlaffung des Ganglion durch Chinin, Tabak etc., eine Anregung desselben durch Acid. brom.

Meningitis cerebro-spinalis als Ursache der Symptome von Taubheit, Störungen des Gleichgewichtes und Erbrechen. Als primäre Entzündung des Labyrinthes schildert

---

[1]) L. c., S. 290 ff. — [2]) A. f. Ohr. II, S. 92. — [3]) *Hessler*. A. f. Ohr. XVII. S. 60. — [4]) A. f. Ohr. II, S. 88. — [5]) M. f. Ohr. III, Sp. 109. — [6]) The Lancet. 1878. Febr., Brit. med. Journ. 1878, March, s. M. f. Ohr. XII, Sp. 49.

Voltolini[1]) eine vorzugsweise bei Kindern auftretende Erkrankung, die sich in heftigem Fieber, Kopfschmerzen und Erbrechen äussert und binnen Kurzem, gewöhnlich innerhalb 24 Stunden, zur Bewusstlosigkeit führt.

Ein mir vorgestellter Knabe war im Beginne seiner Erkrankung in einem 40stündigen, ein anderer in einem fünftägigen comatösen Zustand verfallen gewesen.

Die Symptome gehen meistens nach einigen Tagen wieder zurück bis auf die Schwerhörigkeit oder totale Taubheit, die sich entweder unmittelbar nach dem Anfalle zu erkennen gibt oder innerhalb kurzer Zeit bemerkbar wird. Bei dem Versuche aufzustehen, zeigen sich ferner starke Schwankungen des Körpers, so dass die Kinder Wochen bis Monate hindurch nicht ohne Unterstützung zu gehen vermögen. Später schwindet auch dieses Symptom und nur die Taubheit, die meistens eine beiderseitige ist, erweist sich als bleibend.

Dem eigentlichen Anfalle können, wie mir dies ein einschlägiges Beispiel darbot, mehrtägige Schwindelerscheinungen vorausgehen; an einem Knaben trat nach dem Anfalle im Verlaufe der folgenden 1½ Jahre sehr häufig Erbrechen auf.

Ursache. Es frägt sich nun, ob dieses Krankheitsbild einer primären Entzündung des Labyrinthes zukommt oder auf einer Erkrankung des Gehirnes und vor Allem der Meningen beruht. Wie *Voltolini* betont, spricht das Fehlen von anderseitigen Nervenlähmungen, besonders einer solchen des mit dem Acusticus verlaufenden Facialis, gegen die Annahme eines pathologischen Einflusses auf den Stamm des Acusticus. Nach *Voltolini* wäre es kaum denkbar, dass in allen bisher beobachteten Fällen das meningitische Exsudat nur auf den Acusticus und nicht gleichzeitig auch auf den Facialis eingewirkt habe; ebensowenig könnte der Sitz des Leidens in die Medulla oblongata verlegt werden, da einerseits die Kerne der verschiedenen Gehirnnerven daselbst nahe aneinander liegen, anderseits auch gegenseitig von einander nicht strenge abgegrenzt seien und demzufolge ein Exsudat wohl nicht den Ursprung des Acusticus allein treffen könne; auch der bei dieser in Frage stehenden Affection bisher beobachtete constante Ausgang in Heilung spreche wider die Annahme einer Meningitis. Dagegen ist jedoch zu bemerken, dass ein solcher günstiger Ausgang quoad vitam keineswegs sichergestellt ist und dass dem Ohrenarzte aus naheliegenden Gründen gewöhnlich nur solche Fälle zur Beobachtung gelangen, die mit dem Leben davongekommen sind, während eine unbestimmbare Anzahl möglicherweise dem Anfalle erlagen. Ferner lehren die vielseitig angestellten Erfahrungen über Meningitis cerebro-spinalis epidemica, dass diese vor Allem im Kindesalter keineswegs immer letal endet, sondern in vollständige oder theilweise Genesung übergeht; zu dieser letzteren Gruppe gehört die Meningitis mit dem Ausgange in Amaurose, in Amaurose und Taubheit oder in Taubheit allein.

Einer literarischen Zusammenstellung von *Moos*[2]) über diesen Gegenstand entnehme ich Folgendes: *Salomo*[3]) berichtet von einer Epidemie, die 141 Individuen befiel und bei vielen Kindern eine vorübergehende oder bleibende Taubheit herbeigeführt hatte. — Einschlägige Fälle werden ferner von *Frentzel*[4]), *Wunderlich*[5]) und *Baxinkel*[6]) mitgetheilt. — *Mende*[7]) constatirte unter 104 Fällen 86mal Genesung, darunter

---

[1]) M. f. Ohr. I, Sp. 9; Die acut. Entz. d. häut. Lab. etc., Breslau 1882. —
[2]) Klin. S. 323; Meningit. cer.-sp. epid., Heidelberg 1881. [3]) Berl. kl. Woch. 1865, Nr. 33. — [4]) Berl. kl. Woch. 1865, Nr. 21 u. 22. — [5]) A. d. Heilk. B. 5, S. 117. —
[6]) S. Schmidt's J. 1865, B. 126, S. 38. — [7]) *Schuchart's* Zeitschr. 1865, S. 173.

nur zwei Fälle mit Taubheit. — *Hirsch*[1]) erwähnt nur im Allgemeinen, dass die Meningitis cerebro-spinalis bei nicht tödtlichem Ausgange nicht selten Taubheit aufwies. — *Niemeyer*[2]) fand das Gehör bei dieser Erkrankung in verhältnissmässig zahlreichen Fällen bedeutend herabgesetzt oder ganz verloren. — *Moos* (l. c.) beobachtete unter 14 Fällen 5mal totale Taubheit, 5mal Schwerhörigkeit, 1mal ein intactes Gehör. Die Taubheit erfolgte unter 43 Fällen 11mal innerhalb der ersten 3 Tage, 17mal zwischen dem 11.—13. Tag, 15mal zwischen 1,—4 Monaten.

Die Meningitis cerebro-spinalis kann auch mit Remissionen einhergehen und eine vollständige Euphonie von selbst wochenlanger Dauer aufweisen.[5])

Die durch Men. cer.-spin. hervorgerufene Schwerhörigkeit oder Taubheit kommt möglicherweise auch in Folge eines Weiterschreitens der eiterigen Entzündung vom Acusticusstamme auf das Labyrinth zu stande, besonders im Falle der Acusticus in Exsudat eingehüllt ist.[4] In der That wurde Eiter im Labyrinthe bei Meningitis cerebro-spinalis vorgefunden.[5]) Eine durch Meningitis cerebro-spinalis hervorgerufene Schwerhörigkeit könnte auch auf einer consecutiven Tympanitis purulenta beruhen, ohne nachweisbare Veränderung des Acusticus und des Labyrinthes.

Für die consecutive Betheiligung des Acusticus an einer Meningitis sprechen die Fälle, in denen die Taubheit erst im weiteren Verlaufe der Erkrankung erfolgt.

Ein mir vorgeführtes Kind von 5 Jahren war von einer 5tägigen Bewusstlosigkeit befallen gewesen, worauf noch durch weitere 8 Tage ein vollständig gutes Gehör bestand; erst nach dieser Zeit entwickelte sich eine Schwerhörigkeit, die allmälig in complete Taubheit überging. Störung des Gleichgewichtes bestand vom Beginne der Erkrankung an.

Meningitis cerebro-spinalis führt in manchen Fällen eine bilaterale Blindheit herbei, die gleich der in anderen Fällen eingetretenen Taubheit allmälig zurückgehen kann, wie u. A. auch ich mit Herrn Dr. *O. Pollak* den Rückgang einer durch Men. cer. sp. bedingten bilateralen Taubheit und Blindheit beobachtet habe.

Aus all dem hier Angeführten ergibt sich, dass "die acute Entzündung des häutigen Labyrinthes" von *Voltolini* mit grosser Wahrscheinlichkeit auf eine Meningitis cerebro-spinalis zu beziehen ist.

Wir haben wenigstens an dieser letzteren Annahme insolange festzuhalten, bis nicht etwa ein Sectionsbefund uns eines Besseren belehrt. Wie dem auch sein möge, so gebührt doch *Voltolini* das Verdienst, auf die Häufigkeit dieser praktisch so wichtigen Fälle die allgemeinere Aufmerksamkeit gelenkt zu haben.

Ziemssen und *Hess*[6]) nehmen an, dass die bei Meningitis cerebro-spinalis auftretenden Acusticus Erscheinungen auf eine Entzündung und Exsudatbildung im vierten Ventrikel zu beziehen seien; auch *Tröltsch*[7]) vermuthet für Fälle von bilateral auftretender Taubheit und für die auf den Acusticus beschränkten Erkrankungssymptome einen im vierten Ventrikel oder doch auf dessen Boden, der Rautengrube und auf dessen Ependym localisirten Process.

Diagnose einer Affection der peripheren, beziehungsweise centralen Acusticuszweige. Bei der Stellung der Diagnose auf eine Erkrankung des Labyrinthes oder des Hörnerven ist vor Allem zu entscheiden.

---

[1]) Berl. med. Ges. 1865. 28. Juni. — [2]) D. epid. cer.-sp. Mening. 1865, S. 46. — [3]) Einschlägige Beobachtungen theilen *Ziemssen* und *Hess* (D. Arch. f. klin. Med. 1869. B. 1. S. 361) mit. — [4]) *Moos*. Klinik. S. 324 u. ff. — [5]) *Heller* (A. f. klin. Med. 1867. III. S. 482) fand unter 28 Fällen 8mal Eiter im Labyrinth; *Lucae*, A, f. Ohr. B. 5. S. 188. — [6]) L. c. S. 442. — [7]) *Gerhardt's* Handb. d. Kinderkr. 1880. B. 5. Abth. 2. S. 130.

ob die vorhandenen Symptome in der That einer peripheren oder
centralen Affection des Acusticus zukommen und ferner, ob ein diagno-
sticirtes Labyrinthleiden als primär oder consecutiv zu betrachten ist.
Da bereits oben an die Besprechung der einzelnen Symptome diagnostische Bemerkungen angeknüpft wurden, so hebe ich im Folgenden nur gewisse
für die Diagnose besonders wichtige Punkte hervor.
Bezüglich der Schwerhörigkeit wäre in Erinnerung zu bringen,
dass eine hochgradige Gehörsverminderung, selbst Sprachtaubheit, durch
pathologische Zustände im äusseren und mittleren Ohre ohne nachweisliche Veränderung im Labyrinthe bedingt sein kann. Betreffs der
pathologischen Zustände im Schallleitungs-Apparate wurde bereits
darauf hingewiesen, dass normale Verhältnisse des äusseren Ohres und
des Trommelfelles, sowie normale Auscultations-Erscheinungen des
Mittelohres, uns keineswegs berechtigen, die vorhandene Schwerhörigkeit auf eine Erkrankung des Labyrinthes zu beziehen. Es können
nämlich möglicherweise an den Labyrinthfenstern wichtige Veränderungen
bestehen, welche sich durch die Ocularinspection nicht zu erkennen geben.
Sogar das Vorkommen einer Tonlücke kann möglicherweise auf
einem Mittelohrleiden beruhen (s. S. 370). Als wichtiges diagnostisches
Zeichen einer verminderten Gehörsperception gegenüber einem Schall-
leitungs-Widerstande ist die verminderte Schallwahrnehmung von den
Kopfknochen aus anzuführen (s. S. 27).
Die subjectiven Gehörsempfindungen sind stets auf pathologische
Vorgänge am Acusticus, event. an den acustischen Centren zu beziehen.
Dagegen kommen Störungen des Gleichgewichtes, Uebelkeiten und Erbrechen sowohl einer Affection des Kleinhirnes als auch einer Erkrankung
der Bogengänge zu, und es sind daher eine Reihe gleichzeitig vorhandener
anderer Symptome zur Stellung einer Differentialdiagnose zu verwerthen.
Für eine Erkrankung des Cerebellums sprechen die Symptome
von Störungen des Gleichgewichtes, Uebelkeiten und Erbrechen, wenn sie
mit folgenden Erscheinungen einhergehen: Ataxia locomotoria, die Patienten
zeigen starke Schwankungen des Körpers (gleich einem Trunkenen), mitunter
Manège-Bewegungen nach der erkrankten Seite; sie kommen besonders bei
ausgeschlossener Gesichtswahrnehmung stets in die Gefahr zu stürzen. Nach
einer privaten Mittheilung von H. Prof. *Rosenthal* zeigt sich als ein charakteristisches Merkmal für eine Erkrankung des Cerebellums, dass bei Unterstützung des Patienten nur eine geringe Besserung in dessen rauschartigem
taumeligen Gange auftritt, während Tabetiker schon durch eine geringe
Stütze bedeutend sicherer zu gehen vermögen. Der Cerebellarkranke geht
und steht breitbeinig, wobei die Zehen und der Mittelfuss beständig gehoben
und gesenkt werden, so dass der Fuss bald mit dem Ballen, bald mit dem
Hacken, bald mit der ganzen Sohle den Boden berührt.[1] Patienten mit
einer Kleinhirn-Erkrankung klagen zuweilen über ein taubes Gefühl an den
unteren Extremitäten, besonders an den Sohlen; die tactile Hautempfindung
erweist sich dabei häufig hochgradig vermindert oder vollständig verloren
gegangen, wogegen die Haut ihre Sensibilität gegen Schmerz und Temperatur
bewahrt. Als weitere Symptome einer Kleinhirn-Erkrankung kommen zuweilen
in Betracht: Sprachstörung, Nystagmus, Ablenkung des Auges[2] oder Un-

---

[1] *H. Nothnagel*, Topische Diagnostik der Gehirnkrankheiten, 1879, S. 59.
[2] Nach Untersuchungen von *Schwahn* (Centr. f. d. med. W. 1880) an Kaninchen, hängt
das Schielen von einer Affection der Medulla oblongata und nicht des Kleinhirnes ab

möglichkeit, das Auge über die Horizontale zu erheben (Lähmung des M. rect. sup.), Contraction der gleichseitigen Pupille und Amblyopie mit Neuritis optica. Von diagnostischer Wichtigkeit ist auch das Auftreten eines zeitweiligen heftigen Schmerzes in der Hinterhauptgegend, sowie eine hochgradige Druckempfindlichkeit.

Dagegen sind die Symptome von Schwindel, Uebelkeiten und Erbrechen im Vereine mit subjectiven Gehörsempfindungen und Schwerhörigkeit besonders dann auf eine Affection der N n. ampullares zu beziehen, wenn sie zu einem bereits bestehenden Ohrenleiden hinzutreten und nicht mit anderen cerebellaren Symptomen combinirt erscheinen. Jedoch auch in diesem letzteren Falle muss stets die Möglichkeit vor Augen gehalten werden, dass von dem Gehörorgane aus ein reflectorischer Einfluss auf das Kleinhirn stattfinden kann; wenigstens geben sich mitunter einzelne cerebellare Symptome bei manchen Ohrerkrankungen, wie z. B. bei der eiterigen Paukenentzündung, zu erkennen. Es wären demnach Kleinhirn-Erscheinungen, welche, wie ich dies in einigen Fällen beobachtet habe, während eines Ohrenleidens nur zeitweise hervortreten und von dem jedesmaligen Zustande des Gehörorganes in einem deutlichen Abhängigkeitsverhältnisse stehen, mit hoher Wahrscheinlichkeit als Reflexerscheinungen und nicht als eine selbstständige Affection des Cerebellums aufzufassen.

Betreffs der Deutung einer sensorischen Worttaubheit, sowie einer sensorischen Taubheit für Musik als Symptom einer Erkrankung des Schläfenlappens s. S. 366 u. 368.

Gleich der Diagnose eines Labyrinthleidens im Allgemeinen kann auch die Differentialdiagnose zwischen einer primären und secundären Labyrinthaffection manchmal sehr schwierig oder selbst unmöglich mit Sicherheit zu stellen sein. Die in einem gegebenen Falle diagnosticirte Labyrintherkrankung ist eher als eine secundäre anzusprechen, wenn auffällige Veränderungen im Cavum tympani bestehen, wogegen die Symptome von Schwerhörigkeit etc. bei normalen Verhältnissen am Trommelfelle und in der Paukenhöhle einer primären Labyrinthaffection zukommen können.

Wie unsicher jedoch in dieser Beziehung die Resultate der Ocularinspection und der Auscultationsphänomene sind, wurde bereits öfter betont.

Die Diagnose auf eine primäre Acusticus-Erkrankung erscheint nur dann zweifellos, wenn sich die Symptome von Schwerhörigkeit, Ohrensausen, Schwindel, Uebelkeiten und Erbrechen plötzlich einstellen, ohne dass eine, kurze Zeit nach dem Anfalle, stattfindende Untersuchung irgend einen Anhaltspunkt für eine Erkrankung des äusseren oder mittleren Ohres ergibt.

Im Falle jedoch eine solche Untersuchung erst nach längerer Zeit vorgenommen wird, ist nur mehr eine Wahrscheinlichkeitsdiagnose möglich, da, wie *Politzer*[1]) bemerkt, ein ursprünglich aufgetretener Exsudationsprocess in der Paukenhöhle wieder abgelaufen sein kann und die bestehende hochgradige Functionsstörung vielleicht einem pathologischen Zustande der Gehörknöchelchen oder der Labyrinthfenster zukommt.

Endlich ist noch die Möglichkeit ins Auge zu fassen, dass eine Erkrankung des Labyrinthes oder Acusticus unabhängig von einer Affection des äusseren und mittleren Ohres eintreten kann.

Prognose. Die Prognose bei den verschiedenen Affec-

---

[1]) A. f. Ohr. II, S. 92.

tionen des acustischen Organes leidet selbstverständlich in vielen Fällen an der Unsicherheit der Diagnose und ist deshalb häufig erst nach längerer Beobachtung des Einzelfalles mit grösserer oder geringerer Sicherheit zu stellen. Im Allgemeinen erscheinen zeitweise auftretende oder in ihrer Intensität schwankende subjective Gehörsempfindungen und Schwerhörigkeit als prognostisch günstiger wie continuirlich und gleichmässig anhaltende. Es ist jedoch auch hier in Erwägung zu ziehen, dass die intermittirend auftretenden *Ménière*'schen Symptome zuweilen den Ausgang in unheilbare Taubheit aufweisen. Eine vererbte oder eine angeborene Schwerhörigkeit zeigt sich in der Regel prognostisch sehr ungünstig; so gibt sich auch eine aufgehobene Perception für die auf die Kopfknochen aufgesetzten Stimmgabeln meistens als prognostisch ungünstig zu erkennen. Rückbildungsfähig sind nicht selten die durch verschiedene Medicamente hervorgerufene Schwerhörigkeit und Ohrengeräusche, ferner die durch Hysterie, Hyperaemia cerebri, Syphilom etc. veranlassten *Ménière*'schen Symptome.

Als günstiges Symptom ist, wie schon *Moos*[1]) erwähnt, das Auftreten von subjectiver Gehörsempfindung an einem vorher-tauben Ohre zu betrachten.

Wir müssen uns die Unsicherheit der Diagnose und damit auch der Prognose bei den Erkrankungen des acustischen Apparates stets vor Augen halten, da ja die Beurtheilung des Krankheitsfalles von bestimmendem Einflusse auf das therapeutische Vorgehen ist; nur bei einer zweifellos ungünstigen Prognose darf sich der praktische Arzt eines gegen die Krankheit gerichteten therapeutischen Eingriffes entschlagen, indess er bei der geringsten Unsicherheit in der Diagnose und Prognose stets verpflichtet ist, wenigstens die Vornahme eines therapeutischen Versuches anzurathen. Gerade bei einer Affection des Acusticus, bez. der ac. Centren tritt unsere Unkenntniss über die den vorhandenen Symptomen zu Grunde liegende Ursache in so manchem Falle deutlich hervor und bei Patienten, bei denen bereits jede Hoffnung auf eine Besserung geschwunden erscheint, weist die eingeleitete Behandlung möglicherweise einen überraschenden Heileffect auf. Wenn auch in anderen, leider noch viel häufiger vorkommenden Fällen gar kein oder kein bleibendes Resultat erzielt wird, so ist doch sicherlich schon der Einzelerfolg einer grösseren therapeutischen Versuchsreihe werth und warnt vor einer allzu rasch gestellten ungünstigen Prognose.

Behandlung. Die Behandlung muss bei einer Erkrankung des acustischen Organes einerseits gegen das Grundübel, andererseits gegen das bestehende Acusticus-Leiden selbst gerichtet werden. Ausser der Behandlung einer Erkrankung des äusseren und mittleren Ohres sind ein Allgemeinleiden (Anämie, Syphilis etc.), sowie eine nervöse Affection (sei es, dass diese auf einer idiopathischen Erkrankung, auf Ueberreizung, einer Einwirkung verschiedener Medicamente etc. beruht) energisch zu bekämpfen.

Chinin und Salicyl, welche nach *Schwabach*[2]) bereits in kleinen Gaben bleibende Gehörsstörungen hervorrufen können in einem Falle erfolgten diese durch 1·2 Gramm Chin. sulf., in einem 2. Falle durch 2 bis 3 Gramm Natr. salicyl.) sollen nach Schilling[3]) durch Zusatz von 1 Gramm Ergotin oder 1½ Gramm frischgepulverten Sec. cornut. zu 1 Gramm Chinin

---

[1]) *Moos*, A. f. Aug. u. Ohr. B. 1, Abth. 2, S. 20; Men. ver.-sp. ep. 1881, S. 23. — [2]) D. med. Woch. 1884, Nr. 11. [3]) Münch. ärztl. Intell.-Bl. 1883, Nr. 3.

oder Salicyl, keine oder nur sehr geringe Gehörsstörungen ergeben. Beachtenswerth ist übrigens auch der von *Kirchner* (s. S. 362) und von *Schilling* beobachtete Einfluss der genannten Mitteln auf die Paukenhöhle, weshalb auch *Kirchner* auf die etwaige Nothwendigkeit einer Behandlung des Mittelohres aufmerksam macht.

Bei einer Irritation des Hörnerven durch starke Schalleinflüsse soll jede weitere intensivere Schalleinwirkung hintangehalten werden, wenn nöthig selbst durch einen mehrmonatlichen Aufenthalt an einem ruhigen Orte.[1] Bei nervösen Individuen sind ein Klimawechsel, ein Aufenthalt an hochgelegenen Orten, bei Hysterischen eine mässige Kaltwassercur und Seebäder angezeigt.

Was die eigentliche Localbehandlung betrifft, wurde bereits S. 382 eine Reihe von Mitteln angeführt, die sich gegen die subjectiven Gehörsempfindungen zuweilen günstig erweisen. Einzelerfolge erzielen mitunter Jodkalium (1—2·0 pro die zum innerlichen Gebrauch). Bepinselungen der Warzengegend mit Tinct. jod., Tinct. gallar. aeq. part. oder mit Jodoformcollodium.

<small>Die Einpinselungen sind täglich 1—2mal, bis zum Auftreten einer Hautentzündung an den bepinselten Stellen, vorzunehmen; nach dem Ablaufe derselben werden die Einpinselungen wieder aufgenommen und so 5—6 Wochen hindurch angewendet.</small>

Das bereits S. 383 angeführte Strychninum nitricum zu 0·001 bis 0·002 pro Injection dreimal wöchentlich soll sich nach den Beobachtungen einzelner Autoren als nützlich erweisen.[2] Amylnitrit (s. S. 383) hat mir in einem Falle von Schwerhörigkeit durch Chinin, einen bleibenden günstigen Erfolg ergeben, so auch in einigen Fällen von intermittirend aufgetretenen subjectiven Gehörsempfindungen und Schwerhörigkeit. In vielen anderen Fällen erweist sich das Mittel als nutzlos. — *Schwartze*[3] beobachtete bei einem Patienten, der nach heftigem linksseitigen Kopfschmerze von Zuckungen in beiden Armen, von progressiver Amblyopie und von Taubheit befallen worden war, eine vollkommene Heilung binnen drei Tagen nach dem Ansetzen eines künstlichen Blutegels an die linke Schläfe. Eine Erkrankung der Zähne oder des Kiefers erfordert die entsprechende Behandlung (s. S. 294), da eine Affection der erwähnten Theile sogar hochgradige Schwerhörigkeit ergeben kann, die nach Heilung des Kiefers wieder rückbildungsfähig ist.[4] — *Kispert*[5] heilte mit Secale cornutum binnen vier Tagen eine Frau, die rechterseits plötzlich blind und taub geworden war und bei der die Diagnose auf rechtsseitige Sympathicus-Lähmung gestellt wurde. *Politzer*[6] empfiehlt gegen recente Labyrinth-Entzündung subcutane Injectionen von Pilocarpinum muriat. (2°/₀ zu 2—8 Tropfen). Einzelerfolge mit diesem Mittel (zu 0·005 bis 0·02 pro dosi) erzielte *Lucae*.[7]

Bei der Localbehandlung eines acustischen Leidens ist als wichtigstes Mittel die Elektricität, und zwar vor Allem der galvanische Strom, zu bezeichnen.

Einwirkung des constanten Stromes auf den Acusticus. Untersuchungen über die Einwirkung des constanten Stromes auf den

---

<small>[1] *Lucae*. Real-Encycl. d. ges. Heilk. 1883. B. 15. S. 208. — [2] *Hagen*. C. f. d. med. Wiss. 1875. Nr. 36. *Hensen* (Z. f. wiss. Zool. 1863. B. 13. S. 395) beobachtete, dass Krebse, die sich in Strychnin-Wasser durch längere Zeit befinden, eine gesteigerte Hörkraft aufweisen. — [3] Á. f. Ohr. II. S. 298. — [4] Fall von *Koecker*, s. *Schmidt's* J. 1844. B. 41. S. 76 und von *Gilliams*, s. Oest. Z. f. pr. Heilk. 1855. S. 252. — [5] D. Z. f. pr. Heilk. 1878. Nr. 3 u. 4. — [6] Otol. Congr., Mailand 1880. — [7] Real-Encycl. 1883. B. 15. S. 209.</small>

Acusticus wurden zuerst von *Brenner*[1]) in einer grossen Anzahl von Fällen auf das Eingehendste angestellt, und die Ohrenheilkunde verdankt es diesem Forscher, dass der elektrischen Behandlung des Hörnerven eine wissenschaftliche Bahn eröffnet worden ist. Da die elektrische Acusticus-Behandlung eine genaue Kenntniss des Verhaltens des Hörnerven gegen den galvanischen Strom erfordert, so müssen vorerst die Erscheinungen, welche der galvanische Strom von Seiten des Acusticus hervorruft, besprochen werden. Das von *Brenner* für die galvanische Acusticus-Reaction aufgefundene Gesetz ergibt folgende Reactionsformel: Bei Application der Kathode an den Tragus und der Anode an einen von dem Tragus entfernten, indifferenten Punkt des Körpers (an der entgegengesetzten Halsseite oder dem Rücken der Hand) entsteht beim Schlusse des Stromes von einer bestimmten Stärke ($Ka\,S$) im armirten Ohre eine Klangempfindung[2]) (K'), diese hält bei der weiteren Kathodeneinwirkung ($Ka\,D$) noch durch einige Zeit an und geht schliesslich zurück ($K>$); bei der Oeffnung des Stromes ($Ka\,O$), gleichgiltig, ob diese in der metallischen Leitung oder durch die Abhebung einer Elektrode erfolgt, entsteht keine Gehörssensation (—). Wenn umgekehrt die Anode an den Tragus und die Kathode an den Handrücken gesetzt werden, so tritt beim Stromesschluss (AS) keine Gehörsempfindung im armirten Ohre ein (—), auch nicht bei weiterer Stromesdauer ($AD = -$), wogegen bei der Oeffnung der Kette (AO) eine schwache Klangempfindung (k) zur Beobachtung gelangt. Die subjectiven Gehörsempfindungen (K', K, k) treten nach *Brenner* bei geringer Reizung des Acusticus als Summen, bei stärkerer als Klang hervor, welcher letzterer mit dem steigenden Strome immer höher werden kann. *Kiesselbach*[3]) gibt dagegen an, dass die Stärke des Stromes auf die Höhe der galvanisch erregten subjectiven Gehörsempfindungen keinen Einfluss nimmt, sondern dass der durch den galvanischen Strom erzeugte Ton genau dem Resonanztone des Schallleitungsapparates entspricht.

Behufs Prüfung des Acusticus auf seine Reactionsformel setzt man die Kathode an den Tragus, die Anode an einen indifferenten Punkt des Körpers und nimmt bei einer geringen Anzahl von Elementen, z. B. mit drei Elementen, den $Ka\,S$ vor; zeigt sich hierbei noch keine Reaction, so vermehrt man die Anzahl der Elemente auf 4, 6, 8 etc., bis endlich, beispielsweise bei 12 Elementen, eine Gehörssensation ausgelöst wird; *Brenner* bezeichnet diese als „primäre Erregbarkeit des Nerven" ($E\,I$). Wenn eine Abschwächung des Stromes stattfindet, so zeigt der Acusticus nunmehr noch eine Reaction bei einer Stromesstärke, welche vor der Katelektrotonisirung des Nerven keine Reaction auszulösen im Stande war; man kann z. B. von 12 Elementen bis auf 8 El. herabsteigen. Die unterste Grenze dieser Acusticus-Reaction wird von *Brenner* „secundäre Erregbarkeit des Nerven" benannt ($E\,II$). Wenn weiters statt des einfachen Kathodenschlusses eine Stromeswendung mit dem Commutator von der Anode auf die Kathode vorgenommen wird, welcher Vorgang wegen Summirung der Reize von $AO(k)$ und $Ka\,S\,(K')$ die mächtigste Erregung des Nerven herbeiführt, so kann durch eine

---

[1]) Unters. u. Beob. a. d. Geb. d. Elektroth., Leipzig 1868 u. 1869, 2 Bd.
[2]) Der Anschauung *Brenner's* zu Folge, entsteht der galvanische Klang in Folge einer directen Reizung des Acusticus und nicht etwa reflectorisch vom Trigeminus aus; wie ich jedoch wiederholt beobachtet habe, erfordert eine herabgesetzte cutane Empfindlichkeit zur Auslösung der acustischen Reaction eine stärkere galvanische Reizeinwirkung, als dies bei Application der Elektroden an normal empfindlichen Körperstellen der Fall ist; umgekehrt findet von hyperästhetischen Stellen aus eine intensivere Acusticus-Reaction statt. Gegen die Anschauung, dass die Gehörssensation durch Contraction der Binnenmuskeln hervorgerufen sei, spricht meine Beobachtung eines Falles, in welchem nach Tenotomie des Musc. stapedius bei einem isolirt stehenden Stapes deutliche galvanische Klangempfindungen ausgelöst werden konnten. — [3]) *Pflü*gers Arch., B. 31, S. 95 ff.

noch geringere Elementenzahl, wie bei *E II*, eine Gehörssensation ausgelöst werden; wenn man beispielsweise von acht Elementen auf sechs Elemente herabgeht, die Anode längere Zeit auf den Acusticus einwirken lässt und dann plötzlich auf die Kathode wendet, so wird auf diese Weise selbst noch mit sechs Elementen eine Gehörssensation erregt; die unterste Stufe dieser so erfolgenden Reaction ergibt nach *Brenner* „die tertiäre Erregbarkeit des Nerven" (*E III*).

Bei der galvanischen Reizung des einen armirten Ohres tritt am anderen, nicht armirten Ohre zuweilen ebenfalls eine Reactionsformel auf, welche der des armirten Ohres entgegengesetzt ist. Diese als „paradoxe Formel" bezeichneten Reactionserscheinungen enthalten, wie schon *Erb* und *Benedict* hervorhoben, nichts Paradoxes, da sie nur dafür sprechen, dass sich das nicht armirte Ohr stets unter dem Einflusse der dem armirten Ohre entgegengesetzten Elektrode befindet, also bei Anodenapplication am rechten Ohre das nicht armirte linke Ohr unter der Einwirkung der Kathode steht und umgekehrt.

Die Entwicklung der Reactionsformel des Acusticus bietet besonders am gesunden Gehörorgane bedeutende, nicht selten unüberwindliche Hindernisse dar. Der Grund davon liegt in den zum Theile sehr unangenehmen Nebenerscheinungen, welche bei der galvanischen Acusticusreizung hervortreten können.

Diese Nebenerscheinungen sind folgende: 1. Der Schmerz; er zeigt sich desto intensiver, je spitzer die Elektrode ist; aus diesem Grunde sind sehr breite Elektroden empfehlenswerth (s. S. 26). Bei der Anodeneinwirkung giebt der Patient einen dumpfen Schmerz im Ohre an, wobei er das Ohr verschlossen fühlt; beim *Ka S* erfolgt ein heftiger Stich im Ohre, bei *Ka O* ein brennendes Gefühl, dabei herrscht die Empfindung vor, als ob das Ohr nach aussen geöffnet sei. 2. Facialiszuckungen, besonders der Musc. orbic. palpebr., zygom., corrug. supere., frontalis, occipitalis, zuweilen der Ohrmuskeln; mitunter entstehen starke Kieferbewegungen. Bei *Ka S* treten die Muskelcontractionen am deutlichsten auf und halten durch mehrere Secunden an; bei *A S* erfolgen sehr schwache, kurze, bei *A O* momentane Zuckungen; die Reihenfolge der Zuckungen ist: *Ka S*, *A S*, *A O*, *Ka O*, bei der letzteren ist eine Zuckung am schwierigsten auszulösen. 3. Lichterscheinungen. 4. Schwindel; dieser ist nächst dem Schmerz die wichtigste Nebenerscheinung bei der Acusticus-Reizung und kann im einzelnen Falle die Auffindung der Reactionsformel selbst unmöglich machen. Er ist am stärksten, wenn die Elektroden an zweien, einander gegenüber befindlichen Punkten der beiden Kopfhälften angesetzt werden, und zeigt sich um so geringer, je mehr die Elektroden parallel der Längsaxe des Körpers applicirt sind. Die Schwindelbewegung erfolgt stets gegen die Anode. Mit dem Schwindel tritt zuweilen Erbrechen ein oder es erscheinen länger anhaltende Uebelkeiten. In manchen Fällen kann der Schwindel stundenlang anhalten.

Bei einer von mir beobachteten Patientin, bei welcher sich die Elektroden in der möglichst ungünstigen Stellung für die Entstehung von Gleichgewichtsstörungen befanden, nämlich übereinander gestellt waren (am Tragus und am Halse derselben Seite) erfolgte bei zwei Elementen (Siemens-Halske) eine so heftige Schwankung gegen die Anode, dass Patientin vom Sessel stürzte und hierauf durch eine Minute von starken, seitlichen Körperschwankungen befallen erschien. — Bei einer anderen Patientin entstanden regelmässig Schwindelerscheinungen, wenn die eine Elektrode, gleichgiltig ob die Anode oder Kathode, über den Arcus zygomaticus dexter bewegt wurde (die zweite Elektrode befand sich am Nacken); dagegen trat kein Schwindel auf, wenn sich die Elektrode $1/2$ Centimeter oberhalb des Arcus zygomaticus befand. In diesem Falle war der Schwindel wohl reflectorisch ausgelöst worden.

Als weitere Erscheinungen wären zu erwähnen: 5. Schluckbewegung bei Schliessung und Oeffnung der Kette. 6. Speichelfluss. 7. Husten, besonders beim Kettenschluss. 8. Geschmacksempfindung; der Geschmack kann stunden-, selbst tagelang anhalten. 9. Formicationen am entsprechenden Zungenrande.

Die Untersuchungen *Brenner*'s an Ohrenkranken ergaben, dass die galvanische Reaction von dem jedesmaligen Zustand des äusseren und mittleren Ohres sehr abhängt. So bietet ein Verschluss des äusseren Gehörganges dem galvanischen Strome oft ein unüberwindliches Hinderniss dar; dagegen erfolgt wieder eine acustische Reaction viel leichter, wenn das Trommelfell durchlöchert ist. Derartige Leitungshindernisse sind als die häufigsten Ursachen einer galvanisch schwer auslösbaren Acusticus-Reaction zu betrachten, während eine Torpidität des Acusticus im Allgemeinen sehr selten vorkommt: ja der Hörnerv befindet sich, der Ansicht *Brenner's* zufolge, wegen der geringen Schallwellen, welche ihm bei einer Erkrankung des Schallleitungs-Apparates zugeführt werden, sogar im Gegentheile in einem Zustande des Reizhungers[1]) und erscheint daher abnorm leicht erregbar (Hyperaesthesia acustica, im Sinne von *Brenner*).

Eine einfache Hyperästhesie äussert sich in einer langen Dauer der Reaction, so z. B. hält die Gehörssensation bei $Ka\,D$ längere Zeit hindurch an, als im normalen Zustande, ja sie geht zuweilen während der $Ka\,D$ überhaupt nicht zurück (∞). Als Zeichen von einfacher Hyperästhesie ist ferner die leichte Auslösbarkeit der galvanischen Acusticus-Reaction zu betrachten, wenn nämlich eine solche auch in Fällen erfolgt, in denen die eine Elektrode nicht am Tragus, sondern in einer von der Intensität der Hyperästhesie abhängigen Entfernung vom Tragus applicirt wird. Endlich stehen auch die Grösse der Entfernung und die Dauer von $E\,II$ und $E\,III$ im Verhältnisse zu der grösseren oder geringeren Hyperaesthesia acustica. Eine andere Art von Hyperästhesie geht mit qualitativer Veränderung der Reactionsformel einher, wobei am häufigsten neben der oben angegebenen Reaction auch durch AS und AD eine Gehörssensation ausgelöst wird; mitunter erscheint die Reactionsformel umgekehrt, also $Ka\,S -$, $Ka\,D -$, $Ka\,O k$, ASK', $ADK >$, $AO -$. *Brenner* unterscheidet ausserdem noch eine Hyperästhesie mit leichter Erregung der paradoxen Formel des nicht armirten Ohres; dieselbe kann, wovon ich mich in einem Falle überzeugt habe, bei Application der zweiten Elektrode unmittelbar unterhalb des Tragus der armirten Seite auftreten. *Brenner* constatirte in einzelnen Fällen auch ein kreuzweises Auftreten der paradoxen Formel, also eine Auslösung der galvanischen Reaction am anderen, nicht armirten Ohre.

Betreffs der **subjectiven Gehörsempfindungen** ergeben die Beobachtungen *Brenner's* Folgendes: Von den verschiedenartigen subjectiven Gehörssensationen, die nach aussen vom Ohre, im Ohre oder im Kopfe wahrgenommen werden, vermag eine galvanische Behandlung nur auf die nach aussen verlegten Gehörsempfindungen einzuwirken; bei AO tritt das Geräusch meistens verstärkt auf, $Ka\,S$ und $Ka\,D$ erhöhen eine bestehende subjective Gehörsempfindung; in anderen Fällen wird ein Ohrengeräusch durch AS und AD allerdings sistirt, dagegen bei $Ka\,S$ und $Ka\,D$ nur wenig verstärkt. Eine Dämpfung der subjectiven Gehörsempfindung zeigt sich am deutlichsten bei der Wendung von der Kathode auf die Anode; zuweilen üben AS, AD und $Ka\,O$ keinen Einfluss auf vorhandene Gehörssensationen aus, indess $Ka\,S$, $Ka\,D$ und AO eine Verminderung derselben erzielen.

Eine **schwere galvanische Erregbarkeit des Acusticus**, die, wie bereits bemerkt wurde, sehr selten vorkommt, manifestirt sich in einem abnorm raschen Abklingen der galvanisch erregten Gehörssensationen, ferner in geringen Abständen von EI, EII und $EIII$, womit stets eine hochgradige Schwerhörigkeit verbunden ist. Eine absolute Taubheit, sowie eine fehlende Knochenleitung, sind keineswegs auch Zeichen von einer acustischen Taubheit: also es kann ein im Uebrigen sehr schlecht functionirender Hörnerv für den elektrischen Strom sehr gut erregbar sein.

Betreffs der elektrischen Behandlung des Hörnerven geht *Brenner* von folgendem Gesichtspunkte aus: „Die Fähigkeit auf den elektrischen Reiz in physiologischer Weise gesetzmässig zu reagiren, ist die conditio sine qua non für die Gesundheit eines jeden Nerven, so auch für den Hörnerven." Mit Herstellung der normalen Reactionsformel

---

[1]) Eine leichtere Erregbarkeit der Hörempfindungen gibt sich auch nach plötzlicher Entfernung eines im Ohrcanale durch längere Zeit gelegenen Schallleitungshindernisses zu erkennen (s. *Hard.* Traité etc. T. 2. p. 68).

ist also nach *Brenner* eine Theilerscheinung der Krankheit weggeschafft, ohne dass jedoch damit schon nothwendigerweise die Heilung erfolgen müsste.

Bei Behandlung einer einfachen Hyperästhesie mit subjectiven Gehörsempfindungen muss nach *Brenner* jede galvanische Erregung des Acusticus strenge vermieden werden; es geschieht dies auf die Weise, dass man AS und AD auf den Hörnerven durch einige Minuten einwirken lässt und sich hierauf mittelst des für die *Brenner*'sche Behandlungsmethode unentbehrlichen Rheostaten allmälig aus dem Strome herausschleicht, um die erregende Wirkung einer AO zu umgehen. Eine Kathodeneinwirkung darf auf den Acusticus in solchen Fällen überhaupt nicht stattfinden.

Man setzt also den Kupferpol ($+$) an den Tragus, den Zinkpol ($-$) an eine indifferente Stelle des Körpers, stellt bei Einschaltung des auf O gerichteten Rheostaten eine gewisse Anzahl von Elementen ein, vermehrt hierauf die Widerstände in der Nebenschliessung, um den Strom allmälig in den Körper hineinzulenken, bis der Strom durch diesen in voller Stärke fliesst; nach circa drei Minuten werden die Widerstände im Rheostaten langsam wieder vermindert, der Strom daher nach und nach vom Körper abgelenkt, bis dieser endlich vollständig ausgeschaltet ist. Wenn in einem Falle die „paradoxe Formel" entsteht, so empfiehlt *Brenner* die doppelarmige Anode, von welcher der eine Arm auf den rechtsseitigen, der andere auf den linksseitigen Tragus angesetzt wird.

Eine Schwerhörigkeit mit qualitativer Veränderung der Reactionsformel wird nach *Brenner* in folgender Weise behandelt: Im Falle AS und AD pathologischer Weise eine Gehörssensation auslösen, lässt man das Ohr sehr langsam in den Anodenstrom einschleichen und öffnet den Strom in voller Stärke (AO); soll KaS verstärkt werden, weil derselbe eine abnorm geringe Reaction ergibt, so muss der Strom in voller Stärke auf KaS gestellt werden, man wendet ferner von AO auf KaS. KaO soll stets durch Ausschleichung umgangen werden, weshalb auch eine Wendung von KaO auf AS nicht statthaft ist.

Der hier in aller Kürze mitgetheilten Lehre *Brenner's* über die galvanische Reaction und Behandlung des Hörnerven sind eine Reihe Gegner erstanden: vor Allem macht *Schwartze*[1]) auf Fälle aufmerksam, in denen einerseits ein gesunder Hörnerv nicht die *Brenner*'sche Formel ergibt, andererseits die Ueberführung einer qualitativ veränderten Formel in die Normalreaction ohne die geringste Gehörsverbesserung erfolgen kann. — *Benedict*[2]) schliesst sich der Ansicht *Brenner's* über die Normalreaction des Nerven, sowie über die Nothwendigkeit eines Einschleichens des Acusticus in die Anodeneinwirkung und eines Ausschleichens aus dieser nicht an, sondern betrachtet sogar im Gegentheil die Anwendung der *Volta*'schen Alternativen als „die beste Methode der local galvanischen Behandlung"; also dieser Autor nimmt wiederholte Wendungen von der Anode auf die Kathode vor und umgekehrt.

Gegen eine central bedingte Gehörsaffection empfiehlt *Benedict* auch die „Galvanisation des Sympathicus", bei welcher der eine Pol unterhalb des Kiefergelenkes am inneren Rande des Musc. sterno-cleido-mast., die andere Elektrode in der Gegend des unteren Verlaufes der Carotis communis angesetzt wird. Dabei können ebenfalls *Volta*'sche Alternativen Anwendung finden.

---

[1]) A. f. Ohr. B. 1, S. 14. — [2]) Wien. med. Presse. 1870; Nervenpath. u. Elektr. 1876. 2. Theil.

Behandlungsresultat. Wenngleich sich die Erwartungen *Brenner's* betreffs der bedeutenden Wirksamkeit der galvanischen Behandlung des Acusticus im Allgemeinen leider nicht erfüllt haben, so erweist sich dieselbe dennoch, theils als Unterstützungscur, theils für sich allein in manchen Fällen von hohem Werthe, ja manche Gehörsanomalien sind nur mittelst der elektrischen Behandlung einer Besserung, beziehungsweise Heilung zuzuführen. So habe ich wiederholt beobachtet, dass unmittelbar nach der galvanischen Behandlung die früher nicht vorhanden gewesene Perception für eine auf die Kopfknochen aufgesetzte tönende Stimmgabel [1]) nunmehr deutlich bestand, dass ferner Patienten, die gegen ihre Schwerhörigkeit und subjective Gehörsempfindungen mit den verschiedenen Mitteln durch Monate hindurch resultatlos behandelt worden waren, bei später ausschliesslich angewandter Elektrotherapie einen bedeutenden Nachlass der Erkrankungssymptome erfuhren. Dass durch eine galvanische Behandlung des Acusticus häufig, ja vielleicht sehr häufig, kein auffälliges Heilresultat erzielt wird, ist ohne Zweifel; ob jedoch die Schuld daran in allen solchen Fällen in der Ohnmacht des elektrischen Stromes gelegen sei, oder ob nicht vielleicht eher die verspätete Anwendung der elektrischen Behandlung als Ursache des ausgebliebenen Heileffectes in Betracht zu ziehen wäre, dies möge vorläufig dahin gestellt bleiben. Gleich anderen Behandlungsmethoden ergibt ja auch die Elektrotherapie oft sehr verschiedene Resultate, je nachdem sie früh oder spät in Anwendung gezogen wird. Was die möglicherweise erfolgende Verschlimmerung des Ohrenzustandes durch eine galvanische Behandlung anbelangt, so muss es im Vorhinein höchst wahrscheinlich bezeichnet werden, dass ein Mittel, welches auf ein bestimmtes Organ einwirkt, je nach der Art seiner Anwendung einmal einen günstigen, ein andermal einen ungünstigen Einfluss auf dieses Organ wird nehmen können. So ist vom *Brenner*'schen Standpunkte AO, KS und KD für eine einfache Hyperaesthesia acustica mit subjectiven Gehörsempfindungen entschieden schädlich, dagegen eine Anodeneinwirkung mit Ausschleichung aus dem Strome günstig. Es ist allerdings wieder hierbei zu bemerken, dass in Fällen von Hyperästhesie zuweilen gerade durch den von *Brenner* verpönten Kathodeneinfluss auf den Acusticus eine Besserung erfolgt, während sich die Anode nutzlos erweist, oder dass mit den *Volta*'schen Alternativen eine auffällig günstige Wirkung erzielt werden kann, welche mit der *Brenner*'schen Methode ausbleibt. Derartige Fälle sprechen wohl dafür, dass die von *Brenner* aufgestellten Gesetze, denen sicherlich sehr genaue und an feinen, trefflichen Beobachtungen reiche Untersuchungen zu Grunde liegen, keine allgemeine praktische Giltigkeit besitzen; doch wie sich dies auch in dem speciellen Falle verhalten mag, so darf doch keineswegs der elektrischen Acusticusbehandlung ihre Bedeutung abgesprochen werden.

Seltener als der constante Strom, wird bei Acusticusaffectionen der inducirte Strom in Anwendung gezogen. Er ist entweder allein oder abwechselnd mit dem galvanischen Strome zu benützen. Bei Hysterie erweist sich der Inductionsstrom gegen die Gehörsanomalien manchmal sehr günstig. [2])

Bezold[3]) behandelte einen an Meningitis cerebro-spinalis erkrankt gewesenen

---

[1]) Die Wiederkehr der Perception findet bald für die tiefen, bald für die hohen Töne zuerst statt, wobei manchmal, in den verschiedenen Sitzungen, die wiederkehrende Tonperception der chromatischen Tonscala entspricht. — [2]) *Duchenne*, Bullet. d. Thér. 1858, Vol. 55, p. 105, 160. [3]) Münch. ärztl. Int.-Bl. 1878, Nr. 44 ff.

Patienten, der an Schwindel, Ohrensausen und Schwerhörigkeit litt, erfolgreich mit dem faradischen Strome. Bei einer in meiner Behandlung befindlichen Kranken mit Morbus Basedowi, die an Schwerhörigkeit, subjectiven Gehörsempfindungen und an Schwindel litt, trat nach der Anwendung des Inductionsstromes bei Application der einen Elektrode an den Tragus, der anderen an die Gegend des Ganglion cervicale inferius (Sympathici) eine bedeutende Besserung der subjectiven Gehörsempfindungen und der Schwerhörigkeit ein (von 3 Ctm. auf 20 Ctm.); bei derselben Patientin hatte die galvanische Behandlung nur eine geringe Besserung der Schwerhörigkeit (von 1 auf 3 Ctm.) ergeben. Eine Besserung der Schwerhörigkeit, sowie der subjectiven Gehörsempfindungen durch Behandlung mit dem inducirten Strome habe ich wiederholt beobachtet.

Die angeborene und die früh erworbene Taubheit; die Taubstummheit.

Die Taubheit kann entweder angeboren oder erworben sein. Die angeborene Taubheit beruht entweder auf fötaler Meningitis[1], auf einer Bildungsanomalie des Centralnervensystems, des Gehörorganes, auf einem intrauterinen Entzündungsvorgange im Ohre oder aber sie tritt bei einem nicht nachweisbar veränderten Verhalten der acustischen Organe auf. Eine wichtige Rolle spielt bei der angeborenen Taubheit die Vererbung: die Taubheit kann dabei entweder von den Eltern auf die Kinder direct vererbt werden oder aber sie zeigt sich erst im zweiten, dritten oder in einem noch späteren Gliede.

Aus den Mittheilungen von *Wilde*[2] über die Taubstummen Irlands geht hervor, dass unter 123 Kindern von 98 Ehen taubstummer Individuen nur in einem Falle Taubheit vorhanden war. Merkwürdig ist die Thatsache, dass in einer bestimmten Familie eine angeborene Taubheit zuweilen nur bei den Kindern des männlichen[3] oder nur bei denen des weiblichen Geschlechtes[4] besteht. *Wilde* berichtet ferner von Familien, in denen regelmässig jedes zweite oder jedes dritte Kind taub geboren wurde.

Als ätiologisches Moment einer angeborenen Taubheit ist auch eine Summirung der Constitutions-Anomalien von väterlicher und mütterlicher Seite in Betracht zu ziehen. Es ist dies besonders dann der Fall, wenn eine solche constitutionelle Affection der Eltern eine gleichartige ist, wie vor Allem bei deren Abstammung von einer gemeinsamen Familie, in welcher eine gewisse Constitutionsanomalie vorherrscht.

Darin dürfte auch der Grund liegen, warum die aus Verwandtschaftsehen hervorgegangenen Kinder häufig an Scrophulose, Tuberculose, Geisteserkrankungen und so auch an Taubheit leiden; damit erklärt sich ferner zum Theil die Thatsache, dass, abgesehen von localen Verhältnissen, in einer abgeschlossenen isolirten Gebirgsortschaft, in der gewöhnlich die Inzucht gefördert wird, häufig Cretinismus, Taubheit etc. vorkommen.

So hat beispielsweise *Ménière*[5] an einigen Orten des Canton Bern in der Schweiz einschlägige Erfahrungen angestellt. *Mitchell*[6] fand unter 45 Individuen aus Verwandtschaftsehen nur 8 gesund; bei den übrigen zeigten sich Sterilität, Nerven- und Geisteskrankheiten. Tuberculose, Blindheit, Taubheit u. s. w.

Es ist übrigens zu bemerken, dass auch ohne erbliche Belastung taubstumme Kinder aus Verwandtschaftsehen hervorgehen.[7]

Wie aus den statistischen Ergebnissen betreffs der Verbreitung

---

[1] *Meyer*, s. *Virch. Arch.* B. 14. — [2] The Census of Ireland 1861, s. *Moos*, A. f. Ohr. I. S. 184. — [3] *Kramer*, Ohrenh., 1836, S. 385. — [4] *Sedgwick*, s. *Schmidt's* J. 1863. B. 120, S. 246. — [5] Gaz. d. Paris, 1856, s. *Schmidt's* J., B. 91, S. 371. — [6] Annal. d. mal. de l'or. 1876, p. 265. — [7] *Moos*, Z. f. Ohr., B. 11, S. 274.

der Taubstummheit[1]) hervorgeht, kann diese ausser von socialen Verhältnissen auch von **terrestrischen Einflüssen** abhängen.

So findet sich die Taubstummheit in den Allgäuer und Berchtesgadener Hochalpen häufiger vor als im übrigen bayerischen Gebirge[2]); wahrscheinlich spielt dabei die Beschaffenheit des Wassers eine grosse Rolle.[3]) Die Juraform scheint dem Zustandekommen der Taubstummheit ungünstig; so tritt diese in den schweizerischen Hochgebirgs-Cantonen Appenzell a. Rh., St. Gallen, Glarus, Schwyz und Unterwalden verhältnissmässig selten auf (8—15 auf 10.000). Dagegen zeigt sich die Taubstummheit bedeutend häufiger in den höchsten Hochalpen von Bern (42), Luzern (44), Wallis (49 auf 10.000). *Mayer* spricht sich hierüber folgendermassen aus: „Das Gebirg wird in der Regel reich an Taubstummen sein, es **muss** aber nicht so sein; die Ebene und die Niederung dagegen scheinen sich durchwegs einer relativen Immunität zu erfreuen." Eine Ausnahme davon bildet das norddeutsche Tiefland (Pommern, Posen und Preussen).

Die **erworbene Taubheit** zeigt sich häufiger als der angeborene Mangel der Gehörsfunction. Die Ursachen von erworbener Taubheit liegen in den verschiedenen Erkrankungen des Centralnervensystems, des Labyrinthes oder des Schallleitungs-Apparates; hierher gehören Meningitis cerebro-spinalis, die entzündlichen Labyrinth-Affectionen, von Allgemein-Erkrankungen besonders Scarlatina, Typhus etc. Die erworbene Taubheit befällt vorzugsweise das früheste Kindesalter.

Luys[4]) fand an einem 72jährigen taubstumm gewesenen Individuum die hinteren und inneren Partien der Hirnrinde gelblich ödematös und colloid. Die weissen Faserbündel, die zu den hinteren Kernen der Sehhügel laufen, waren durch graue Fasern unterbrochen; es fanden sich amyloide Körnchen vor, die hinteren Kerne erschienen serös, grau, die Nervensubstanz war zu Grunde gegangen, amyloid. Eine ähnliche Erkrankung fand sich in der grauen Substanz und am N. acusticus, nahe dem Ursprung am 4. Ventrikel vor. In einem 2. Falle zeigte sich an den genannten Partien und auch am Acusticus eine bedeutende Hyperämie.

Alter. *Wilde* verzeichnet das Auftreten von Taubheit unter 503 Fällen 120mal innerhalb der ersten drei Lebensjahre, darunter entfielen die meisten Fälle auf das zweite Jahr; 109mal erschien die Taubheit zwischen dem dritten und vierten Jahre, 76mal im vierten Jahre, 38mal im fünften Jahre, 36mal im sechsten Jahre, 32mal im siebenten Jahre, 21mal im achten Jahre, 11mal im neunten Jahre, 15mal im zehnten Jahre, 33mal zwischen dem 10. und 15. Jahre, 12mal nach dem 15. Jahre.

Häufigkeit der angeborenen und der erworbenen Taubheit. Die Taubheit überhaupt, also sowohl die angeborene als die erworbene, tritt einer Zusammenstellung von *Mayer* in München zufolge unter 10.000 Menschen durchschnittlich bei 7·4 auf.

Eine verhältnissmässig geringe Quote von 3·35 (1199 Taubstumme unter 3.575.080 Einwohner) weisen die Niederlande auf, ferner Belgien mit 4·39 (1989 : 4.529.560). Die Taubstummenquote Grossbritanniens und Irlands beträgt 5·7 (18.152 : 31.631.212), von Dänemark 6·2 (1156 : 1.864.496), Frankreich 6·2 (22.610 : 36.102.921), Spanien 6·9 (10.905 : 15.658.531), Italien 7·3 (19.385 : 26.413.132), Norwegen 9·22 (1569 : 1.701.756), Oesterreich ausser Ungarn 9·6 (19.701 : 20.394.980), Deutschland 9·6 (38.489 : 39.862.133), Schweden 10·2 (4266 : 4.168.525), Ungarn 13·4 (20.699 : 15.417.327), Schweiz 24·5 (6541 : 2.699.147). In Oesterreich (Cisleithanien) haben Oesterreich ober

---

[1]) S. *Schirmer*, 5. Band der Volkszählungs-Ergebnisse in Oesterreich; *Lent*, Statistik der Taubstummen des Regierungsbezirkes Köln, 1870; ferner die vortreffliche Abhandlung *C. Mayer's*: Ueber die Verbreitung der Blindheit, der Taubstummheit etc. 35. Heft der Beiträge zur Statistik des Königreiches Bayern, 1877. [2]) *Mayer*, l. c. [3]) *Lent, Schirmer*, l. c. — [4]) Ann. d. mal. de l'or. 1876, T. 1, Nr. 5, Gaz. méd. 1880, Nr. 29.

der Enns 16·2, Salzburg 27·8, Steiermark 20·6 und Kärnten 44·4, auf 10.000; die höchste Quote zeigen Zell am See in Salzburg, sowie St. Veit und Wolfsberg in Kärnten mit je über 50 Percente, also ein Taubstummer auf 200 Einwohner!

Die Taubheit wird bei Knaben häufiger als bei Mädchen angetroffen, und zwar nach den Aufzeichnungen von *Wilde* bei angeborener Taubheit im Verhältnisse von 100 : 74·5; dagegen zeigt die erworbene Taubheit ein Verhältniss von 93 (Knaben) : 96 (Mädchen).

Einfluss des Gehörs auf die Sprache. Mit der Taubheit steht die Erlernung der Sprache in innigem Zusammenhange, indem das Gehör bekanntlich einen wichtigen Einfluss auf die Sprache nimmt. Wie sehr auch die Modulation der Sprache von der Gehörsperception abhängig ist, beweist die rauhe, harte und laute Aussprache, welche hochgradig schwerhörige Individuen in der Regel besitzen: dieselbe ist als geradezu charakteristisch für eine lang bestehende, hochgradige Schwerhörigkeit zu bezeichnen, tritt aber zuweilen sehr rasch nach erfolgter Schwerhörigkeit auf. Noch viel bedeutungsvoller gestaltet sich der Einfluss des Gehörs auf die Sprache bei Kindern, die innerhalb der ersten Lebensjahre (vor dem fünften bis siebenten Jahre) ihr Gehör verloren haben oder an einer angeborenen Taubheit leiden. Bei den Ersteren geht mit dem Ausfall des Gehörs die wichtigste Anregung zur Sprache, sowie deren weitere Ausbildung verloren und die Kinder verlernen je nach ihrer geistigen Anlage und der Sorgfalt, die ihnen von ihrer Umgebung zu Theil wird, mehr minder das Sprechen: dieses wird immer rauher, undeutlicher, die Weichheit des Klanges geht verloren und allmälig tritt zu der Taubheit die Stummheit hinzu: das betreffende vorher nur taube Kind ist nunmehr taubstumm geworden und erscheint auf die Stufe herabgesunken, auf der sich ein angeboren taubes Kind gleich vom Anfange an befindet.

Da das Reden eine stärkere Respiration und demnach energischere Bewegungen des Thorax bedingt, erklärt sich auch die Thatsache, dass bei Wegfall dieses Impulses die Thoraxmuskeln von taubstummen Individuen schwächer entwickelt erscheinen, der Thorax eine Abflachung erleidet und in Folge dessen eine Neigung zu Lungenerkrankungen besteht. Im Uebrigen zeigen sich taubstumme Individuen geistig oft überraschend gut entwickelt und äussern einen lebhaften Bewegungstrieb.

Die Diagnose auf Taubheit ist bei Kindern der ersten Lebensjahre gewöhnlich sehr schwer zu stellen. Es ist besonders schwierig zu entscheiden, ob ein Kind unter einem Jahre sprachtaub ist oder nicht.

Complete Taubheit ist nämlich viel seltener vorhanden, als eine einfache Sprachtaubheit, und aus der nachweislichen Perception gewisser Geräusche, Glockentöne u. s. w. allein, ist keineswegs auf ein bestehendes Sprachverständniss zu schliessen; ja selbst eine Prüfung, ob sich in einem gegebenen Falle complete Taubheit vorfinde, ergibt nicht immer ganz verlässliche Resultate, da es selbst bei Erwachsenen schwer fallen kann, zu bestimmen, ob intensive Schallwellen eine Gehörs- oder eine Gefühlsempfindung erregt haben. Bei den Prüfungen auf Geräusche oder Töne lenke man die Aufmerksamkeit des betreffenden Kindes von der zur Prüfung verwendeten Schallquelle ab und untersuche erst dann, ob die Schalleinwirkung eine Gehörsreaction veranlasst. Bei Kindern von zwei Jahren an gelingt es zuweilen ganz gut, mit Sicherheit zu erfahren, ob eine auf den Kopf aufgesetzte tönende Stimmgabel gehört werde; die so geprüften Kinder äussern nämlich eine sichtliche Freude, wenn sie den Stimmgabelton percipiren, setzt man dagegen eine nicht angeschlagene Stimmgabel auf die

Kopfknochen, so bleibt der Gesichtsausdruck unverändert. Nach *Lucae*[1]) reagiren Taubstumme viel häufiger auf tiefe, als auf hohe Töne.

Eine nähere Prüfung sprachtauber Individuen lässt ferner erkennen, dass die **Sprachtaubheit** häufig **keine vollständige** ist, sondern von manchen Individuen noch die Vocale, von anderen ausserdem einige Consonanten oder selbst einzelne Worte percipirt werden. Ein solcher Unterschied in der Hörfähigkeit kann in der Regel aus der Art und Weise der Aussprache erschlossen werden, da diese um so deutlicher und weicher erscheint, je besser die Hörfähigkeit ist.

Lucae[2]) kannte einen Taubstummen, der verschiedene Worte sehr gut hörte, wenn man in die Volae beider auf den Rücken nebeneinander gelegten Hände hineinsprach.

Die **Prognose** der Taubstummheit ist im Allgemeinen ganz ungünstig, immerhin tritt in manchen Fällen spontan eine Besserung auf, die zuweilen überraschende Fortschritte macht.[3]) Eine, in Folge von Erkrankungen des Schallleitungs-Apparates eingetretene Taubstummheit erweist sich bei nicht allzu verspätet vorgenommener Behandlung zuweilen noch rückbildungsfähig, ja *Tröltsch*[4]) nimmt an, dass von den Fällen mit erworbener Taubstummheit mindestens $1/5$ von der Taubstummheit hätte bewahrt werden können.

Behandlung und Unterricht. Die **Behandlung** der Taubstummheit ist einerseits auf eine versuchsweise Bekämpfung der Taubheit, andererseits gegen die Stummheit gerichtet. Ein therapeutischer Versuch zur Behebung der Taubheit erscheint nur in solchen Fällen angezeigt, in denen noch eine nachweisbare Schallempfindung besteht. Die Behandlung betrifft entweder eine Bekämpfung etwa vorhandener Erkrankungen des Schallleitungs-Apparates oder sie strebt eine Besserung in der Perceptionsfähigkeit des Acusticus an. In letzterer Hinsicht kommt besonders die Galvanisation des Hörnerven in Betracht.

Wie ich mich überzeugt habe, tritt durch eine galvanische Behandlung in vereinzelten Fällen ein früher nicht vorhanden gewesenes **Vocalverständniss** auf. Wenngleich ein solcher therapeutischer Effect als ein sehr geringer bezeichnet werden muss, so bietet er dennoch für den Taubstummen-Unterricht, sowie für die Weichheit der Aussprache nicht zu unterschätzende Vortheile dar.

Von günstigem Einfluss erweisen sich methodisch vorgenommene Hör- und **Sprechübungen**, wenn nöthig vermittelst des Sprachrohres.[5]) Derartige Uebungen regen einerseits den Hörsinn an[6]) und verhüten andererseits ein Vergessen der Sprache. So manche Kinder wären nicht stumm geworden, wenn ihnen ihre Umgebung eine entsprechende Pflege hätte angedeihen lassen. Bei der **Erziehung** von Taubstummen muss zunächst angestrebt werden, dass ein taubes Individuum durch **Erlernung der Sprache** (mittelst des Lippen-Unter-

---

[1]) A. f. Ohr. XV, S. 278. [2]) A. f. Ohr. XIV, S. 133. [3]) *Thompson* (The Lond. med. Reposit. 1821, s. *Horn's* Arch. 1825, B. 3, S. 158) berichtet von einem im 18. Lebensmonate unter Convulsionen taub gewordenen Mädchen, das mit 16 Jahren zuerst Kanonendonner, später sogar Worte hörte; s. ferner *Hartmann*, Taubst. u. Taubst.-Bild. Stuttgart 1881; *Politzer*, Ohrenh., S. 869. Aehnliche Erfahrungen habe auch ich in 2 Fällen gemacht, s. ferner S. 232. [4]) A. f. Ohr. B. 11, S. 156; *Schwabach*, Real-Encycl. d. ges. Heilk., Wien 1883, S. 136. [5]) *Philippi*, Journ. d. méd. d. Bordeaux, s. *Fror.* Not. 1846, B. 38, Sp. 254; *Toynbee*, Ohrenh., Uebers., S. 416. [6]) s. S. 349 u. 351. *Hughes* fand bei seinen Versuchen mit dem Audiometer eine Steigerung der Hörfähigkeit (A. f. Ohr. XVI, S. 229); *Keeson*, Brit. med. Journ. 1879, s. Z. f. Ohr. IX, S. 79.

richtes) dem socialen Verkehre nicht vollständig entzogen bleibt; bei sonst vorhandenen geistigen Fähigkeiten und einem zweckentsprechenden Unterrichte kann ein taubstummes Individuum sein selbstständiges Fortkommen finden.

Hirzel[1]) unterrichtete mit überraschendem Erfolge einen **blinden und taubstummen** Knaben mittelst erhabener Schrift und Lautsprache; bei der letzteren musste der Zögling die eine Hand auf die Brust des Sprechenden und die andere Hand auf dessen Hals legen, wobei der Taubstumme auch den Anhauch zu beachten hatte. Mund- und Zungenstellung wurden durch Einlagen in den Mund hergestellt bis zum freien Gebrauch. Nach 3 Monaten konnte der Zögling sprechen, wobei Vocale schwerer erlernt worden waren als Consonanten.

Der **Taubstummen-Unterricht**, welcher in den Taubstummen-Anstalten gegenwärtig mit grosser Umsicht und bedeutendem Erfolge gepflegt wird, ging zuerst von Spanien (1570) aus, und zwar ist als ihr Begründer *Pedro de Ponce* anzusehen. Die ersten Taubstummen-Anstalten wurden in Paris (1760) und in Leipzig (1778) errichtet. Gegenwärtig bestehen zahlreiche vortrefflich geleitete **Anstalten**, die aber leider für den Bedarf keineswegs ausreichen.

Die **Aufnahme** in das Institut ist an ein bestimmtes Alter gebunden, und zwar werden Kinder vor dem sechsten bis siebenten Jahre nicht zugelassen. Da wegen der mit den vorhandenen Plätzen in einem traurigen Missverhältnisse stehenden zahlreichen Nachfragen viele Vormerkungen stattfinden müssen, so ist die Anmeldung eines taubstummen Kindes, welches noch in dem zur Aufnahme gesetzlich vorgeschriebenen Alter steht, häufig bereits eine verspätete. Aus diesem Grunde erscheint es unter den gegebenen Verhältnissen räthlich, ein taubstummes Kind möglichst früh noch vor dem erreichten zulässigen Alter in Vormerkung zu bringen. Der Unterricht in den öffentlichen Taubstummen-Anstalten wird auch externen Schülern ertheilt oder der Taubstumme kann im entsprechenden Falle mit Hilfe eines Taubstummen-Lehrers einen Hausunterricht geniessen.

---

[1]) *Fror.* Not. 1849. B. 11, Sp. 39.

Hörprüfungs-Apparat.

(Zusatz zu S. 33.)

Zu genaueren Hörprüfungen bediene ich mich in jüngster Zeit folgenden, dem *Hughes*'schen Sonometer ähnlichen Apparates [1]) (s. Fig. 73):

Fig. 73.

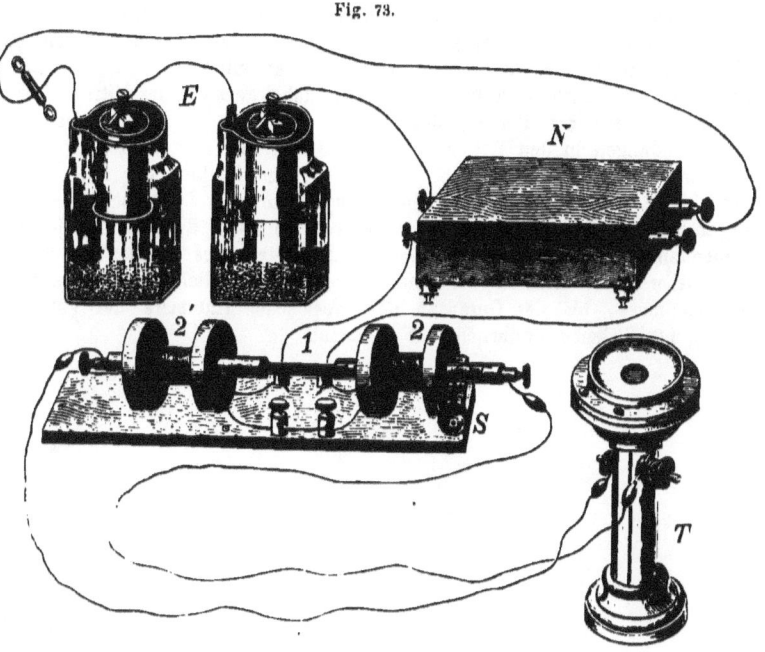

An den beiden Enden einer 35 Cm. langen und 8 Cm. breiten Holzleiste ist je eine Spule von 7 Cm. Länge befestigt; beide Spulen (2 u. 2') liegen genau in einer Achse. Durch die innere, 2 Cm. weite Oeffnung der beiden Spulen läuft ein Holzstab, der genau in seiner Mitte einen Cylinder von 7 Cm. Länge und 1 Mm. Dicke bildet, der mit Draht umwickelt, als verschiebbare Spule (1) dient. Die beiden feststehenden Spulen (2, 2') sind mit einem 0·4 Mm. starken Draht entgegengesetzt gewickelt und es beträgt der Widerstand derselben 75 Einheiten, indess die verschiebbare Spule (1) einen Draht von 0·2 Mm. trägt, mit einem Widerstande von 150 Einheiten.

Die Verschiebung geschieht durch einen Trieb (S), wobei eine auf die Holzleiste aufgetragene Scala ein genaues Ablesen der jedesmaligen Stellung der mittleren Spule (1) zu den beiden seitlichen Spulen (2, 2')

---

[1]) Den Apparat fertigte mir, nach der Angabe des Herrn Professors *Fleischl* die Firma Mayer und Wolf in Wien (IX., van Swietengasse 12) an.

ermöglicht; so befindet sich beispielsweise in der Abbildung (s. Fig. 73) die mittlere Spule um 25 Mm. gegen die eine der beiden seitlichen Spulen *(2)* verschoben. An den beiden Enden des verschiebbaren Stabes sind je eine Klemme angebracht, um ein Telephon *(T)* einschalten zu können, das die in der mittleren Rolle erregten inducirten Ströme in entsprechend stärkere oder schwächere Geräusche umzusetzen hat.

Die Unterbrechung des galvanischen Stromes, der durch die beiden feststehenden Spulen geleitet wird, besorgt ein nahezu geräuschloser Neef'scher Hammer, der sich in einem Gehäuse (*N*) befindet, das eine etwaige Uebertragung des Geräusches des Neef'schen Hammers, auf dem Wege der Luftleitung, zu dem Ohre des Untersuchten verhindert. Als Batterie zum Betriebe dienen bei dem von mir benützten Apparate 2 Leclanché-Elemente *(E)*.

Behufs Vornahme einer Hörprüfung setzt die Versuchsperson das Telephon dicht ans Ohr, bei Einstellung der mittleren Rolle *(1)* auf 0 der Scala, (die mittlere Rolle befindet sich dabei genau in der Mitte zwischen den beiden seitlichen Rollen, demzufolge, anlässlich der entgegengesetzten Drahtwindungen in den Rollen 2 u. 2′, die von diesen in entgegengesetzter Richtung inducirten Ströme, bei der angegebenen Stellung der Rolle 1 sich aufheben); hierauf wird diese Rolle durch Drehung der Schraube *(S)* langsam gegen die eine der seitlichen Rollen bewegt, so zwar, dass die aus der feststehenden Rolle *(2)* sich vorschiebende Scala ein genaues Ablesen ermöglicht, um wie weit die mittlere Rolle der betreffenden seitlichen Rolle genähert werden muss, bis das Geräusch des Neef'schen Hammers der Versuchsperson per Telephon wahrnehmbar erscheint.

Anhang.

Die Begutachtung des Hörorganes in forensischer Beziehung.

Oesterreichisches Strafrecht. Nach §. **134** ist der Thatbestand des vollbrachten Mordes auch vorhanden, wenn der Tod erfolgte: *a)* „nur vermöge der persönlichen Beschaffenheit des Verletzten", *b)* „blos vermöge der zufälligen Umstände", *c)* „nur vermöge der zufällig hinzugekommenen Zwischenursachen, insoferne diese durch die Handlung selbst veranlasst wurden." §. **152** bestimmt als Verbrechen der schweren körperlichen Beschädigung: *a)* Gesundheitsstörung oder *b)* Berufsunfähigkeit von mindestens 20tägiger Dauer. Nach Herbst's Handbuch des allgem. österr. Strafrechtes ist Punkt *a)* nicht so gemeint, dass, wenn die Heilung binnen 20 Tagen nicht vollendet ist, dies als eine schwere körperliche Beschädigung zu gelten hat, sondern unter Gesundheitsstörung ist eine Störung des Allgemeinbefindens oder eine Berufsstörung zu verstehen; *b)* Berufsunfähigkeit ist nicht gleichbedeutend mit Arbeitsunfähigkeit, sondern der höhere Strafsatz (von 5—10jährigem Kerker) tritt ein, „wenn der Verletzte zwar noch zur Arbeit überhaupt, nicht aber zu derjenigen Art der Arbeit fähig ist, zu welcher er gebildet worden und der er sich bisher gewidmet hat" (§. 156). §. **411** lautet: „Vorsätzliche und die bei Raufhändeln vorkommenden körperlichen Beschädigungen sind dann, wenn sich darin keine schwere verpönte strafbare Handlung erkennen lässt (§. 152 und 153), wenn sie aber wenigstens sichtbare Merkmale und Folgen nach sich gezogen haben, als Uebertretungen zu ahnden."

Deutsches Strafgesetzbuch. §. **224** (Landg.): „Hat die Körperverletzung zur Folge, dass der Verletzte ein wichtiges Glied des Körpers, das Sehvermögen auf einem oder beiden Augen, das Gehör . . . . verliert oder in erheblicher Weise dauernd entstellt wird oder in Siechthum, Lähmung oder Geisteskrankheit verfällt, so ist auf Zuchthaus bis zu 5 Jahren oder Gefängniss nicht unter 1 Jahr zu erkennen." §. **226** (Schwurg.): „Ist durch die Körperverletzung der Tod des Verletzten verursacht worden, so ist auf Zuchthaus nicht unter 3 Jahren oder Gefängniss nicht unter 3 Jahren zu erkennen." §. **231**. „In allen Fällen der Körperverletzung kann auf Verlangen des Verletzten neben der Strafe auf eine an denselben zu erlegende Busse bis zum Betrage von 6000 Mark erkannt werden."

I. Die Begutachtung traumatischer Affectionen des Hörorganes.

1. Traumatische Affectionen des Hörorganes durch Luftdruckschwankungen und Erschütterung. Luftdruckschwankungen und Erschütterung sind als die häufigsten Ursachen einer traumatischen Affection des Hörorganes in Betracht zu ziehen. Hierher gehören alle Veränderungen, welche das Ohr durch plötzliche Luftverdichtung, wie durch einen Schlag auf das Ohr, durch starke Schallerregungen (Detonation, Hineinschreien ins Ohr etc. erleidet, ferner durch Fortpflanzung einer Erschütterung von der äusseren Schädeldecke auf die einzelnen Theile des Hörorganes (Stoss oder Schlag auf den Kopf), Erschütterung des ganzen Kopfes (durch Sturz, Sprung etc.). Die auf diese Weise zu Stande gekommenen traumatischen Affectionen des Ohres können das Trommelfell, die Paukenhöhle und das Labyrinth, beziehungsweise den Acusticus, einzeln oder gemeinschaftlich betreffen.

a) **Trommelfell.** α) **Ruptur** (s. S. 127). Die bedeutende Resistenz des normalen Trommelfellgewebes erfordert zu dessen Rupturirung gewöhnlich erhebliche mechanische Einflüsse, wogegen die bereits vorher veränderte Membran sehr leicht einreisst. Thatsächlich betrifft auch ein grosser Theil der überhaupt vorkommenden Rupturen, ein durch pathologische Vorgänge in seiner Resistenz herabgesetztes Trommelfell. Das Trommelfell kann durch eine plötzlich andringende Verdichtungswelle, diese mag vom äusseren Gehörgange (Schlag auf das Ohr[1]), Untertauchen des Kopfes unter Wasser, Aufenthalt in verdichteter Luft) oder von der Paukenhöhle aus (Lufteinpressung ins Mittelohr bei der Luftdouche, beim Schneuzen, Niesen, Husten[2]) oder Erbrechen)[3] auf die Membran einwirken, eine Ruptur erleiden.

Bei einer Frau beobachtete ich eine während des Katheterismus unter heftigem Knall aufgetretene, scharfrandige Lücke am hinteren und oberen Trommelfell-Quadranten. In einem anderen Falle erfolgte die Ruptur in der Gegend des Lichtkegels. Ob die beim Erhängen angeblich eintretende Ruptur des Trommelfelles[4] auf einer Verdichtung der Luft im Mittelohr in Folge von rascher Compression des weichen Gaumens beruht[5], ist sehr zweifelhaft. Eine Zerreissung des Trommelfelles ergeben manchmal heftige Schwingungen der Membran bei Schlag auf den Kopf, in Folge von Stoss, Fall oder Sprung, ferner bei Erschütterungen der Luft durch Detonation etc.

In einzelnen Fällen veranlassen Erschütterungen der Membran eine Zerreissung der Trommelfellgefässe.[6] Das Zustandekommen einer Ruptur hängt, abgesehen von der jeweiligen Resistenz der Membran, noch von verschiedenen Zufälligkeiten ab. So kann die Membran beispielsweise trotz einer stark applicirten Ohrfeige ihre Continuität beibehalten, wenn die Hand den Ohreingang nicht verschliesst; dagegen vermag ein leichter Schlag auf das Ohr, bei dem gleichzeitig ein luftdichter Verschluss des Ohreinganges stattfindet, das Trommelfell zu perforiren.

Bei einem Patienten beobachtete ich einen rundlichen Substanzverlust am hinteren und unteren Trommelfell-Quadranten. Die Ruptur war durch einen leichten Sturz auf das Hinterhaupt eingetreten. — *Frank*[7] fand nach einem Sturz auf das Occiput bilaterale Ruptur des Trommelfelles ohne anderweitige Verletzung.

Es ist ferner nicht gleichgiltig, ob das Ohr auf ein Trauma, auf starke Schallwellen **vorbereitet** ist oder nicht; im ersteren Falle findet durch unwillkürliche Contraction des Musculus tensor tympani eine vermehrte Anspannung des Trommelfelles statt, die dessen Bewegungen bedeutend abschwächt[8]); dagegen wird ein vom Trauma gleichsam überraschtes Ohr dieses Schutzapparates entbehren. So braucht auch eine Erschütterung bei besonders ungünstigen Verhältnissen keineswegs beträchtlich zu sein, um eine Ruptur des Trommelfelles zu setzen (s. S. 127).

Die **subjectiven Symptome** einer Ruptur des Trommelfelles sind S. 127 u. fol. geschildert. Die **objectiven Symptome** einer frisch

---

[1] Da die Ohrfeigen gewöhnlich mit der rechten Hand applicirt werden, so ist bei einem von vorne geführten Schlag meistens das linke, bei einer von rückwärts ertheilten Ohrfeige gewöhnlich das rechte Ohr dieser traumatischen Affection ausgesetzt. — [2] *Triquet* (s. *Canstatt's* J. 1863, B. 3, S. 148) beobachtete Rupturen des Trommelfelles beim Keuchhusten, so auch *Meissner*, s. *Canst.* J. 1865, B. 3, S. 168. — [3] *Hewetson*, Lancet 1875, 18. Jan., s. Wien. med. Woch. 1875, Sp. 1107. — [4] So beobachtete *Ogston* (A. f. Ohr. VI, S. 268) an einem Erhängten eine Trommelfellruptur mit nach aussen umgeschlagenem Lappen. — [5] *Ecker*, *Virch.* Arch. 1870. — [6] So beobachtete u. A. *Habermann* ein Blutextravasat im Trommelfell in Folge eines Falles auf die Wasseroberfläche (A. f. Ohr. XVII, S. 31). — [7] Ohrenh. 1845, S. 295. — [8] *Toynbee*, Ohrenh. S. 176.

entstandenen Ruptur des Trommelfelles sind keineswegs immer so prägnant, dass man eine bestehende Lücke mit voller Bestimmtheit als eine traumatisch zu Stande gekommene bezeichnen könnte. Auch aus der Form der Lücke kann über die Natur des Traumas kein sicherer Schluss gezogen werden, da in Folge der Retractionsfähigkeit des Trommelfellgewebes, eckige oder schneidende Körper rundliche Lücken ergeben. Im Allgemeinen lässt sich eine Perforation des Trommelfelles mit hoher Wahrscheinlichkeit als eine traumatische auffassen, wenn die Lücke von einem Injectionshof umgeben ist und die übrige Membran ihr normales Aussehen beibehalten hat, oder wenn bei durchlöchertem und entzündetem Trommelfellgewebe durch die Lücke eine blass gefärbte Schleimhaut der Paukenhöhle sichtbar ist. *Politzer* [1]) hebt als bezeichnend für eine traumatische Perforation des Trommelfelles den Umstand hervor, dass in den ersten Tagen nach der Ruptur die Luft beim *Valsalva*'schen Verfahren leicht und ohne Rasselgeräusche in den Gehörgang eindringt, als ein Zeichen von einem normalen Verhalten des Mittelohres; dagegen wäre eine schwere Durchgängigkeit des Tubencanales, sowie auftretende Rasselgeräusche auf einen, möglicher Weise vor dem Trauma bereits vorhanden gewesenen pathologischen Zustand des Mittelohres zu beziehen. Es muss diesem letzteren Umstand streng Rechnung getragen werden, da er (immer vorausgesetzt, dass die Untersuchung innerhalb der ersten Tage nach dem Trauma stattfindet) für die Annahme spricht, dass die Verletzung ein bereits erkrankt gewesenes Organ betroffen hat.

Ganz anders gestalten sich dagegen die Verhältnisse, wenn der Beschädigte nicht innerhalb der ersten Tage, sondern später, vielleicht erst nach Wochen, einer ohrenärztlichen Begutachtung zugewiesen wird. In diesem letzteren Falle kann entweder eine vorhanden gewesene Lücke schon verheilt sein oder aber die Entzündung hat mittlerweile auf die Paukenhöhle übergegriffen und daselbst einen eiterigen Erkrankungsprocess angefacht. Bei einem derartigen Zustande des Gehörorganes vermag die Untersuchung nicht mehr zu unterscheiden, ob sich die Tympanitis purulenta aus einer vorausgegangenen Verletzung des Trommelfelles entwickelt habe, oder ob umgekehrt eine Entzündung der Paukenhöhle als primäre Ursache einer Trommelfell-Perforation aufzufassen sei. In vereinzelten Fällen lassen sich auch bei einer verspäteten Untersuchung noch Anhaltspunkte für eine länger bestehende Perforation gewinnen. So ist der Arzt berechtigt, eine alte Trommelfelllücke anzunehmen, wenn sich die Perforationsränder als verkalkt zu erkennen geben oder callös erscheinen; derartige Veränderungen bilden sich nämlich nicht binnen 2—3 Wochen. Diese Auffassung wird als eine fast zweifellos richtige in jenen Fällen zu betrachten sein, in denen auch am anderen, vom Trauma nicht betroffenen Ohre, eine Verkalkung besteht. Nierenförmige Perforationen des Trommelfelles, d. h. solche, bei denen das freie Hammergriffende in die Perforationsöffnung hineinragt, sind gewöhnlich alte Lücken; doch kann sich eine derartige nierenförmige Lücke hie und da auch bei einer nur wenige Tage alten Perforation zeigen, wovon ich mich in einem Falle überzeugt habe.

Der Verlauf einer Ruptur des Trommelfelles hängt, abgesehen von individuellen Verschiedenheiten, von der Grösse der gesetzten Lücke, von der Betheiligung der Paukenhöhle an einem consecutiven Entzündungsprocesse und von dem zweckmässigen oder unzweckmässigen Verhalten des

---

[1]) Wien. med. Woch. 1872, Nr. 35 u. 36.

Verletzten ab. Spaltförmige oder kleine rundliche Lücken heilen unter sonst günstigen Bedingungen binnen wenigen Tagen oder Wochen mit vollständigem Wiederkehr des beeinträchtigten Gehöres. In ungünstigeren Fällen entwickelt sich dagegen eine bedeutende reactive Entzündung, die vom Trommelfell auf die Paukenhöhle übergreift und eine eiterige Tympanitis erregt. Auch in diesem Falle kann die Erkrankung nach Wochen oder nach Monaten vollständig rückgängig werden und Heilung eintreten. Ein andermal wieder schreitet die Entzündung vom Cavum tympani auf die lebenswichtigen Theile um die Paukenhöhle weiter und vermag dann einen letalen Ausgang herbeizuführen.

Derartige Fälle kommen allerdings sehr selten vor, aber sie mahnen jedenfalls zu grosser Vorsicht in der Beurtheilung einer anfänglich vielleicht von geringer Bedeutung erscheinenden Ruptur.

Eine stärkere reactive Entzündung am Trommelfell kann die bestehende Lücke immer mehr und mehr vergrössern und schliesslich eine fast totale Destruction der Membran herbeiführen.

Ausnahmsweise wird eine Totalperforation des Trommelfelles gleich ursprünglich gesetzt; *Schalle*[1]) fand in einem Falle das ganze Trommelfell durch eine Ohrfeige in die Paukenhöhle hineingeschlagen.

Selbst eine solche Eventualität schliesst nicht einen Wiedersatz des verloren gegangenen Gewebes durch eine neugebildete Membran aus (s. S. 134): ein andermal wieder bleibt die Perforation auch nach Ablauf sämmtlicher Entzündungserscheinungen persistent.

Es ergeben sich demnach am Trommelfell als mögliche Ausgänge einer Ruptur: 1. vollständige Verwachsung der Trommelfelllücke ohne Narbe, 2. Vernarbung, 3. persistente Perforation, wobei die anfänglich gesetzte Lücke entweder ihre Grösse beibehalten hat oder eine Verkleinerung, zuweilen im Gegentheil eine Vergrösserung, eingegangen ist. Die vollständige Heilung der Lücke ist häufig mit einer Restitutio ad integrum verbunden, also das Trauma hat keinen bleibenden Nachtheil für das Hörorgan hinterlassen. Bei Narbenbildung, besonders bei kleinen Narben, können die Verhältnisse gleich günstig denen einer Heilung ohne Narbenbildung sein, oder aber es treten in Folge Anlagerung des erschlafften Narbengewebes an acustisch wichtige Theile (z. B. des hinteren oberen Quadranten der Membran, an den verticalen Ambossschenkel und an den Steigbügel) oder einer Verwachsung mit diesen, auffällige Hörstörung und subjective Gehörsempfindungen ein. Auch ein derartiger Zustand lässt sich möglicherweise auf operativem Wege beheben. Eine persistente Trommelfelllücke bietet einen wenig günstigen Ausgang von Ruptur dar, da eine Perforation, ausgenommen bei dermoider Umwandlung der Paukenmucosa, sehr häufig zu recidivirenden eiterigen Paukenentzündungen Veranlassung gibt.

Gutachten. Aus dem Mitgetheilten ergibt sich wohl klar, welch' grosse Vorsicht der Arzt bei der Abfassung seines Gutachtens zu beobachten hat, wie schwierig, ja sogar unmöglich die Beantwortung der vom Gerichte aufgestellten Frage sein kann, ob eine vorhandene Trommelfelllücke durch ein Trauma gesetzt wurde oder nicht (s. auch S. 129). Der Möglichkeit, diese Frage mit Sicherheit zu beantworten, ist meistens ein sehr kurzer Termin gesetzt und schon drei Tage nach der angeblich stattgefundenen Verletzung des Trommelfelles können Veränderungen im Cavum tympani eingetreten sein, die eine verschiedene Deutung zulassen. Wie

---

[1] A. f. Ohr. B. 12, S. 27.

Schalle[1]) bemerkt, eignet sich in derartigen Fällen die *Casper*'sche negative Fassung des Gutachtens; z. B.: Es ergibt die Untersuchung keinen Befund, welcher die Annahme begründete (beziehungsweise widerlegte), dass durch die beschuldigte Ursache im vorliegenden Falle das Ohrenleiden entstanden sei. Ein solches Gutachten empfiehlt sich auch dann, wenn von verschiedenen Zeugen mit Bestimmtheit ausgesagt wird, dass der angeblich Beschädigte vor dem Trauma vollkommen ohrengesund gewesen sein soll und niemals an einem Ohrenflusse gelitten hat. Was das gute Gehör betrifft, lehrt ja die praktische Erfahrung, wie oft sich eine einseitige hochgradige Schwerhörigkeit nur durch einen Zufall zu erkennen gibt und das betreffende Individuum bis dahin nicht nur von Anderen als beiderseits normalhörig betrachtet wurde, sondern sich selbst für beiderseits als ohrengesund gehalten hatte. Es ist ferner hervorzuheben, dass ein Ohrenfluss zuweilen unmerklich ist, nicht beachtet wird oder wenigstens leicht verborgen gehalten werden kann; wir treffen mitunter Patienten mit eiterigem Ohrenflusse behaftet an, die es mit Bestimmtheit in Abrede stellen, dass sie an einer Ohreneiterung leiden, oder daran jemals gelitten hätten. Man hat solcher Erfahrungen bei der Begutachtung eines gerichtlichen Falles stets eingedenk und auch auf die Möglichkeit bedacht zu sein, dass der Kläger sein vielleicht lange bestehendes und von Anderen nicht bemerktes Ohrenleiden absichtlich verschweigt und es nunmehr zum Ausmasse eines grösseren Strafsatzes für den Angeklagten, bezüglich zur Erlangung einer höheren Entschädigungssumme zu verwerthen trachtet. Das Gutachten, ob die **Verletzung als eine leichte oder schwere** zu bezeichnen ist, kann häufig erst nach längerer Beobachtung des Krankheitsfalles abgegeben werden, da sich die etwaigen Folgen einer frisch entstandenen Ruptur des Trommelfelles nicht voraussehen lassen. Es kann eine zur Zeit der Untersuchung bestehende bedeutende Verletzung in vollständige Heilung übergehen, indess anderseits eine anfänglich unbedeutend erscheinende Verletzung des Trommelfelles unheilbare, selbst tödtlich endende Ohrenaffectionen herbeizuführen vermag. Eine vorhandene Ruptur des Trommelfelles ist im Allgemeinen als eine leichte Verletzung des Ohres aufzufassen, wenn keine Verminderung der Knochenleitung (s. unten) besteht, ferner keine consecutive Entzündung der Paukenhöhle erfolgt und die Trommelfelllücke binnen Kurzem sich schliesst. Die Verletzung des Gehörorganes muss dagegen als eine zur Zeit der Untersuchung schwere bezeichnet werden, wenn entweder ein ausgedehnter Substanzverlust, oder eine eiterige Entzündung des ganzen Trommelfelles und der Paukenhöhle besteht, oder wenn die traumatische Affection der Membran mit einer herabgesetzten Perception für verschiedene auf die Kopfknochen aufgesetzte Stimmgabeln (s. S. 33) complicirt ist.

ß) **Hämorrhagie.** Eine in Folge von Trauma entstehende Blutung des Trommelfelles (s. S. 142) tritt entweder zwischen die Schichten der Membran oder auf deren freie Oberfläche auf. So beobachtete *Zaufal* nach einem Schlag auf den Warzenfortsatz[2]), ein andermal nach einem Sprung ins Wasser[3]) interlamelläre Trommelfellblutungen. Lufteintreibungen ins Mittelohr verursachen zuweilen Hämorrhagien ins Trommelfellgewebe, von denen, wie ich mich in einem Falle überzeugte, die Membran förmlich besäet erscheinen kann. Derartige Hämorrhagien gehen meistens binnen Kurzem wieder zurück, sie können jedoch ausnahmsweise auch eine Trommelfell-

---

[1] L. c. S. 41. [2] A. f. Ohr. B. 8, S. 33. [3] A. f. Ohr. B. 7, S. 188.

entzündung erregen, die wieder ihrerseits eine Tympanitis zu erregen vermag.

b) **Paukenhöhle.** α) **Bluterguss in die Paukenhöhle.** Erschütterungen der Paukenhöhle veranlassen manchmal einen plötzlich stattfindenden Bluterguss ins Cavum tympani, oder sie führen in einzelnen Fällen zu einer consecutiven Entzündung der Paukenhöhle. Das zur Zerreissung eines Paukengefässes führende Trauma braucht nicht immer sehr heftig zu sein; so kann ein hämorrhagischer Erguss in die Paukenhöhle in Folge von starkem Niesen zu Stande kommen. Die subjectiven Symptome hängen von der Menge des Blutergusses ab; zuweilen erfolgen heftigere Schmerzen, häufig nur die Empfindungen eines starken Druckes im Ohr, ferner mehr minder hochgradige Schwerhörigkeit (bei erhaltener oder sogar verstärkter Knochenleitung) und Ohrensausen. (Betreffs der objectiven Symptome und des Verlaufes s. S. 208 und folg.)

β) Consecutive Entzündungen s. S. 294.

Im Anschlusse an die durch Luftdruckschwankungen und Erschütterung zu Stande kommenden Hämorrhagien ins äussere und mittlere Ohr wären noch solche zu erwähnen, die auf einer Blutstauung bei Compression des Halses[1], und zwar beim Erhängen[2] und Erdrosseln[3] beruhen. Wie eine Reihe äusserst interessanter Sectionsbefunde *E. Hofmann's*[2] ergab, zeigen sich an Erhängten zuweilen kleinere oder grössere Blutergüsse im subepidermidalen Gewebe des äusseren Gehörganges und des Trommelfelles, sowie in der Schleimhaut der Paukenhöhle. In einem von *Hofmann* mitgetheilten Falle war bei einem Erhängten eine mässige Ohrenblutung aufgetreten, welche, wie die Autopsie nachwies, aus dem äusseren Ohre stammte; das Trommelfell erschien imperforirt.

c) **Acusticus.** Durch starke Erschütterung kann der Acusticus vorübergehend oder bleibend eine Schwächung oder einen vollständigen Verlust seiner Functionen erleiden. Die Affection kann den Acusticus gleichzeitig mit Verletzung anderer Theile des Hörorganes, z. B. einer Ruptur des Trommelfelles befallen oder der Schallleitungsapparat erweist sich dabei als vollständig intact und die Erkrankung erscheint auf den Hörnerven beschränkt; selbst eine bleibende Anästhesie des Acusticus kann ohne die geringsten nachweislichen Veränderungen im äusseren und mittleren Ohre zu Stande kommen. Als Ursachen einer durch Luftdruckschwankungen oder Erschütterung veranlassten Acusticus-Affection sind alle jene Momente in Betracht zu ziehen, die in anderen Fällen eine Ruptur des Trommelfelles herbeiführen; es können also ein Schlag auf das Ohr oder auf den Kopf, eine heftige Schallerregung, eine plötzliche, bedeutende Luftverdichtung in der Paukenhöhle, durch Veränderungen des Labyrinthdruckes, Sturz auf den Kopf etc. auf den Hörnerven schädlich einwirken. Die Gewalt des Traumas muss keineswegs immer eine bedeutende[4] sein, um eine Acusticus-Affection zu erregen. Gleichwie bei Besprechung der Trommelfellrupturen auseinandergesetzt wurde, ist bei stärkeren Luftdruckschwankungen oder bei intensiveren Schalleinwirkungen für den Hörnerven eine unvermuthete Einwirkung mitunter schädlicher, als wenn der Tensor tympani vor dem

---

[1] Das Auftreten von Ohrblutungen nach starkem Zusammenpressen des Halses gibt *Littré* an, Hist. de l'Acad. d. sc. 1705, s. *Rust's* Magnz. B. 35, S. 487; *Lincke*, Ohrenh. B. 1, S. 634. — [2] *E. Hofmann*, Wien. med. Pr. 1880, Nr. 7—9. — [3] *Zillner*, Wien. med. Woch. 1880, Nr. 35 u. 36. — [4] *Roosa* (Z. f. Ohr. B. 9, S. 335) beobachtete eine Acusticus-Affection in Folge eines Kusses auf das Ohr.

erfolgten Trauma Zeit gewonnen hat, durch seine vermehrte Contraction die Wirkung abzuschwächen.

Die **subjectiven Symptome** einer traumatischen Acusticus-Erkrankung äussern sich in den unmittelbar nach dem Trauma auftretenden subjectiven Gehörsempfindungen, Schwerhörigkeit, ferner Schwindel, Uebelkeiten und Erbrechen (s. S. 385). Viel häufiger treten nur die Erscheinungen von continuirlichen subjectiven Hörsempfindungen und Schwerhörigkeit (bei verminderter Perception für verschiedene auf die Kopfknochen aufgesetzte Stimmgabeln) ein. — Wie S. 369 erwähnt wurde, erscheint manchmal nur eine bestimmte Fasergruppe des Acusticus afficirt. **Objectiv** geben sich die hier besprochenenen Labyrintbleiden nicht zu erkennen und der vollständig **negative Ohrenbefund** ist für eine reine Form von Acusticus-Erkrankung sogar als charakteristisch zu bezeichnen.

Die **Diagnose** auf Labyrinth-Affection stützt sich also, wie aus dem soeben Erwähnten hervorgeht, vorzugsweise auf das Ergebniss einer Stimmgabelprüfung (s. S. 33). Die Annahme eines Acusticus-Leidens ist ferner gerechtfertigt, wenn plötzlich, z. B. nach einem Trauma, der früher angeführte Symptomencomplex von Schwerhörigkeit-oder Taubheit, subjectiven Gehörsempfindungen, Schwindel und Erbrechen eintritt. Von den subjectiven Gehörsempfindungen wäre noch besonders zu bemerken, dass nur die continuirlichen, keineswegs aber etwa angegebene intermittirende Ohrengeräusche auf eine traumatische Affection des Labyrinthes bezogen werden können. Ja selbst die unmittelbar nach der Erschütterung des Hörorganes auftretenden continuirlichen subjectiven Hörsempfindungen beruhen zuweilen nur auf einer reflectorisch erregten spastischen Contraction des M. tensor tympani, welche nach einiger Zeit wieder zurückgeht.

Die **Begutachtung**, ob in einem bestimmten Falle eine traumatische Labyrinth-Affection vorliege, gehört häufig zu den schwierigsten Aufgaben des Arztes. Auf der einen Seite die Unmöglichkeit, ein Labyrintbleiden direct nachweisen zu können, auf der anderen Seite auf Angaben des Klägers angewiesen, dem es um die Verurtheilung des Angeklagten, um einen möglichst grossen Schadenersatz zu thun ist, derartige Umstände mahnen den Arzt, bei der Beurtheilung eines Gerichtsfalles mit der grössten Vorsicht vorzugehen und sich die Möglichkeit einer Uebertreibung und Simulation seitens des Klägers stets vor Augen zu halten. Kommt ein Individuum mit der Angabe zur Untersuchung, dass nach einem Trauma Schwerhörigkeit und continuirliche subjective Gehörsempfindungen hervorgetreten seien, so ist vor Allem zu constatiren, ob nicht etwa **Veränderungen im Schallleitungs-Apparate** vorliegen, auf welche sich die angegebenen Symptome zum Theile oder selbst vollständig zurückführen lassen. War z. B. das Trauma vor zwei Wochen erfolgt und erweist sich das Trommelfell bei der Untersuchung hochgradig verdickt, vielleicht verkalkt, atrophisch, narbig oder sehr eingezogen, so sind damit Anhaltspunkte gewonnen, dass das Ohr vor dem angeblich erfolgten Trauma bereits erkrankt gewesen sei. Damit ist jedoch keineswegs auch gesagt, dass die Schwerhörigkeit des Patienten vor dem Trauma denselben Grad besessen habe, wie zur Zeit der Untersuchung. Es ist ja bekannt, dass die Veränderungen im Trommelfellbilde keineswegs constant im Verhältnisse zur Gehörsfunction stehen, und dass sogar hochgradige pathologische Zustände des Trommelfelles mit einem überraschend guten Gehör einhergeben können. Es schliesst demnach das angegebene Untersuchungsresultat nicht eine traumatische Affection des

Labyrinthes bezüglich des Hörnerven aus, sondern liefert nur den Nachweis, dass der Zustand des Ohres zur Zeit des Traumas kein normaler war und eine Schwerhörigkeit nebst den subjectiven Gehörsempfindungen auch durch die, seit längerer Zeit bestehende Erkrankung der Paukenhöhle hervorgerufen sein können. Die Untersuchung des anderen, angeblich traumatisch nicht afficirten Ohres, kann hierbei schätzenswerthe Anhaltspunkte ergeben.

Ich möchte hier ein einschlägiges Beispiel mittheilen: In einem von mir untersuchten Falle gab der Kläger an, dass er nach einem Schlage auf den Kopf am rechten Ohre schlecht höre, während das linke Ohr seine frühere gute Gehörsperception bewahrt habe. Die bei verdeckten Augen des Patienten vorgenommene Gehörsprüfung ergab an beiden, an chronischem Paukenkatarrh erkrankten Ohren ein gleich stark herabgesetztes Gehörsvermögen; ob dasselbe vor dem Trauma rechterseits besser war als linkerseits, musste selbstverständlich fraglich bleiben, immerhin konnte der Befund einigermassen entlastend für den Angeklagten gedeutet werden.

Betreffs der Begutachtung der, mittelst verschiedener Stimmgabeln (s. oben) geprüften Perceptionsfähigkeit des Acusticus, stellt *Zaufal*[1]) mit Recht den allgemeinen Grundsatz auf, dass die mit der Stimmgabel gewonnenen Resultate, wenn sie mit unserer Theorie über die Knochenleitung übereinstimmen, für den betreffenden Fall verwerthet werden können, „dass wir aber in Fällen, wo wir ein negatives oder unserer Theorie widersprechendes Resultat bekommen, uns im Interesse der Gerechtigkeit wohl hüten müssen, das Individuum belastende Schlüsse zu ziehen." Wenn also der Beschädigte die Stimmgabel auf dem afficirten Ohre so gut oder noch besser zu hören angibt als auf dem anderen nicht verletzten Ohre, so ist eine, wenigstens besondere Acusticus-Affection auszuschliessen; wenn jedoch der Kläger behauptet, dass er am verletzten Ohre die Stimmgabel schwach oder gar nicht vernimmt, darf aus dieser Aussage allein keineswegs gefolgert werden, dass eine Acusticus-Affection vorliege, sondern der Arzt ist nunmehr verpflichtet, eine Reihe von Controlversuchen vorzunehmen und hat dabei genau zu achten, ob nicht etwaige einander widersprechende Angaben den Verdacht auf Uebertreibung oder Simulation rechtfertigen.

Da die traumatische Acusticus-Affection zuweilen nur eine partielle, z. B. nur auf gewisse Töne beschränkte ist, so soll, wie schon wiederholt betont wurde, eine Prüfung mit verschieden tönenden Stimmgabeln stattfinden. Der untersuchende Arzt möge nie ausser Acht lassen, dass bei der Prüfung mit einer Stimmgabel allein nur jene Acusticustheile geprüft werden, welche durch den Grundton und die Obertöne der betreffenden Stimmgabel in Erregung kommen. Da eine Totalerkrankung des Acusticus viel häufiger ist als eine partielle Affection desselben, so liefern allerdings verschieden tönende Stimmgabeln ein gleiches Prüfungsergebniss; also in einem solchen Falle bleibt es gleichgiltig, mit welchem Ton die Untersuchung angestellt wurde. Für alle Fälle hat dies jedoch keineswegs Geltung; ja der Zufall könnte es mit sich bringen, dass der eine Arzt, welcher zur Prüfung eine d'-Stimmgabel verwendet hat, keine Acusticus-Affection, der zweite Arzt mit einer a'-Stimmgabel dagegen eine solche Affection nachweist.

Verschiedene Untersuchungs-Methoden zur Erkennung simulirter Taubheit. 1. Ein sehr einfaches Verfahren zur Diagnose einseitig simulirter Taubheit gibt *Moos*[2]) an: Man verstopft das gesunde Ohr mit einem Pfropfe und setzt die tönende Stimmgabel auf den Kopf; behauptet der Untersuchte die Stimmgabel auf keinem Ohre zu hören, so ist er ein Simulant, da doch der Stimmgabelton am gesunden Ohre gut vernommen werden müsste. *Chimani* wendet diese Methode bei der Recrutirung mit gutem Erfolge an. Man kann dieses Ver-

---

[1]) A. f. Ohr. B. 8, S. 48. — [2]) A. f. Aug. u. Ohr. B. 1, Abth. 1, S. 240.

fahren von *Moos* auch in folgender Weise versuchen: Wenn die simulationsverdächtige Versuchsperson Stimmgabeltöne von verschiedenen Punkten des Kopfes aus angeblich nicht hört, so setzt man eine Stimmgabel auf einen bestimmten Punkt des Kopfes und lässt bei der Fragestellung, ob eine Perception stattfinde, ein schwaches Misstrauen in die Angabe des Patienten hervortreten; es geschieht dabei häufig, dass ein Simulant, dadurch stutzig gemacht, die Simulation nicht zu weit treiben will und deshalb eine unbedeutende Perception von den Kopfknochen aus am afficirten Ohre zugibt. Es wird nunmehr das angeblich schwerhörige Ohr verstopft und das Versuchsindividuum mit derselben Stimmgabel von derselben Stelle des Kopfes aus, wie beim früheren Versuche, auf die Perception geprüft, wobei scheinbar jedes Misstrauen in die Aussage des Untersuchten geschwunden ist. Der Simulant, von der allgemein verbreiteten Ansicht ausgehend, dass das verstopfte Ohr nichts höre, verneint jetzt jede Gehörsperception, während diese bekanntlich bei verschlossenem Ohre eher verstärkt sein müsste.

2. Gelangt man vermittelst der Stimmgabelprüfungen zu keinem Resultate, da der Patient eine complete Taubheit angibt, so müssen **Sprachprüfungen** in Anwendung gezogen werden. Eine der einfachsten Methoden ist dabei folgende: Nach Feststellung einer guten Gehörsperception am gesunden Ohre wird dieses mit einem Pfropfe verschlossen und das angeblich taube Ohr einer Sprachprüfung unterzogen. Wenn das Versuchsindividuum auf einige Schritte Entfernung oder gar in der unmittelbaren Nähe vom Sprechenden halblaut oder selbst laut gesprochene Worte nicht zu hören angibt, so lässt dies auf Simulation schliessen, da ein gut percipirendes Ohr durch einen einfachen Verschluss nicht hochgradig schwerhörig wird, ja nicht selten sogar Flüstersprache mehrere Schritte weit vernimmt.

3. Simulirte Schwerhörigkeit kann ferner auf folgende Weise entlarvt werden: Man prüft die Entfernung, bis auf welche das Versuchsindividuum die vorgesprochenen Worte deutlich zu vernehmen angibt und diese richtig nachspricht. Bei verschlossenen Augen des zu Untersuchenden **wechselt der Arzt nunmehr heimlich die Entfernung** von dem zu prüfenden Ohre: während ein wirklich Schwerhöriger über die vorher ermittelte Distanz hinaus die vorgesagten Worte nicht mehr zu verstehen vermag, verwickelt sich dagegen der Simulant in auffällige Widersprüche und hört in der Nähe gesprochene Worte angeblich nicht, indess er ein andermal wieder aus weit grösserer Entfernung eine deutliche Perception zu erkennen gibt. Eine ähnliche Prüfungsmethode besteht darin, dass man die Hörprüfungen mit allmälig **abnehmender Intensität der Stimme** anstellt.[1]) Bei diesen Prüfungen hat man wohl zu achten, dass nur dann ein Verdacht auf Simulation berechtigt ist, wenn das Versuchsindividuum **bei der Prüfung mit demselben Worte eine ungleiche Gehörsperception** aufweist. Es muss in dieser Beziehung besonders darauf aufmerksam gemacht werden, dass eine Schwerhörigkeit bei gewissen Worten auffällig stark hervortritt, und dass im Allgemeinen Zahlen deutlicher percipirt werden als andere Worte.

Ein Nicht-Simulant, der beispielsweise das Wort „Stuhl" nur auf fünf Schritte Entfernung hört, vernimmt vielleicht bei derselben Stärke der Stimme das Wort „drei" auf 10 Schritte etc. Wenn jedoch ein Individuum das nebst anderen Worten ausgesprochene Wort „Stuhl" bei derselben Stärke der Stimme einmal auf 10 Schritte

---

[1]) *Krugelstein*, s. *Lincke*, Ohrenh. B. 2, S. 213; *Marshall*, Edinb. Journ. N. 85, s. *Fror.* Not. 1826, B. 13, S. 317.

Entfernung vernimmt, ein andermal bei einem Abstande von fünf Schritten nicht zu verstehen vorgibt, und dies auch bei anderen Worten wiederholt constatirt wird, so ist man berechtigt, eine Simulation anzunehmen.

4. Ein anderes von *Teuber*[1]) angegebenes Verfahren, das ebenfalls bei Recrutirungen verwerthet wird, besteht in Folgendem: Das der Simulation verdächtige Individuum erhält in jedes Ohr das Ende eines Gummischlauches, der in eine Metallröhre übergeht; von den beiden Gummischläuchen laufen je eine Seitenröhre ab, welche von zwei, bei dem vermeintlichen Simulanten befindlichen Zeugen in das Ohr gesteckt werden. Die beiden Haupt-(Metall-)Rohre laufen durch die Wand des Untersuchungszimmers in ein Nebengemach, woselbst sich der Arzt befindet. Wenn also dieser durch die eine Röhre spricht, so dringen die Schallwellen z. B. in das rechte Ohr der Versuchsperson und gleichzeitig in das Ohr des einen Zeugen, indess der zweite Zeuge dabei nichts vernimmt, da er nur mit dem linken Ohre des Untersuchten in Verbindung steht. *Teuber* fand bei Untersuchungen an Normalhörenden, dass bald in die eine, bald in die andere Röhre schnell hineingesprochene Worte, rasch eine Ermüdung des Versuchsindividuums herbeiführen und es demselben unmöglich machen anzugeben, zu welchem Ohre gesprochen wurde. Dasselbe trifft auch bei Simulanten zu; diese werden im Verlaufe der Untersuchung wiederholt ein Wort nachsprechen, welches in das angeblich taube Ohr gesprochen worden war. Nach *Lucae*[2]) kann bei diesem Verfahren ein schlauer Simulant durchschlüpfen, aber einem wirklich einseitig tauben Individuum kann dabei niemals ein Unrecht geschehen.

5. Ein ähnliches Verfahren gibt *L. Müller*[3]) an: Man spricht in das gesunde Ohr durch ein Rohr oder durch eine Papierrolle verschiedene Worte so leise und rasch, als die Versuchsperson diese nachzusprechen vermag; hierauf macht ein zweiter Prüfer denselben Versuch mit dem anderen tauben Ohre; der Simulant verneint irgend etwas zu hören. Nun spricht der erste Prüfer gerade so wie früher in das gesunde Ohr und der Simulant spricht die Worte nach; plötzlich beginnt der zweite Prüfer ebenfalls leise und rasch in das angeblich taube Ohr zu reden. Ein thatsächlich einseitig taubes Individuum sagt die in das gesunde Ohr gesprochenen Worte unbeirrt nach, indess der Simulant dabei vollständig verwirrt wird und selbst bei grosser Uebung nicht im Stande ist, das beiderseits Gehörte zu trennen und nur die in das gesunde Ohr gelangenden Worte nachzusprechen.

6. *Preusse*[4]) benützt das Telephon zur Erkennung einseitiger Taubheit und verwerthet hierzu die Eigenthümlichkeit des Ohres, dass ein beiden Ohren gleichzeitig zugeleiteter Schall ein im Kopf gelegenes subjectives Hörfeld erzeugt.[5]) Wird ein Ton beiden Ohren gleichzeitig vermittelst zweier Telephons zugeleitet, die in den Kreis einer galvanischen Kette eingeschaltet werden, und bei angegebener einseitiger Taubheit die Gehörsempfindung in den Hinterkopf verlegt, so soll nach *Preusse* eine Simulation vorliegen; ausserdem erhält man durch rasches Ausschalten bald des einen, bald des anderen Telephons, Angaben, die mit einer wirklich vorhandenen einseitigen Taubheit in Widerspruch stehen.

7. *Coggin*[6]) bedient sich als Prüfungsmethode auf simulirte einseitige

---

[1]) Berl. klin. Woch. 1869, Nr. 9. — [2]) S. A. f. Ohr. B. 5, S. 303. — [3]) Berl. klin. Woch. 1869. — [4]) A. f. Au. u. Phys., Phys. Abth., 1879, II, 3 u. 4. — [5]) *Purkynĕ*, s. Prag. [?] J. 1860, B. 3, Ber. S. 93; *Thompson*, Naturforsch. v. *Sklarek*, 1879, Nr. 1; s. ferner S. 347. — [6]) Z. f. Ohr. B. 8, S. 294.

Taubheit des binauriculären Stethoskops. Bei luftdichtem Verschlusse der Schenkeln des Stethoskops gelangen, wie die Versuche ergaben, keine Schallwellen zum Ohre. *Coggin* verband in einem Falle den einen im Innern verpfropften Schenkel des Stethoskops mit dem hörenden, den freien Schenkel mit dem angeblich tauben Ohre des Versuchsindividuums und stellte Hörproben an. Der Untersuchte sprach jedes Wort nach. Als jedoch das gut hörende Ohr durch Andrücken des Tragus fest verschlossen wurde und *Coggin* abermals wie früher, durch den freien Schenkel des Stethoskops, in das angeblich taube Ohr sprach, verneinte der Simulant irgend etwas zu vernehmen.

8. Eine bilateral vorgetäuschte Taubheit ist bei längerer Beobachtung des Simulationsverdächtigen im Allgemeinen leichter zu entlarven als eine einseitige Taubheit. Die zuweilen in Anwendung gebrachten Mittel, wie die Prüfung des Sprachverständnisses des aus dem Schlafe erweckten oder aus der Chloroform-Narkose erwachenden Versuchsindividuums, sind wohl nur ausnahmsweise nöthig.

Meyer[1]) erwähnt eines 11jährigen Knaben, der durch mehrere Jahre mit Erfolg Taubheit simulirte.

Häufig leistet hierbei ein trefflicher Einfall sehr gute Dienste; so berichtet z. B. *Wilde*[2]), dass Individuen, die eine beiderseitige Taubheit simuliren, bei Befragung, wie lange sie bereits taub seien, nicht selten eine diesbezügliche Antwort ertheilen. — Einem anscheinend complet tauben Wehrpflichtigen sagte ein Mitglied der Stellungscommission, dass er anlässlich seiner Taubheit für untauglich befunden worden sei und gehen könne. Der Simulant, über diese Botschaft freudig überrascht, schickte sich an, das Zimmer zu verlassen. — Einer Mittheilung *Burckhardt-Merian's* zufolge wird bei der Recrutirung in der Schweiz zuweilen folgendes Verfahren mit Erfolg angewendet: Während ein Beobachter auf den vermeintlichen Simulanten genau achtet, werden von anderer Seite über den letzteren sehr verletzende Ausdrücke gebraucht; eine aufsteigende Zornesröthe oder ein verändertes Mienenspiel verräth eine stattfindende Gehörsperception.

9. *Gellé*[3]) empfiehlt in jedes Ohr eines Simulations-Verdächtigen eine U-förmig gebogene Manometerröhre, in der sich Flüssigkeit befindet, hineinzustecken. Da bei jedem Lauschen eine unwillkürliche Contraction der Muskeln am Obreingange eintritt, so findet eine solche Contraction und damit ein Steigen der Manometerflüssigkeit bei einem leise geführten Gespräche statt, das für den zu Untersuchenden von Interesse sein muss. Da auch beim Schlingen und bei Kieferbewegungen Lumenveränderungen im Gehörgange entstehen, hat man auf eine vollständige Ruhe des zu Untersuchenden zu achten.

Gutachten betreffs einer bleibenden Schwächung der Hörfunction. Betreffs der vom Gerichte gestellten Frage, ob die Gehörfunction des Beschädigten voraussichtlich bleibend geschwächt sei oder nicht und ob diese Schwächung als eine bedeutendere oder geringere bezeichnet werden müsse, wäre vor Allem zu bemerken, dass bei der ersten Untersuchung keineswegs immer eine bestimmte Antwort ertheilt werden kann, sondern diese erst durch eine längere Beobachtung des weiteren Krankheitsverlaufes ermöglicht wird. Der Arzt kann demnach eine, von dem einzelnen Falle abhängige, selbst zwei- bis dreimonatliche Behandlungs-, beziehungsweise Beobachtungsfrist zur Abgabe eines endgiltigen Gutachtens für nöthig erklären.

d) Centralnervensystem. Erschütterungen des Kopfes, z. B. ein

---

[1]) Z. v. Ver. f. Heilk. in Preussen 1842, S. 189. — [2]) *Wilde*, Ohrenh., Uebers., S. 554. — [3]) Gaz. méd. de Paris, 1877. Nr. 8, s. *Canst.* J. 1877, B. 1, S. 179.

Schlag auf das Schädeldach, kann wohl im Stande sein, eine Einwirkung auf solche Theile des Centralnervensystems zu nehmen, welche als acustische Centren für den Hörsinn von der grössten Wichtigkeit sind (s. S. 367). Es wäre auf solche Erkrankungen um so mehr, besonders vom gerichtsärztlichen Standpunkte aus, Rücksicht zu nehmen, als sich die Folgen einer traumatischen Affection der acustischen Centren mitunter erst später entwickeln und ein Schlag auf den Kopf, der anscheinend keine weiteren Folgen nach sich gezogen hat, vielleicht schon einige Tage später als die Ursache einer bleibenden Taubheit angesehen werden muss.

Ein diesbezüglicher Fall wurde bereits S. 367 mitgetheilt. Durch eine Ohrfeige können sogar Schädelfissuren mit letalem Ausgange gesetzt werden.[1]

2. Verletzung des Hörorganes durch stumpfe Gewalt. *a)* **Ohrmuschel.** Die Ohrmuschel kann durch Druck, Stoss, Quetschung etc. entweder einen Bluterguss in das Gewebe (Othaematoma traumaticum) erleiden oder von einer consecutiven Entzündung befallen werden. Diese kann sich, wie ein von *Trautmann*[2] beobachteter Fall von traumatischem Othämatom lehrt, von der Ohrmuschel auf die tieferen Theile des Ohres (äusseren Gehörgang, Paukenhöhle) erstrecken. Der Verlauf hängt demnach von dem weiteren Verhalten der consecutiv erregten Erkrankung ab. Die Ohrmuschel erhält nach dem Rückgange sämmtlicher Entzündungserscheinungen wieder ihr normales Aussehen, oder sie erleidet in ungünstigen Fällen eine Difformität, wie z. B. eine Knickung. Bei der Begutachtung des dadurch entstandenen Schönheitsfehlers ist die Möglichkeit dessen Maskirung zu berücksichtigen.[3]

b) **Knochenwandungen des Schläfenbeines.** α) **Verletzung des knöchernen Gehörganges** (s. S. 78). Eine durch stumpfe Gewalt herbeigeführte Verletzung des knöchernen Gehörganges kommt am häufigsten durch Schlag oder Sturz auf den Kopf zu Stande. Die Verletzung ist dabei entweder auf den Gehörgang beschränkt, oder sie besteht in einer auf den Obrcanal fortgesetzten Schädelfissur. Die Bedeutung solcher Fracturen ist selbstverständlich vom weiteren Verlaufe der nachfolgenden Entzündungserscheinungen, eventuell von einer gleichzeitigen Verletzung anderer lebenswichtiger Organe, vor Allem des Gehirns, abhängig.

Dass selbst schwere Verletzungen glücklich ausgehen können, beweist unter Anderem ein Fall von *Koser* (s. S. 79), in welchem der Patient mit dem Leben davonkam.

β) **Verletzung der Knochenwandungen des Cavum tympani und des Labyrinthes.** Gleich dem knöchernen Gehörgange, kann die Knochenkapsel der Paukenhöhle und des Labyrinthes eine, von der Schädelbasis oder vom Schädeldach auf das Schläfenbein sich erstreckende Fissur oder eine Abtrennung einzelner Knochenpartien erleiden. Mitunter setzt sich die Fissur von der Schädelbasis auf die Labyrinthkapsel, auf das Tegmen tympani bis auf den knöchernen Gehörgang fort. Die Verletzung ist entweder auf jene Seite beschränkt, auf welche das Trauma zunächst eingewirkt hat, oder es zeigt sich eine Verletzung auf der entgegengesetzten Seite (Contre coup), oder endlich auf beiden Seiten zugleich.

Wie *Bruns*[4] angibt, ist bei Brüchen an der Schädelbasis eine Paralysis facialis, zuweilen in Verbindung mit einer Acusticus-Läsion, am häufigsten. — Bei Fissur des Schläfenbeines zeigt sich, nach *Zaufal*[5], die Gegend des

---

[1] *Puchus*, Z. v. Ver. f. Heilk. in Preuss. 1837, S. 94; *Häberlein*, Würt. Corr.-Bl. 1872, Nr. 5; Tod durch eine Ohrfeige beobachtete auch *Wenzel*, Z. f. Staatsarz. 1833. B. 26. — [2] A. f. Ohr. B. 7, S. 114. — [3] *Hofmann*, Lehrb. d. gerichtl. Med. 1878. — [4] Chir. B. 1. S. 329. — [5] Wien. med. Woch. 1865, Nr. 63.

Hiatus Canalis Fallopiae als Kreuzungspunkt, da hier nur weniger spröde Theile des Schläfenbeines mit dem spröden Labyrinthe zusammentreffen; eine Fissur, welche die Furche für den Canalis Fallopiae einhält, spaltet sich an der Stelle des Hiatus spurius in zwei Zweigfissuren, deren eine die Pyramide quer durchsetzt, die andere durch das Tegmen tympani verläuft. — *Buck*[1]) erwähnt, dass Fissuren des Schläfenbeines gewöhnlich an den Vereinigungsstellen der einzelnen Theile auftreten, also eigentlich Diastasen sind. Als eine besonders schwache Stelle am Felsenbeine erweist sich die Umgebung des inneren Gehörganges und des Labyrinthes.

Betreffs der objectiven Symptome und des Ausgangs s. S. 204.

Begutachtung. Bei der Abgabe eines Gutachtens bezüglich der Verletzungen der Knochenwandungen des Gehörorganes kommen hier nur solche Fälle in Betracht, in denen die traumatische Affection auf das Ohr beschränkt geblieben ist, oder bei denen eine Heilung der Schädelfissur stattgefunden hat. Der Arzt hat bei seinem Gutachten die Folgen der stattgefundenen Verletzung, etwa aufgetretene Entzündungen des äusseren Ohres, des Trommelfelles und der Paukenhöhle genau zu berücksichtigen, ferner das Verhalten des Acusticus zu prüfen und dabei nach den schon früher angeführten Grundsätzen vorzugehen. Wie wichtig auch in Fällen von Fissur eine längere Beobachtung für die Abgabe eines endgiltigen Gutachtens ist, beweist der S. 205 citirte Fall von *Schroter*, in dem nach 10 Wochen das verloren gegangene Gehör wieder zurückgekehrt war. Umgekehrt kann eine Schädelfissur anfänglich symptomlos bleiben und erst später consecutive Erkrankungsvorgänge veranlassen.

3. Verletzung des Hörorganes durch Stich, Hieb oder Riss.

a) Ohrmuschel. Die Ohrmuschel erleidet durch Stich, Hieb oder Riss entweder eine partielle oder eine totale Continuitätstrennung; zuweilen wird die ganze Auricula von den übrigen Theilen des Kopfes getrennt. Da eine derartige Verletzung keine auffällige Herabsetzung der Hörfunction bedingt, so sind nur etwaige bleibende Missstaltungen des Gesichtes (s. oben) in Betracht zu ziehen. Es muss übrigens hervorgehoben werden, dass eine abgehauene, abgerissene oder abgeschnittene Ohrmuschel wieder vollständig anheilen kann. Die Heilung gelingt zuweilen in Fällen in denen die getrennten Theile erst einige Stunden später mit einander verbunden wurden.

So vereinigte *John*[2]) die Wundränder einer bis auf den Lobulus abgerissenen Ohrmuschel vier Stunden nach der Verletzung durch drei blutige Nähte und erzielte dadurch eine vollständige Heilung.

Sollten zu einer Verletzung der Ohrmuschel consecutive Entzündungen des äusseren und mittleren Ohres hinzutreten, so hängt die Begutachtung des Falles von dem weiteren Krankheitsverlaufe ab.

b) Trommelfell.[3]) Verschiedene an das Trommelfell gestossene Fremdkörper können durch Stich oder Druck einzelne oder sämmtliche Schichten der Membran durchtrennen. Je nach der Art des Fremdkörpers und der Stossgewalt wird bald eine nur kleine Durchlöcherung, bald eine ausgedehnte, selbst totale Zerstörung des Trommelfellgewebes herbeigeführt. Der Verlauf hängt im Allgemeinen von der Grösse der gesetzten Wunde, von der Gestalt der Wundränder und von dem zweckmässigen oder unzweckmässigen Verhalten des Verletzten ab. Den günstigsten Verlauf zeigen gewöhnlich oberflächliche Verletzungen oder die mit scharfen und nicht etwa verunreinigten Instrumenten herbeigeführten kleineren Wunden. Von grösseren Lücken erfolgt am ehesten bei solchen eine rasche Heilung, bei denen sich

---

[1]) Amer. Journ. of Otol. T. 2. p. 261. — [2]) Med. Z. d. Ver. f. Heilk. in Preuss. 1841. S. 240; s. ferner S. 60. — [3]) Die auf operativem Wege gesetzten Continuitätstrennungen des Trommelfelles bleiben von der Besprechung ausgeschlossen.

ein in die Paukenhöhle hineingeschlagener Trommelfell-Lappen allmälig wieder aufrichtet. Zackige, unregelmässige Wundränder sind ungünstig, da bei diesen meistens eine bedeutende reactive Entzündung erfolgt, die zur Abschmelzung der Wundlappen, also zur Vergrösserung der Lücke und weiter zu einer consecutiven Tympanitis purulenta Veranlassung gibt. Bezüglich der Prognose ist auf das bei Besprechung der Trommelfell-Rupturen oben Mitgetheilte zu verweisen.

Die Begutachtung hat unter Berücksichtigung der verschiedenen bei der Ruptur angegebenen Cautelen stattzufinden. Unregelmässig gerissene Wundränder, ein von der oberen Gehörgangswand auf das Trommelfell übertretender Excoriationsstreifen, sprechen mit Bestimmtheit für eine traumatische Affection. Die Gestalt der Trommelfelllücke ist gewöhnlich eine rundliche (s. S. 129): zuweilen finden sich jedoch auch zipfelförmige, lappige oder eckige Lücken vor. Mitunter zeigt die Richtung, nach der die Wundränder umgeschlagen sind, von welcher Seite das Trauma eingewirkt hat; so findet man zuweilen die Wundränder nach innen umgeschlagen, wenn das Trommelfell vom äusseren Gehörgange her durchstossen worden war. Wie schon früher betont wurde, ist im Falle einer eingetretenen consecutiven Ohrenentzündung, das vielleicht unzweckmässige Verhalten des Patienten (Erhitzung des Körpers, Reizung der Wunde durch äussere schädliche Einflüsse, Eingiessung irritirender Flüssigkeiten ins Ohr etc.) bei der Begutachtung in Anschlag zu bringen.

c) Gehörknöchelchen. Die soeben besprochenen Traumen, welche das Trommelfell treffen, sind auch im Stande, gleichzeitig eine Verletzung der Gehörknöchelchen (Fractur, Exarticulation, Herausreissung etc.), vor Allem des mit der Membran verbundenen Hammergriffes herbeizuführen. Die Begutachtung richtet sich nach den durch die Verletzung veranlassten Entzündungsvorgängen und nach der Hörstörung. Diese letztere ist selbst bei Verlust des Hammers und Ambosses keineswegs immer eine hochgradige, ja die betreffenden Patienten weisen zuweilen selbst ein überraschend gutes Gehörsvermögen auf. Dagegen kommt den Verletzungen der Stapesplatte, schon allein wegen der dadurch gleichzeitig zu Stande kommenden Eröffnung des Labyrinthes, stets eine hohe Bedeutung zu (s. übrigens S. 312).

d) Cavum tympani und Labyrinth. Stechende Werkzeuge sind im Stande, die knöchernen Pauken-, beziehungsweise Labyrinthwandungen zu penetriren und dabei gleichzeitig die Eingangs erwähnten lebenswichtigen Organe in der Umgebung des Mittelohres zu verletzen. Als Folgen sind eine tödtliche Blutung (aus der Carotis, V. jug. int. oder eines der Gehirnsinusse), Meningitis, Encephalitis, eine Acusticus-Affection und eine consecutive eiterige Paukenentzündung besonders hervorzuheben.

Moos und *Steinbrügge*[1]) beobachteten in einem Falle Taubheit nach Stichverletzung der Schläfengegend. Später erfolgte eine Wiederkehr des Gehörs zuerst für hohe, dann für tiefe Töne.

e) Warzenfortsatz. *Pitha*[2]) beschreibt einen Fall von Säbelhiebverletzung des Proc. mastoideus bis auf den Knochen. Es erfolgte eine allmälige Besserung, jedoch am 32. Tage ein Schüttelfrost, am 44. Tage Exophthalmus, Pupillenstarre, Blindheit zuerst rechts, dann links, Oedem am Auge und an der Schläfe. Die Section ergab Nekrose an der Oberfläche des Proc. mast. und eine Oeffnung von 2 Cm. Die Dura mater der mittleren Schädelgrube erschien mit Exsudat bedeckt; ferner fanden sich Thrombose des Sin. transversus, der beiden Sin. petrosi, und cavernöse Jaucheherde im Lungengewebe vor.

---

[1]) Z. f. Ohr. X. S. 21. — [2]) Oest. Z. f. pr. Heilk. 1859. B. 5. Nr. 1.

4. Verletzung des Hörorganes durch Schuss. Das Hörorgan wird durch Schuss entweder nur äusserlich verletzt (Streifschuss), oder das Projectil dringt in die verschiedenen Theile des Ohres hinein. Die B e - d e u t u n g einer Schussverletzung des Ohres, abgesehen von gleichzeitigen Verletzungen anderer Organe, hängt einerseits von der durch das Projectil gesetzten Affection acustisch wichtiger beziehungsweise minder wichtiger Theile, andererseits von etwa consecutiven Entzündungsvorgängen ab.

Buck[1]) entfernte an einem Patienten, der wegen Schwerhörigkeit und Ohrensausen in Behandlung kam, eine Kugel, die seit 10 Jahren im Ohrcanale gelegen war, worauf Heilung des Ohrenleidens eintrat. — *Moos*[2]) constatirte in einem Falle eine Verstopfung der Ohrtrompete durch eine Kugel. — *Varriol*[3]) beobachtete nach Schussverletzung des Ohres Taubheit und Facialparalyse; nach zwei Tagen trat plötzlich Exitus letalis ein. Die Section ergab eine Zersplitterung des Felsenbeines mit Verletzung der Carotis.

Die B e g u t a c h t u n g der Schussverletzungen hat im Sinne der bei anderen Verletzungen des Hörorganes aufgestellten Grundsätze zu erfolgen.

5. Verletzung des Hörorganes durch Fremdkörper. Von den durch Fremdkörper im Allgemeinen zu Stande kommenden Verletzungen des äusseren und mittleren Ohres haben bereits die durch Stich, Riss und Schuss hervorgerufenen traumatischen Affectionen des Ohrcanales, Trommelfelles und Cavum tympani Erwähnung gefunden. Es erübrigt nunmehr die Besprechung der in das Ohr eingedrungenen Fremdkörper, welche schon allein durch ihre Gegenwart im Ohre auf dieses irritirend einwirken. Der Reiz, den solche Fremdkörper zunächst auf ihre Umgebung ausüben, hängt zum grossen Theil von der Beschaffenheit des Körpers und von dem Drucke ab, welchem die dem Fremdkörper anliegenden Theile ausgesetzt sind. Es wird also ein eckiger, höckeriger, in den Gehörgang fest hineingepresster Körper hochgradige Reactions-Erscheinungen bedingen können, indess ein Körper mit glatter Oberfläche, der nur lose im Ohrcanale sitzt, nicht den geringsten Reiz auszuüben vermag und zuweilen sogar unbeachtet darinnen verweilt.

a) Der äussere G e h ö r g a n g ist den Verletzungen durch Fremdkörper selbstverständlich am häufigsten ausgesetzt. Als mögliche Folgen wären ausser einer Continuitätstrennung, consecutive Otitis externa, Ausbreitung der Entzündung auf andere Abschnitte des Ohres und Druckatrophie anzuführen.

Bezüglich der bei Fremdkörpern im Gehörgange auftretenden Symptome s. S. 106.

b) Am T r o m m e l f e l l e kommen Durchlöcherung, eventuell vollständige Zerstörung der Membran, ferner Entzündung oder Erschlaffung des Gewebes in Folge von Druck in Betracht. — *c)* Ein in der P a u k e n - h ö h l e befindlicher Fremdkörper vermag Verletzungen der Weichtheile, sowie Entzündungen, mit einem möglicher Weise letalen Ausgange herbeizuführen.

d) In Betreff des Warzenfortsatzes s. S. 322 u. 331.

Bei einer B e g u t a c h t u n g der Verletzungen des Ohres durch Fremdkörper hat der Arzt die durch den Fremdkörper selbst gesetzten pathologischen Zustände des Hörorganes wohl von jenen Verletzungen zu trennen, welche durch vorausgegangene, verunglückte Extractionsversuche veranlasst wurden (s. S. 107).

6. Verletzung des Hörorganes durch chemische oder thermische Einwirkungen. Eine Eingiessung scharfer, ätzender Stoffe, sowie von heisser

---

[1]) New-York. Med. Record. 1872. Dec., s. A. f. Ohr. B. 8, S. 239. — [2]) A. f. Aug. u. Ohr. B. 2, Abth. 2, S. 161. — [3]) Gaz. méd. de Paris 1879. 5. July.

Flüssigkeit und geschmolzenen Substanzen ins Ohr, vermag oberflächliche oder tiefergehende Zerstörungen der Weichtheile des äusseren und mittleren Ohres zu erzeugen: consecutiv geben Aetzung und Verbrennung zu reactiver Entzündung, Verengerung, beziehungsweise zu constrictivem Narbenverschlusse des Ohrcanales Veranlassung.

Mehrere Fälle von Verbrühung des Trommelfelles mit dessen Destruction bei geringer Betheiligung des äusseren Gehörganges erwähnt Bezold.[1]) Eine absichtliche Verbrühung des Gehörganges zur Erzeugung einer künstlichen Gehörgangsentzündung wurde an Stellungspflichtigen öfters vorgefunden[2]) zuweilen wird durch Einlegen von stinkendem Käse, Honig etc. in den Gehörgang eine eiterige Entzündung desselben vorgetäuscht.[2]) Fälle von Einführung von Salpetersäure ins Ohr wurden wiederholt beobachtet.[4]) Einen Fall von Anätzung der Gehörgangswandungen und Zerstörung des Trommelfelles durch Eingiessung von Ferr. sesquichlor. pur. (behufs Blutstillung bei traumatischer Verletzung!) hatte ich Gelegenheit zu sehen. — In einem Falle beobachtete ich infolge von Eingiessen einer concentrirten Carbol-Lösung ins Ohr, eine fast totale Zerstörung des Trommelfelles. — Wederstrandt[5]) fand an einem Patienten, dem geschmolzenes Blei ins Ohr eingegossen worden war, Facialparalyse und Taubheit; der Gehörgang erwies sich 17 Monate später mit der Bleimasse erfüllt.

Die Begutachtung richtet sich nach dem Grade der Verletzung und den durch diese herbeigeführten Entzündungs-Erscheinungen.

II. Die Einflussnahme gewisser Ohrenaffectionen auf ungesetzliche Handlungen.

Im Anschlusse an die bisher besprochenen traumatischen Affectionen der Paukenhöhle erübrigt nunmehr eine sehr wichtige gerichtsärztliche Frage in Erwägung zu ziehen, nämlich ob gewisse Ohrenaffectionen im Stande sind, einen Einfluss auf ungesetzliche Handlungen zu nehmen. Zur Entscheidung dieser Frage sind vor Allem die Erfahrungsthatsachen zu Rathe zu ziehen, ob Ohrenerkrankungen im Allgemeinen die Ursache von geistigen oder psychischen Störungen und von verschiedenen Nervenaffectionen abgeben können. Durch eine grosse Anzahl von Beobachtungen ist es nunmehr zweifellos festgestellt, dass die Antwort hierauf im bejahenden Sinne auszufallen hat (s. S. 107 u. 307).

Delcau[6]) berichtet von einem Patienten, dem eine Einwirkung starker Töne einen maniakalischen Anfall erregte. — Linden[7]) erwähnt einen Fall von Manie, die bei plötzlichem Versiegen einer Otorrhoe ausbrach und acht Tage später mit dem Wiedererscheinen des eiterigen Ohrenflusses wieder zurückging; damit stellte sich auch das Denkvermögen wieder her.

Einen sehr bemerkenswerthen Fall theilt Moos mit[8]): Ein an chronischem Tubenkatarrh erkrankter, im Uebrigen vollkommen gesunder und sehr kräftiger Mann litt an intermittirendem Ohrensausen und anfallsweise auftretenden Kopfschmerzen; während eines solchen Anfalles gerieth der Patient jedesmal in eine so gereizte Stimmung, dass er seine Frau bat, ihm nichts Unangenehmes zu sagen und die Kinder zu entfernen, „er könne während des Anfalles für nichts stehen!" Wie Moos weiter berichtet, war der Kranke sonst von ruhigem Charakter, ein fleissiger Arbeiter und gut beleumundet. Eine rein örtliche Behandlung befreite ihn von seinem Leiden! — Ein von mir an chronischer eiteriger Entzündung der Paukenhöhle behandelter junger Mann, welcher mir als gutmüthig und von sehr ruhigem Temperamente geschildert wurde, litt zeitweise an einem Gefühl von Druck und an mässigen Schmerzen in den Ohren. Gleichzeitig mit einem solchen Anfalle trat meistens eine sehr erregte Stimmung ein.

---

[1]) A. f. Ohr. B. 18. S. 31 ff. — [2]) S. Opitz, Allg. milit. Z. 1865, Nr. 37. — [3]) Marshall, Edinb. Journ. Nr. 85. s. Fror. Not. 1826. B. 13. S. 318; Martini. s. Schmidt's J. 1858. B. 99. S. 87. — [4]) Morrison, s. med.-chir. Z. 1837, B. 4. S. 73. (Nach 7 Tagen Paralyse des rechten Armes, Paral. agitans der rechten Körperhälfte; nach 6 Wochen Tod; die Section ergab Caries ossis temporis). — Rau, Ohrenh. S. 256. — Habermann (Zaufal), A. f. Ohr. XVIII. S. 75. — [5]) S. Fror. Not. 1852. Nr. 612, cit. v. Bezold s. ferner Alley, Canst. J. 1852. B. 3. S. 159. — [6]) S. Schmidt's J. 1840. 2. Suppl.-B., S. 209. — [7]) S. Canst. J. 1854. B. 3. S. 108. — [8]) A. f. Aug. u. Ohr. B. 1, Abth. 1, S. 236.

die sich in Ausbrüchen von heftigem Jähzorne äusserte. Mit dem Schwinden der Erscheinungen von Seiten des Ohres kehrte auch die gewöhnliche ruhige Gemüthsstimmung wieder zurück.

III. Ueber die forensische Bedeutung des Inhaltes der Paukenhöhle.

Wie bereits S. 188 erwähnt wurde, schwindet das **embryonale Polster** der Paukenhöhle gewöhnlich innerhalb des ersten Lebenstages, kann jedoch auch bereits vor der Geburt einer vollständigen Resorption anheimfallen. Damit entfällt der von *Wreden*[1]) und *Wendt*[2]) angenommene Ersatz der Ohrenprobe für die Lungenprobe, wie dies auch besonders aus den eingehenden Untersuchungen von *Kutscharianz*[3], *Blumenstock*[4], *Moldenhauer*[5]), *Schmalz*[6]), *Lesser*[7]) und *Hněvkovský*[8]) hervorgeht.

Bezüglich einer anderen, forensisch wichtigeren Frage, ob aus dem Befunde von Flüssigkeit in der Paukenhöhle die Schlussfolgerung erlaubt ist, dass die betreffende Person in dieser Flüssigkeit ertrunken, also noch lebend in diese hineingelangt sei, spricht sich *Hněvkovský*[8]) auf Grundlage von einschlägigen Experimenten im verneinenden Sinne aus, da selbst eine körnchenhältige Flüssigkeit, in der eine Leiche durch einige Zeit liegt, unter normalen Verhältnissen des Tubencanales spontan in die Paukenhöhle einzudringen vermag.

Im Anschlusse an die Besprechung der forensischen Bedeutung der verschiedenen Affectionen des Gehörorganes mögen im Nachfolgenden die wichtigsten Punkte bei einer Begutachtung des Hörorganes mit Rücksicht auf das Versicherungswesen hervorgehoben werden. Es sind hierbei die Lebens- und die Invaliditätsversicherung zu unterscheiden.

1. **Die Lebensversicherung.** Bei der Begutachtung des Gehörorganes für eine Lebensversicherung ist als wichtigster Grundsatz festzuhalten, dass jede eiterige Entzündung des Ohres eine Aufnahme der Person zur Lebensversicherung unbedingt ausschliesst. Die Aufstellung dieser Regel ist für die Lebensversicherungs-Anstalten in Anbetracht der möglicherweise eintretenden Folge-Erkrankungen einer eiterigen Ohrenentzündung von grosser Wichtigkeit. Wie bereits an anderen Orten auseinandergesetzt wurde, liegt die Gefahr bei entzündlichen Ohrenaffectionen nicht allein in einer directen Betheiligung der dem Ohre benachbarten lebenswichtigen Organe, sondern beruht zum noch grösseren Theile in der Möglichkeit einer Allgemein-Infection. Der Versicherungsarzt darf, im Interesse seiner Anstalt nie die Erfahrungsthatsache ausser Auge lassen, dass bei Otorrhoe stets eine gefährliche Wendung der Erkrankung eintreten kann und Otorrhoiker durchschnittlich keine lange Lebensdauer aufweisen. Abgesehen von den einfachen eiterigen Ohrenerkrankungen, den Polypenbildungen und den cariös-nekrotischen Erkrankungen des Gehörorganes, sind auch alle jene Zustände des Ohres bei der Begutachtung des zu versichernden Individuums in Anschlag zu bringen, die entweder zu einer Entzündung des Ohres Veranlassung geben können, oder im Stande wären, bei einer etwa später auftretenden Eiterung den Ausfluss des Eiters zu behindern. Dahin gehören einerseits Eczem des äusseren Ohres, darunter auch das unscheinbare Eczem am Ohreingange, persistente Perforation des Trommelfelles wegen ihrer Begünstigung der

---

[1]) M. f. Ohr. 1868; [1]) J. f. ges. Med. 1871. B. 31. S. 208. [2]) A. d. Heilk. 1873. — [3]) A. f. Ohr. B. 10. S. 123. — [4]) Wien. med. Woch. 1875. Nr. 10. 11. [5]) A. d. Heilk. 1876. B. 17. — [6]) A. d. Heilk. 1877. B. 18. [7]) J. f. ger. Med. 1879. — [8]) Wien. med. Bl. 1883. Nr. 26—31. Der genannte Aufsatz enthält eine genaue Literaturangabe.

Recidive einer eiterigen Paukenentzündung, nachweisliche Exsudationsvorgänge im Cavum tympani, sowie heftigere Nasen-Rachen-Affectionen; andererseits wären die Verengerung oder der Verschluss des Ohrcanales anzuführen, wodurch im Falle von Otorrhoe eine Retention des Eiters in der Paukenhöhle begünstigt wird. Eine bedeutende Hyperämie des Trommelfelles, besonders wenn sie mit Schwellung des Trommelfellgewebes verbunden ist, ferner Röthe, Schwellung und Druckempfindlichkeit in der Gegend des Warzenfortsatzes, begründen den Verdacht eines heftigeren Entzündungsvorganges im Mittelohre und bieten daher stets eine Contraindication betreffs der Aufnahme des Individuums für die Versicherung. Schliesslich verdient bei der Begutachtung des Hörorganes einer Versicherungsperson noch eine notorisch bestehende Neigung zu eiterigen Entzündungen des äusseren oder mittleren Ohres auch in solchen Fällen eine strenge Berücksichtigung, in denen die Untersuchung keine Residuen der abgelaufenen Entzündungen nachzuweisen vermag. Wenngleich derartige Individuen nicht von der Lebensversicherung auszuschliessen sein dürften, so könnte es vielleicht im einzelnen Falle passend erscheinen, eine höhere Einzahlungsprämie zu beantragen.

2. Die Invaliditätsversicherung. Bei der Begutachtung des Gehörorganes behufs einer Invaliditätsversicherung schliessen die eiterigen Ohrenentzündungen wegen ihrer Bedeutung für den allgemeinen Körperzustand, sowie in Anbetracht des Umstandes, dass sie zu bleibenden hochgradigen Veränderungen des acustischen Apparates führen können, die Aufnahmsfähigkeit des Individuums aus. Es sind ferner bestehende Mittelohraffectionen, sowie eine nachweislich verminderte Function des Acusticus, besonders bei beiderseitiger Erkrankung, genau in Betracht zu ziehen, da die genannten Ohrenleiden eine Berufsunfähigkeit der Versicherungsperson bedingen können. Es ergibt sich daraus, dass einer eingehenden Prüfung der Gehörsperception mit der Sprache, Uhr, und besonders mit der Stimmgabel bei der Invaliditätsversicherung eine hervorragende Rolle zukommt, indess die Gehörsprüfungen für eine Lebensversicherungs-Aufnahme gewöhnlich von viel geringerer Bedeutung erscheinen. Für die Invaliditätsversicherung sind ferner eine nachweislich hereditäre Schwerhörigkeit, sowie gewisse Beschäftigungen der Versicherungsperson in Anschlag zu bringen. Erfahrungsgemäss bieten nämlich ein hereditäres Ohrenleiden und ferner alle jene Beschäftigungen, bei denen das Ohr anhaltenden starken Schalleinflüssen ausgesetzt ist, eine besonders ungünstige Prognose dar.

Sachregister.

Die angegebenen Zahlen bedeuten die Seiten des Buches.

Ablesen v. d. Lippen 27, 401.
Accessorius Willisii: Spasmus 262, 265, 325.
Accommodation:
geschwächt bei Stapes-Fixat. 311.
Paukenmuskeln 201.
Störung der A. 317.
Trommelfell, Acc. 117.
Acusticus:
s. acust. Centren.
Anästhesie 368, Cerumen 79,
Urs. v. Gehörg.-Anästh. 99.
Anatomie 340, 347, 360.
Atrophie 286, 358. 370.
Behandl. elektr. 392.
Bildungsmangel 351, 357.
Compression 358, 364.
Continuitätstrenn. 345, 358.
Corpora amylac. 359.
defect 356.
Dicke anorm. 357.
Durchschneidung, Gleichgew.-Störung danach 345.
Entwicklung 334.
Entzündung 359, 386, 399,
absteigend 358, bei Meningit. cer.-spin. 388.
Erkrankung part. 346, 364.
Erschütterung 367, 410.
s. Gehirn.
s. Gehörsempf. subj.
Hämorrhagie 359.
s. Hörfunction.
Hyperämie 359.
Hyperästhesie 370, deren
Behandl. 396.
Kalkeinlager. 359.
Kleinhirn, Verbind. mit d.
Ac. 340.
Kreuzung d. Fasern 347, 360.
s. Labyrinthwasser.

s. Med. oblong.
s. Ménière'sche Sympt.
Neubildung 359.
normal an Taubst. 358.
Pigment 359.
Reaction 25, galvan. 372,
393, s. Hörprüfung.
reflect. Einwirkung 349, 393.
secundäre Ac.-Affection bei chron. Paukenkat. 365.
senile Torpidität 365, 369.
Striae acust. 364. 365.
Texturanomalie 359.
Torpidität 365, senile 365
Trauma 367.
Trigeminus-Affect. 365.
Untersuchung 25.
Vasomotor. Fasern. 294.
Verfettung 359.
Acustik 347.
Acustische Centren 341, 366.
Erkrankng 359, 370.
Function 346, 368.
Hyperästhesie 371.
Reflexerregung 349.
s. Transfert.
Trauma 354, 367.
Adenoide Vegetationen 182.
Auscultations-Ger. 24.
Adhäsionen:
im Gehörgange 77.
Instrumente 46.
in der Paukenhöhle 275.
am Trommelfelle 118.
Amboss:
Anatomie 192, 193.
Bildungsanomalie 308.
Caries 313.
durchschimmernd 123.
Entwicklung 191.
Exostose 314.
s. Gehörknöchelchen.

Gelenkverbindung 193.
Hyperostose 308.
Körper sichtbar 95.
Lage anormal 308, 309.
Luxation 309.
Nekrose 313.
Physiologie 199.
A. Schenkel sichtbar 123, 198.
Schwingung 200, b. Stapes-Synost. 312.
topograph. Verh. 198.
Verbindung anormal 308.
Annulare ligamentum:
Anatomie 194.
Function 200.
Pathologie 310.
Perforation 261.
Verknöcherung 291.
Annulus cartilagineus 113.
fehlend 130.
Annulus tympanicus:
Anatomie 70.
Bildungsmangel 74.
Entfernung abnorme v. d.
Labyrinthwand 204.
Entwicklung 70.
Exfoliation 357.
Hyperostose 97.
Nekrose 95, 278.
Antiseptica 270.
antis. Reinig. v. Instrum. 53.
Aquaeductus cochleae:
Anatomie 338, 339, 340
Bildungsanomalie 352.
Eiter fortschreit. auf d. Gehirn 261.
Aquaeductus vestibuli:
Anatomie 335, 339.
Bildungsanomalie 351, 352.
Cholesteatom 357.
Eiter fortschreit. auf d. Gehirn 261.

Entwicklung 334.
Erweiterung 352.
Asthma 181.
Auge:
Accommodation 305.
Acusticus-Durchschneid. 345.
Amblyopie 361, angebor. 398,
Heilung dr. d. künstl. Blutegel 392.
Blepharospasmus 81. mit subj.
Geh. 376.
Bogengang Durchschn. 344.
Erkranknng b. Hydroceph.
acut. 361, bei Kleinhirnaffection 389, b. Sinns-
Thrombose 264.
Exophthalmus 264.
Glaucom. Geh. subj. 350.
Lichterschein., galvan. 394.
Ménière'sche Sympt. 385.
motor. Apparat 169.
Neuritis optica 258.
Nystagmus 353, 389.
Pupillen b. Gehirnabsc. 258,
b. Warzenforts. Eutz. 323.
Reflexerscheinung 81, 285,
305, 306, 323, 350, 351.
Retina Entzündung 330, Pilzherde 103.
Schläfenlapp. Verletz 347.
Strabismus 323.
Thränen 305.
Transfert 364.
Trigeminus-Erkr. 305.
Warzenfortsatz 323, 330.
Auricula s. Ohrmuschel.
Auricularanhänge 59.
Auscultationsgeräusch 23.
adenoide Vegetationen 24.
adhärirende Schleimhautflächen 24.
Empfindung d. Patienten 24.
gerichtsärztl. Bedeut. 407.
Injectionen ins Ohr 239.
intermittirend 24.
knackendes A.-Geräusch 24.
Nas.-Rachenhöhle 24.
negatives A.-Ger. 24.
Paukenh. Secret 23, 24, 239.
Perforations - Geräusch 130.
Rasselgeräusch 23.
secundäre A.-Geräusche 24.
Trommelfell, Spannungsanom. 23.
Tuba, Erweiterung 23, Verenger. 23.
Warzenfortsatz 25.
Ausfluss a. d. Ohre:
behindert 267, 285.
blutiger 209.
b. Caries 279.
cerebraler 257.
eiteriger 252.
v. Liquor cer.-spinalis 204.

Schwefelwasserstoff enthaltend 272.
seröser 204.
dr. d. Tuba 251, 268.
Ausspritzung 37.
Dentalgie b. d. A. 293.
Ecchymosen am Trommelfelle 142.
Exsudat A. 227.
Fremdkörper 105.
Gefahr e. starken A. 39.
A. e. Gehirnabscesses 257.
Gehörgang, Verengerung 76.
Instrumente z. A. 37.
b. offen steh. Labyrinthe 39.
A. d. Nase 49.
A. v. Polypen 287.
A. v. Schleim 131.
A. d. Schnecke 357.
Schwindel b. d. A. 39, 384.
Technik d. A. 40.
Trommelfell-Ruptur 127.
durch d. Tubencanal 40, 51.
A. z vermeiden 270.
A. d. Warzenforts. 327, 332.
Wasser z. A. 37.
Zufälle üble 39, 307.
Austrocknung d. Ohres 40.
Autophonie 164, 167.
Blutung:
fehl. b. Felsenb.-Zerspl. 210.
Gehörgang 79, 83.
Nase 264, 361.
s. Othämatom.
Otorrhagie 207.
Paukenhöhle 207, 209.
Trommelfell 142, 145.
Warzenforts. 324, 332, 333.
Bogengänge:
Anatomie 336.
Bildungsanomalie 351, 352.
Caries u. Nekrose 353.
Corpora amylacea 356.
Dehiscenz 353.
Entwicklung 334.
Erkrankung 384, 389, 390.
Exfoliation 356, 357, 384.
Hämorrhagie 354.
Hyperostose 353.
Lücke 329, 353.
Ménière'sche Sympt. 385.
Nekrose 356, 357.
Otolithen 352.
Perforation 261, 332, 353.
Physiologie 343.
Verdickung 353, 355.
Verengerung 352.
Verkalkung 355.
Verknöcherung 352.
Verletzung experim. 343.
Caput obstipum 262, 325.
Caries und Nekrose:
Eiter b. C. u. N. 279.
Gehörgang 95.

Gehörknöchelchen 313.
Labyrinth 356.
Paukenhöhle 278.
Warzenfortsatz 327.
Caroticus canalis:
Bildungsanomalie 207.
Dehiscenz 168.
erweitert 163.
Fissur 206, 207, 210.
Lage z. Tuba 154.
Venen im Can. car. 197,
Entzünd. 264.
Verengerung 375, Urs. v.
Gef.-Geräusch 375.
Carotis:
Anlagerung an d. Annul.
tymp. 204.
Arrosion 210.
Contraction 37.
Entzündung 260.
Gefässgeräusch 375.
Paukenhöhle 190, 196.
Unterbindung 211.
Verbindung mit d. Tuba 168.
Verletzung traum. 419.
Cephalalgie:
Gehirnabscess 258, 259.
Kleinhirnreizung 258.
Nasenrachenkatarrh 175.
Paukenhöhle, Entz. 219, Polypen Touchir. 290.
Phlebitis 261.
Politzer's Verf. 18.
Staped. musc. Retraction 317.
Trigem. Erkr. 305.
Vegetation adeu. 183, nach
deren Operation 184.
Cerebellum:
Entzündung 256.
Erkrankng 364, 389, Acust.-
Atroph. 358.
reflector. Reizung 285, 390.
Tumor 360, 361.
Cerebro-spinal-Flüssigkeit:
Ansfluss a. d. Ohre 204.
Verbindung mit d. Labyrinthe
335, 339, mit d. Nasenhöhle 177.
Cerumenpfropf 80.
Epithelschollen 242.
Hyperaesthesia acustica nach
Entfern. d. C. 371.
Parasiten 101.
Periostitis mast. durch C. 326.
Reflexerscheinung 81.
Chorda tympani:
abzulösen 312.
Anatomie 198, 301.
durchschimmernd 123.
Durchschneidung 302, 303.
Erkrankung 302.
Geschmacksfasern 302.
Reizung 302.
Speichelfasern 304.

tactile Fasern 303.
Touchirung 297.
Cochlea s. Schnecke.
Corti'sches, Organ 338, 369.
Coryza 175.
C. intermittens 185.
b. d. Menstruat. 185.
Croup:
Gehörgang 92
Ohrtrompete 171, 240.
Paukenhöhle 240.
Warzenfortsatz 326.
Dämpfe ins Ohr 48.
Dentalgie:
Acusticus - Einwirkung 350.
b. d. Ausspritzung 293.
Otalgie in Folge v. D. 293.
Taubheit in Folge v. D. 350.
Desinfection:
v. Instrumenten 53.
d. Luft 8
b. Otorrhoe 270.
Diabetes insipidus 85.
Diabetes mellitus 361.
Diphtheritis:
Gehörgang 92.
Ohrmuschel 92.
Paukenhöhle 274.
Trommelfell 275.
Tuba 171.
Eiter der Paukenhöhle:
blauer 252.
b. Caries und Nekrose 279.
Flimmerzellen im E. 252.
öliger 253.
Verminderung rasche 253.
vorgetäuscht 420.
Elektricität:
Constanter Strom 392, Acusticus - Anästhesie 395,
Hyperästhesie 395, Acusticus-Reaction 393, 396,
Batterie 26, Cerumenabsond. 80, geg. Paukenentzündung 246, 273, 294,
Sympathie, Beh. 396, const.
Str. b. Taubstummen 401.
geg.Trommelfell-Trüb. 138.
Inductionsstrom 397, gegen
Acusticus-Affect. 397,
gegen Nasenkatarrh 176,
geg. Paukenh.-Entz. 246,
geg. Pharynxmuskel-Insufficienz 180, geg. Warzenf.-Hyperästhesie 334.
Nerv. fac. Unters. elektr. 299.
Trophoneurose 295.
Tubenmuskel-Erkr. 168.
Elektroden:
Application 26.
Bestimmung der Anode u. Kathode 26.
doppelarmige Anode 396.
Elektrolyse:

Augiom 68.
Exostose 98.
Embolie:
in der Paukenhöhle 207.
b. Phlebitis 265.
Eminentia pyramid. 190, 195.
Bildungsanom. 203.
Eiter 260.
Emphysembildung 14.
Entwicklung:
Acusticus 334.
Fallopischer Canal 195.
Gehörgang 71, 75, 78.
Gehörknöchelchen 191, deren Gefässe 197.
Labyrinth 334.
Meckel'scher Fortsatz 193.
Ohrmuschel 57.
Ohrtrompete 153, 156.
Paukenhöhle 187, 206.
Steigbügel-Muskel 195.
Trommelfell 110.
Warzenfortsatz 317.
Epilepsie 105, 106, 285, 305, 306, 333, 361.
Erbrechen 384.
Ausspritzung 38, 39.
Bogengang-Durchschneid. 344, Exfol. 357.
Cerebellum Erkr. 389.
Fremdkörper im Ohre 106.
galvan. erregt 394.
Labyrinthfenster, Durchbruch 353.
s. Ménière'sche Symptome.
Paukenerkr. 220.
Polypenoperation 285.
Vagus-Reiz 100, 386.
Erhängen:
Blutstauung b. E. 410.
Trommelt. Ruptur 406.
Erysipel:
Cerumen 81.
galvanoc. Beh. 289.
Facialis canalis:
Anatomie 188.
Bacterien 257.
Bildungsanomalie 203.
Entwicklung 189.
Entzündung fortschreitend aufs Gehirn 260, Mastoid.-Entz. 329.
Fissur 417.
Hyperostose 297.
Jugul. foss. communicir. 206.
Lücke 189, 332.
Nekrose 279.
Zerstörung 297.
Facialis nervus:
Anatomie 198.
Ausreissung 58, 74.
Druck auf d. F. 286, 297, 300, 358.
Durchschneidung 345.

eiterig 359.
galvan. erregt 394.
Hyperämie 297.
Paralyse 275, 297, Anosmie 297, b. Cerumen 81, b.
Chorda tymp. Touch. 297,
bei Gehirnabscess 258, Gehörsfunction b. Paralyse 297, Par. b. Schädelfissur 416, Paral. b. Schneckenexfoliation 356, 357, b.
Warzenforts.- Entz. 333.
Speichelsecretions - Fas. 304.
Staped. musc. angelagert 195,
vasomotorische Fasern 294.
Verletzung 58, 74.
Widerstandsfähigkeit 297.
Zerstörung 300.
Fissur d. Schläfenbeines 204, 353, 386, 416.
Fissura Glaseri, Vermittl. d.
Entz. zwischen Parotis u. Cav. tymp. 363.
Fissura mast.-squamosa 319.
Bedeutung prakt. 324.
Verstreichen mangelhaft 322.
Fissura petro-squamosa 189.
Fistel:
Fistula auris congenita 75.
Gehirnfistel 257.
Warzenfortsatz 331.
Foramen ovale:
Anatomie 188.
Bildungsanomalie 203, 352.
Durchbruch39,Sympt.39.353.
Entfernung v. Utriculus 312.
Entwicklung 191.
Hyperostose 291.
Knorpelbildung 310.
Nekrose 279.
Nische (Pelvis ov.) 188, sichtbar 199, tief 228.
Stapes-Fixation 310.
Foramen rotundum:
Absprengung 204.
Anatomie 189.
Bildungsanomalie 204, 352.
Durchbruch 39, Sympt. 353.
durchschnittenerud 123.
Grösse anormale 204.
Hyperostose 291, 310.
Mündung in d. Vestib. 352.
Neigung horiz. 291.
Nische 189, Inspection 123.
Topographie 199.
Verengerung 291.
Fremdkörper 419:
Gehörgang 100.
Labyrinth 357.
Ohrmuschel 70.
Paukenhöhle 307.
Tuba 171, 419.
Warzenfortsatz 331.

Galvanocaustik 42, 180.
Gaumen:
abgelenkt 299.
Bewegung bei Facialparalyse 299, herabgesetzt 178, b. Phoniren 17, 161. b. d. Respiration 167, b. Schlingen 161.
gespaltener 175.
Lage z. Tubenmünd. 156.
Secretion anormale 179.
Senkungsabscess 164, 254.
Spasmus 186.
s. Uvula.
Verschluss 17, 18.
Verwachsung mit d. h. Ph.-Wand 174.
Gehirn:
Abscess 256, dessen Auspritzung 257.
s. acustische Centren.
Apoplexie, Hyperaesth. ac. 371, Schwerhörig. dabei 360, Sinusthrombose als Urs. v. Apopl. 264.
Art. basilaris, Aneurysma 358, 360.
Austritt 79, 204.
Corp. restiforme, Durchschneidung 61.
s. Geh.-Entzündung.
G.-Erkrankung 359, Acustic.-Atrophie 358, Gehörg.-Anästhes. 99, Gleichgewichts-Störung 343, 344, 345. Hyperaesth. ac. 371. Schwerhörigkeit 359, Taubheit 399.
Hämorrhagie 264.
Hydrocephalus acut. 361.
Kleinhirn s. Cerebellum.
Paukenhöhle-Blutung 208.
Pilzherde 103.
Rautengrube 208.
Trauma 344, 367. 415.
Tumor 259. Schwerhör. 359.
Gehirn-Entzündung:
Extraction. v. Fremdk. 107.
Facial-Canal 260.
Gehörgang 94.
Labyrinth 261, consec. Entzünd. 255.
Paukenhöhle cons. Entz. 255, 256.
Warzenfortsatz 329.
Gehirnpneumonie 249.
Gehör s. Hörfunction.
Gehörgang äusserer:
Anästhesie 99, 364.
Anatomie 71, 113, Schädelh. 331, Sin. transv. 331.
Aneurysma 98.
Angiom 98.
Atherom 87.

Atrophie 243, Druckatrophie 82, 243.
Ausfüllung m. Wasser, Schall-leit. 117.
s. Ausspritzung.
Austrocknung 40.
Bildungsanomalie 74.
Blutblase 84.
Blutung 79. 209.
Carcinom 98.
Caries u. Nekrose 94. 278.
s. Cerumenpropf.
Ceruminaldrüs. s. Ohrenschweissdrüs.
Cholesteatomat. Mass. 241.
Continuitäts-Trennung 78, 82, operative 110.
Croup 92.
Dehiscenz 78, 322.
Diphtheritis 92, 93, 94.
Drüsen, Anat. 73. Erkrankung 79.
Durchbruch 79, 82, 323. 325.
Eczem 86.
Enchondrom 96.
Entfernung v. d. Schädelgrube 331.
Entwicklung 70, 75. 110.
Entzündung s. Otitis externa.
Epithel 100, 241, Sack 81.
Erweiterung 76, 82.
Exfoliation 357.
Exostose 87, 96.
Fissur 205.
Fistula auris congenita 75.
Fractur 78, 210.
Fremdkörper 100, 106.
Furunkel s. Otitis externa.
Gangrän 94.
Gefäss-Durchtrennung 149.
Gehirnabsc. Verbind. m. d. G. 94, 257.
Gehirnaustritt in d. G. 204.
Gehirnhaut Fungus 287.
Grösse anormale 76.
Hämorrhagie 83. 410.
Hervorwölbung 3, 97, Mastoid.-Erkr. 88. 328.
Hyperästhesie 99.
Inhalt anorm. 100, 204.
Inspection 1. 2.
knöcherner 72.
knorpeliger 71, dessen Ablösung 100, Verschluss 77.
Lücke, durch Cerumen 82, durch Epithel 243, Gefässlücke 94, operative 331, Ossificationslücke 74.
Luftverdichtung 227, 317.
Luftverdünn. 4, 109, 227, 317.
Lumen Bildung 78. Entwicklung 72, Veränderung 70.
membranöser 71, 74.
Muscida 104.

Muskelcontract. unwillk. 415.
Nekrose 89, 94, 280, 305. scheinbare N. 89.
Neubildung 77, 96.
Neurosen 99.
Ohrenschweissdrüsen 73. deren Erkrankung 79.
Ossification 71, Lücke 71, mangelhaft 74.
Osteom 77.
s. Otitis externa.
Parasiten 101.
Periostitis 89, 289.
Physiologie 72.
Polyp 87, 283, 284.
Pruritus cut. 86, 100.
Pulsation 132.
Reflex, v. äuss. Geh. ausgelöst 39, 84, 85, 100, 105, 106, 187, 349.
Seborrhoe 79.
Spina supra meat. 330.
Syphilis 93, 98.
Tamponade 40, 83, 91, 210.
Temperatur erhöht 85, 295. herabgesetzt 37, normal 73.
Thiere im G. 104.
Trockenheit 79.
Trophoneurose 79, 82, 86, 100, 295.
Ulcera cutanea 94.
Usur 82.
Verbindung anormale 78.
Verbrennung 289, 420.
Verengerung 72. 76, 289. Begutacht. f. Leb.-Vers.-Anst. 421.
Verlaufanormal 76, norm. 72.
Verletzung 78, 416, 420.
Verschluss 74, 77, behindert d. galv. Acust.-React. 394. embryonaler 78, b. Politzerschen Verfahren 19.
Verwachsung 77.
Warzenforts.-Eröffnung v. G. aus 331.
Weite abnorme 76.
Gehörknöchelchen:
Adhäsionen 276.
s. Amboss.
Anatomie 191.
Angiom 314.
Bildungsanomalie 307.
Caries 313.
Enchondrom 314.
Entwicklung 191.
Exfoliation 254, 313.
Exostose 314.
Gefässe 197.
Gelenke 191, 193, Path. 310.
s. Hammer.
Hyperostose 308.
Lage anormal 308.
Luxation 309.

Nekrose 313.
Physiologie 199, 200.
Schwingung verbessert 137, vermindert 227.
Starrheit 310.
s. Steigbügel.
Trauma 418.
Verbindung anormal 74, 308.
Gehörorgan:
Begutachtung, gerichtsärztliche 405, v. Versicher.-Standpunkte aus 421.
Eintheilung anatom. u. physiolog. 56.
Trauma 405.
Gehörscurven 233.
Gehörsempfind. entotische:
b. Bougirung 22, Gefässgeräusch 374, 381.
Muskelgeräusch 186, 187.
Reflexeinwirkung 187.
Gehörsempfindungen subjective 374.
Abnahme b. eintretend. Anästh. ac. 380, b. Erreg. d. Hörfunction 376, 377.
anfallsweise auftret. 295, 377.
Art. basil. Aneurysma 360.
als Aura b. d. Ménière'sch. Sympt. 385.
nach Ausspritzung 39.
Behandlung 382.
continuirlich 377.
b. Facialparalyse 298, 299.
galvan. beruhigt 395, erregt 393.
b. G. hirnaffect. 360.
intermittirend 295, 377.
inf. d. Luftdouche 18, 238.
b. Med. obl. Erkr. 365.
s. Ménière'sche Symptome.
während d. Menstruation 185.
b. Paukenentzündung 229.
Reflexeinwirkung 349, Gehörgang 349, 350, Nasenhöhle 175, 349, Ohrmuschel 349, 350, Trigeminus-Neuralgie 349, 350.
Schwerhörigk., Verhalten z. d. G. 229, 376, 380.
Stapedius musc., Spasmus 316, Tenotomie 317.
Sympathie, Reiz 386.
Tensor tympani Spasmus 145, 315.
Tensor veli Spasm. 186.
Transfert.-Ersch. 376.
traumat. erregt 411.
Trigeminus-Neuralg. 349.
b. Trommelfell-Entz. 145.
Gehörscurven 233.
Gehörs-Hallucinat. 379, 381.
Gehörsverbesserung:
durch Druck 137.

b. Emphysem 15.
durch Hörinstrumente 56.
reflectorisch 349, 350.
ungleich f. verschied. Töne 418. f. Uhr u. St.-G. 29.
Gelatinpräparate 41. 273.
Gerichtsärztliche Begutachtung des Hörorg. 405.
Acusticus 410.
acust. Centren 415.
Gehörgang 410. 419. 420.
Gehörknöchelchen 418.
Knochenwand 416.
Labyrinth 416. 419.
Ohrmuschel 417.
Paukenhöhle 410, 416, 418. 420, Inhalt 421.
Simulation 412.
Trommelfell 406, 409, 410, 417, 419, 420.
bei ungesetzlichen Handlungen 420.
Geschmack:
Anästhesie 302.
galvan. erregt 394.
Gehörgang Reflex 100.
Gleichgewichtsstörung s. Schwindel.
Glossopharyngeus nervus:
Art. basil. Aneurysma 360.
Geschmacks.-Erkr. 301, 302.
Lähmung 262.
Speichelerregung 304.
tactile Fasern 303.
Hammer:
Anatomie 191, 193.
Angiom 314.
Caries 313.
Enchondrom 314.
Entfernung 312.
Entwicklung 112, 191, 193.
Exostose 314.
Function 199. 200.
Gefässe 197.
s. Gehörknöchelchen.
Gelenk 193.
Hals sichtbar 123.
s. Hammergriff.
Knorpel 112.
Kopf sichtbar 98.
Lage anorm. 308.
Luxation 309.
Meckel'scher Fortsatz 193.
Nekrose 313.
Schwingung 200, b. Stapes-Synostose 312.
topographisches Verh. 198.
Verbindung anormal 308,309.
in d. Warzenzellen 308.
Hammergriff:
Abheb. v. Trommelf. 119. 125.
Adhäsion 276.
Anatomie 191.
Angiom 314.

Bewegung 199.
Bildungsanomalie 203, 308.
Cyste 151.
destruirt 313.
Entfernung 136, 289, 309.
ernährt v. Trommelf. aus 313.
fehlend 307.
Fractur 309.
Function 116.
Gefässinject. b. hohen Tön. 117, bei Trommelfell.-Hyperäm. 142.
knorpelig 191.
Lage anorm. 121, 308.
Polyp 286.
Scheibe 112.
Stellung anormal 119, 121, 130, 137, Verbesserung 137.
Tens. tym. Contract. 201.
Insert. 195.
Trommelf.-Perforat. 130.
Verbindung anorm. 119.
embr. Bindegewebe 276.
verdeckt 125.
Verschmelz. zweier H. 203.
Verschwinden 120.
Verwechsl. mit d. h. Falte 122.
Hörfunction 345, 366.
Abnahme senile 35.
s. Acusticus u. acust. Centr.
Anomalie 368.
Anregung 28, 401.
aufgehoben 220, 368, d. Kopfknochenleit. 365. s. senile Abnahme.
Begutacht., gerichtsärztl.409, 411. 415, 417. 420, f. Versicher.-Anstalt. 422.
Besserung auffällige 258. nach Chlorof.-Narkose 315.
Hyperacusis Willisii 348.
binotisch 348, 414.
differir. an beid. Ohren 31,372.
Einfluss auf die Sprache 400.
ungesetzl. Handlung 420.
Einwirkung a. d. Zähne 293.
Facialis, erhöhte Innervation 299, Paralyse 297, 299.
b. Gehirnabscess 258.
gekreuzte Schallperception 34, 361.
gut. auffällig 231, 311, 370.
b. Trommelf.-Verkalk. 152.
herabges., s. Begut. gerichtl.
Hyperacusis 298
intermittirend 29, 220, 371.
Kopfstellung, Einfluss auf d. Hörf. 28, 376.
Labyrinthdruck erhöhet 203, 365.
Nachempfindung 349, 371.
Paracusis 348, 370, 372.
Psycho-Acustik 347.
Reflexerregung 350, Farben-

empfind. 351, Gefässe 350,
Muskeln 350, Schwindel
350, 351.
Restitution nach Schädelfissur 205. nach Tr. F.-
Incis. 124.
s. Schallleitung.
Schallrichtung 369, 370,401.
Schallstärke 348. 373.
Schnecken-Eutz. und Exfol.,
erhalt. Knochenleit. 356.
schwankend 28. 29, 223.
s. Schwerhörigkeit.
Sympathie 351.
s. Taubheit.
s. Taubstummheit.
Tondifferenz 31.
ungleich f. Klang u. Geräusch
29, 368. je nach d. Tonhöhe 34. 372. verschiedene
Acusticuswurzeln 368.
Hörinstrumente 55.
binaural 56.
entotische 311.
f. Taubstumme 401.
Hörmesser 33, 403.
s. Sprache.
s. Stimmgabel.
s. Uhr.
Hörnerv s. Acusticus.
Hörprüfung 27.
Kopfknochenleitung 33.
Luftleitung 27.
auf Simulation 412.
auf Taubheit 409. 412.
Vorsichtsmassregeln 27, 28.
Wichtigkeit 231.
Husten als Vagus-Reiz 100.
Hydrotherapie 37, 89.
Hygiene 37.
Hyperacusis b. Facialparalyse 297, Willisii 348.
Hyperaesthesia acust. 348.
Behandlung 396.
durch Chloroform 316.
Incus s. Amboss.
Instrumente und Apparate:
Aspirator 226.
Ballon einfacher 7, Handhabung 11. 12, Doppelballon 8, Trettballon 7.
Beleuchtungsvorrichtung 1.
Choanenzange 53.
Dampfentwickl.-Apparat 48.
Desinfection 8, 53.
Elektrische Instrumente 26.
Fixationsvorrichtungen 7.
Exostose 98.
Fremdkörper-Extract. 109.
Galvanocauteren 42, 52.
Hörmaschinen 55.
s. Hörmesser.
Injectionsspritze 48.

Instrumentengriff 47.
Katheter 6, f. Politzer'sches
Verfahren 16.
Klangstäbe 32.
Koniantron 47.
Kühlkappe 37.
Löffel f. d. Gehörgang 43,
scharfer 47.
Manometer 22.
Myringotom 42.
Naseninstrumente: Brause 50,
Choanenzange 53, Doucheapparat 49, Galvanokauter
52, Klemme 7, Olive 16,
Schiffchen 49, Spritze 50,
Trichter 5, Zerstäubungs-Apparat 50.
Ohrenrinne 38.
Ohrenspritze 38, Ansätze
dazu 39.
Ohrlupe pneumatische 4.
Ohrmikroskop 2.
Ohrschützer 41.
optische Vorrichtungen 1, 2.
Otoskop 8, Interferenzotoskop 35.
Paukenröhrchen 47, 226.
Paukenspiegel 23.
Pincette 2.
Polypenschnürer 46.
Polypenzange 47.
Pulverbläser 42.
Rachenzange 53.
Reflector f. d. Ohr 1, f. d.
Paukenhöhle 23.
Resonator 32.
Ringmesser 52.
Röhre z. Ausspritz. 38.
Siegle's Trichter 4.
Sonde 2
Spritze 38, Ansätze 39, Pilze
55, Reinigung 55.
s. Stimmgabel.
Synechotom 46.
Tampouträger 40, 45.
Tenotom 45.
Trichter f. d. Nase 5, f. d.
Ohr 2, pneumat. 4, 132.
Trommelfell künstl. 44, 137.
Tubenbougie 21, 166.
Tympano-Tenotom 45.
Uhr 28.
Warzenfortsatz-Eröffn. 332.
Zerstäubungsapparat 50.
Zwischenstück 8, 47.
Interferenz 28.
Int.-Erscheinung a. d. St.-Gabel 31.
Int.-Otoskop. 35.
Intermittens:
Coryza 185.
Febris int. b. Periostitis
mast. 324.
Gefässdilatation 61.

Ménière'sche S. interm. Auttret. 507.
Nasenbluten 185.
Otalgia interm. 293.
Otitis interm. 295.
Schwerhörigkeit 295, 386.
Ischias, Cauterisat. d. Ohrmuschel 59.
Jugularis fossa:
Anatomie 189.
Dehisc. 206, Warzenzell. 206.
Facialcanal communicir. 206.
Grösse abnorm 206, Ursache
v. entot. Ger. 374, Grösse
ungleich 207.
Wölbung bedeut. 206, 291.
Jugularis vena:
Anatom. Verhalten z. Sin.
transv. 207.
Blutung 204, 210.
Compression, Ausfluss v. Eiter
a. d. Ohr 252, v. Liquor
cer.-sp. 205, sistir. entot.
Geräusche 381.
Gefässgeräusch 374.
Phlebitis 259.
Thrombose 262, 265, Hyperämie im Labyr. 354.
Verengerung 190.
Katheter 6.
Katheterismus 6, 8, 11. 12.
Emphysembildung 14.
v. d. entgegenges Seite 13.
Hindernisse 12, 13.
Indication 19
Methoden 9—11.
v. Munde aus 7.
Trommelfell-Ruptur 127.
üble Zufälle 14.
Klangstäbe 32.
Klima 237.
Knochenleitung 33.
s. Schallleitung.
Kopfknochenleitung 33.
Kopfneigung 19.
Labyrinthwasser 344.
Lufteintreib. ins Ohr 19.
Paukenexsud., Gehör 223.
Kopfschmerz s. Cephalalgie.
Krankenexamen 35.
Labyrinth:
Anämie 353. 358.
Anatomie 335.
Ausfluss seröser 205.
Bildungsanomalie 351, 352.
Blutung 367.
s. Bogengänge.
Caries 353.
Cholesteatomat. Massen 241.
Consistenz anorm. 353.
Continuitätstrennung 205,
353, 416, 418.
Corpora amylacea 356.
Druck erhöht 365.

Eindringen v. Eiter 255. v.
 Spülwasser 39, 353.
Entwicklung 334.
Entzündung 305, 354, b.
 Meningit. cer.-sp. 354. 387,
 nach Voltolini 386.
Erschütterung 367.
Erweichung d. L.-Kapsel 353.
Exfoliation 356.
Fissur 355.
Flüssigkeit s. Labyr.-Wasser.
Fremdkörper 357.
Hämorrhagie 354.
Hyperämie 353.
Hyperostose 353.
Ménière'sche Sympt. bei Lab.-
 Erkr. 385.
Nekrose 356.
Neubildung 357.
Parasiten 104.
Pigment 354.
s. Schnecke.
Trauma 353, 418, 419.
Tuberkel 357.
Ulceration 353.
vasomotor. Störungen 354.
verdickt 355.
s. Vorhof.
Labyrinthwasser 335.
Abfluss 205.
Abstammung v. Liq. cer.-sp.
 335, 339.
Ausweichen 345, 365.
Bewegung 201, 344.
Druck erhöhter 203, 220, 365,
 Schallleitung b. erhöht. D.
 203, Schwindel 384.
Erschütterung 367.
Lapis inf.:
caustische L.-Behandlung 42.
N.-R.-Höhle Injection 179.
Larynx:
Emphysem 14.
Reflexerscheinung 294.
Schmerz 169.
Spasmus 185.
Levator veli 159.
Function 159, 161.
Neurose 186.
Lichtkegel 113.
fehlend 138.
Fissur innerhalb d. L. 133.
pathologisch 121, 140.
verbreitert 119.
Ligamentum annulare 200.
pathol. Zust. b. Einwärts-
 dräng. d. Stapesplatte 310.
Verknöcherung 291, 310.
Ligamentum mallei anterius
 130, 201, Durchschneidung
 316.
Ligam. mallei externum 113.
Liquor cerebro-spinalis:
Ausfluss 204.

Beziehung z. Labyrinthe 205,
 z. Nasenhöhle 177.
chem. Bestandtheile 204.
Lufteintreibung:
aspiratorische Wirkung 50.
Einwirkung verstärkt 18, 19,
 auf d. e. Ohr 19, s.
 Tubenmusc. Anspann.
Fremdkörper Entfern. 83.
Kopfneigung 19.
Labyrinth-Erschütter. 410.
 415.
s. manometr. Untersuch.
Methoden s. Katheterismus,
 Politzer's, Valsalva's Verf.
Paukenhöhle, Einwirkung auf
 d. Pauk. u. auf. d. Laby 237,
 L. b. Entzünd. 225, 246.
Schwindel 384.
Stärke verschied. 238.
Trommelfell Ecchymose 143.
 400, Ruptur 406.
Tubencanal, Einwirk. d. L.
 auf d. T. 160.
Zufälle üble 14, 18, 237. 384.
Luftleitung 27.
s. Schallleitung.
Lymphdrüsen:
Schwellung der Bronchial-
 drüsen 58, Carcinom 68,
 286, Carotis-Bifurcat. 160.
 Hals 160. Myringitis 146.
 Nas.-Rach. Erkrankung
 176, Otit. externa 84, 85.
 Warzenfortsatz 325.
Magen:
Schmerz n. d. Politz. Verf.
 18, Verdauungsschwäche
 bei N.-R.-Kat. 177, bei
 Ohreneiterung 251.
Malleus s. Hammer.
Manometrische Untersuch.
Gehöreingang 415, Trom-
 melfell 22, Tr. F. Perfora-
 tion 132, Tuba 18, 20.
Massage:
b. Acusticus-Affection 363.
d. Gehörganges 89.
d. Halses 181.
d. Ohrmuschel 63.
b. Paukenhöhleneutz. 246.
Mastoidea pars. s. Warzen-
 theil.
Meatus auditorius externus,
 s. Gehörgang äusserer.
Meat. aud. int. s. Porus ac. int.
Medulla oblongata:
Erkr. d. M. obl. 365, Acust.
 Atr. infolge d. Erkr. 358,
 Gehörgang Anästhesie 99,
 Labyrinth Hämorrh. 354,
 Trommelfell-Gefässe 117.
 Speichelsecretion 304.
 Trauma 354, 367.

Medulla spinalis:
Durchschneidung 58, 74.
Membrana rotunda:
Anatomie 189.
Bewegung 200, 201, Verhalt.
 z. Stapesbeweg. 345.
Druck vermehrt 203.
Durchspritzung 39.
Ocularinspection 199.
Perforation 39, 353.
Schallperception b. Druck
 auf d. M. rot. 203.
Steigbügelbeweg., Verhalt.
 z. M. r. 201.
Verknöcherung 291.
Membrana Shrapnelli:
Anatomie 114.
Hervorwölbung 125.
Perforation 129, 251.
Physiologie 117.
Membrana tympani s. Trom-
 melfell.
Ménière'sche Symptome 385.
Aura d. M. S. 385.
b. d. Ausspritzung 39.
Labyrinth 385.
Prognose 391.
Schwindel d. M. S. voraus-
 geh. 387.
Trauma 411.
Meningen:
Blosslegung 255, 332.
Entzündung, s. Meningitis.
Fungus 287.
Neubildung 353, 358.
Symptome mening. nach Aus-
 spritzung 39, nach Po-
 lypen-Oper. 290.
Verbindung mit Labyrinth
 339, Nase 177, Tuba 160.
Meningitis 254.
nach Ausspritzung 39.
Fremdkörper im Ohre 107.
Gehörgang Anästhesie 99.
Hyperaesthesia acustica 370.
Ménière'sche Symptome 386.
Mening. cerebro-spin. 386.
cons. Acusticus-Entz. 388.
consec. Labyrinth-Entz.
 355 und Hämorrh. 354.
Neuritis acust. 359.
Otit. ext. 94.
Schwerhörigk. nach Menin-
 gitis, elektr. Beh. 397.
traumatisch 332.
Tympanitis 254.
Menstruation:
Coryza b. M. 185.
Nasenbluten 185.
Ohrenblutung 208.
Warzenfortsatz-Entz. 323.
Myringitis 144.
Begnt. f. Versicher.-Anstalt
 408, 418.

b. Paukenh.-Entz. 244, 248.
Nasenbad 49.
Nasendouche 49.
Injectionsflüssigkeit 52.
b. Mittelohr-Diphtheritis 275.
Paukenhöhle, Eindringen v.
Fremdkörpern in Folge d.
N. 307.
trockene 49.
Trommelfell-Ecchymosen 142.
Vorsichtsmassregeln 49.
Nasenhöhle:
Ausfluss des Paukensecretes
225, seröser 177.
Ausspritzung 49.
Blutung b. Sinusthromb. 264.
Communication anorm. 175.
Coryza intermittens 185.
Entzündung 175, des Knorpels 62.
Epithel b. kalt. Wasser 49.
Erweiterung 172, 173.
Gefässverbindung mit d. Siu. longit. sup. 264.
Gehirnabscess, Durchbruch in d. N. 259.
Hyperästhesie 185.
s. Instrumente.
Labyrinth-Exfoliat. durch d. N. 356.
Lymphbahnen, Verbind. mit Liquor cerebro-spin. 177.
Mucosa, Contractionsfähigkeit 173, erectil 182.
Muschel vergrössert 163, 173.
s. Nasenbad.
s Nasendouche.
Nekrose scheinbare 89.
Ozäna 173.
Physiologie 172, 173.
Polyp 181, Ausstossung 287, Instrumento 53.
Reflexauslös. 14, 173, 175, 177, 179, 185, 349.
Reinigung 50.
Schnecke, Ausstossung durch d. N. 356.
s. Septum narium.
Stirnhöhle 50.
Tamponade 174, 216.
Therapie allgem. 49.
vasomotor, Störung 185.
Verbindung anorm. 172, 174.
Verengerung 172, Einfl. auf d. Ohr 172.
Verschluss 174.
Nasenrachenhöhle:
Auscultat. Ger. 24.
Blut v. Mittelohr 209.
Emphysem 14, 15.
Entzündung 175, deren Einfluss auf d. Ohr 178, 216.
Hindernisse b. Katheteris. 13.
Hyperästhesie 185.

Inspection 5.
Instrumente 52.
Parasiten 104.
Phlegmone 180.
Physiologie 161.
Reflexauslös. 349.
Senkungsabscess 279, 364.
Therapie allgem. 49, s. Rachenbad.
Vegetationen adenoide 182.
Verbindung anorm. 174.
Neurosen s. Reflexerscheinungen.
Ohnmacht b. Ausspritzung 39, b. d. Luftdouche 14, 18.
Ohrenbäder 41.
Ohrmuschel:
Ablösung 110.
abstehend 324.
Anästhesie 69.
Anatomie 57.
Aneurysma 67, 98.
Angiom 67, 98.
Ansatzwinkel 59.
Atherom 69.
Aufstellen b. Hirnreiz. 347.
Auricularanhänge 59.
Bildungsanomalie 59, 74, 76.
Bindegewebs-Neubildung 66.
Brand 61, 66.
Cauterisation 59.
Chondromalacie 61.
Congelatio 65, 67.
Continuitäts-Trennung 60.
Cysten 67.
Defect 60.
Difformität 416.
Diphtheritis 92.
Eczem 63.
Entwicklung 57.
Entzündung 58, sympath. 58, nach Sympath.-Durchschneid. 58.
Epithelialkrebs 68.
Form anorm. 59.
Fremdkörper 70.
Function 58.
Gangrän 66.
Gefässnerven 58.
Grösse anorm. 59.
Hämorrhagie 61.
Herpes 63.
Hyperämie 58, 60, 361.
Lage anorm. 59, z. Fossa sigmoid. 331.
Lupus 68.
Muskelerkrankung 70.
Nervenkrankheiten 69.
Neubildung 66.
Neuralgie 63, 69.
Othämatom 61.
Parasiten 104.
Perichondritis 60, 61, 65.
Phlegmone 65.

Psoriasis 64.
Reflexauslösung 59, 349.
Schallleitung 28.
Seborrhoe 60, 64.
Syphilis 69.
Transplantation 60.
Trauma 62. 417.
Vasomotorische Störung 61.
Verbindung anorm. 59.
Verkalkung 69.
Verknöcherung 67.
Verletzung 62, 66, 67.
Ohrtrompete, s. Tuba.
Ostium pharyngeum tubae:
Abhebung 186.
Abdruck 166.
Anatomie 154, 155, 156.
Bildungsanomalie 162.
Condylome 171.
Eindringen v. Lapis in d. O. ph. 269.
Embryologie 156.
Emphysem 15.
Erweiterung 168.
Falten 157, deren Bewegung 161, Verdickung 163.
Granula 171.
Hämorrhagie 169.
Hyperämie 168.
Inspection 5.
Klappe 164.
Lage anorm. 162, asymmetr. 156, 162.
Physiologie 160.
Polyp 171.
Schwellung 20.
Spasmus 186.
Stellung anorm. 162.
Ulcus 171.
Verbindung anorm. 168.
Verengerung 163, 169.
Verschluss 164, durch Fingercompress. 49, durch Senkungsabscess 254.
Verwachsung 164.
Zerstörung 171.
Ostium tympanicum tubae:
Anatomie 154, 155, 190, vergleichende 162.
Erweiterung 168.
Klappe 164.
Lage pathol. 162.
Mangel 162.
Polyp 171, 283.
polypöse Wucher. 171.
Scheidewand 164.
Verbindung anorm. 168.
Verwachsung 164.
Otalgie 292.
Othämatom 61, 416.
Otitis externa:
circumscripta 84, Pulsation 132.
Complication 93.

croupösa 92.
diffusa 91, durch Cerumen 81, durch Fremdkörper 107.
diphtheritica 92.
Gangrän 94, 95.
hydropathische Behandlung 37, 89, 90.
reflectorische 328.
sympathische 87.
Ursache e. Periost. mast. 324.
vorgetäuscht 420.
Otolithen 336.
Function 343.
Vorkommen anorm. 352.
Otorrhoe:
Behandlung 267.
s. Eiter.
Facialparal. 297.
Gehörgang Exostose 97.
gerichtsärztl. Begutacht. 420.
Geschmacks-Anästhesie 302.
intermittirend 295.
Lebensvers. Begut. 421.
Reflexneurose 251, 305.
Speichelsecret. anorm. 304.
Tastempfind. anorm. 303.
vorgetäuscht 420.
Paracusis 372.
Parasiten 101.
Parotis:
Blutgeschwulst 209.
Enchondrom 96.
Entzündung 88, 94, durch Fiss. Glas. ins Cav. t. 363.
Innervation 304.
Lymphdrüsen-Schwell. 85.
Oedem. b. Otit. ext. 85.
Paukenhöhle:
Adenom 292.
Adhäsionen 275.
Anatomie 188, topograph. 198.
Angiom 286.
Atrophie 206.
Auscultation 23, 24.
Auskleidung 195.
Bildungsanomalie 203.
Bindegewebe embryonal. 187, Residuen 276.
Bluterguss 207.
Boden, s. Jugular. fossa.
Canalis musculo-tubarius, s. Tens. tymp. can. u. Tubencanal.
Carcinom 286, 292.
Caries u. Nekrose 278, Polypenbild. 284.
s. Carotic. can.
Cholesteatom 240.
Communication mit d. Schädelhöhle 260.
Continuitätstrenn. 204, 418.
Cronp 240.
Cysten 281, 291.
Dehiscenz 78.

Desquamative Entz. 240.
Diphtheritis 274.
Drüsen 187, 196.
durchschimmernd 122.
Eiter 252, blauer 252, öliger 253, Tuberkelbacillen 253.
Embolie 207.
Eminentia pyramid. 190, 195.
Entwicklung 110, 187, 206.
Entzündung 211, 392, croupöse 240, diphtheritische 274, eiterige 247, epidemisch 218, fötale 247, 523, intermittirende 295, katarrhal. 221, letaler Ausg. 249, b. Meningitis 388, dr. Nasendouche 49, 51, Neugeborener 247, 248, 251, Parotitis cons. 363, partielle 251, phlegmonöse 243, sympathische 306, trophoneurotische 215, 295, 296, Unterscheid. v. Myringitis 245, Ursache v. Geschmacks- u. Sensibilitäts-Anästhesie 302, e. Labyr.-Entz. 354, 355, 356, psychischer Erreg. 420, vasomotor. Störung 284.
Exsudat 221, Aspiration 226, 227, Ménière'sche Symptome dab. 390.
Facialis, Einfl. auf diesen 297.
Fliegenlarven 105.
Flüssigkeiten, Eindringen v. 49, 50, 421, s. Injection.
Fremdkörper, s. Inhalt anorm.
Gangrän 278.
Gefässe 196, G.-Geränsch 375, patholog. 207. Verlauf 196.
Gehirnabscess, Verbind. mit d. P. 257.
Gehirnhaut Fungus 287.
Grösse anorm. 203, individuell versch. 228.
Hämorrhagie 207, 410.
Hyperämie 207.
Hyperostose 291.
Hypertrophie 266, der Mucos. 250.
Inhalt anorm. 108, 109, 110, 204, 307, 421.
forensische Bedeut. 421.
Injection 238, en masse 51, 239.
Knochenneubild. 207.
Labyrinth Sequester 356.
Lücke 206.
Luft, Aspiration 132, 172, 173, Verdichtung 201, 237, Verdünnung 237.
Mucosa 195, Hypertrophie 250, 281, Sclerose 227, verdünnt 250, verkalkt 254.

Muskeln 194. s. Stapedius, s. M. tensor tymp.
Nekrose 278.
Nerven 198, 301.
Neurosen 292.
Oculariuspection 23, 121.
Ossificationsmangel 206.
Osteom 291.
osteophytähnliche Bild. 190.
Osteosarcom 291.
Otalgia tympanica 292.
Paracentese 226.
Parasiten 101, 104, 105.
Physiologie 199.
Polyp 280.
s. Promontorium.
Pseudomembranen 275.
Pyramide, Communic. 260.
Reflector f. d. P. 23.
Reflexauslösung 203, 218, 219, 220, 251, 285, 290, 293, 305.
Sarcom 291.
Schädelh., Communic. 260.
Schwindel 384.
Secret 252.
Senkungsabscess 254.
Sondirung, Schwindel dab. 384.
Tasche 196, sichtbar 123.
s. Tegmen tymp.
Tiefe abnorme 203.
Topographie 198.
Trauma 204, 418.
Trophoneurose 257, 293, 295, 296, 306.
Tubenverschluss 216.
Tuberkel 292.
Ulceration 207, 278.
Untersuchung 22, 23.
Verbindung anormale 74.
Verknöcherung 163, v. Polypen 287.
Petroso-mast. canalis 321.
Fortl. d. Entzünd. z. d. Mening. 260.
Pharynx:
Entzündung 175.
Senkungsabscess 254.
Pharynxtonsille 182.
Phlebitis 261.
Phonation:
Gaumenverschluss 17, 161.
Pincette 2.
Politzer'sches Verfahren 16.
Druckstärke 20.
Indication 19.
Instrumente 16.
Lufteinpress. in ein Ohr 19.
Ménière'sche Sympt. geheilt 386.
Modification 18.
b. Paukenexsudat 225.
Phonation anst. d. Schling. 17.

z. Selbstbehandlung 238.
Zufälle üble 18.
Polyp des Ohres 280.
Blutung 209.
cholesteatomat. Bildung 242.
Cystenpolyp 87, 281.
desquamative Entzünd. 242.
Genitalblutung 208.
Instrumente 46.
Reflexneurose 285, 305.
Trommelfell Ecchymose 142,
  s. Tr.-F.-Polyp.
Unterscheidung von Gehörgangsabscess 87, v. Myringitis 146.
Verkalkung und Verknöcherung 287.
Portio intermedia Wrisbergii 341, vasomotorisch 294.
Porus acusticus int. 341.
Blutextravasat 358.
Dehisc. in d. Fossa jugul. 206.
Eiter 255.
Erweiterung 358.
Exfoliation 305, 357.
Neubildung 357, 358, 359.
Periostitis 358.
Verengerung 352.
Promontorium:
Anatomie 189.
Bildungsanomalie 203.
durchschimmernd 123.
Gefässverlauf 142.
Topographie 199.
Trommelfell, hervorwölbend 123.
verwachsen mit d. Tr. 119.
Verwechslung mit Polyp 286.
Psychisch-intellectuelle Störung 81, 107, 307, 420.
Pterygoid. int. Fasc. u. Musc. 159.
Pulsation 131.
Pulverförmige Mittel 41.
Pyramide:
Dehiscenz 260.
Fissur 204, 416.
Fractur 79.
Nekrose 305, 357.
pneumat. Räume 260.
Usur 243.
Verbindung mit d. Warzentheile 319.
Rachenbad 52.
Reflector -
Reflexneurosen 305.
ausgelöst v. Gehörgange 81, 84, 85, 100, 105, 106, 349, v. d. Nasenhöhle 14, 175, Ohrmuschel 349. Ohrtrompete 22, Paukenhöhle 218, 219, 220, 251, 285, 305, 390, Sexualorgan. 173, Warzenfortsatze 324, 333.

b. Trigeminus-Neur. 293, 349.
Respirationsbewegung des Trommelfelles 167.
Rhinoskopie 5.
Salmiakdampf-Apparat 48.
Salpingitis s. Tuba-Entzündung.
Salpingo-pharyng. Fascie 159.
Ligament. 160, Musc. 159.
Schädelhöhle:
Communication m. d. Paukenhöhle 360, d. Warzenzellen 260.
Entfern v. äuss. Gehörg. 331.
Fissur 210, 416.
s. Gehirn.
Lücke in d. Fossa jugul. 206.
s. Meningen.
sichtbar 199.
s. Sinus.
Schallleitung 28.
abhäng. v. d. Applicationsstelle 34, v. Schall-App. 489, Tonhöhe 34.
Facialparalyse 298.
Gehörgang 73, ausgefüllt 117, verengt 77.
Gehörknöchelchen 199, ankylosirt 311.
gekreuzte Sch. 34.
Beurtheil. forens. 411.
Hochhörigkeit 317.
Hyperacusis 298.
Knochenleitung 33, 374, Abnahme senile 35, 365, nach Luftdouche 35, b. Stapes-Fixat. 311.
Labyrinthdruck erhöht 203.
Luftleitung 27, 33, 374.
mangelhaft 33, partiell 370.
Ohrmuschel 59.
Reflexion 35.
Schallrichtung 369.
Staped. m.203,Retraction316.
Tensor tympani Retraction 201, 315, 367.
Tiefhörigkeit 317.
Trommelfell 116, künstl. 136, perforirt 128.
Tubencanal 162.
verstärkt 34, 35, 220, f. einzelne Töne 199.
Warzenfortsatz 321.
Schallperception s. Hörfunct.
Schlingen 161.
Fruchtwasser-Eintritt in d. Paukenh. 421.
Lufteintritt in d. Paukenh. erleichtert 17, 20.
Perforationsgeräusch 131.
Rachenmündung tubare 161.
Trommelfell-Einziehung 22.
Schlingenschnürer 46.

z. Extraction, v. Fremdkörp. 109, d. Hammers 312.
Schmerz im Ohr:
Behandlung 89, 90, 292.
Caries 279.
Cerumen 81.
irradiirt 84, 145, 169, 292.
Lapis 269.
infolge v. Nasendouche 50.
Ohrtrompete-Erkrank. 169.
Otalgie 292.
Otitis ext. 84.
Paukenerkrankung 219, 244.
b. hohen Tönen 128.
Trommelfell-Erkr. 145.
vermindert durch Lapis 269.
Warzenfortsatz-Entzünd. 323, 326, Neuralgie 334.
Schnecke:
Anatomie 337.
Atrophie 358, 359.
Bildungsanomalie 352.
Corpora amylacea 356.
Degeneration 358, 359.
Entwicklung 334, 335.
Entzündung 355.
Erkrank. 358, 369, 370.
Exfoliation 289, 357.
Extraction 289.
Hämorrhagie 354.
Hyperämie 353.
Nekrose 356.
Nerv 342.
Neubildung 357.
Physiologie 345.
Pigment 354.
Verbindung anorm. 352.
Verknöcherung 352, 355.
Verschluss 352, 355.
Schwerhörigkeit:
alternirend 234.
Anaesthes. ac. 368.
Apoplexie 360.
Art. basil. Aneur. 358, 360.
Aura epilept. 306.
Begutacht., gerichtsärztl.411, f. Versicher.-Anstalt. 422.
Behandl. elektr. 395, 396.
Centralaffect. 359, 360, 366.
Einfluss auf die Sprache 401.
b. Eisenbahnpersonale 215.
Embolus 353.
Facialparalyse 297, 298.
b. Gehirnaffect, 359.
Gehörknöch.-Ankylose 311.
Gehörsempf. subj., Verhalten z. Schw. 229, 376.
Hirntumoren 359.
Hydrocephalus acut. 361.
Hyperaesthes, ac.Vorbote370.
intermittirend 295, 386.
Labyrinthfenster starr 311.
Luftdouche 237.
b. Med. obl. Erkr. 365.

s. Ménière'sche Symptome.
b. Meningit. cer.-spin. 386.
Menstruation 185.
partielle 232, 368, 412.
Paukenerkrank. 219, 229.
Plexus. cerv. Neurose 361.
Prüfung 27.
reflectorisch 362, 363.
schwankend 28, 29.
Sexualstörung 362.
Stapes-Fixation 311.
Sympathicus-Affect. 361.
Tensor tympaniContract. 202, 350, 367.
Trigeminus-Neurose 296, 349.
Tubenverschluss 165, 169.
vermindert auffällig 362.
Schwindel 384.
Acusticus-Durchschneid. 345.
Ausspritzung 38, 39.
Bogengänge 343, deren Ausstossung 357, ohne Schw. 384, 505.
Facialis Durchschn. 345.
galvanisch erregt 394.
Gehirn Affect. 343, 344.
durch Gehörseindrücke 343.
Hörcentr., traumat. Aff. 367.
intermittirend 295.
Katheteris. 384.
Kleinhirn 343, 360, 389.
Labyrinthfenster Durchbrnch 39, 353.
s. Ménière'sche Symptome.
v. d. Nase aus 185.
b. Ohrenfluss serös. 205.
Paukenerkrankung 220, 285.
Politzer'sches Verf. 18.
reflect. 39, 185, 343, 344.
Salpingitis 169.
Tensor tymp. Retraction 315.
Trommelfell, Incision 376, Perf. 128.
Schwingungszahl:
der Klangstäbe 32.
d. einzelnen Töne 30.
Septum narium:
Anatomie 172.
blasig aufgetrieben 12.
Exostose 174.
Fortsätze 172.
polypöse Wuch. 177.
verdickt 177.
Sigmoidea fossa:
Anatomie 319, topogr. 330.
Caries 266.
Emissaria Santorini 319.
Narbe 266.
Sequester 266.
Verbindung mit d. Warzenzellen 322.
Verdünnung 322.
Simulation:
Nachweis e. S. von beider-

seitiger 415, von einseit. Taubh. 412.
Ohreneiterung 420.
Sinus cavernosus:
Anastomose 160.
Anatomie 263.
Blutung 210.
Thrombose 264, 265.
Verbind. m. d. Can. carot. 197.
Sinus longit. sup.:
Anatomie 263.
Entzündung 264, 265.
Münd. in d. Sin. tr. 207.
Sin. petros. sup.:
Anatomie 263, 319.
Blutung 210.
Dehisc. in d. Proc. mast. 322.
Entzündung 264, 329.
Lücke in d. Fossa jugul. 206, in d. Warzenzell. 322.
Thrombose 264, 418, Hyperämie im Labyr. 354.
Verbind. m. d. Sin. cavernos. 264, d. Sin. transv. 264, 319.
Sin. petr. inf. Blutung 210.
Sin. transversus:
Anatomie 263, Verhalt. z. Gehörg. 330.
Augiom 286.
Blutung 210, 211.
bulbös. erw. 322.
Dehisc. in d. Proc. mast. 322.
Entzündung 94, 262, 263, 265, 329, 418.
s. Sigmoidea fossa.
Usur 243.
Verletzung 332.
Weite 206, ungl. beid. S. 207.
Widerstandsfähigkeit 266.
Sinus tympani 190.
Sonde f. Lapis 42, f. d. Stapes 312, f. d. Tuba 21.
Speichelsecretion reflect. erregt 22, 304, 394.
Spina supra meatum 330.
Sprache:
Hörfunction, Einfl. auf d. Spr. 347, 400.
Hörprüfung 29, 30.
Tonhöhe 30.
Trommelfell-Perforation 128.
Spritze s. Instrumente.
Stapedius musc.:
Anatomie 195, topogr. 199.
durchschimmernd 123.
Function 203, Umkehr derselben 316.
Innervation erhöht 298, 299.
Paralyse 298.
Pathologie 316.
Retraction 305.
Stapes, Einfl. d. Musc. staped. auf d. St. 316.

Tenotomie 316, reflector. günstige Wirk. 305, 317.
Topographie 199.
Ulceration 314.
Steigbügel:
Anatomie 192, 194, topograph. 199.
Belastung durch d. Trommelf. 124, 277, 309.
Beweglichkeit, Prüfung 233, 312, vermind. 277, 312.
Bewegung 203, 345.
Bildungsanomalie 204, 307, 308, 310.
Caries 313.
Circumcision 312.
durchschimmernd 123.
Entwickl. 191, Hemmung 310.
Exfoliation 309, 313.
Fixation 310, Acustic.-Degener. 358, Schwing. d. Amboss, Hamm. und Tr.-Fell. 312, St. Fix. b. Hirnerkr. 360.
Fractur 205.
Function 199, 200.
gedrückt gegen d. Labyr. 298, 316, 375.
s. Gehörknöchelchen.
Hyperostose 308.
immobil 310, Taubheit nicht immer 312.
isolirt, Gehör dab. 231.
Kopf verlängert 204.
Labyrinthwasser, Druck erhöht. 203.
Lage anorm. 308.
Luxation 309.
Membr. rot. Beweg. 345.
Mobilisirung 313.
Nekrose 313.
Schwingung 200, 201, 203.
Sondirung 312.
Topographie 199.
Verbind. 194, anorm. 309, 310.
Verwachsung knöch. 310.
Stimmgabel 31.
Hörprüfung 31, b. Cerumen 82, in gerichtl. Fäll. 412, auf Simulation 412.
Interferenzerscheinung 31.
Klemmen 32.
Sympathicus:
Einfl. a. d. Speichelsecr. 304.
elektr. Beh. 396.
Labyrinth-Erkr. 354.
Ménière'sche Sympt. b. S.-Erkrank. 386.
Paukenhöhle 296.
Sympathie, Gehörgang 87, Hörfunction 351.
Syphilis:
Acusticus 362.
Gehörgang 76.

Ohrmuschel 69.
Ohrtrompete 164, 171.
Tamponade:
Gehörgang 41, 83. 91.
Nase 174.
Paukenhöhle 210.
Tastempfindung herabgesetzt 303, b. Taubheit 369, 400.
Taubheit 359, 398.
b. alten Indiv. 369.
Anaesthes. acust. 368.
angeborene 398.
apoplectiforme 385.
Behandlung elektr. d. hyst. T. 397.
durch Cerumen 82.
Einfl. a. d. Sprache 400, 401.
erworbene 399.
galvan. Acust.-Erreg. b. T. 395, 396.
b. Gehirnaffect. 359.
gekreuzt 347, 361.
s. Ménière'sche Symptome.
Meningitis cer.-sp. 386.
partielle 346, 364, 368, 369, 386, 418.
Schläfenlappen Erkr. 366.
Seelentaubheit 347.
Tastempfindung 369.
Transfert 364.
traumat. 367, 410, 418, 419.
Tuba Verschluss 165, 169.
Worttaubheit 347, 366.
Taubstummheit 347, 363,398.
Acust. Atroph. 358.
Gehörg. äuss. verengt 76.
Paukenhöhle oblit. 163.
Tegmen tympani:
Anatomie 189.
Caries u. Nekrose 207, 278.
Durchbruch 243.
Fissur 204, 205, 210.
Fortpflanzung d. Paukenh.-Entz. 254, 255.
Knochenneubildung 207.
Lücke 206.
Nekrose 278, 279.
Verschiedenh. indiv. 189.
Temperatur:
b. Gehirnabscess 258.
d. Gehörganges 37, 85.
b. Otitis intermitt. 295.
Tensor tympani canal.
Anatomie 188.
erweitert 163.
fehlend 203.
verengt 168.
Tensor tymp. musc.
Anatomie 194, vergleich. 194.
Contraction 120, 201, 227, b. Facialparal. 298, Gehörfunction b. Contr. 201, reflector. 350, 367, unwillkürl. 315, willkürl. 203.

Einfluss auf Auscult.-Geräusch 23.
Hämatom 314.
Mitbewegung 201. 314.
Pathologie 314.
Physiologie 201.
Retraction 130, 227, Cerumenabsonderung80, Reflexerschein. 305, 367.
Spasmus 315, b. V.-Neur. 296.
Todtenstarre 120.
Ulceration 314.
Verbind. mit d. Tensor veli 194, 216, 314.
Zugrichtung 130.
Tensor tymp.Tenotomie 315.
Auscultationsger. nach d. Tenot. 23.
Instrumente 45.
Nachweis e. gelungen. T. 316.
Technik 45.
trophische Erschein. 306.
Tensor veli 158.
Chorea minor. 187.
Function 158, 161.
Paralyse 186.
Spasmus 186.
Verbindung mit d. Tensor tymp. 201, 202, 216, 314.
Therapie allgem. 37.
Thrombose 261, 418.
Tonhöhe d. Sprachlaute 30.
Toynbee's Verf. 173.
Transfert-Erschein. 364, 376.
Trauma 405.
Acusticus 366, 410.
acust. Centren 354, 366, 415.
Gehörg. äuss. 78, 210, 416, 420.
Gehörknöchelch. 418.
Labyrinth 353, 416, 418.
Ohrmuschel 60, 416.
Othämatom traum. 62.
Paukenhöhle 210, 410, 416, 418, 420.
Trommelfell 127, 210, 406, 409, 410, 417, 420.
Trigeminus:
Acusticus Affect. 365.
Geschmacksfasern 301.
intracranielle Erkr. 304, 358.
Medulla obl. Erkrank. 365.
Neurom 360.
Neurose 218, 293, 296.
Paukenhöhle 218.
Reflexerschein. 185, 293, 296, 304, 315, 349, 393.
Reizung 160, b. Bougiren 22, d. Nerv. tens. tymp. 350.
Sinusthrombose 264.
Speichelsecretion 304.
tactile Fasern 303.
vasomotor. Störung 185, 296.

Trommelfell:
Abdruck negat. 81.
Abflachung 126.
Abhebung 128, Auscultat.-Geräusch dab. 24.
Ablösung 210.
Abscess 145, 148, verkalkt 148.
Accommodation 116.
Adhäsionen 118, 276.
Anatomie 111.
s. Anulus cartilag.
Arcus senilis 139.
Aspiration 4.
Atrophie 140, Cerumen 81.
Aufblasung 5, Ausc. Ger. 23.
Auflagerung 140.
Belastung 81, Physiologie 117.
Beweglichkeit 4, 6, 22, herabges. 228.
Bewegung b. Schlingen 161.
Bild des Tr.-F., gerichtsärztl. Begut. 4/8, 418, Tr. Bild unverlässl. 230.
Bildungsanomalie 117.
Blasenbildung 124, 145, 148.
Blutblasen 143.
Blutung 209.
Cholesteatom 150, 241.
Circumcision 278.
Concavität vermehrt 120, 140.
Continuitätstrenn. 126, 224.
Convexität, vermehrt 124.
Croup 92, 240.
Cysten 151.
Dehnbarkeit 117.
Dicke anormal 137.
Druck 81, 127, 137, 142.
Durchgängigkeit f. Luft 217.
Durchschneidung s. Incision.
durchsichtig 112.
Einziehung 118, 120, b. Kaubeweg. 315, b. Teus. tymp. Contract. 315.
Empfindlichkeit 153.
Emphysem 15.
Endosmose 217.
Entwicklung 110.
Entzündung s. Myringitis.
Epithel, Cornu cutan. 149, Desquamat. 149, Kalk 138, perform. Bild. 150.
Erschlaffung 120, Auscultationsger. b. E. 23, E. b. Staped. Contract. 203.
Exsudat im Cav. t. 221, Ex. Sack 146, 223.
Falten 122.
Farbe 112.
fibröse Neubild. 150.
Fissur 133.
Fleck dunkler 123.
Fleck gelber 112.
Fremdkörper 135, 153.

galvanocaust. Perf. 43, 136.
Gefässe 115. Beeinfluss, durch
elektr. Reiz 117, erweitert
142, hohe Töne 117.
Gestalt 117, anormal 118.
Glanz erhöht 221.
Granulation 148.
Grösse anorm. 118.
Hämorrhagie 119, 142, 409,
b. Erhängen 410, b. Polyp
286, wandernd 143.
Hervorwölbung 123, 124, 145,
165, sackförm. 208, 223.
Histologie 113.
Hyperämie 141.
Incision 124, 149, 226, 247.
249, Blutung 209, Gehörgangsabsc. danach 86, b.
Otalgie 293, Technik 43.
Inspection 3, bei Paukenhöhlen Blut. 208, 239,
Paukenexsudat 221.
intact, b. eiterig. Paukenentzünd. 248, 250, 279,
313, 332, b. Paukenpolypen
285, 286, b. Schläfenb.-
Fissur 205, b. Warzenzell.-Entz. 328.
Knickung 121, 165.
Knochenneubildung 150.
künstliches 44, 135, Cerumen
als k. Tr. 81, sensor. Störung 302.
Lichtkegel 113, 119, Ecchymose 142.
Lücke, s. Perforation.
Luftsack 223.
s. Membrana Shrapnelli.
Mucosa 114, Auflager. 140,
Blutung 142, Einriss 126,
223, Schwund 140, verdickt 139, verkalkt 139.
s. Myringitis.
Myringoplastik 135.
Nabel 112.
Narbe 135, 141, verkalkt 151.
Neigung 111, anorm. 118.
Neubildung 149.
Papillargeschwulst 150.
Parasiten 103.
Paukenh. Erkrank. 221, 230.
Perforation 81, 127, 142, 147,
166, 244, 247, 249, 267,
275. Begutacht. gerichtsärztl. 407, Begut. f. Lebensvers. 421, Begut. der Form
der Lücke 407, 418, galv.
Acust. React. 394, P.-Geräusch 23, offen zu erhalten
6, Polyp 283, s. Ruptur,
Verwachsung mit Theil,
d. Paukenhöhle 134, 277,
Wanderung 133.
Physiologie 111, 116.

Pigment 143.
Polyp 283, 284, Differ. Diagnose 146, pol. degenerirtes
Trommelf. 283, 285.
Pseudomembran 118, 120, 276.
Pulsation 132.
Quadranten 3.
Reflex s. Lichtkegel path. 121.
Reflexeinwirkung 293.
Regeneration 134, 280.
Resistenz 117.
Respirationsersch. 22, 123, 167.
Retractionskraft 407.
Ruptur 127, 134, 406, Auscult.-
Ger. 24, Bluterg. in d.
Paukenh. 209, Cerumen 81,
s. gerichtsärztl. Begutacht.,
Luftdouche 18, Total.-
perf. 408, 420, Urs. e.
letal. Ausg. 416, Urs. v.
recidiv. Paukeneutz. 421.
Schallleitung 128.
Schwingung 116, herabgesetzt
128, 228, b. Stapes-Fix. 312.
Segmente 3, 122.
Shrapnelli membrana 114.
Spannung 116, vermehrte 117,
Auscultat.-Ger. 23.
Synechie 118.
Tasche 123, 196.
Trauma 134, 141, 420. s. Rupt.
Trübung 112, 137, deren
Aufhellung 138.
Tuberkel 151.
Ulcus 146.
Umbo 112.
Undulation 123.
Untersuchung, s. Inspection.
Unverlässlichkeit d. Tr.-F.
Bildes 230.
Verbindung anormal 118.
Verdickung 138, s. Trübung.
Verdünnung 140.
Verdunklung 123.
Verkalkung 151, v. Absc. 148,
Gehör gut 152.
Verknöcherung 150.
Wanderung v. Blut 143, Perforat. 133, perlförm. Bildung 150.
Wölbung 112, anormal 120,
s. Abflachung, Abhebung,
Adhäsion, Atrophie, Aufblasung, Blasenbildung,
Concavität vermehrt, Einziehung, Emphysem, Erschlaffung, Exsudatsack,
Falten, Hervorstülpung,
Hervorwölbung, Knickung,
Luftsack, Mucosa verdickt,
Narbe, Physiologie 116,
Spannung, Verbindungsanomalie.
Zerstörung 420.

Zotten 148.
Zugrichtung 130.
Trophoneurose:
Cerumendrüsen 79, 82.
Gehörgang 86, 100, 106.
Ohrmuschel 58, 61.
Paukenhöhle 257, 297.
Tuba s. Tubencanal.
Tubencanal:
Anatomie 154.
Anblasegeräusch 24.
Auspannung s. Tubenmuskeln.
Auscultations-Ger. 23, 24.
Bewegungsapparat 158.
Bildungsanomalie 162.
Bougirung 15, 21, 22, 165,
166, 170, Abbrechen der
Bougie 171.
Condylom 171.
Croup 171, 240.
Diphtheritis 171.
Durchgängigkeit, in d. Leiche
421. Prüfung 5.
Eindringen von Lapis 268.
Eiterabfluss 251.
Emphysem 15.
Entwicklung 110, 153.
Entzündung 169.
Epithel-Ausstossung 242.
Eröffnung b. Paukenkat. 225,
b. Schling. 17, 161, b.
Tubenverschl. 165.
Erweiterung 168, Auscultat.-
Ger. 23.
Exfoliation 357.
Fremdkörper s. Inhalt.
Granulation 171.
Hämorrhagie 168.
Histologie 157.
Hyperämie 168.
Inhalt an. 108, 164, 171, 419.
Injection 40, 170, 238, 249.
s. Katheterismus.
knöcherner T. 158.
knorpeliger T. 155.
Lage anorm. 162.
Luftverdünnung 172, 173,
226, 237.
membranöser T. 155, Verknöch. 171.
Muskeln 158.
offen 166, 187.
Osteom 171.
s. Ostium pharyngeum u.
Ost. tympanicum.
Paukenkrkr., Betheilig. 221.
Physiologie 160.
Pigment 169.
Polyp 283.
Pseudomembranen 164.
Salpingitis, s. Entzündung.
Sondirung 21, 165.
Syphilis 171.
Tuberculose 171.

28*

Ulceration 171.
Untersuchung 20, 165.
Ventilationshindern. 21, 216.
Verbindung anorm. 168.
Verengerung 162, 165, 239,
 Auscultat.-Ger. 23, 24,
 Prüfung 20.
Verkalkung 171
Verknöcherung 164, 171.
Verlauf anorm. 162.
Verschluss 163, 164, 419, Einfluss auf d. Paukenh. 216.
Verwachsung 164.
Tubenfascien 159.
Tubenmündung s. Ostium phar. u. Ost. tymp.
Tubenmuskeln 158.
Anspannung b. Gähnen 18,
 b. Kopfneigung 19, 223,
 b. Phoniren 17, b. Ructus 18, Schlingen 20.
Insufficienz 165, 175, 178,
 Behandlung 180.
Paralyse 186.
Reflexeinwirkung 168.
Spasmus 186.
Tonus a. d. Leiche 239.
Uebelkeit, s. Erbrechen.
Uhr Hörprüfungen 28.
Umschläge hydropath. 37.
Uvula :
Emphysem 14.
Stellung b. Facialparal. 299.
Vagus:
Lähmung 262, 360.
Reizung ausgelöst v. Gehörgang 106, v. Larynx 169, v. d. Tuba 169.
Valsalva's Verfahren 5, 18.
Druckstärke 20.
b. Trommelf.-Rupt. 407.
Vasomotorische Störung:
Acusticus 361.
Gehörgang 86.
Labyrinth 354.
Nasenhöhle 62.
Ohrmuschel 58, 61.
Paukenhöhle 208, 305.
Warzenfortsatz 324, 328.
Vegetationen aden. 182.
Vererbung 36, 228, 232, 398.
ärztl. Begut. 422.
Versicherungsanstalten :
Begutachtung d. Hörorg. f.
 Invaliditätsvers. 422, f.
 Lebensvers. 421.

Vestibulum s. Vorhof.
Vorhof :
Anatomie 335.
Bildungsanomalie 352.
Bindegewebsneubild. 357.
Entwicklung 334.
Exfoliation 357.
Hämorrhagie 354.
Nerv 341.
Osteom 357.
s. Otolithen
Perforation 353.
Physiologie 342.
Sarcom 353.
Verdickung 355.
Verkalkung 355.
Warzenfortsatz :
Aditus ad pr. mast. 190, abgeschlossen 190.
Anatomie 318.
Aspiration d. Secretes 327.
aufgetrieben 243.
Atrophie 322.
Auscultation 25, 327.
Ausspritzung 327, 332.
Bildung anormal 321.
Carcinom 292.
Caries 327.
cholesteatomatöse Masse 241, 243.
Continuitätstrenn. 322, 327.
Croup 326.
Dehiscenz 322, Fossa jugul. 206, Gehörgang 78, Schädelhöhle 322, Sin. transv. 94, 322, Sulc. petr. s. 322.
Durchbruch i. d. Gehörg. 79.
Emissaria Santorini 319.
Emphysem 15.
Entwicklung 317.
Entzündung 323, d. äuss. Decke 323, desquamat. 241, auf d. Gehirn fortschr. 257, v. Gehörg. fortgel. 81, 85, 95, b. Menstruation 323, 324, in Folge v. Lapis inf. 269, b. Sinusthromb. 263.
Eröffnung 330, Einfluss auf Spasmen 323, b. Fremdkörper in Ohre 110, b. Otorrhoe 274.
Exfoliation 329.
Exostose 333.
Facialis-Paralyse 297, 301.
Fissuren 319, Bedeutung 324, persistent 324.

Fluctuation fälschliche 243, 325, 328.
Flüssigkeit. Eindringen in d. W. 267, 269.
Foram. mast. 319.
Gefässe 321, Anenrysma 324, Blutung 324, 333.
Gehirnabsc., Verbind. m. d. W. 257.
Gehörknöchelchen im W. 308.
Granulationsgewebe 328, 330.
Hämorrhagie 323.
Hyperämie 323.
Hypertrophie 322.
Inhalt anorm. 308, 334.
Knochenlücken 190.
Labyrinth Sequester 356.
Nähte s. Fissuren.
Nekrose 95, 279, 327.
Neubildung 325, 333.
Neuralgie 334.
Neurosen 334.
Percussion 25.
Perforation 330, i. d. Gehörg. 88, 241.
Periostitis 81, 85, 324.
petroso-mastoid. canal. 321.
Physiologie 321.
Polyp 283, 284, polyp. Wucher. 328, 330.
Reflexauslösung 307, 323, 325, 333, 334.
Schnecke-Exfoliation 305.
Schussverletzung 334.
Senkungsabscess 329.
Sigmoidea fossa 319.
Trauma 418, Urs. v. Trommelf. Hämorrh. 409.
Untersuchung 25.
Usur 243.
vasomotor. Ersch. 323, 328.
Verbindung anorm. 78, 321.
Zellen 319, abgeschlossen 277, 326, diploëtisch 319, 320, Entzündung 326, Grösse abnorm. 321, pneumatisch 319, 320, Verbind. mit Pyramide 319, verengert 321, 326.
Warzentheil 317.
Zunge :
Geschmacksanästh. 302, 303.
sensible Stör. 303, 304.
trophische Stör. 306.
Zwischenstück f. Katheter u. Ballon 8.

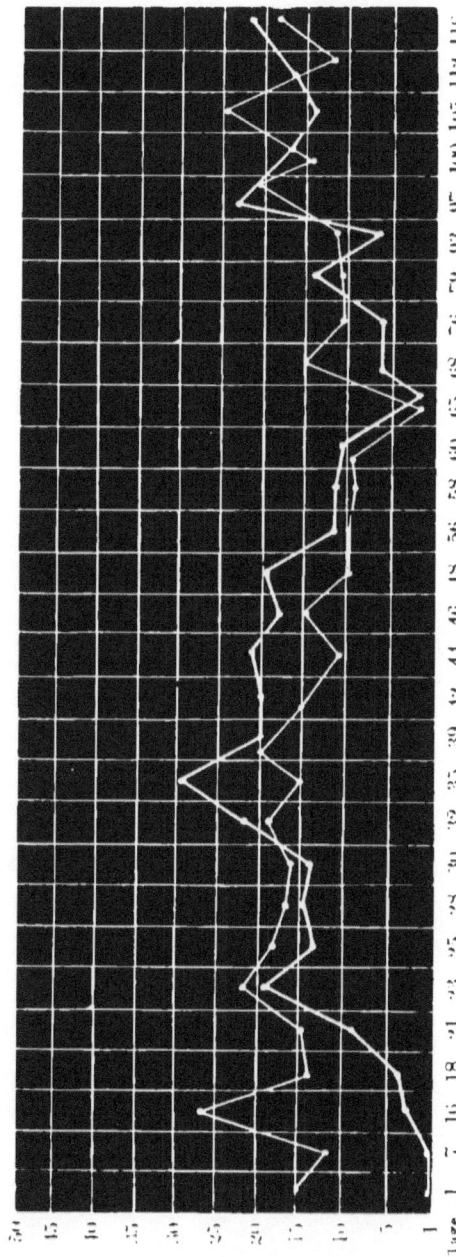

Gehörs-Curve Nr. I.

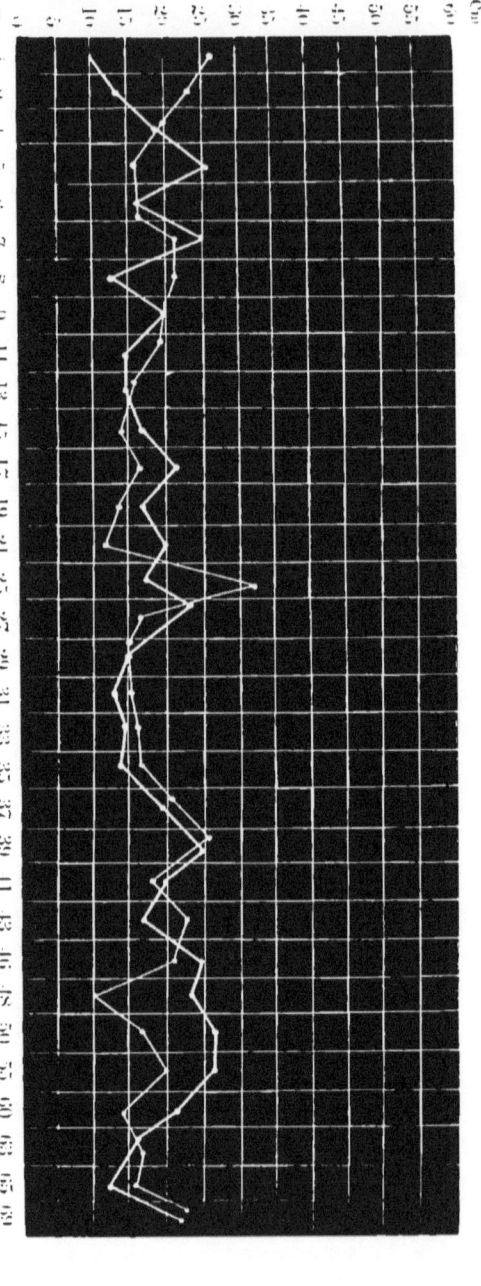

Gehörs-Curve Nr. II.

Gehörs-Curve Nr. III.

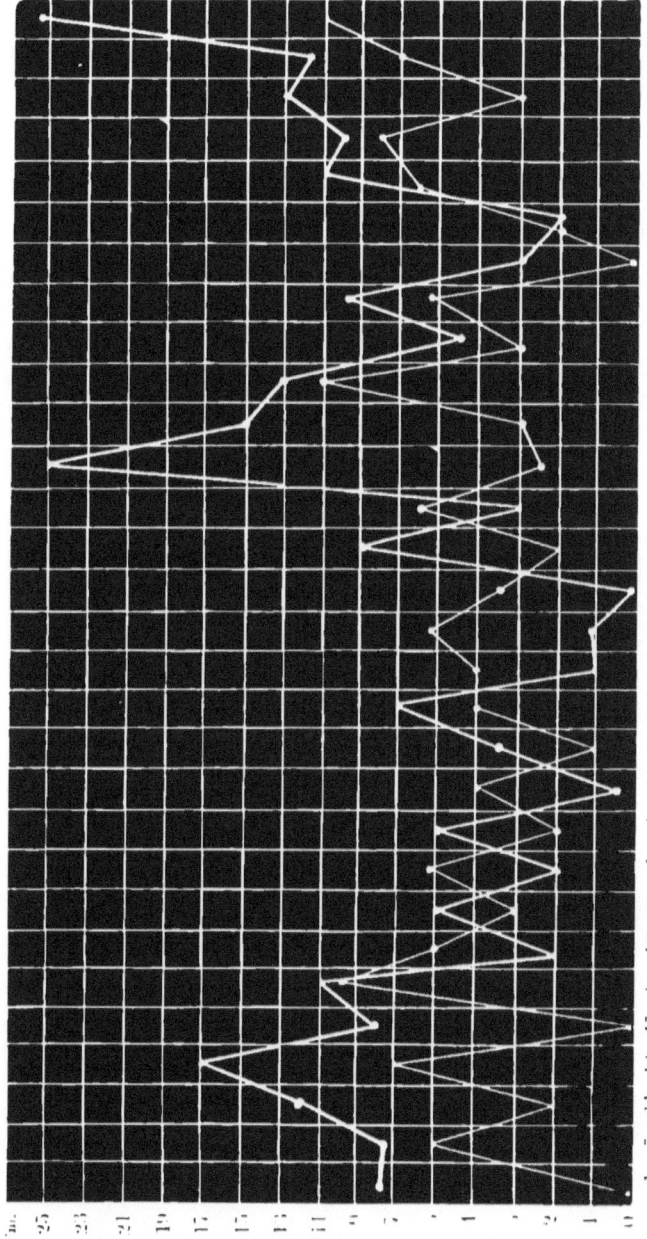

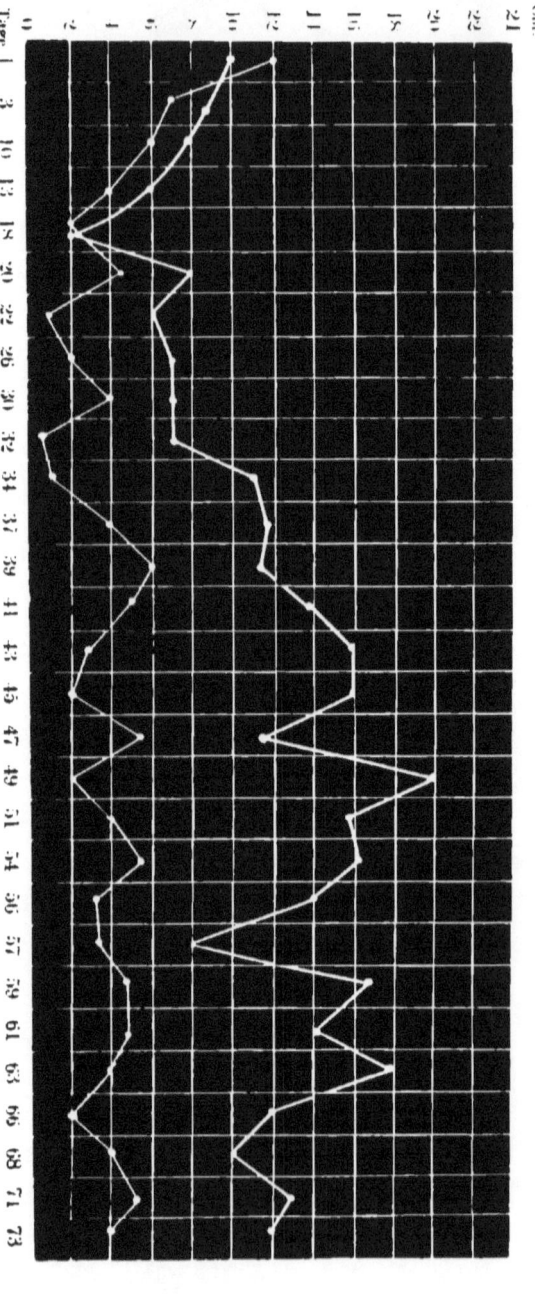

Gehörs-Curve Nr. IV.

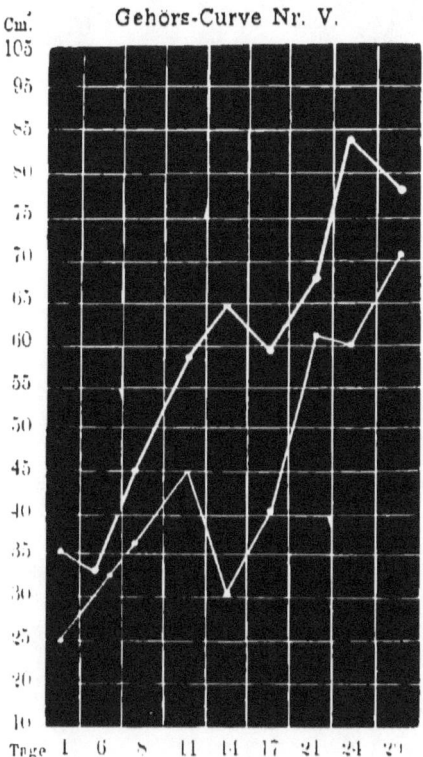

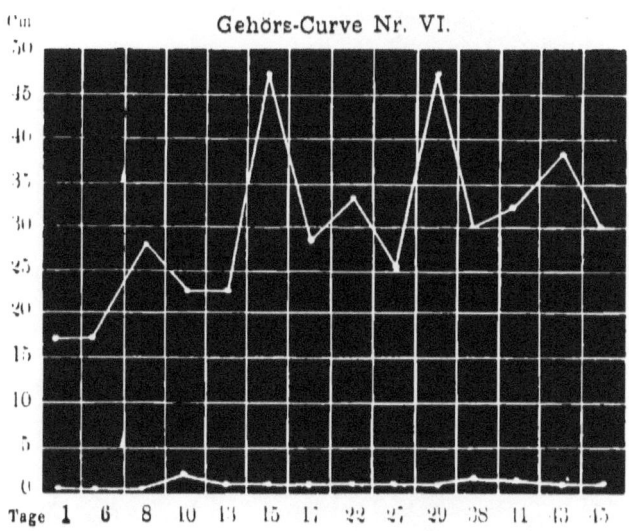

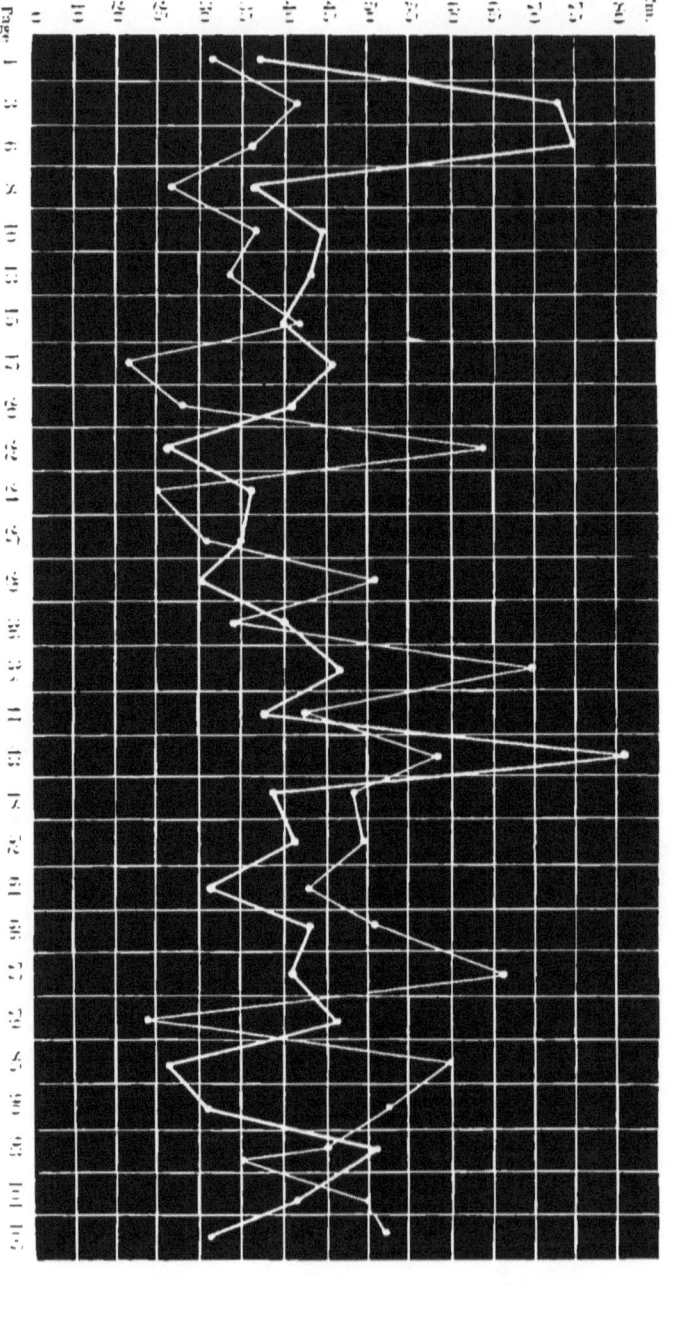

Gehörs-Curve Nr. VII.

Gehörs-Curve Nr. VIII.

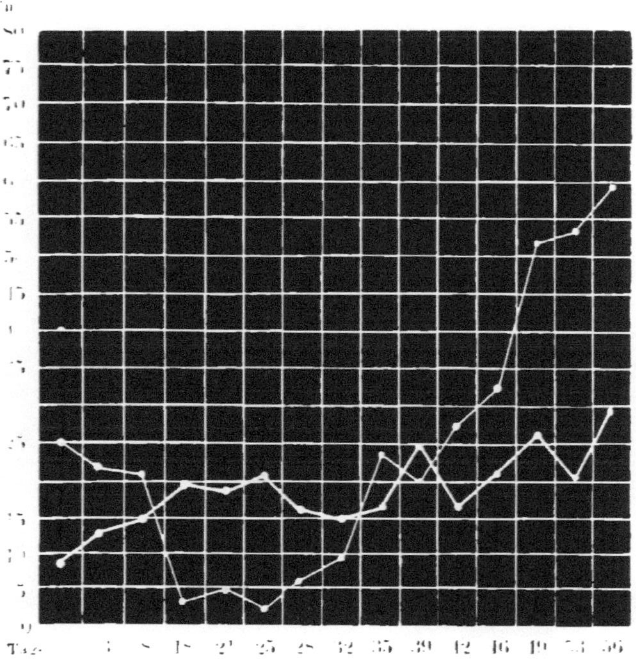

Gehörs-Curve Nr. IX.

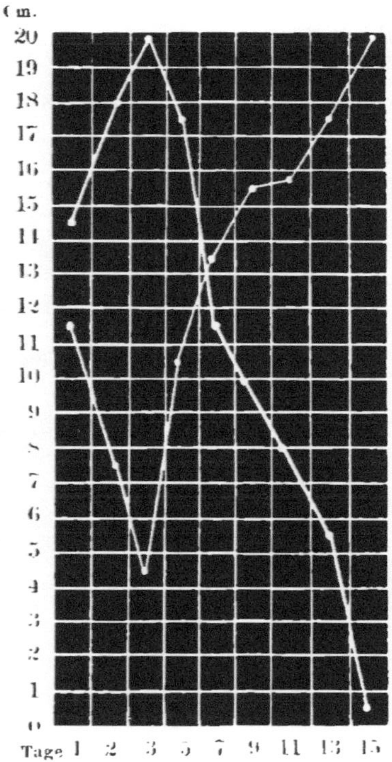

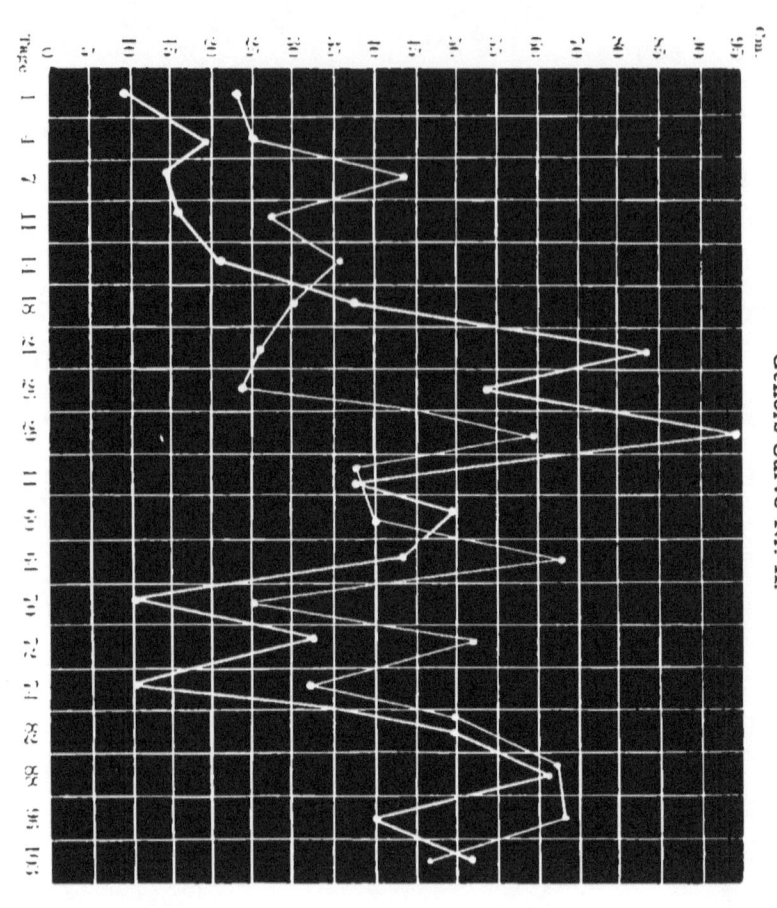

Gehörs-Curve Nr. X.

www.ingramcontent.com/pod-product-compliance
Lightning Source LLC
Chambersburg PA
CBHW031957300426
44117CB00008B/800